广联达工程造价软件应用丛书

广联达 GQI2013 安装算量软件实例应用及答疑解惑

富 强 主编

中国建筑工业出版社

图书在版编目（CIP）数据

广联达 GQI2013 安装算量软件实例应用及答疑解惑/富强主编. —北京：中国建筑工业出版社，2015.5
（广联达工程造价软件应用丛书）
ISBN 978-7-112-18004-2

Ⅰ.①广… Ⅱ.①富… Ⅲ.①建筑安装-工程造价-应用软件-问题解答 Ⅳ.①TU723.3-39

中国版本图书馆 CIP 数据核字（2015）第 070126 号

本书是广联达工程造价软件应用丛书之一。主要介绍了广联达安装算量软件 GQI2013 中的基础操作、实例讲解以及问答解惑。分三个阶段对软件的学习和应用加以指导，使造价工作人员由浅入深、循序渐进地掌握软件的常规应用以及对常见问题全面透彻的理解。本书延续了丛书的阶梯性、实用性和全面性，可供广大预算人员、高等院校建筑工程相关专业师生参考和学习使用。

*　　*　　*

责任编辑：刘瑞霞
责任设计：董建平
责任校对：陈晶晶　党　蕾

广联达工程造价软件应用丛书
广联达 GQI2013 安装算量软件实例应用及答疑解惑
富　强　主编
*
中国建筑工业出版社出版、发行（北京西郊百万庄）
各地新华书店、建筑书店经销
霸州市顺浩图文科技发展有限公司制版
北京市密东印刷有限公司印刷
*
开本：787×1092 毫米　1/16　印张：30¾　字数：763 千字
2015 年 7 月第一版　　2019 年 2 月第三次印刷
定价：**78.00** 元
ISBN 978-7-112-18004-2
（27191）

本书编委会

序　一

最近，我收到了华春建设工程项目管理公司王勇董事长和“华春杯”全国广联达算量大赛第五届算量大赛辽宁区总冠军富强先生的邀请，邀请我为其策划的《广联达工程造价软件应用丛书》作序。当时还以为是一本企业宣传的书籍，便放在了案头。几天后，又接到富强先生的电话，带回了家，翻阅了一遍，顾虑释然。原来这是一套介绍算量的工具书，可贵的是编写得具体、精细、准确，尤其针对问题和技巧进行了剖析。因感到作者的勤奋，以及对细节的把握，相对于市面过多的东拼西凑的书籍，我认为非常值得鼓励与推荐，所以令我欣然命笔，答应了作者的请求。

2011年住房和城乡建设部发布了“工程造价行业发展‘十二五’规划”。规划提出的战略目标之一是：“要构建以工程造价管理法律、法规为制度依据，以工程造价标准规范和工程计价定额为核心内容，以工程造价信息为服务手段的工程造价法律、法规、标准规范、计价定额和信息服务体系”。这说明工程造价信息体系不仅是工程造价管理体系的重要组成部分，也是提高工程造价管理和服务水平的重要手段。

我本人认为：工程造价信息化就是在传统的建设工程造价管理知识的基础上，应用IT技术为工程造价管理，包括以工程造价管理为核心的多目标项目管理、工程造价咨询、承包商的成本管理等提供服务的过程。工程造价信息化管理任务就是通过现代信息技术在工程造价管理领域的应用，提高工程造价管理工作的效率，使工程造价管理工作更趋科学化、标准化，使工程计价更具高效性。工程造价信息服务的内容应包括：工程计量、计价工具软件（包括：服务于业主项目管理的费用控制、工程咨询业工程计价、承包商成本控制）服务，各类工程造价管理软件（如：全过程造价管理软件、具体项目管理软件等）服务，以及各阶段工程计价定额、各类工程计价信息和以往或典型工程数据库等信息服务。希望广大的造价工作者，在以国家法律、法规为执业前提，在满足工程造价管理的国家标准、行业标准具体要求下，充分应用好自身收集和市场服务的大量的工程计价定额及工程计价信息，先进的工程计量与计价工具软件，以及各类管理软件，高效地完成工程的计价和全方位的工程造价管理工作。

富强先生的书不是什么工程造价信息化的理论专著，但就工程计量而言精细、具体，有针对性。其本人能在大赛的众多赛手中拔得头筹自有其过人之处，更可贵的是其善于总结，并能写出来与大家分享，令我欣慰。我真心地希望广大的造价工作者，从点滴做起，在各自的岗位善于总结，并与大家交流与分享，那样的话，我们的工程造价管理的专业基础、行业标准就会很快建设起来，我们第六届理事会提出的“夯实技术基础”就不会空谈。

在此也感谢华春建设工程项目管理公司王勇董事长对本书的策划与支持！也愿广大工程造价专业人员从中获益。

中国建设工程造价管理协会

秘书长：吴佐民

2014年6月

序　二

这几天，在我的案头，堆放着即将出版的《广联达工程造价软件应用丛书》的清样稿。

看着这内容丰富详实，具有实战、实效、实操作用的专业书籍，作为连续三次冠名的华春公司董事长，作为亲身操持了三次大赛的负责人，作为四十多年来长期在建设工程行业摸爬混打的老造价工作者，不免突生太多感慨、感悟和感叹。

不计工本、不辞辛劳连续三年冠名第五届、第六届、第七届广联达“华春杯”全国算量软件应用大赛、造价软件全能擂台赛、安装算量应用大赛，其中付出的精力、花费的财力、投入的人力，都彰显了华春人要“为中国建设工程贡献全部力量”的使命和追求。

倾注热情，奉献关怀，动员、感召、鼓劲、支持包括华春公司员工在内的全国各地一切有志于从事建设工程造价工作者，让他们站在当代科学技术崭新的平台上，学习新知识，操练新技能，从基础和整体上提高工程量计算电算化水平，更显示了华春人胸怀高远、不计私利、为中华复兴而努力的坚定决心。

今天，在三届“华春杯”全国广联达造价大赛成果汇集成册即将付梓出版之际，大赛中，一幕幕充满激情与感动的场面，一张张追求新知识渴望的眼神，仍然常常不经意地浮现在我的眼前，激动着我的心。

我衷心感谢所有为此书奉献了智慧和精力的同行们，我更想和他们一起，把这本书献给一切有志于为中国建设工程造价奉献青春和毕生精力的年轻朋友们，愿这本书能成为你们前进道路上的铺路石。

华春建设工程项目管理有限责任公司

董事长：[签名]

2014 年 6 月

序　三

收到第五届算量大赛全国亚军、辽宁赛区总冠军富强先生的邀请为《广联达工程造价软件应用丛书》作序，深感荣幸。通读此套丛书，不禁让我回想起第五届、第六届、第七届“华春杯”全国广联达算量大赛颁奖大会上，一幕幕充满激情与感动的画面。这套沉甸甸的书，是大家通过比赛获得认可和成长的升华，更是这样一群专注于造价行业的精英们智慧和经验的结晶。

这些，与广联达连续六年面向全国造价从业人员每年举办软件应用大赛的宗旨不谋而合——通过为从业人员搭建一个展示软件应用技能的平台，帮助大家提高业务技能和综合素质，从而推动整个行业工程量计算电算化水平的发展进程。不仅如此，广联达自2007年起还针对全国高职高专、高等院校开展一年一度的算量软件应用大赛，促进了高校实践教学的深化，并进一步提升在校学生的软件操作能力。

广联达之所以如此重视造价系列软件（特别是算量软件）的深入应用，源于我们十余年来对建筑行业信息化的研究和积累，无数成功与失败的例子，让我们领悟到行业信息化“以应用为本”的解决之道——唯有将信息化产品和服务真正应用起来，方能提高从业人员的工作效率、帮助业内企业赢得时间和利润。

如今，我们非常高兴地看到来自国内特级总承包施工单位、知名地产公司、造价事务所等单位的一线造价精英们，结合多年的实践经验，为大家呈现这样一套集基础知识、应用技能和实际案例为一体的专业书籍。我们相信，在本套丛书的专业引导下，您将更加熟悉和了解广联达系列造价软件的应用，从而更好地解决在招投标预算、施工过程预算以及完工结算阶段中的算量、提量、对量、组价、计价等业务问题，使广大造价工作者从繁杂的手工算量工作中解放出来，有效提高算量工作效率和精度。

本套丛书付梓之际，全国的各类建设工程项目又将进入新一轮的建设中，我们真心希望本套丛书能够成为您从事算量工作的良师益友，为您解决更多工作中的实际问题。同时，也衷心感谢各位读者对本书以及广联达公司的支持与关注。感谢富强先生和各位作者坚持不懈的努力，谢谢你们！

未来，作为建设工程领域信息化介入程度最深、用户量最多、具备行业独特优势的广联达，将继续秉承“引领建设工程领域信息化服务产业的发展，为推动社会的进步与繁荣做出杰出贡献”的企业使命，依托完整的产品链，围绕建设工程领域的核心业务——工程项目的全生命周期管理，深入拓展行业需求与潜在客户，推动行业整体工程项目管理水平的提升，与广大同仁共同创造和分享中国建设领域的辉煌未来！

广联达软件股份有限公司

总裁：贾晓平

2014年6月

前　言

2011 年 7 月经过全体编写人员 2 年多的辛苦努力，“广联达工程造价软件应用丛书”的第一本《GCL 2008 图形算量软件应用及答疑解惑》终于在中国建筑工业出版社正式出版发行了。在当当网、京东商城、亚马逊、淘宝网、建筑伙伴网（原七星造价网）上本书获得无数好评后，更加坚定了我们努力总结编写一套整体应用水平较高的造价软件学习和使用的工具书的信心和决心。我们夜以继日地总结，将多年的软件应用技巧与实际的大型工程项目中的应用经验相结合，并将典型的问题给予详尽的答疑解惑。

2012 年 8 月在中国建设工程造价协会秘书长吴佐民先生的鼓励下，在第五届“华春杯”全国算量大赛主办单位“华春建设工程项目管理公司”、“广联达股份有限公司”的支持下，本套丛书的第二本《广联达 GBQ4.0 计价软件应用及答疑解惑》和第三本《广联达 GBQ4.0 计价软件热点功能与造价文件汇编》陆续出版。

在本套丛书的出版过程中，由于编写人员全部是历届广联达全国大赛的各地获奖选手和广联达的资深研发和应用人员。所以每本书的编写和出版时间都为广大读者所关注。为了更好地为本套丛书服务，我们将专业交流答疑网站七星造价网升级为建筑伙伴网 www.buildparter.com。

建筑伙伴网上齐聚了全国建筑行业的 300 多位专家，为同行们提供实时的在线回答，并可以更准确地向专家提问。能让国内造价同行的精英们相互交流，提高共进。

在本套丛书第一本出版三周年之际，我们感谢全国造价工作同行的支持、鼓励和帮助，我们也继续为提高造价软件应用人员的软件使用水平，不断地提高工作精准度和工作效率，来回答软件应用者所提出的各种问题。我们同时希望这样一个交流共进的平台能成为大家学习、应用、成长的好帮手。

我们诚挚地向所有“华春杯”全国广联达算量大赛的参赛与获奖选手表示感谢。同时在本书的写作过程中，感谢所有对本书的编写提供帮助的同行们、同事们、朋友们，你们辛苦了。随着造价信息化行业中选价软件的不断升级与发展，更新更好的应用方法也将层出不穷，欢迎广大造价工作者提出宝贵意见和建议，专业交流答疑网址：www.buildparter.com，在此感谢建筑伙伴网的大力支持。大赛为我们提供了竞赛、学习、交流、提高的平台，我们谨以此书献给全国所有的造价工作者！

富强

2014 年 6 月　于北京

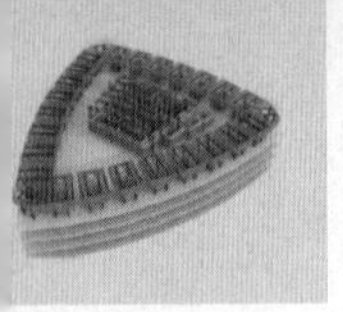

目　录

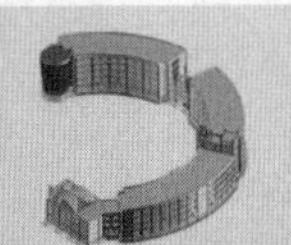

第1章

安装算量软件 GQI2013 基础操作

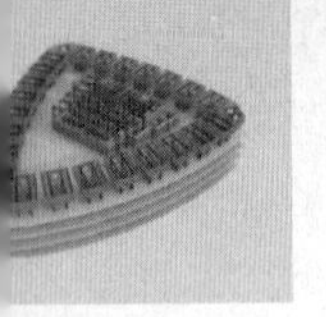

1.1 新建工程

1. 双击桌面

快捷图标，会弹出“欢迎使用GQI2013”的界面。

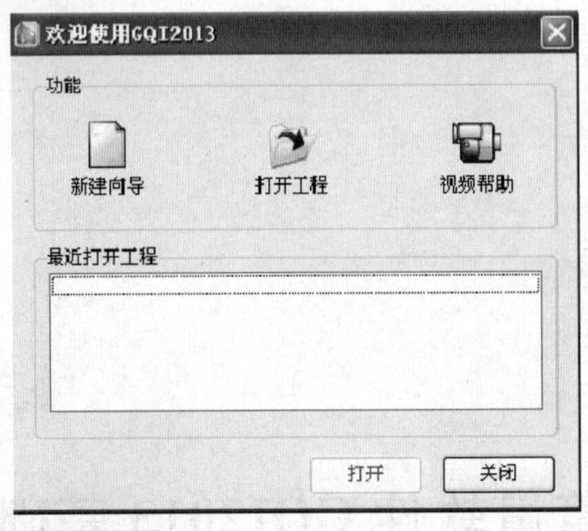

2. 点击新建向导

，弹出“新建工程”的界面。

新建工程：第一步，工程名称
工程名称
工程信息
编制信息
完成
工程名称：
清单库和定额库
清单库：[无]
定额库：[无]
提示：工程保存时会以这里所输入的工程名称作为默认的文件名。
<上一步(P)　下一步(N)>　取消

输入相应的工程名称，选择相应的清单库和定额库，点击“下一步”，输入相应的“编制信息”，点击下一步，完成。输入相应的“工程信息”，进入到软件操作界面。

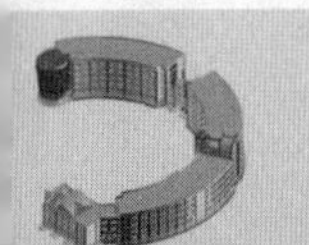

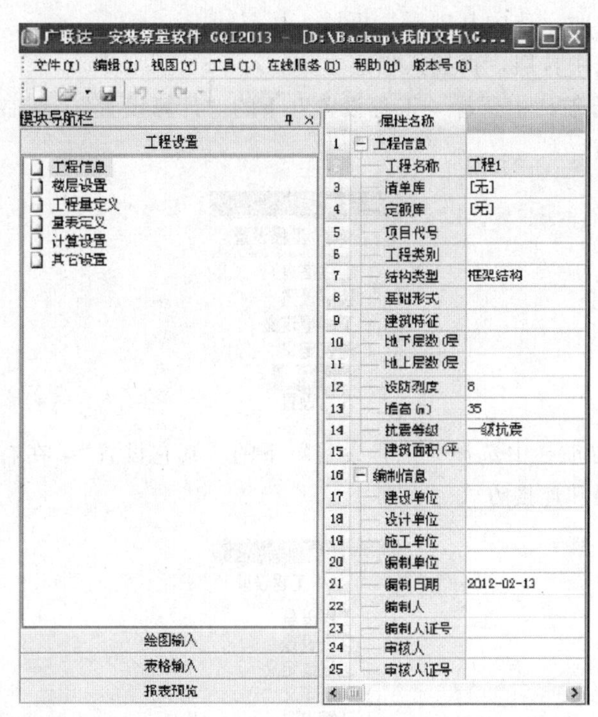

再进行下一步操作。

建议：一个专业单独建一个工程，方便检查。

1.2 工程设置

1. 在左侧模块导航栏中选择“工程设置”下的“楼层设置”。

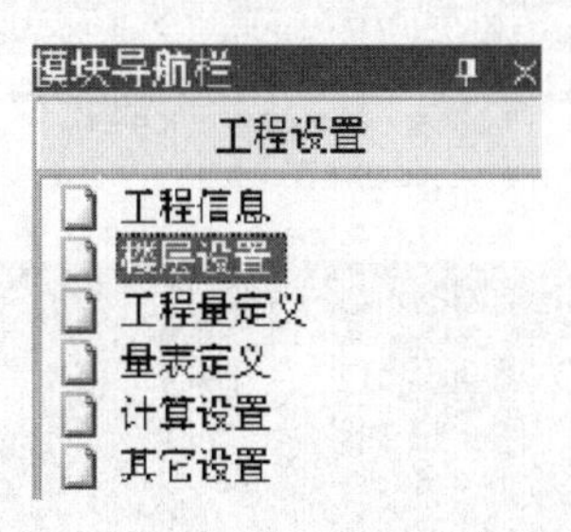

2. 点击 插入楼层 插入楼层，进行添加楼层。

3. 输入各楼层的层高。

插入楼层　删除楼层　上移　下移

	编码	楼层名称	层高(m)	首层	底标高(m)	相同层数	板厚(mm)	建筑面积(m2)	备注
1	6	第6层	3	☐	15	1	120		
2	5	第5层	3	☐	12	1	120		
3	4	第4层	3	☐	9	1	120		
4	3	第3层	3	☐	6	1	120		
5	2	第2层	3	☐	3	1	120		
6	1	首层	3	☑	0	1	120		
7	0	基础层	3	☐	-3	1	500		

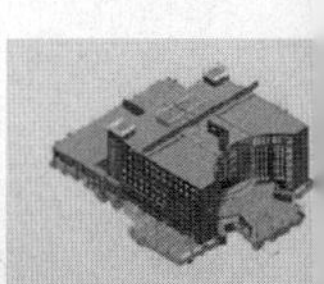

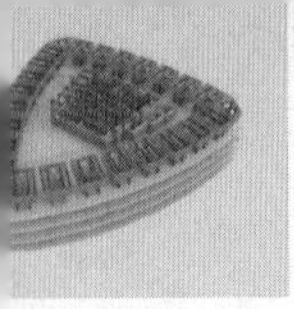

注意：有地下室时，选中基础层，再插入楼层；

没有地下室，选中首层，再插入楼层。

4. 在左侧模块导航栏中选择“工程设置”下的“计算设置”，在右侧的操作区域修改各专业的计算设置值。

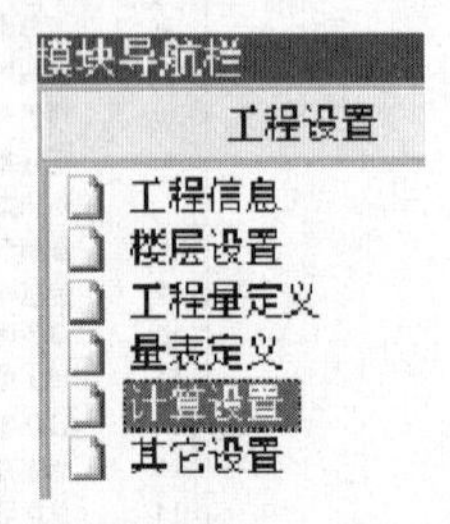

5. 在左侧模块导航栏中选择“工程设置”下的“其它设置”，在右侧的操作区域修改相关专业的支架间距和连接方式。

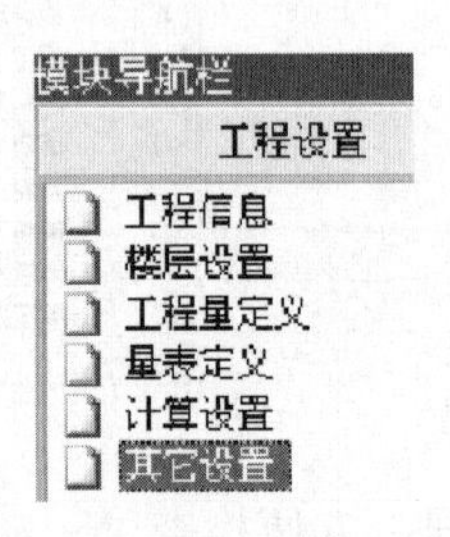

1.3 通用部分

在左侧模块导航栏中点击“绘图输入”按钮，进入到绘图输入的界面。

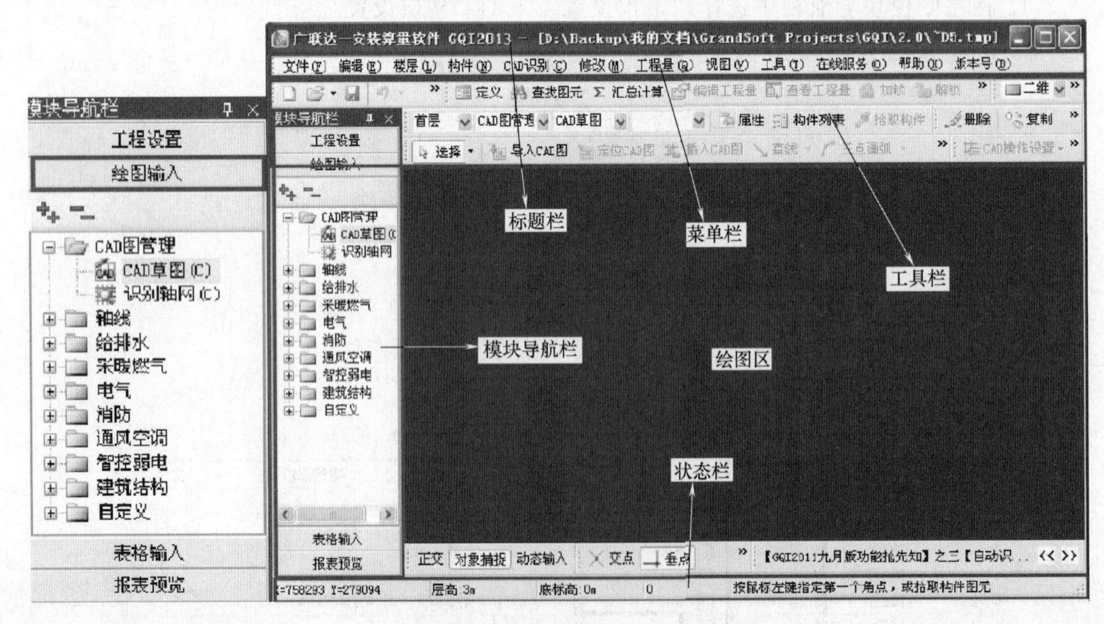

1. 导入 CAD 图

点击左侧模块导航栏下“CAD 图管理”下的“CAD 草图”，再在右侧绘图区上方的

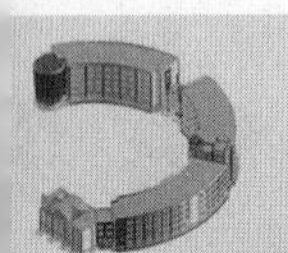

工具栏区点击“导入CAD图”将所需要的CAD图导入。

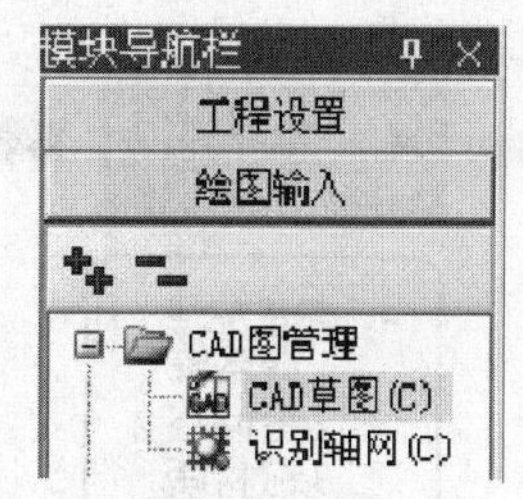

2. 拆分CAD图（将每一楼层的CAD图纸分开）

（1）选中需要拆开的CAD图（拉框选择）

（2）点击工具栏区的“导出选中CAD图形”

将选中的CAD图保存到一个地方即可。

3. 拆分完CAD图后，再重新在每一层导入相应层的CAD图

4. 定位CAD图（防止楼层之间错位）

（1）新建轴网

① 点左侧模块导航栏的“轴线”下“轴网”；

② 点定义；

③ 点新建——新建正交轴网；

④ 点绘图；

⑤ 点确定即在绘图区域生成轴网。

（2）点击左侧模块导航栏下“CAD图管理”下的“CAD草图”，再在右侧绘图区上方的工具栏区点击“定位CAD图”，选中每层CAD图上共同的一个点定位到轴网上，如找到每一层的电梯井的顶点，让其与该层轴网的顶点重叠，从而完成每一层CAD图的定位。

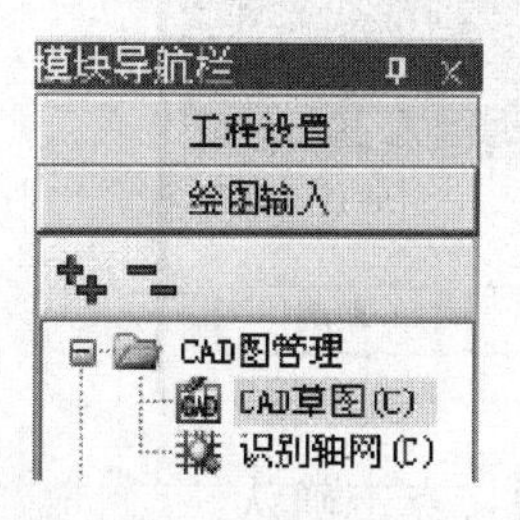

1.4 强电专业

1. 强电的操作流程

识别数量→识别长度→分类查看工程量。

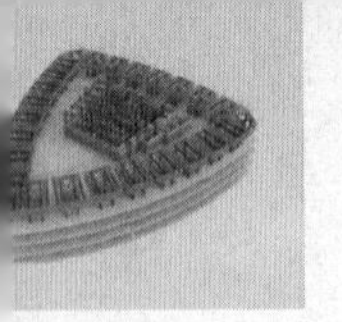

2. 强电要算哪些量

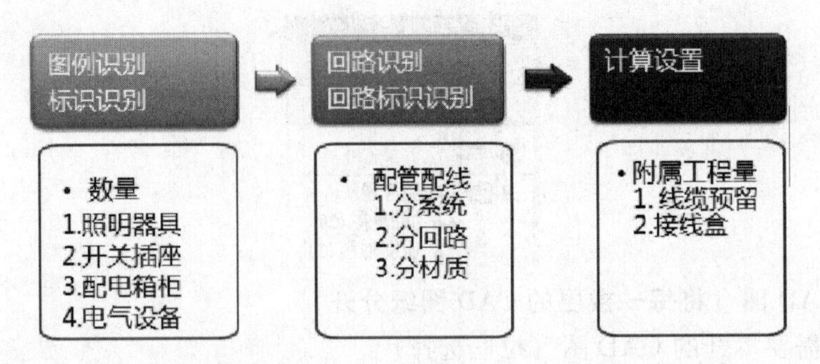

3. 识别数量（以照明灯具为例）

（1）点击左侧模块导航栏单电气中的照明灯具；

（2）点图例识别；

（3）框选某一个图例，右键确认；

（4）在弹出的选择要识别成的构件表中，新建相对应的构件，并且修改相应构件的属性值；

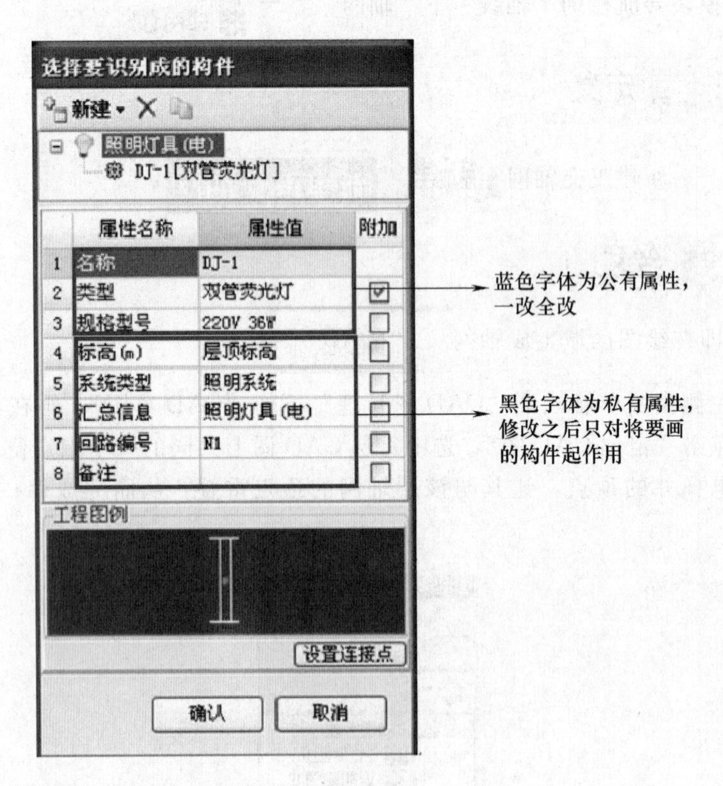

（5）构件的属性值修改完成后，点击确认。

注意：①识别错了时，解决方法：

批量选择（F3），选择识别错的构件名称，确认。点鼠标右键，点删除即可。

② 图例识别与标识识别的区别：

图例识别 ➡ CAD 线组成的图例；

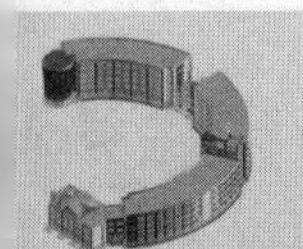

标识识别 → CAD线和文字的组合图例。

③ 识别数量的技巧：

先标识后图例；先复杂后简单。例如：

(a)

(b)

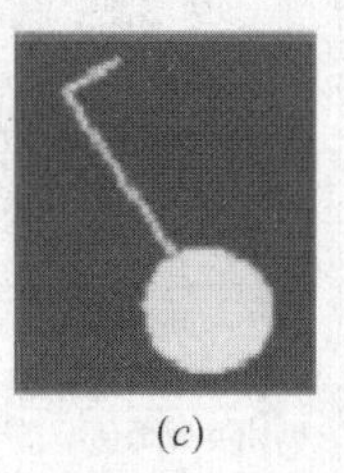

(c)

遵循“先标识后图例”的原则，识别顺序为（a）、（b）、（c）。

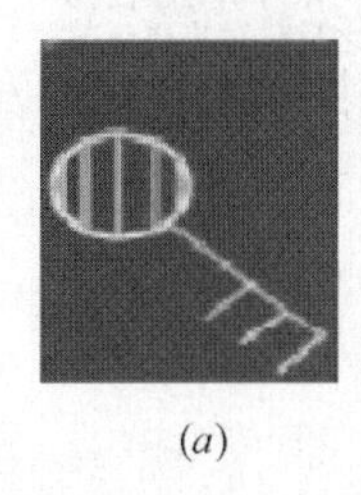

(a)

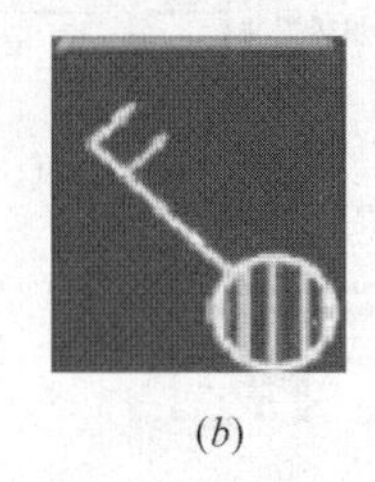

(b)

(c)

遵循“先复杂后简单”的原则，识别顺序为（a）、（b）、（c）。

4. 识别长度

（1）回路识别（对于同一回路单的每一段管里穿的电线的根数是一致的）

例如下图所示的回路：

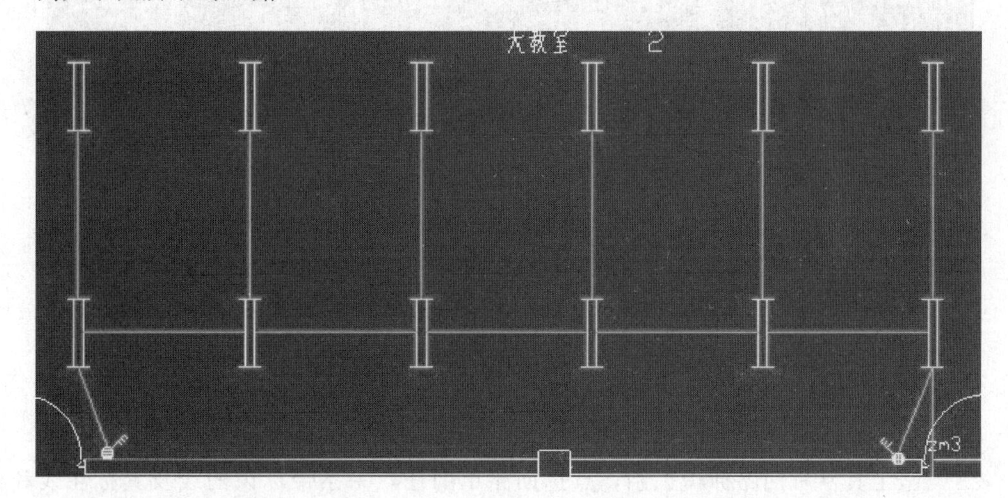

① 点到电气—电线导管的界面。

② 点击工具栏—回路识别，点选回路单的任意一断线，鼠标右键第一次，软件会把这个回路的线全部找到，以蓝颜色的选中状态显示出来。

③ 查看一下软件找的回路是否正确，若不正确，可以通过点击左键的方式增加或是反选掉不正确的线，若没有问题，鼠标右键第二次确认。

④ 在弹出的“选择要识别成的构件”中，新建相对应的构件，并且修改相应构件的属性值。

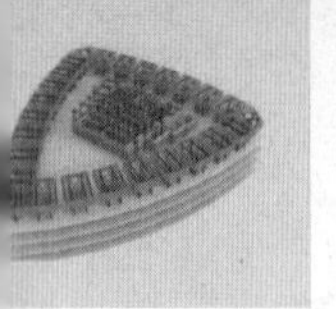

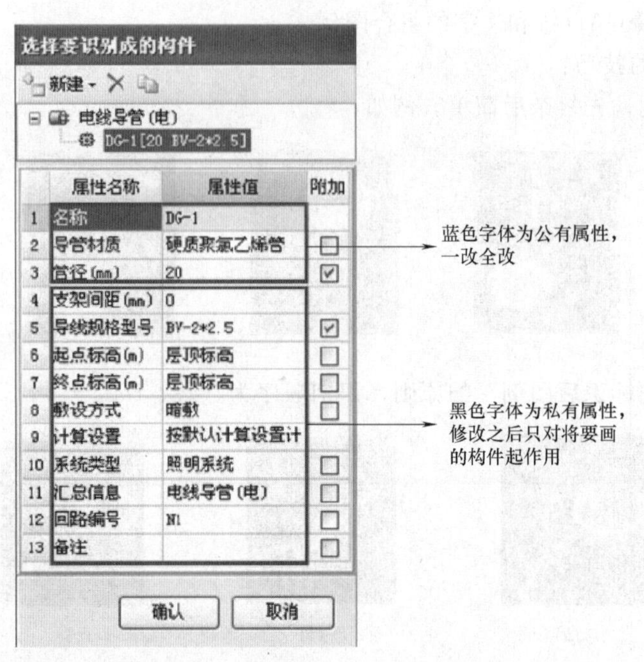

⑤ 构件的属性值修改完成后，点击确认。

(2) 回路标识识别（对于同一回路单的各段管里穿线的根数不一样）

例如下图所示的回路：

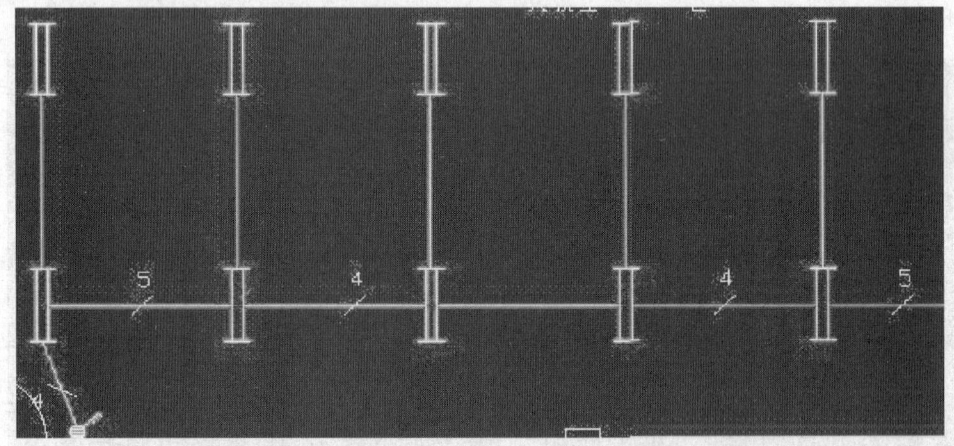

① 点到电气—电线导管的界面。

② 点击工具栏—回路标识识别，点选回路单的任意一条带标识的线及其标注线和标注，鼠标右键第一次，软件会把这个回路的线全部找到，以蓝颜色的选中状态显示出来。

③ 查看一下软件找的回路是否正确，若不正确，可以通过点击左键的方式增加或是反选掉不正确的线，若没有问题，鼠标右键第二次确认。

④ 在弹出的“构件编辑窗口”中修改构件名称和规格型号，对话框内导线根数“本行指定默认构件”是指图纸中没有带标识的那段管线，“2”是指图纸中带标识“2”的管段管线；“4”是指图纸中带标识“4”的管段管线；“5”是指图纸中带标识“5”的管段管线。

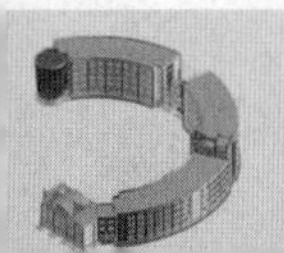

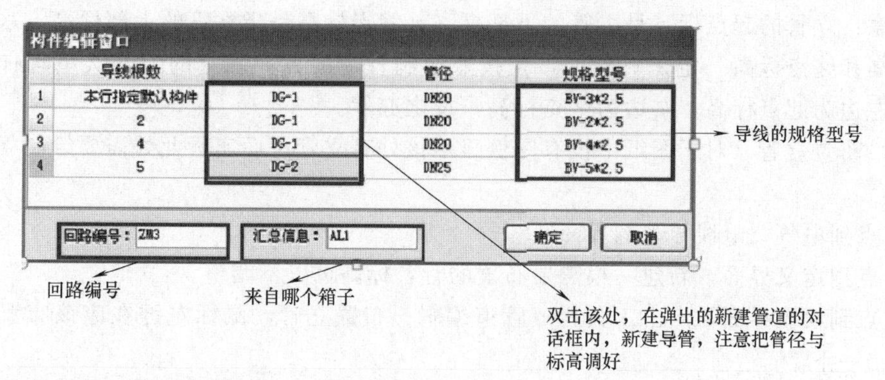

⑤ 构件的属性值修改完成后，点击确定。

（3）选择识别立管（对于图纸中带有引上线或引下线标识的情况）

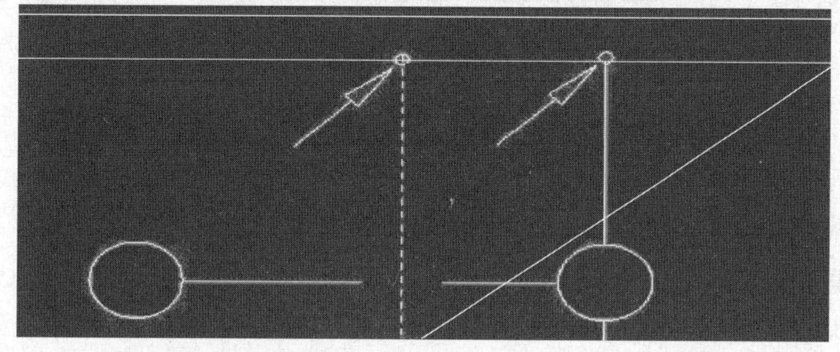

① 点到电气—电线导管的界面。

② 点击工具栏—选择识别立管，框选引上符的圆圈，点击鼠标右键。

③ 在弹出的“选择要识别成的构件”中，新建相对应的构件，并修改相应构件的属性值。

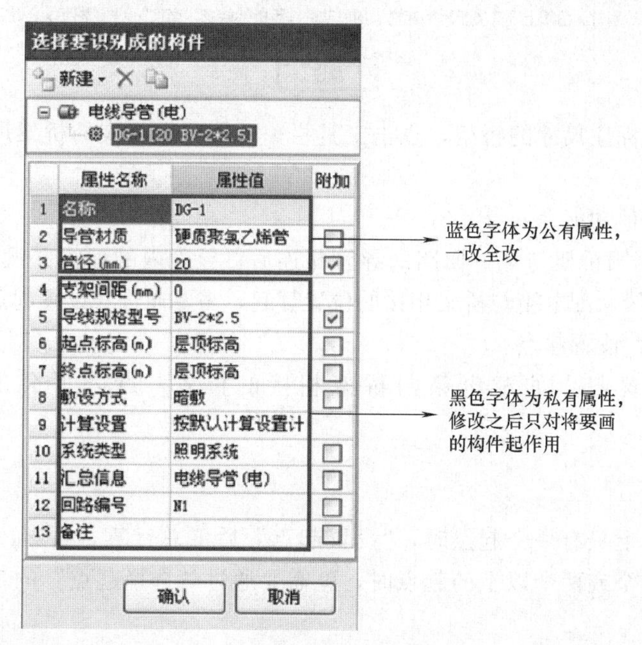

④ 构件的属性值修改完成后，点击确认。

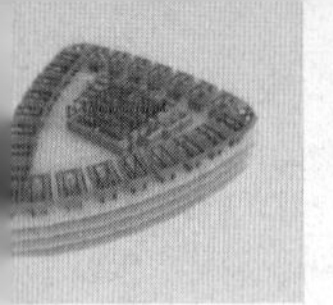

注意：立管的起点标高是立管的下部标高，终点标高是指立管的上部标高，水平管的起点标高和终点标高一定是一致的，是按照绘制管道的方向确定的，若从左向右绘制管道，则左边为起点标高，右边为终点标高，反之亦然。

（4）布置立管（对于图纸中没有图例显示该处有立管，而实际此处需要绘制立管的情况）

① 点到电气—电线导管的界面。

② 点到定义界面，新建一根需要布置的管，标高可以不调整。

③ 点到绘图界面，点击工具栏—管道编辑—布置立管，鼠标左键在应该布置立管的位置点击一下。

④ 在弹出的“立管标高设置”中调整立管的起点标高和终点标高。

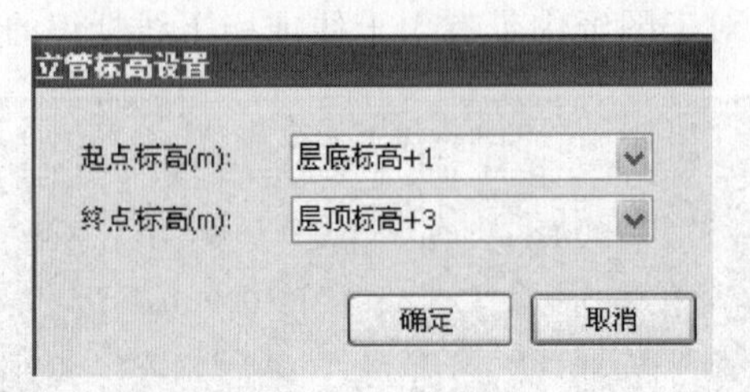

⑤ 立管调整完成后，点击确定。

5. 识别桥架

（1）点到电气—电线导管的界面。

（2）点击工具栏—识别桥架，点选桥架的两条边线，右键确认。

（3）右键确认后，若桥架没有标注尺寸，则会出现如下提示。

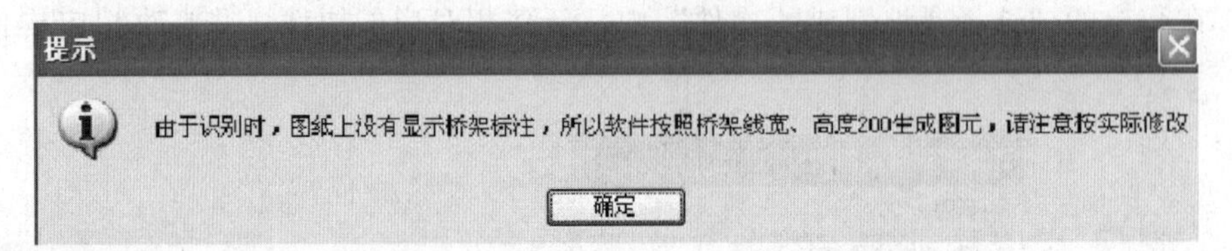

（4）选择没有标注尺寸的桥架，点击工具栏—属性，把相应的桥架尺寸修改成正确的即可。

（5）桥架的其他功能

1）设置起点（当桥架与某一回路的导管相连后，导管内的配线并没有延伸到桥架里，为了让导管内的配线从配电箱与桥架相接的位置算起，需要通过“设置起点”的功能处理）

① 点击工具栏-设置起点。

② 在应该设置起点的配电箱与桥架相接的位置，点一下会出现一个黄叉即可。

注意：当桥架上只有一个起点时，“设置起点”后汇总计算，桥架内配线量就计算出来，当桥架上有两个或两个以上的起点时，就需要通过“选择起点”的功能，选取每条回路的起始位置。

2）选择起点（当桥架有两个或以上起点时使用此功能）

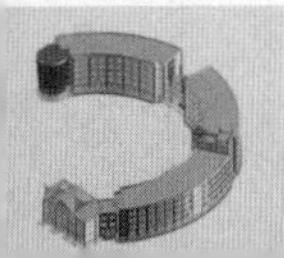

① 点击工具栏—选择起点。

② 选中桥架出线处的导管（该导管一定要和桥架直接相连，比如俯视的时候看水平管与桥架似乎是相连了，但是由于二者之间有高差，二者之间有一段立管，这时我们需要选中这段立管），右键确认。

③ 在弹出的对话框中选定桥架的起点。

④ 起点选择完成后，点击确定。

3）取消起点（当选择完起点后，需要把某一回路的已选择好的起点取消，可以用此功能）

① 点击工具栏—取消起点。

② 点选桥架出线处需要取消起点的导管（该导管一定要和桥架直接相连，比如俯视的时候看水平管与桥架似乎是相连了，但是由于二者之间有高差，二者之间有一段立管，这时我们需要选中这段立管），右键确认。

4）检查线缆计算路径（用于查看某一回路的计算路径）

① 点击工具栏—检查线缆计算路径。

② 点选桥架出线处需要查看线缆计算路径回路的导管（该导管一定要和桥架直接相连，比如俯视的时候看水平管与桥架似乎是相连了，但是由于二者之间有高差，二者之间有一段立管，这时我们需要选中这段立管），会以绿颜色显示出该回路的一个计算的路径。

6. 分类查看工程量

此功能可以根据自己的需要任意提量。

（1）点击汇总计算，等待计算完成。

（2）点击工程量—分类查看工程量会弹出如下对话框。

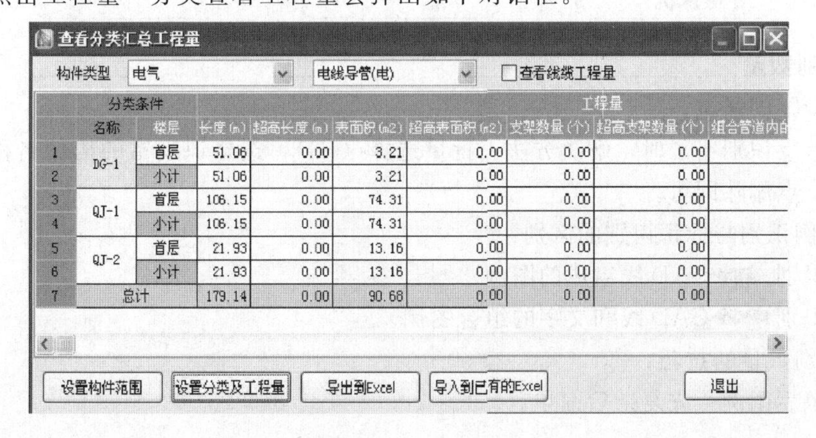

	分类条件		工程量						
	名称	楼层	长度(m)	超高长度(m)	表面积(m2)	超高表面积(m2)	支架数量(个)	超高支架数量(个)	组合管道内的
1	DG-1	首层	51.06	0.00	3.21	0.00	0.00	0.00	
2		小计	51.06	0.00	3.21	0.00	0.00	0.00	
3	QJ-1	首层	106.15	0.00	74.31	0.00	0.00	0.00	
4		小计	106.15	0.00	74.31	0.00	0.00	0.00	
5	QJ-2	首层	21.93	0.00	13.16	0.00	0.00	0.00	
6		小计	21.93	0.00	13.16	0.00	0.00	0.00	
7	总计		179.14	0.00	90.68	0.00	0.00	0.00	

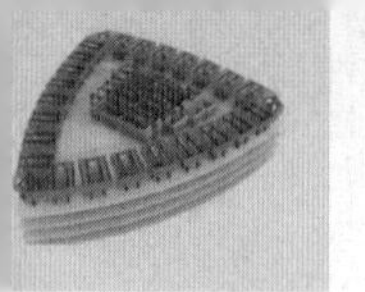

（3）点击“设置分类及工程量”，在弹出的“设置分类条件及工程量输出”的对话框内，勾选自己需要设置的分类条件。

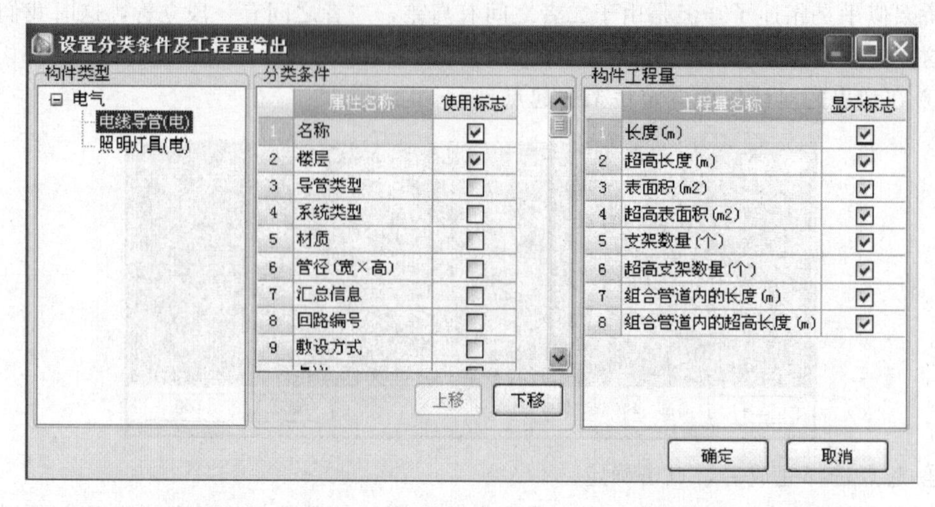

（4）分类条件勾选完成后再通过上下移动，调整分类层次，然后点击确定。

1.5 弱电专业

1. 弱电的操作流程

识别数量 ➡ 识别长度 ➡ 分类查看工程量

2. 弱电要算哪些量

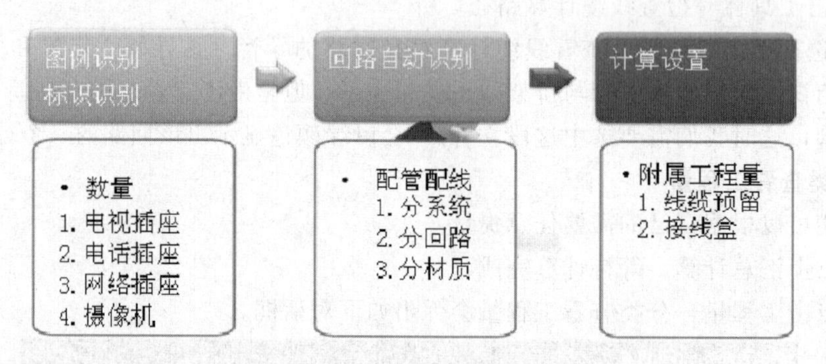

3. 识别数量

操作步骤同强电。

注意：①识别错了时，解决方法：批量选择（F3），选择识别错的构件名称，确认点鼠标右键，点删除即可。

② 图例识别与标识识别的区别：

图例识别 ➡ CAD 线组成的图例；

标识识别 ➡ CAD 线和文字的组合图例。

③ 识别数量的技巧：

先标识后图例；先复杂后简单。

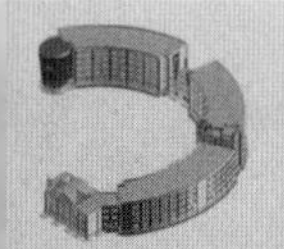

4. 识别长度

(1) 回路自动识别（一次性识别一个配电箱出来的多个回路或者多个配线箱出来的多个回路）例如下图所示的回路：

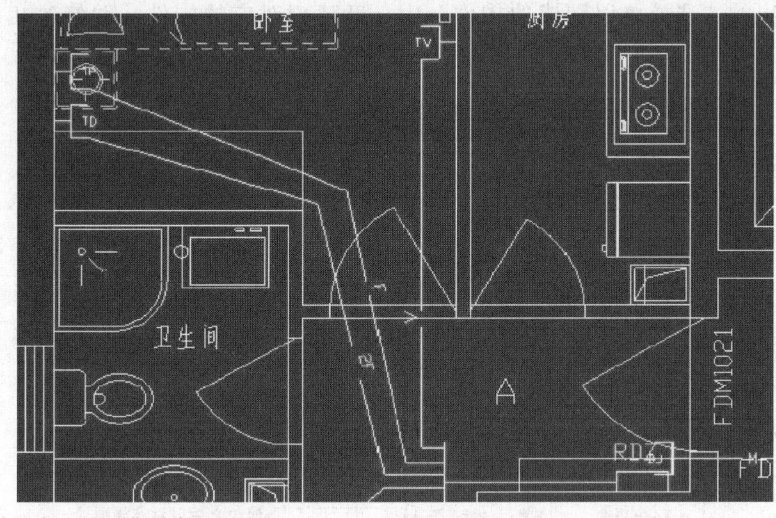

① 点到电气—电缆导管的界面。

② 点击工具栏—回路自动识别，点选其中一条回路的任意一段线，软件会把整个回路找到，以蓝颜色显示出来，注意要查看软件找到的回路是否正确，若不正确，可通过点击左键的方式增加或反选掉不正确的线，若正确右键确认，表示该回路没有问题，以此类推，把所有的回路选中。

③ 所有的回路都找到后，然后再一次右键，软件会弹出如下对话框，把构件名称和规格型号按照标识对应输入，例如本例中电缆规格型号如下：

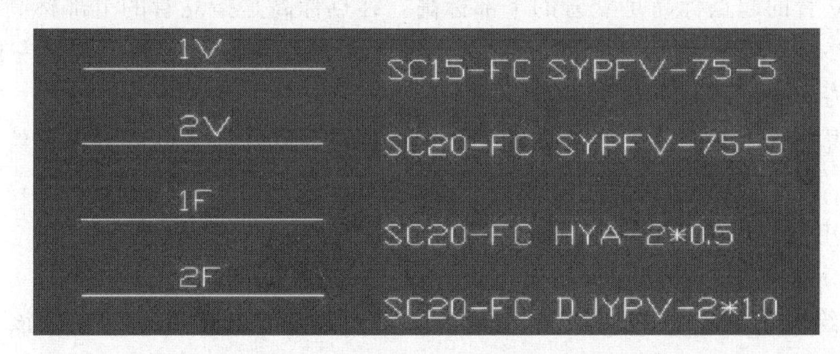

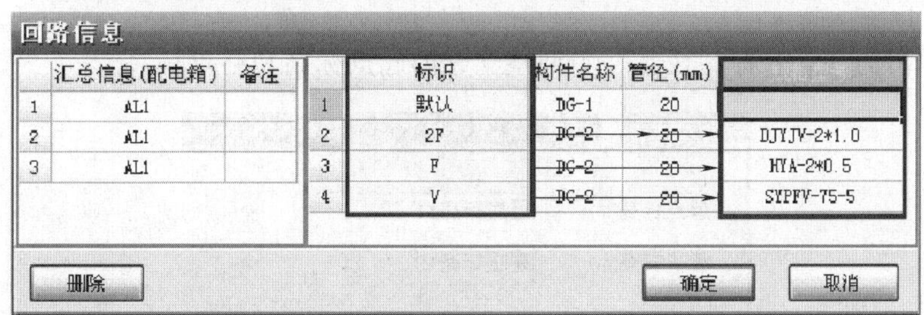
回路信息

	汇总信息(配电箱)	备注
1	AL1	
2	AL1	
3	AL1	

	标识	构件名称	管径(mm)	
1	默认	DG-1	20	
2	2F	DG-2	20	DJYJV-2*1.0
3	F	DG-2	20	HYA-2*0.5
4	V	DG-2	20	SYPFV-75-5

删除　确定　取消

注意：标识与规格型号要一一对应正确。

④ 确认无误后点击确定。

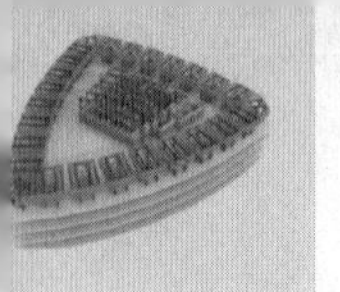

（2）选择识别立管（对于图纸中带有引上线或引下线标识的情况）

① 点到电气—电线导管的界面。

② 点击工具栏—选择识别立管，框选引上符的圆圈，点击鼠标右键。

③ 在弹出的“选择要识别成的构件”中，新建相对应的构件，并修改相应构件的属性值。

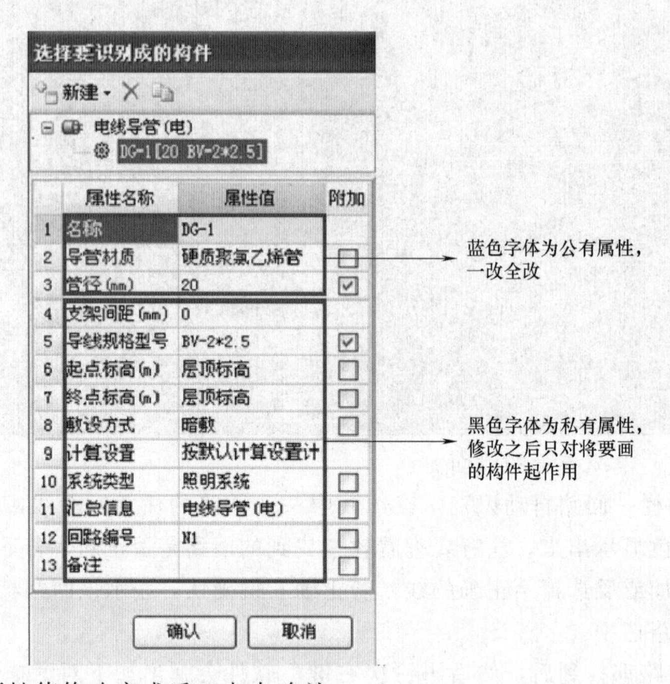

④ 构件的属性值修改完成后，点击确认。

注意：立管的起点标高是立管的下部标高，终点标高是指立管的上部标高，水平管的起点标高和终点标高一定是一致的，是按照绘制管道的方向确定的，若从左向右绘制管道，则左边为起点标高，右边为终点标高，反之亦然。

（3）布置立管（对于图纸中没有图例显示该处有立管，而实际此处需要绘制立管的情况）

① 点到电气—电线导管的界面。

② 点到定义界面，新建一根需要布置的管，标高可以不调整。

③ 点到绘图界面，点击工具栏—管道编辑—布置立管，鼠标左键在应该布置立管的位置点击一下。

④ 在弹出的“立管标高设置”中调整立管的起点标高和终点标高。

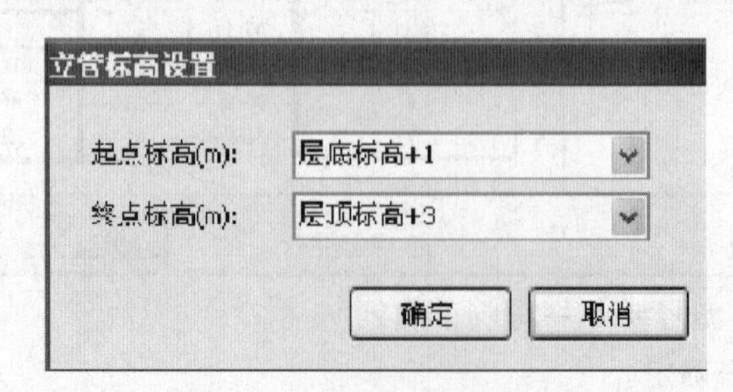

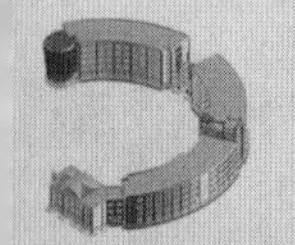

⑤ 立管调整完成后，点击确定。

5. 识别桥架

（1）点到电气—电线导管的界面。

（2）点击工具栏—识别桥架，点选桥架的两条边线，右键确认。

（3）右键确认后，若桥架没有标注尺寸，则会出现如下提示。

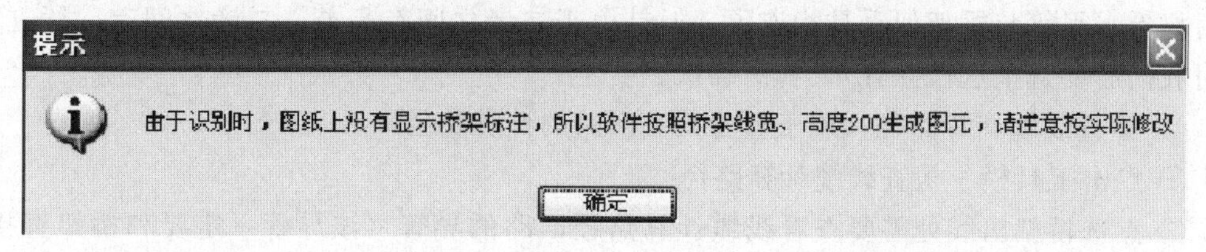

（4）选择没有标注尺寸的桥架，点击工具栏—属性，把相应的桥架尺寸修改成正确的即可。

（5）桥架的其他功能

1）设置起点（当桥架与某一回路的导管相连后，导管内的配线并没有延伸到桥架里，为了让导管内的配线从配电箱与桥架相接的位置算起，需要通过“设置起点”的功能处理）

① 点击工具栏—设置起点。

② 在应该设置起点的配电箱与桥架相接的位置，点一下会出现一个黄叉即可。

注意：当桥架上只有一个起点时，“设置起点”后汇总计算，桥架内配线量就计算出来，当桥架上有两个或两个以上的起点时，就需要通过“选择起点”的功能，选取每条回路的起始位置。

2）选择起点（当桥架有两个或以上起点时使用此功能）

① 点击工具栏—选择起点。

② 选中桥架出线处的导管（该导管一定要和桥架直接相连，比如俯视的时候看水平管与桥架似乎是相连了，但是由于二者之间有高差，二者之间有一段立管，这时我们需要选中这段立管），右键确认。

③ 在弹出的对话框中选定桥架的起点。

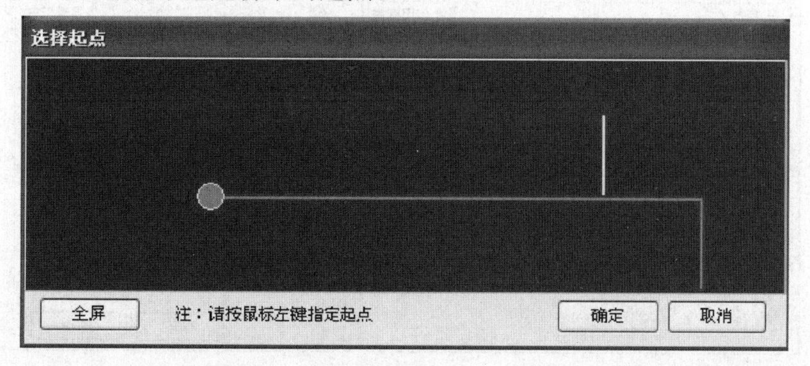

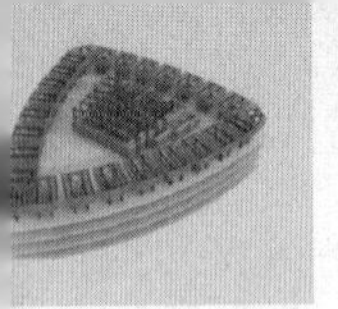

④ 起点选择完成后，点击确定。

3）取消起点（当选择完起点后，需要把某一回路的已选择好的起点取消，可以用此功能）

① 点击工具栏—取消起点。

② 点选桥架出线处需要取消起点的导管（该导管一定要和桥架直接相连，比如俯视的时候看水平管与桥架似乎是相连了，但是由于二者之间有高差，二者之间有一段立管，这时我们需要选中这段立管），右键确认。

4）检查线缆计算路径（用于查看某一回路的计算路径）

① 点击工具栏—检查线缆计算路径。

② 点选桥架出线处需要查看线缆计算路径回路的导管（该导管一定要和桥架直接相连，比如俯视的时候看水平管与桥架似乎是相连了，但是由于二者之间有高差，二者之间有一段立管，这时我们需要选中这段立管），会以绿颜色显示出该回路的一个计算的路径。

6. 分类查看工程量

此功能可以根据自己的需要任意提量。

（1）点击汇总计算，等待计算完成。

（2）点击工程量—分类查看工程量会弹出如下对话框。

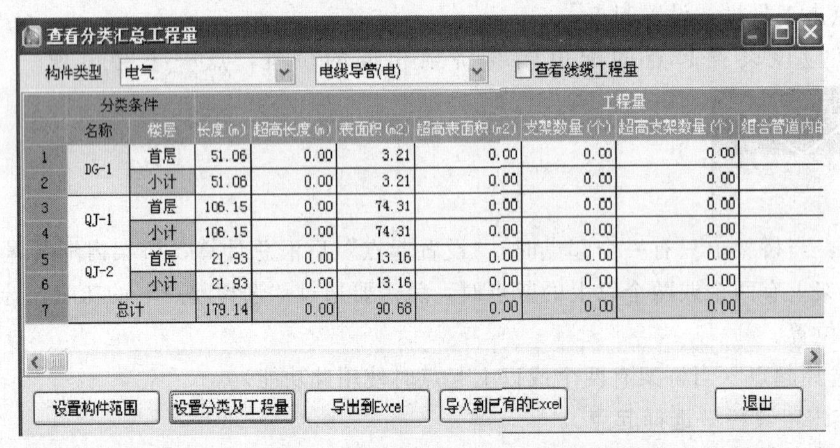

（3）点击“设置分类及工程量”，在弹出的“设置分类条件及工程量输出”的对话框内，勾选自己需要设置的分类条件。

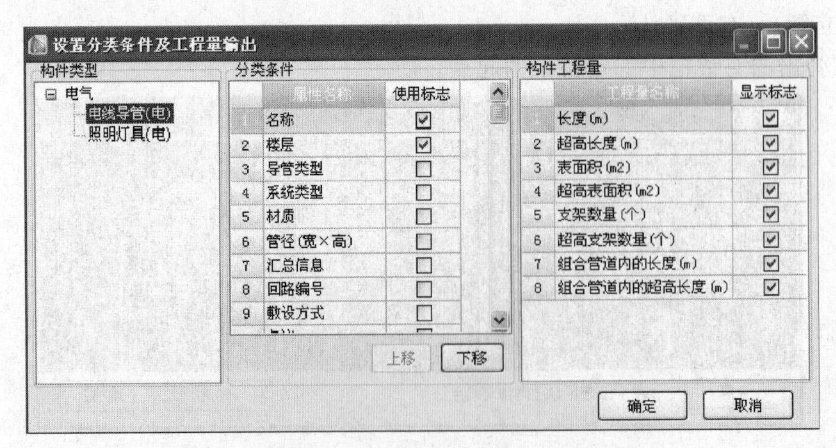

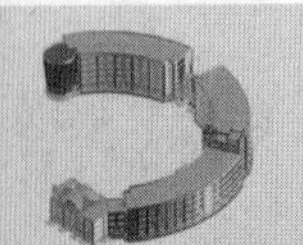

（4）分类条件勾选完成后再通过上下移动，调整分类层次，然后点击确定。

1.6 给水排水

1. 给水排水整体操作流程

识别数量 ➡ 识别长度 ➡ 分类查看工程量

2. 识别个数（包括卫生器具、设备）

流程：单击图例识别或标识识别—点选或者框选要识别的图例—单击右键—输入属性值（类型），使用图例识别或标识识别。

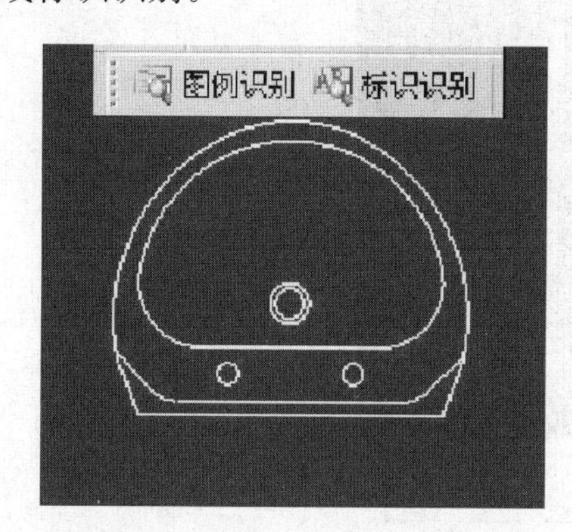

注意：识别完成之后可以通过颜色的变化来辨别是否识别成功。

点击 选择 按钮，单击“批量选择”，如图所示，有虚框的是已经识别的。

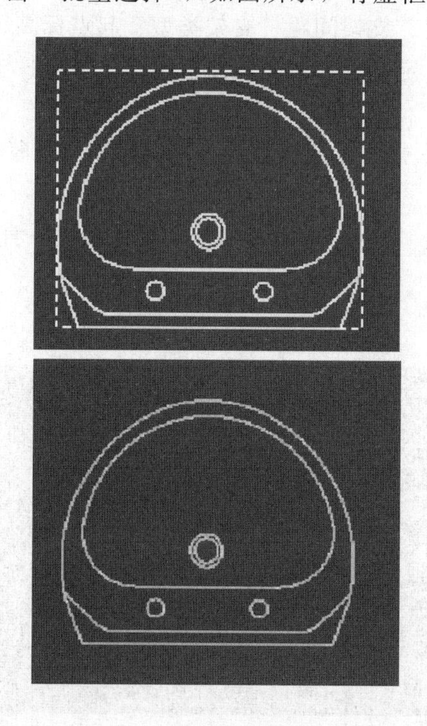

3. 识别长度

（1）水平管

识别管道时，需要注意理解一个概念即起点标高、终点标高，水平管和立管代表的意思是不一样的。如图所示。

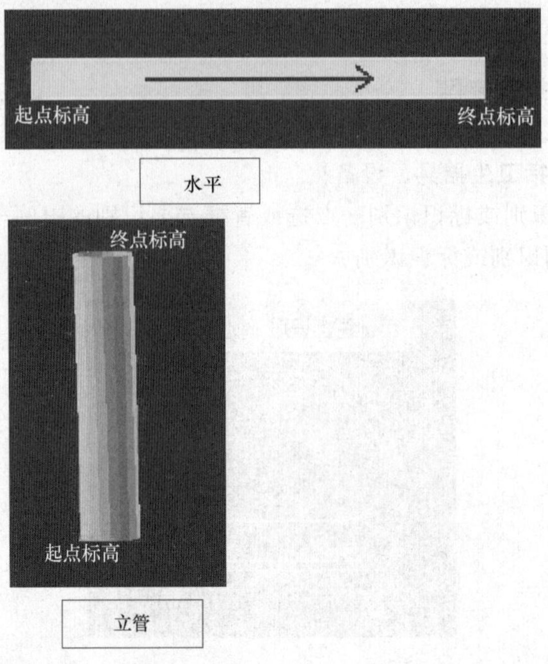

① 选择识别（水平管道）

流程：单击“选择识别”—选择要识别的 CAD 线—单击右键—输入属性值（管径、材质、保温材质、保温厚度、支架间距、支架类型、起点标高、终点标高）。

注意：在识别管道时，定义管道的属性值包括保温厚度、支架间距、支架类型、起点标高、终点标高。

② 直线绘制，由于给水排水专业的特点画图时候不同管径的管道直接用一根线绘制，因此可以用直线绘制。

流程：定义构件—单击“直线”—通过切换“构件列表”直接用直线绘制成功。

(2) 立管

① 选择识别立管

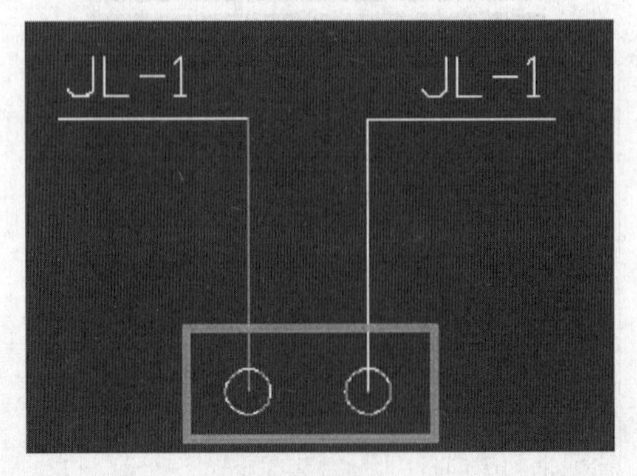

流程：单击“选择识别立管”—选择立管符号—单击右键—输入属性值。

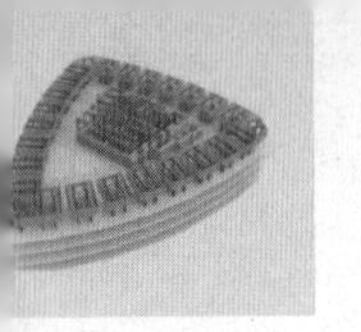

注意：使用选择识别立管功能，图纸上必须有立管符号。

② 布置立管

流程：切换构件列表—单击管道编辑—布置立管—在需要布置立管的位置单击左键—输入立管的标高属性。

注意：一定记得是先切换构件列表，否则布置的立管即为构件列表默认的构件。

（3）延伸水平管 管道编辑 - 延伸水平管（为了将水平管与立管相交）

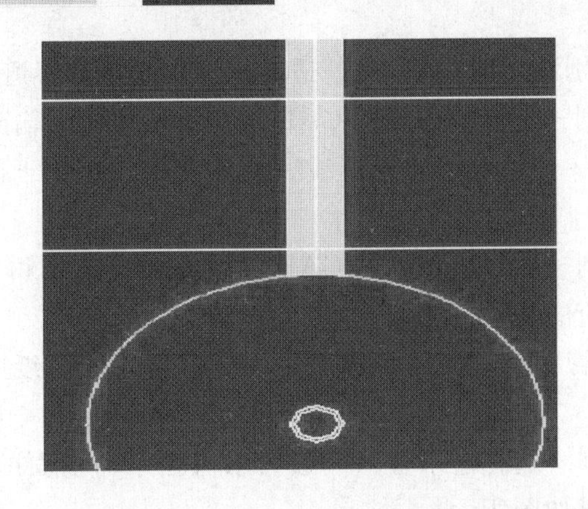

（4）系统样式

识别完所有系统的管道之后，软件可以按不同系统进行颜色区分。

流程：单击“工具”—系统样式—修改边框颜色和填充颜色。

4. 识别阀门法兰

点阀门法兰的图例识别或标识识别（操作同上）。

注意：输入阀门的属性值时，规格型号千万不要输入，软件会根据阀门所在管道自动将规格型号匹配给阀门法兰。

5. 识别管道附件（水表，过滤器之类）

点管道附件的图例识别或标识识别（操作同上）。

注意：输入管道附件的属性值时，规格型号不要输入，软件会根据阀门所在管道自动将规格型号匹配给阀门法兰，识别管道附件之前一定要先识别管道，对于没有在管道上的阀门或其他管道附件，放在设备界面识别。

6. 汇总计算

7. 分类查看工程量

流程：工程量—分类查看工程量—设置分类及工程量调整表格样式—导出到 EXCEL。

1.7 喷淋

1. 识别喷头

使用图例识别。

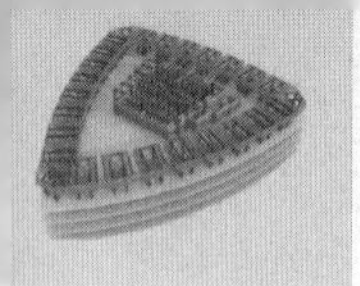

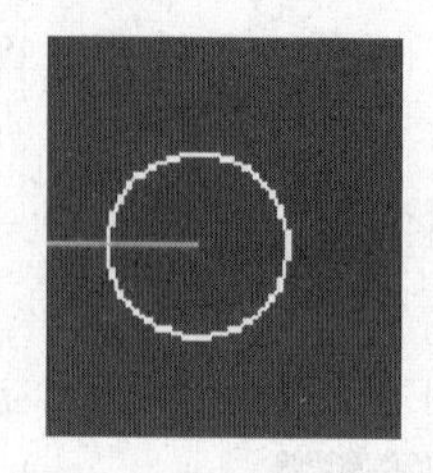

2. 识别长度

（1）水平管

① 选择识别：只识别选中的CAD线，适用于识别少量的管道。

流程：单击选择识别—选择要识别的CAD线—单击右键—输入管道的属性值。

② 标识识别：将同一管径大小的管道线一次性识别，适用于图纸中全部标注有管径大小的图纸。

流程：单击标识识别—选择要识别的CAD线及和对应的标识—单击右键—指定横管对应的构件及短立管对应的构件。

③ 自动识别：根据管径对应喷头个数原则识别，适用于图纸中没有标注全部管径的图纸。

流程：单击自动识别—选择进水管（一般为水流指示器前面的那根管）—单击右键按照管径大小依次建立管道如图所示。

	构件名称	管径	接喷头数最大值
1	(立管)XHSMH-1	DN25	1
2	XHSMH-1	DN25	1
3	XHSMH-2	DN32	3
4	XHSMH-3	DN40	4
5	XHSMH-4	DN50	8
6	XHSMH-5	DN65	12
7	XHSMH-6	DN80	32
8	XHSMH-7	DN100	64
9	XHSMH-8	DN150	>64

识别前注意：①喷头要识别完；②管道线无断折（延伸）。

识别时注意：①选择有转角的配水干管线；②第一行指定立管构件要填入；③添加配水支管时管径与名称一一对应；④接喷头数最大值按实际图纸情况输入。

（2）立管

① 选择识别立管（立管）

流程：单击“选择识别立管”—选择立管符号—单击右键—输入属性值。

注意：使用选择识别立管功能，图纸上必须有立管符号。

② 布置立管

流程：切换构件列表—单击管道编辑—布置立管—在需要布置立管的位置单击—输入立管的标高属性。

注意：一定记得是先切换构件列表，否则布置的立管即为构件列表默认的构件。

3. 识别阀门法兰

点阀门法兰的图例识别或标识识别（操作同上）。

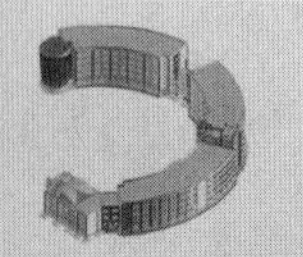

注意：输入阀门的属性值时，规格型号千万不要输入，软件会根据阀门所在管道自动将规格型号匹配给阀门法兰。

4. 识别管道附件（水表）

点管道附件的图例识别或标识识别（操作同上）。

注意：输入管道附件的属性值时，规格型号千万不要输入，软件会根据阀门所在管道自动将规格型号匹配给阀门法兰，识别管道附件之前一定要先识别管道，对于没有在管道上的阀门或其他管道附件，放在设备界面识别。

5. 汇总计算

6. 分类查看工程量

流程：工程量—分类查看工程量—设置分类及工程量调整表格样式—导出到EXCEL。

1.8 通风设备

（1）点击通风空调专业中的"通风设备"。

（2）点击工具栏区的"图例识别"。

（3）框选某一个图例，右键确认，弹出"选择要识别的构件"对话框。

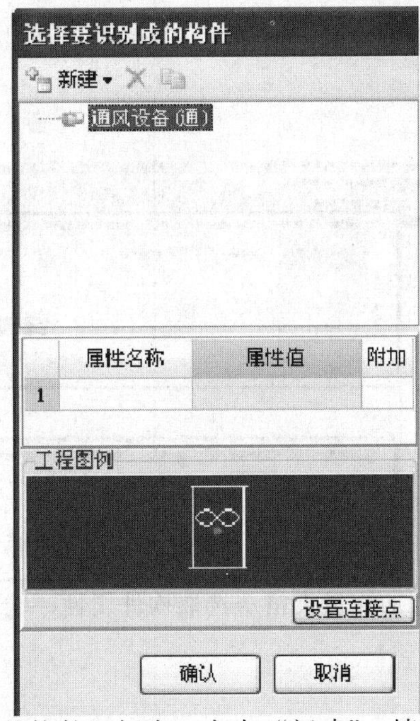

（4）在"选择要识别成的构件"框中，点击"新建"，填写实际工程相关的信息。

（5）点"确认"即可识别完设备。

注意：识别错了时，解决方法：

批量选择（F3），选择识别错的构件名称，确认点鼠标右键，点删除即可。

1. 识别风管（操作的时候状态栏都有文字帮助提示，按照提示操作）

使用自动识别或选择识别

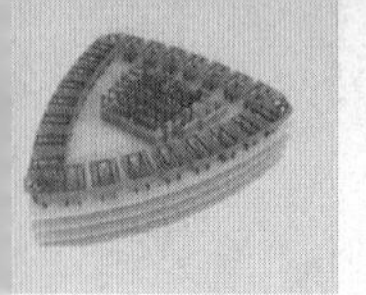

2. 识别通头

风管识别好之后，会发现风管和风管之间没有连接上。

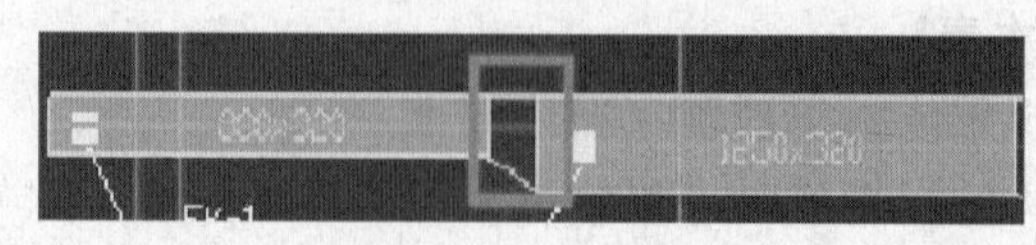

点击“识别通头”或“批量识别通头”，按照状态栏操作提示进行操作。

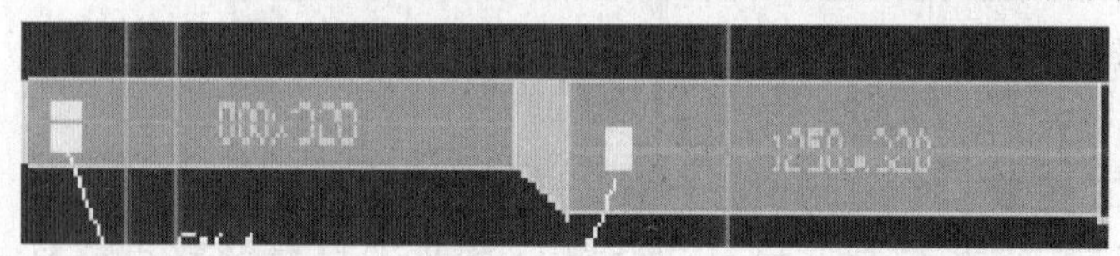

注意：天圆地方的识别方法同“识别通头”。

3. 识别风管部件

使用图例识别或标识识别（操作同上）。

注意：对于没有在风管上的风管部件，放在通风设备界面识别。

1.9 无CAD图

（1）导图片

整体流程：导入图片—设置比例—定位图片—定义构件—绘制图元。

（2）表格输入

界面介绍：如图所示。

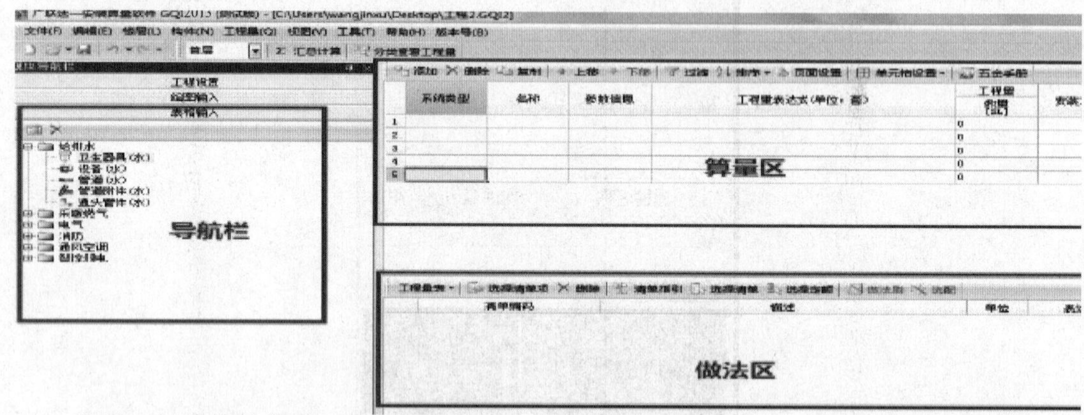

流程：新建构件类型—添加算量表格—选取构件属性—输入计算数据—汇总计算—分类查看工程。

1.10 答疑解惑

1.10.1 CAD图

1. 基础层的含义是什么？

答：基础层高就是基础的厚度，比如说筏板基础500mm厚，那层高就是0.5m。好

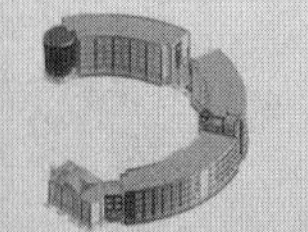

多客户把基础层理解为地下层了。

2. 相同层数?

答:电气专业不建议使用相同层数,因为跨层桥架可能会有问题。

3. 软件单面实际尺寸与标注尺寸的比是什么意思?

答:很多客户会跟CAD图单面的比例进行混淆,其实软件这个比例跟CAD图的比例没有任何的关系。一定是把图导进软件之后进行测量,比如测出来是5000,图上标的实际尺寸是8000,那么比例应该输入5000∶8000。如图所示。

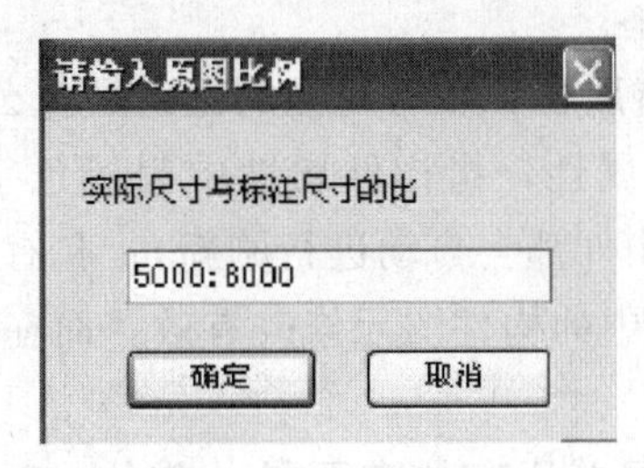

4. CAD图操作的步骤是什么?

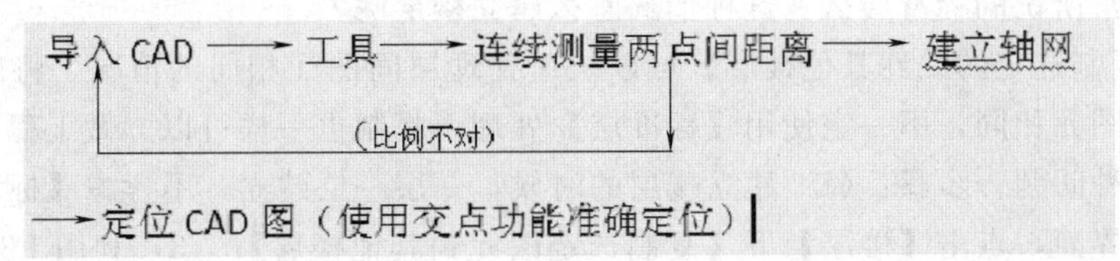

答:定位CAD图的目的就是上下层构件在同一点,使之成为一个整体,所以一定要定位CAD图。

5. 一般CAD图导不进去有哪几种情况?如何处理?

答:(1)块分解炸开,转存为2004版本。

(2)外部参照:菜单栏[插入]下的【外部参照】,将参照的图纸进行绑定,再分解炸开,另存为2004版本。

(3)天正CAD图是用天正软件画的,用TXDC命令将图形转存为T3格式的。

(4)在远处有个点,导致导入软件后,看不见图纸,在CAD内将需要的图纸复制到新的一张CAD内,再导入软件即可。

6. 在点了任何一个命令之后,软件下面都有提示下一步该怎么做,图示为点击了设备连接功能之后的提示。

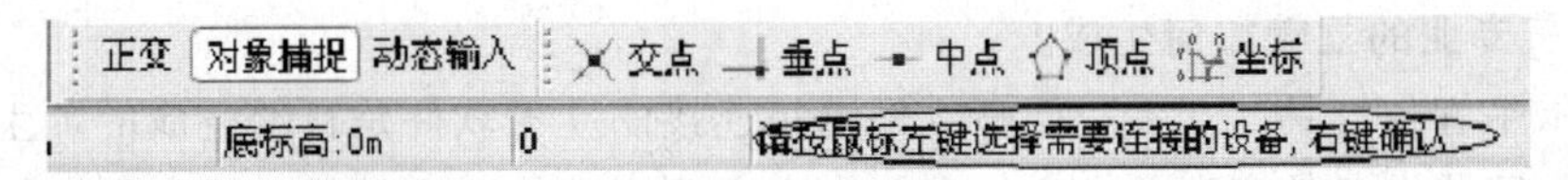

7. 批量选择的用处有哪些?

答:(1)批量修改构件属性;(2)批量删除构件;(3)批量选择构件(批量生成单立柱时候可以用到)。

8. 界面上的"模块导航栏"消失,如何调正常?

答:点击菜单栏【视图】下的【恢复默认界面风格】即可。

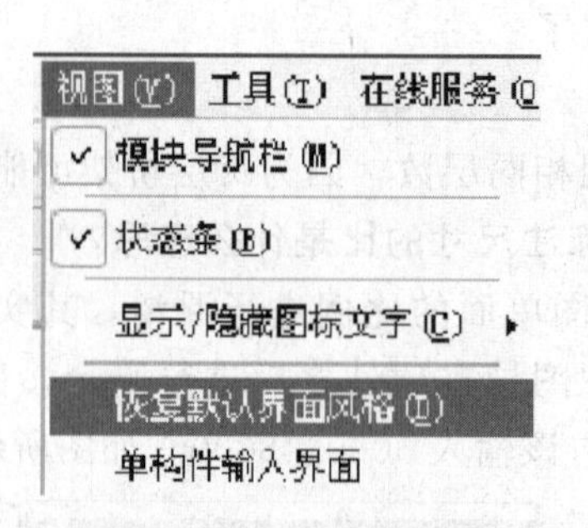

9. GQI2013 软件中，公有属性和私有属性的区别是什么？

答：公有属性：也称公共属性，指构件属性中用蓝色字体表示的属性，是全局属性（任何时候修改，所有的同名构件都会自动进行刷新）；私有属性：指构件属性中用黑色字体表示的属性（只针对当前选中的构件图元修改有效，而在定义界面修改属性则对已经画好的构件无效）。

10. 在工程单，2、4、6 层单所有的东西是一样的，3、5、7 层单的东西是一样的。这是我们通常所说的标准层么？这种情况怎么建立楼层呢？

答：【复制选定图元到其他楼层】可以快速处理层间图元相同的情况。将问题考虑简单化，构件图元相同，不一定使用【标准层】处理，复制也一样可以。做工程中要经常变通地处理各种问题。步骤：(1) 建立楼层的时候，一层一层建立，不考虑【标准层】。(2) 在绘图输入界面，点击【楼层】下【复制选定图元到其他楼层】；(3) 利用 F3 批量选择，选择需要复制的构件，完成楼层间复制。

11. 在 GQI2013 中，为什么导入 CAD 图的时候会出现“另存为”的窗口？

答：因为软件会对各楼层导入的 CAD 图进行分楼层保存，所以要事先告诉软件工程和图纸保存的位置，在弹出的保存界面单，输入路径保存后，就可以直接导入 CAD 图。

12. 识别构件前没有对 CAD 图进行定位，全楼动态观察时，发现楼层间错位怎么办。

答：菜单栏【工具】下边有个【设置原点】，找到每层共有的点，在每层中分别将该位置【设置原点】即可。

1.10.2 电气专业

1. 管的敷设方式是什么？

电气专业管的敷设方式是通过标高来调整的，比如说沿顶敷设就是层顶标高，沿地敷设就是层底标高。

2. 电气专业的立管如何生成？

答：水平管与灯具、开关、插座、配电箱连接的立管软件是自动生成的，生成的原则是水平管与这些设备的高度差。电气专业中会遇到引上线和引下线，需要利用软件的“布置立管”或者“选择识别立管”来生成。

3. 电气专业中，例如出自同一配电箱 AL3 的两个回路分别为 WL1 SC20 BV-3. * 2. 5mm^2 和 WL2 SC20 NHBV-3. * 2. 5mm^2，管的名字相同都是 SC20，如何按照系统、回路、配电箱编号出量？

答：识别构件时，相同管径和材质的只需要新建一个构件，如果管径和材质相同、系

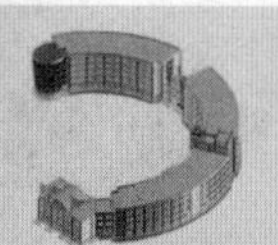

统和回路不同时需要在识别回路时单独修改其私有属性（黑色字体），配电箱编号的信息输在汇总信息单元格内。

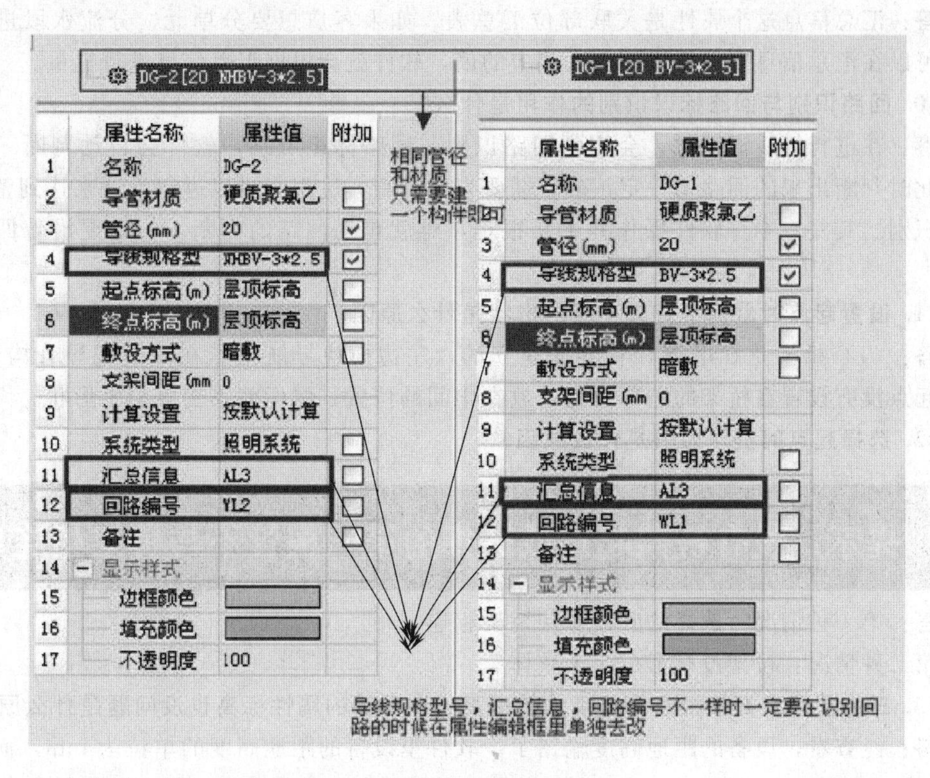

4. 自动生成立管，设备连管生成立管的原则是什么？

答：选择构件列表中目标构件来生成需求的构件。

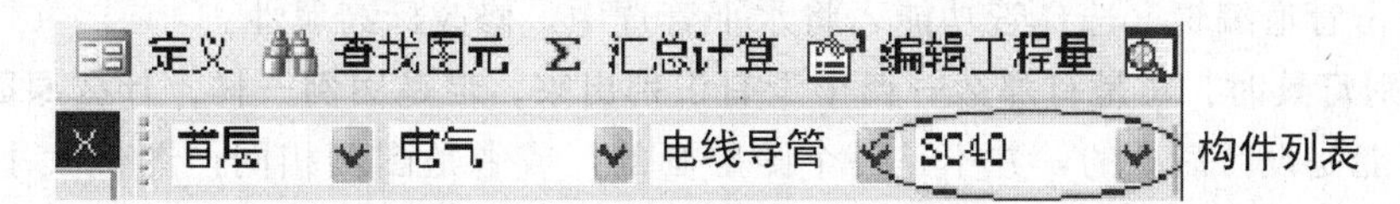

5. 地下配电室电缆直接走电缆沟，怎么处理？

答：此时可以建立一个特殊的桥架，比如201X101的桥架，到汇总的时候将此桥架的长度扣除。

6. 连续CAD之间的误差值如何设置？

答：做工程之前将【CAD操作设置】下的【CAD识别选项】调整【连续CAD线之间的误差值】调成1500mm左右，软件默认的550mm有点小。

7. 一根CAD线代表多根管怎么处理？

答：(1) 可以用直线画法补画剩下的管线。

(2) 可以建立组合管道（做法同桥架）。

(3) 还可以利用配电箱连管的功能。

8. 软件中是否计算了导线的预留长度？

答：软件里是计算了导线的预留长度的。比如说要查看配电箱的导线预留长度，可以选中直接与配电箱相连的那根管查看工程量。而且最终汇总报表的时候也会列出预留导线

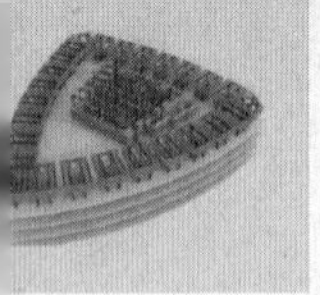

长度。

9. 构件属性里汇总信息的属性有什么用？

答：汇总信息这个属性是关联部位汇总表，如果客户想要分单元、分流水段进行提量，可以在汇总信息属性值里面输入相应的值，软件就会根据汇总信息进行提量。

10. 回路识别与回路标识识别的作用是什么？

答：在进行管线识别时，会用到回路识别与回路标识识别，软件会自动判断一个回路，此时判断出来的回路不一定正确，需要自己判断，过程中可以进行反选来达到整个回路的识别。其实，本身软件操作并不是很难，难就难在回路的判断，一定要沿着回路走一遍。

11. 设置起点时鼠标不变成小手的形状是什么原因？

答：（1）桥架是在电缆导管界面建立的，左边模块导航栏点在了电线导管构件了。（2）起点没有设置在桥架的端部位置，放在中间的位置，鼠标就不变成小手形状。

12. 选择起点时提示如图是什么原因？

提示：没有桥架起点或选择的第一根管不与桥架相连！

答：第一种情况：选择的管没有跟桥架相连。

第二种情况：桥架没有形成一个整体。

13. 三维显示有好多根立管显示的特别高，查看管的属性标高也没问题是什么原因？

答：经查看，设备的距地高度输错了，软件里设备的距地高度的单位为 mm，而不是 m，单位看错了。

14. 客户在识别电气管线时，敷设方式沿顶棚敷设写成沿地敷设了，怎么办？

答：点击管道编辑—选择管功能，将水平管选中，修改标高属性。

15. 识别灯具时，总是有那么一两个没有识别出来，但是图例一样，什么原因？

答：可能是设计后补的，并不是一个图层画的，或者是图例相同但图例大小不一样，只要选中再识别一遍，工程量会自动累加。

16. 电气专业中，配管中既有电线又有电缆该如何处理？

答：如果配管中既有电线又有电缆，只需要在电缆导管中输入内容，用“/”隔开即可。例如：电缆规格型号 YJV-3＊50＋1＊16/3＊bv-3＊2.5。

注意：电线的根数在电线内容前面输入“根数＊”即可。

17. 在电气专业中，配电箱 1AL2 的 WL1 回路的属性错了，怎样方便地找到这个配电箱下面 WL1 回路的所有管线？

答：点击【查找图元】，在查找属性框中属性信息里面汇总信息输入箱子名称，在回路编号中输入回路名称，点查找即可。

18. 电气专业中，照明灯具和开关插座识别时没有区分回路编号，最后如果想依据其归属的回路编号查看各自的量如何处理？

答：步骤 1：可以点击 F3 批量选择需要选择的照明灯具和开关插座，点右键选择【构件自适应属性】。

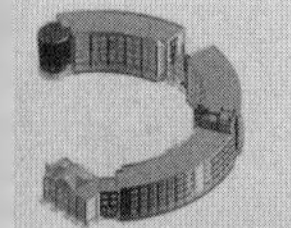

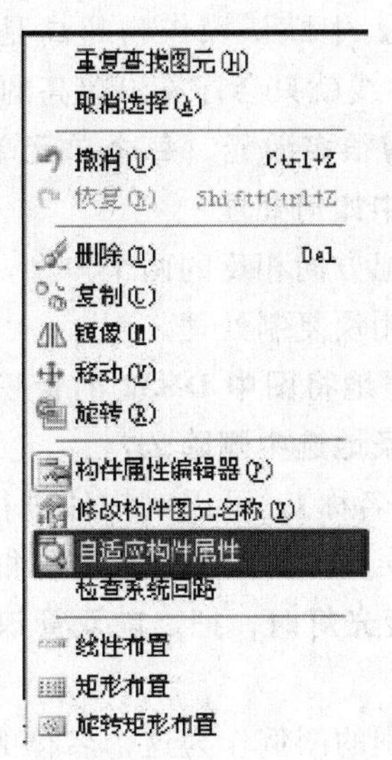

步骤2：在弹出的对话框里把【回路编号】选上，这样照明灯具和开关插座就会根据连接它的回路统一调整编号。

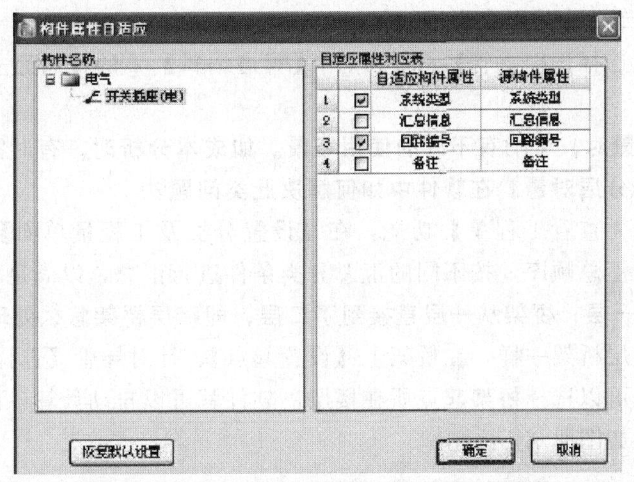

19. 电气专业中的【组合管道】构件在什么时候使用？作用是什么？

答：电气CAD图纸设计时会有这样的情况，为了使图纸清晰，会有一条线代表多条线路的画法，然后再进行线路分支。这种情况下，组合管道构件也是一个构件代表多个构件，分支线各自进行表示。然后利用设置起点，选择起点，就可以了。组合管道本身并不算量，它是一个虚拟的构件，设置起点后，与之相交的分支管道会沿着组合管道的走向计算工程量，并且组合管道线路的走向还可以通过【管道编辑】下【检查线缆计算路径】功能形象地看到。

20. 荧光灯做成的灯带怎么计算？

答：先把灯带识别成算长度的构件，然后在单构件界面用总长度除以单个荧光灯长度得出套数。

21. 电气专业中，导线长度计算时同时选择代码“长度”和“超高长度”，为什么计算后只有超高长度的量？

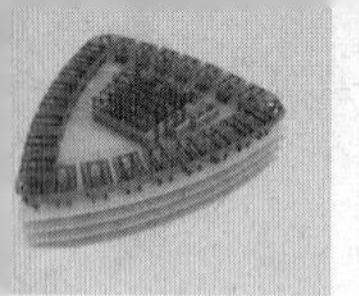

答：电气专业的【计算设置】中默认操作物超高是5000mm，如果楼层的层高超过5000mm，那么这些沿顶敷设的导线就只会计算出超高的长度。

22. 在电气专业中，工程里有很多单元（每个单元单的户型都相同），但是图纸上只给出一个单元的线路图，在软件中如何处理？

答：（1）如果两个完全相同但方向相反的两个户型，用块镜像处理；（2）如果两个完全相同、方向相同的两个户型，用块复制处理。

23. 在安装算量中，如果错误地将图中DN32的管识别成了DN25的管，之后发现构件识别错了，怎么办？是一条一条地选中删除么？

答：（1）用【修改构件图元名称】，可以对构件进行批量替换，无需删除，效率高。（2）用F3【批量选择】，可对错误删除的图元更具名称批量删除。

24. 为什么在安装识别单管荧光灯时，把之前双管识别好的图例也改成单管的了？位置也变了？

答：软件会根据名称最后识别的图例作为这个名称的图例。发生错误的原因是在识别单管荧光灯时没有新建，而是直接引用双管荧光灯这个构件。不同的构件一定要新建，并进行对应，这样就不会出现上述问题了。

25. 对于电气专业中的引上引下线如何处理？

答：可以用【选择识别立管】，也可以用【管道编辑】下的【布置立管】的功能直接对立管进行布置。

26. 用户在提量时，可能有不同的使用场景。如成本分析时，有时需要整个建筑的管线用量，有时需要分层对量。在软件中如何解决此类问题？

答：利用【分类查看工程量】功能，在【设置分类及工程量单面】勾选选项进行查量，并可调整报表汇总顺序，按不同的汇总分类条件进行汇总，以满足不同的提量需求。

27. 配电箱在一层，桥架从一层直接到了二层，即跨层桥架怎么处理？

答：跟处理同层桥架一样，在桥架上【设置起点】、针对导管【选择起点】，在弹出的选择起点的界面单可以选择桥架起点所在楼层。软件就可以自动计算各段不同起点、跨层的线缆工程量了，如图所示。

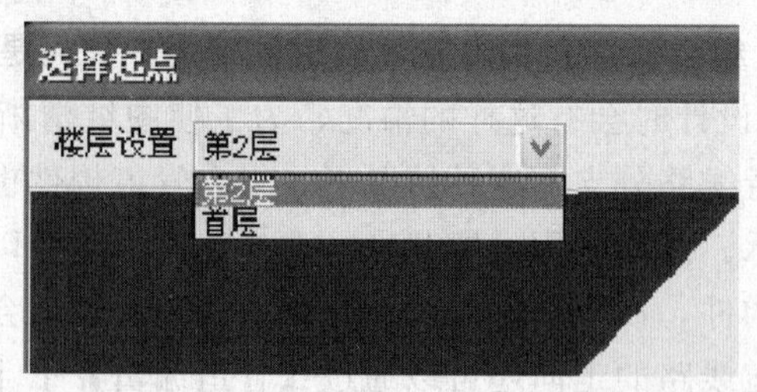

28. 在电气专业中为什么识别完照明灯具之后，点击生成接线盒功能，没有接线盒生成呢？

答：生成接线盒需要：（1）首先识别照明灯具；（2）识别管线；（3）在电气设备构件单【生成接线盒】。完成以上步骤即可实现生成。

29. 识别电气管线时，管线都识别到了设备的中心点处，但手工计算管线时，都是算到墙中心处，这个问题软件有办法解决吗？

答：先在【CAD操作设置〕下拉菜单中选择【CAD识别选择〕，将【设备视为靠墙

敷设的范围最大距离（mm）】改大，然后再识别墙，再进行识别管线就可以了。

30. 桥架没有中心线如何识别？

答：（1）定义桥架直接用“直线”的形式画上去即可。

（2）点击“识别桥架”选择桥架/线槽的两条边线，右键确定。

1.10.3 给水排水

1. 室内外以出户第一个排水检查井为界，无检查井时以出户距外墙皮3m处为界，出户距外墙皮3m处是从排水立管到外墙皮3m吗？

答：外墙皮以外3m处。

2. 起点标高、终点标高的含义是什么？

答：对于水平管来说起点标高与终点标高是一样的。对于竖直管来说起点标高为底，终点标高为顶。如图所示。

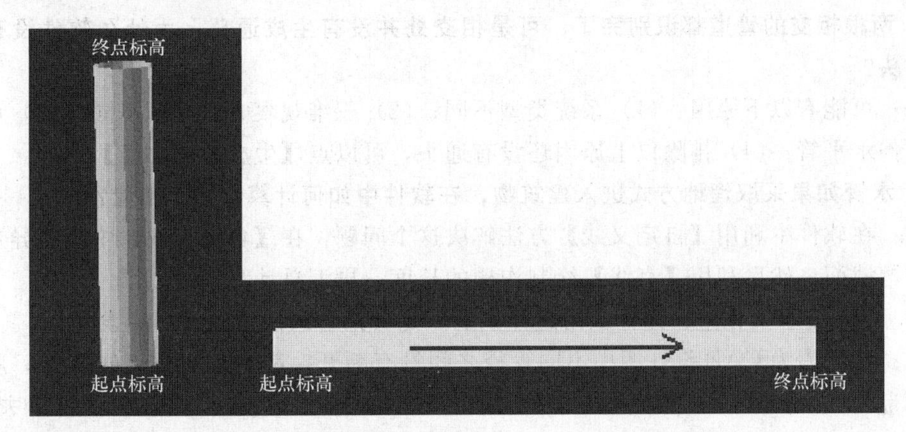

3. 如何利用构件颜色区分不同系统？

答：做完之后将不同系统的管道修改成不同颜色，可以很清楚地区分开不同系统类型。

4. 客户经常会说给水排水专业进户之后有一个反节，是什么意思？

答：一般进户管进户之后都是埋地进入，跟在首层平面图看到的管有一个标高差，这个高差有的客户叫反节。

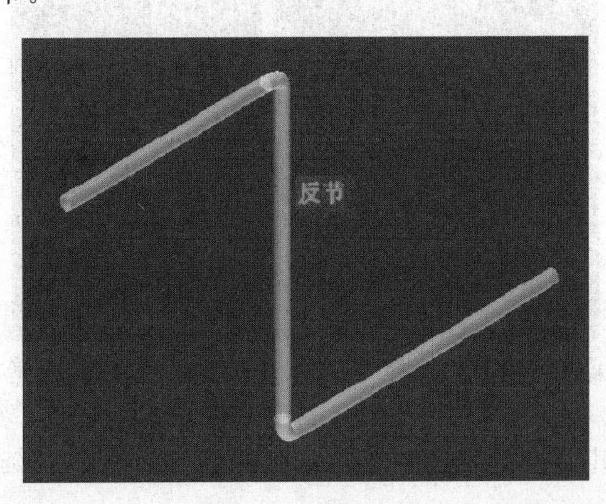

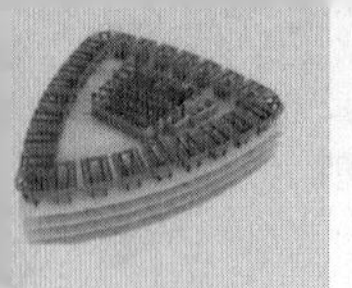

5. 拉伸、修剪、延伸功能如何应用?

答：在识别管道时如果有部分管道未识别出来，用直线补画又会形成管件，此时可以用拉伸功能。

同理使用修剪延伸可以加快算量的速度。

6. 什么材质的管道需要单独提管件?

答：给水 PP-R 管、消防水管需要单独提管件。消防管件软件提出来的与实际是不符合的，因为有些管件实际是不存在的。例如 DN80X80X50X50 实际工程中是不存在的。实际施工会找来一个 DN80 的四通，然后用两个 DN80X50 的异径管来处理这个 DN80X80X50X50 的四通。在软件中管道按照图上标注的管径正常布置，然后在【通头管件】单点击【查看拆分结果】，选中生成的通头，即可看到拆分结果。

7. 在给水排水工程中为什么有的管件和阀门识别不了?

答：在管道没有识别的情况下阀门法兰（附件）是不能识别出来的。

8. 两根相交的管道都识别完了，可是相交处并没有生成通头，为什么软件没有自动生成通头?

答：可能有以下原因：(1) 系统类型不同；(2) 三维观察时，标高不同；(3) 可以试一试延伸水平管；(4) 排除以上原因还没有通头，可以点【生成通头功能】。

9. 水管如果采取埋地方式进入建筑物，在软件中如何计算沟槽工程量?

答：在软件中利用【自定义线】方法解决这个问题，在【自定义线】中新建异形截面建立沟槽截面，然后利用【直线】绘制沟槽的长度，再汇总计算就可以了。

10. 给水排水工程中，为什么用选择识别还是会把管道的管径识别错误?

答：这是因为 CAD 设计图中不同管径之间没有断开，都是用一根直线画的，所以软件不能自动进行打断，需要自己去打断。打断的方式有两种：一种是在 CAD 单去打断，还有一种是利用软件单的 CAD 草图下的打断功能进行打断。如果图中出现有很多这样的情况，打断的话比较麻烦，建议先定义构件然后用描图的形式将管道布置上去。

11. CAD 线单面有好多断开的地方，比如线中间有标注。以前都是用拉伸的方法，有没有什么好方法快速将两条断开的 CAD 线连接起来呢?

答：【延伸水平管】可以将断开距离很大的 CAD 线快速连接。

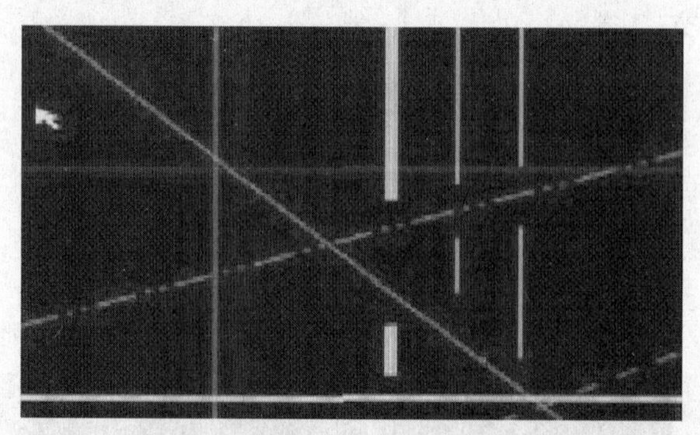

操作：在【管道编辑】单面，选择【延伸水平管】，选择需要延伸的两个管道。两个管道立刻连接起来了。

温馨提示：软件其实可以对连接的范围进行设置。当选择了【延伸水平管】以后，选

择需要延伸管道的一边，点击右键，就会出现以下对话框，可以对延伸的范围进行设置。

水平管延伸范围设置

☑ 水平管与立管延伸

请输入延伸的最大范围(mm): 100

(提示：水平管将在此最大范围内寻找立管并进行自动延伸)

☑ 水平管与水平管延伸

请输入延伸的最大范围(mm): 800

(提示：水平管与水平管将在输入的值范围内寻找并进行自动合并)

确定　取消

12. 管道中的弯管不能生成，怎么处理？

答：打开【CAD操作设置】单的【CAD识别选项】，可选择弧的直径调到最小即可。见下图。

CAD识别选项

选项	值
设备和管连接的误差值(mm):	5
连续CAD线之间的误差值(mm):	550
判断CAD线是否首尾相连的误差值(mm):	5
作为同一根线处理的平行线间距范围(mm):	5
判断两根线是否平行允许的夹角最大值(单位为度):	4
选中标识和要识别CAD线之间的最大距离(mm):	3500
拉框选择操作中，允许选中CAD弧的最小直径(mm):	1000
表示管线有标高差的短圆最大直径值(mm):	500
作为同一组标注处理的最大间距(mm):	2000
可以合并的cad线之间的最大间距(mm):	3000

13. 在CAD图上，两个不同系统的CAD是交在一起的，可是在软件识别时，它们也相交在一起，并且生成四通，在软件中怎么解决？

答：点击【管道编辑】下的【扣立管】，让一个管道绕过另外一个管道即可，如图所示。

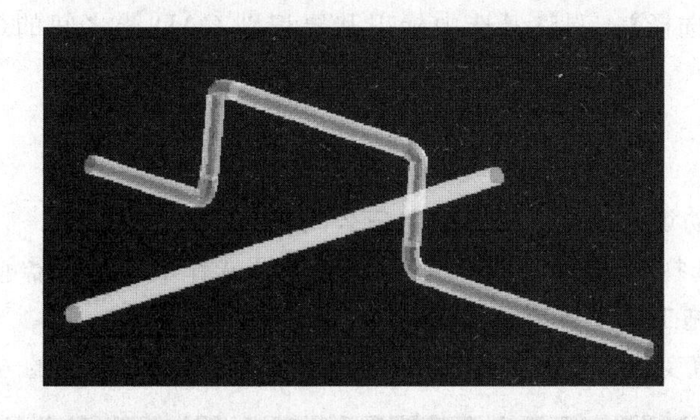

1.10.4　通风空调

1. 自动识别的用处是什么？

答：识别风管时，自动识别的使用要注意识别的过程中是不分系统的，只是根据相同大小进行识别的。

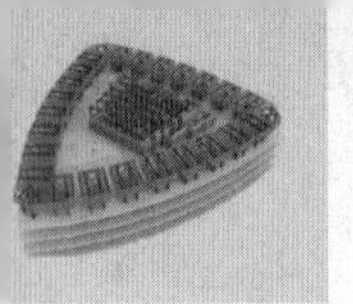

最好建议用户使用选择识别。

2. 识别通头的作用是什么？

答：识别通头的目的就是将不同管径的管拉到中心线，这种处理方式也是符合工程量计算规则的，其实通头本身不算量。有时候通头形成的样子看起来并不是太完美，只要将不同管径的管拉到中点就可以了。

3. 通风管道识别通头显示的特别难看，需要处理吗？

答：通风专业识别通头的目的其实就是把两边的管道拉到中点，通头本身不算量。

4. 通风专业中，为什么识别完通头后发现通风管道和通头并没有连接？

答：通过动态观察看一下，动态观察下看到连接上那就是连接上了，平面图看的不准。

5. 通风空调图纸中，会遇到有侧风口，或是风口在主风管的下方用一部分短立管连接，如何能处理这部分工程？

答：识别风口时，新建侧风口。如果风口在主风管的下方用一部分短立管连接，可以用【管道编辑】下的【批量生成单立管】来生成这段立管。

6. 如何处理通风空调中的设备与风管相连的天圆地方？

答：通过【识别通头】和【批量识别通头】功能可以将圆风管和矩形风管之间生成天圆地方。

7. 有些通风管道只给了两条边线，没有给尺寸，这样的通风管要自己画吗？

答：尺寸应该在别处有，用【选择识别】，可在别处找一个尺寸或选择两条边线后右键新建风管，也可以用直线的方法画上去。

8. 自动识别风管时，会把不同标注的风管也识别上，如：识别 400×200，识别后把相邻的 400×160 也识别了，这种情况如何处理？

答：在【CAD 操作设置】下拉菜单中选择【CAD 识别选择】，调整【选中标识和要识别 CAD 线之间的最大距离】即可。

9. 风口在用“标识识别”时显示数量为 0 怎么回事？

答：可能标识距设备较远，导致识别数量不准，可以在【CAD 操作设置】下拉菜单中选择【CAD 识别选择】，调整【选中标识和要识别 CAD 线之间的最大距离（mm）】，把值改大即可。

1.10.5 喷淋

1. 喷淋系统自动识别总是识别不成功怎么回事？

答：自动识别选择的那根主干管不正确，一定要选择水流指示器前面那根管。

2. 计算消防管施工与预算有什么不同？

答：预算：管道变径在喷头处加管件进行处理。也是软件处理的方式。

施工：同样的施工提量 DN40 往前做 30cm 是为了减轻水压。

3. 消防专业中，利用【选择识别】进行识别管道时，会有一个设置短立管的提示，如果工程中没有短立管，识别时需要去掉这个短立管的设置吗？

答：短立管：是指横管和喷头之间的立管。不用去掉短立管的设置。因为短立管仅是针对喷头生成的，如果在识别的图中没有喷头，软件是不会生成短立管，不会对计算结果有影响的。

4. 用户做喷淋工程时，水管管道的标高设置错误，此时用户想批量选中水平管进行修改，但如果选用拉框时会将图上的水平管与立管全部选中，无法区分水平管与立管，应如何解决？

答：点击工具栏【管道编辑】下的【选择管】，然后在绘图区拉框选择范围，此时在框内选择相应的水平管，点击确定即可。

第2章

安装算量软件 GQI2013 实例讲解

广联达安装算量 GQI2013 提供多种算量模式，采用以导图算量、绘图输入算量、表格输入算量等多种算量模式，运用三维计算技术、导管导线自动识别回路、电缆桥架自动找起点、风管自动识别等功能和方法，解决工程造价人员在招标投标、过程提量、结算对量等过程中手工统计繁杂、审核难度大、工作效率低等问题，从根本上解决以上难题。

下面分有 CAD 图纸和无 CAD 图纸两大类来进行实例讲解。

2.1 有 CAD 图纸情况

以给水排水专业为例进行讲解。

2.1.1 整体操作流程

操作步骤如下：

（1）双击桌面 

快捷图标，会弹出“欢迎使用 GQI2013”的界面。

（2）点击新建向导 

，弹出“新建工程”的界面。

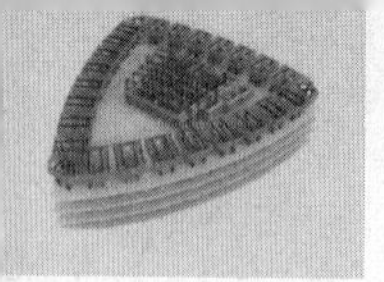

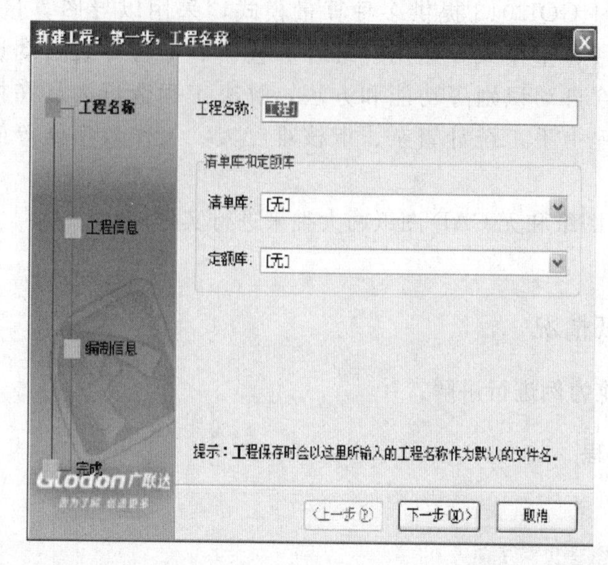

（3）输入相应的工程名称，点击“下一步”进入第二步，输入相应的“工程信息”，进入到软件操作界面。

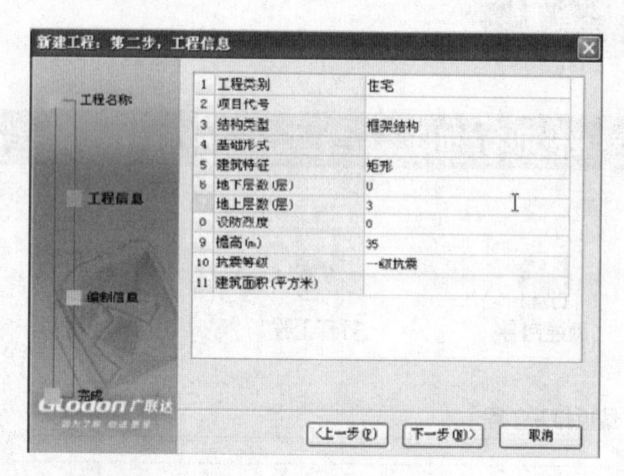

（4）输入相应的“编制信息”，点击下一步，完成。

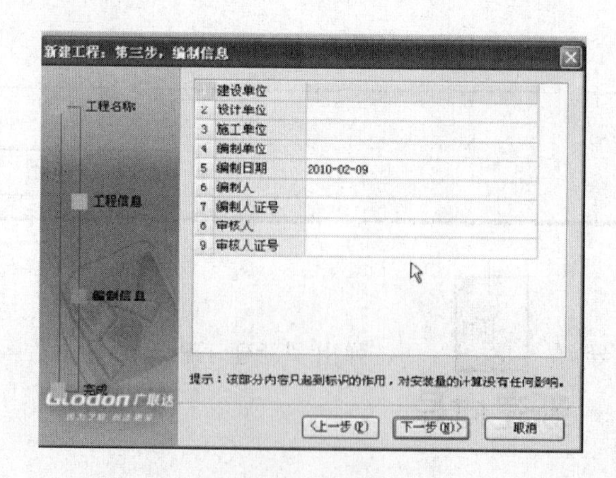

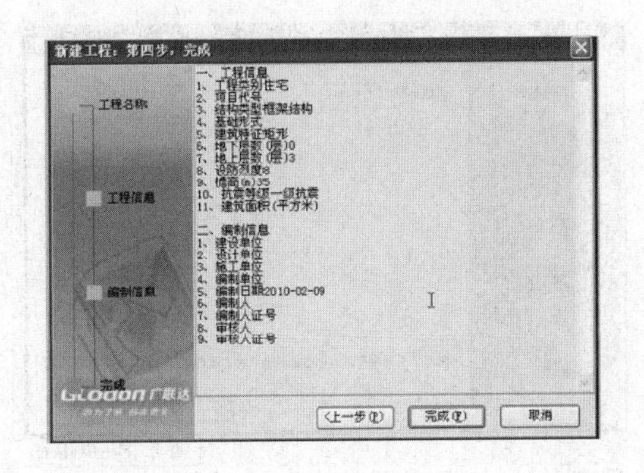

2.1.2 新建工程

操作步骤如下：

(1) 双击桌面

快捷图标，会弹出“欢迎使用GQI2013”的界面。

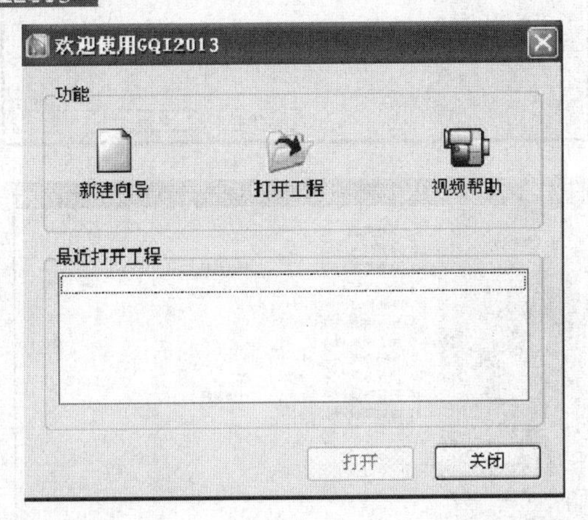

(2) 点击新建向导

，弹出“新建工程”的界面。

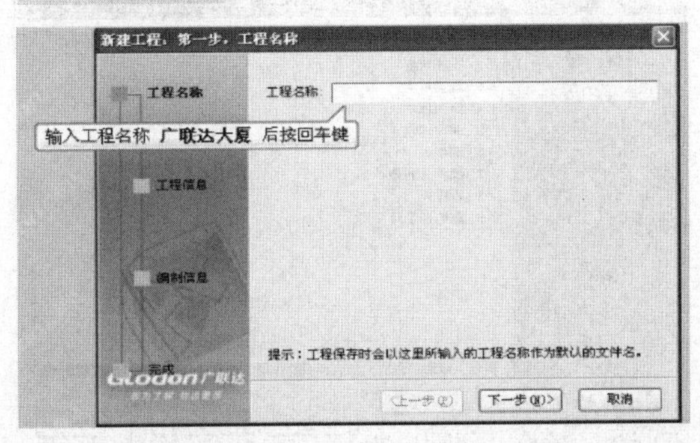

新建工程：第一步，工程名称
工程名称
工程信息
编制信息
完成
工程名称：
提示：工程保存时会以这里所输入的工程名称作为默认的文件名。
<上一步(P)
下一步(N)>
取消
点击 下一步 按钮

（3）输入相应的工程名称，点击“下一步”。

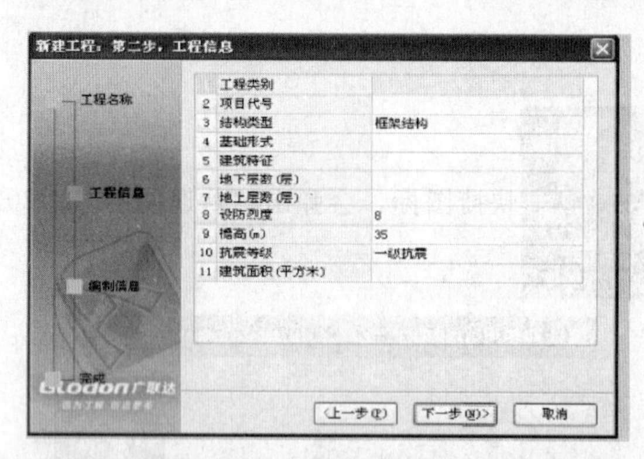

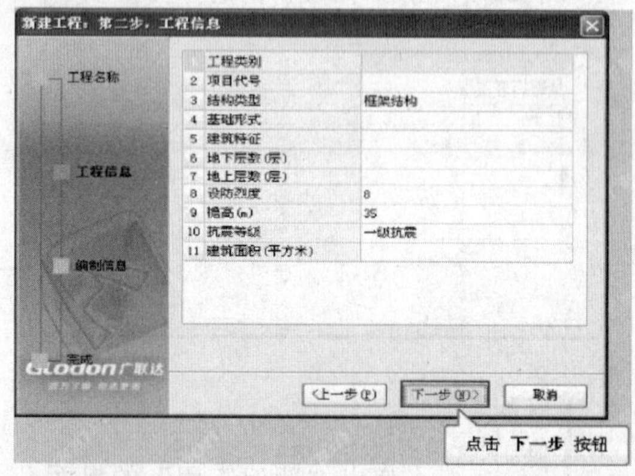

（4）输入相应的“工程信息”，点击下一步。

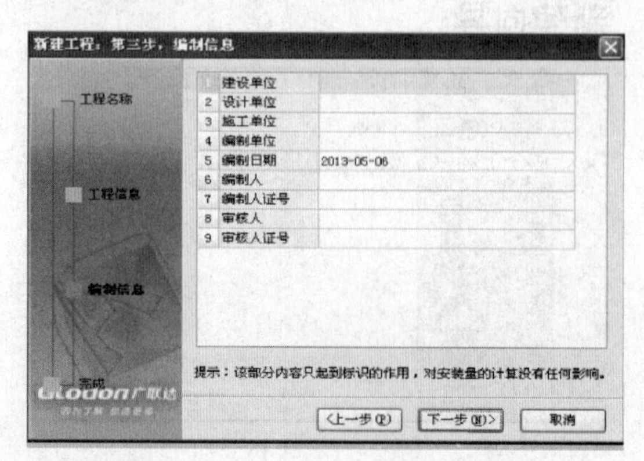

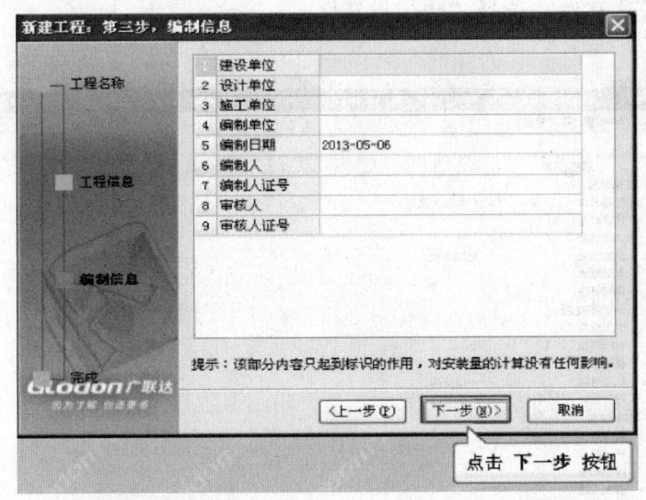

(5) 输入相应的“编制信息”，点击“下一步”进入下一操作界面。

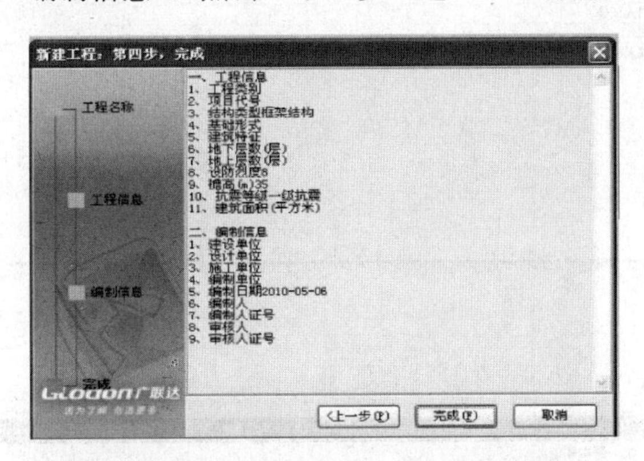

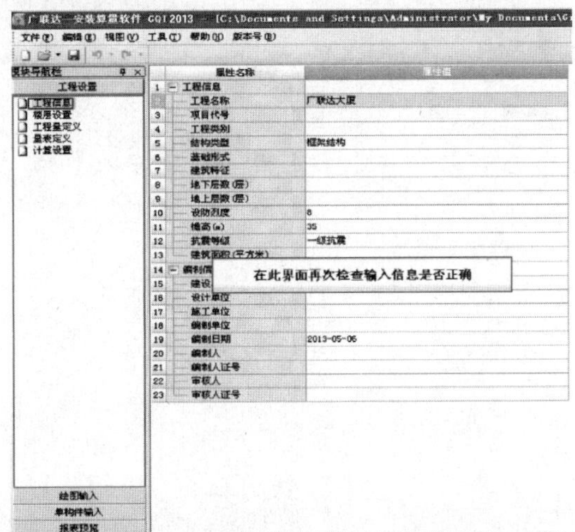

(6) 点击完成，即建成了一个工程。建议：一个专业单独建一个工程，方便检查量。

2.1.3 工程设置

操作步骤如下：

（1）打开广联达软件，选择“楼层设置”。

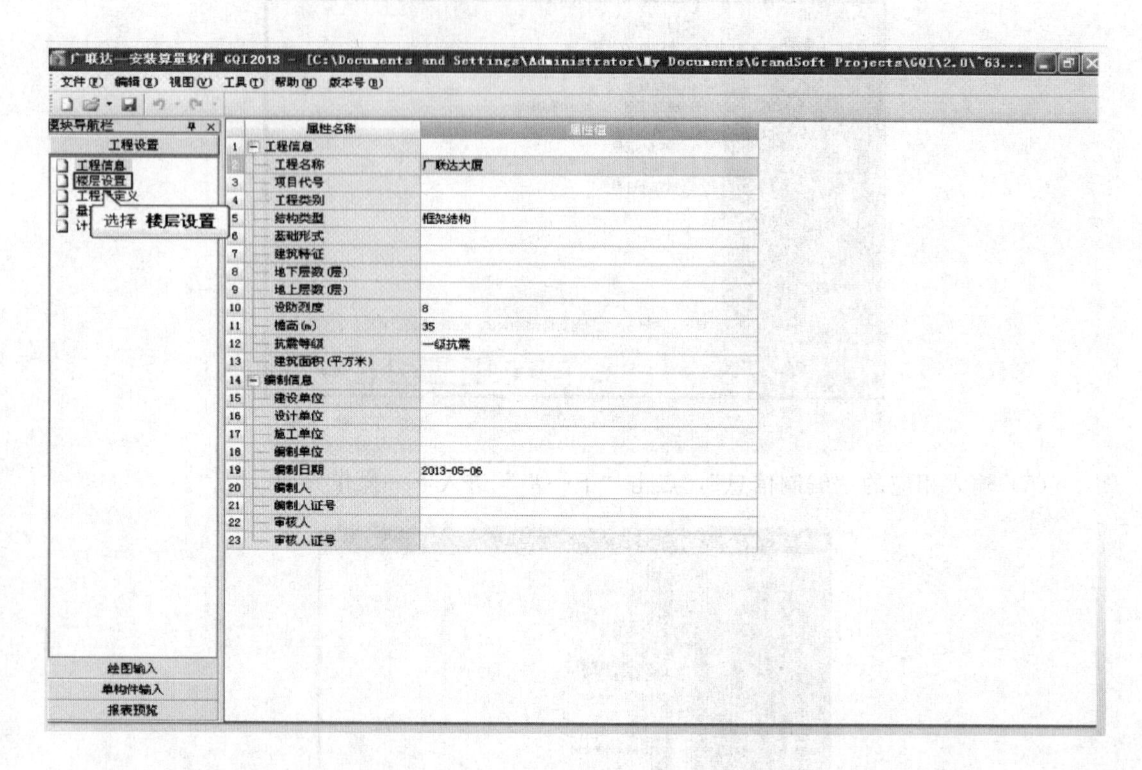

（2）选择层高。

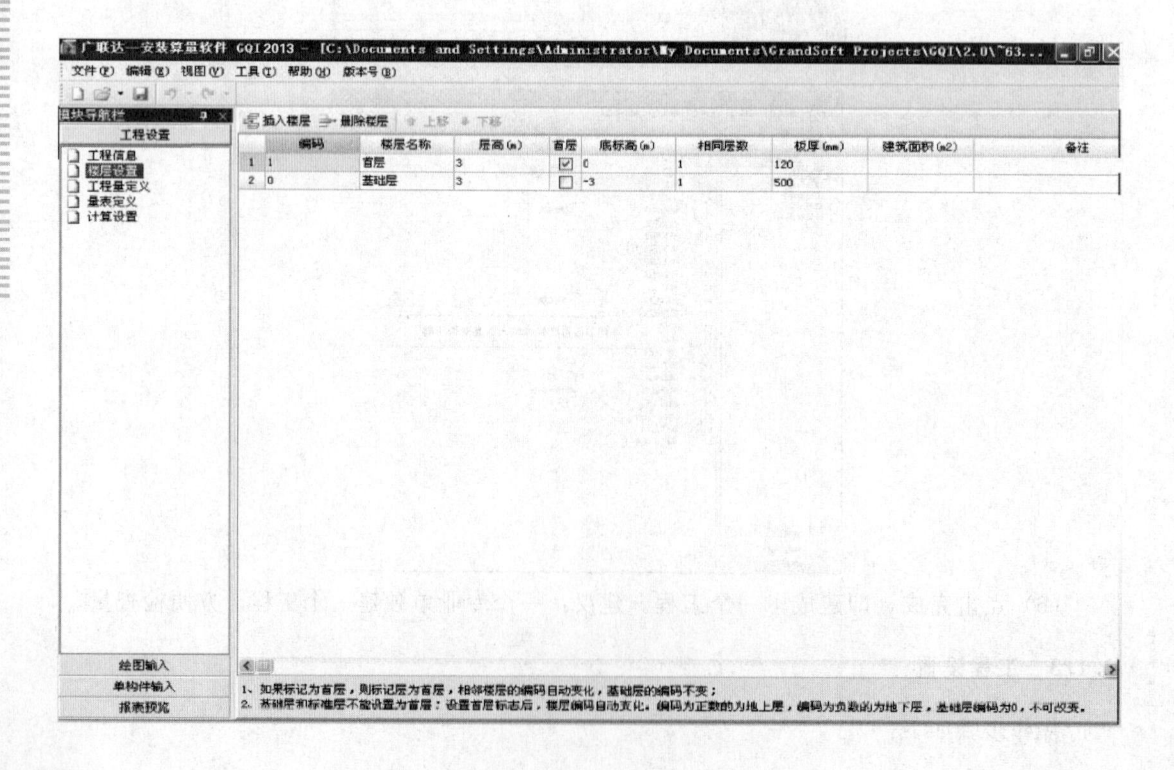

（3）输入楼层信息。

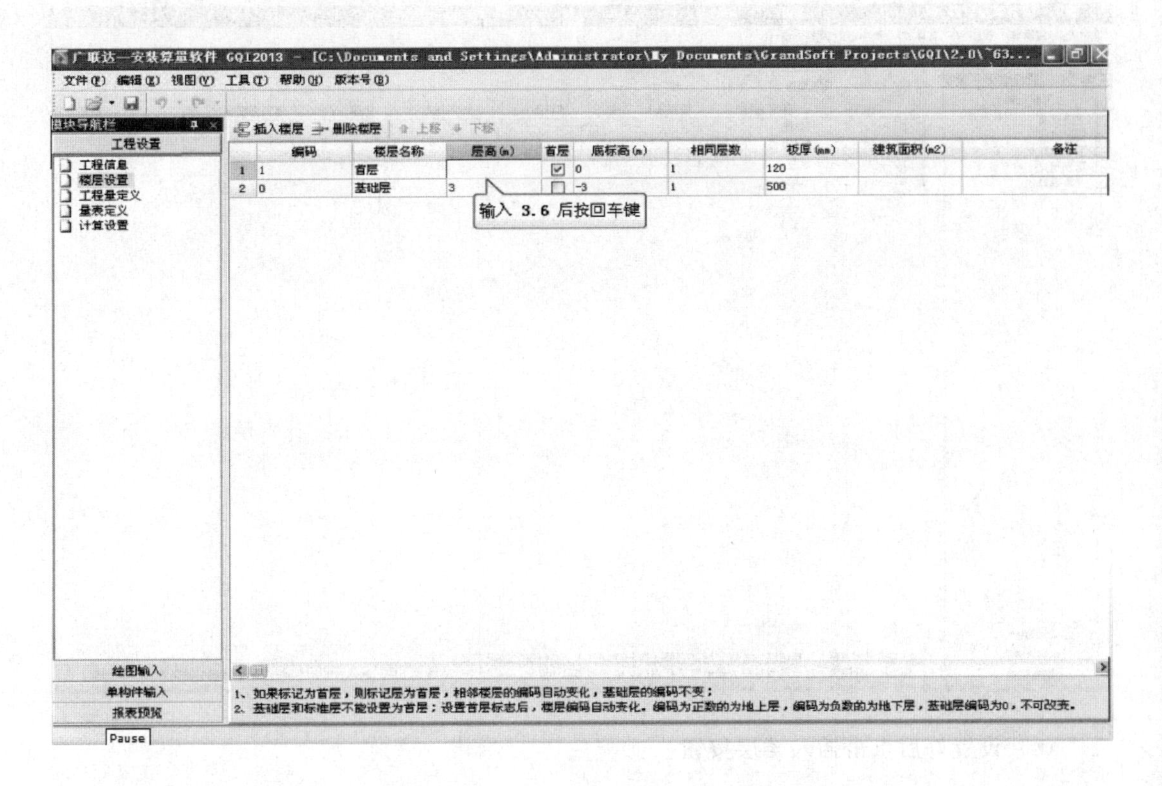

广联达—安装算量软件 GQI2013 - [C:\Documents and Settings\Administrator\My Documents\GrandSoft Projects\GQI\2.0\~63...
文件(F) 编辑(E) 视图(V) 工具(T) 帮助(H) 版本号(B)
模块导航栏
工程设置
工程信息
楼层设置
工程量定义
量表定义
计算设置
插入楼层 删除楼层 上移 下移
编码 楼层名称 层高(m) 首层 底标高(m) 相同层数 板厚(mm) 建筑面积(m2) 备注
1 1 首层 0 1 120
2 0 基础层 3 -3 1 500
输入 3.6 后按回车键
绘图输入
单构件输入
报表预览
1、如果标记为首层，则标记层为首层，相邻楼层的编码自动变化，基础层的编码不变；
2、基础层和标准层不能设置为首层；设置首层标志后，楼层编码自动变化。编码为正数的为地上层，编码为负数的为地下层，基础层编码为0，不可改变。
Pause

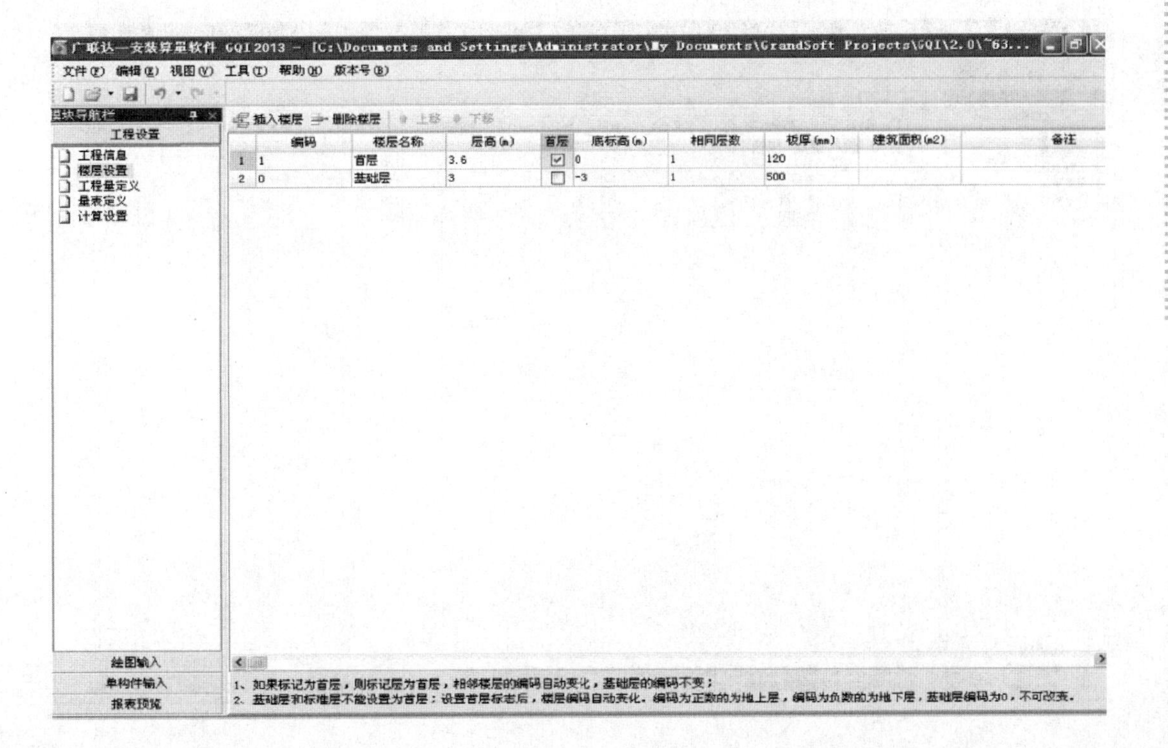

广联达—安装算量软件 GQI2013 - [C:\Documents and Settings\Administrator\My Documents\GrandSoft Projects\GQI\2.0\~63...
文件(F) 编辑(E) 视图(V) 工具(T) 帮助(H) 版本号(B)
模块导航栏
工程设置
工程信息
楼层设置
工程量定义
量表定义
计算设置
插入楼层 删除楼层 上移 下移
编码 楼层名称 层高(m) 首层 底标高(m) 相同层数 板厚(mm) 建筑面积(m2) 备注
1 1 首层 3.6 0 1 120
2 0 基础层 3 -3 1 500
绘图输入
单构件输入
报表预览
1、如果标记为首层，则标记层为首层，相邻楼层的编码自动变化，基础层的编码不变；
2、基础层和标准层不能设置为首层；设置首层标志后，楼层编码自动变化。编码为正数的为地上层，编码为负数的为地下层，基础层编码为0，不可改变。

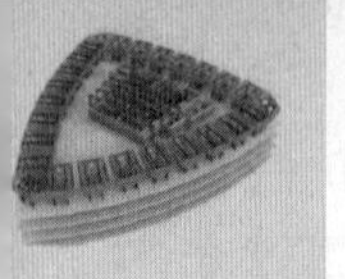

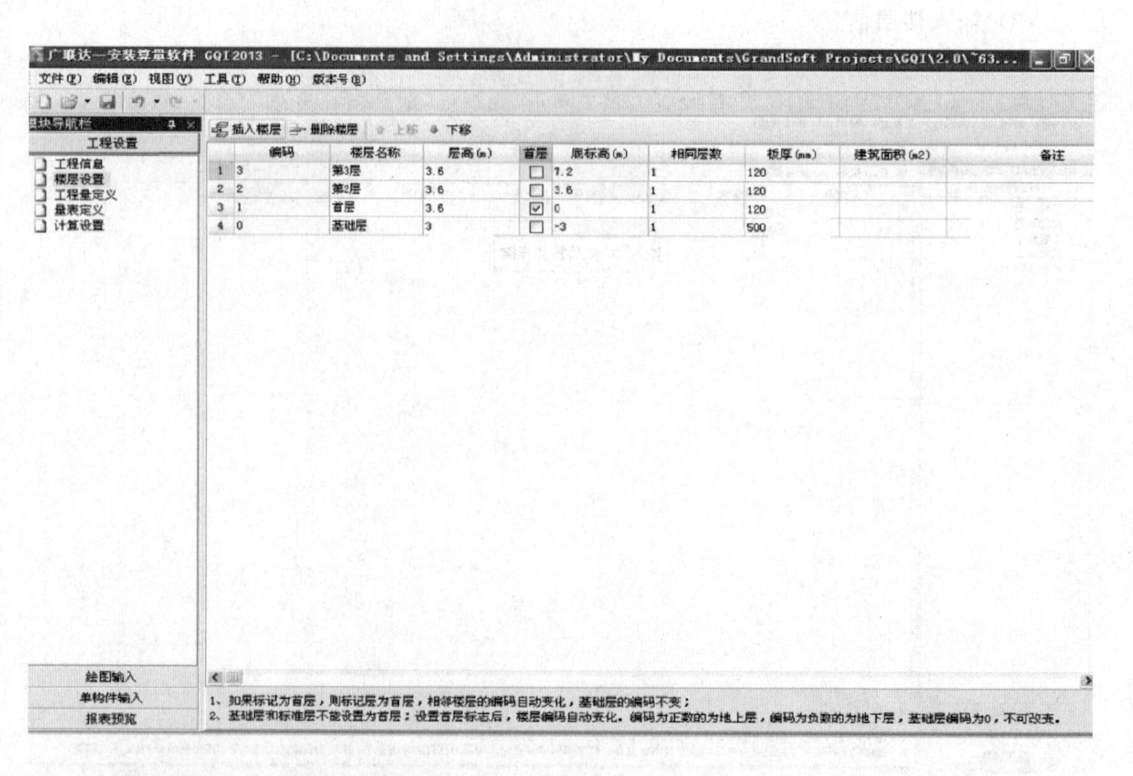

（4）设置好后点击插入楼层按钮。

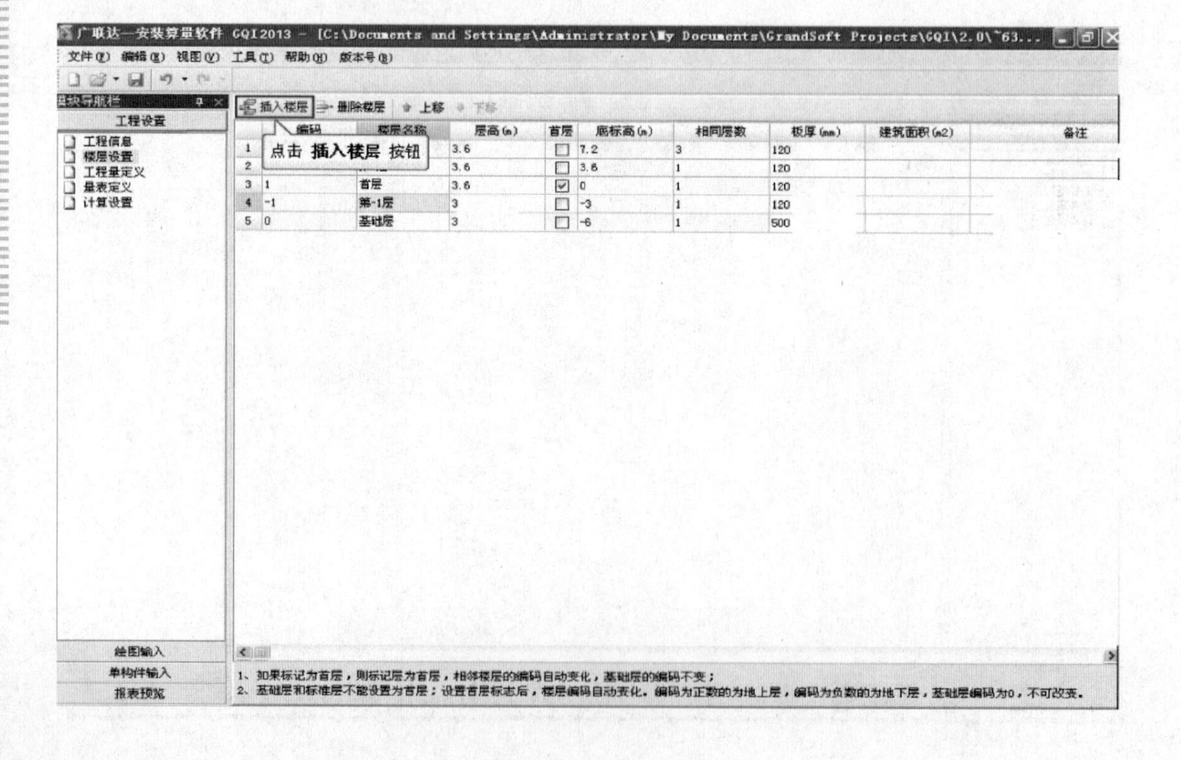

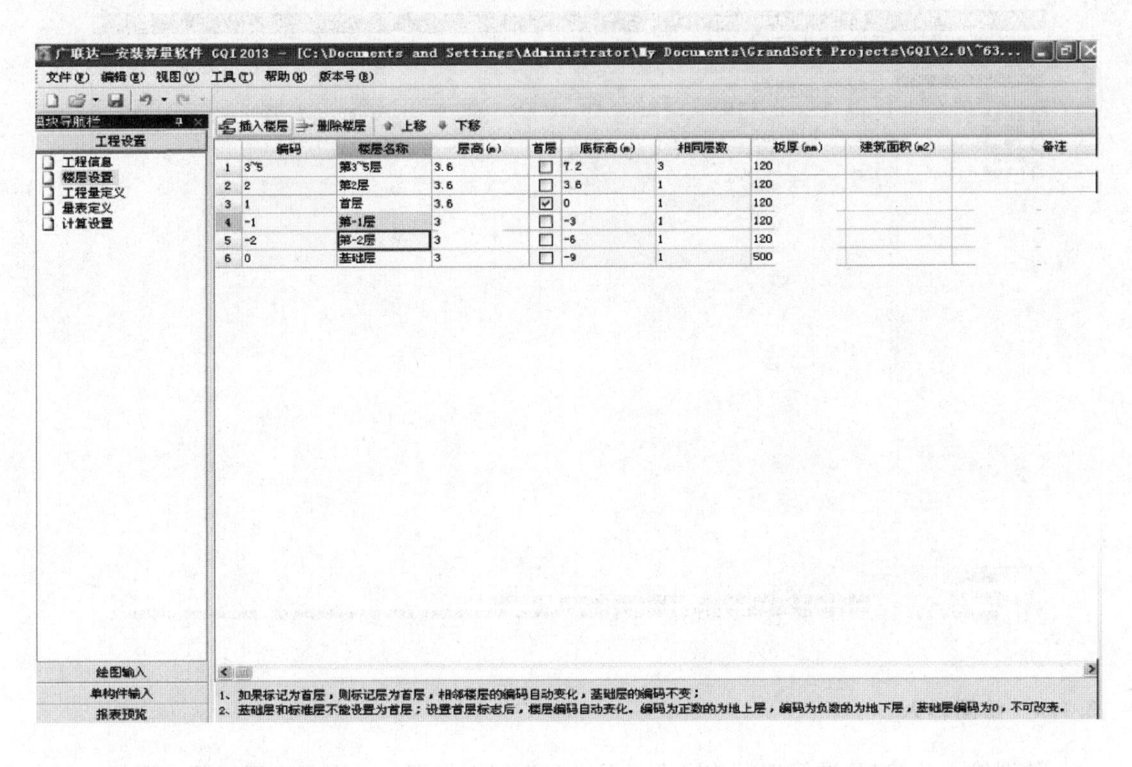

（5）点击是按钮。

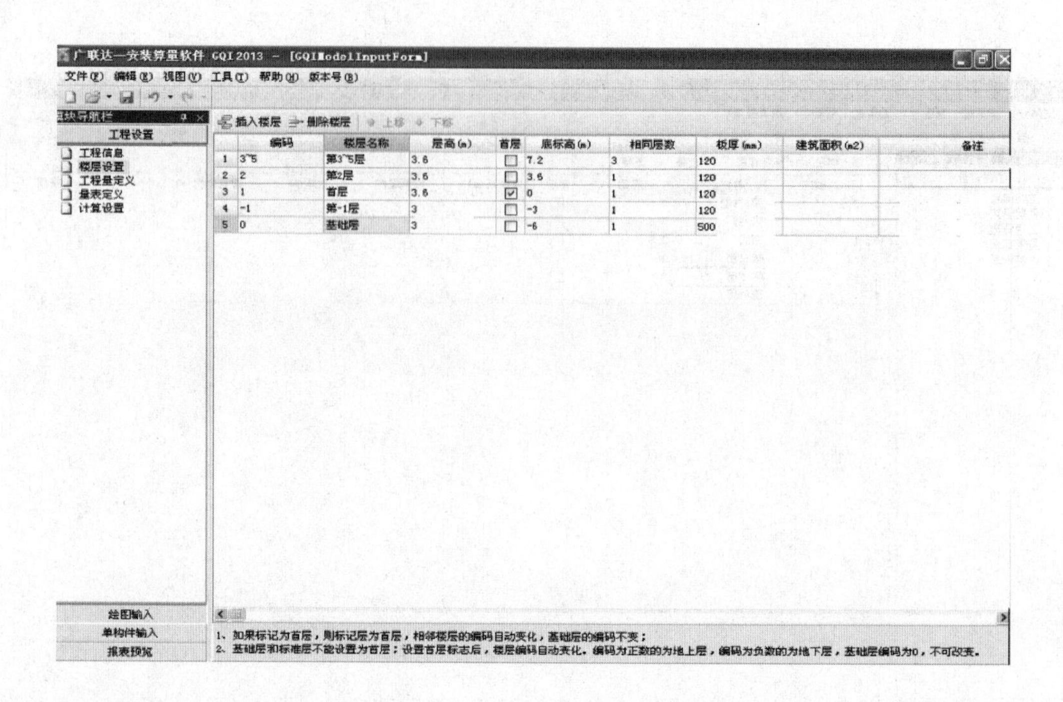

2.1.4 绘图输入

绘图输入分CAD图管理、首层平面图、卫生间大样图、二层平面图四部分讲解。

2.1.4.1 CAD图管理

1. 导入分解CAD图

操作步骤如下：

（1）进入广联达软件界面点击绘图输入。

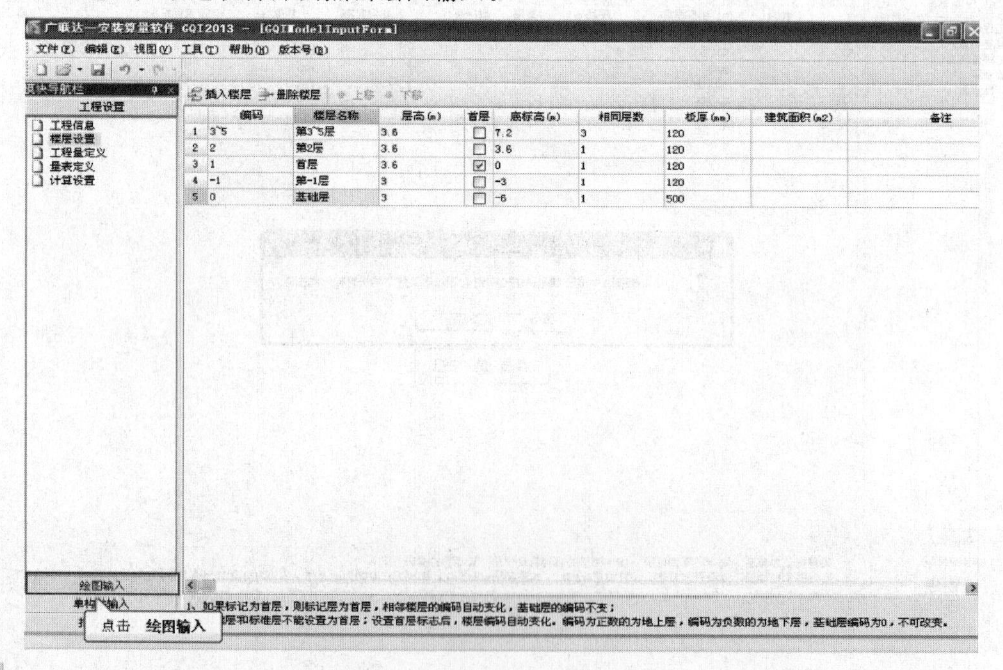

（2）双击 CAD 图管理。

（3）选择 CAD 草图。

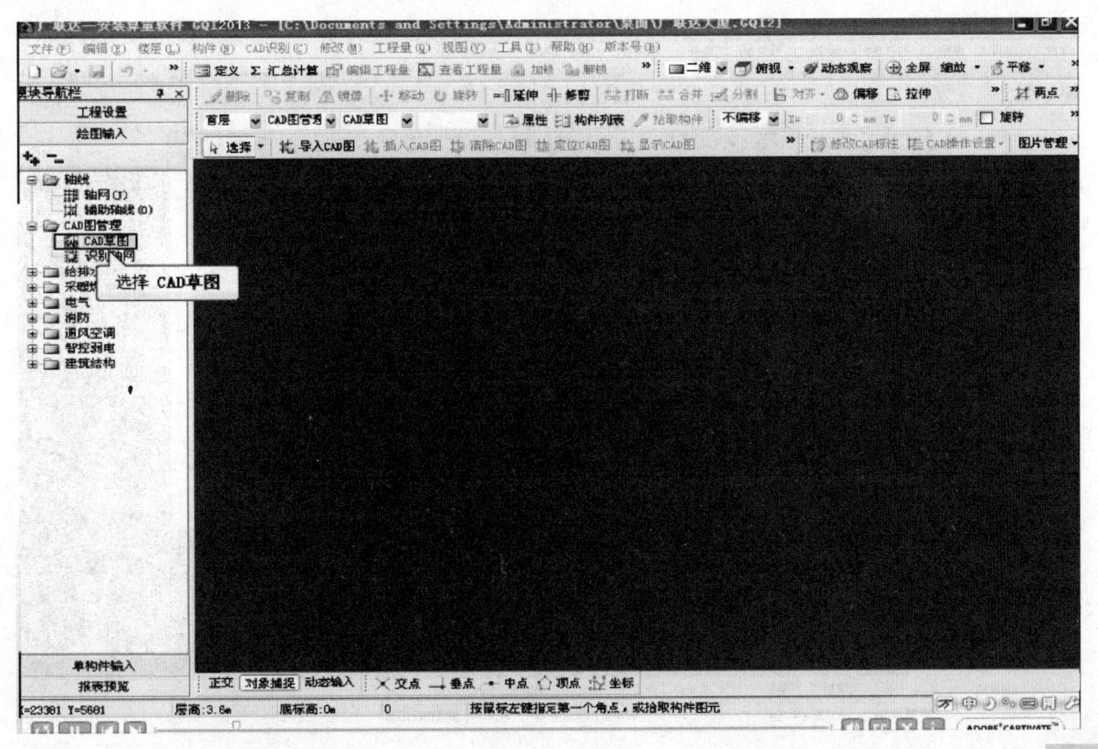

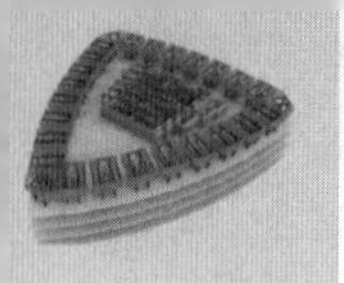

（4）点击导入 CAD 图按钮。

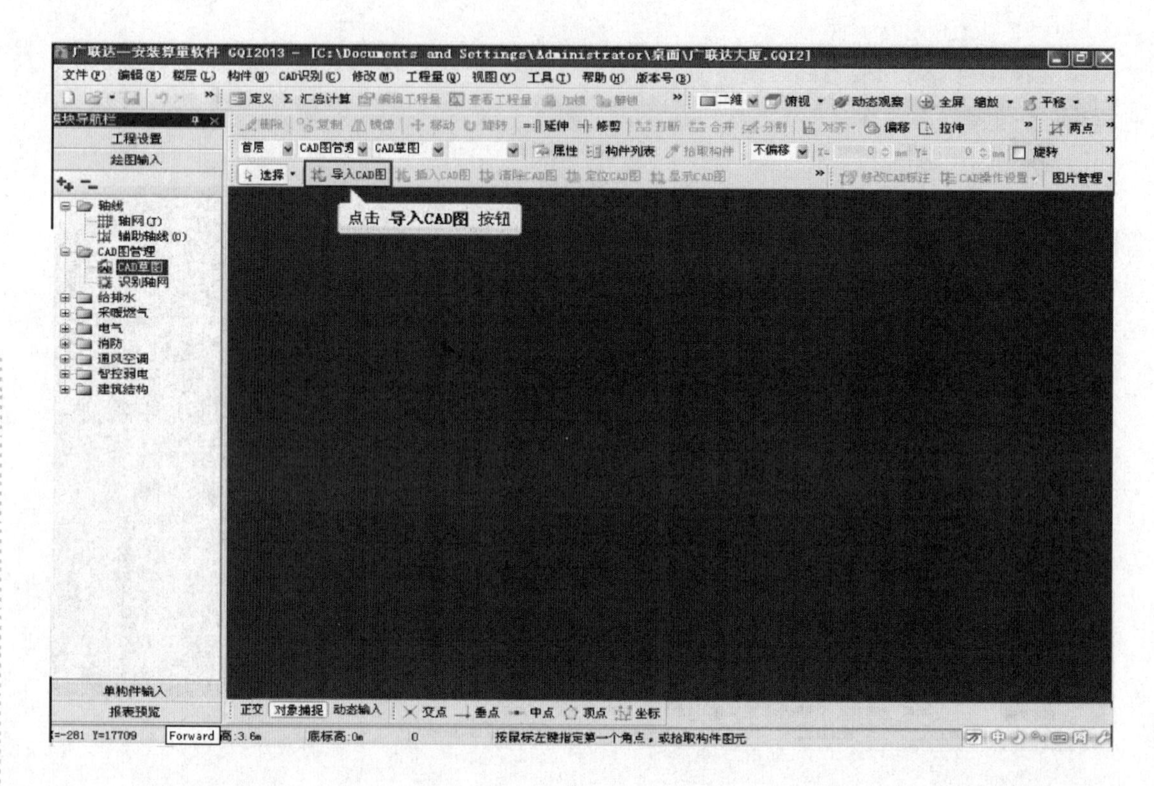

（5）选择需要导入的 CAD 图。

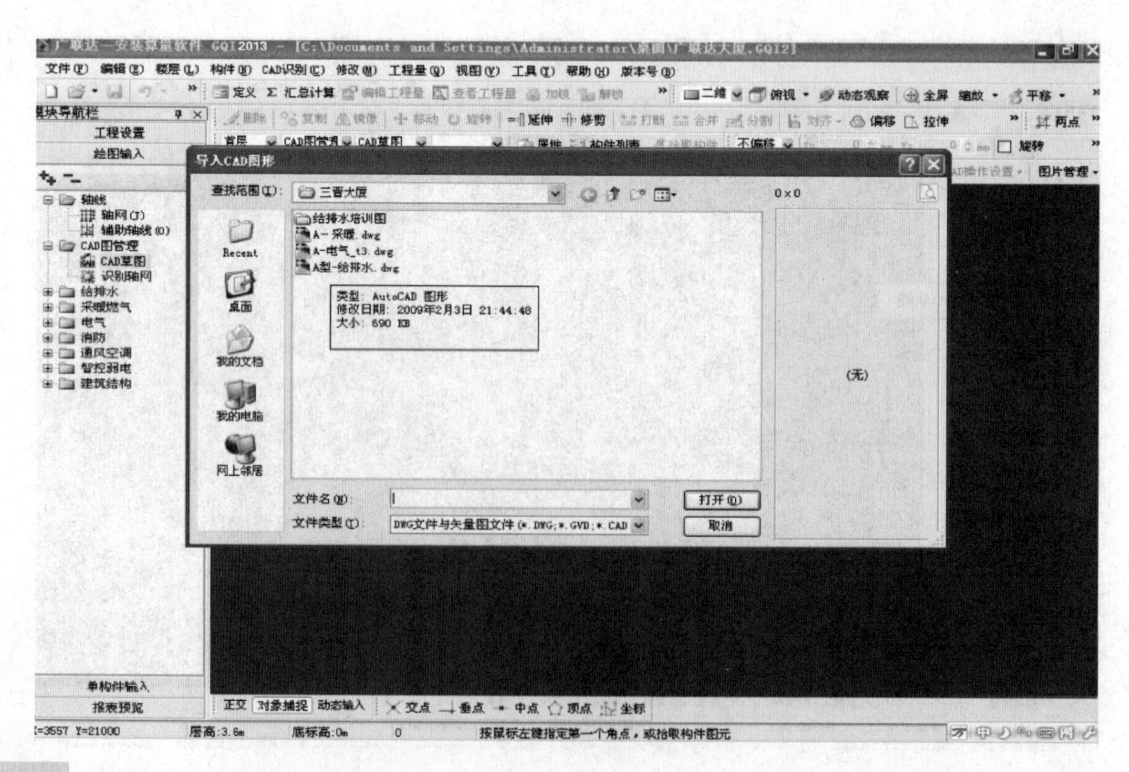

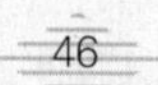

（6）选择 A 型-给排水文件点击打开按钮。

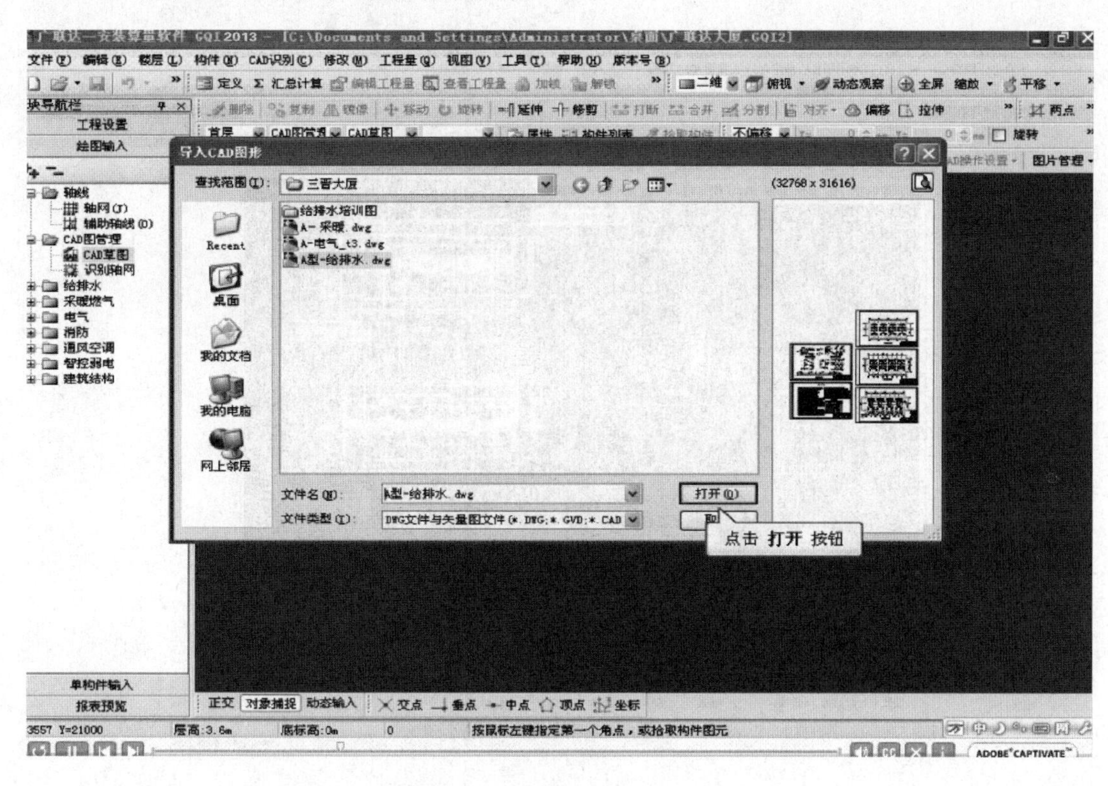

（7）选择 CAD 图导入的比例，点击确认按钮。

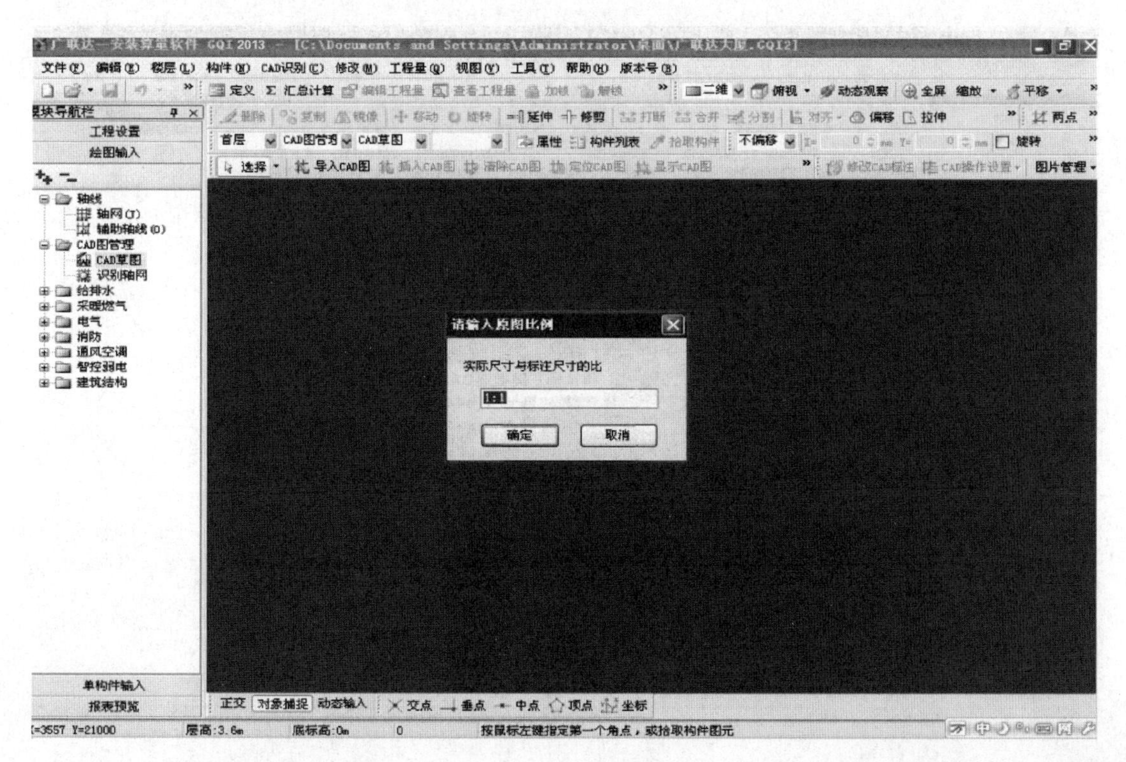

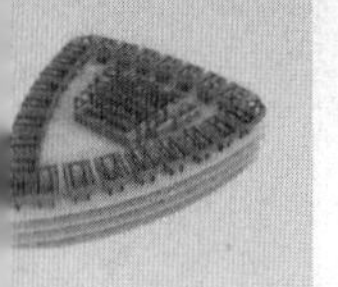

（8）点击导出选中 CAD 图形菜单。

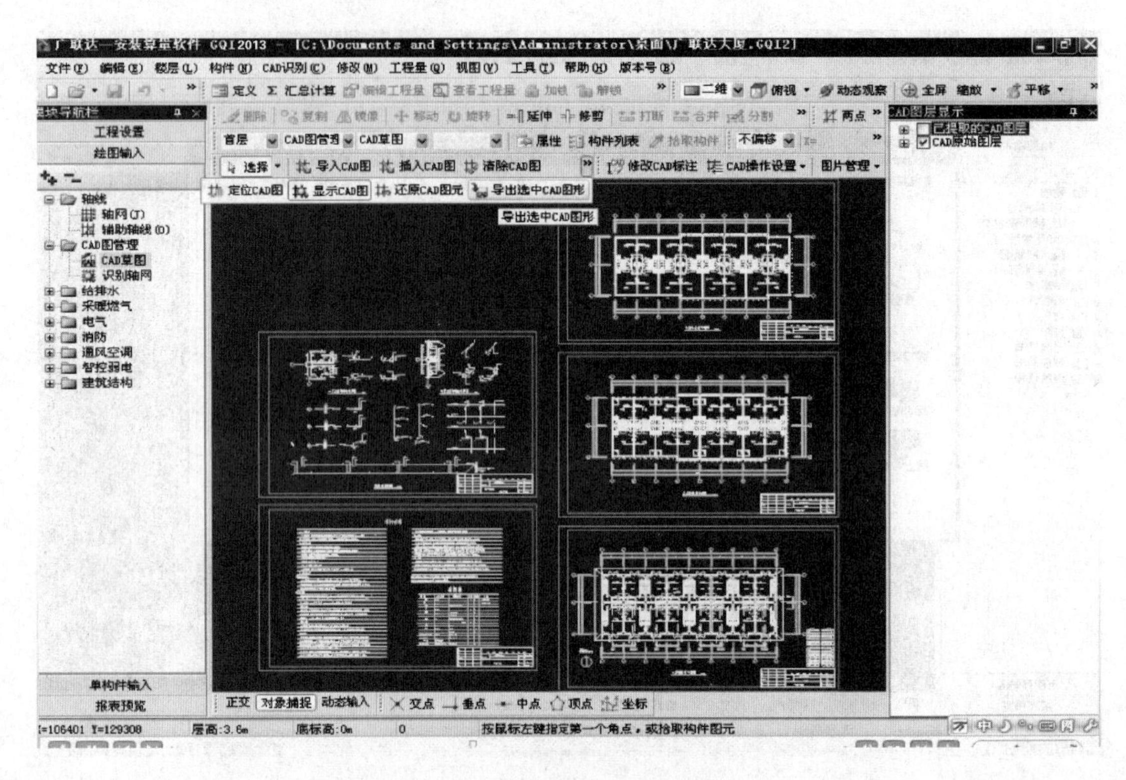

（9）按鼠标左键框选 CAD 图元，点击鼠标右键。

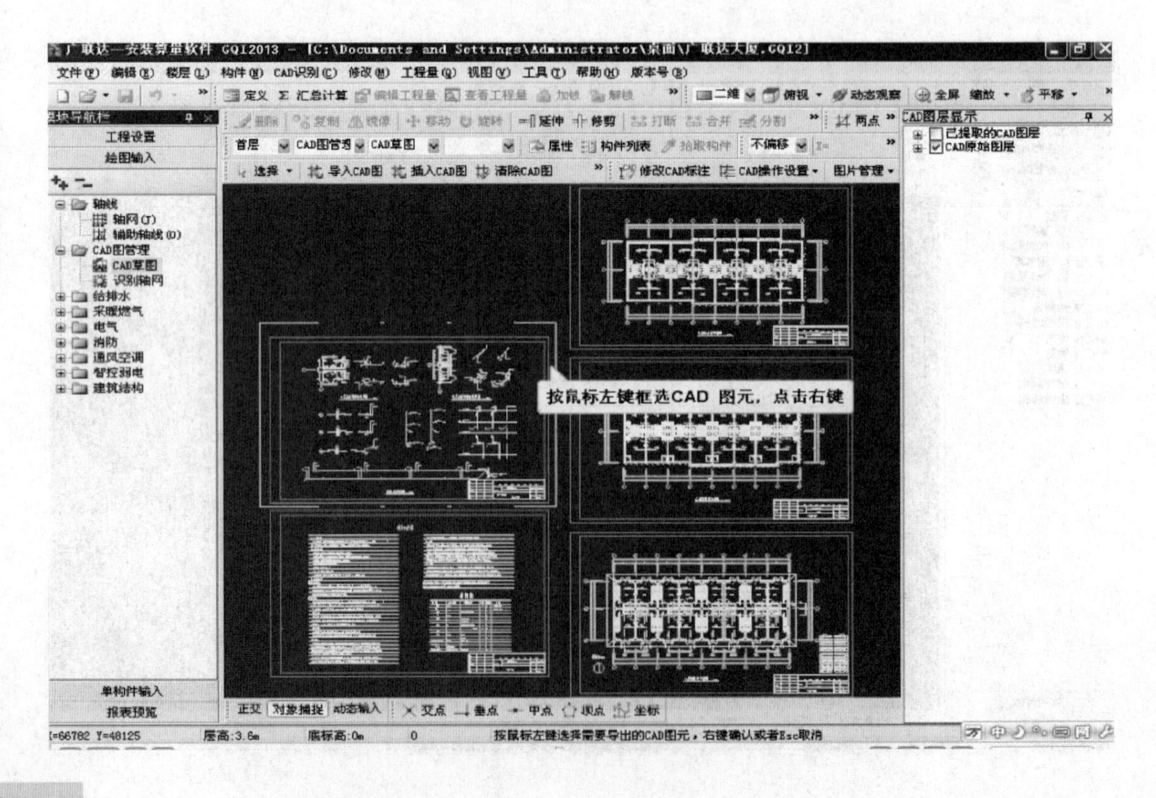

（10）输入导出保存文件名，点击保存按钮。

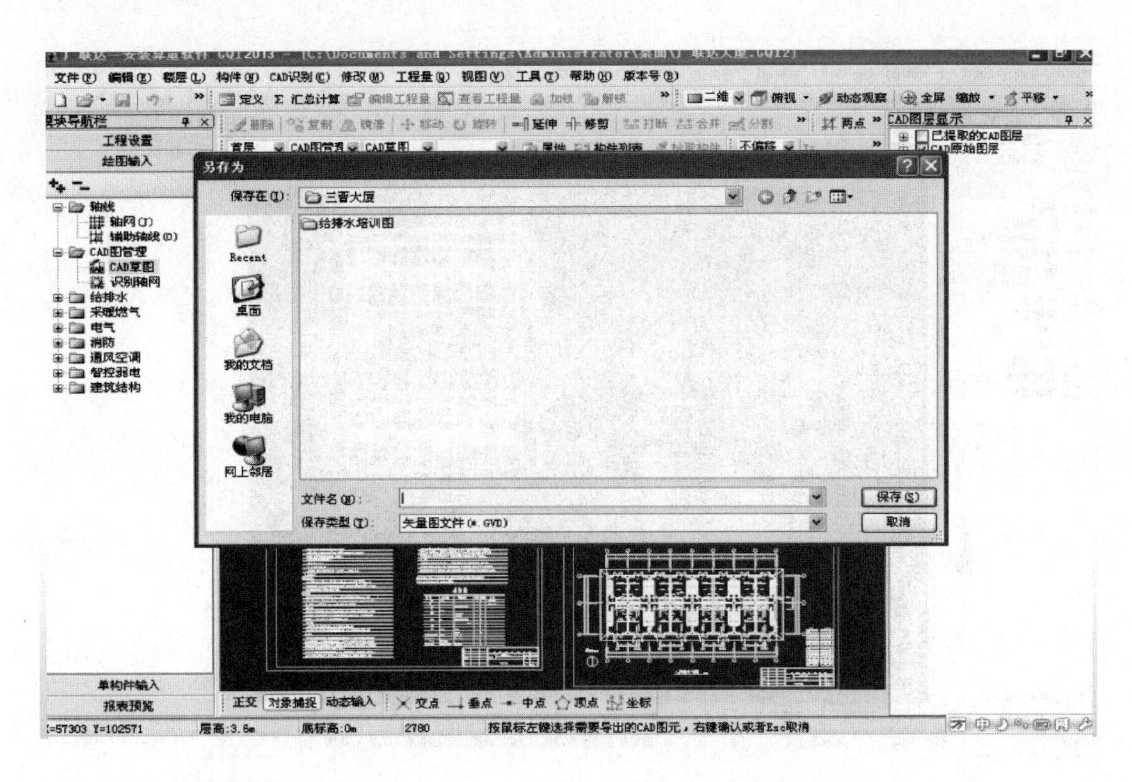

（11）点击确定按钮。

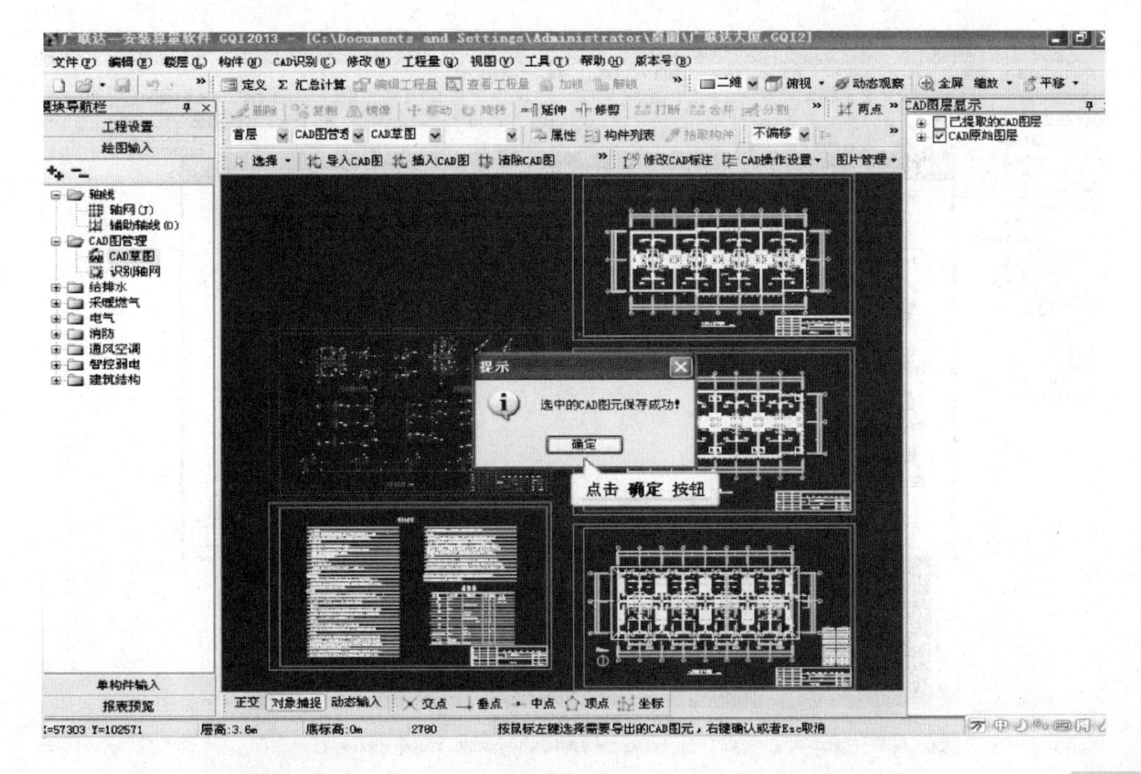

（12）按鼠标左键框选 CAD 图元，点击右键。

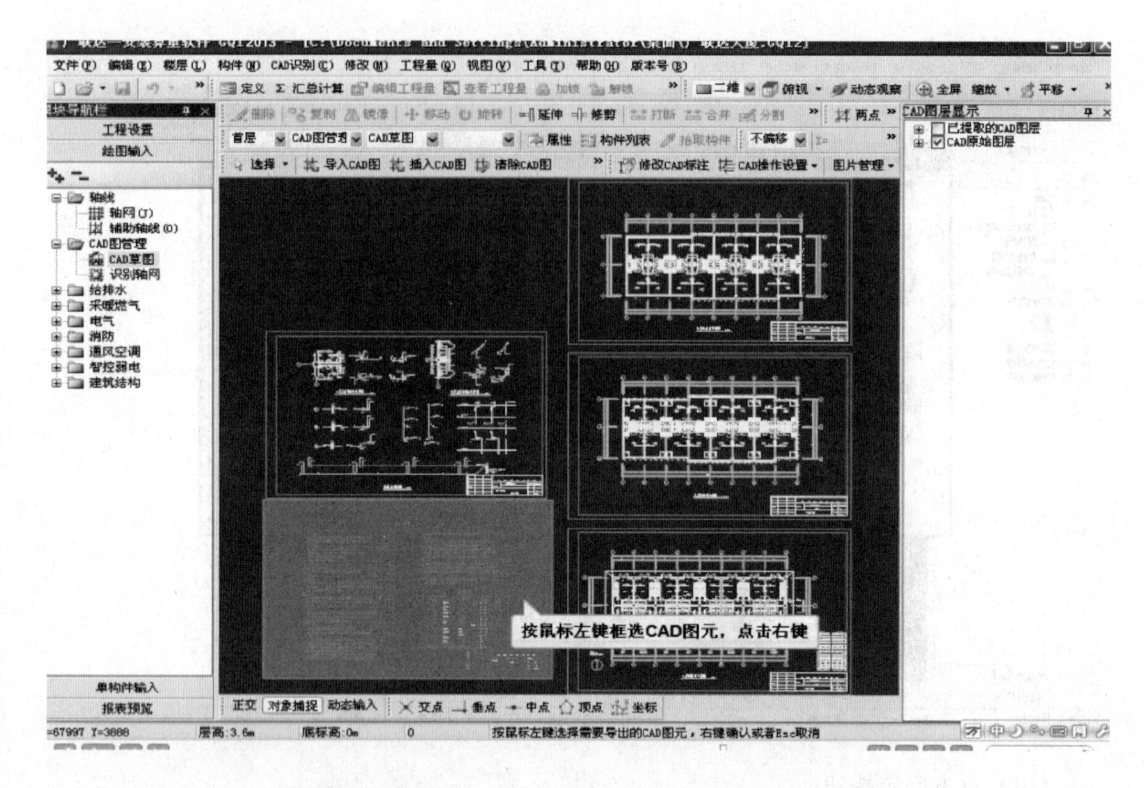

（13）输入导出要保存的文件名、设计说明及图例表，然后点击保存。

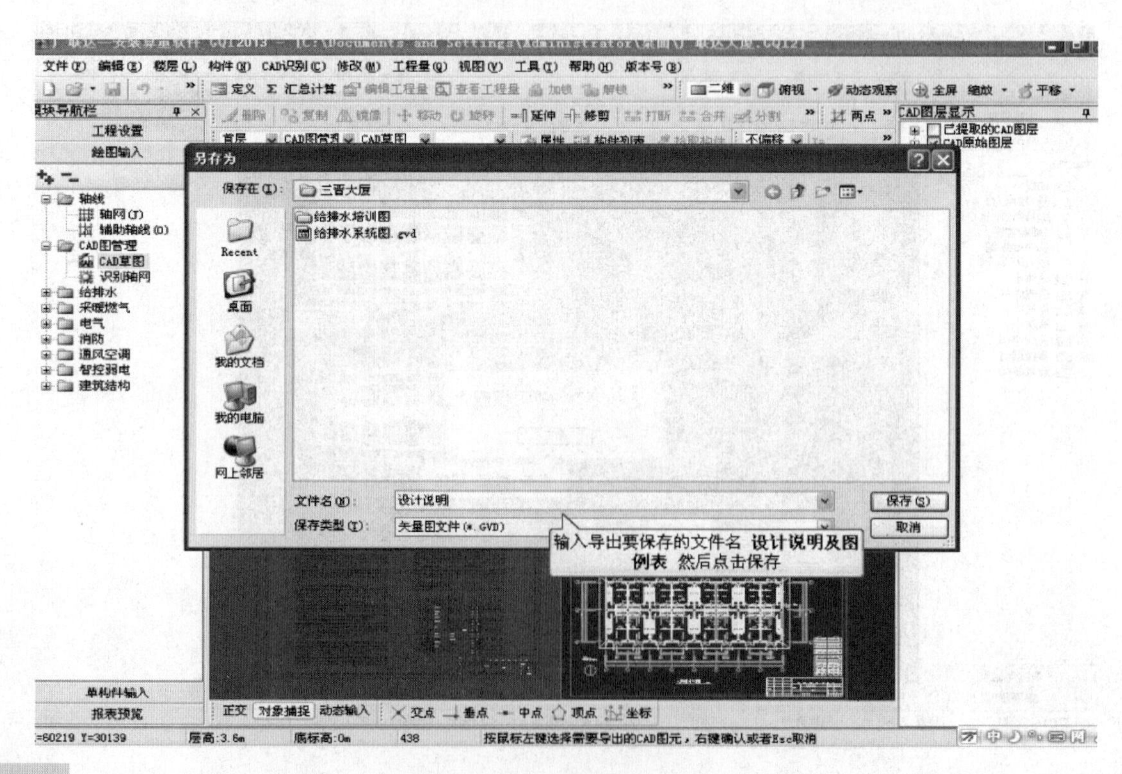

（14）点击确定按钮即完成操作。

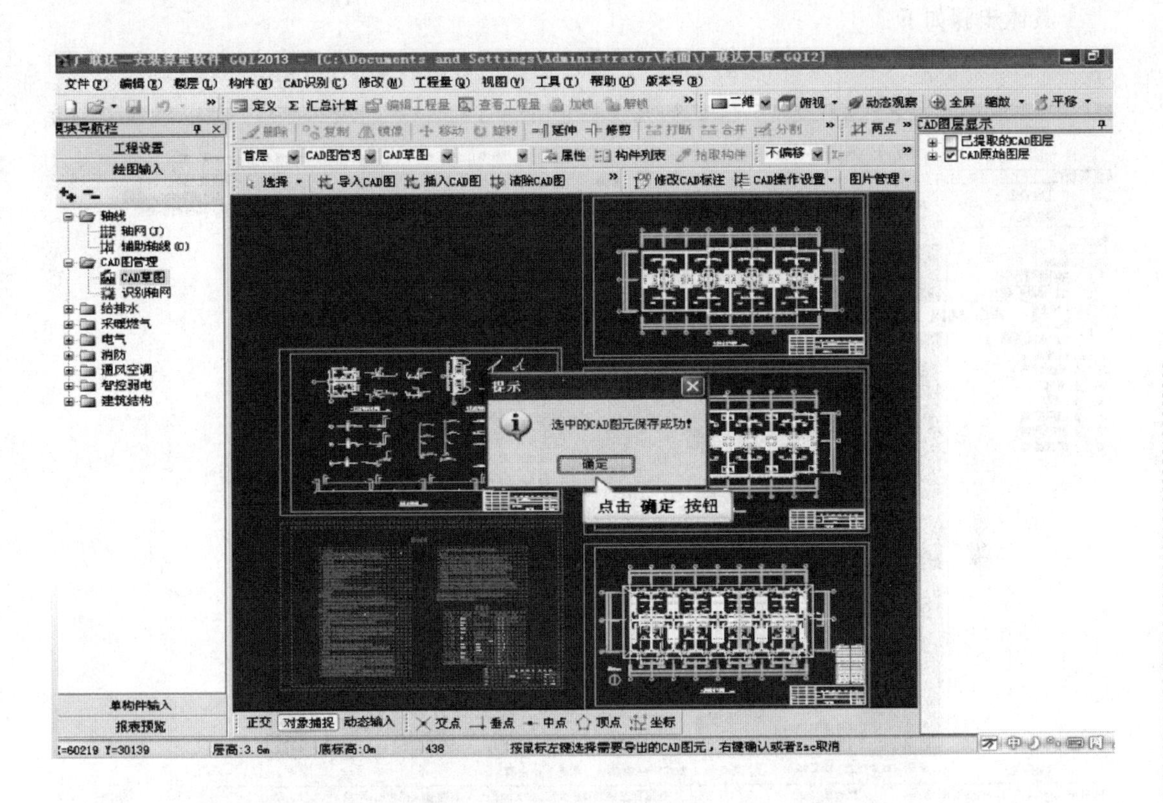

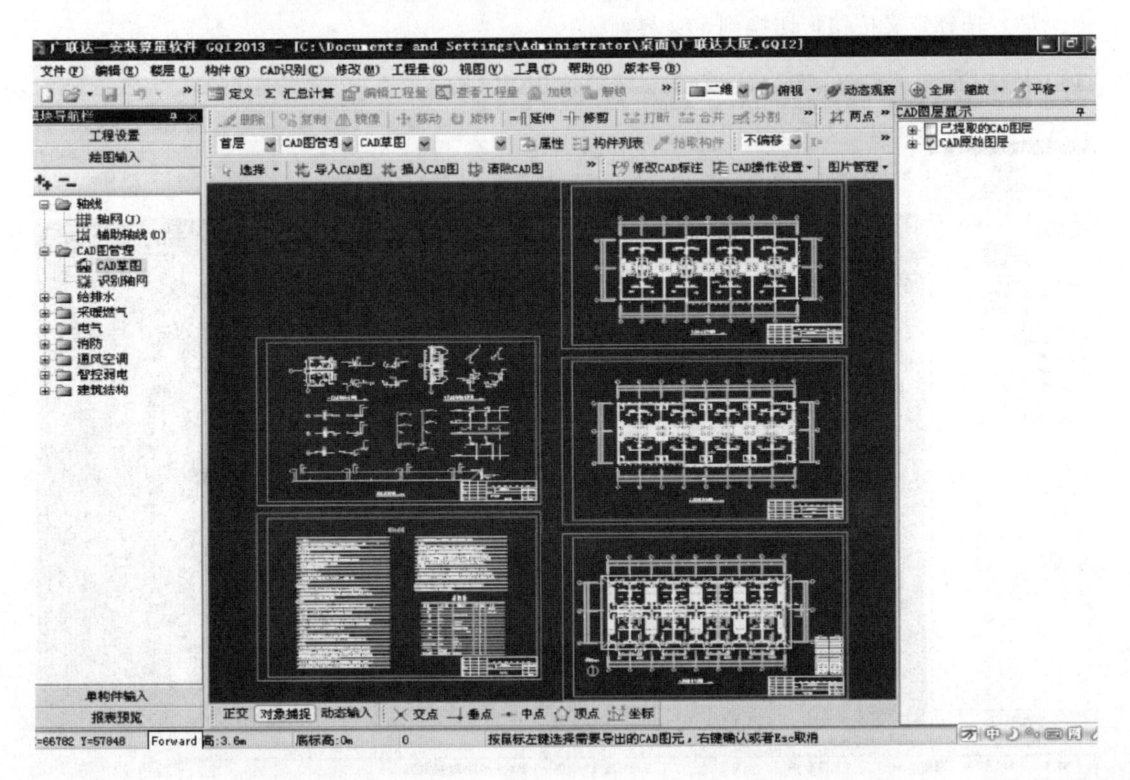

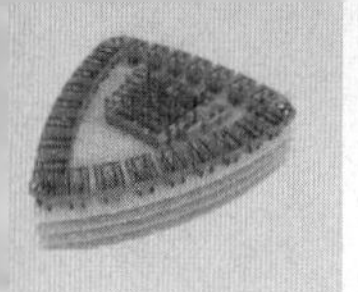

2. 定位 CAD 图

具体步骤如下：

（1）CAD 导入之前需要先建立轴网，选择轴网，切换到轴网界面。

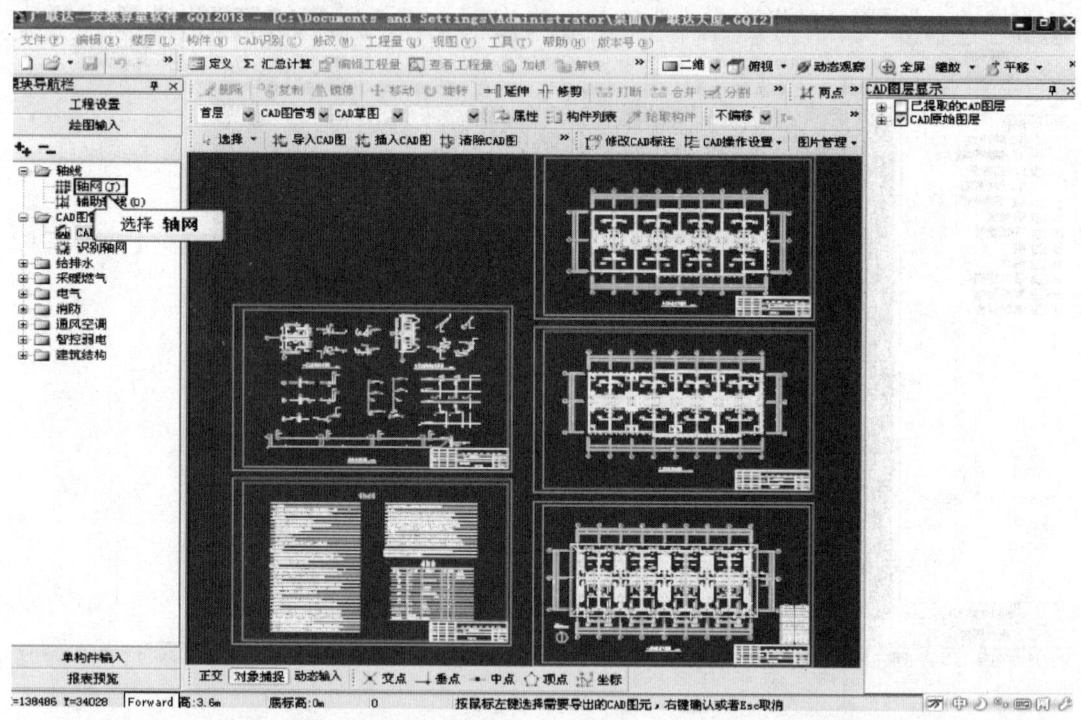

（2）选择定义按钮，切换到定义界面。

（3）在定义界面选择工具栏上的新建按钮。

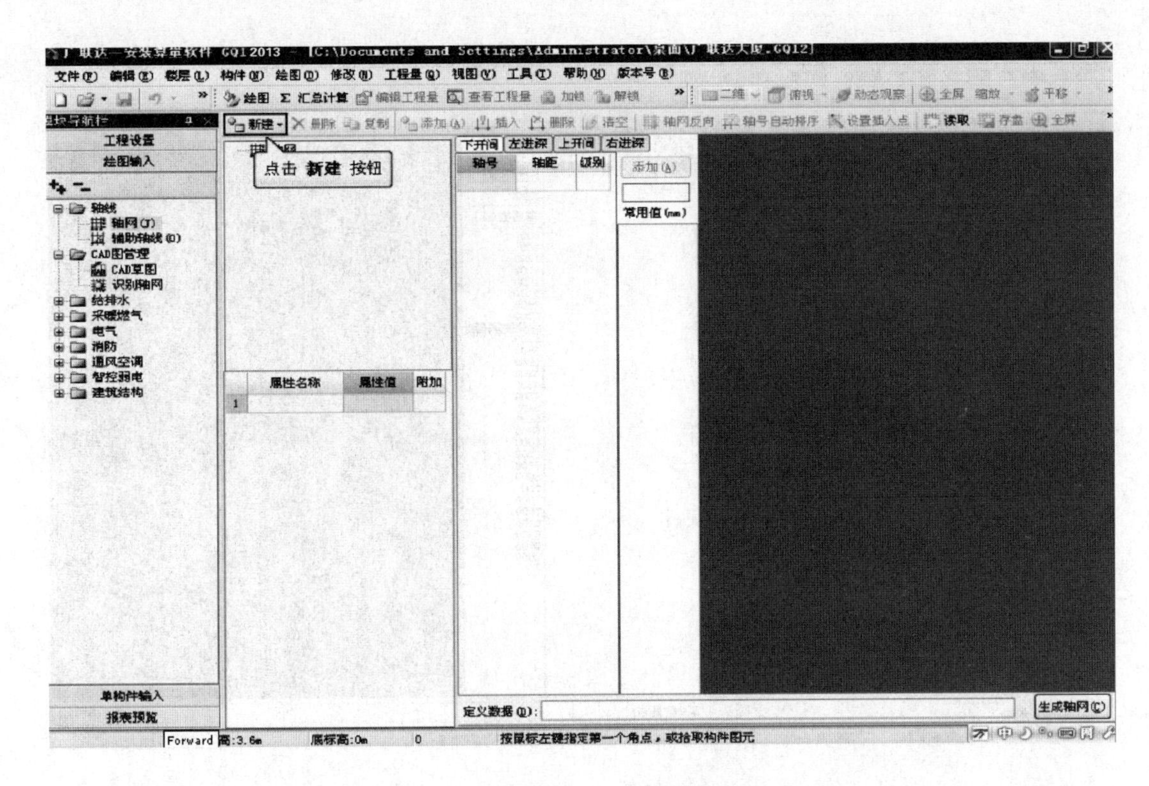

（4）在新建按钮的下拉菜单中选择新建正交轴网按钮。

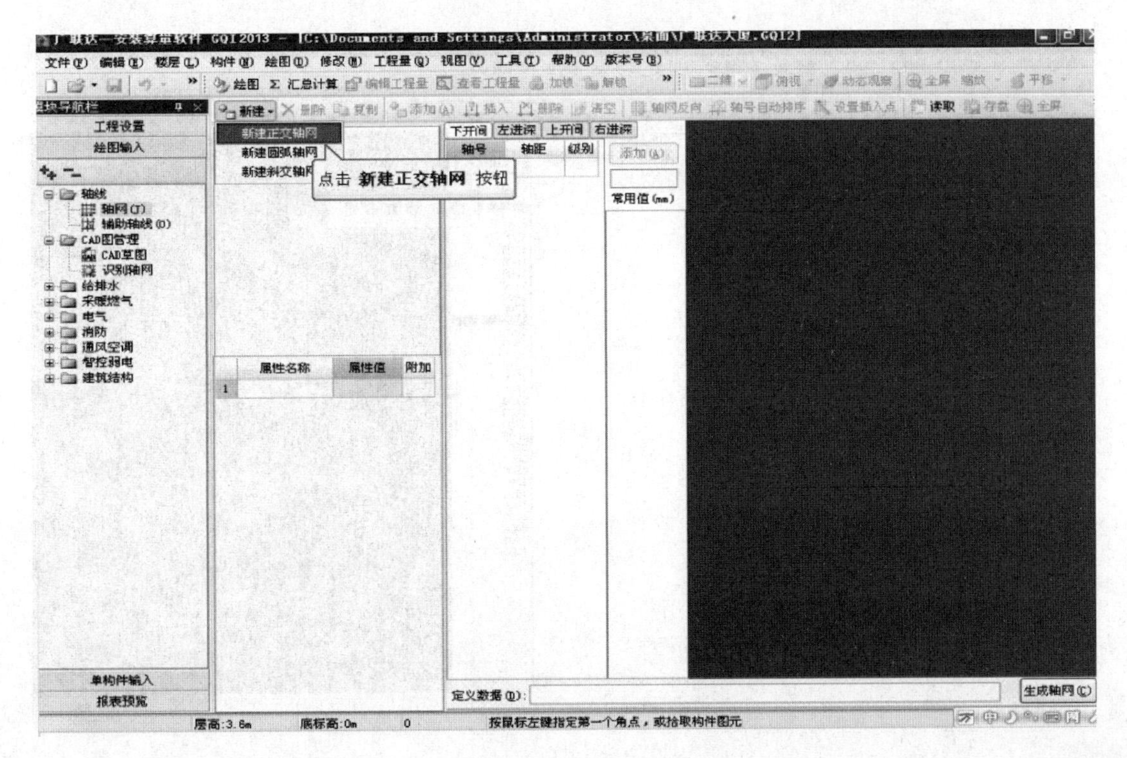

（5）软件默认轴网名称为 ZW-1，然后添加轴网的开间和进深。

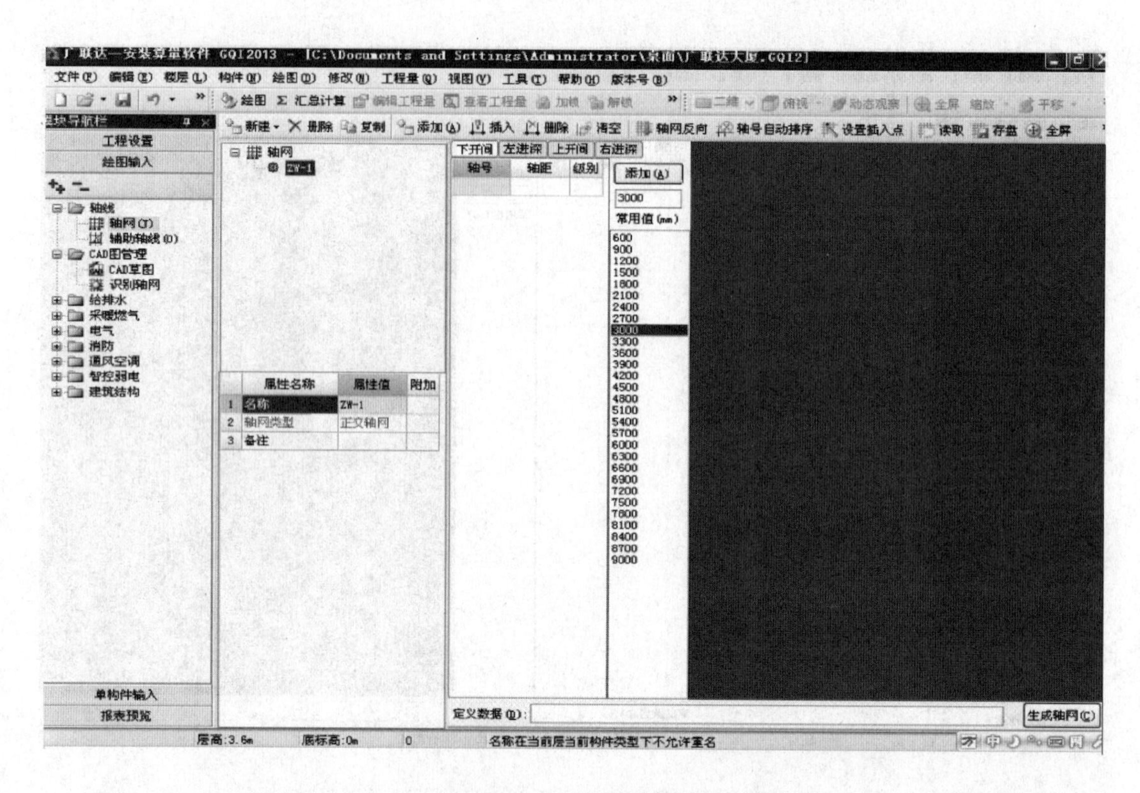

（6）在下开间的菜单下点击两下添加按钮，添加两个开间。

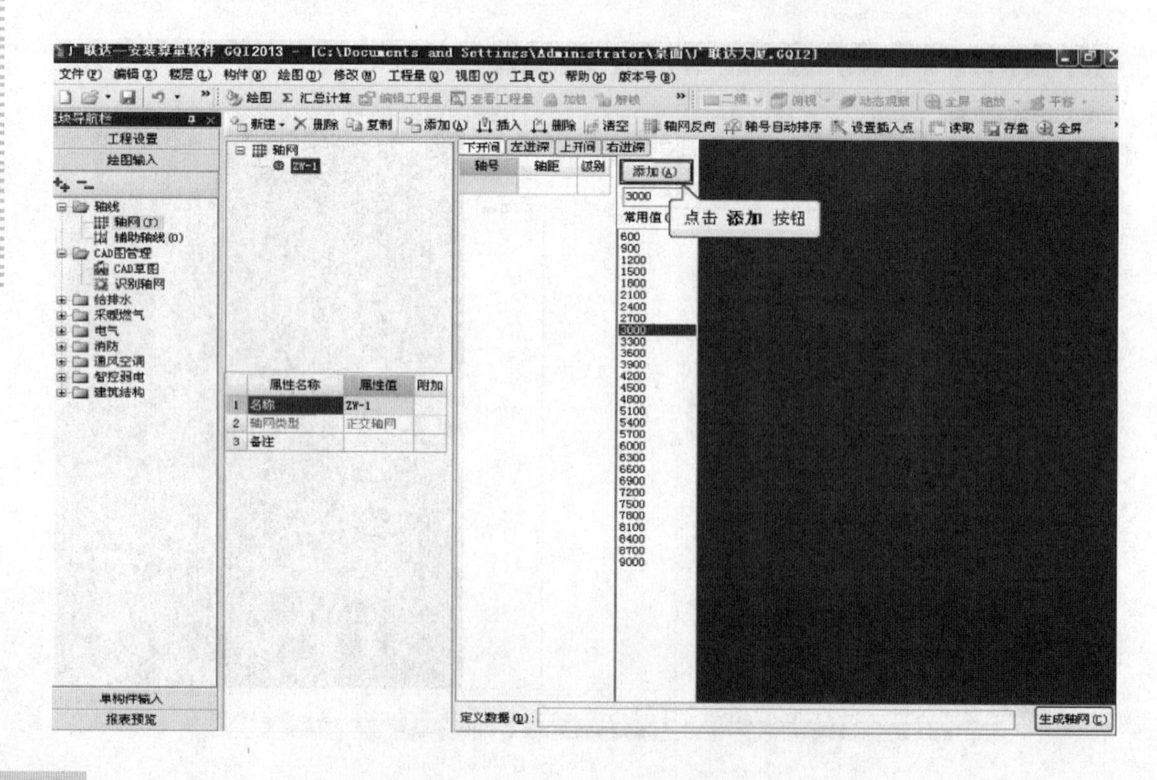

（7）点击左进深按钮，然后点击两下添加按钮，添加两个左进深数值。

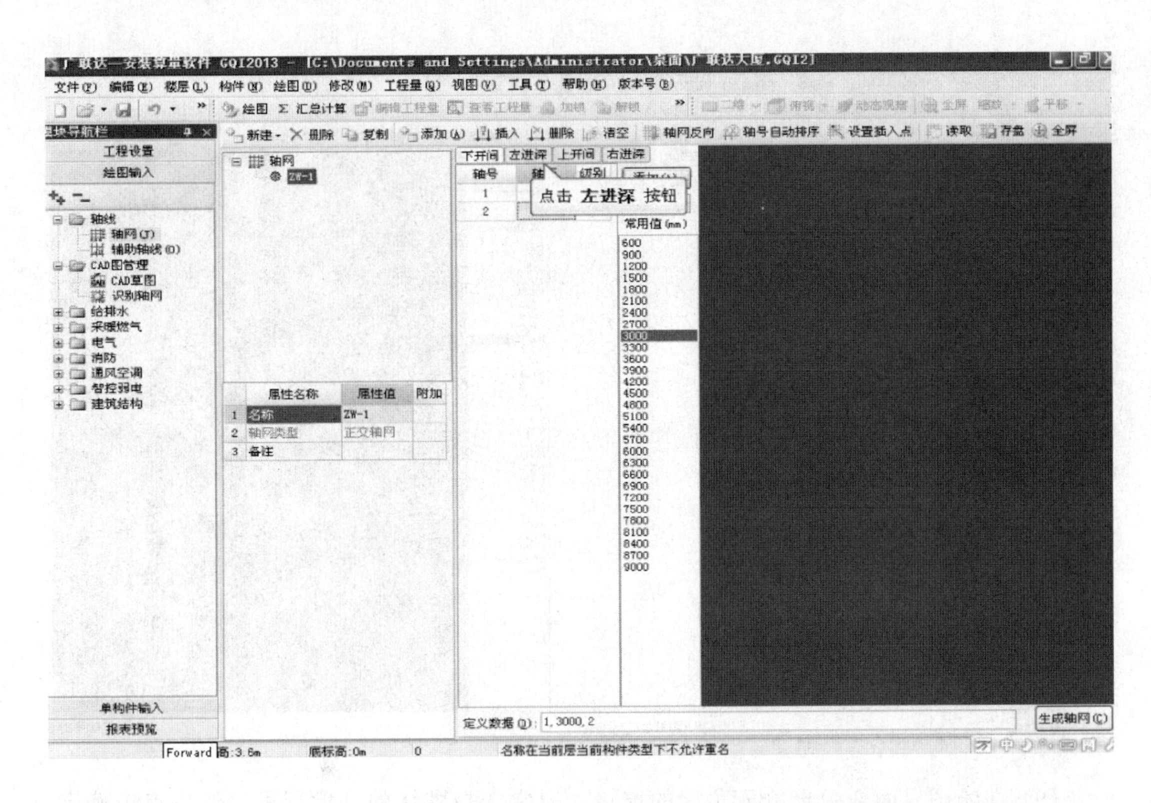

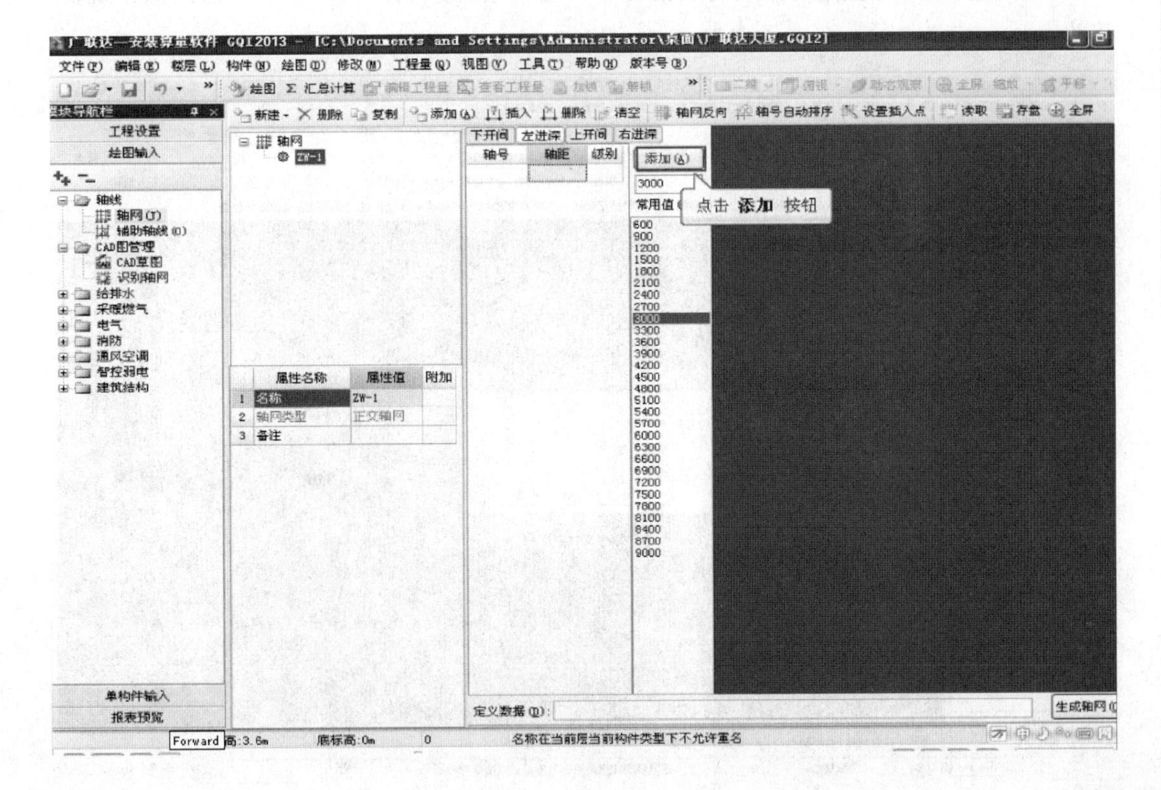

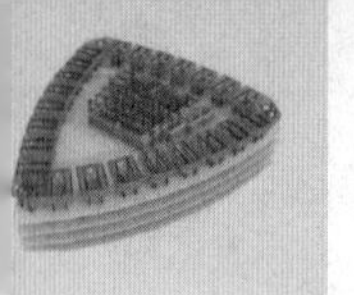

（8）点击工具栏上的绘图按钮，切换到绘图界面。

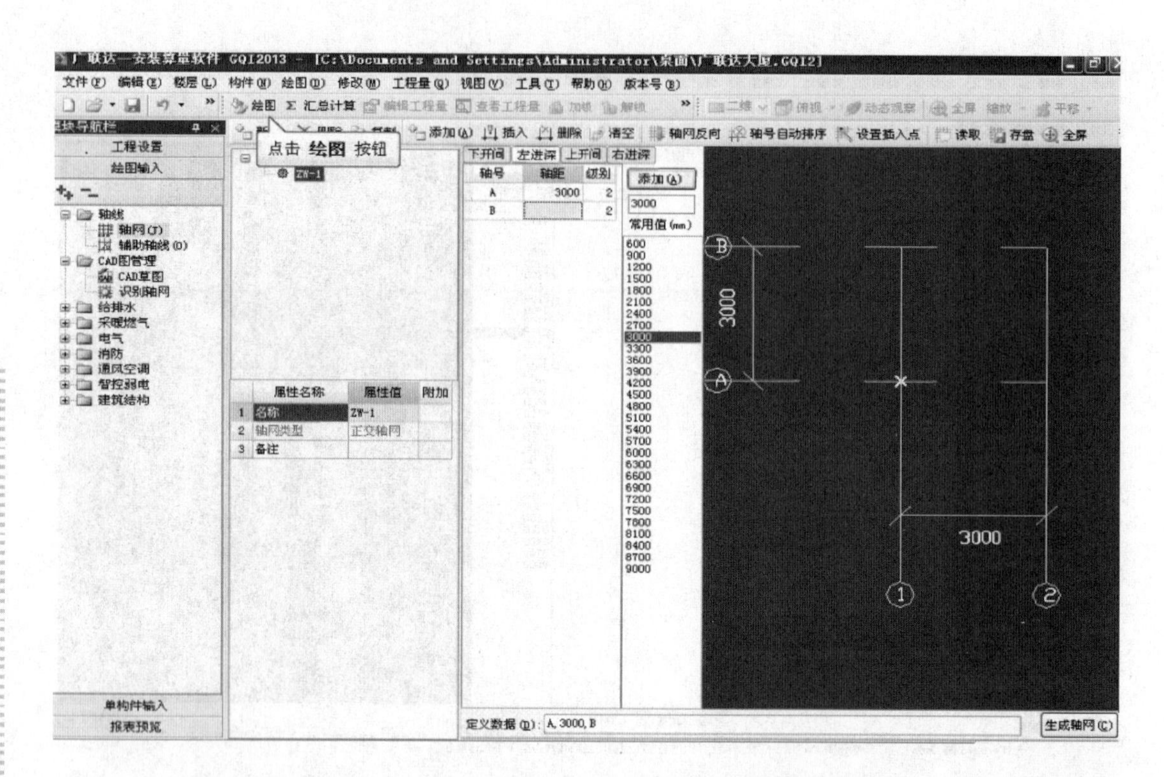

（9）在绘图界面会弹出输入角度的窗口，通常选择默认的 0 度即可，然后点击确定按钮。

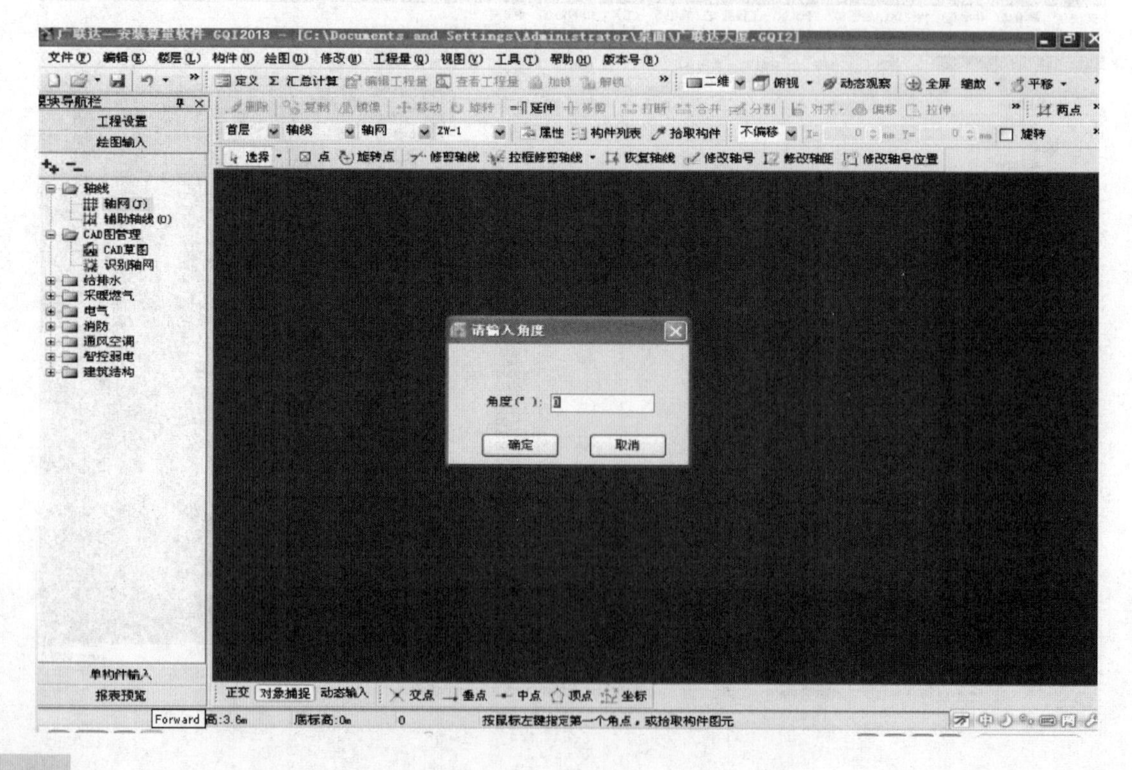

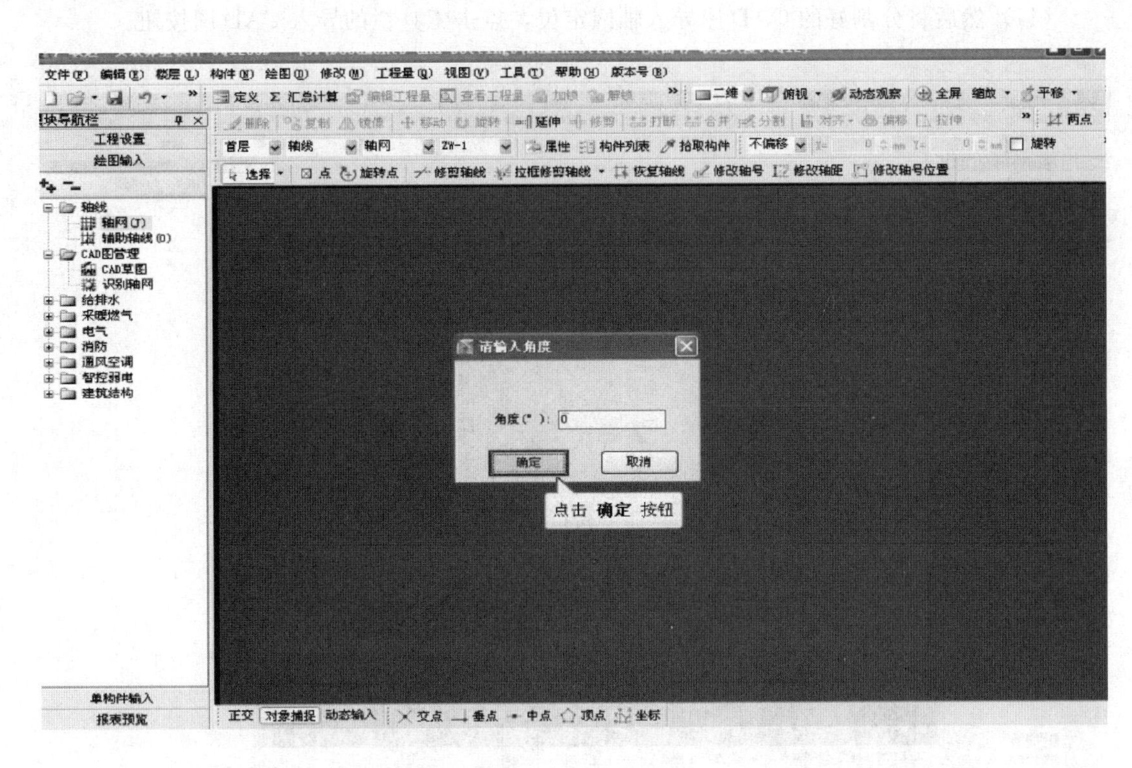

(10) 轴网插入时会以 A 轴和 E 轴的交点为插入点，并插入到绘图界面为 0.0 的点处，所以轴网绘图结束后，CAD 图导入时以 0.0 点为基准点定位。

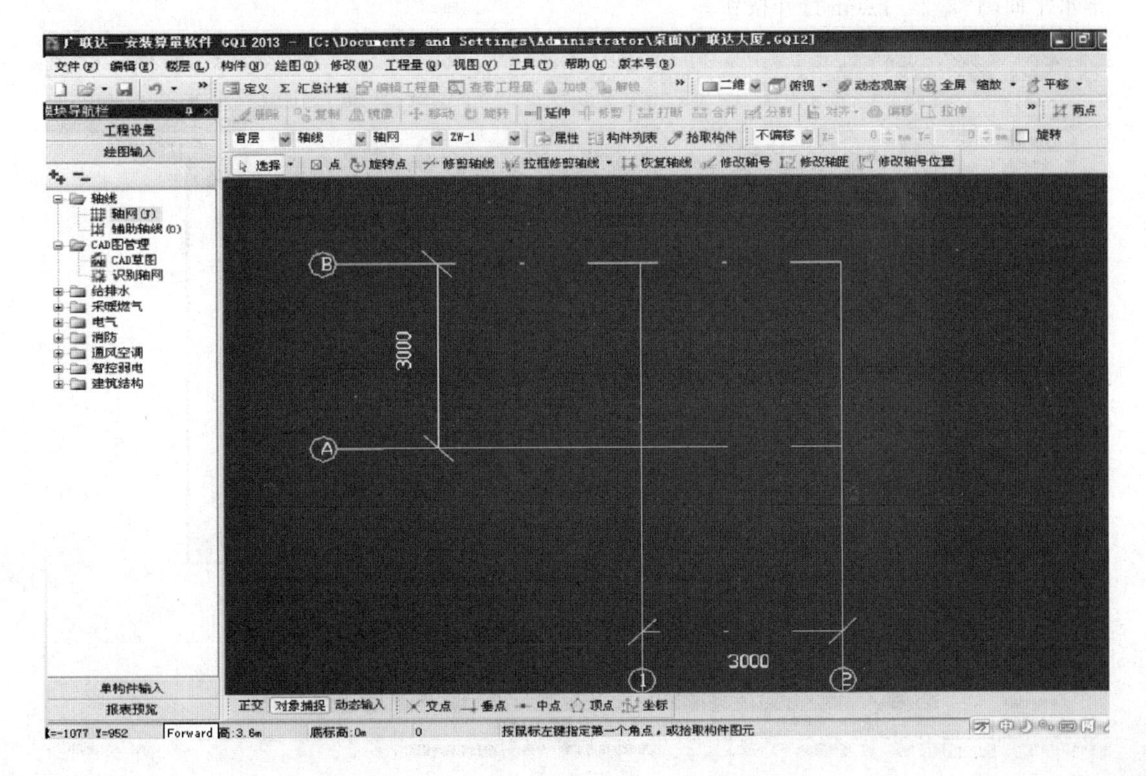

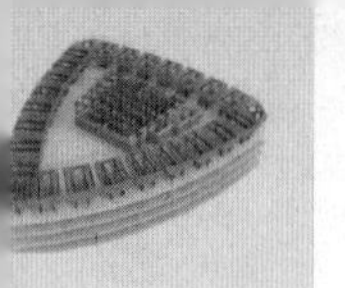

（11）然后将分割好的CAD图导入轴网定位，点击工具栏的导入CAD图按钮。

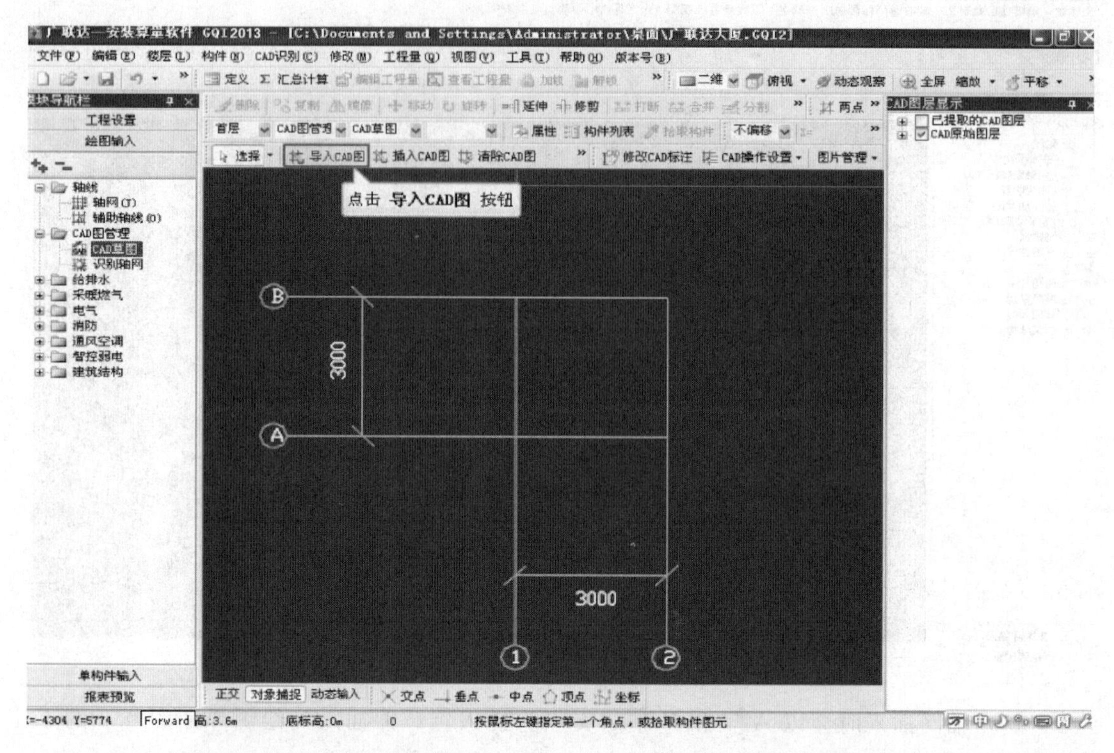

（12）在弹出的导入CAD图形窗口中选择需要导入的图形文件，例如选择“首层给排水平面图”，然后点击打开按钮。

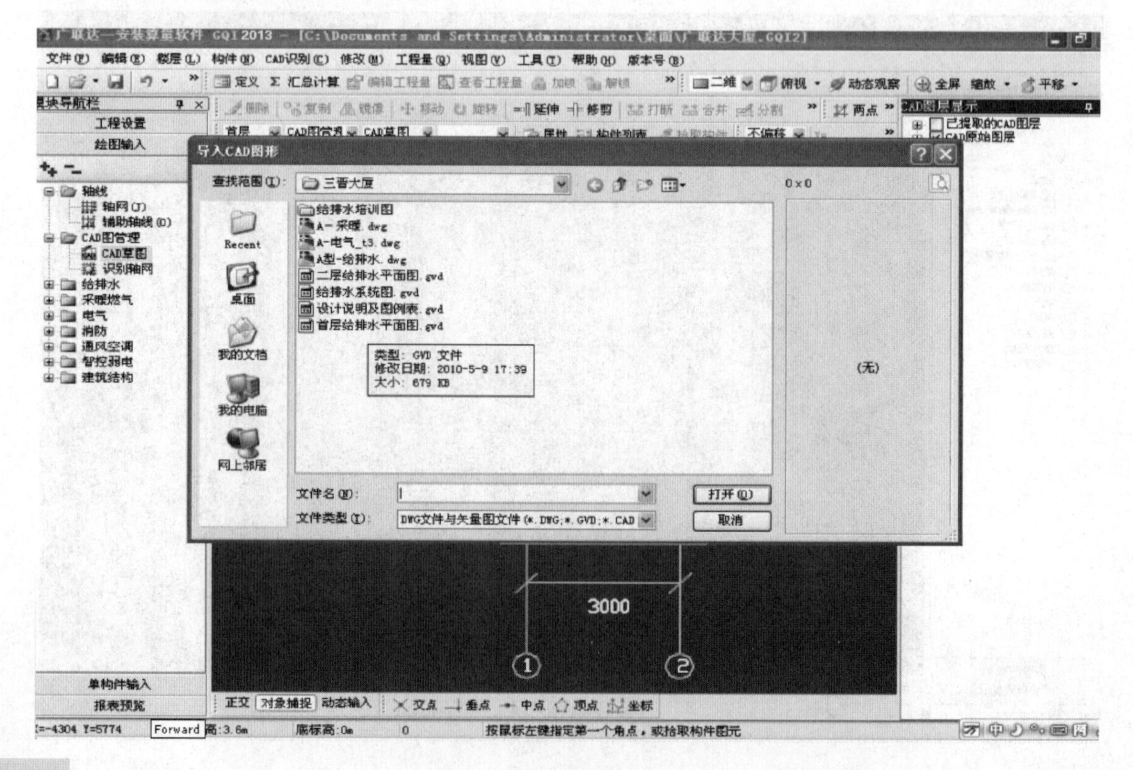

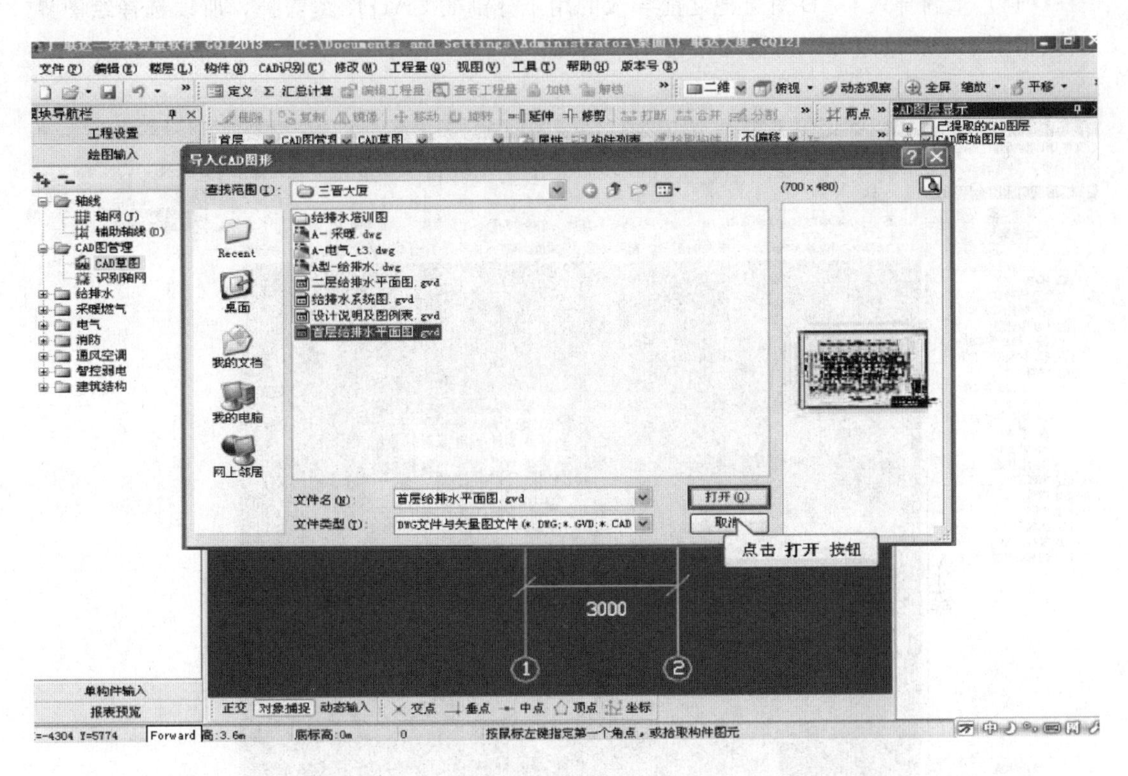

（13）在弹出的输入比例窗口中选择默认的1：1比例，然后点击确定按钮。

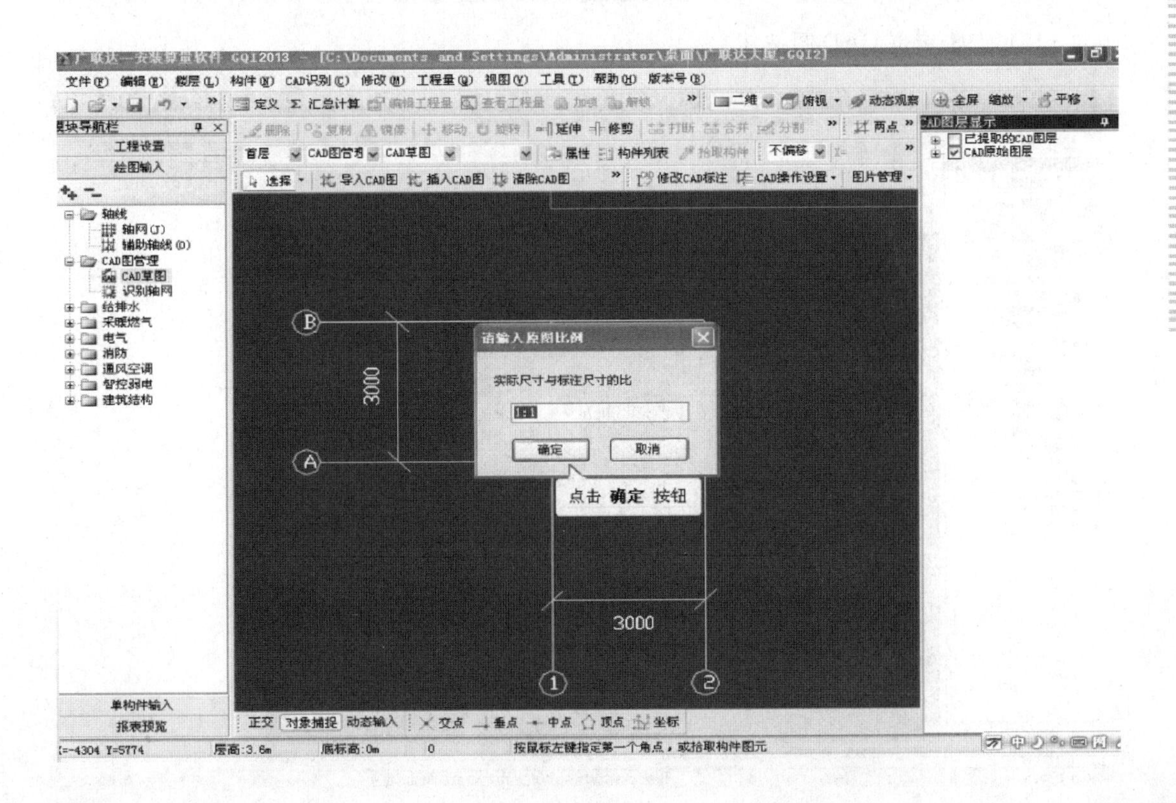

（14）重新导入CAD图会把之前导入的用于分割的CAD图覆盖掉，所以选择绘图界面只留下了一张刚刚导入的首层给排水平面图。

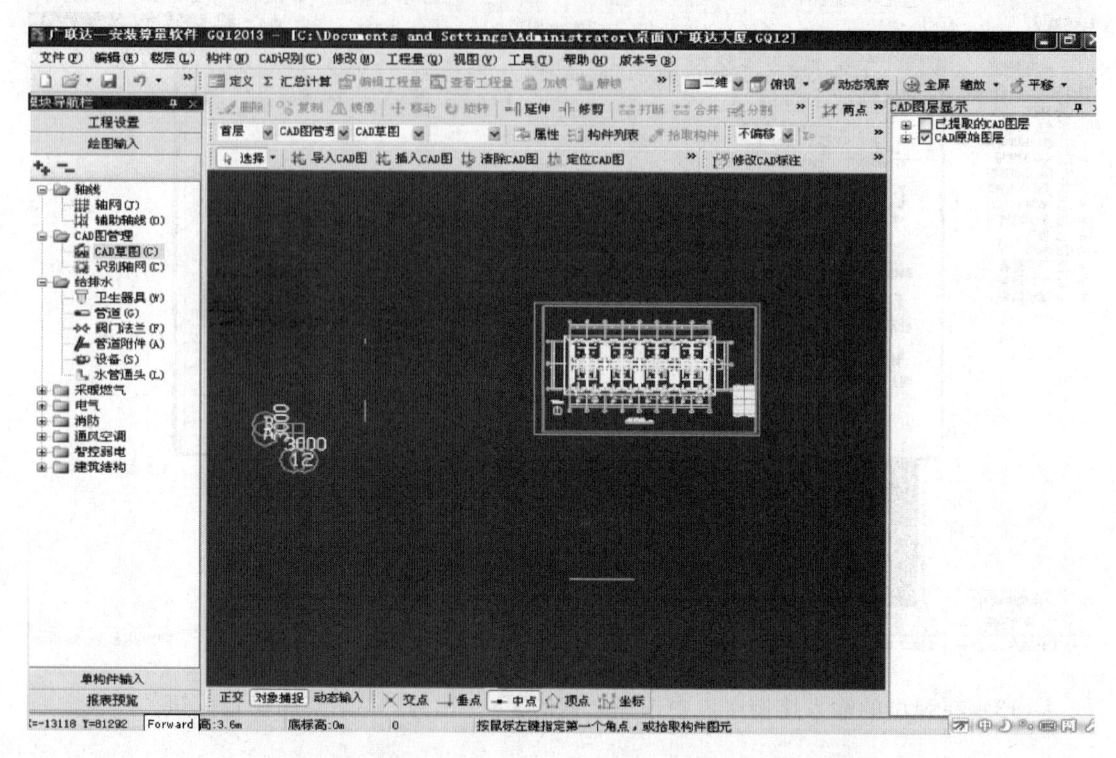

（15）点击定位CAD图按钮。

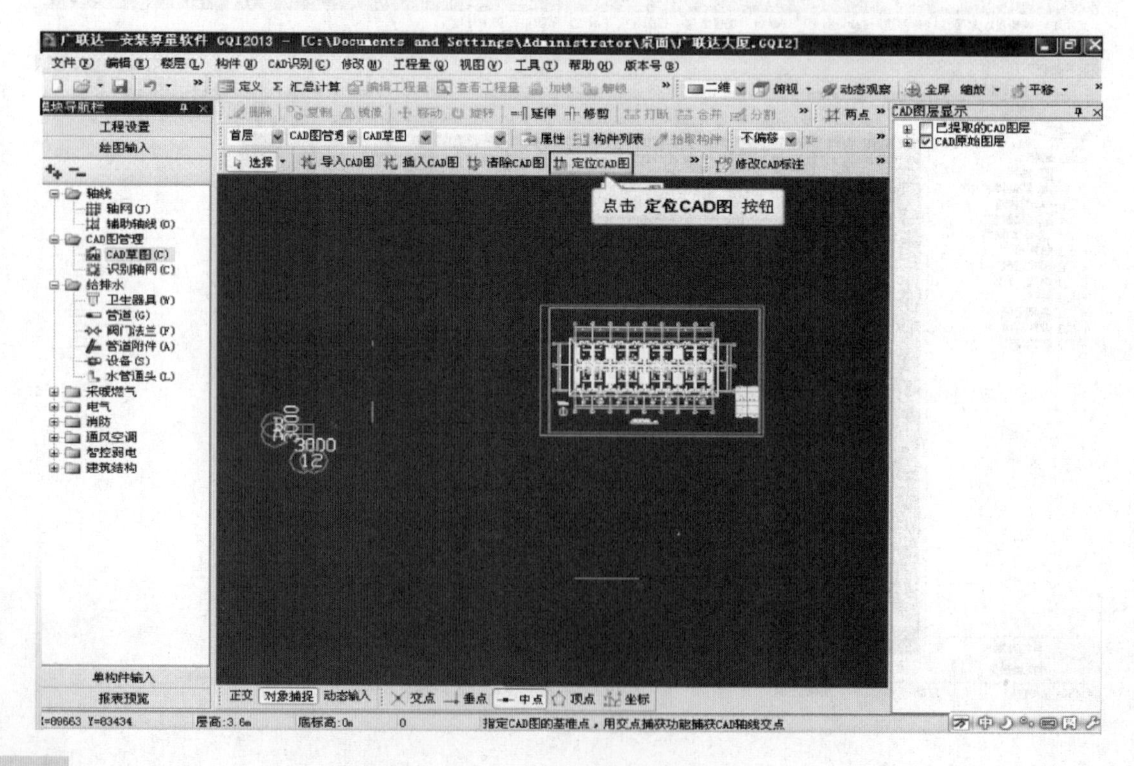

（16）指定 CAD 图的基准点，用交点捕获功能捕获 CAD 图的交点。

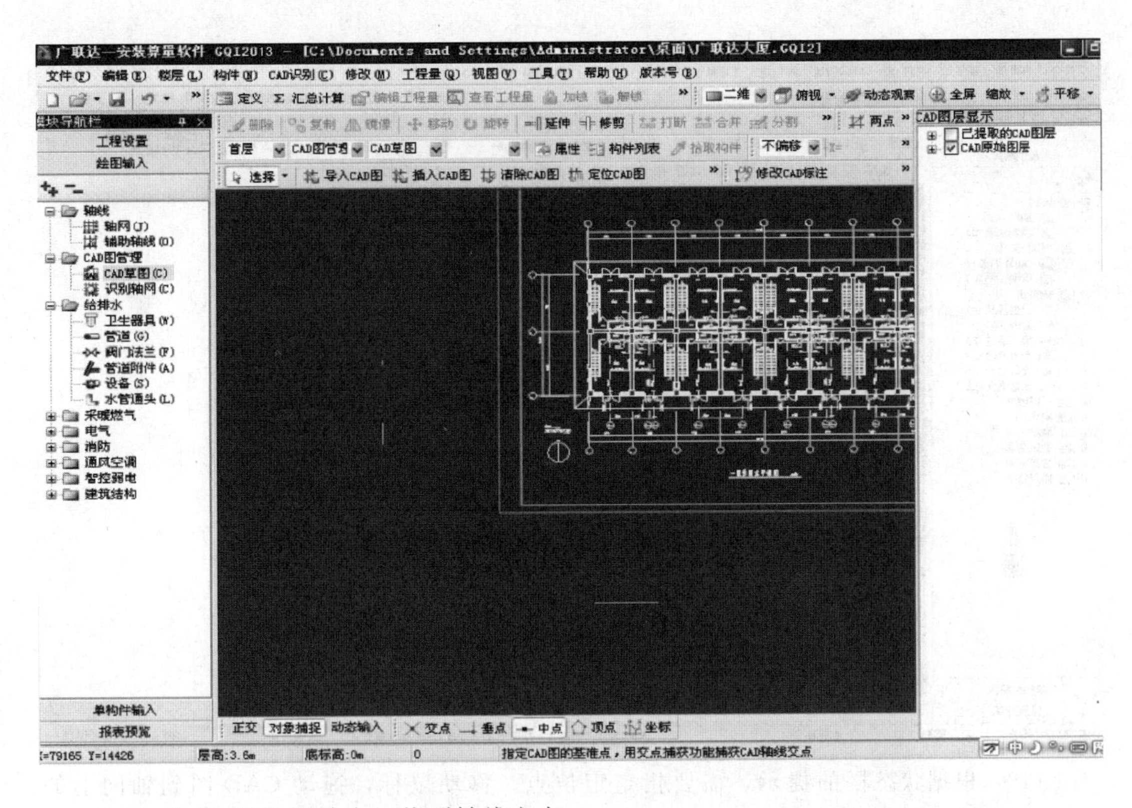

（17）先将 CAD 图放大，找到轴线交点。

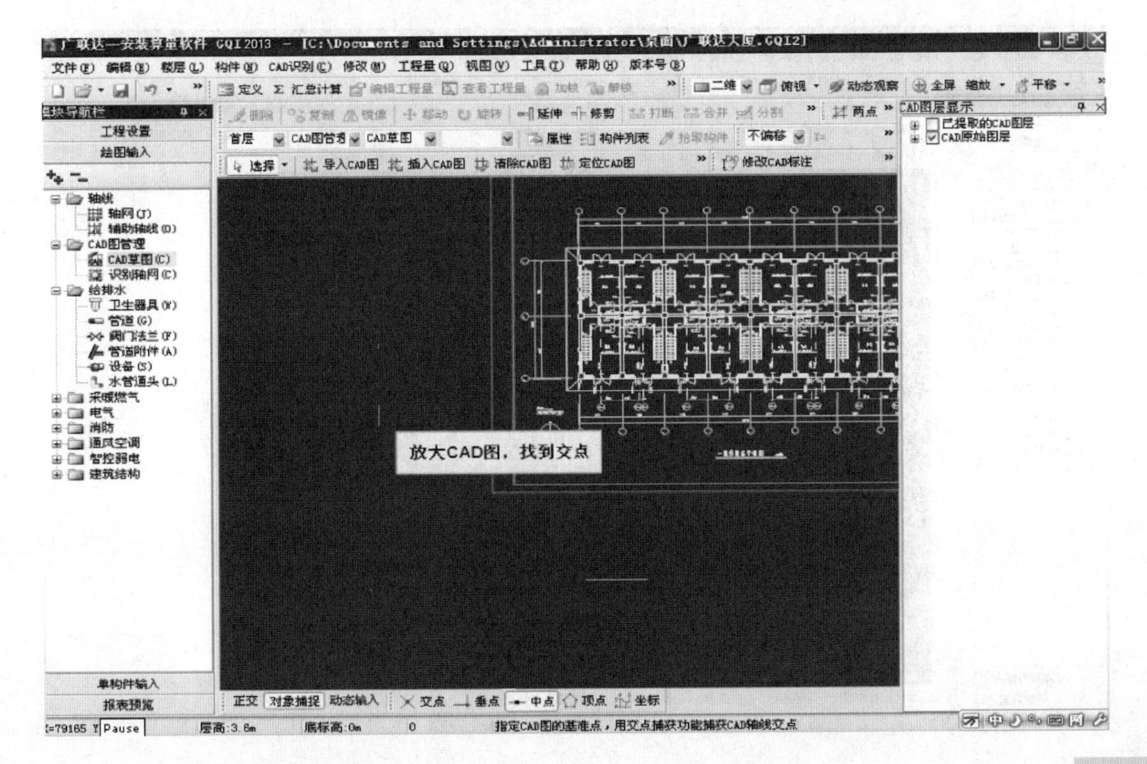

(18) 找到交点后，点击交点，指定基准点。

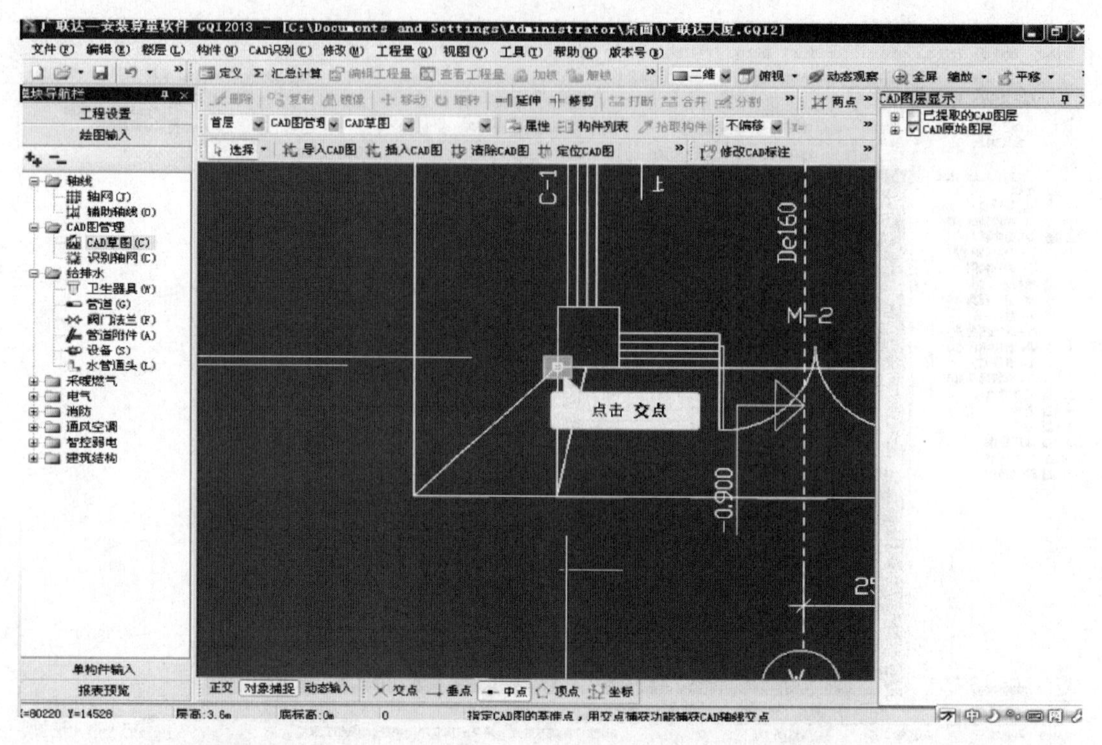

(19) 根据状态栏的提示，需要指定定位点，移动鼠标，拖动 CAD 图到轴网上的 0.0 点。

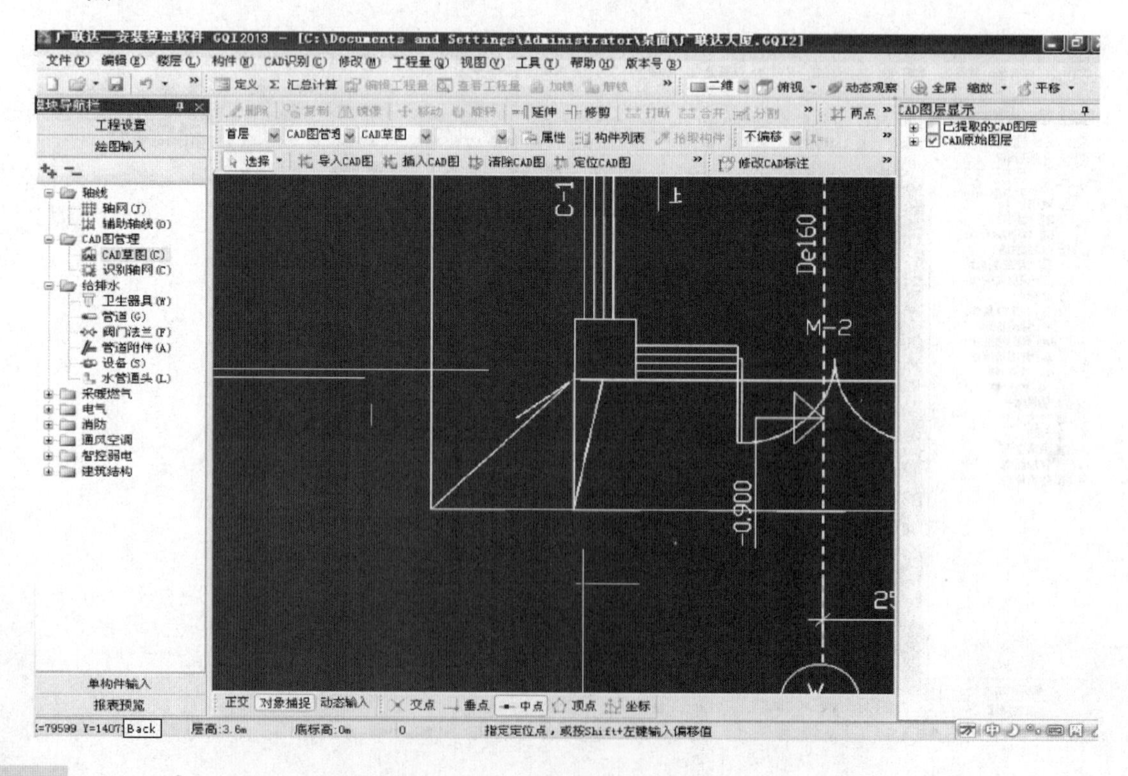

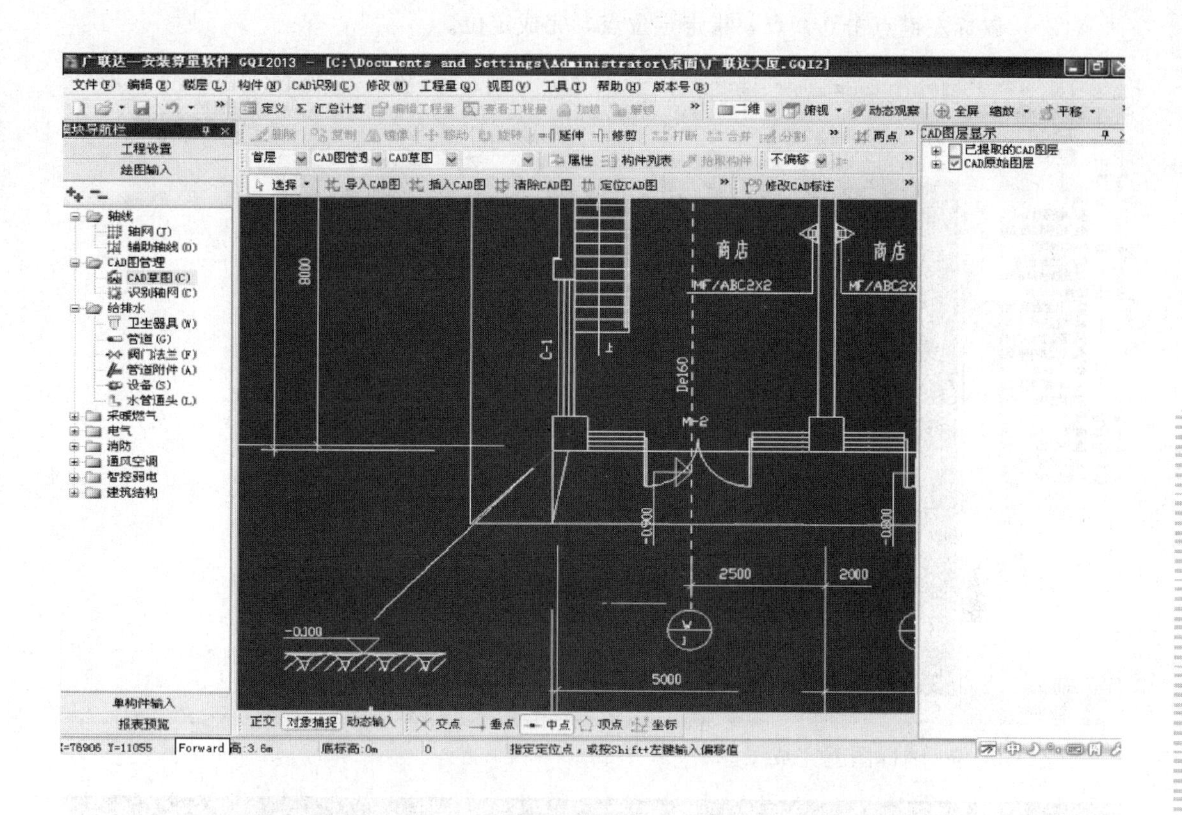
广联达—安装算量软件 GQI2013 - [C:\Documents and Settings\Administrator\桌面\广联达大厦.GQI2]
文件(F) 编辑(E) 楼层(L) 构件(N) CAD识别(C) 修改(M) 工程量(Q) 视图(V) 工具(T) 帮助(H) 版本号(B)
定义 Σ 汇总计算 编辑工程量 查看工程量 加锁 解锁
二维 俯视 动态观察 全屏 缩放 平移
模块导航栏
工程设置
绘图输入
轴线
轴网(J)
辅助轴线(O)
CAD图管理
CAD草图(C)
识别轴网(C)
给排水
卫生器具(W)
管道(G)
阀门法兰(F)
管道附件(A)
设备(S)
水管通头(L)
采暖燃气
电气
消防
通风空调
智控弱电
建筑结构
单构件输入
报表预览
删除 复制 镜像 移动 旋转 延伸 修剪 打断 合并 分割 两点
首层 CAD图管理 CAD草图 属性 构件列表 拾取构件 不偏移
选择 导入CAD图 插入CAD图 清除CAD图 定位CAD图 修改CAD标注
CAD图层显示
已提取的CAD图层
CAD原始图层
8000
商店
商店
MF/ABC2X2
MF/ABC2X
C-1
De160
M-2
-0.900
-0.800
2500
2000
-0.100
5000
正交 对象捕捉 动态输入 交点 垂点 中点 顶点 坐标
X=78906 Y=11055
Forward
层高:3.6m
底标高:0m
0
指定定位点，或按Shift+左键输入偏移值

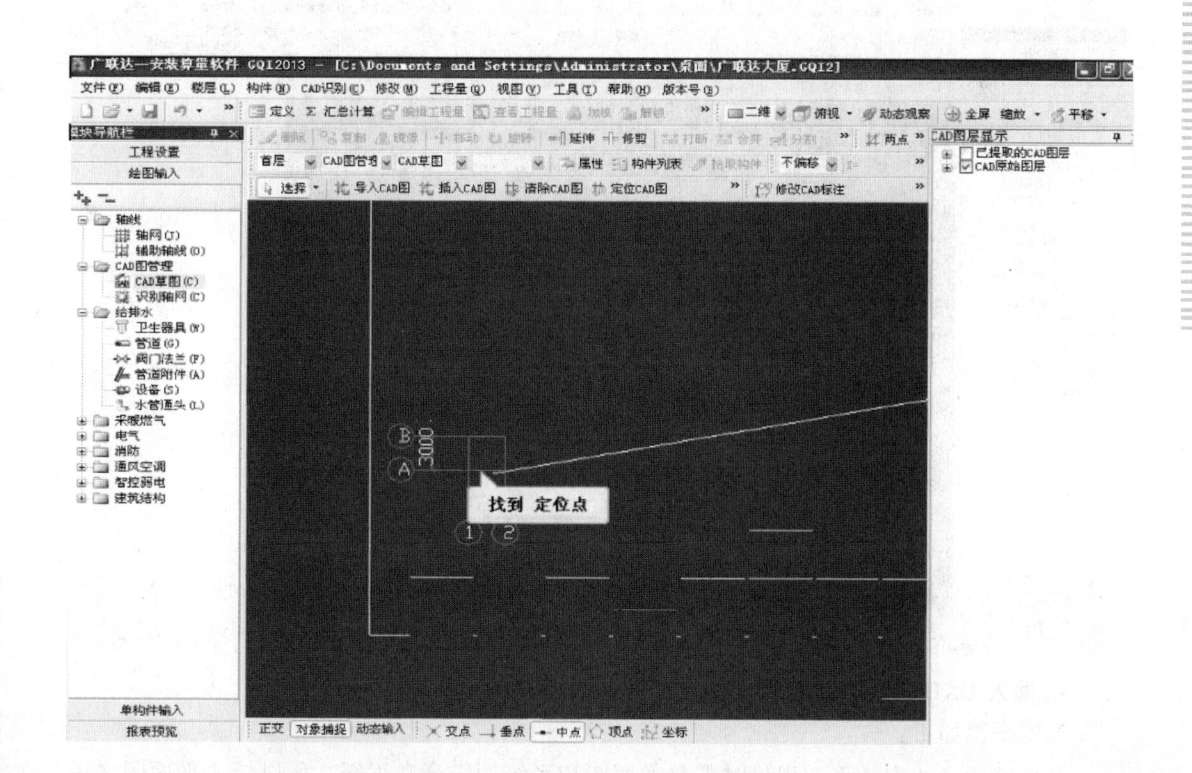
广联达—安装算量软件 GQI2013 - [C:\Documents and Settings\Administrator\桌面\广联达大厦.GQI2]
文件(F) 编辑(E) 楼层(L) 构件(N) CAD识别(C) 修改(M) 工程量(Q) 视图(V) 工具(T) 帮助(H) 版本号(B)
定义 Σ 汇总计算 编辑工程量 查看工程量 加锁 解锁
二维 俯视 动态观察 全屏 缩放 平移
模块导航栏
工程设置
绘图输入
轴线
轴网(J)
辅助轴线(O)
CAD图管理
CAD草图(C)
识别轴网(C)
给排水
卫生器具(W)
管道(G)
阀门法兰(F)
管道附件(A)
设备(S)
水管通头(L)
采暖燃气
电气
消防
通风空调
智控弱电
建筑结构
单构件输入
报表预览
首层 CAD图管理 CAD草图 属性 构件列表 拾取构件 不偏移
选择 导入CAD图 插入CAD图 清除CAD图 定位CAD图 修改CAD标注
CAD图层显示
已提取的CAD图层
CAD原始图层
B
A
3000
1
2
找到 定位点
正交 对象捕捉 动态输入 交点 垂点 中点 顶点 坐标

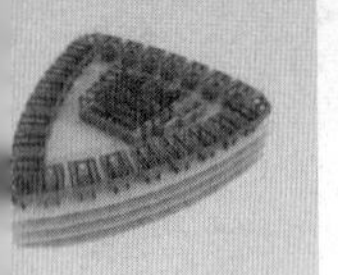

（20）鼠标左键点击 0.0 点，指定定位点，完成定位。

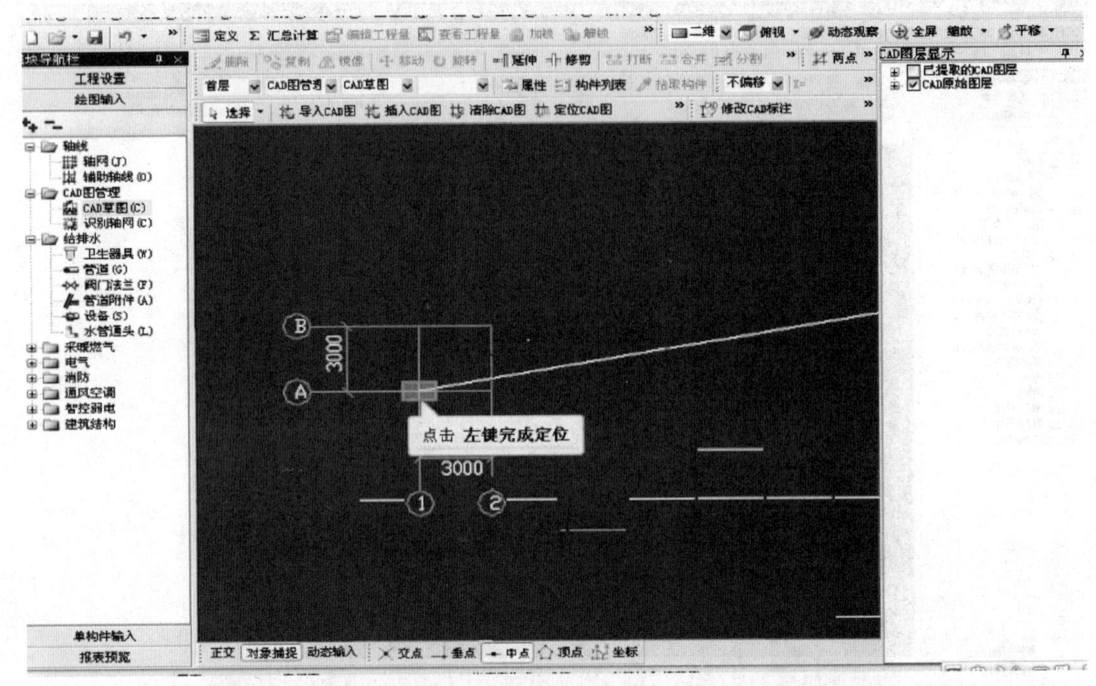

（21）定位 CAD 图就完成了。

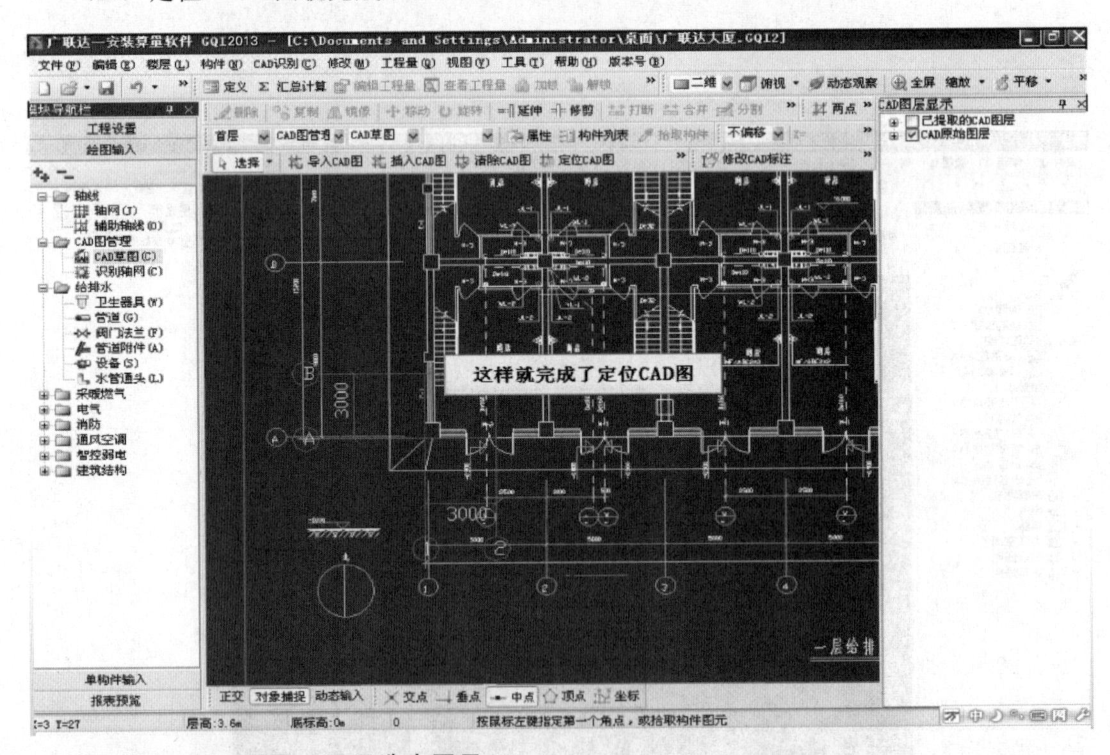

3. 插入 CAD 图及只显示选中图元。

具体步骤如下：

（1）安装专业中计算工程量时需要平面图和系统图结合来识图，所以导入平面图之后

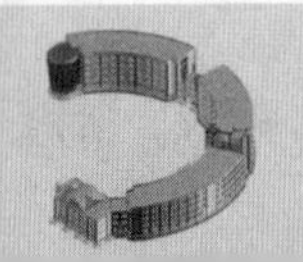

还要插入系统图，才能满足算量的要求。下面进行插入 CAD 图的操作。

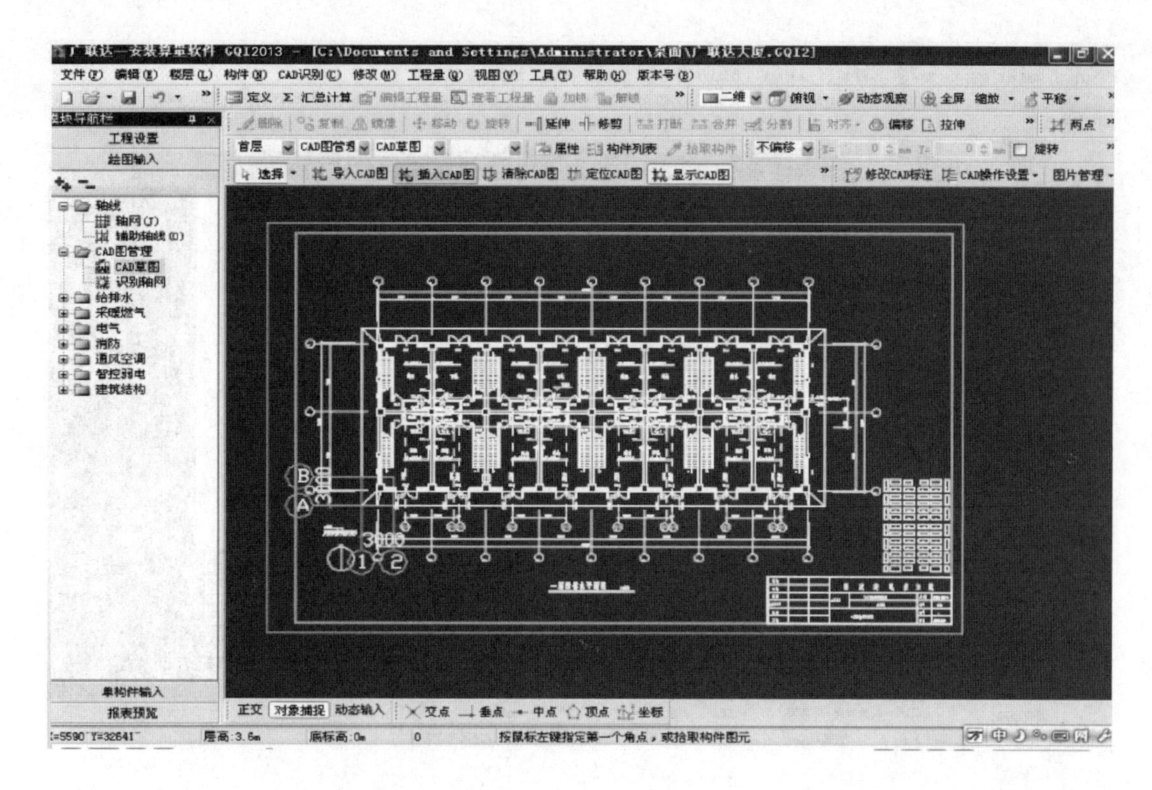

（2）点击插入 CAD 图按钮。

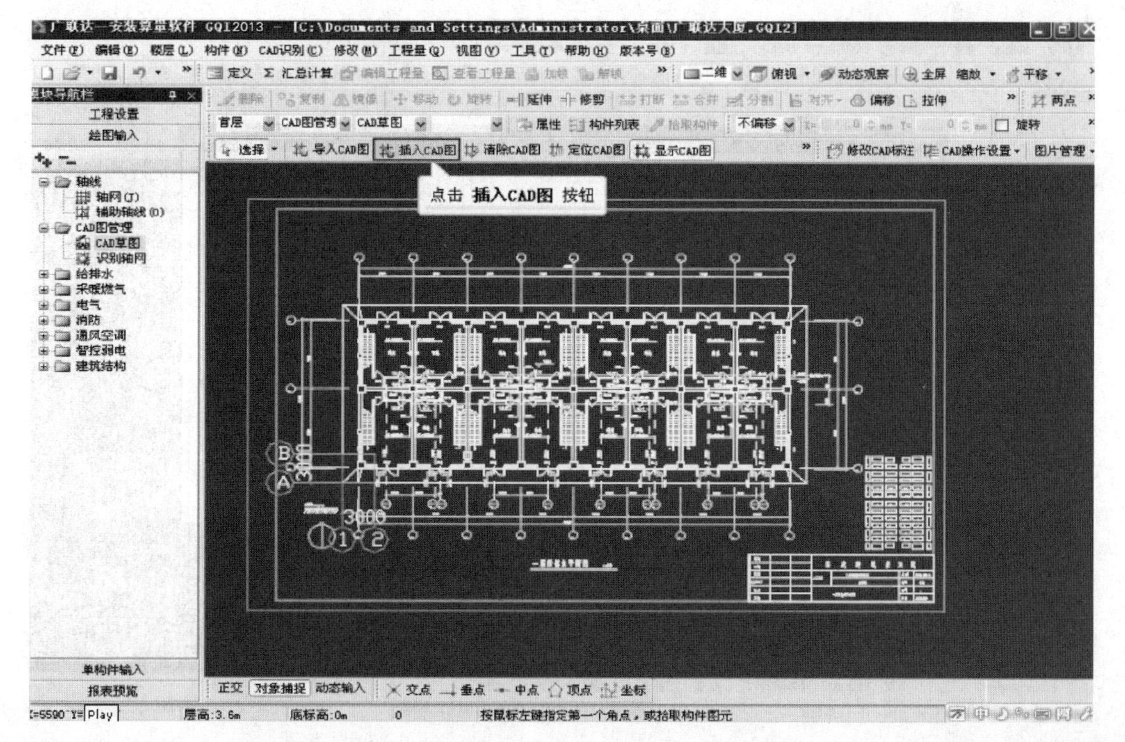

（3）在弹出的插入CAD图显示框中选择给排水系统图。

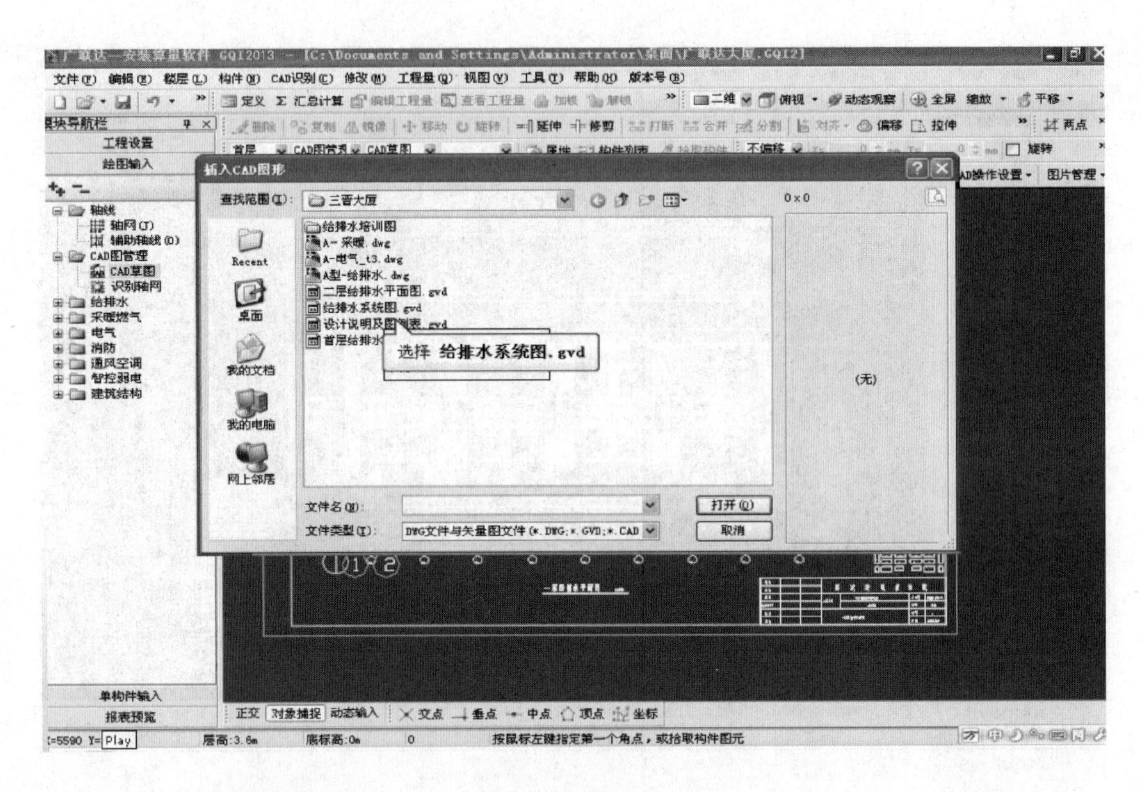

（4）选择图形文件后点击窗口上的打开按钮。

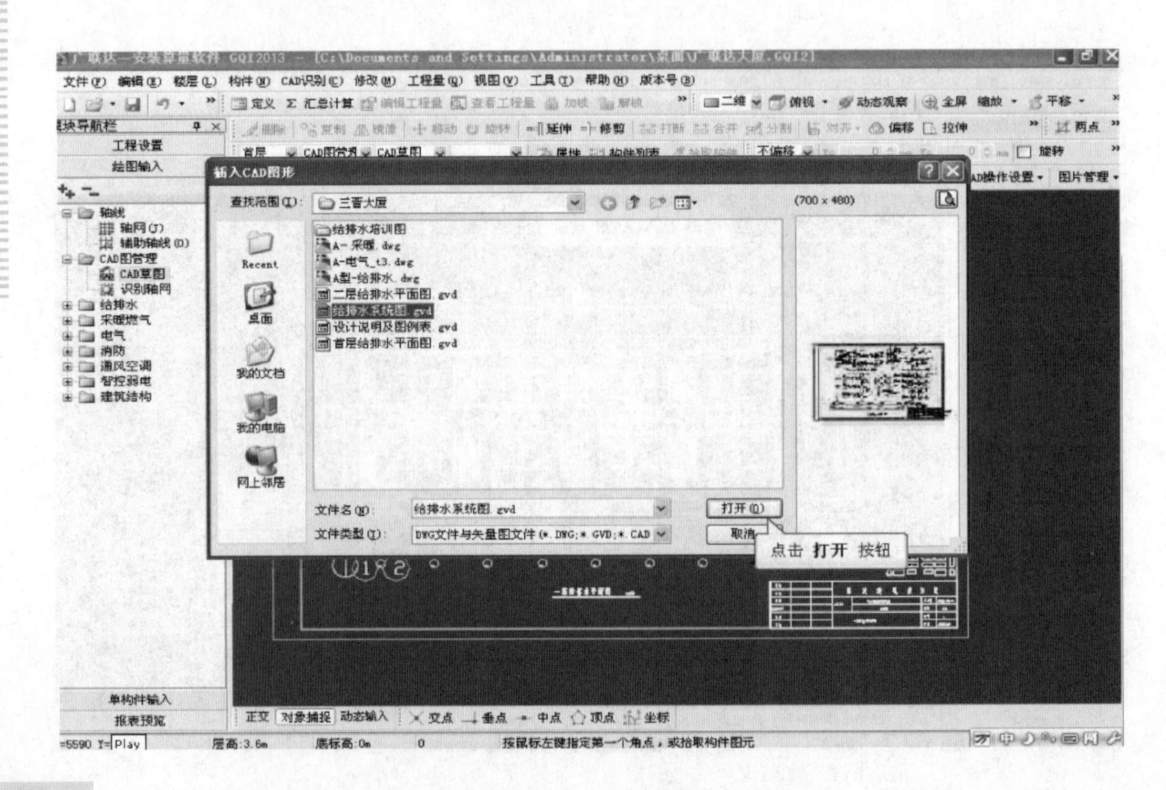

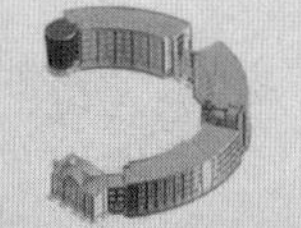
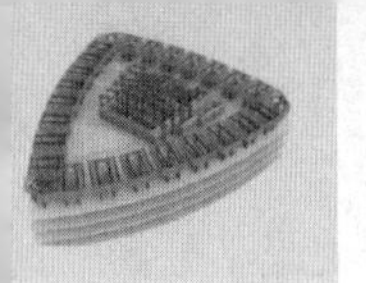

（5）在弹出的选择图形比例框中选择默认的1∶1比例，点击确定按钮。

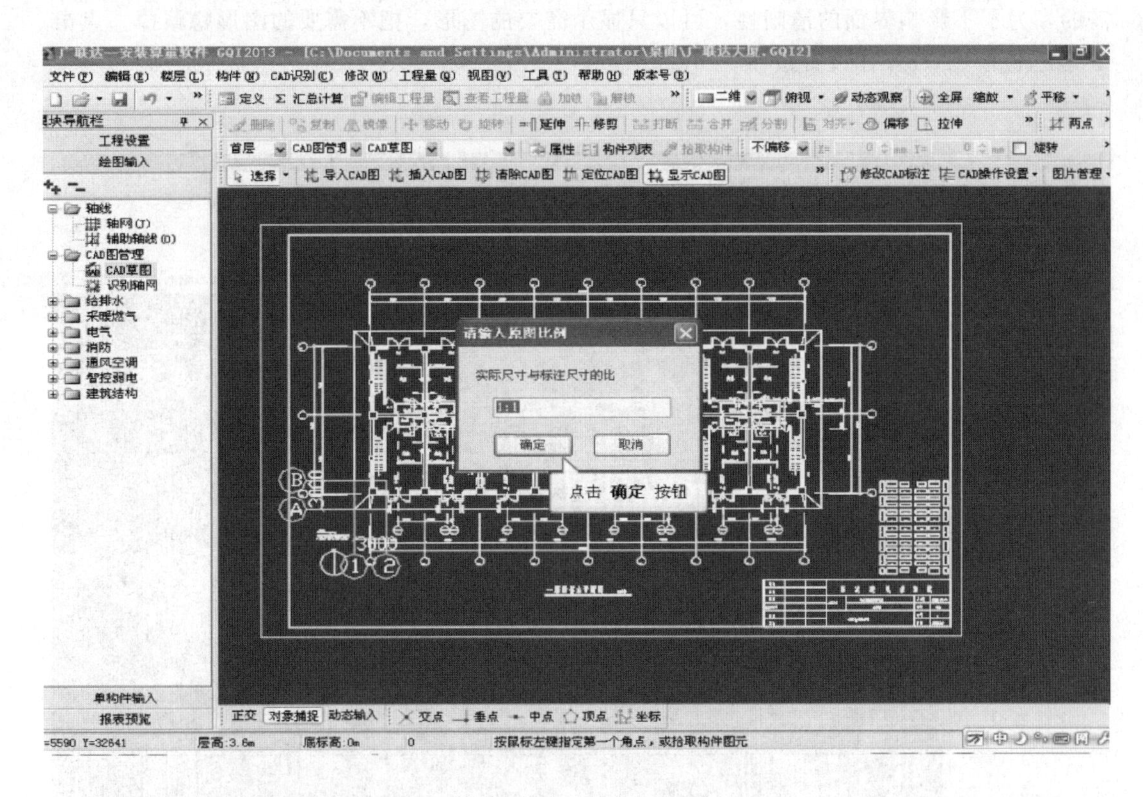

（6）这样系统图就插入到平面图的上方了。

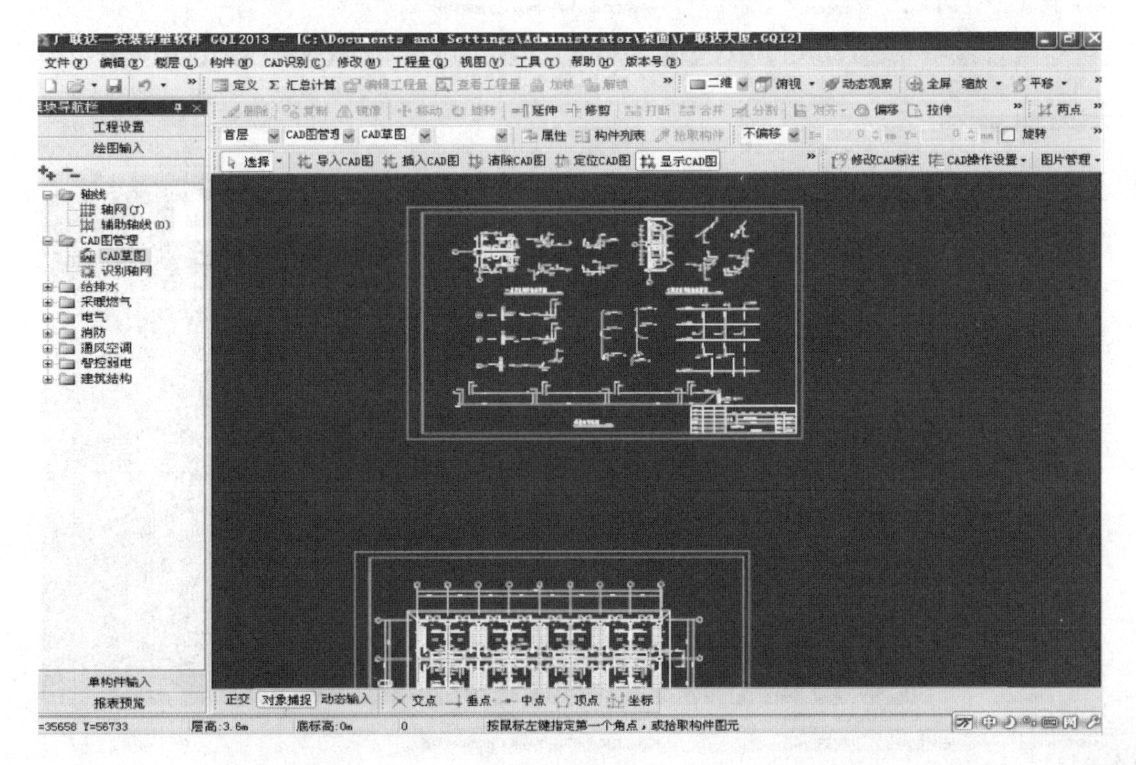

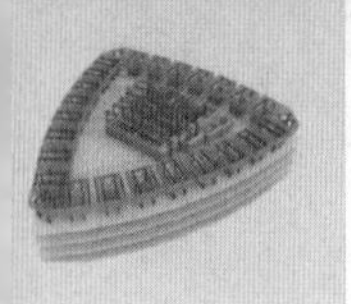

（7）对于安装的识图来讲，CAD 图上很多的图形都是辅助图形，并不是识图算量必需的，为了不影响界面的清晰性，可以只显示需要的图形，把不需要的图形隐藏掉。点击工具栏上的 CAD 操作设置按钮。

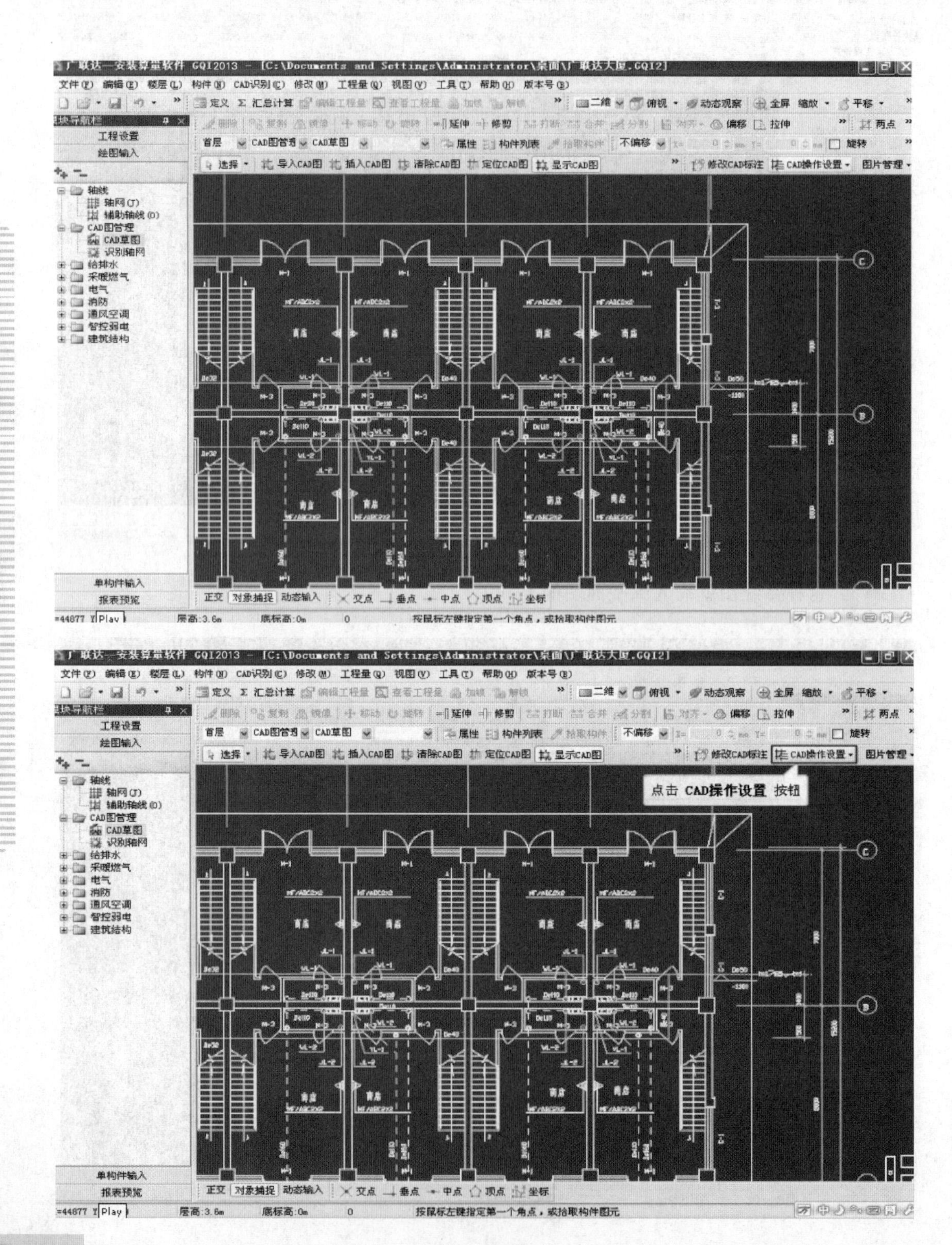

（8）在下拉选项中选中只显示选中CAD图元所在图形，根据状态栏提示，鼠标左键选择需要显示的CAD图元，被选中的CAD图元会整体显示蓝色。

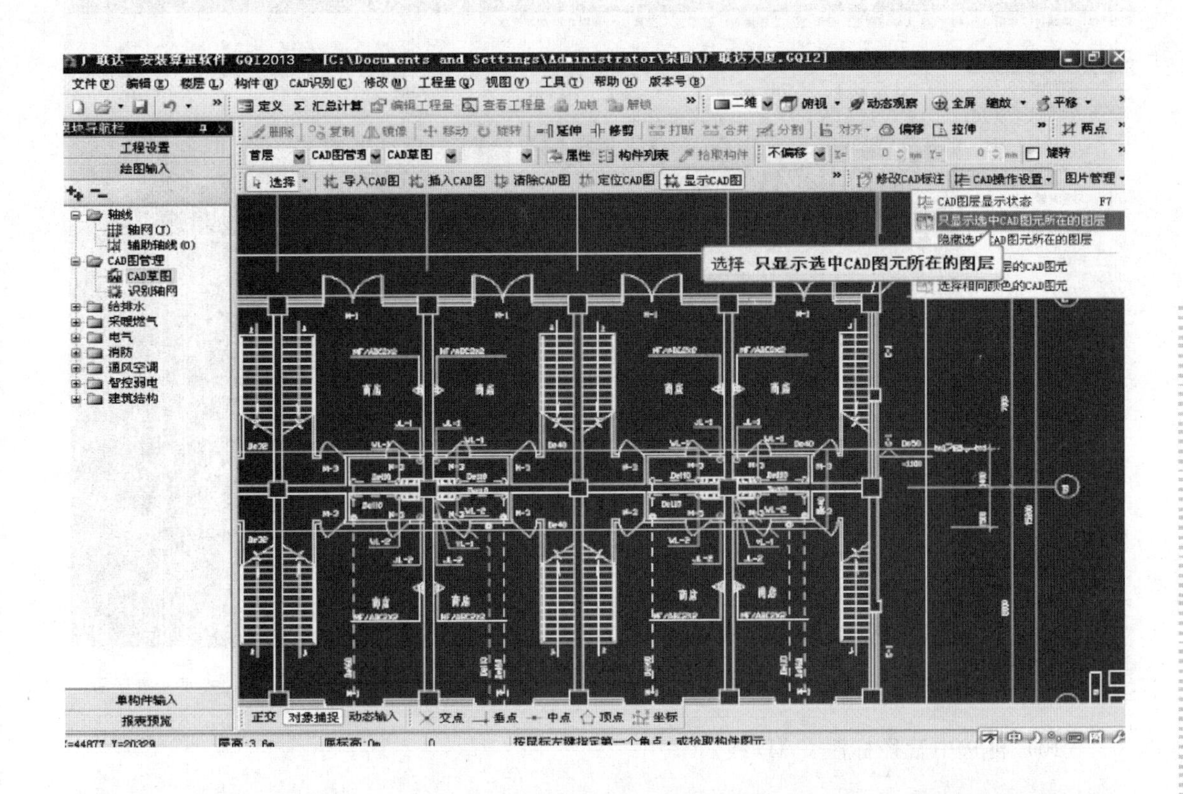

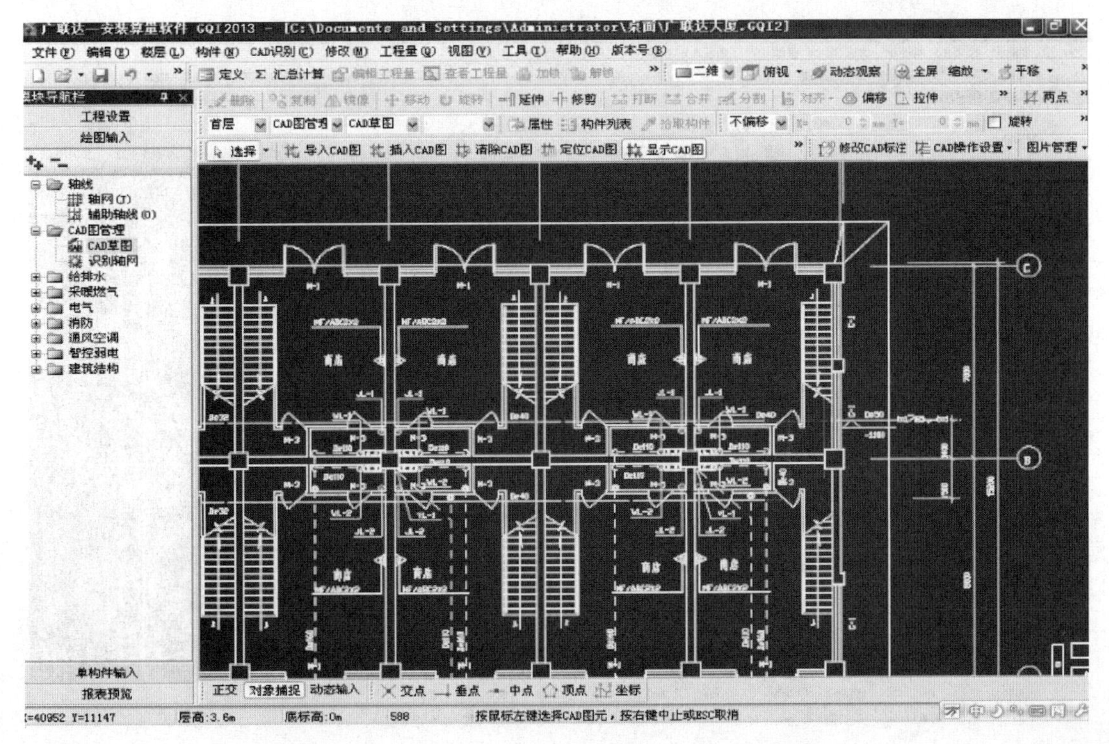

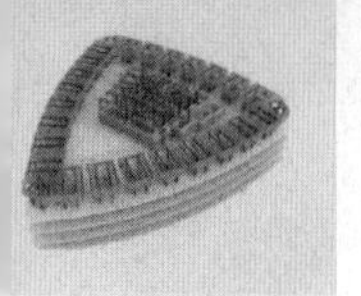

（9）例如先选中选择管道 CAD 线。

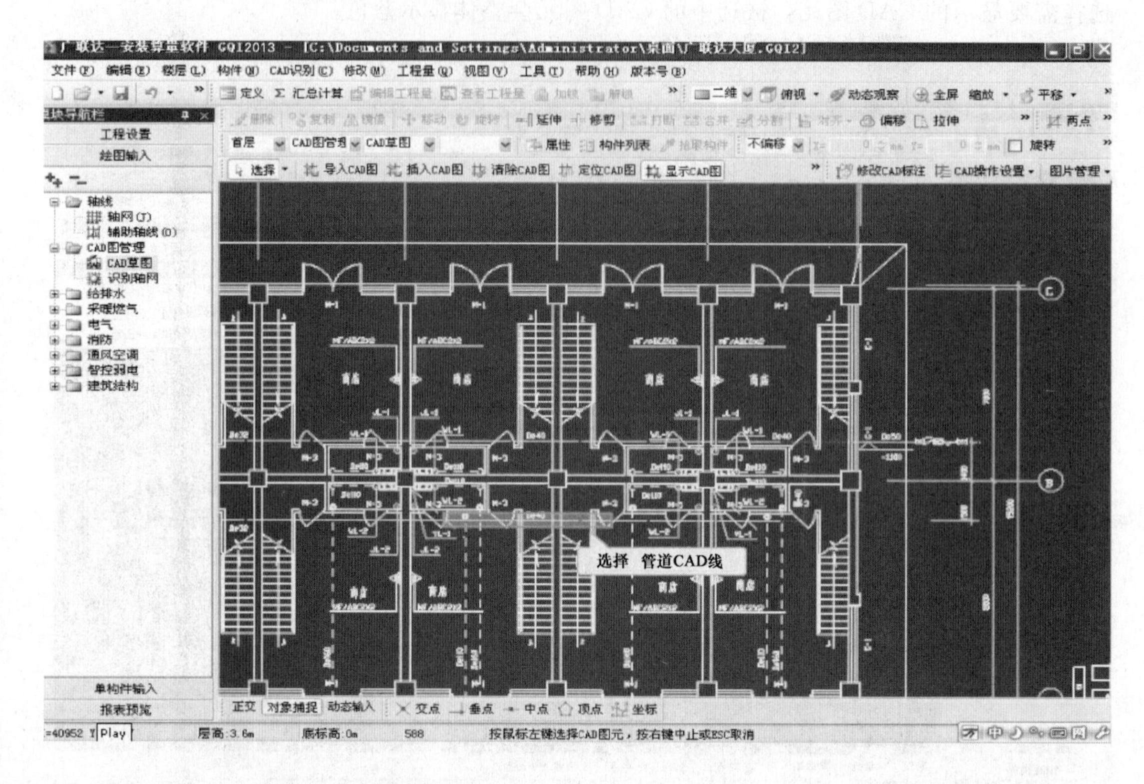

（10）再选中管径标注 CAD 线。

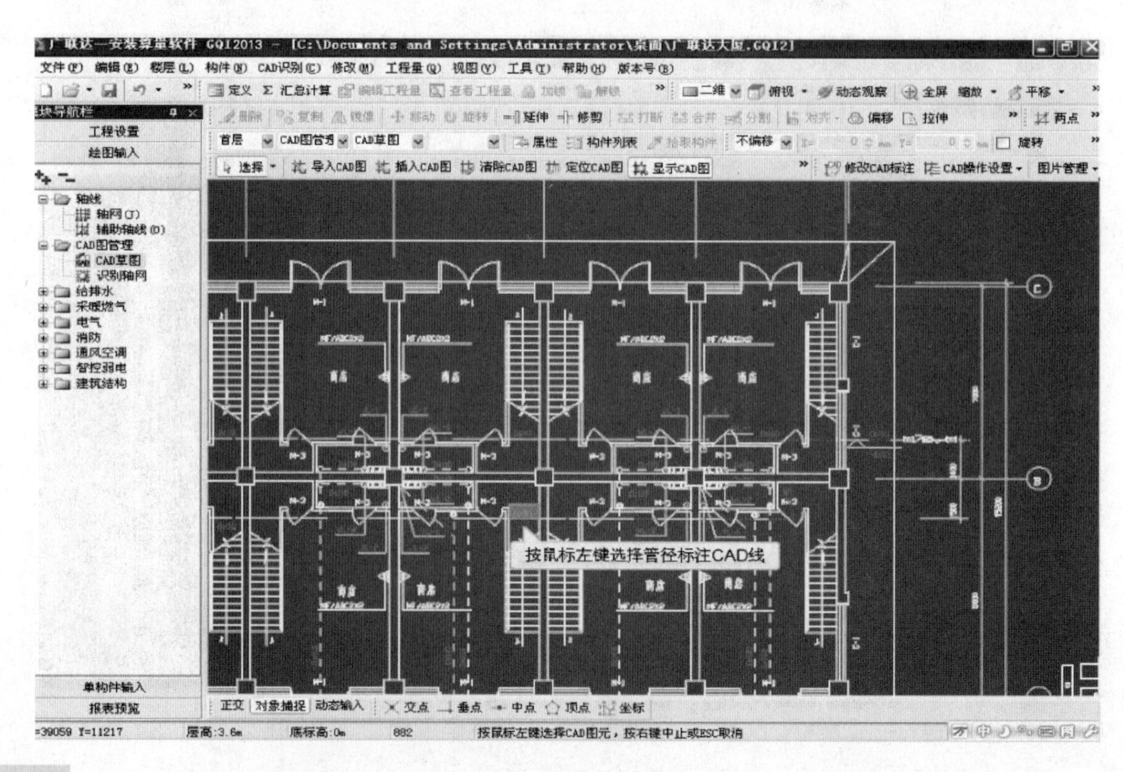

(11) 选择完毕后点击鼠标右键确认。

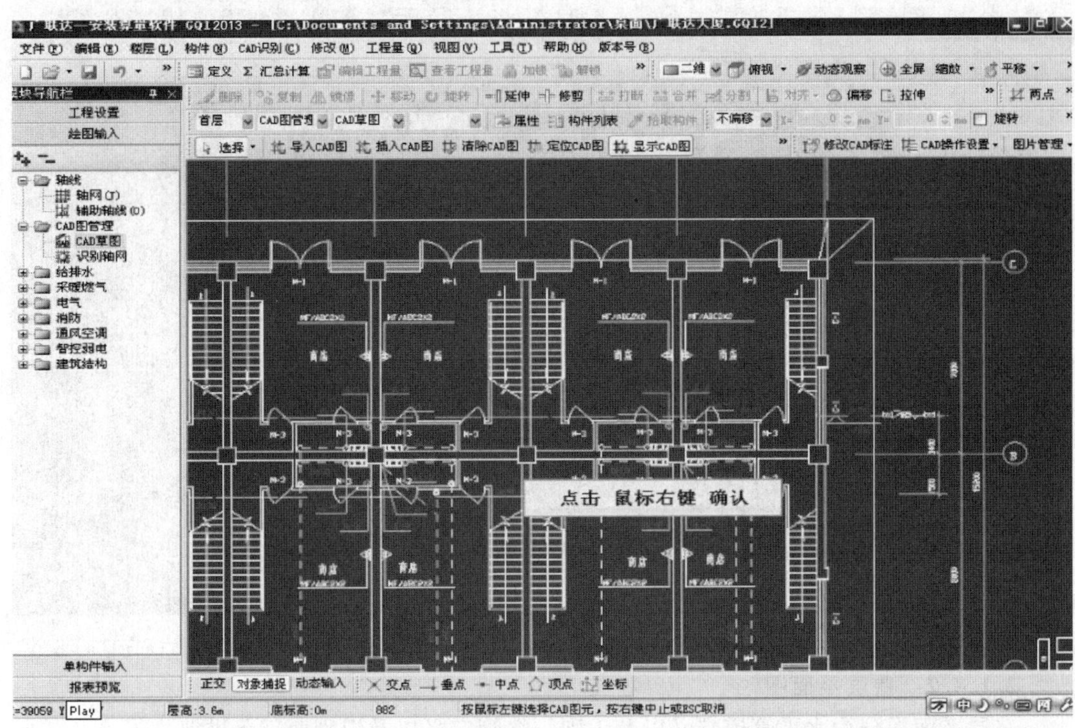

(12) 这样绘图界面就只显示管道和标注两个图层，不需要的图层被隐藏，看起来清晰明了。双击导航栏上的给排水按钮。

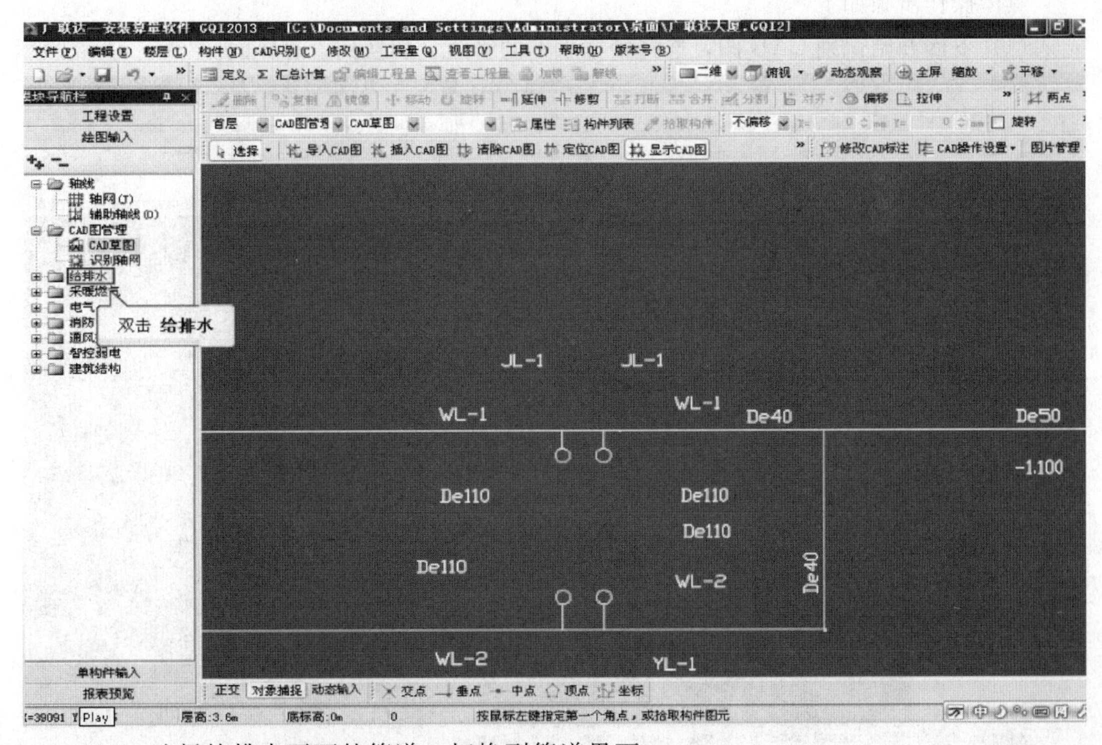

(13) 选择给排水下面的管道，切换到管道界面。

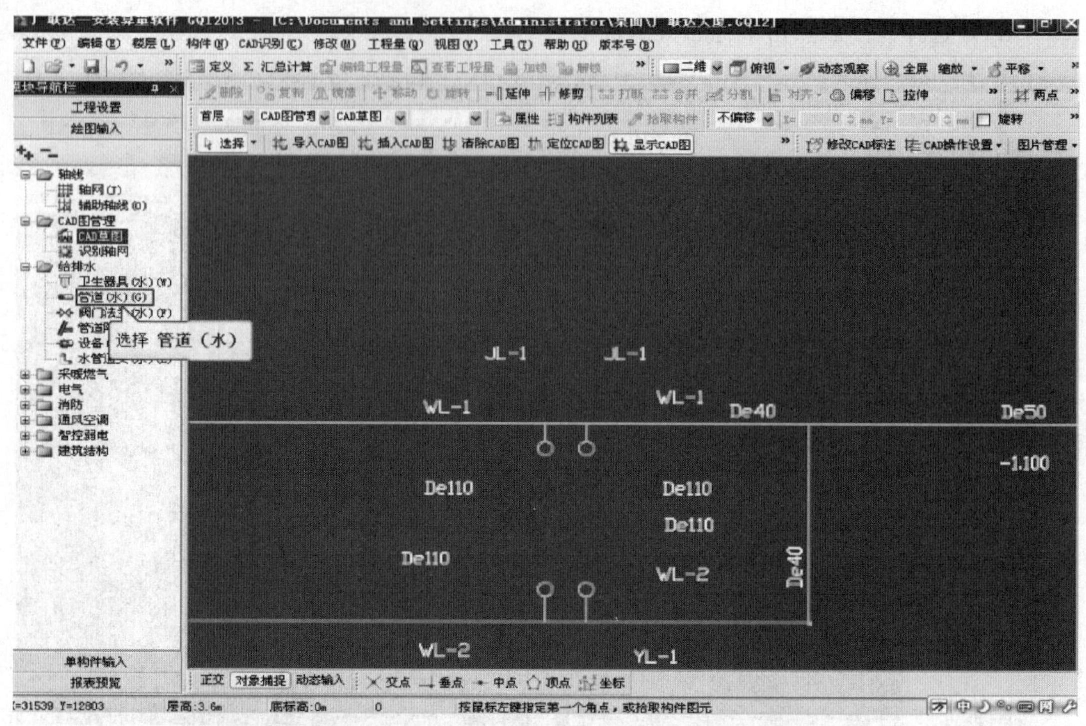

2.1.4.2 首层平面图

首层平面图分为水平管道定义以及识别、立管定义以及识别两部分讲解。

1. 水平管道定义以及识别

具体操作步骤如下：

（1）下面开始识别 CAD 图，选择给排水下的管道，切换到管道界面。

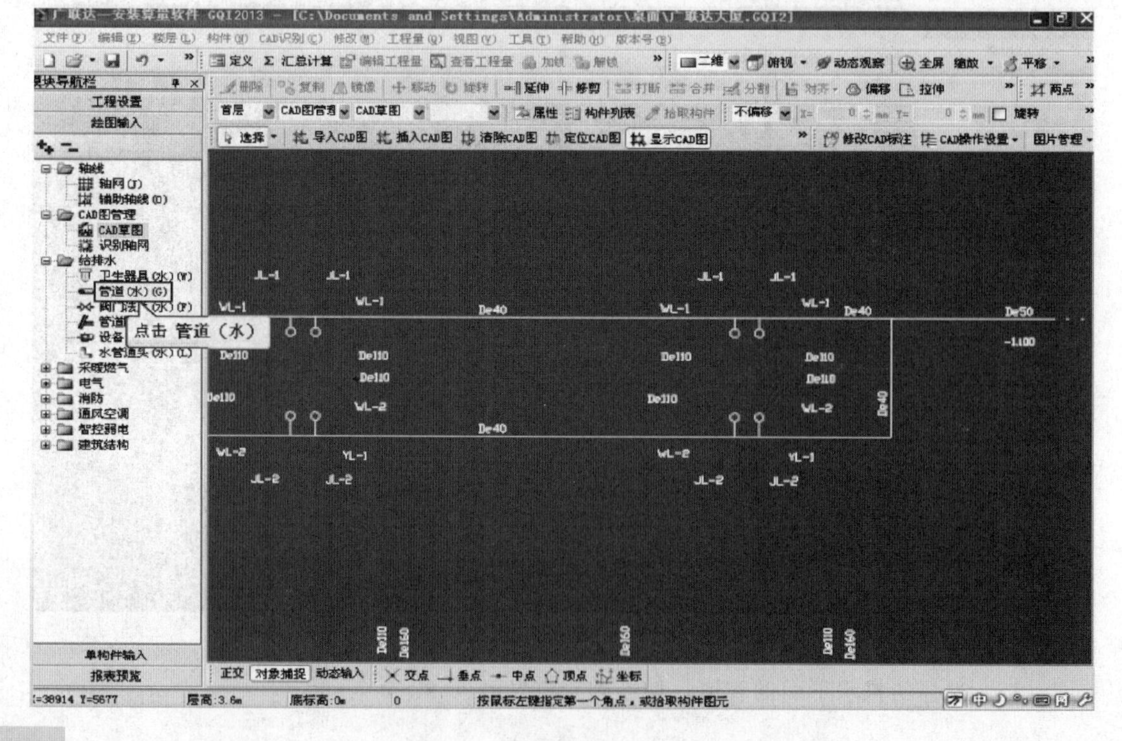

（2）给水专业中识别管道，软件提供了选择识别功能，下面先识别一下给水系统DE50的管道，点击选择识别按钮。

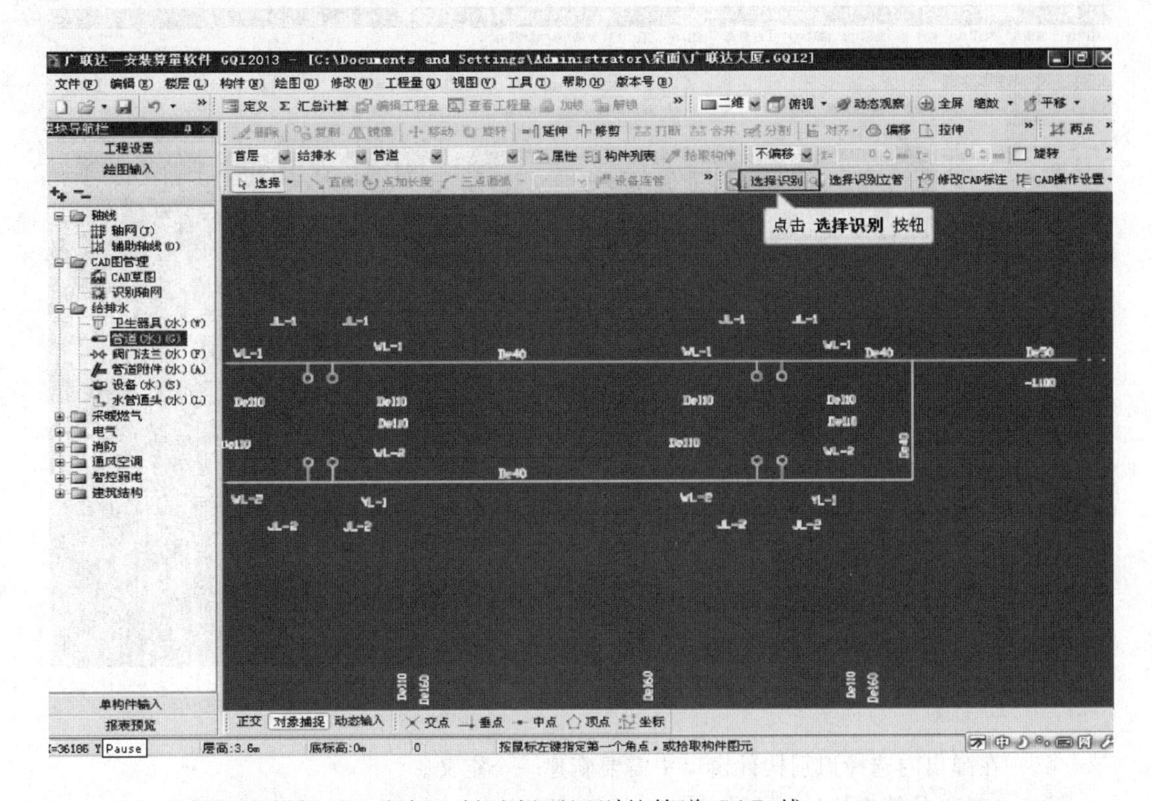

（3）根据状态栏提示，鼠标左键选择要识别的管道CAD线。

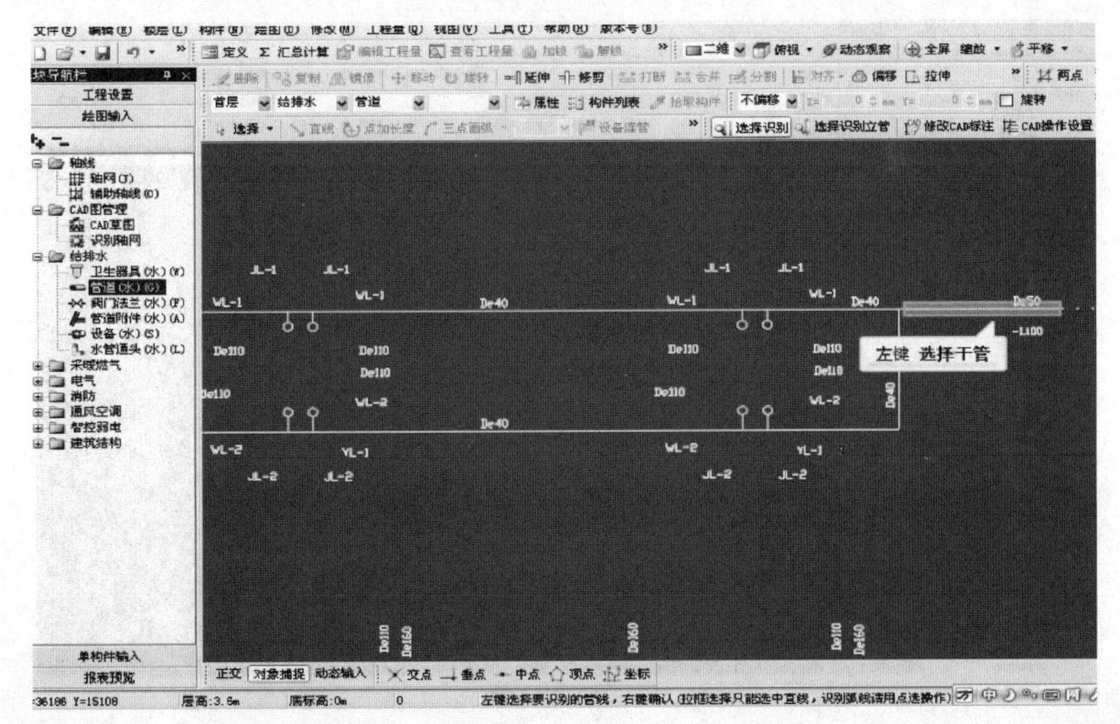

（4）选择完毕后点击右键确认。

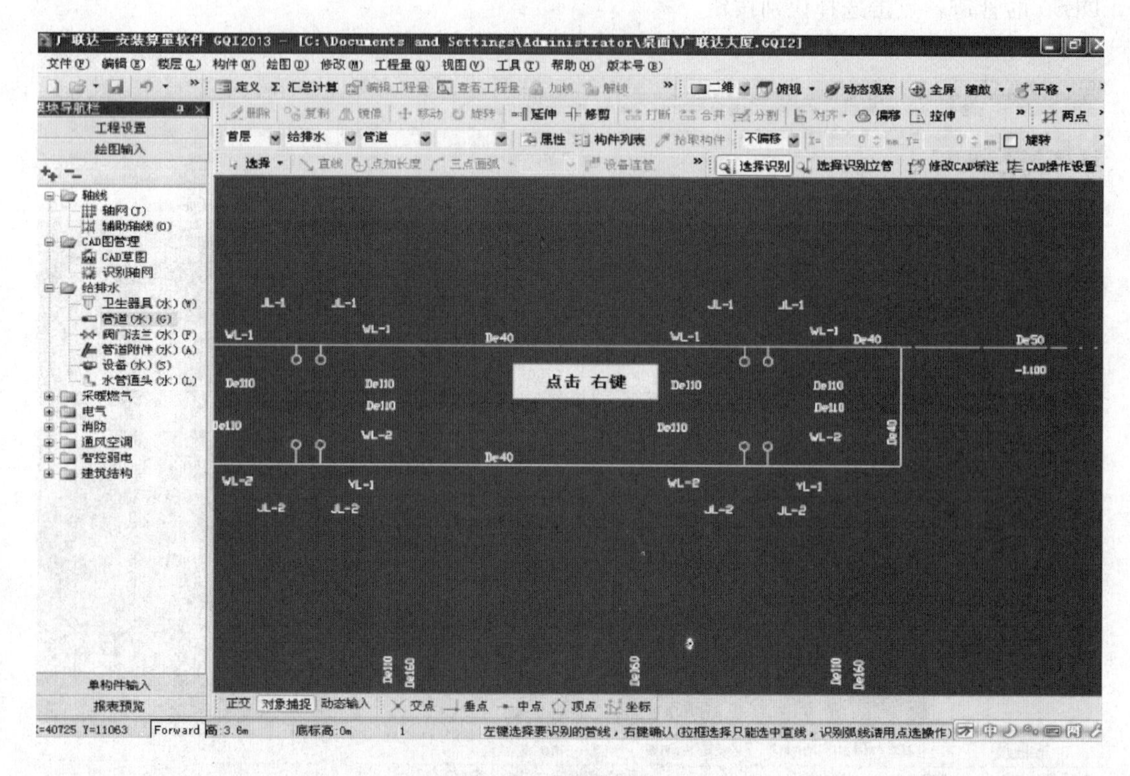

（5）在弹出的选择识别构件窗口中需要新建一个定义。

（6）DE50 的管道构件，点击窗口上的新建按钮。

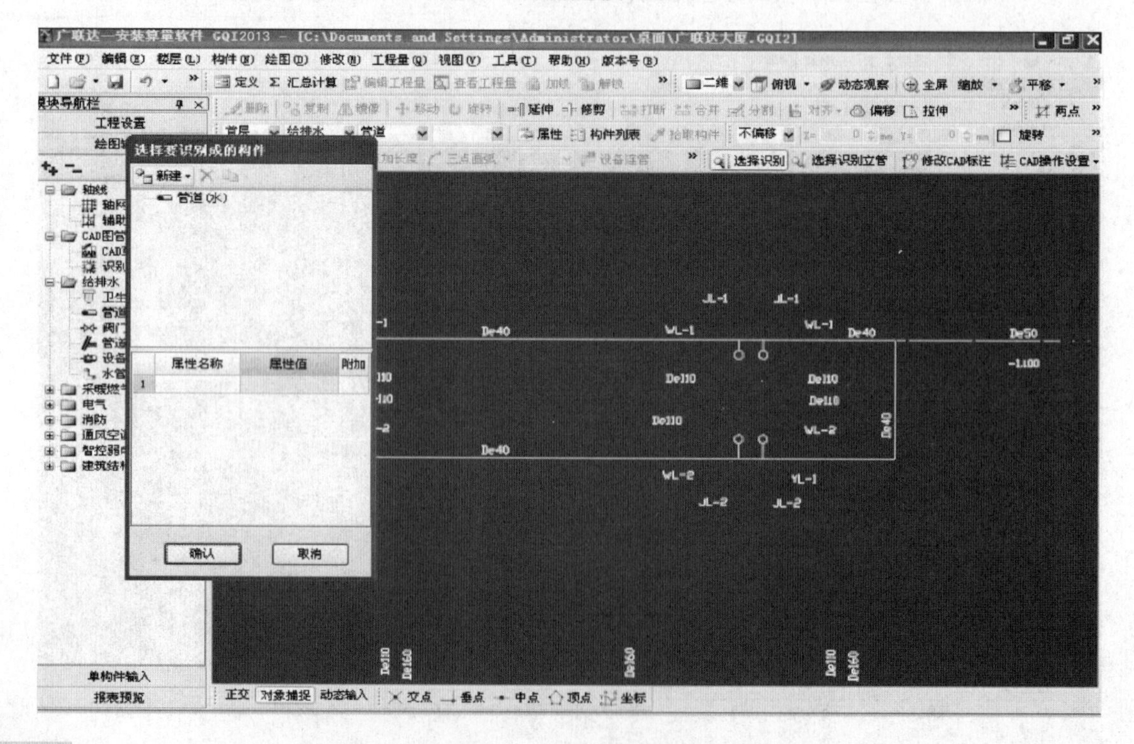

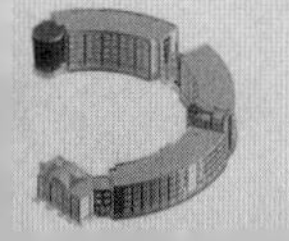

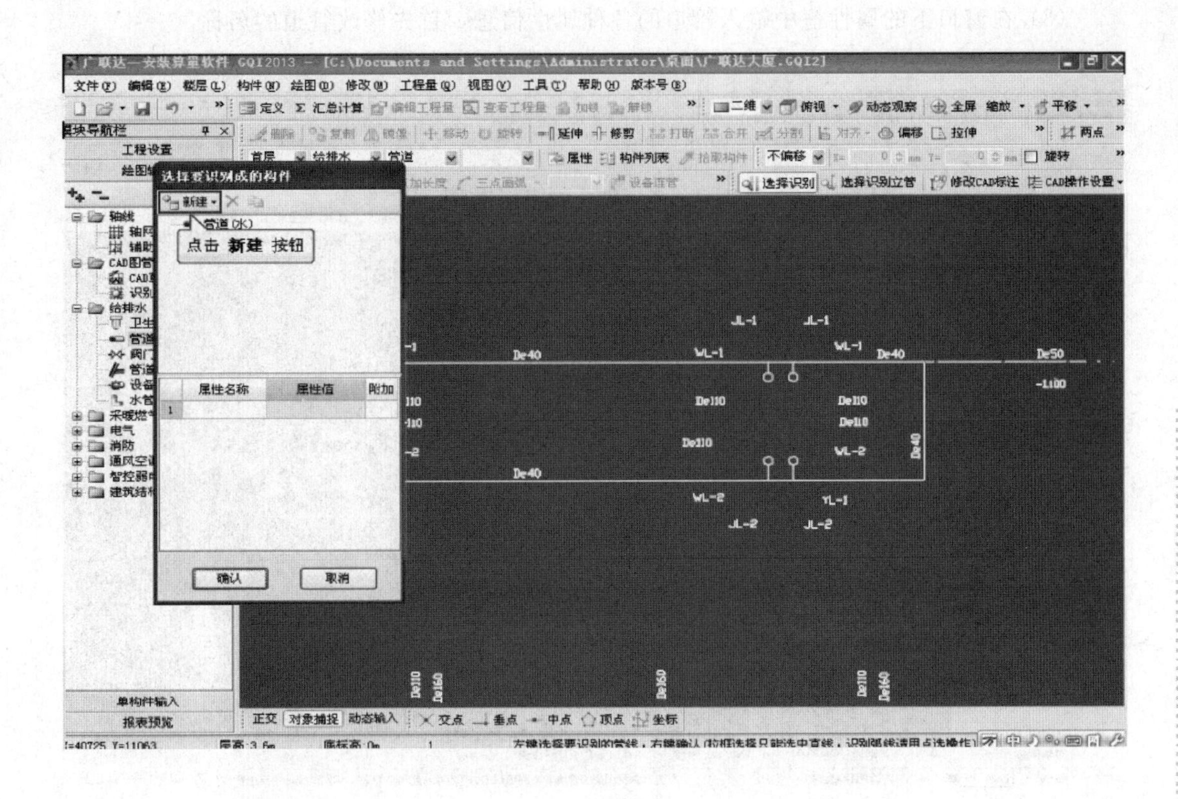
选择要识别成的构件
新建
管道(水)
点击 新建 按钮
属性名称
属性值
附加
确认
取消

（7）选择新建管道。

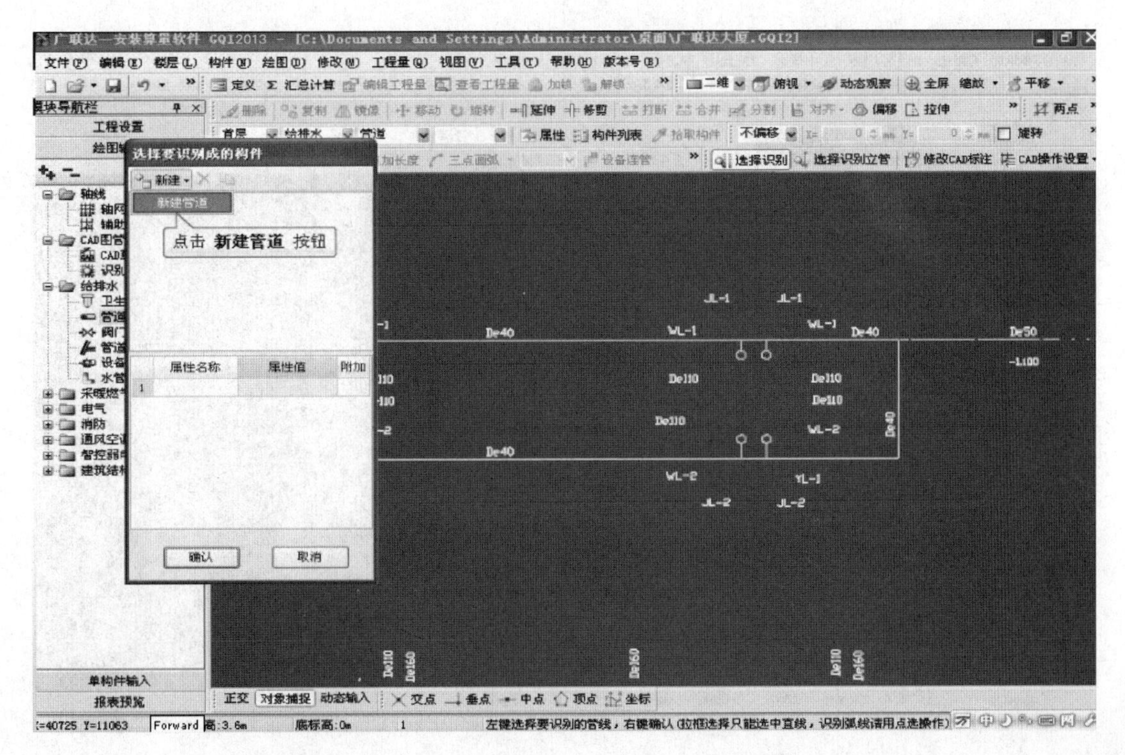
选择要识别成的构件
新建
新建管道
点击 新建管道 按钮
属性名称
属性值
附加
确认
取消

（8）在窗口下的属性框中输入管道的各种属性信息，首先修改管道的名称。

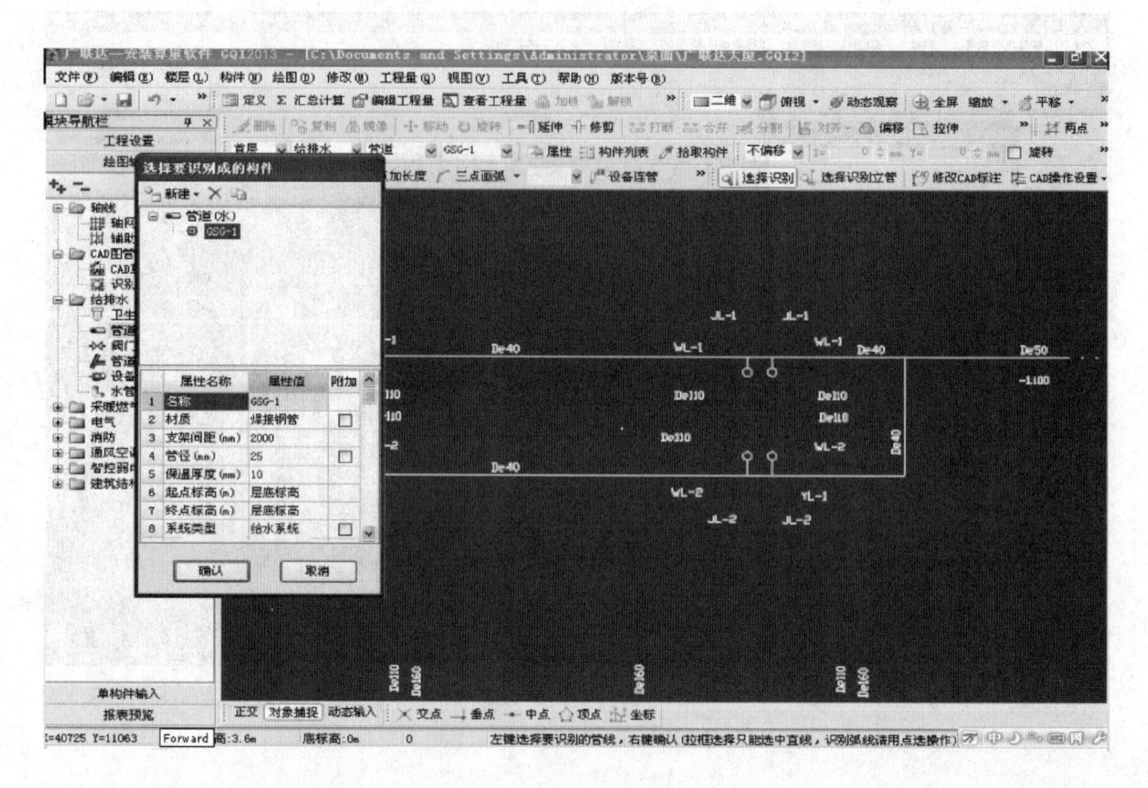

（9）输入 DE50 即可。

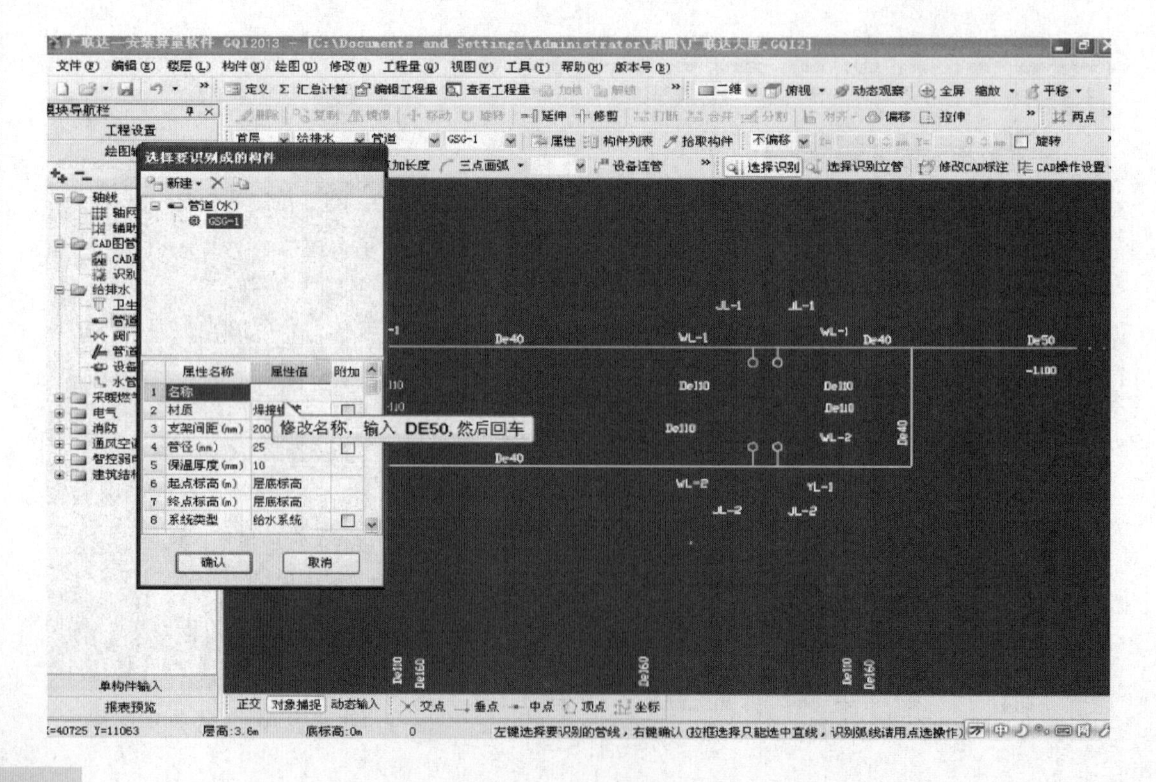

（10）然后定义管道材质，点击材料属性框中的下拉按钮。

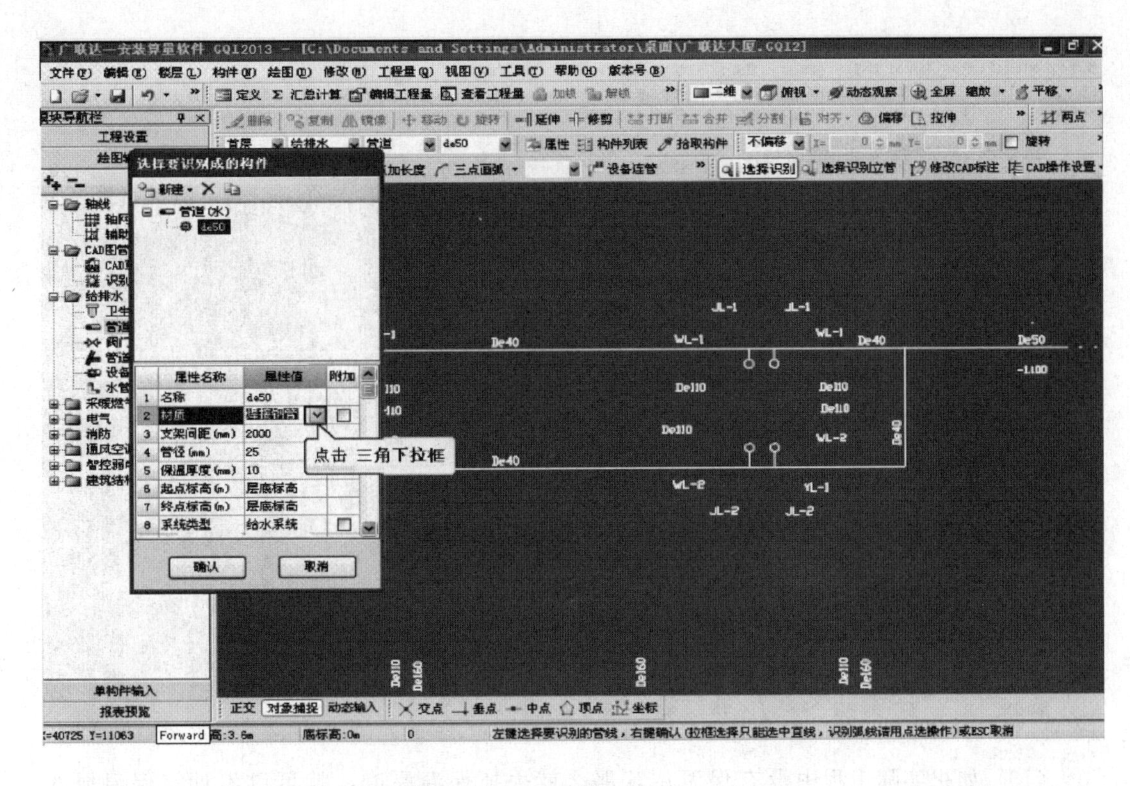

（11）在下拉选项中选择给排水用PP-R管。

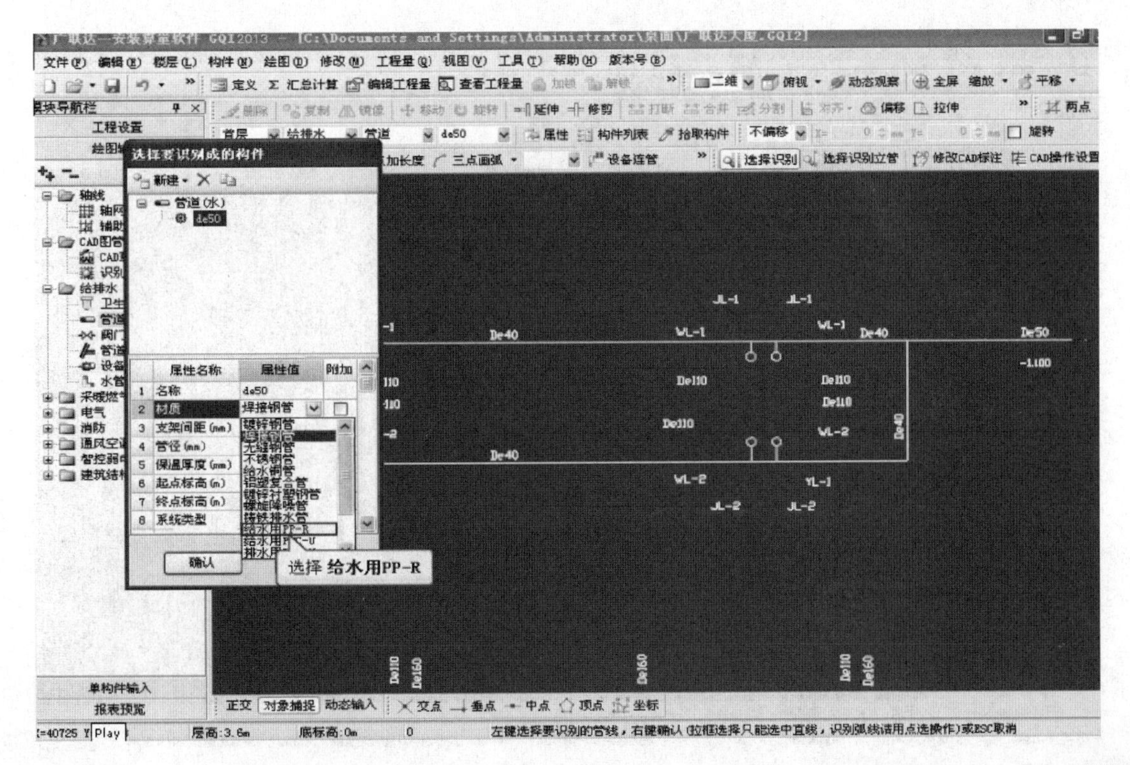

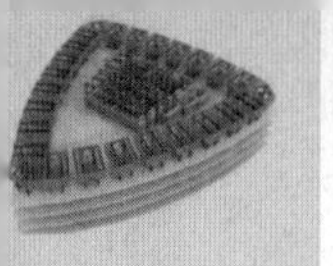

（12）再按照图纸给出管径的尺寸，输入50。

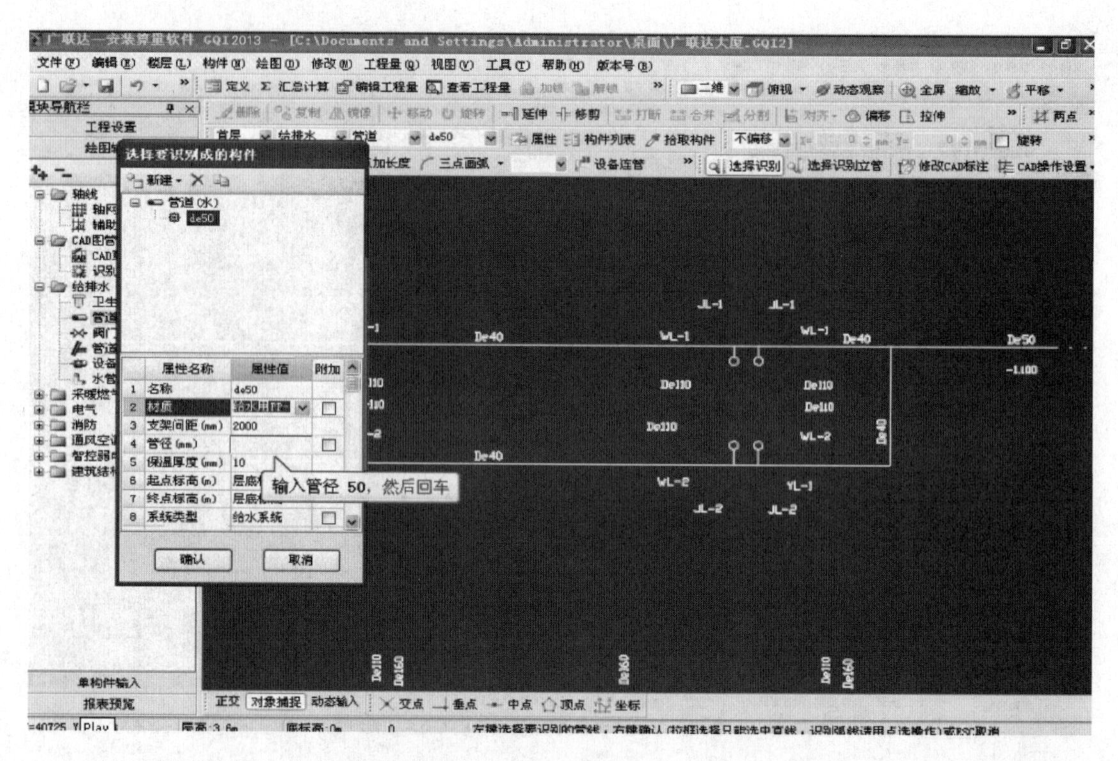

（13）如果实际工程中没有保温层，那么就去掉保温厚度，就可以不计算保温层的体积。

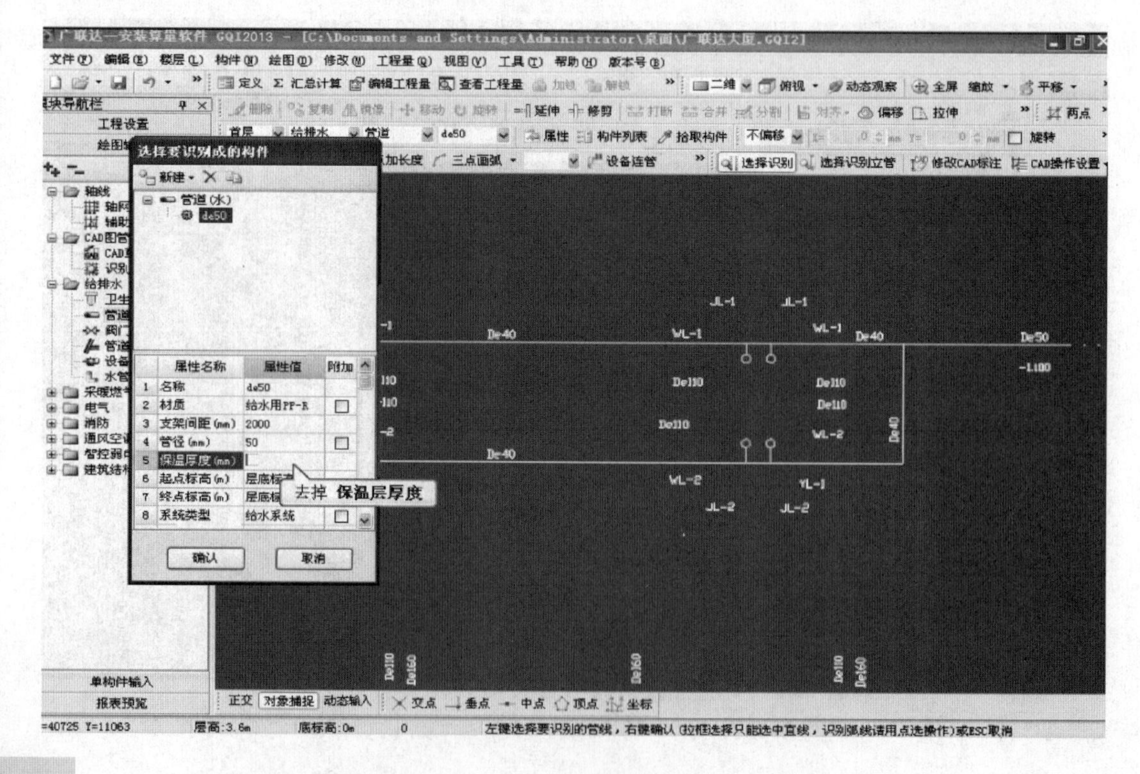

（14）再按照图纸给出管道的起点标高，输入标高－1.1。

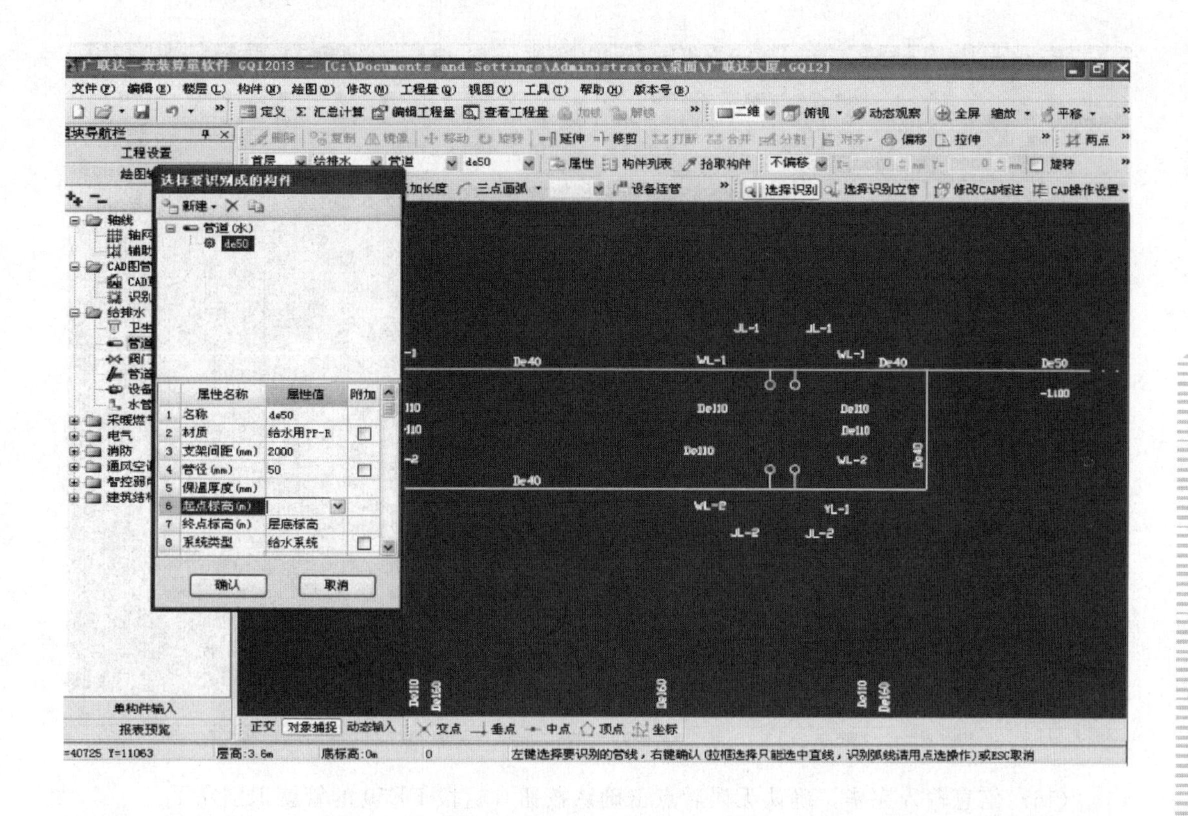

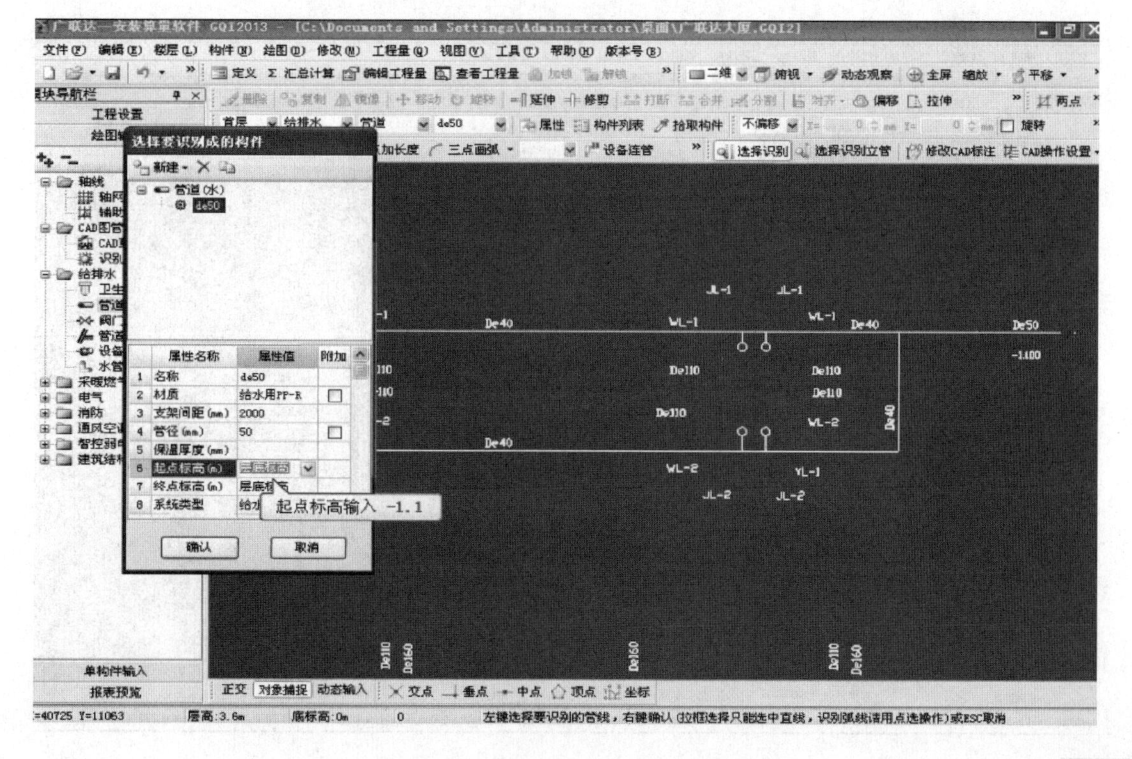

（15）终点标高也为－1.1。

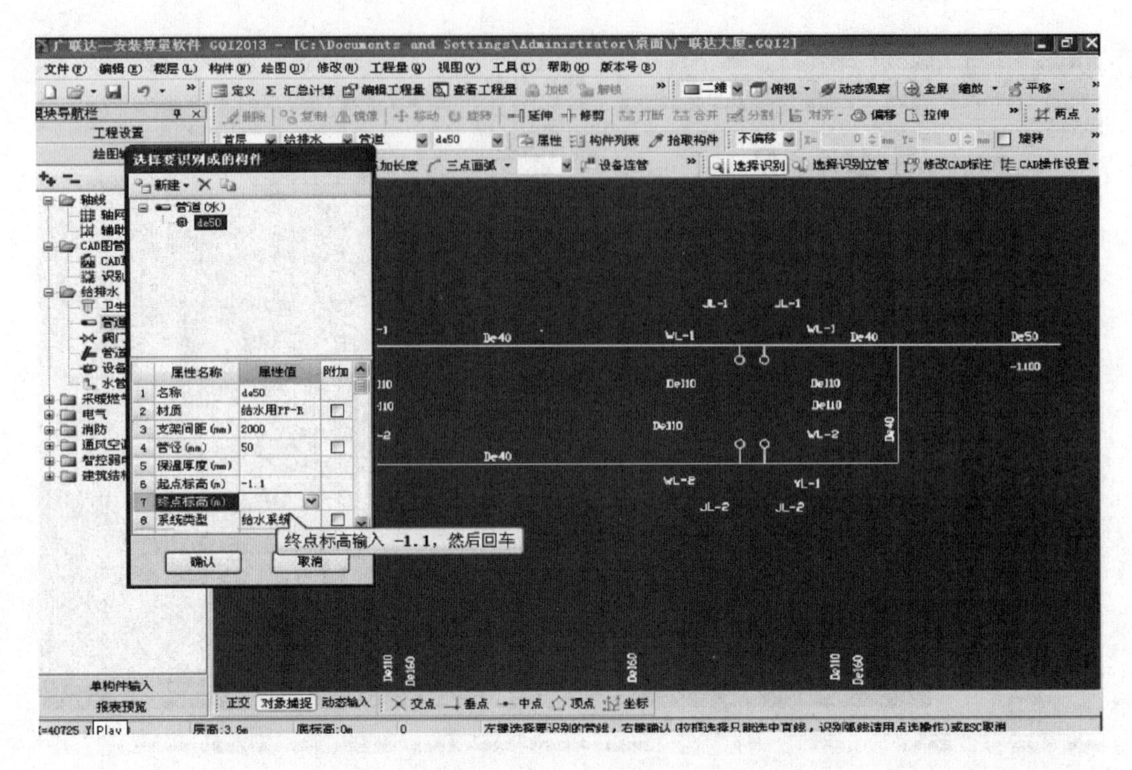

（16）信息输入完毕，确认无误后点击确认按钮，这段DE50的管就识别完了。

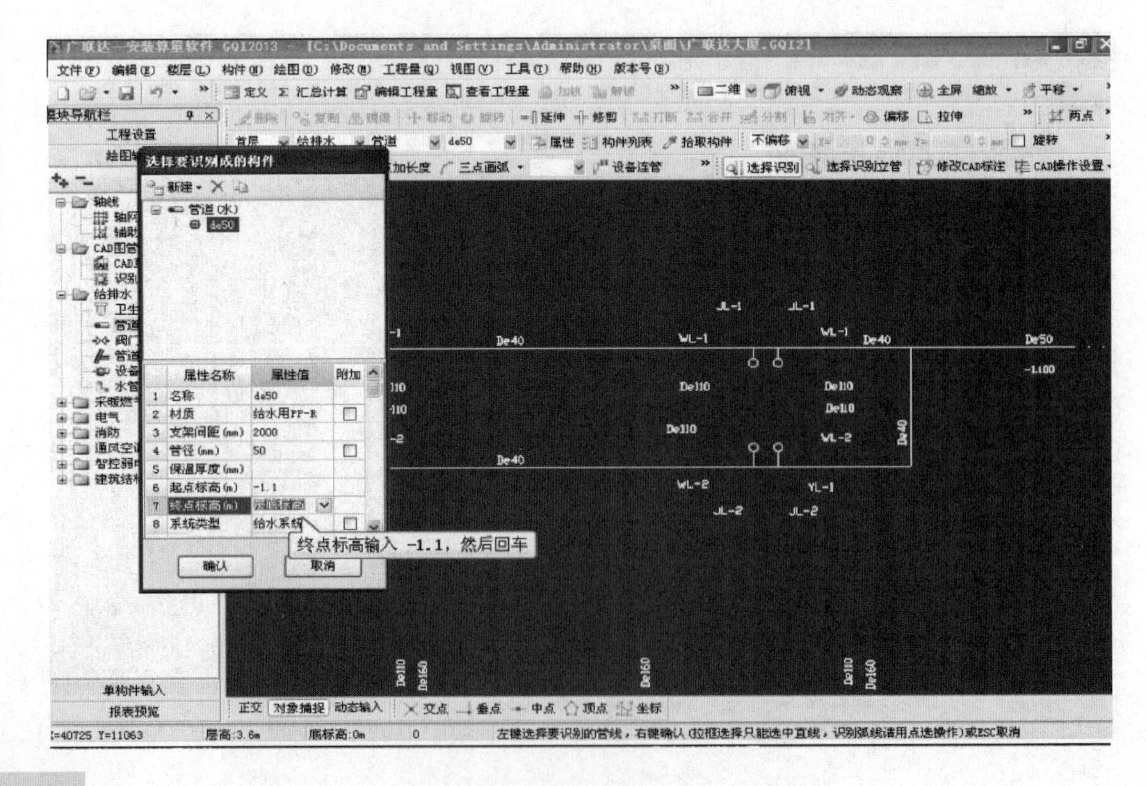

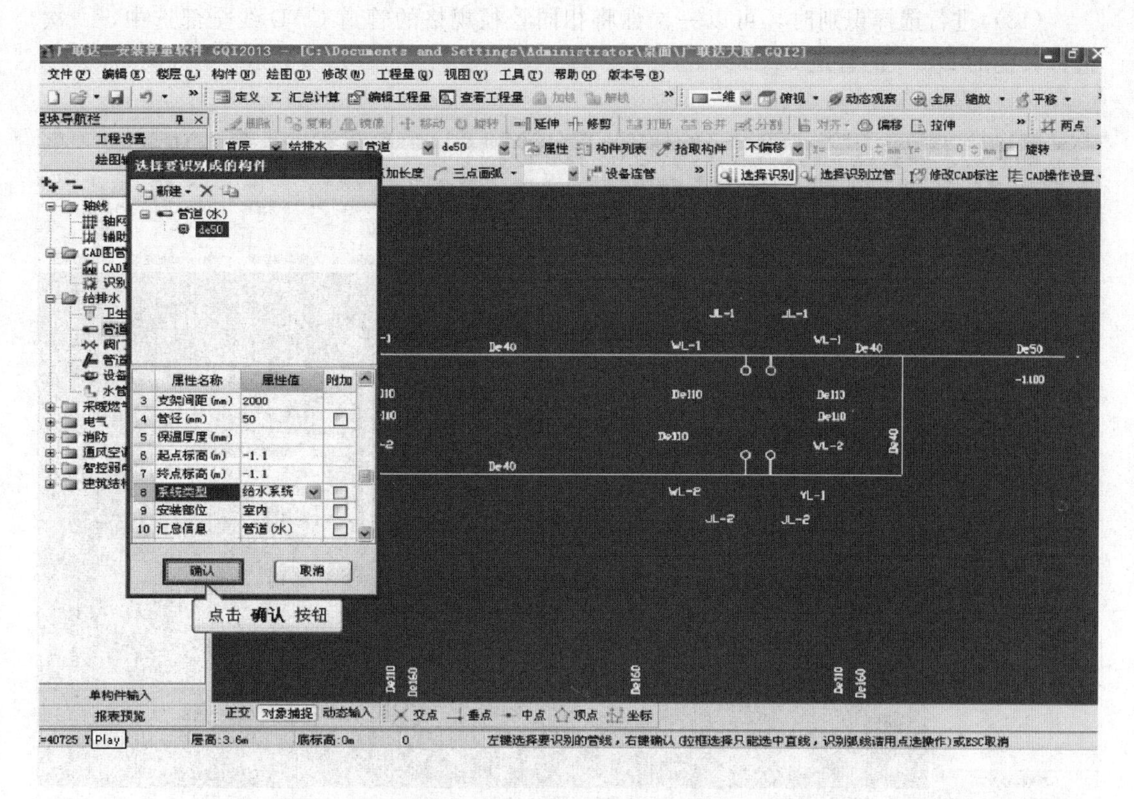

（17）下面继续识别 DE40 的管道，鼠标左键选择 DE40 的管道的 CAD 线。

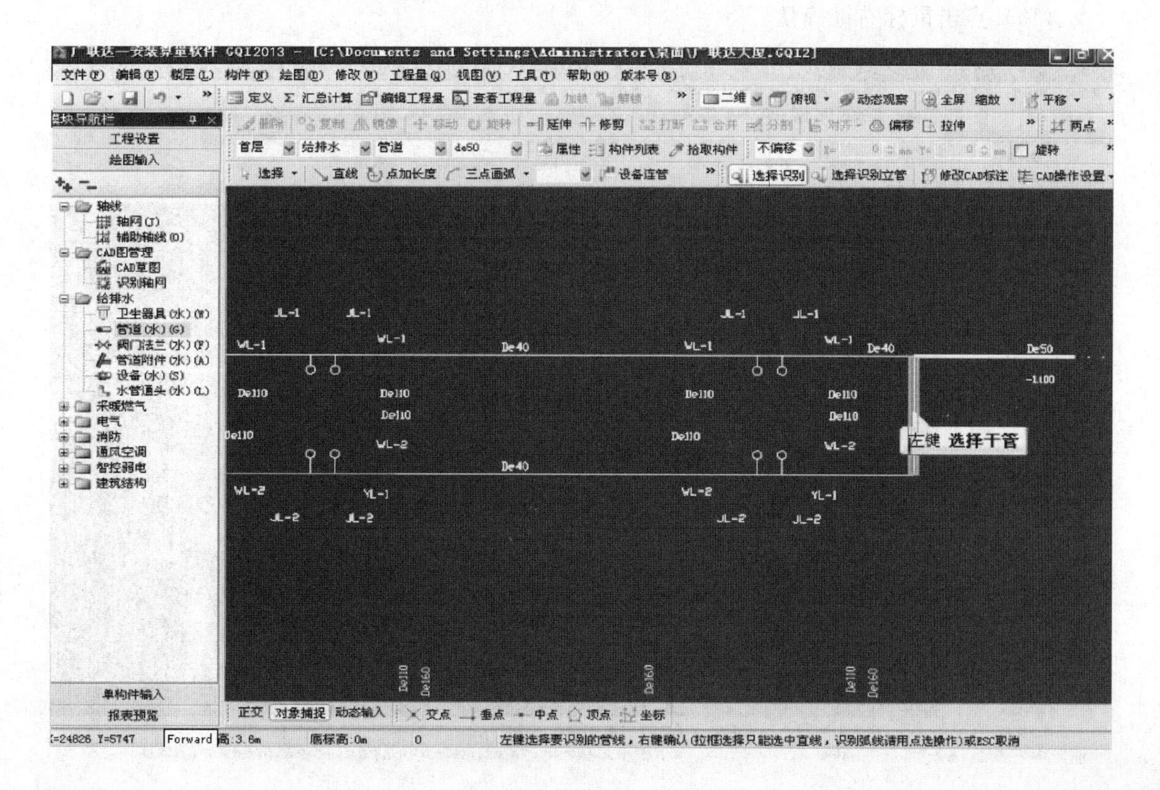

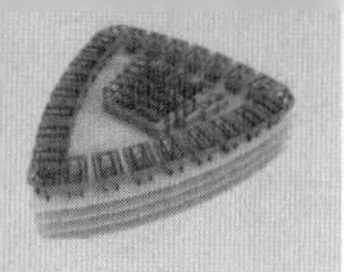

（18）进行选择识别时，可以一次性将相同管径规格的管道 CAD 线全部选中，一次选择其他的 DE40 的管道 CAD 线。

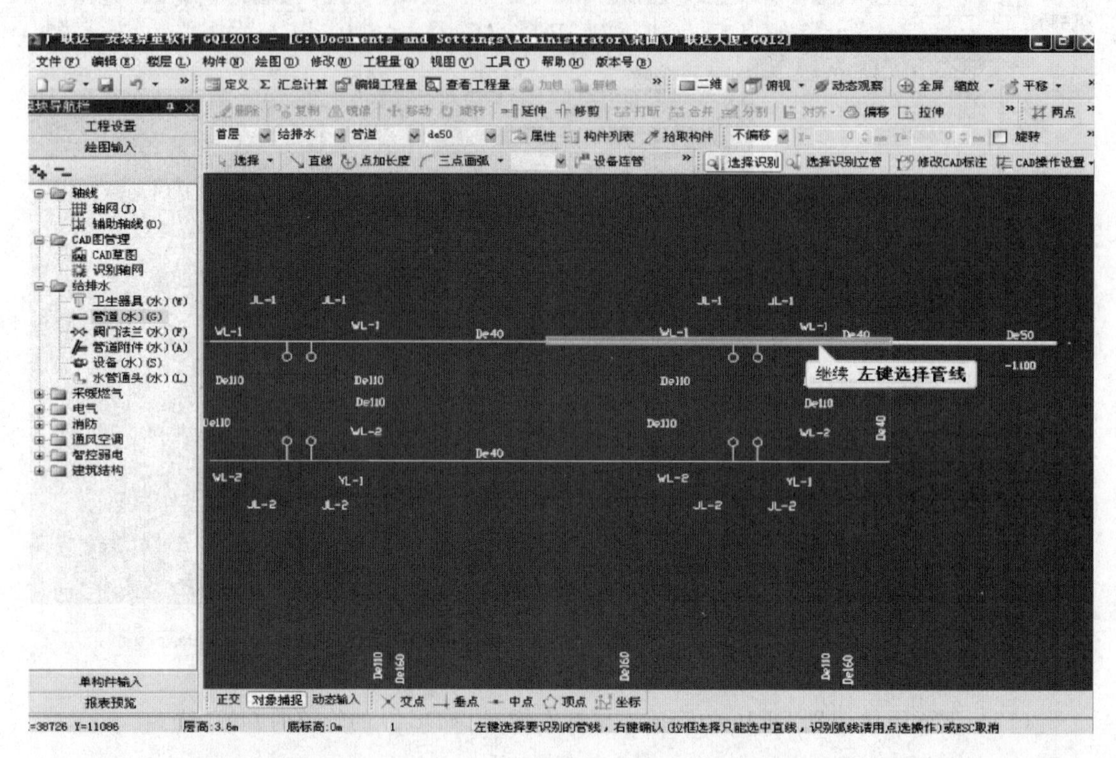

（19）点击鼠标右键确认。

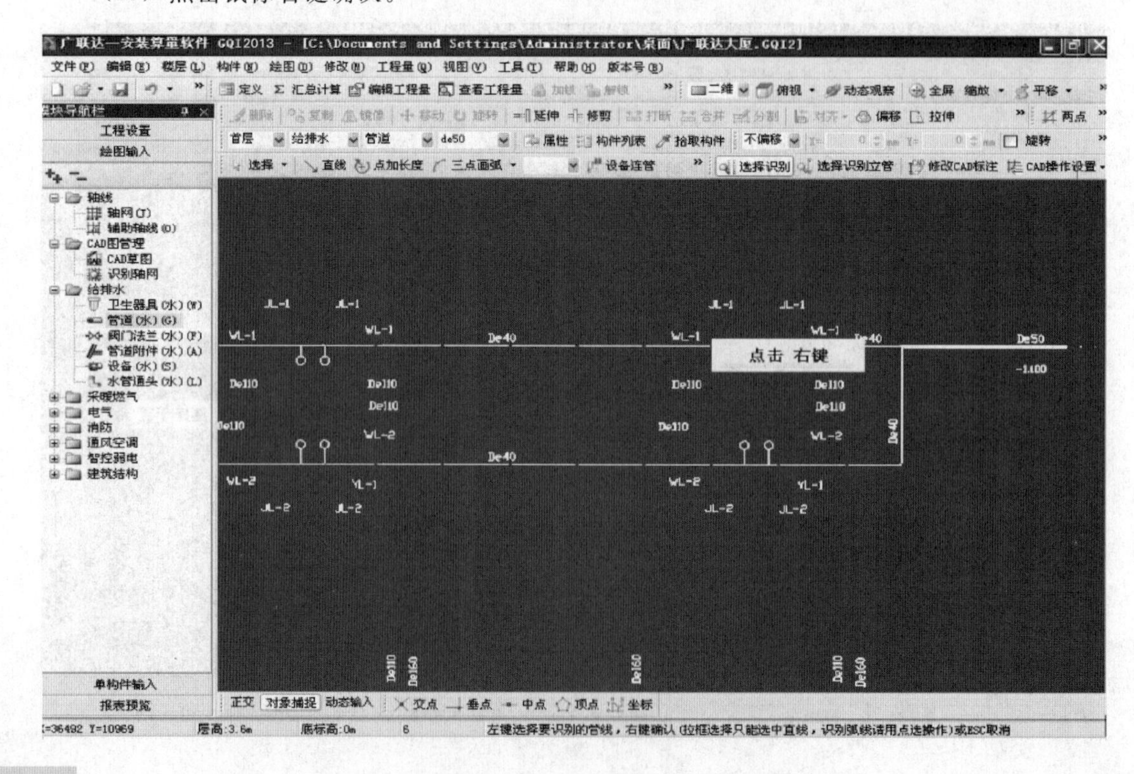

(20) 在识别构件窗口中需要再新建一个 DE40 的管道构件，因为 DE40 和 DE50 管道部分属性一致，所以可以在 DE50 管道构件的基础上复制一个构件，相同的属性就不用修改了，点击窗口上的复制按钮。

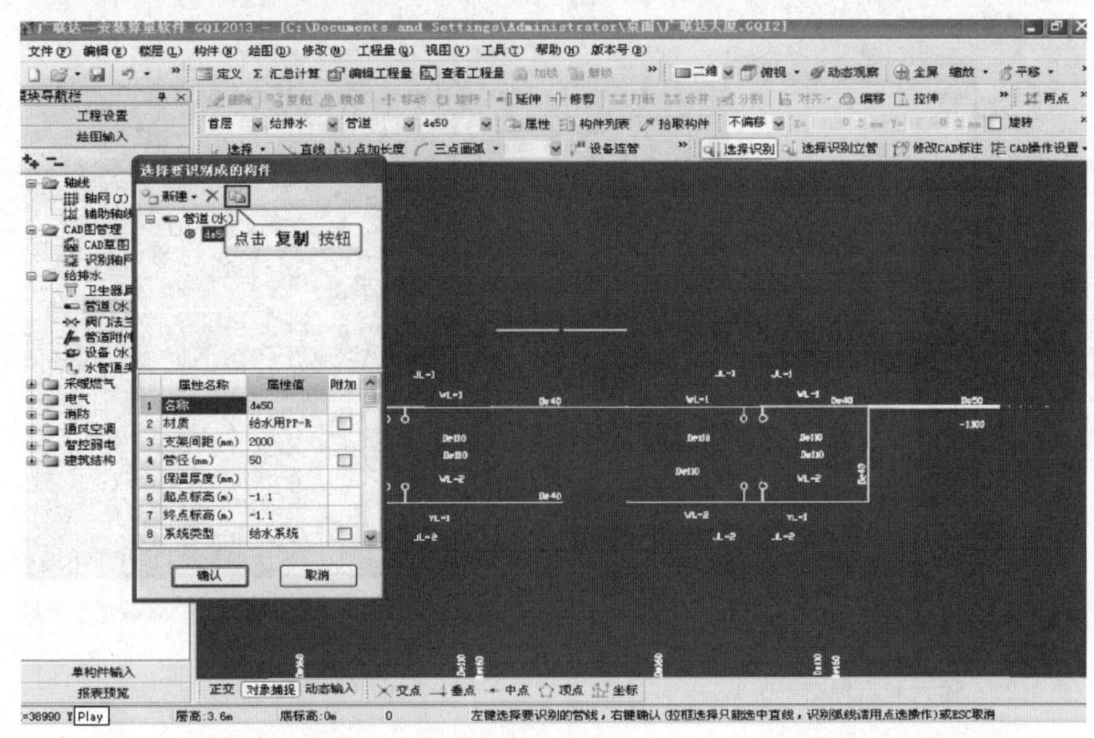

(21) 相同属性不用修改，直接将管径改为 40。

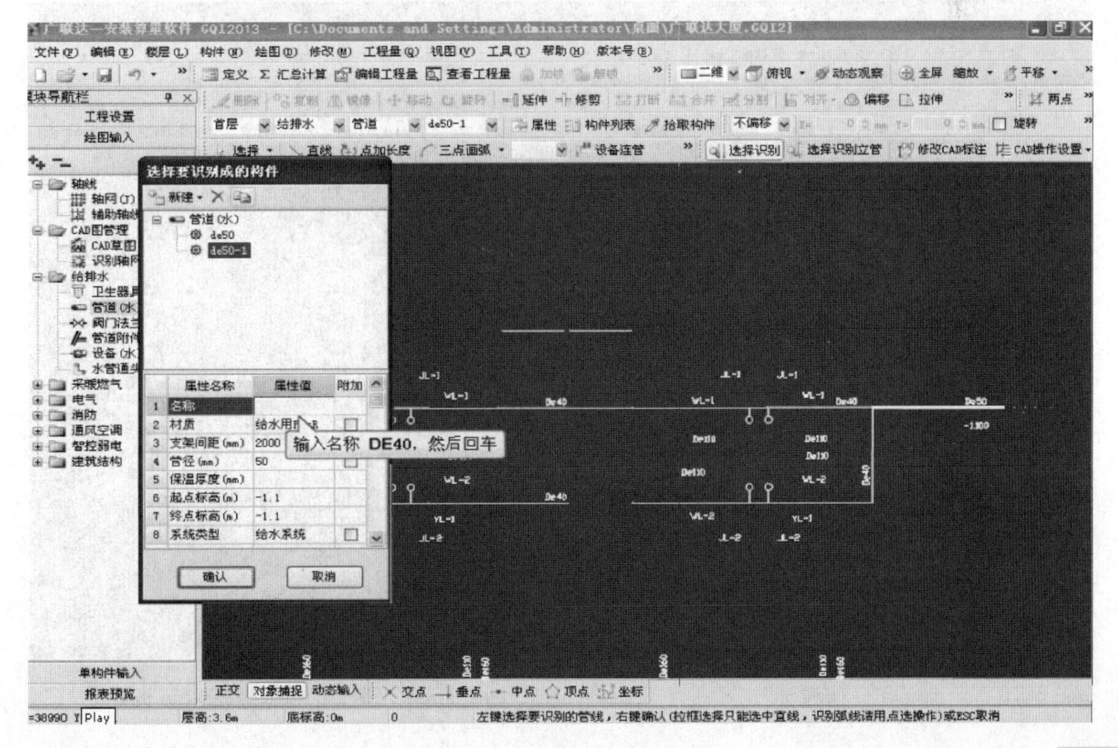

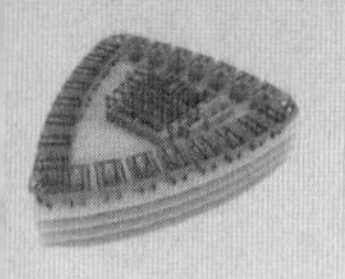

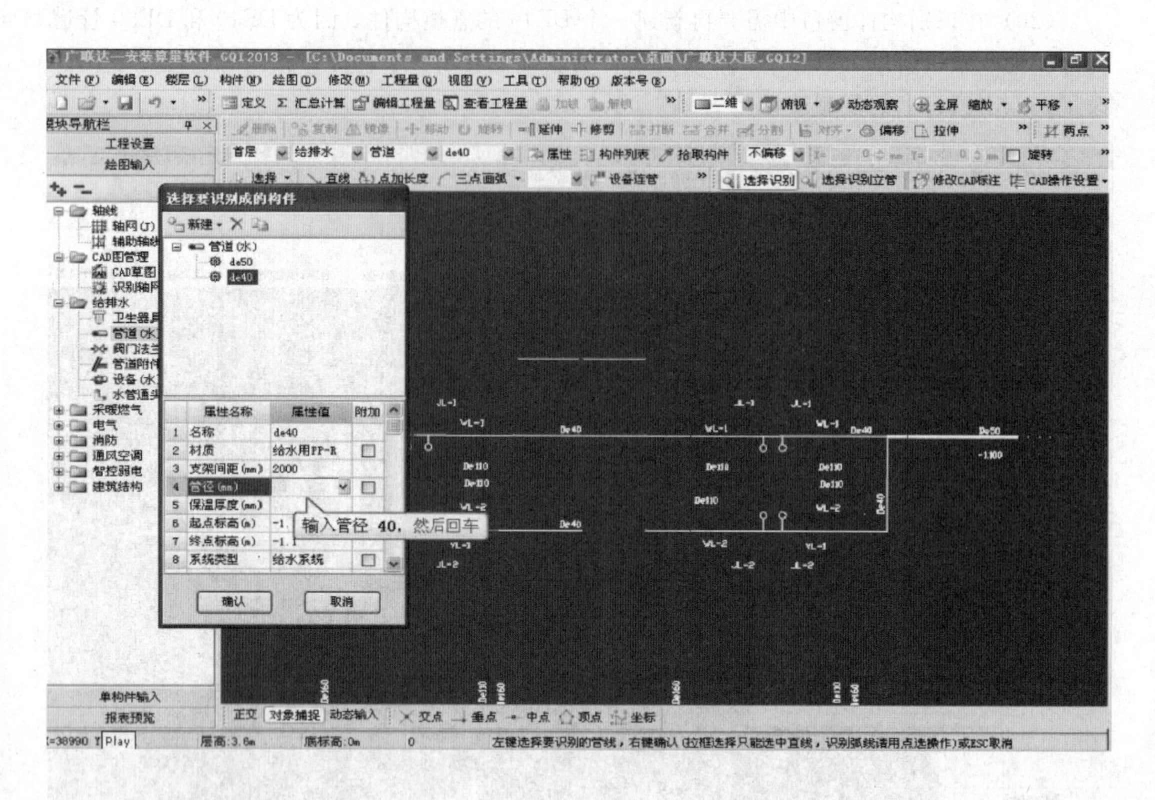

选择要识别成的构件
管道(水)
de50
de40
属性名称
属性值
附加
名称
de40
材质
给水用PP-R
支架间距(mm)
2000
管径(mm)
保温厚度(mm)
起点标高(m)
终点标高(m)
系统类型
给水系统
输入管径 40，然后回车
确认
取消

（22）输入起点标高－0.4。

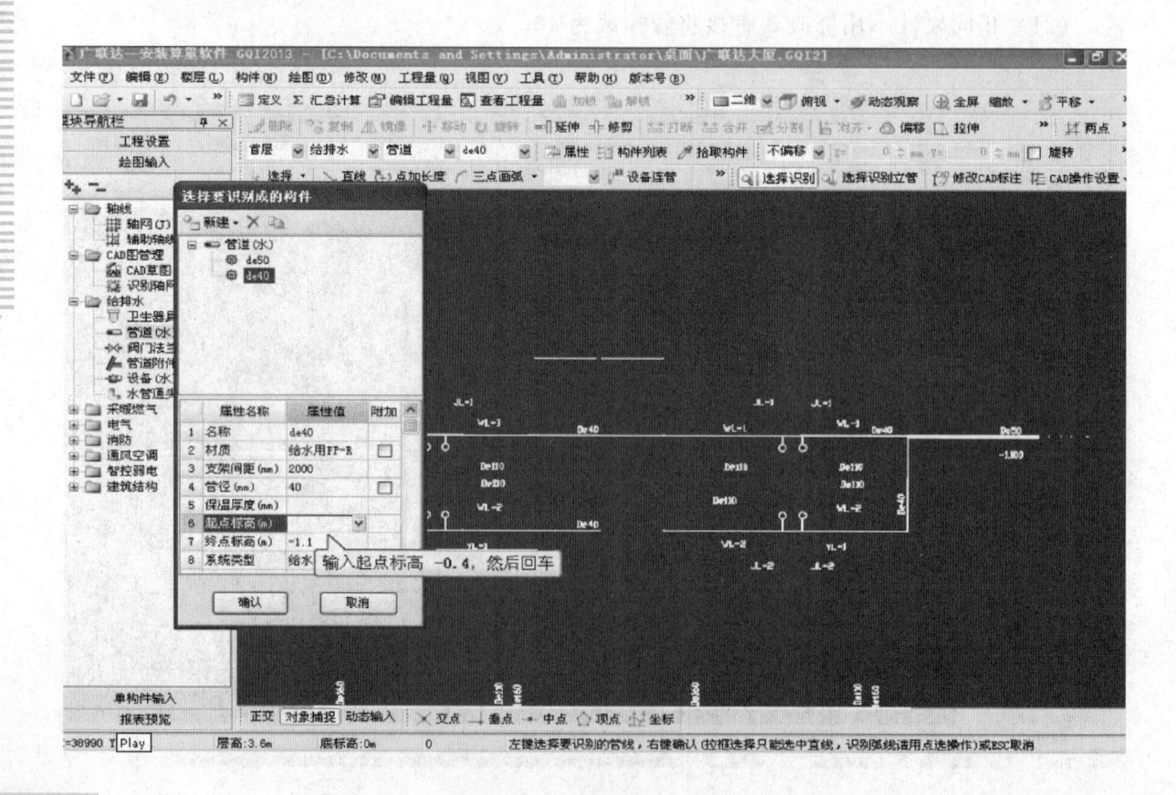

选择要识别成的构件
管道(水)
de50
de40
属性名称
属性值
附加
名称
de40
材质
给水用PP-R
支架间距(mm)
2000
管径(mm)
40
保温厚度(mm)
起点标高(m)
终点标高(m)
-1.1
系统类型
输入起点标高 -0.4，然后回车
确认
取消

（23）输入终点标高－0.4。

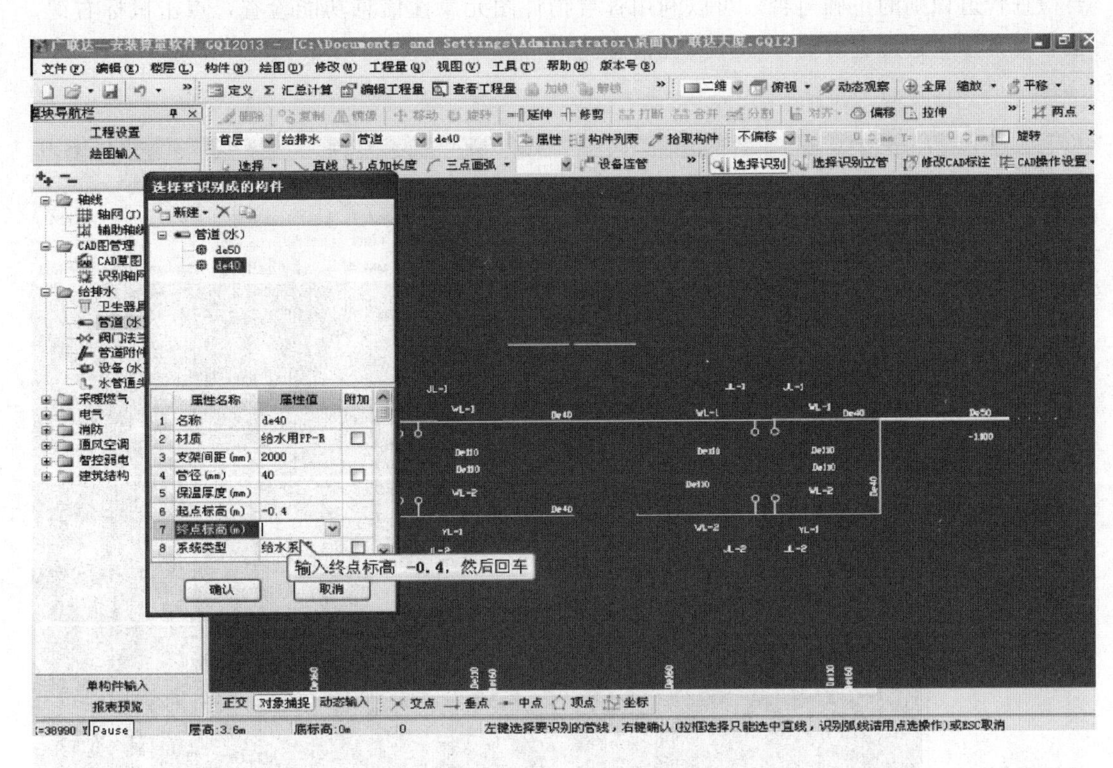

（24）属性信息修改完毕后，点击确认按钮，DE40的管道也识别完了。

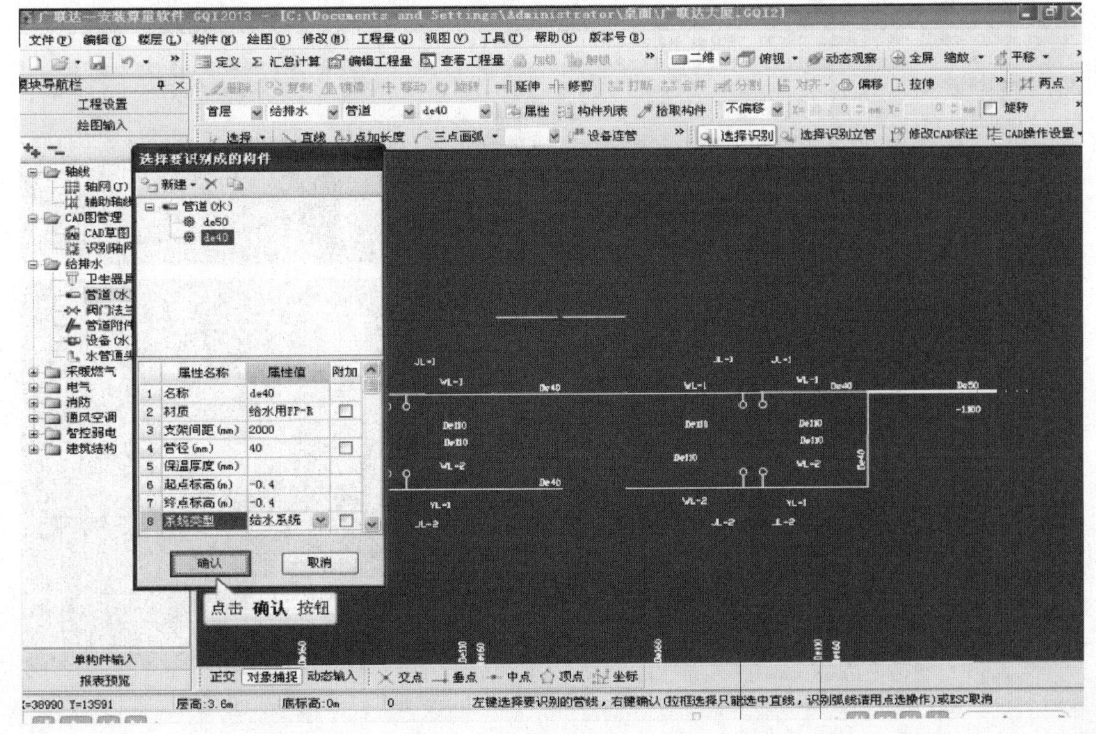

（25）再用同样的方法将首层平面图上的其他管道一一识别完即可。管道识别后，需要检查管道识别的正确与否，可以利用查看构件图元属性信息功能检查，点击鼠标右键，在右键菜单中选择查看构件图元属性信息。

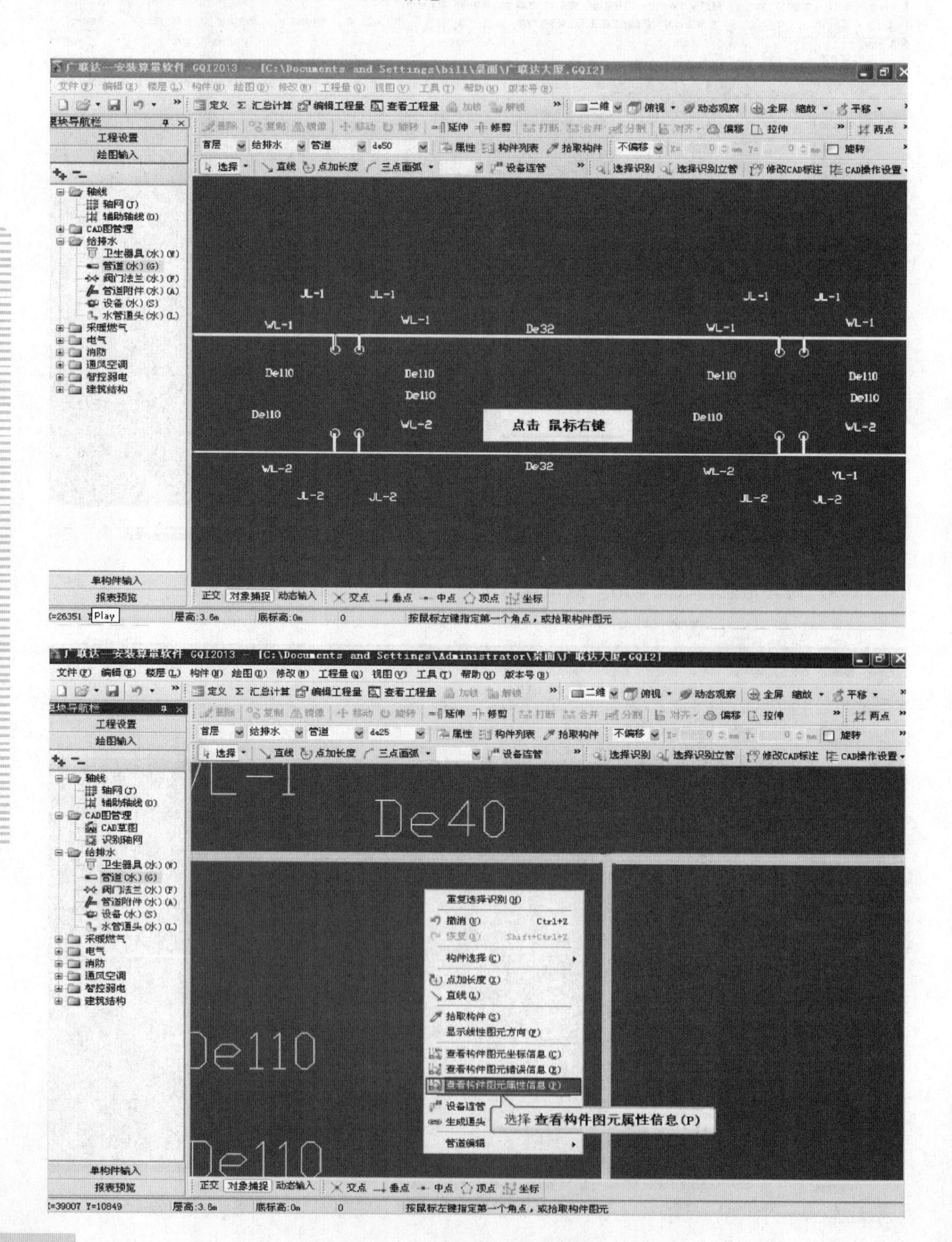

(26) 移动光标到图元上就可以看到构件图元的属性信息了，即可检查该管道识别的是否正确。

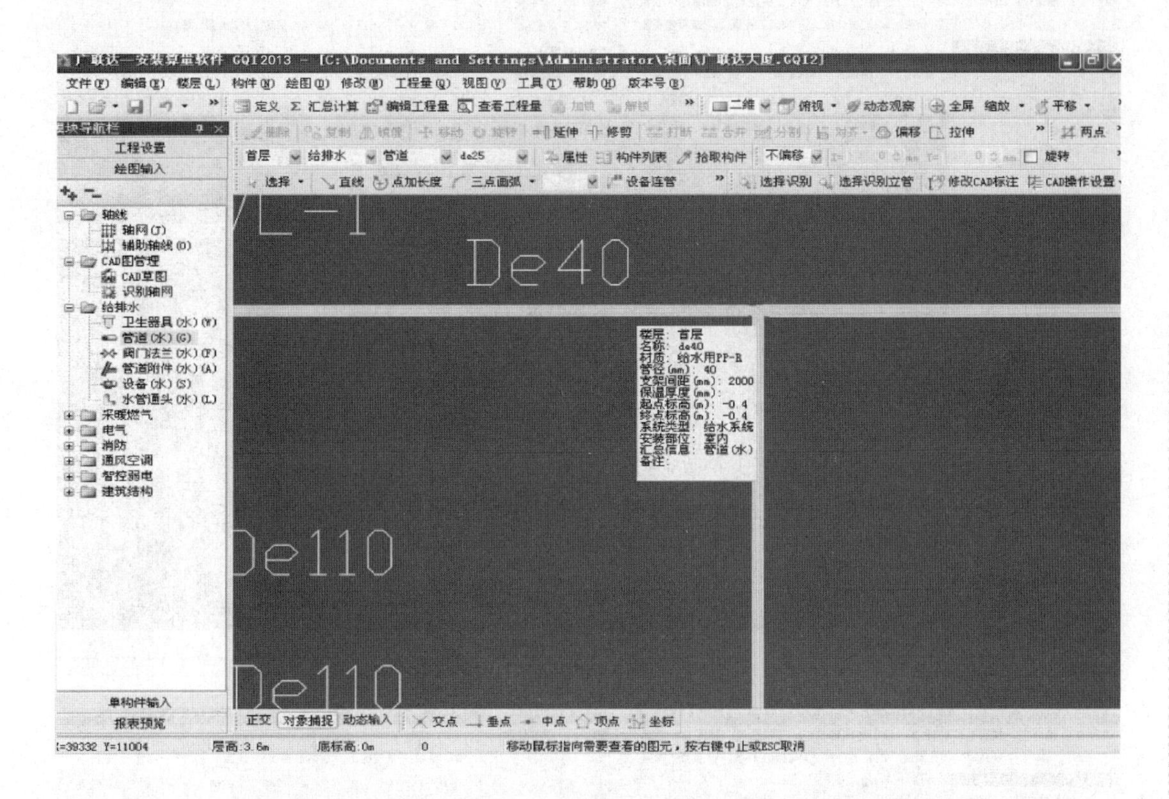

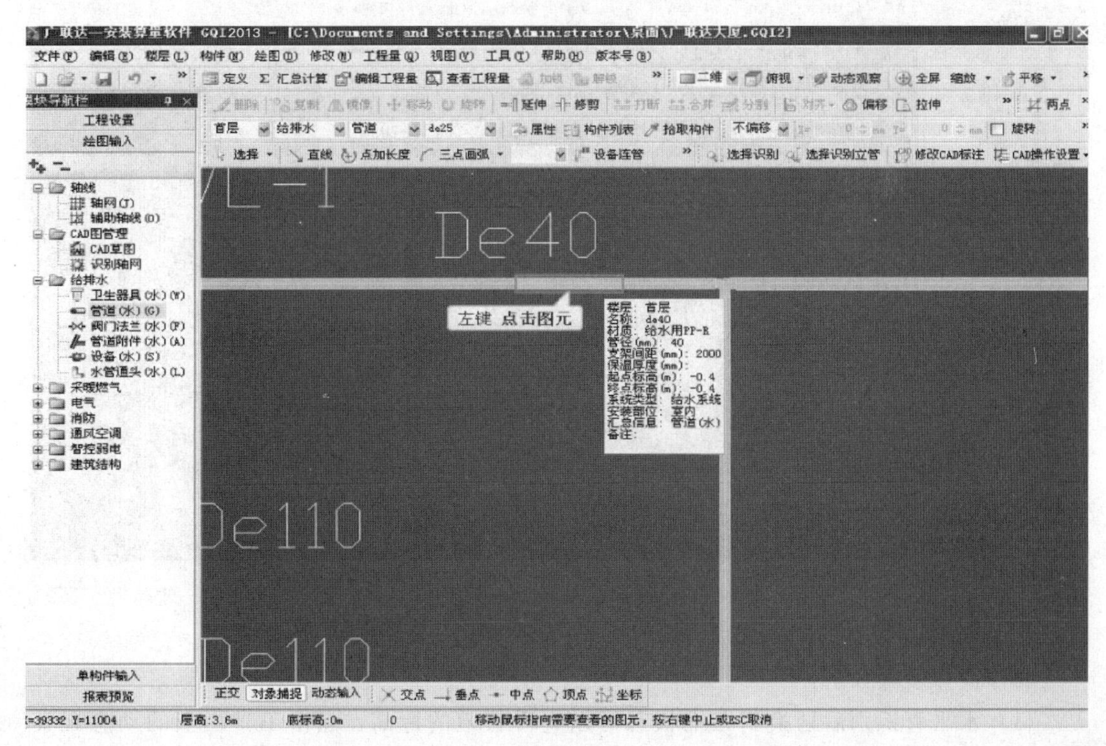

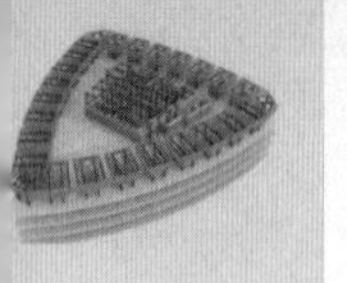

(27) 用这种方法将其他管道属性逐一检查是否正确即完成了要求。

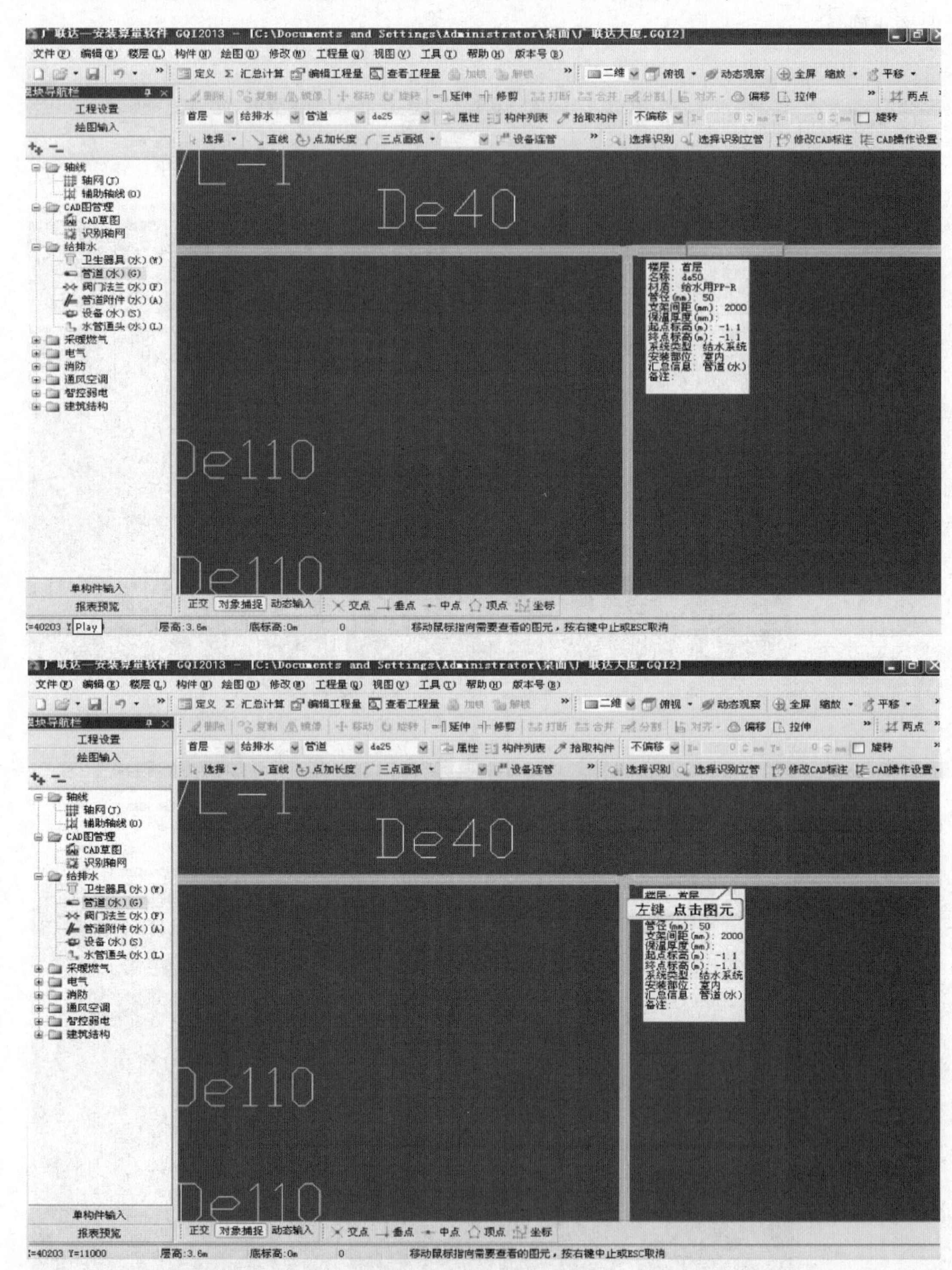

2. 立管定义以及识别

具体操作步骤如下：

(1) 水平管识别后切换到三维状态可以查看管道的标高，点击工具栏上的动态观察

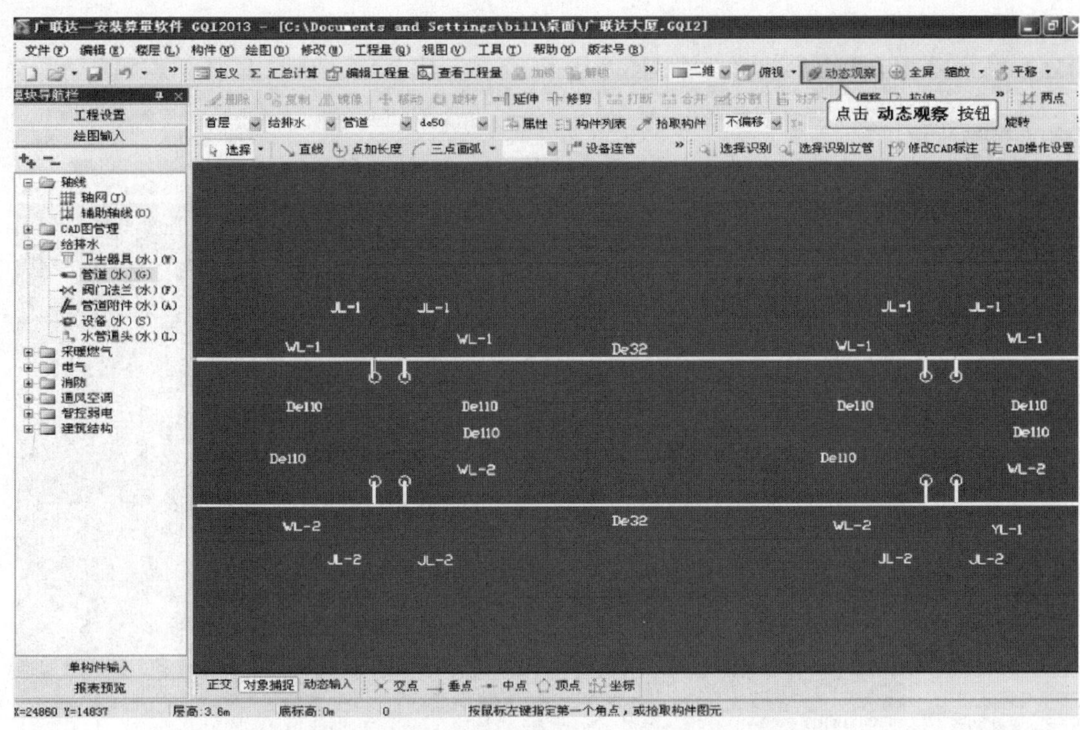

按钮。

（2）鼠标左键拖动界面找到最开始识别的DE50和DE40的管道处，旋转角度调整到适宜观察的角度，软件会自动根据DE50和DE40管道的标高差生成立管，而其他的立管操作如下。

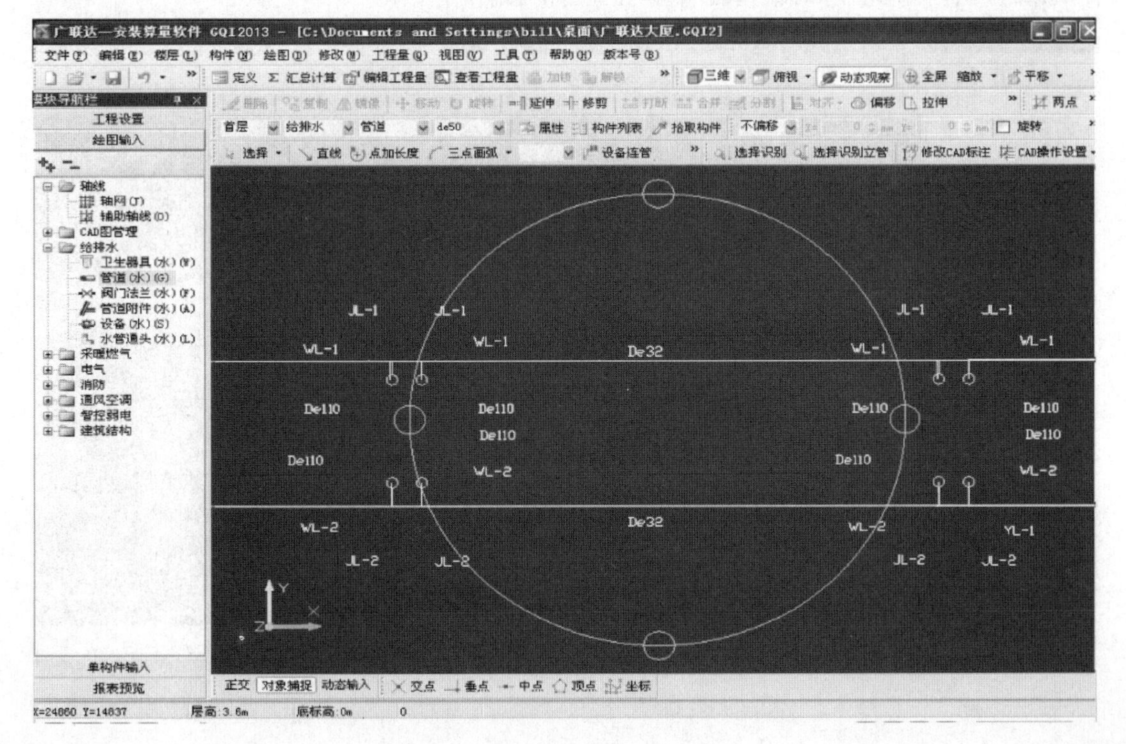

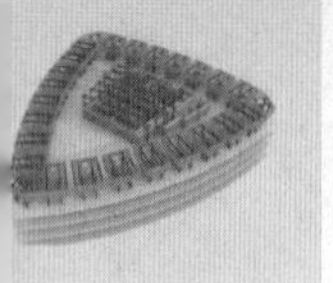

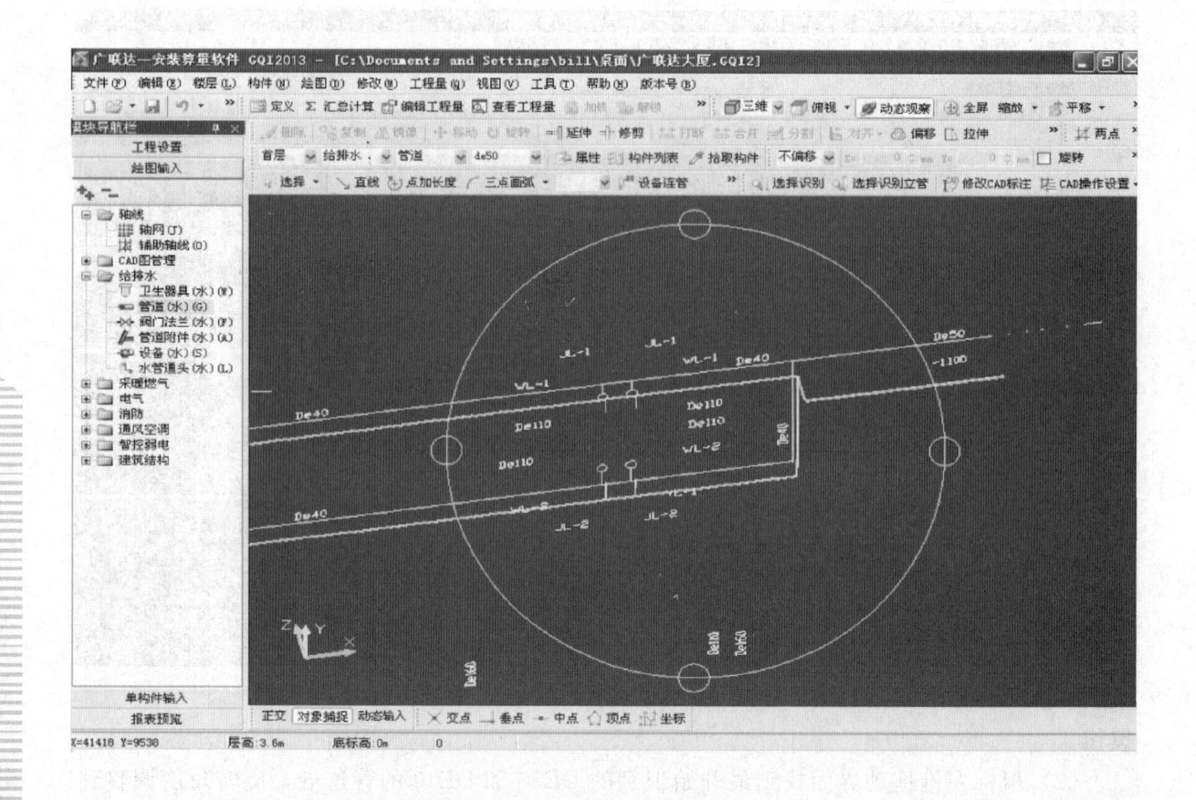
广联达—安装算量软件 GQI2013 - [C:\Documents and Settings\bill\桌面\广联达大厦.GQI2]
文件(F) 编辑(E) 楼层(L) 构件(N) 绘图(D) 修改(M) 工程量(Q) 视图(V) 工具(T) 帮助(H) 版本号(B)
定义 Σ 汇总计算 编辑工程量 查看工程量 三维 俯视 动态观察 全屏 缩放 平移
延伸 修剪 偏移 拉伸 两点
首层 给排水 管道 de50 属性 构件列表 拾取构件 不偏移 旋转
选择 直线 点加长度 三点画弧 设备连管 选择识别 选择识别立管 修改CAD标注 CAD操作设置
模块导航栏
工程设置
绘图输入
轴线
轴网(J)
辅助轴线(O)
CAD图管理
给排水
卫生器具(水)(W)
管道(水)(G)
阀门法兰(水)(F)
管道附件(水)(A)
设备(水)(S)
水管通头(水)(L)
采暖燃气
电气
消防
通风空调
智控弱电
建筑结构
单构件输入
报表预览
正交 对象捕捉 动态输入 交点 垂点 中点 顶点 坐标
X=41418 Y=9538 层高:3.6m 底标高:0m 0
JL-1
WL-1
De40
De50
-1.100
De110
WL-2
JL-2
YL-1

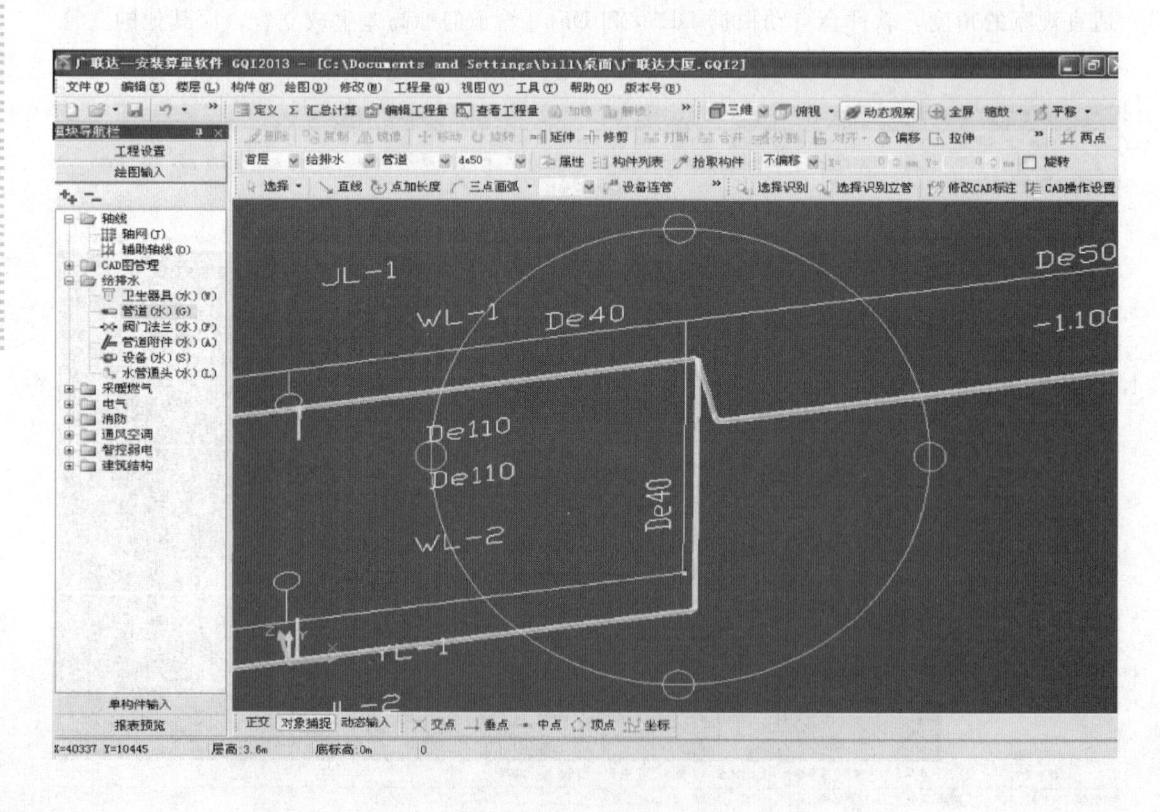
广联达—安装算量软件 GQI2013 - [C:\Documents and Settings\bill\桌面\广联达大厦.GQI2]
文件(F) 编辑(E) 楼层(L) 构件(N) 绘图(D) 修改(M) 工程量(Q) 视图(V) 工具(T) 帮助(H) 版本号(B)
定义 Σ 汇总计算 编辑工程量 查看工程量 三维 俯视 动态观察 全屏 缩放 平移
延伸 修剪 偏移 拉伸 两点
首层 给排水 管道 de50 属性 构件列表 拾取构件 不偏移 旋转
选择 直线 点加长度 三点画弧 设备连管 选择识别 选择识别立管 修改CAD标注 CAD操作设置
模块导航栏
工程设置
绘图输入
单构件输入
报表预览
正交 对象捕捉 动态输入 交点 垂点 中点 顶点 坐标
X=40337 Y=10445 层高:3.6m 底标高:0m 0
JL-1
WL-1
De40
De50
De110
WL-2
YL-1

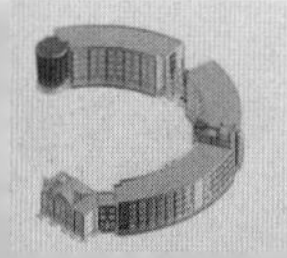

（3）切换回二维状态。

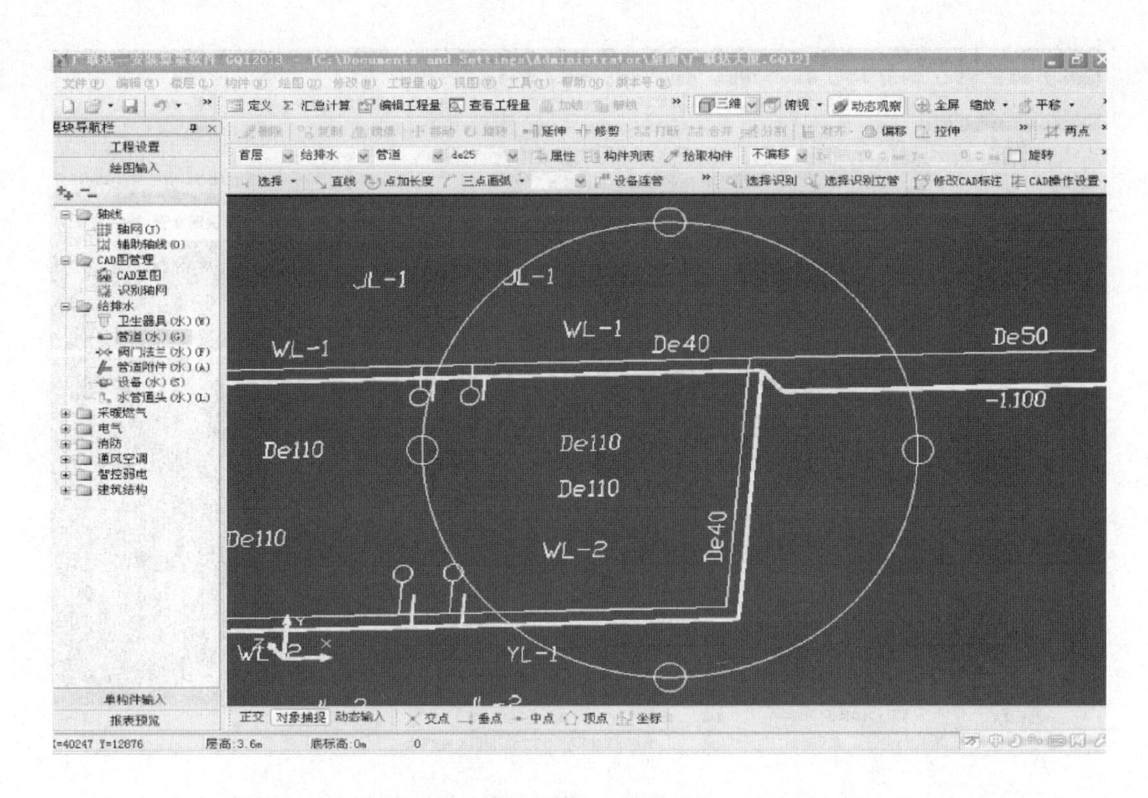

（4）点击工具栏上的视图下拉按钮，选择二维状态。

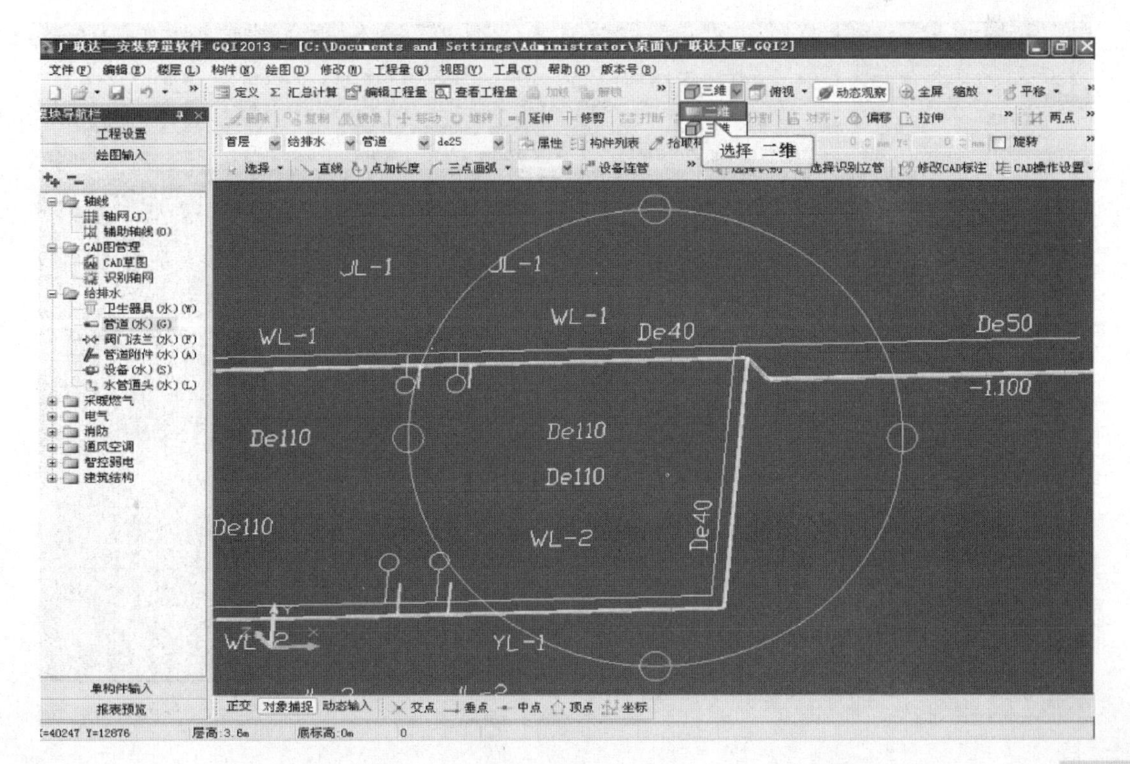

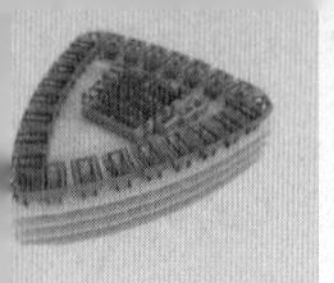

（5）点击工具栏上的选择识别立管按钮。

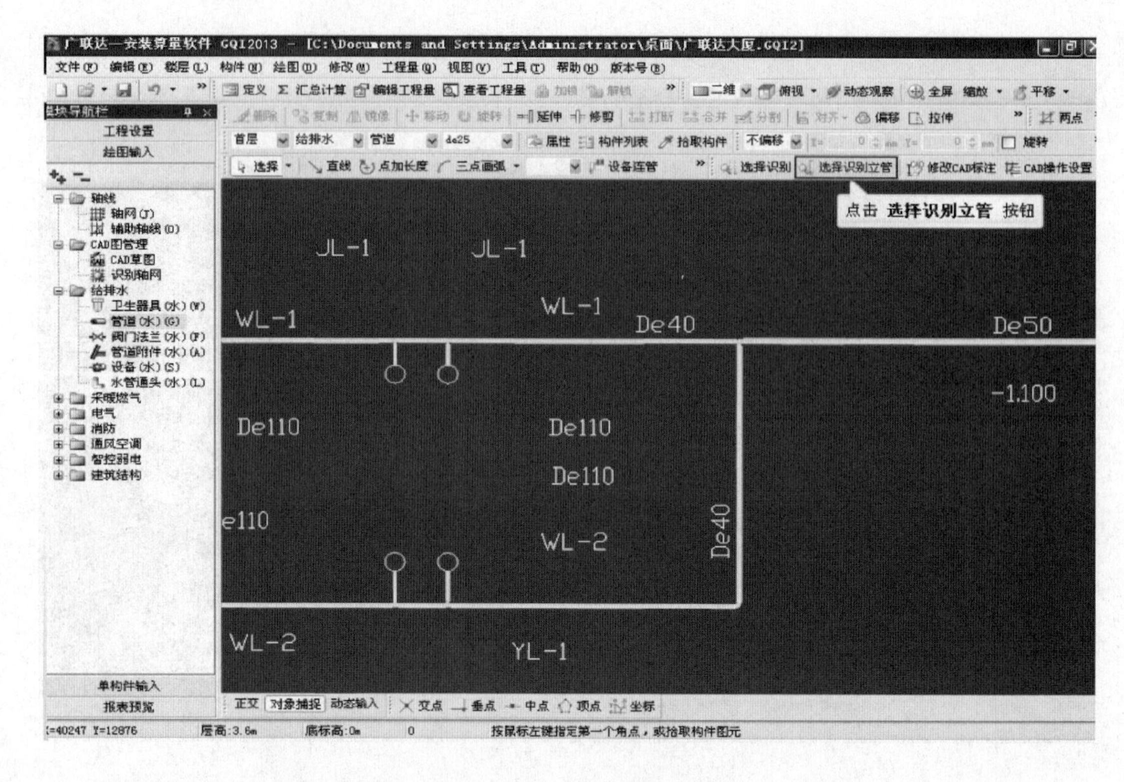

（6）根据状态栏提示鼠标左键选择要识别的立管CAD线。

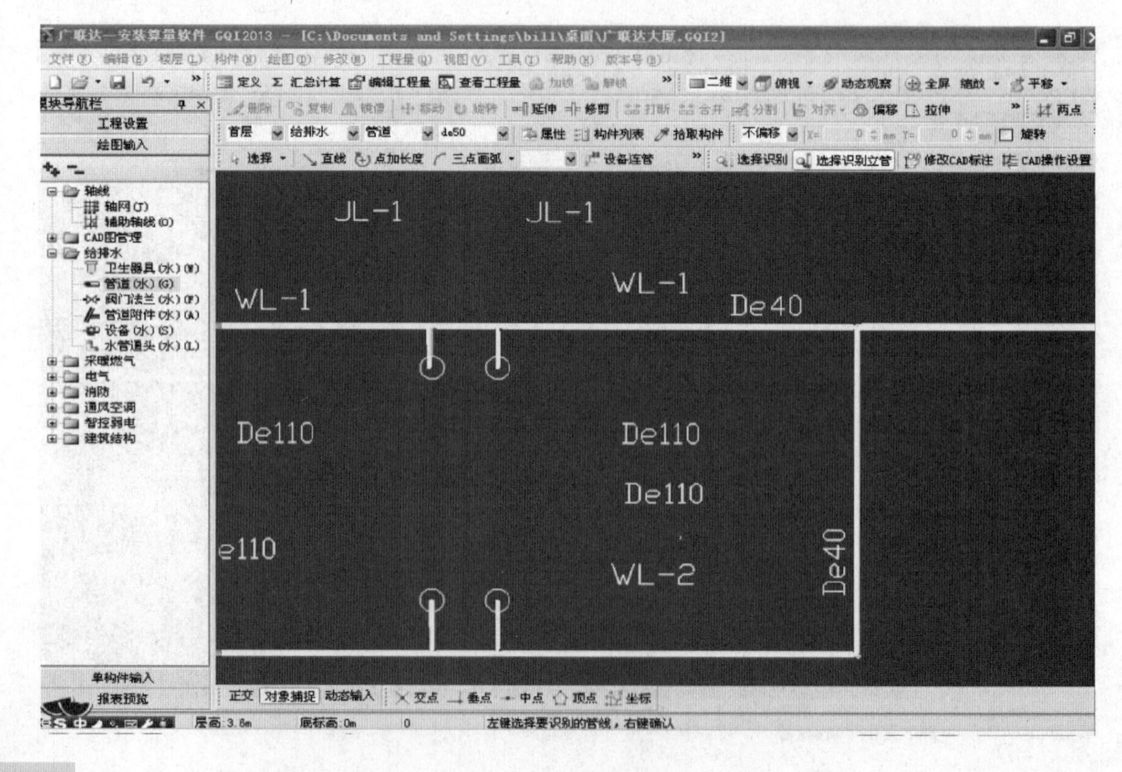

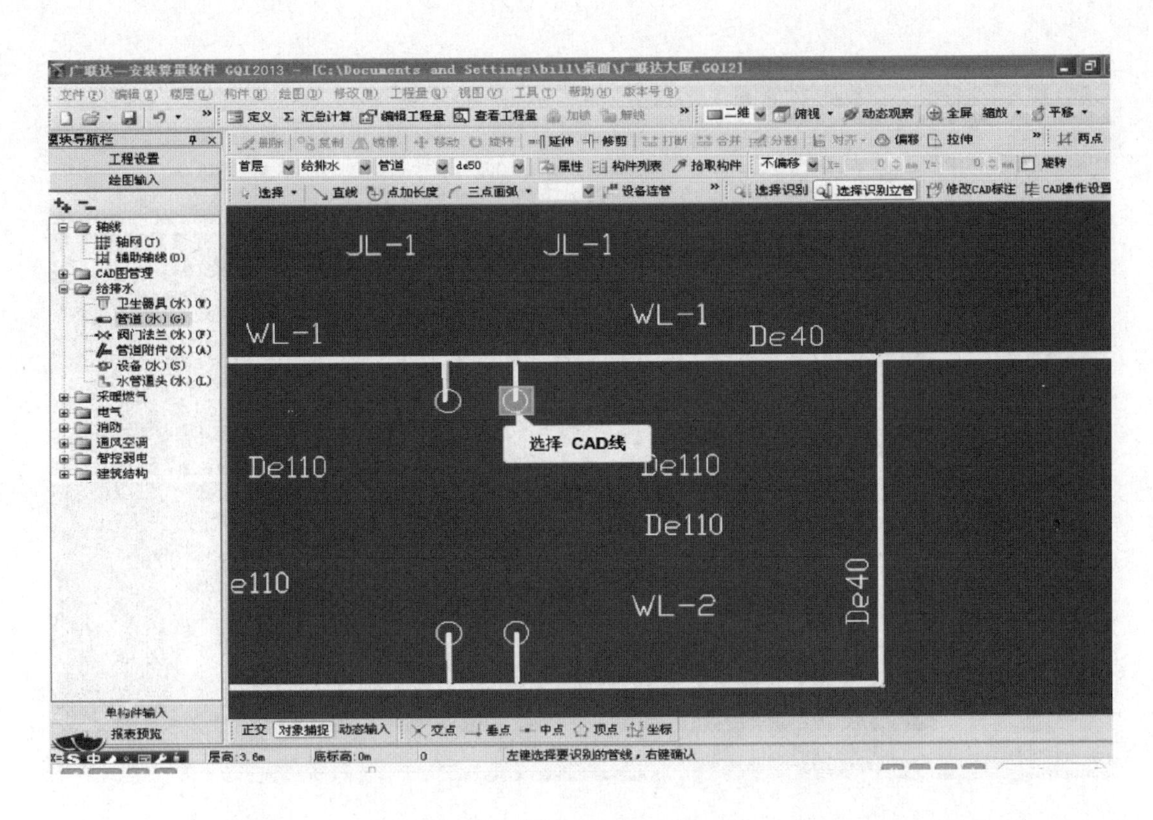

（7）识别立管时仍然可以将相同属性立管一次选中，选择完毕后点击鼠标右键确认。

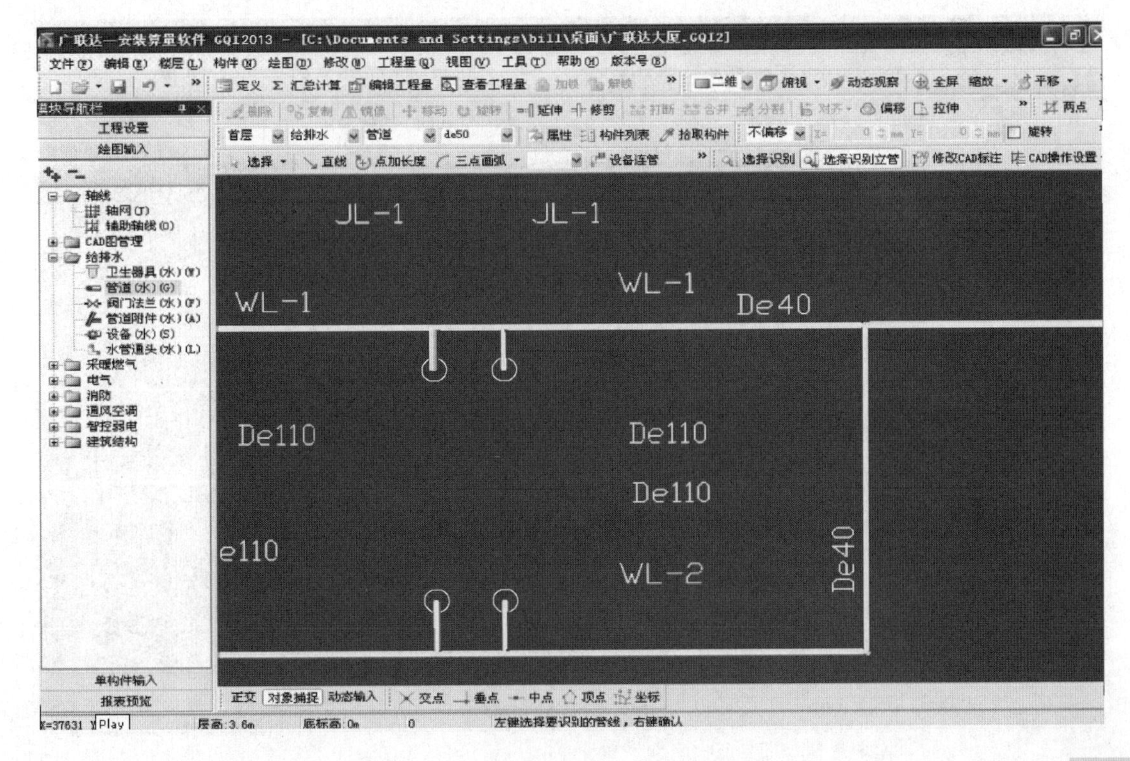

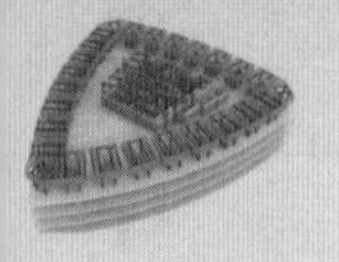

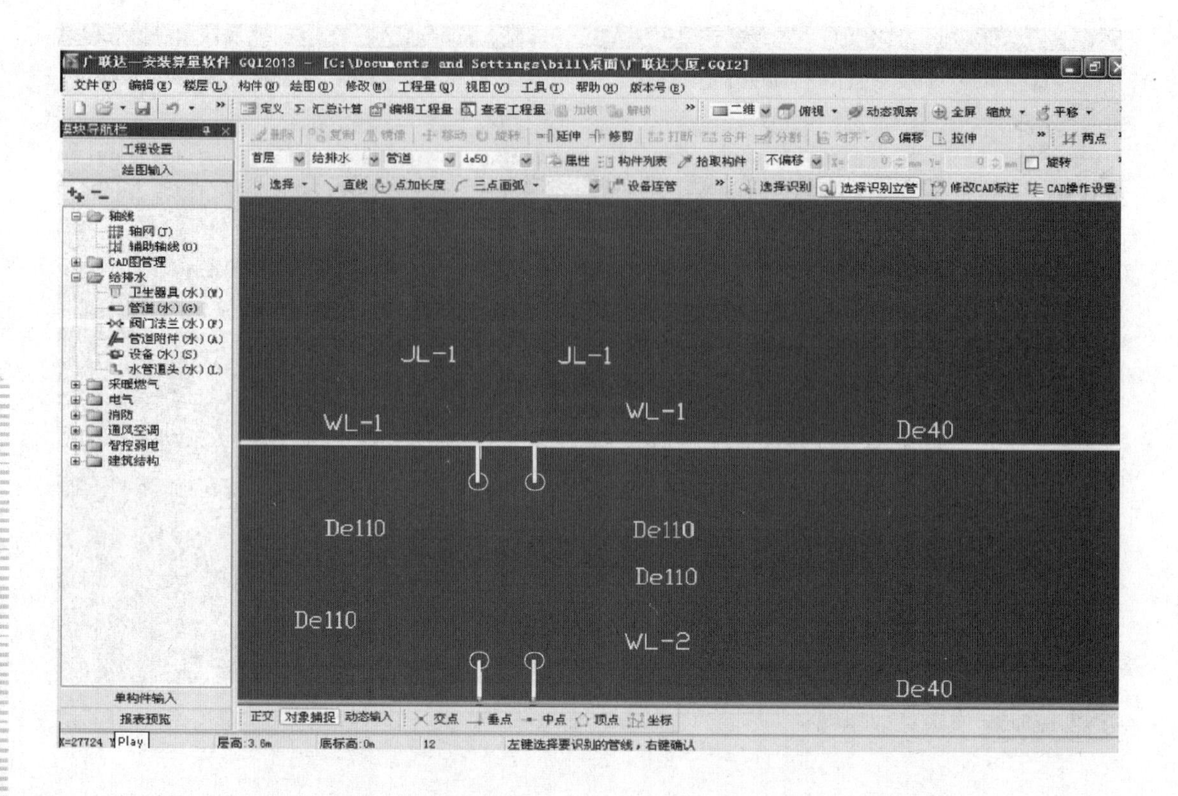
广联达—安装算量软件 GQI2013 - [C:\Documents and Settings\bill\桌面\广联达大厦.GQI2]
文件(F) 编辑(E) 楼层(L) 构件(N) 绘图(D) 修改(M) 工程量(Q) 视图(V) 工具(T) 帮助(H) 版本号(B)
定义 Σ 汇总计算 编辑工程量 查看工程量
二维 俯视 动态观察 全屏 缩放 平移
延伸 修剪 偏移 拉伸 两点
首层 给排水 管道 de50 属性 构件列表 拾取构件 不偏移 旋转
选择 直线 点加长度 三点画弧 设备连管 选择识别 选择识别立管 修改CAD标注 CAD操作设置
模块导航栏
工程设置
绘图输入
轴线
轴网(J)
辅助轴线(O)
CAD图管理
给排水
卫生器具(水)(W)
管道(水)(G)
阀门法兰(水)(F)
管道附件(水)(A)
设备(水)(S)
水管通头(水)(L)
采暖燃气
电气
消防
通风空调
智控弱电
建筑结构
单构件输入
报表预览
JL-1
JL-1
WL-1
WL-1
De40
De110
De110
De110
De110
WL-2
De40
正交 对象捕捉 动态输入 交点 垂点 中点 顶点 坐标
层高:3.6m 底标高:0m 12 左键选择要识别的管线，右键确认

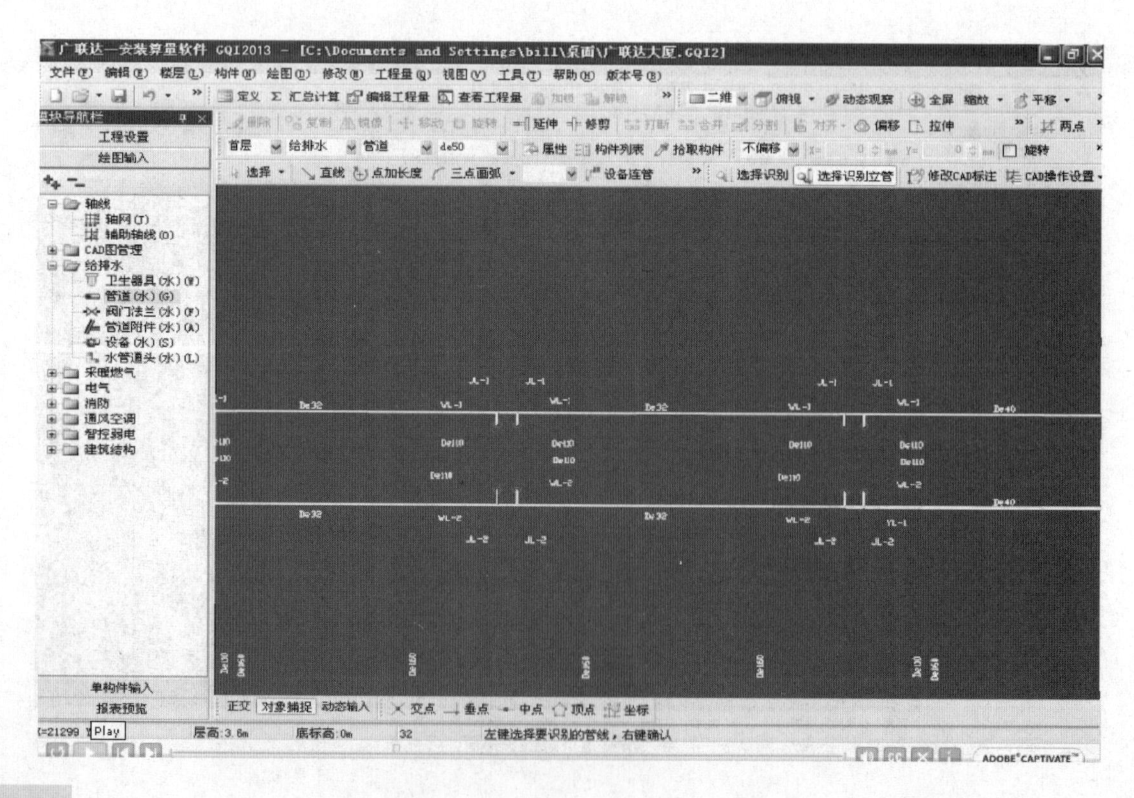
广联达—安装算量软件 GQI2013 - [C:\Documents and Settings\bill\桌面\广联达大厦.GQI2]
文件(F) 编辑(E) 楼层(L) 构件(N) 绘图(D) 修改(M) 工程量(Q) 视图(V) 工具(T) 帮助(H) 版本号(B)
定义 Σ 汇总计算 编辑工程量 查看工程量
二维 俯视 动态观察 全屏 缩放 平移
延伸 修剪 偏移 拉伸 两点
首层 给排水 管道 de50 属性 构件列表 拾取构件 不偏移 旋转
选择 直线 点加长度 三点画弧 设备连管 选择识别 选择识别立管 修改CAD标注 CAD操作设置
模块导航栏
工程设置
绘图输入
轴线
轴网(J)
辅助轴线(O)
CAD图管理
给排水
卫生器具(水)(W)
管道(水)(G)
阀门法兰(水)(F)
管道附件(水)(A)
设备(水)(S)
水管通头(水)(L)
采暖燃气
电气
消防
通风空调
智控弱电
建筑结构
单构件输入
报表预览
正交 对象捕捉 动态输入 交点 垂点 中点 顶点 坐标
层高:3.6m 底标高:0m 32 左键选择要识别的管线，右键确认
ADOBE CAPTIVATE

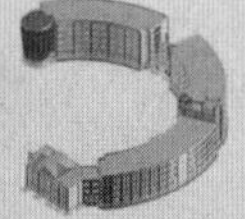

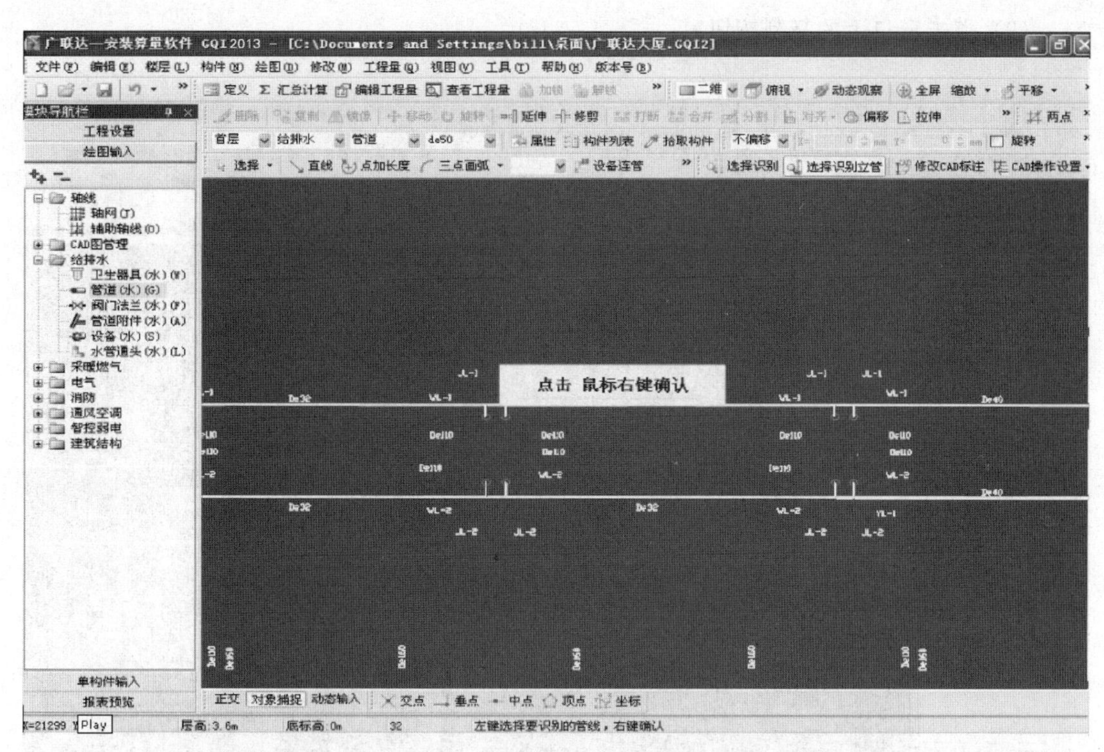

（8）上面选择的立管为 DE25 的，之前识别过 DE25 的水平管，所以可以直接选择 DE25 的管道构件，修改标高，也可以单独建立 DE25 的立管构件，以把水平管和立管分开出量。下面新建 DE25 的立管构件，用复制的方法在 DE25 的管道基础上复制一个管道构件。

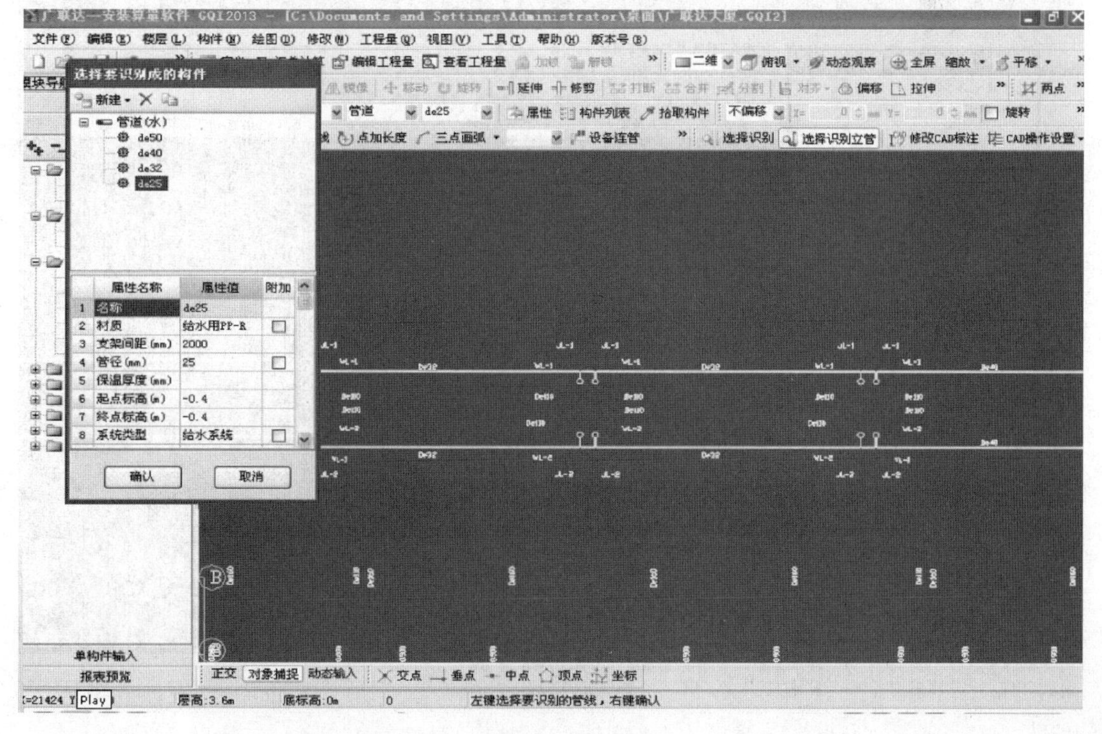

（9）点击窗口上的复制按钮。

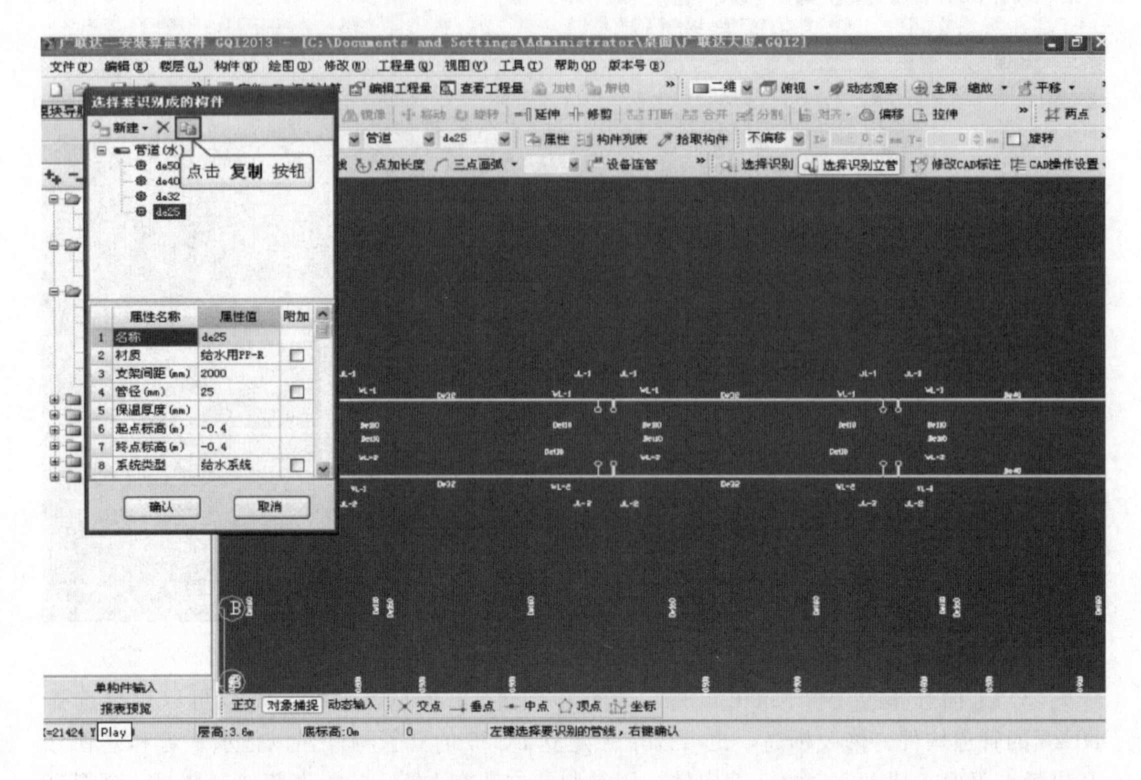

（10）选择复制的构件，名称修改为DE25-立管。

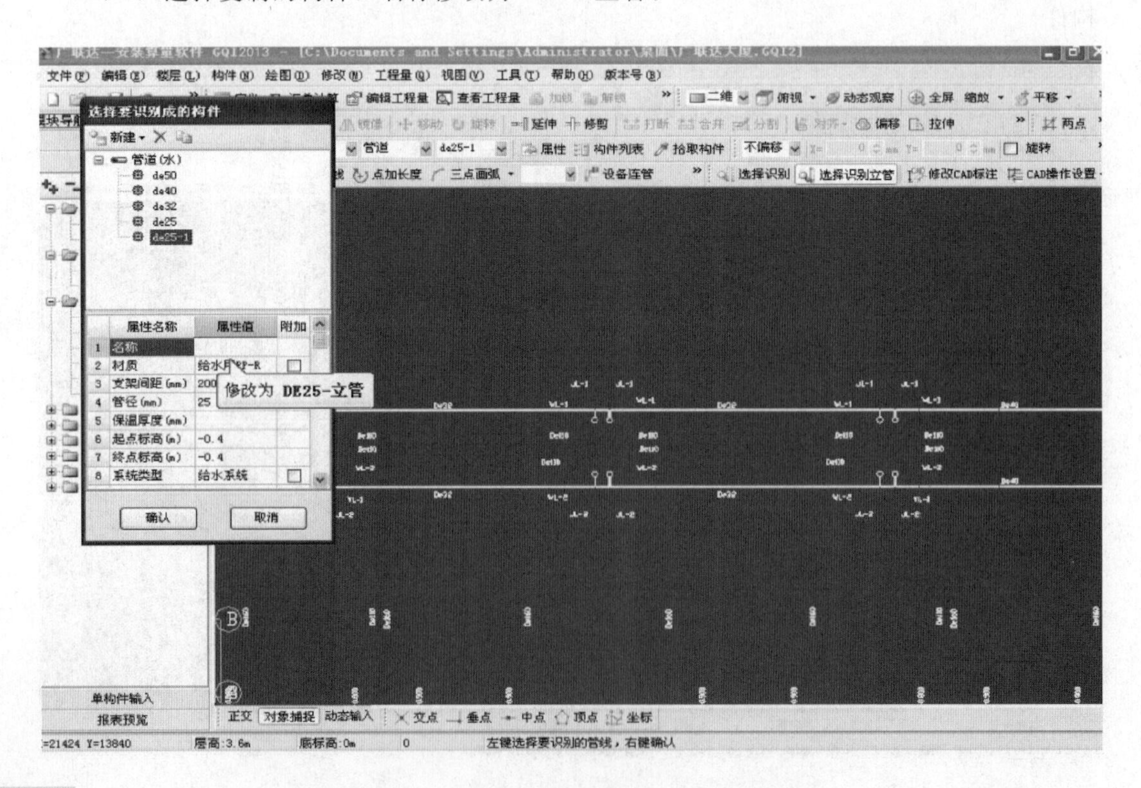

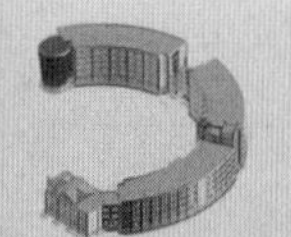

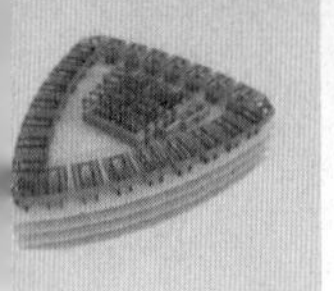

（11）材质、管径、起点标高等属性都不用修改，直接修改终点标高为0.2即可。

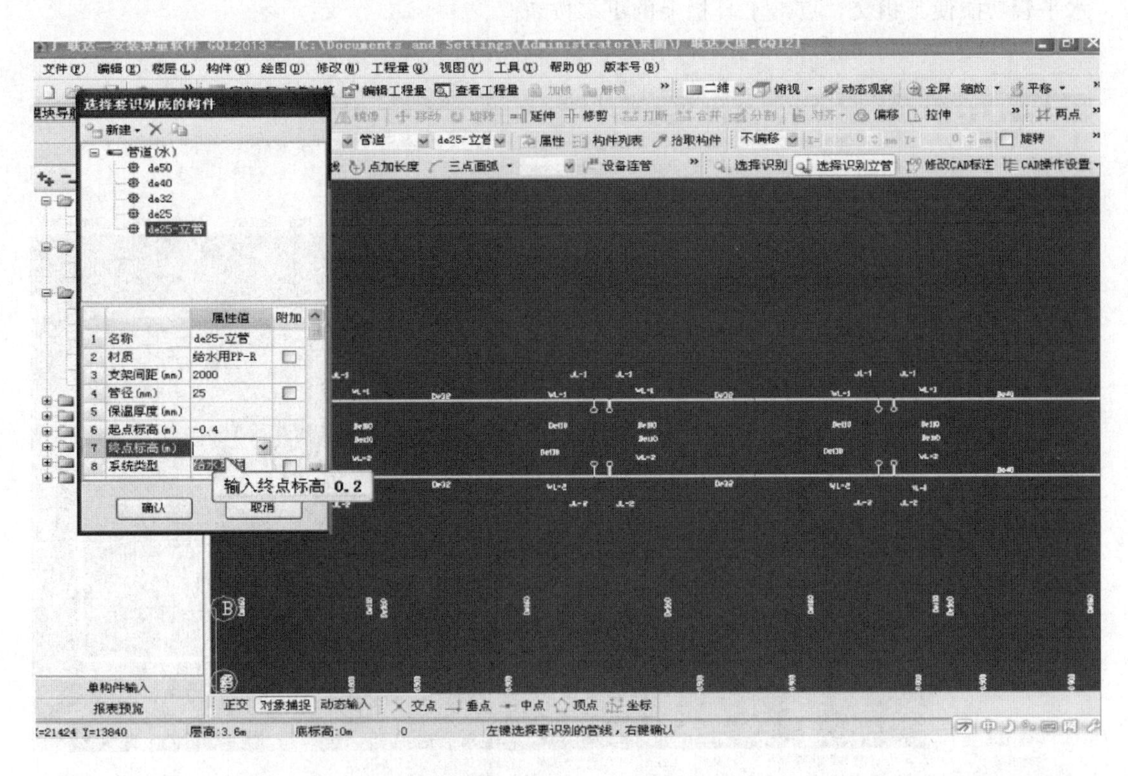

（12）修改完毕后点击确认按钮。

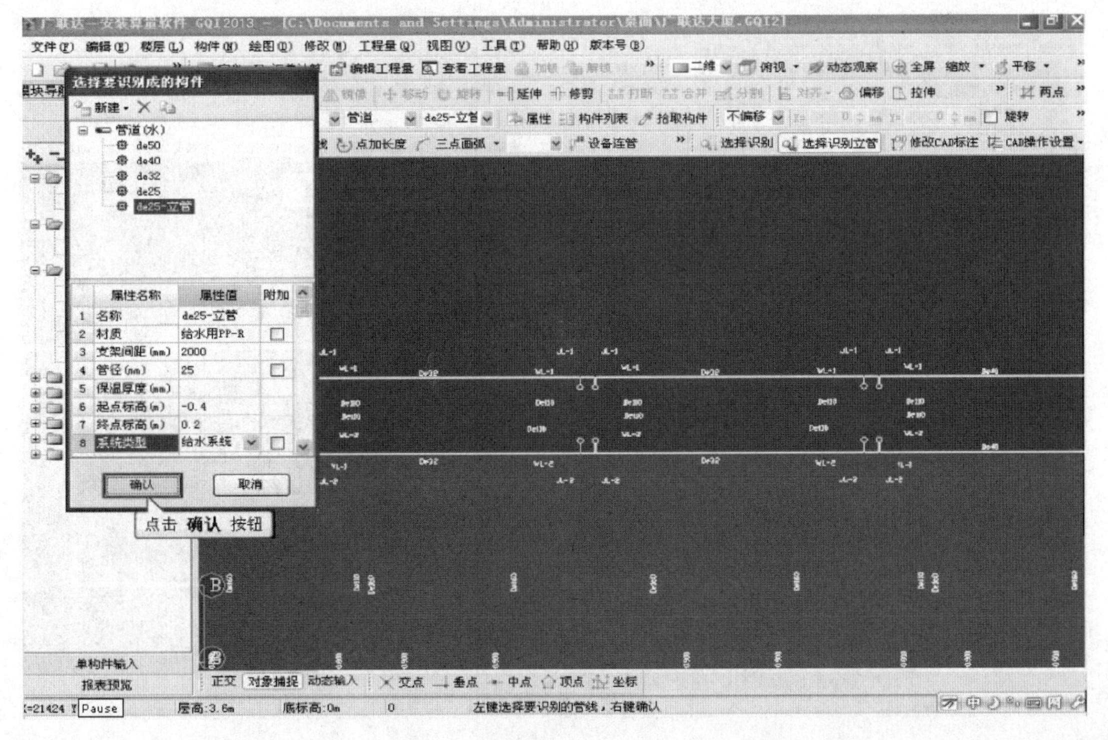

（13）由于CAD图上的立管比较大，立管识别后不能与水平管相交，可以使用延伸水平管功能使其相交，点击工具栏上的更多按钮。

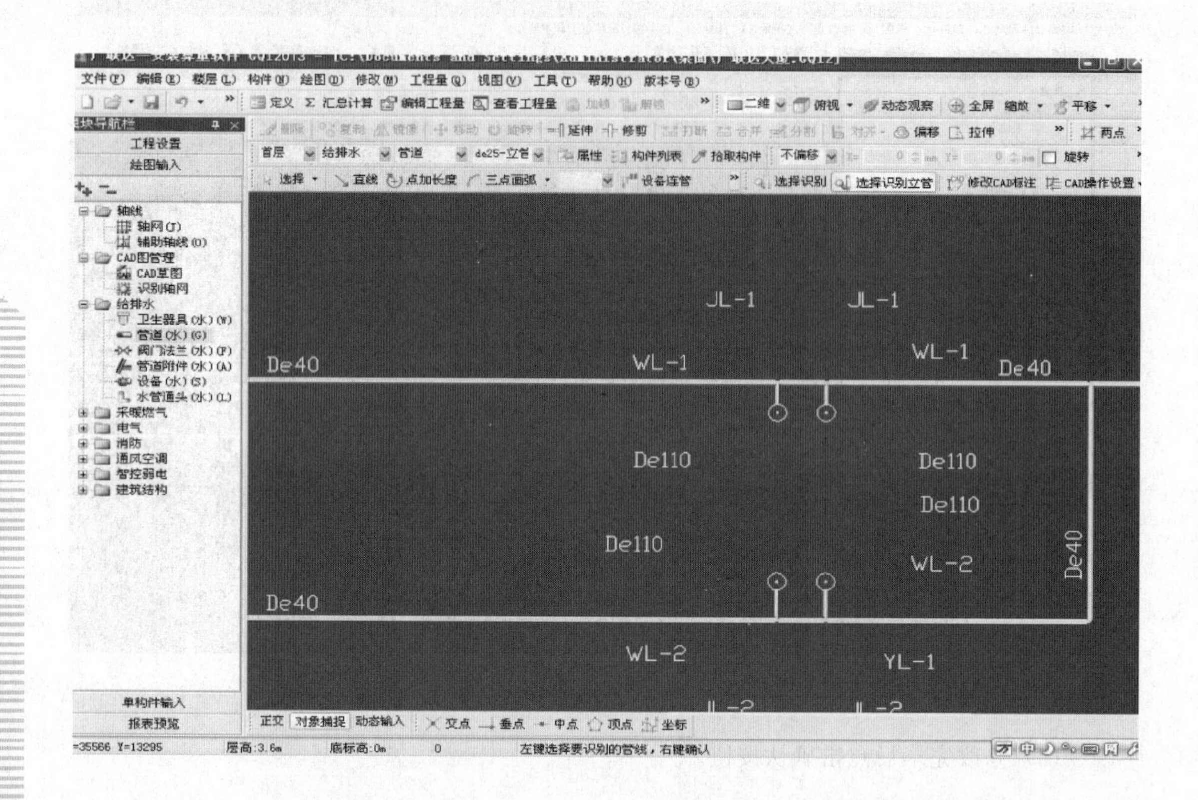

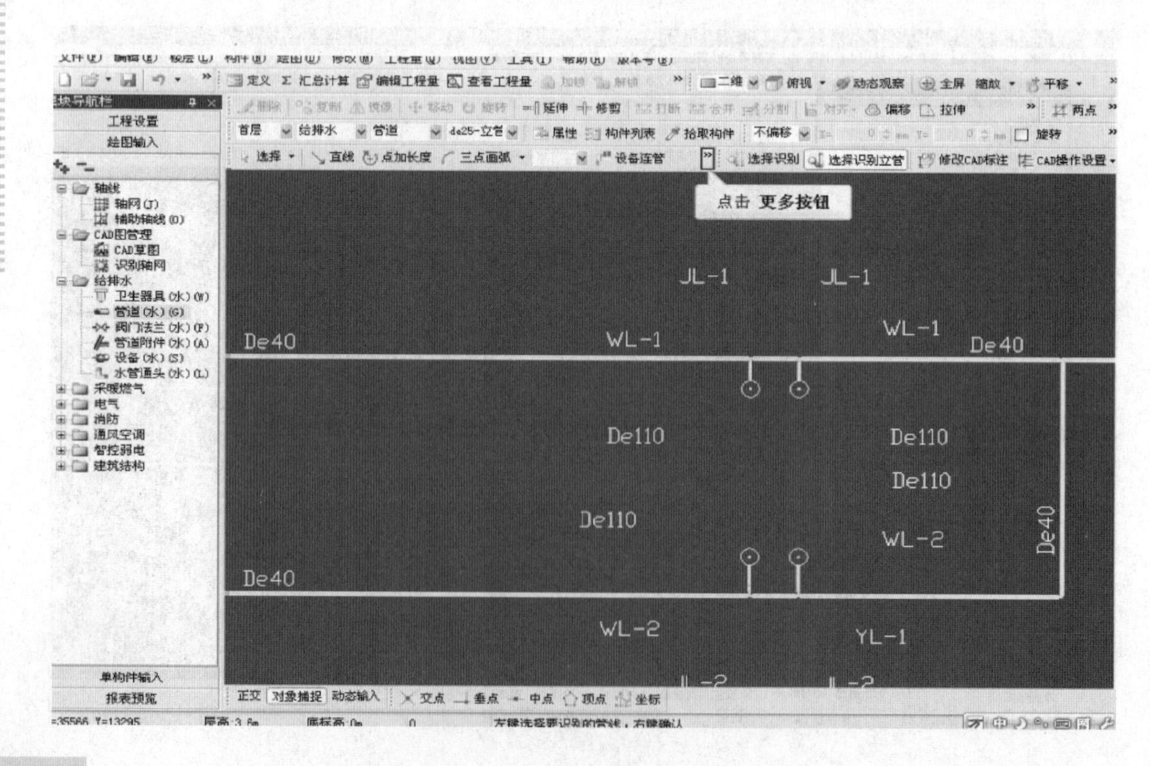

(14) 选择管道编辑下的延伸水平管按钮。

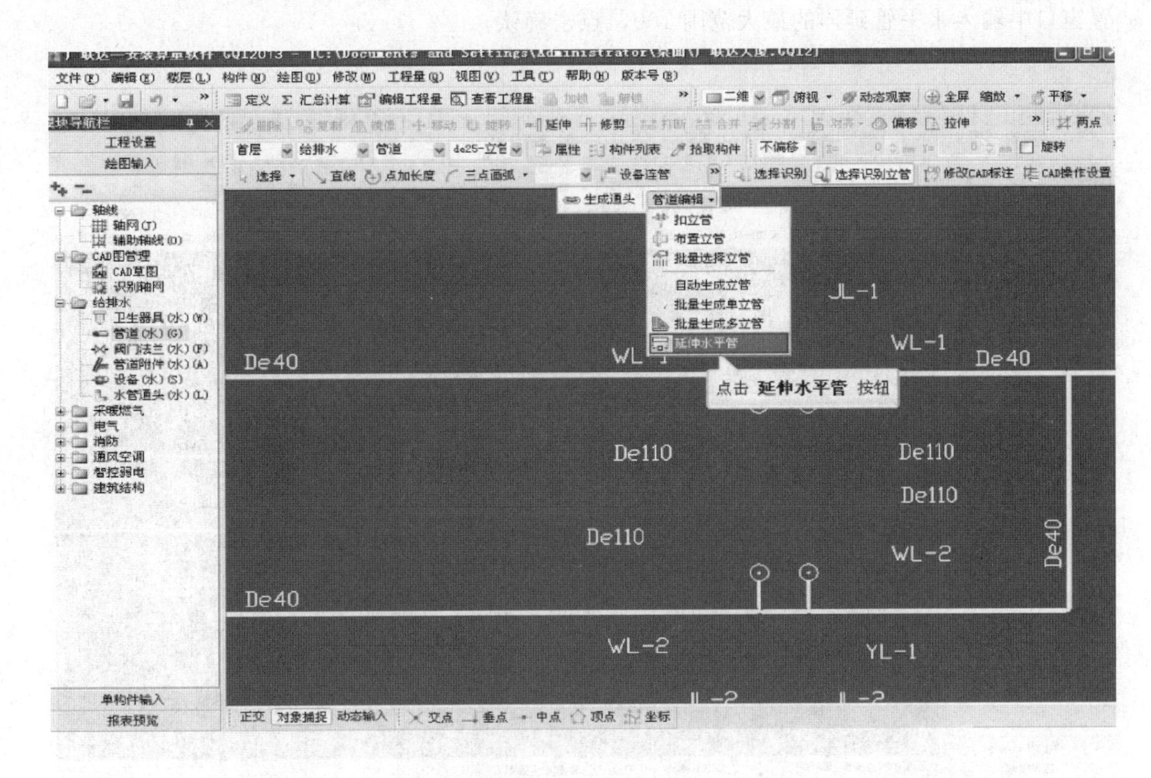

(15) 根据状态栏提示,鼠标左键选择需要延伸的水平管。

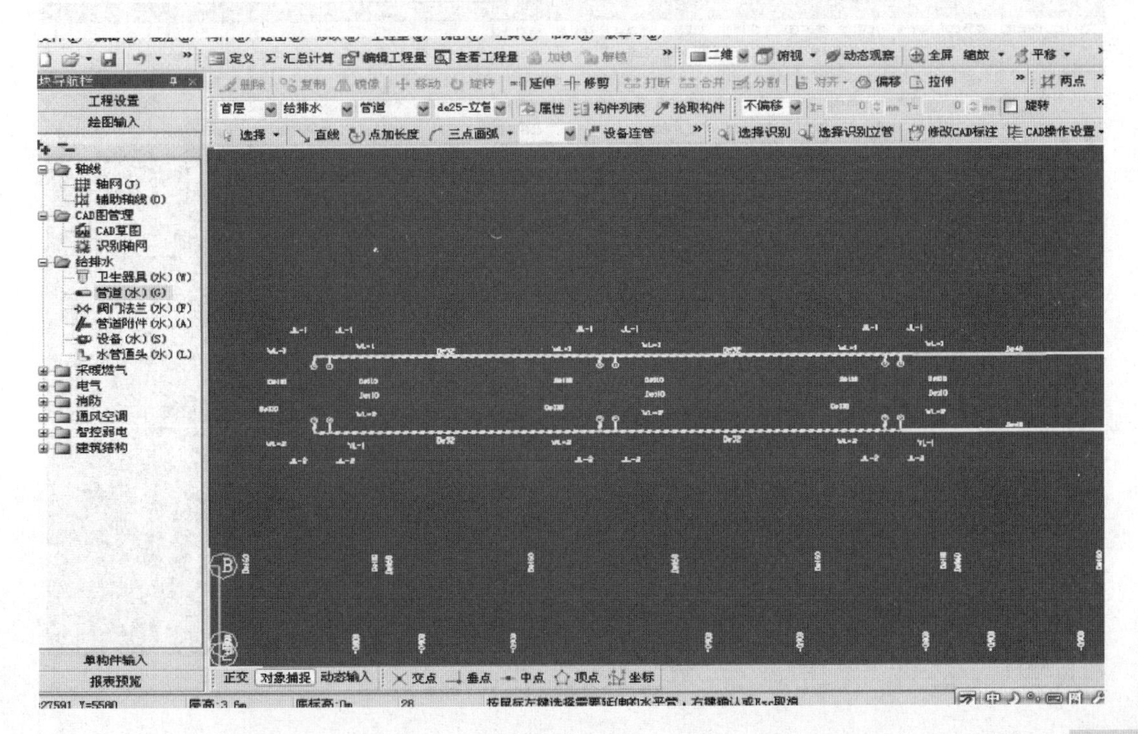

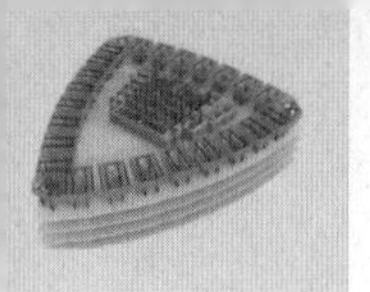

（16）延伸水平管时可以批量选择管道，选中后鼠标右键确认，在弹出的延伸范围设置窗口中输入水平管延伸的最大范围100，点击确认。

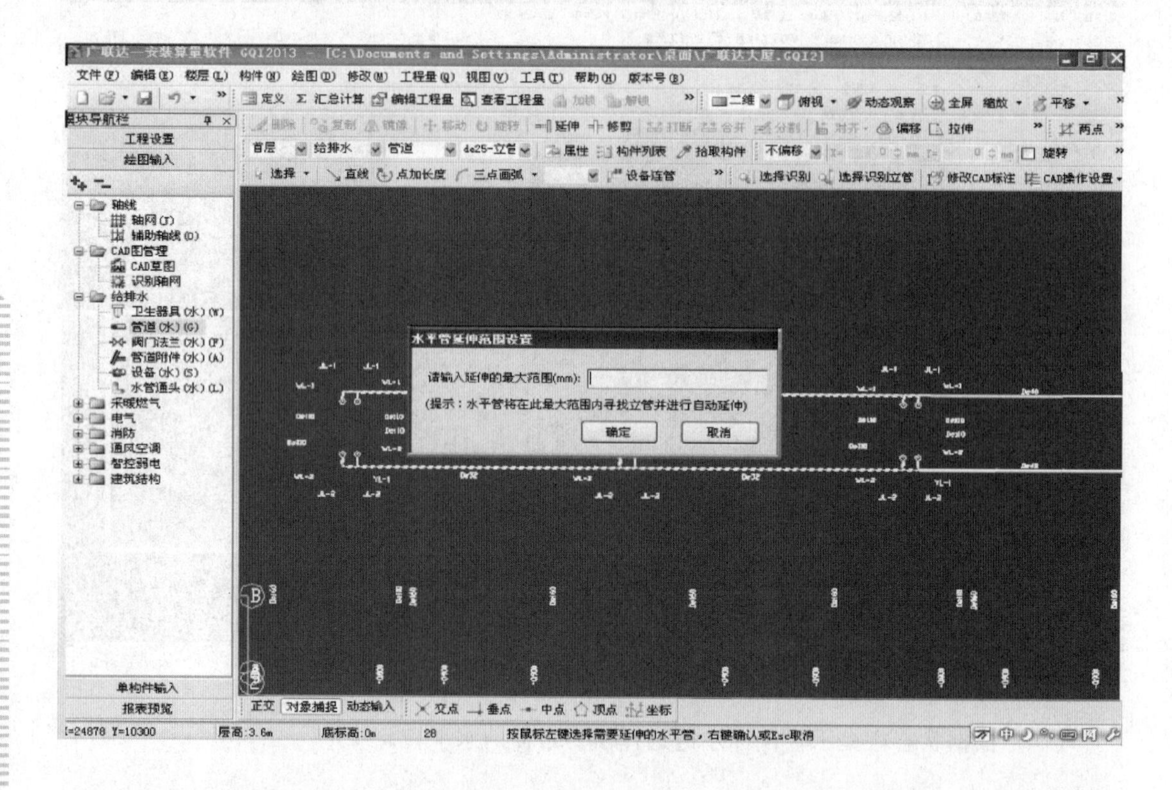

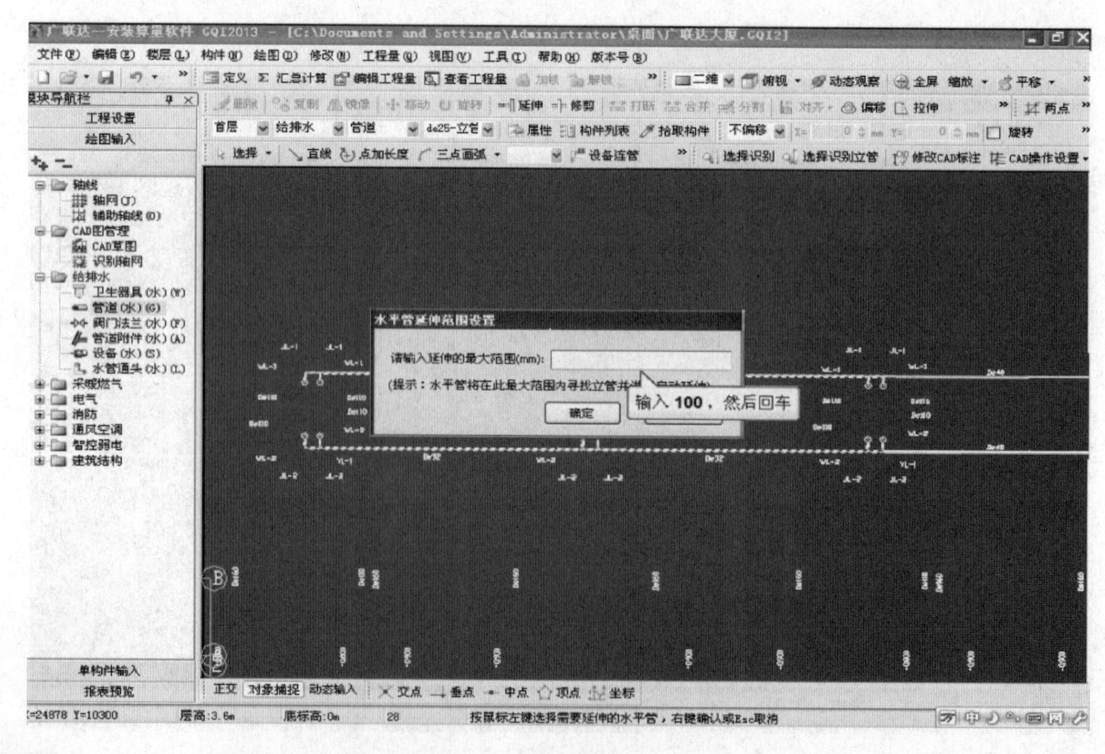

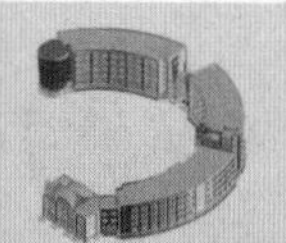

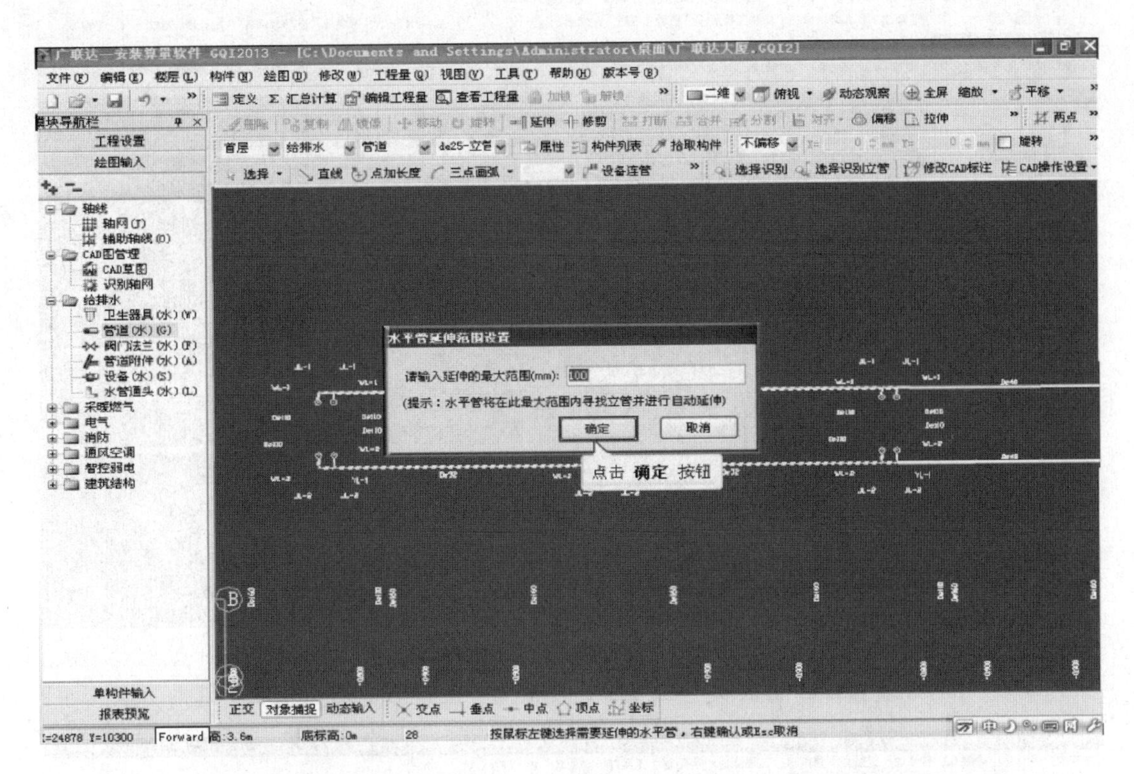

(17) 这样水平管与立管全部相交了，点击动态观察按钮切换到三维模式查看。

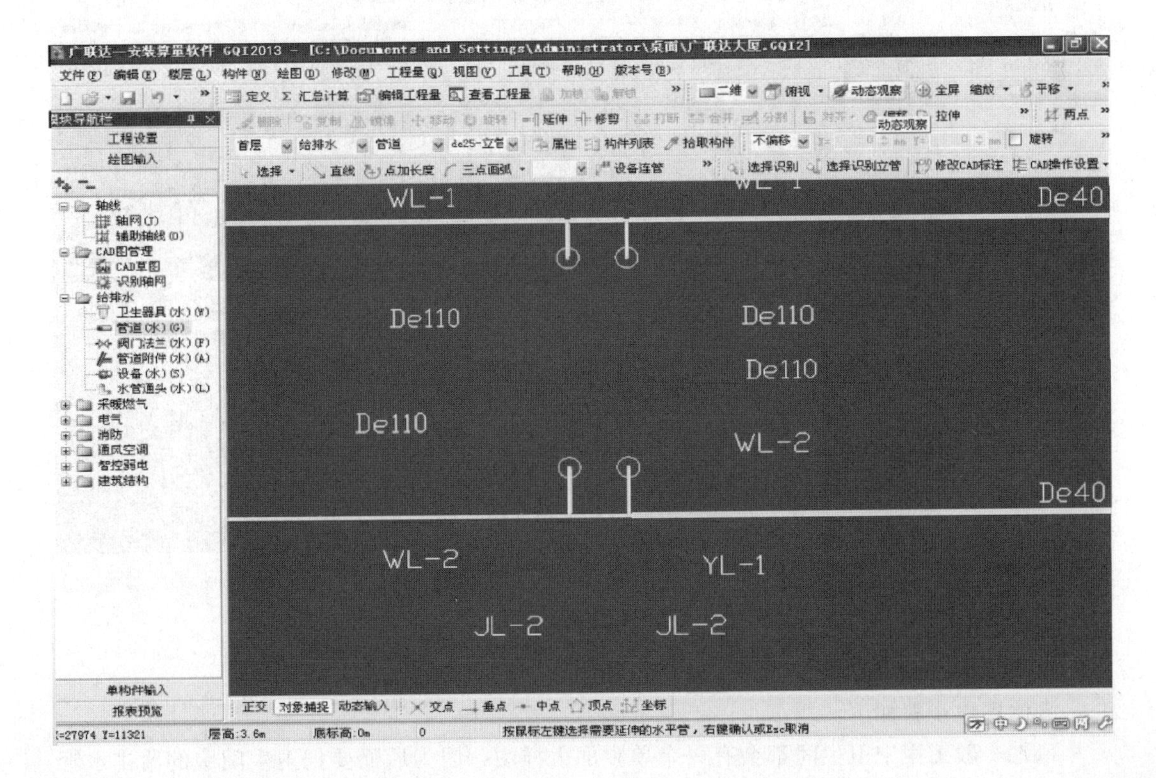

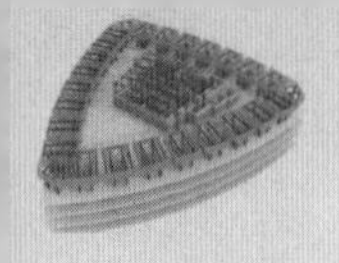

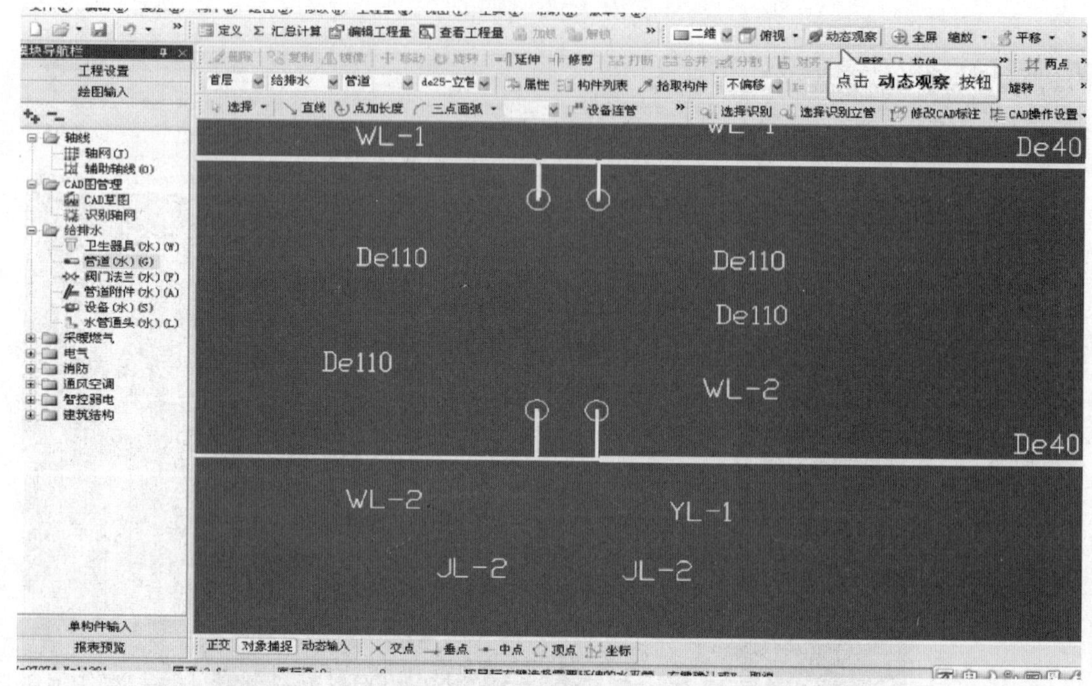

(18) 可以看到立管已经生成，且与水平管相交，立管的识别即完成。

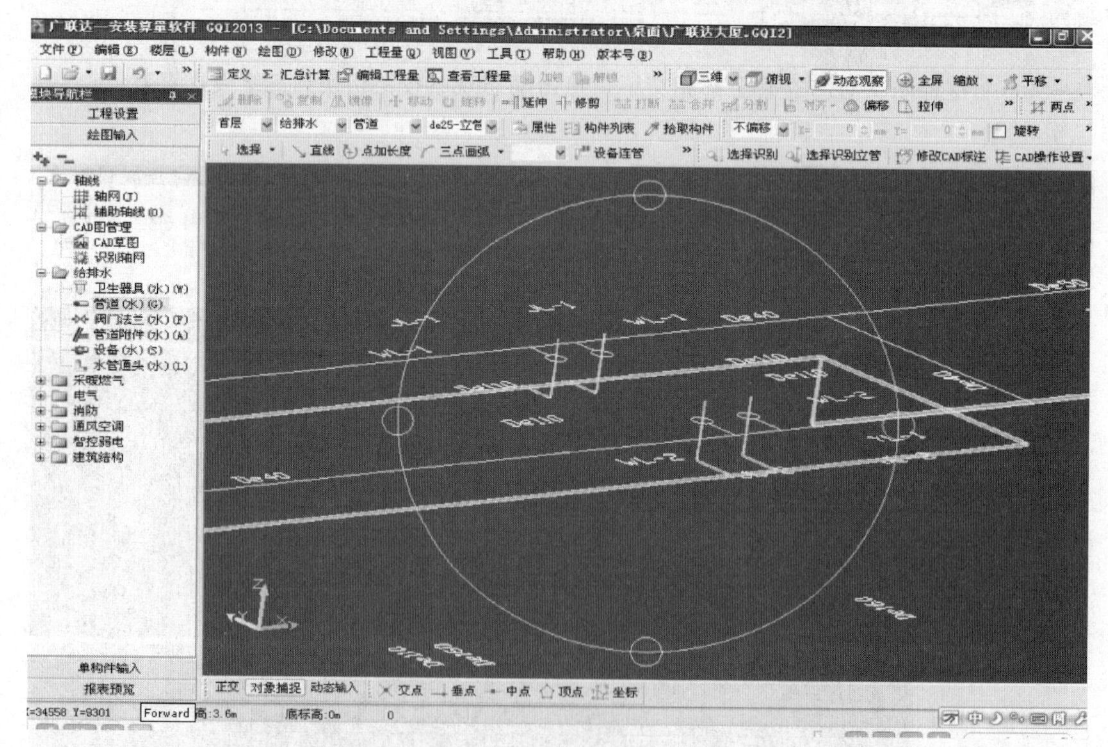

2.1.4.3　卫生间大样图

1. 定义识别卫生器具

具体操作步骤如下：

(1) 一般工程中卫生间都会有一个单独的大样图，因为后面要把卫生间中的给排水管

支管和现在平面中给排水横管连接起来，所以这张平面图还不能删除，需要将卫生间大样图插入到软件中，那么，先把这张平面图显示出来，点击工具栏上的 CAD 操作设置按钮。

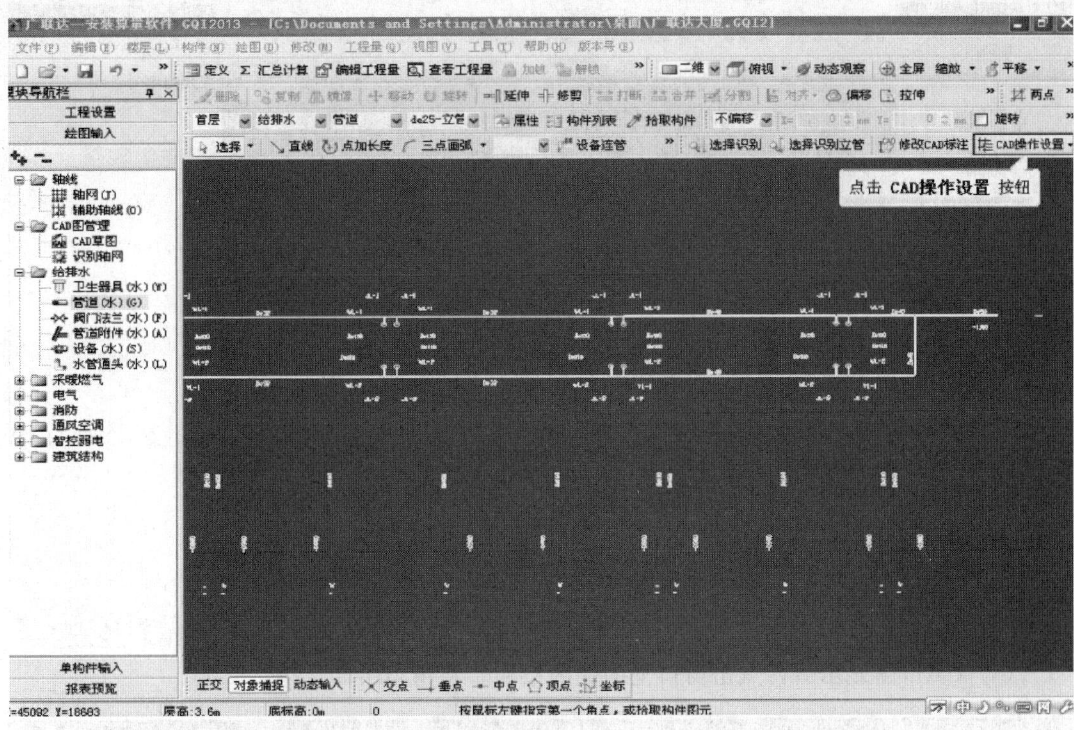

（2）在下拉菜单中选择 CAD 图层显示状态按钮。

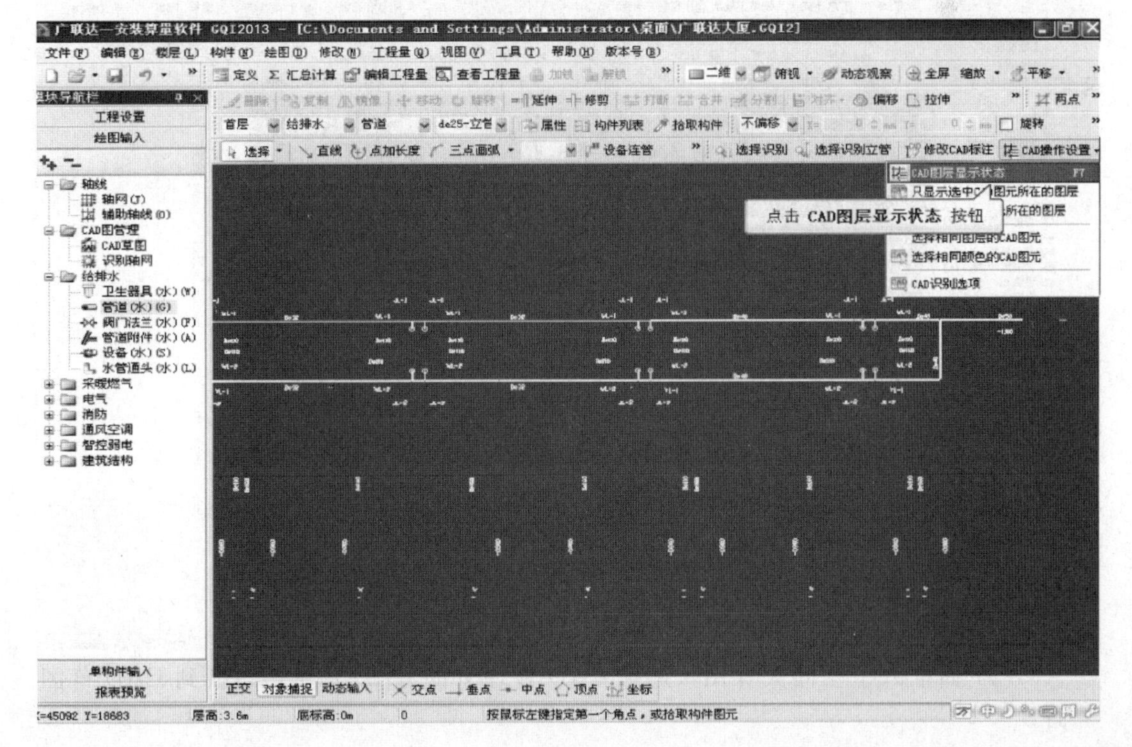

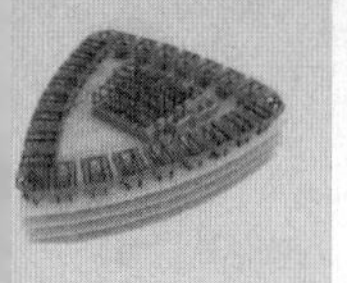

（3）勾选 CAD 原始图层。

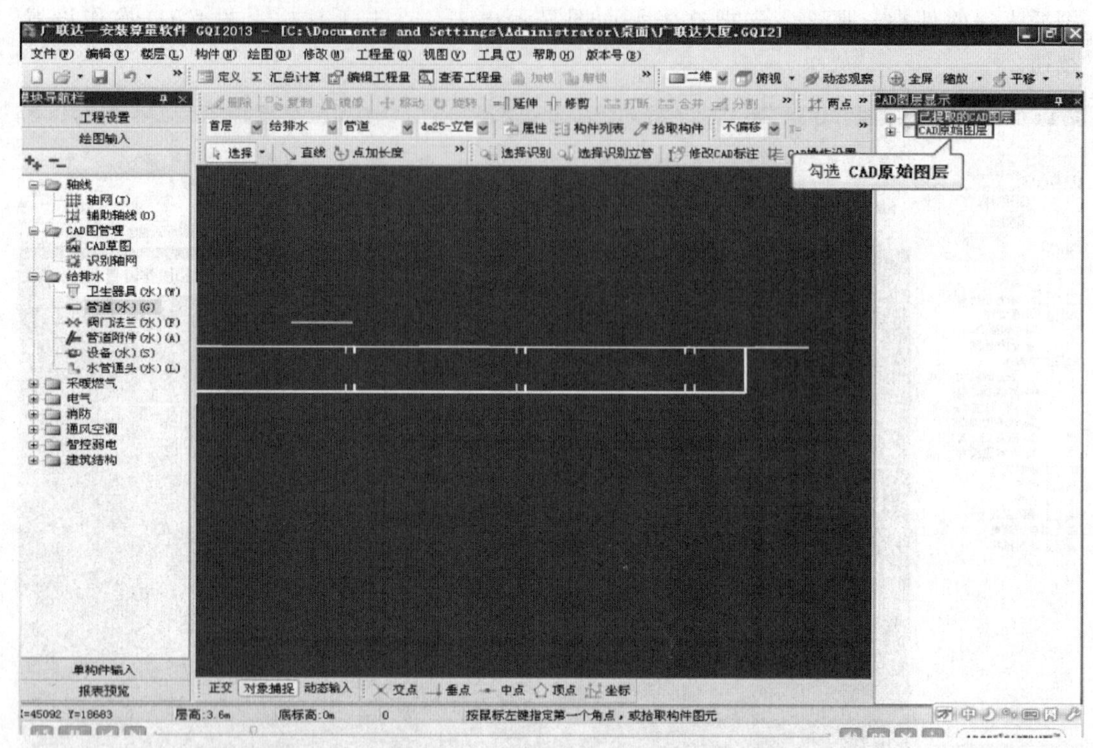

（4）CAD 图显示后，点击窗口上的关闭按钮，将窗口关闭。

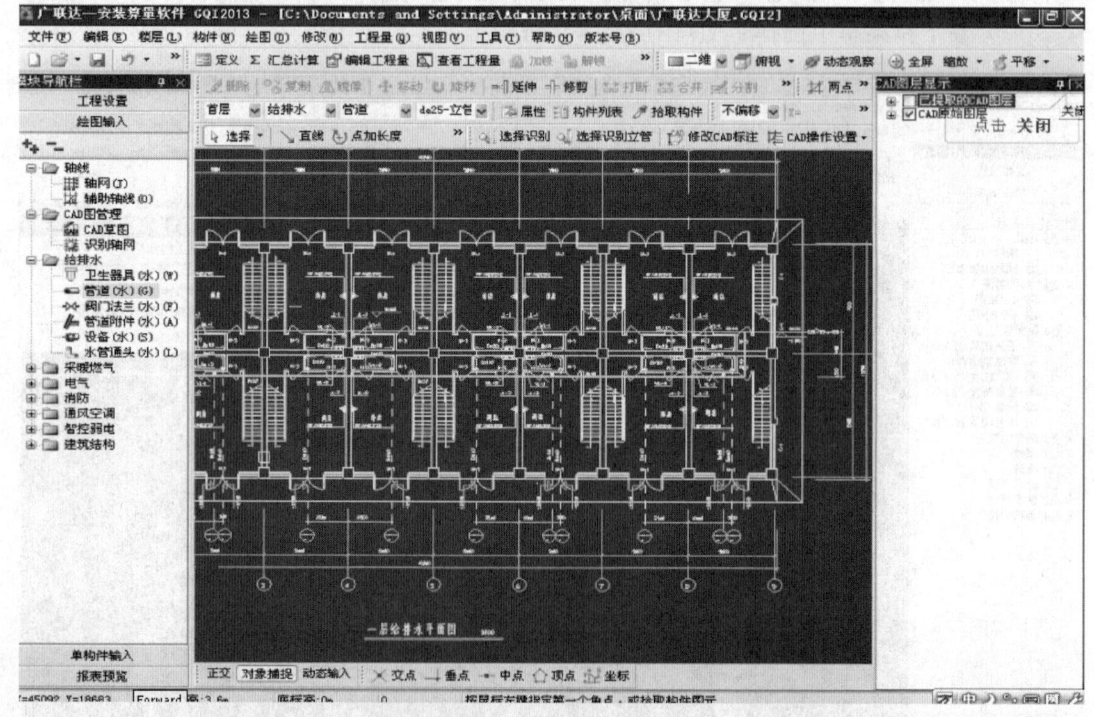

（5）下面插入卫生间大样图，选择 CAD 管理下的 CAD 草图，切换到 CAD 草图界面。

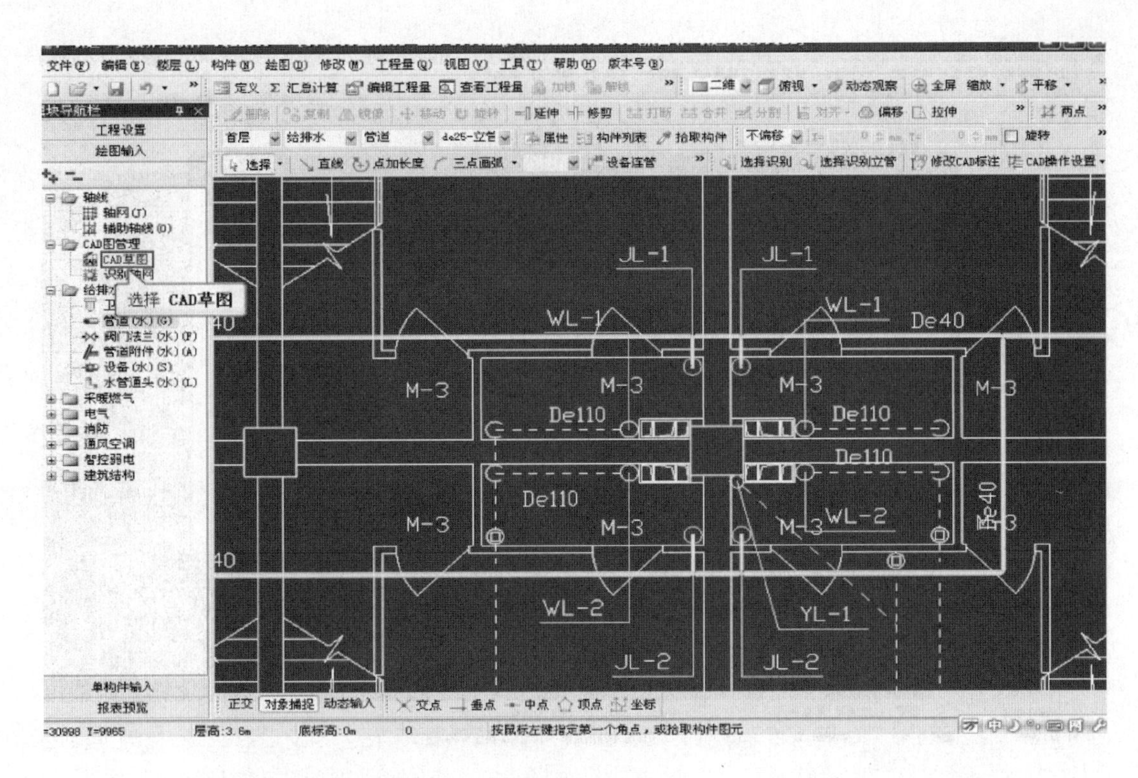

（6）点击工具栏上的插入CAD图按钮。

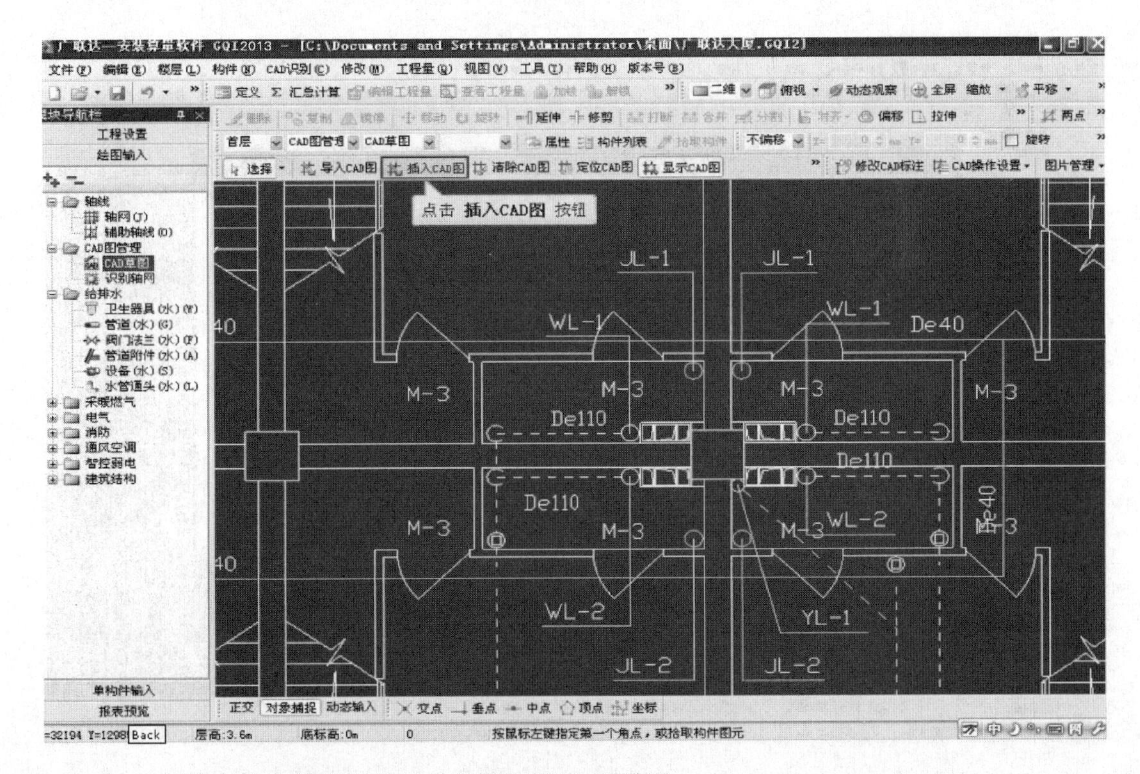

（7）在弹出的选择图形窗口中选择卫生间大样图。

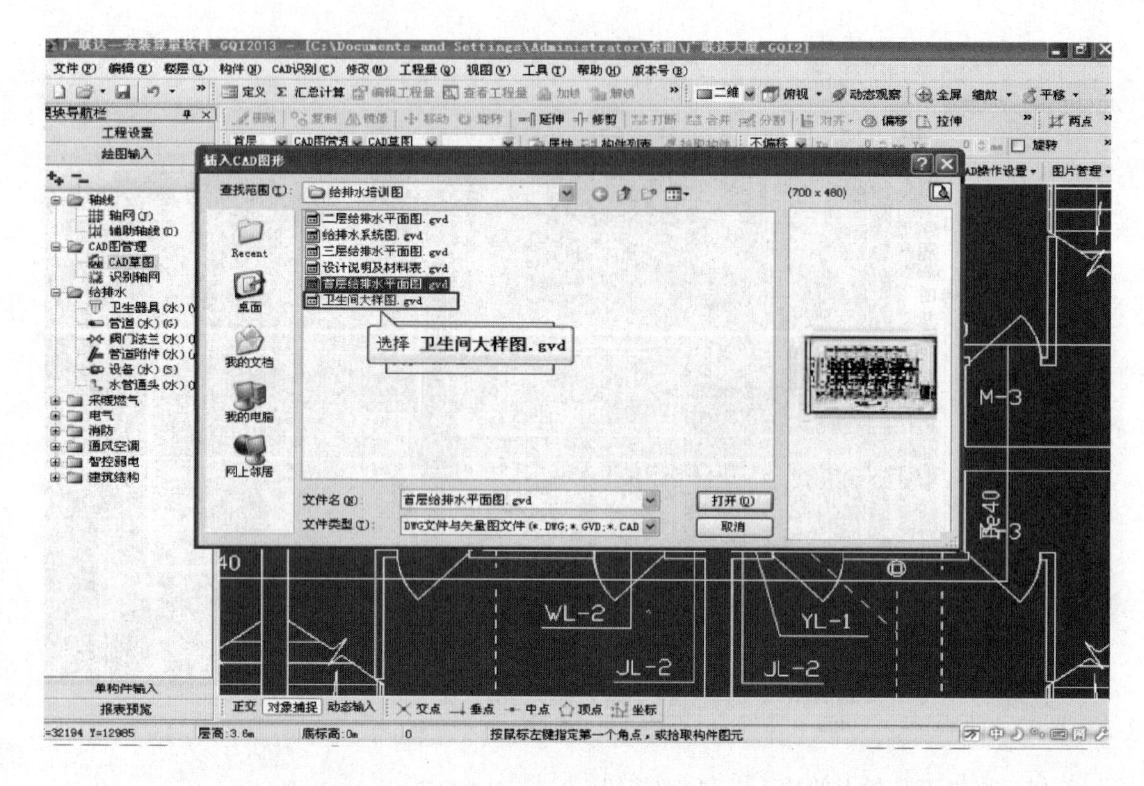

(8) 选择完毕后，点击打开按钮。

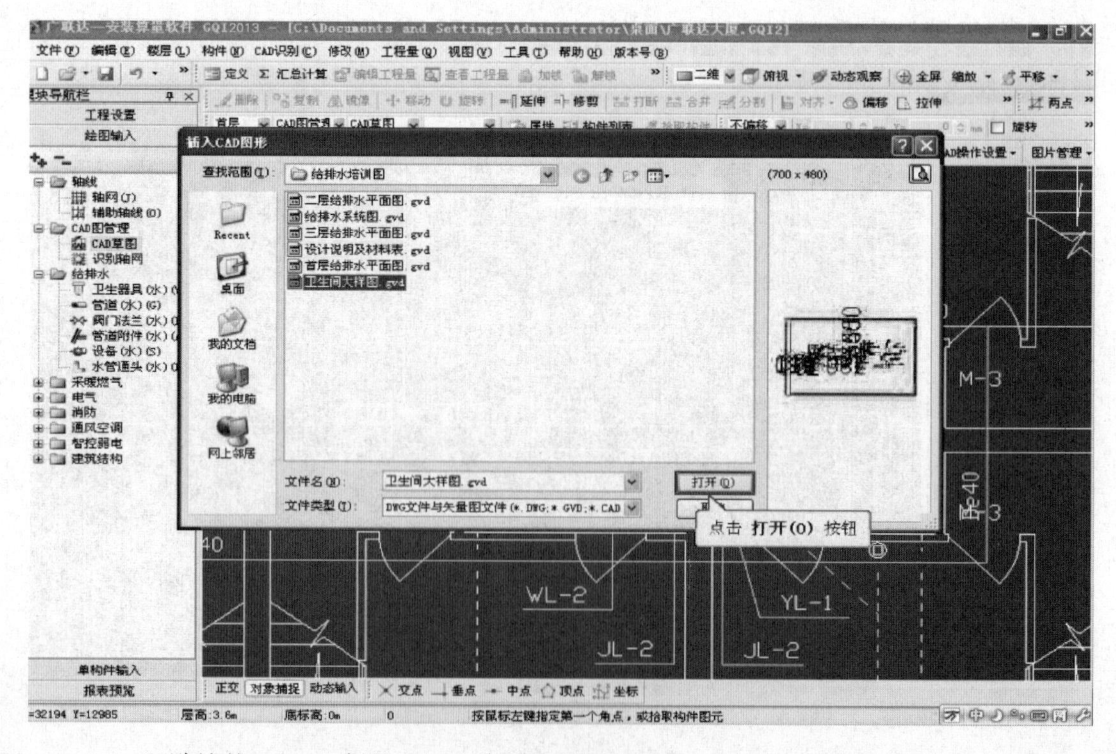

(9) 以默认的1∶1比例导入，点击确认按钮。

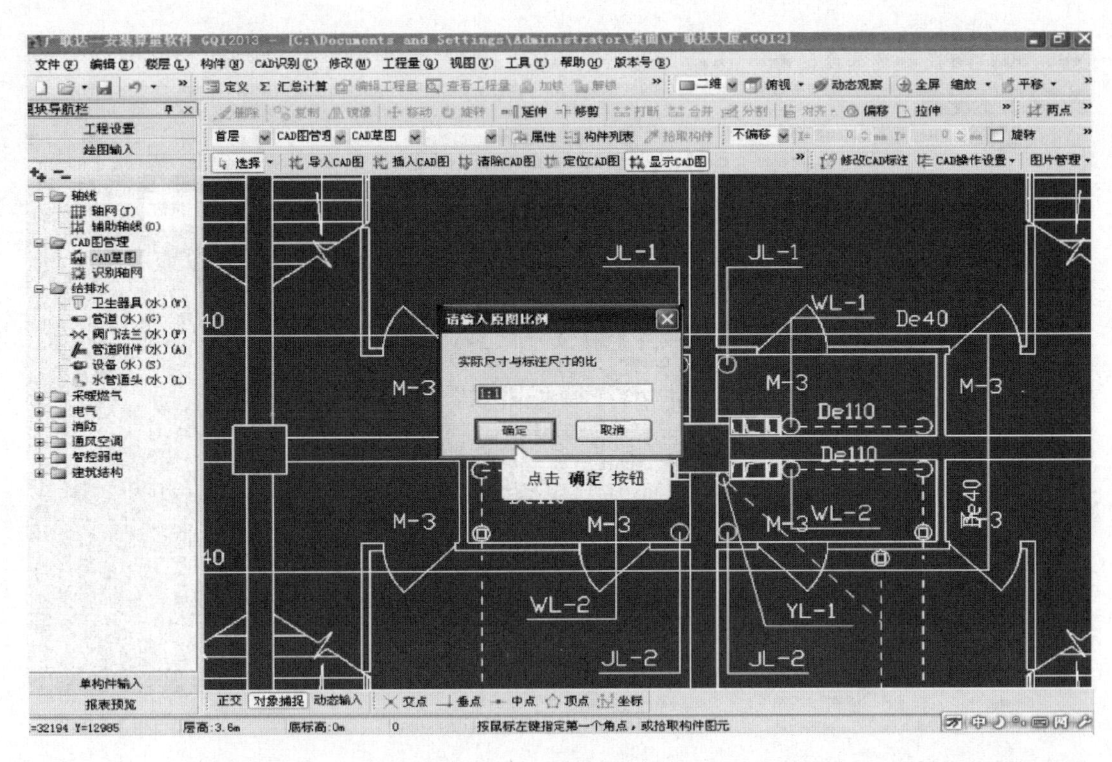

（10）这样就把卫生间大样图插入到一层平面图的旁边了，为了使CAD图看起来更加清晰，我们只留下卫生器具所在的图层，隐藏其他图层，点击工具栏上的CAD操作设置按钮。

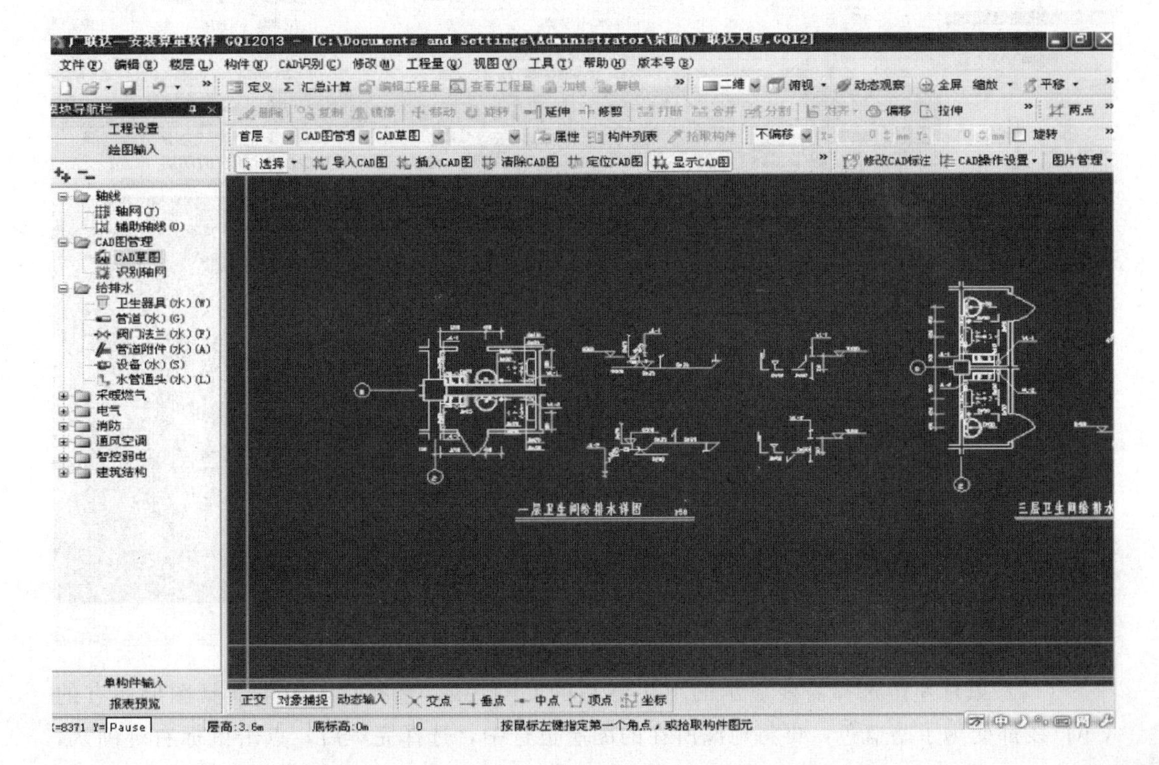

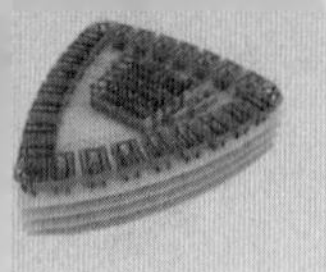

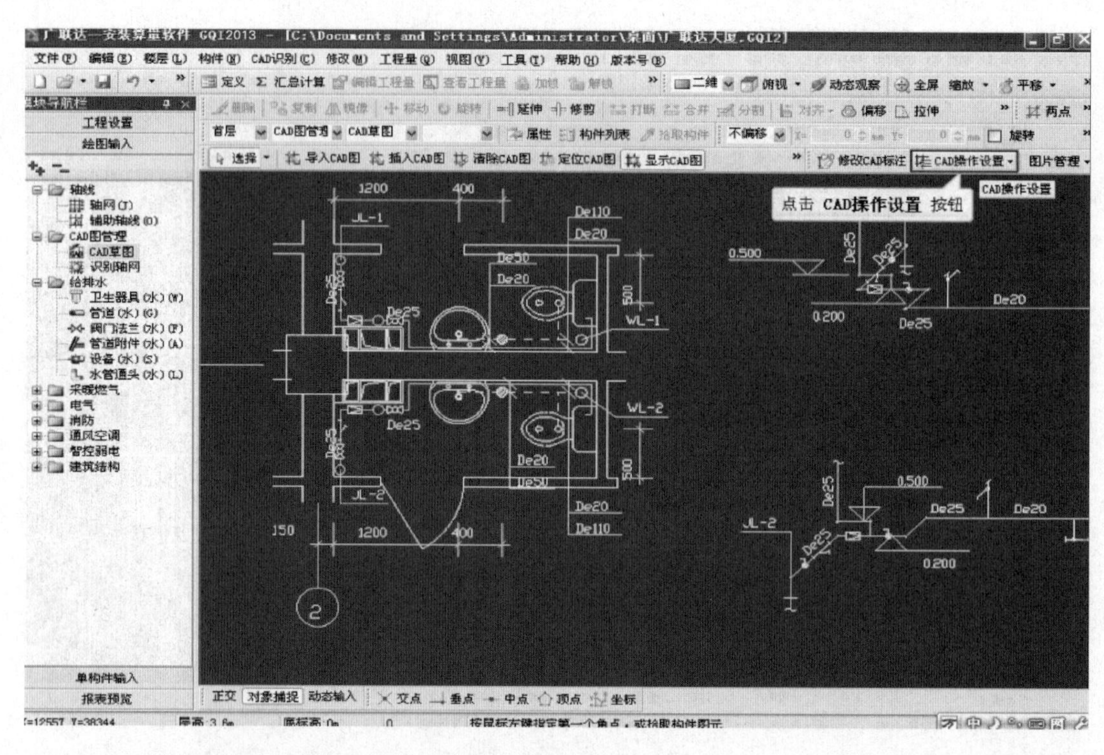

（11）选择只显示选中CAD图元所在的图层。

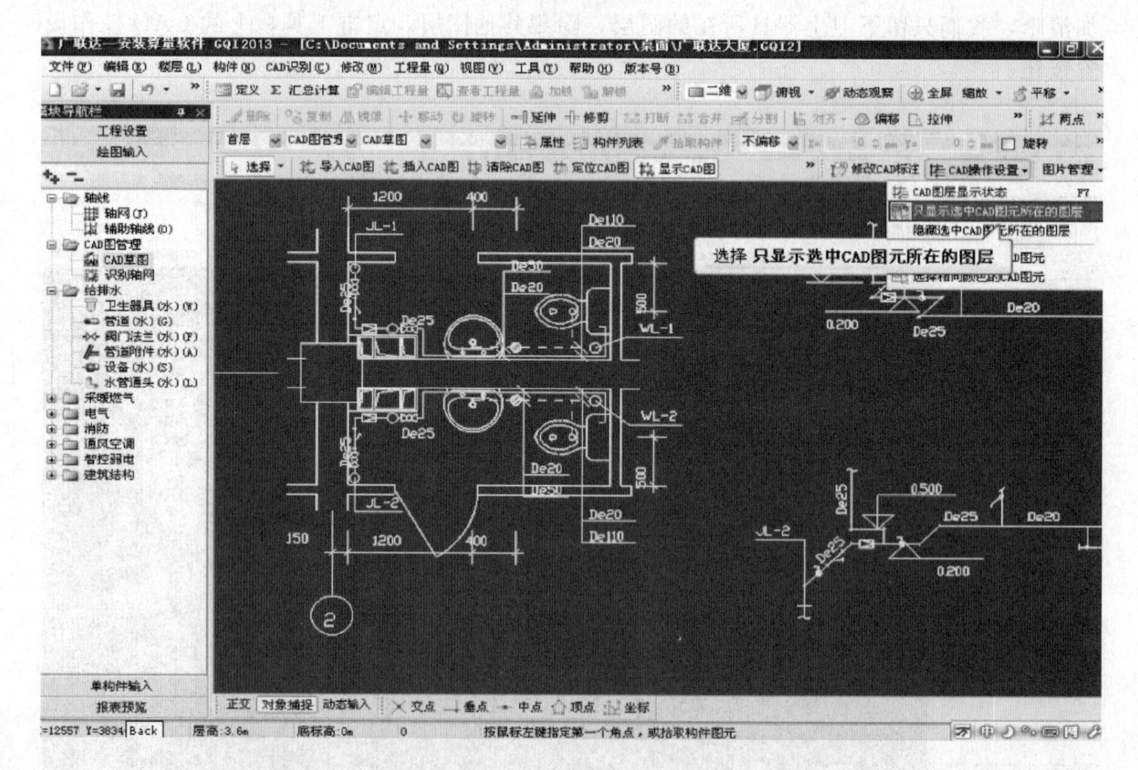

（12）鼠标左键选择需要显示的卫生器具的CAD线，选择后，卫生器具图层所有的CAD线都变为了暗蓝色，再将地漏所在的图层也选中，选择完毕后，点击鼠标右键确认，

这样在图中就只显示卫生器具了。

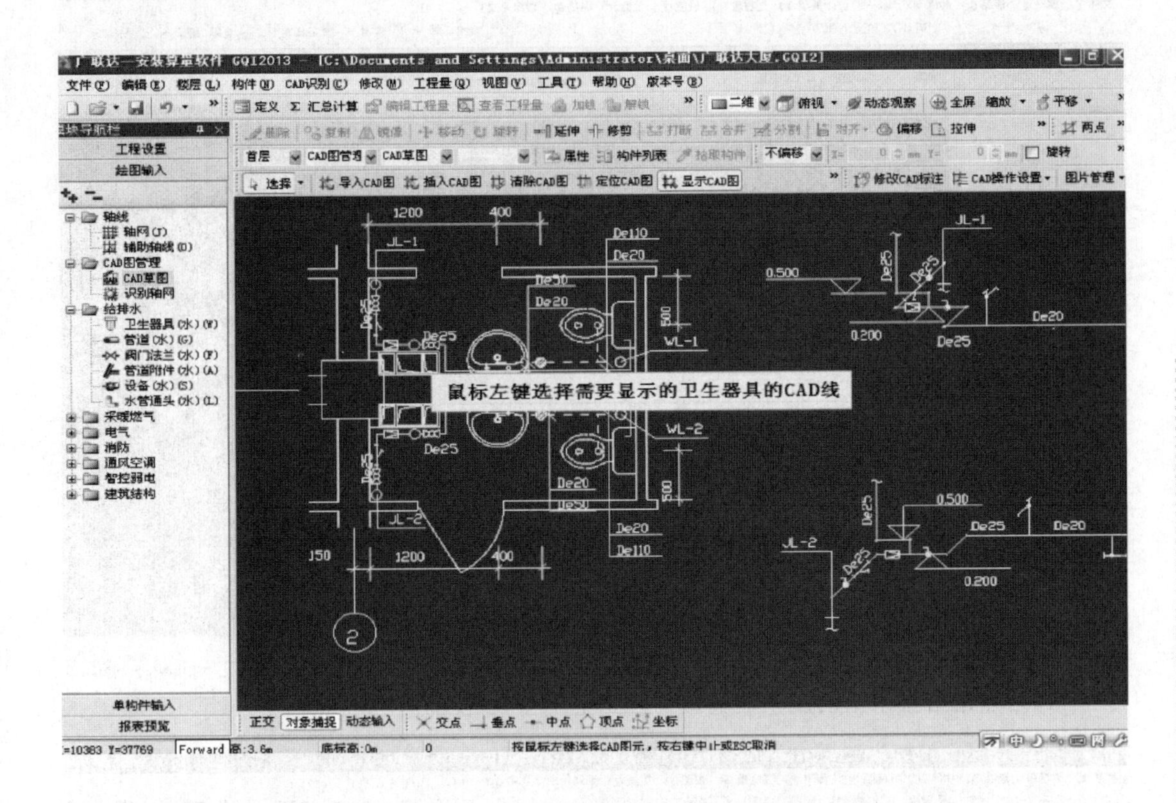

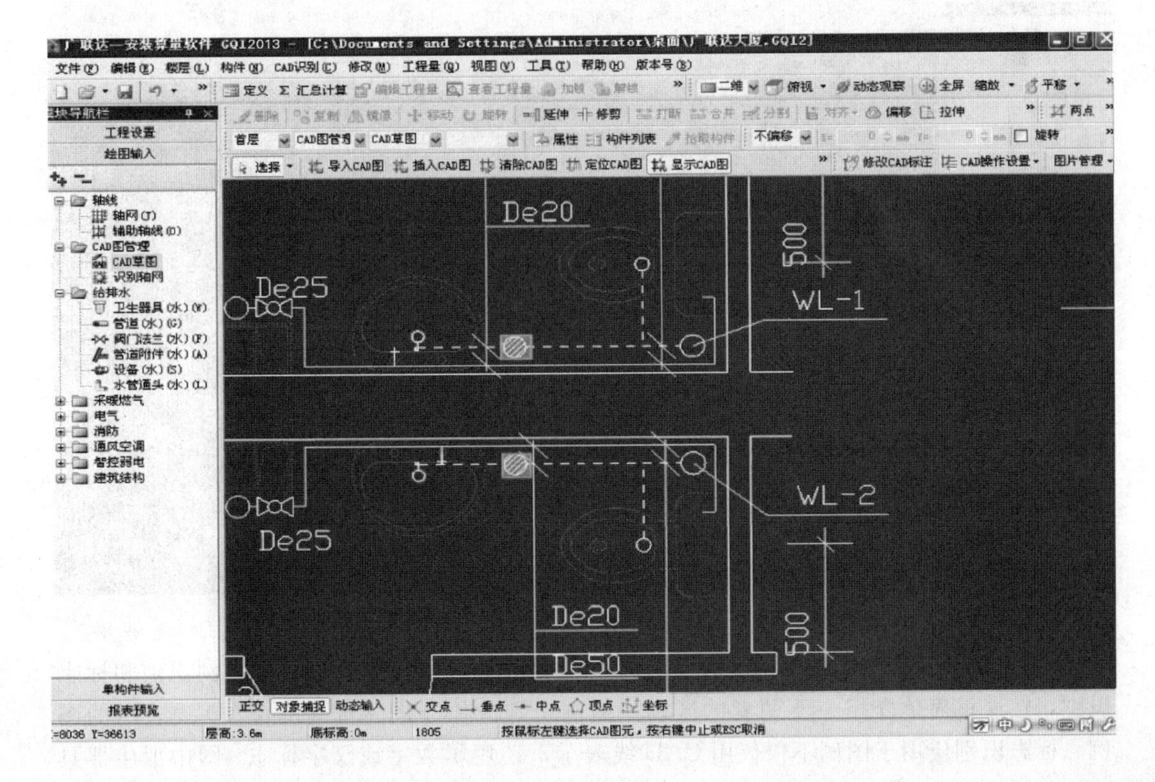

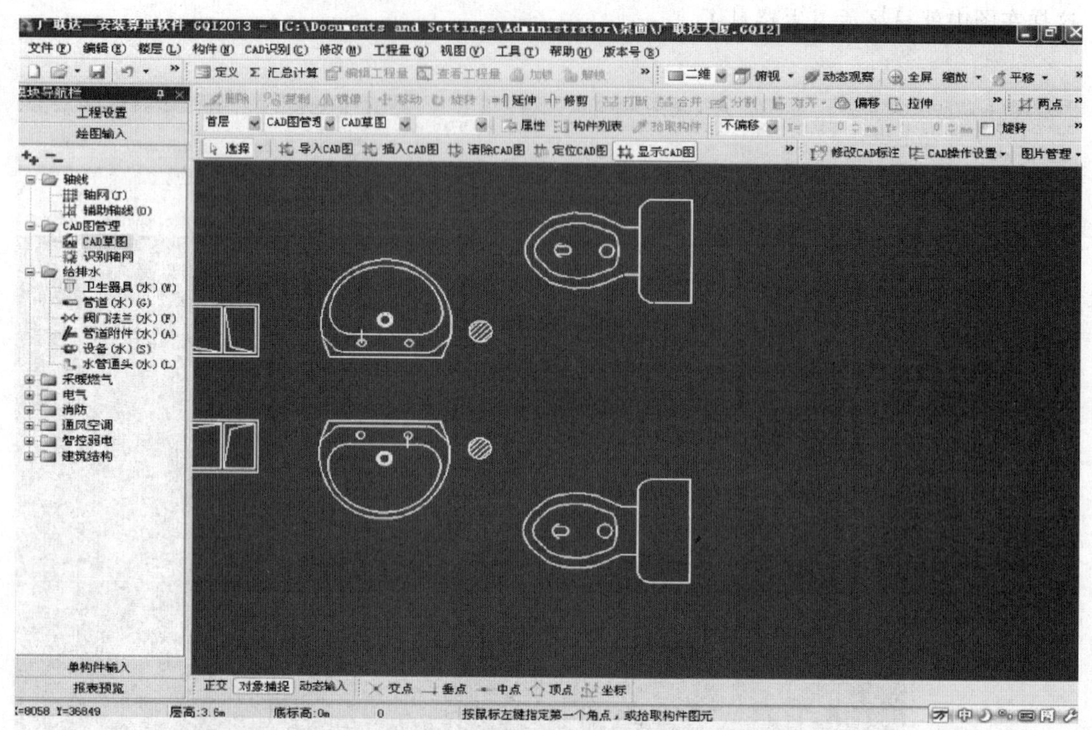

（13）点击给排水下的卫生器具，切换到卫生器具界面。

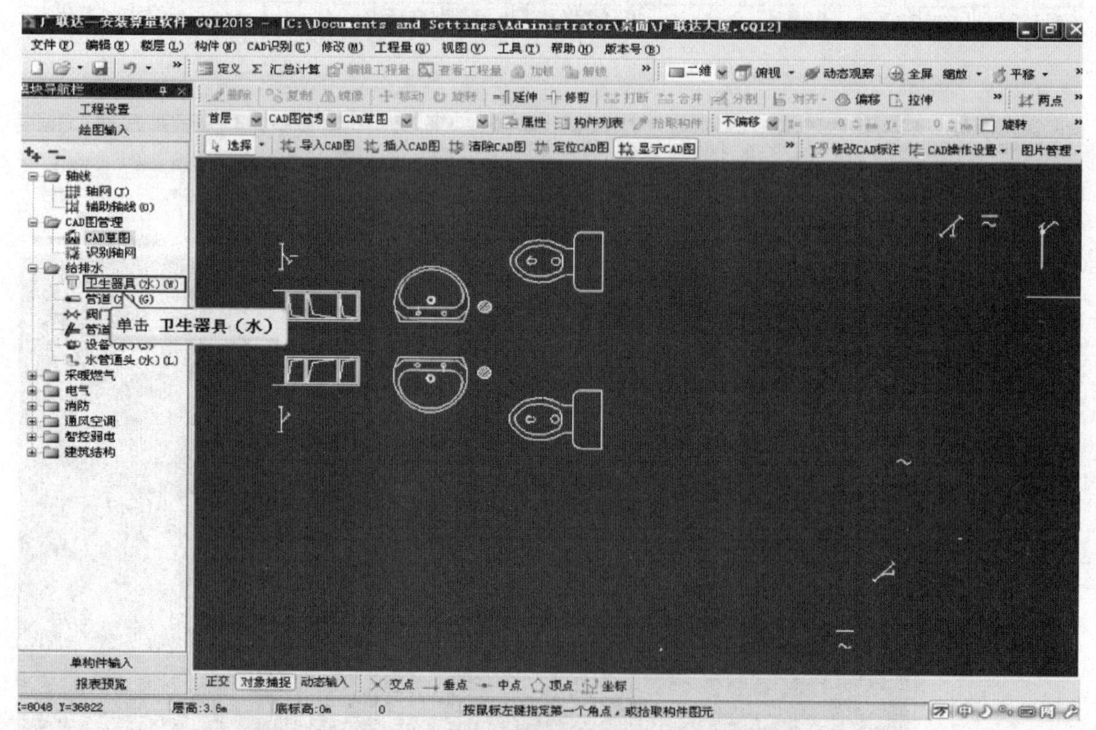

（14）对于计算各式的器具和设备，软件中提供了两个功能，分别是图例识别和标志识别，在这里简单介绍一下两者的区别：图例识别应用于图例完全是CAD线表示的图例，标志识别应用于图例不仅仅用CAD线表示，还用了数字或汉字标志。图中卫生器具

都只是用 CAD 线表示，所以我们用图例识别来识别卫生器具。点击工具栏上的图例识别按钮 。

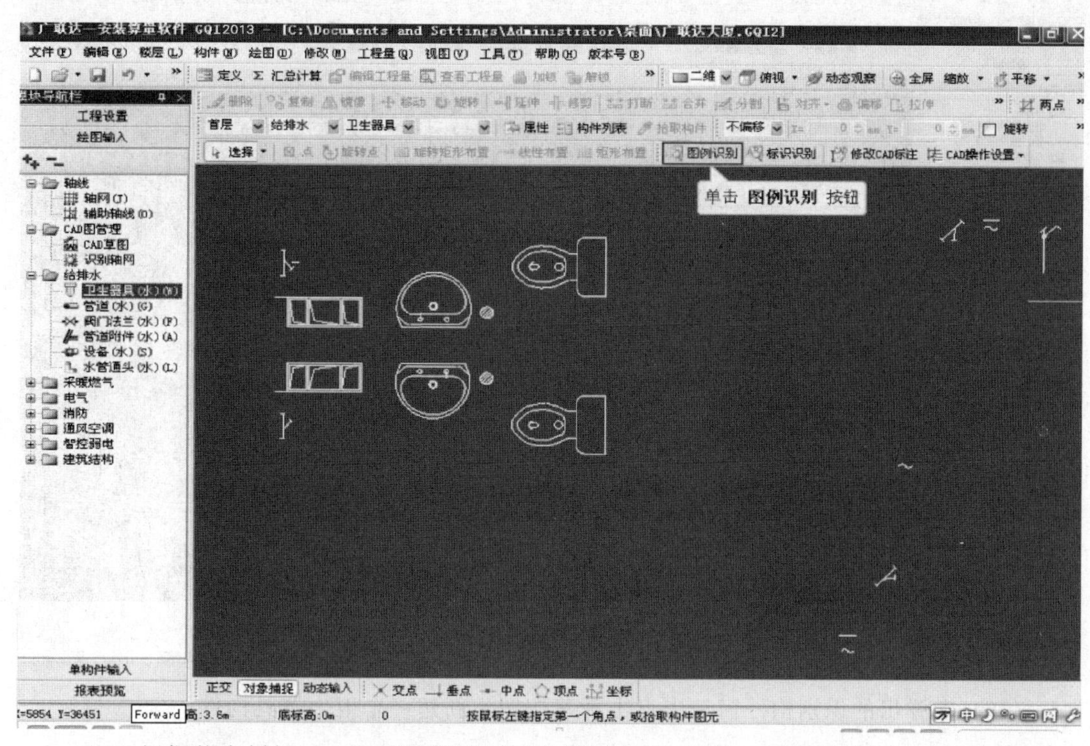

（15）根据状态栏提示，左键拉框选择卫生器具的 CAD 线，选择完毕后点击确定按钮。

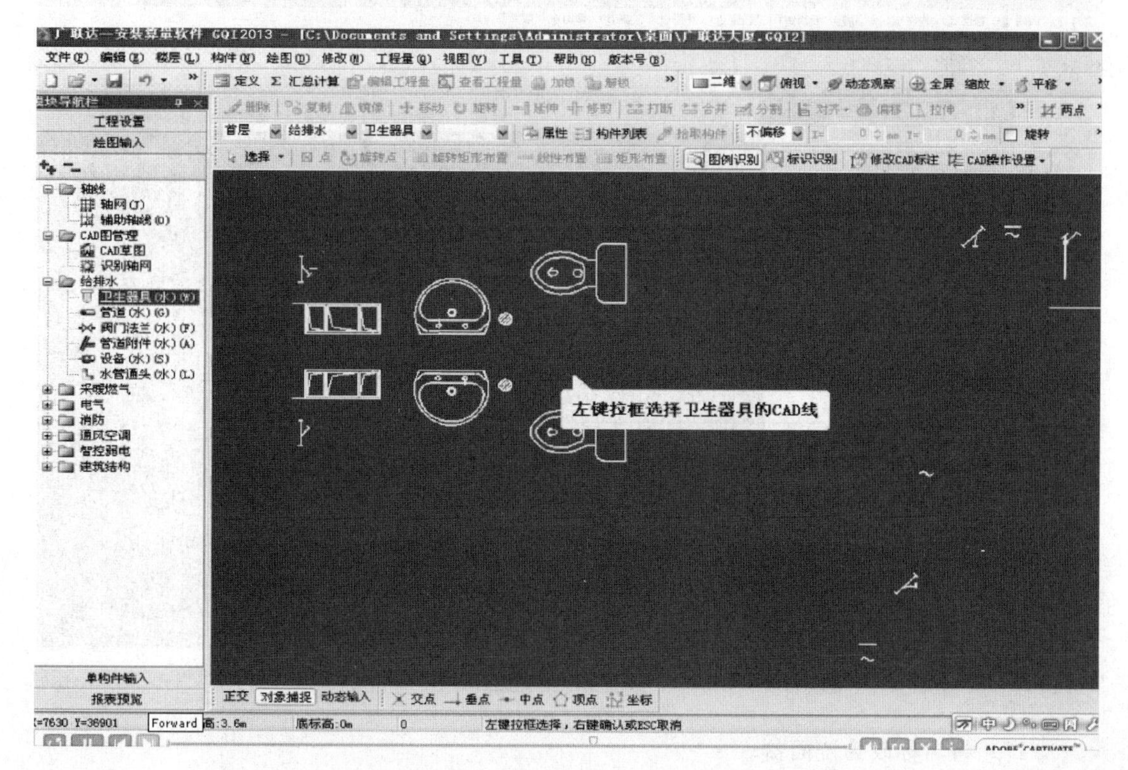

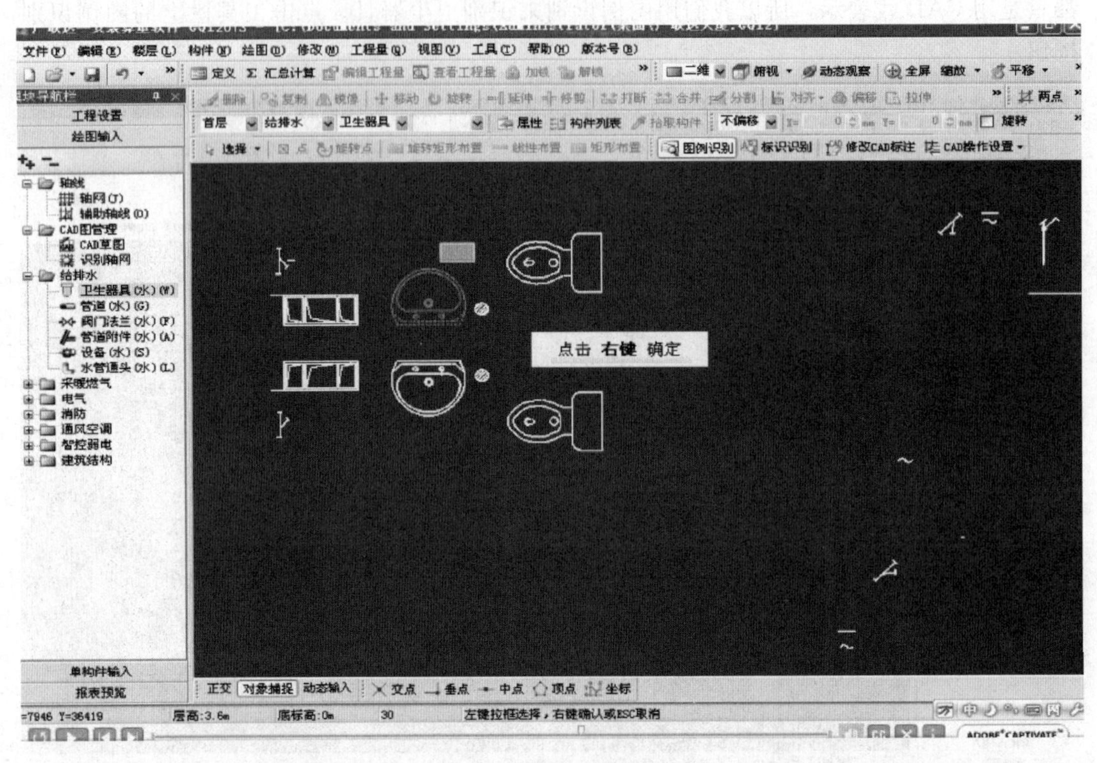

（16）在弹出的识别构件窗口中点击新建按钮，新建一个卫生器具构件。

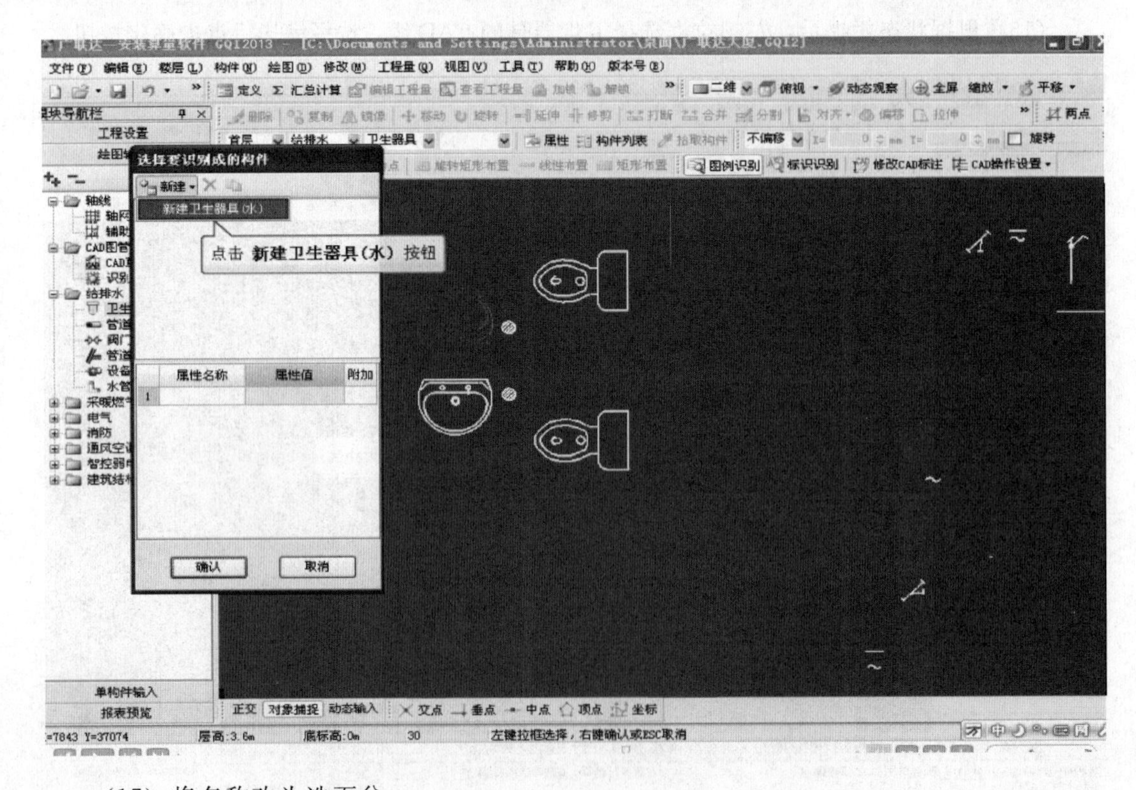

（17）将名称改为洗面盆。

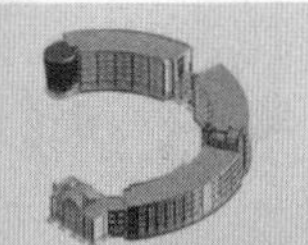

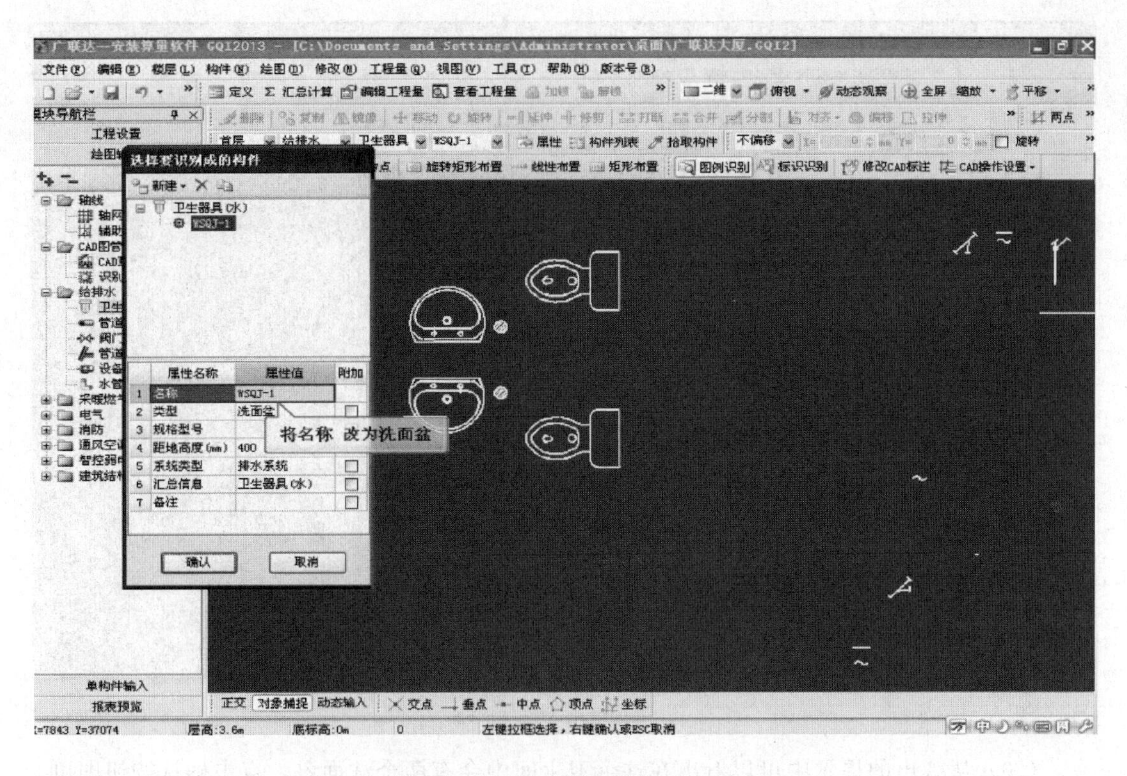

（18）因为在类型中默认的是洗面盆，直接复制即可。

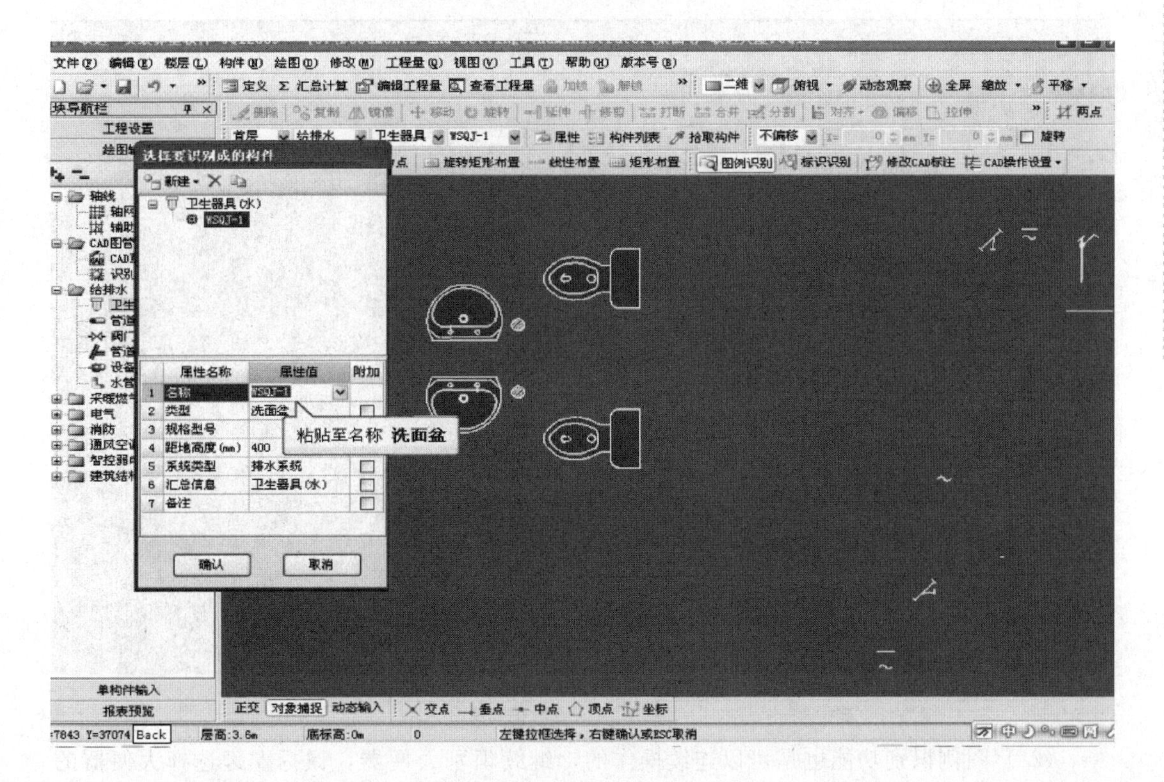

（19）距地高度以默认的 400 即可，完成后点击确定按钮。

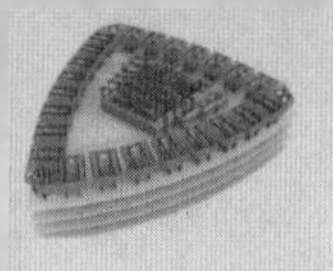

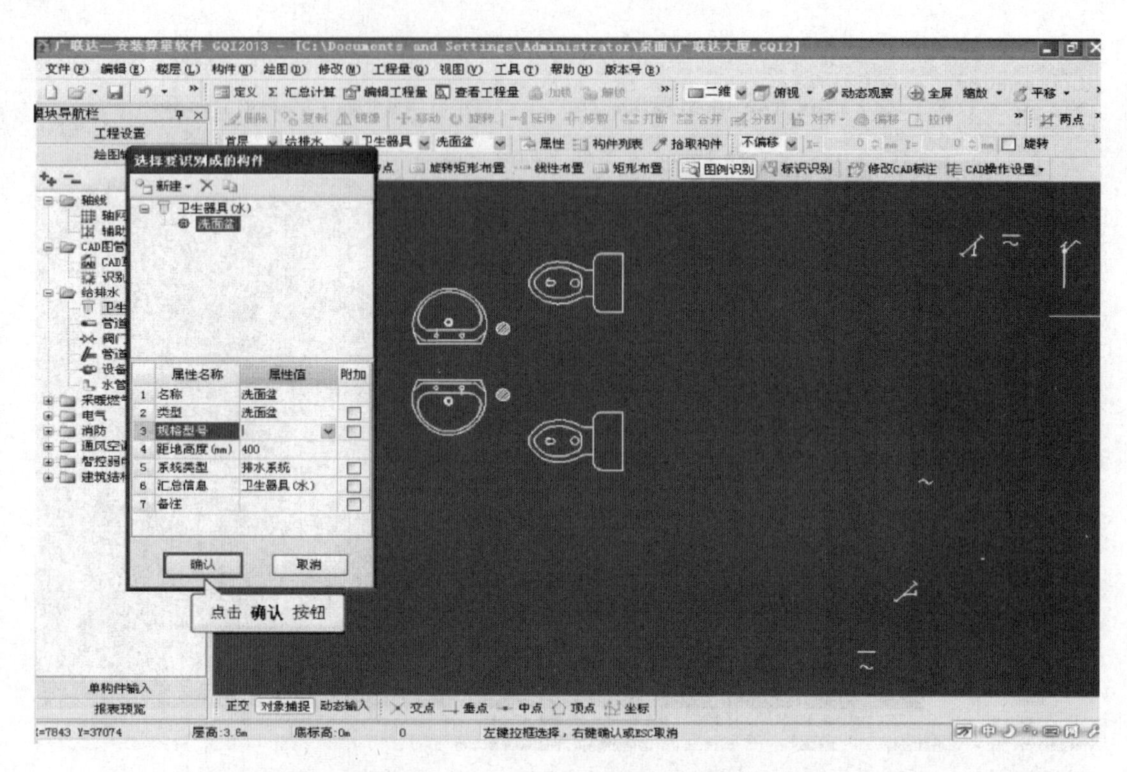

（20）从弹出的提示中可以看出在这个卫生间中会有两个洗面盆，点击确认按钮即可。

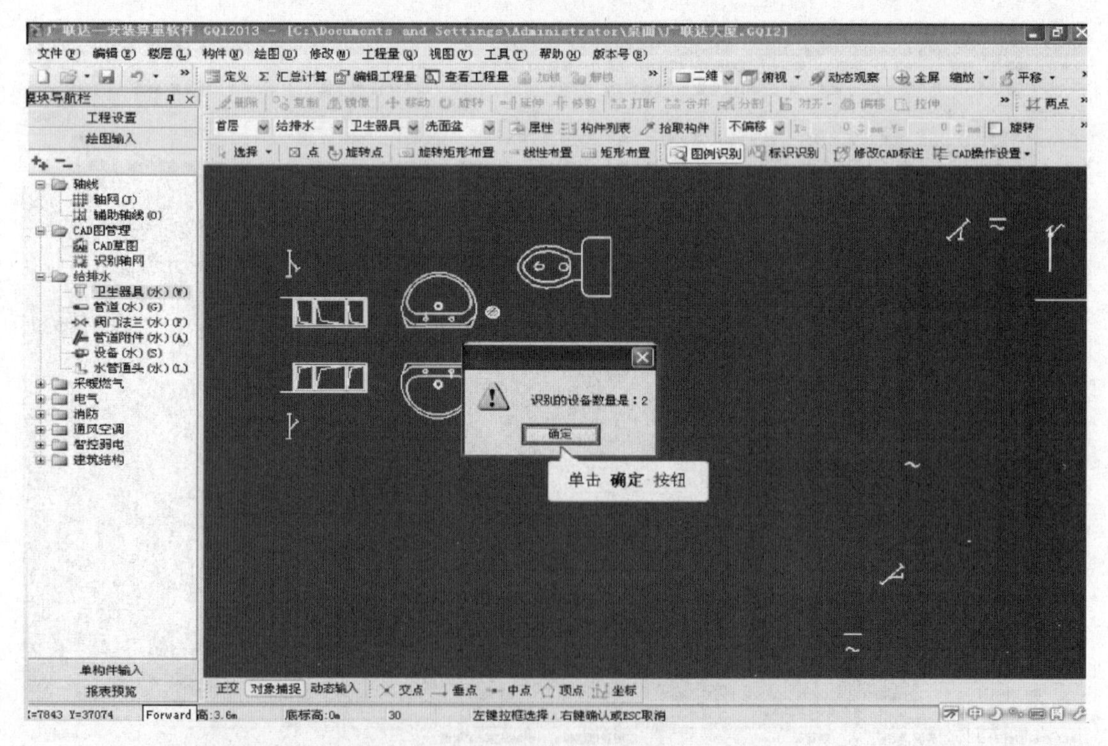

（21）图例识别功能也是可以连续操作的，继续识别大便器，鼠标左键选择大便器的CAD线。

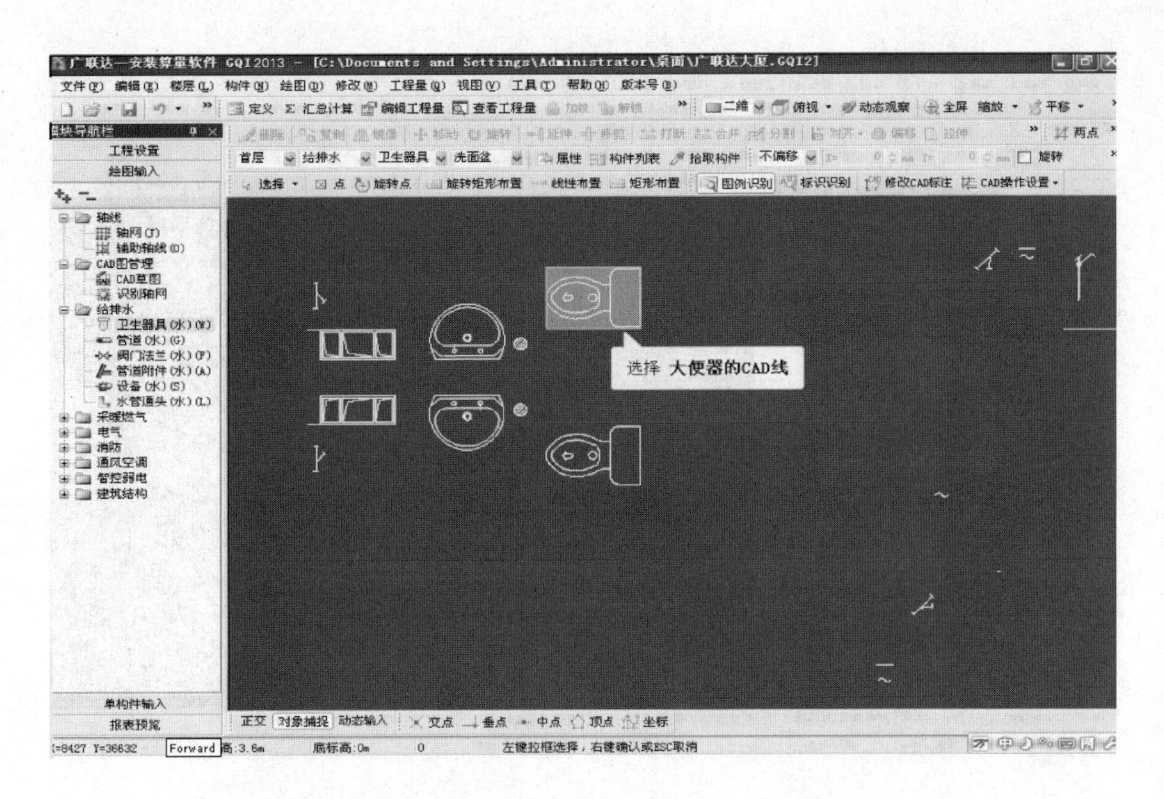

（22）选择完毕后鼠标右键确认。

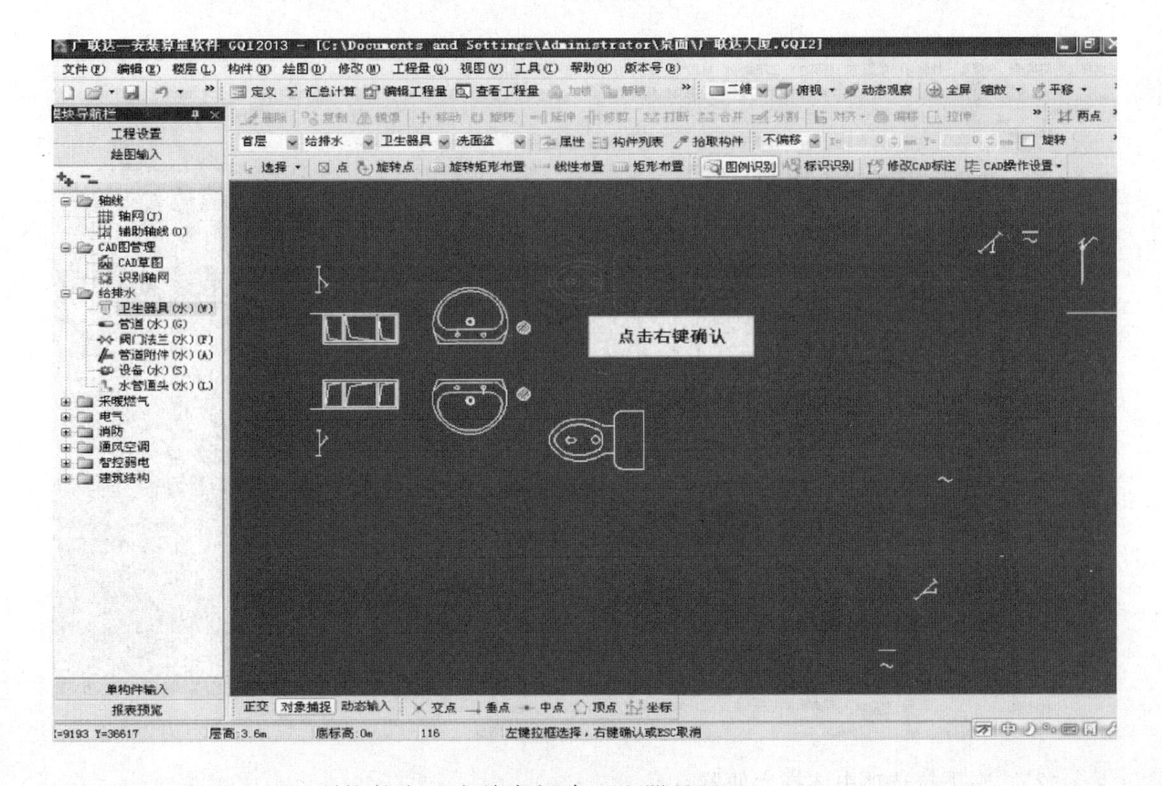

（23）在弹出的识别构件窗口中单击新建卫生器具。

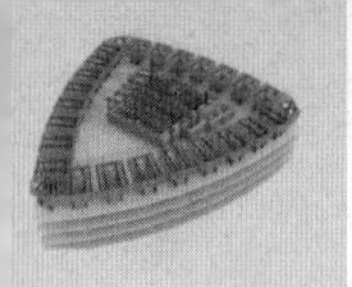

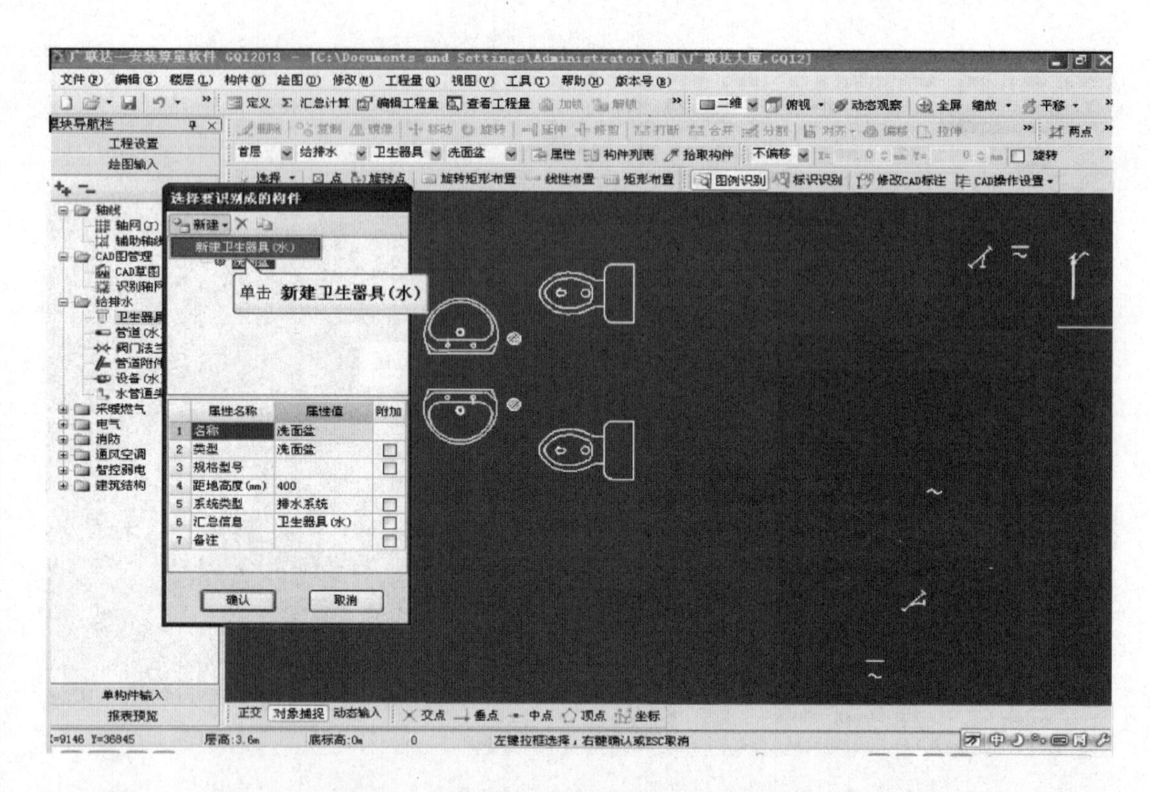

(24) 先选择类型，然后将类型复制粘贴到名称中，点击类型属性框中的下拉按钮。

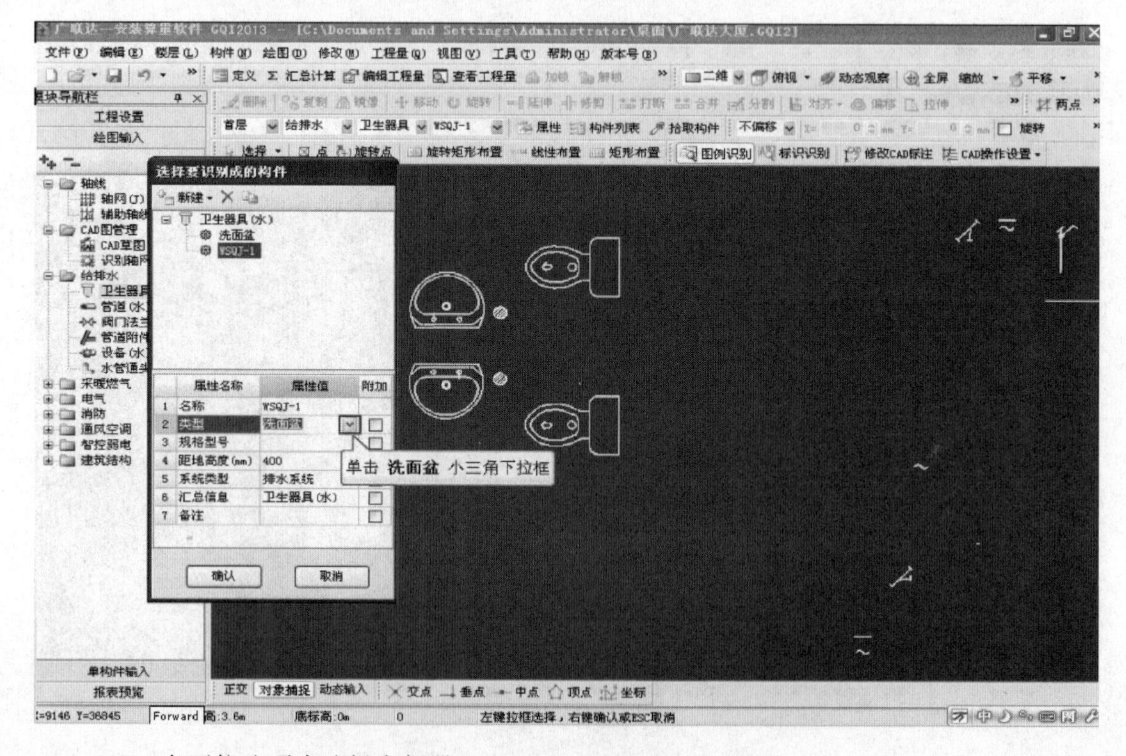

(25) 在下拉选项中选择大便器。

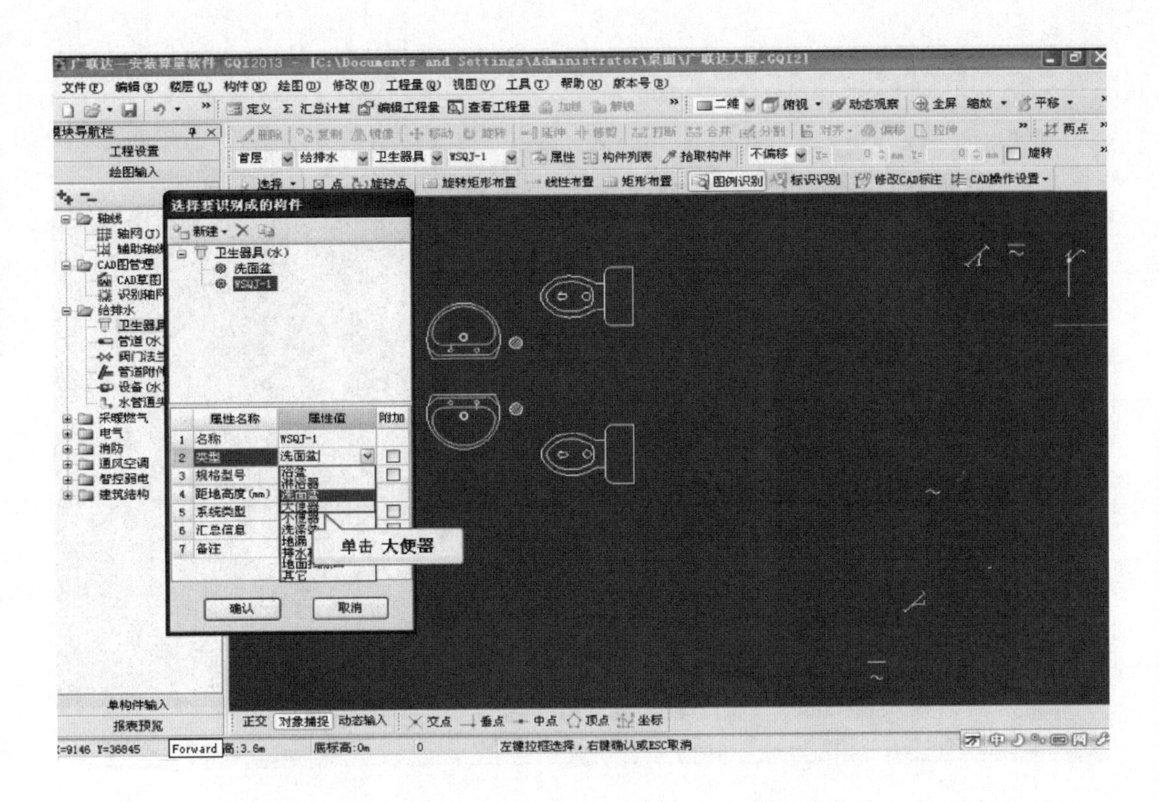

（26）同样复制大便器三个字粘贴到名称中。

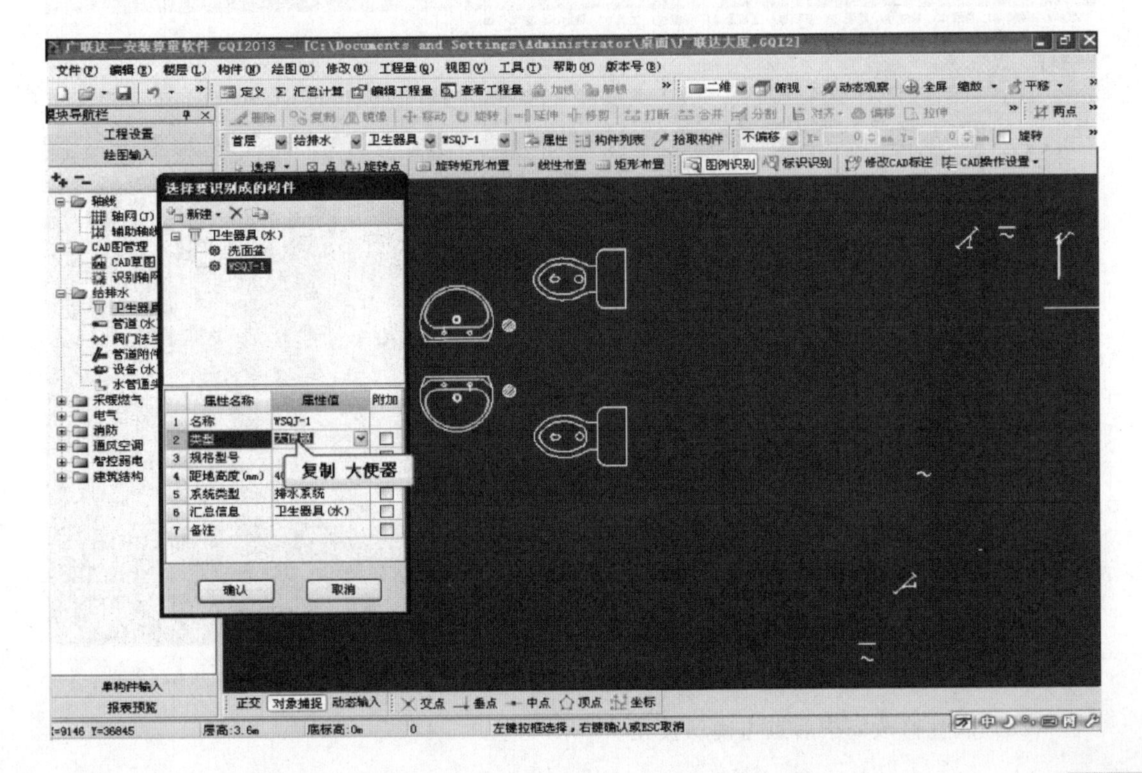

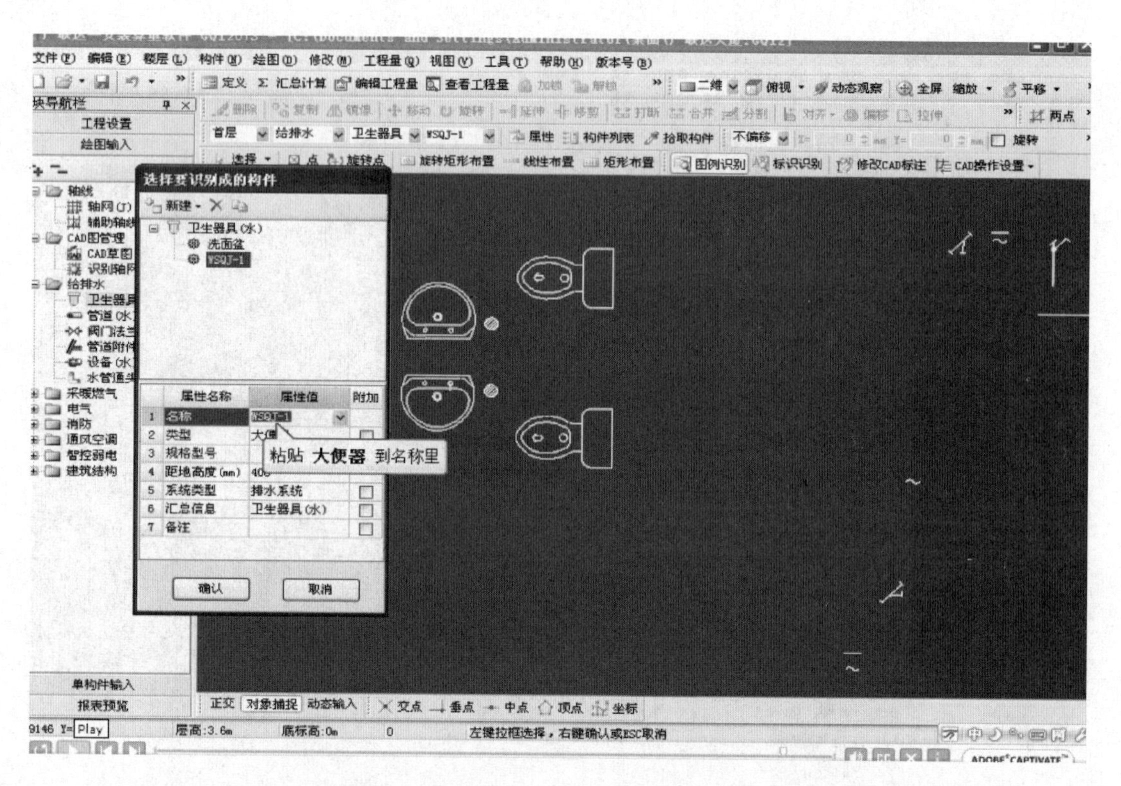

(27) 距地高度仍然选择默认的400。

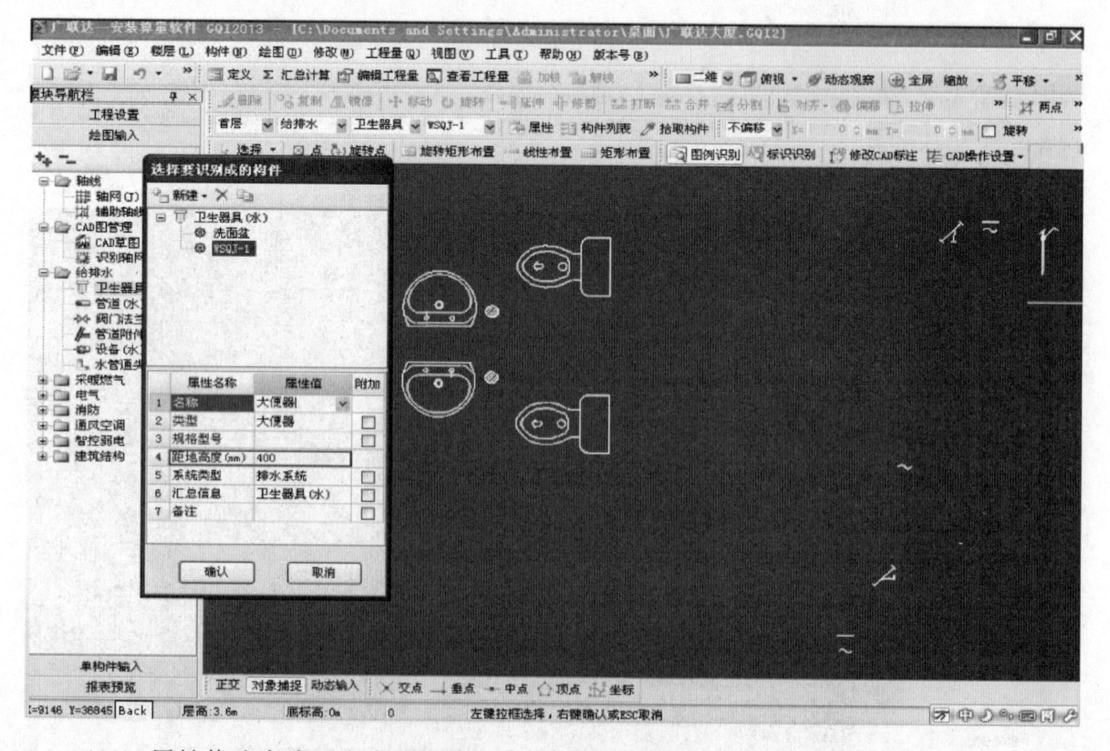

(28) 属性修改完毕后点击确认按钮。

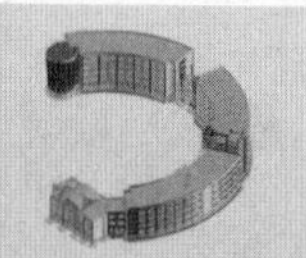

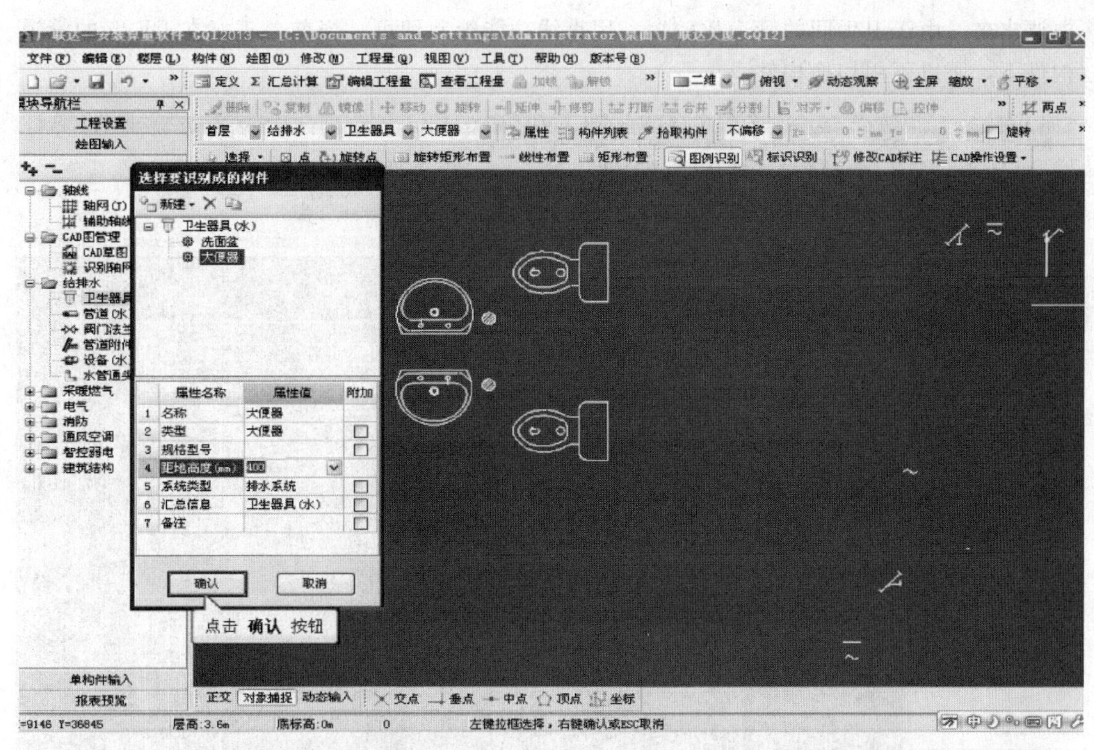

（29）这个卫生间中共有大便器四个，点击确认按钮。再用相同的方法把地漏识别即可。

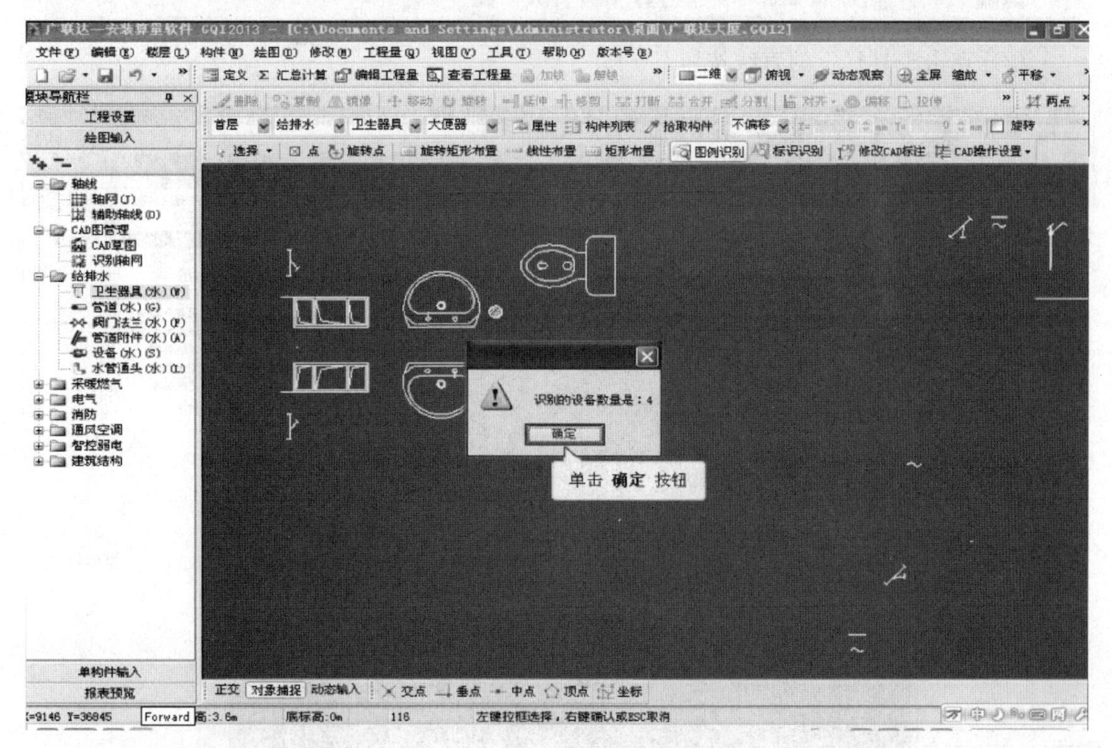

2. 定义识别卫生间管道

具体操作步骤如下：

（1）卫生器具识别后，开始识别卫生间的管道，点击工具栏上的属性按钮，先将属性

框调出来，由于卫生间的管道比较短，用直线功能绘制即可。当前，正好在 DE25 的管道构件下，所以不用切换构件。

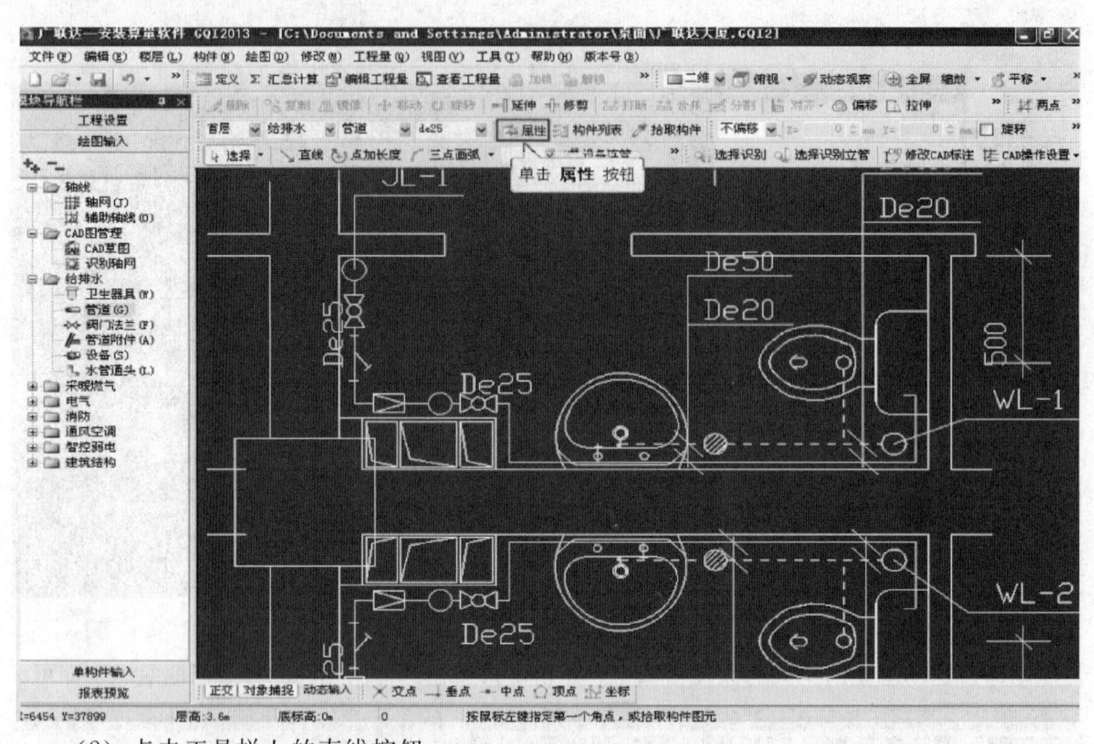

（2）点击工具栏上的直线按钮。

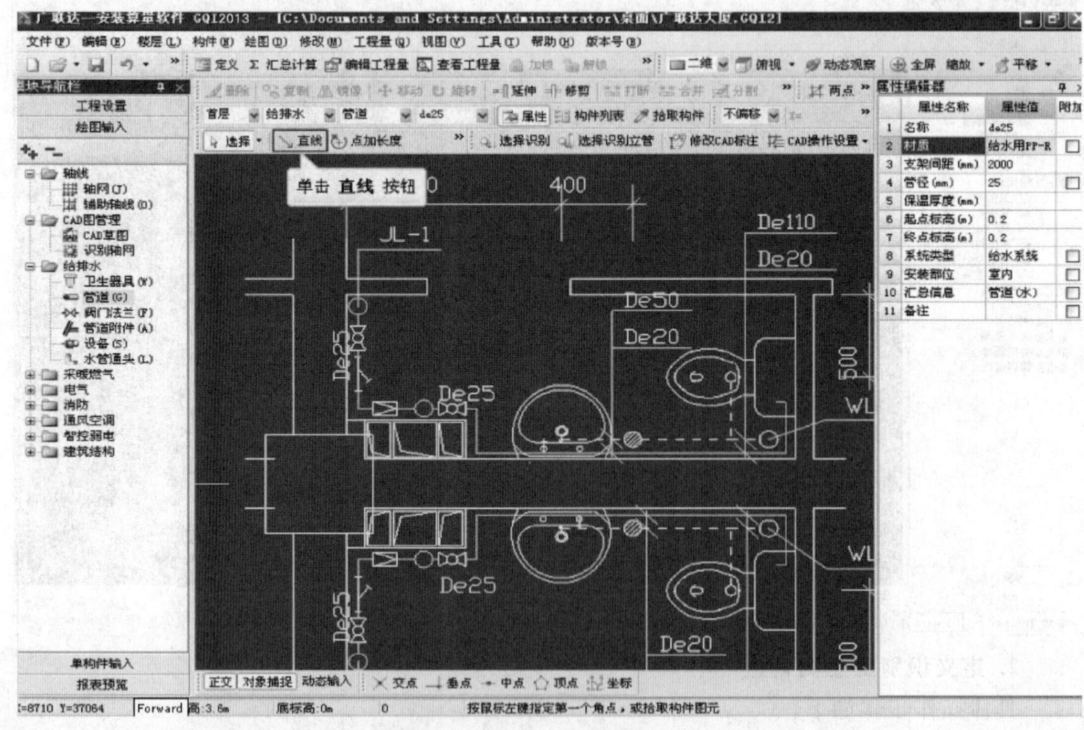

（3）绘制之前，先将管道名称显示出来，方便后面检查管道的正确性。可以看到，在

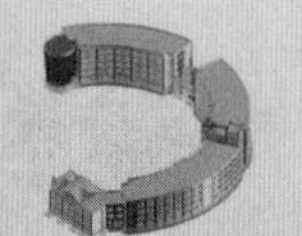

导航栏上管道类型后面有个大写的G，可以按键盘上的G键显示和隐藏管道。Shift+G键组合可以将管道名称显示出来，管道名称显示后，再开始绘制管道。鼠标左键指定绘制的第一个端点，为了绘制的横平竖直，可以结合正交功能。

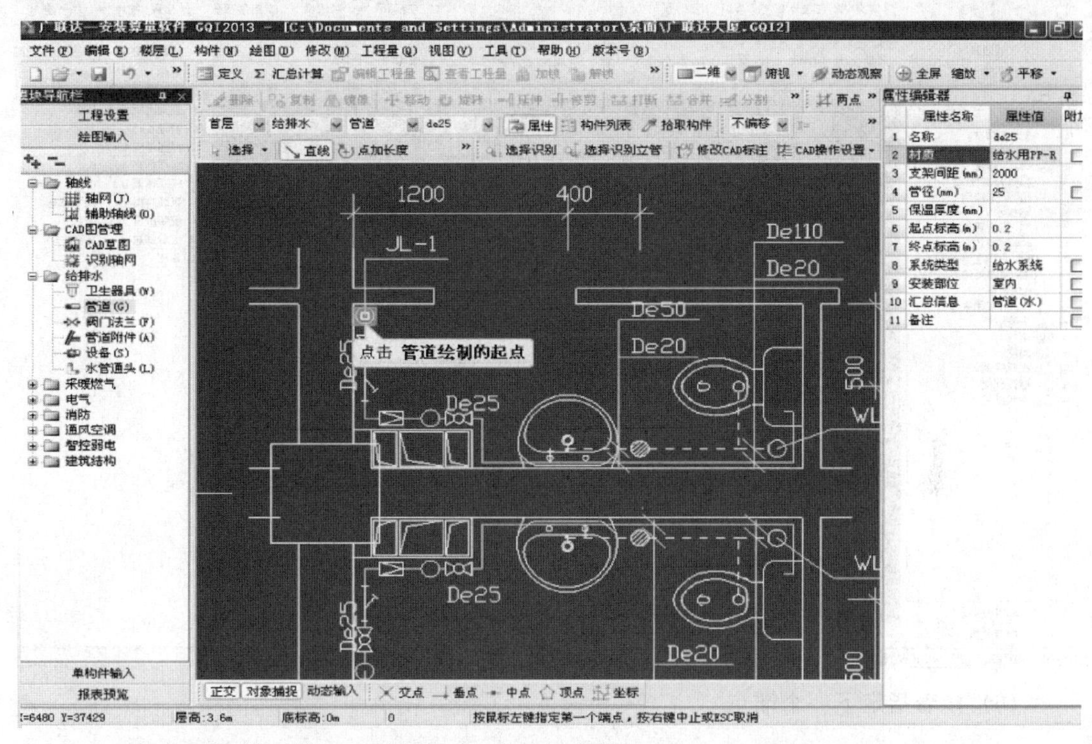

（4）点击工具栏下的正交按钮，打开正交功能。

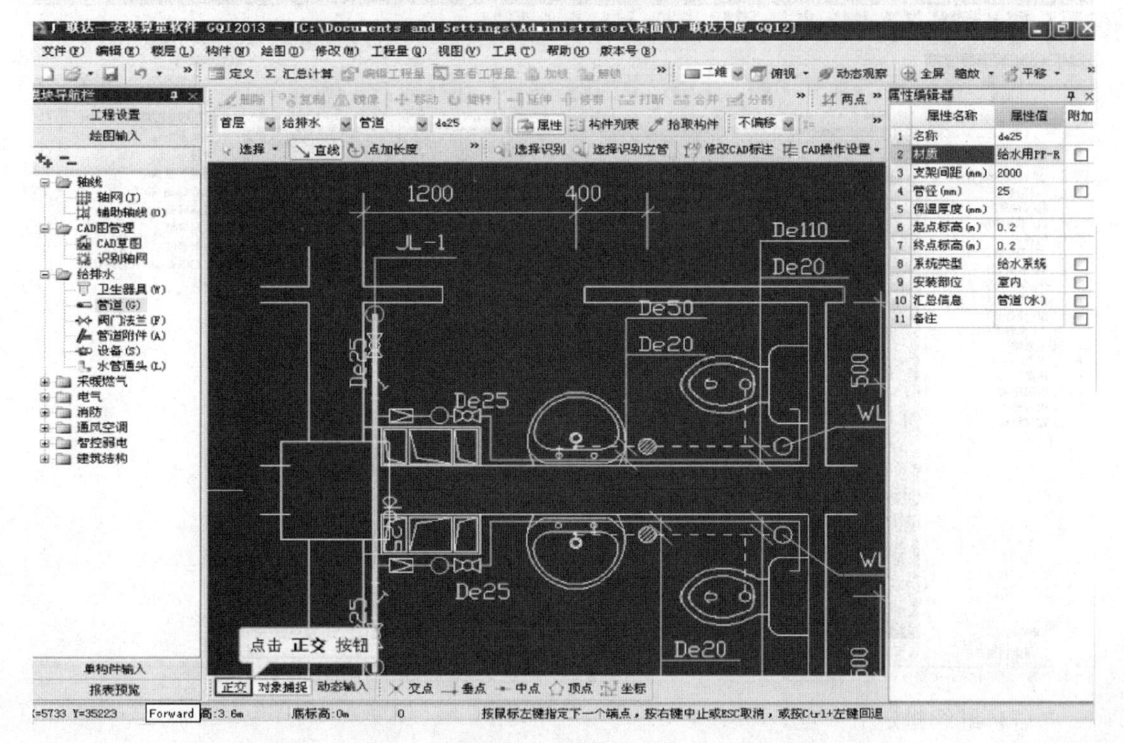

（5）然后鼠标左键指定第二个端点。

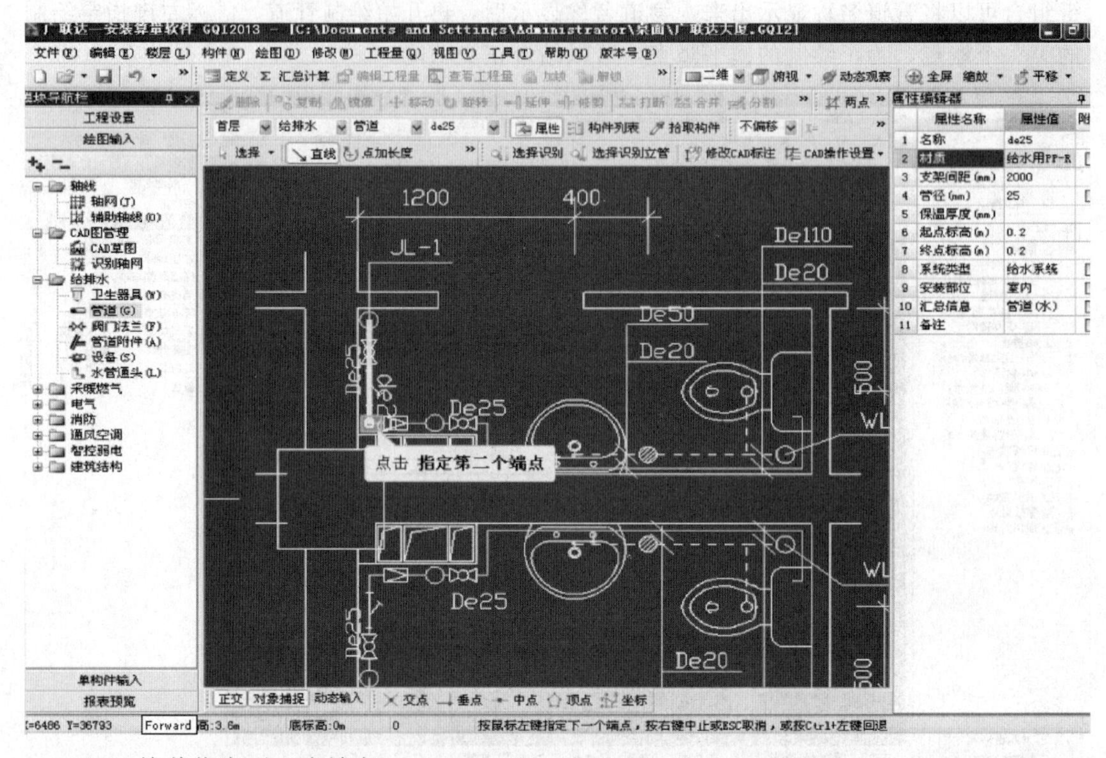

（6）接着指定下一个端点。

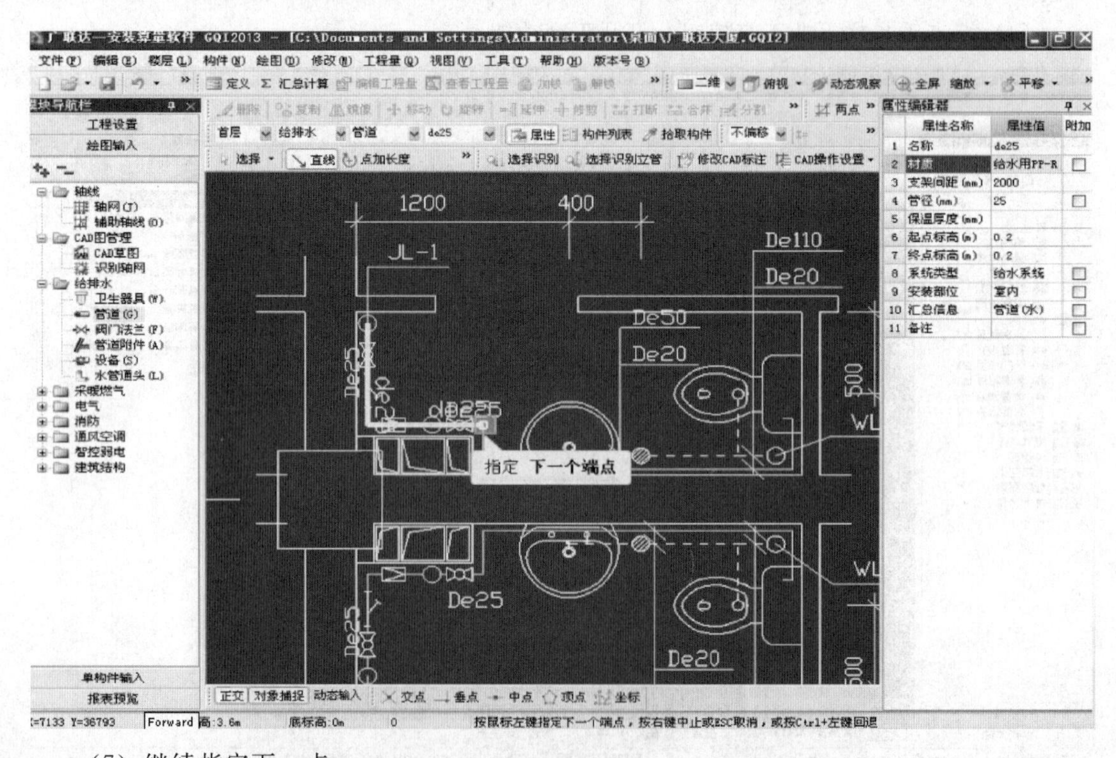

（7）继续指定下一点。

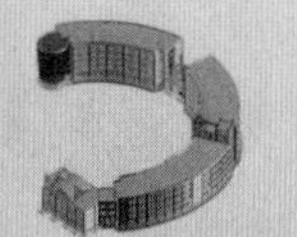

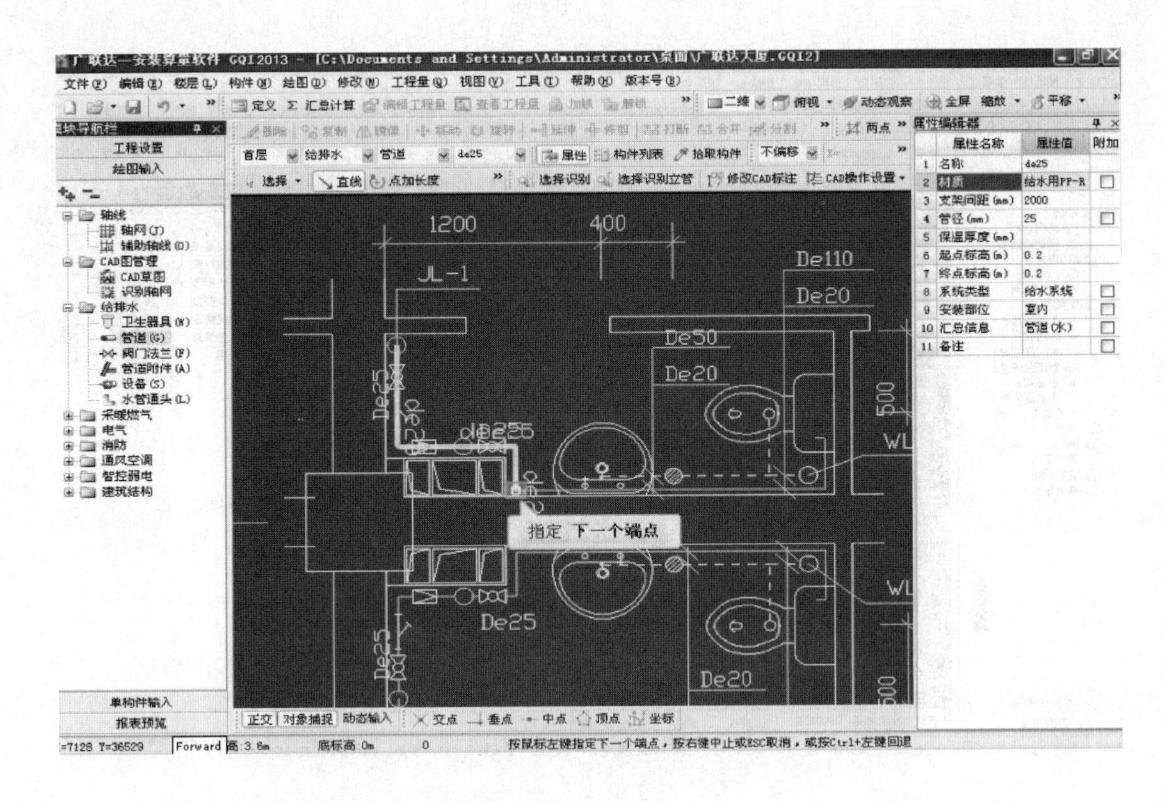

（8）按照上述方式依次将管道绘制完成即可。

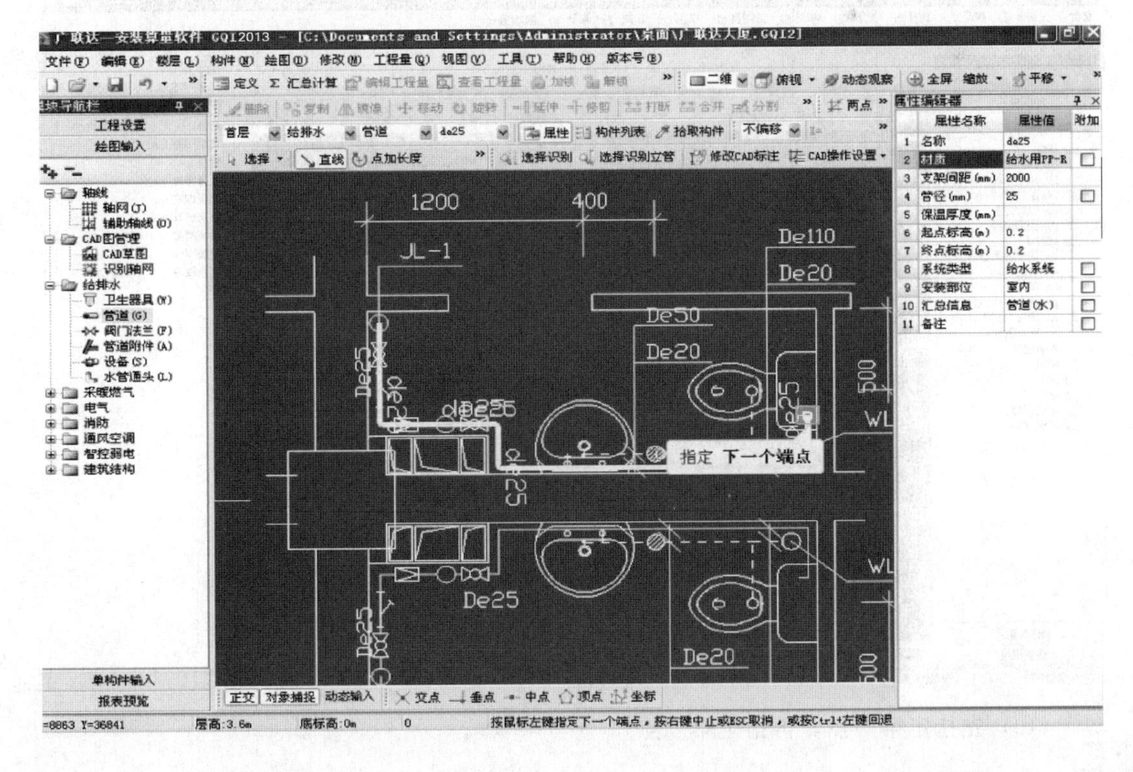

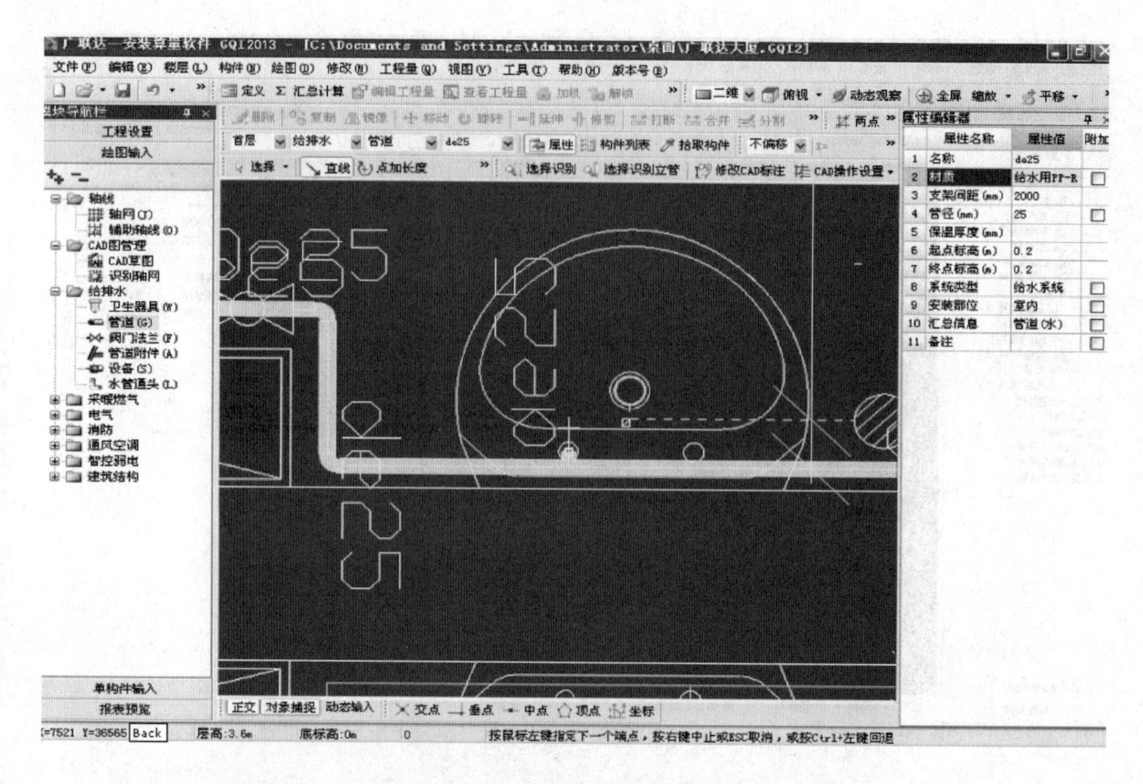

（9）用同样的方法，再将各段给水支管也绘制上。

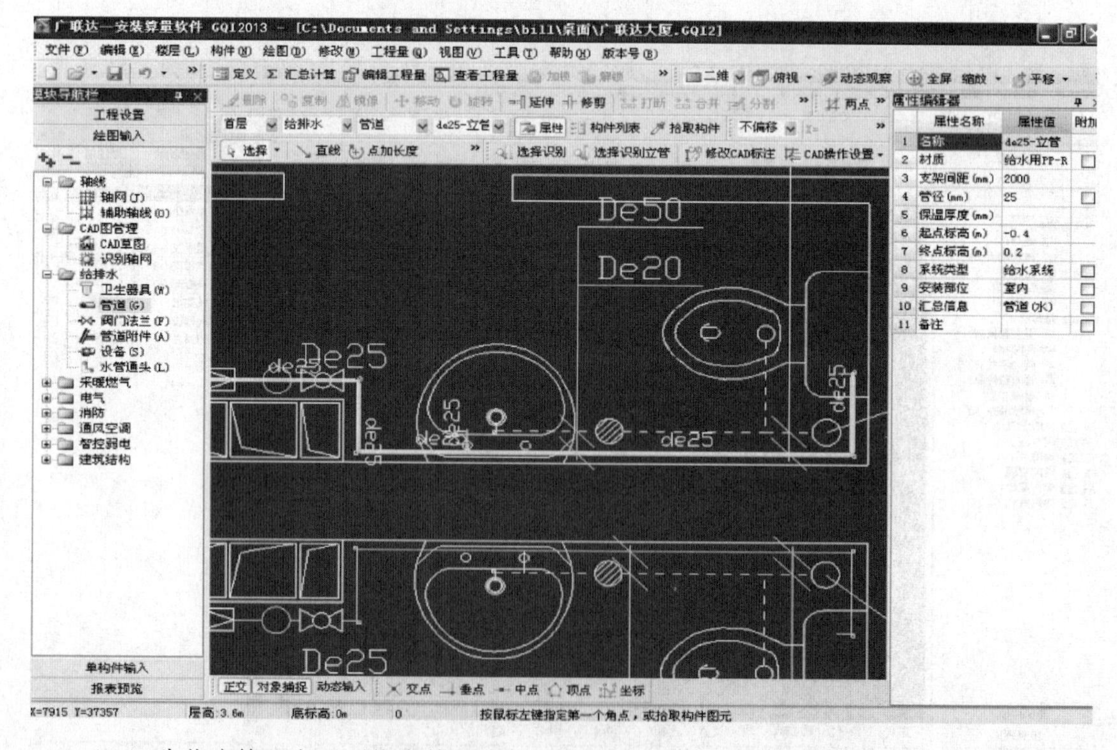

（10）先指定第一点，再指定第二点。

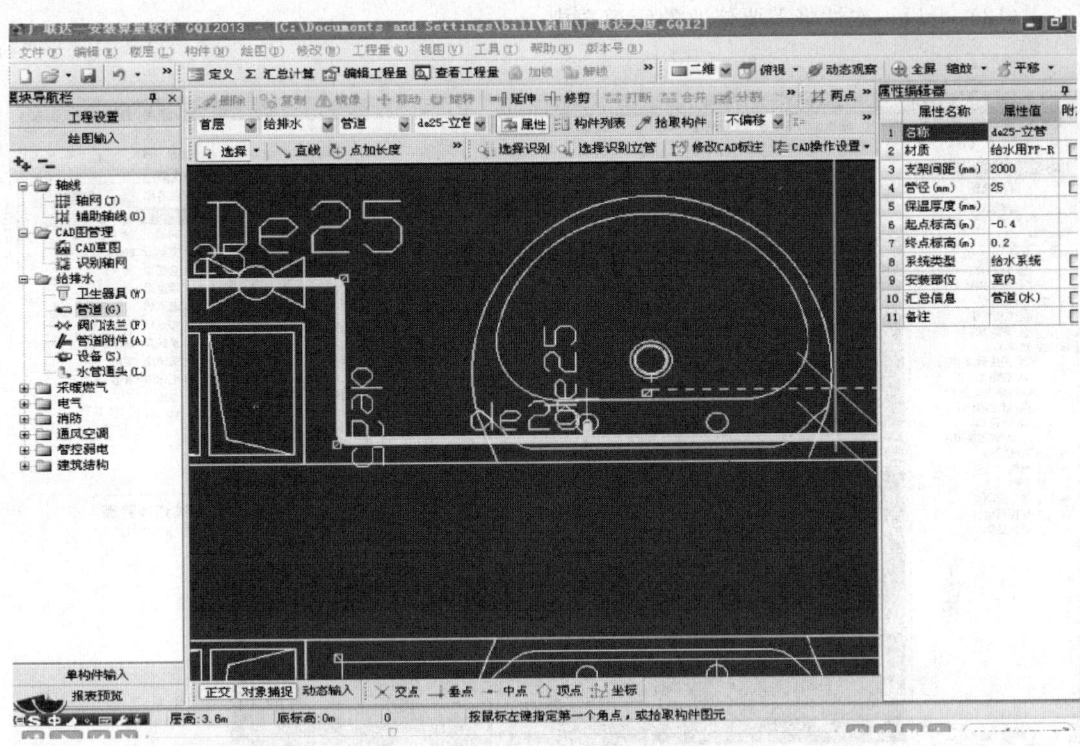

（11）随着管道的绘制，软件能自动生成相应的通透管件，后面汇总计算时也会按照相应的规格型号分类汇总。绘制时会注意到洗面盆右侧的管道为DE20的，但我们刚才是用DE25的管道绘制的，所以要将右侧的管道修改为DE20。鼠标左键选中需要修改的管道。

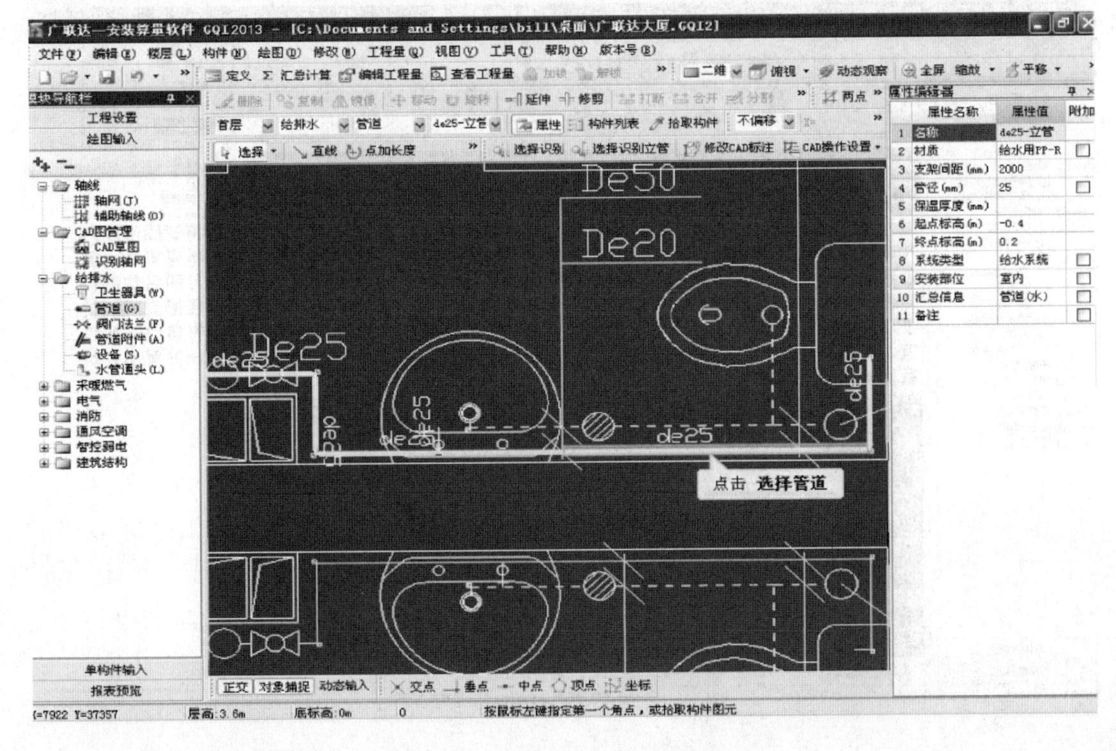

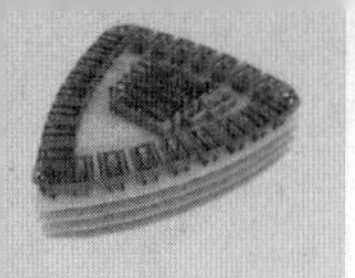

（12）可以一次性将需要修改的管道选中。

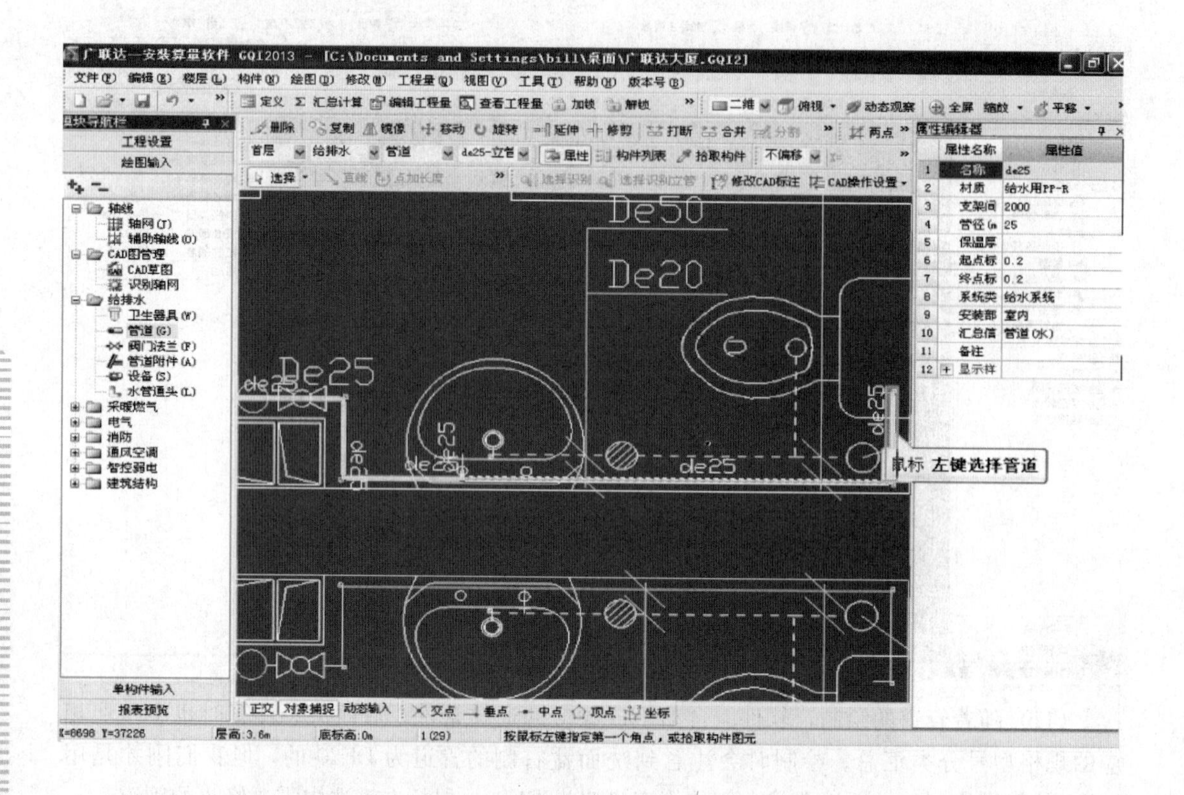

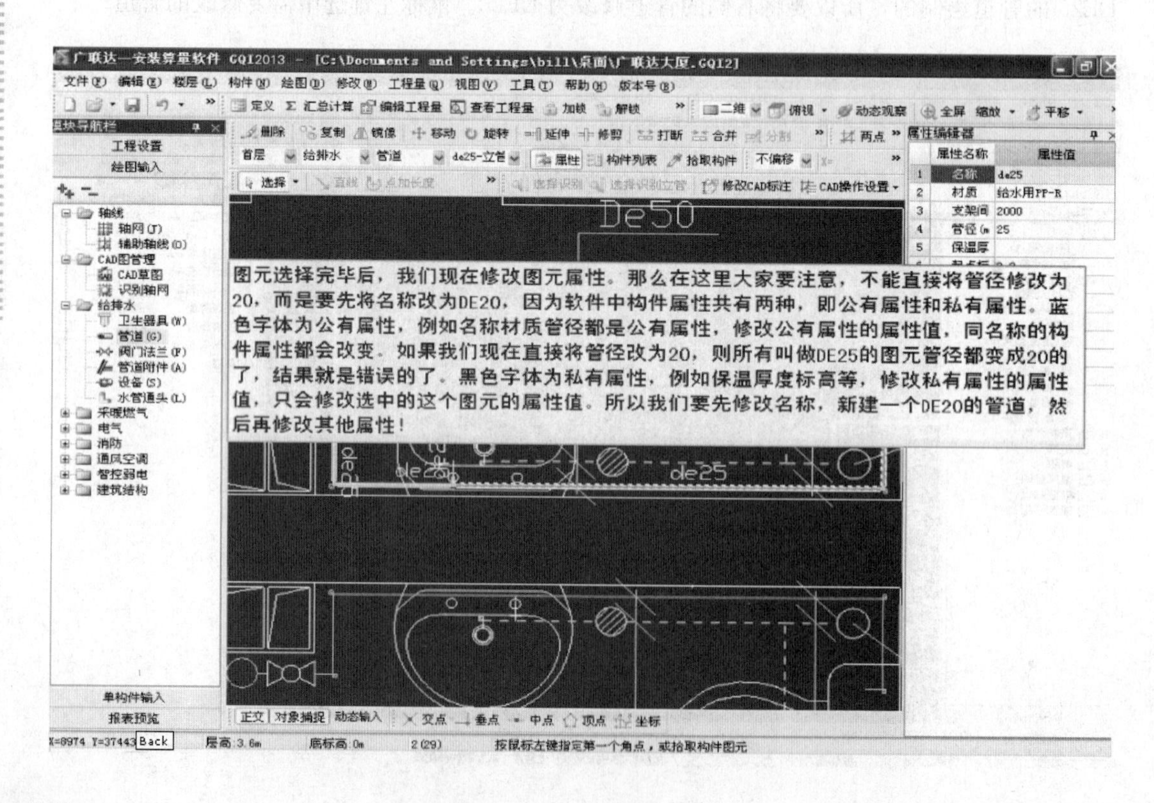

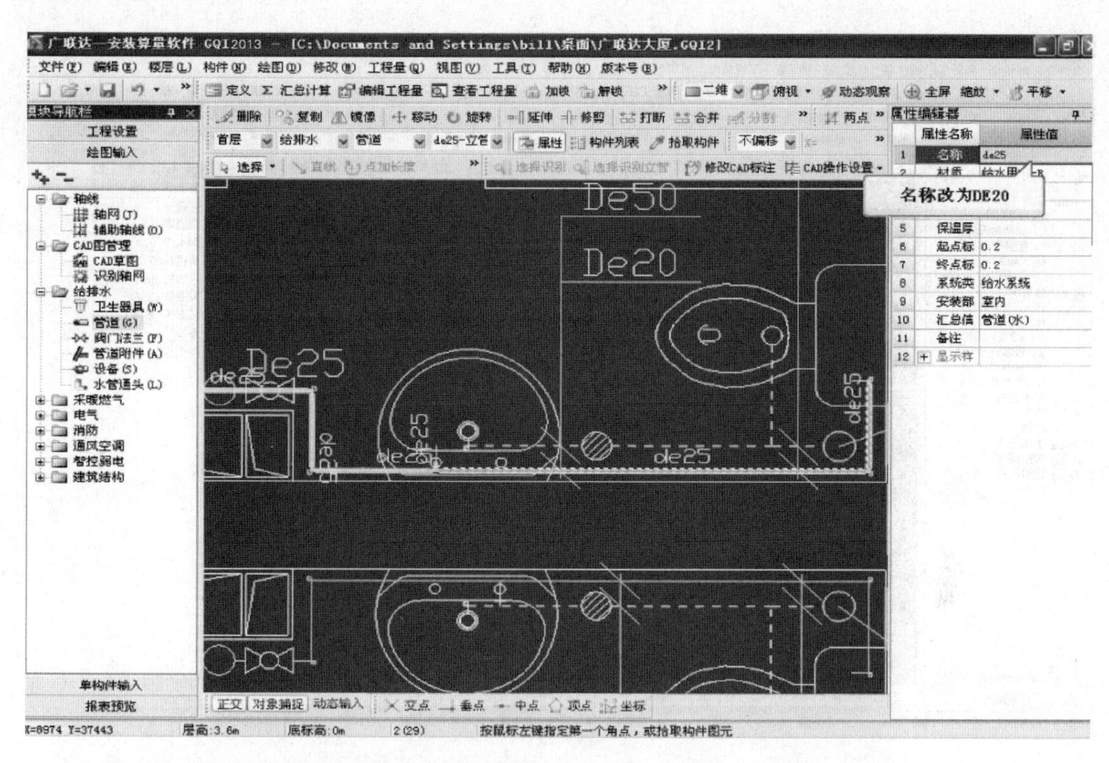

(13）名称修改完毕后会弹出是否反建构件的窗口，点击是即可。

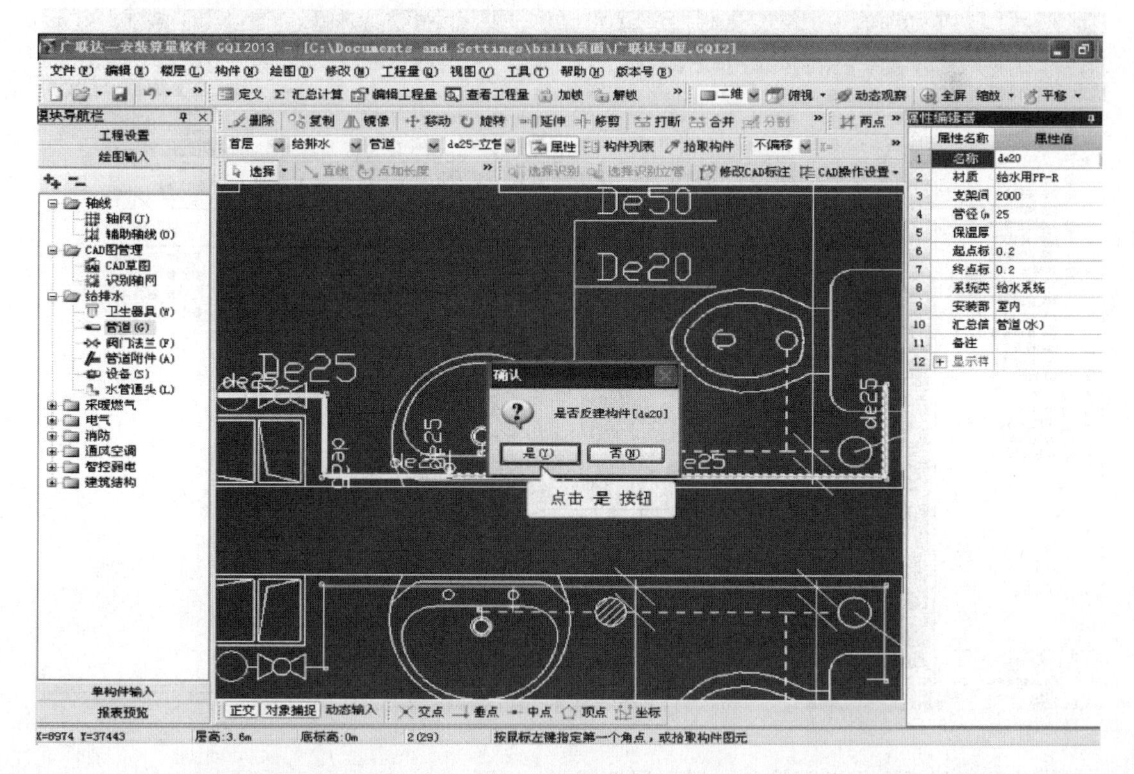

(14）反建构件相当于新建了一个构件，所以需要重新定义属性，将管径修改为20。

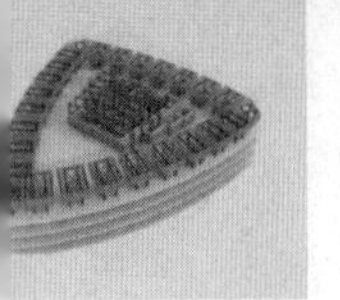

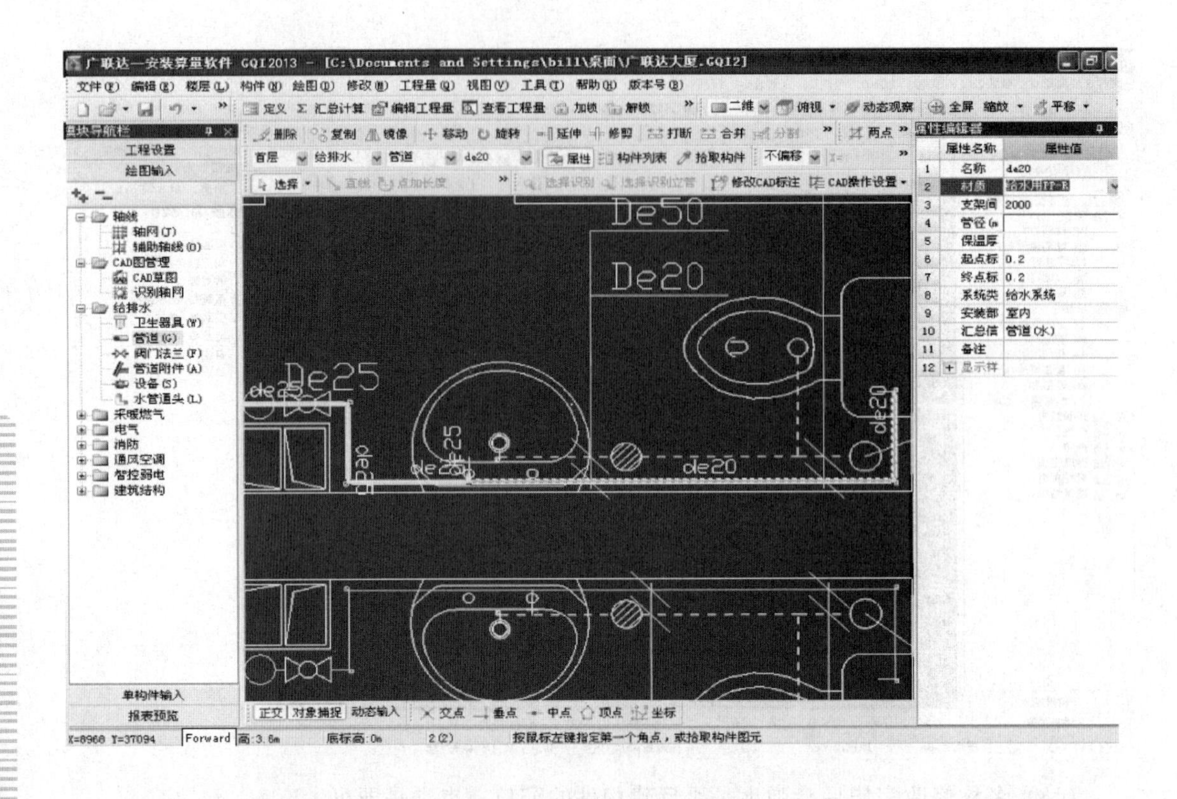

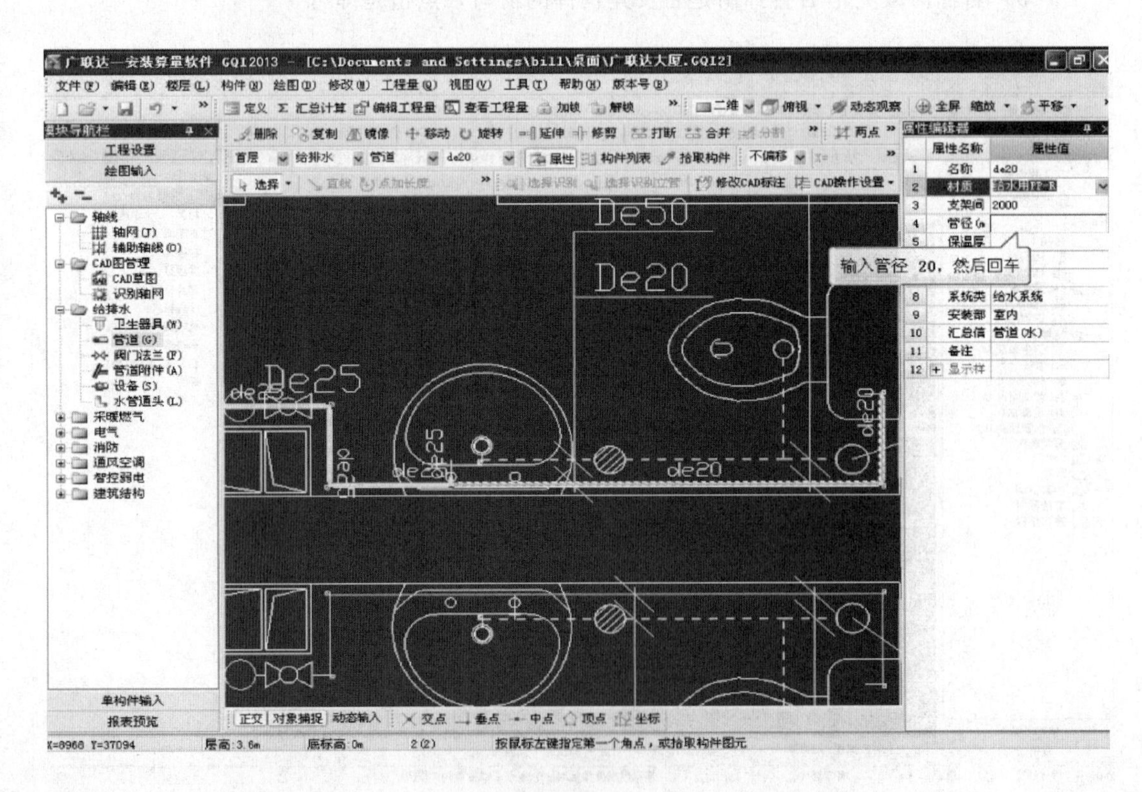

(15) 修改完毕后点击关闭按钮，退出属性窗口。

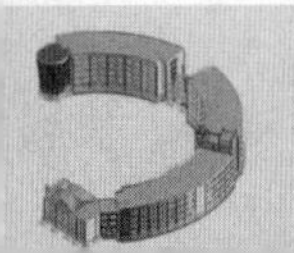

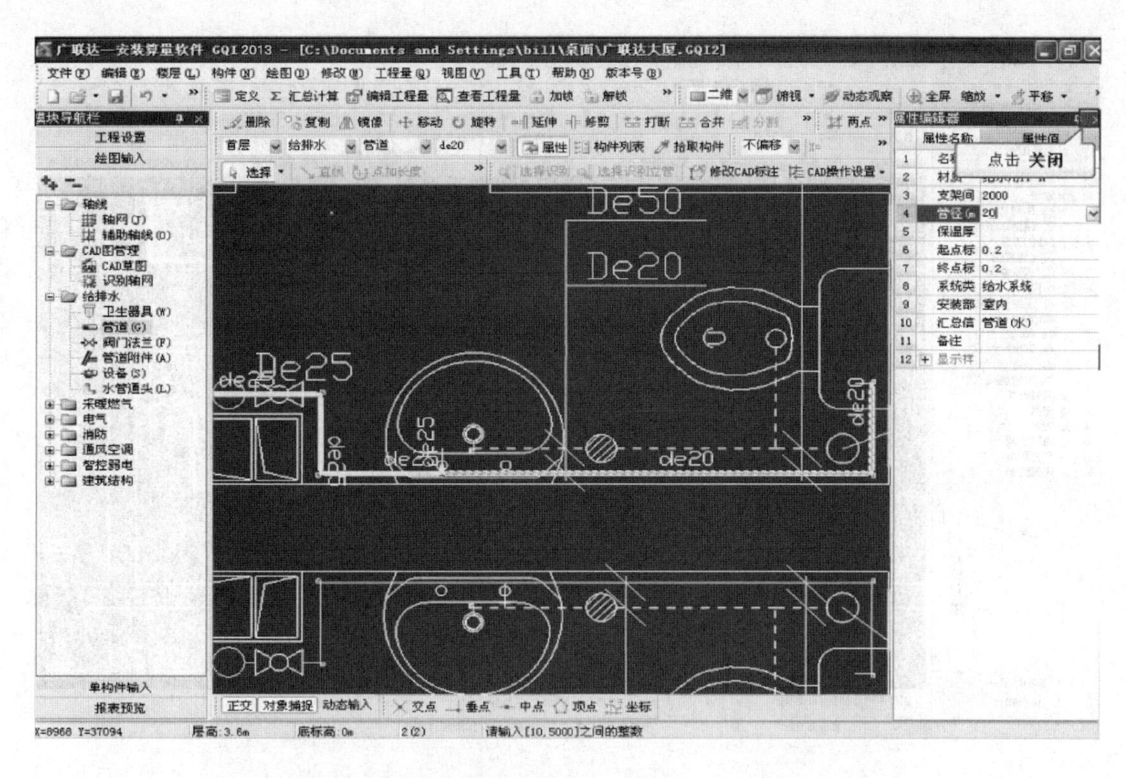

（16）下面用选择识别功能识别其余的管道。

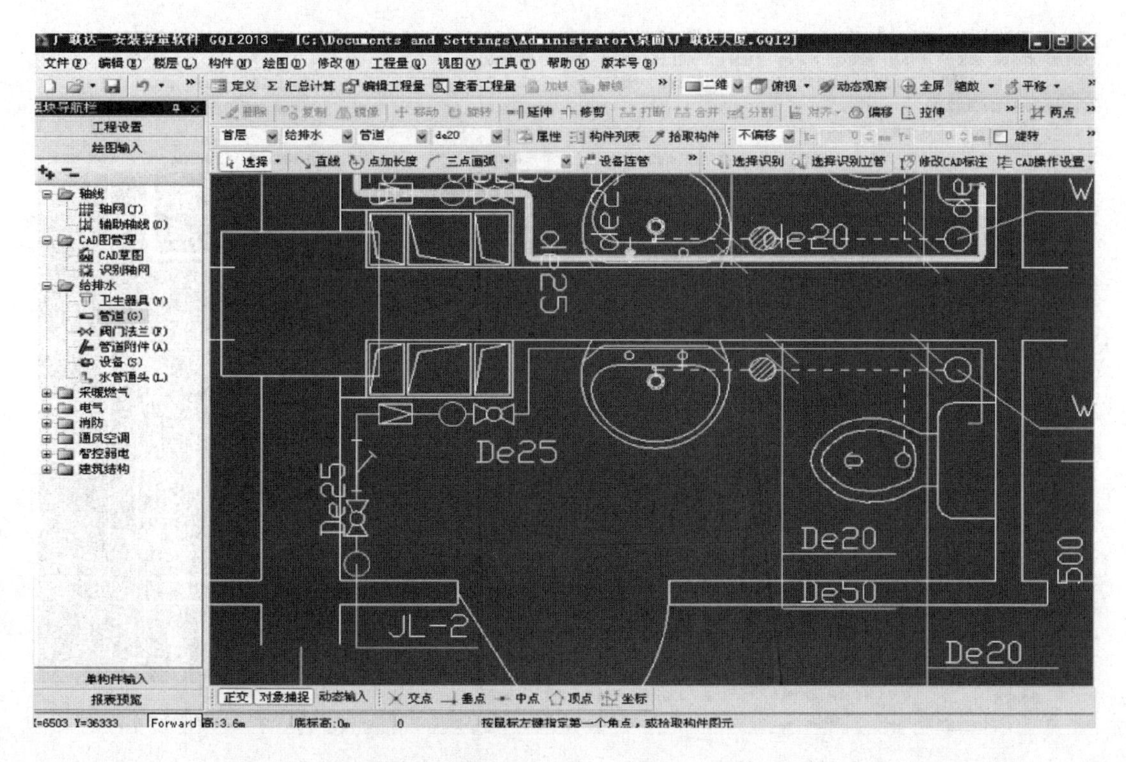

（17）点击工具栏上的选择识别按钮。

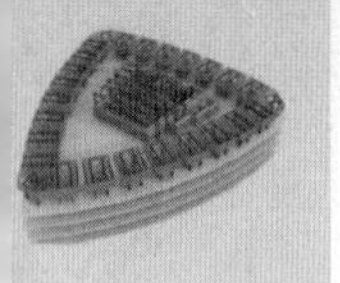

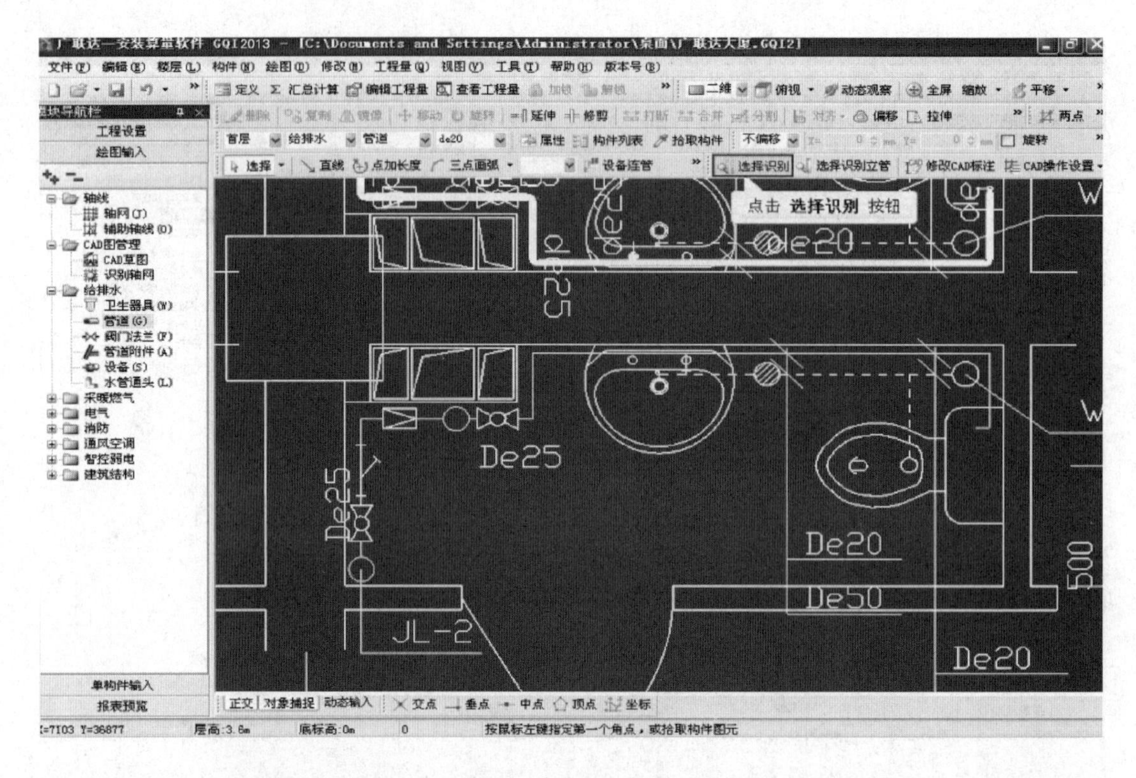

（18）鼠标左键选择需要识别的管道 CAD 线。

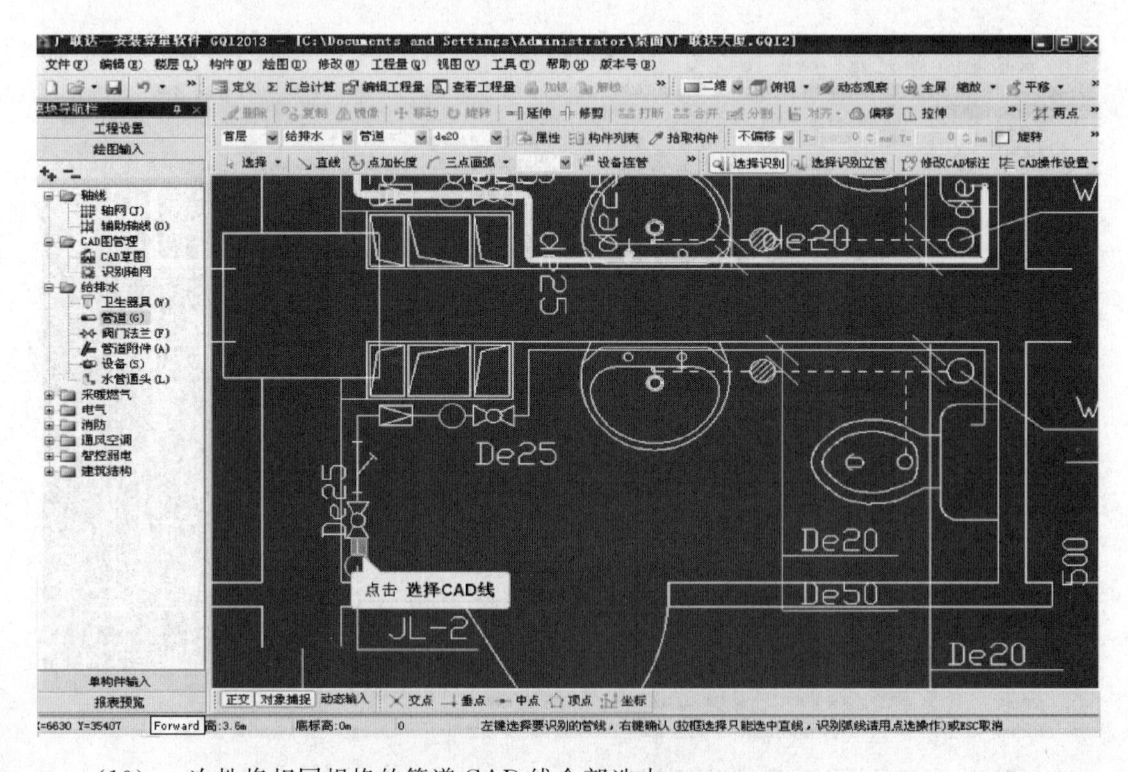

（19）一次性将相同规格的管道 CAD 线全部选中。

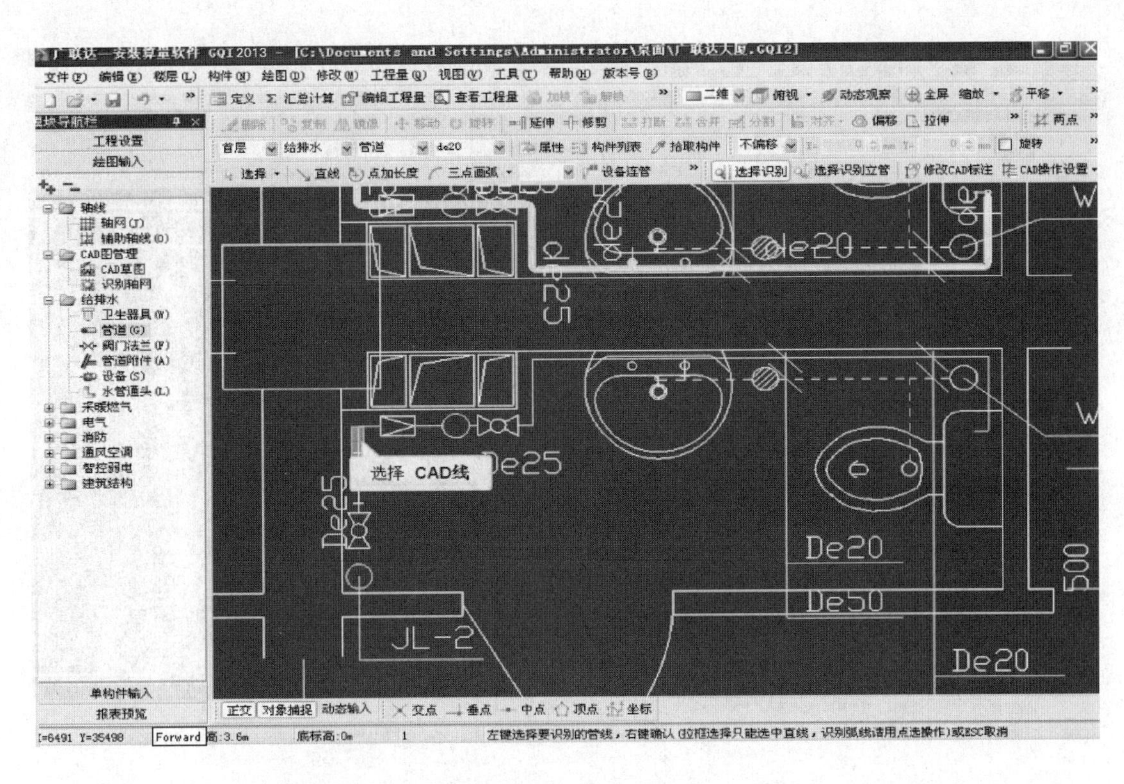

(20) 按以上方法依次识别其他管道 CAD 线。

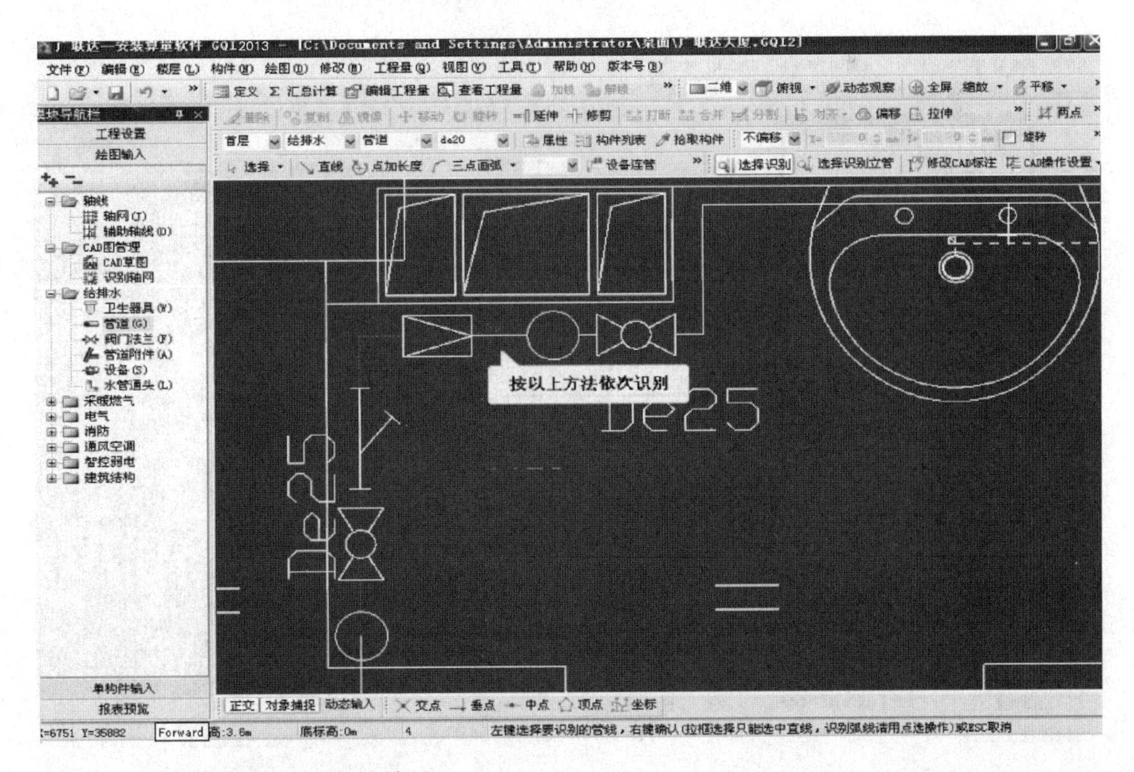

(21) 识别完后鼠标右键确认。

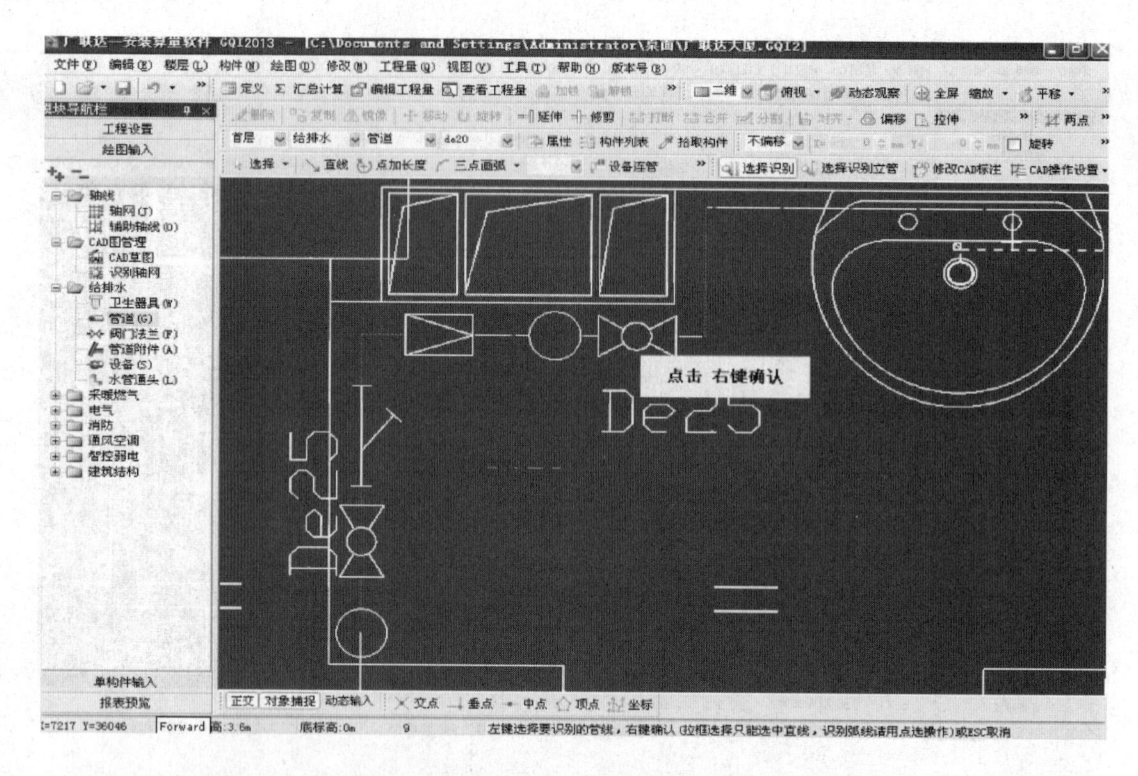

（22）在弹出的选择要识别成的构件框中选择 DE25 的构件。

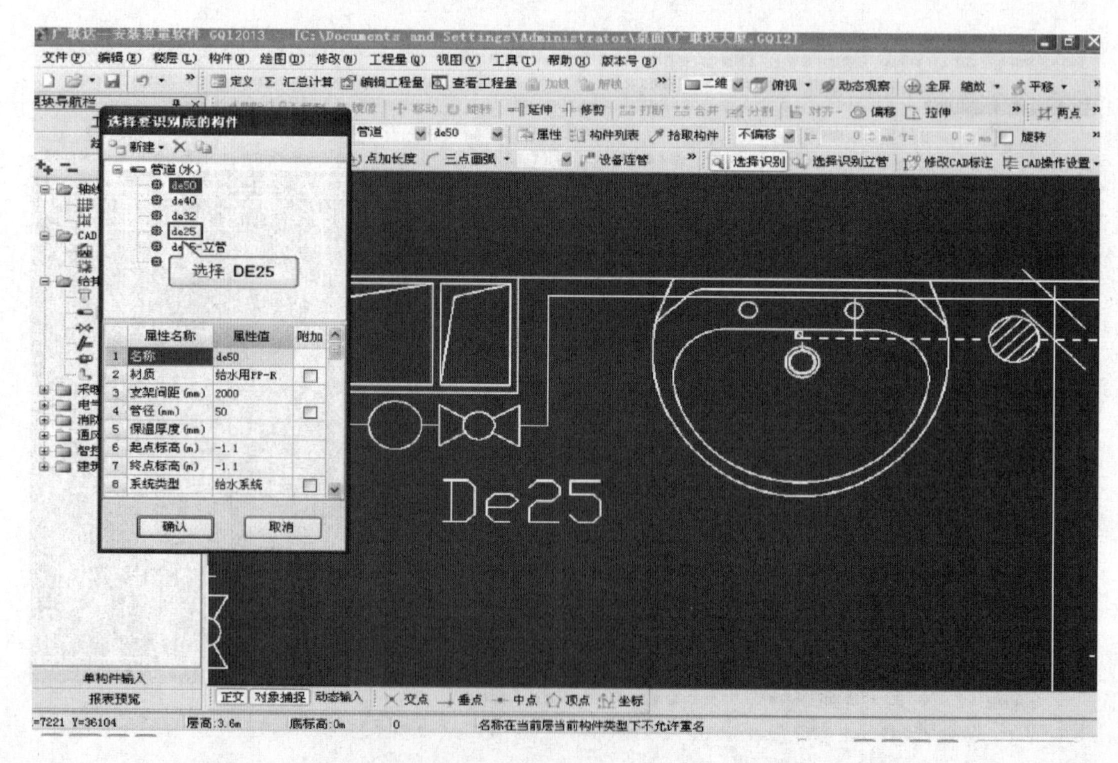

（23）查看属性信息，没有需要修改的属性，点击确认按钮即可。

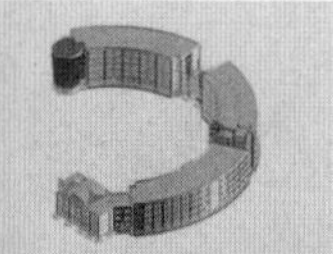

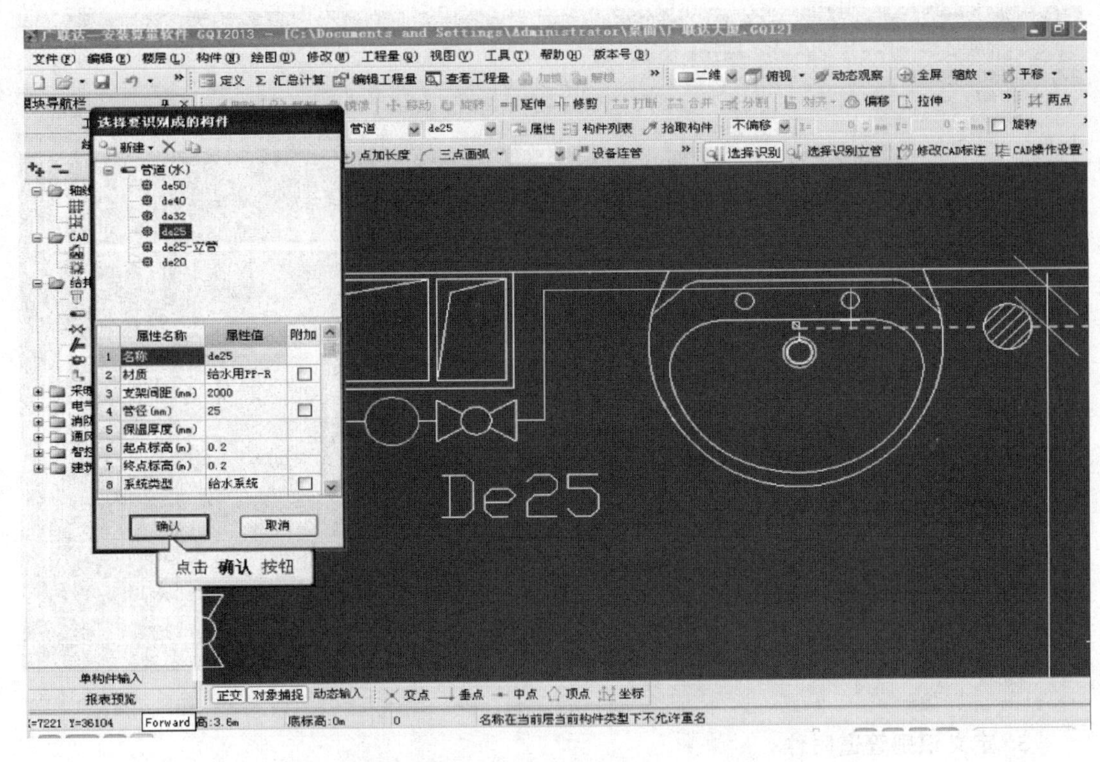

（24）再用同样的方法选择识别 DE20 管道。

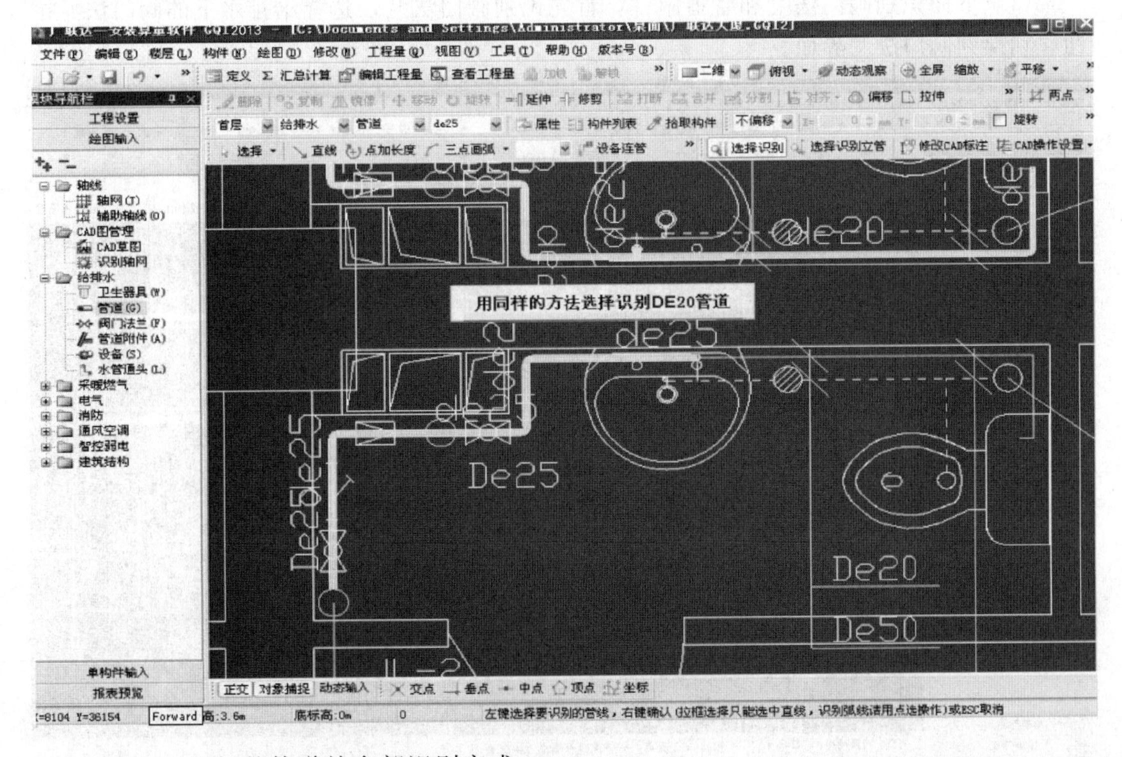

（25）卫生间的管道就全部识别完成。

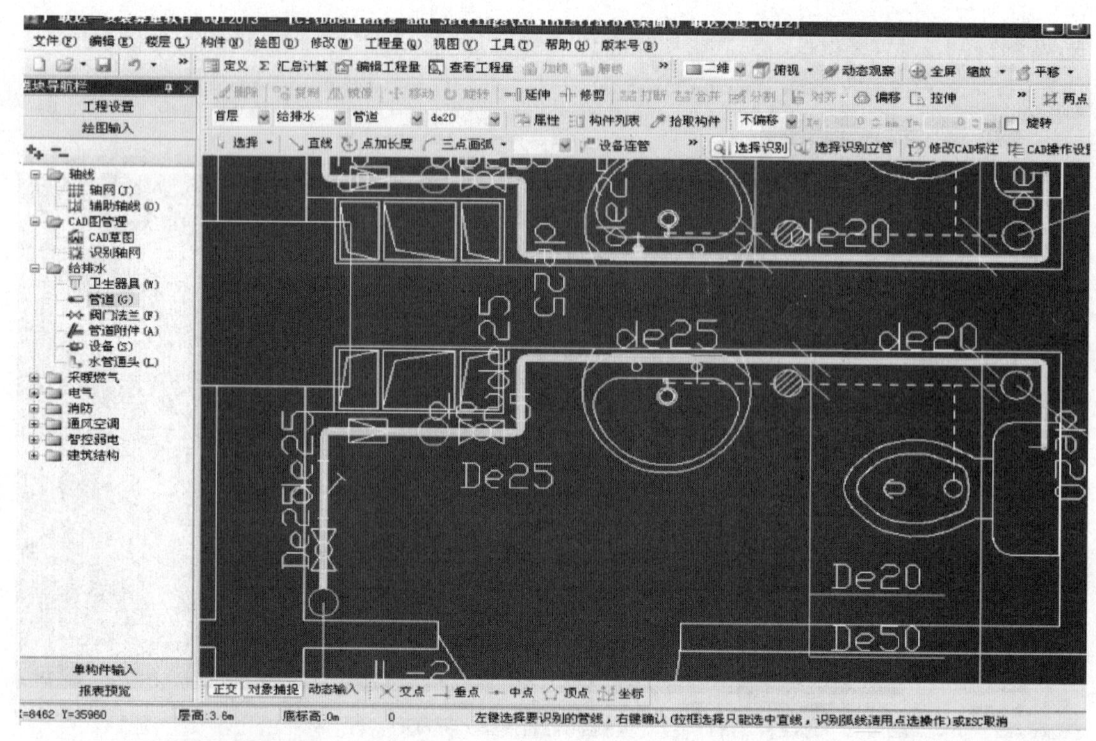

3. 定义识别管道附件

具体操作步骤如下：

（1）下面识别阀门法兰和管道附件，首先识别阀门法兰，选择给排水下的阀门法兰按钮，切换到阀门法兰界面。

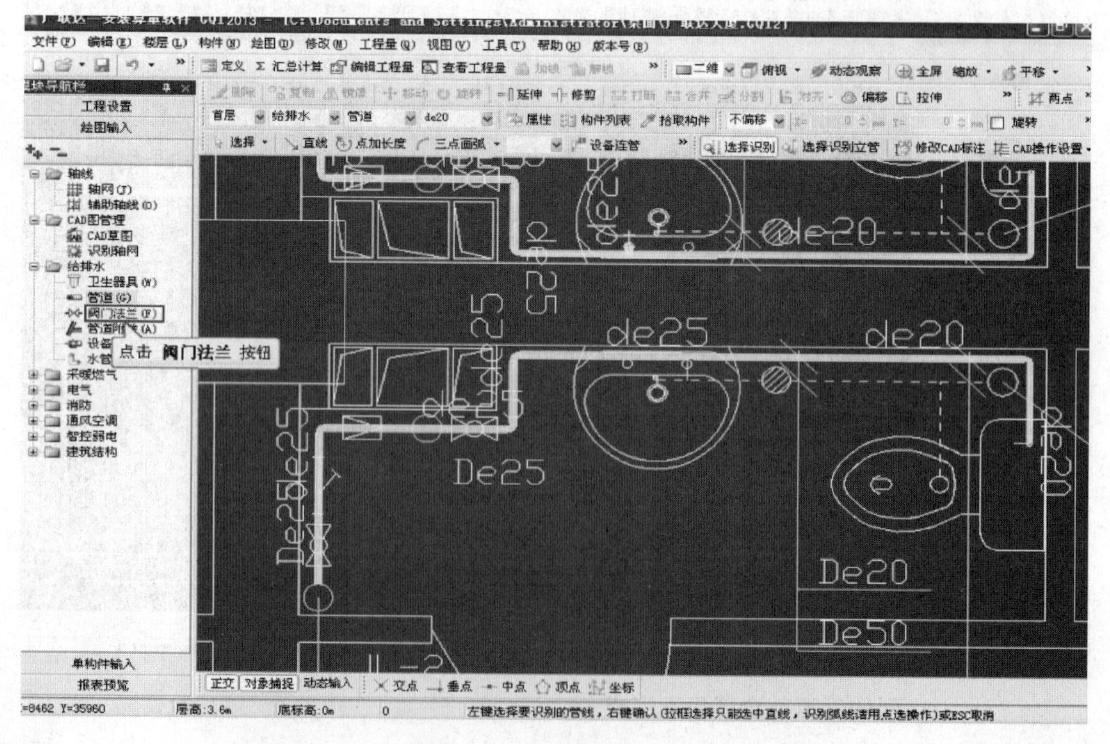

（2）点击工具栏上的图例识别按钮。

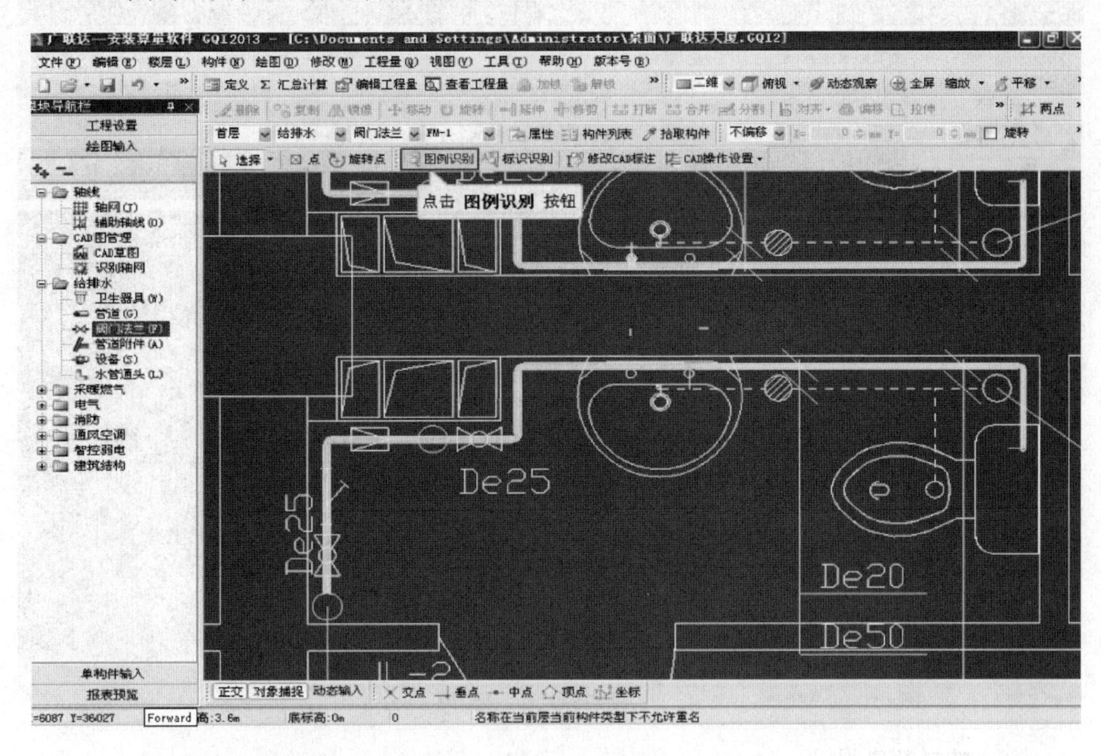

（3）鼠标左键选择阀门的CAD线，鼠标右键确认。

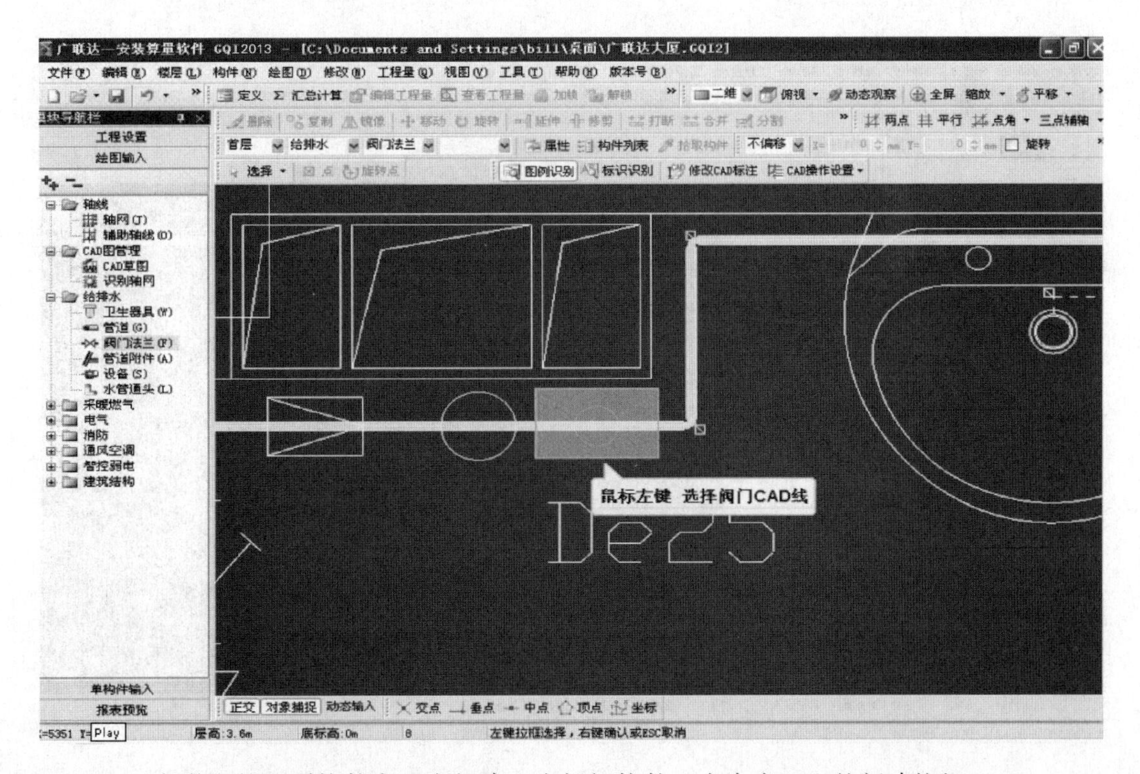

（4）在弹出的识别构件窗口中新建一个阀门构件，点击窗口上的新建按钮。

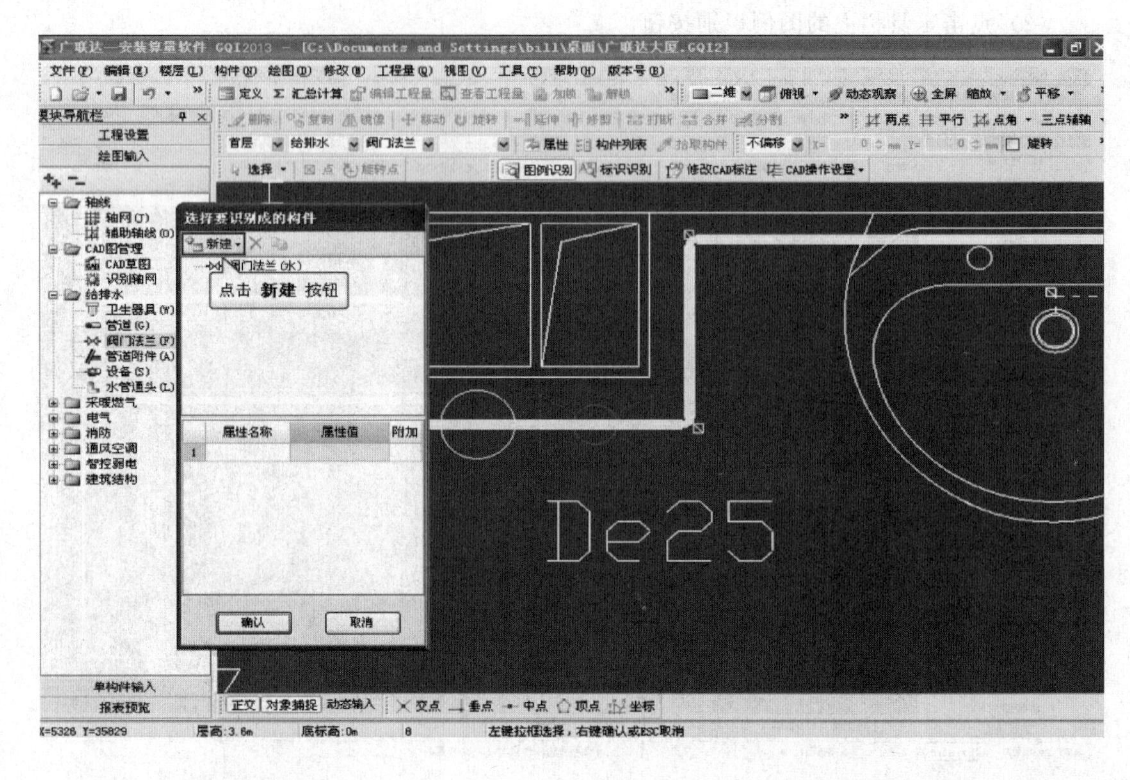

（5）选择新建阀门。

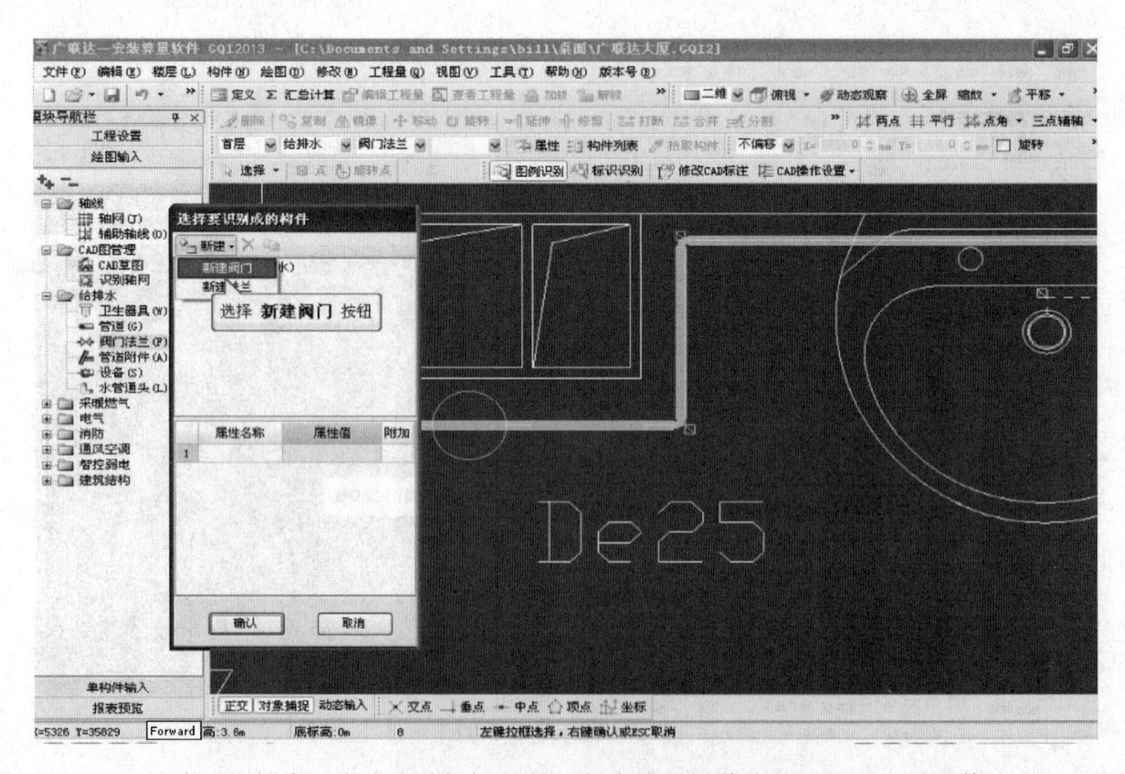

（6）因为卫生间中只有这一种阀门，所以名称就选择默认的即可，不需要修改。

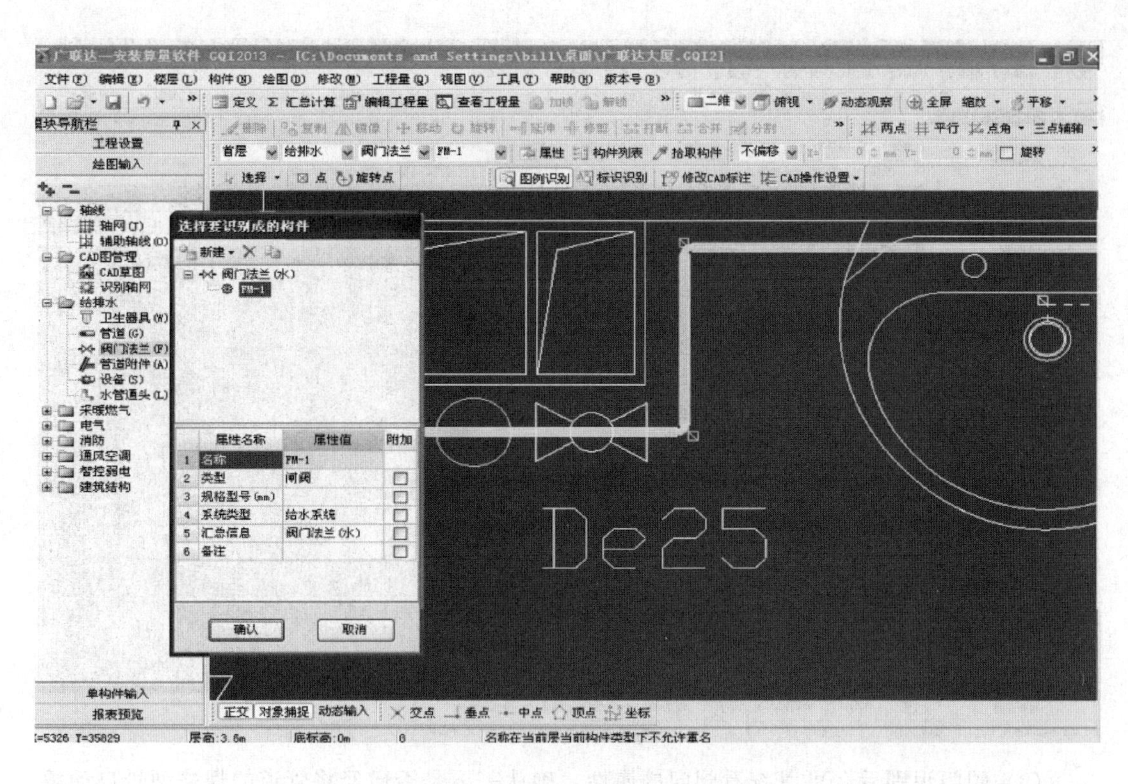

（7）名称确定后，软件会将管道的规格型号自动填入，点击确认即可。

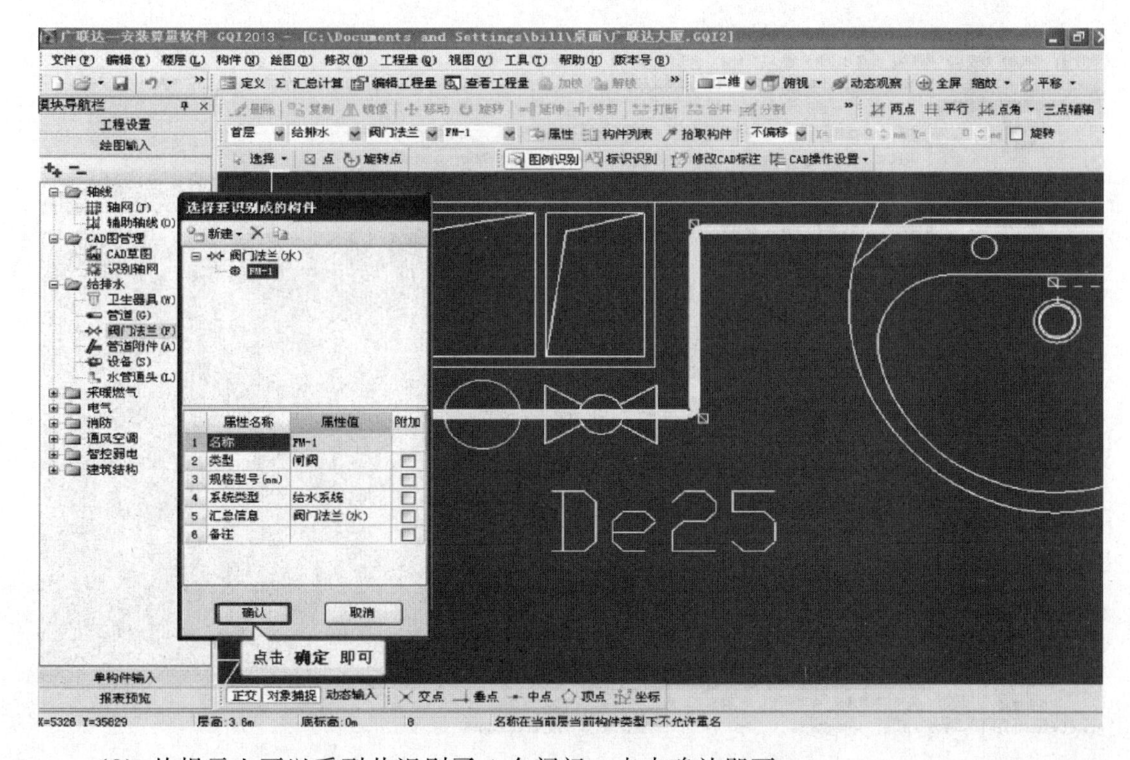

（8）从提示上可以看到共识别了4个阀门，点击确认即可。

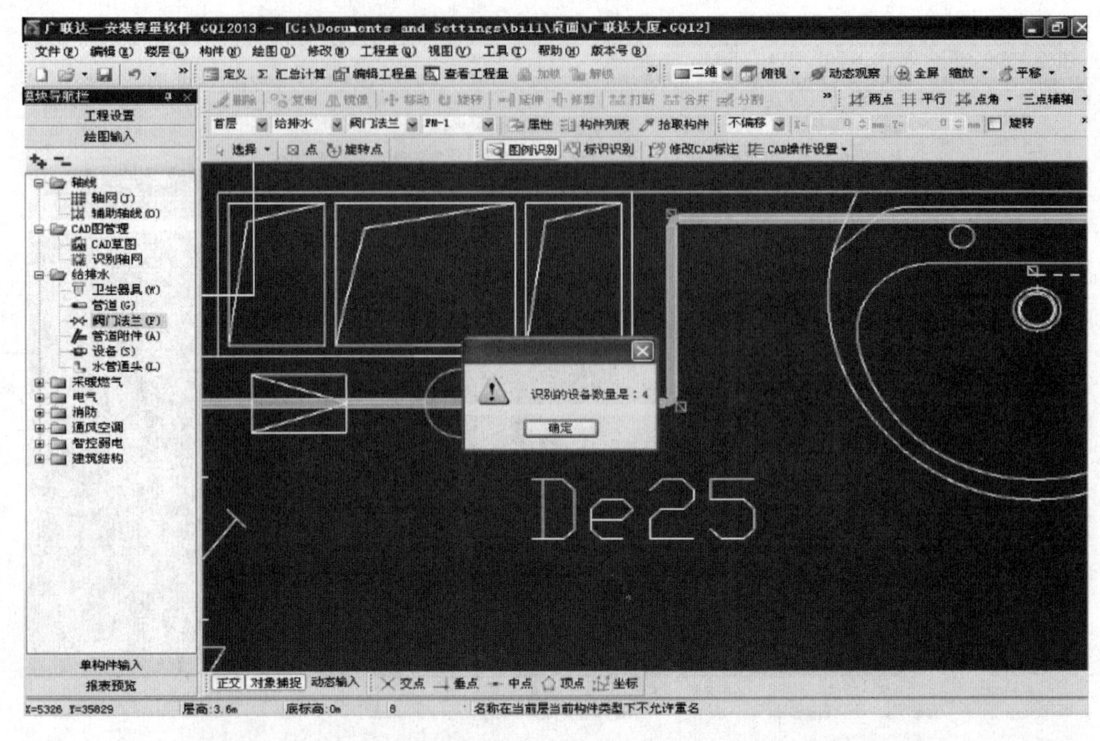

（9）阀门识别后，可以查看阀门的属性，确认一下是否已经将管道的规格型号自动填入，点击工具栏上的属性按钮。

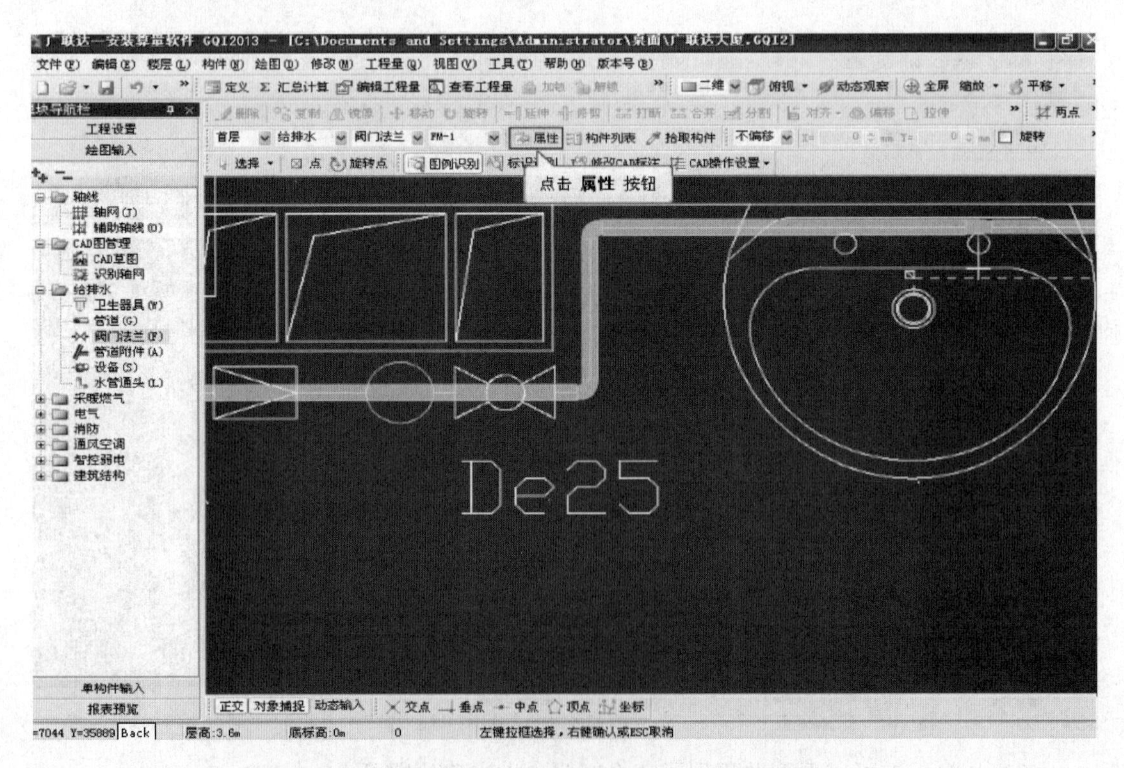

（10）在弹出的属性框中可以看到阀门的规格型号已经自动填入。

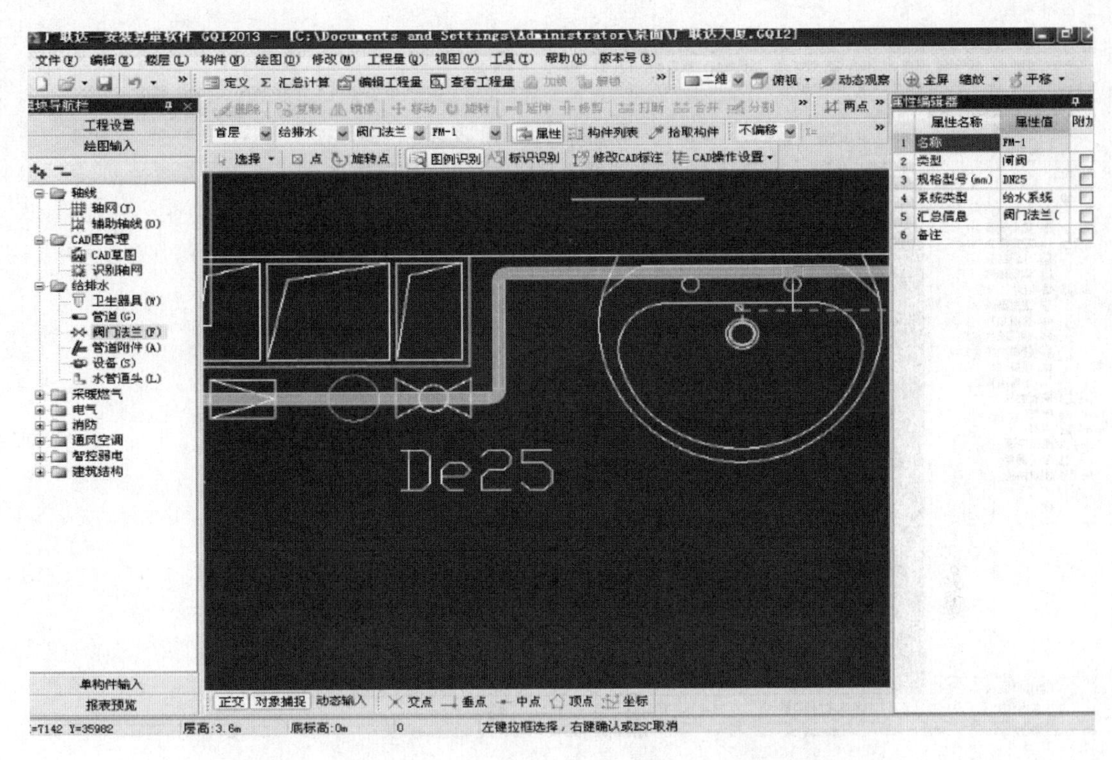

（11）阀门识别后，开始识别管道附件，选择给排水下的管道附件，切换到管道附件界面。

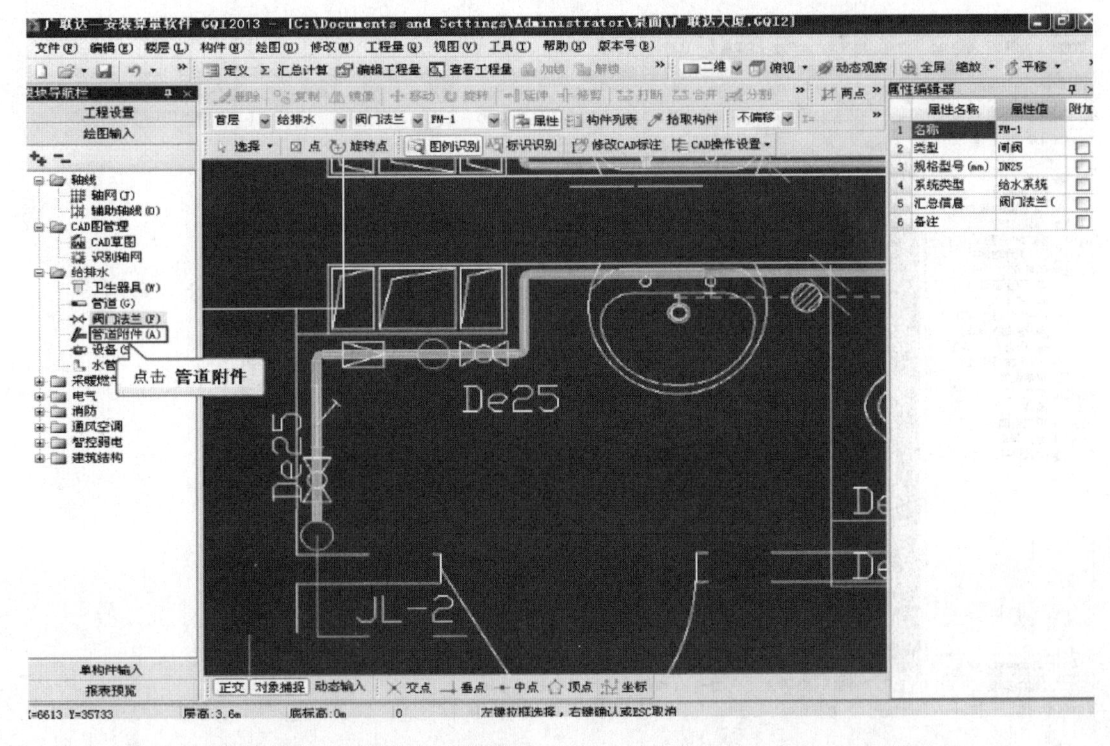

（12）点击工具栏上的图例识别按钮。

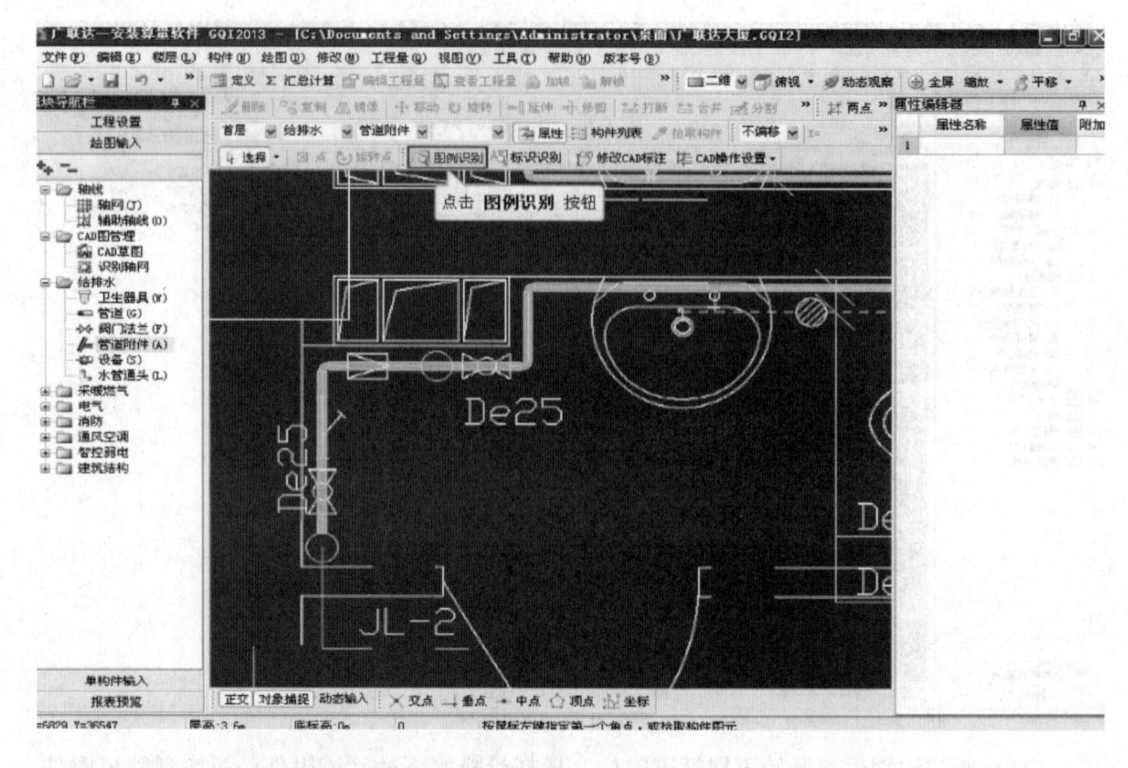

（13）鼠标左键选择水表图例的CAD线，右键确认。

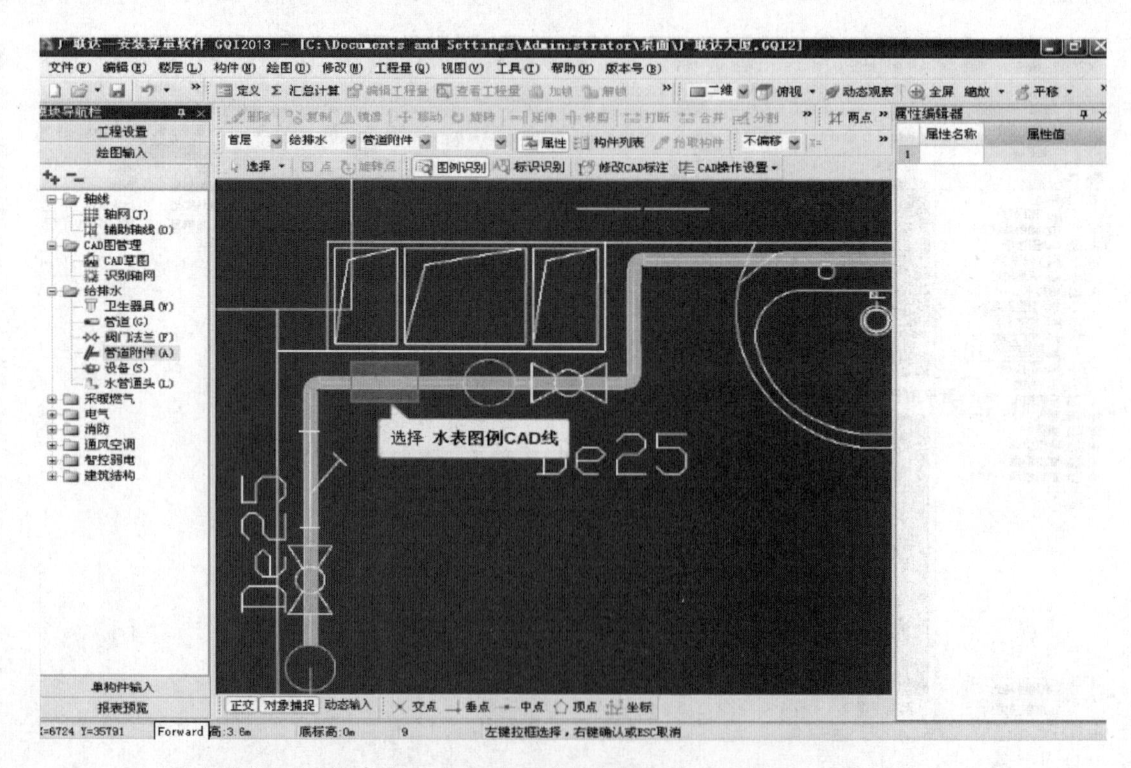

（14）在弹出的识别构件窗口中新建管道附件。

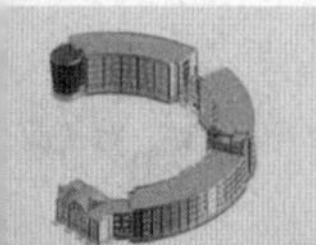

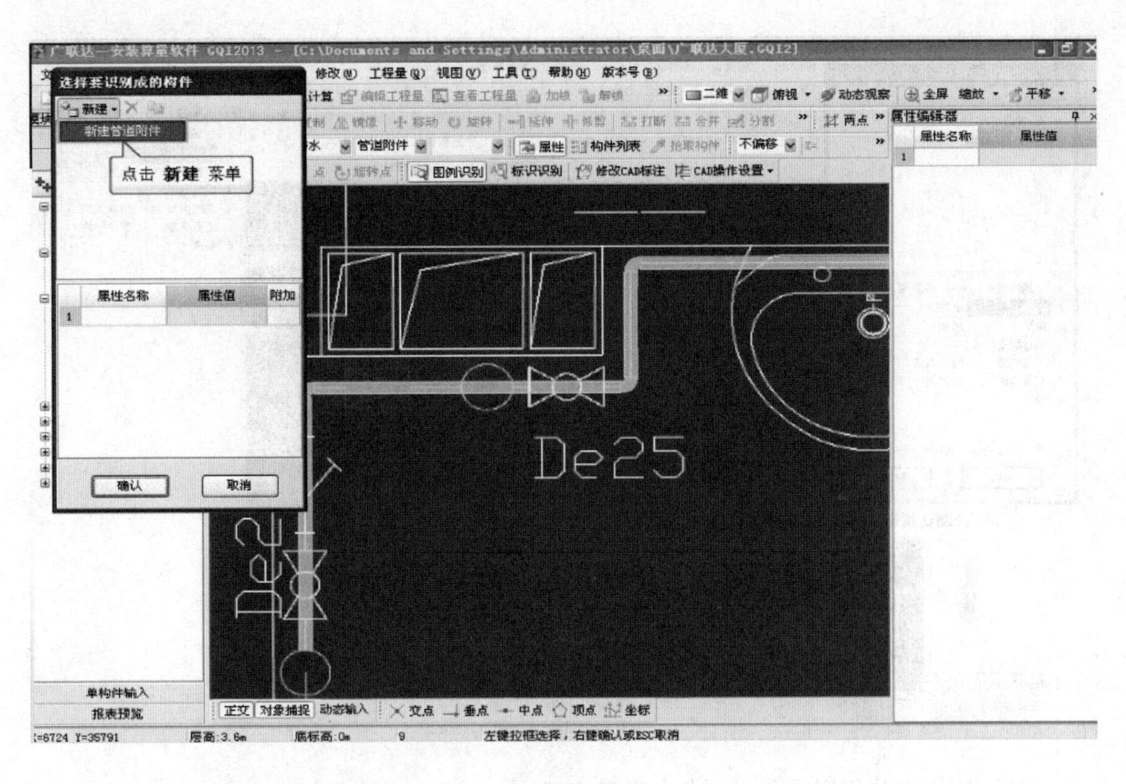

（15）将构件名称改为水表。

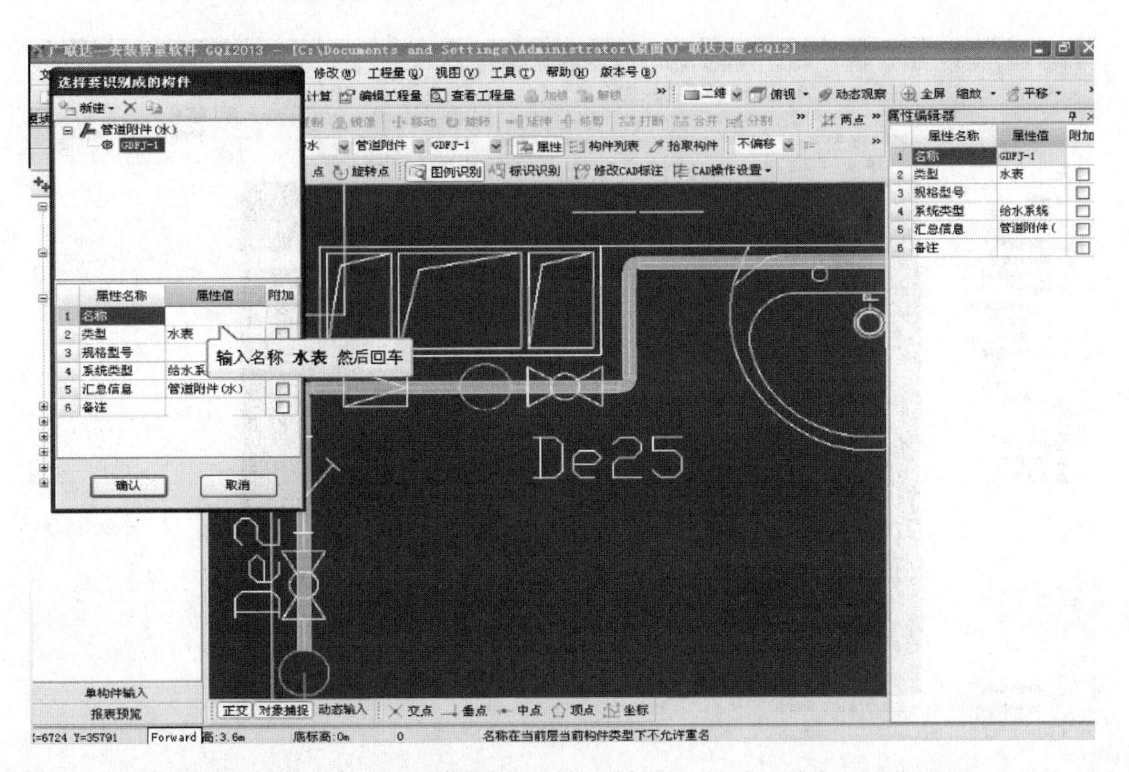

（16）名称修改完毕后点击确认按钮。

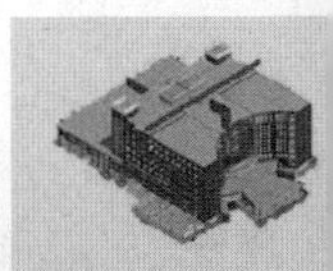

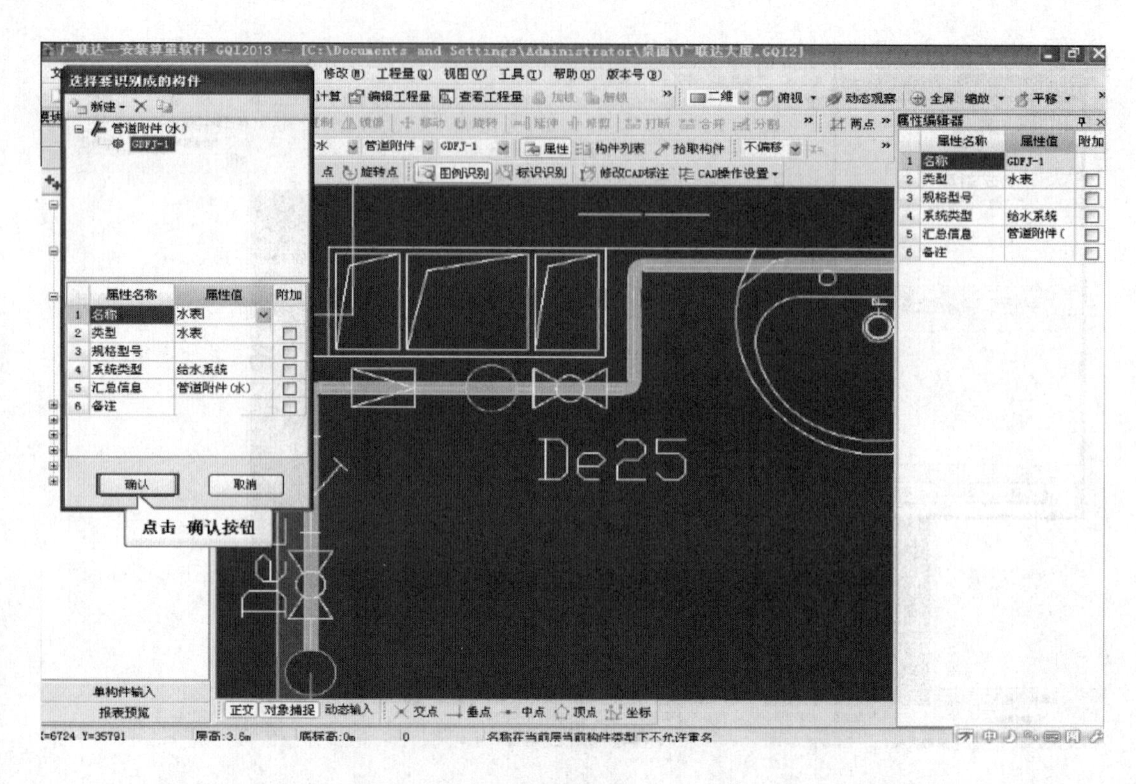

(17) 则水表共识别了两个，点击确定按钮。

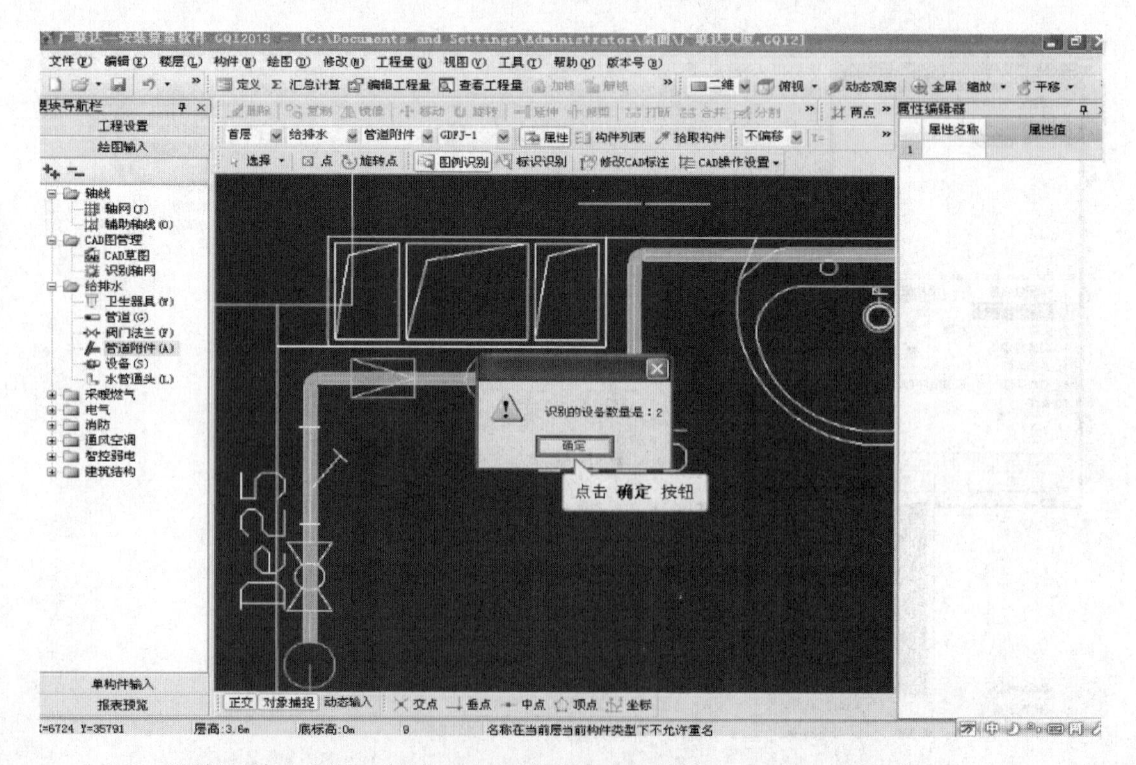

(18) 继续识别过滤器，鼠标左键选择图标过滤器的CAD线，右键确认。

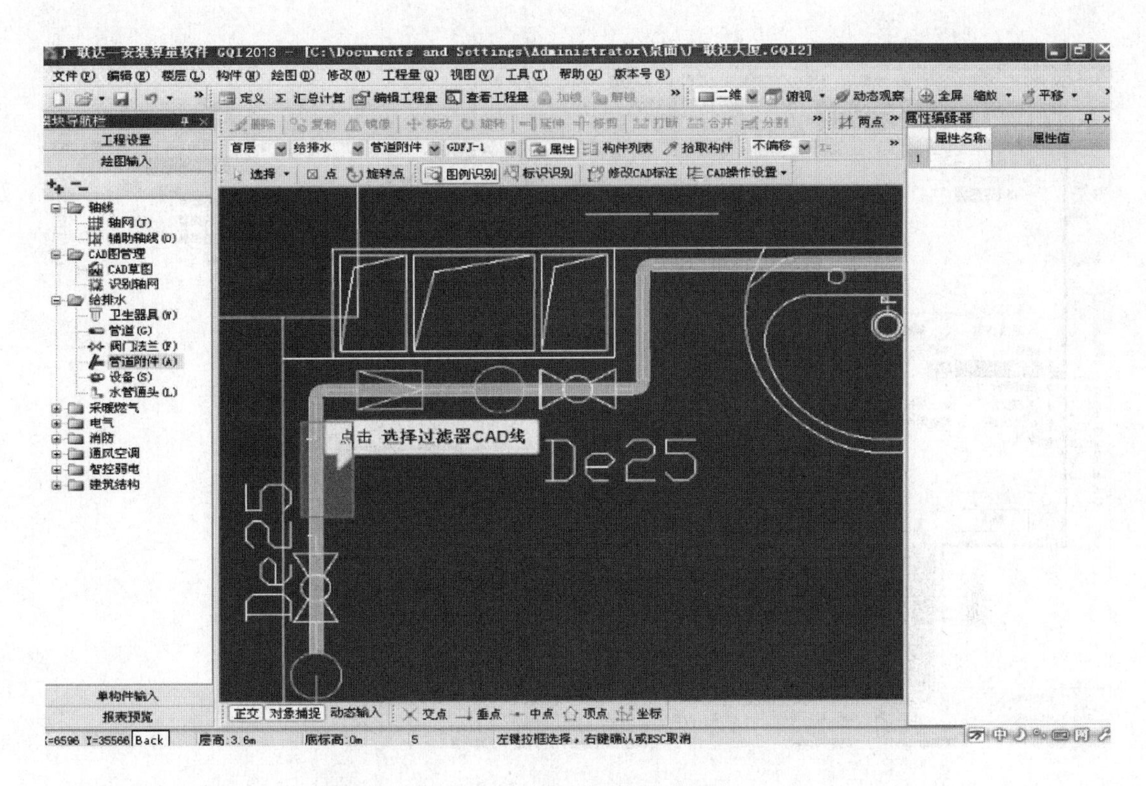

（19）在弹出的构件识别窗口中点击新建管道附件按钮。

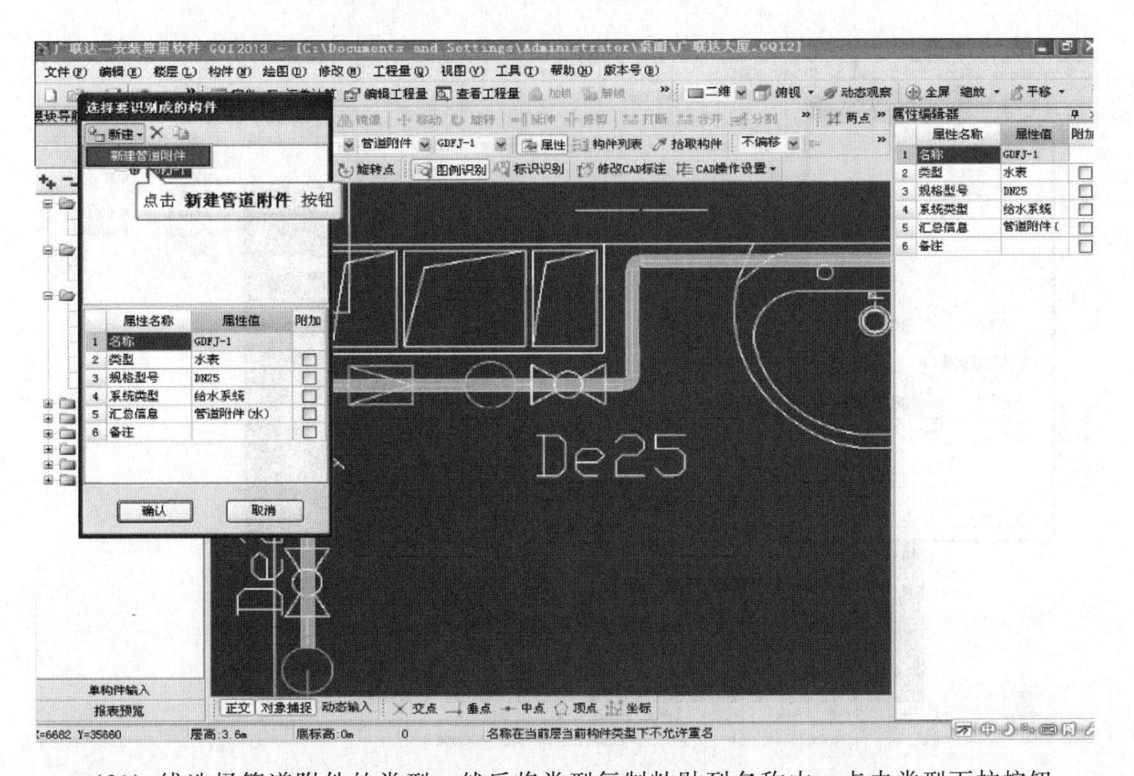

（20）线选择管道附件的类型，然后将类型复制粘贴到名称中，点击类型下拉按钮。

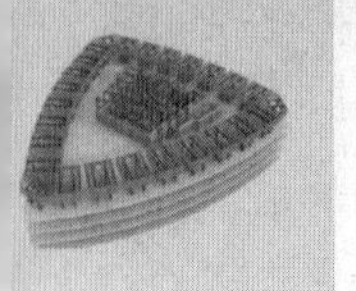

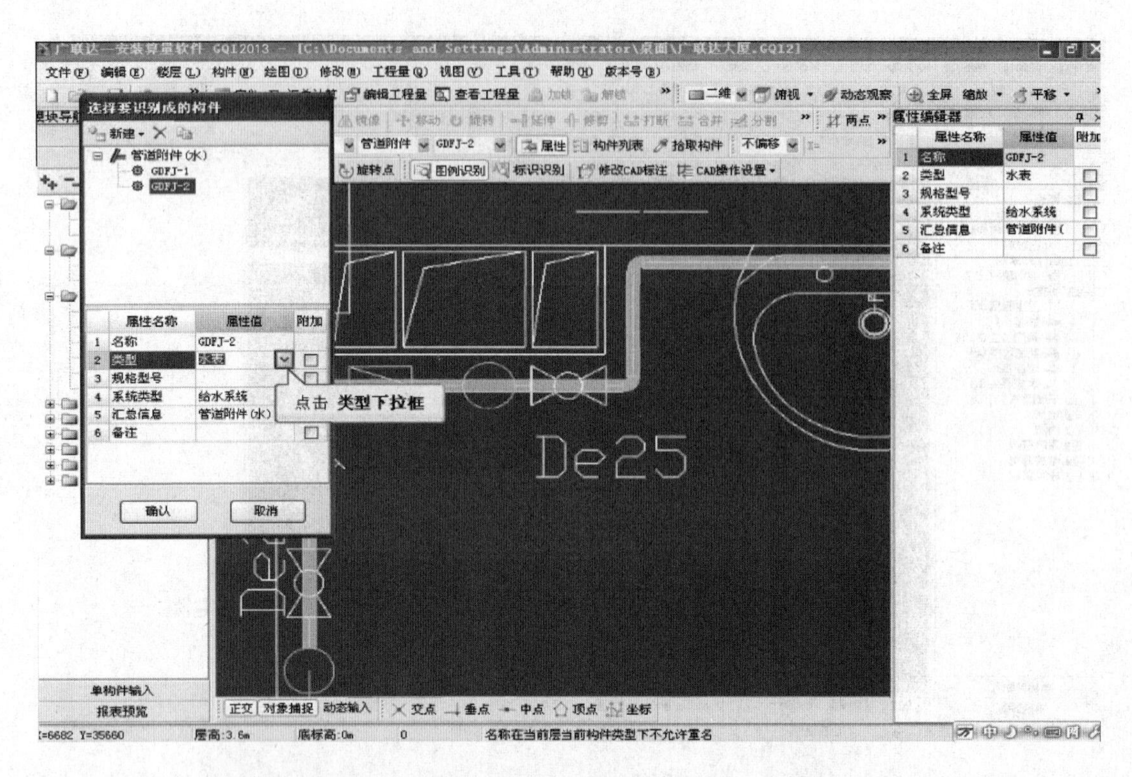

(21)在下拉选项中选择过滤器，将过滤器三个字复制，粘贴到名称中。

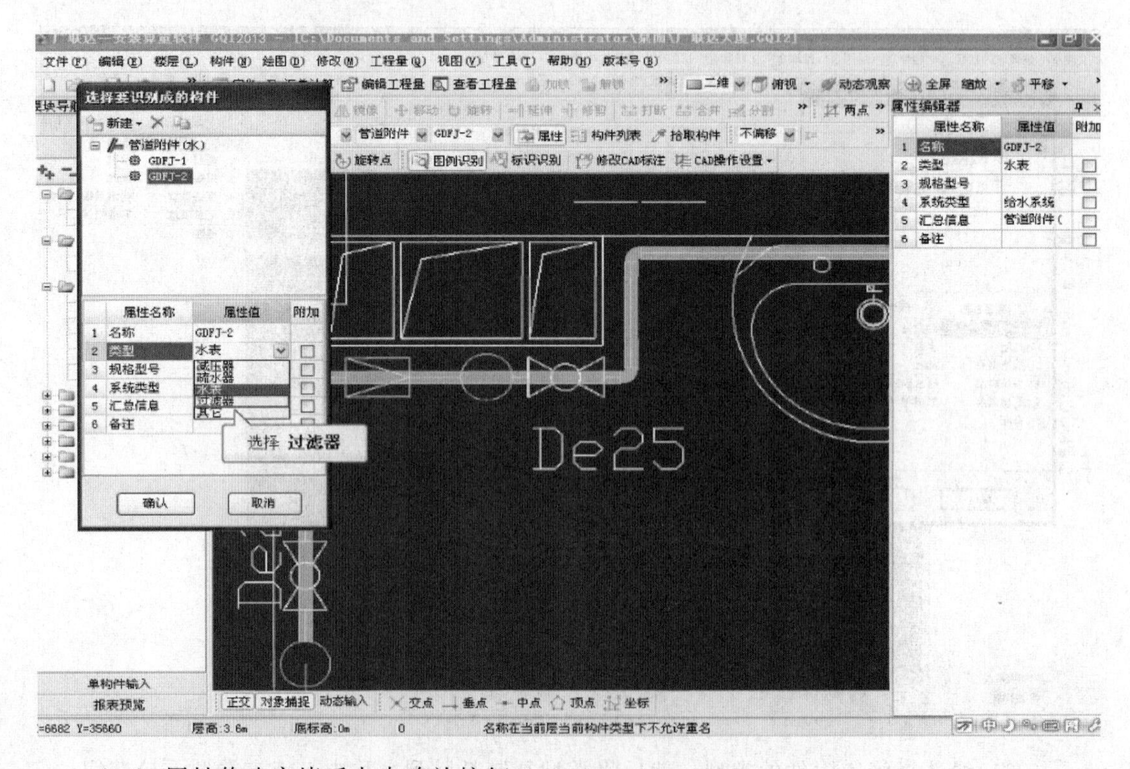

(22)属性修改完毕后点击确认按钮。

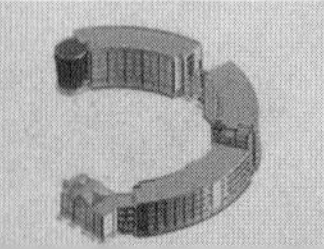

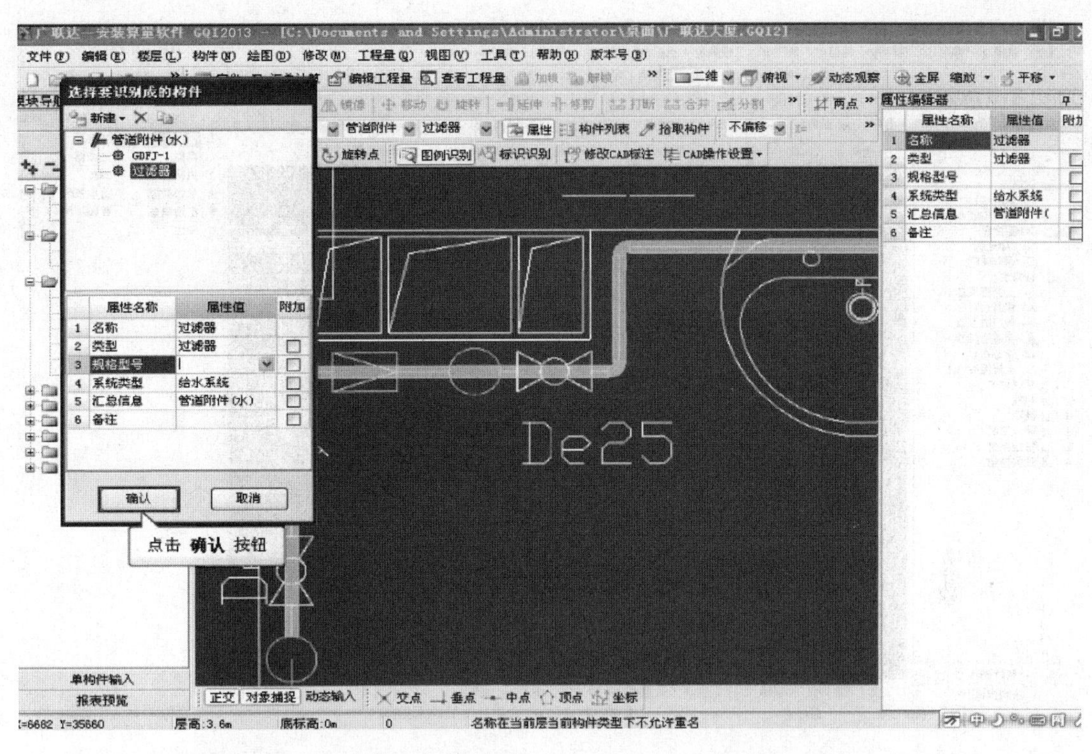

(23) 过滤器共识别了两个，点击确定。

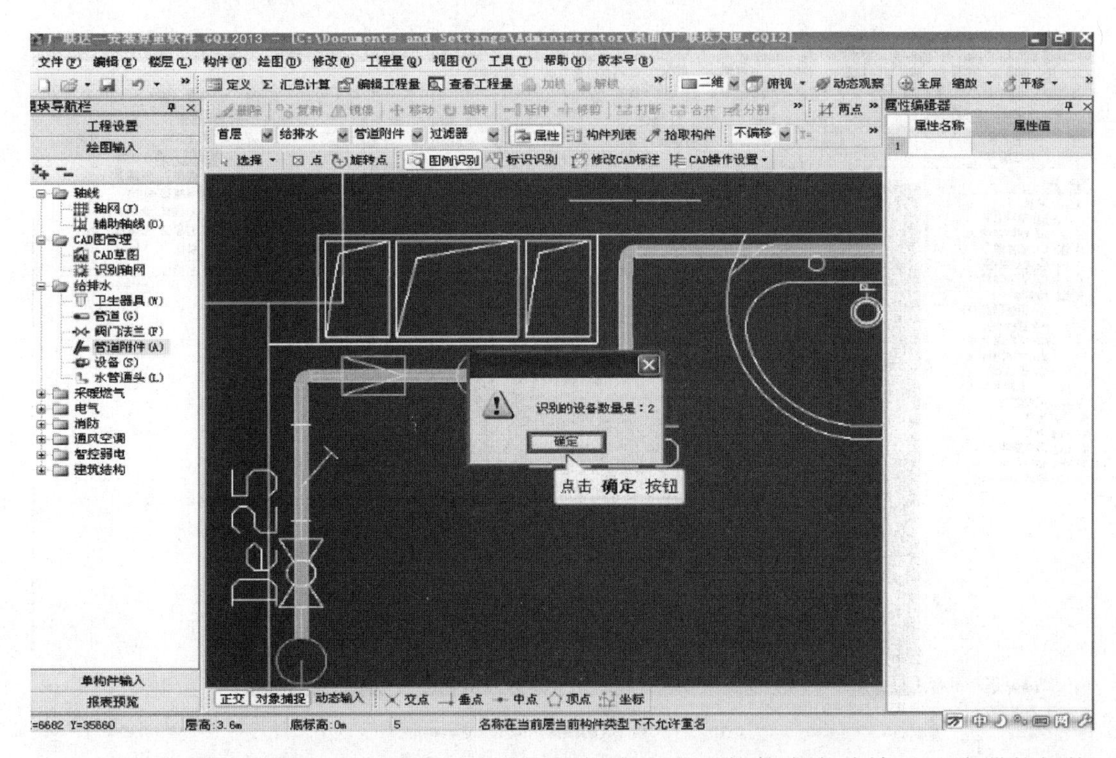

(24) 鼠标左键选中过滤器图元，在属性框中会发现软件会自动填入过滤器的规格型号。

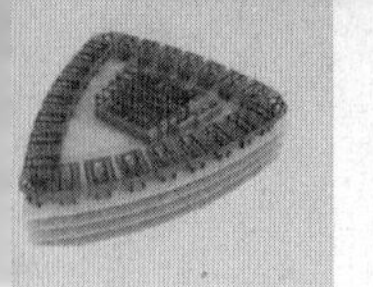

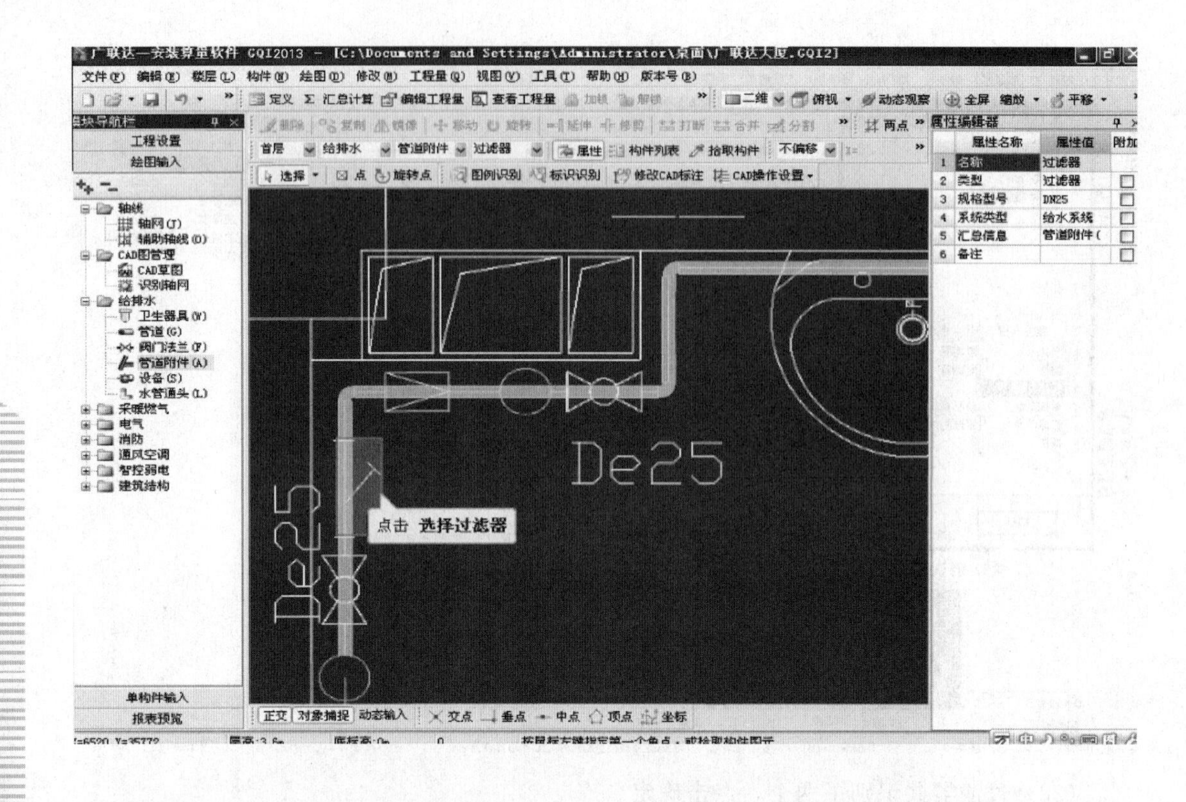

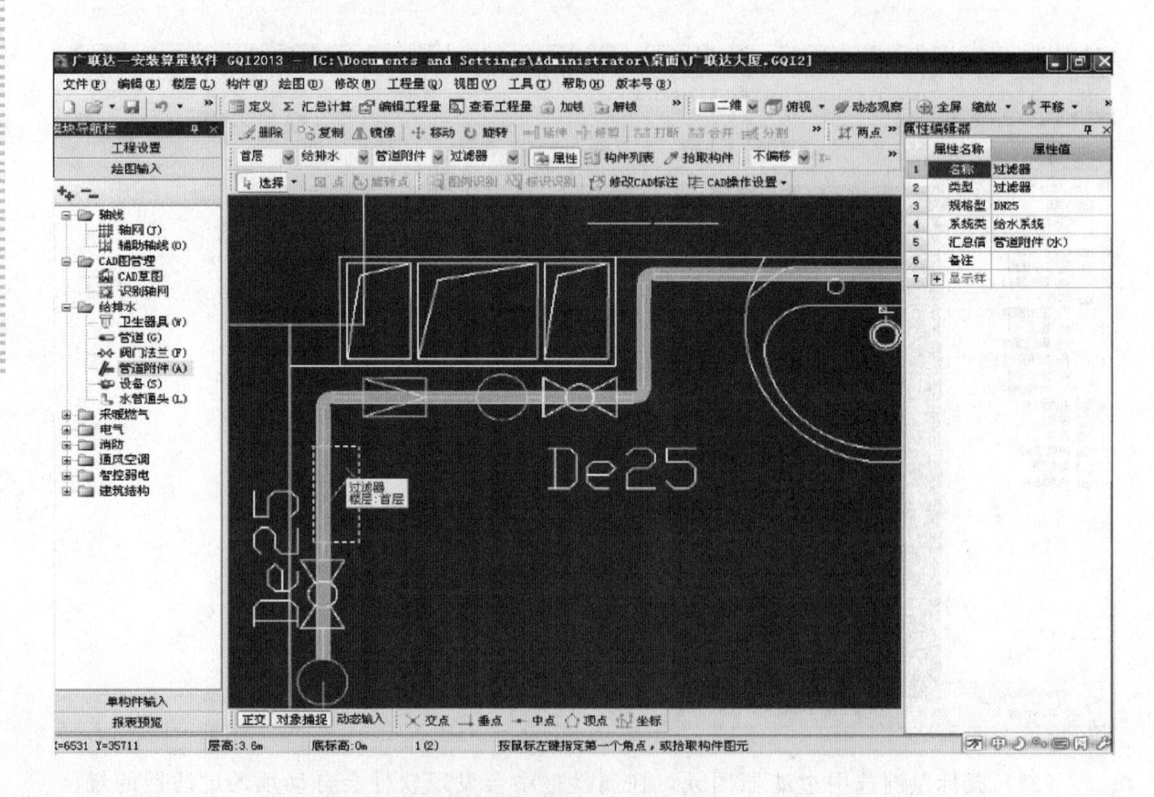

(25) 可以三维查看，点击动态观察按钮。

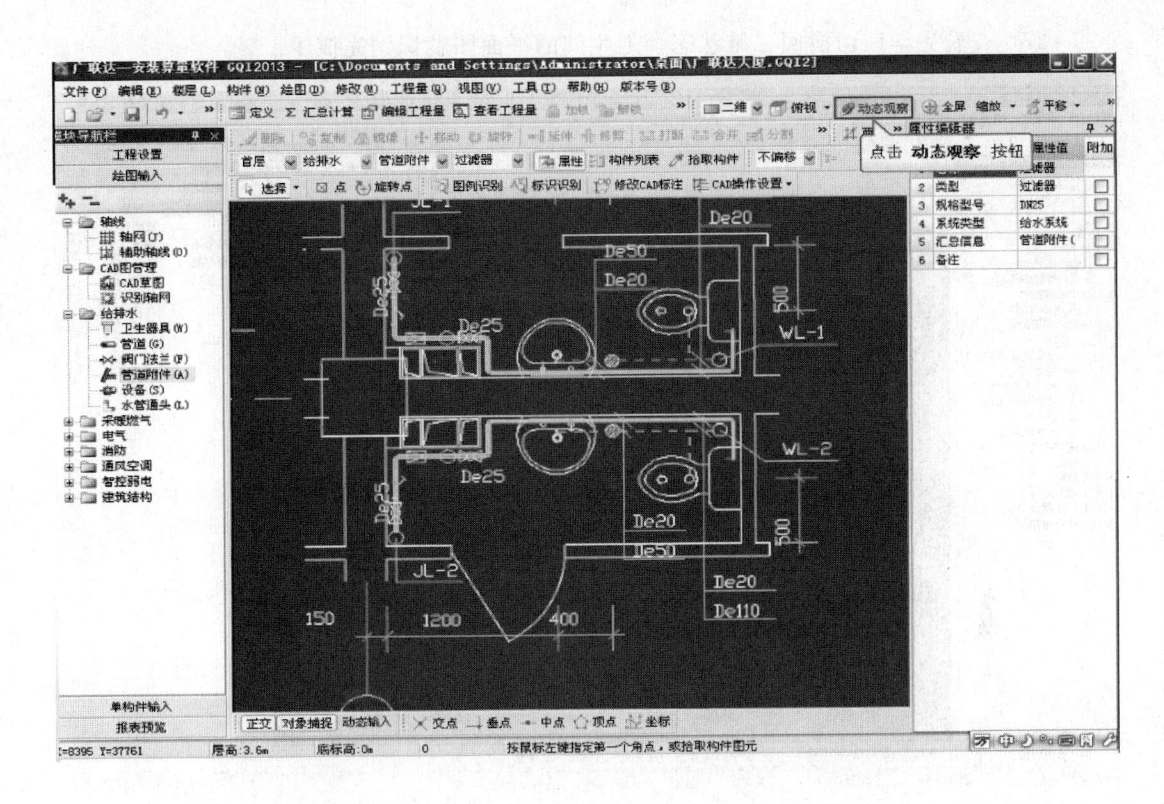

（26）在三维下可以看到软件根据卫生器具和管道的标高差自动生成了给水支管。

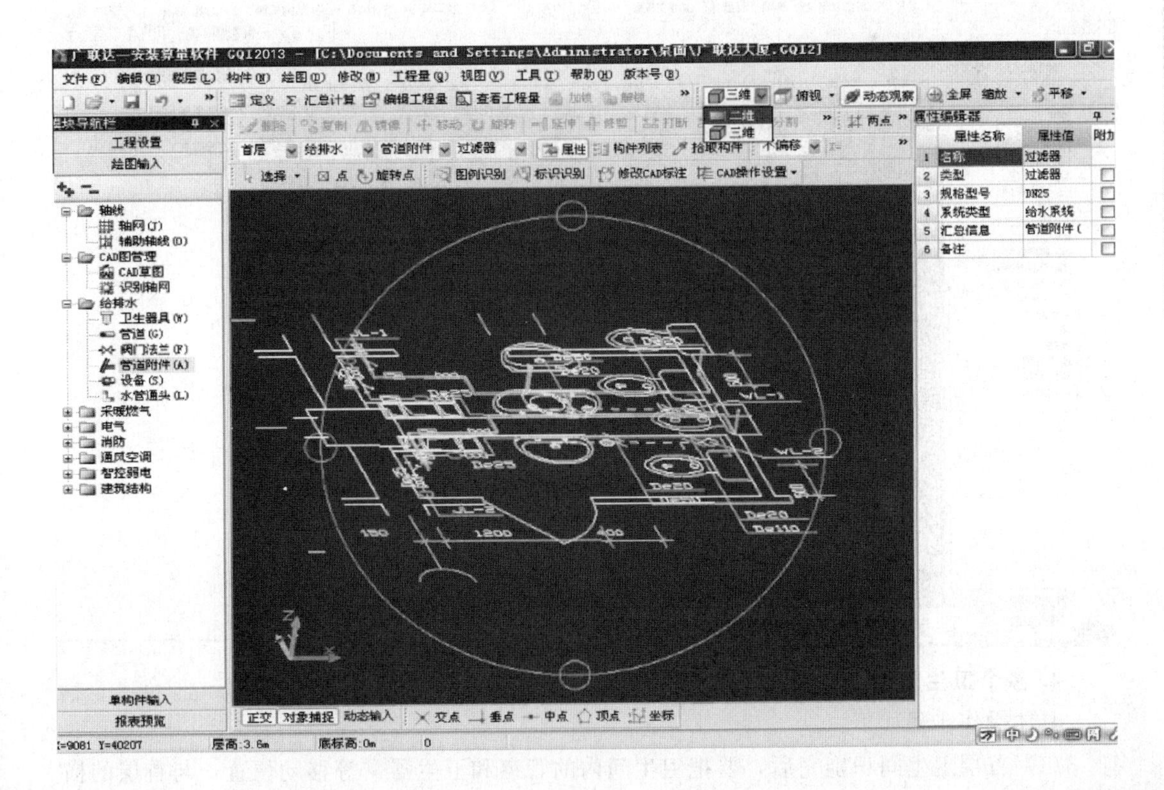

（27）查看完毕后切换回二维状态，卫生间的平面图就识别完成了。

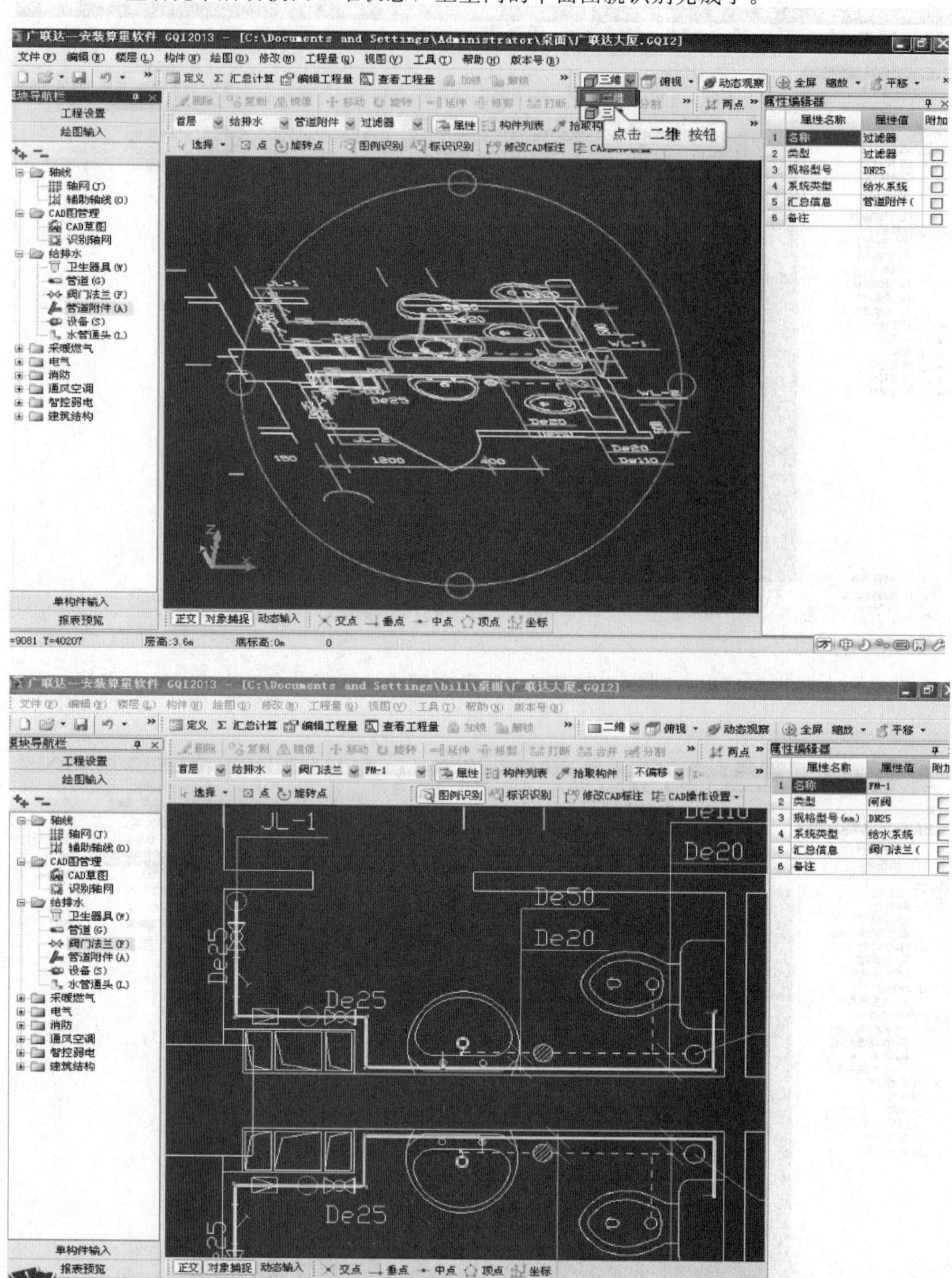

4. 多个卫生间识别方法

具体操作步骤如下：

（1）首层卫生间识别完后，要把卫生间内的管道和卫生器具等移动位置，与首层的横

管相连接，因为首层有多个相同卫生间，需要将卫生间里的管道卫生器具等复制多个到相应的位置。首先选择给排水下的管道，切换到管道界面。

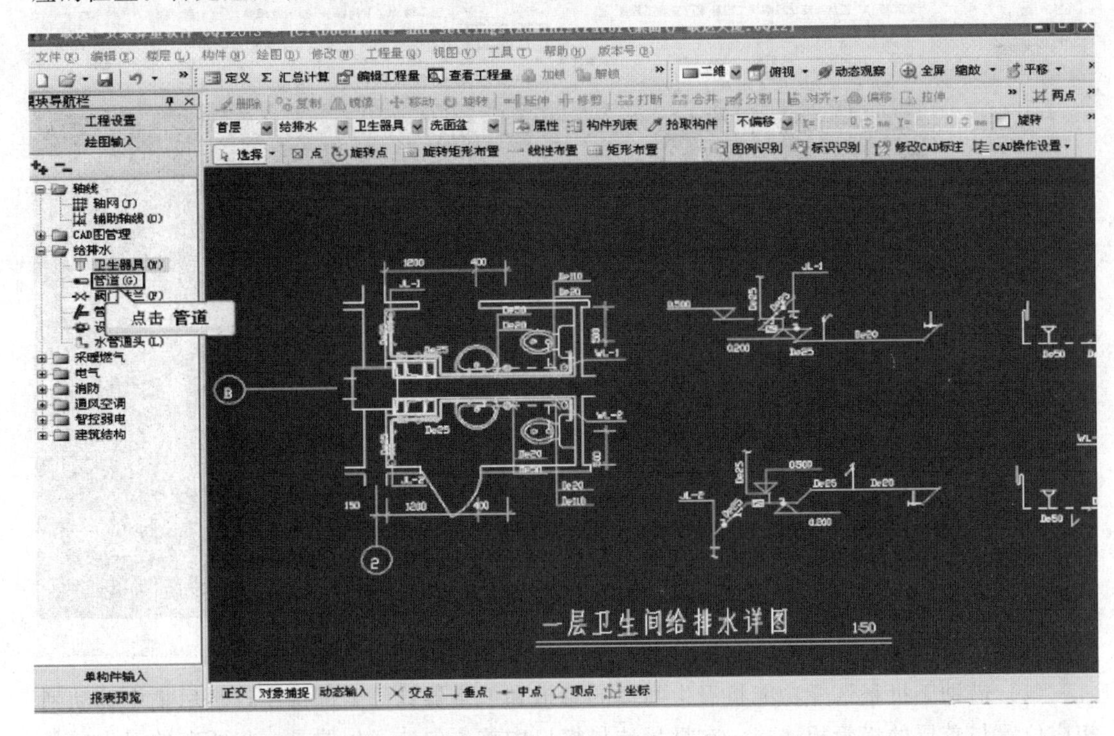

（2）点击工具栏显示更多按钮。

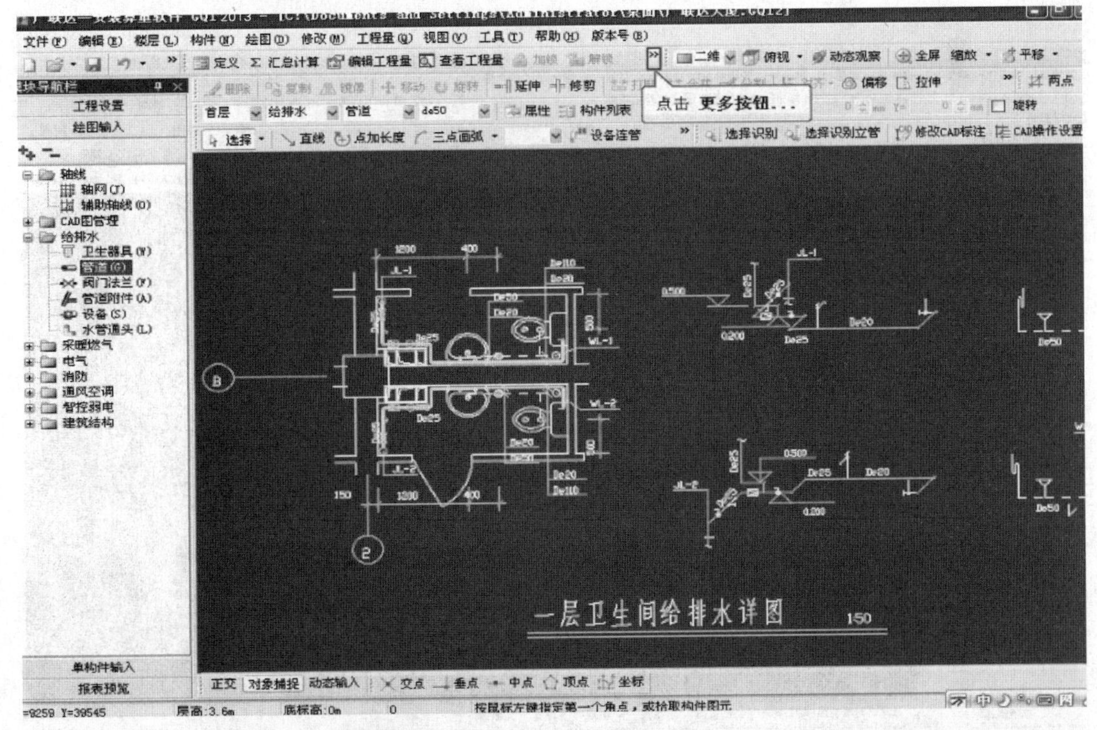

（3）点击下面的批量选择按钮。

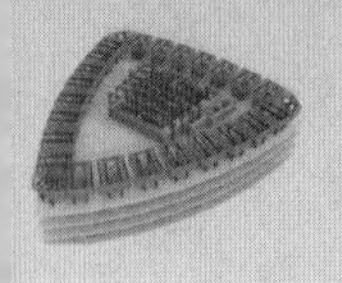

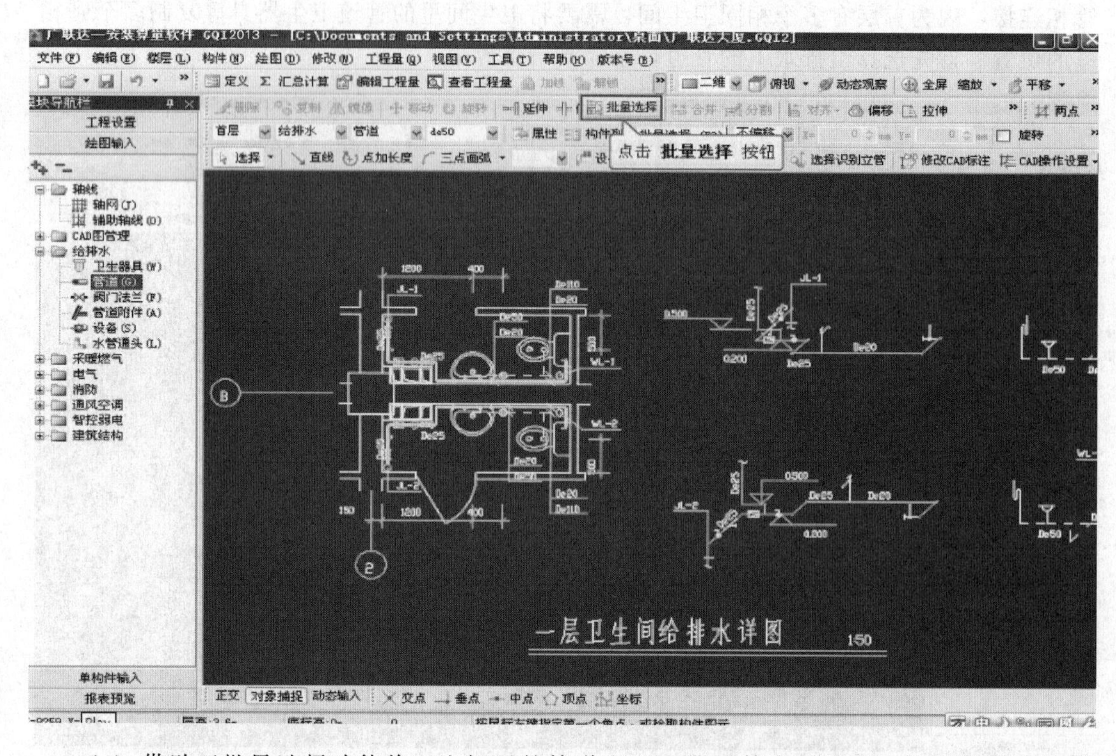

（4）借助于批量选择功能将卫生间里的管道和卫生器具等全部选中，然后集中移动到相应位置与首层的横管相连接，在批量选择窗口中首先勾选卫生器具，将所有的卫生器具选中。

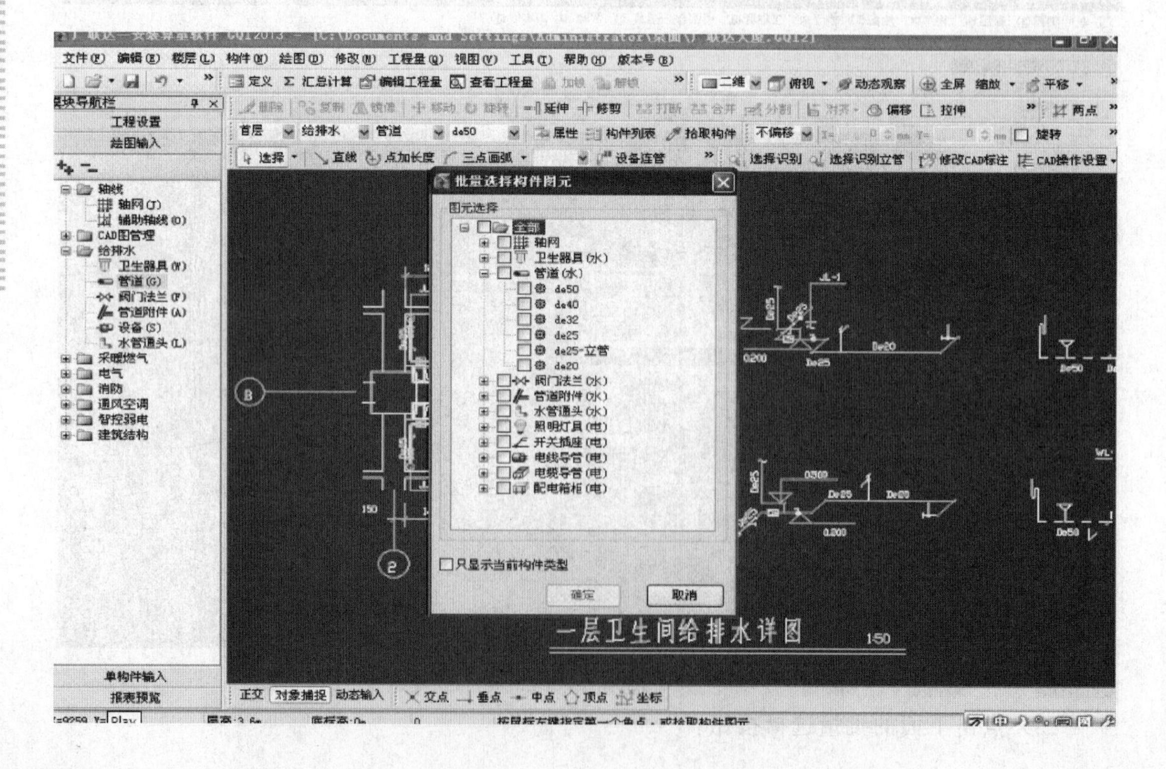

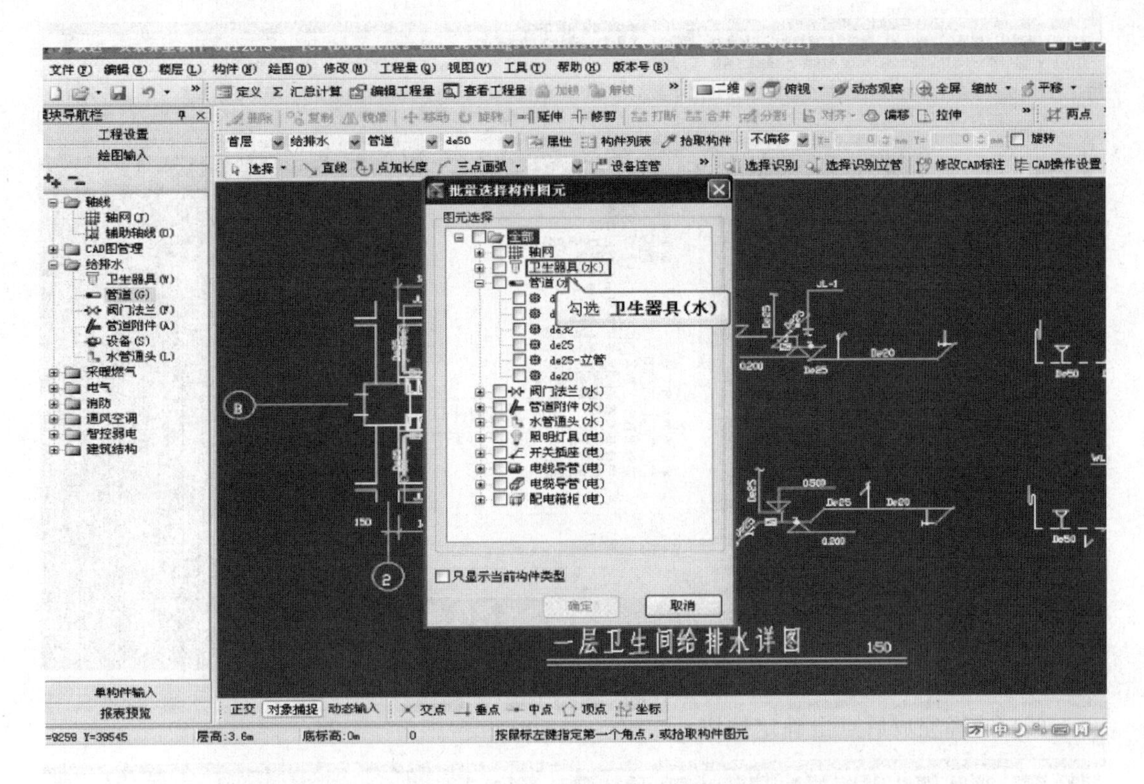

(5) 然后勾选阀门法兰，将所有的阀门选中。

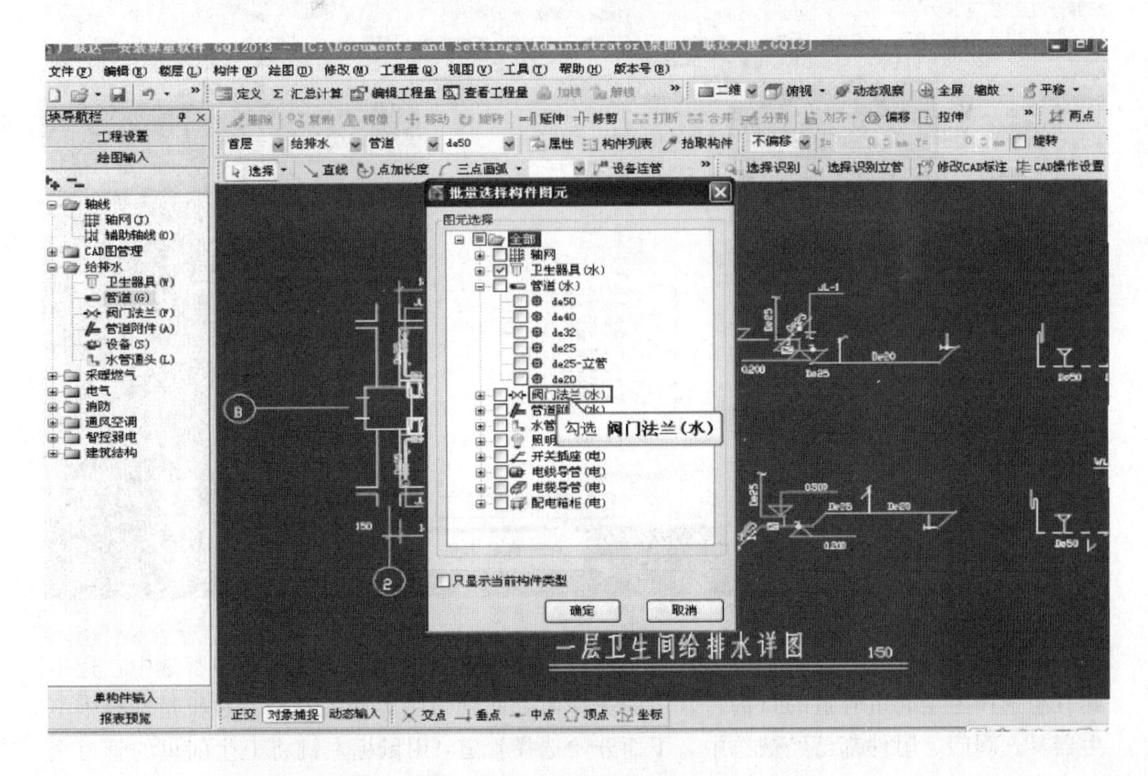

(6) 然后勾选管道附件，将所有的管道附件选中。

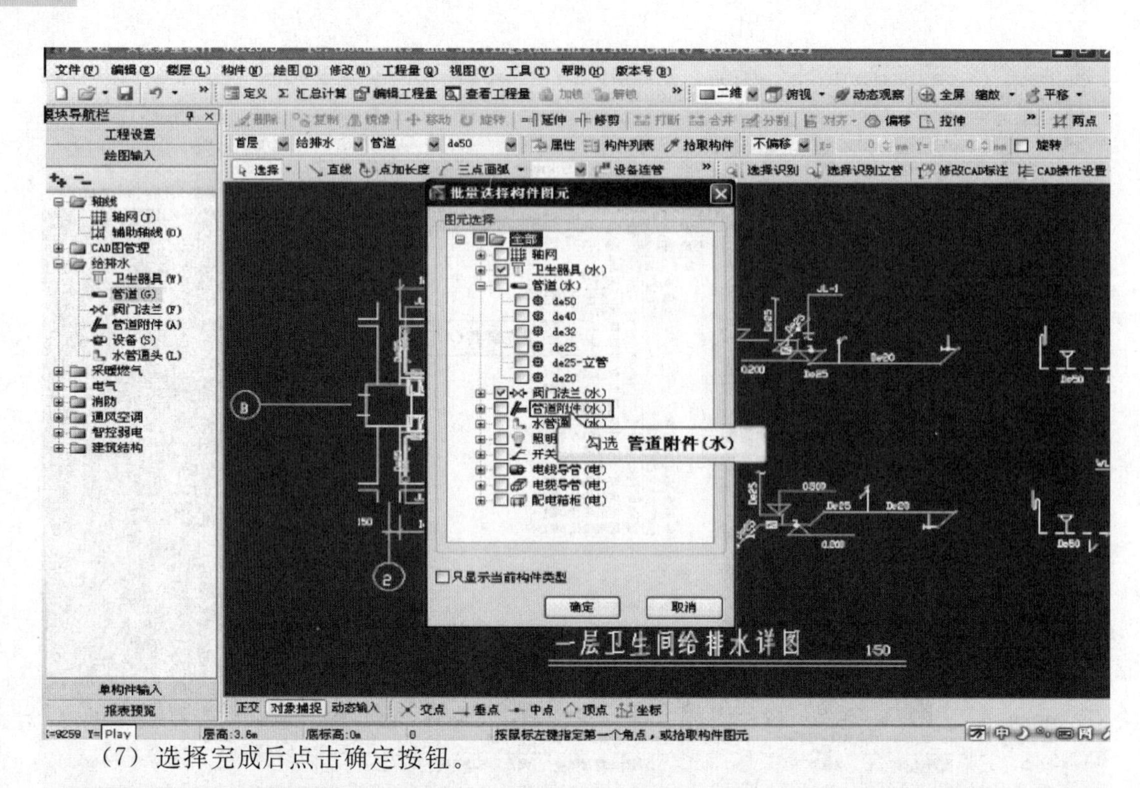

（7）选择完成后点击确定按钮。

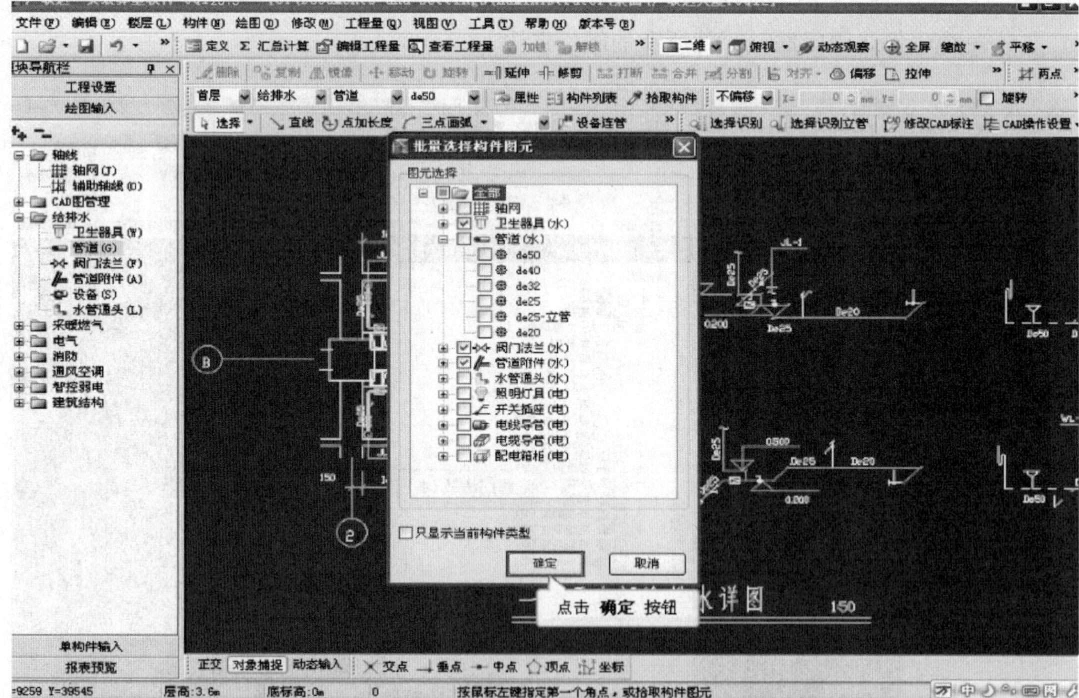

（8）对于卫生间管道的选择，在这个窗口勾选的话会把首层所有的管道都选中，达不到只想选择卫生间里管道的目的，管道的选择需要回到绘图界面去选择。在批量选择中卫生器具、阀门、附件都已经被选中，下面开始选择管道，用鼠标左键将卫生间里的管道全部选中后，以这个卫生间为一个样板，复制一个卫生间到首层平面图的给水立管 1 的位

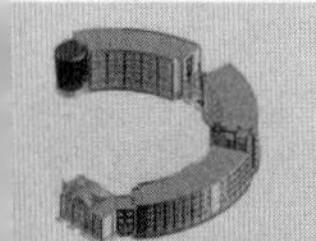

置，也可以用移动功能达到目的，为了防止后面操作错误，保留一个样板基准，点击工具栏上的复制按钮。

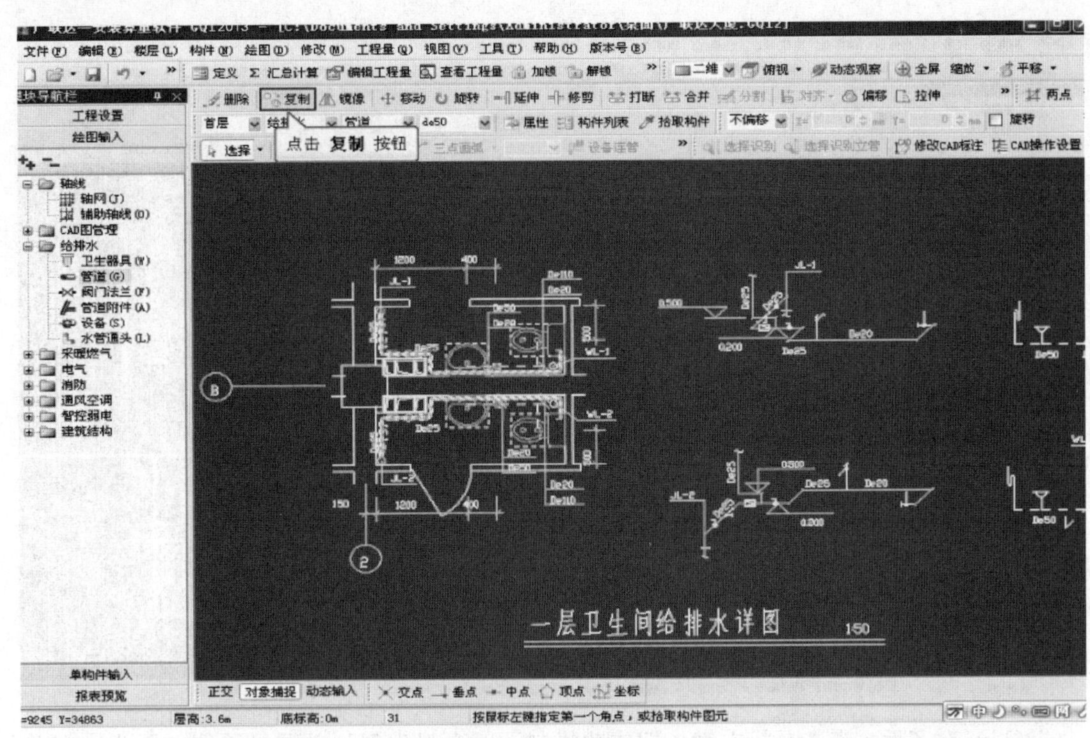

(9) 按照状态栏提示，鼠标左键指定一个基准点，暂且以立管 1 的位置作为基准点，在此处点击鼠标左键。

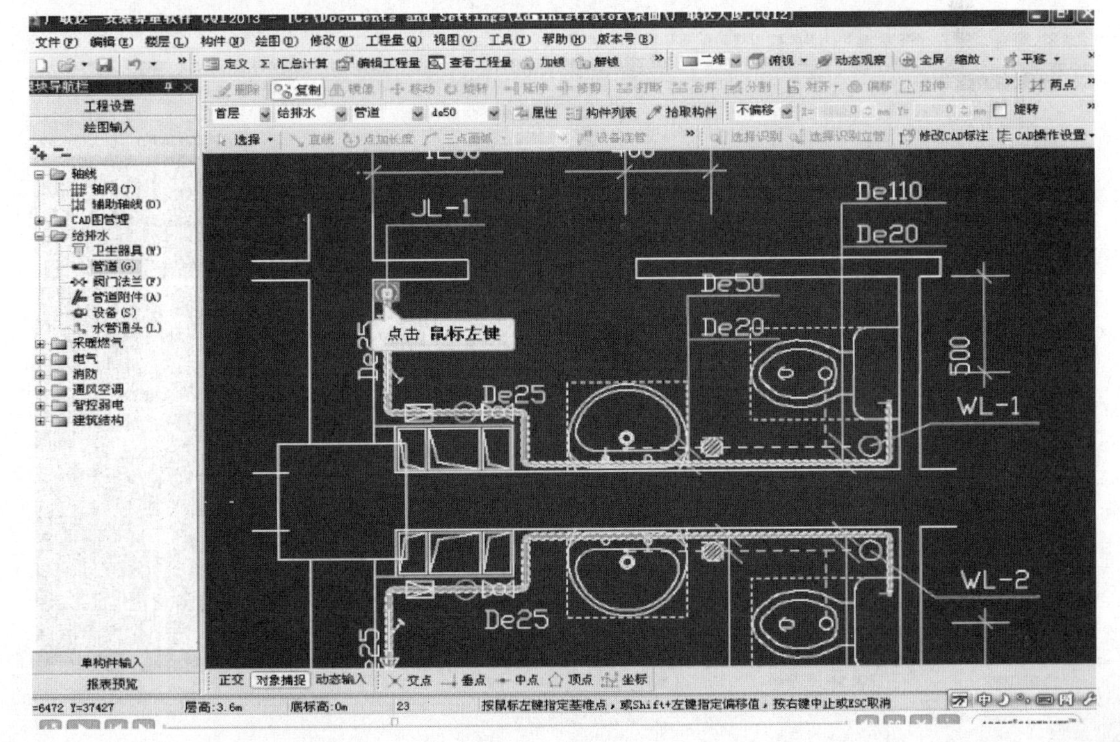

（10）拖动鼠标，移动界面，找到平面图上设置卫生间的位置，将卫生间中的给水立管1与平面图上的给水立管1对齐。

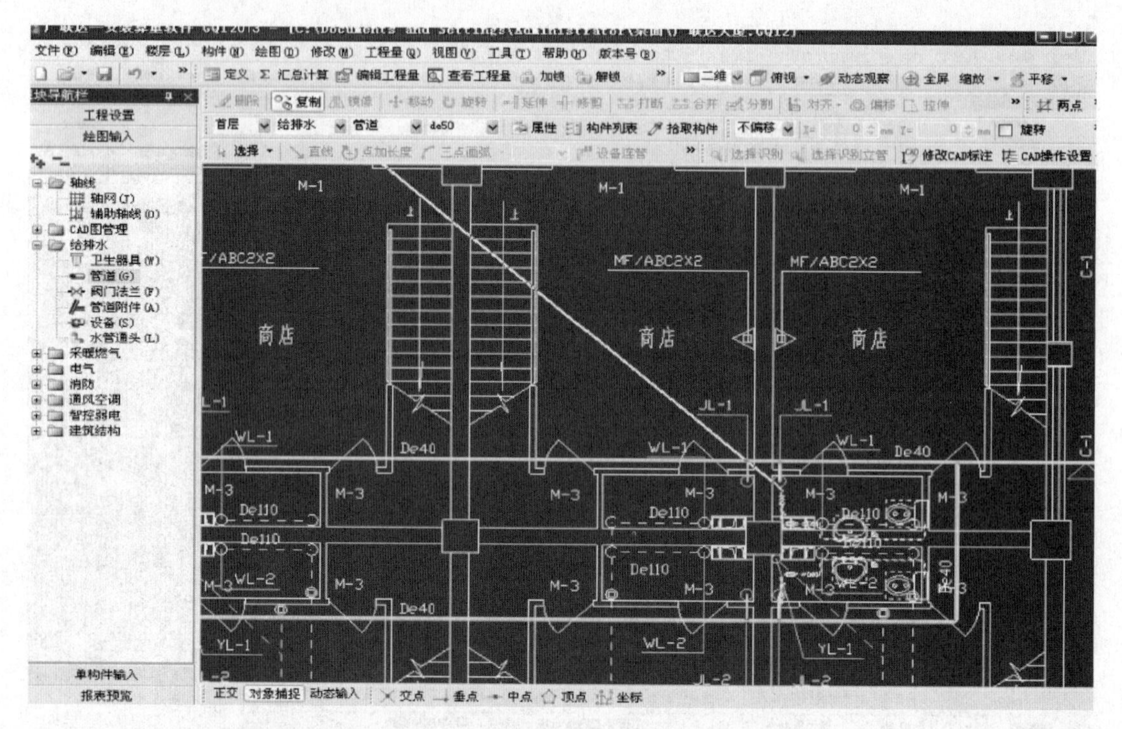

（11）对齐后，点击鼠标左键，即成功复制了一个卫生间到首层平面图，因为中间并未出现差错，便可将样板删除掉了。

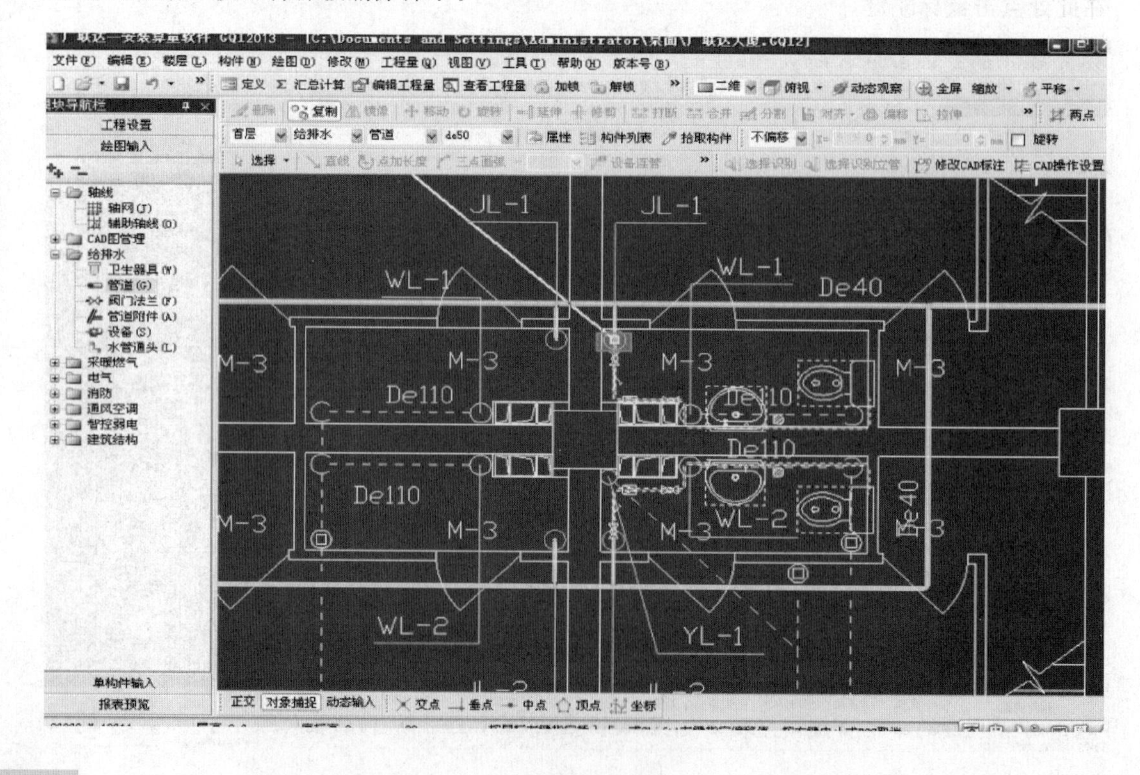

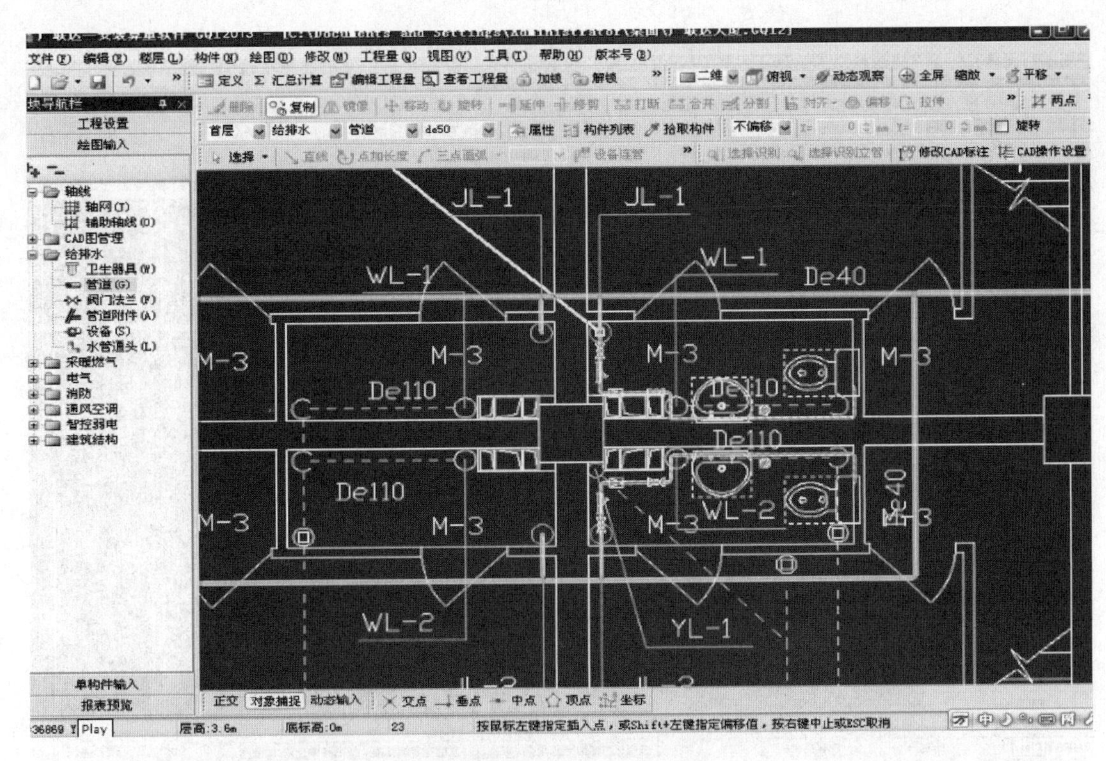

（12）放大界面可以看到卫生间和给水立管1刚好吻合。

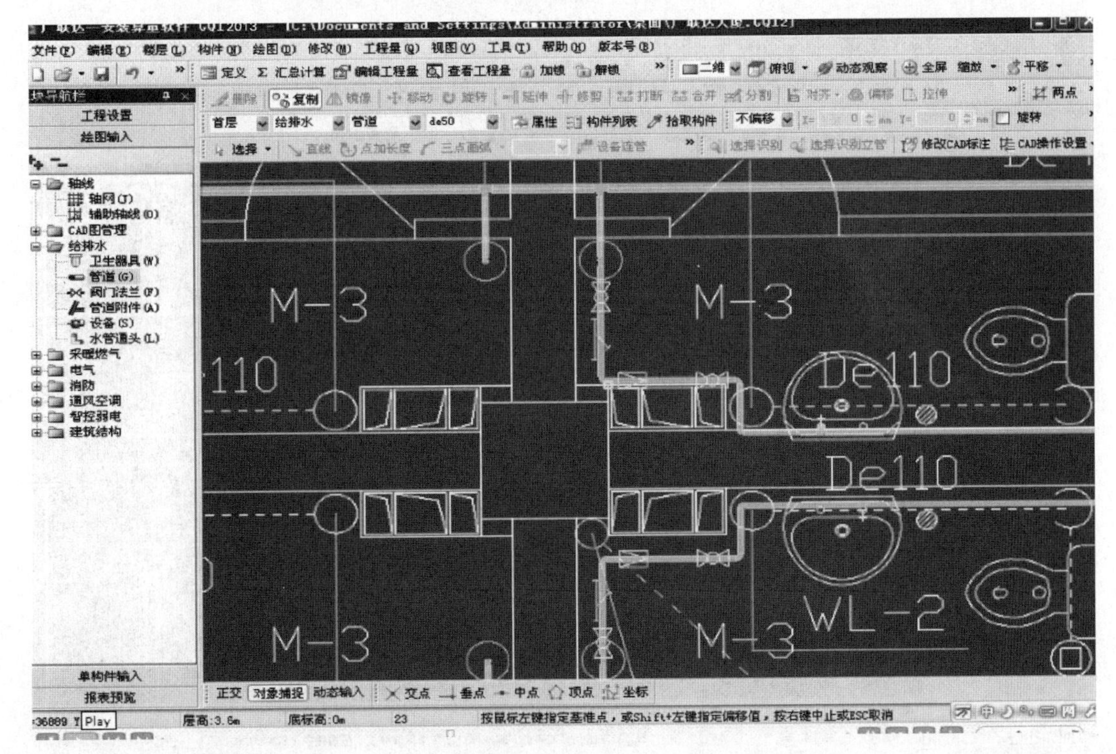

（13）在工程的首层可以看到每个卫生间都是一样的，所以只需要将这个卫生间镜像复制到相应位置即可。先将卫生间镜像到左侧给水立管1处。

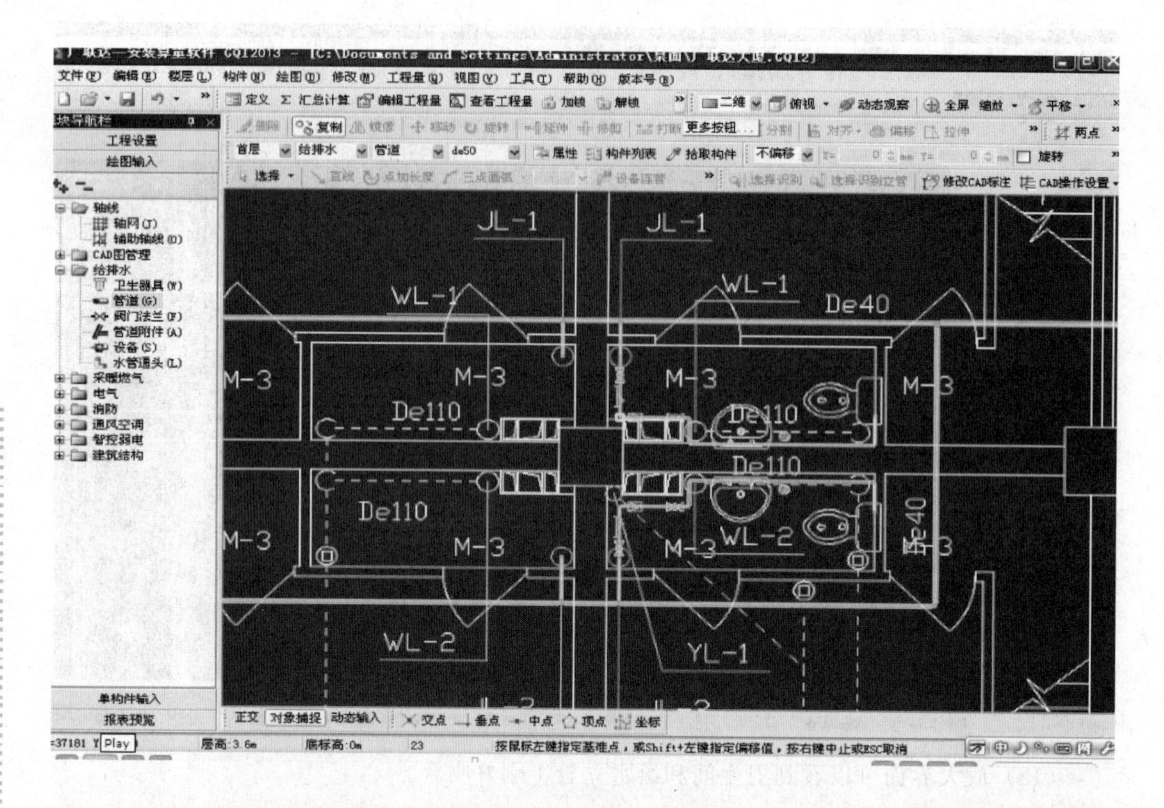

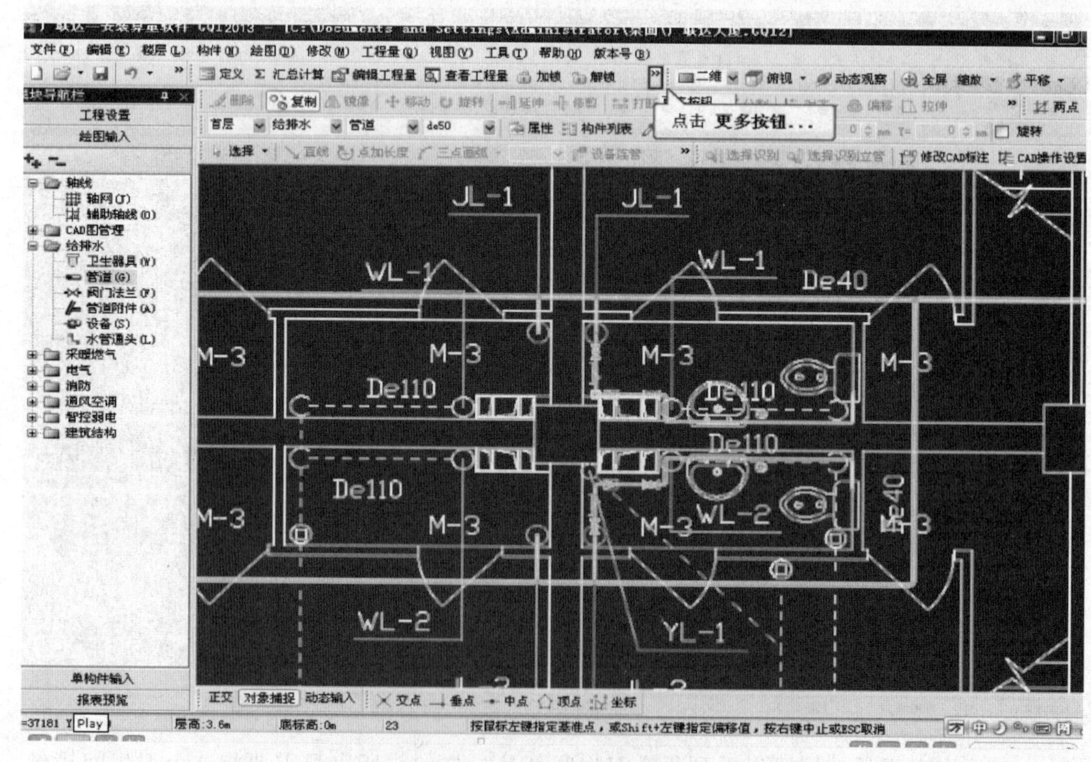

（14）鼠标左键选择工具栏上的选择按钮，退出复制功能。

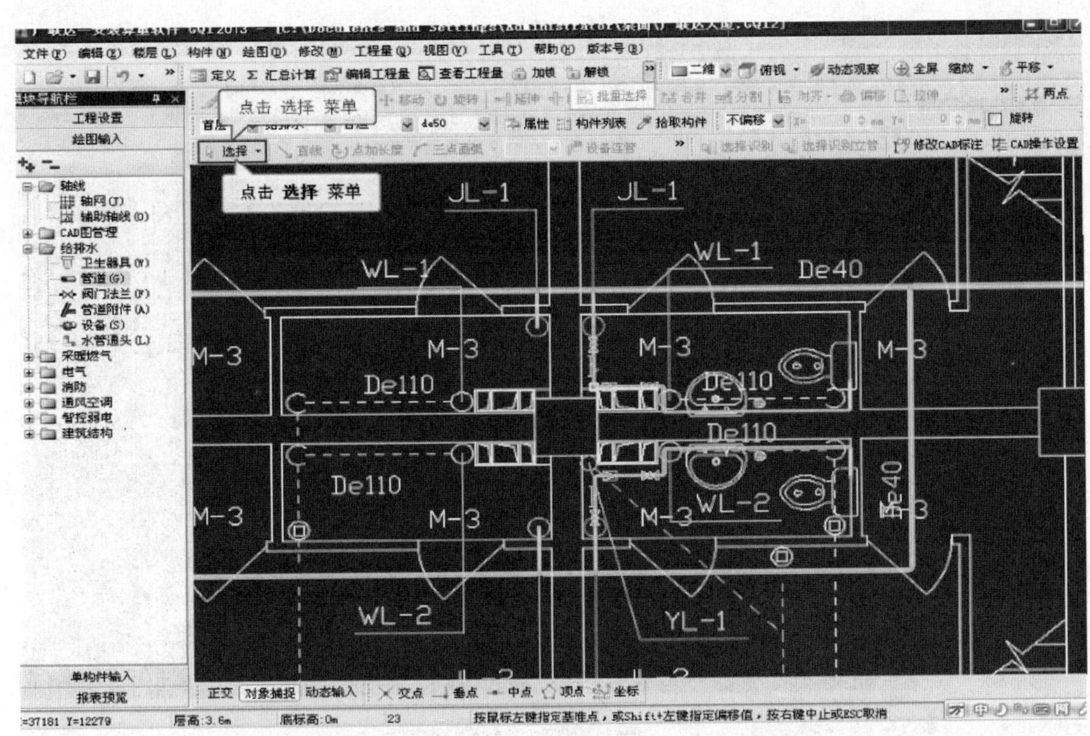

（15）用同样的方法借助批量选择功能将卫生间中的图元选中，点击工具栏显示更多按钮。

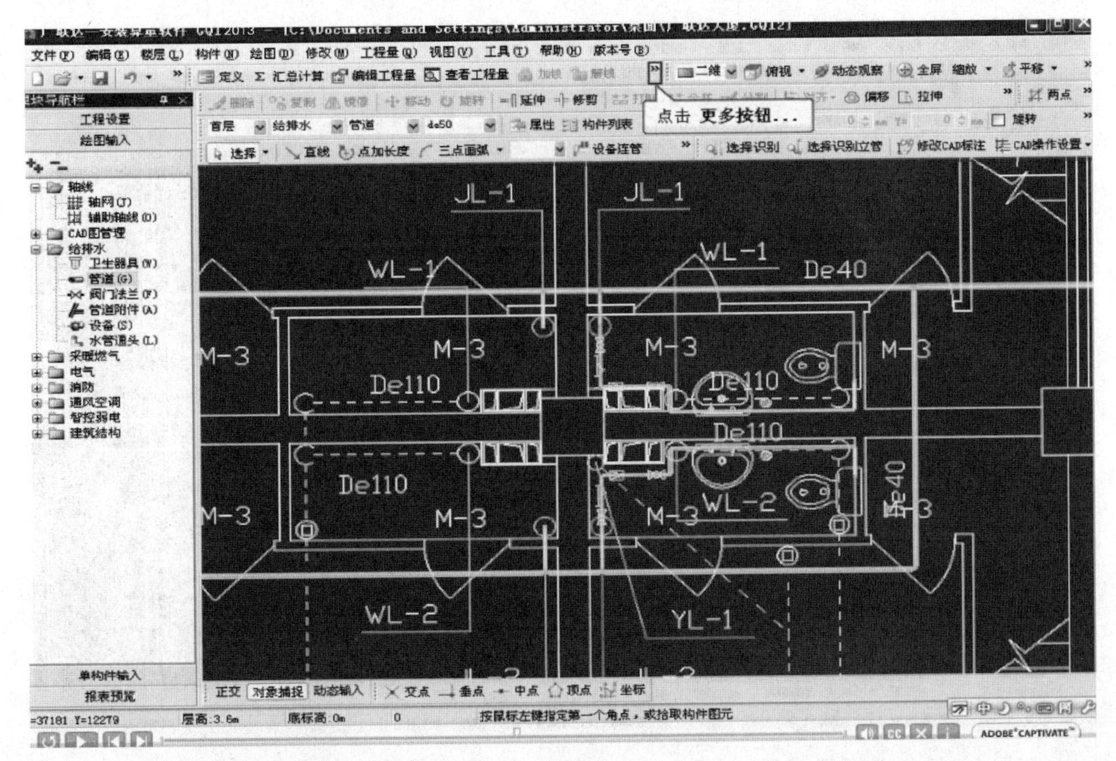

（16）点击下面的批量选择按钮。

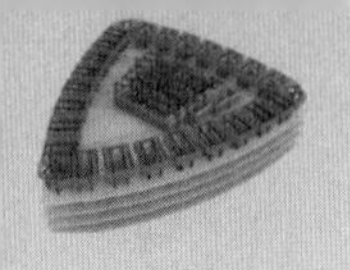

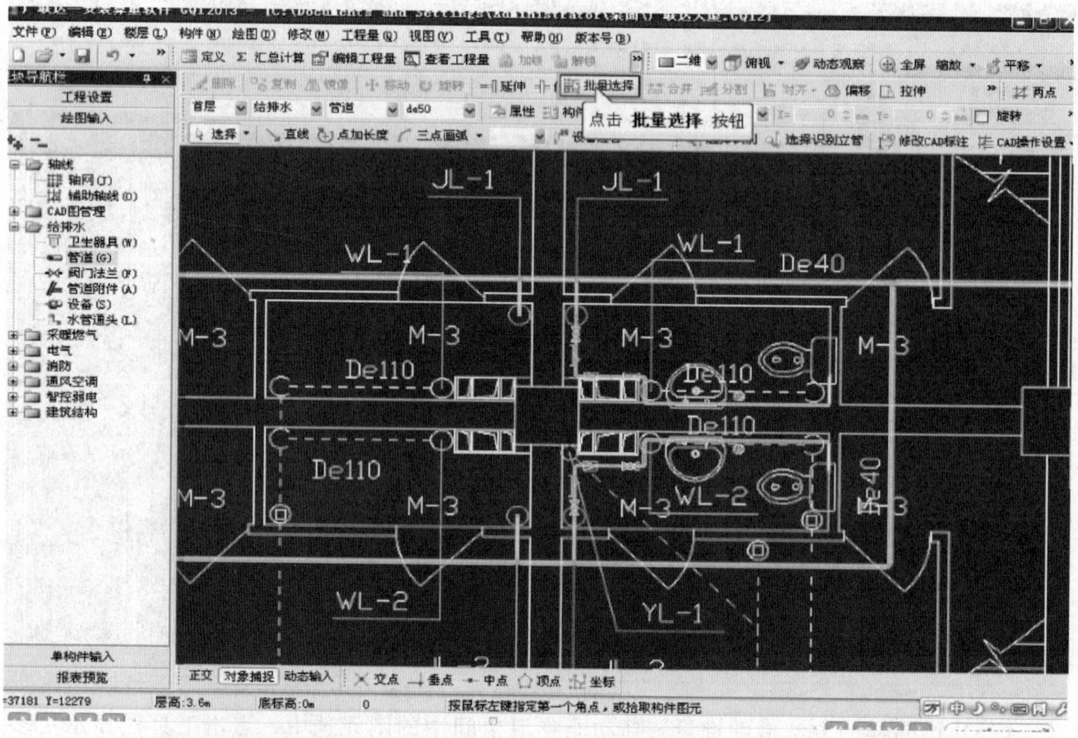

（17）在弹出的批量选择构件框中依旧是先勾选卫生器具。

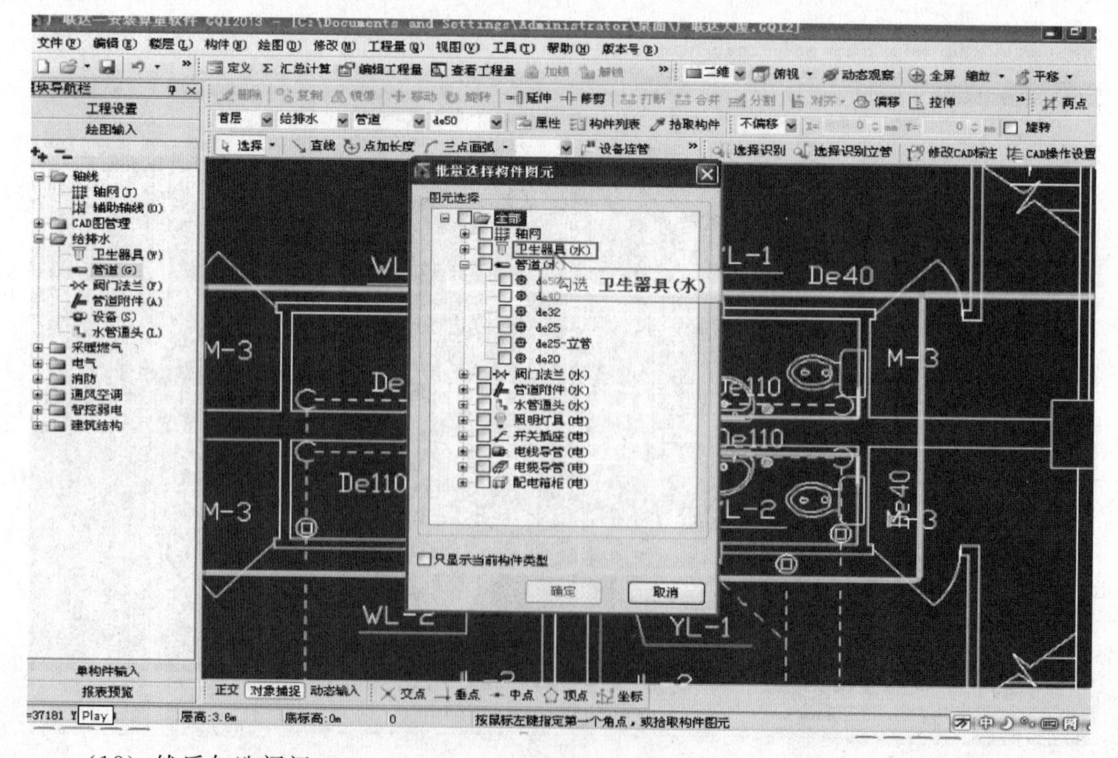

（18）然后勾选阀门。

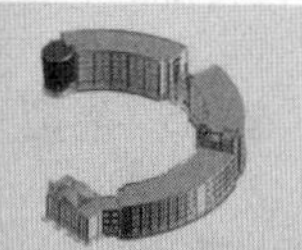

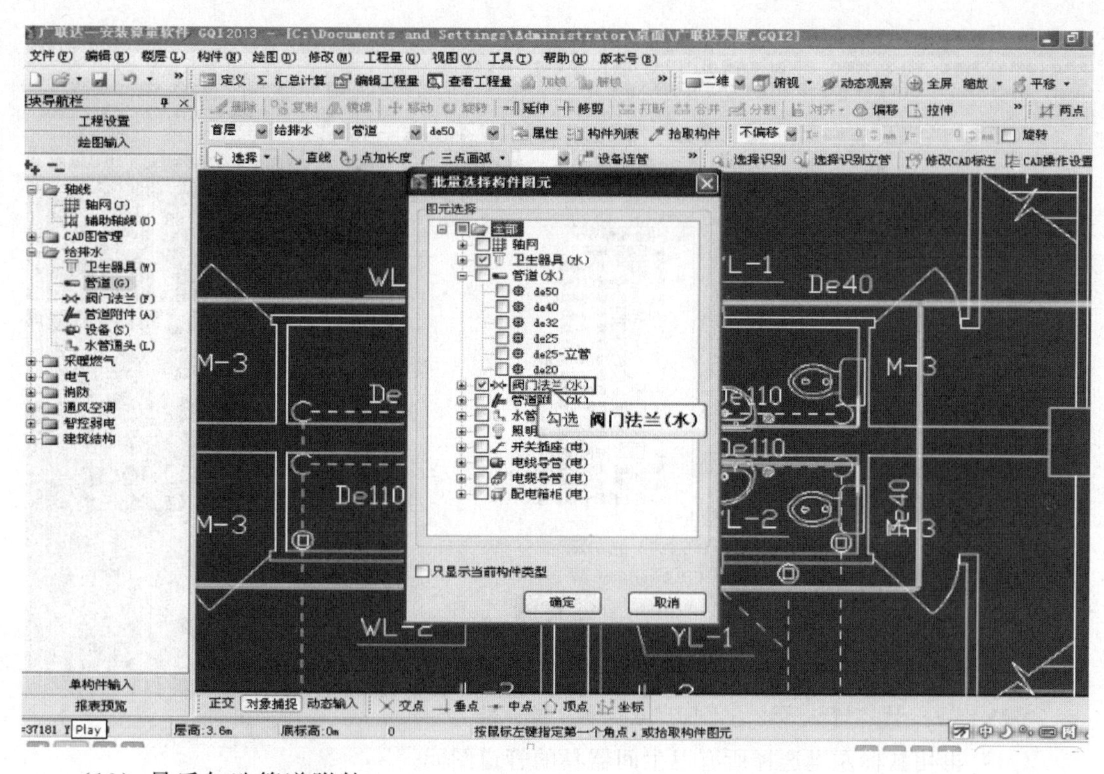

（19）最后勾选管道附件。

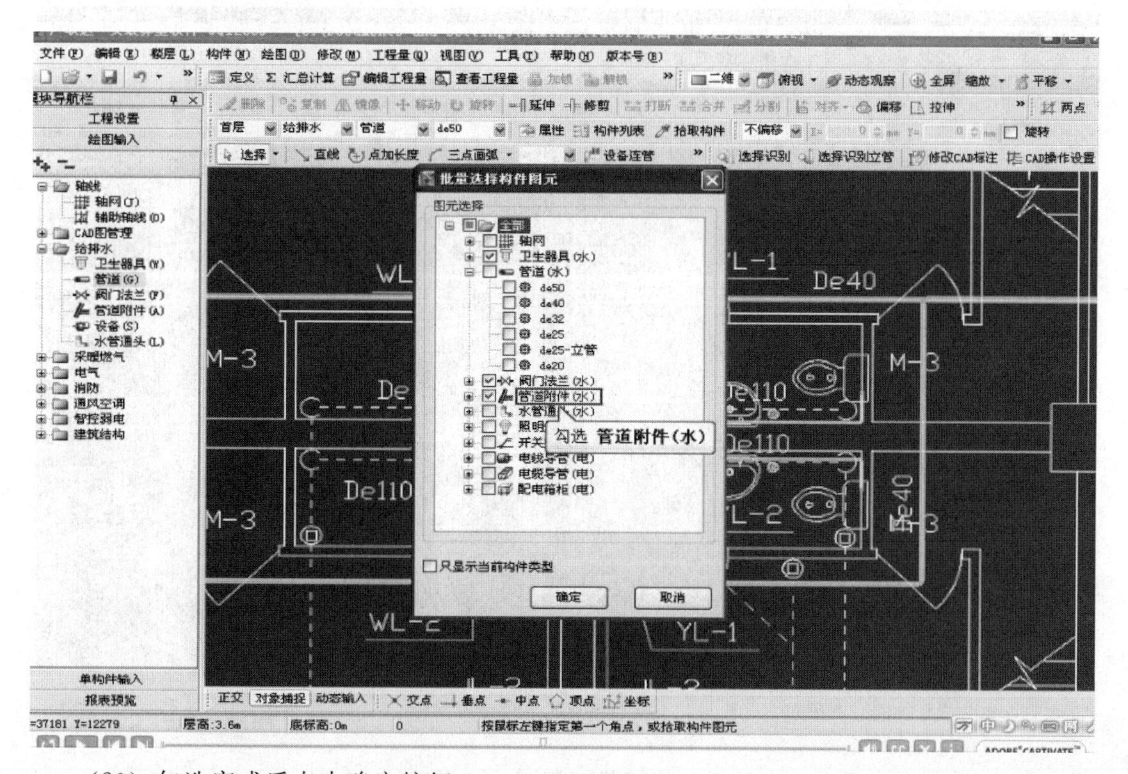

（20）勾选完成后点击确定按钮。

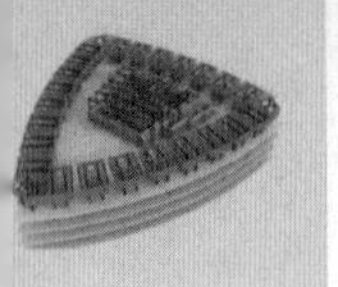

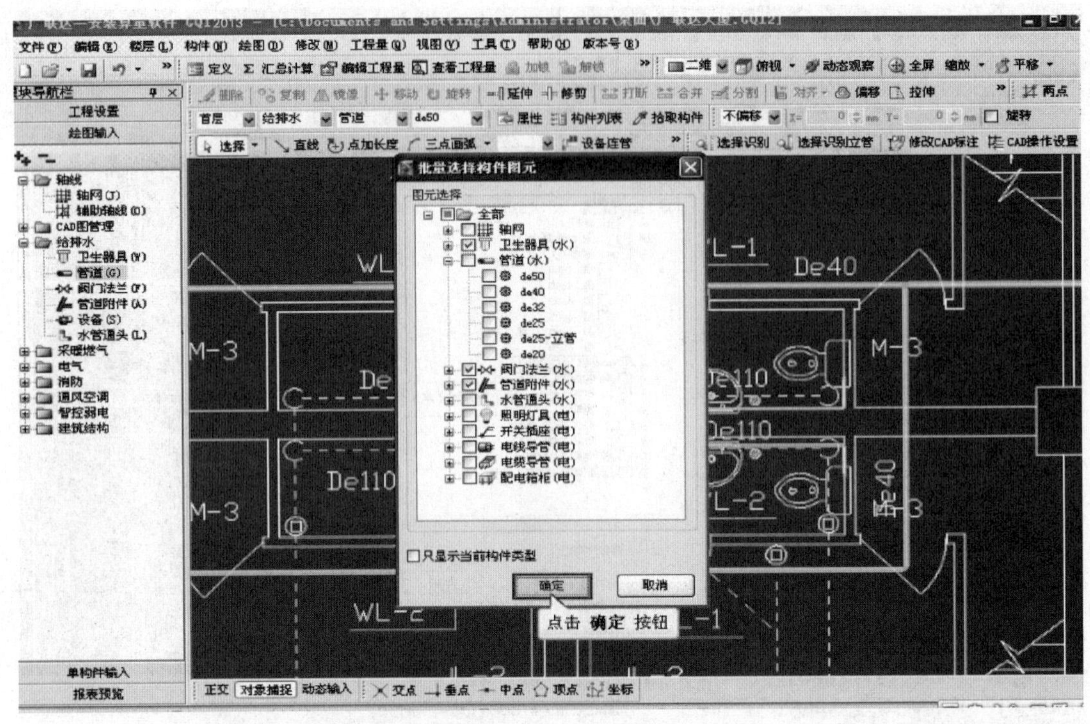

（21）再用鼠标左键选择所有卫生间器具的管道图元。

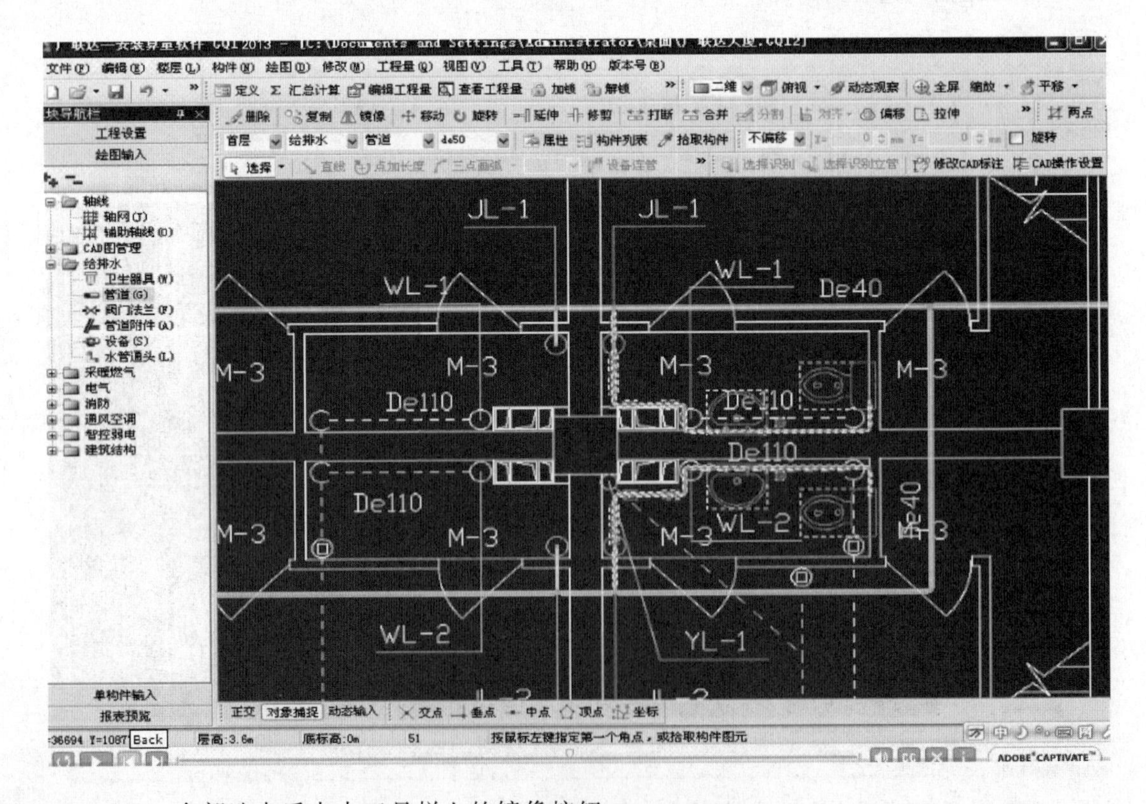

（22）全部选中后点击工具栏上的镜像按钮。

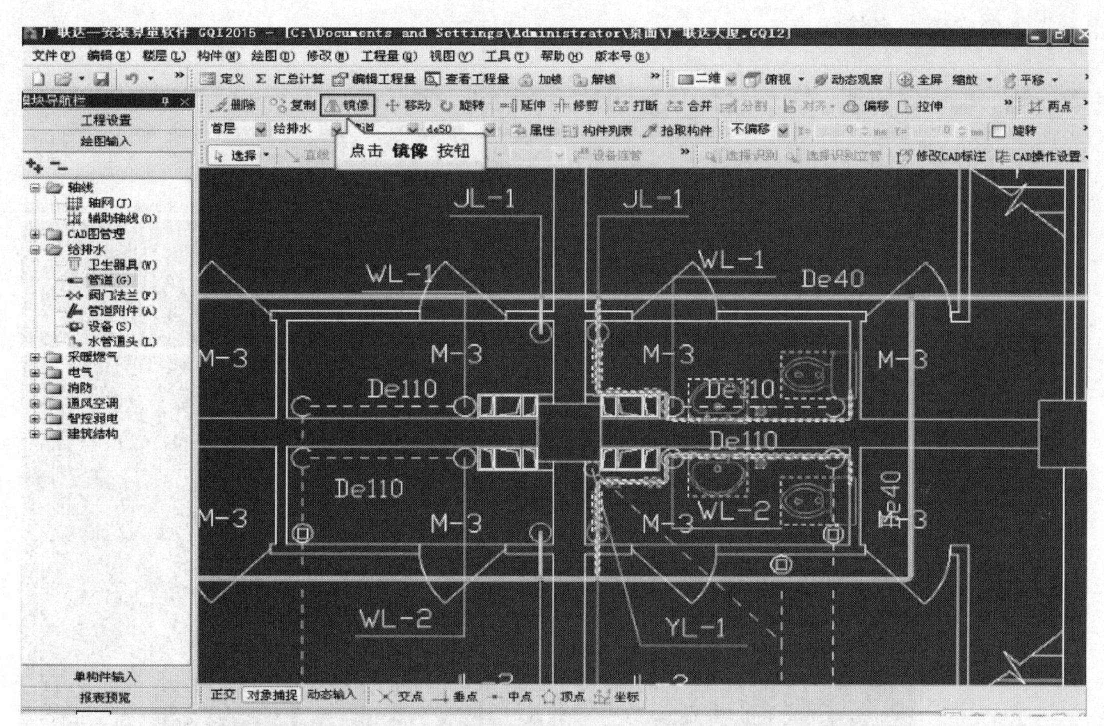

（23）镜像时，需要指定一条镜像线，镜像线一定要捕捉精确才能将卫生间准确地镜像到左侧的水平立管1位置。用捕捉两个给水立管1和两个给水立管2中间的横中点来精确地定位镜像线，点击构件下方工具栏上的中点按钮。

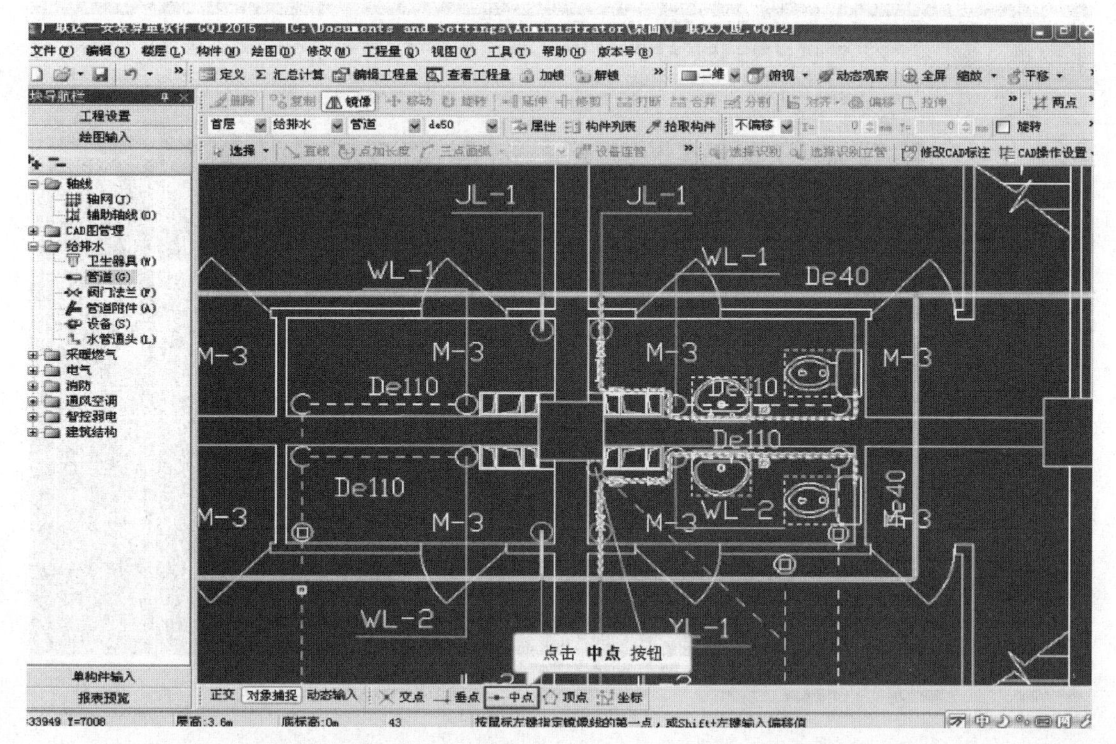

（24）先捕捉两个给水立管2中间横管的中点，当光标变成黄色的三角框后，三角框

上点击确定第一个镜像点。

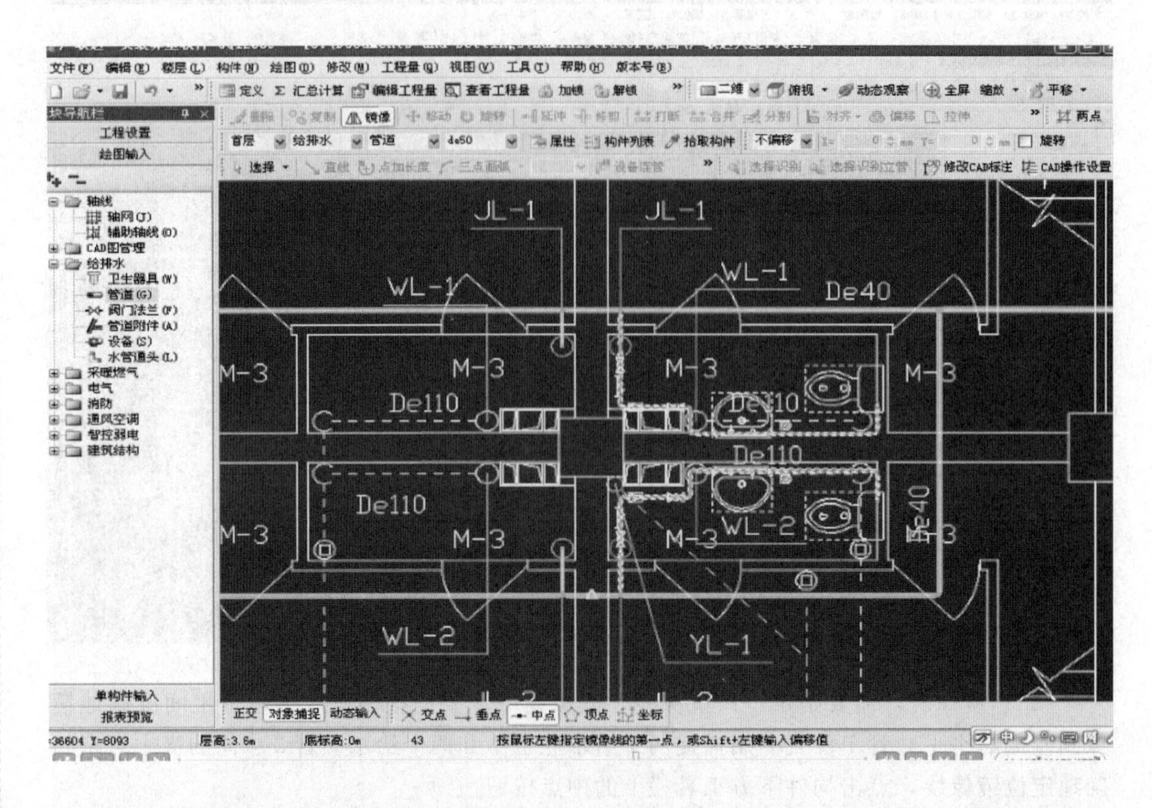

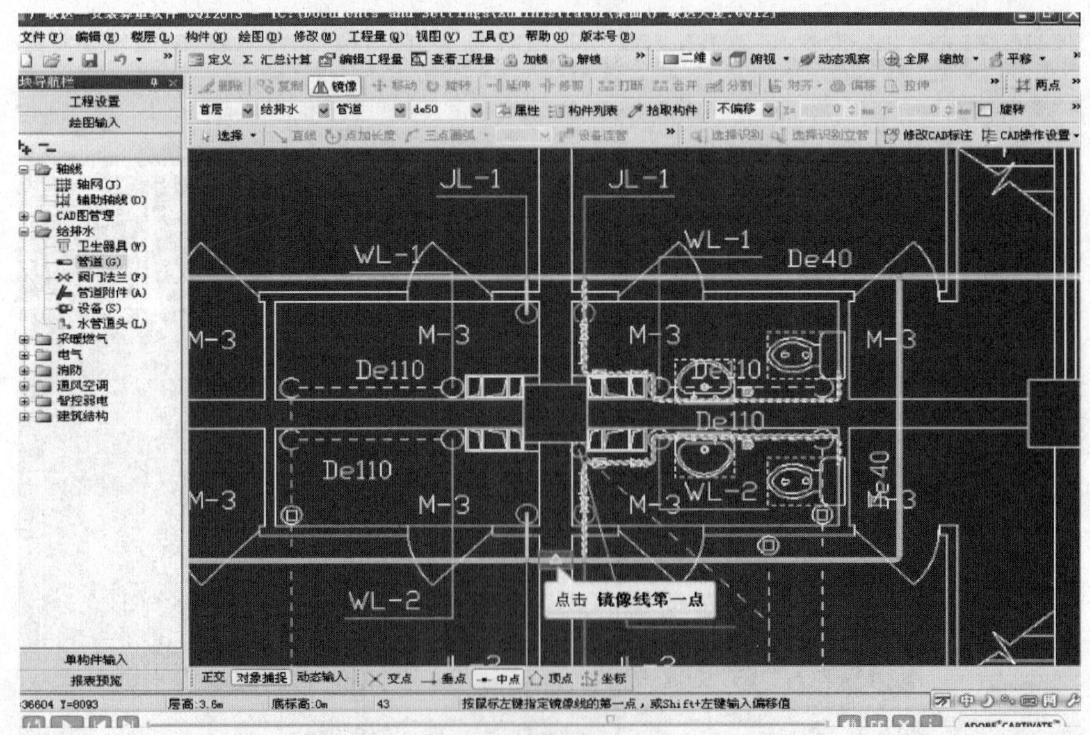

（25）再指定第二个镜像点，即确定了镜像线。

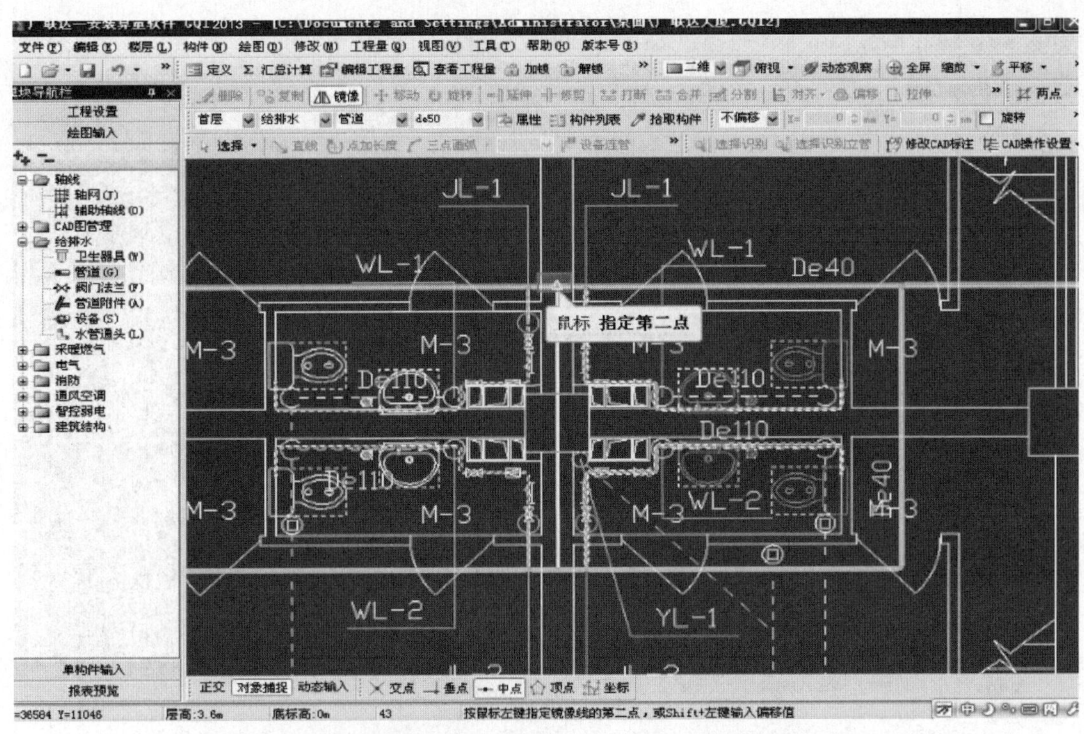

（26）软件会弹出是否删除原有图元的提示，因为是要保留原有图元，点击否。

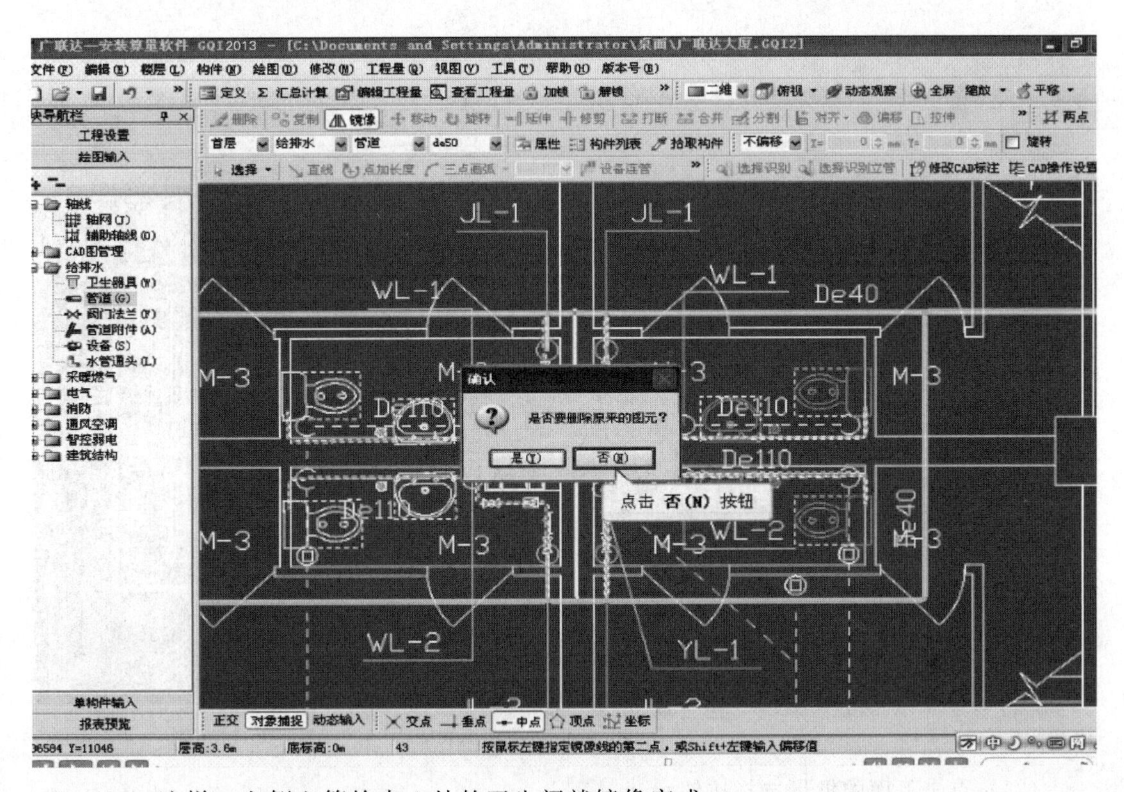

（27）这样，左侧立管给水1处的卫生间就镜像完成。

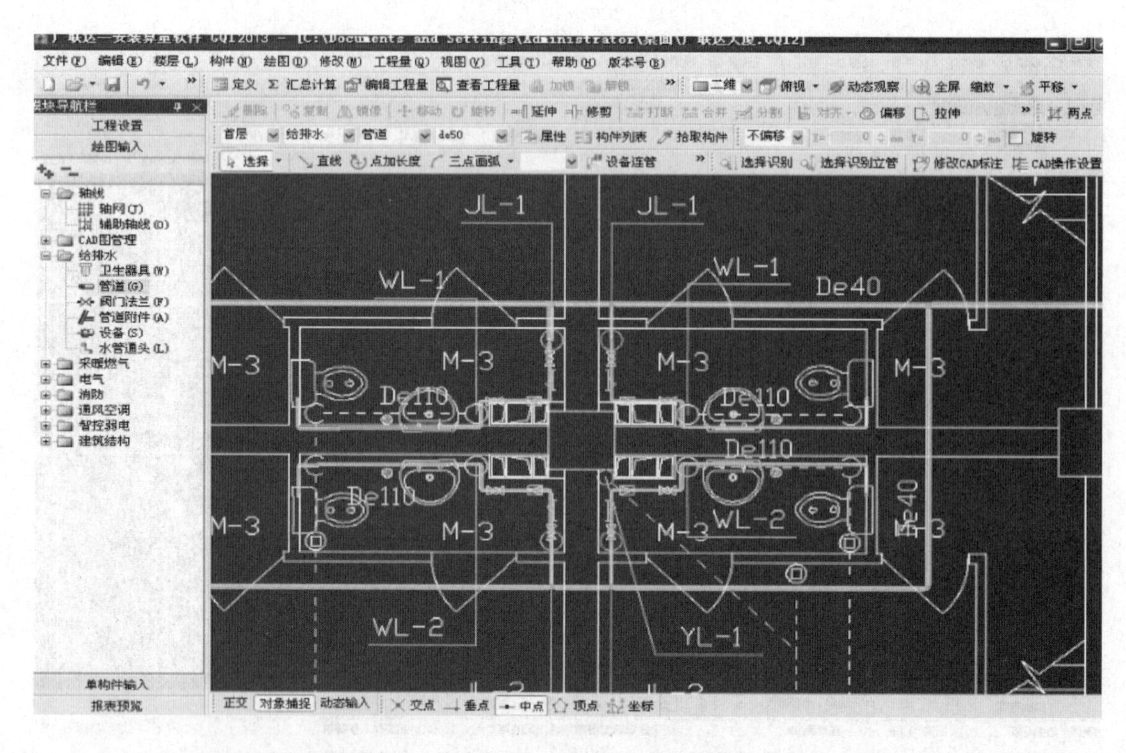

（28）用同样方法再把这两个卫生间复制到相应的位置，点击工具栏显示更多按钮。

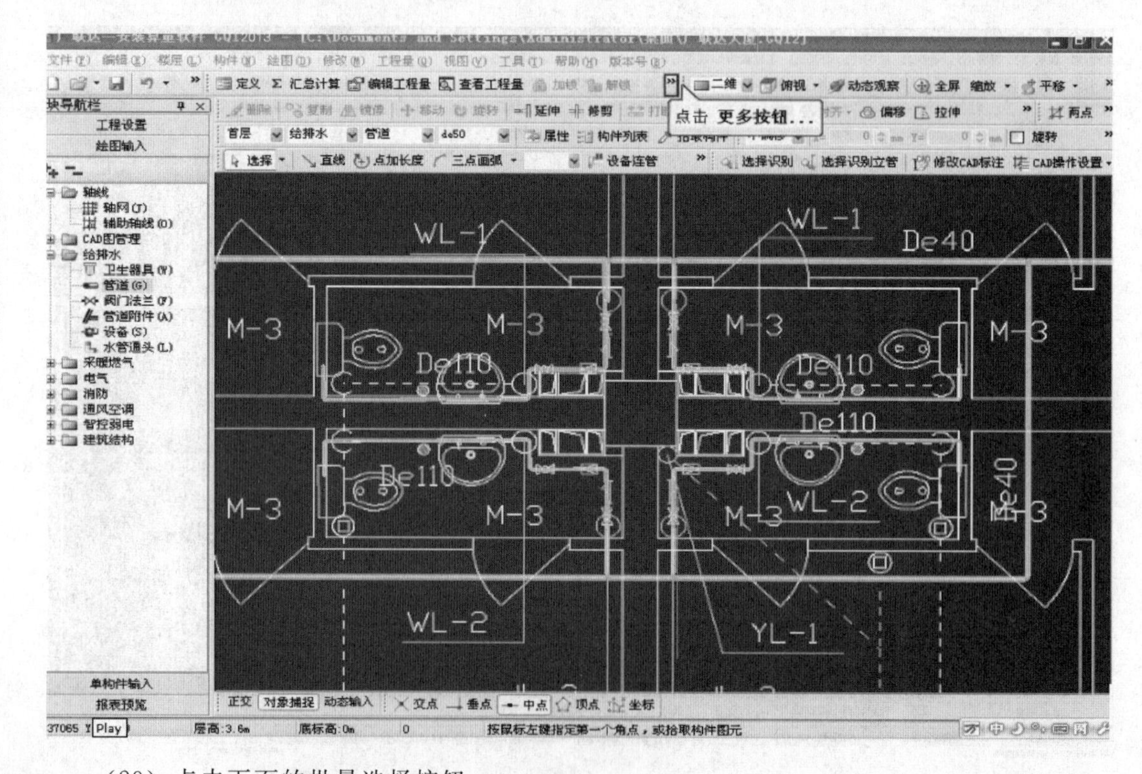

（29）点击下面的批量选择按钮。

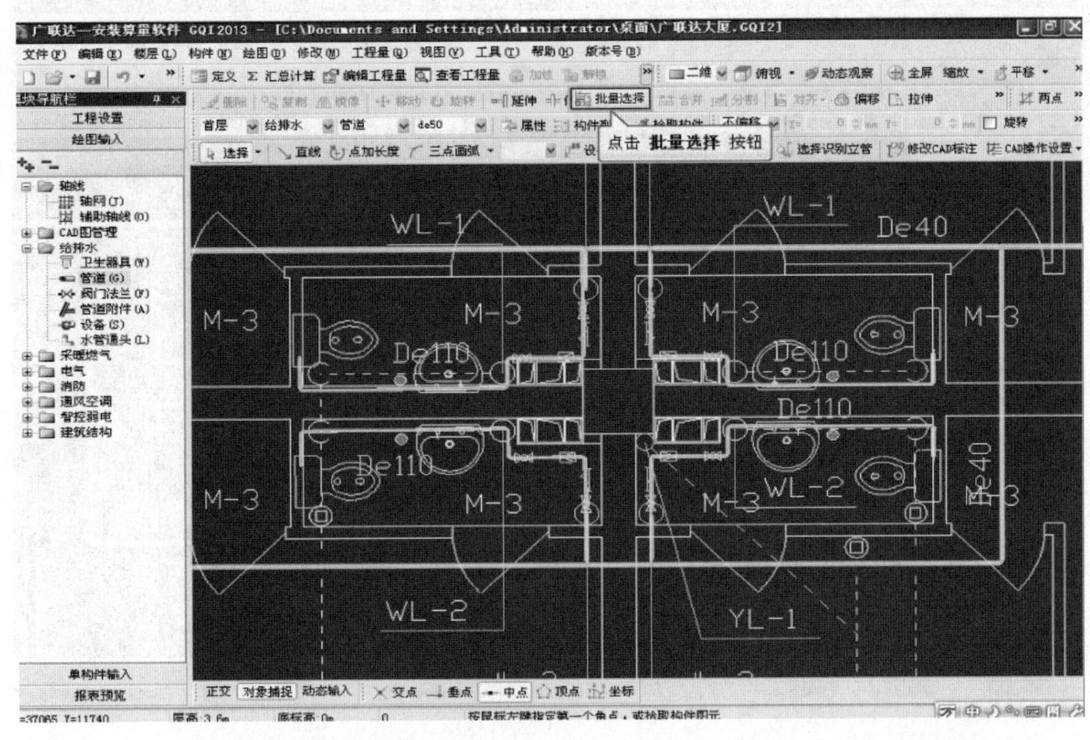

（30）在批量选择的窗口中首先勾选卫生器具。

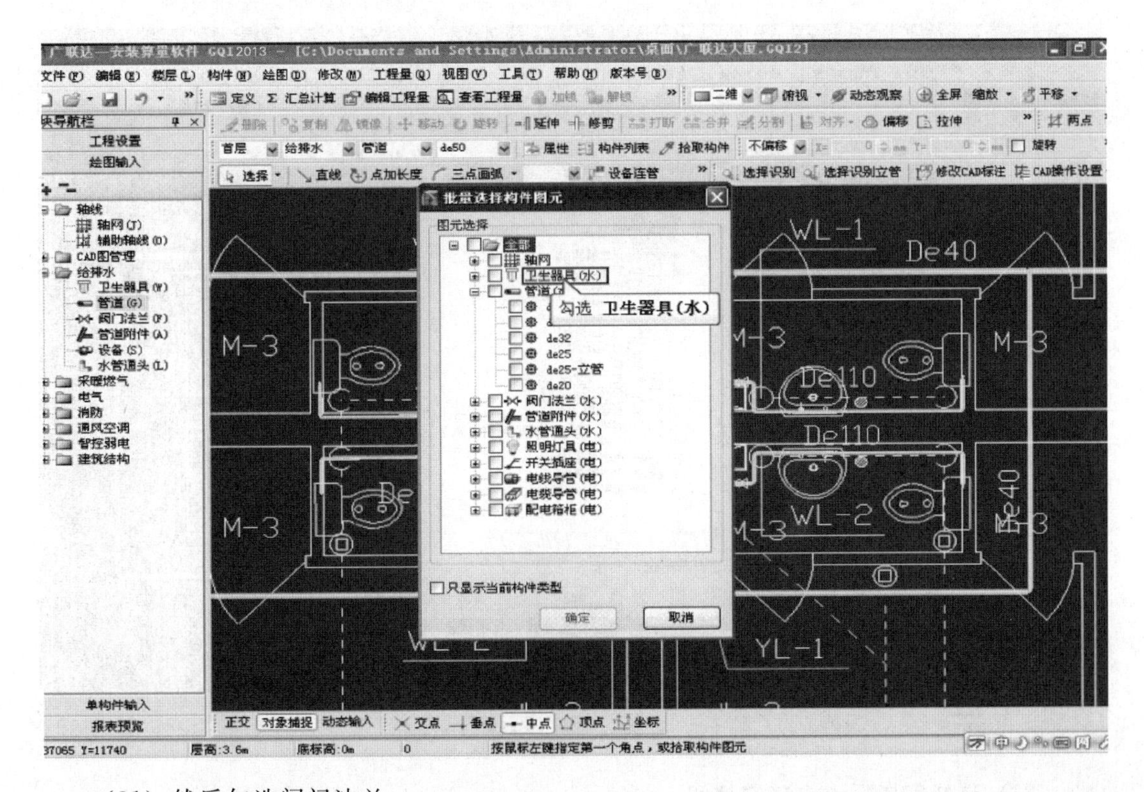

（31）然后勾选阀门法兰。

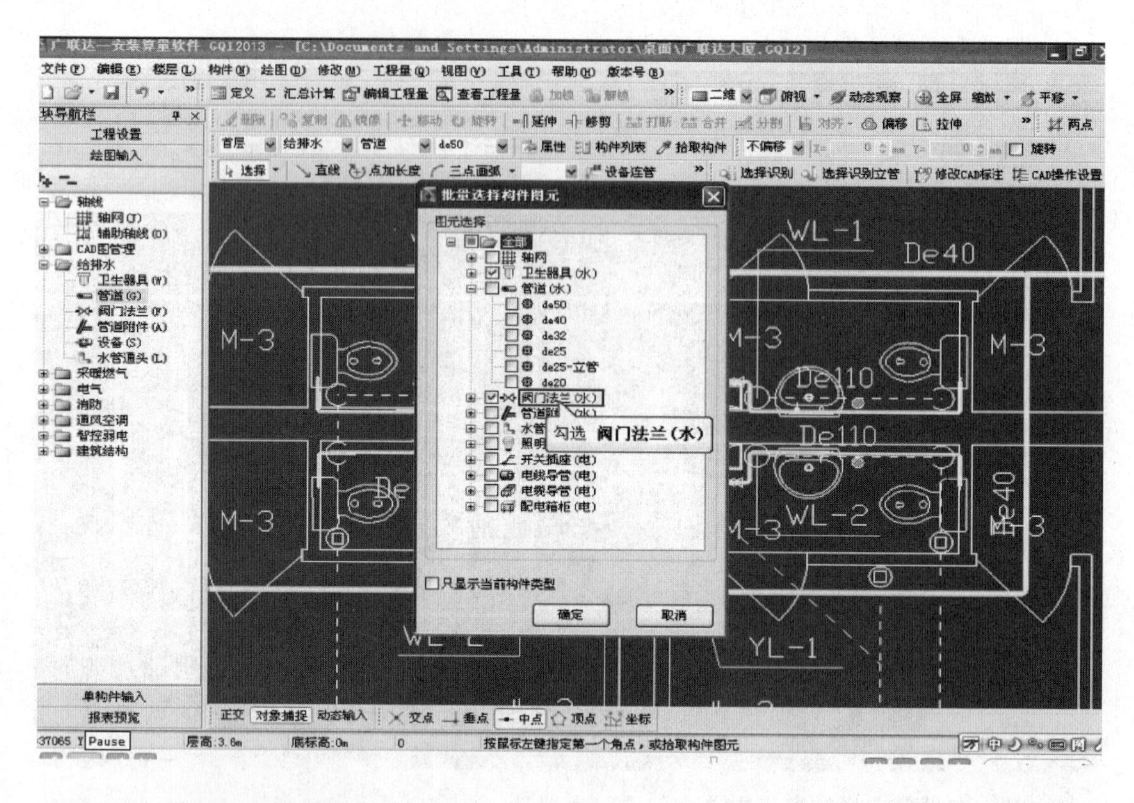

（32）最后勾选管道附件。

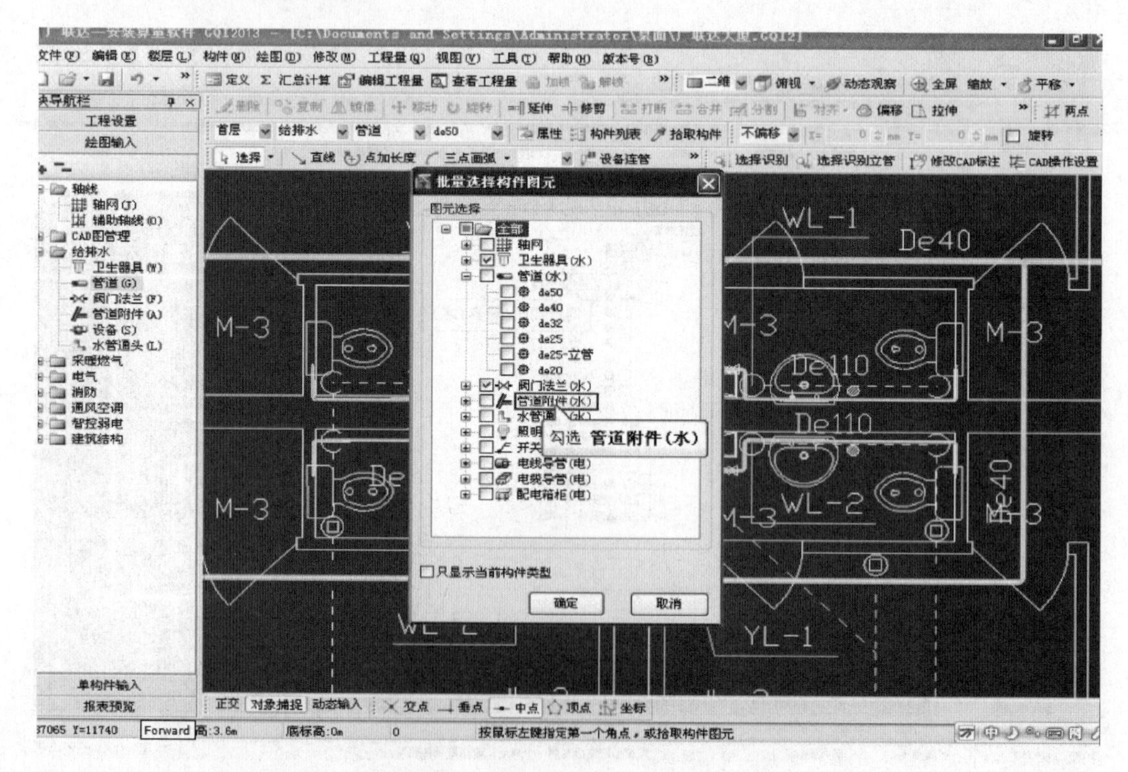

（33）选择完毕后点击确定按钮。

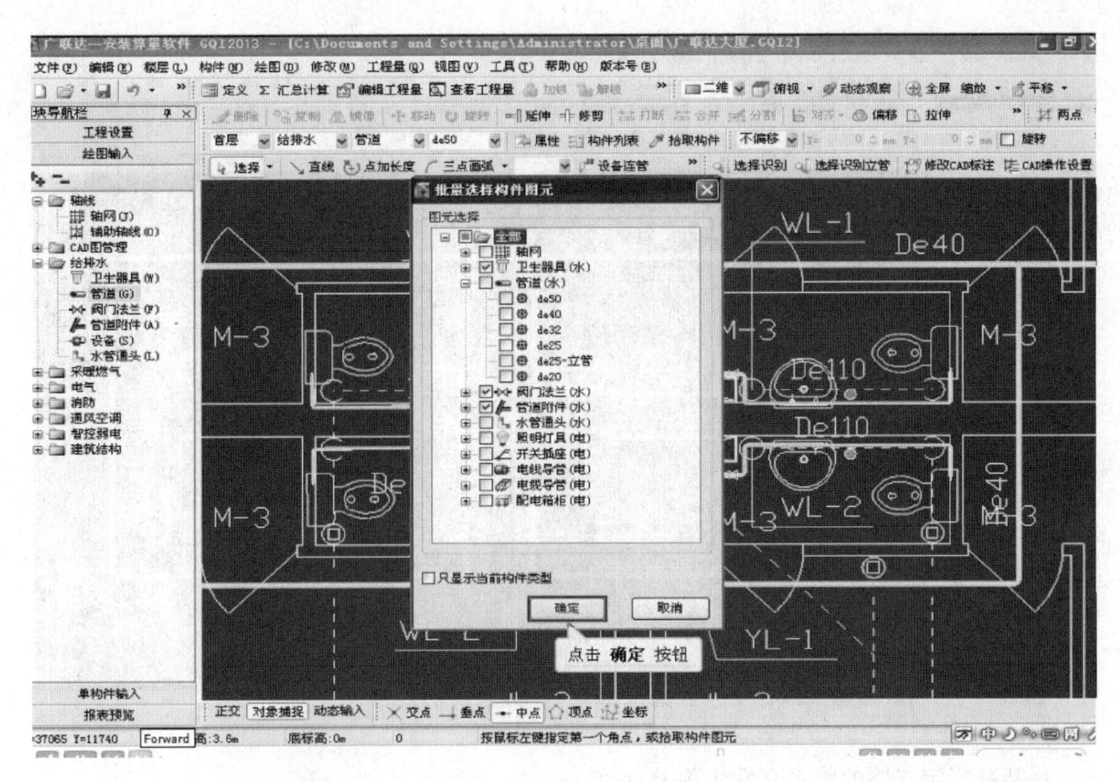

(34) 再用鼠标左键选择卫生间的管道图元，全部选中后点击工具栏上的复制按钮。

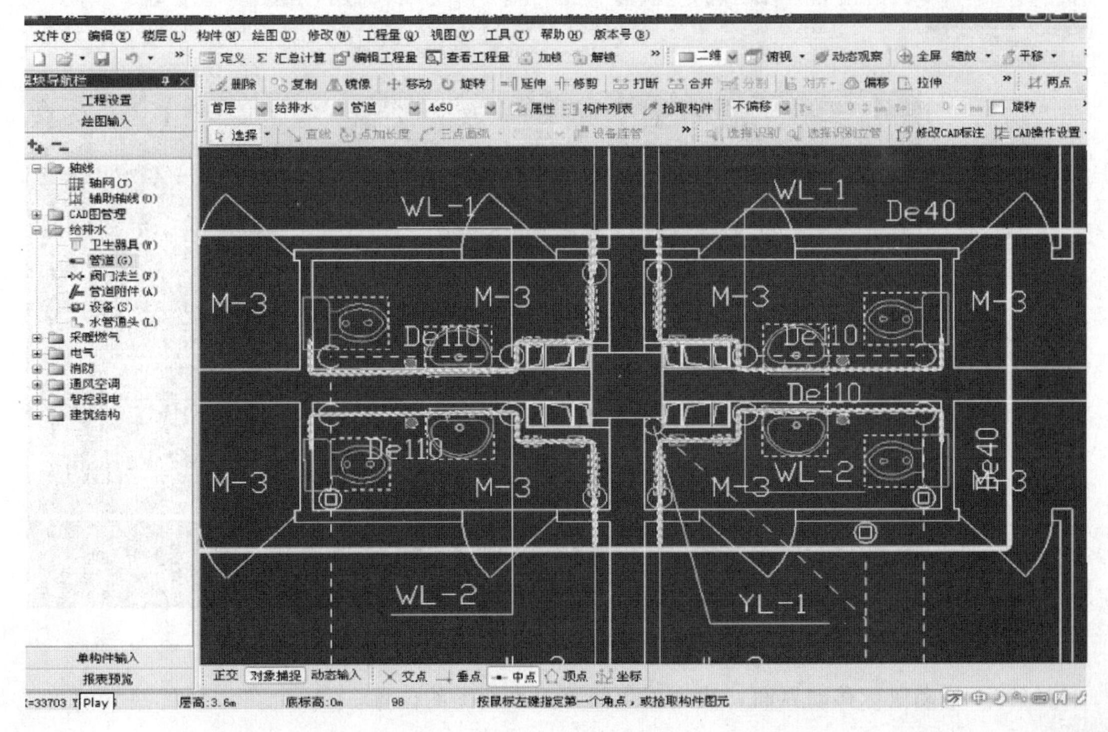

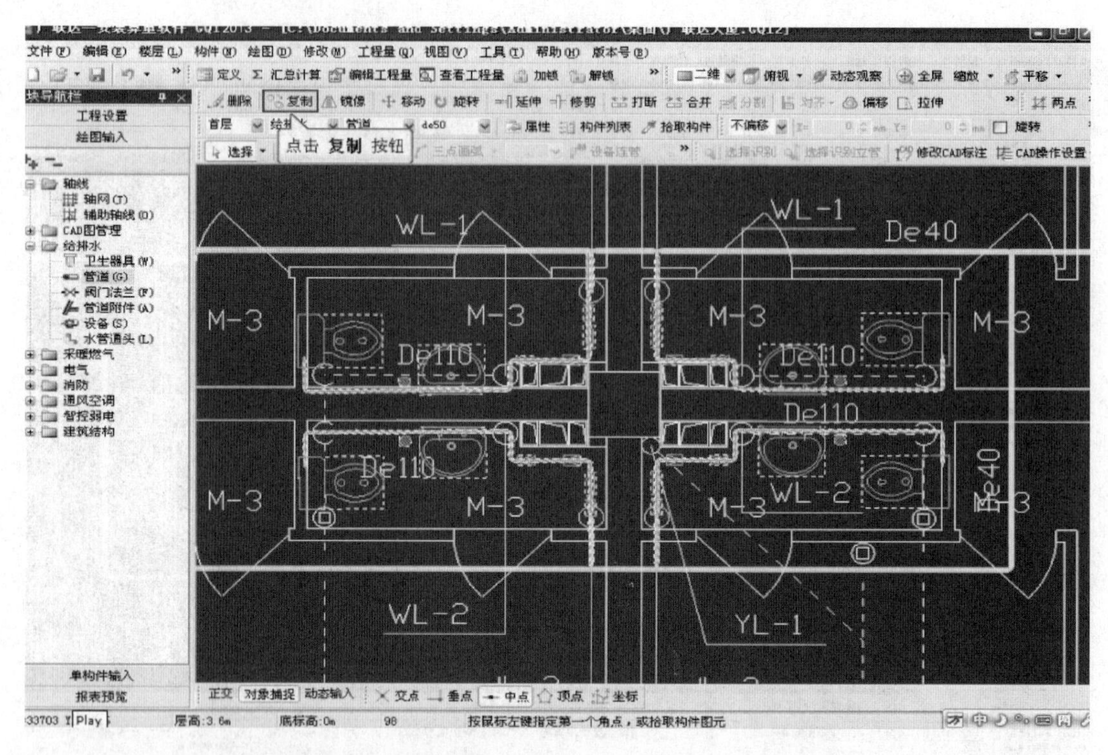

(35）指定右侧的给水立管 1 为基准点。

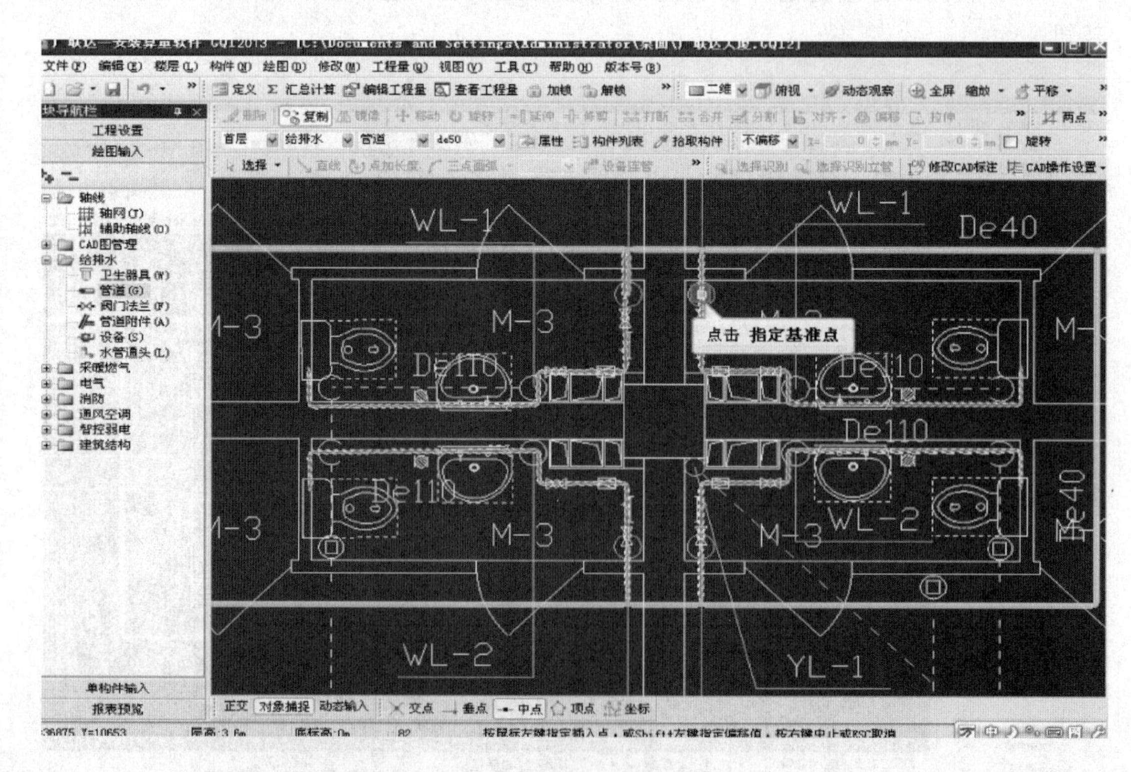

(36）拖动鼠标移动界面，找到卫生间首层平面图的位置。

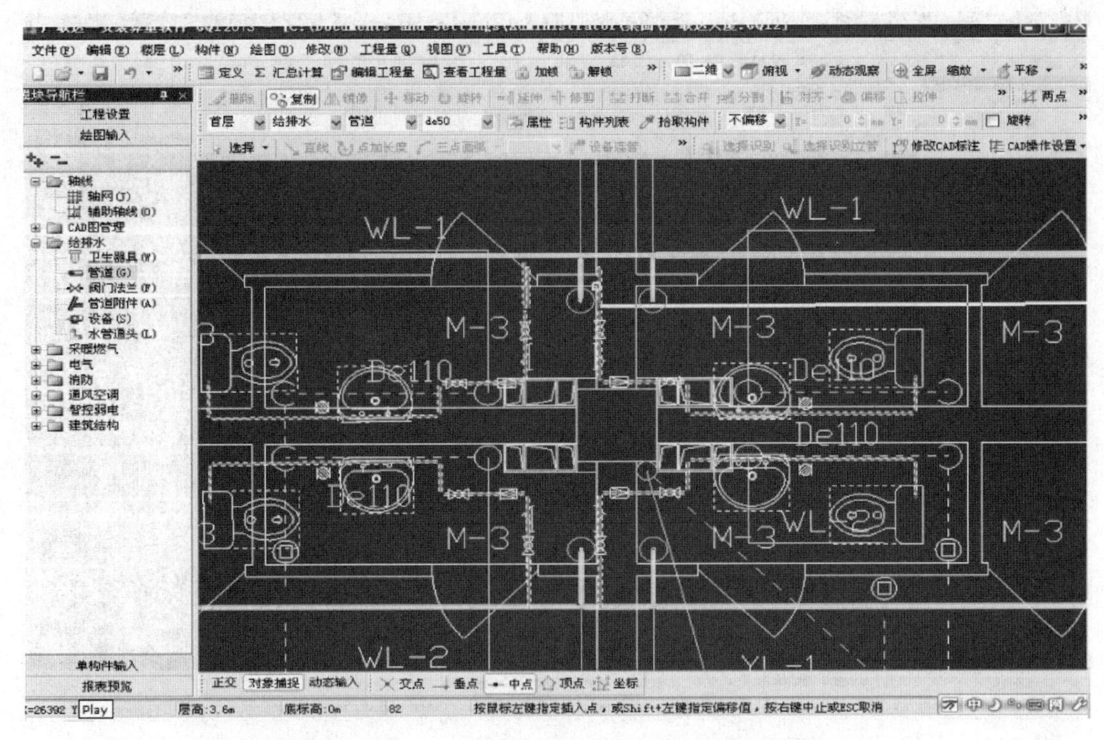

（37）将卫生间的给水立管1与首层平面图上的给水立管1对齐。

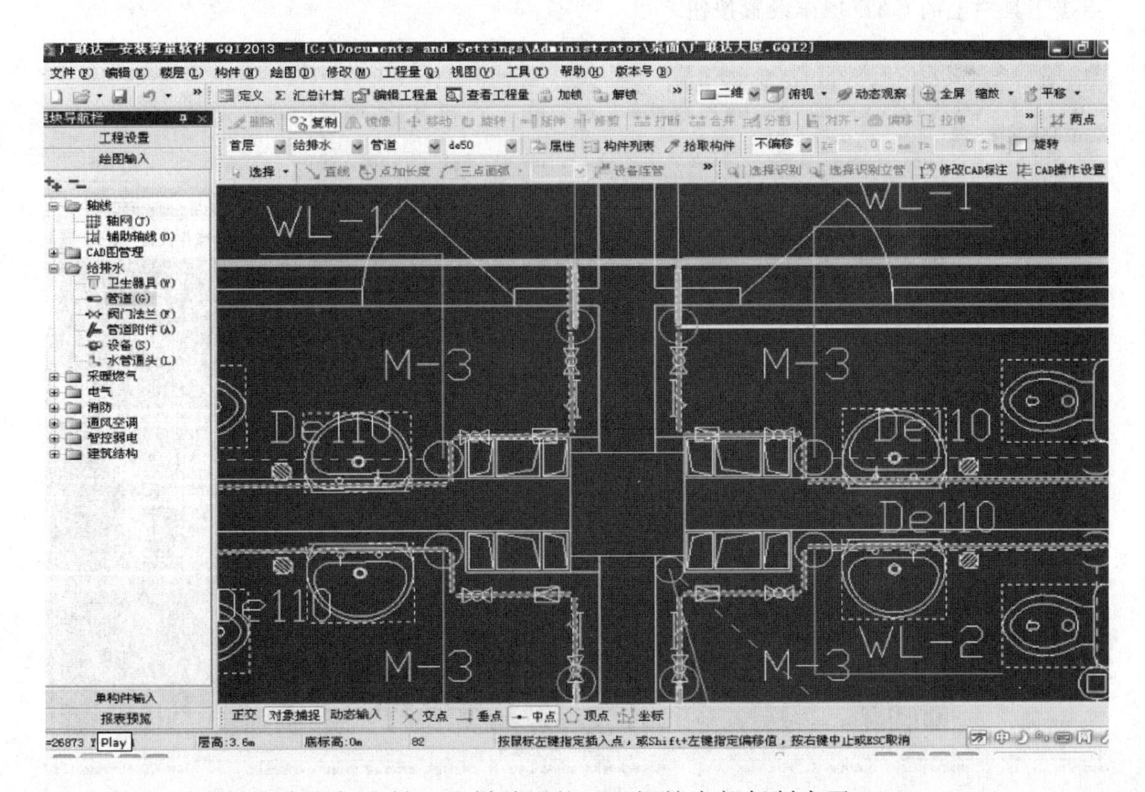

（38）对齐后点击鼠标左键，这样首层的卫生间就全部复制完了。

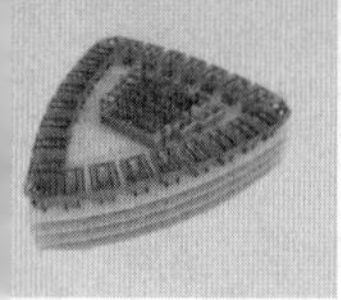

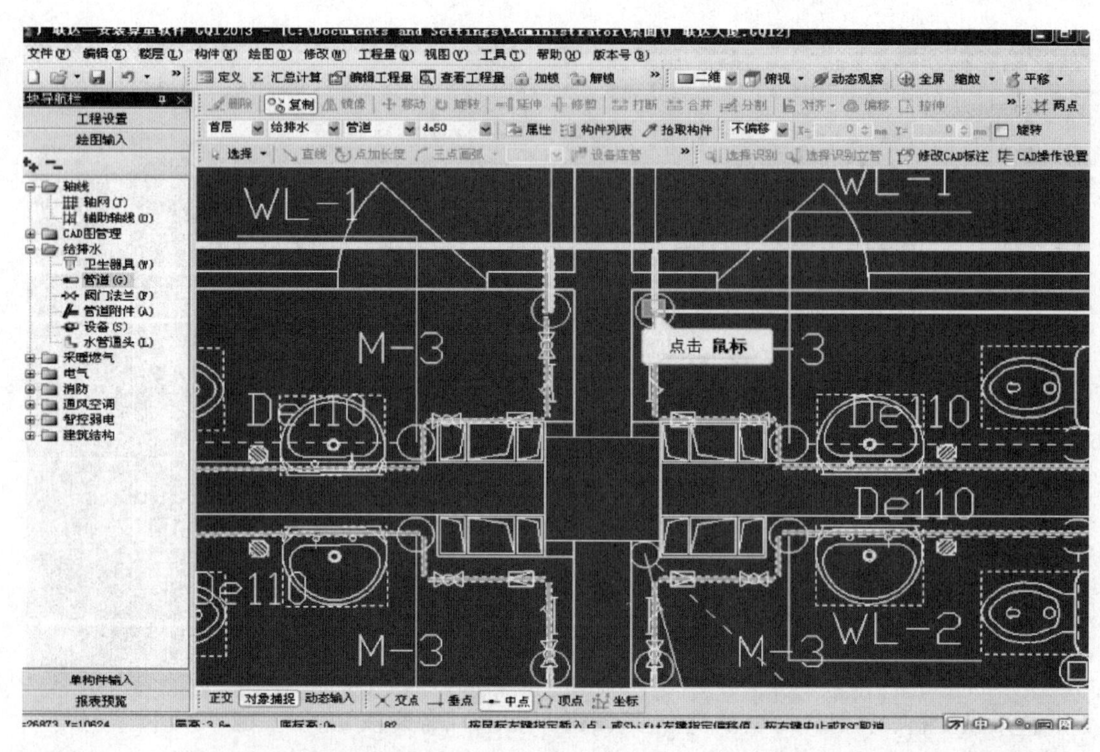

（39）为了看得更加清楚，只留下识别后的管道与卫生间，我们将 CAD 图隐藏掉，点击工具栏上的 CAD 操作设置按钮。

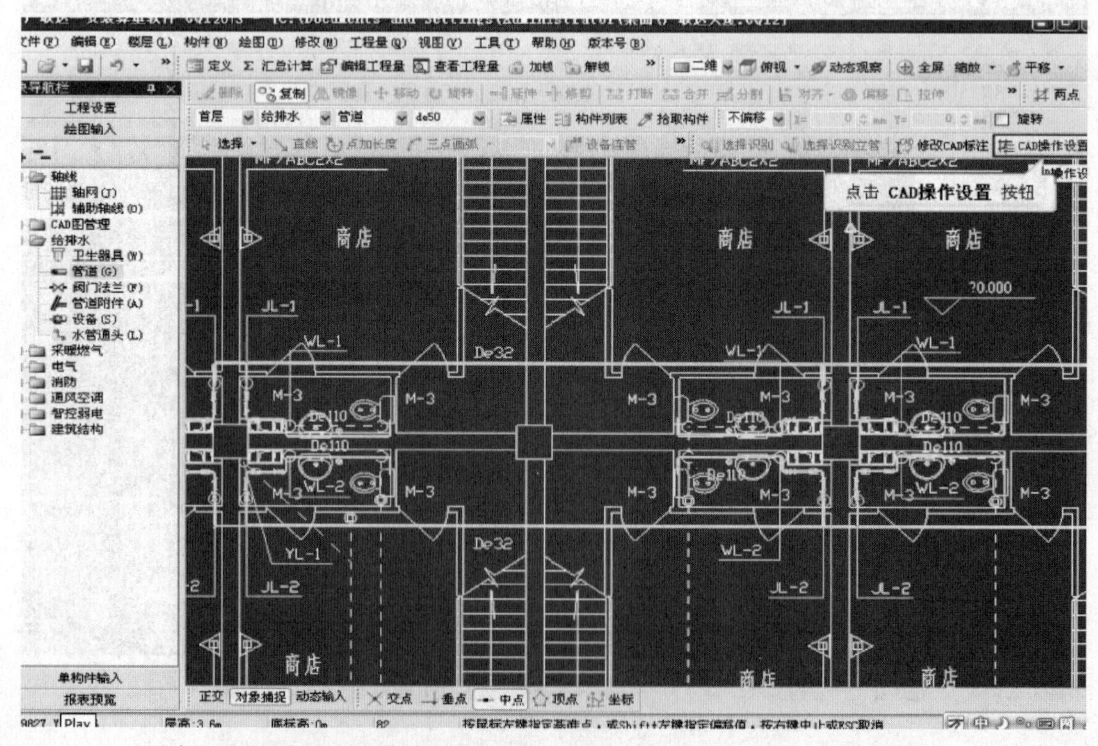

（40）选择 CAD 图层显示状态选项。

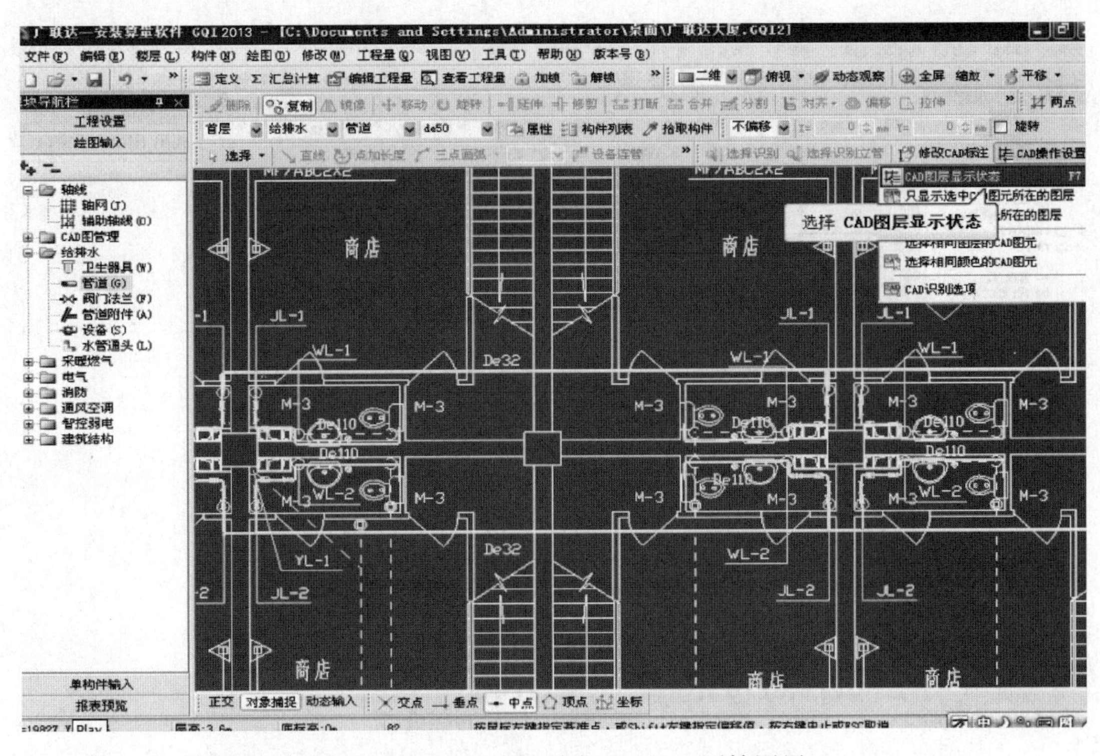

（41）在弹出的CAD图层显示窗口中取消勾选CAD原始图层。

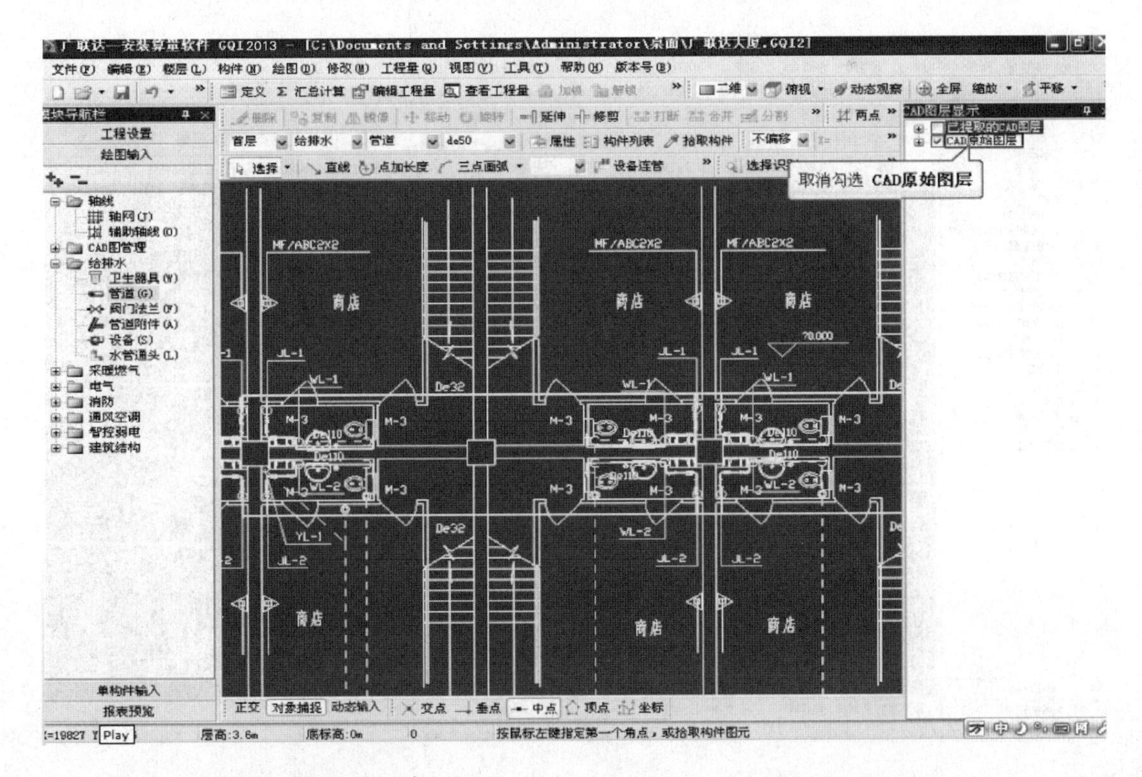

（42）关闭CAD图层显示窗口。

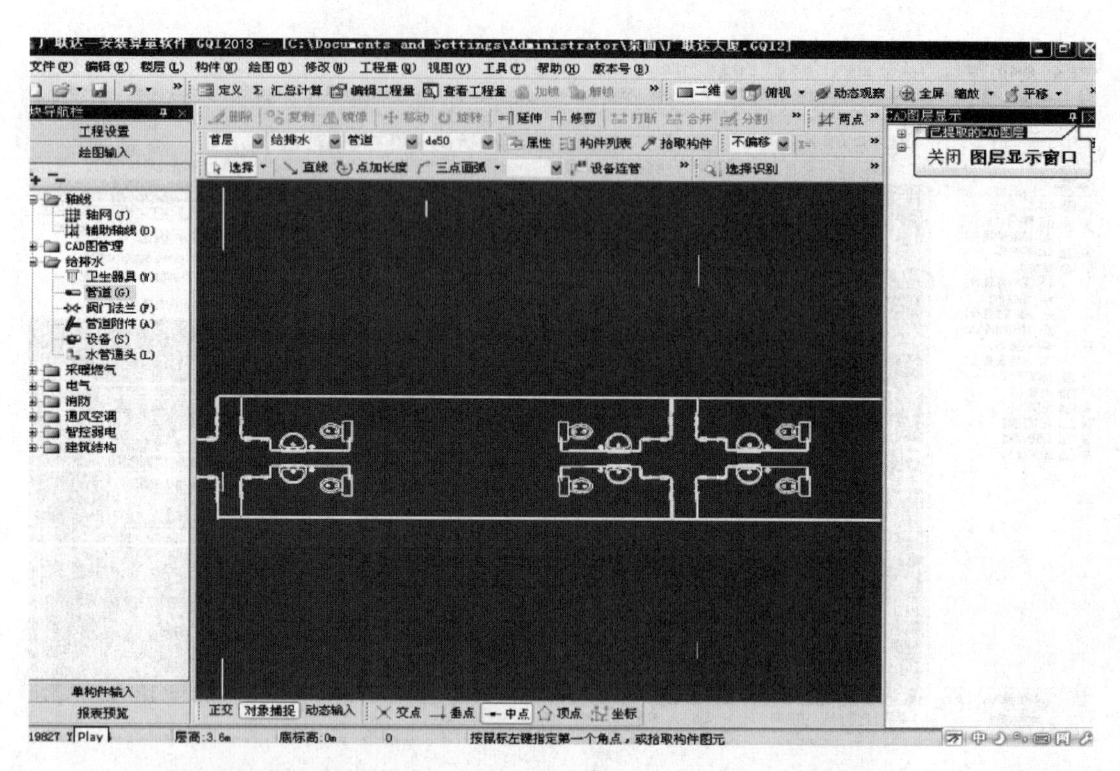

（43）点击动态观察按钮切换到三维模式查看。

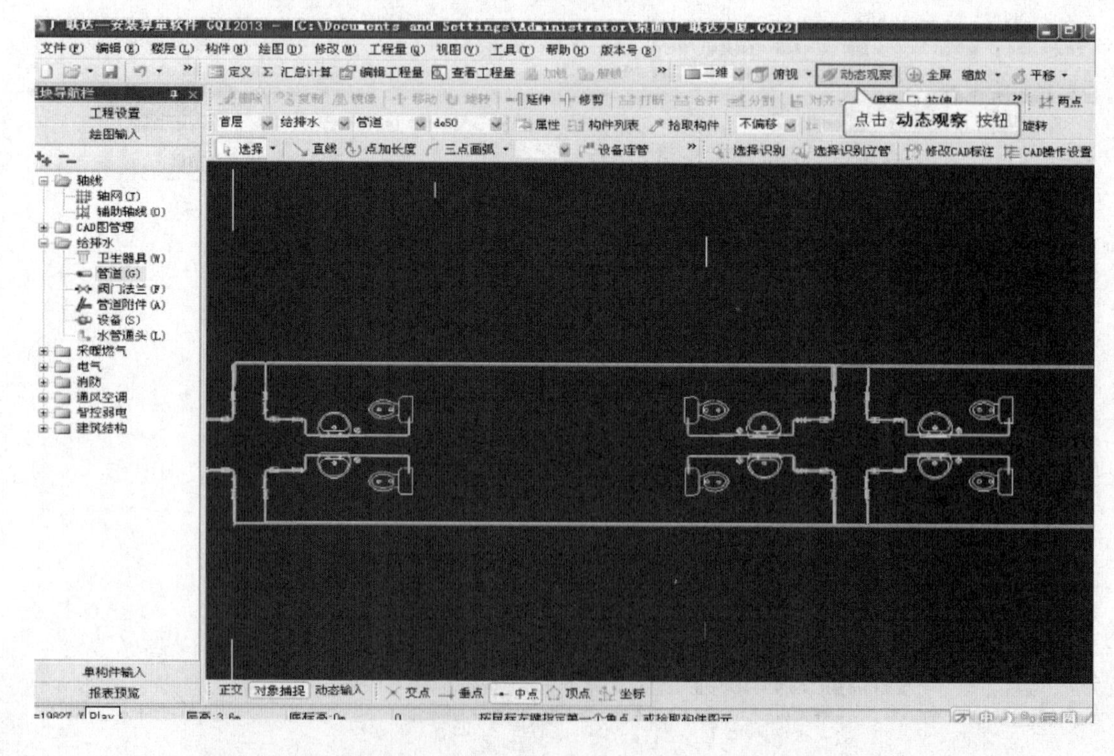

（44）移动鼠标，调整到适宜观察的状态。

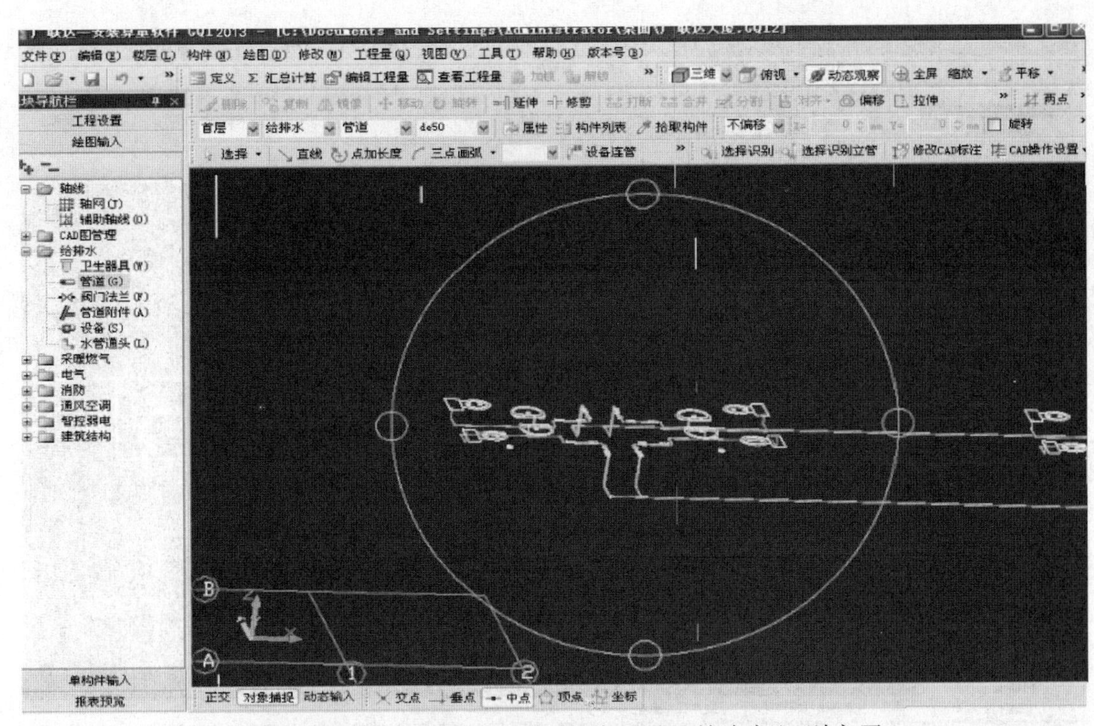

（45）到此，首层平面图上的所有卫生间管道和器具就全部识别完了。

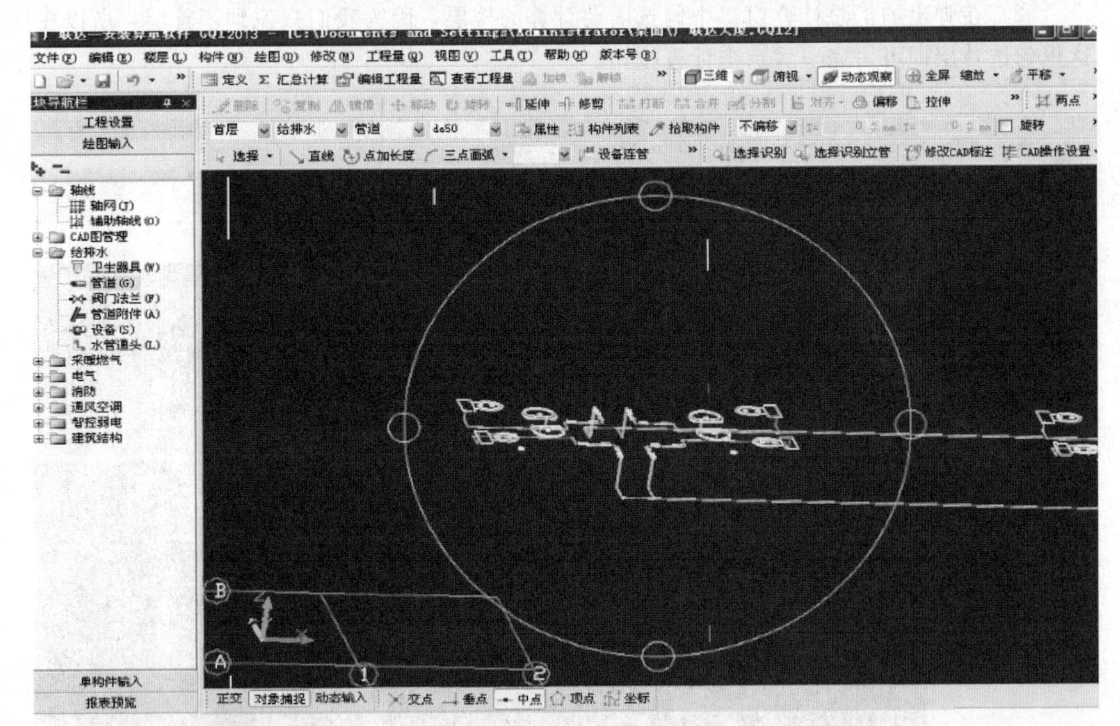

5. 查看工程量

具体操作步骤如下：

（1）首层CAD图和卫生间全部识别后，选择查看工程量，首先需要汇总计算，点击工具栏上的汇总计算按钮。

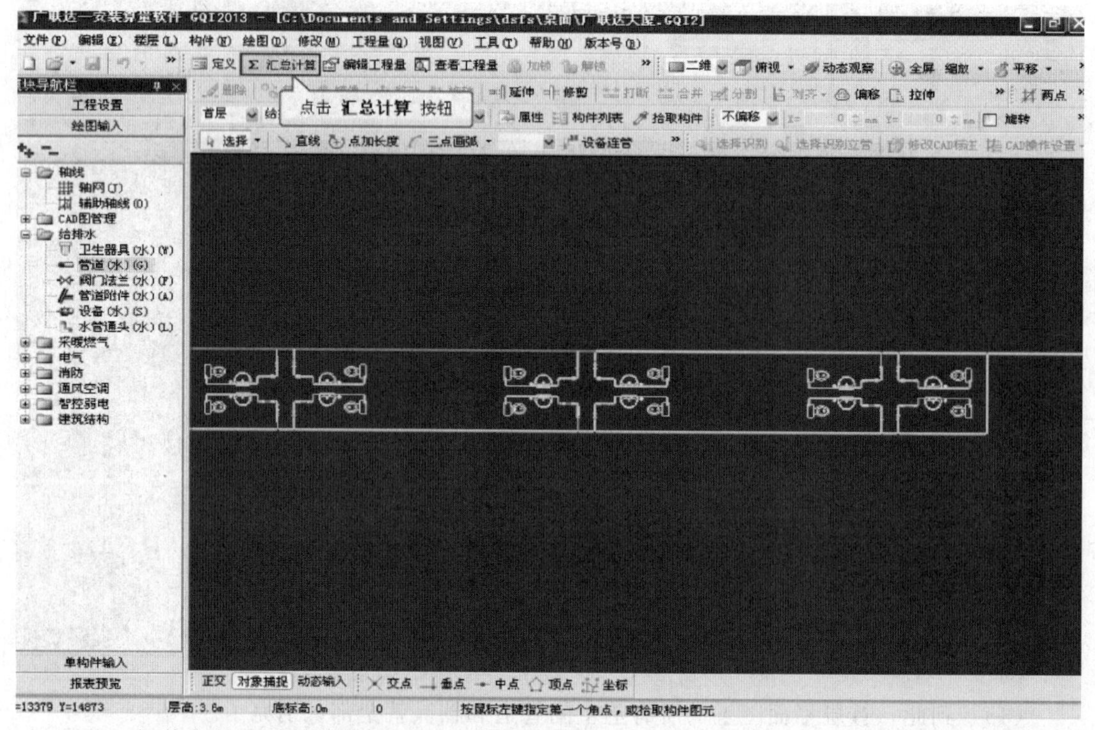

（2）在弹出的汇总计算窗口中勾选需要计算的楼层，因为我们只识别了首层，所以在这里勾选首层即可，完毕后点击计算按钮。

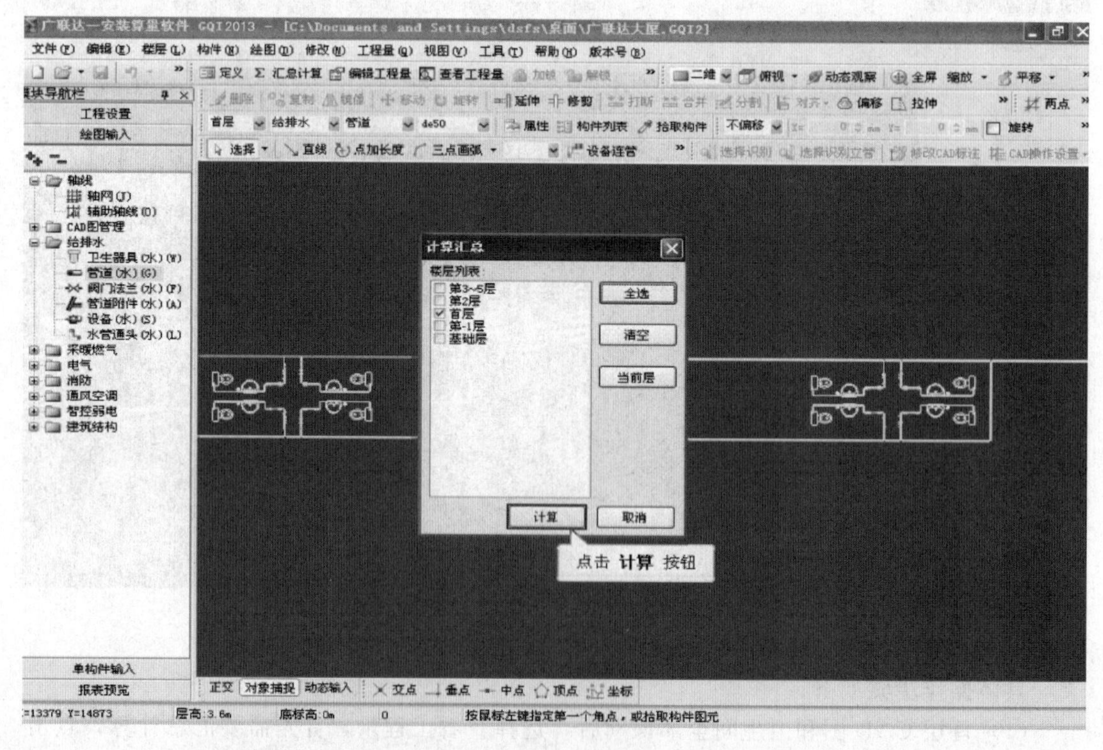

（3）汇总计算完成后点击确定按钮。

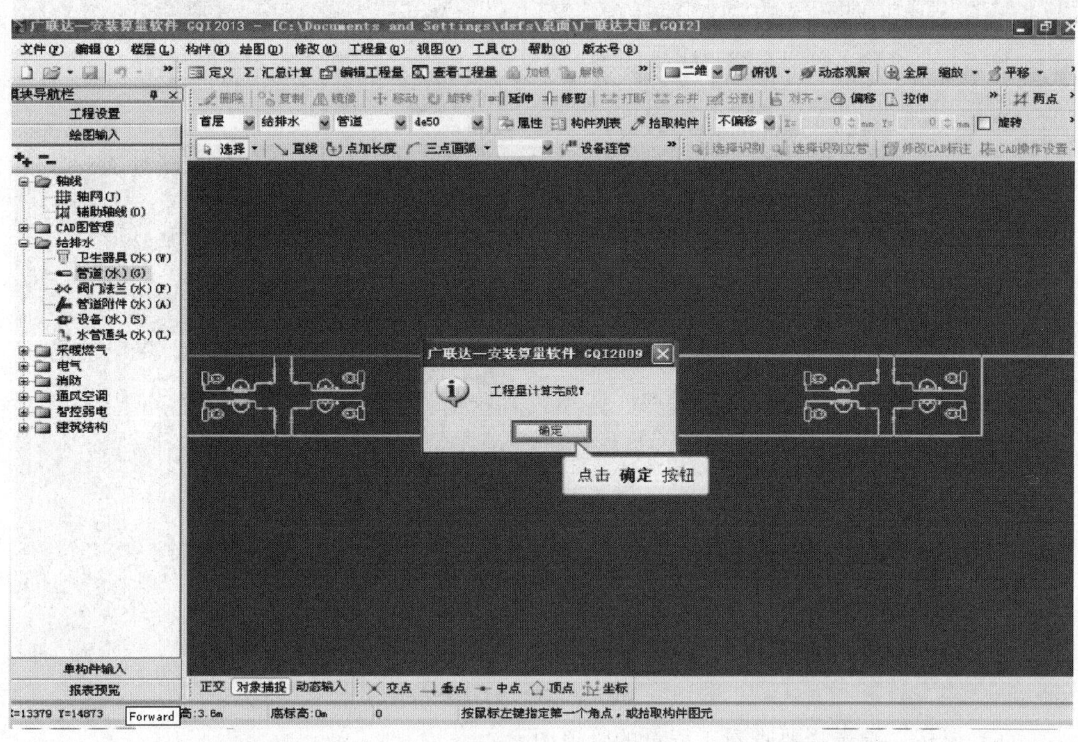

（4）首先查看管道的工程量，选择给排水下的管道，切换到管道界面。

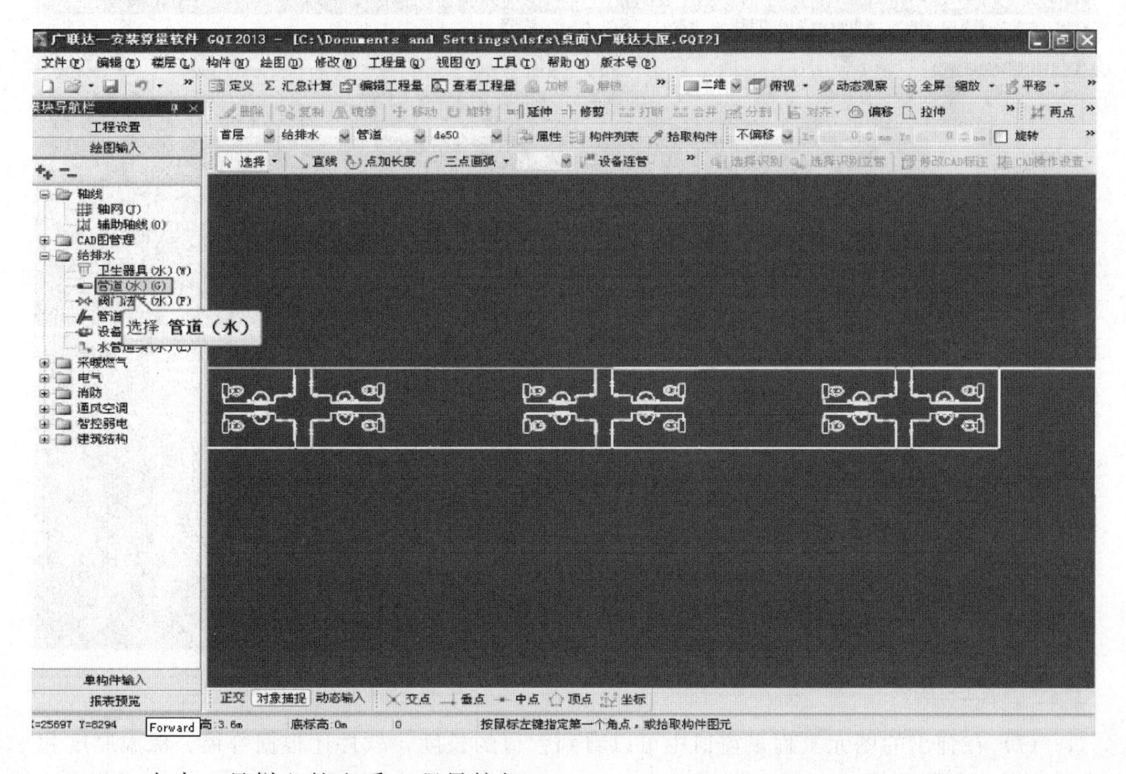

（5）点击工具栏上的查看工程量按钮。

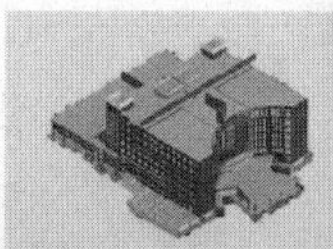

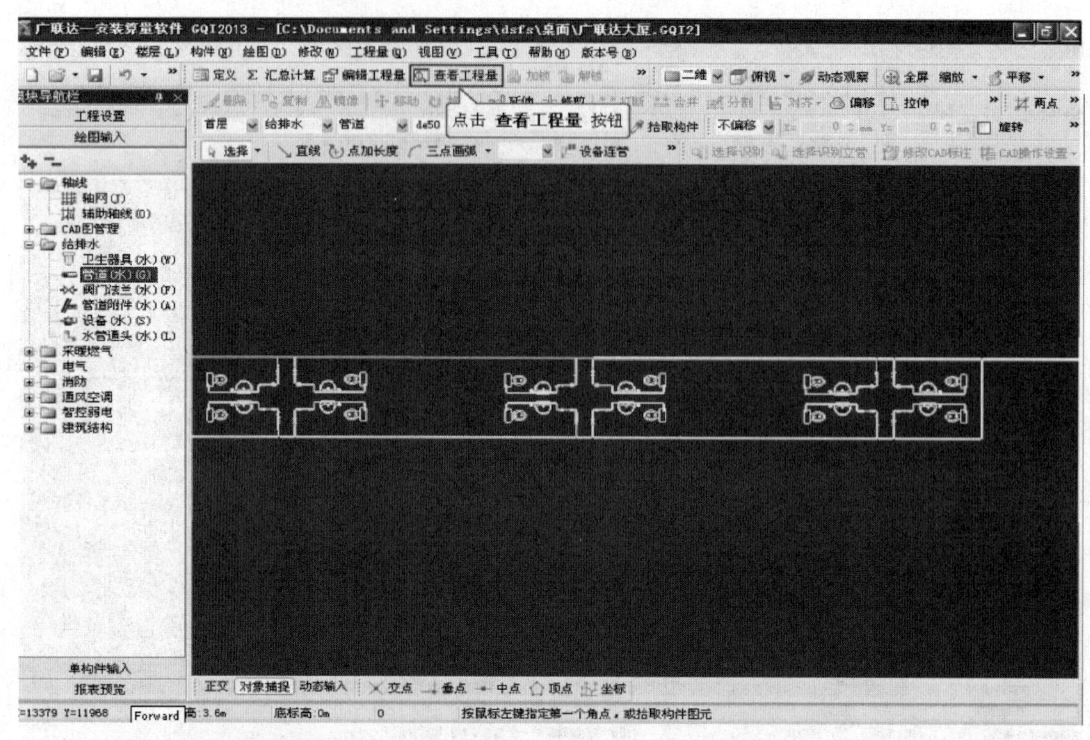

（6）鼠标左键选择要查看工程量的管道图元。

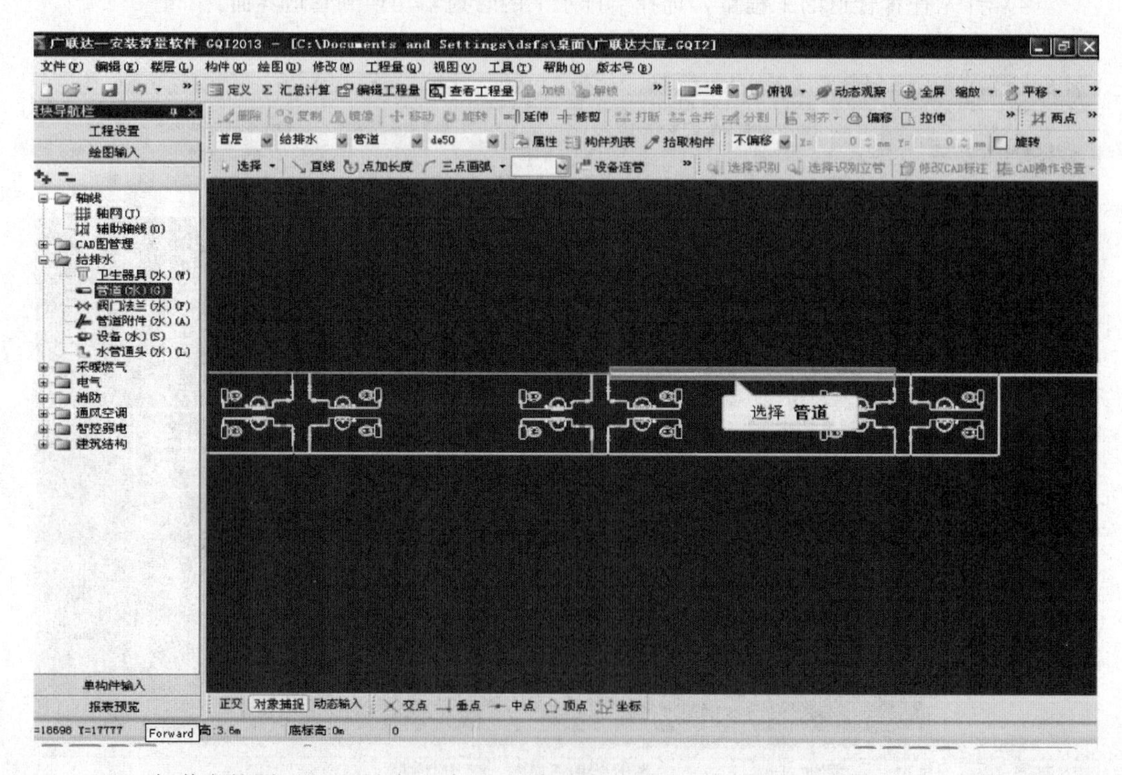

（7）在弹出的图元工程量窗口中可以看到管道的长度，软件还根据管径、保温厚度和支架间距等属性自动计算出了管道的内外表面积、保温体积和支架数量。

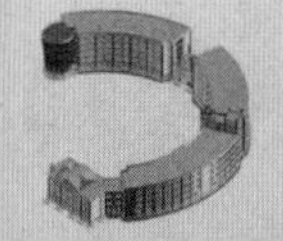

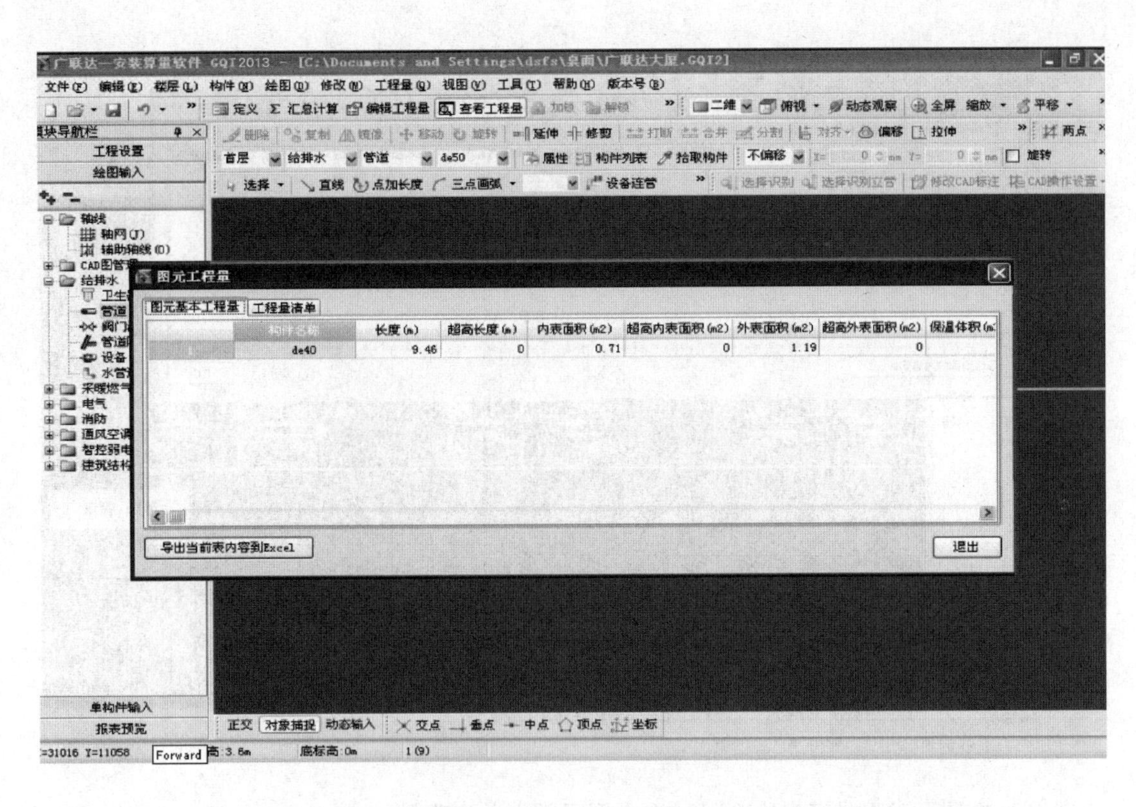

（8）如果还需要同时查看其他图元的工程量，直接鼠标左键在不同界面选择即可。

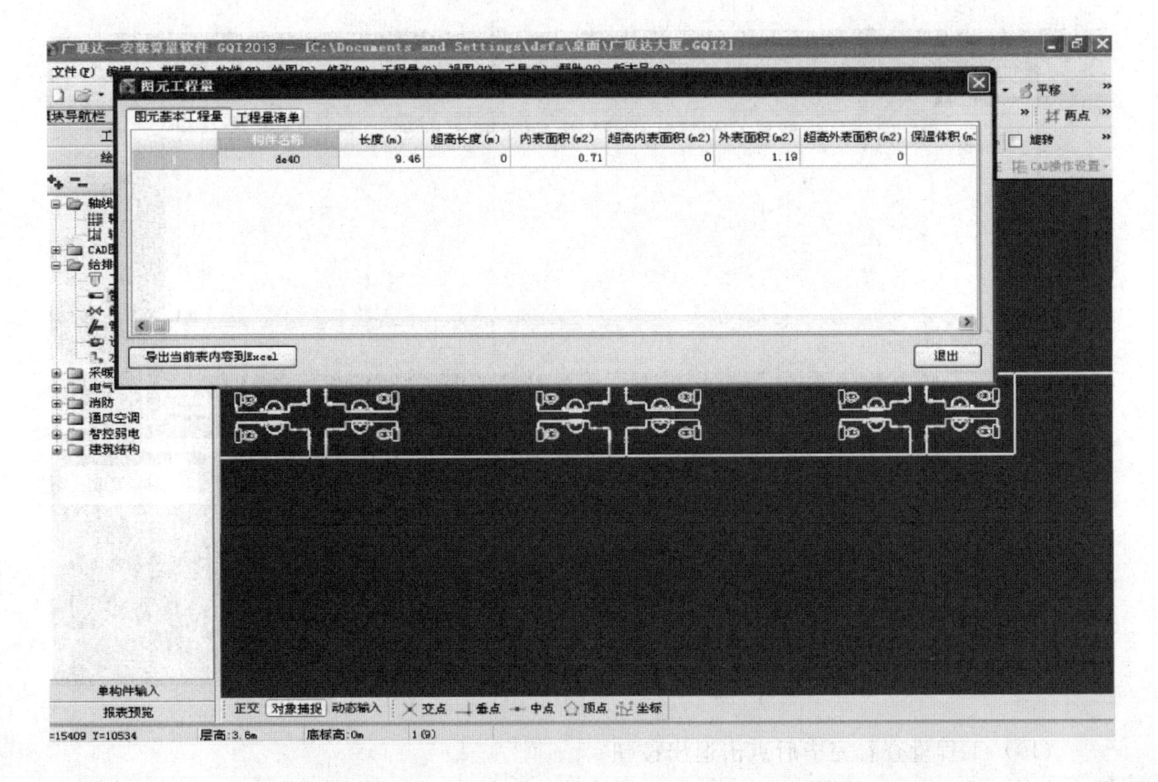

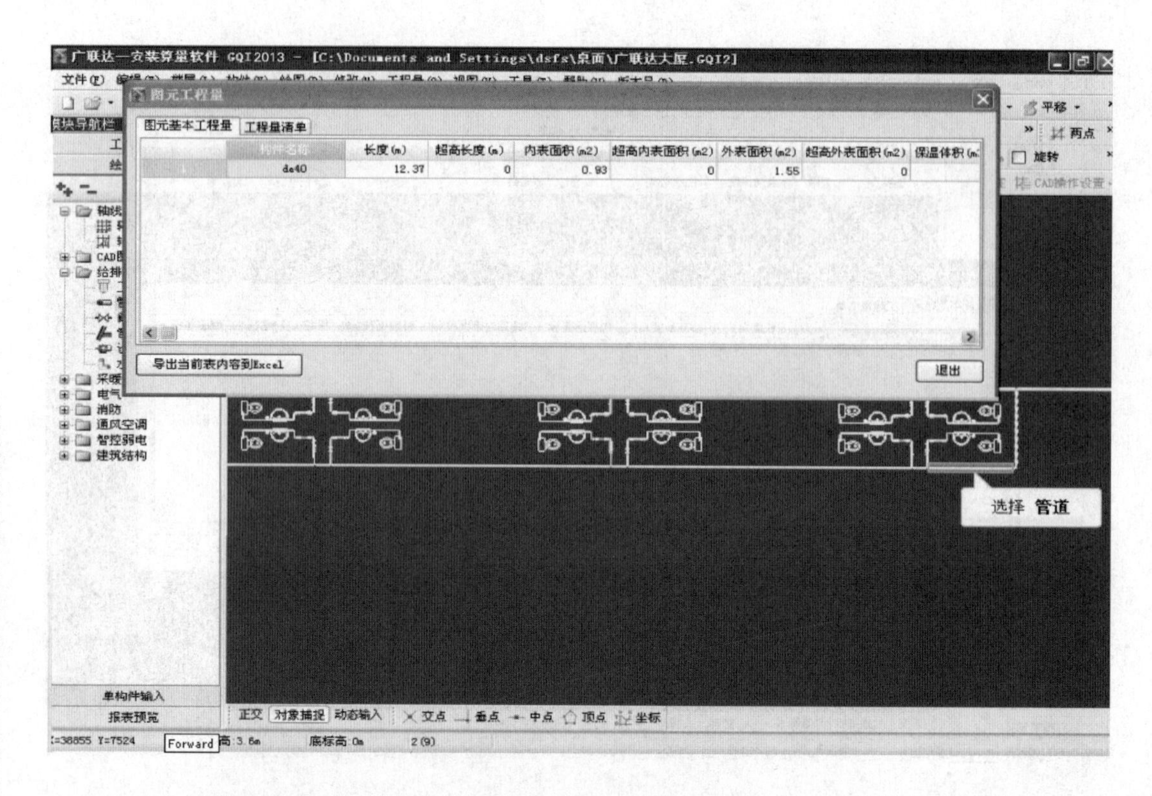

(9) 在图元工程量窗口中会显示选中图元的汇总工程量。

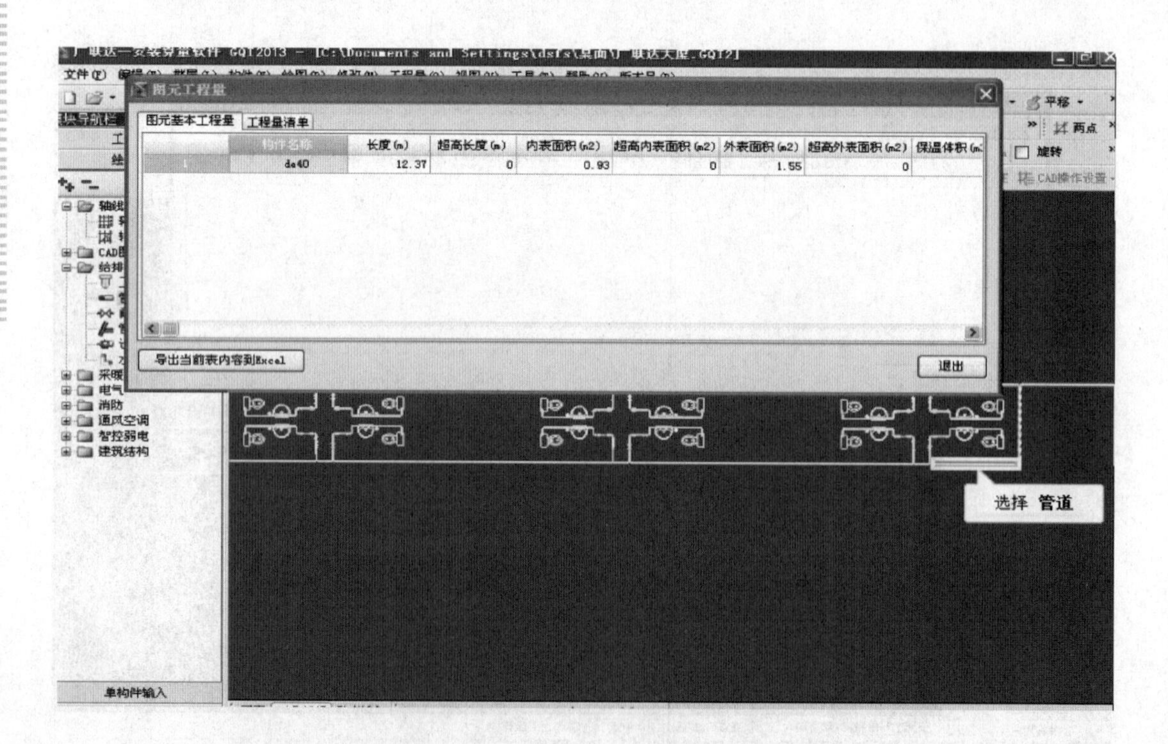

(10) 工程量查看完毕后点击退出按钮。

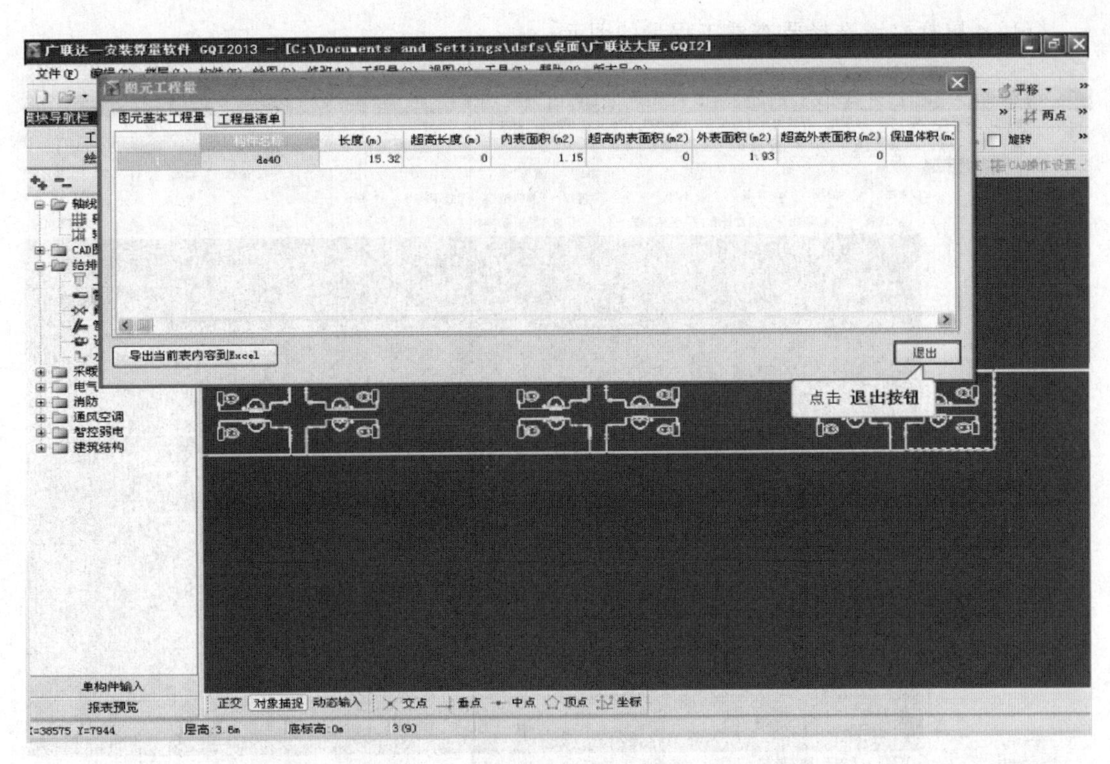

（11）下面来介绍编辑工程量功能，编辑工程量除了可以查看一个构件图元的工程量，还可以查看详细的计算公式描述，如果不清楚各个工程量是依据什么公式计算出来的，在这里查看即可。点击工具栏上的编辑工程量按钮。

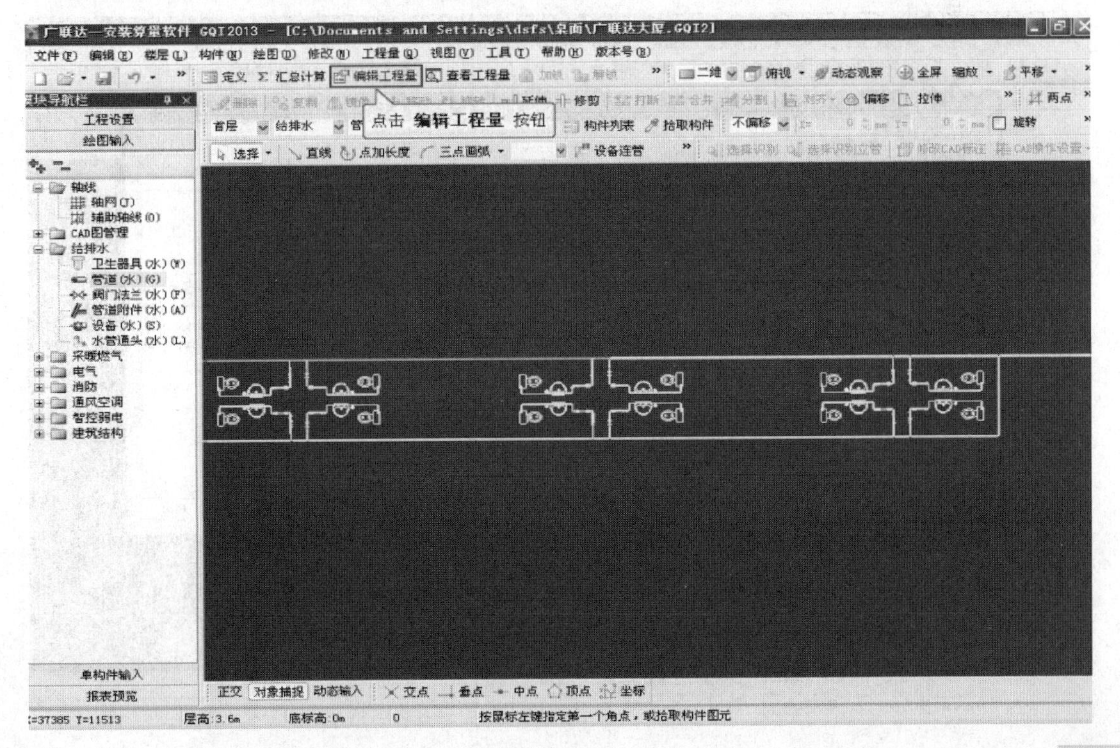

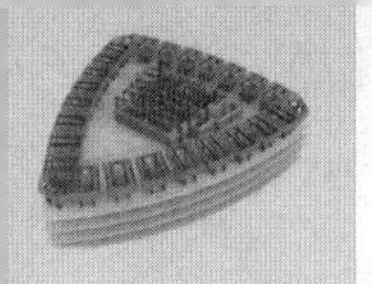

（12）鼠标左键选择要查看工程量的图元。

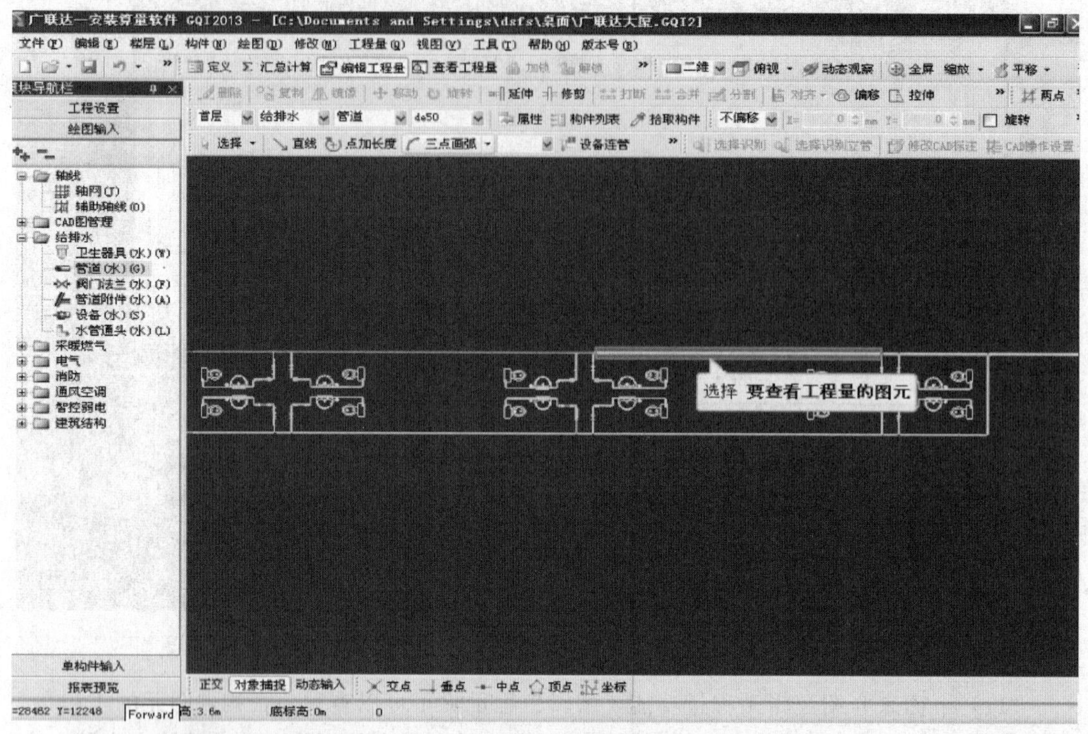

（13）在弹出的编辑工程量窗口中不仅能够看到管道的长度、内外表面积、保温体积、支架数量等计算结果，而且还有详细的计算公式描述。

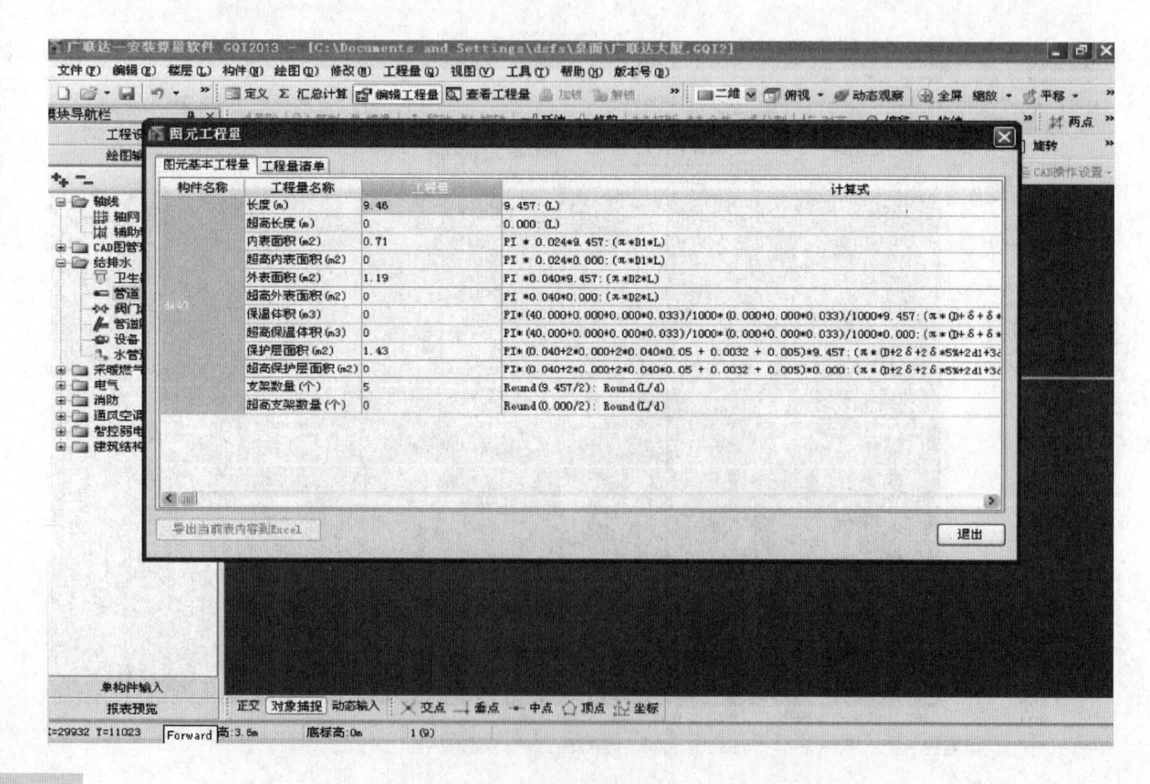

(14) 工程量查看完毕后点击退出按钮即可。

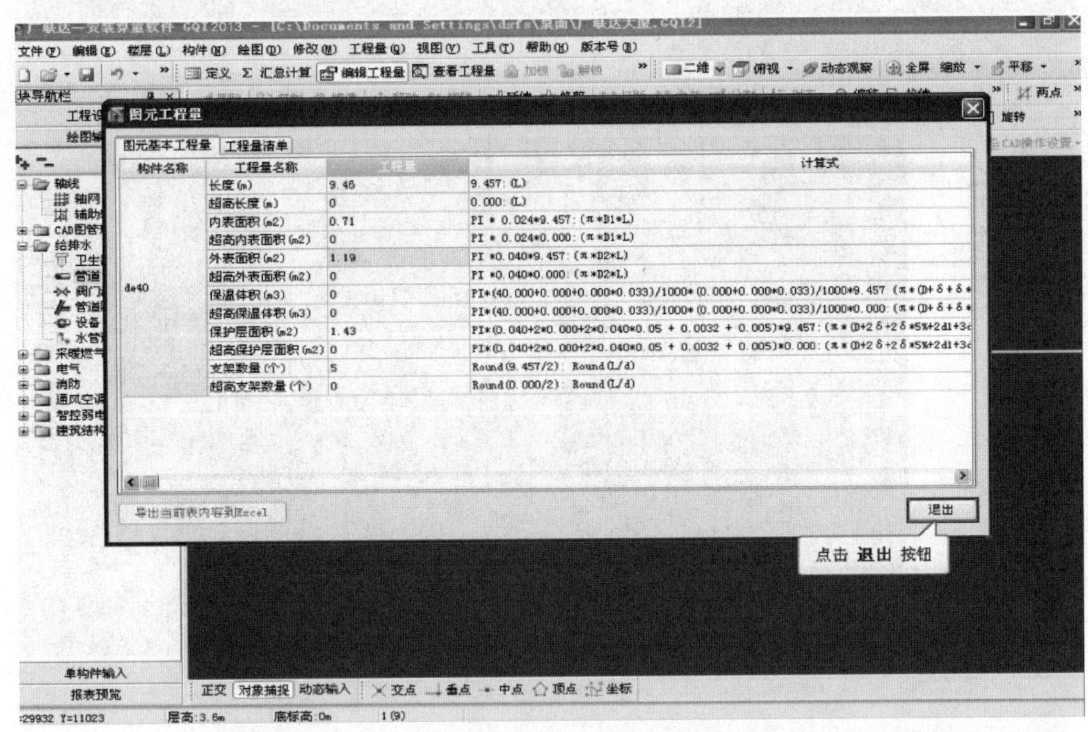

(15) 以上介绍的是两种查看工程量的方式，都只能查看单个或部分图元的工程量，如果想查看整个楼层的工程量，可以用分类查看工程量功能，点击工程量菜单。

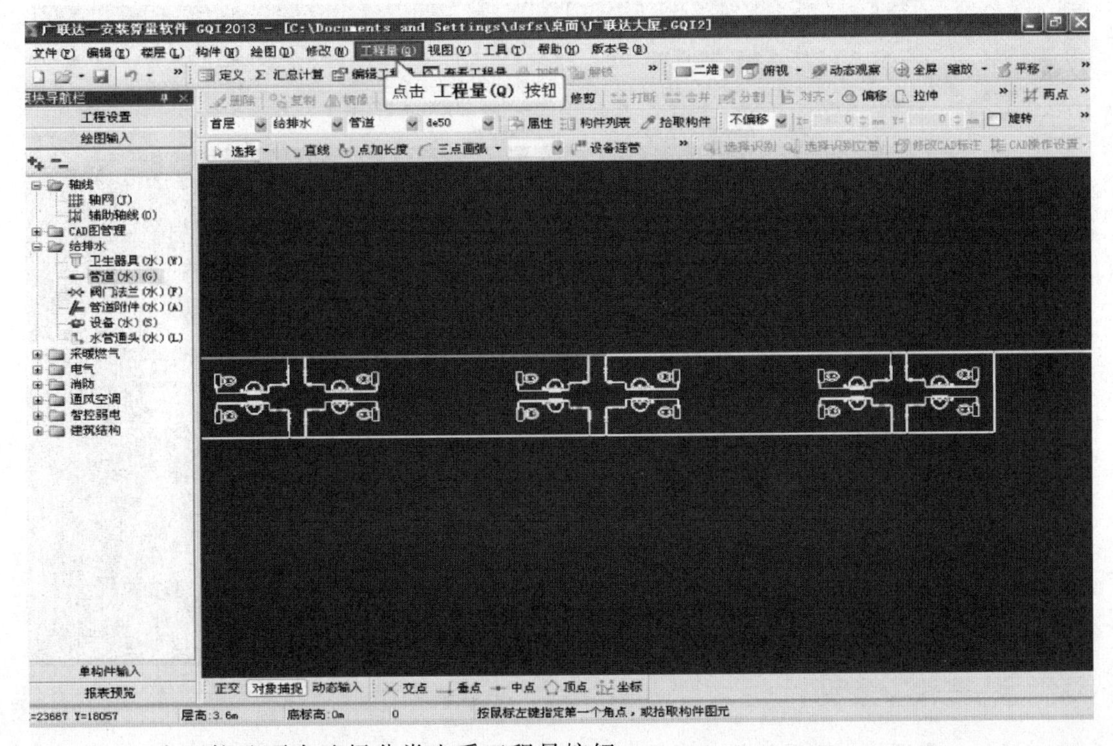

(16) 在下拉选项中选择分类查看工程量按钮。

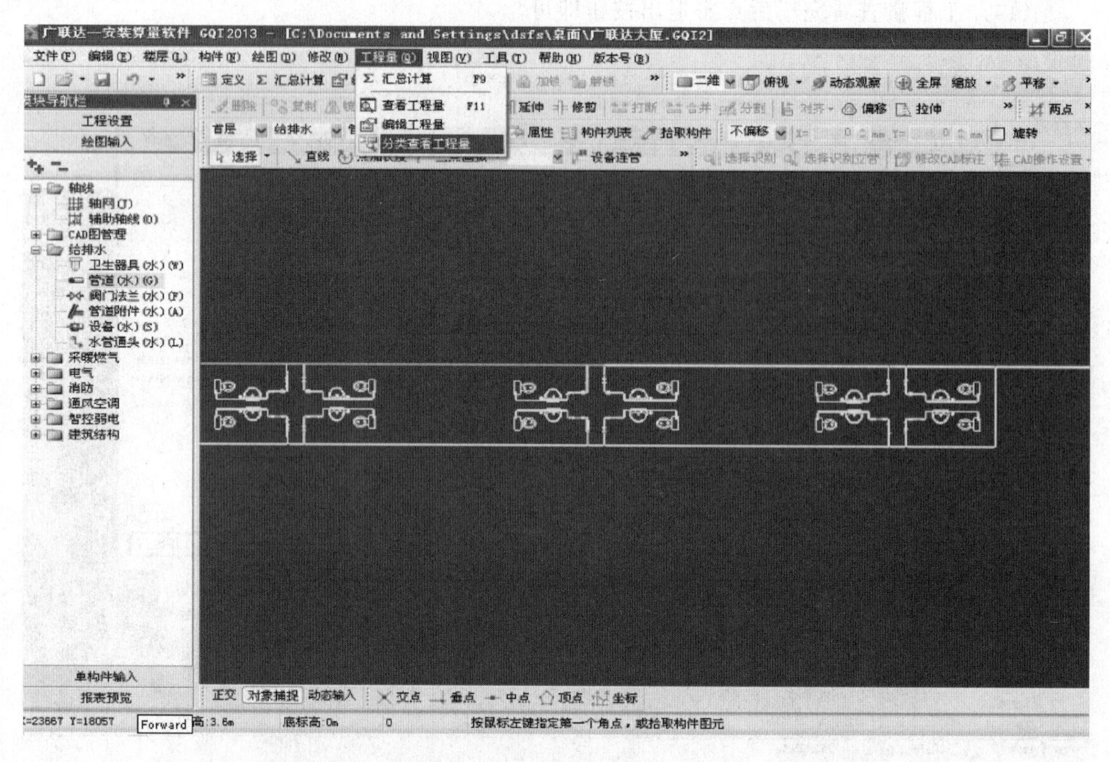

（17）在弹出的分类汇总工程量窗口中，我们可以看到整个楼层的管道工程量。

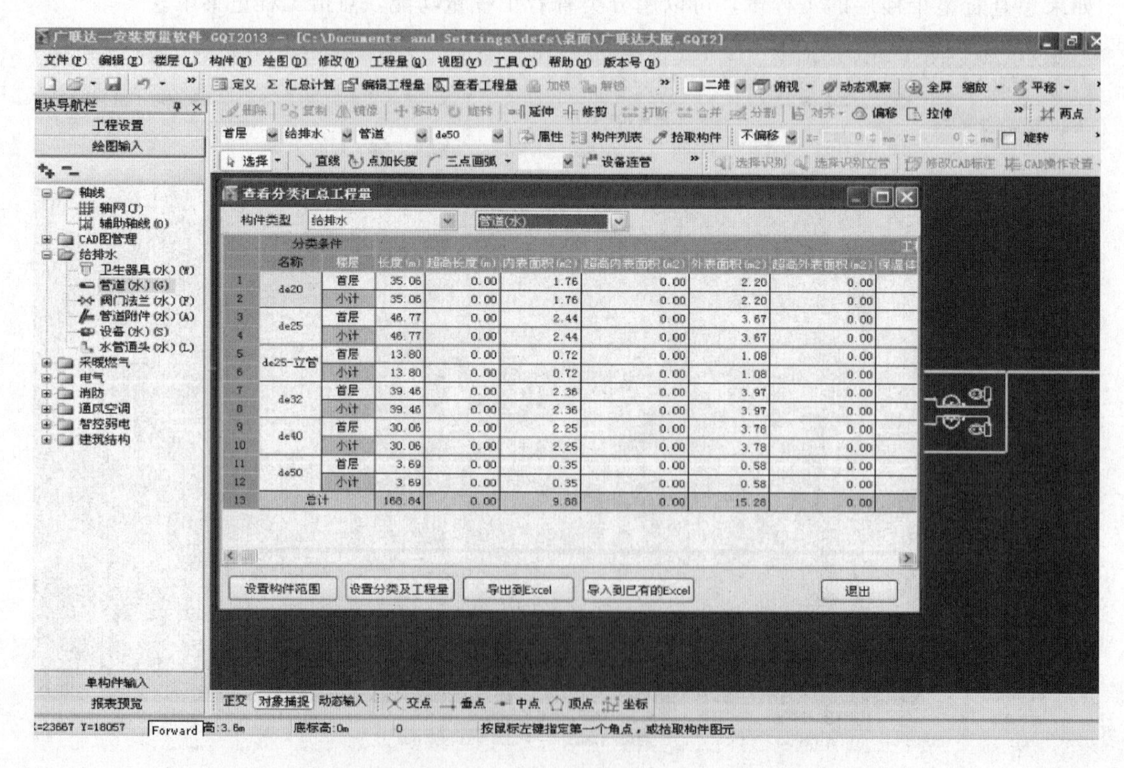

	名称	楼层	长度(m)	超高长度(m)	内表面积(m2)	超高内表面积(m2)	外表面积(m2)	超高外表面积(m2)
1	de20	首层	35.06	0.00	1.76	0.00	2.20	0.00
2		小计	35.06	0.00	1.76	0.00	2.20	0.00
3	de25	首层	46.77	0.00	2.44	0.00	3.67	0.00
4		小计	46.77	0.00	2.44	0.00	3.67	0.00
5	de25-立管	首层	13.80	0.00	0.72	0.00	1.08	0.00
6		小计	13.80	0.00	0.72	0.00	1.08	0.00
7	de32	首层	39.46	0.00	2.36	0.00	3.97	0.00
8		小计	39.46	0.00	2.36	0.00	3.97	0.00
9	de40	首层	30.06	0.00	2.25	0.00	3.78	0.00
10		小计	30.06	0.00	2.25	0.00	3.78	0.00
11	de50	首层	3.69	0.00	0.35	0.00	0.58	0.00
12		小计	3.69	0.00	0.35	0.00	0.58	0.00
13	总计		168.84	0.00	9.88	0.00	15.28	0.00

（18）如果还想查看阀门的工程量，点击构件类型下的下拉按钮。

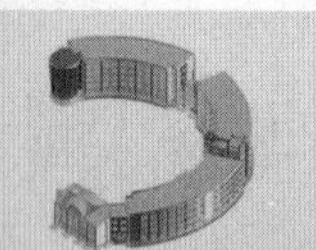

（19）选择阀门法兰，查看阀门法兰的工程量。

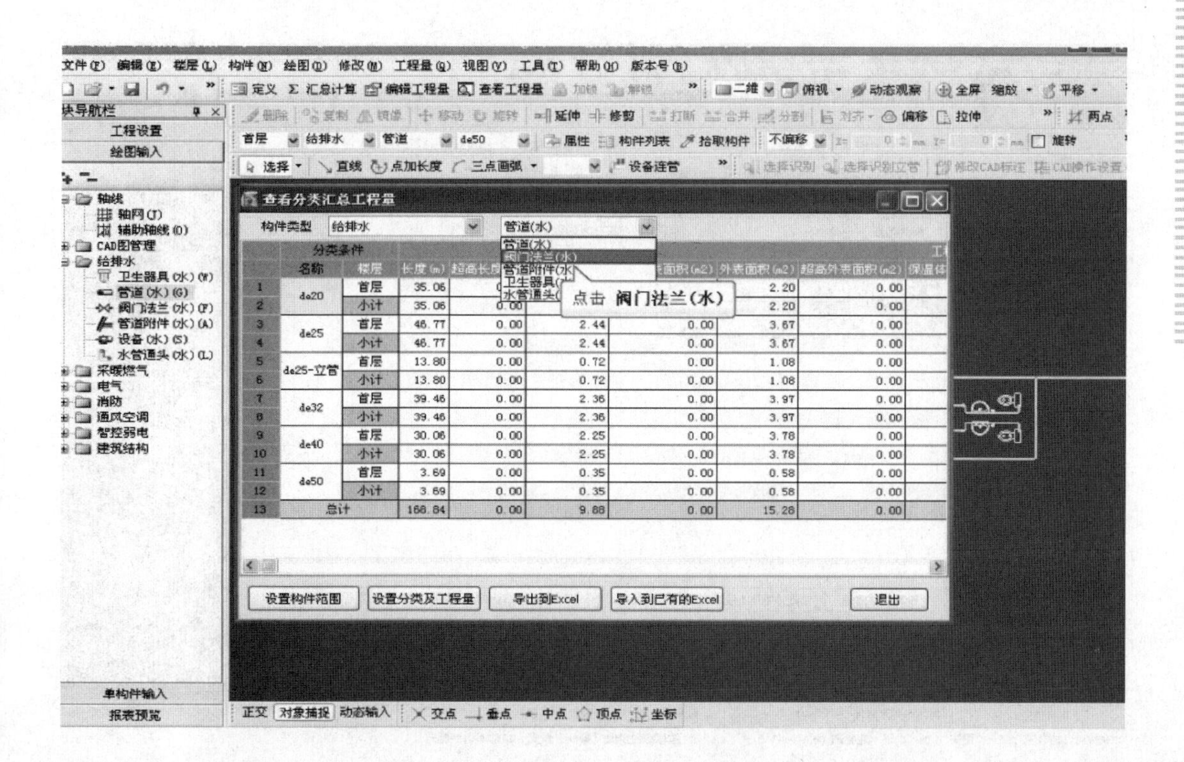

（20）下面窗口中显示的即为整个楼层的阀门的工程量。

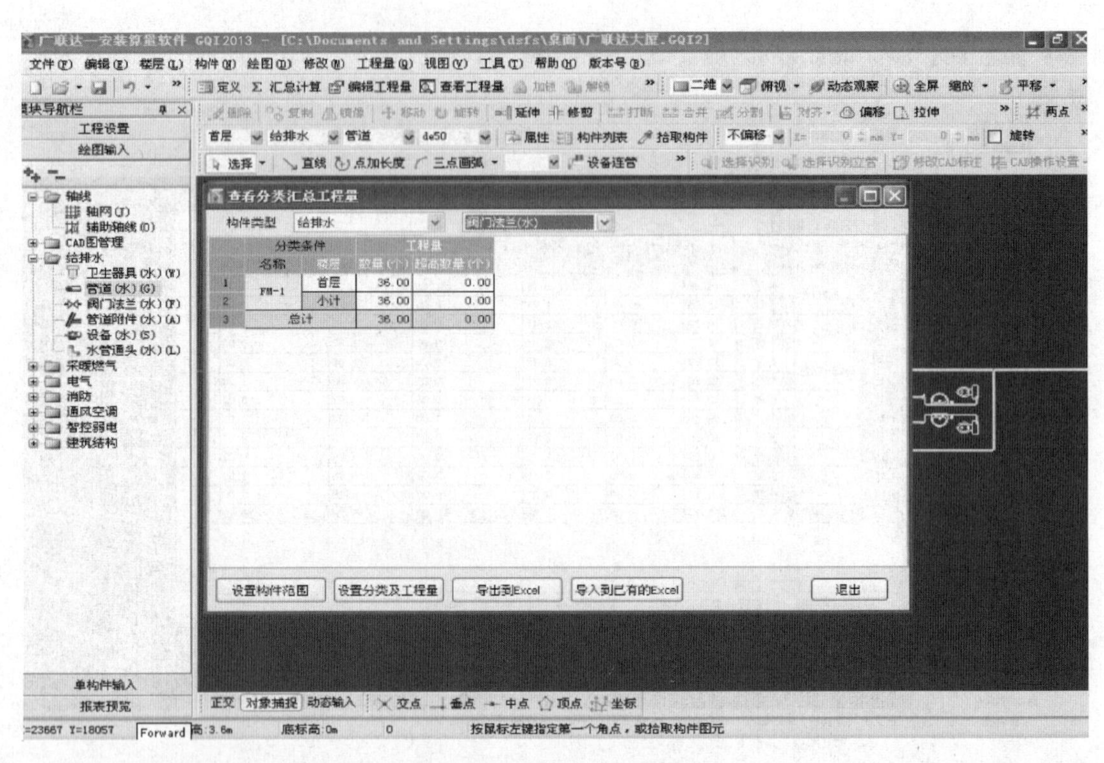

（21）继续点击下拉按钮，来查看其他构件的工程量。

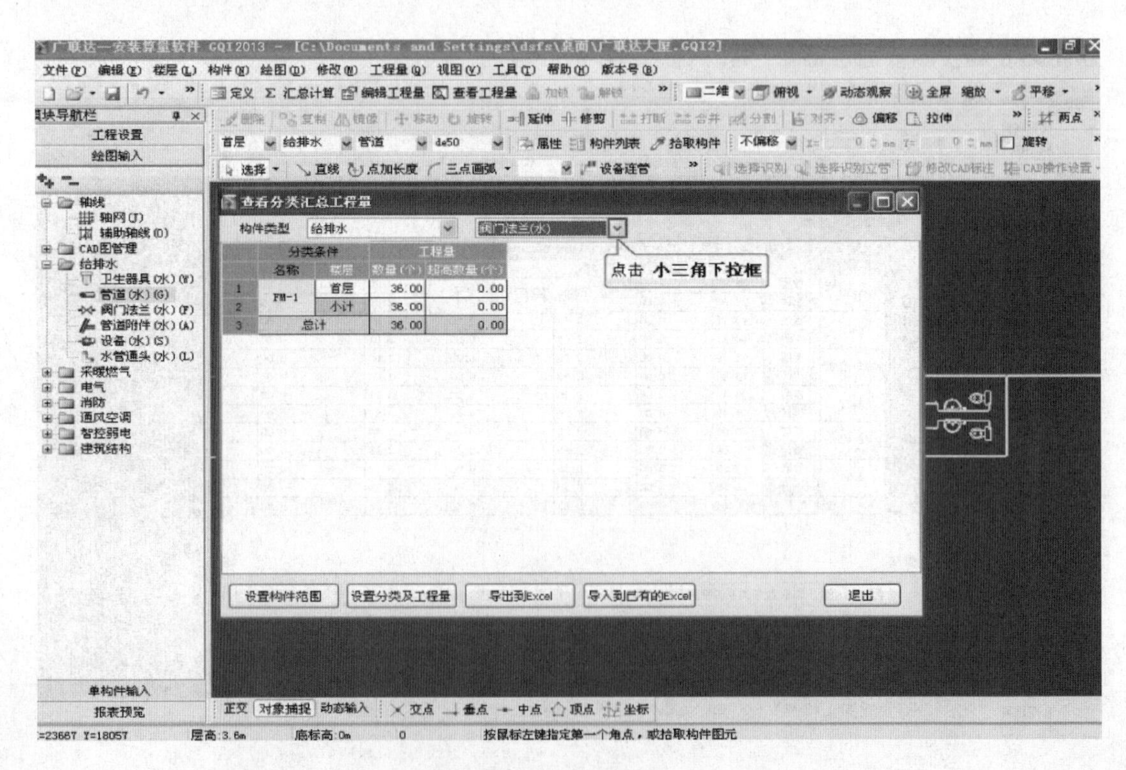

（22）选择管道附件，来查看管道附件的工程量。

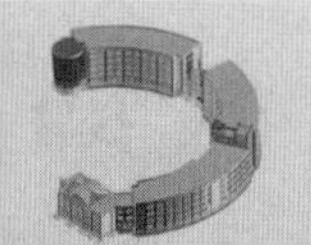

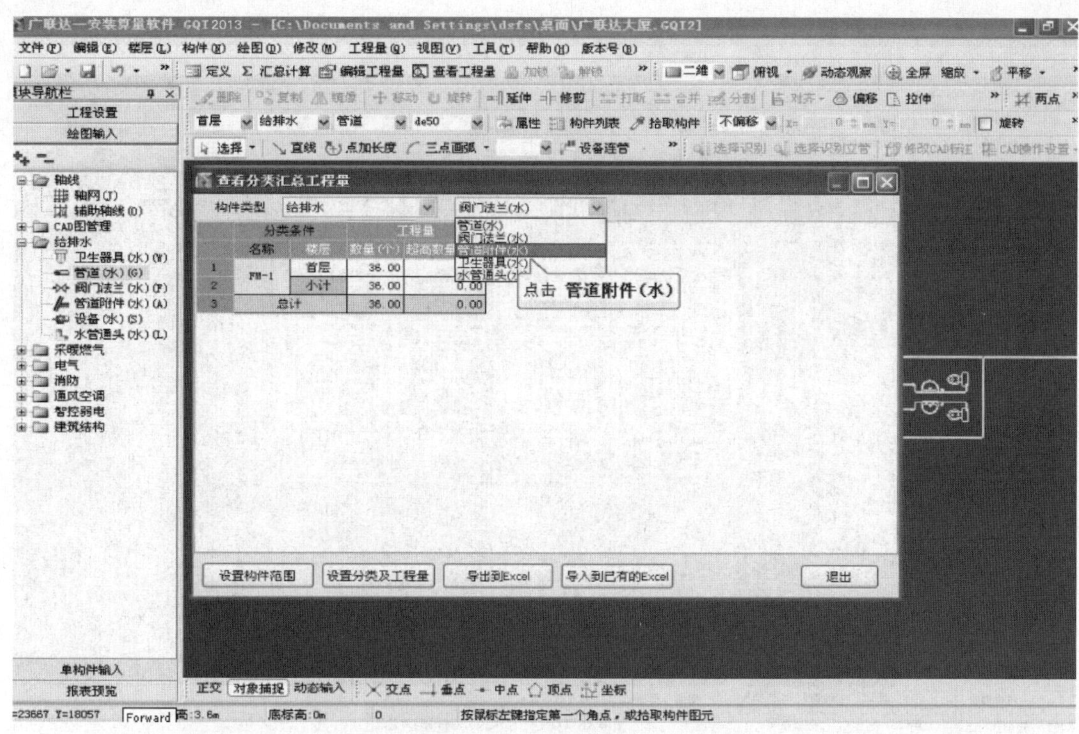

（23）工程量查看完成后点击退出按钮，退出窗口即可。

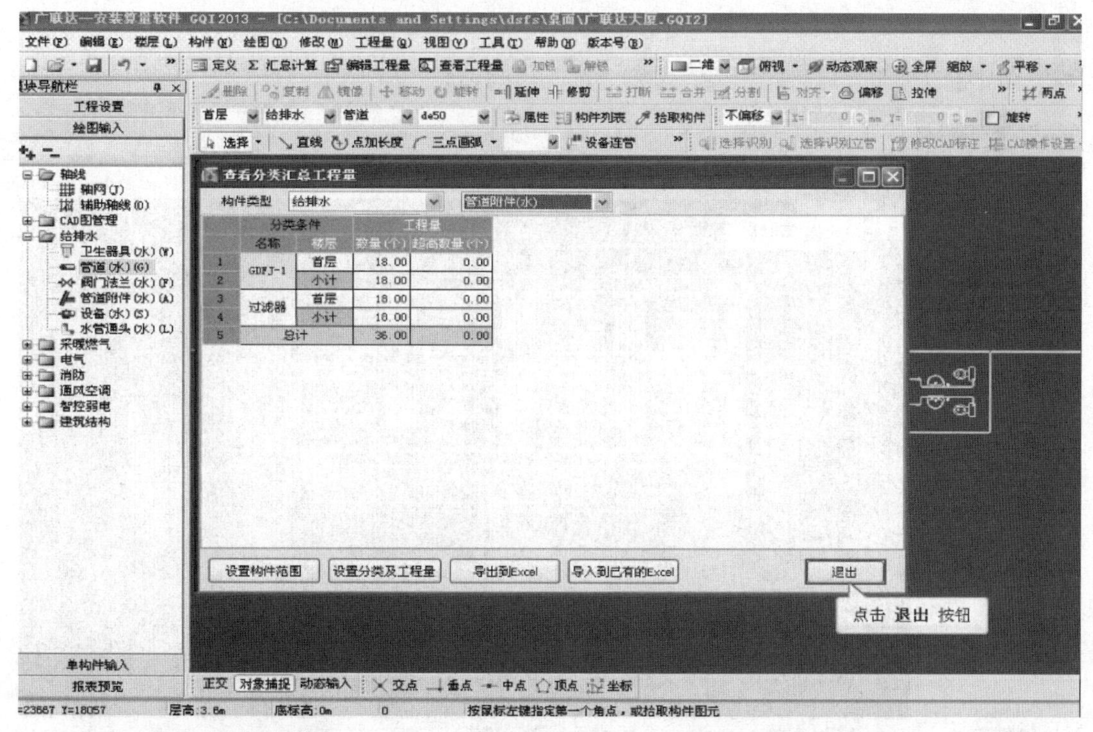

2.1.4.4　二层平面图

具体操作步骤如下：

（1）首层全部识别完后开始进行二层的操作，点击工具栏上的下拉按钮。

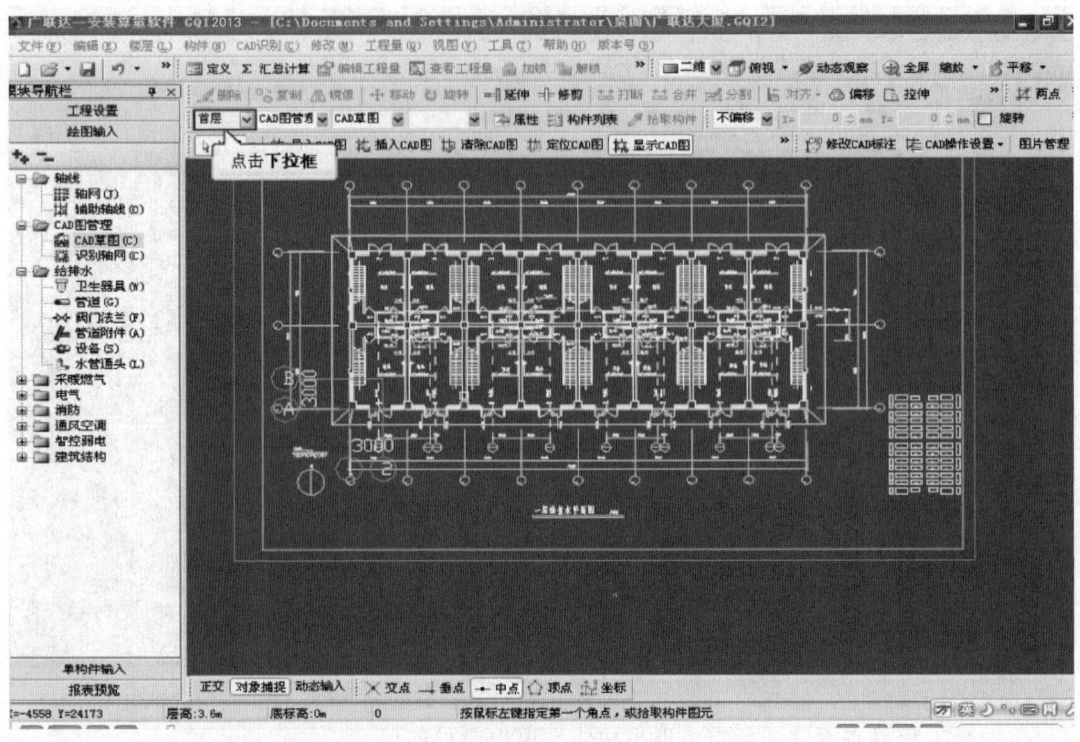

（2）选择第二层，切换到第二层的操作界面。

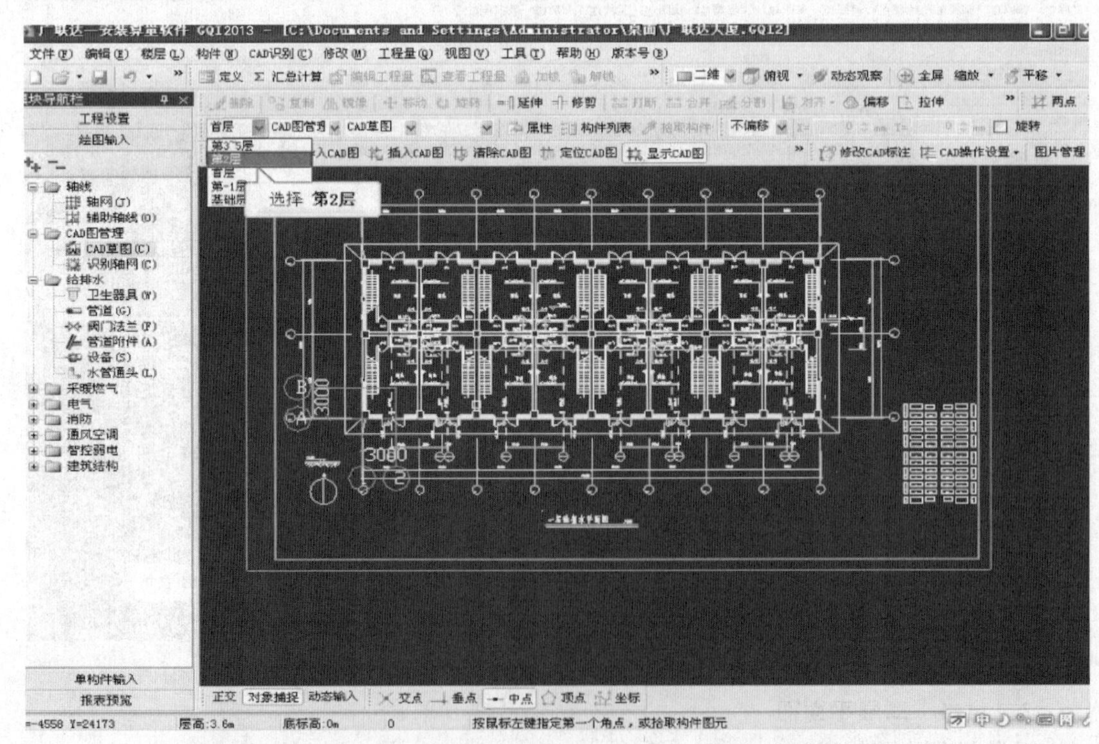

（3）同首层操作顺序一致，首先需要导入CAD图，点击CAD管理下的CAD草图，切换到CAD图界面。

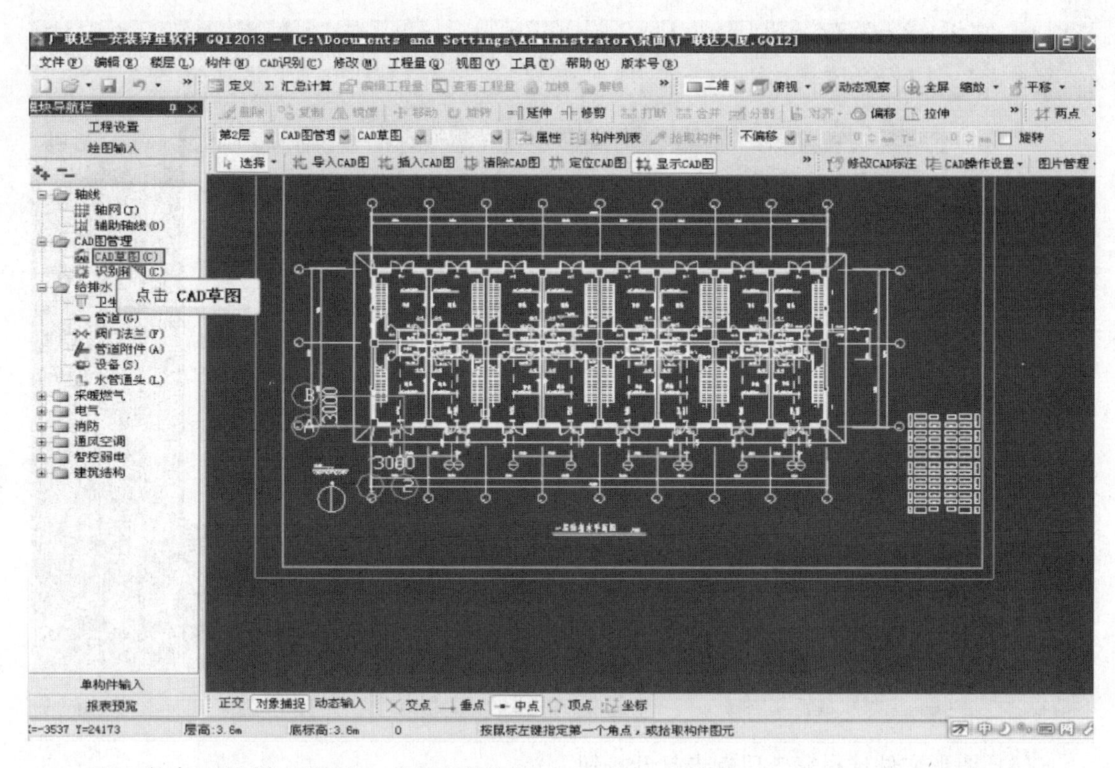

（4）点击工具栏上的导入CAD图按钮。

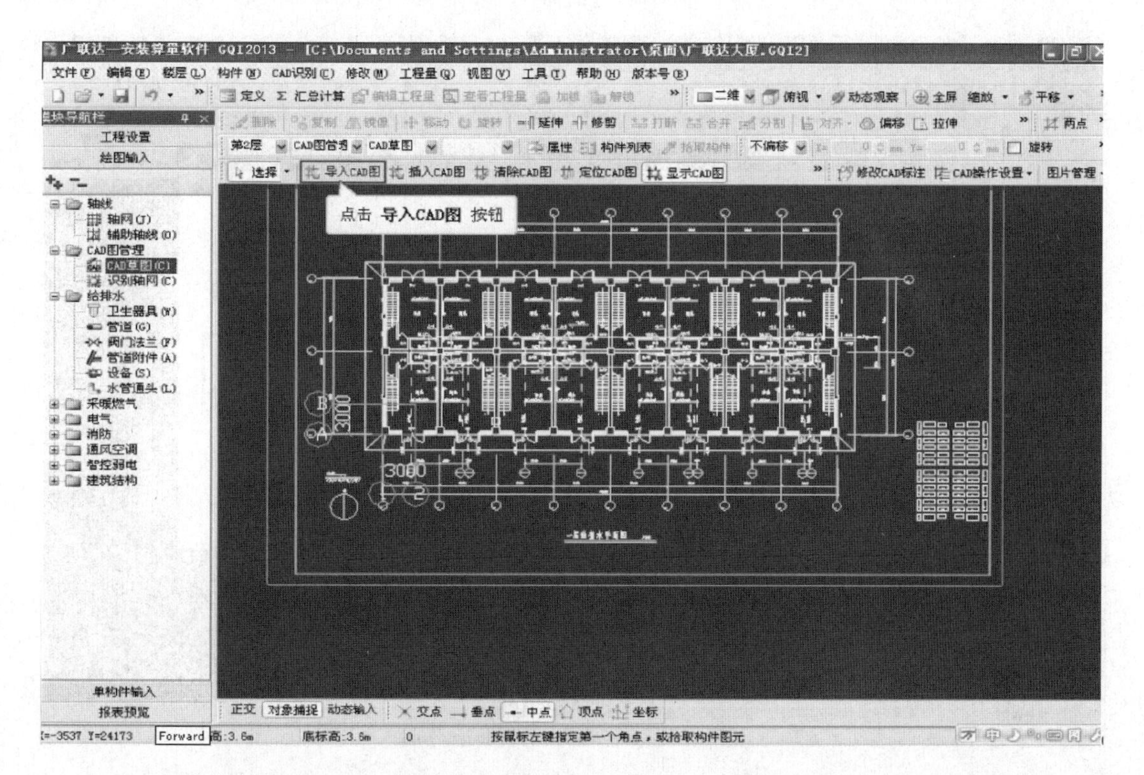

（5）在弹出的导入CAD图形窗口中选择二层给排水平面图。

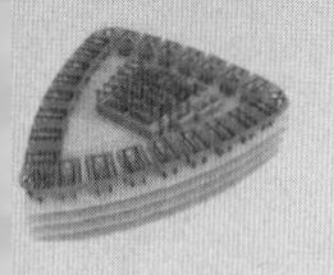

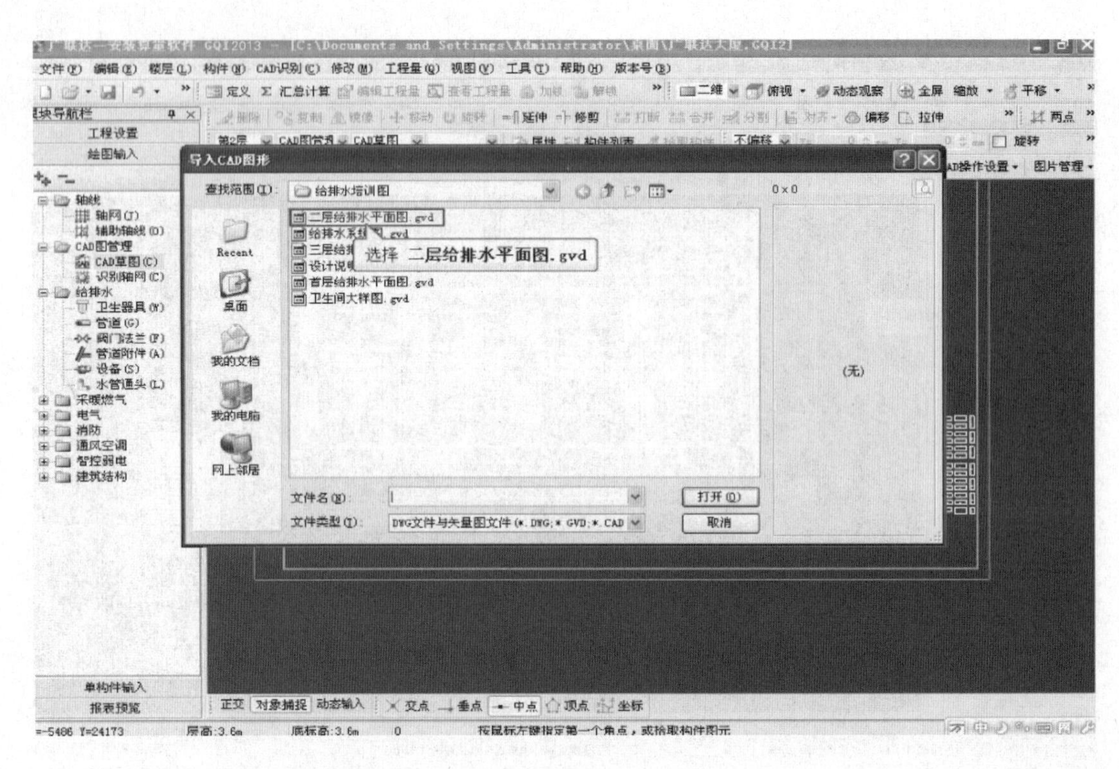

（6）图形文件选择完毕后点击打开按钮。

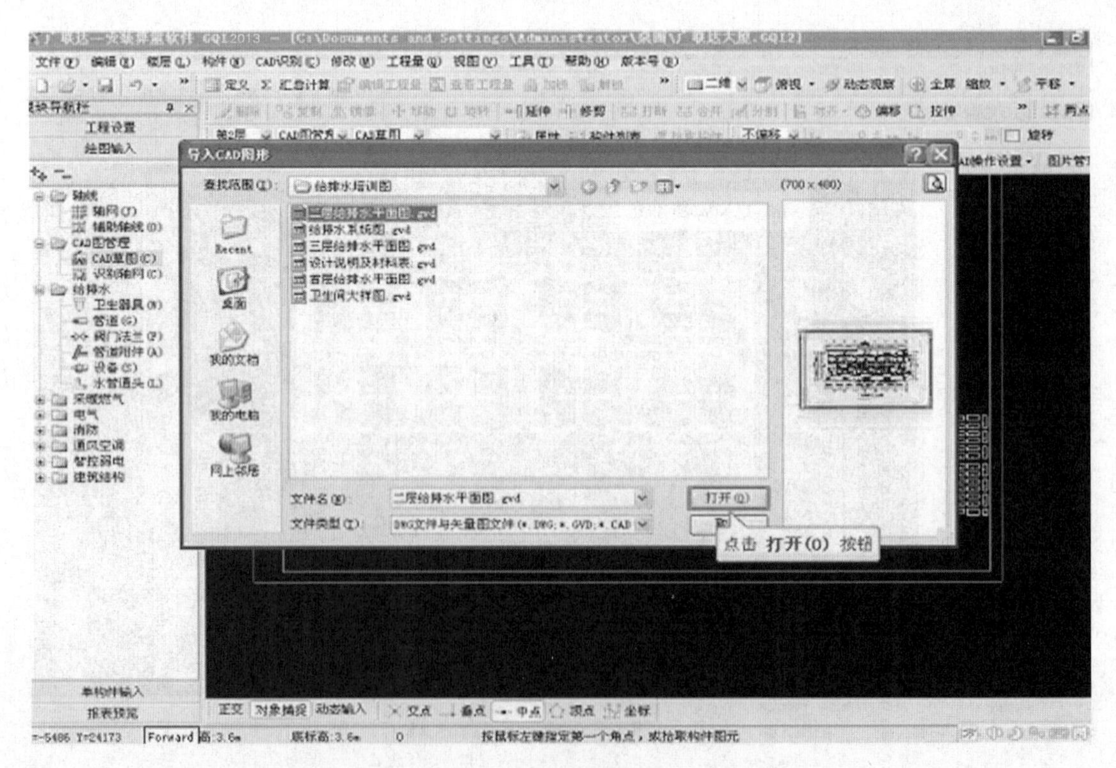

（7）以默认的 1∶1 比例导入即可，点击确定。

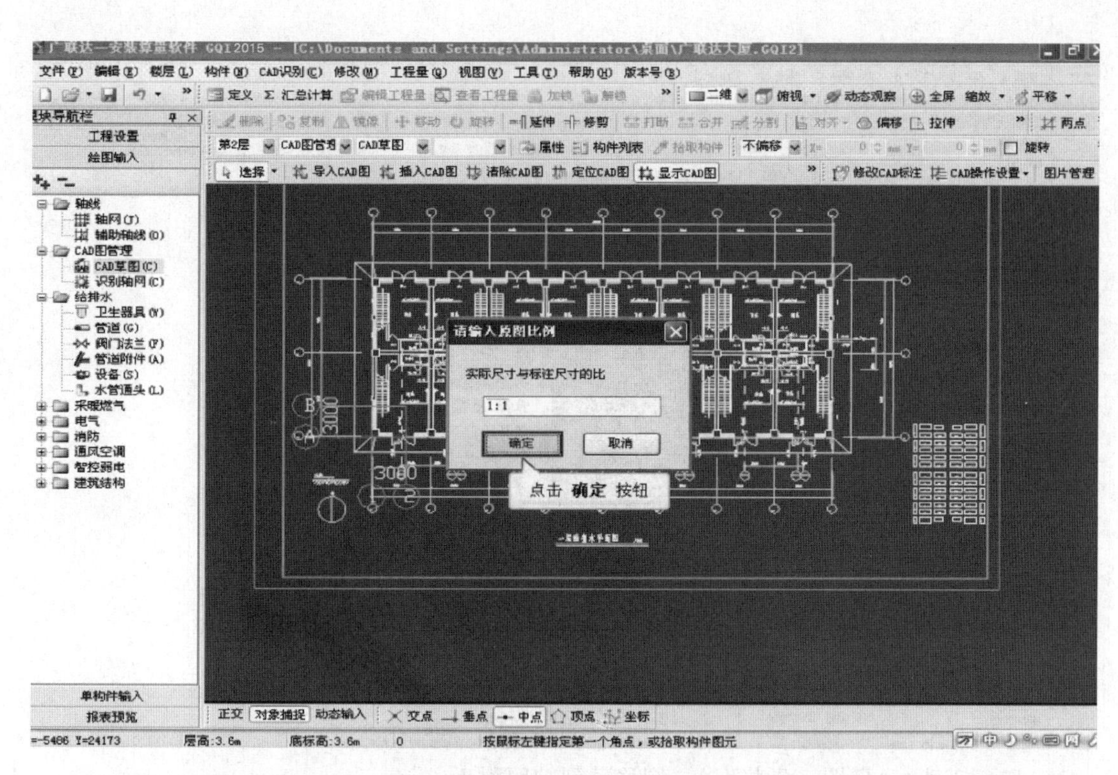

（8）CAD 图导入完毕后还需要进行定位操作，使二层 CAD 图与一层的位置能够对应上，点击工具栏上的定位 CAD 图按钮。

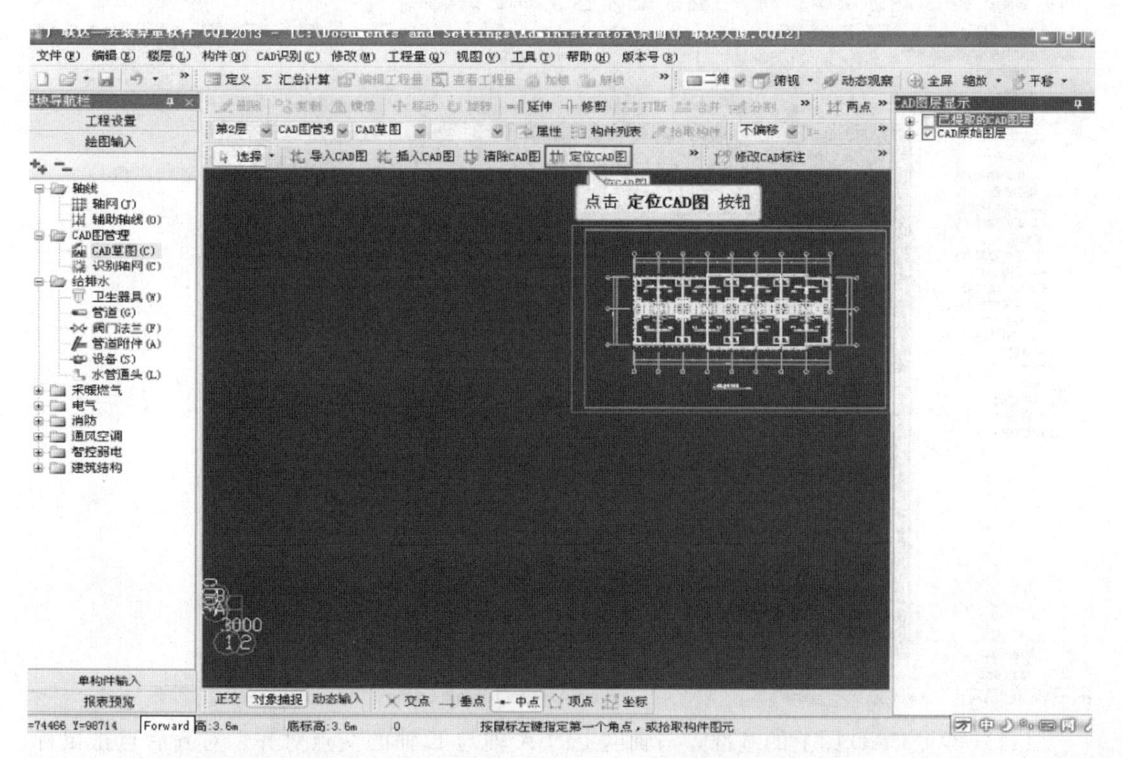

（9）选择 A 轴与 E 轴的交点为基准点。

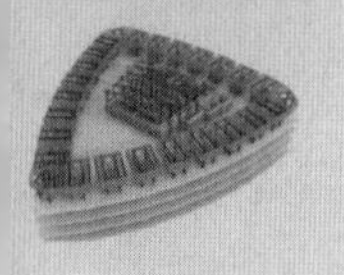

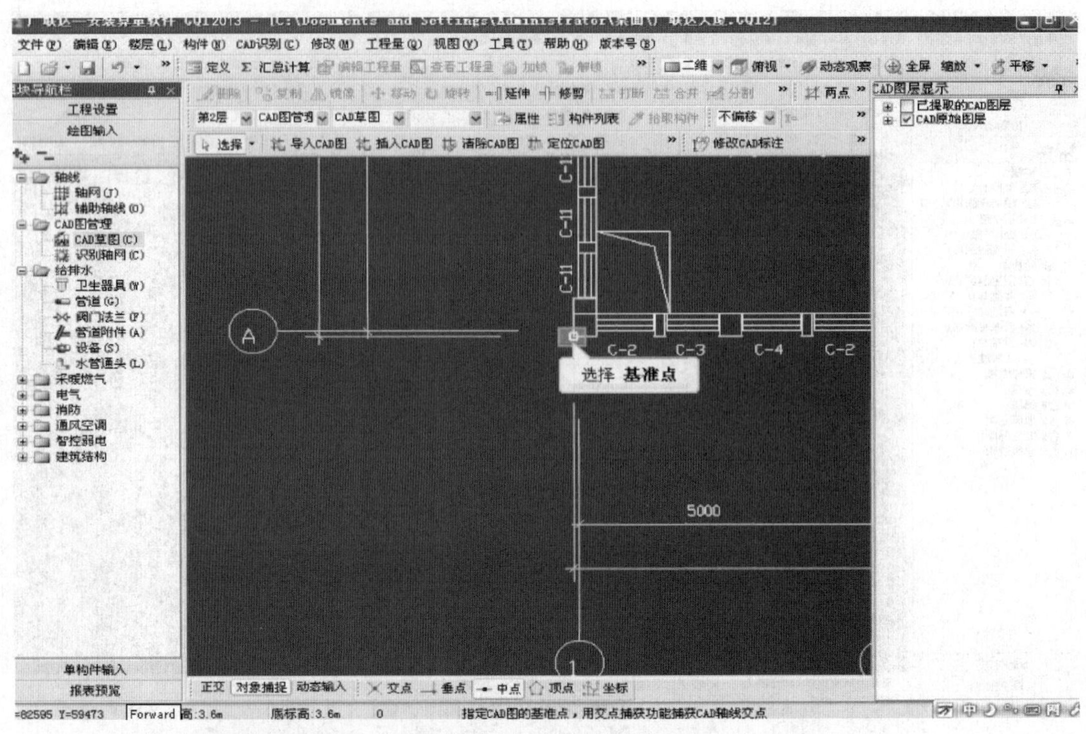

（10）拖动CAD图，先将CAD图移动到轴网附近。

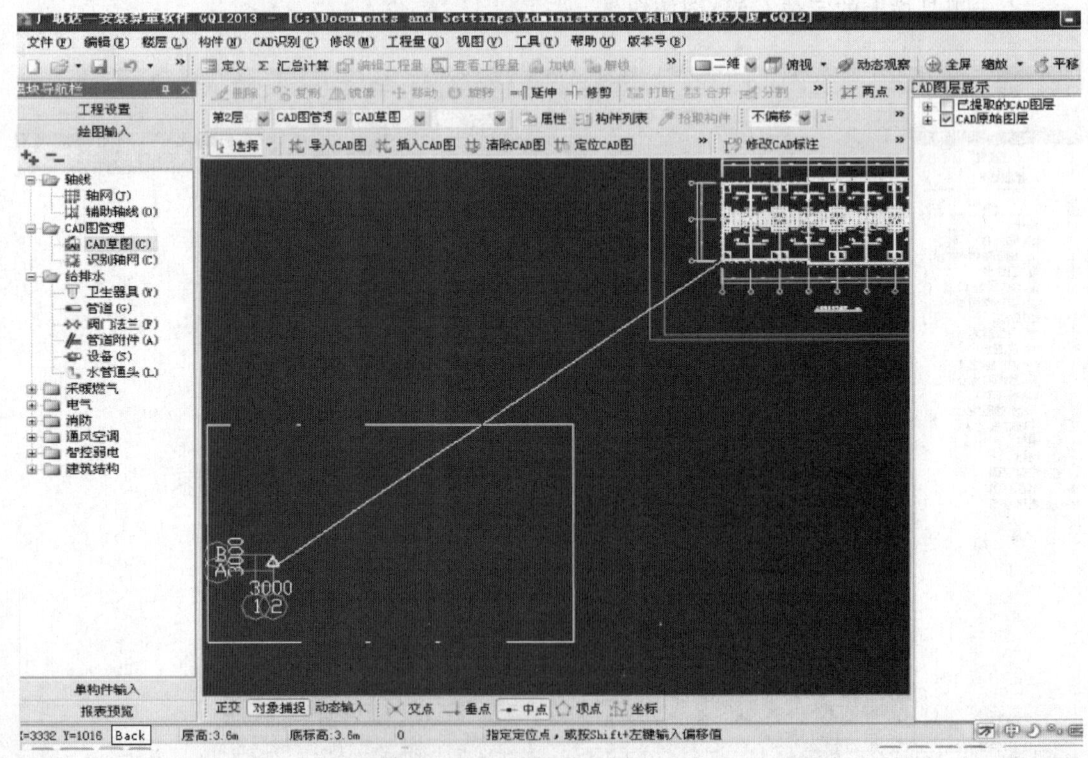

（11）再将CAD图上的基准点与轴网上的A轴与E轴的交点对齐，对齐后点击鼠标左键。

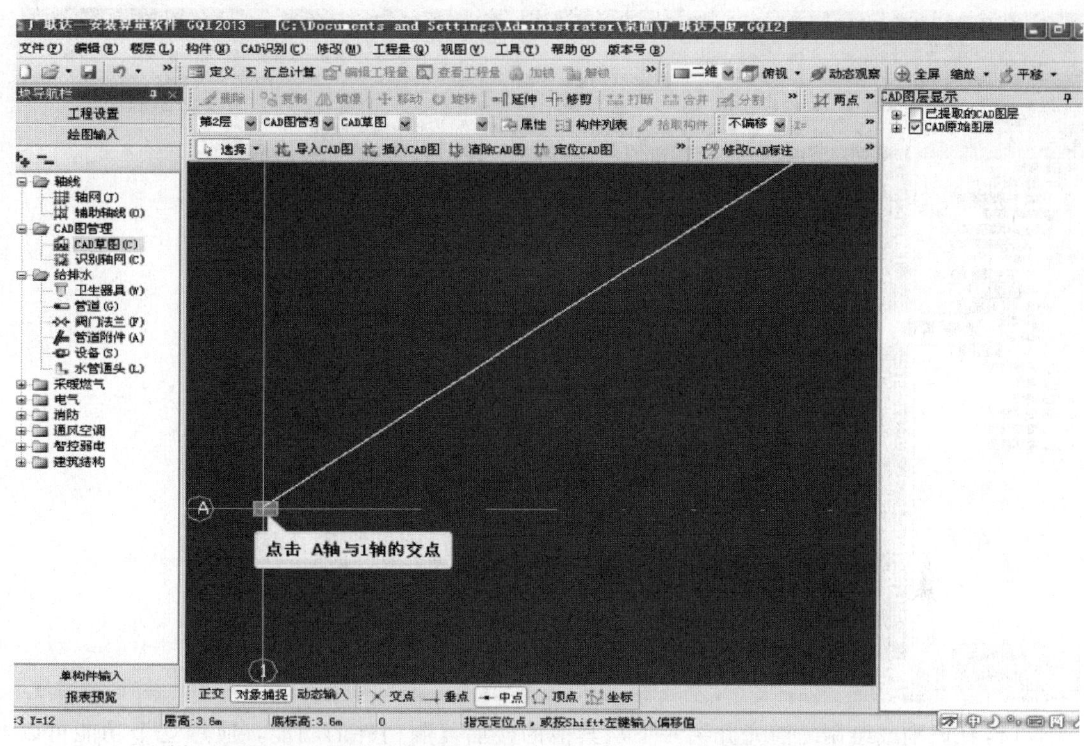

（12）这样二层的CAD图就定位好了。

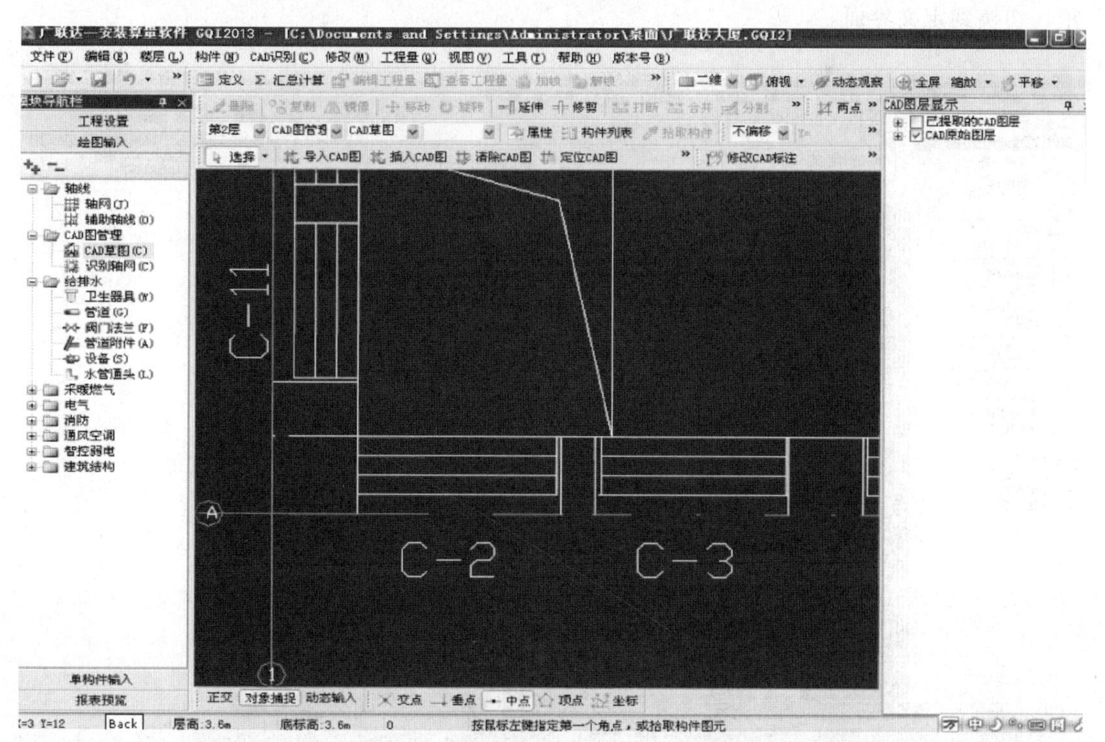

（13）下面开始识别二层的CAD图或绘制，选择给排水下的管道，切换到管道界面。

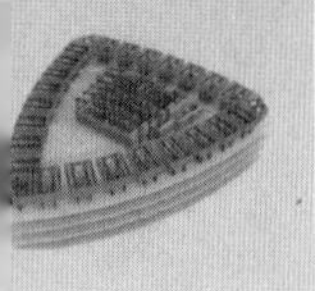

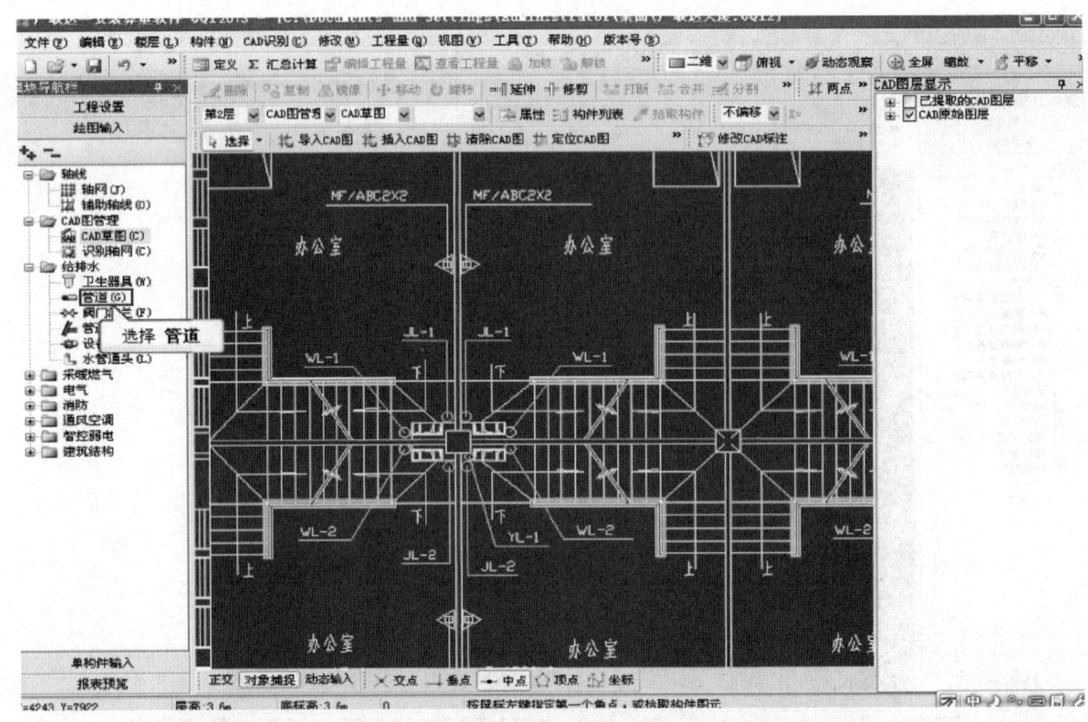

（14）识别或绘制之前先介绍一下从其他的楼层复制构件的功能，应用这个功能可以把首层已经建立好的构件复制到二层，减少二层新建构件的操作。点击工具栏上的定义按钮，切换到定义界面。

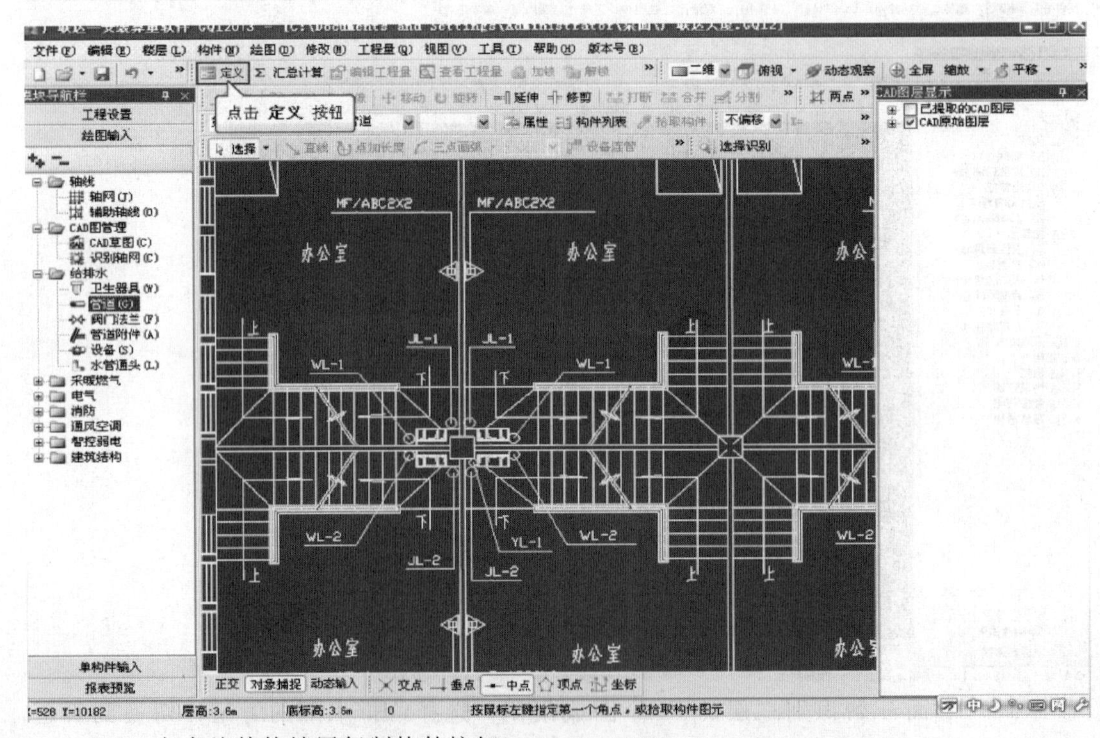

（15）点击从其他楼层复制构件按钮。

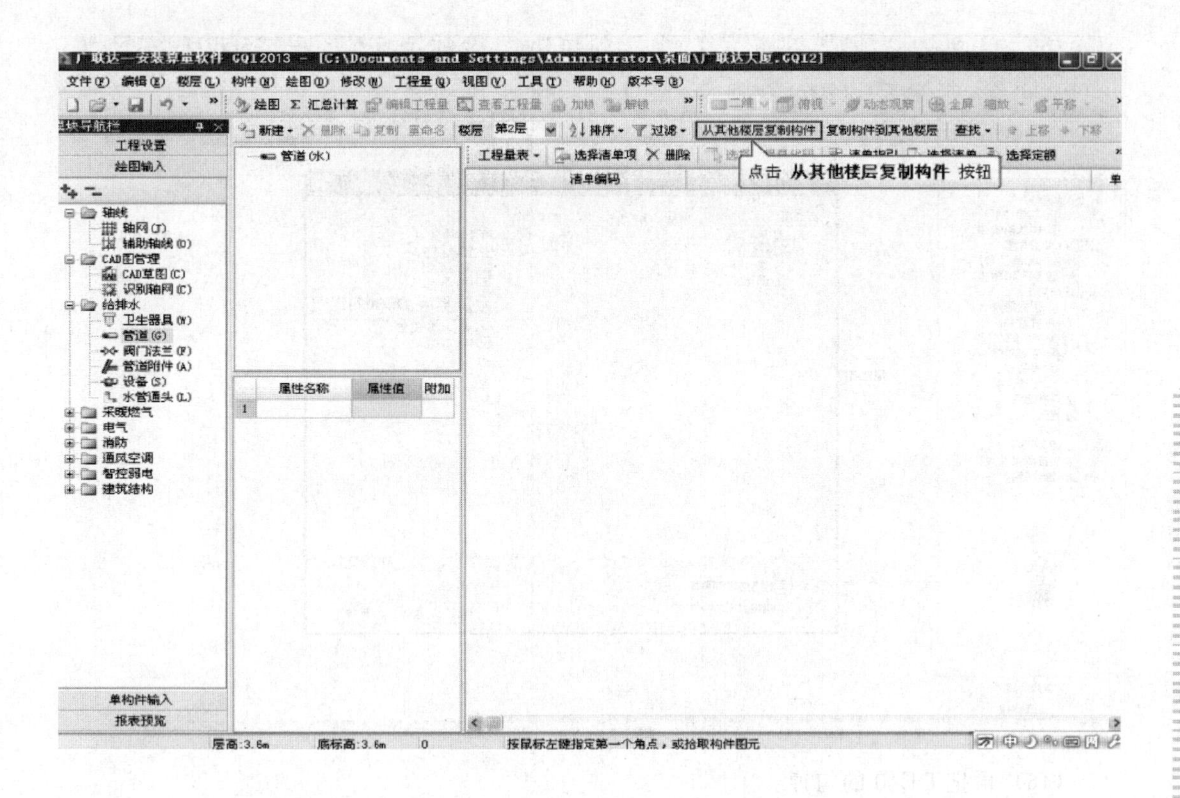
点击 从其他楼层复制构件 按钮

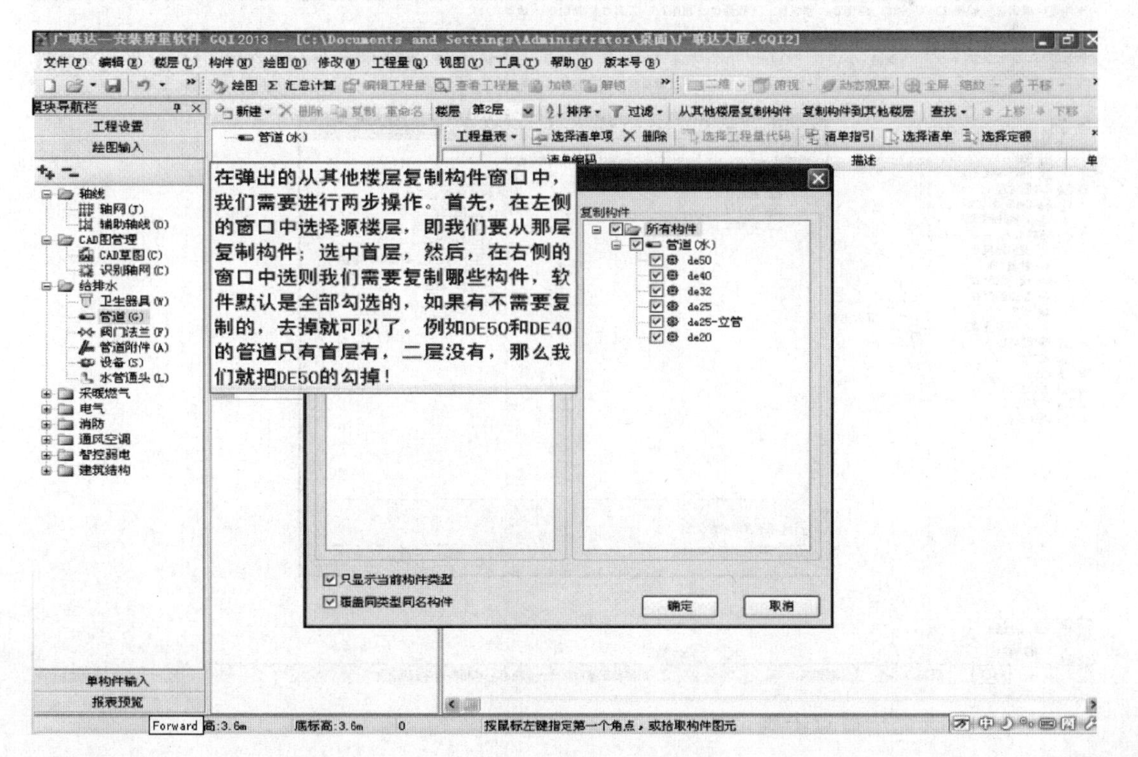
在弹出的从其他楼层复制构件窗口中，我们需要进行两步操作。首先，在左侧的窗口中选择源楼层，即我们要从那层复制构件；选中首层，然后，在右侧的窗口中选则我们需要复制哪些构件，软件默认是全部勾选的，如果有不需要复制的，去掉就可以了。例如DE50和DE40的管道只有首层有，二层没有，那么我们就把DE50的勾掉！

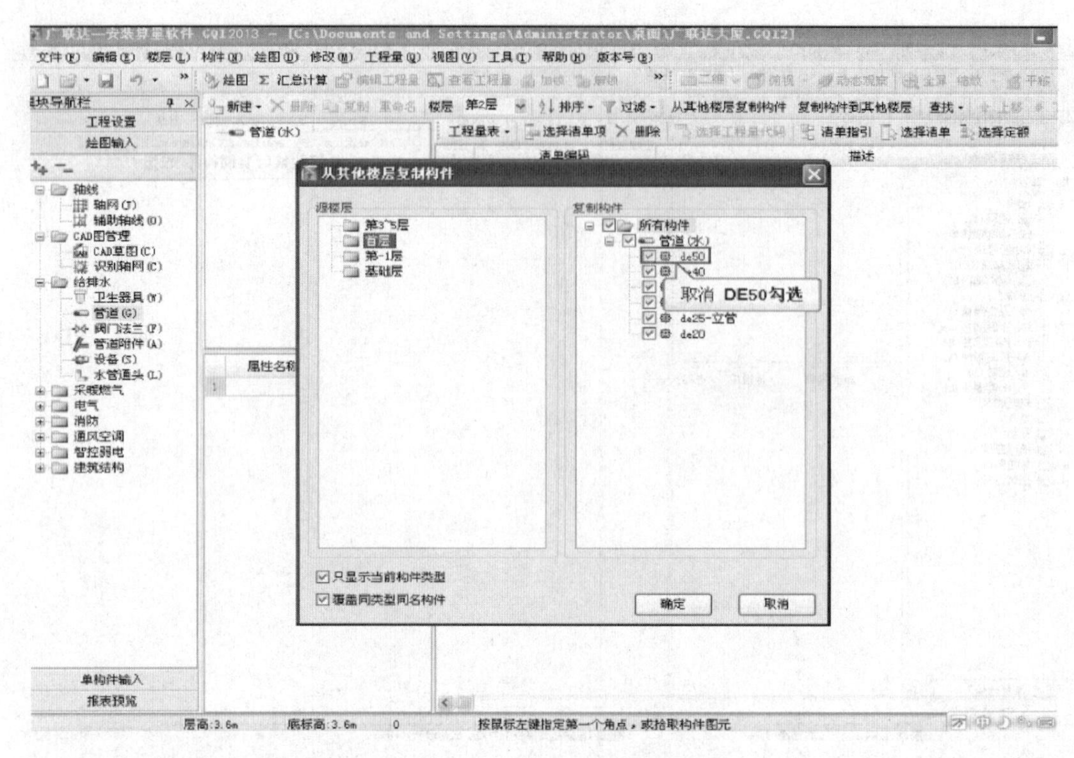

(16) 再把 DE40 的勾掉。

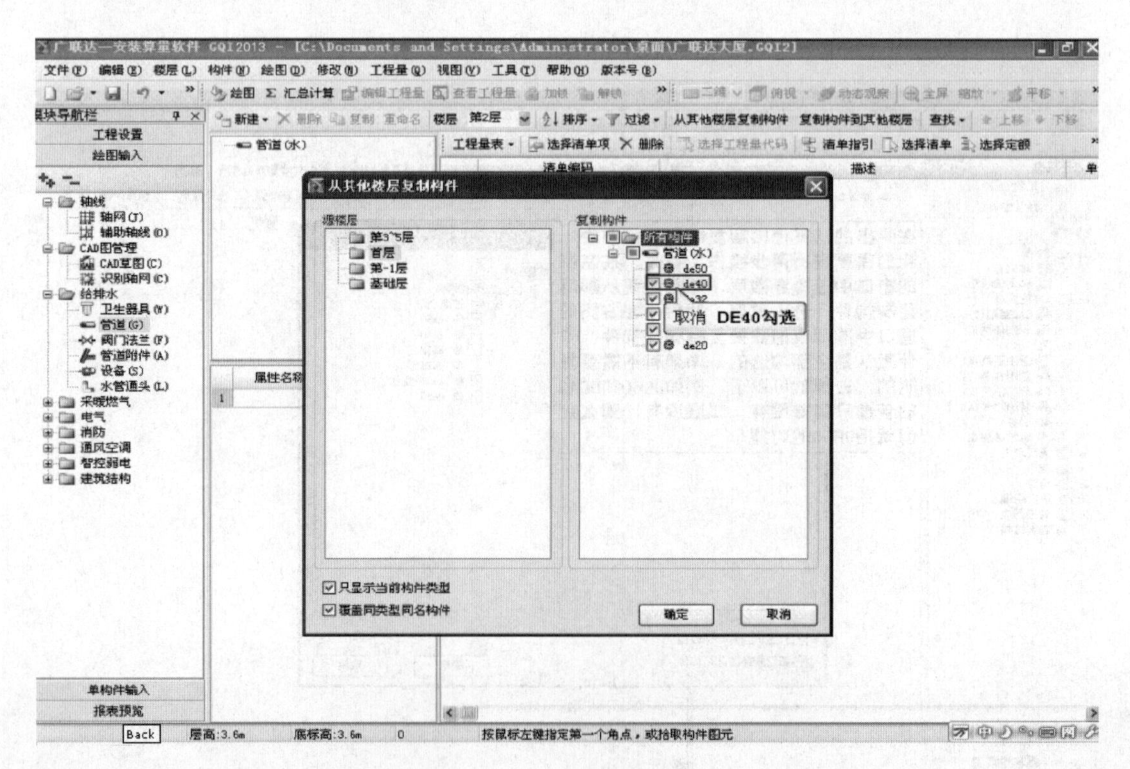

(17) 勾选完毕后点击确定按钮。

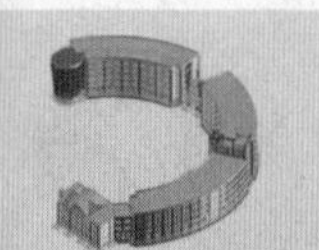

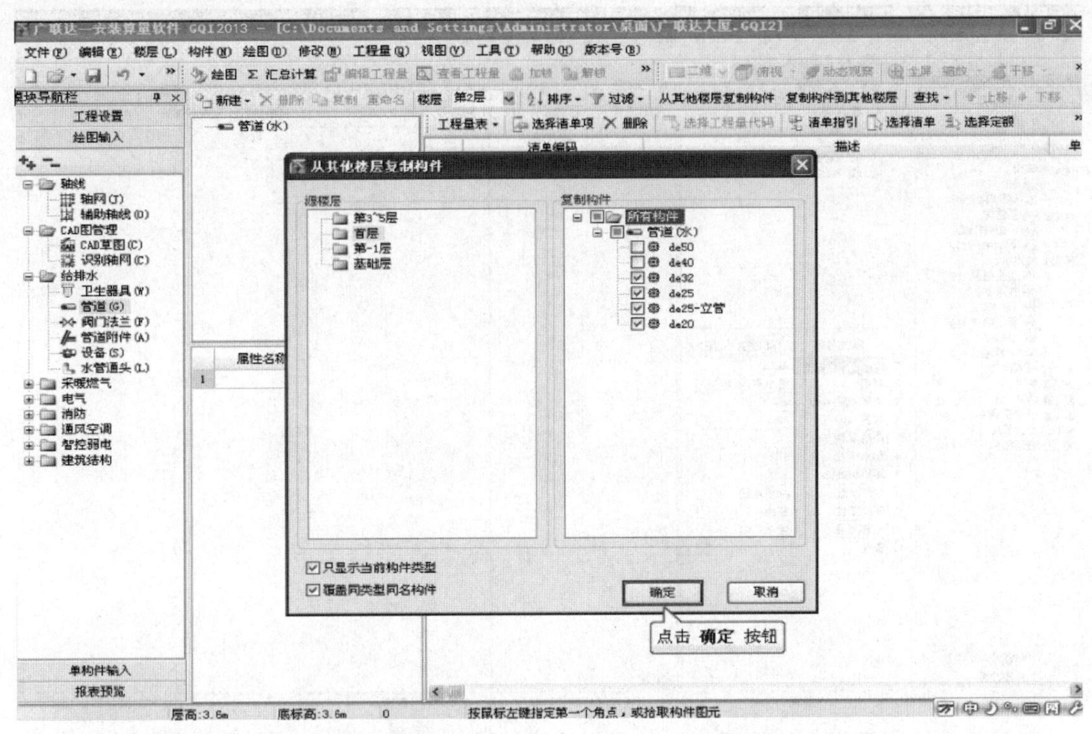

(18) 复制完成后点击确定按钮。

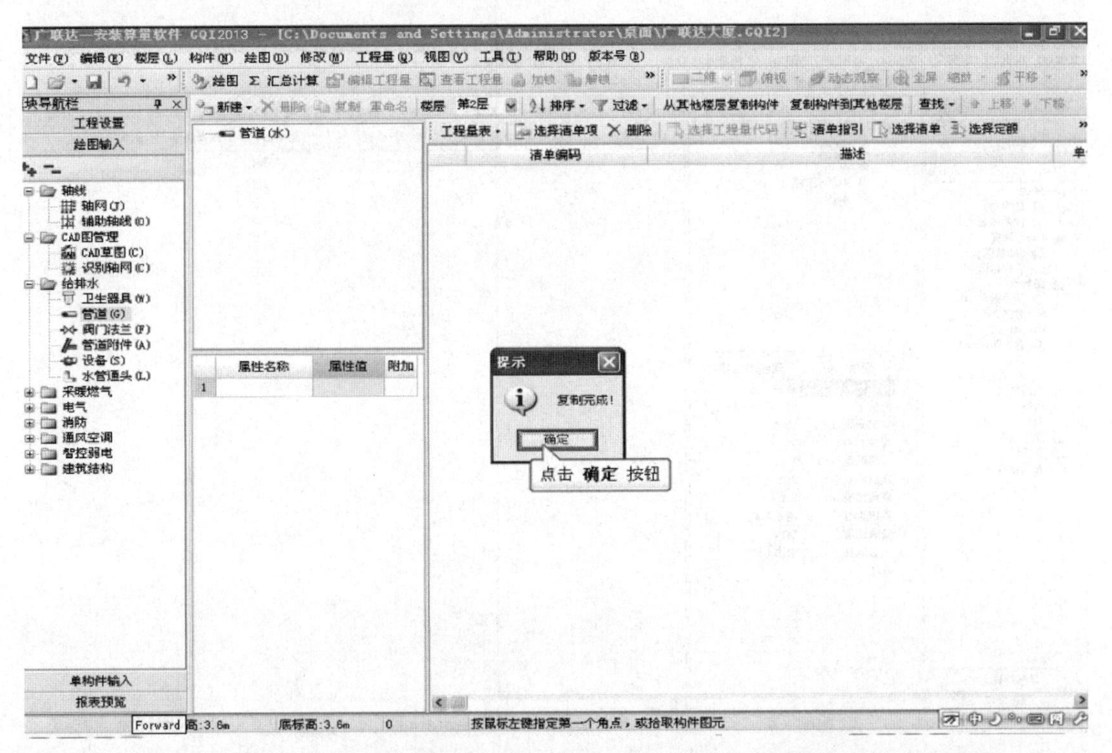

(19) 这样首层的构件就被复制到二层，不论是后面的识别操作还是绘制操作，都减少了一步新建构件的过程，下面就可以进行二层的识别和绘制操作了。

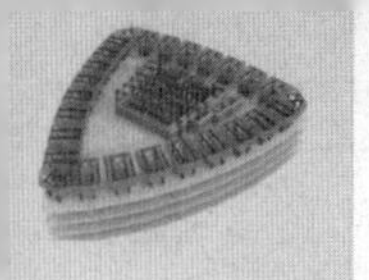

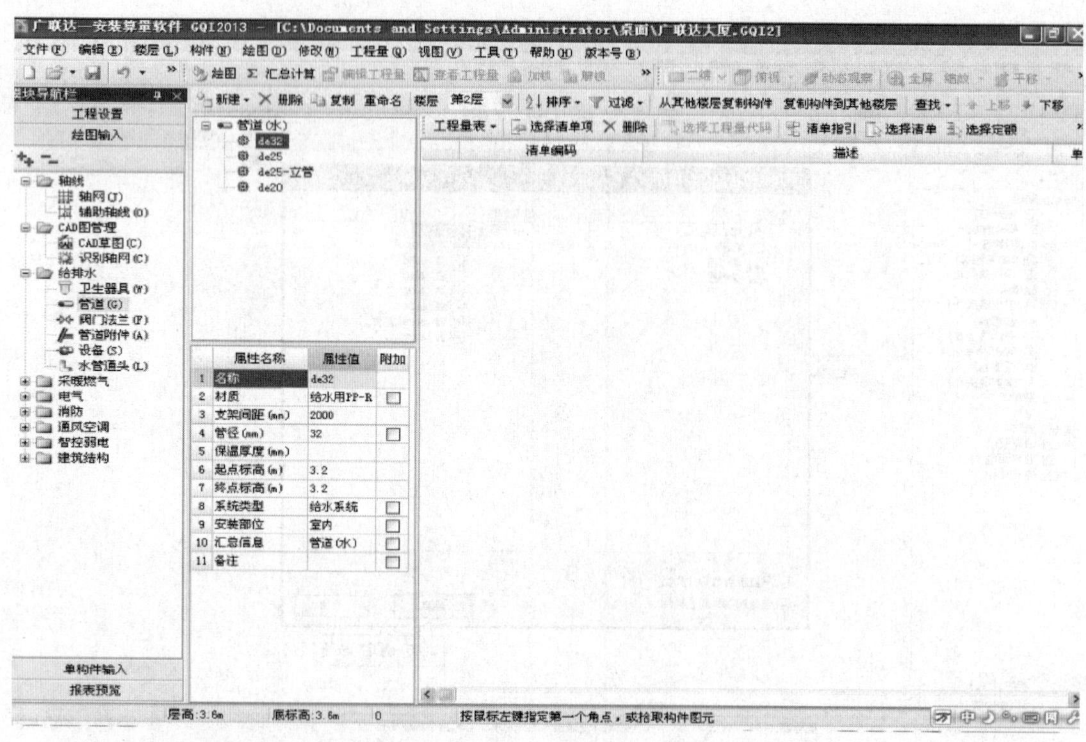

(20) 点击工具栏上的绘图按钮，回到绘图界面。

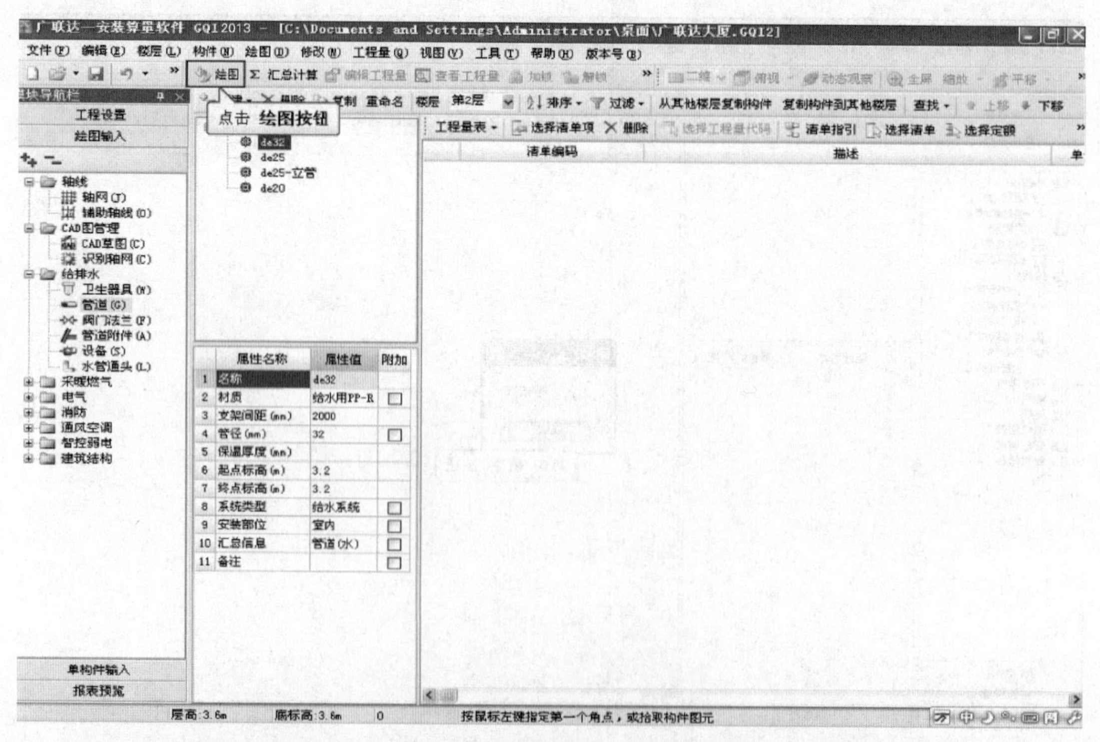

(21) 在绘图界面按照与首层一样的识别或绘制方法将二层的工程量计算出来即可。后面其他层的操作也都是一样的。

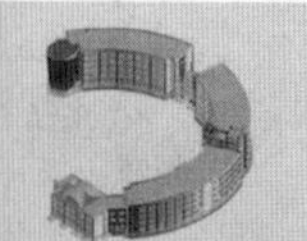

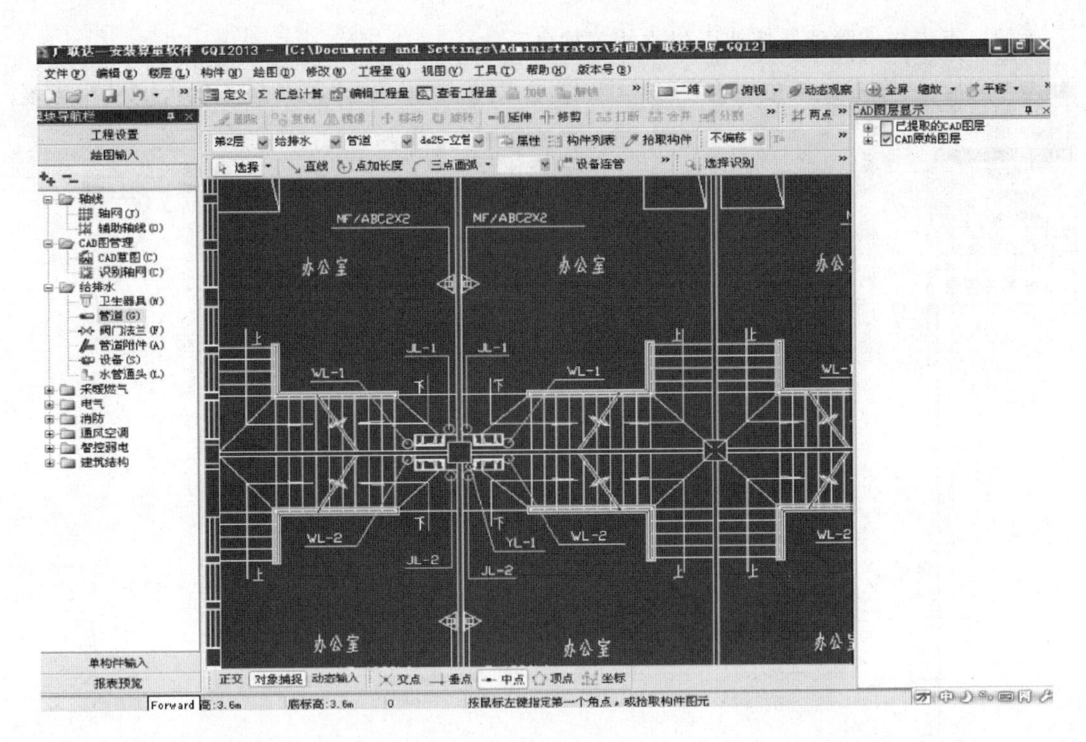

2.1.5 单构件输入

具体操作步骤如下：

(1) 对于CAD图上体现出来的工程量我们都可以在绘图输入部分用识别功能来计算，有些在CAD图上没有体现出来的工程量或者在没有CAD图的情况下，都可以使用单构件输入来解决。下面介绍单构件的操作。点击单构件输入，切换到单构件输入界面。

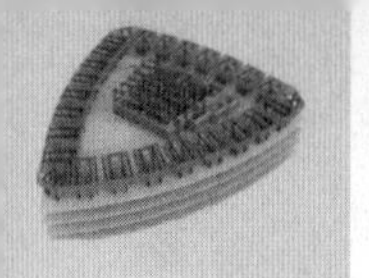

（2）点击构件管理器按钮，建立相关构件。

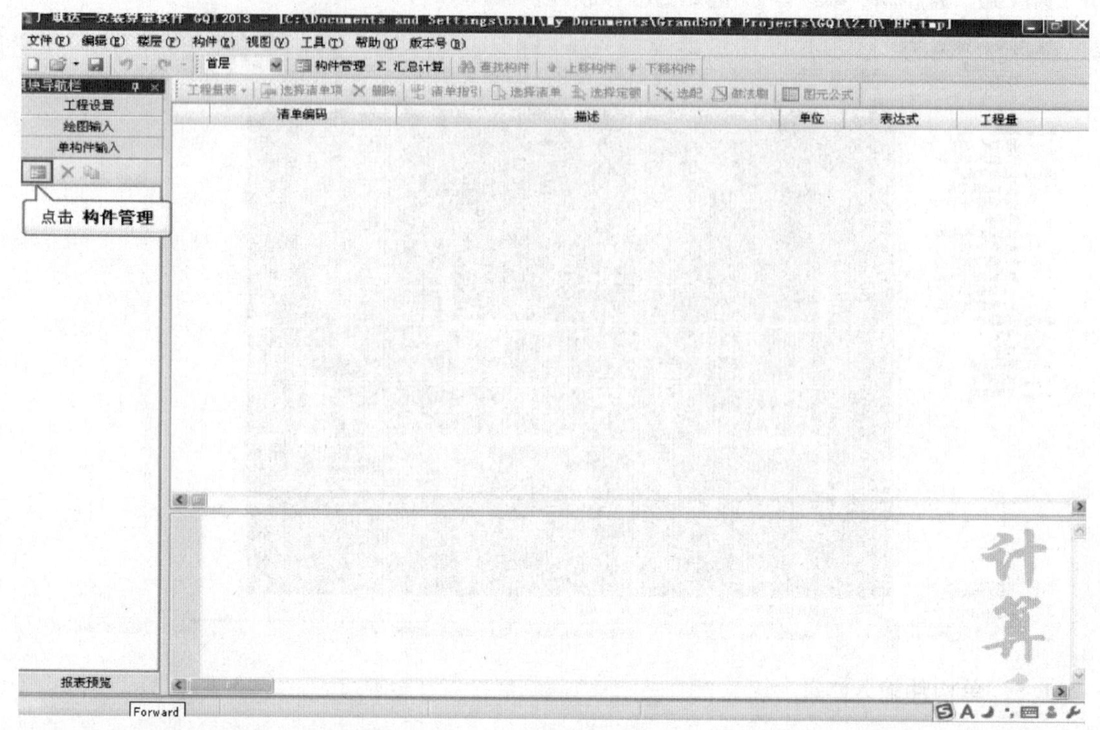

（3）在弹出的构件管理窗口中建立我们需要的构件，首先建立一个管道构件，鼠标左键选择给排水下的管道。

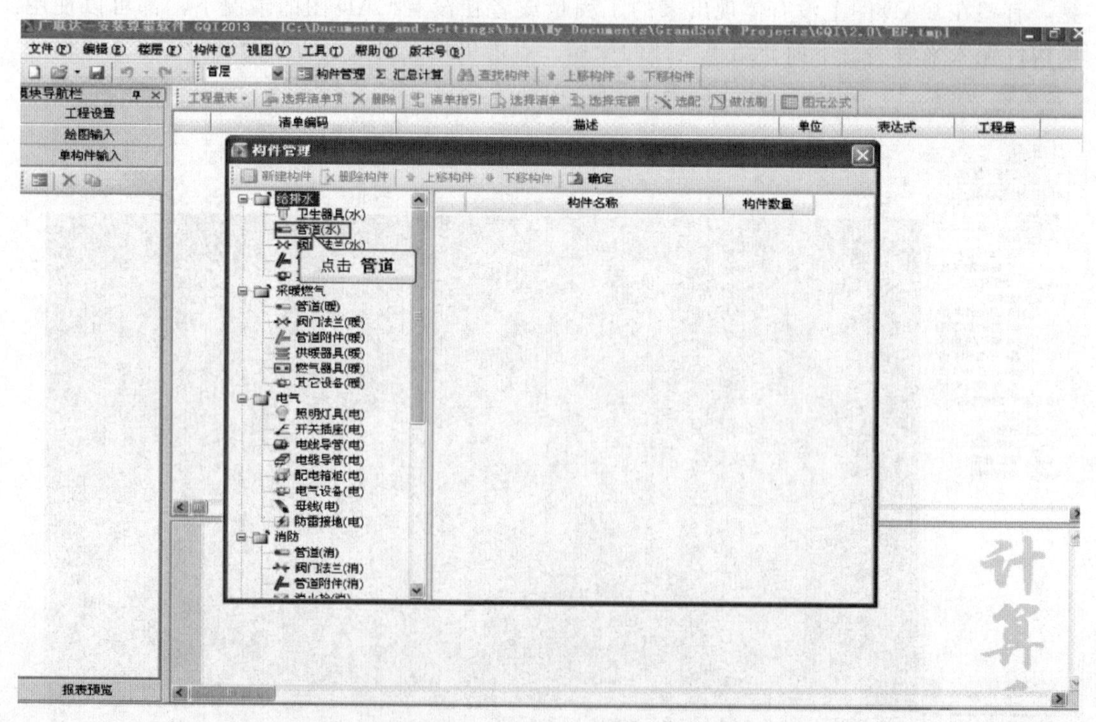

（4）点击窗口上的新建构件按钮。

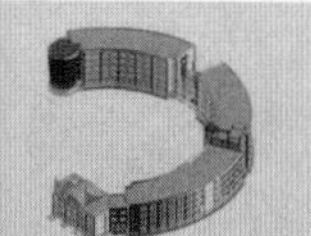

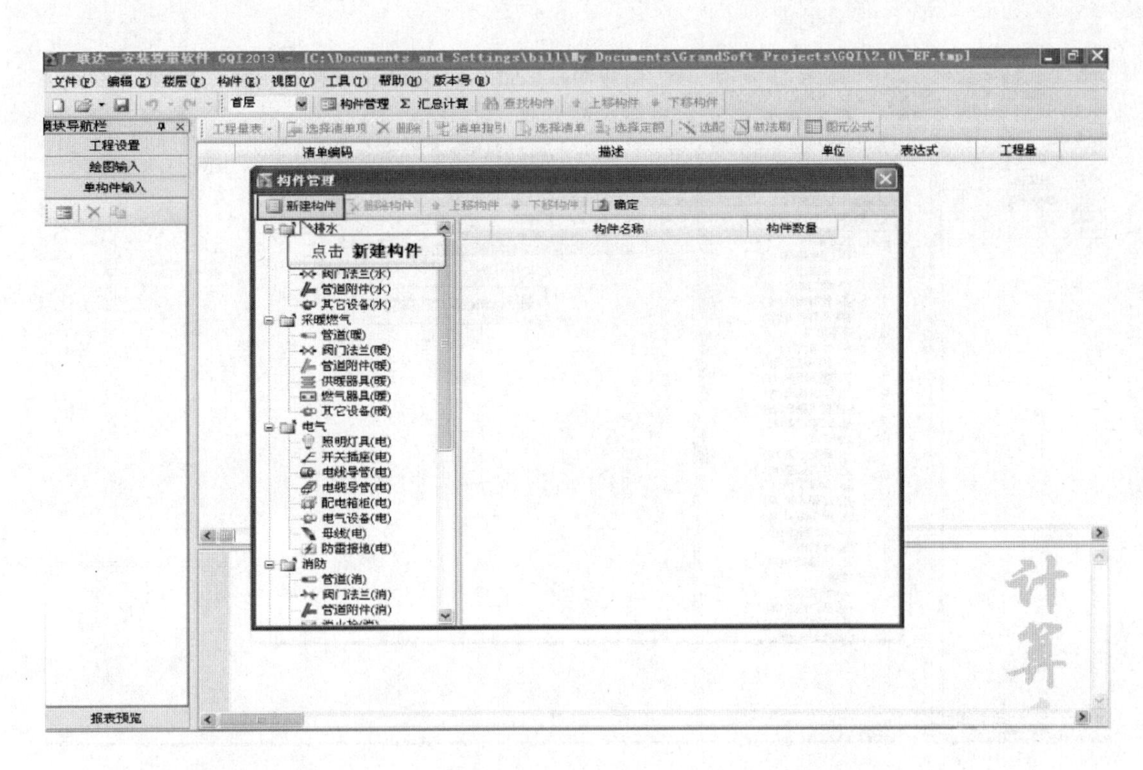

（5）鼠标左键选中新建立的管道构件。

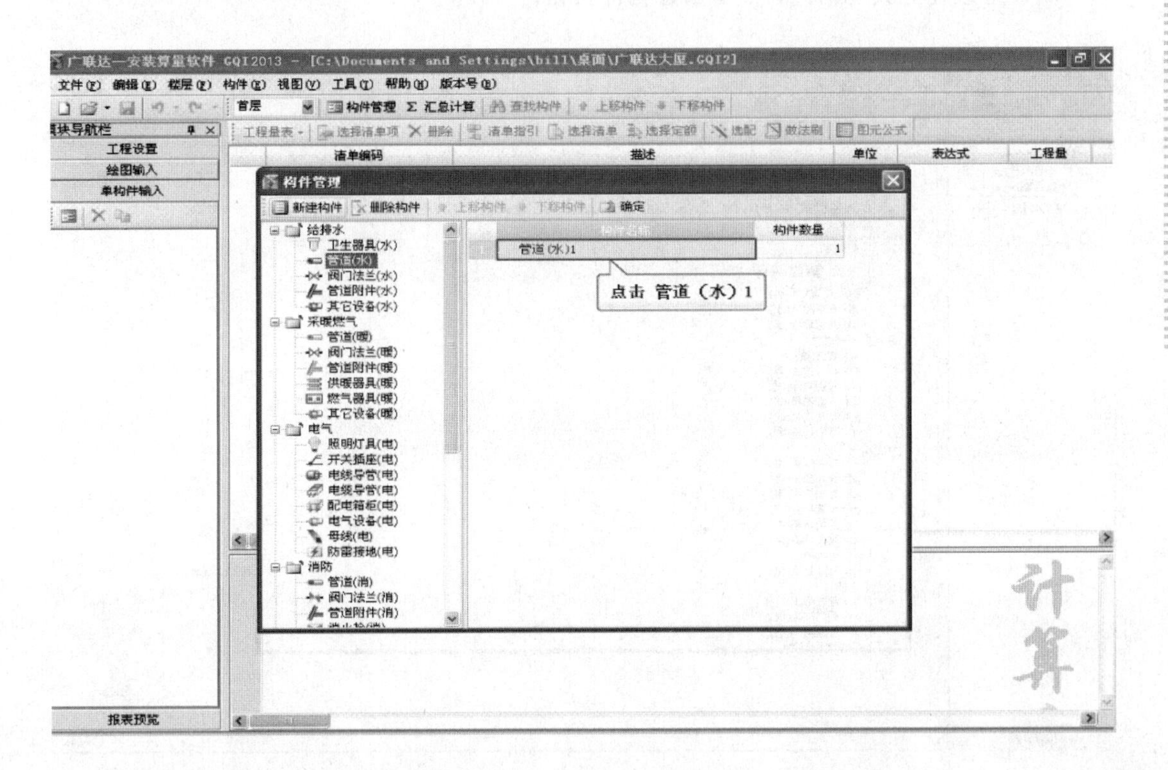

（6）将管道名称修改为DN25。

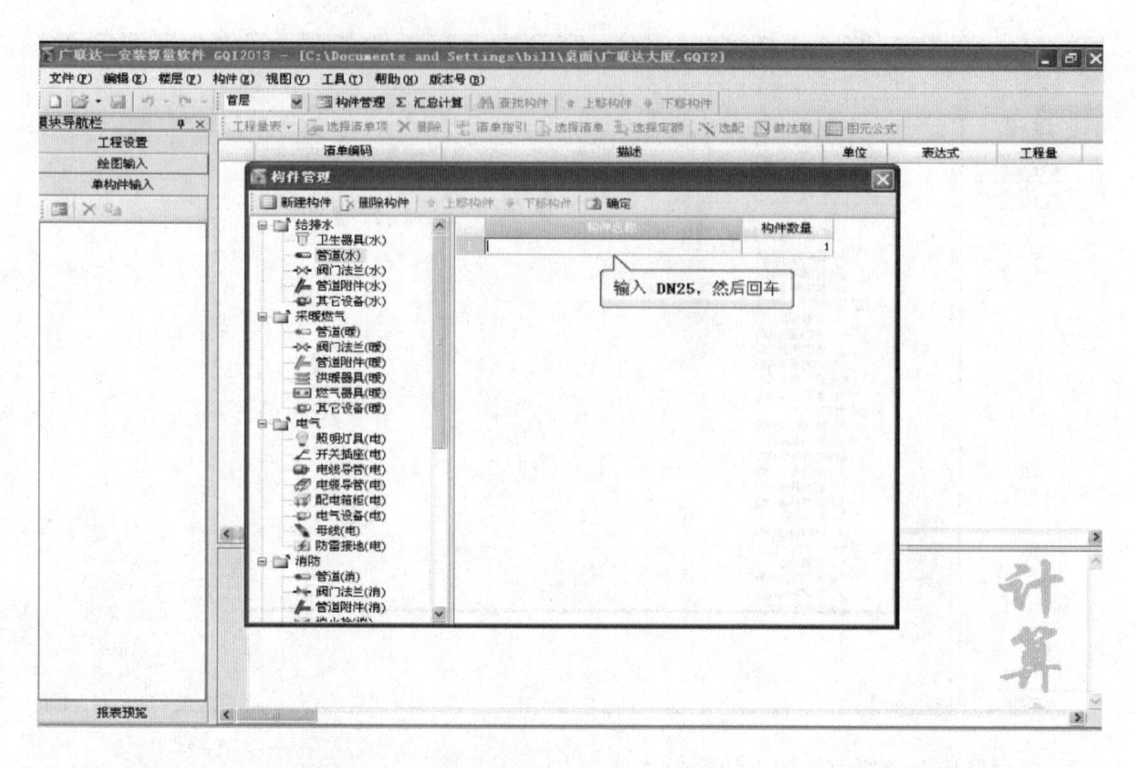

（7）继续建立其他构件，点击新建构件按钮。

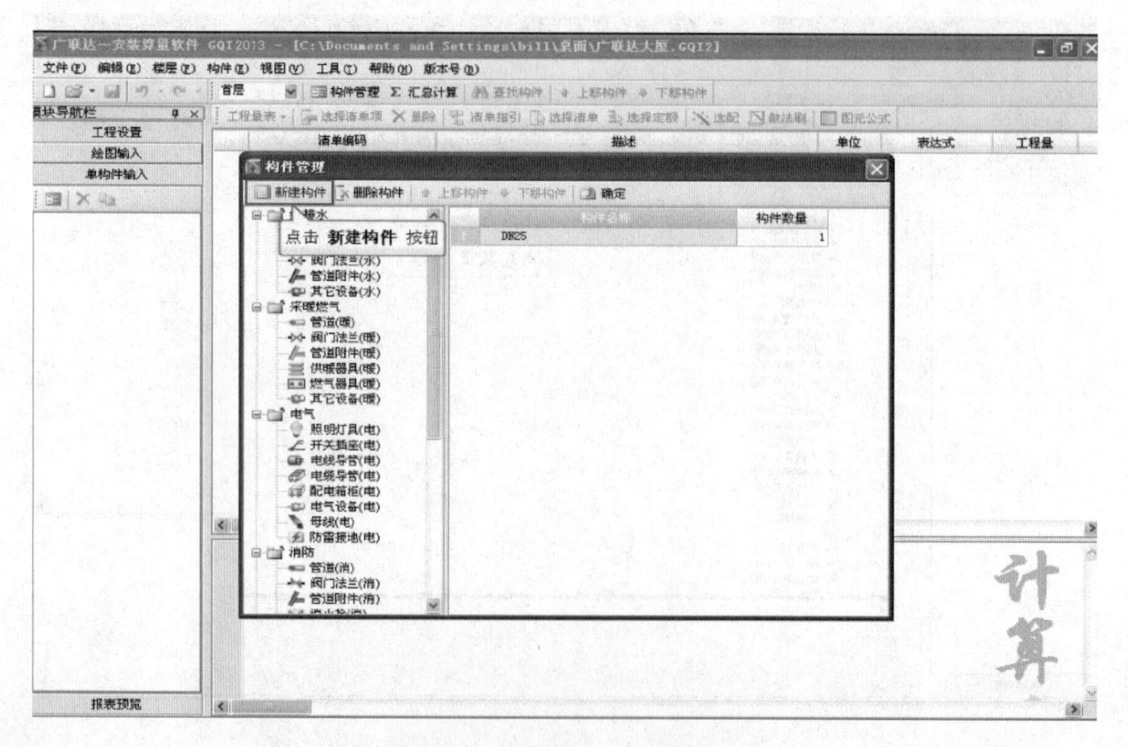

（8）再为这个管道构件修改名称，鼠标左键选中管道构件。

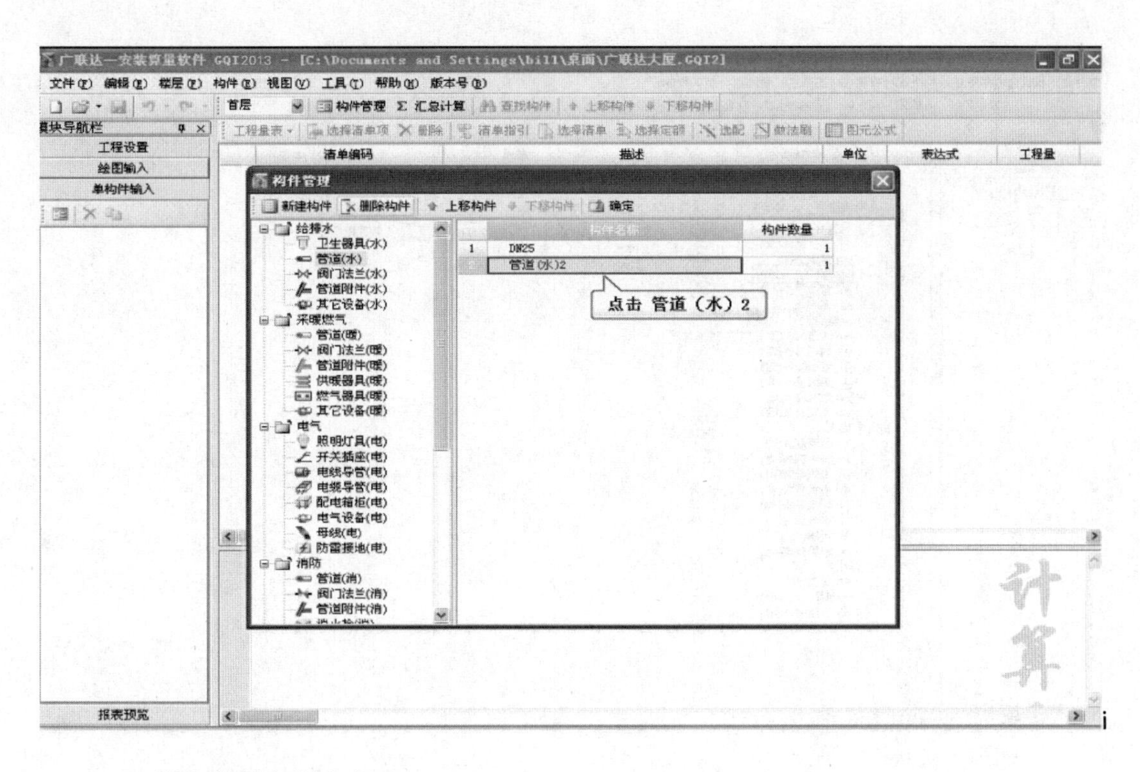

（9）将管道名称修改为DN32。

（10）下面建立阀门构件，选中阀门法兰。

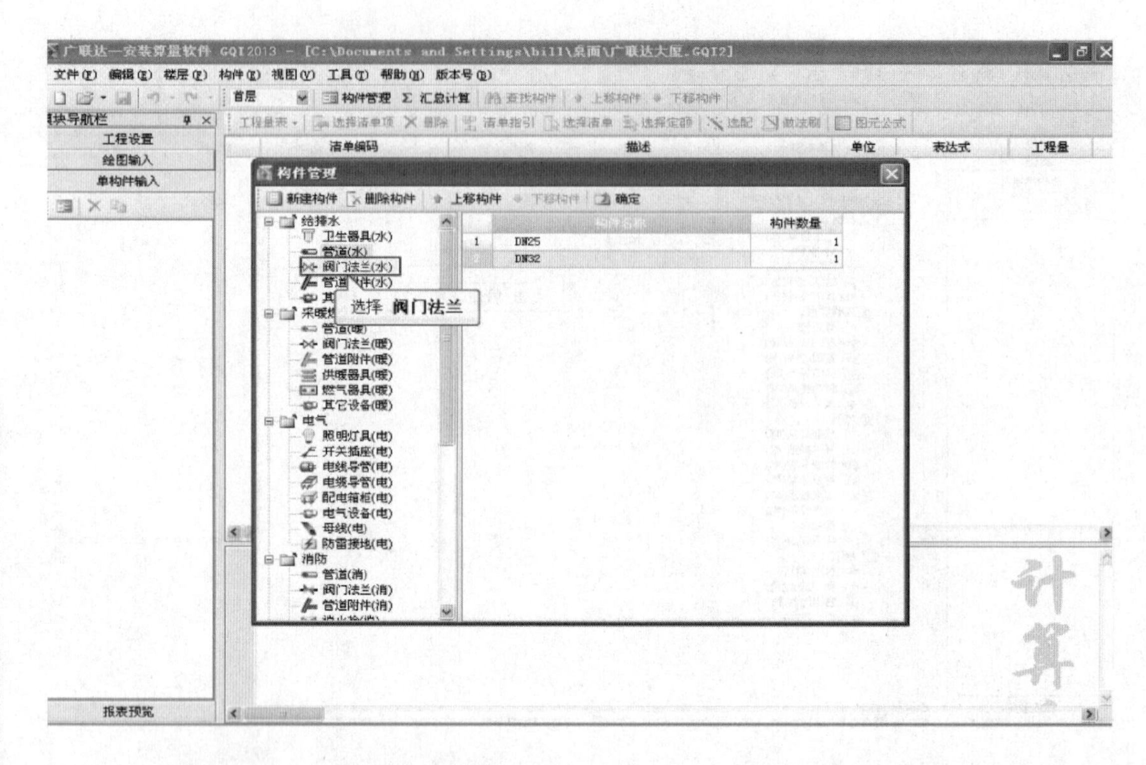

(11) 点击窗口上的新建构件按钮。

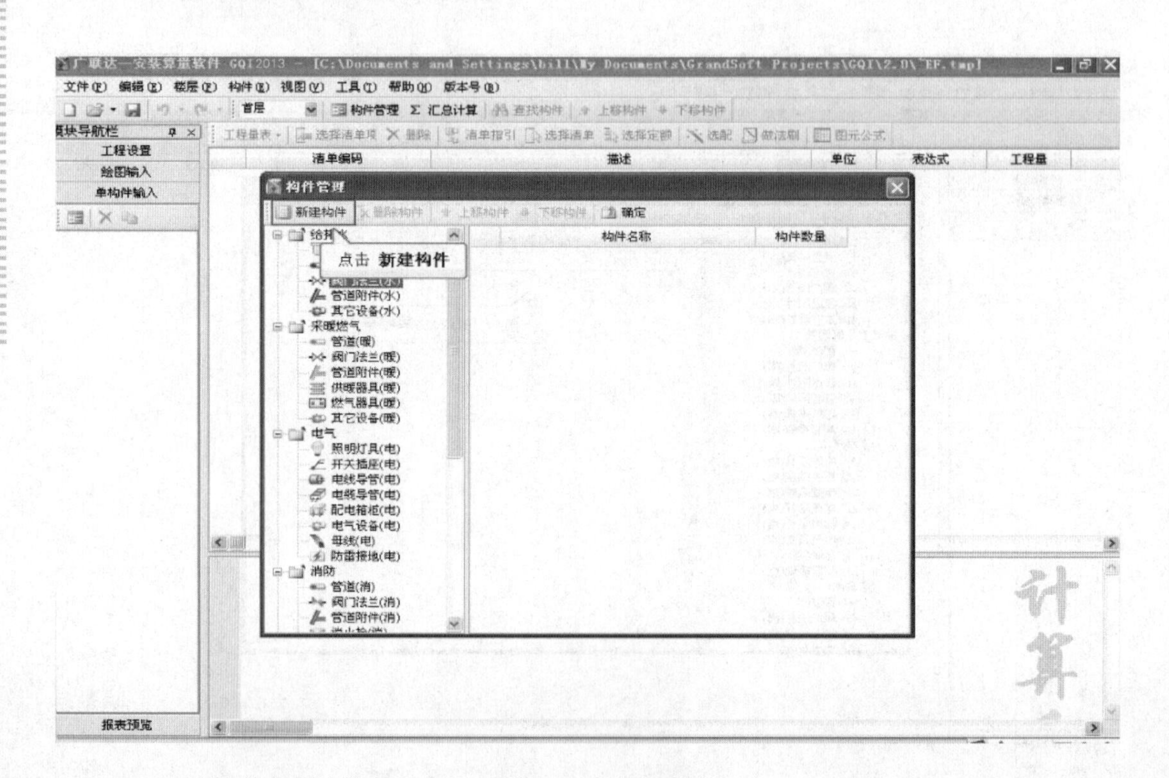

(12) 继续点击新建构件按钮，再建立一个阀门构件。

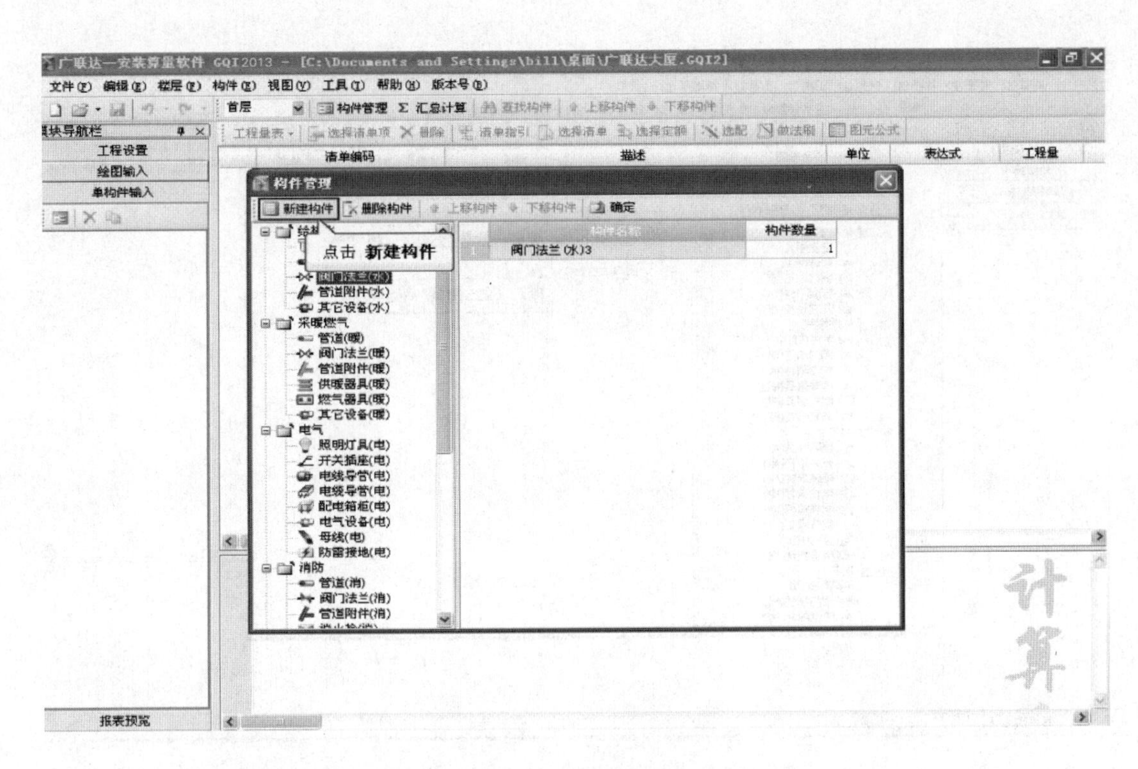

（13）统一修改阀门构件的名称，鼠标选中需要修改的名称。

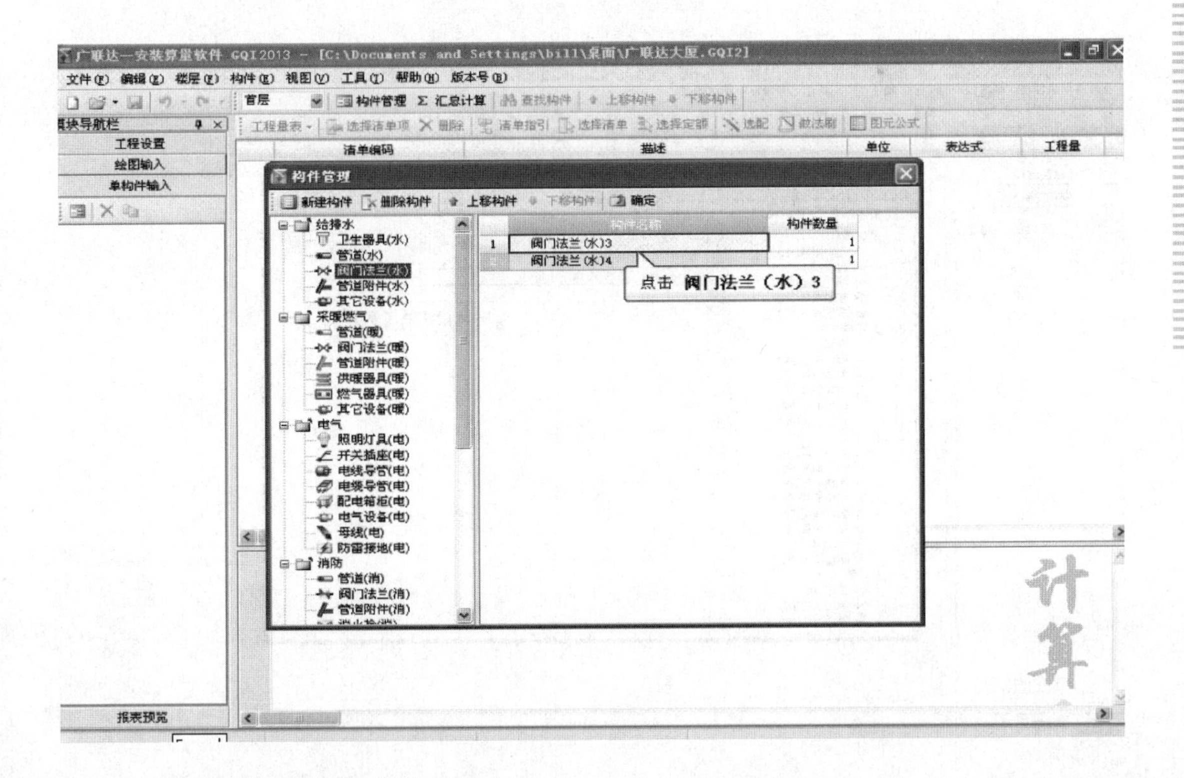

（14）将阀门名称改为 DN25 闸阀。

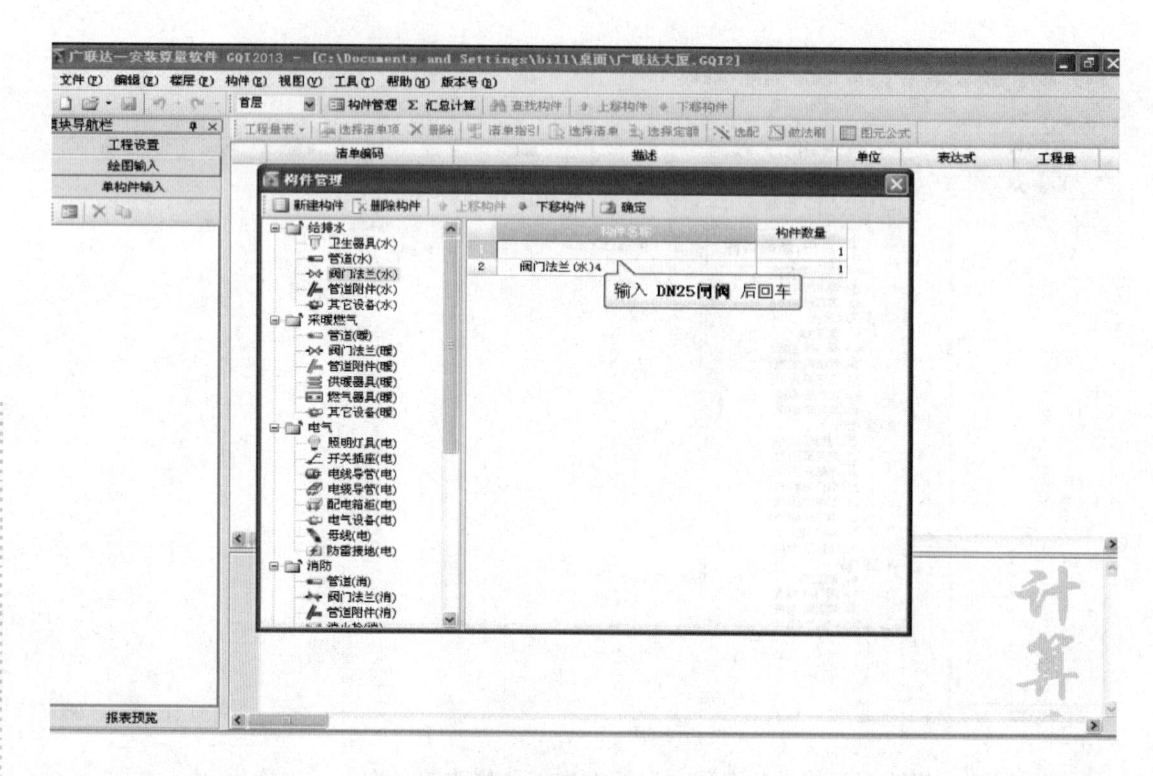

（15）继续选中下一个需要修改的阀门名称。

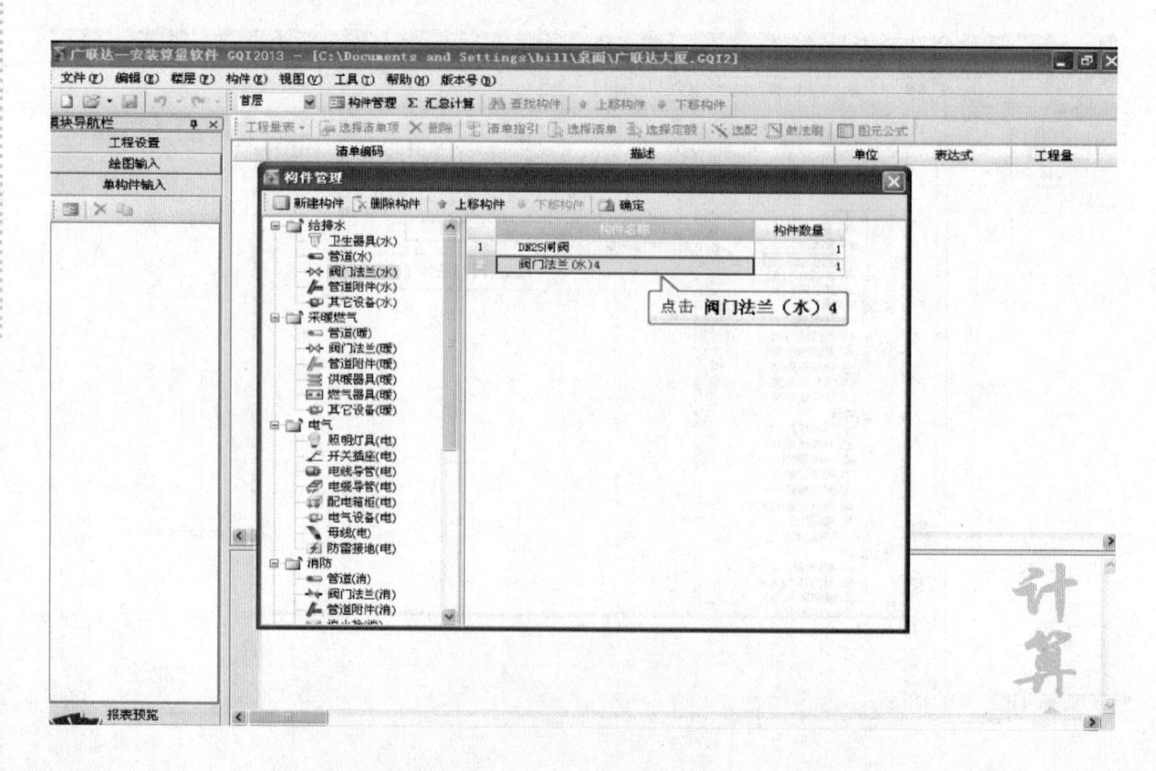

（16）将阀门名称改为DN32闸阀。

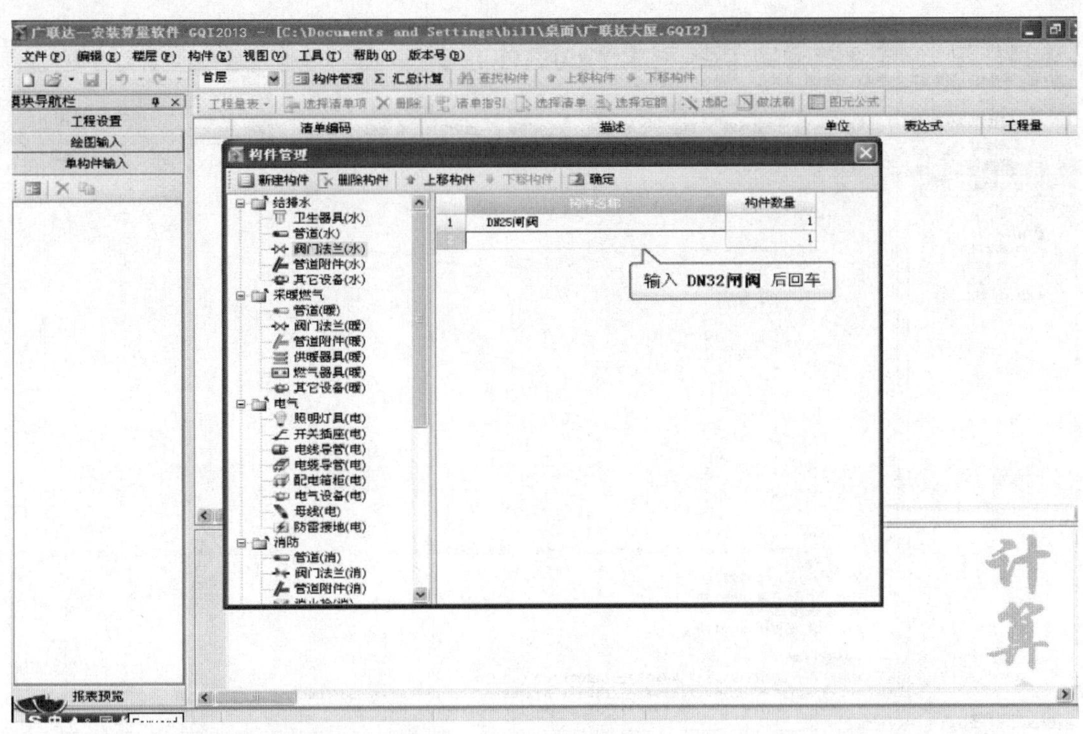

（17）所有构件建立好后点击窗口上的确定按钮。

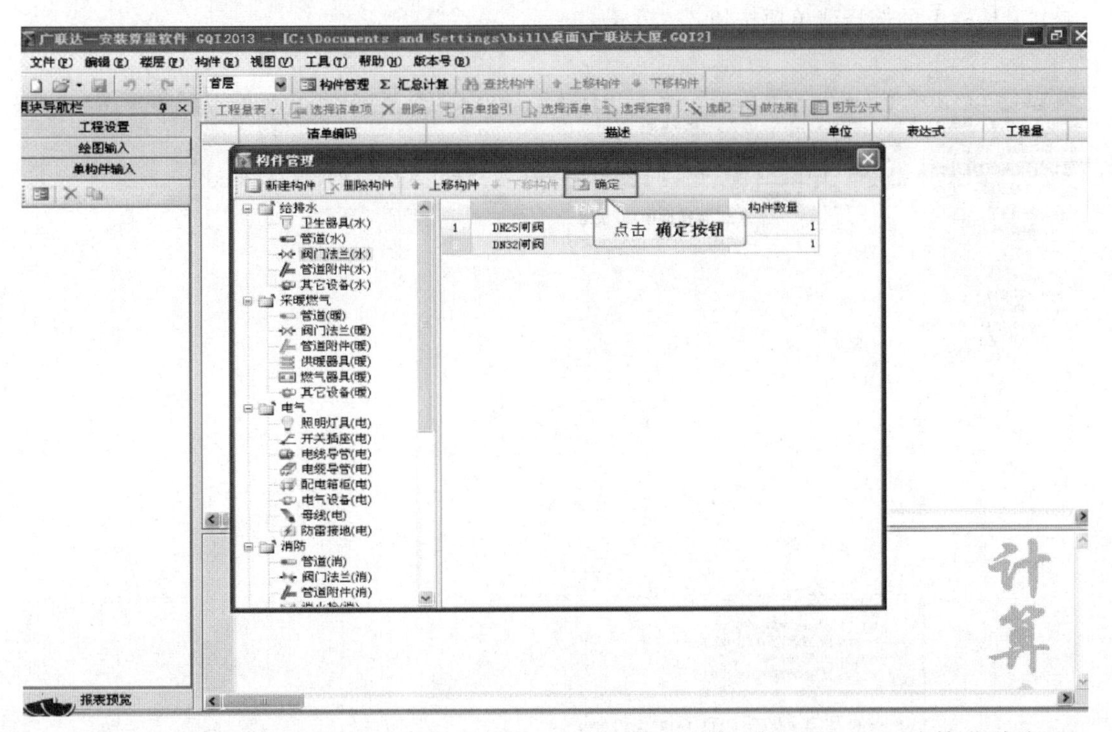

（18）鼠标左键选择DN25的管道构件，可以看到在界面的下方有个计算草稿窗口，软件在里面内置了一些计算项目的公式，包括管道的外表面积等，只需要输入计算参数，软件就会自动计算出结果。

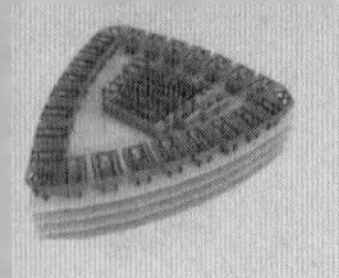

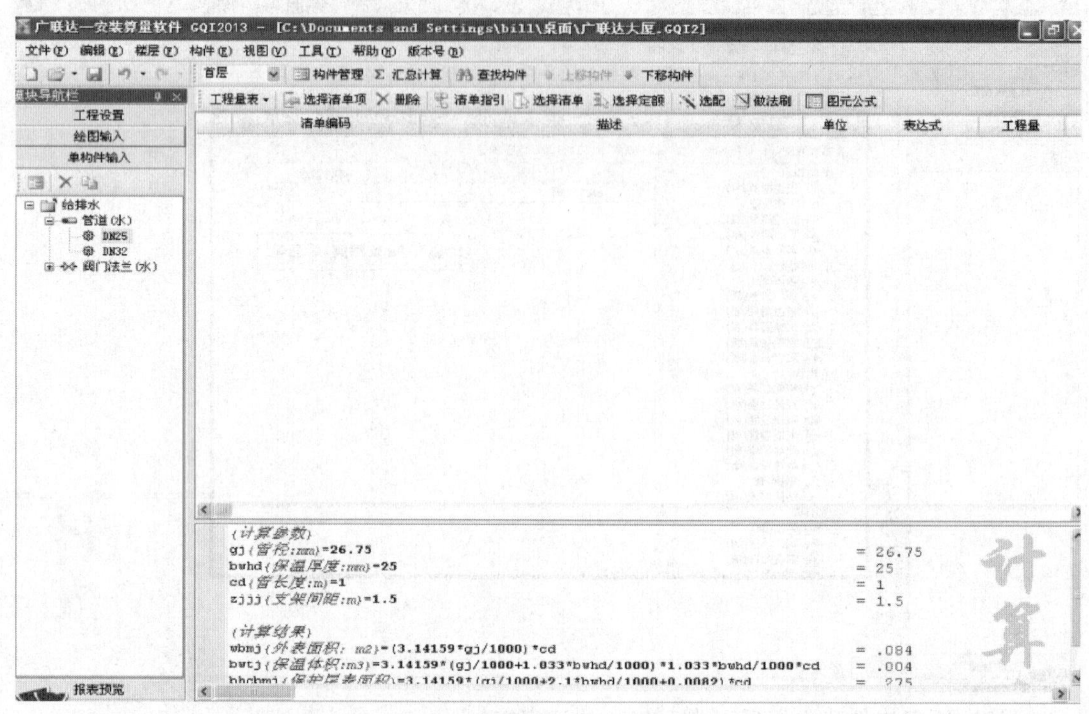

（19）在单构件中也同样可以给构件套做法，下面先给 DN25 的管道构件套一下做法，点击工具栏上的选择清单项按钮。

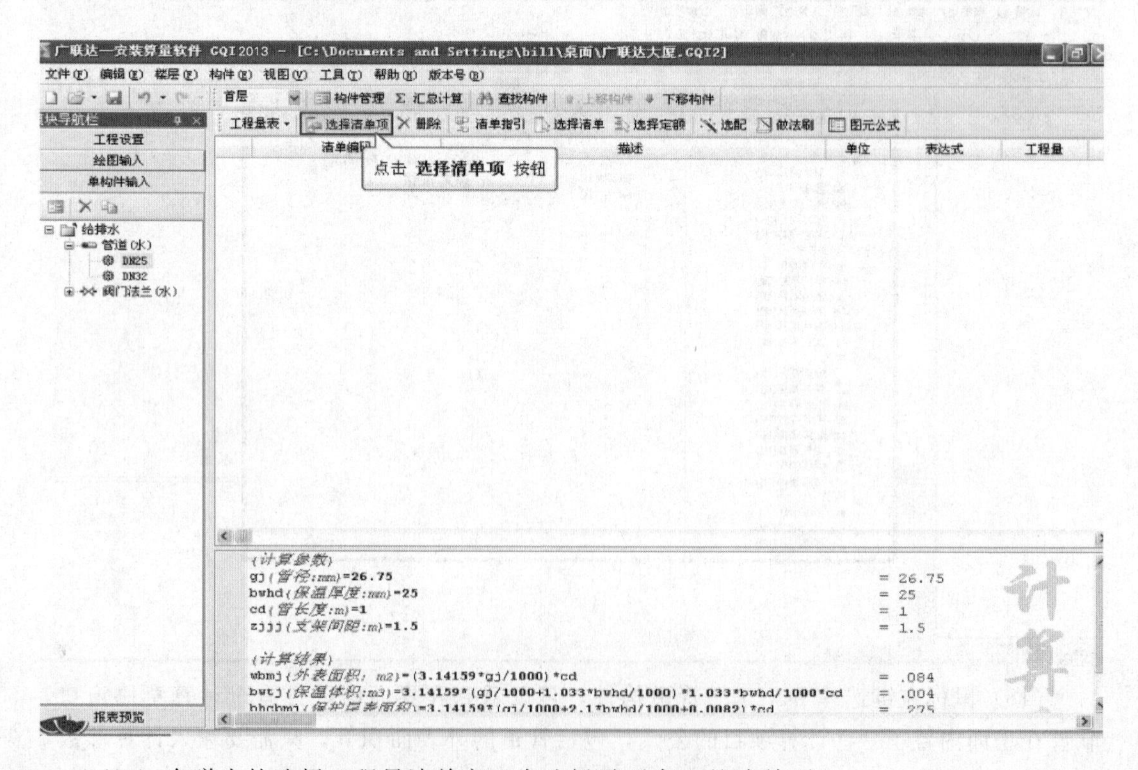

（20）在弹出的选择工程量清单窗口中选择需要套入的清单项。

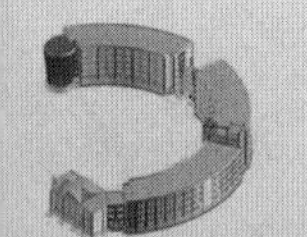

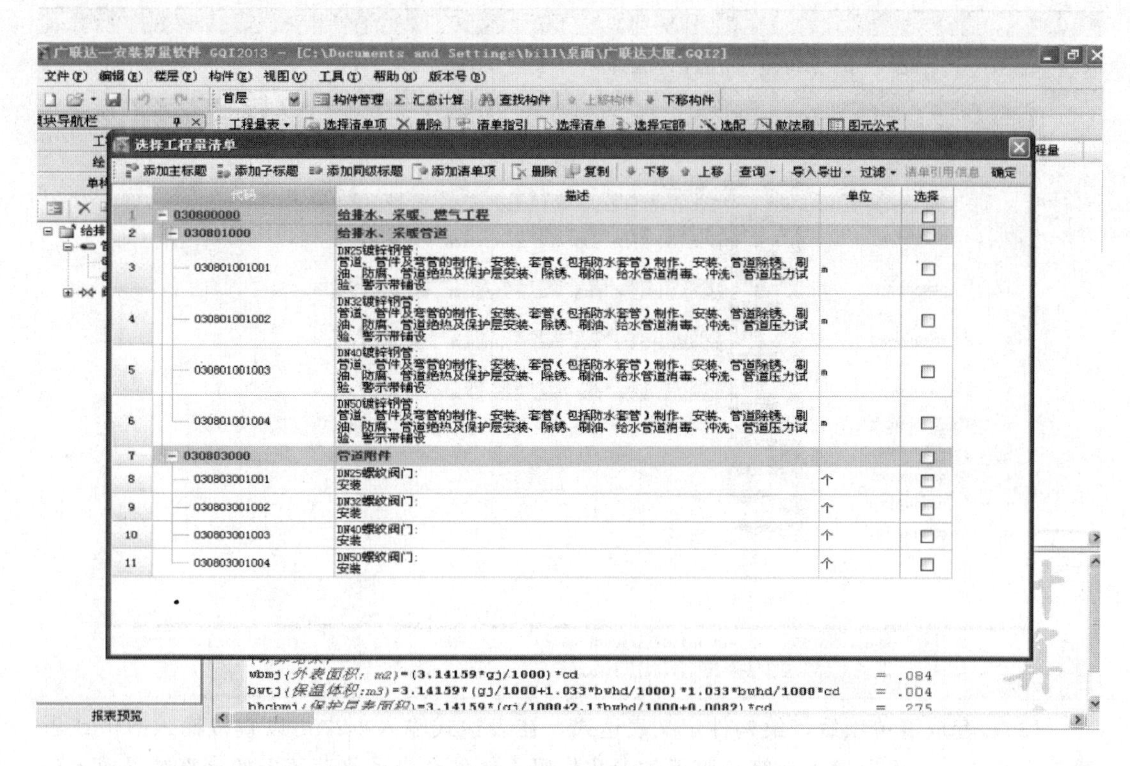

（21）选择编码为 001 的 DN25 镀锌钢管清单项。

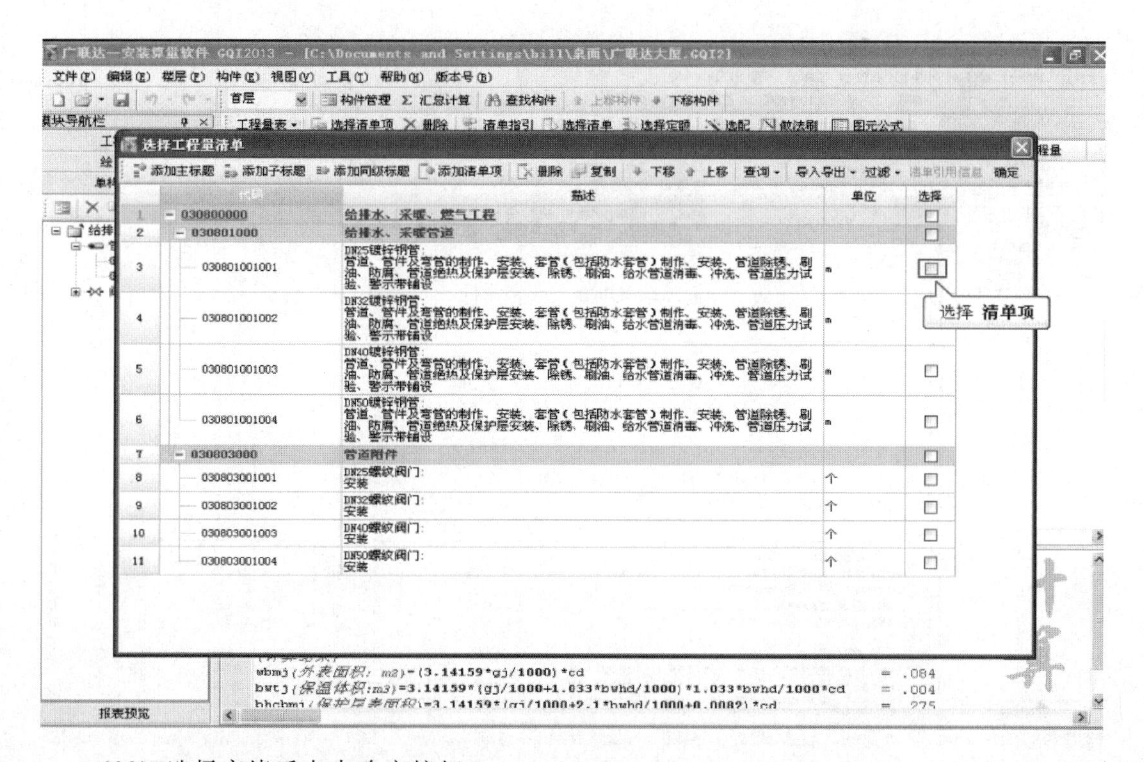

（22）选择完毕后点击确定按钮。

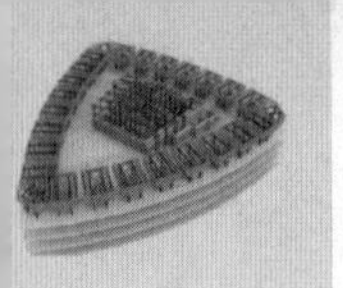

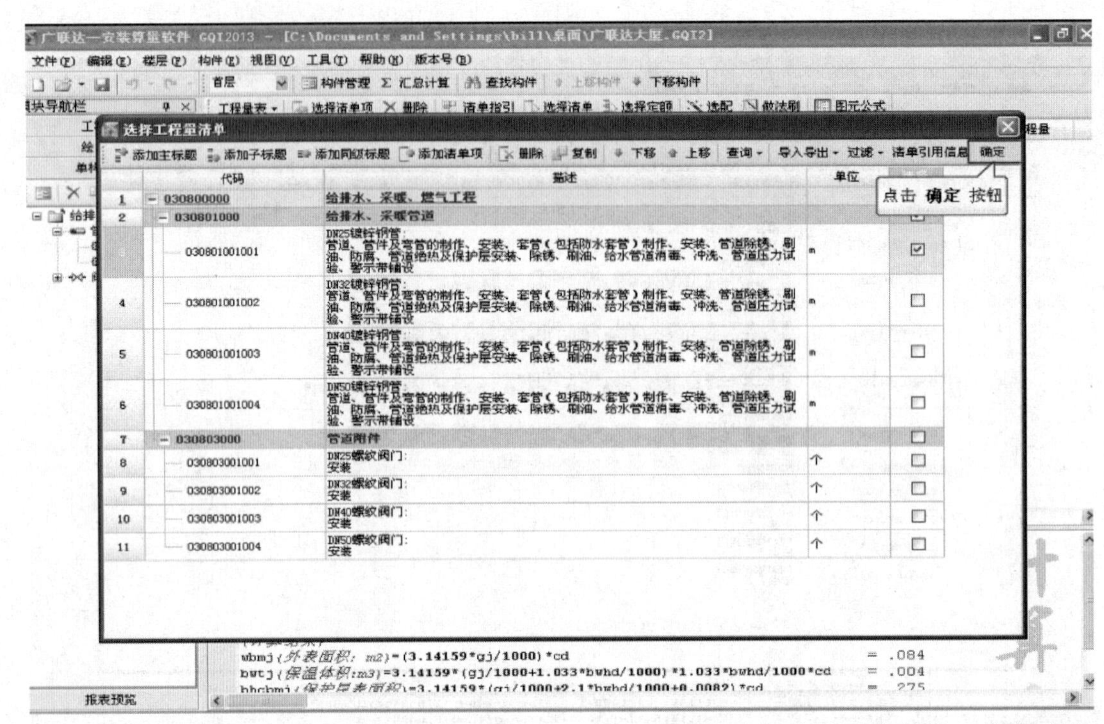

（23）套取清单项后，给构件定义表达式，在表达式输入框中可以直接输入数值或者数值表达式，也可以输入计算草稿里的参数代码，软件会自动将草稿上的计算结果填入到工程量中。

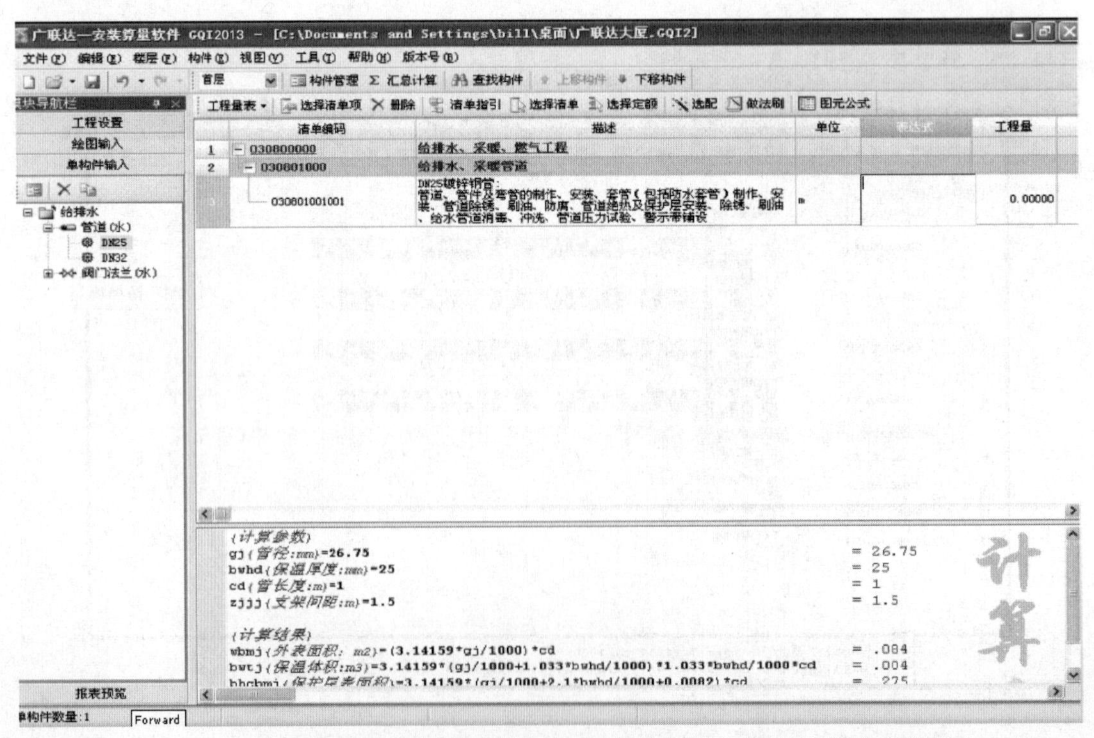

（24）因为选择要计算管道的长度，所以在表达式中输入管道长度的参数代码 cd。

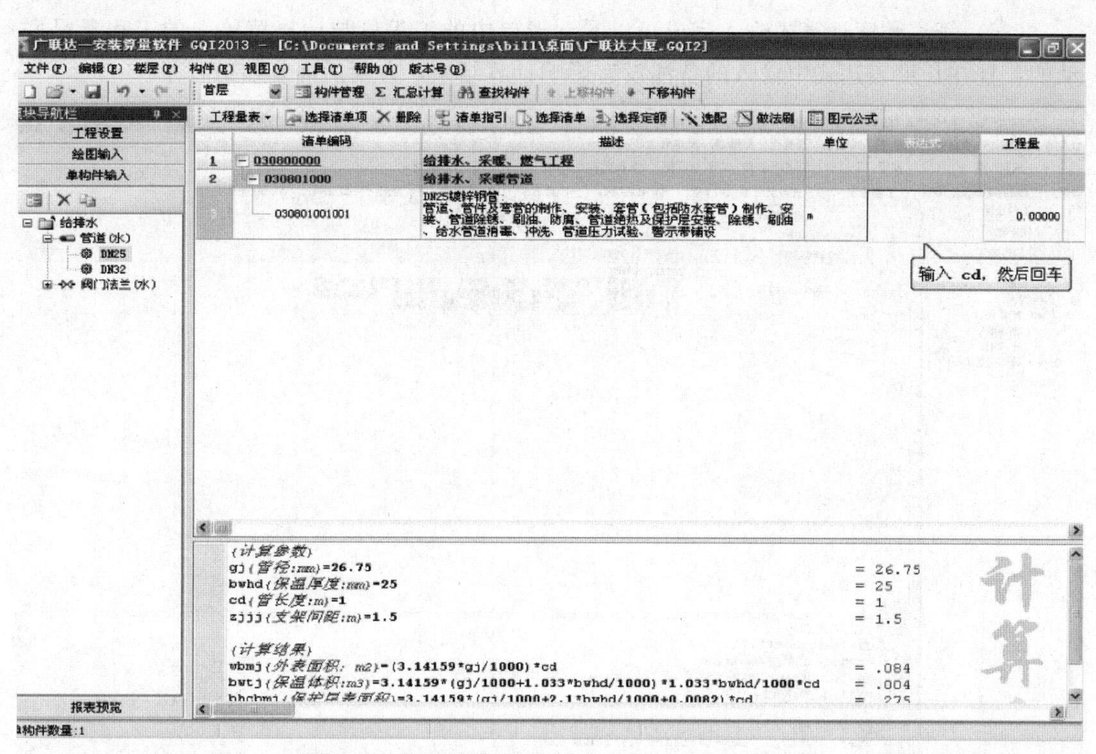

（25）表达式输入完毕后到计算草稿中修改相应的计算参数，修改时需要注意管径参数指的是管道的工程外径，软件中默认的管径为DN25的工程外径，所以管径参数无需修改，接着修改管道长度，在修改参数时也可以输入计算式，并且可以在计算式中添加备注。

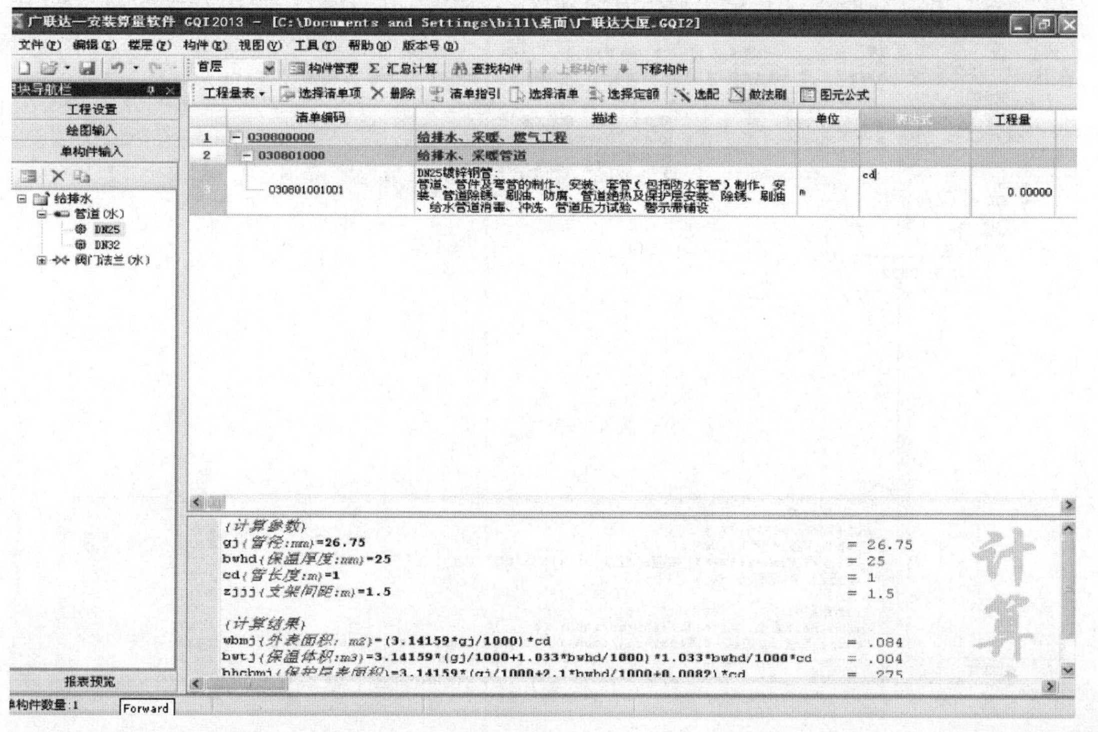

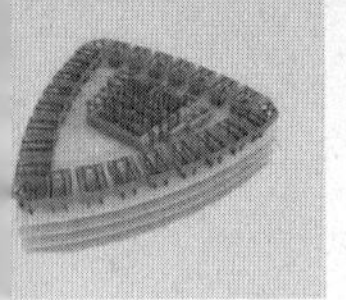

（26）管道长度计算式输入完成可以看到清单中的工程量与计算草稿上的工程量是联动的，且在长度表达式中输入的备注没有影响计算结果，方便后面复核工程量。

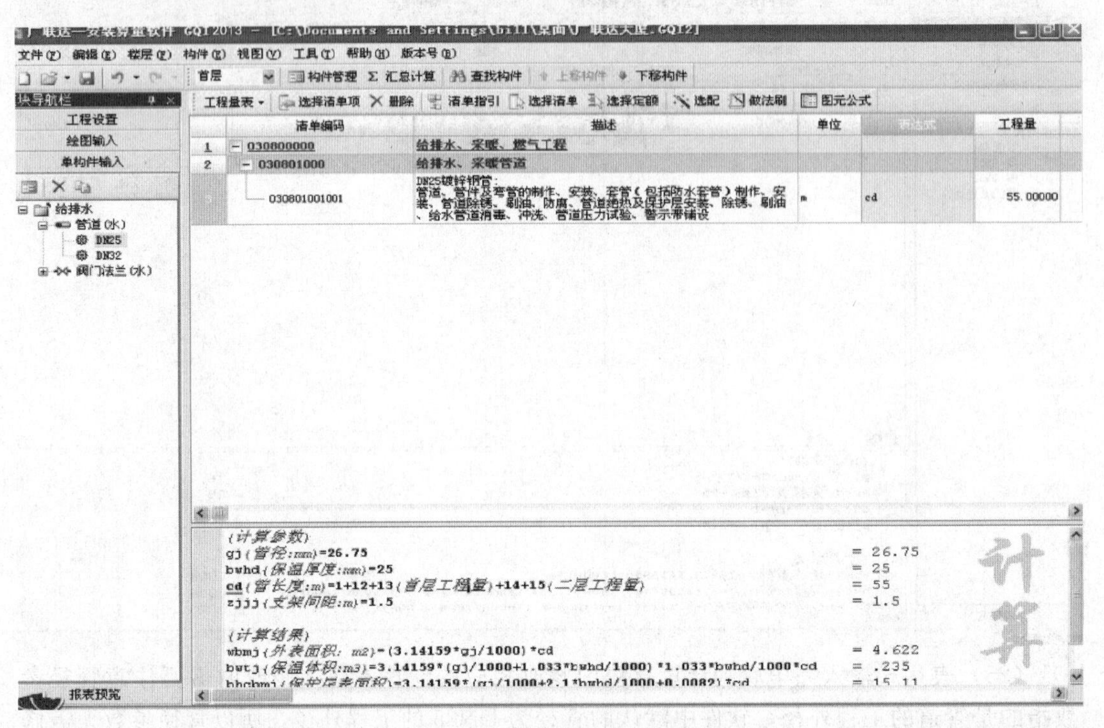

（27）用同样的方法再给DN32的管道构件套一下做法，鼠标左键选择DN32的管道构件。

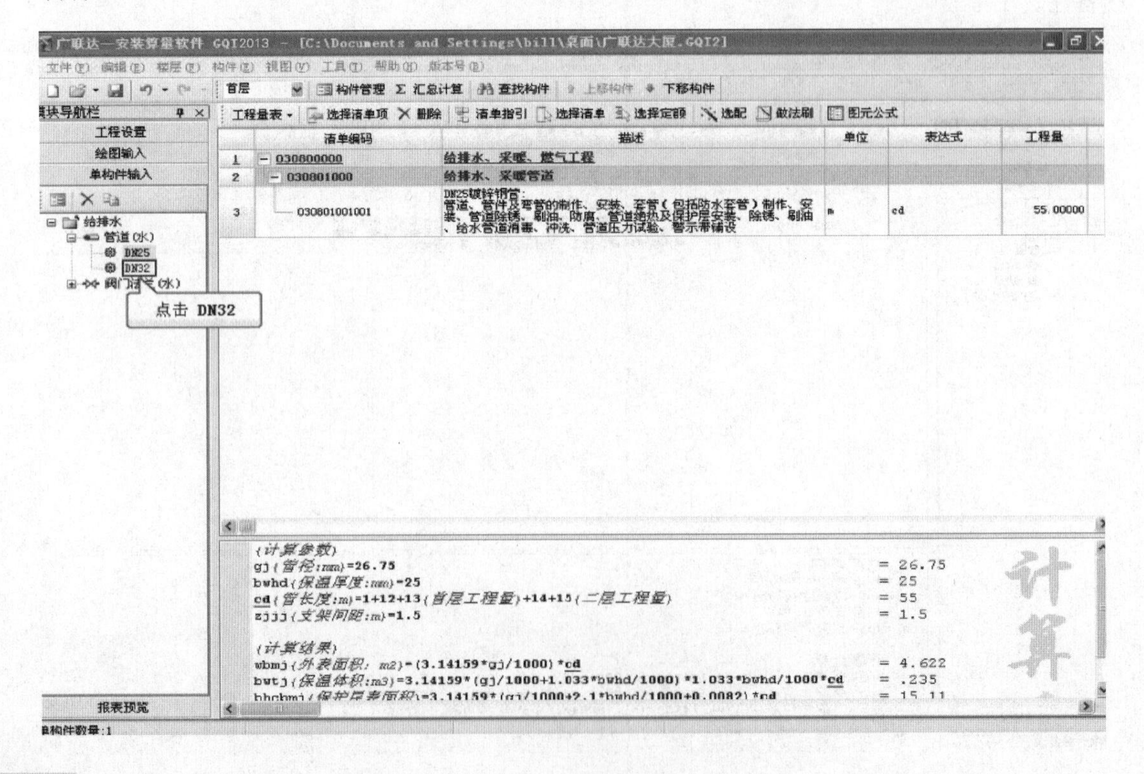

（28）点击工具栏上的选择清单项按钮。

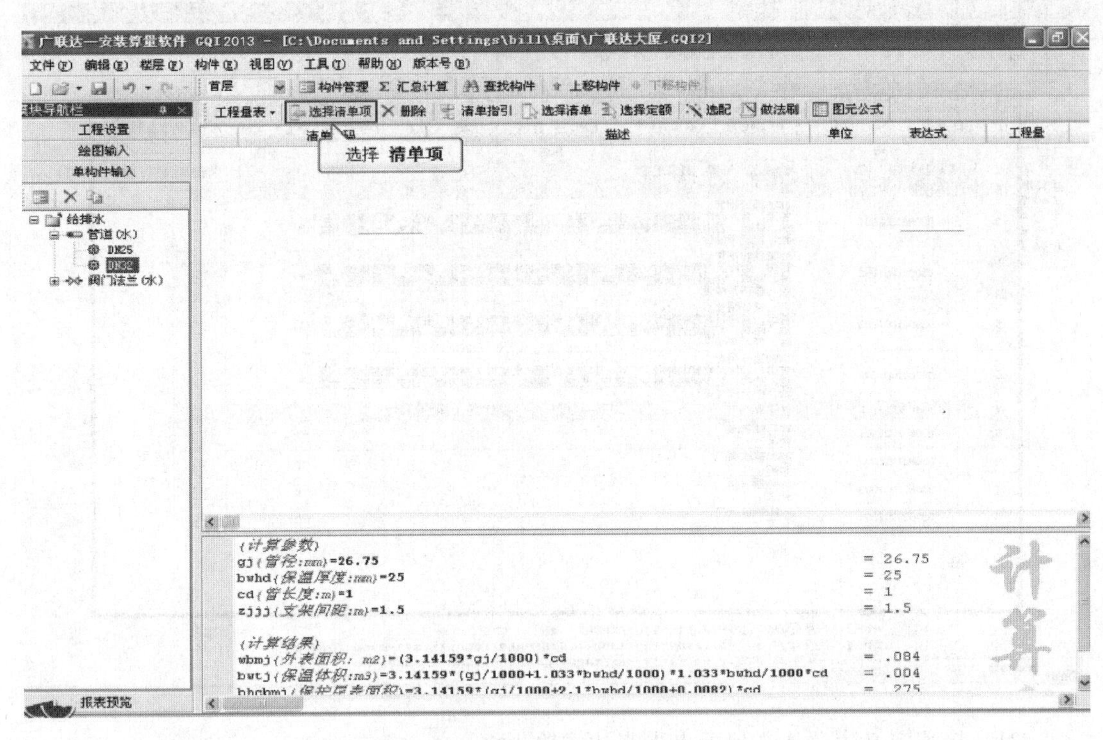

（29）在弹出的选择工程量清单窗口中选择002清单。

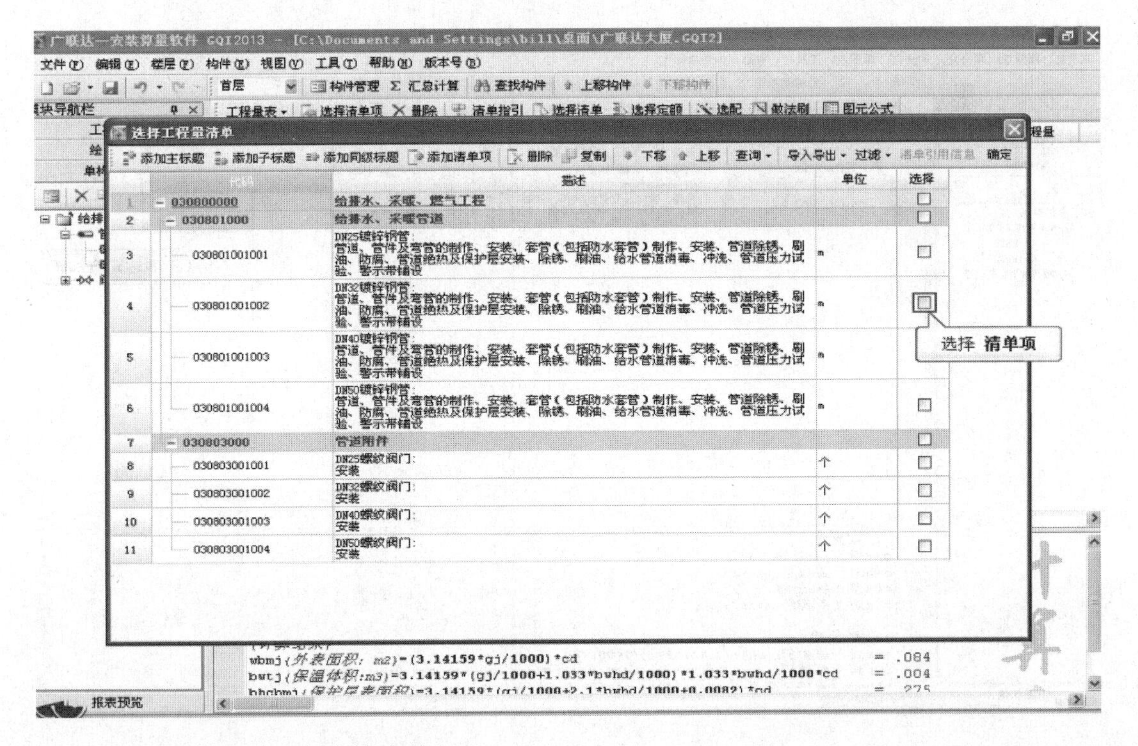

（30）选择完毕后点击确定按钮。

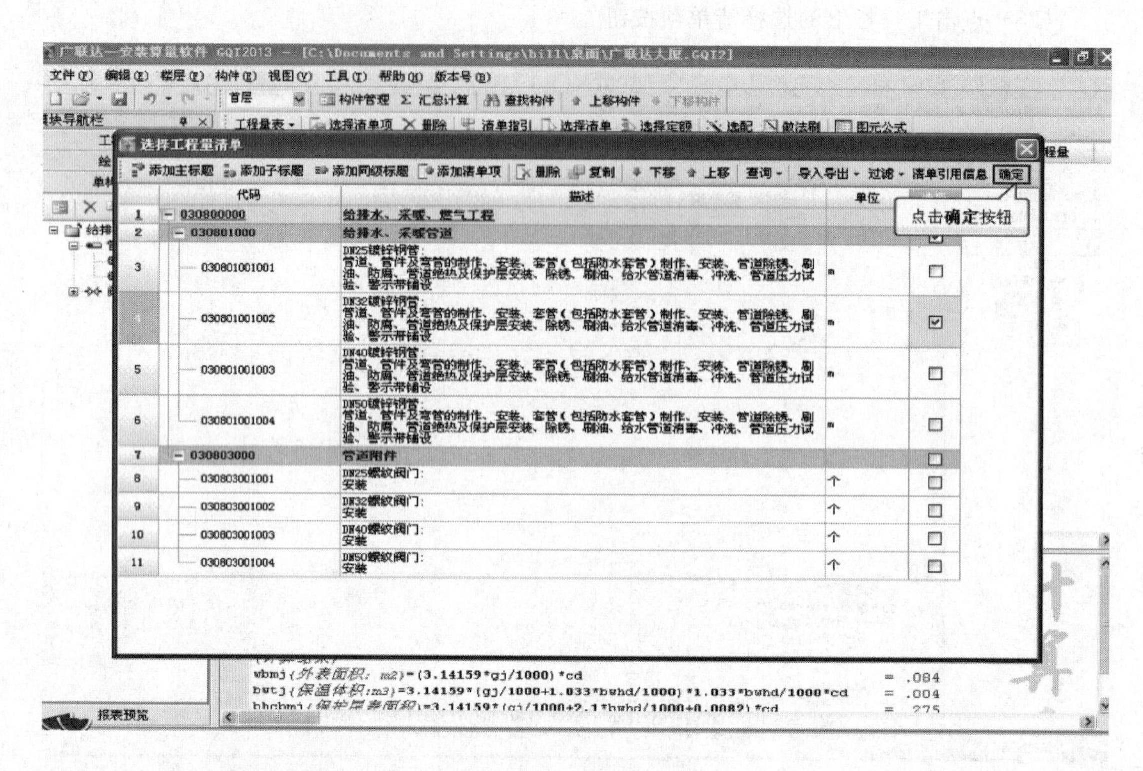

(31) 接着定义表达式，鼠标点击表达式输入框。

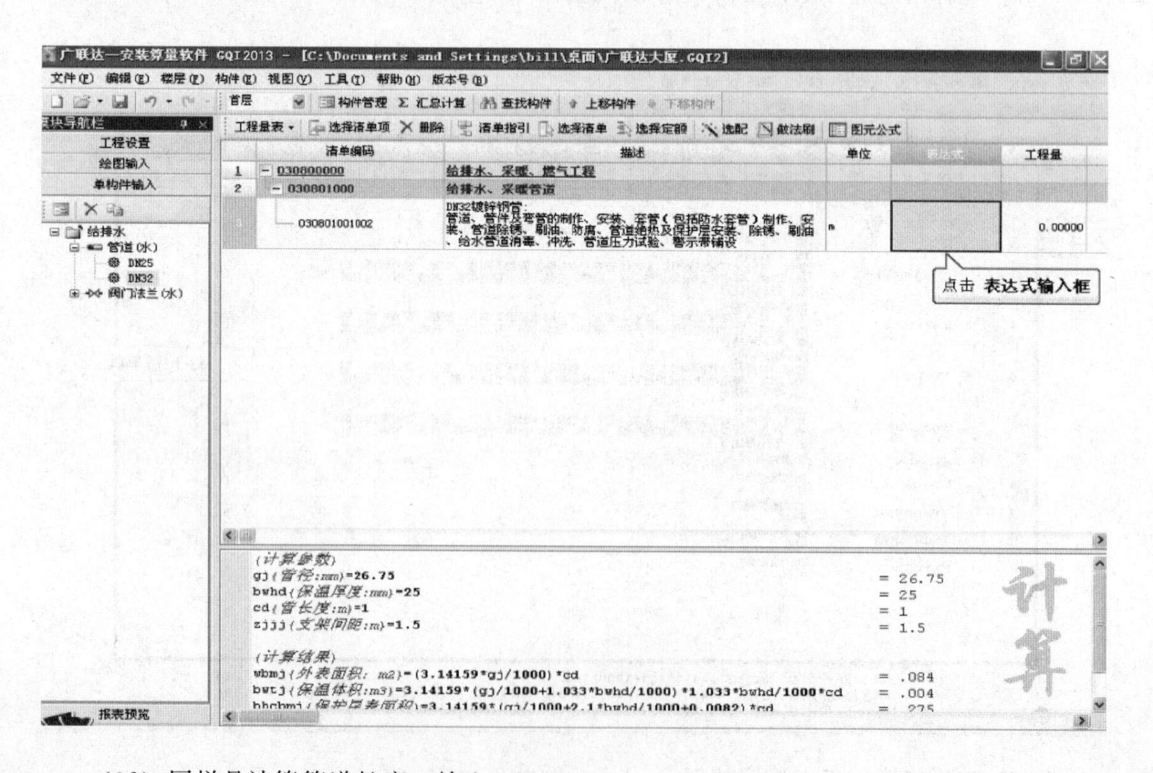

(32) 同样是计算管道长度，输入 cd。

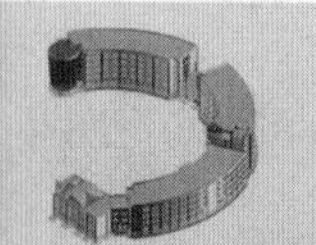

（33）然后到计算草稿中编辑管道长度参数，再用同样的方法将其他构件一一套取清单，输入计算参数即可。

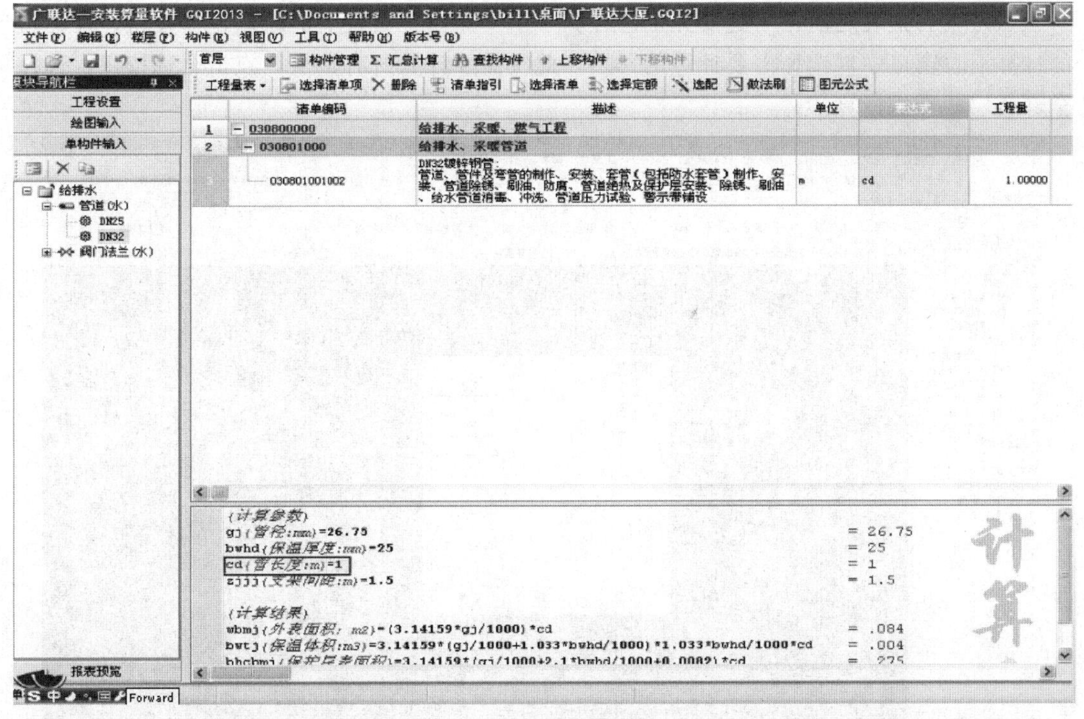

（34）单构件中建立的构件也是参与软件的计算的。在报表预览，工程量清单报表类型下，有三张报表可以汇总单构件中的工程量，具体每张报表的应用方法参见给排水专业的报表预览。

1

2.1.6 报表预览

具体步骤如下：

（1）查看报表之前，一定要先汇总计算一下。点击工具栏上的绘制计算按钮，在弹出的计算汇总窗口中，选择需要计算的楼层，此次需要计算所有楼层，点击全选按钮，选择全部楼层，点击计算。

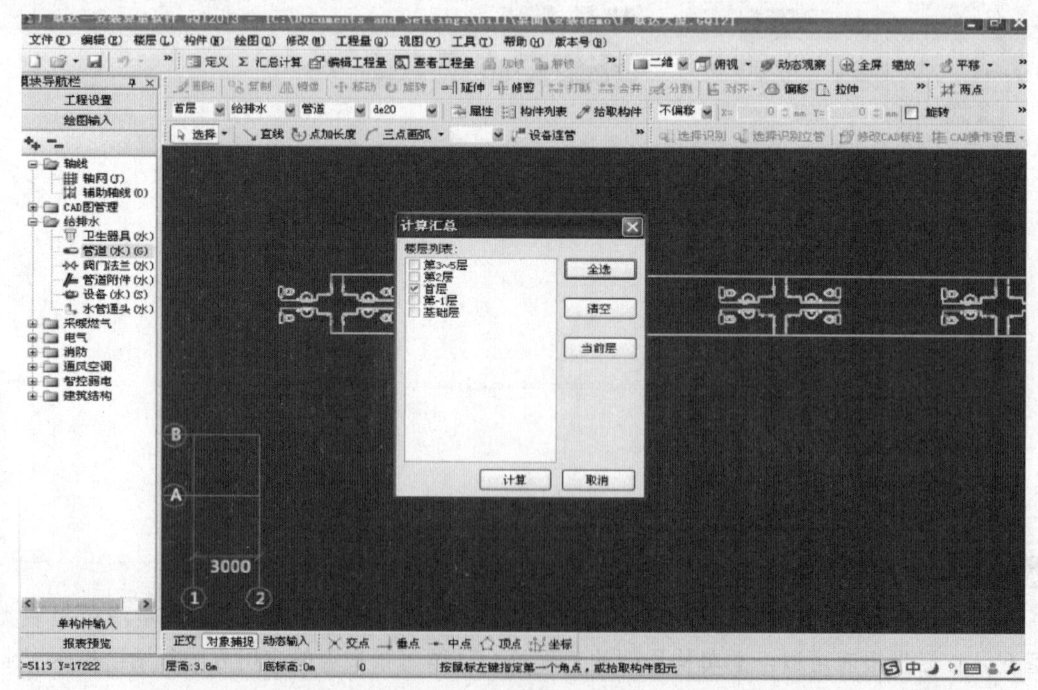

（2）汇总完成后点击确定按钮。

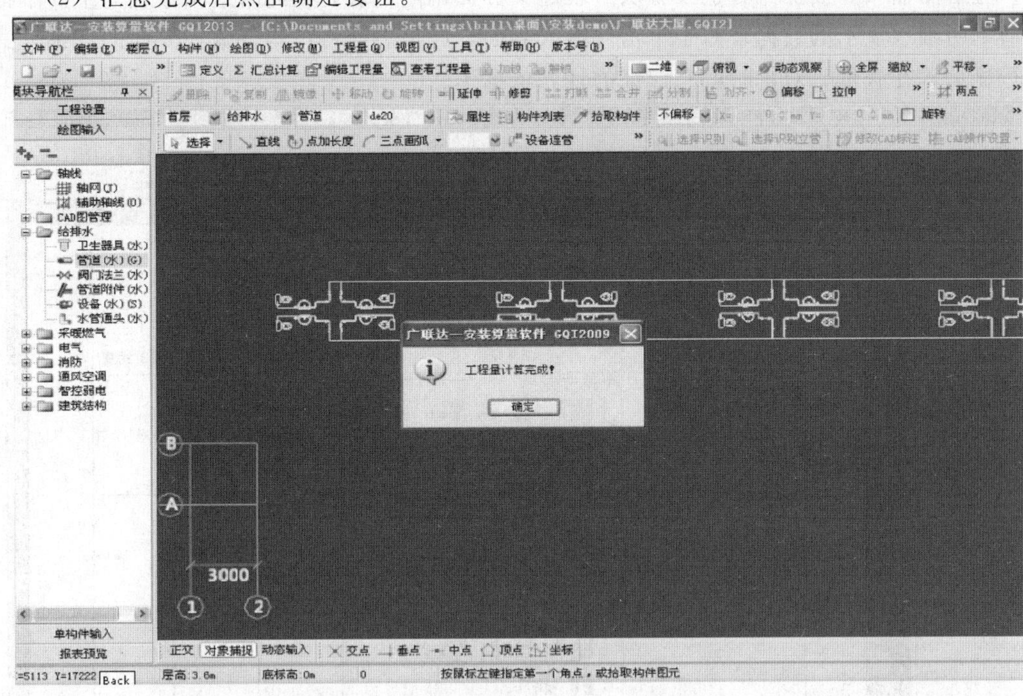

（3）点击导航栏上的报表预览，切换到报表预览界面。

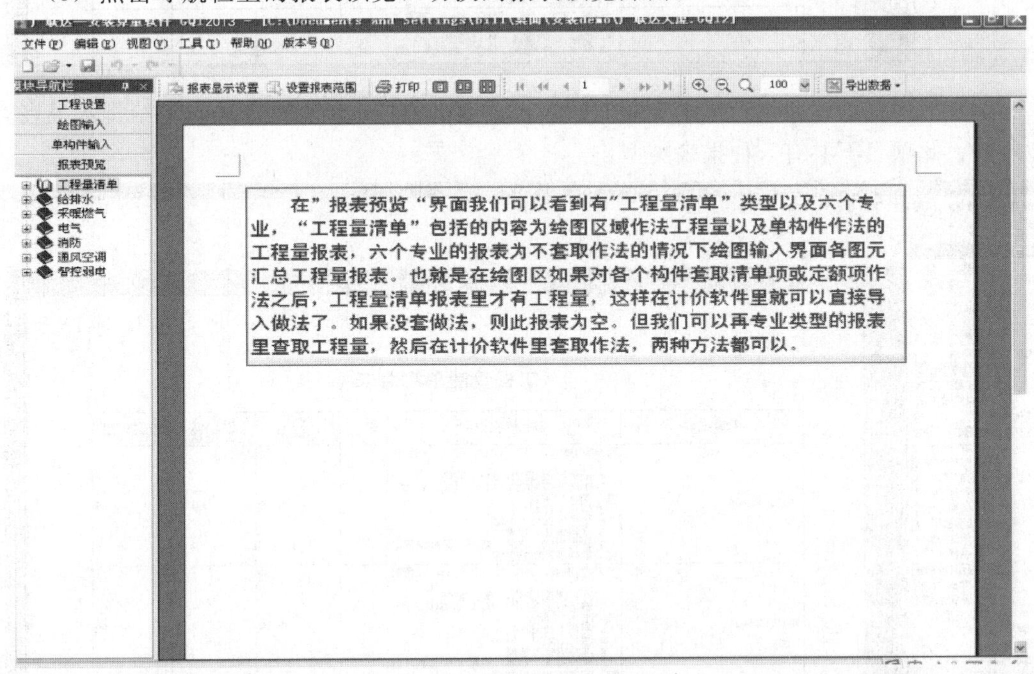

（4）下面先看下工程量清单包含的内容，鼠标左键点击工程量清单前面的十号，将报表类型展开。在工程量清单汇总表里显示的是绘图输入部分与单构件部分工程量之和，绘图输入工程量的数据来源于绘图输入界面，各构件套取清单项之后的工程量总和，单构件工程量的数据来源于单构件输入界面，各构件套取清单项或定额项之后的工程量总和。工程量清单汇总表显示的数据来源于工程设置量表定义界面，如果量表定义界面没有定义做

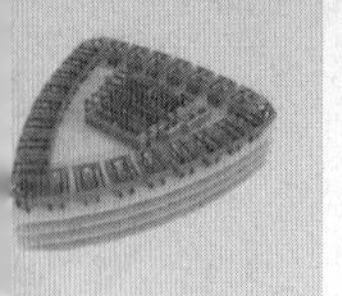

法，且绘图输入界面操作时也没有从量表定义界面调用量表，则此时这张报表为空。单构件清单明细表显示的数据来源于单构件输入界面，此报表会将单构件输入界面的详细公式进行显示，在查量、对量时就有详细的计算依据了。

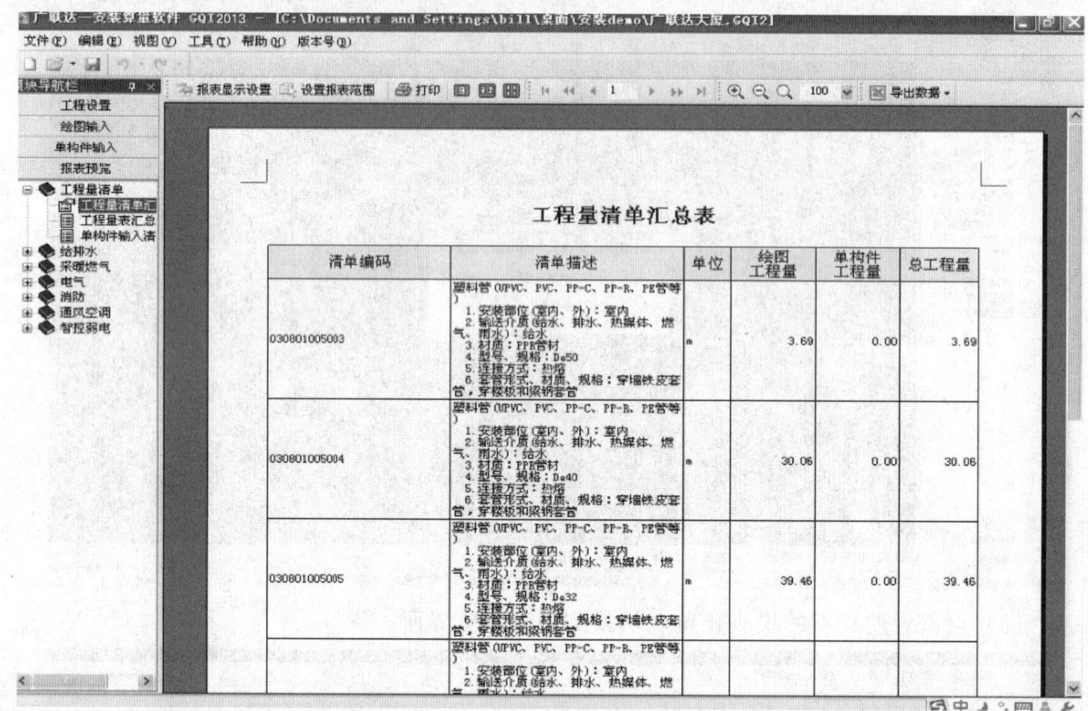

（5）下面详细地介绍给排水专业下的报表，点击给排水前面的+号，将给排水报表类型展开，此项目下共有 5 种报表类型。

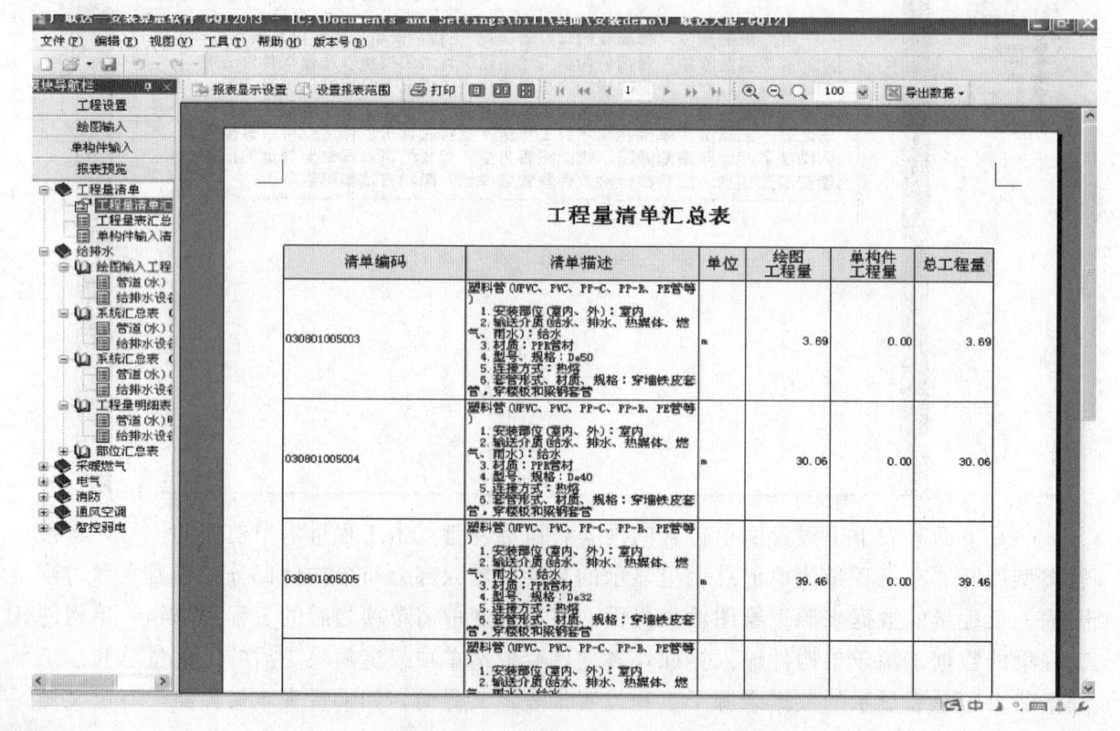

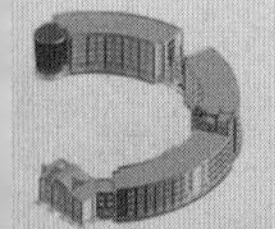

(6) 在给排水专业下共有 5 种报表类型，分别是绘图输入工程量汇总表、不分楼层的系统汇总表、分楼层的系统汇总表、工程量明细表和部位汇总表。绘图输入工程量汇总表是按名称为第一汇总条件的，只要名称相同、属性相同的构件工程量就会合并计算，但如果名称相同、属性不同，则会分开显示工程量。系统汇总表是以属性中的系统类型为第一汇总条件，名称为其次再则是属性特征，例如一个工程中存在给水系统又存在污水系统，报表就会将给水系统管道的工程量与污水系统管道的工程量分开显示。系统汇总表又分为了不分楼层和分楼层两种。部位汇总表是以属性中的汇总信息为第一汇总条件，在这里如果输入房间号信息，则软件会按照房间号去汇总显示工程量。工程量明细表是对绘图区域的各个图元进行工程量显示的报表，根据工程量明细表可以详细查询每个构件图元的具体位置以帮助核量和对量。每种报表下面又分为管道和设备两张表。首先来看一下管道（水）绘图输入工程量汇总表，在这张报表中显示的是整个工程中各楼层管道工程量，包括管道的长度、内表面积等，软件会自动将管道的内外表面积计算出，是因为工程中有些管道需要除锈刷漆。同样有些管道需要支吊架，所以软件根据管道长度，属性里输入的支架间距自动给出了支架数量。

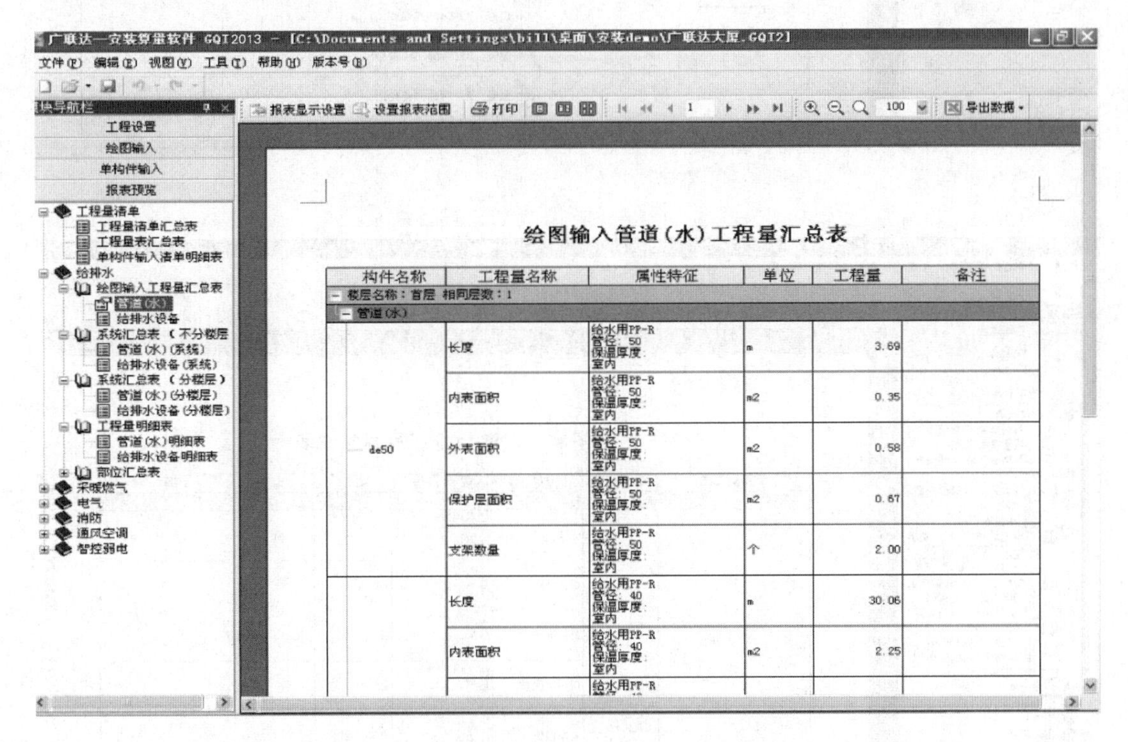

(7) 下面看一下给排水设备输入工程量汇总表，在报表中给出了阀门法兰、管道附件、通头管件等工程量，这样根据这张报表就可以掌握整个工程的设备用量了。

(8) 下面看一下不分楼层系统汇总表，系统汇总表是根据不同的系统类型汇总出来的报表，且是整个工程的总量，不分楼层。依据此报表，可以按照各种类型进行提量。例如，整个工程中给水系统管道工程量为多少，污水系统管道工程量为多少，方便对量核量。

(9) 给排水设备系统汇总表也是按照系统类型来分类汇总的。

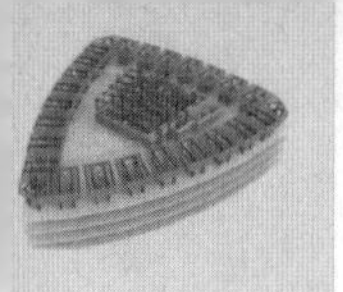

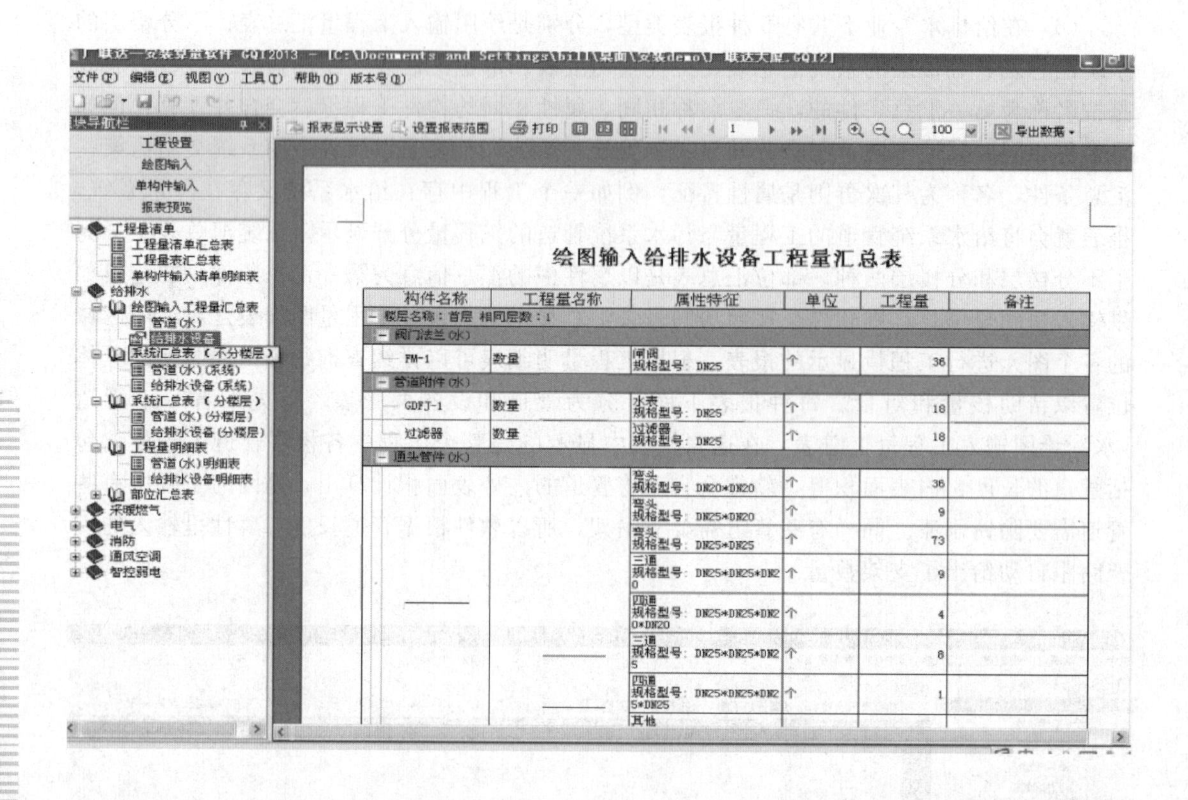

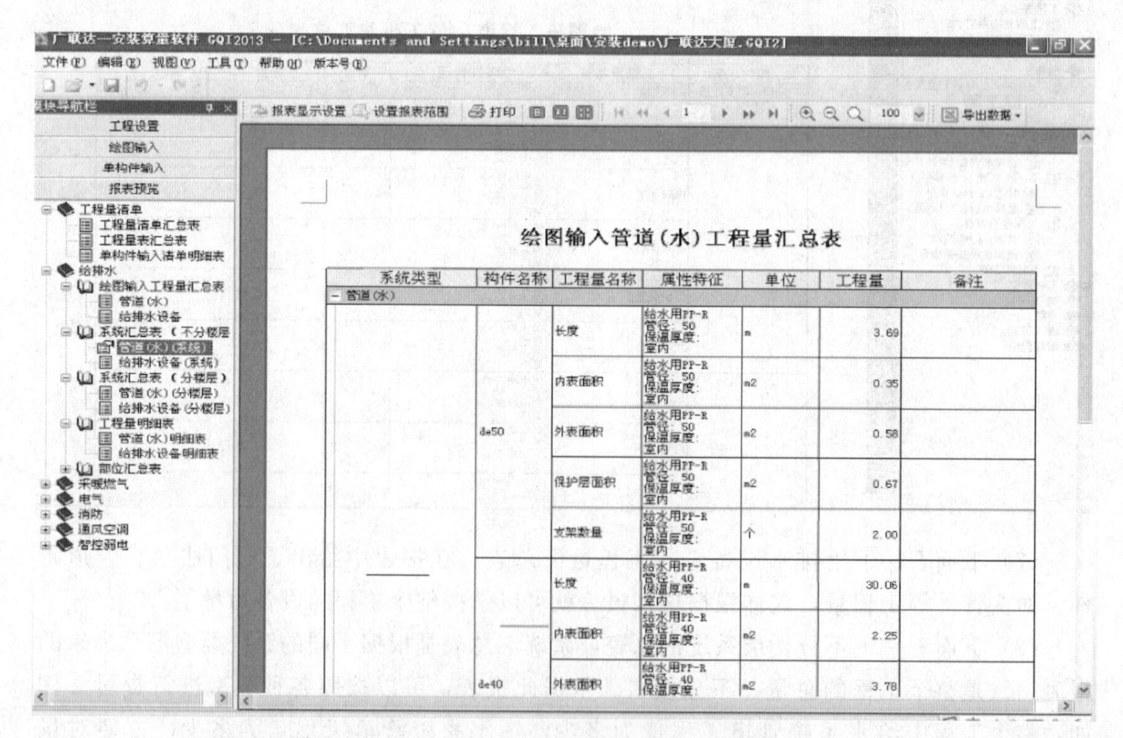

(10) 分楼层系统汇总表与不分楼层系统汇总表方式基本一致，只是将不同系统的工程量分到了各个楼层。设备也是一样的。

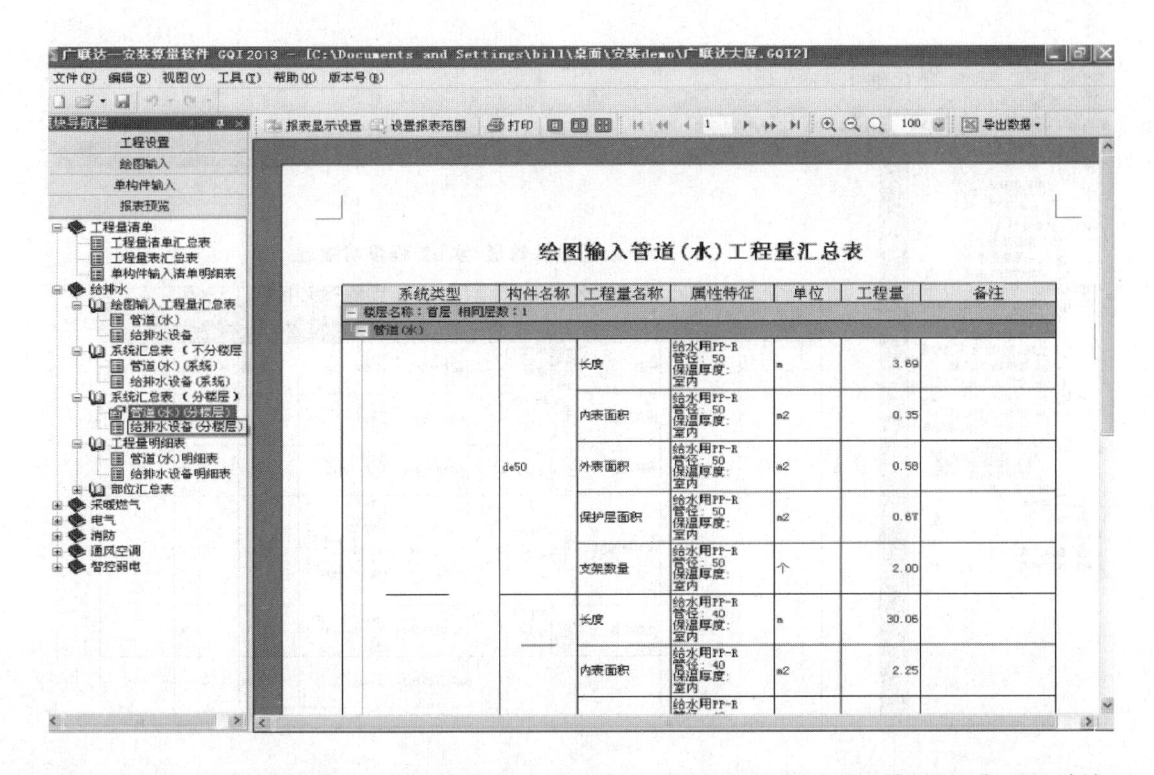

（11）工程量明细表是将每个图元工程量分别进行显示的报表，根据明细表可以确定某一个具体坐标位置的图元工程量。

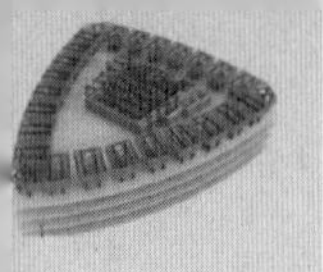

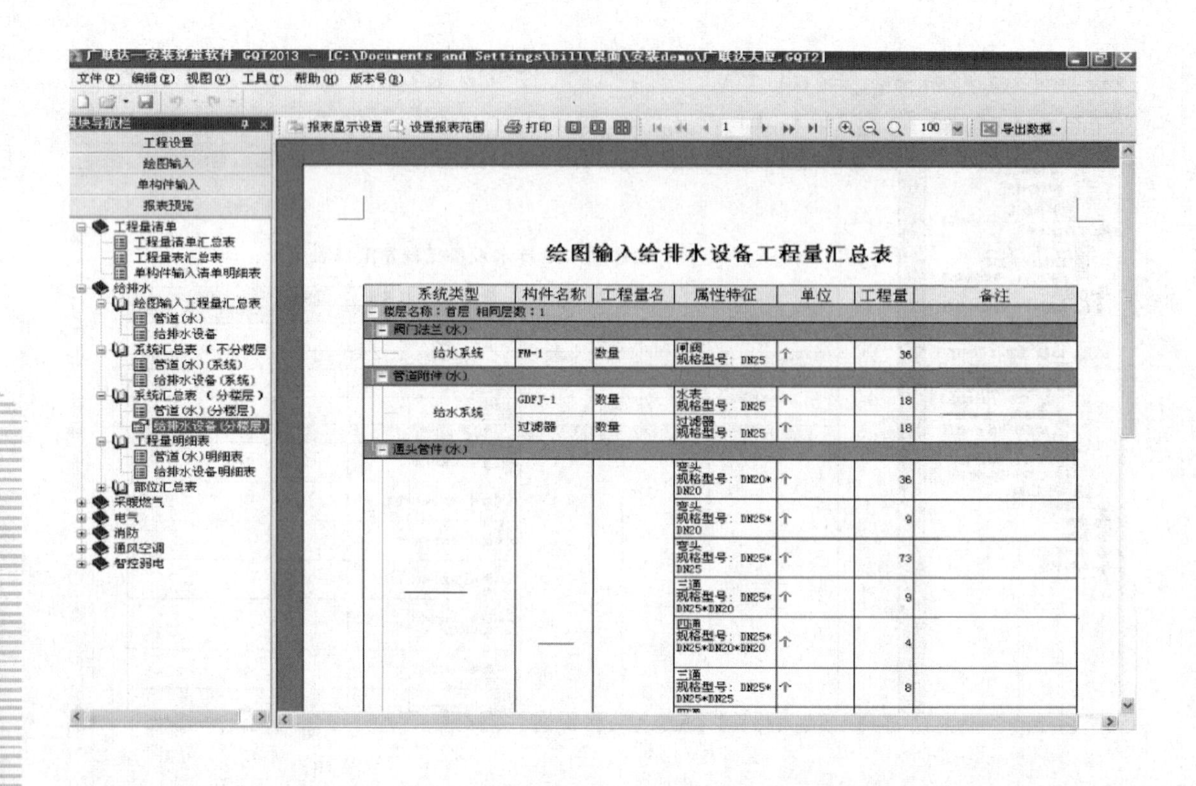

绘图输入给排水设备工程量汇总表

系统类型	构件名称	工程量名	属性特征	单位	工程量	备注
楼层名称：首层 相同层数：1						
阀门法兰(水)						
给水系统	FM-1	数量	闸阀 规格型号：DN25	个	36	
管道附件(水)						
给水系统	GDFJ-1	数量	水表 规格型号：DN25	个	18	
	过滤器	数量	过滤器 规格型号：DN25	个	18	
通头管件(水)						
			弯头 规格型号：DN20*DN20	个	36	
			弯头 规格型号：DN25*DN20	个	9	
			弯头 规格型号：DN25*DN25	个	73	
			三通 规格型号：DN25*DN25*DN20	个	9	
			四通 规格型号：DN25*DN25*DN20*DN20	个	4	
			三通 规格型号：DN25*DN25*DN25	个	8	

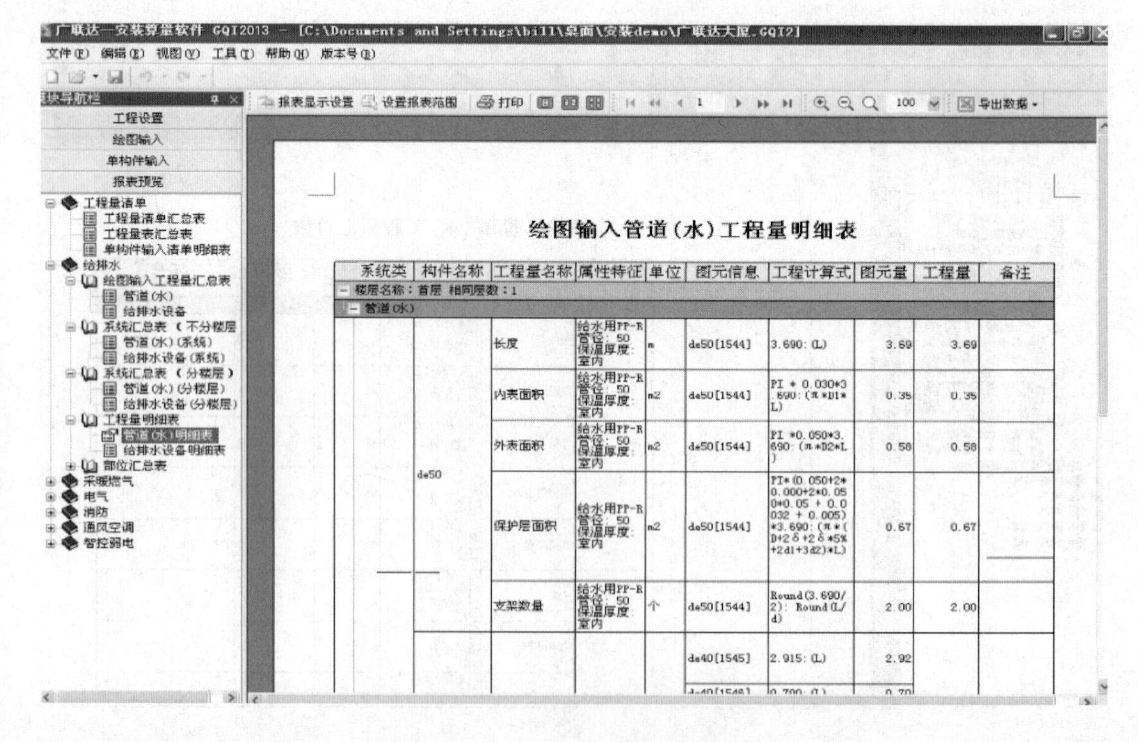

绘图输入管道(水)工程量明细表

系统类	构件名称	工程量名称	属性特征	单位	图元信息	工程计算式	图元量	工程量	备注
楼层名称：首层 相同层数：1									
管道(水)									
	de50	长度	给水用PP-R 管径：50 保温厚度：室内	m	de50[1544]	3.690：(L)	3.69	3.69	
		内表面积	给水用PP-R 管径：50 保温厚度：室内	m2	de50[1544]	PI * 0.030*3.690：(π*D1*L)	0.35	0.35	
		外表面积	给水用PP-R 管径：50 保温厚度：室内	m2	de50[1544]	PI *0.050*3.690：(π*D2*L)	0.58	0.58	
		保护层面积	给水用PP-R 管径：50 保温厚度：室内	m2	de50[1544]	PI*(0.050+2*0.000+2*0.050*0.05 + 0.0032 + 0.005)*3.690：(π*(D+2δ+2δ*5%+2d1+3d2)*L)	0.67	0.67	
		支架数量	给水用PP-R 管径：50 保温厚度：室内	个	de50[1544]	Round(3.690/2)：Round(L/d)	2.00	2.00	
					de40[1545]	2.915：(L)	2.92		
					de40[1546]	0.700：(L)	0.70		

（12）设备报表也是一样的。

（13）部位汇总表可以分区域出量，只要在汇总信息中输入区域名称即可。这样，给

排水专业的报表方式就介绍完毕。

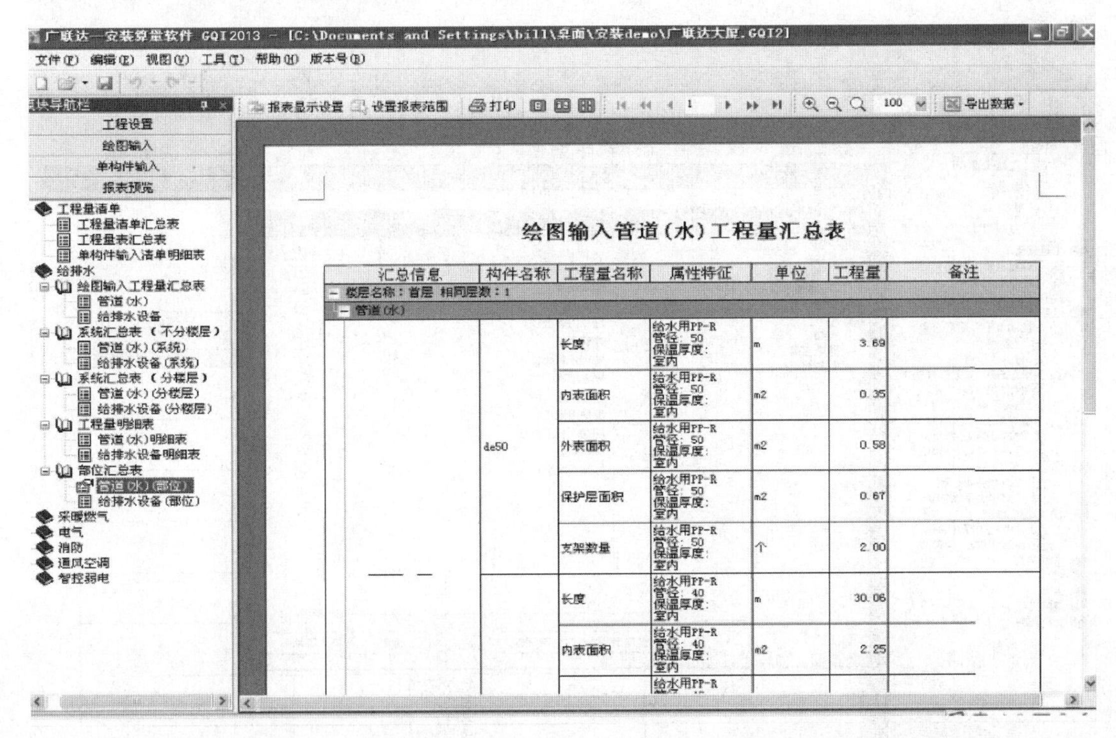

（14）下面简单介绍一个报表的辅助功能——报表显示设置。应用报表显示设置功能可以把报表中一些不需要显示的工程量隐藏掉。点击工具栏上的报表显示设置按钮，在显

示设置框中双击给排水。

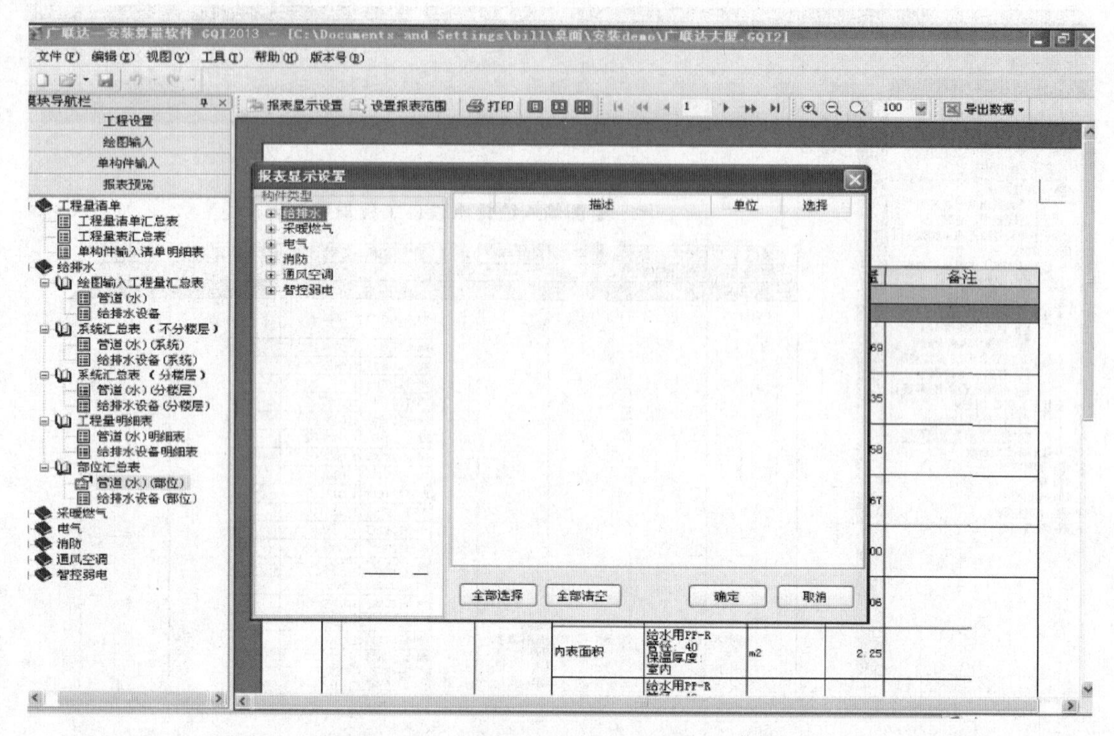

（15）选择给排水下面的管道，在窗口的右侧会显示出软件中管道计算时显示的计算项。

（16）默认是全部勾选的，可以根据具体情况选择需要显示的计算项。选择完毕后点

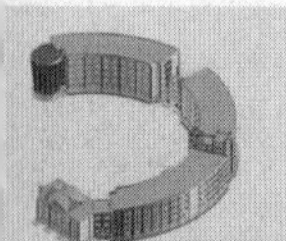

击确定按钮。

（17）这样报表上就只显示长度等前面勾选需要显示的项目。

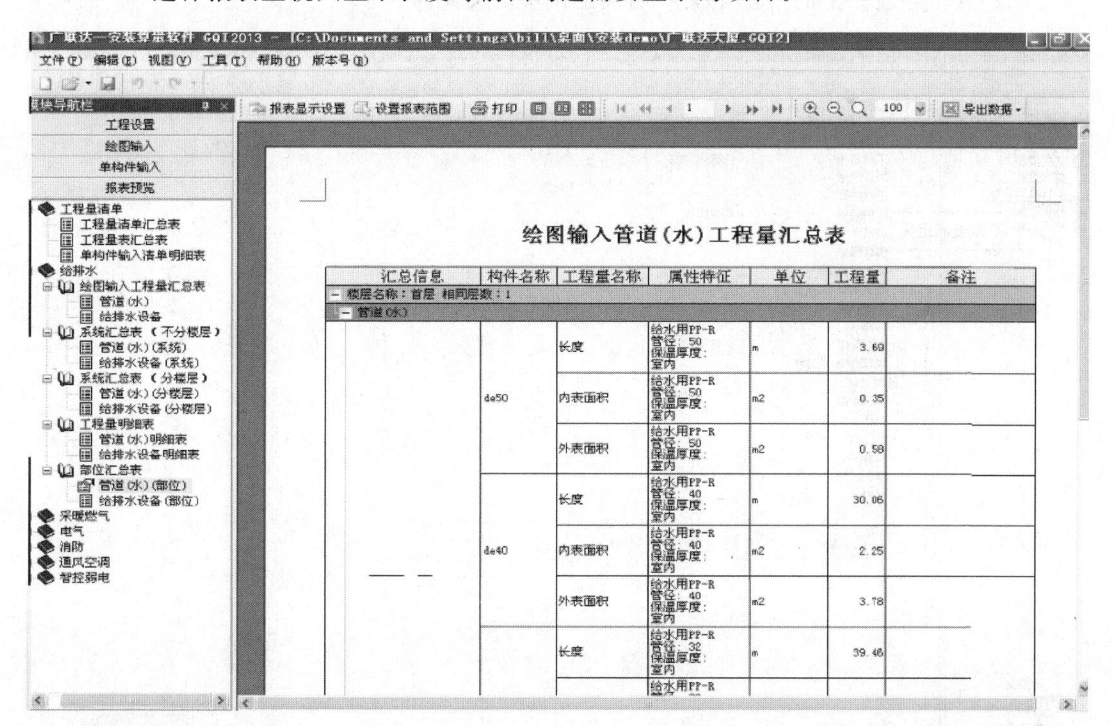

2.1.7 套做法

具体步骤如下：

（1）如图示：

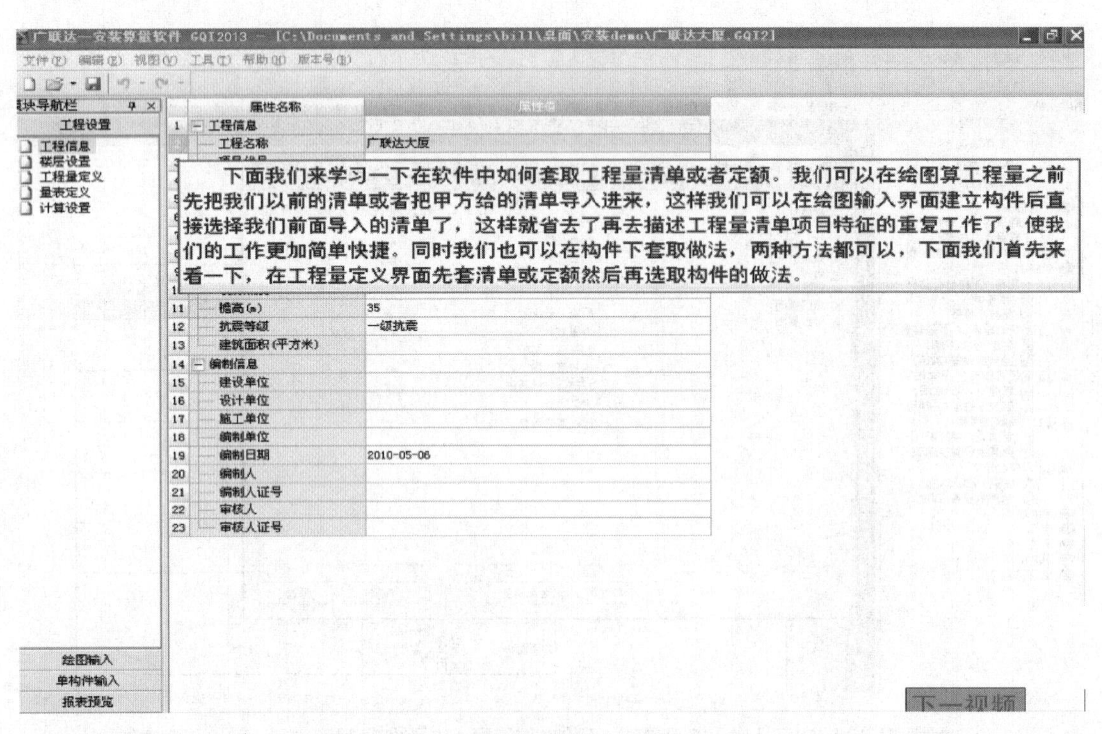

（2）点击导航栏上的模块定义，切换到模块定义界面。

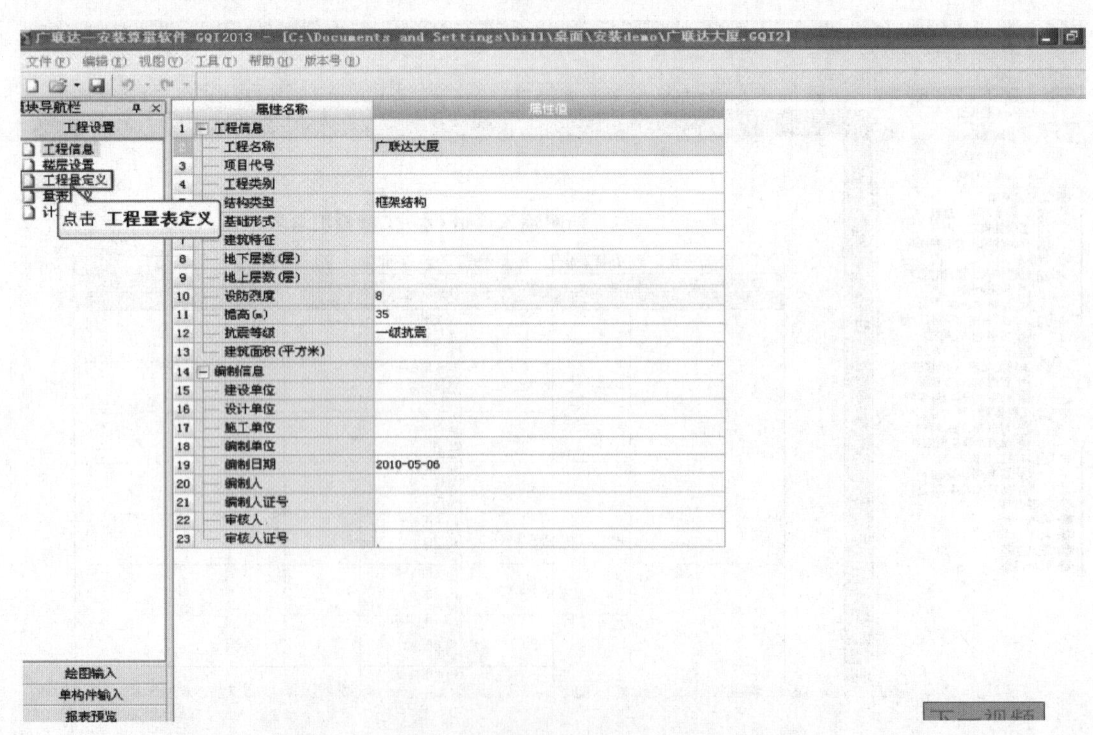

（3）软件提供了3种方式来选用工程量清单：从清单库中查询，引用其他工程的工程量清单，从EXCEL表格中导入工程量清单。下面以导入EXCEL的清单模式为例来讲

解。点击工具栏上的导入导出按钮。

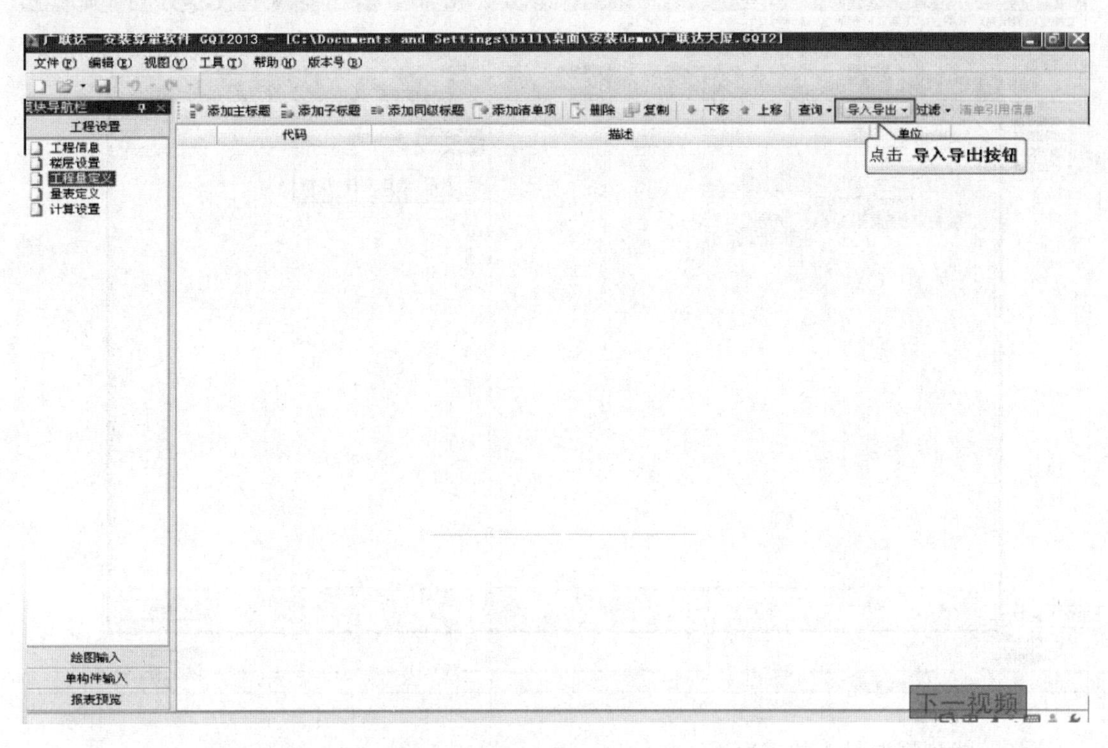

（4）在下拉菜单中选择从 EXCEL 导入菜单。

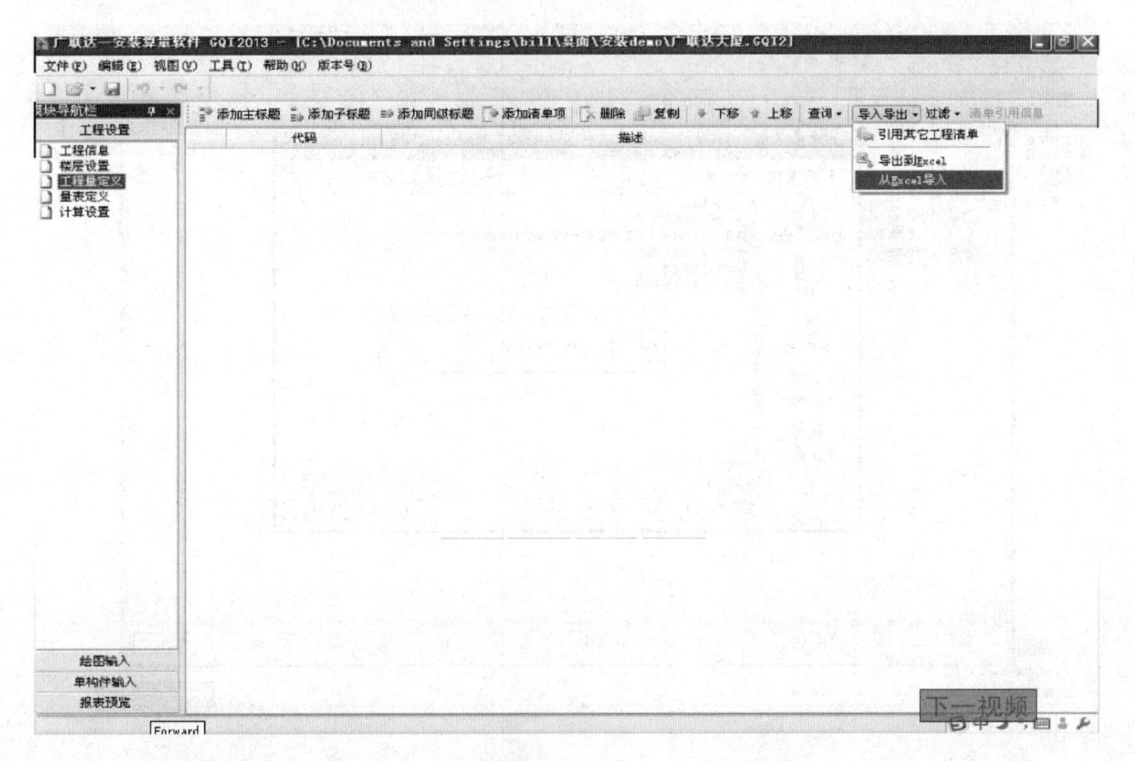

（5）在弹出的选择框中点击选择文件按钮。

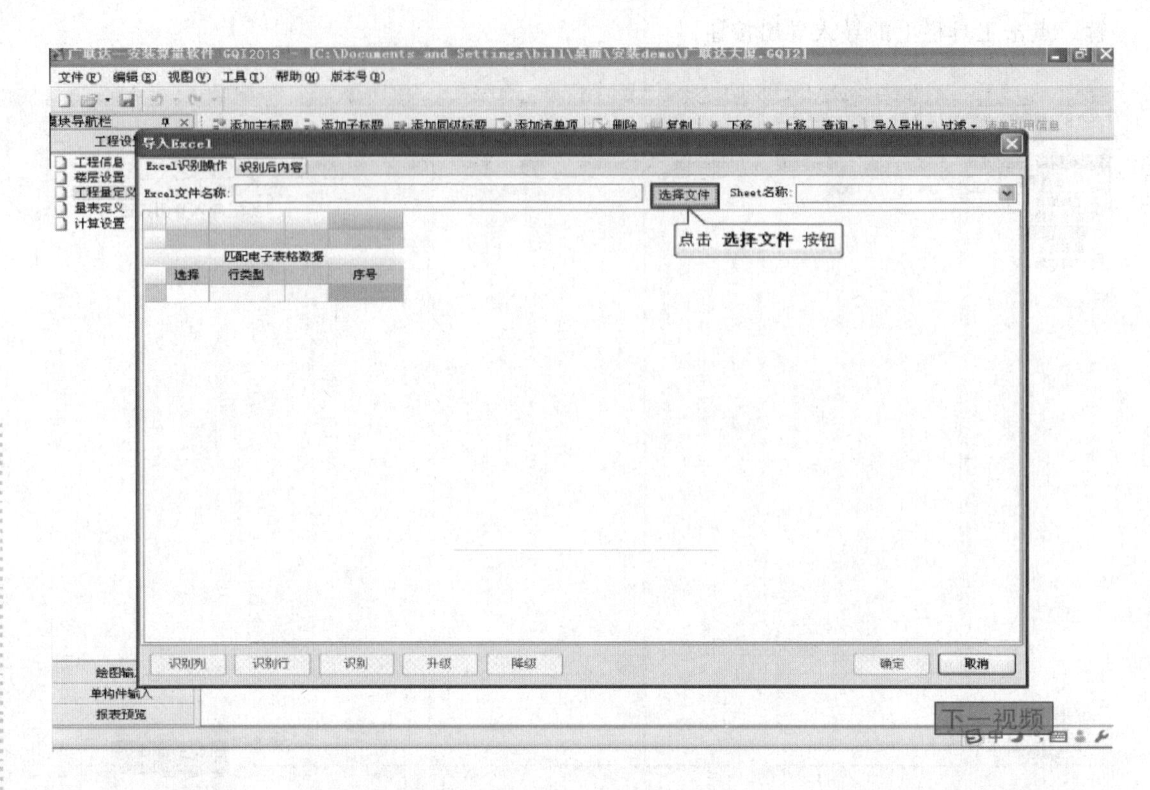

(6) 找到需要导入的 EXCEL 文件。

(7) 本例选择底框上砖混给排水文件。

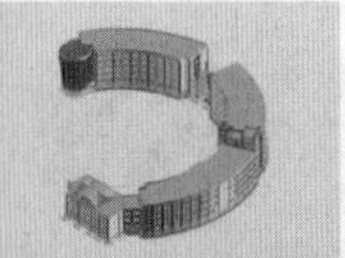

(8) 选择完毕后点击打开按钮，导入文件。

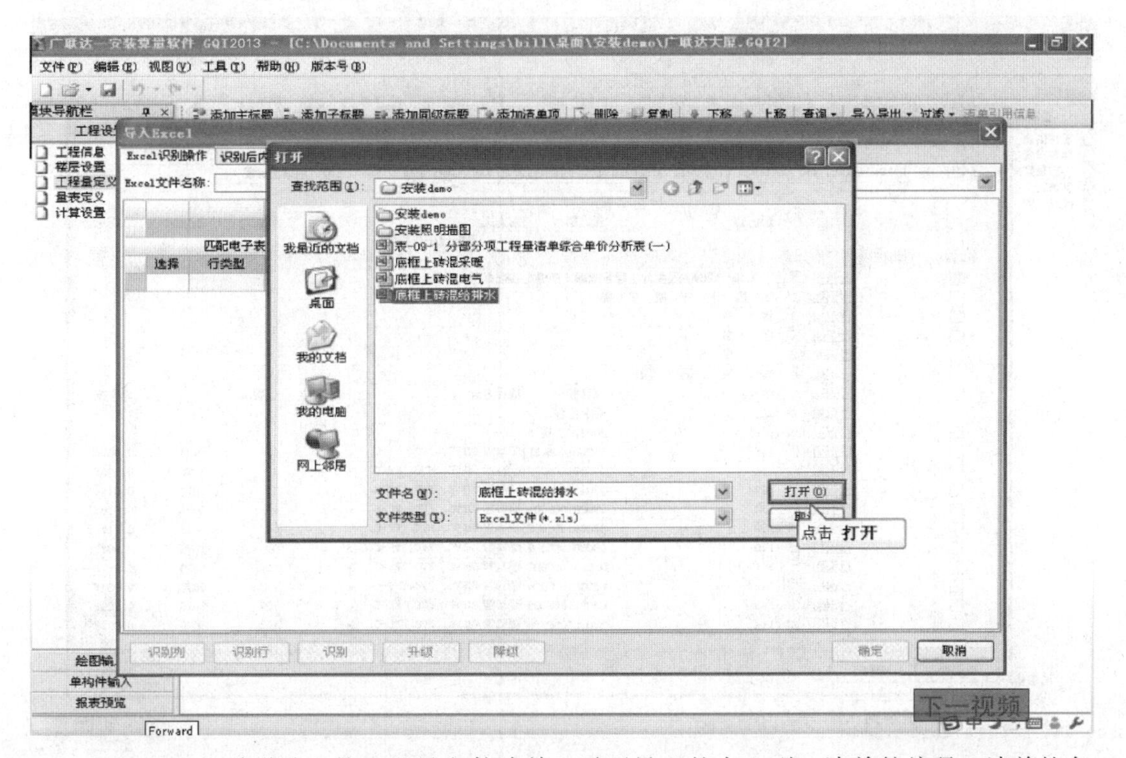

(9) 即可以看到导入的工程量文件清单，需要导入的有 3 列：清单的编码、清单的名称以及计量单位。

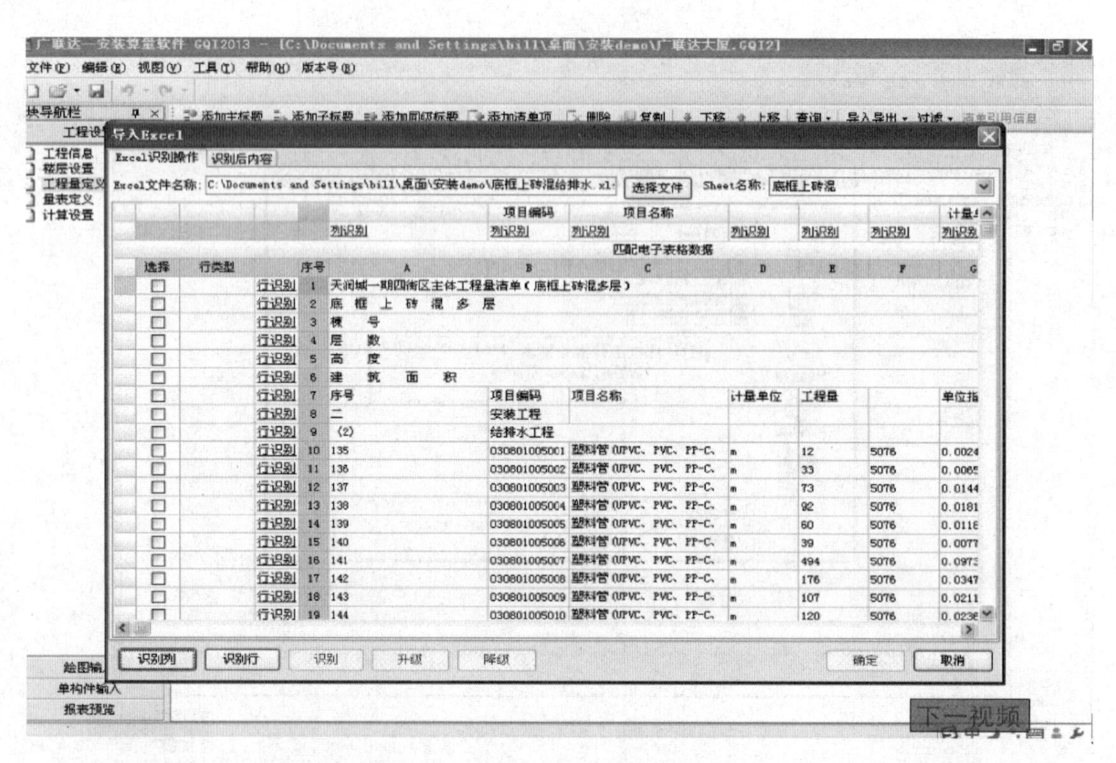

（10）点击识别列按钮，软件自动识别列。

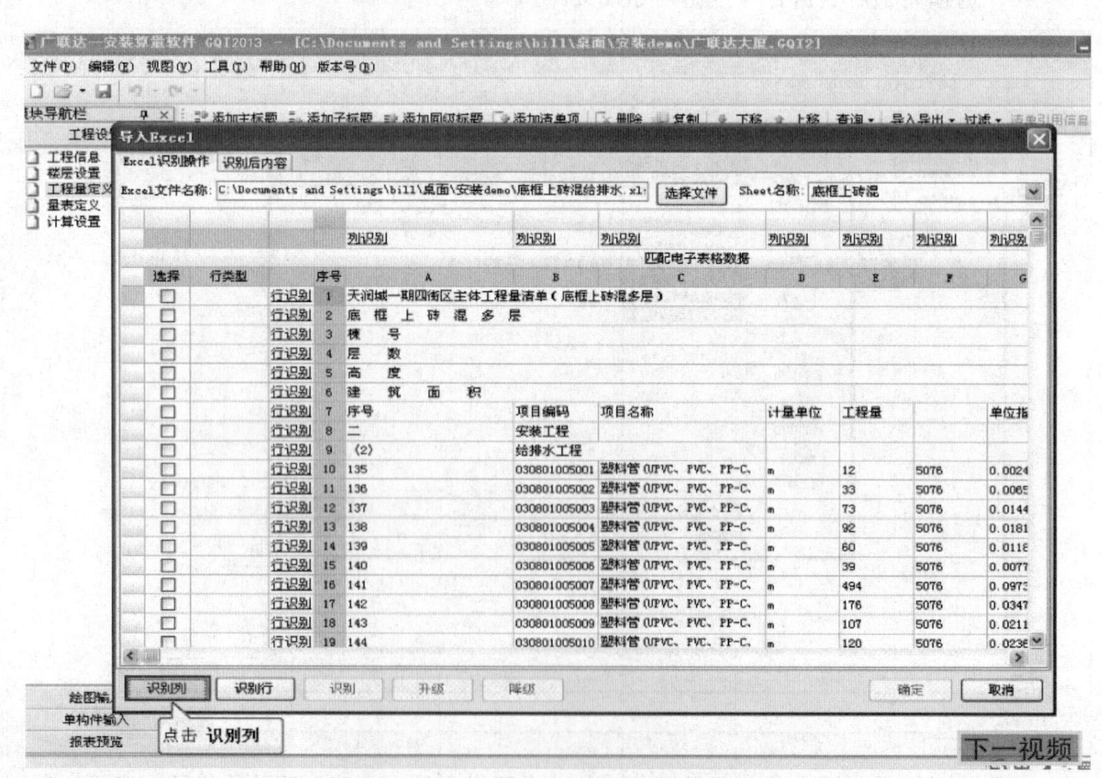

（11）本列中编码和名称都自动识别了，但是单位名称没有识别，需要单独识别，点击计量单位的识别列。

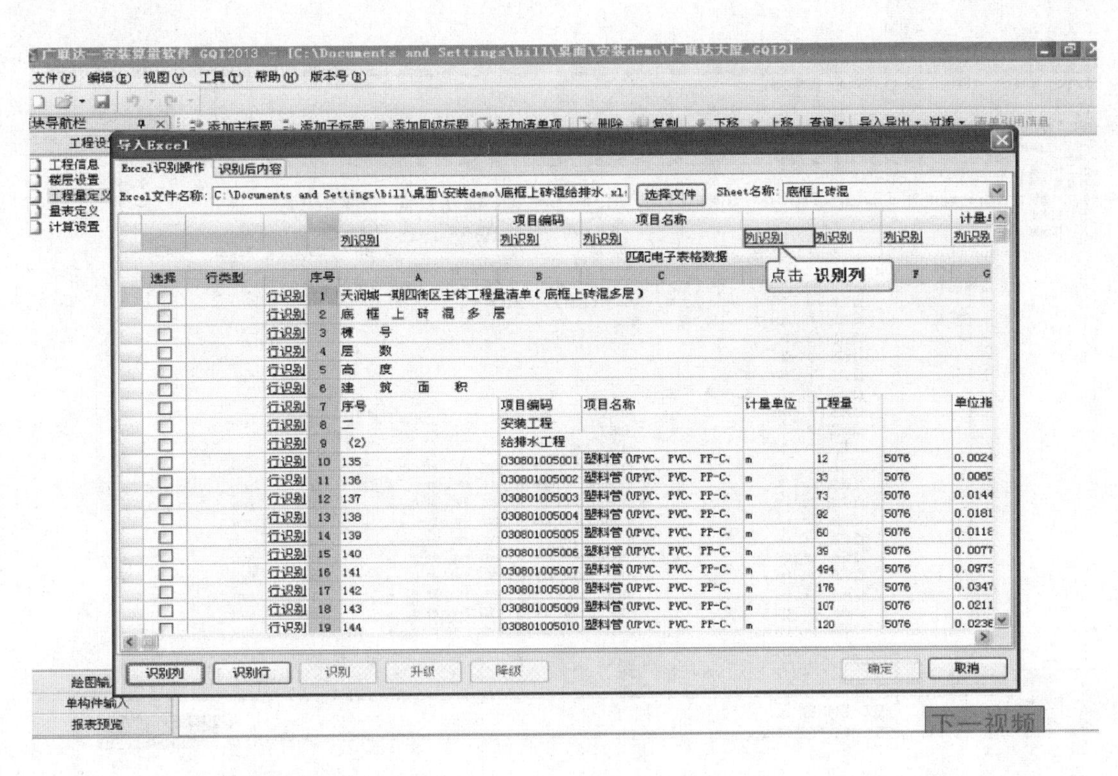

（12）在下拉框中选择计量单位 m。

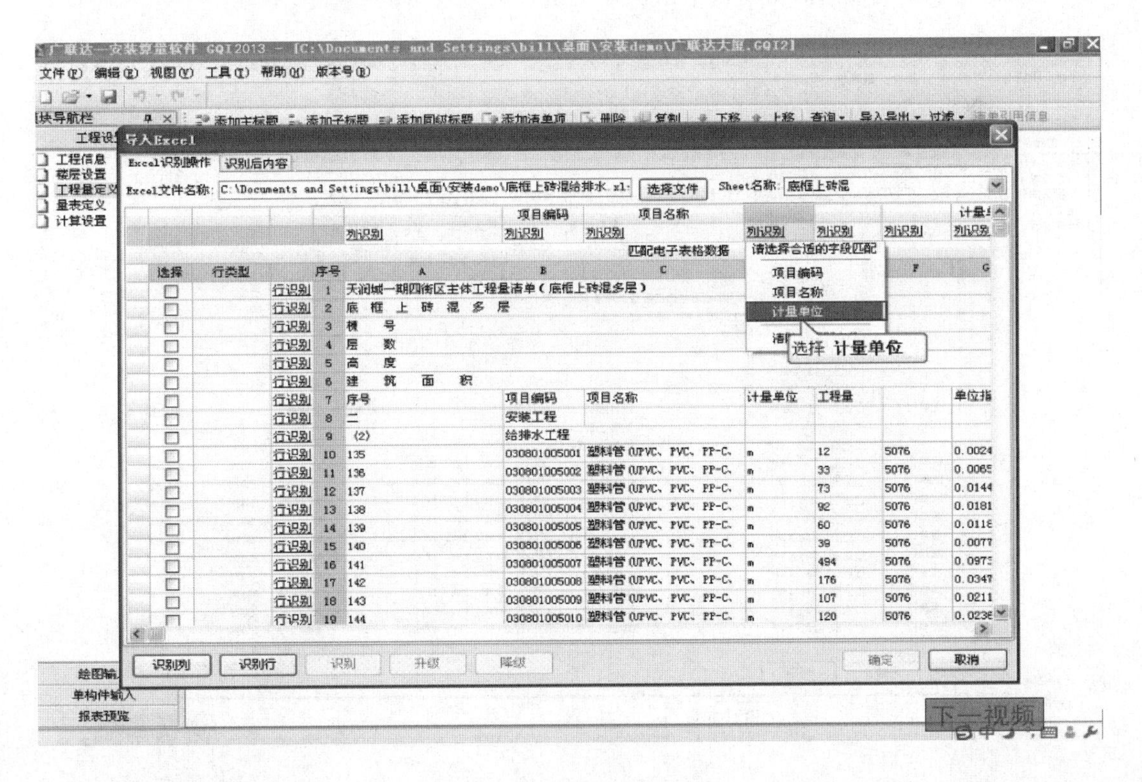

（13）接着识别清单行，点击窗口下方的识别行按钮。

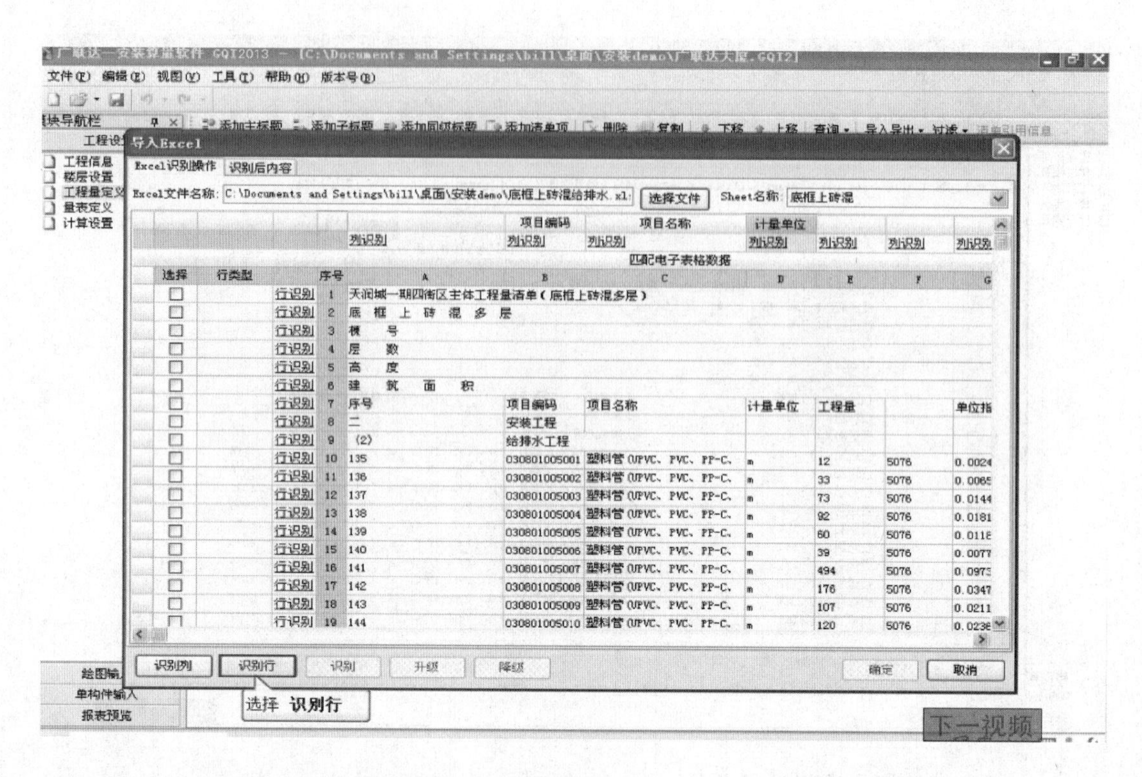

（14）行识别完成后点击窗口下的识别按钮。

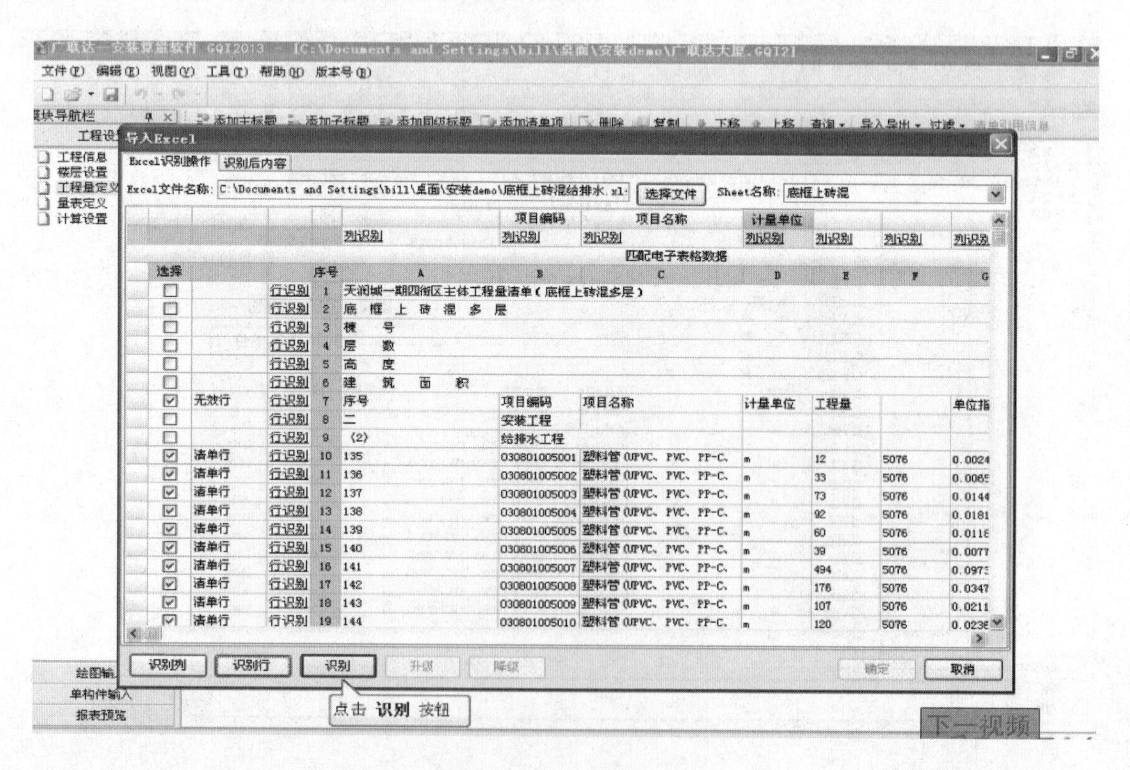

（15）即可看到识别后的内容，确认识别无误后点击确定按钮，退出对话框。

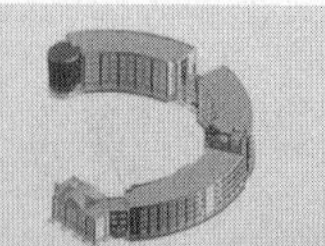

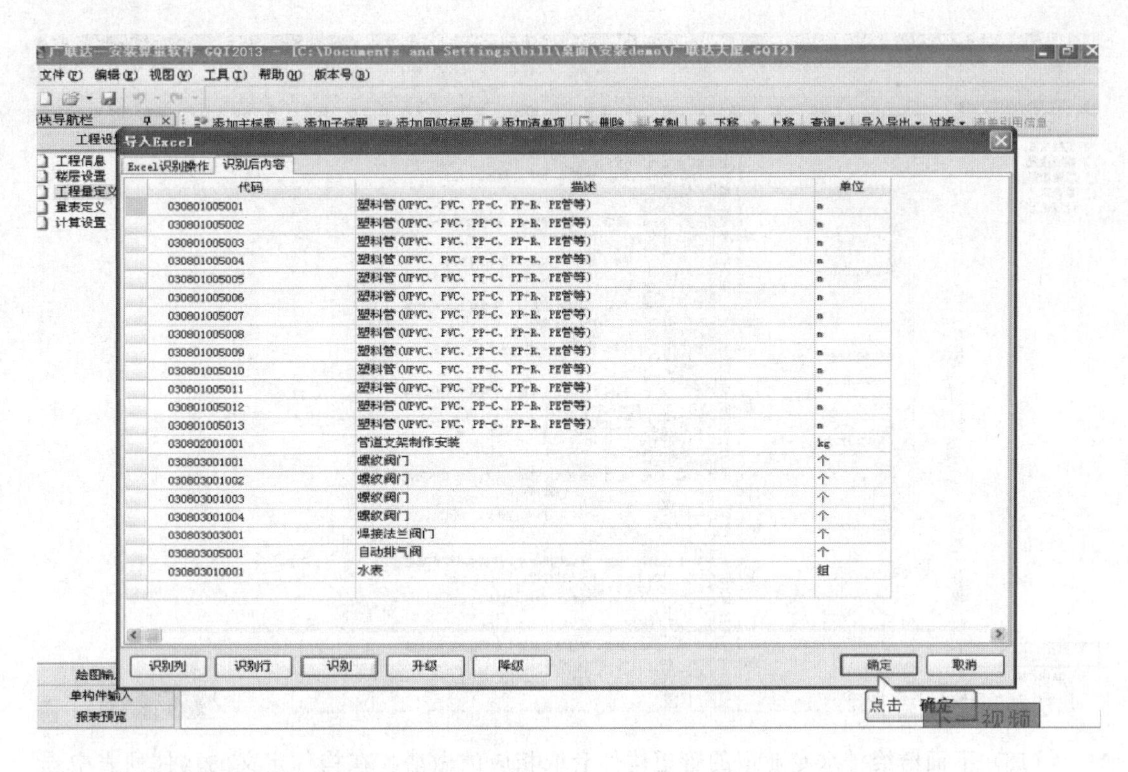

(16) 这样所有的清单就导入进来了。

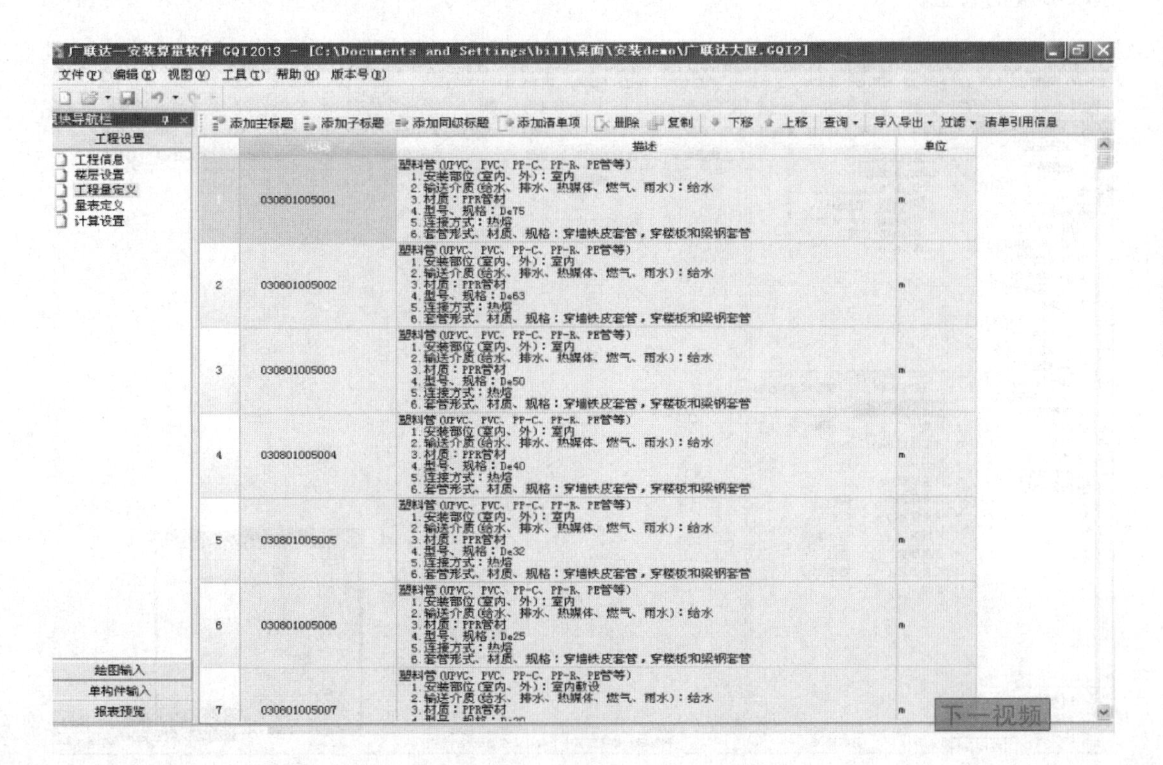

(17) 点击导航栏上的绘图输入按钮，切换到绘图输入界面。

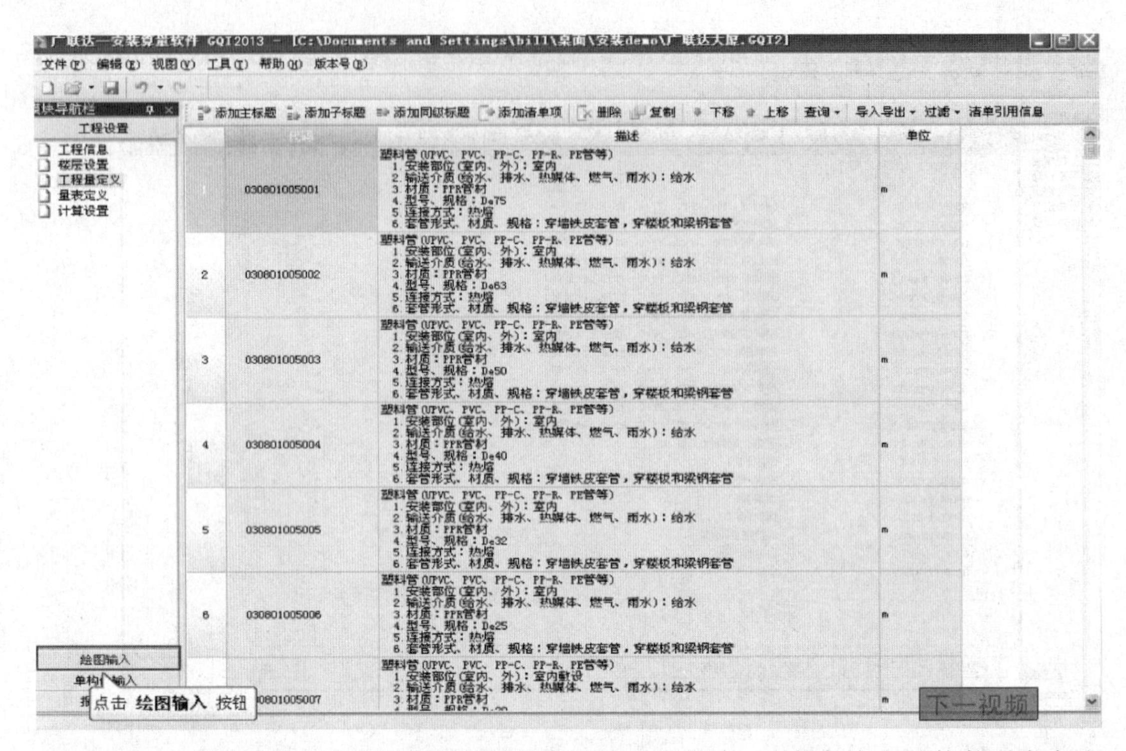

（18）下面给给排水专业下的管道构件套取相应的做法。在构件定义的构件列表中选择DE50的管道。

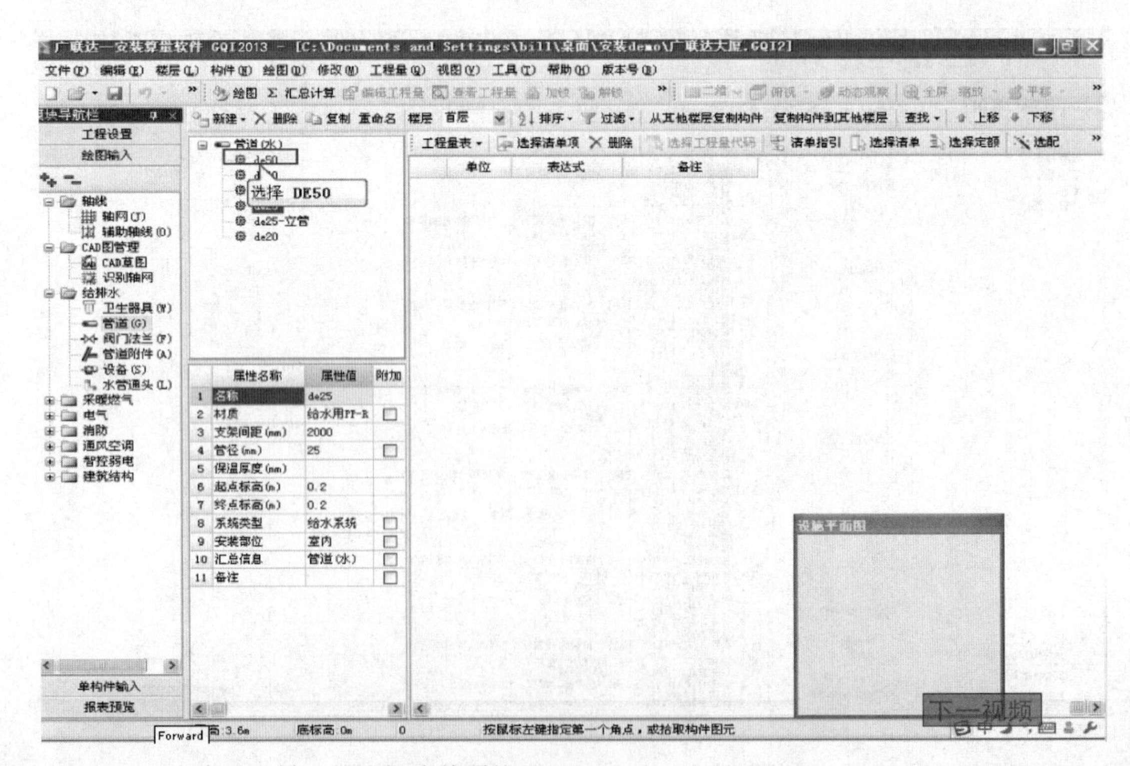

（19）点击工具栏上的选择清单项按钮。

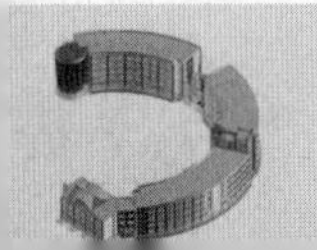

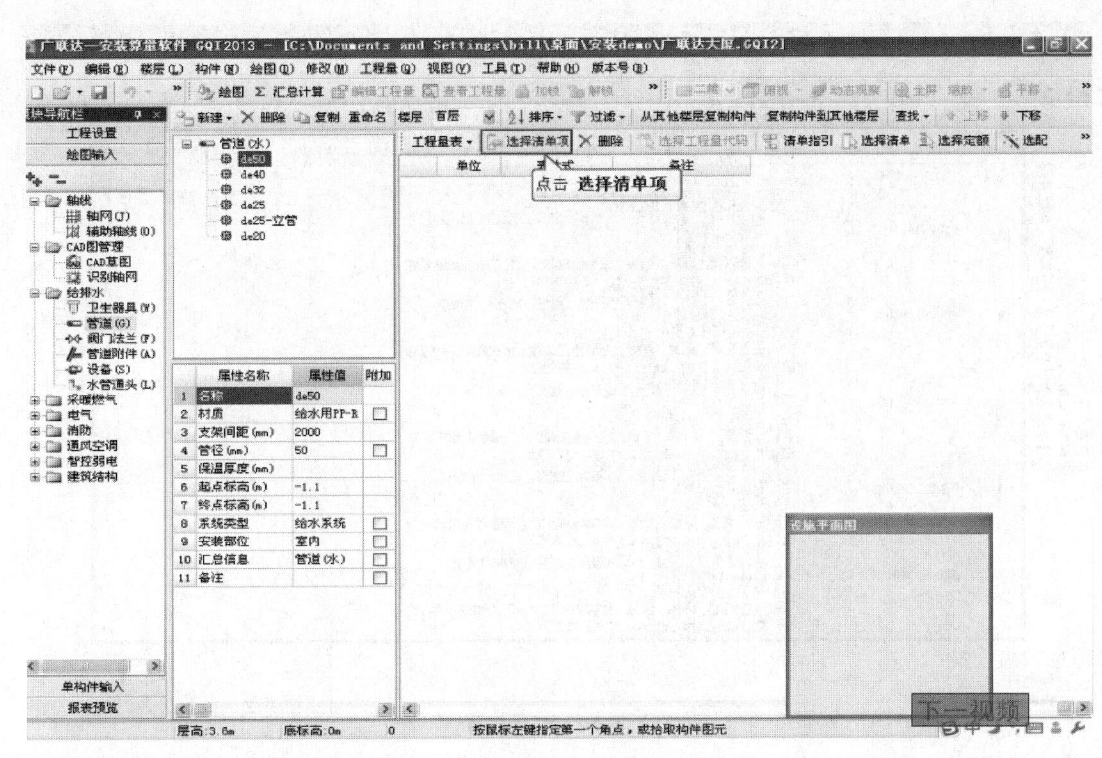

（20）在软件弹出的选择工程量清单窗口中可以看到导入的清单项，选择第三项，DE50 的清单项。

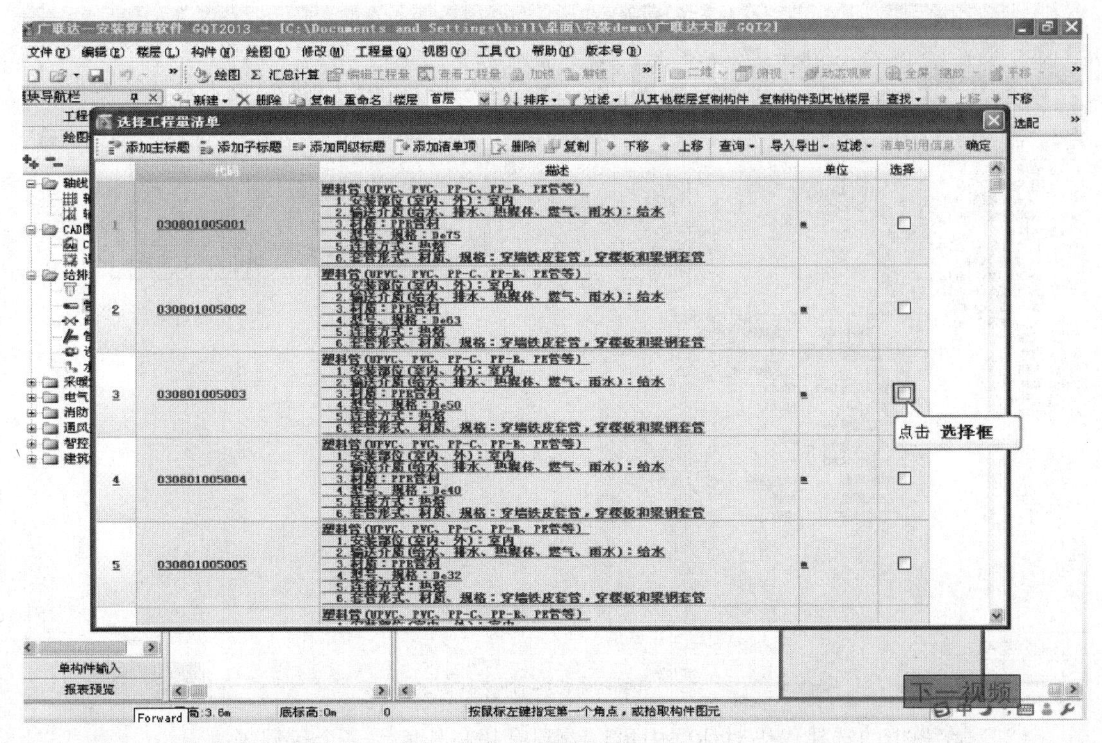

（21）点击确定按钮确定选择，并退出该对话框。

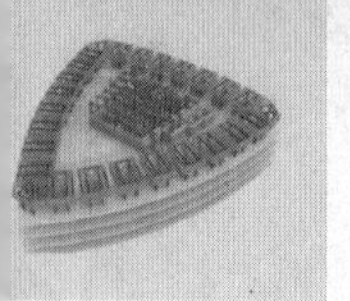

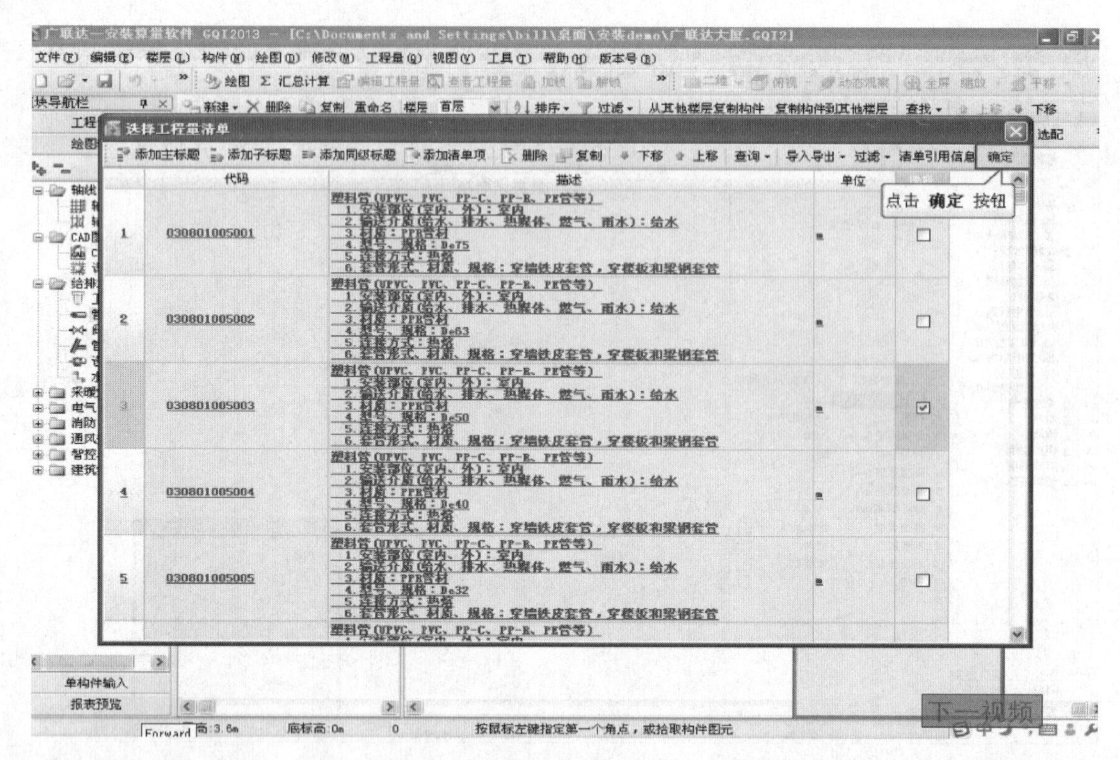

（22）在表达式一列中该构件单默认的是长度，可以根据需要来自行选择代码，点击更多按钮。

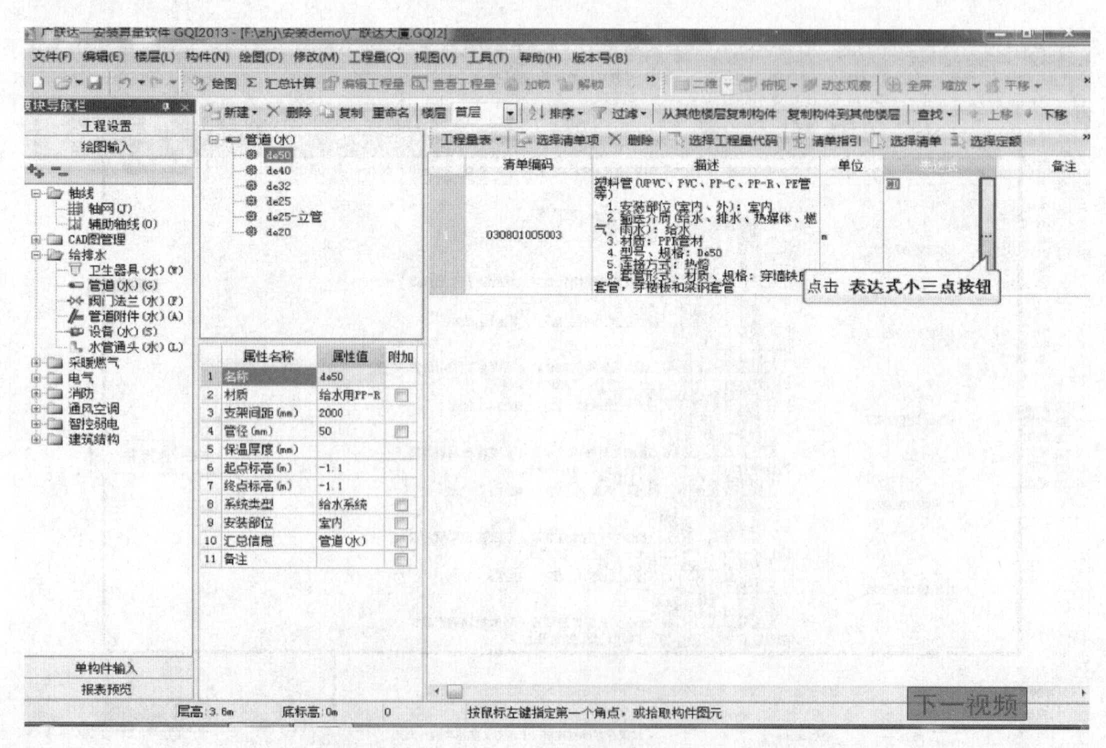

（23）在弹出的选择代码对话框中可以看到有超高长度等多个代码项。

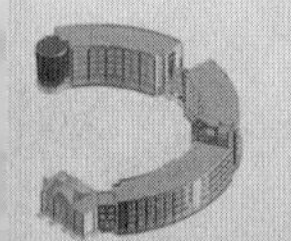

（24）选择需要的代码，点击确定按钮，退出界面。

（25）然后切换到DE40的管道上套用做法。

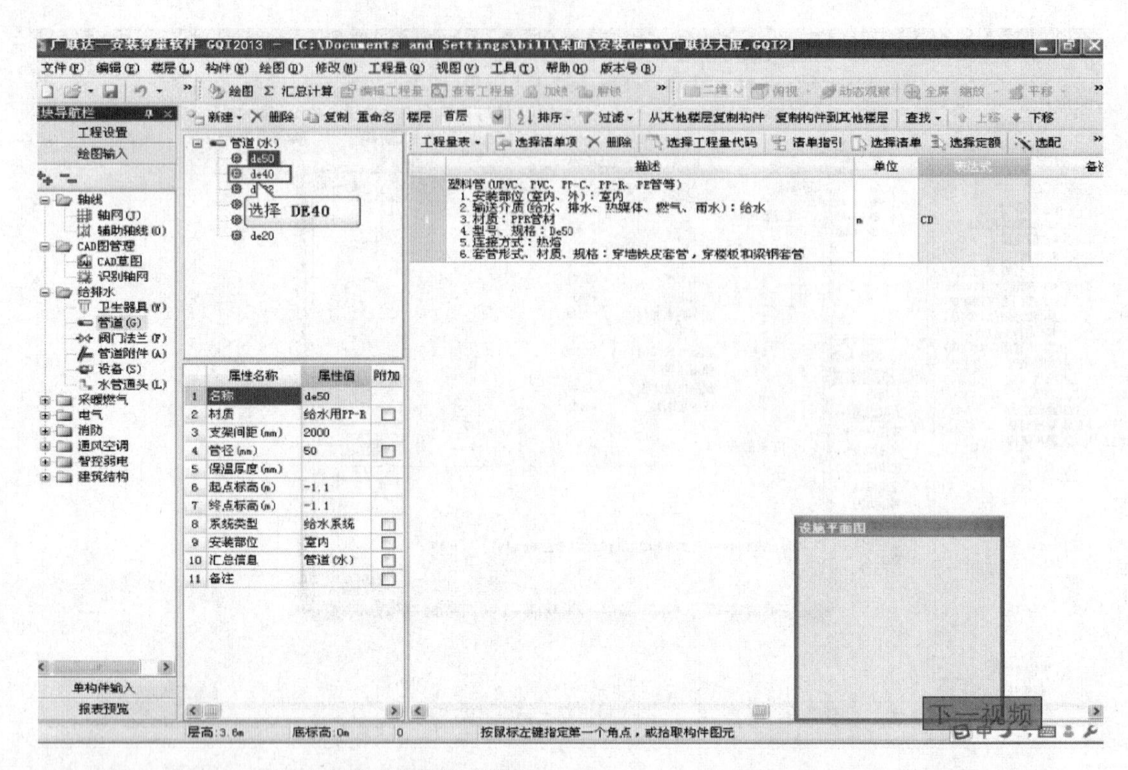

(26) 点击工具栏上的选择清单项按钮。

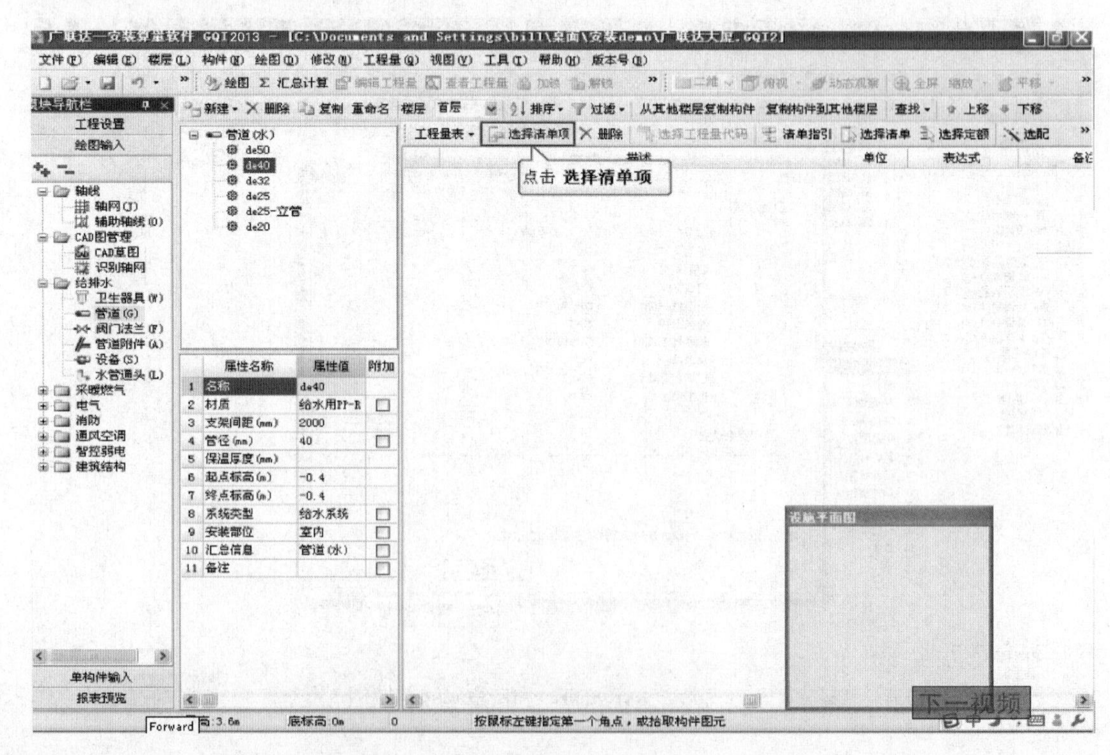

(27) 点击选择第四条 DE40 管道的选择框。

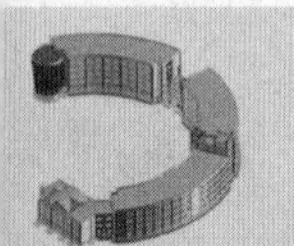

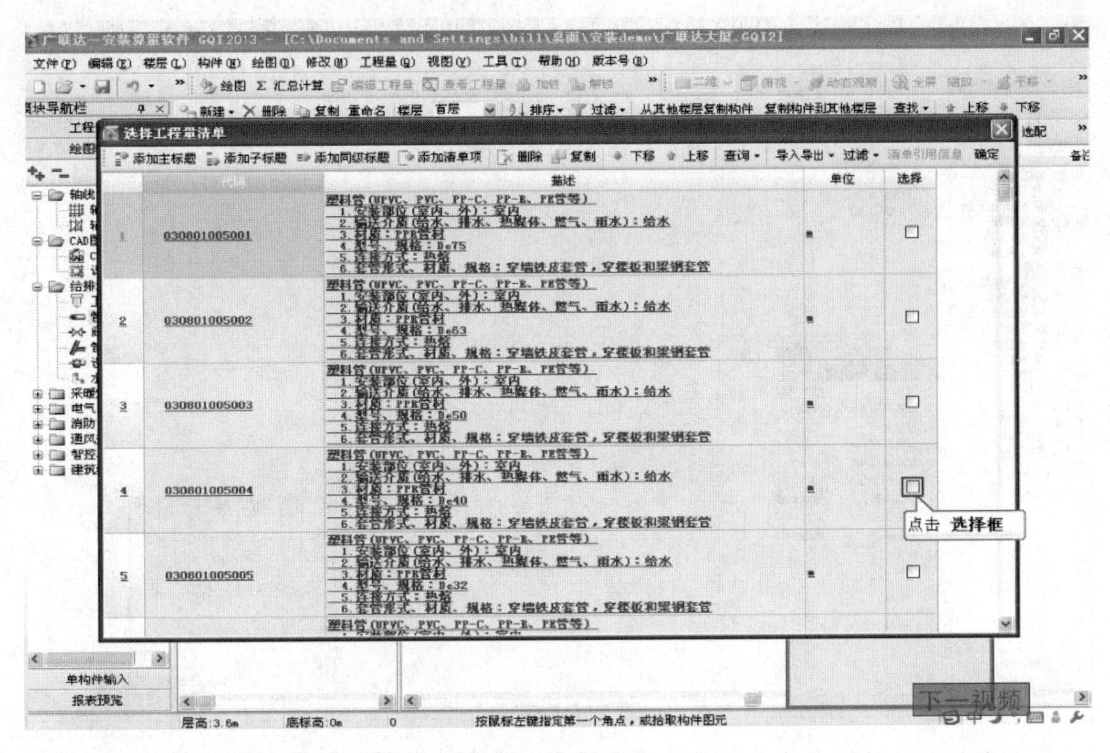

(28) 点击确定按钮确定选择并关闭对话框。

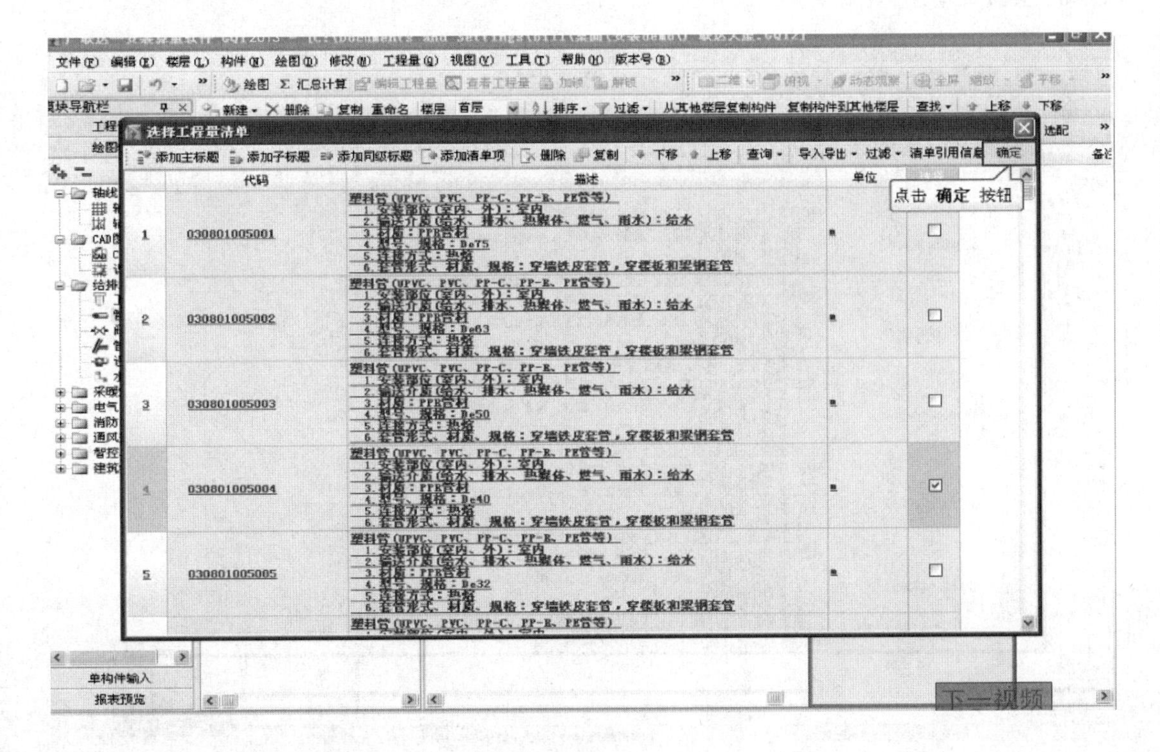

(29) 点击 DN32 的管道，选择工程量清单。

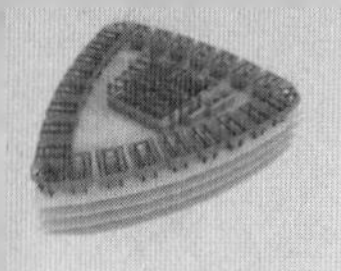

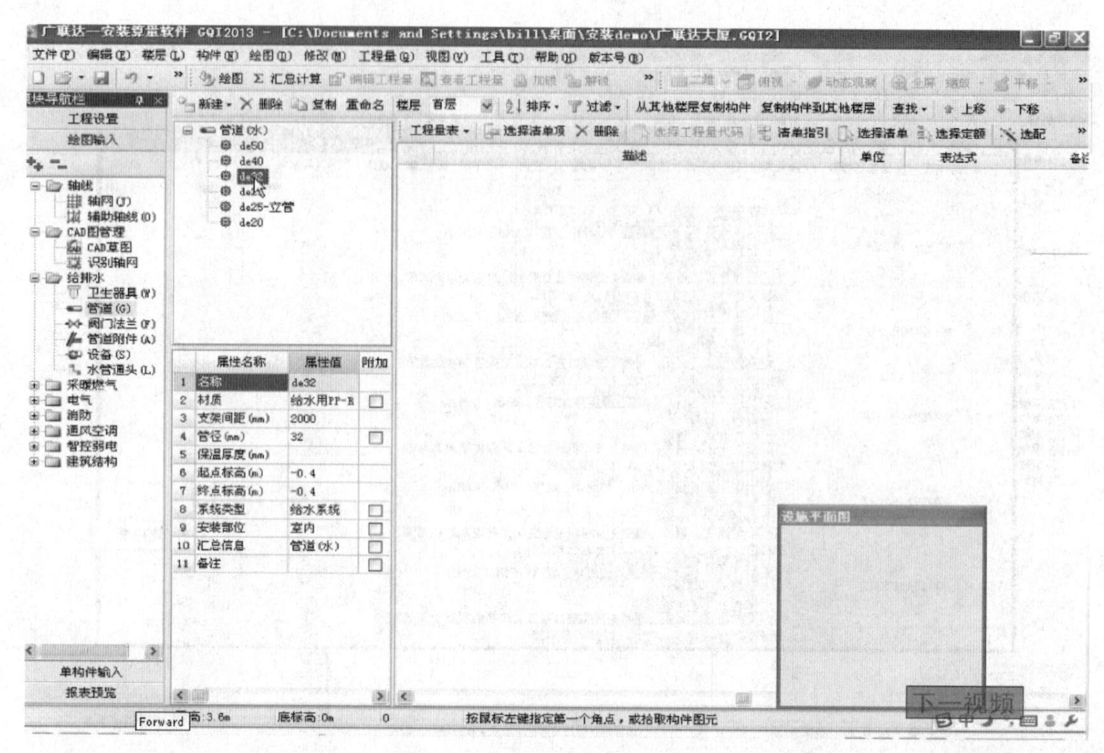

（30）点击工具栏上的选择清单项按钮，在弹出的选择工程量清单框中选择第5项DN32的清单项。

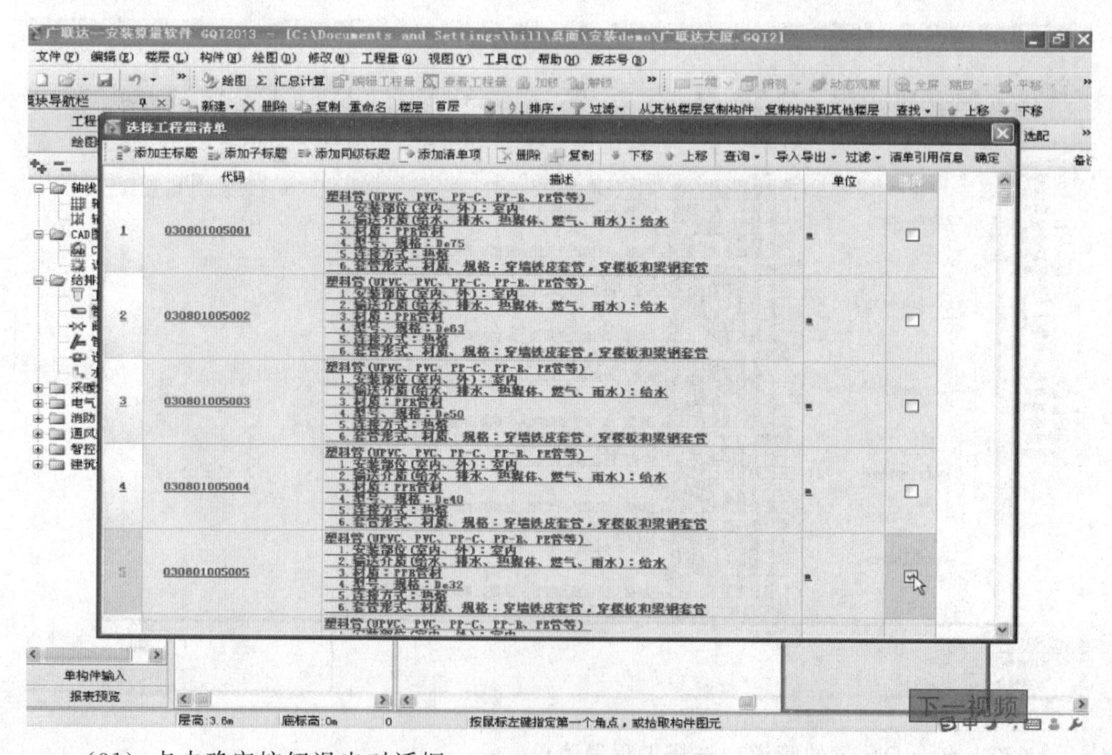

（31）点击确定按钮退出对话框。

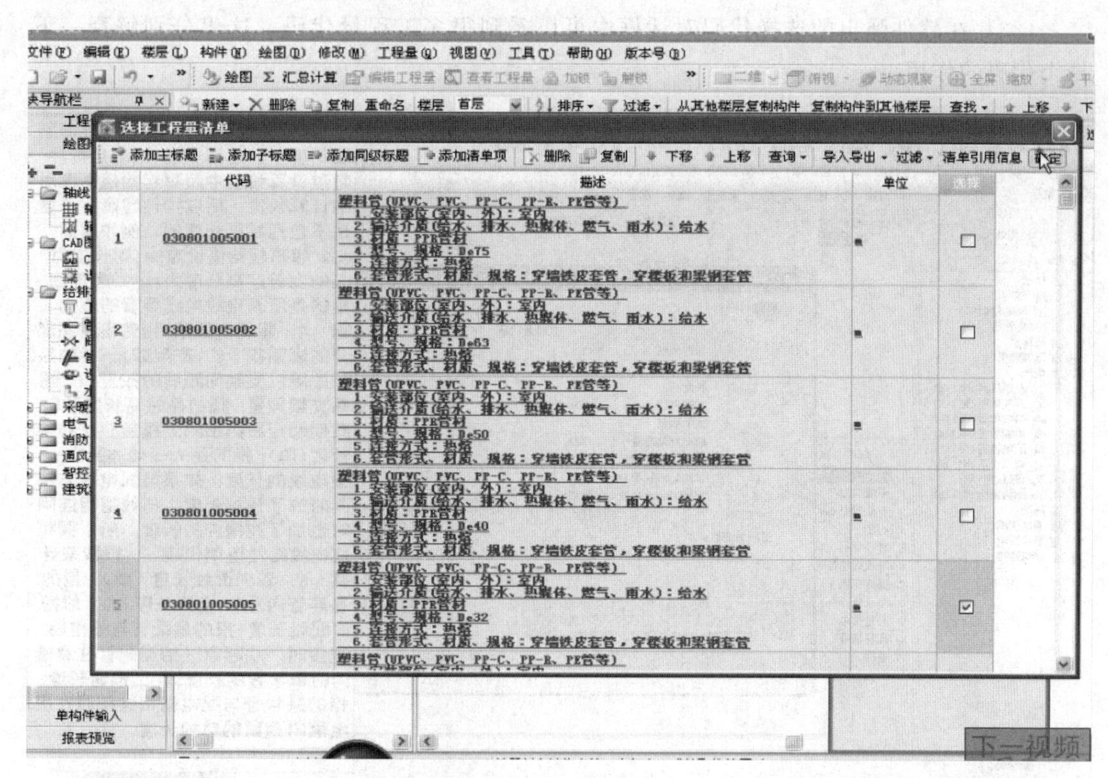

（32）按照上述方法把所有构件的清单项套取完毕。其他专业不再一一讲解。需要注意的是在电气专业中表达式的选择和其他专业不同，下面着重讲解一下。即清单项表达式中表达更多的三个点的按钮。

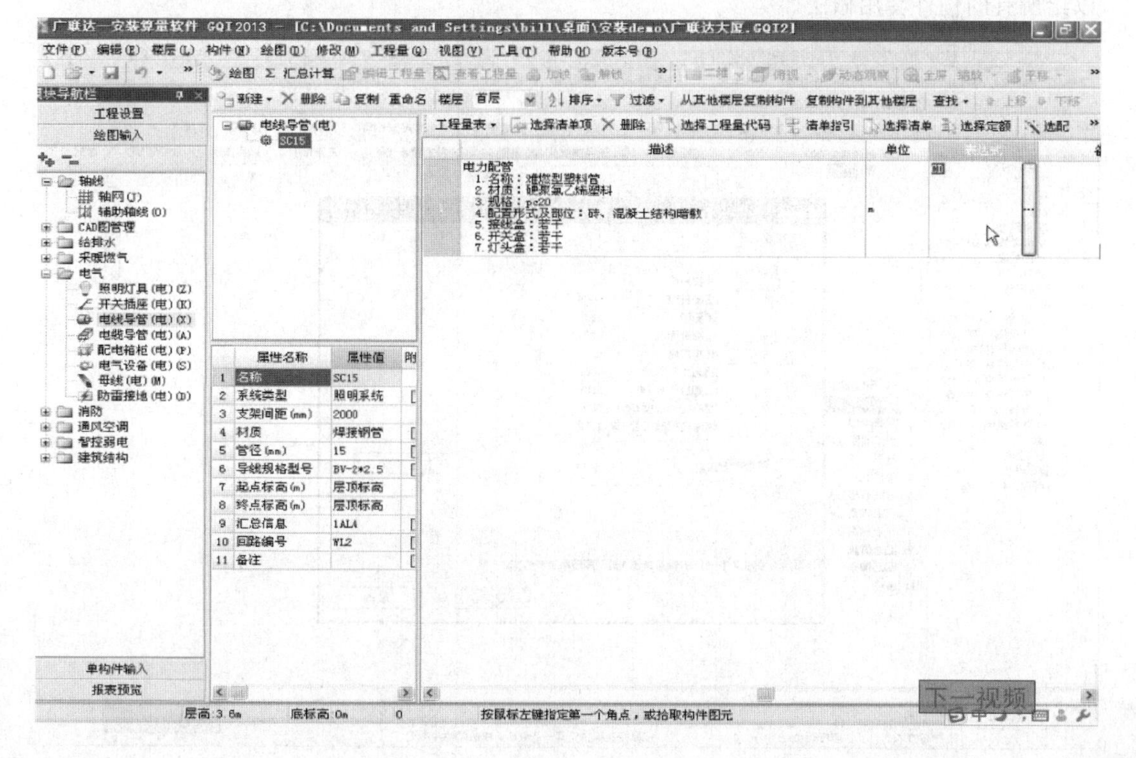

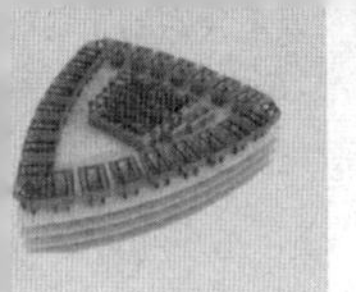

（33）在软件弹出的选择代码对话框中可以看到很多工程量代码，这里分别解释一下每个代码的作用。

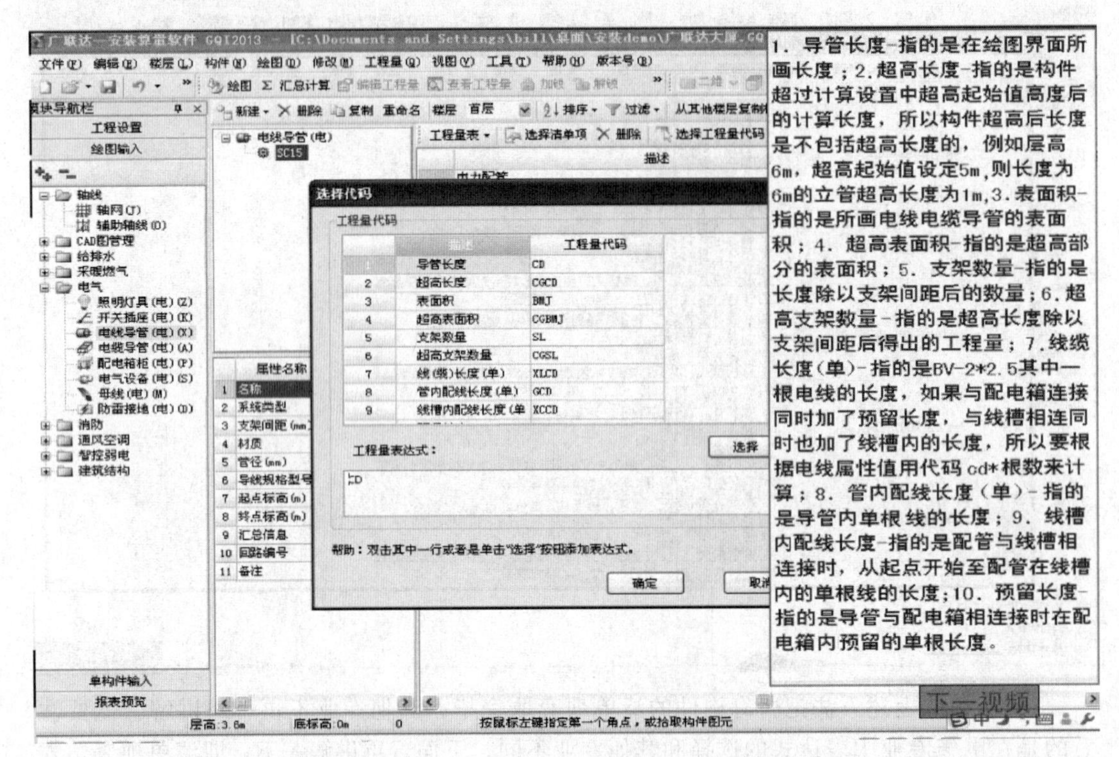

（34）当选择好工程量代码后，点击窗口上的确定按钮关闭对话框。采用这种方法可以给所有的构件套用做法。

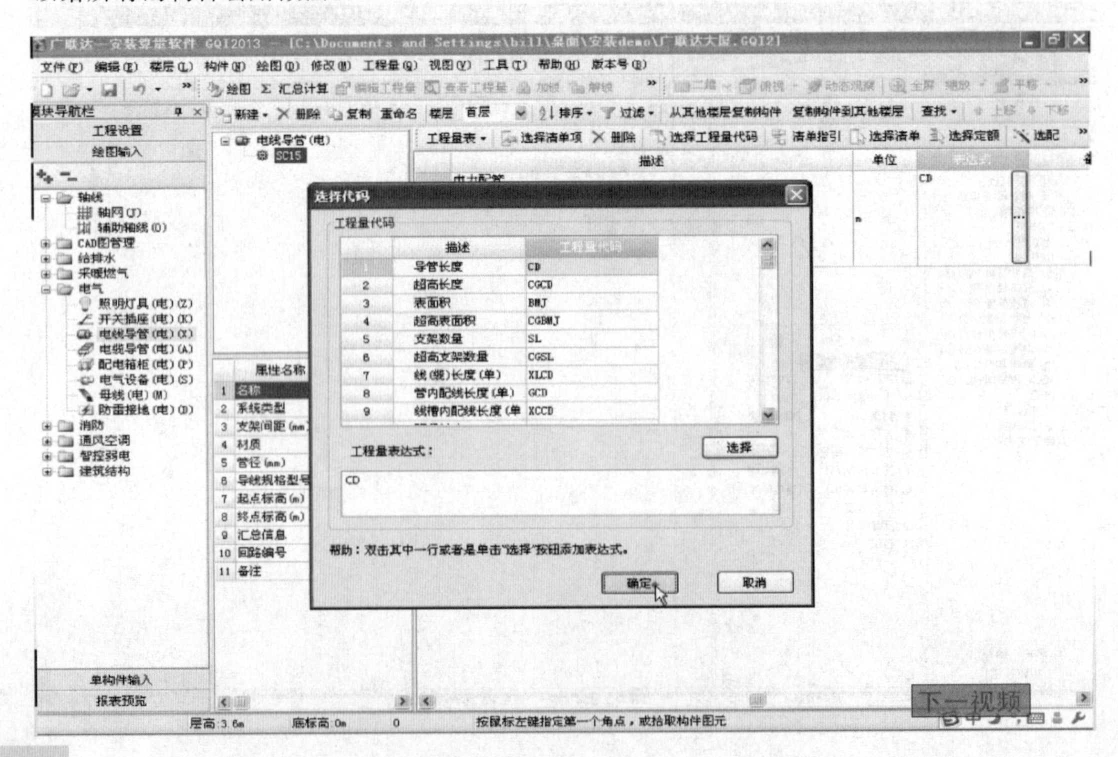

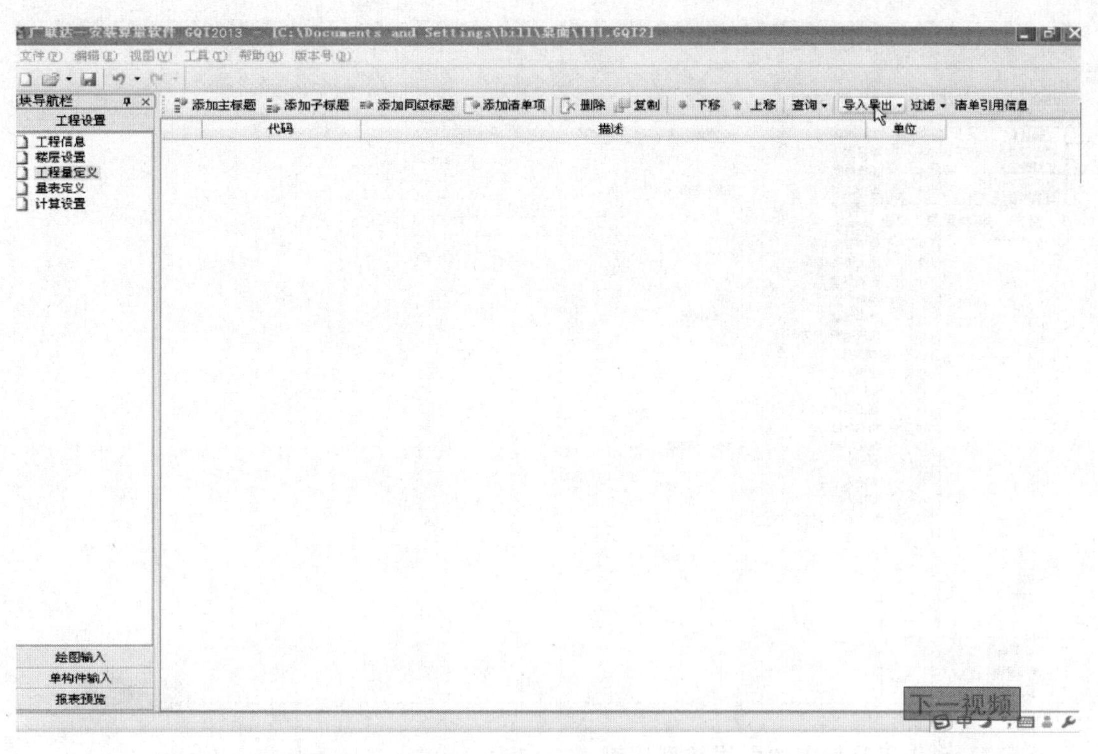

（35）下面来看一下量表定义套取清单项的方法。

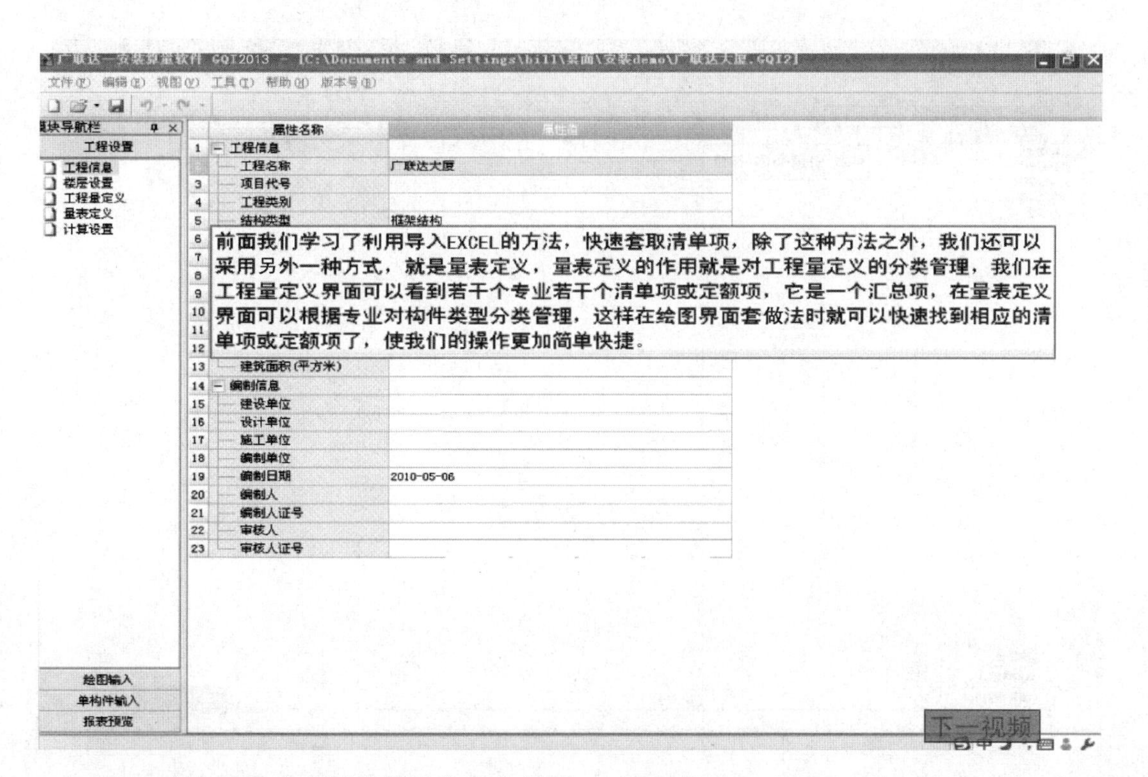

（36）点击量表定义切换到量表定义界面。

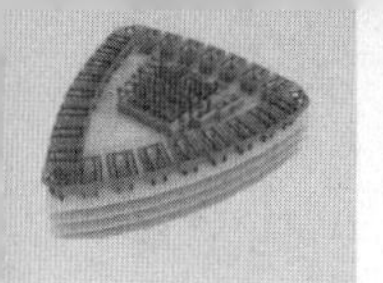

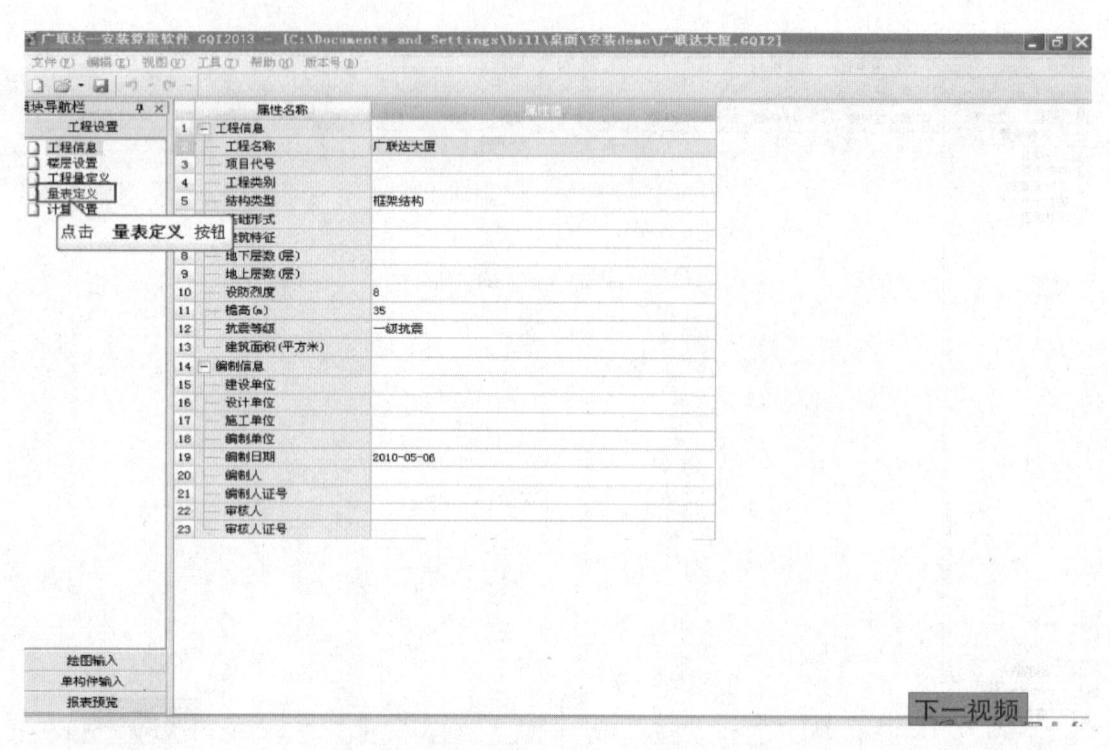

（37）点击工具栏上的引用类型按钮。

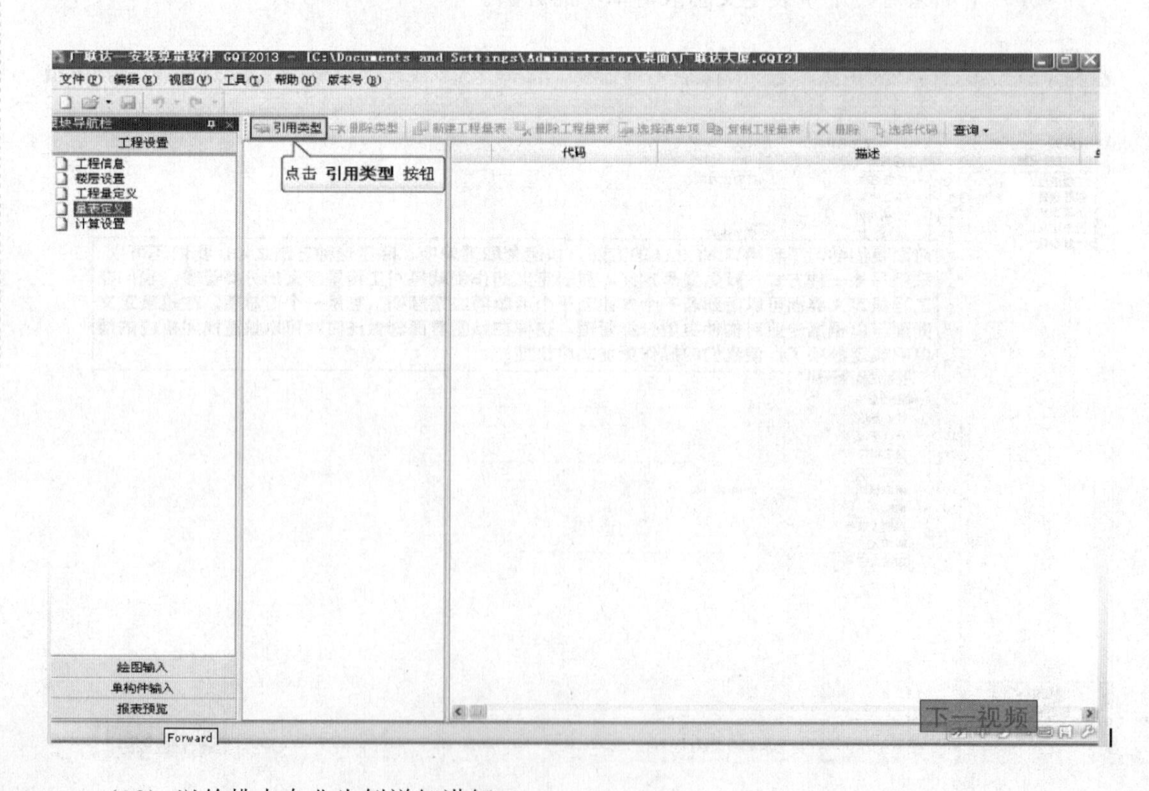

（38）以给排水专业为例详细讲解。

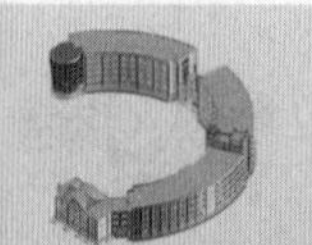

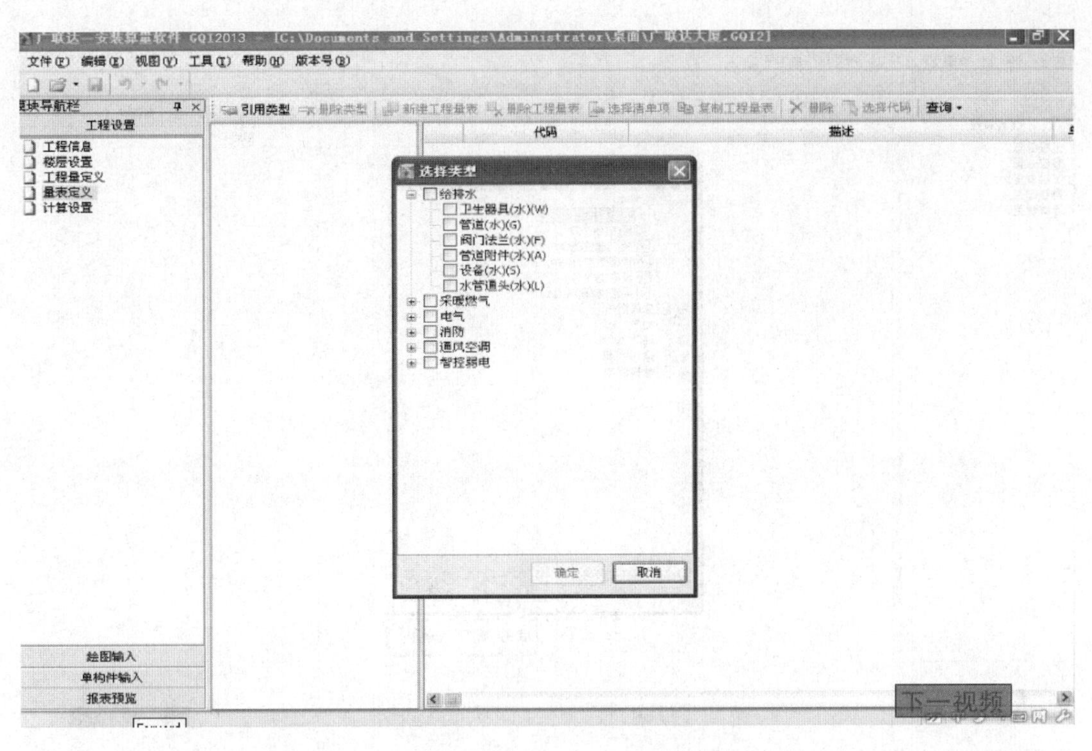

(39) 在选中类型框中点击给排水前面的复选框，还需要选中构件类型，无论是管道还是卫生器具均需要自己选择，这里默认选择全部。

(40) 点击确定按钮。

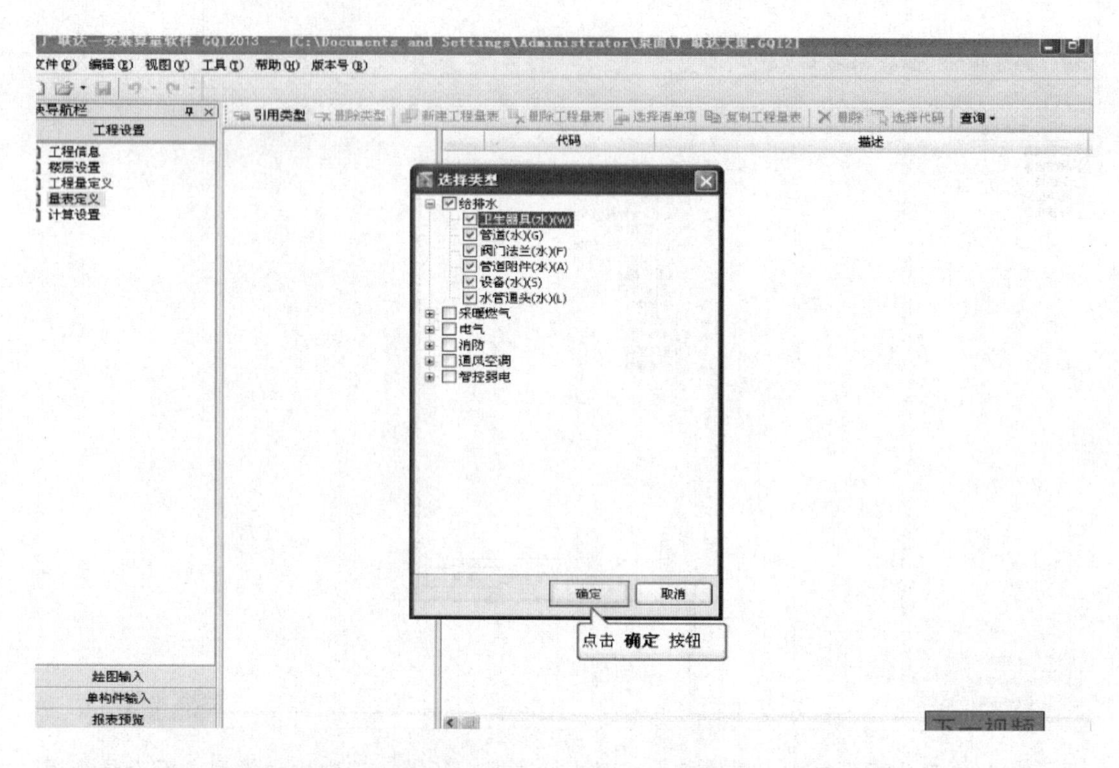

(41) 选择好构件类型后首先对管道进行定义，点击管道。

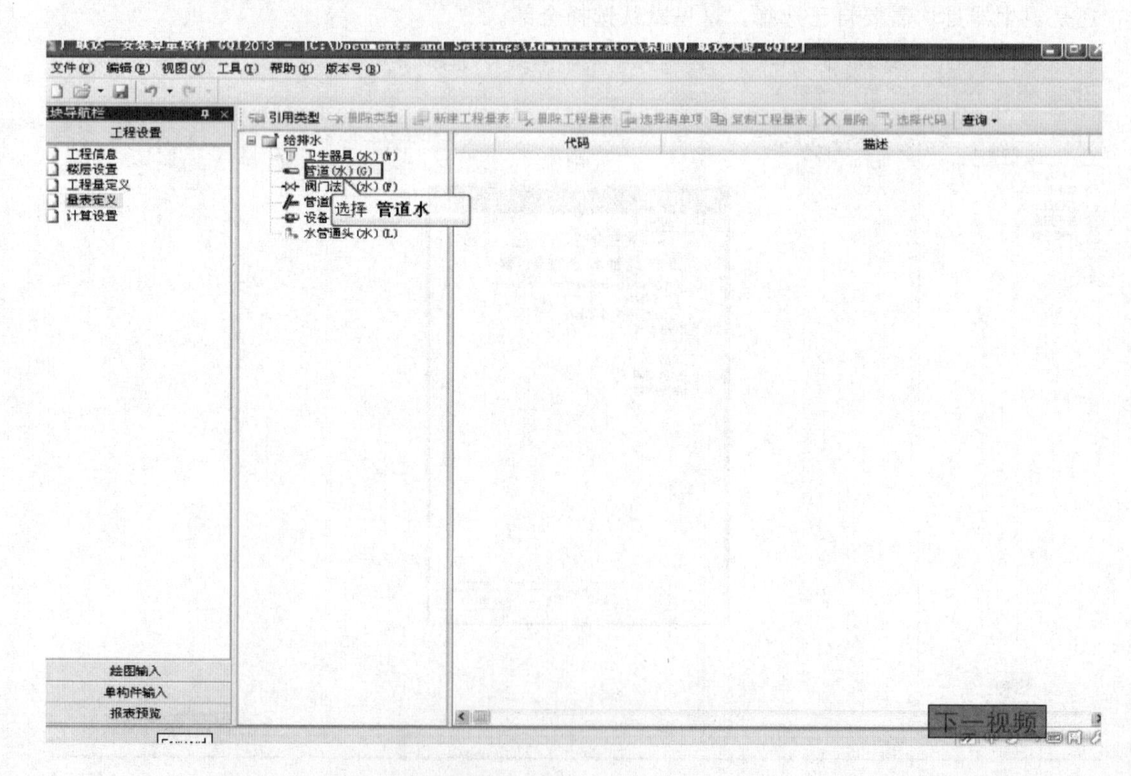

(42) 点击工具栏上的新建工程量表按钮。

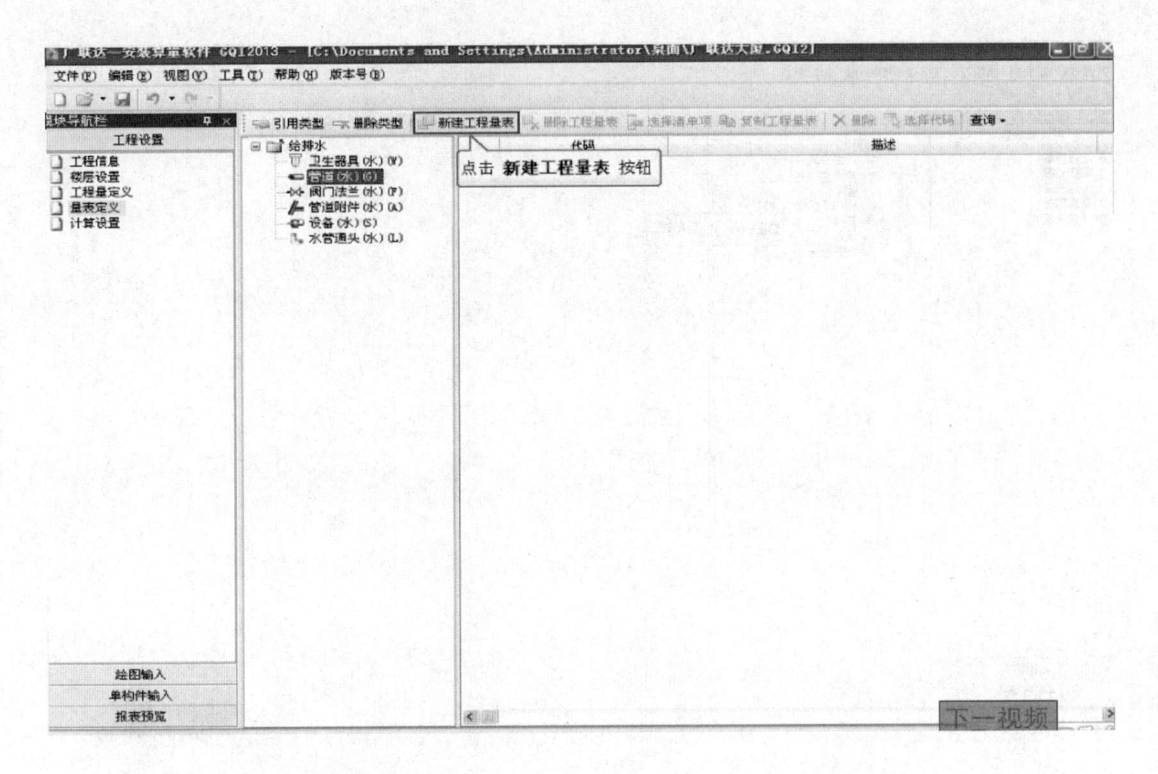

（43）对新建的构件修改名称。

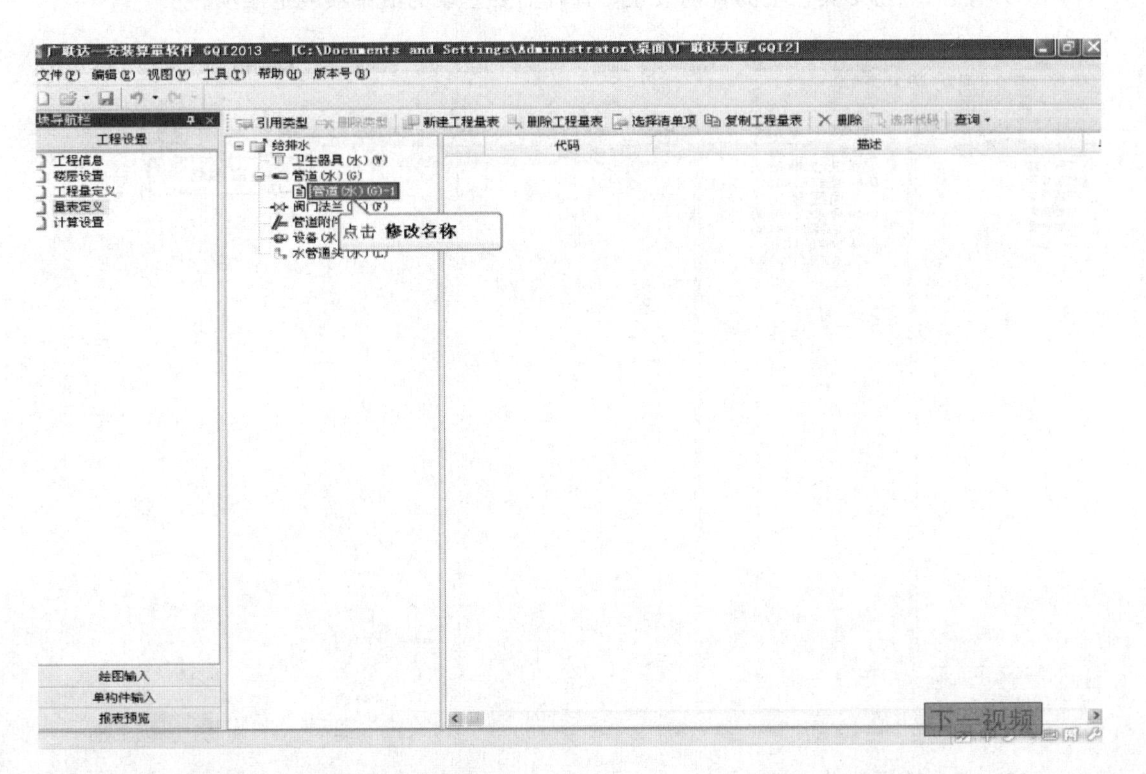

（44）例如本例中管道修改为 DE50。

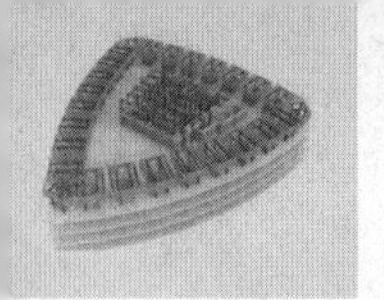

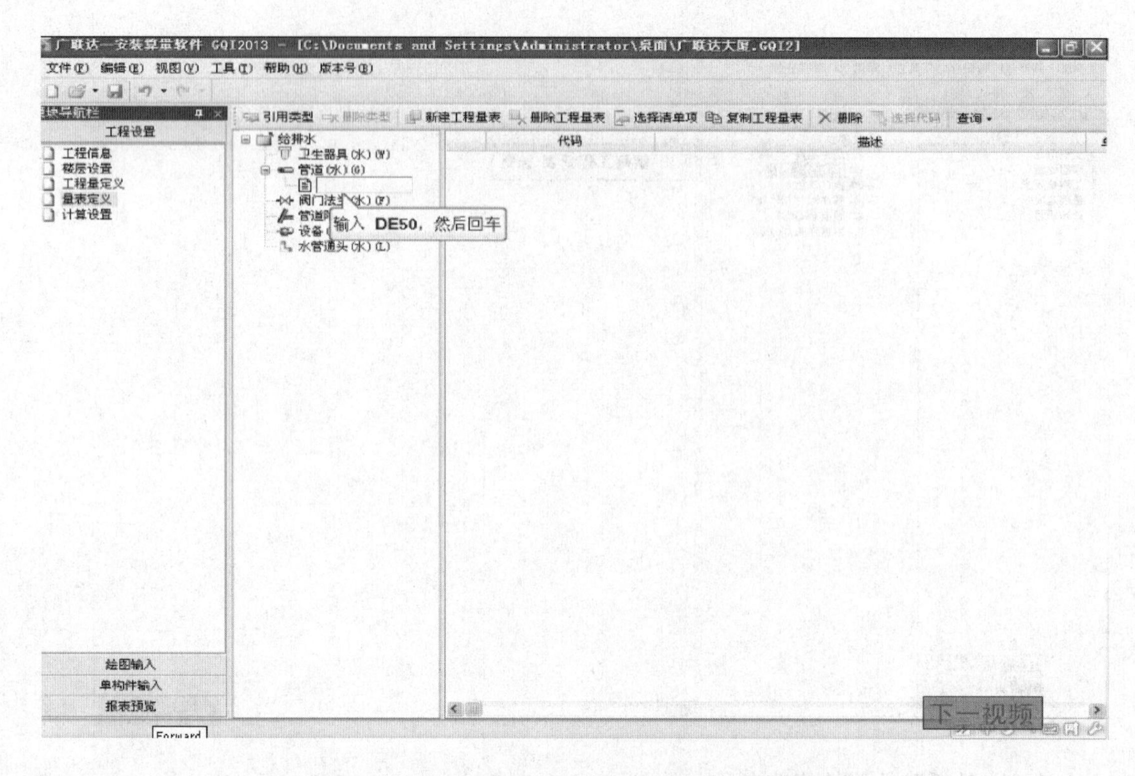

（45）然后点击工具栏上的查询按钮，选择需要套取的清单项或定额项。

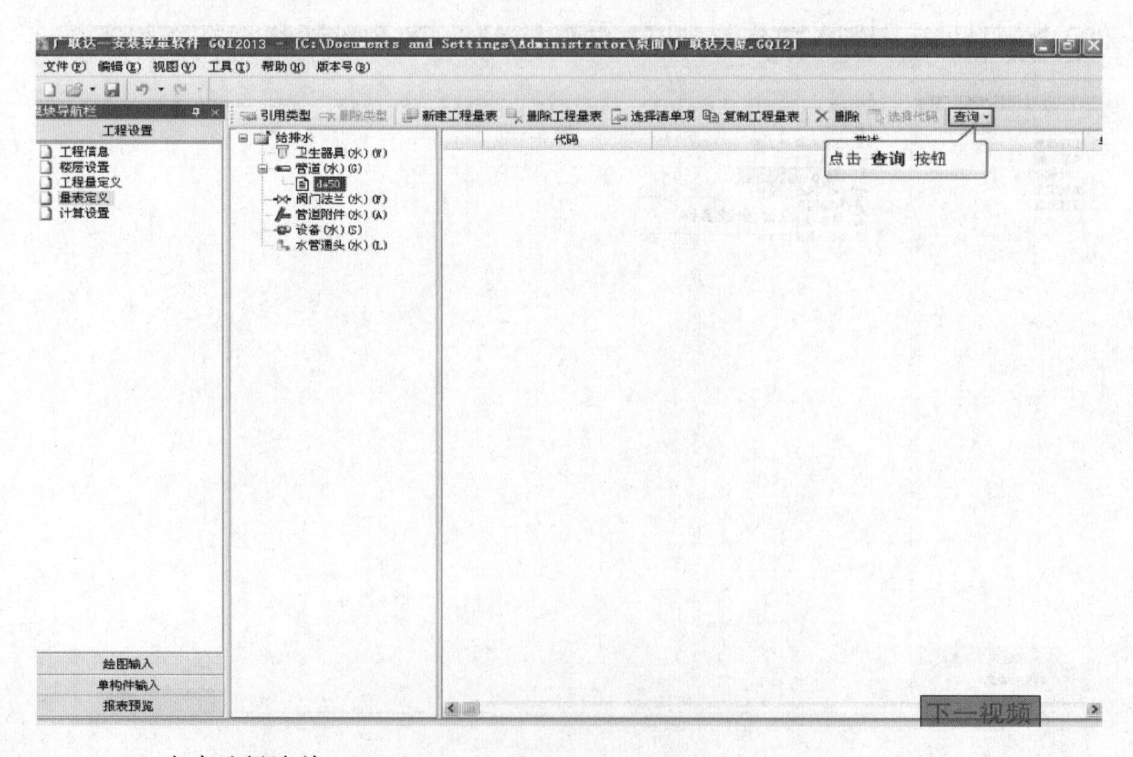

（46）点击选择清单。

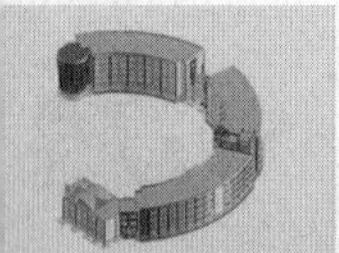

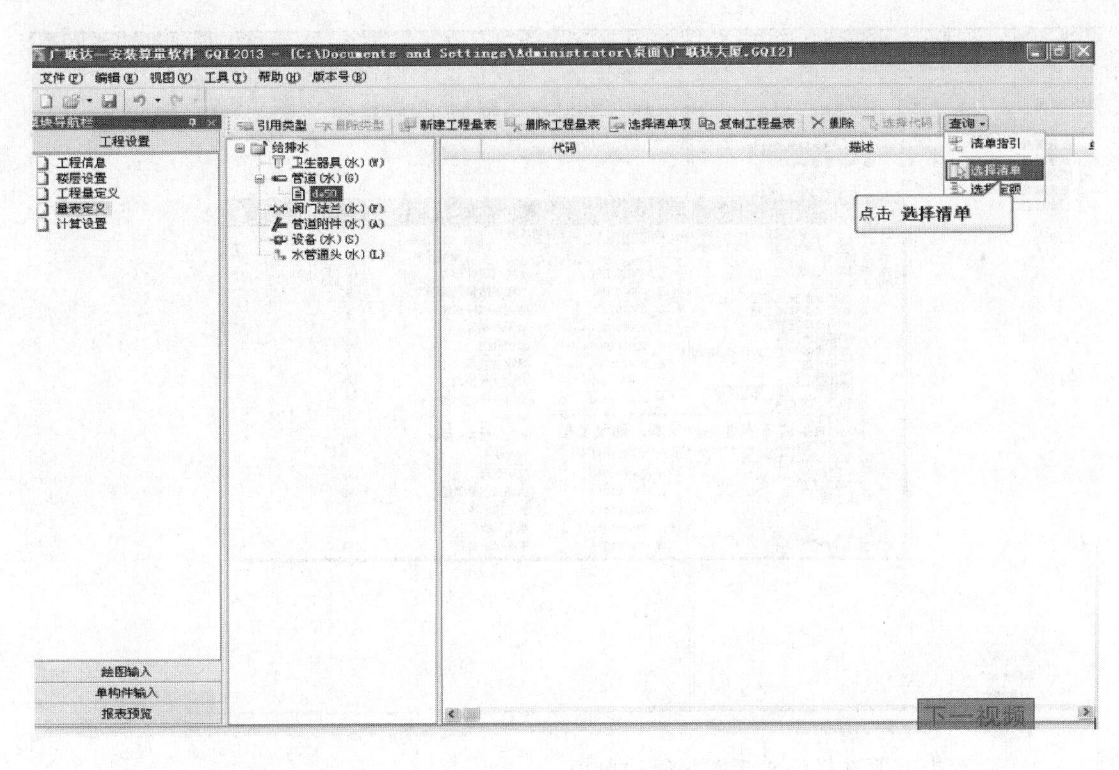

(47) 点击安装工程前面的小加号。

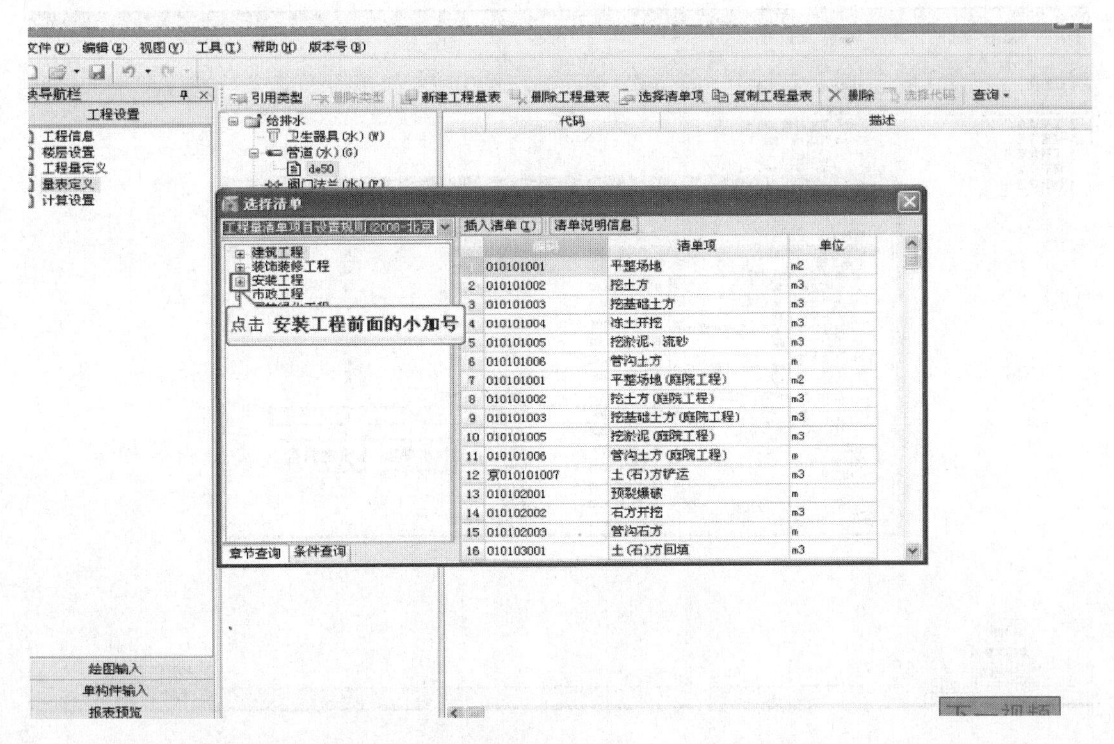

(48) 选择给排水、采暖、燃气工程专业。

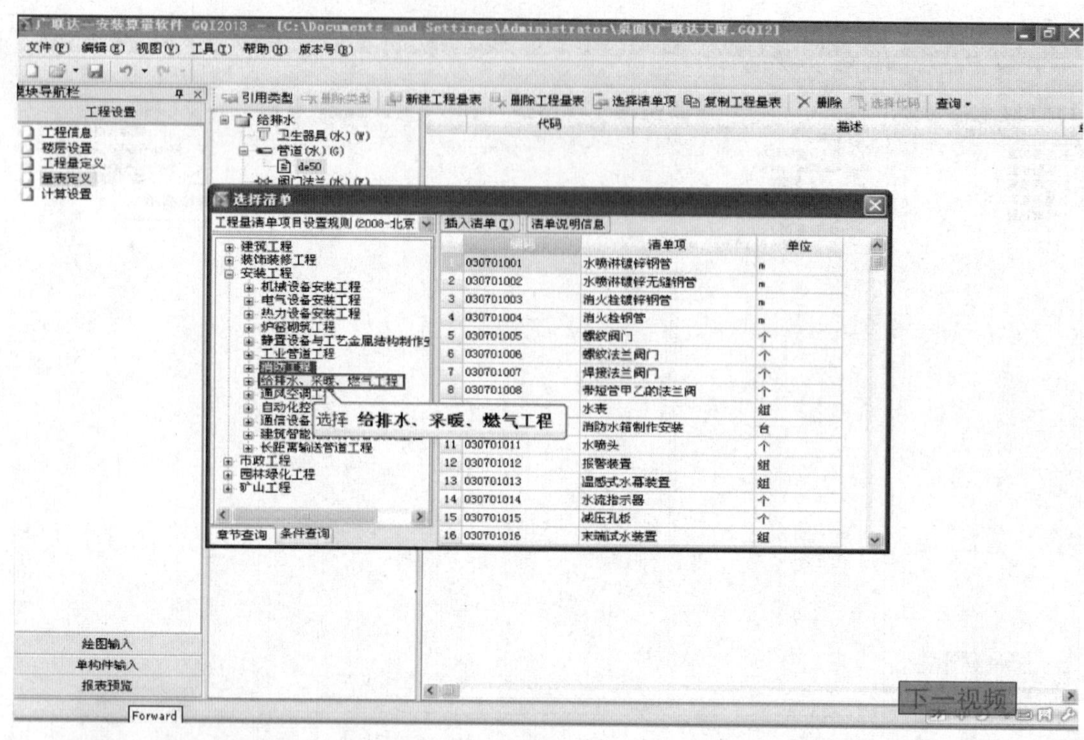

（49）双击需要选择的水暖塑料管清单项。

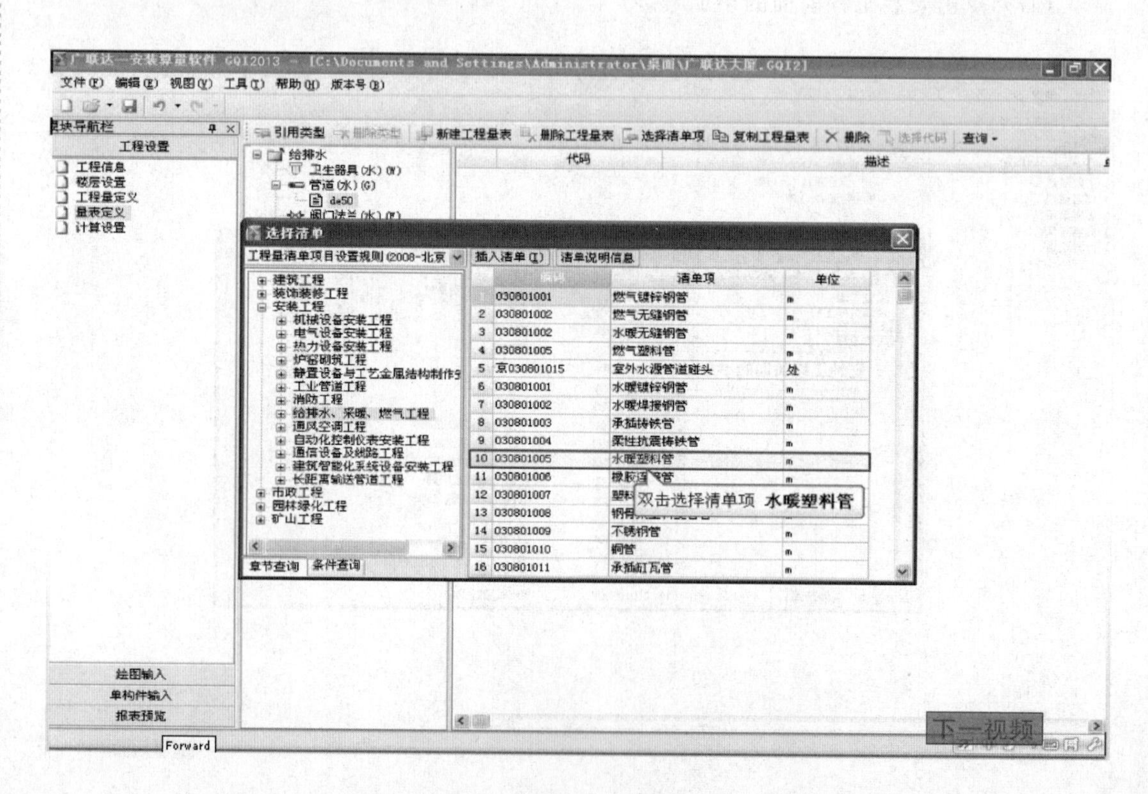

（50）这时该清单项就被选择到该构件中了。采用这个方法可以新建其他构件，并套

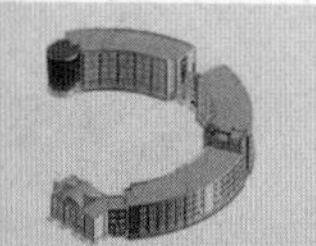

用做法。继续新建一个 DE40 工程构件。点击管道下的 DE50。

（51）在当前 DE50 的状态下点击工具栏上的新建工程表按钮。

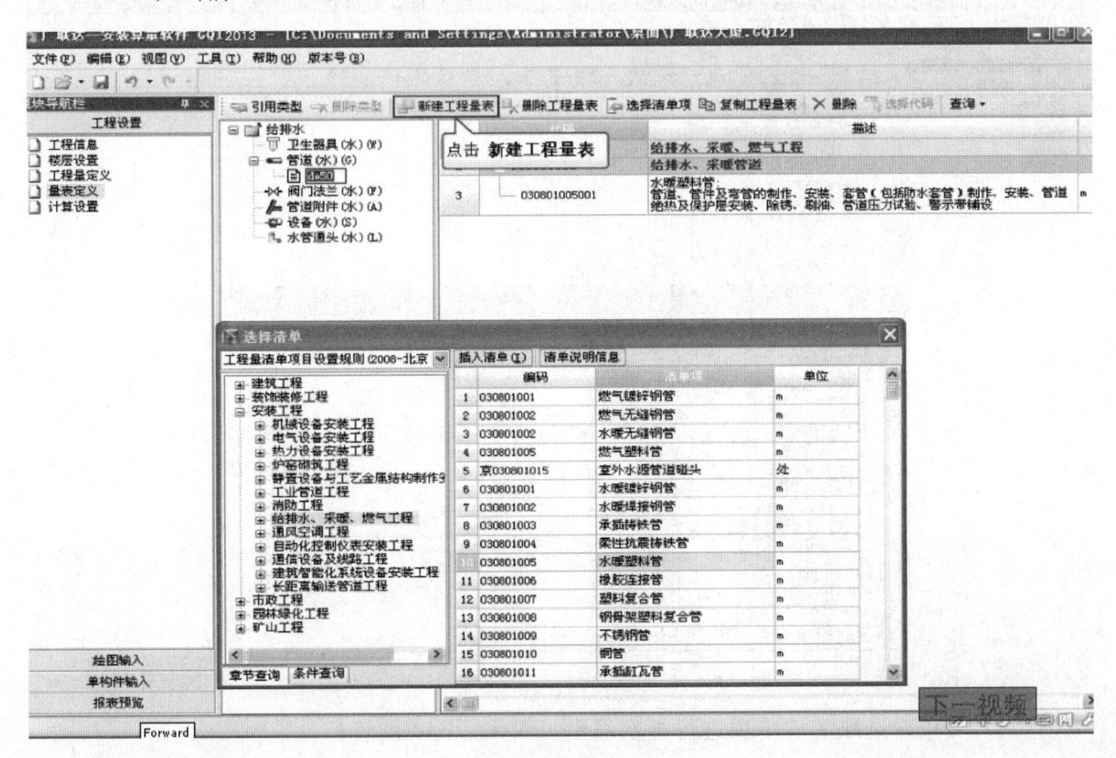

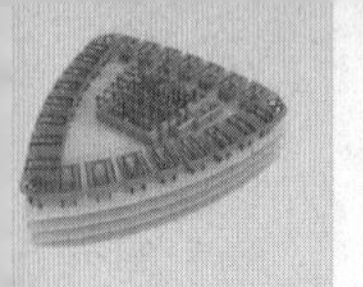

（52）修改构件名称为DE40，然后回车。

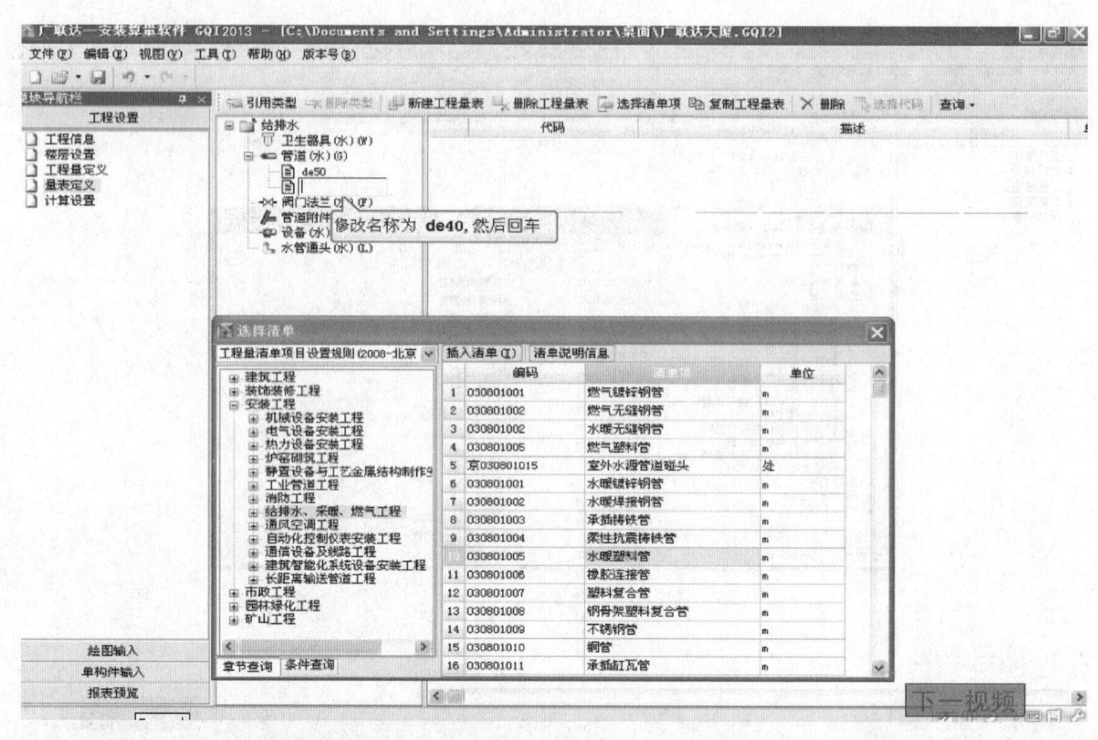

（53）仍然选择水暖塑料管清单为DE40套用做法。

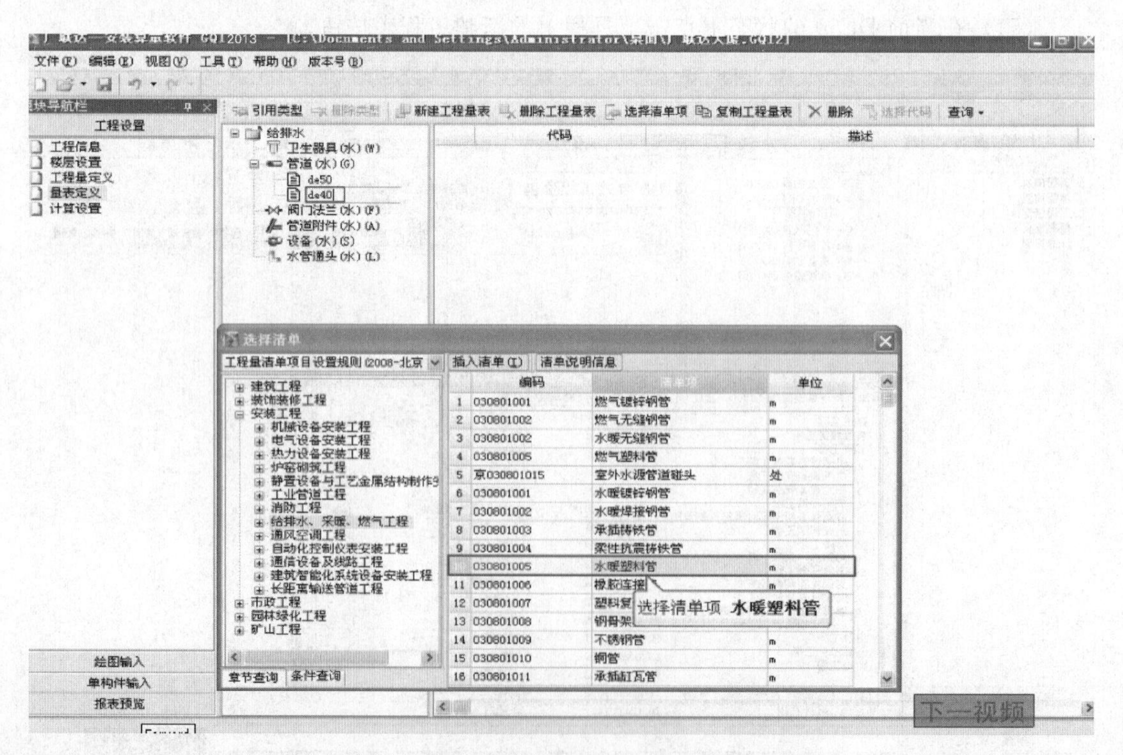

（54）可以对选取的清单项进行再次编辑。录入DE40的管径。

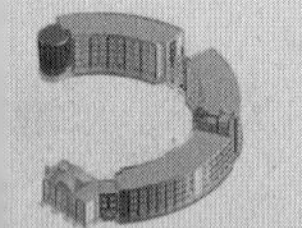

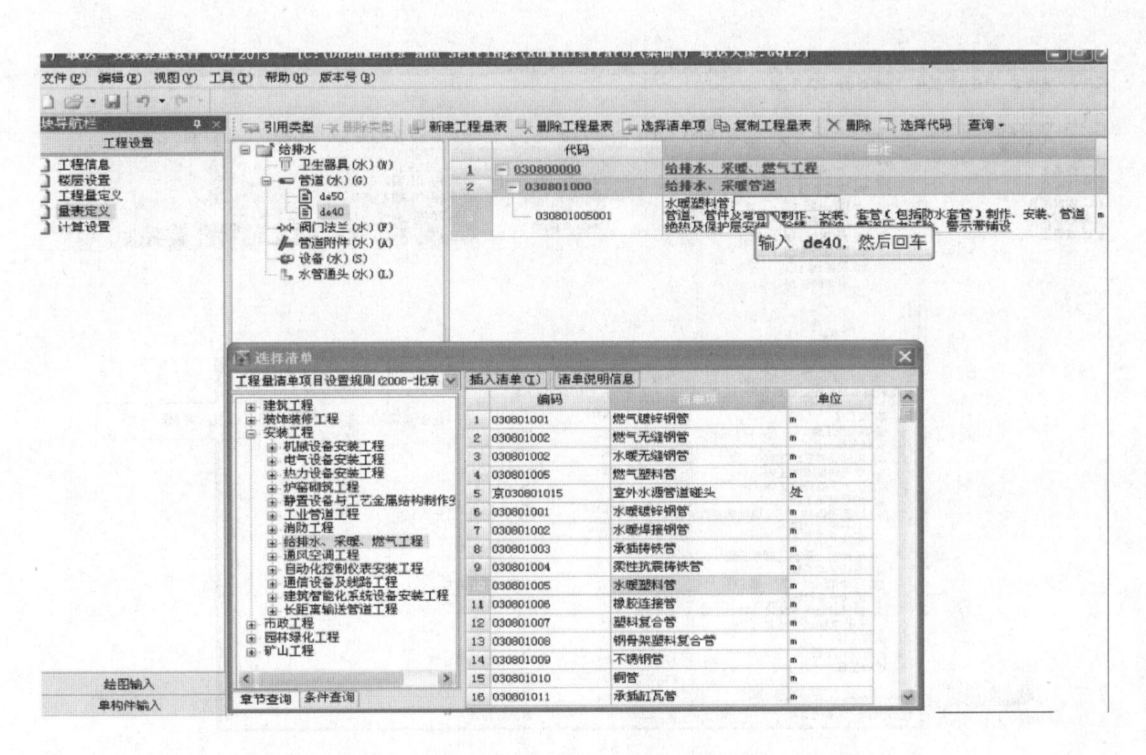

（55）输入完成后会弹出是否新建新清单定额项选择框，点击是按钮。

（56）确定后可以看到清单的顺序码从 001 变成了 002，新增了一条清单，做法套用完毕后点击关闭按钮退出。

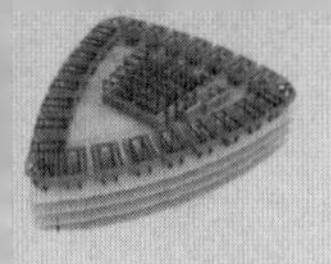

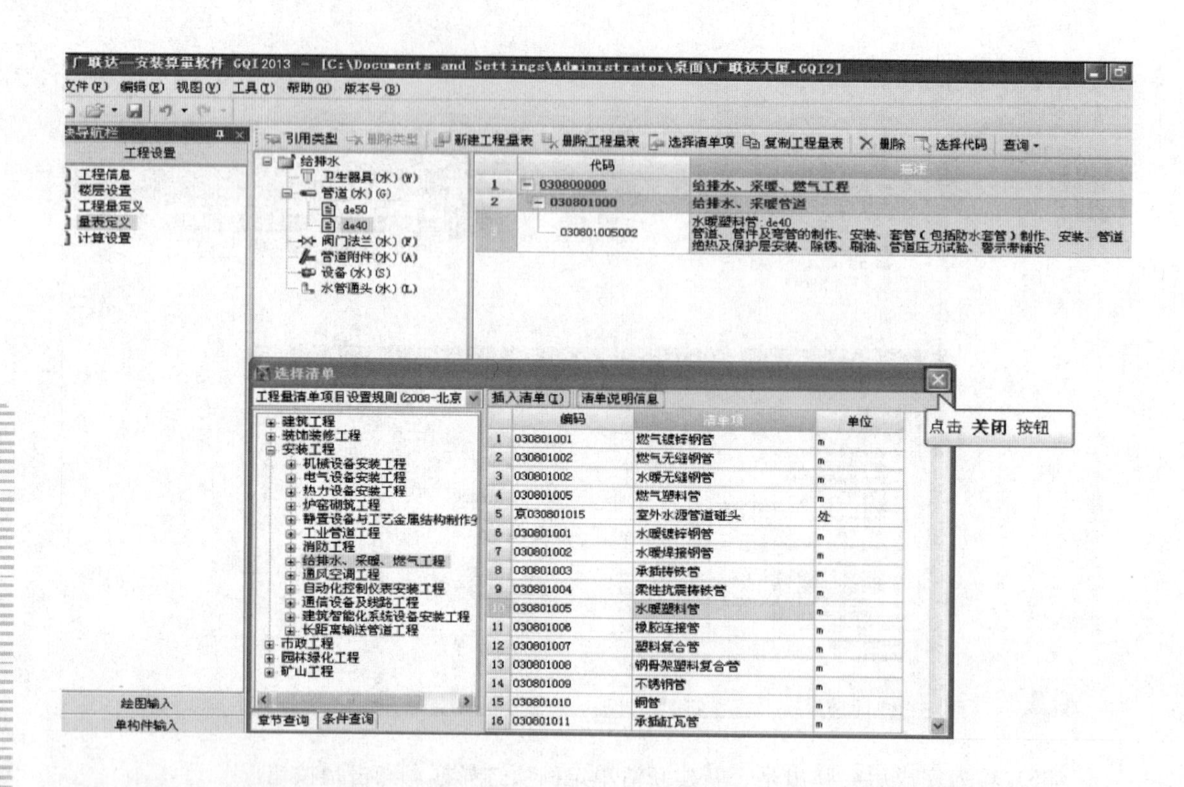

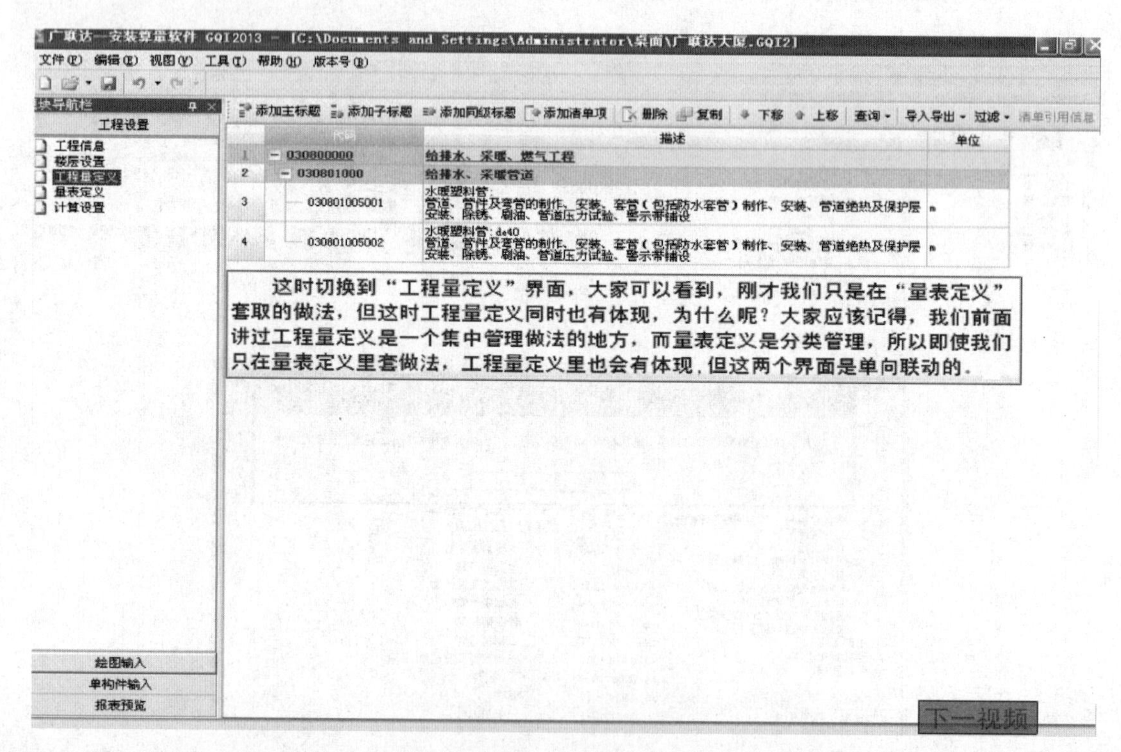

（57）这时可以套用相应的构件做法了。点击工具栏绘图输入的定义界面，给构件套取做法。

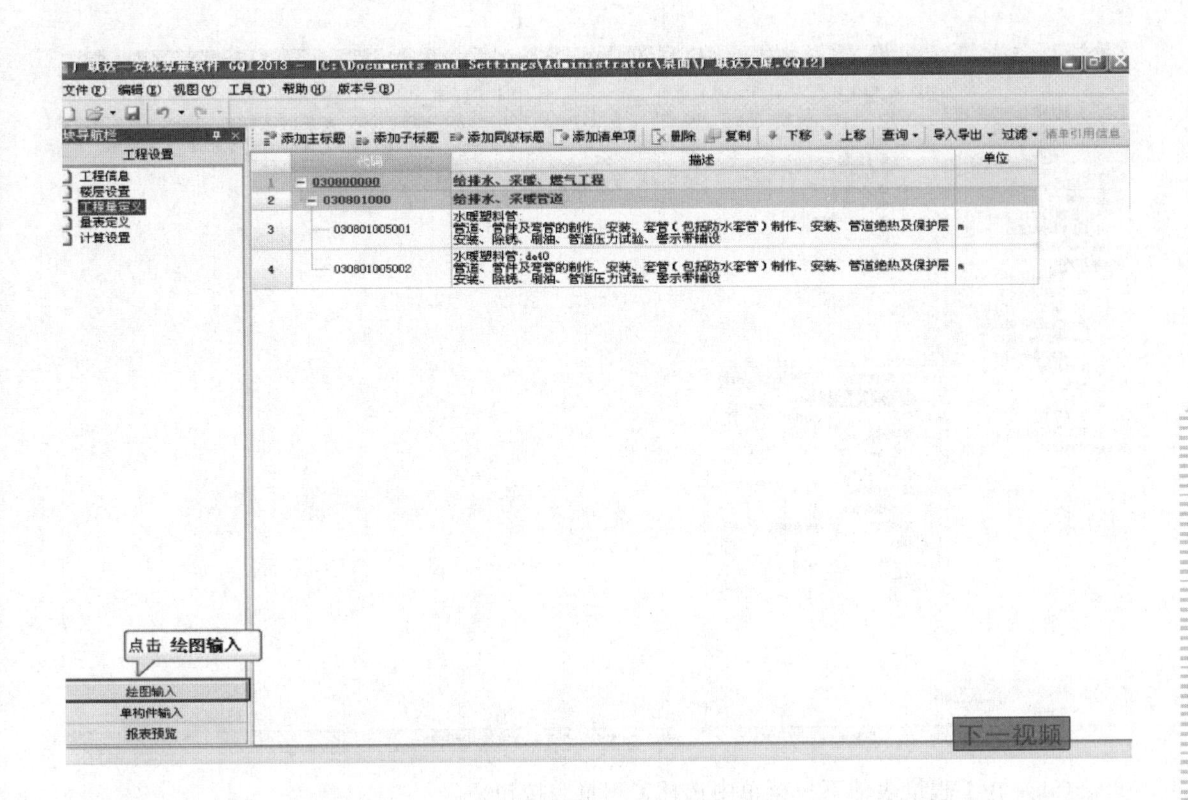

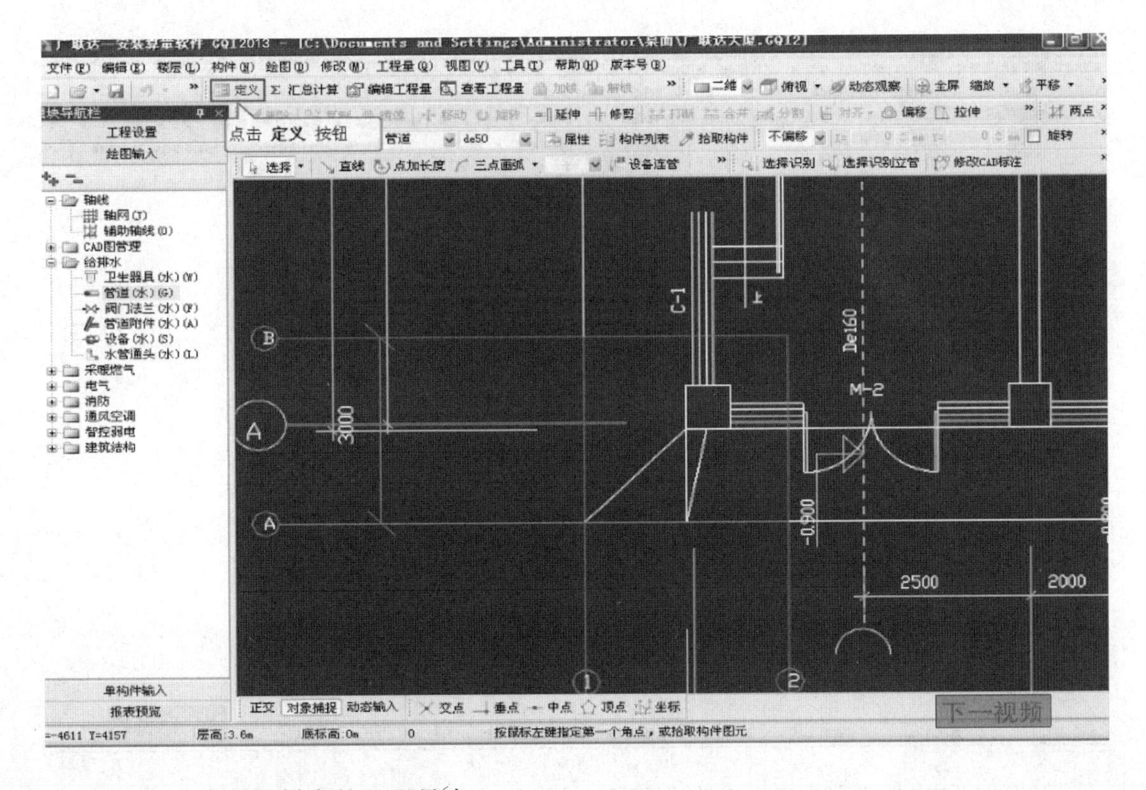

（58）点击工具栏中的工程量表。

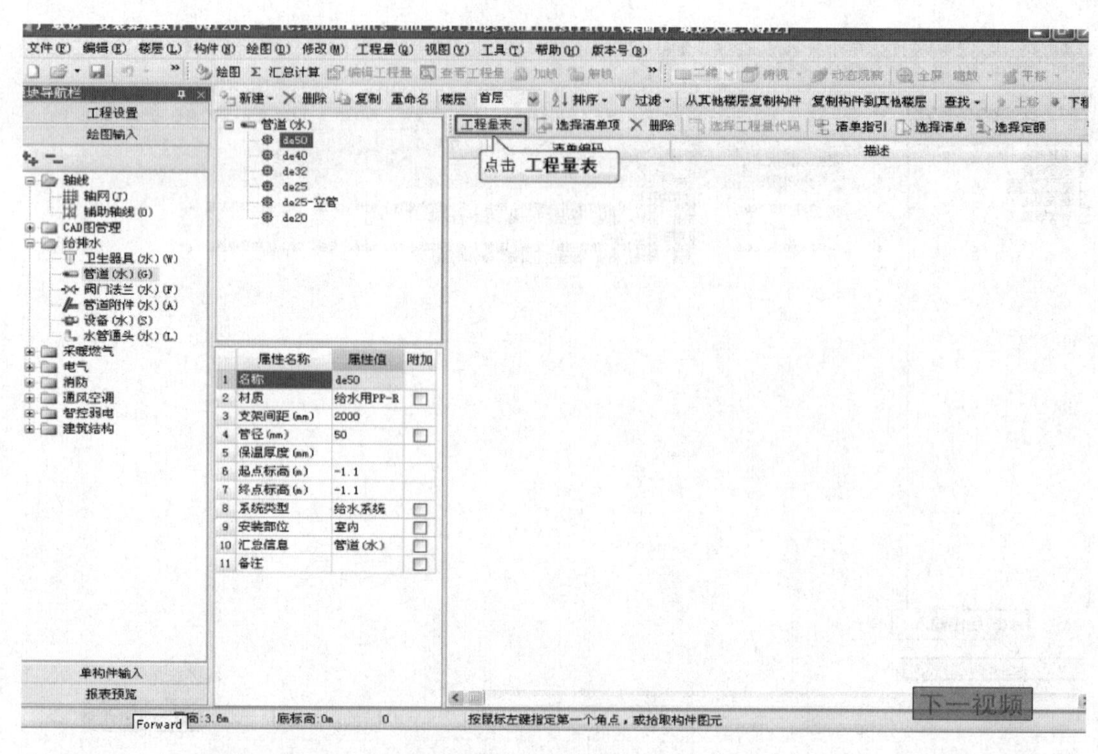

（59）在工程量表的下拉菜单中选择工程量表按钮。

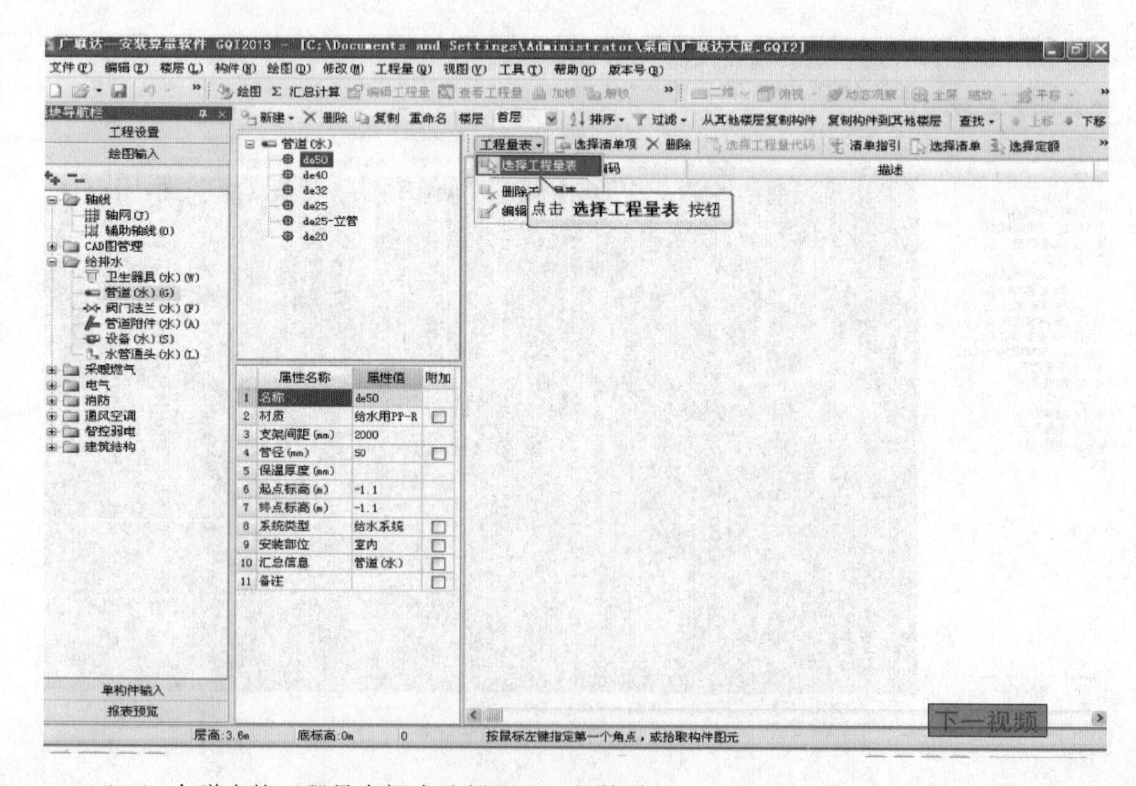

（60）在弹出的工程量表框中选择 DE50 的管道。

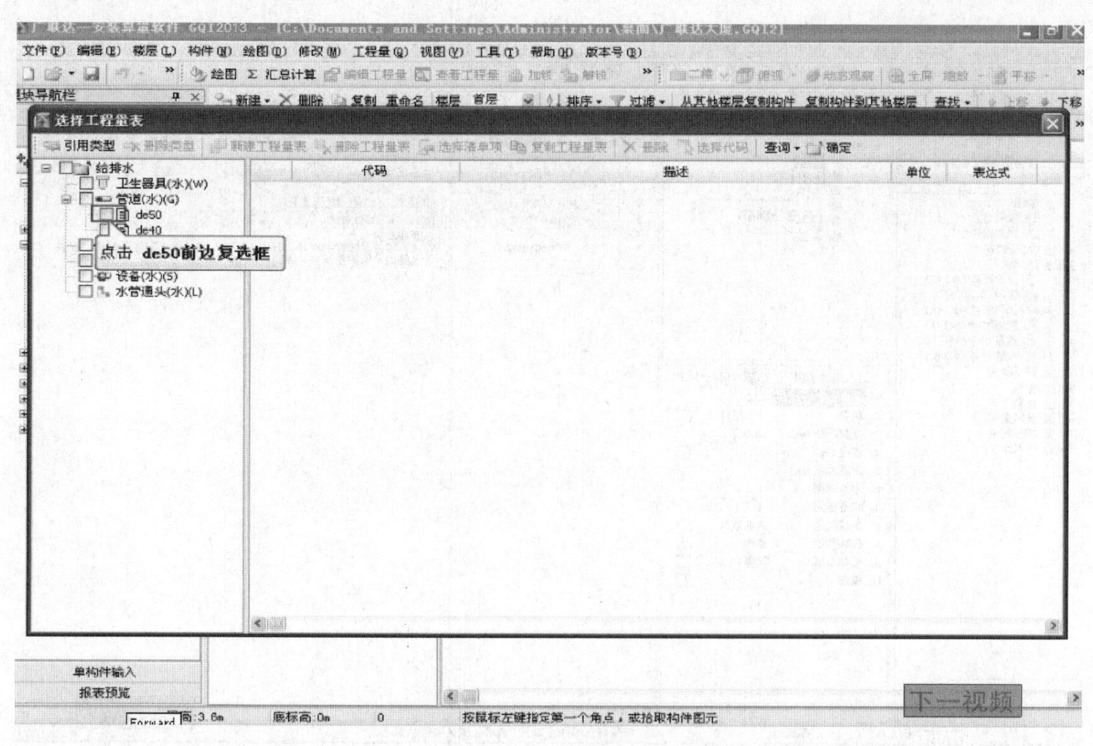

（61）选择完毕后点击确定按钮。DE50 的清单项就套用好了。用相同方法给其他构件套做法。

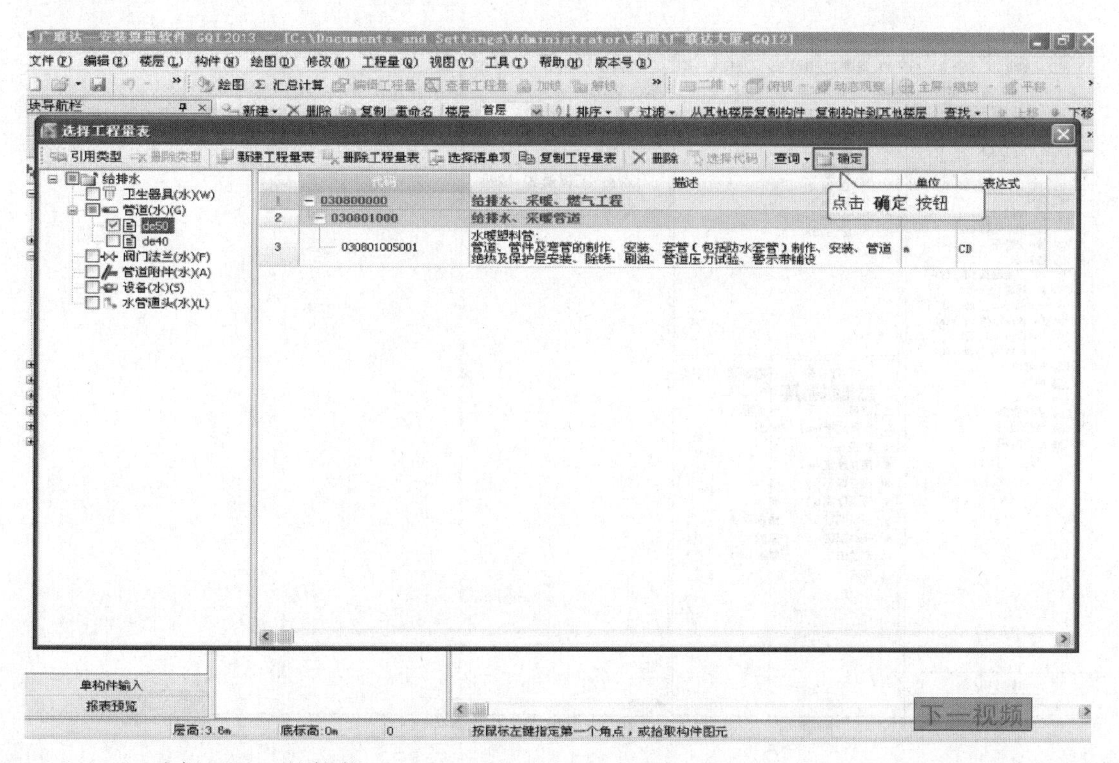

（62）选择 DE40 的构件。

第2章 安装算量软件GQI2013实例讲解

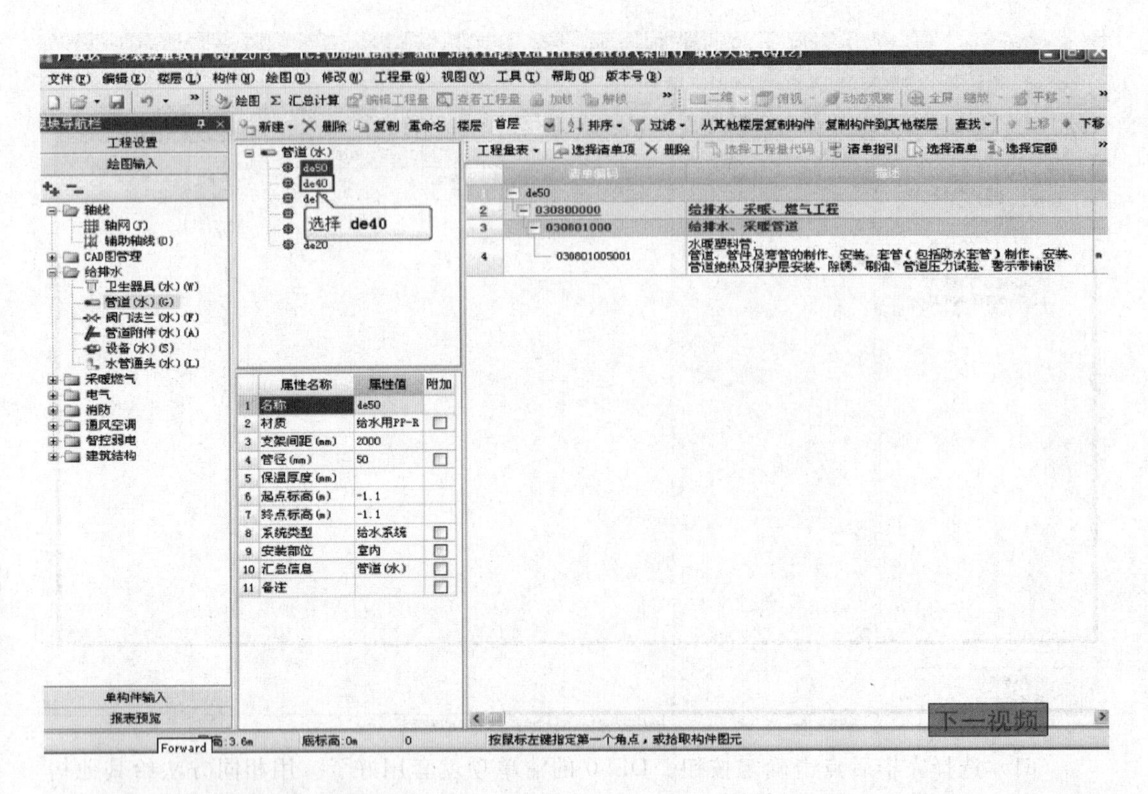

（63）点击工程量表按钮。

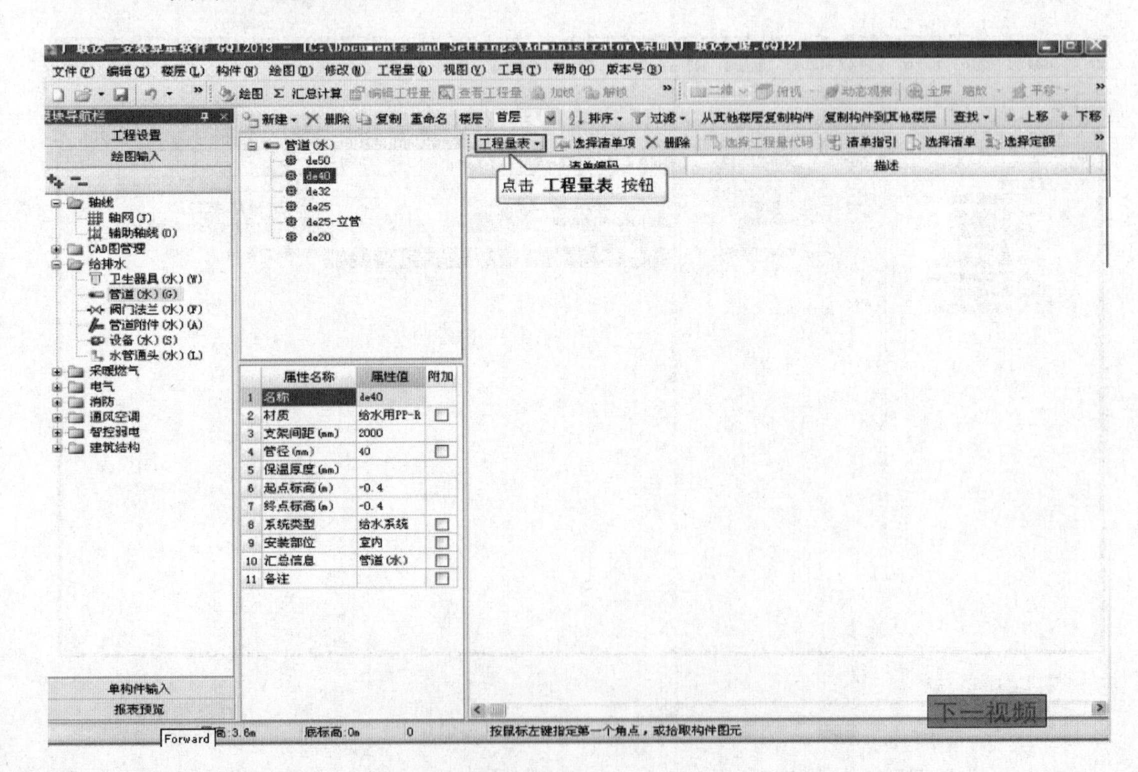

（64）在下拉菜单中点击选择工程量表。

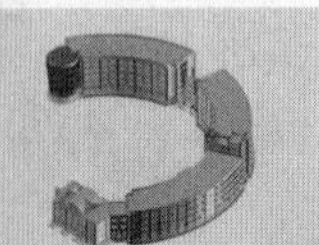

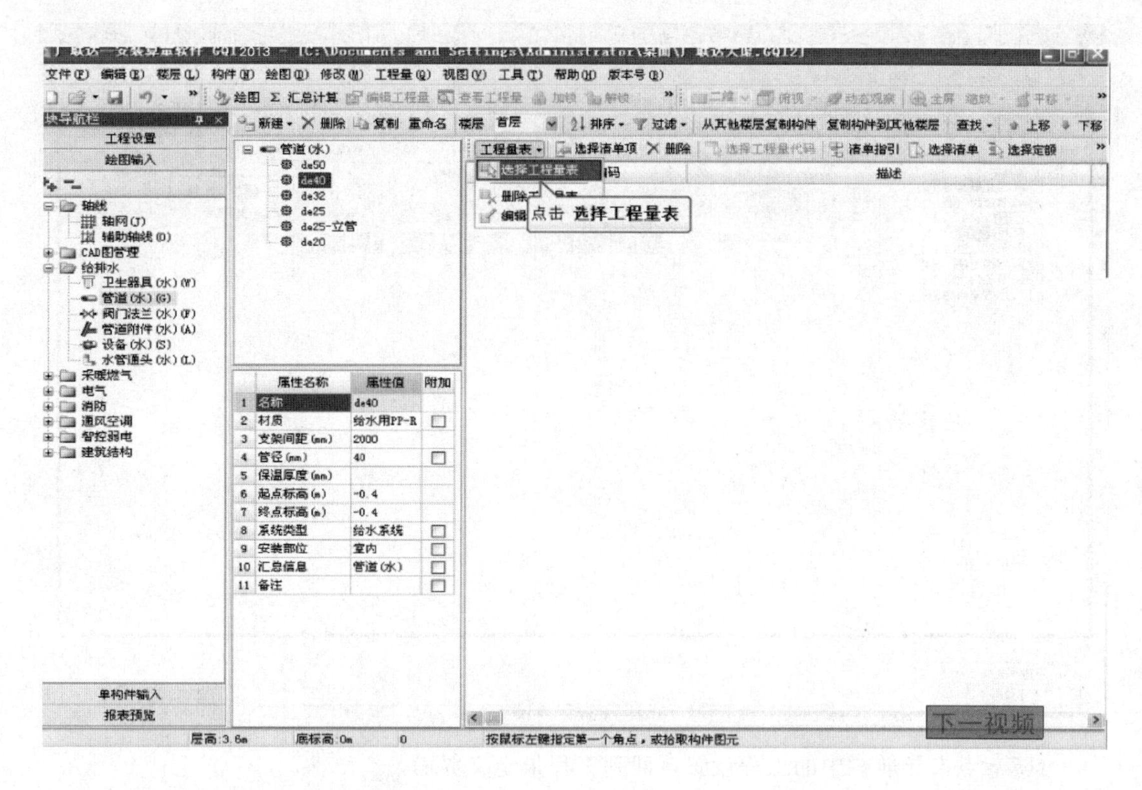

(65) 选择DE40的管道构件。

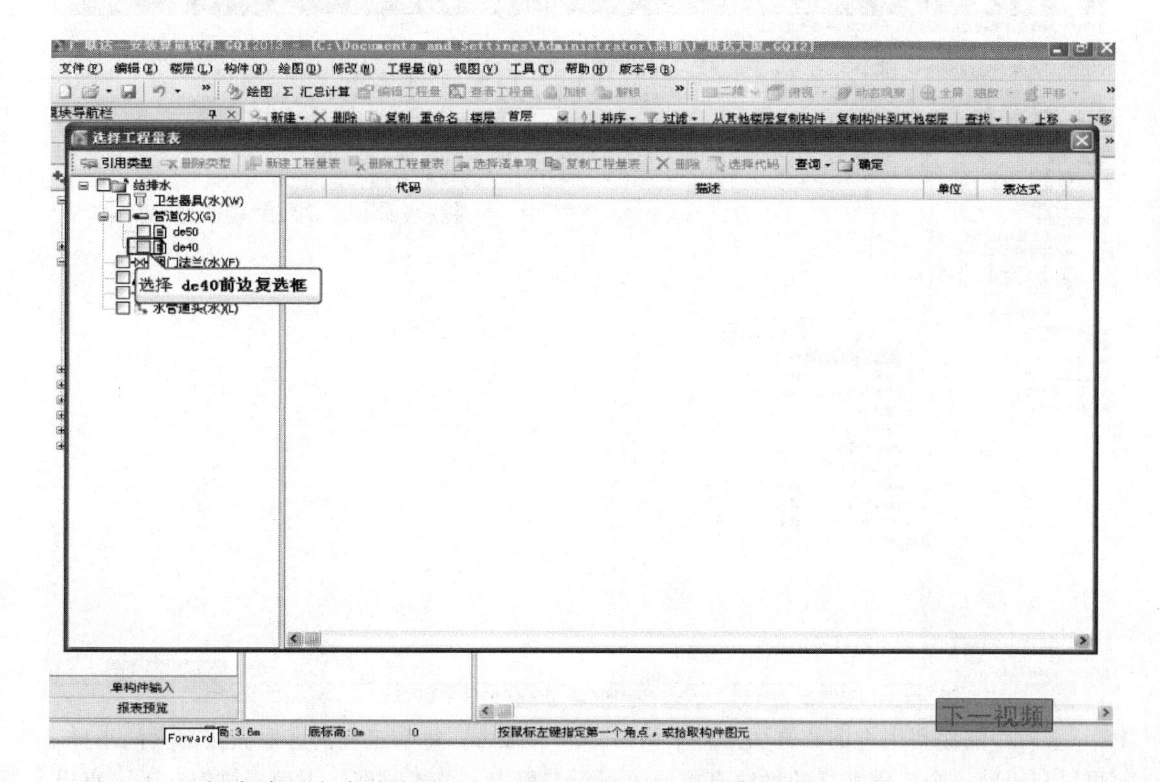

(66) 选择完毕后点击确定按钮，DE40的构件也就套好了。

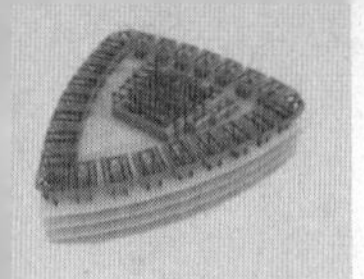

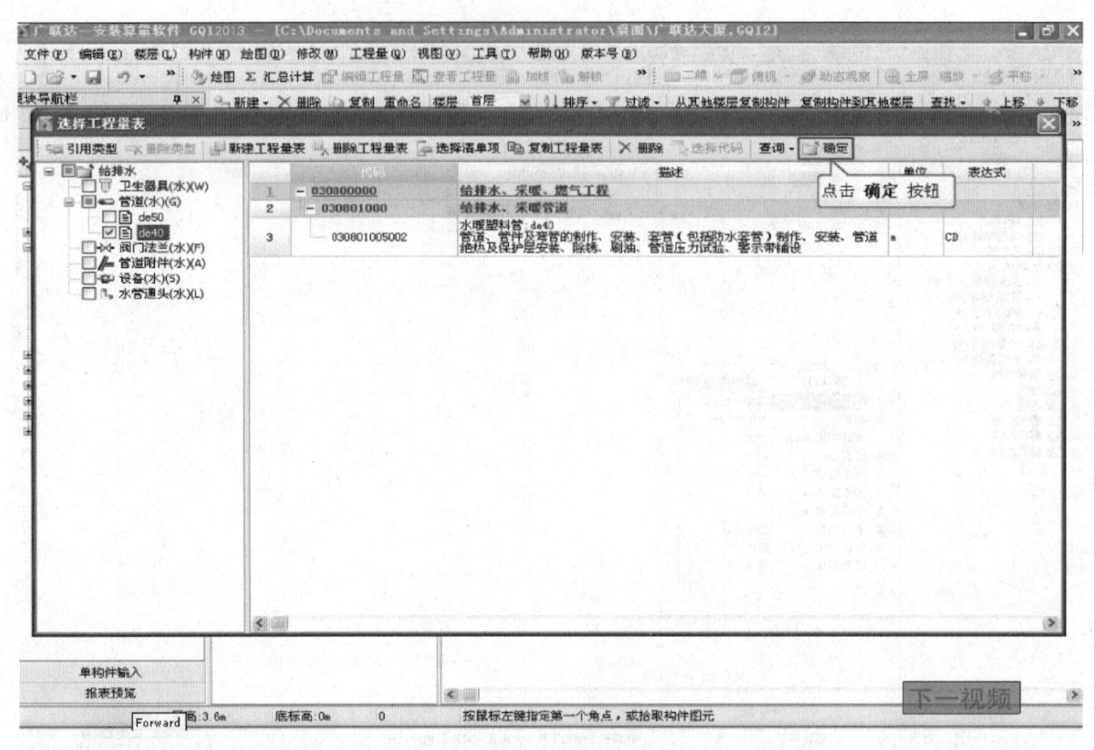

（67）点击导航栏中的工程设置，回到工程量定义界面。

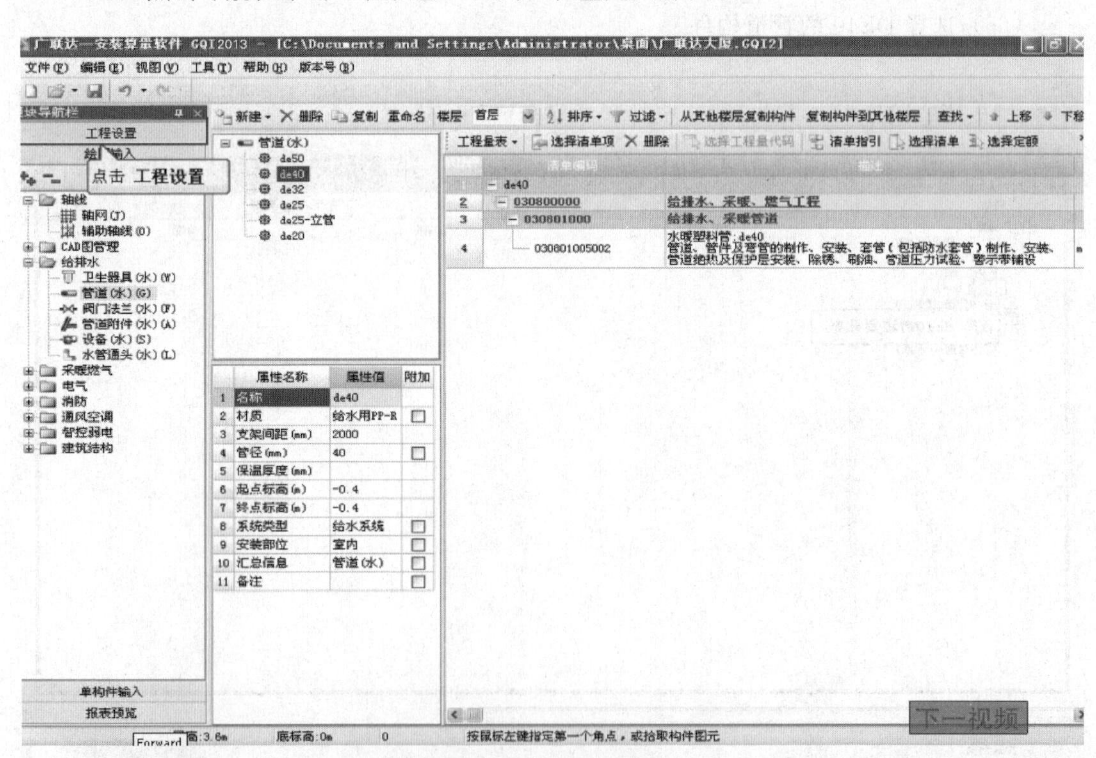

（68）前面利用查询的方法给各个构件套取了做法。每个工程的套取做法都大同小异，可以利用前一个工程套好的做法直接导入到新工程中，节省时间。下面来讲解一下，点击

工具栏上的导入导出按钮。

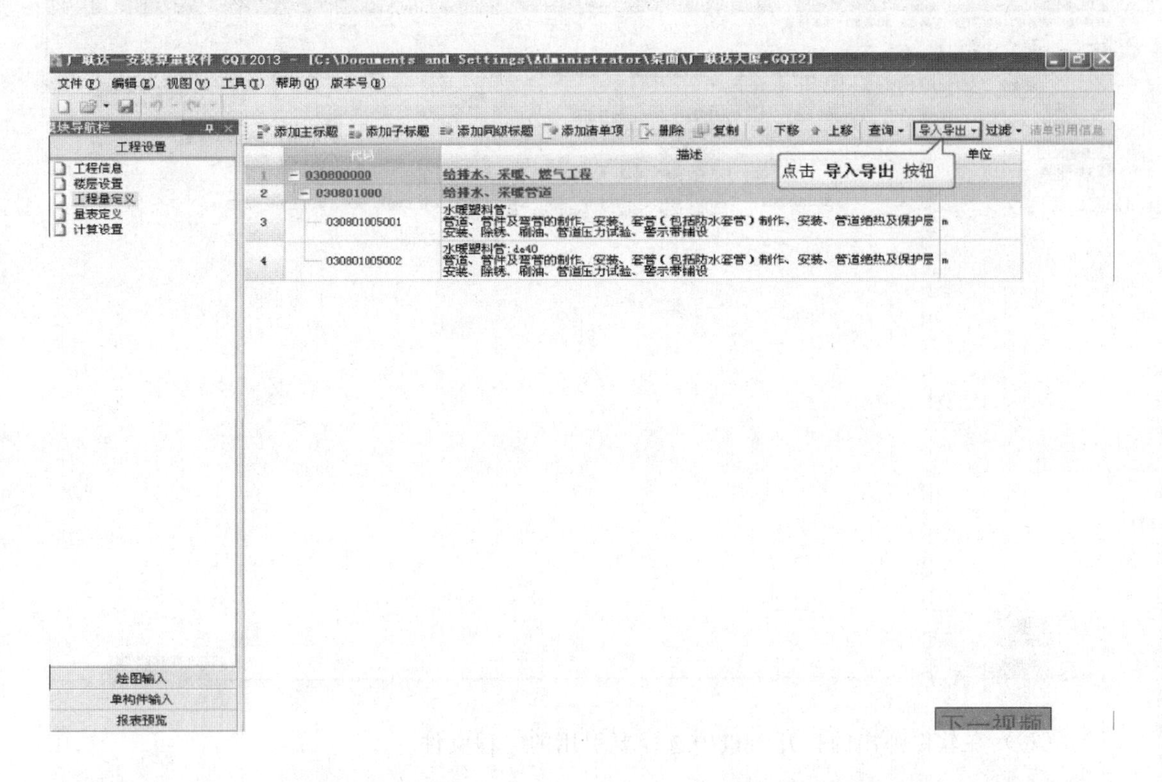

（69）选中下拉菜单中的引用其他工程量清单。

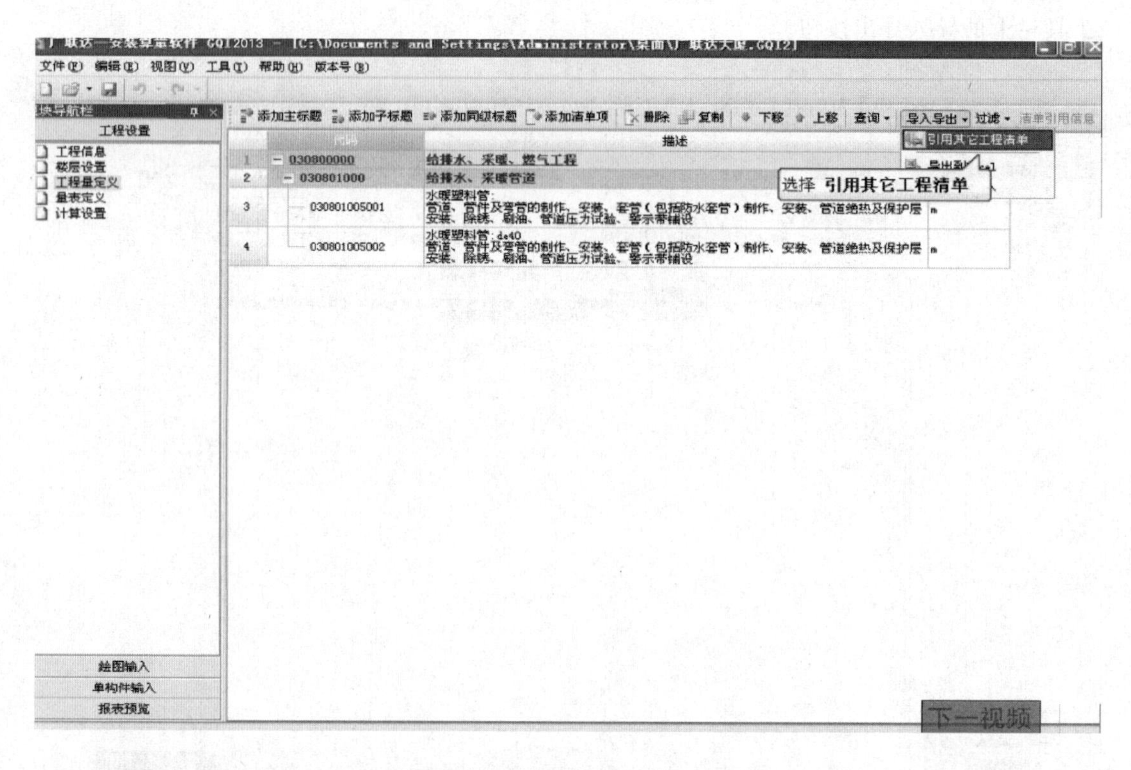

(70) 在软件弹出的打开窗口中选择要引用的工程文件。

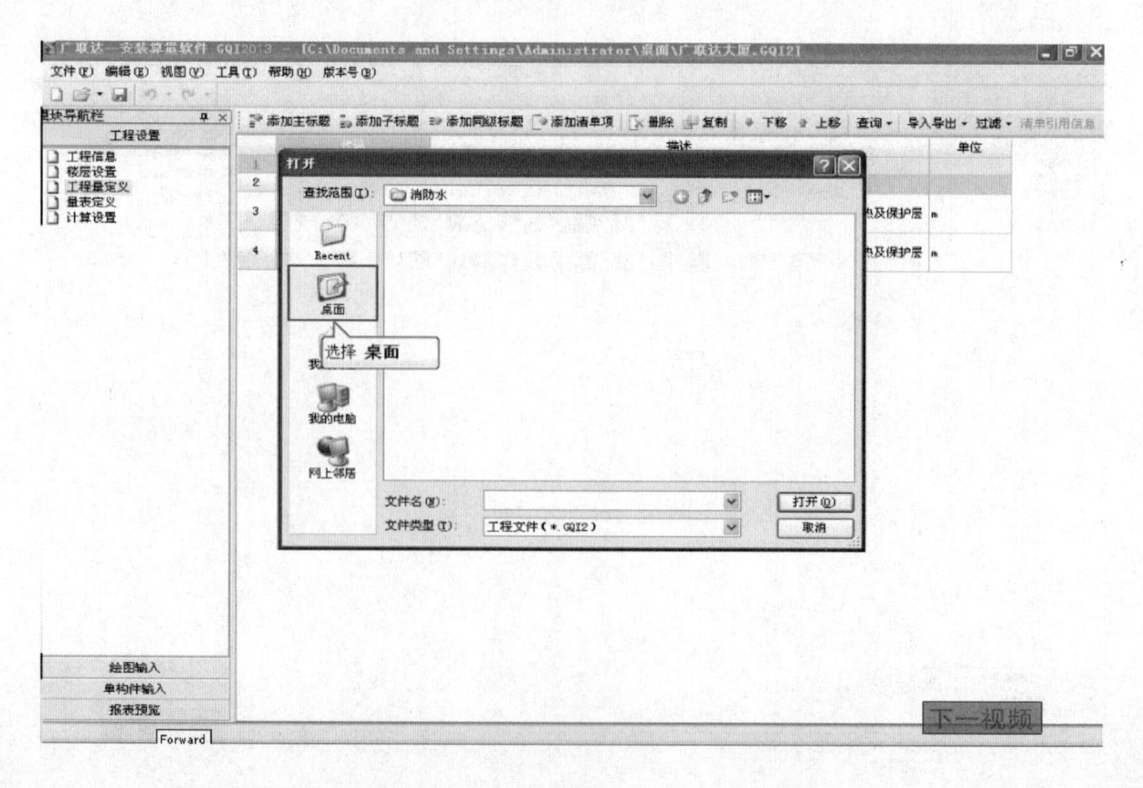

(71) 点击要选择的工程名称。

（72）选择好后点击打开按钮确定选择。

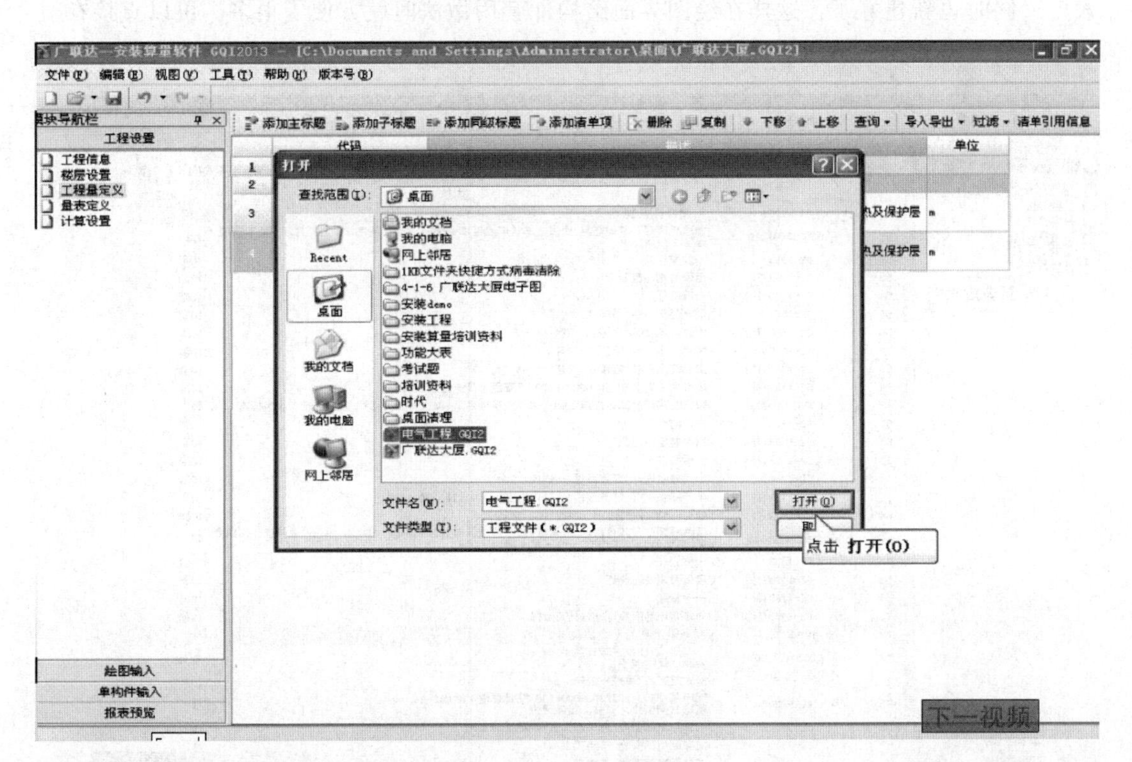

（73）在弹出的选择窗口中点击否。

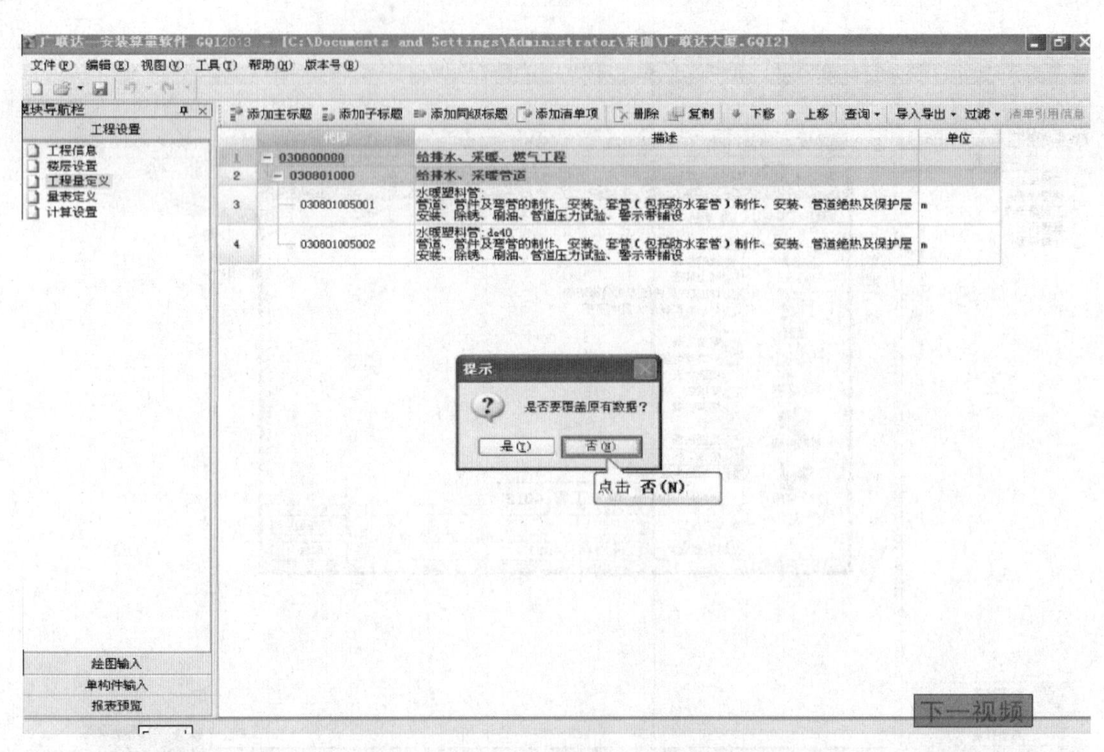

(74) 这样需要导入的工程的所有清单项或定额项就都被导入了进来。切换到量表定义界面可以看到如果原有工程的量表定义已经套用了做法，导入该工程后，新建工程的量表定义同时也新建好了，这样在绘图界面给构件套用做法时就方便了很多。可以直接在对应的专业类型和构件类型下直接套取做法。

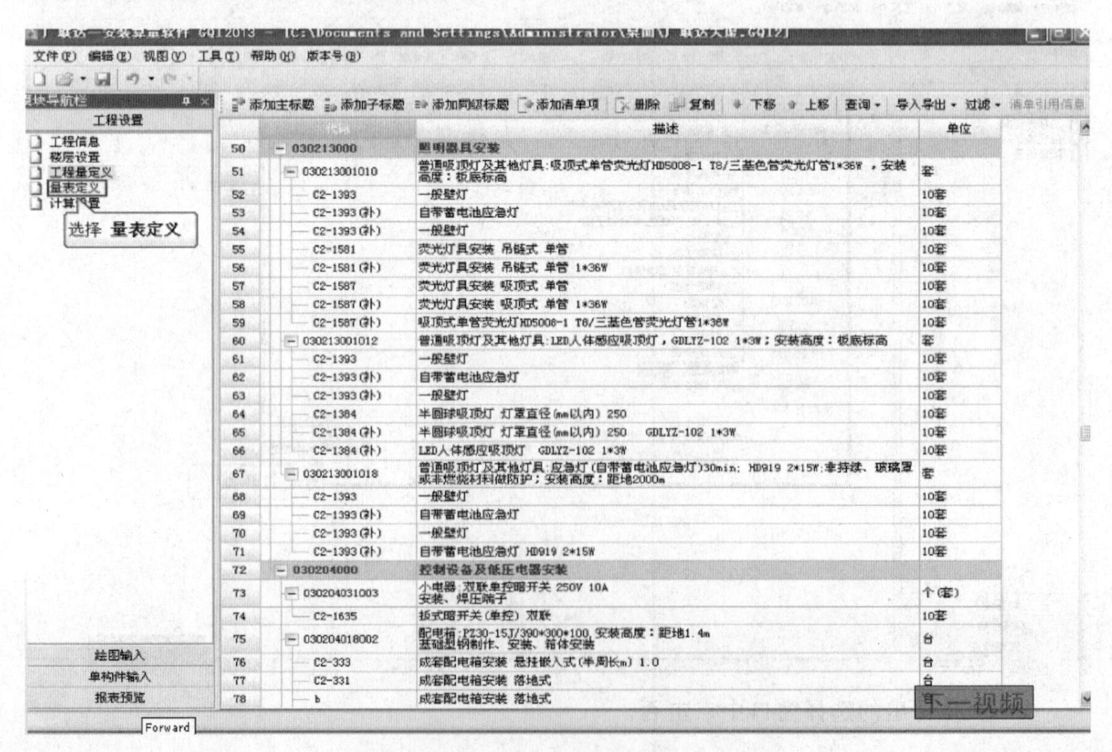

(75) 点击吊链式胆管荧光灯查看。

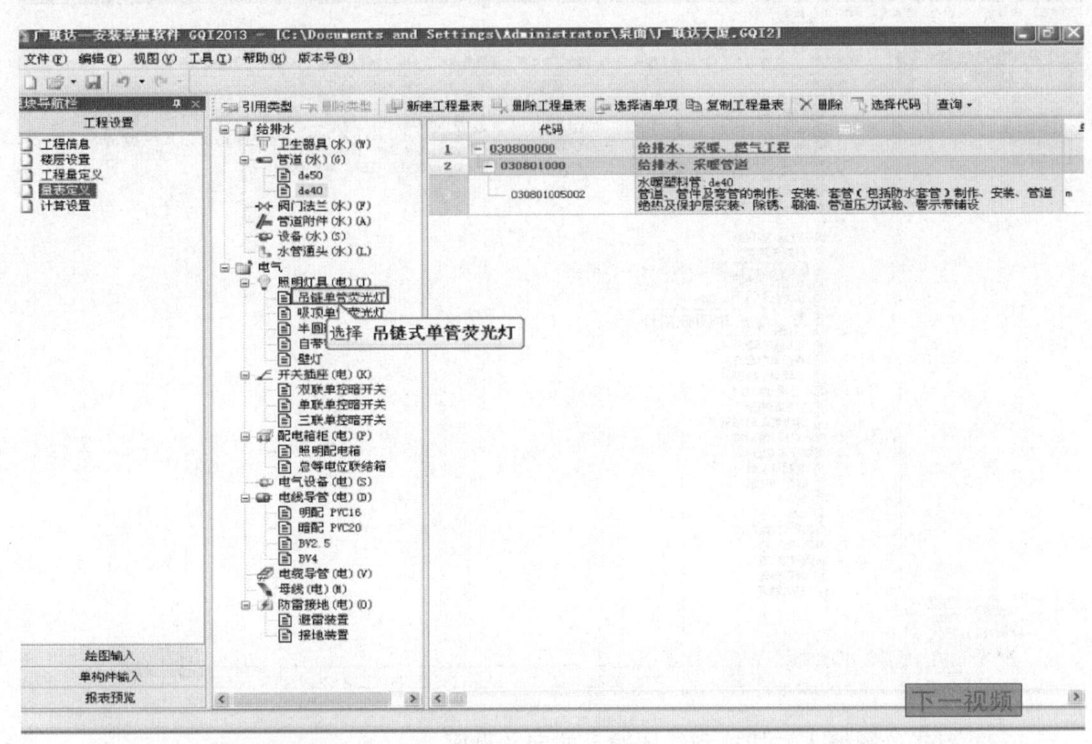

(76) 点击吸顶单管荧光灯查看。

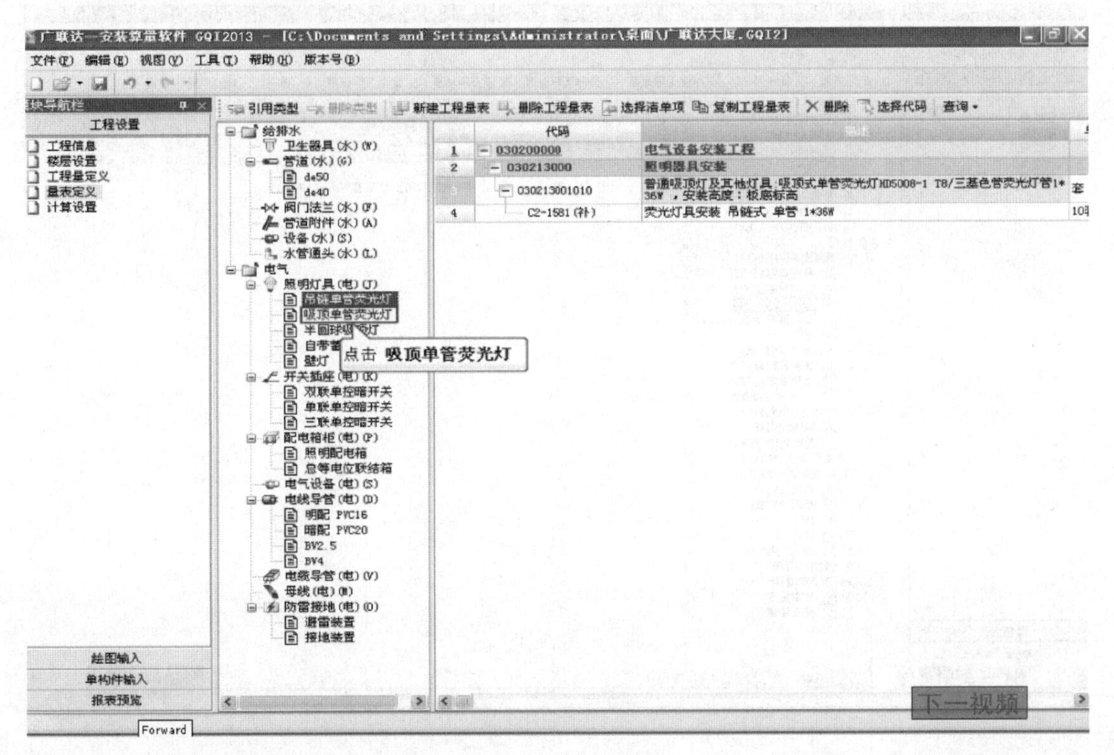

(77) 点击半球吸顶灯查看。

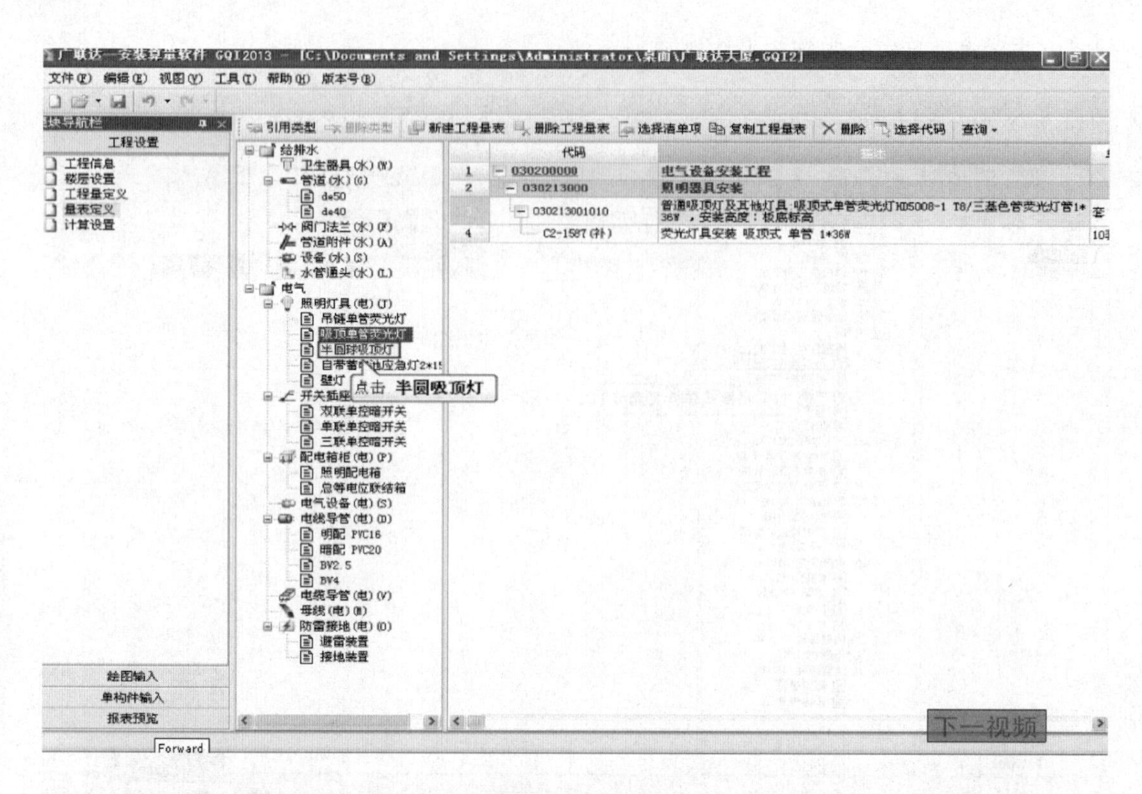

（78）点击绘图输入，切换到绘图输入的定义界面。

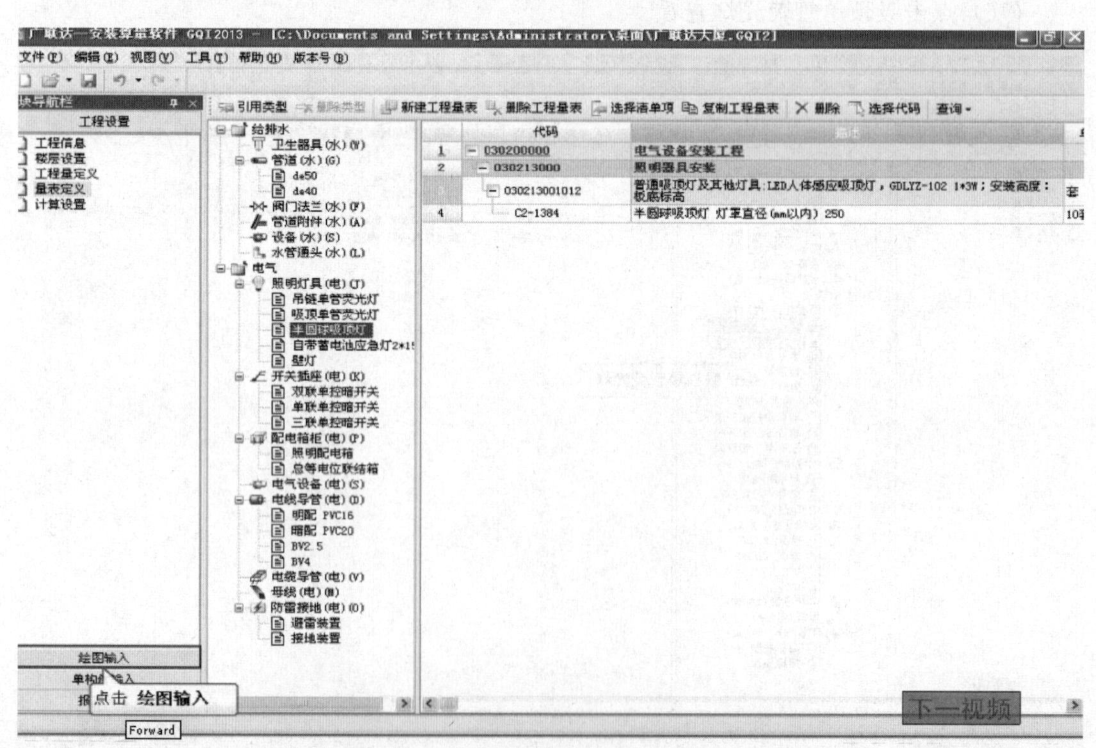

（79）给 DE 20 的管道套取下做法。选择 DE20。

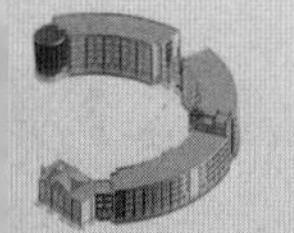

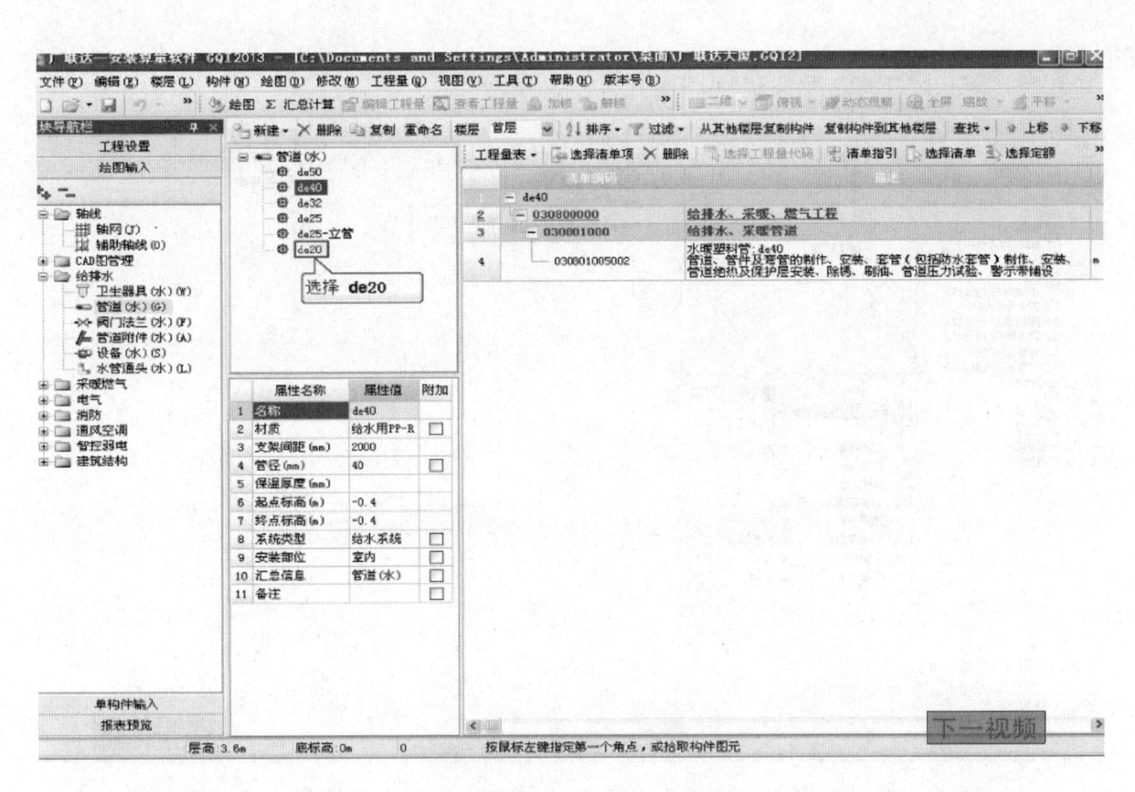

（80）点击工具栏上的工程量表按钮。

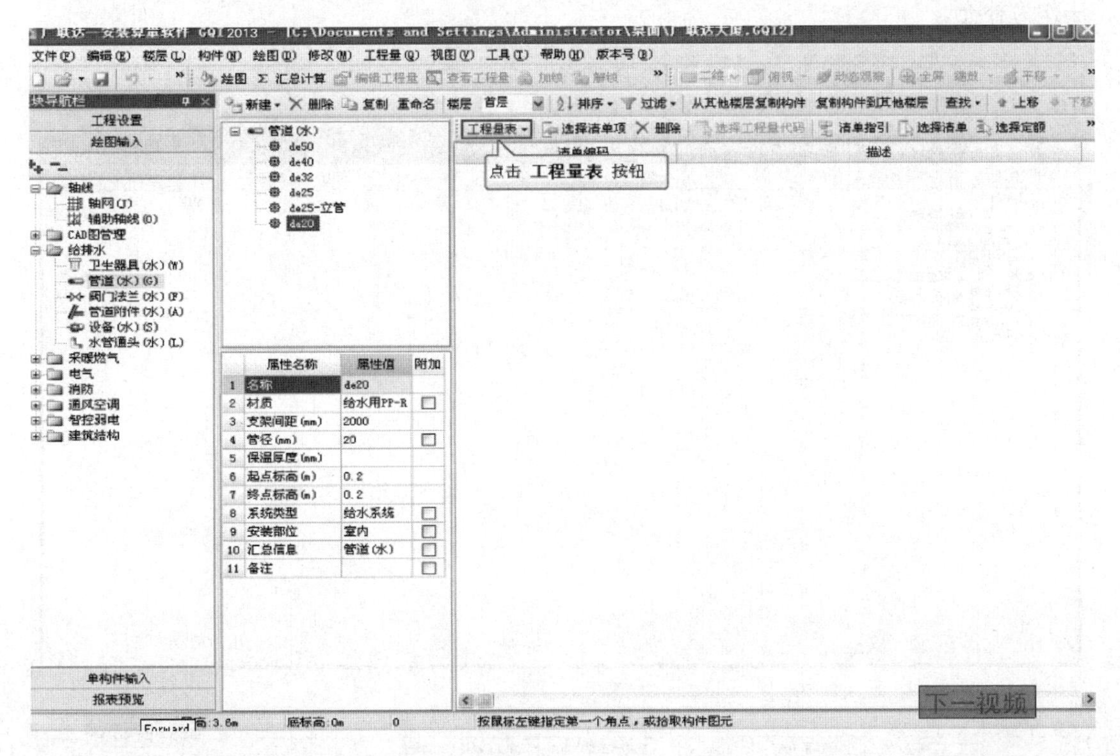

（81）在下拉菜单中选择点击工程量表。

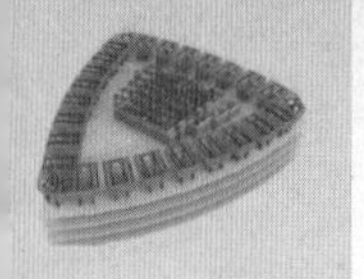

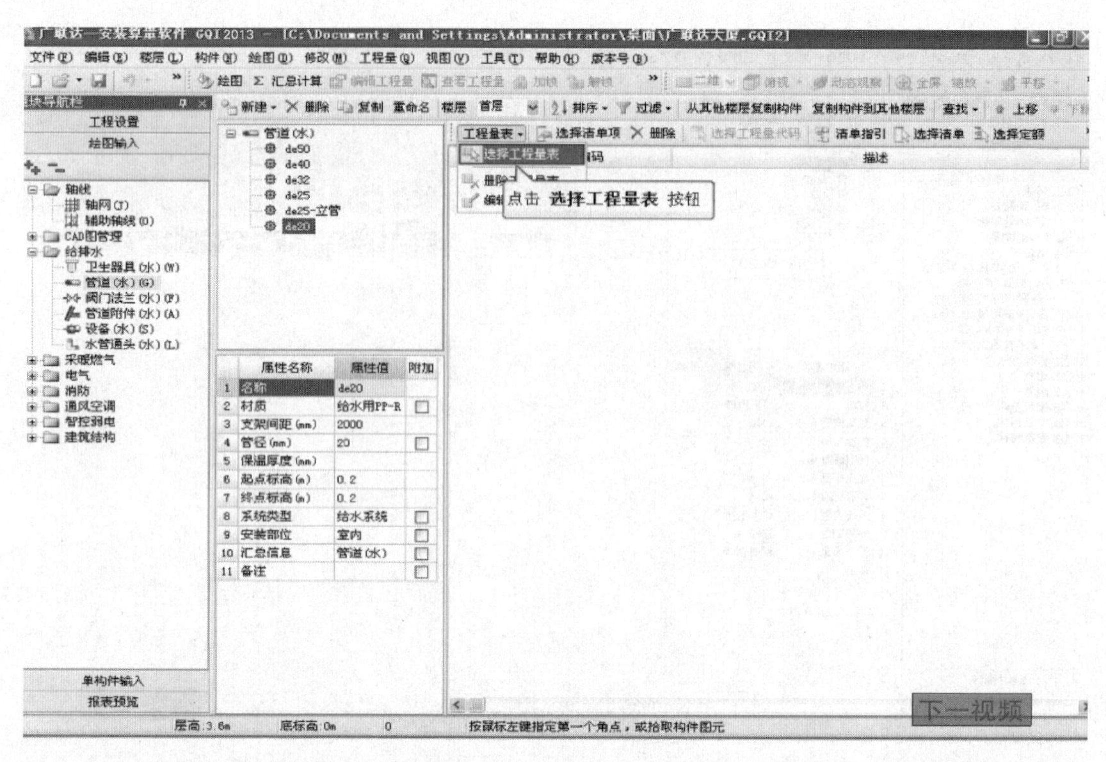

（82）在弹出的选择量表对话框中，原有的工程没有需要的构件，可以再新建一个做法作为补充。

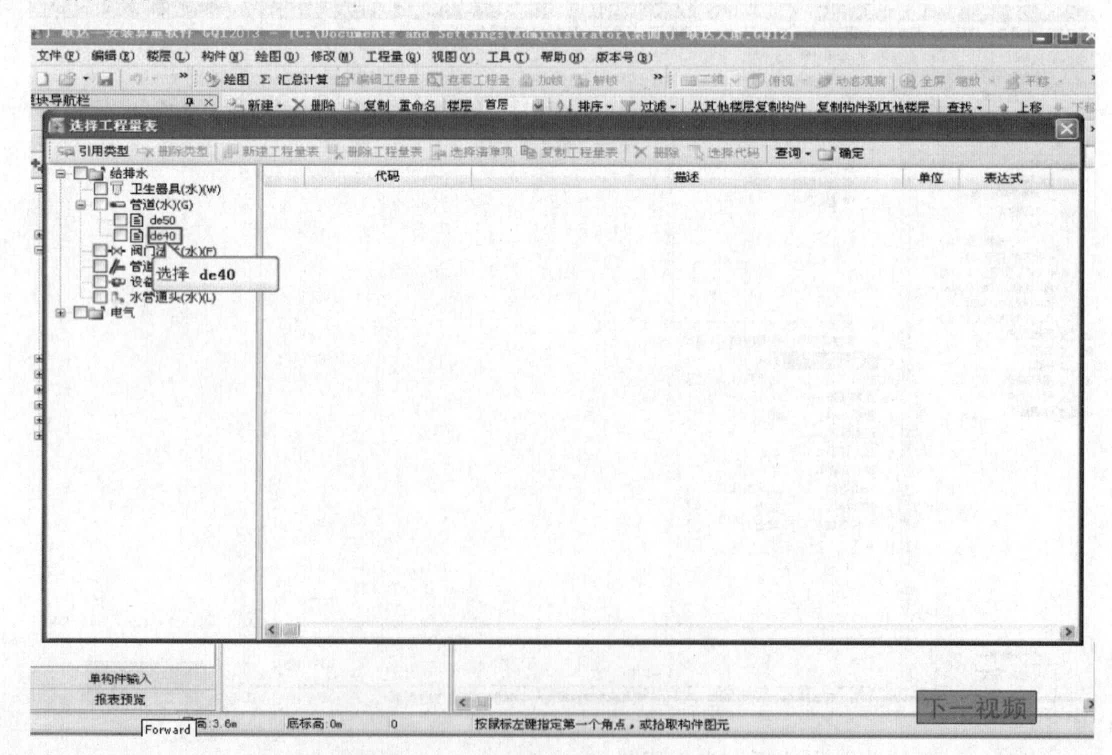

（83）点击弹出窗口的新建工程量表按钮。

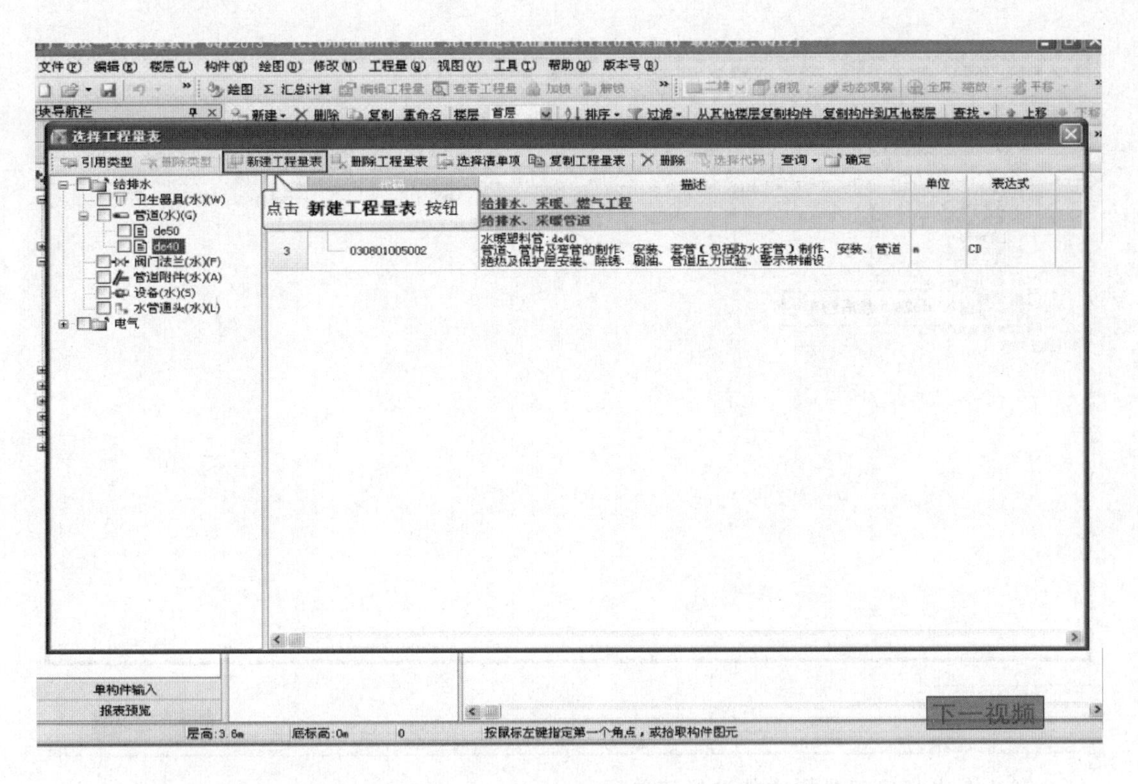

(84) 鼠标左键点击新建的工程量表名称修改名称。

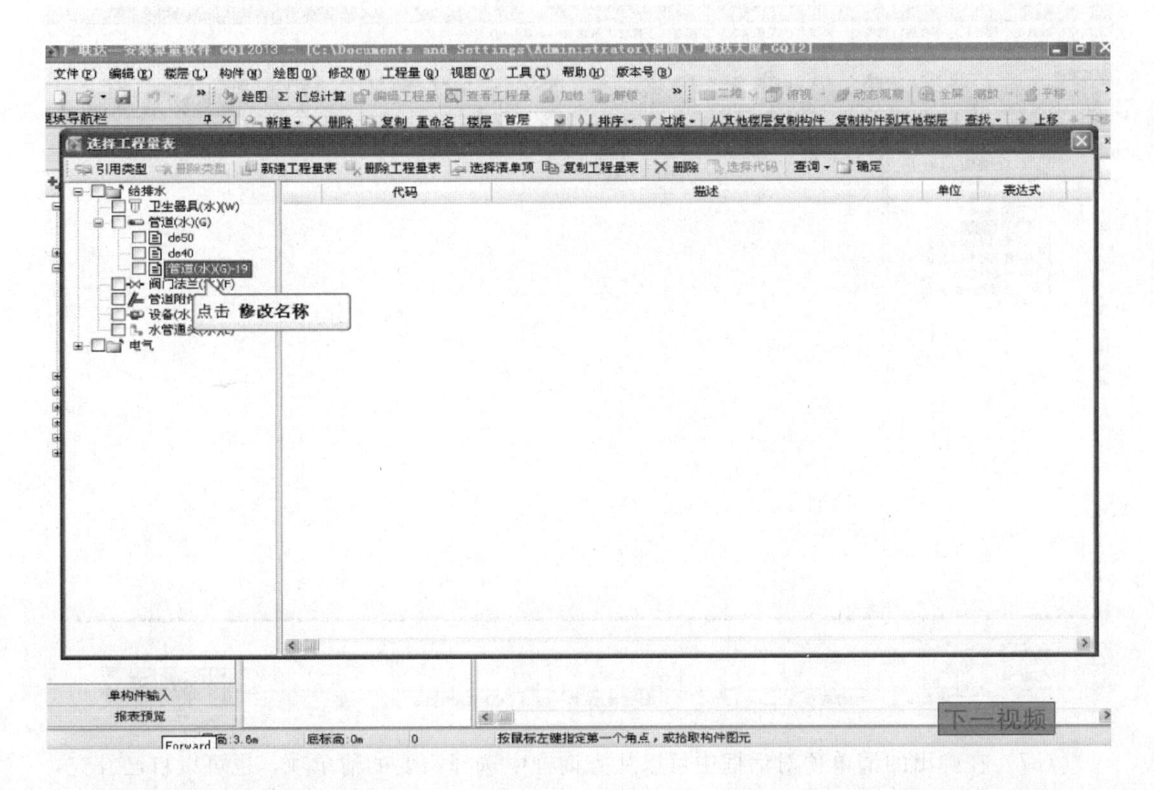

(85) 修改名称为 DE20。

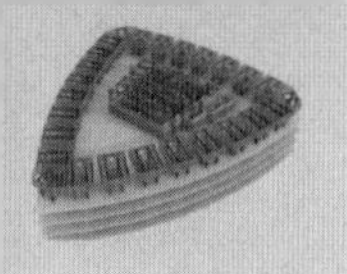

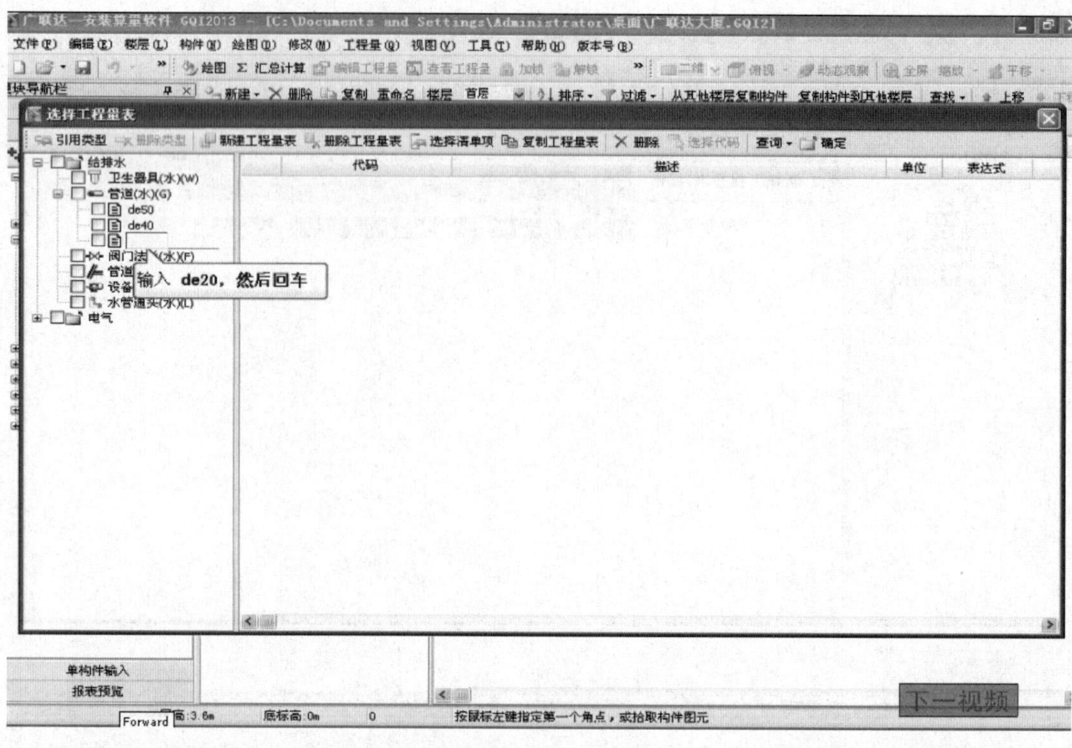

（86）点击窗口工具栏中的选择清单项。

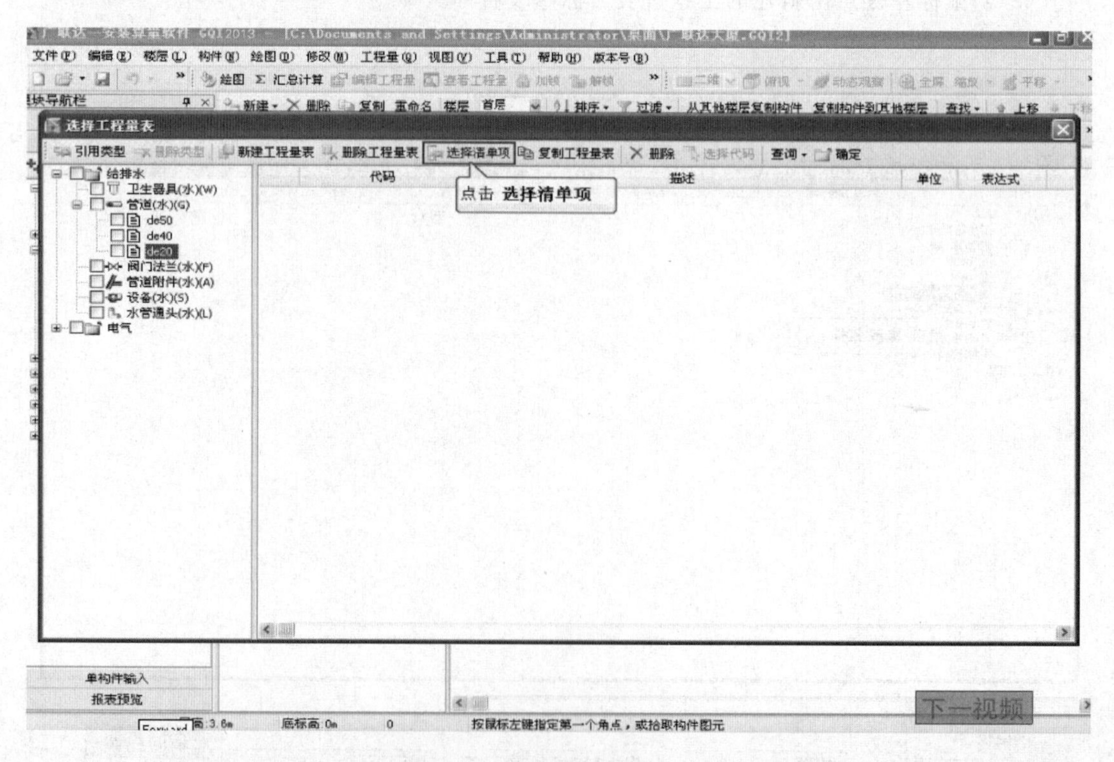

（87）在弹出的清单项对话框中可以从查询框中选择需要的清单项，也可以自己补充，将光标放在需要添加的清单项上点击窗口工具栏上的添加清单项。

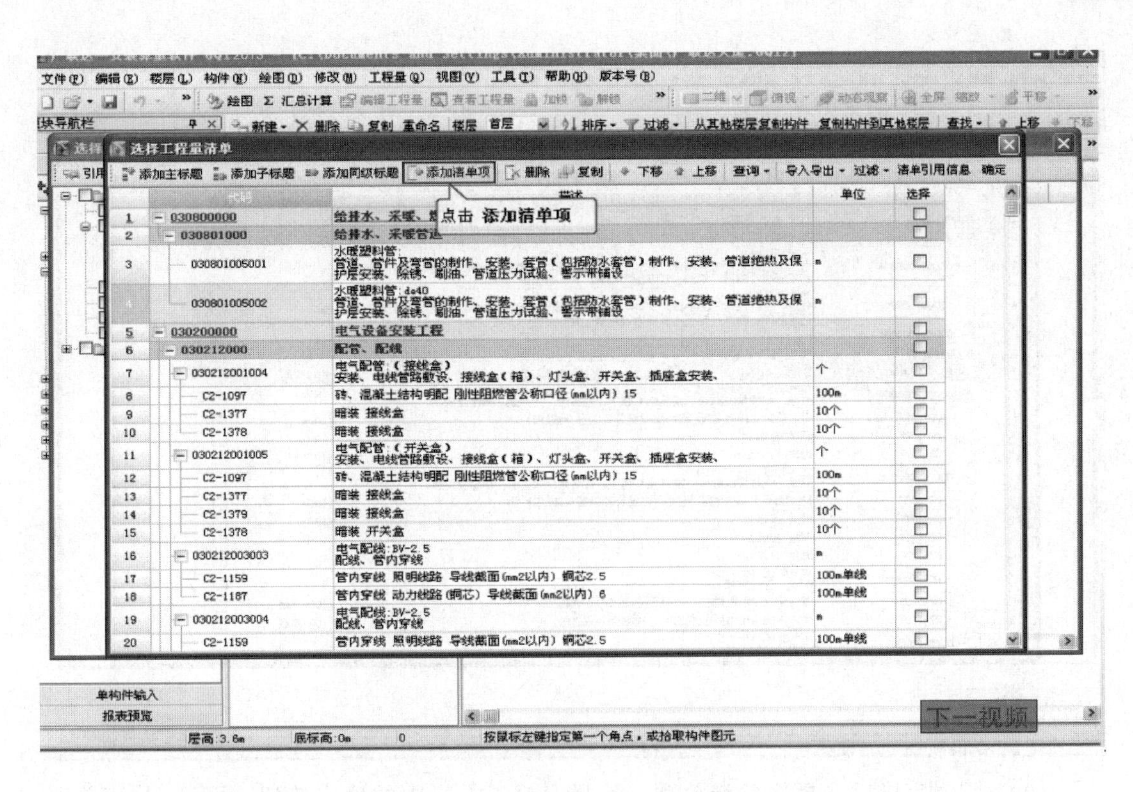

（88）点击自行添加的清单项的描述项使之处于编辑状态。

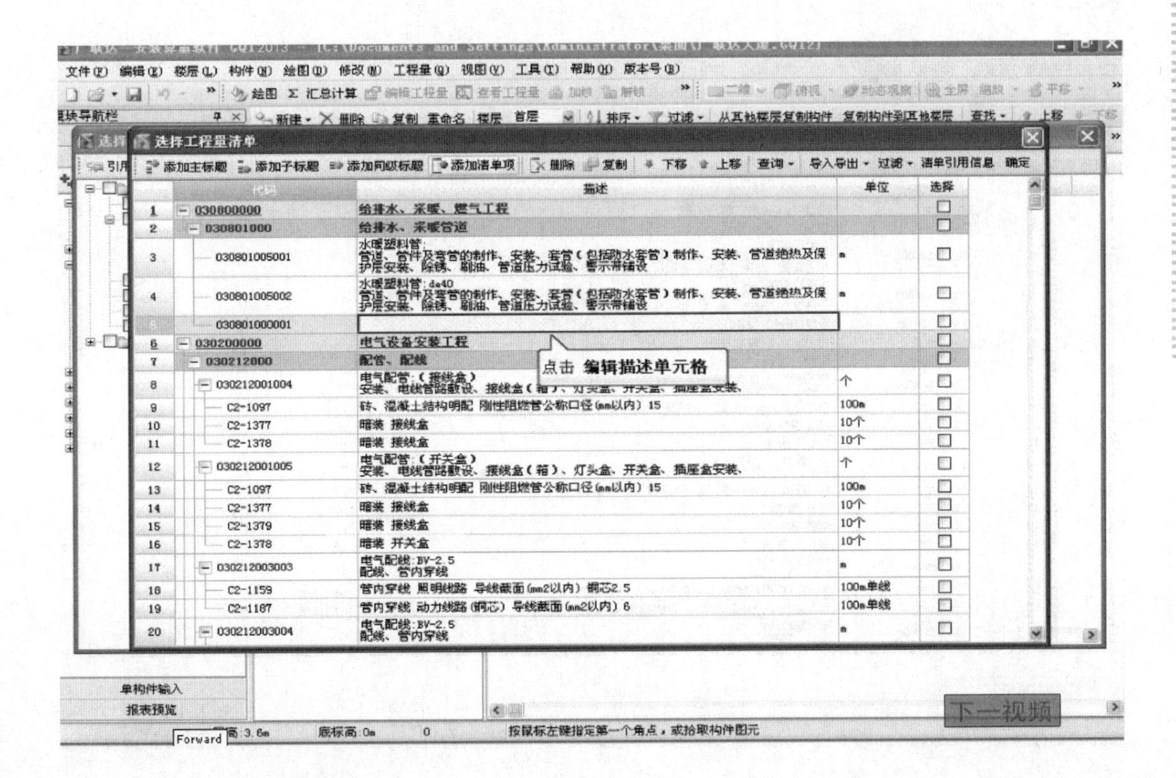

（89）录入清单项描述内容。

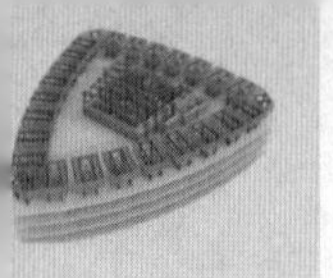

广联达—安装算量软件 GQI2013 - [C:\Documents and Settings\Administrator\桌面\广联达大厦.GQI2]

文件(F) 编辑(E) 楼层(L) 构件(N) 绘图(D) 修改(M) 工程量(Q) 视图(V) 工具(T) 帮助(H) 版本号(B)

绘图 Σ 汇总计算 编辑工程量 查看工程量 加锁 解锁 二维 俯视 动态观察 全屏 缩放 平移

块导航栏 新建 删除 复制 重命名 楼层 首层 排序 过滤 从其他楼层复制构件 复制构件到其他楼层 查找 上移 下移

选择工程量清单

添加主标题 添加子标题 添加同级标题 添加清单项 删除 复制 下移 上移 查询 导入导出 过滤 清单引用信息 确定

	代码	描述	单位	选择
1	030800000	给排水、采暖、燃气工程		☐
2	030801000	给排水、采暖管道		☐
3	030801005001	水暖塑料管：管道、管件及弯管的制作、安装、套管（包括防水套管）制作、安装、管道绝热及保护层安装、除锈、刷油、管道压力试验、警示带铺设	m	☐
4	030801005002	水暖塑料管：de40 管道、管件及弯管的制作、安装、套管（包括防水套管）制作、安装、管道绝热及保护层安装、除锈、刷油、管道压力试验、警示带铺设	m	☐
5	030801000001			☐
6	030200000	电气设备安装工程		☐
7	030212000	配管、配线		☐
8	030212001004	电气配管：（接线盒）安装、电线管路敷设、接线盒（箱）、灯头盒、开关盒、插座盒安装、	个	☐
9	C2-1097	砖、混凝土结构明配 刚性阻燃管公称口径(mm以内) 15	100m	☐
10	C2-1377	暗装 接线盒	10个	☐
11	C2-1378	暗装 接线盒	10个	☐
12	030212001005	电气配管：（开关盒）安装、电线管路敷设、接线盒（箱）、灯头盒、开关盒、插座盒安装、	个	☐
13	C2-1097	砖、混凝土结构明配 刚性阻燃管公称口径(mm以内) 15	100m	☐
14	C2-1377	暗装 接线盒	10个	☐
15	C2-1379	暗装 接线盒	10个	☐
16	C2-1378	暗装 开关盒	10个	☐
17	030212003003	电气配线：BV-2.5 配线、管内穿线	m	☐
18	C2-1159	管内穿线 照明线路 导线截面(mm2以内) 铜芯2.5	100m单线	☐
19	C2-1187	管内穿线 动力线路(铜芯) 导线截面(mm2以内) 6	100m单线	☐
20	030212003004	电气配线：BV-2.5 配线、管内穿线	m	☐

输入 水暖塑料管：de20，然后回车

单构件输入

报表预览

下一视频

Forward 层高:3.6m 底标高:0m 0 按鼠标左键指定第一个角点，或拾取构件图元

（90）编辑完毕后选择这条清单项，选择窗口工具栏中的确定按钮。DE20 的清单项就定义好了。

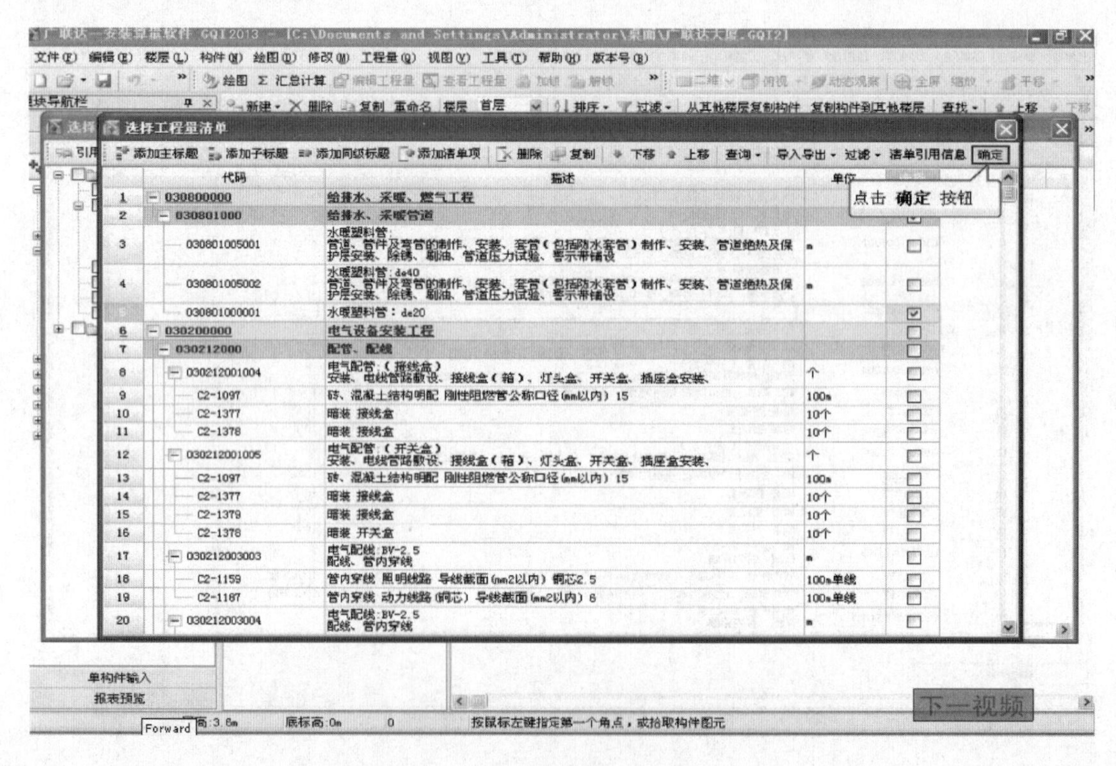

（91）下面为这条定义好的清单项选择相应的工程量表达式。

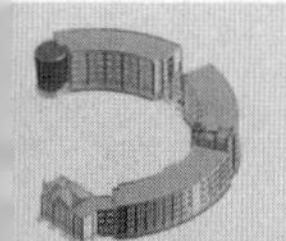

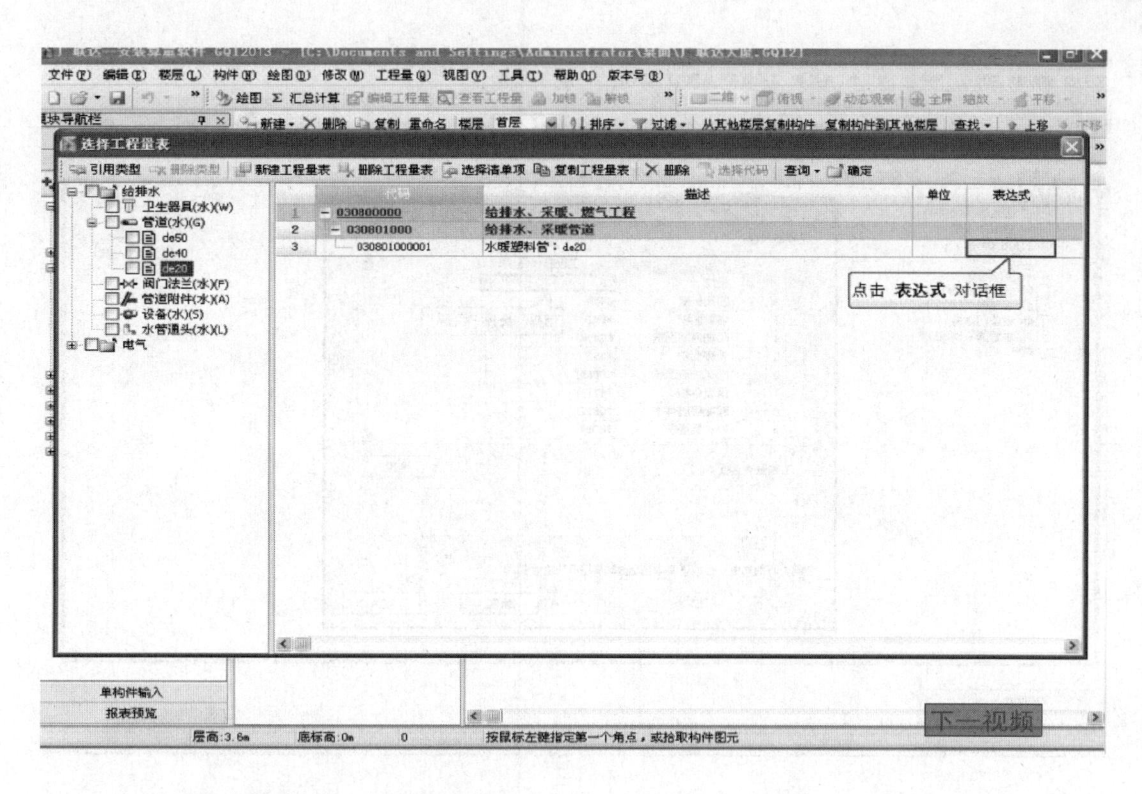

（92）点击表达式下面小三点的按钮。

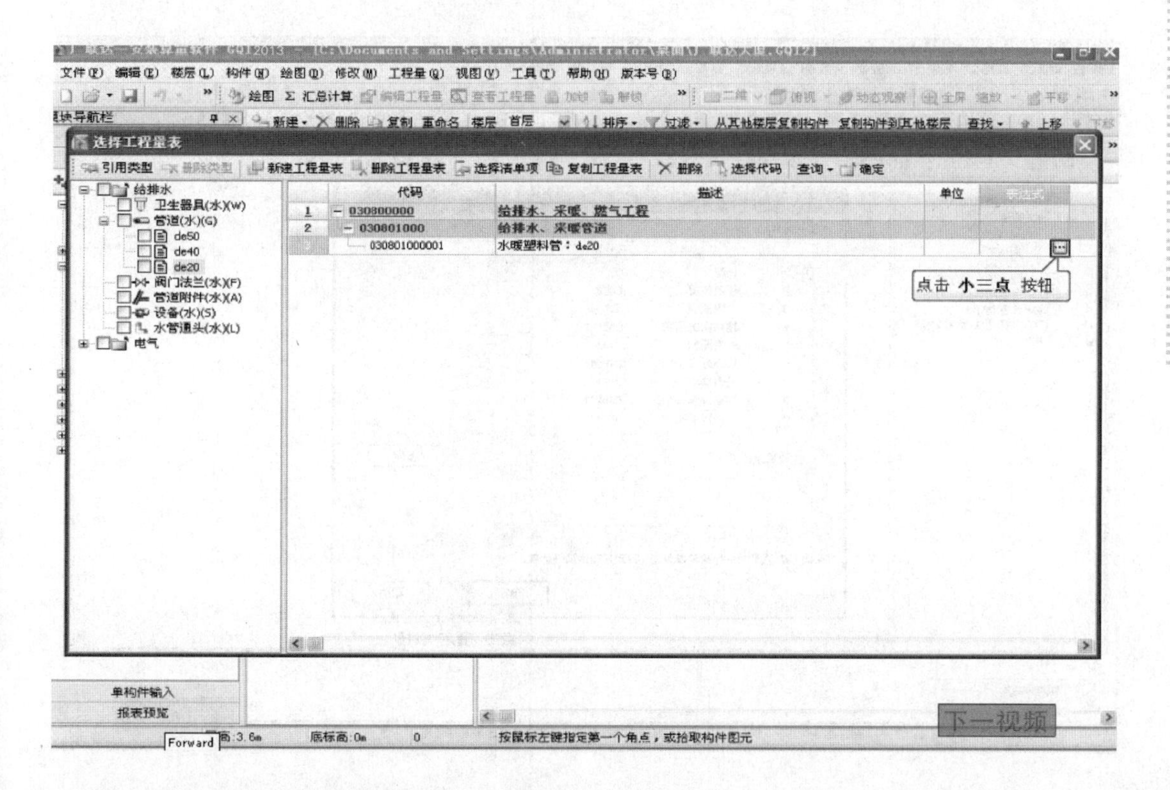

（93）在软件弹出的选择代码对话框中选择长度代码。

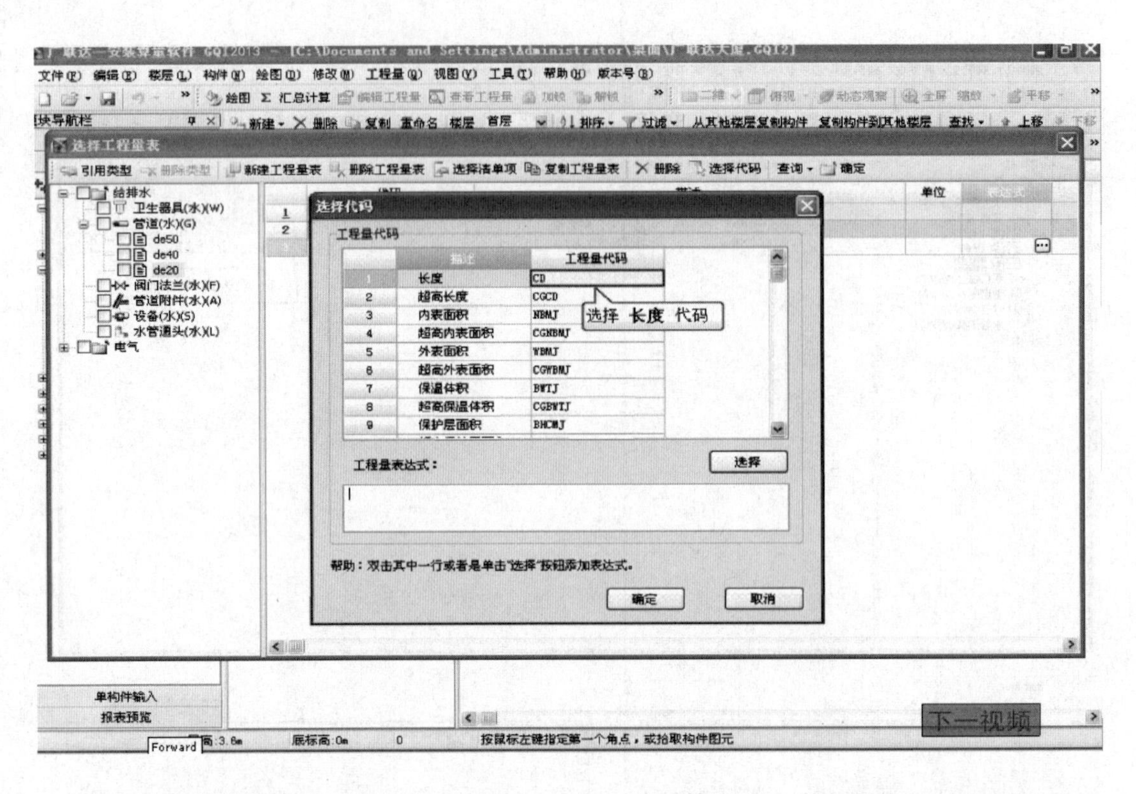

（94）点击确定按钮。

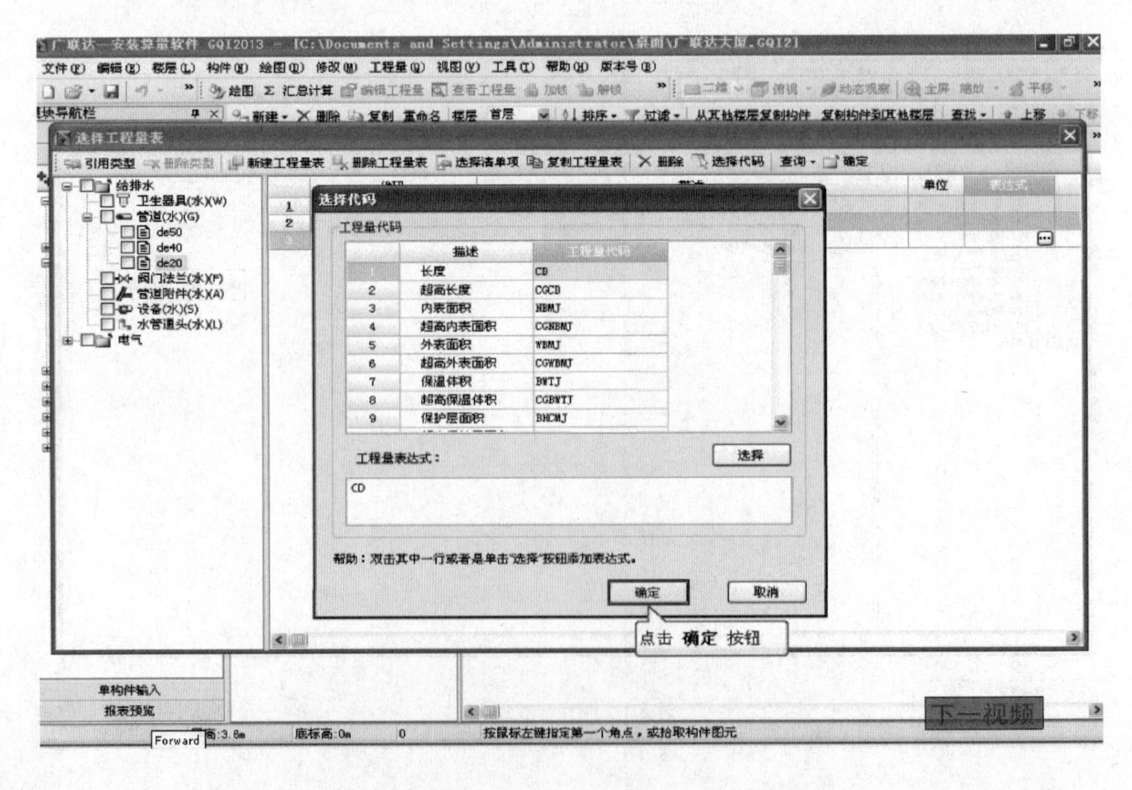

（95）这样 DE20 的做法就套用好了。

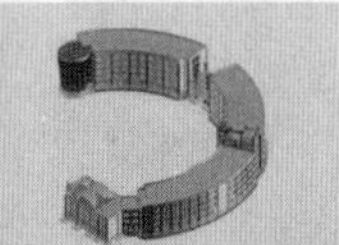

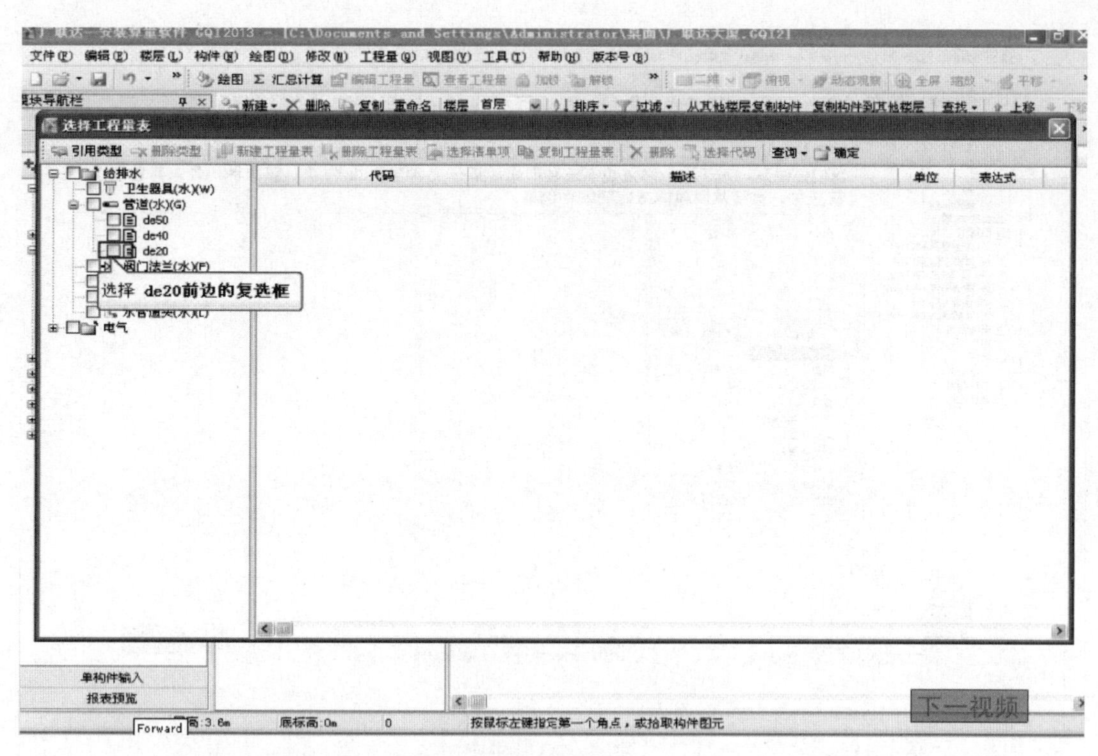

(96) 点击选择工程量表中的确定按钮退出窗口。

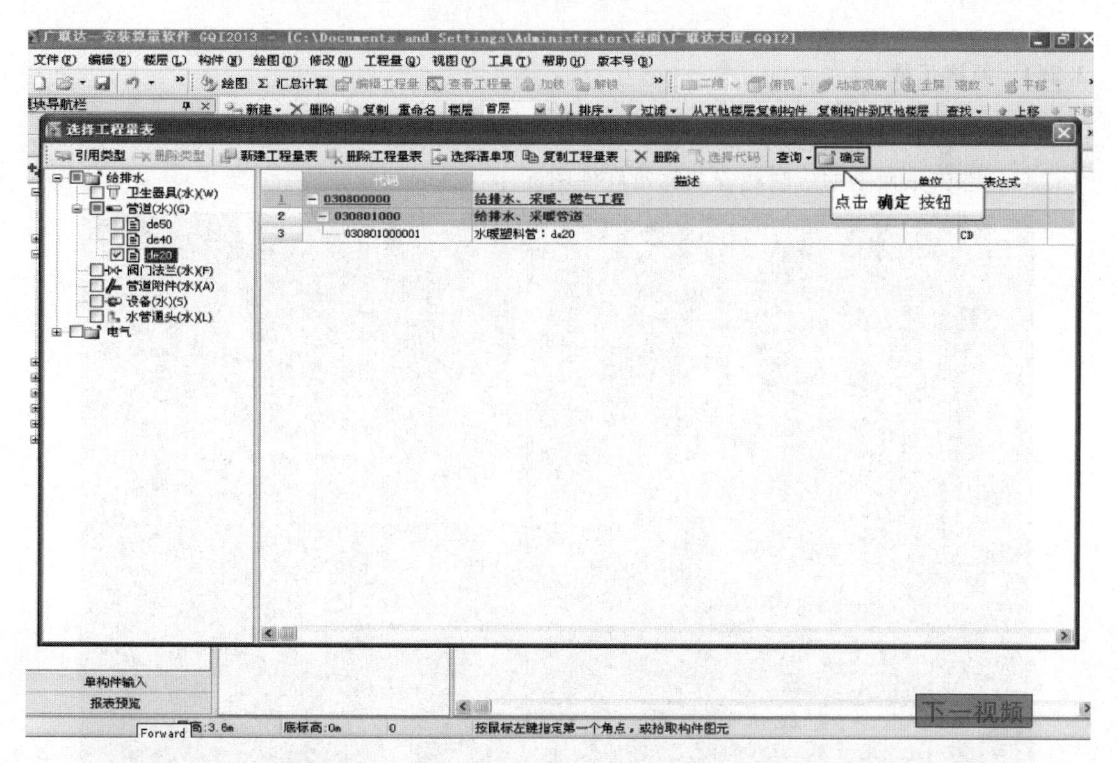

(97) 该构件的做法就套用好了。采用同样的方式可以给其他的构件套用做法。套用做法的方法有很多种，可以根据工程实际选择相应的做法。

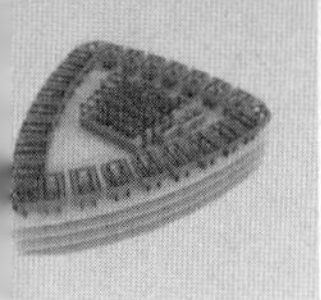

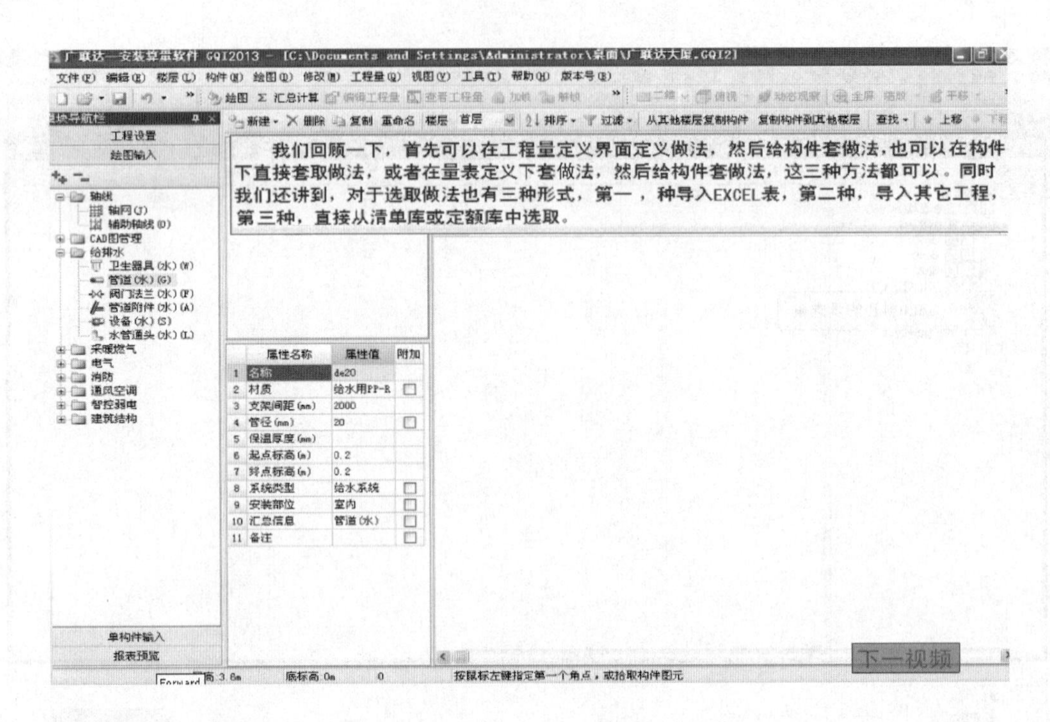

2.2 无 CAD 图纸情况

2.2.1 新建工程

具体操作步骤如下：

（1）双击桌面上的广联达安装算量软件图标。

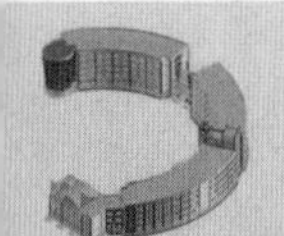

（2）软件打开后，在弹出的新建向导窗口，点击新建向导按钮。

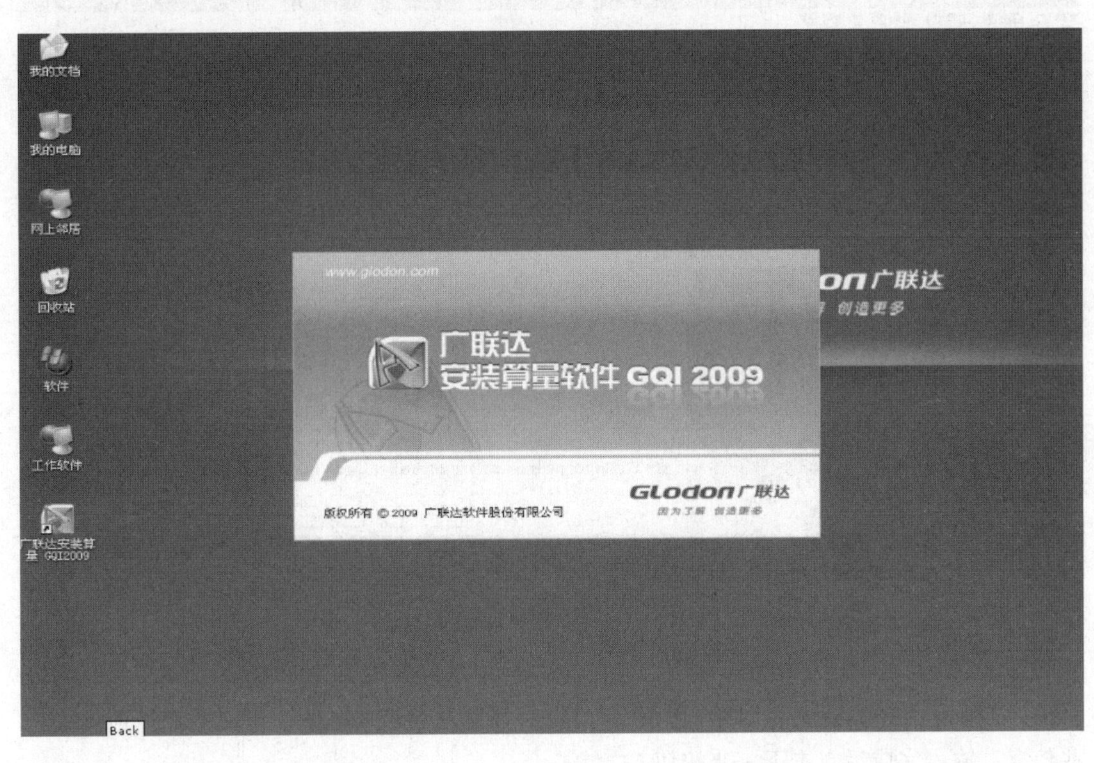

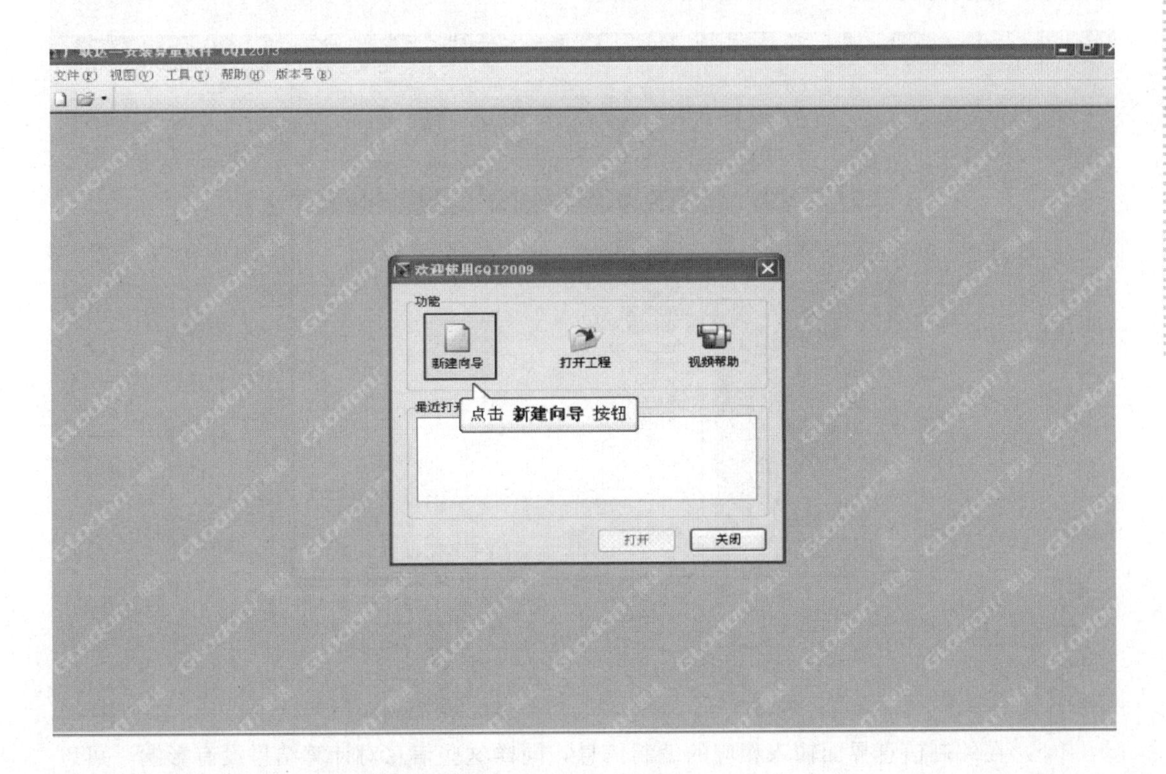

（3）在工程名称处输入工程名称，点击下一步。

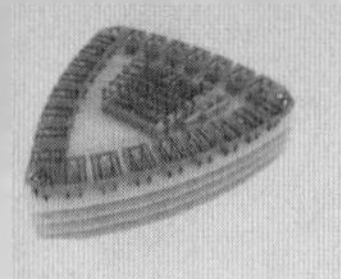

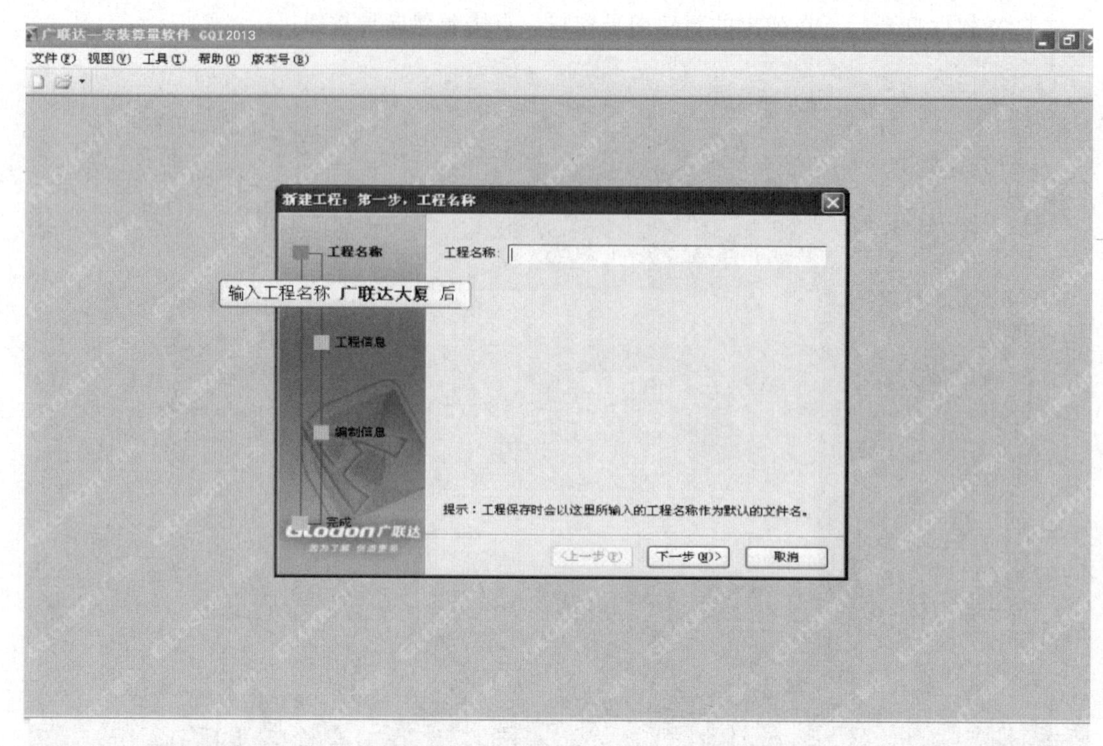

（4）在工程信息输入窗口中因为这些信息对计算结果没有影响，可以选择性地输入一些信息，输入完成后点击下一步按钮。

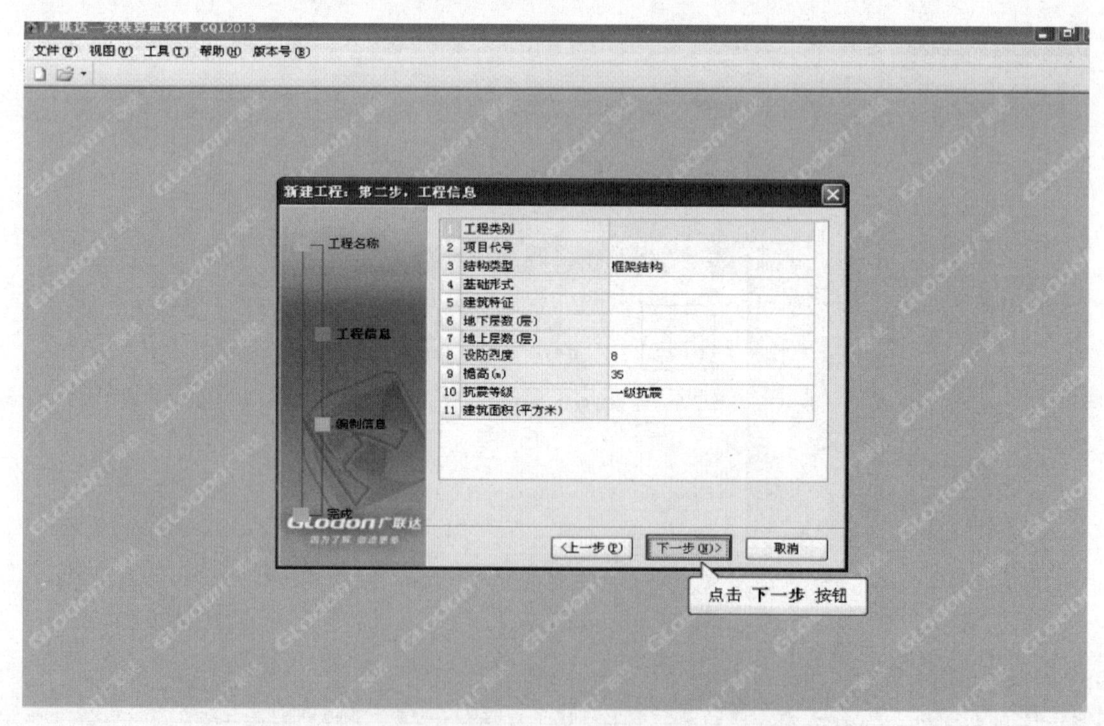

（5）在编制信息界面输入相应的编制信息，同样这些信息对计算结果没有影响，可以选择性地输入，输入完毕后点击下一步按钮。

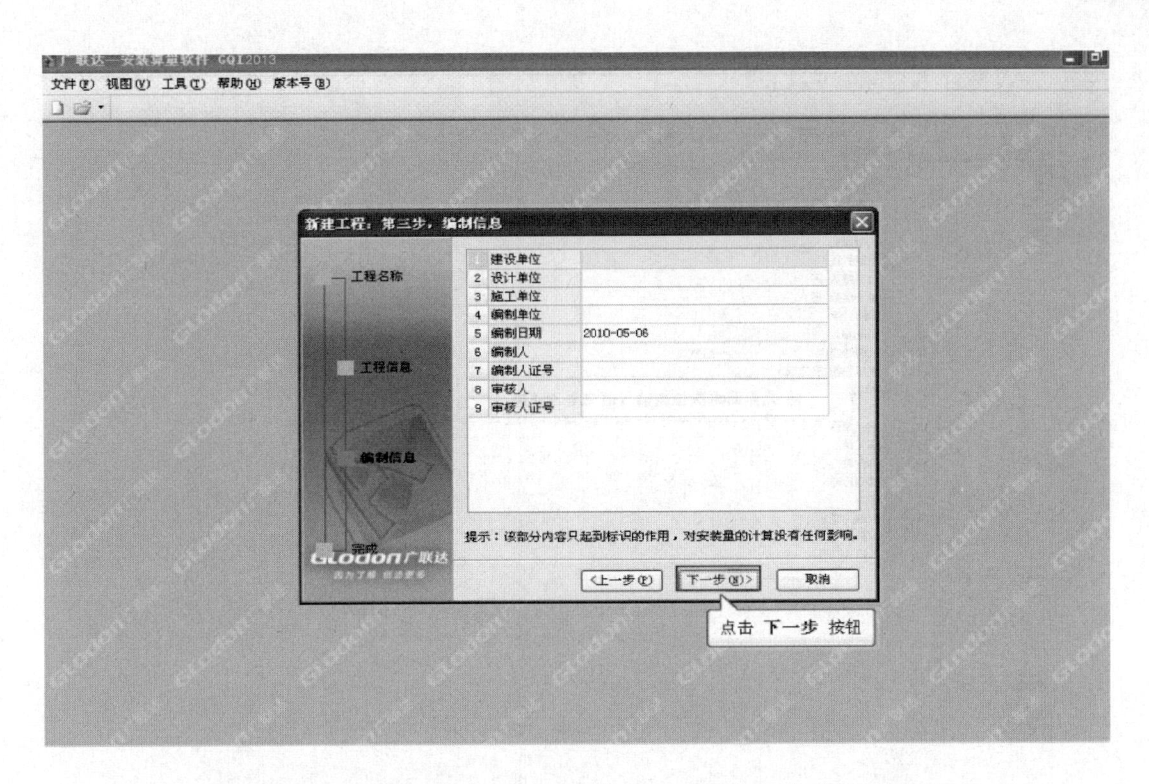

（6）在完成界面可以检查上几步输入的信息，准确无误后点击完成按钮。

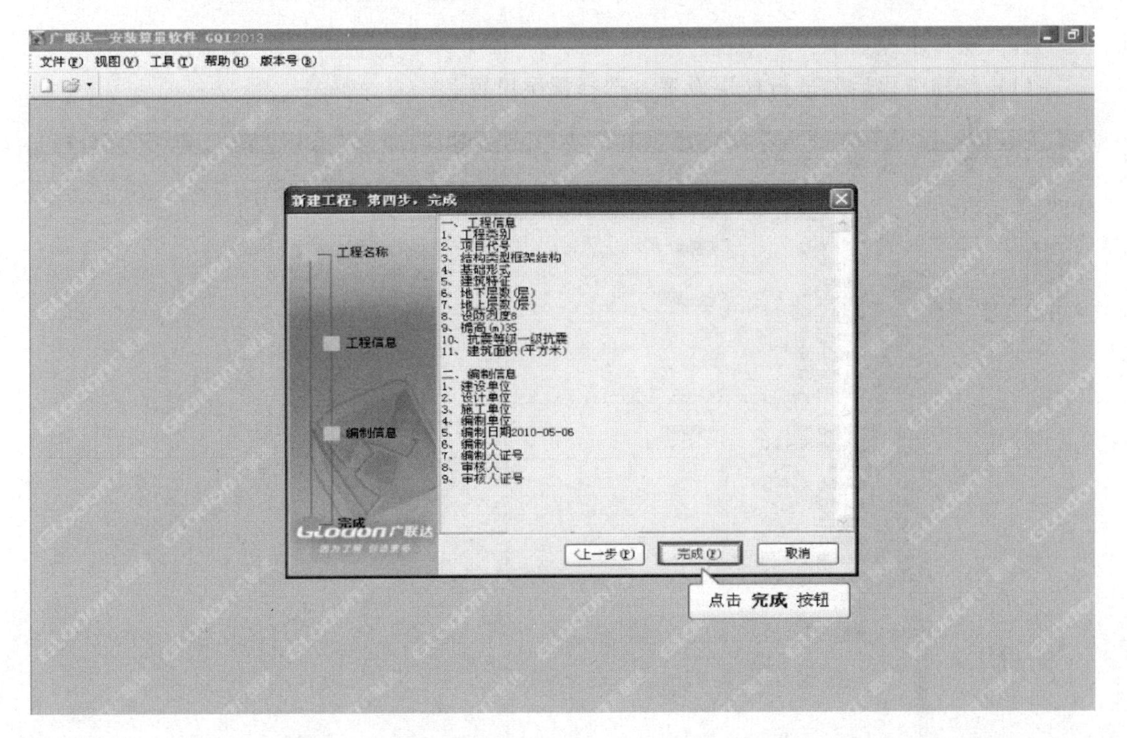

（7）在工程信息界面显示的是新建工程时输入的工程信息，在此界面可再次检查输入的信息是否正确，有误即可修改。

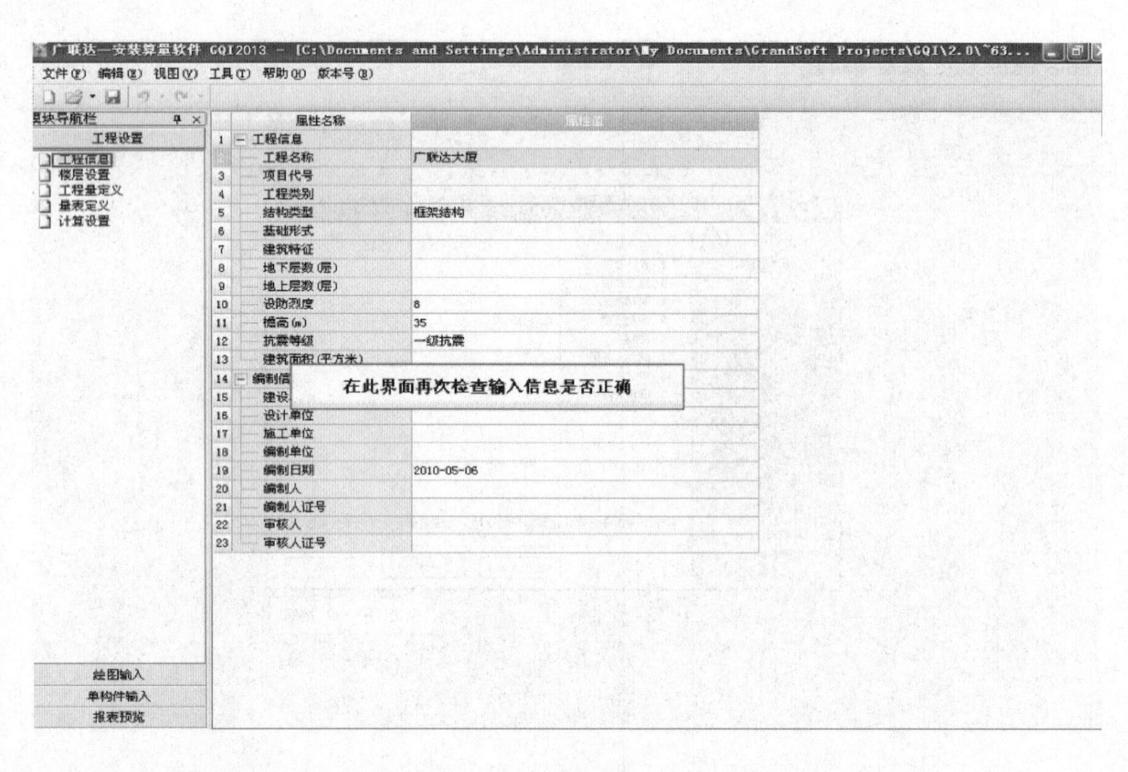

2.2.2 工程设置

具体操作步骤如下：

(1) 新建工程后要进行楼层设置，选择楼层设置。

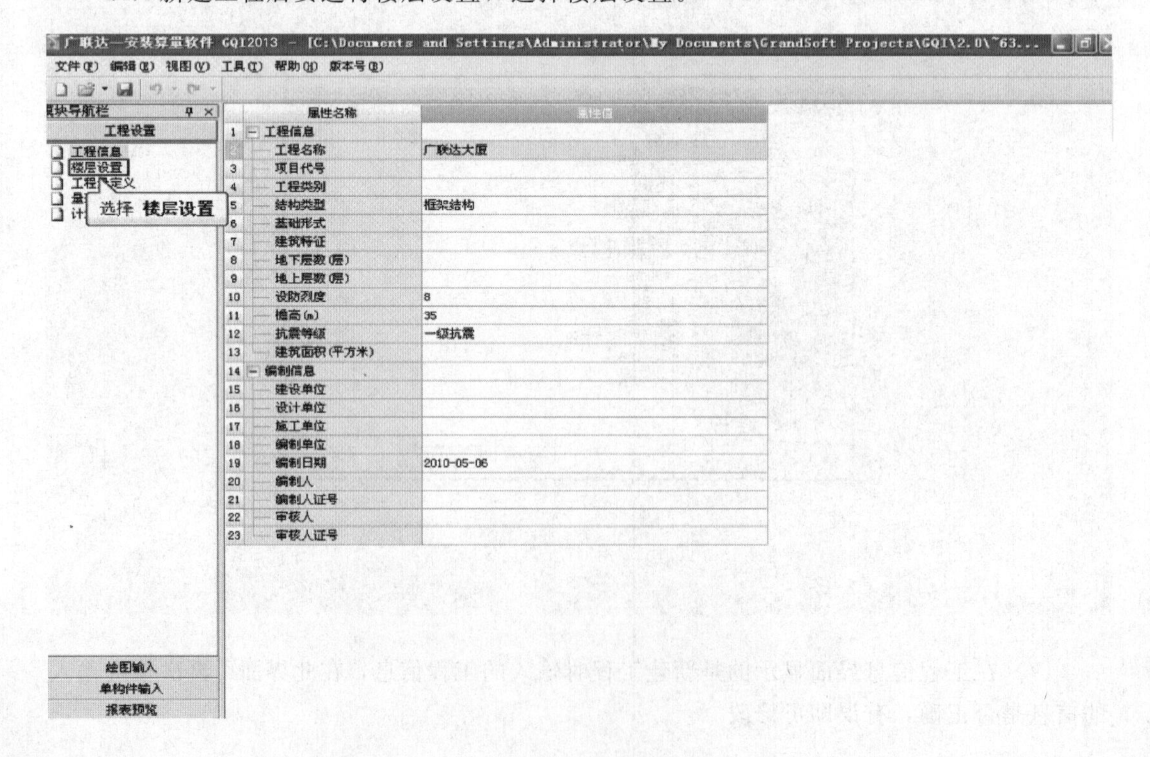

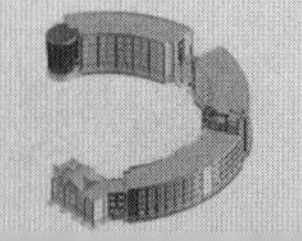

（2）在楼层设置界面进行层高的设置，将光标放在层高输入框内点击修改层高。

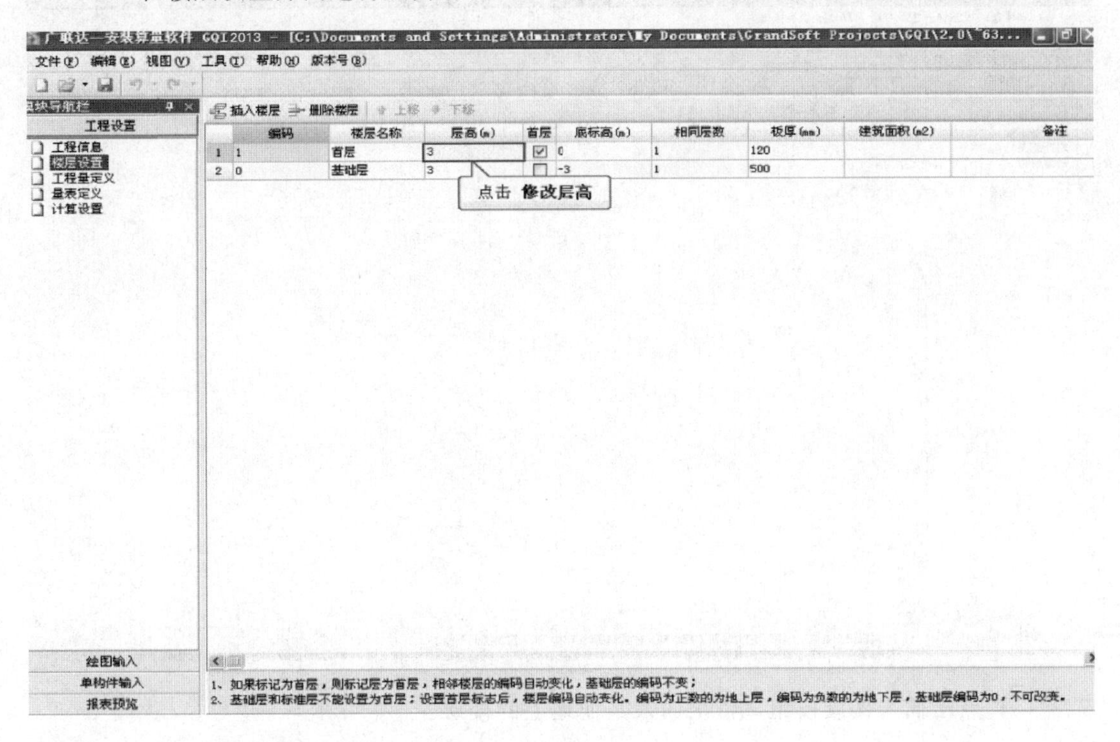

（3）输入3.6后按回车键。

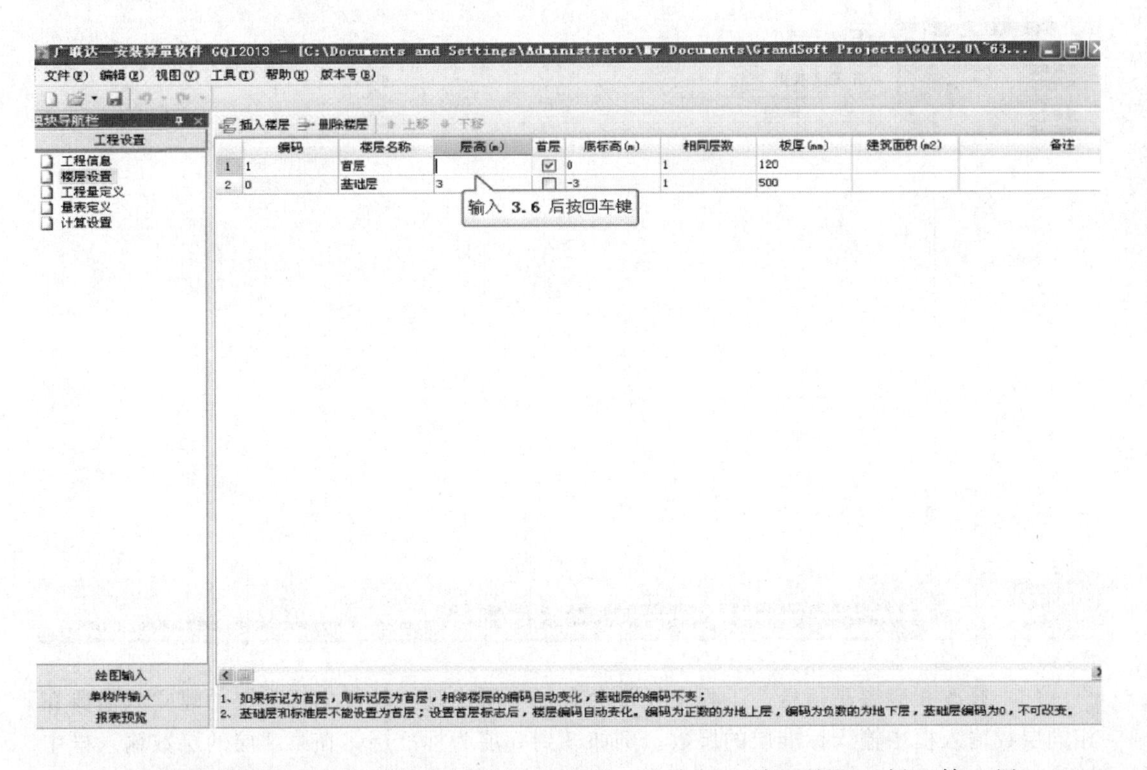

（4）首层层高设置完毕后将光标放置在首层，点击插入楼层按钮，插入第二层。

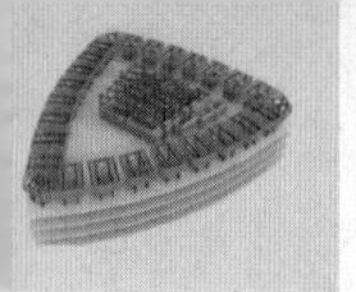

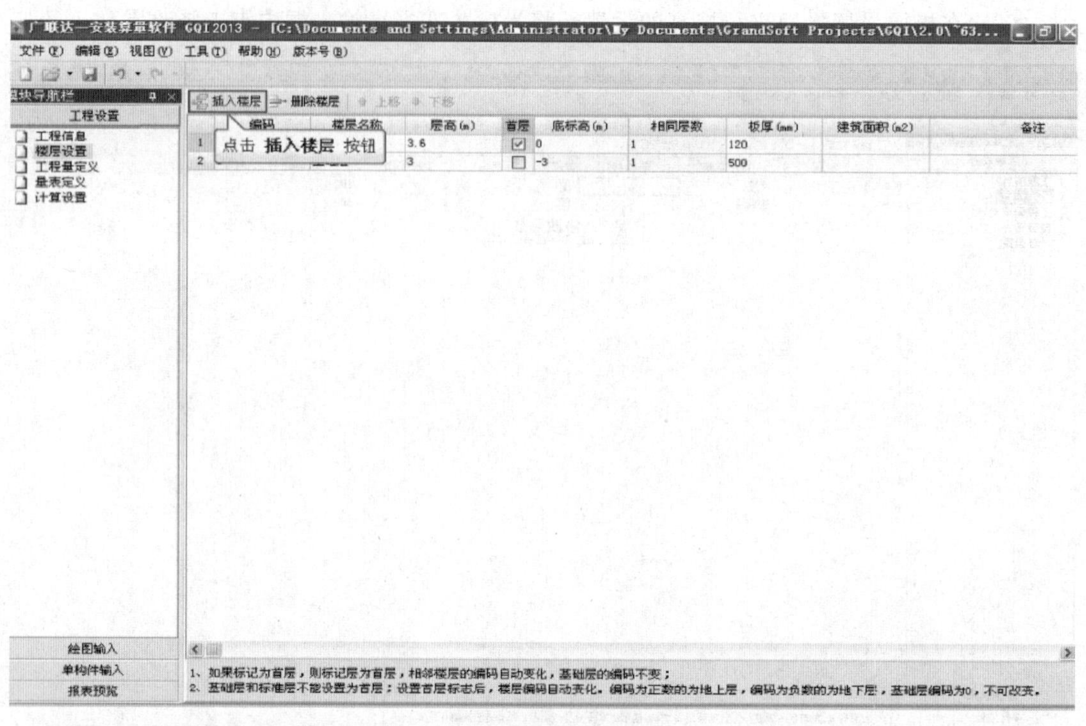

（5）点击插入楼层按钮，依次插入其他地上的楼层。

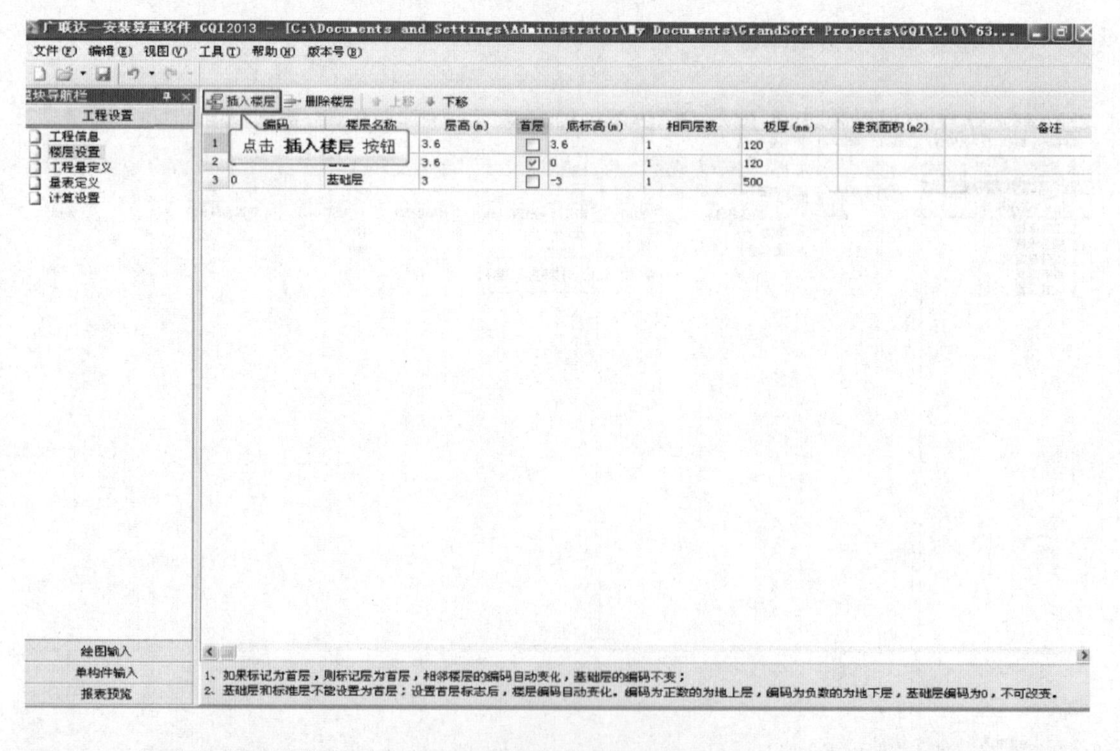

（6）修改相应层高信息。工程中经常会有标准层出现，软件中标准层的建立只需要在相同层数输入框中输入标准层的层数。例如3到5层为标准层，在第3层的层数输入框中输入3，按回车键。

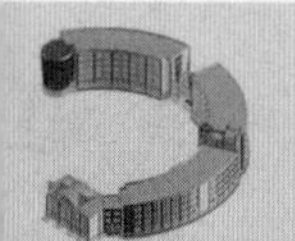

（7）地上楼层建立好后，将光标放置在基础层。点击插入楼层按钮，插入－1层。

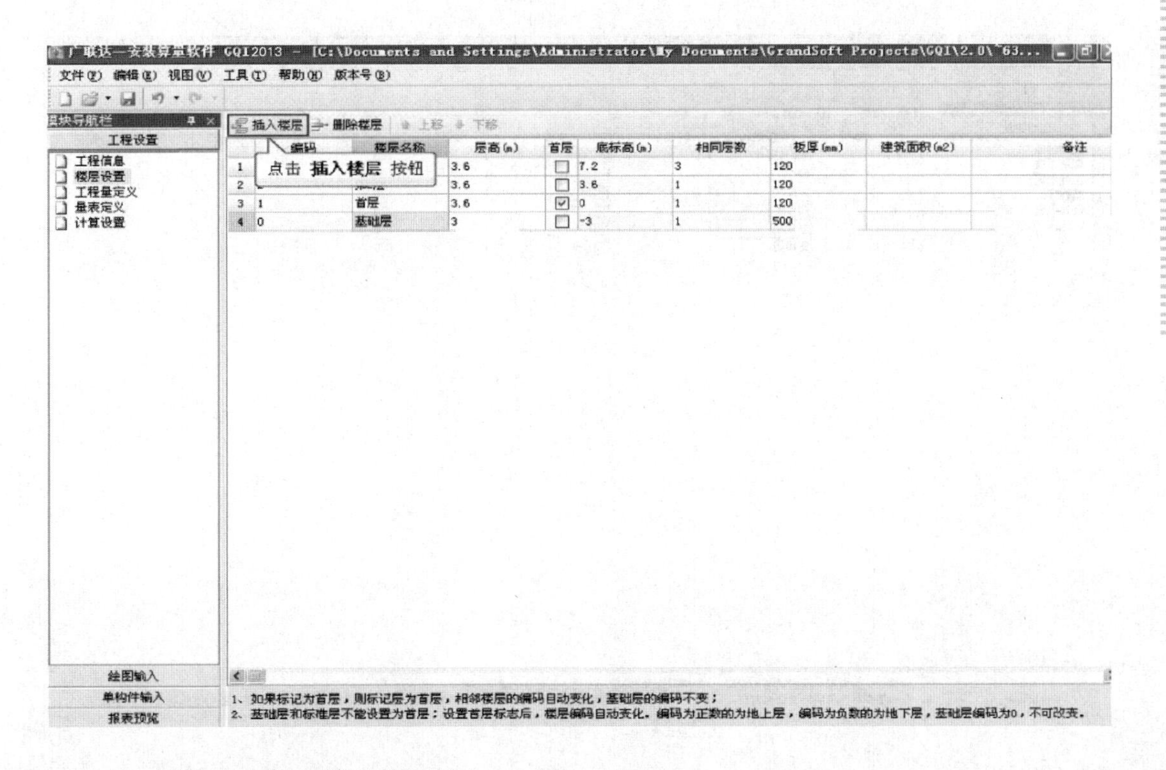

（8）继续点击插入楼层按钮插入－2层。

	编码	楼层名称	层高(m)	首层	底标高(m)	相同层数	板厚(mm)	建筑面积(m2)	备注
1			3.6	☐	7.2	3	120		
2			3.6	☐	3.6	1	120		
3	1	首层	3.6	☑	0	1	120		
4	-1	第-1层	3	☐	-3	1	120		
5	0	基础层	3	☐	-6	1	500		

（9）如果楼层建立错误，光标放置在错误楼层处，点击删除楼层按钮。

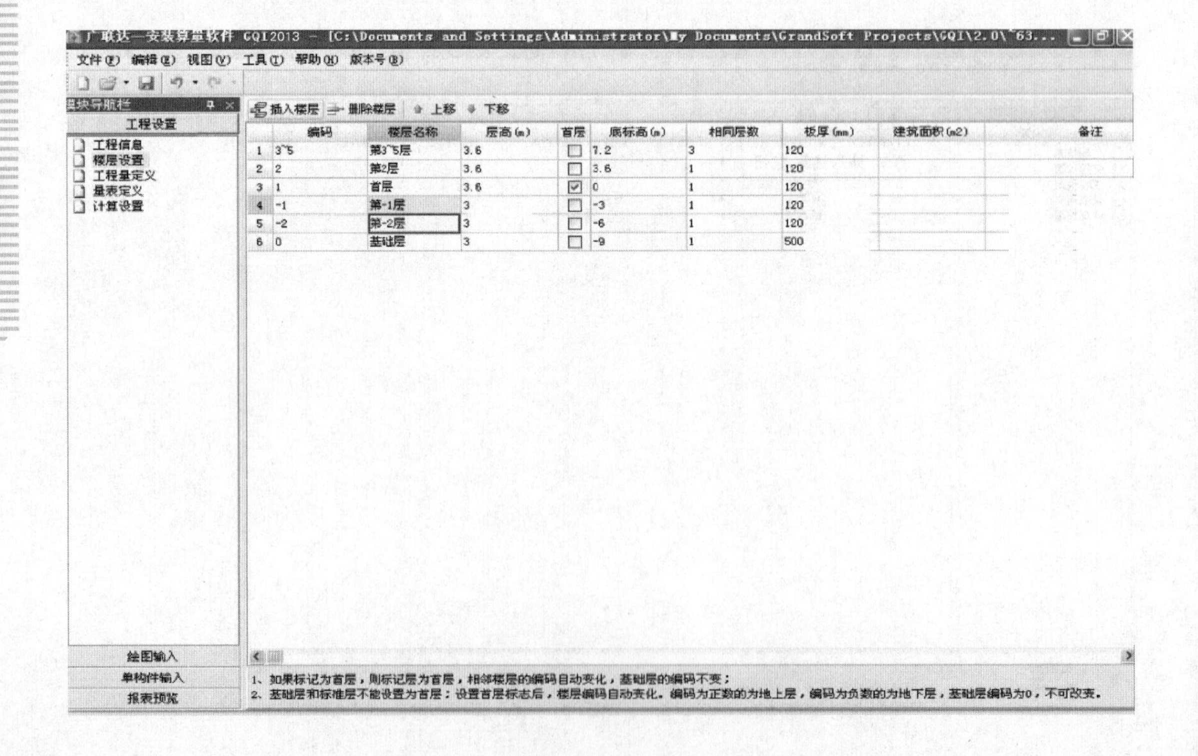

	编码	楼层名称	层高(m)	首层	底标高(m)	相同层数	板厚(mm)	建筑面积(m2)	备注
1	3~5	第3~5层	3.6	☐	7.2	3	120		
2	2	第2层	3.6	☐	3.6	1	120		
3	1	首层	3.6	☑	0	1	120		
4	-1	第-1层	3	☐	-3	1	120		
5	-2	第-2层	3	☐	-6	1	120		
6	0	基础层	3	☐	-9	1	500		

广联达—安装算量软件 GQI2013 - [C:\Documents and Settings\Administrator\My Documents\GrandSoft Projects\GQI\2.0\~63...

文件(F) 编辑(E) 视图(V) 工具(T) 帮助(H) 版本号(B)

模块导航栏：工程设置 — 工程信息、楼层设置、工程量定义、量表定义、计算设置

插入楼层　删除楼层　上移　下移

点击 **删除楼层** 按钮

	编码	楼层名称	层高(m)	首层	底标高(m)	相同层数	板厚(mm)	建筑面积(m2)	备注
1	3~5	[illegible]	[illegible]	☐	7.2	3	120		
2	2	[illegible]	[illegible]	☐	3.6	1	120		
3	1	首层	3.6	☑	0	1	120		
4	-1	第-1层	3	☐	-3	1	120		
5	-2	第-2层	3	☐	-6	1	120		
6	0	基础层	3	☐	-9	1	500		

绘图输入　单构件输入　报表预览

1、如果标记为首层，则标记层为首层，相邻楼层的编码自动变化，基础层的编码不变；
2、基础层和标准层不能设置为首层；设置首层标志后，楼层编码自动变化。编码为正数的为地上层，编码为负数的为地下层，基础层编码为0，不可改变。

（10）在弹出的是否删除选中楼层选择框中点击是按钮即可删除错误楼层。经过上述操作，楼层就建立好了。

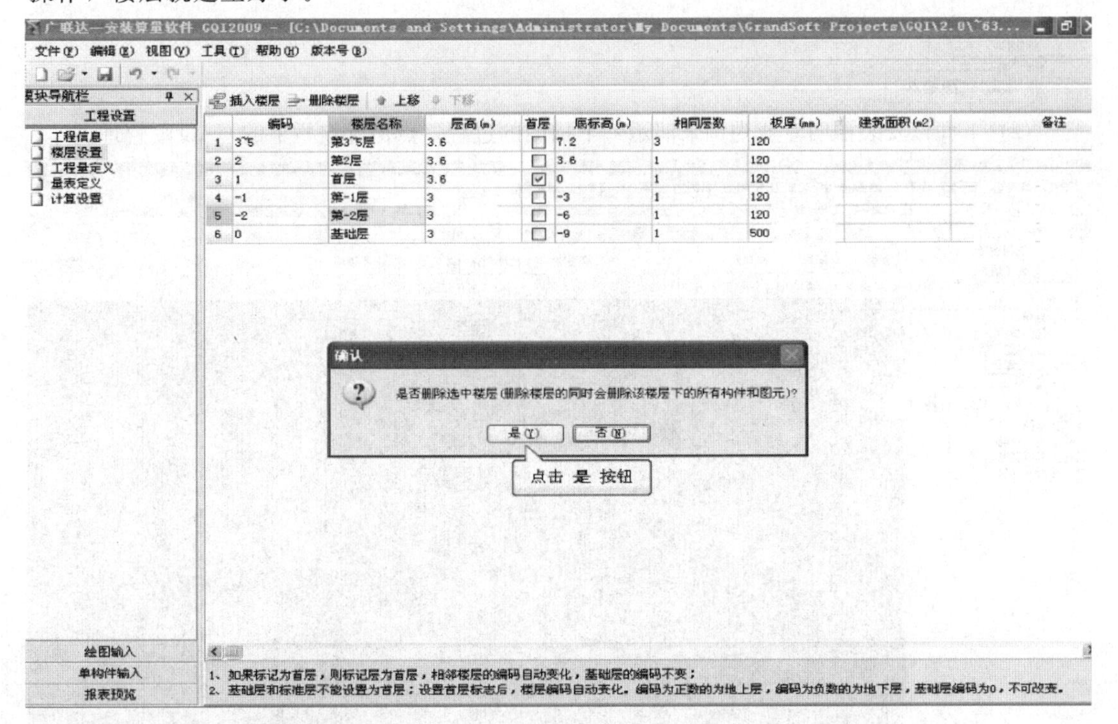

2.2.3　无CAD图的绘图输入

无CAD图的绘图输入分为导入图片及设置比例，定义绘制设备，定义绘制管线，查看工程量，调整构件图元颜色几部分。

2.2.3.1　导入图片及设置比例

具体操作步骤如下：

（1）使用软件可以很方便地识别CAD图，在没有CAD图的情况下可以将蓝图扫描或拍成照片直接导入软件中然后描图绘图。下面首先切换到绘图输入界面。

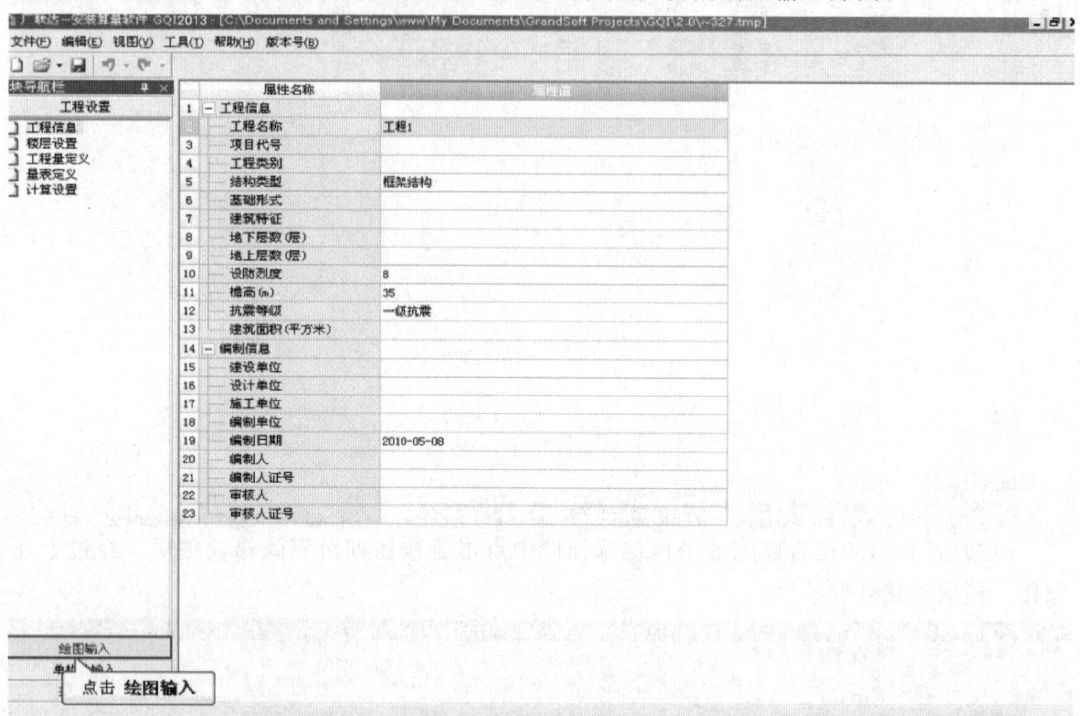

（2）下面以安装照明专业为例来演示一下描图的过程。点击导航栏下的CAD图管理。

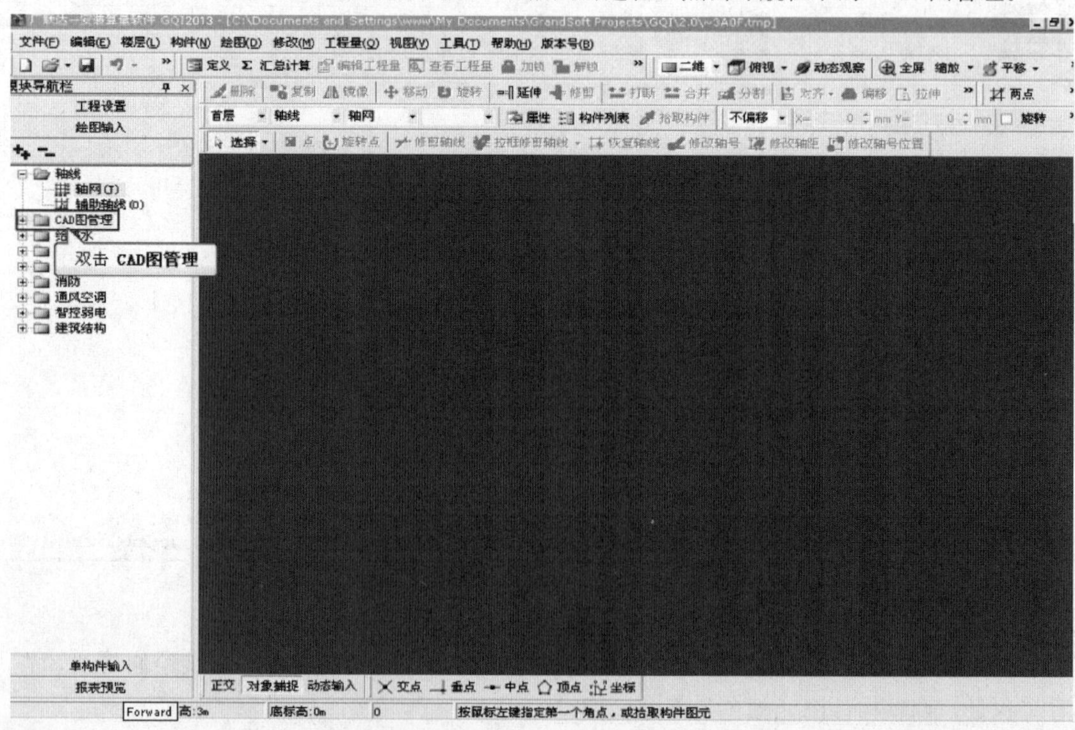

(3) 点击 CAD 草图，进入 CAD 草图界面。

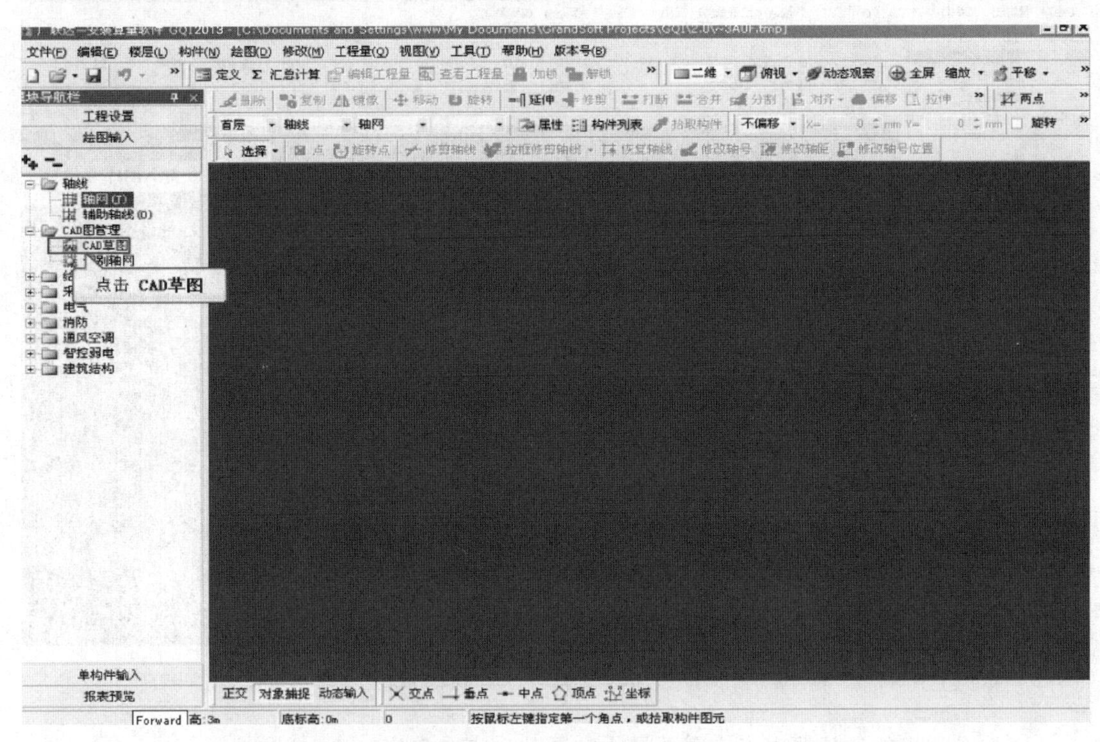

(4) 在工具栏上找到图片管理按钮，点开下拉框。

(5) 在下拉菜单中点击导入图片按钮。

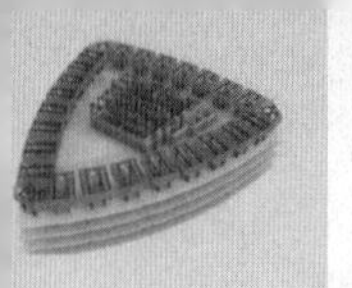

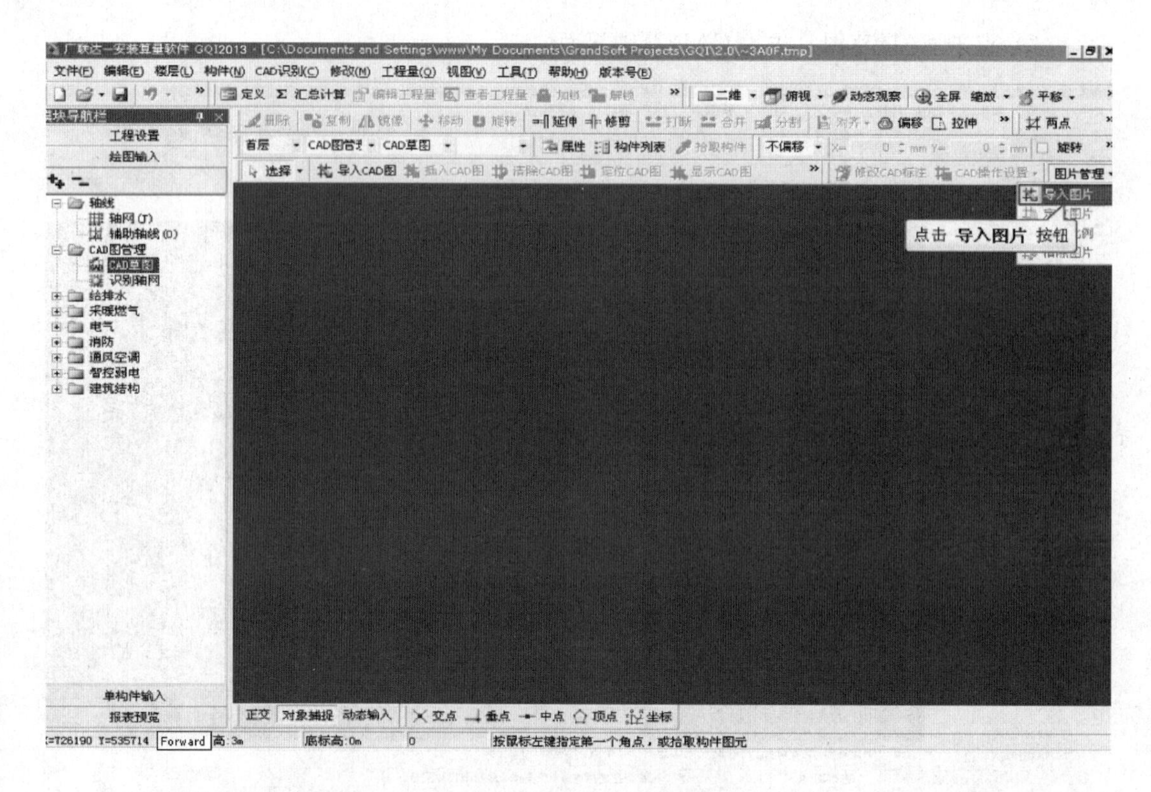

（6）在弹出的选择框中点击需要导入的图片，点击确定。

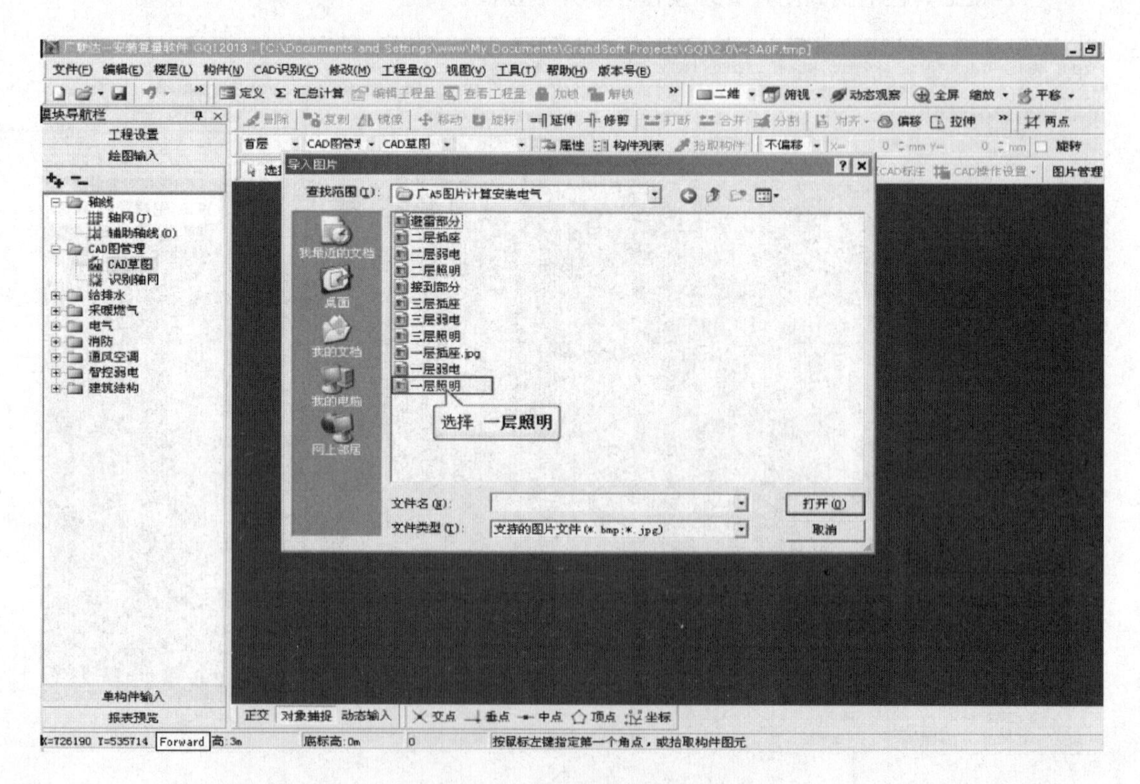

（7）这样需要描图的图片就导入到了绘图区。

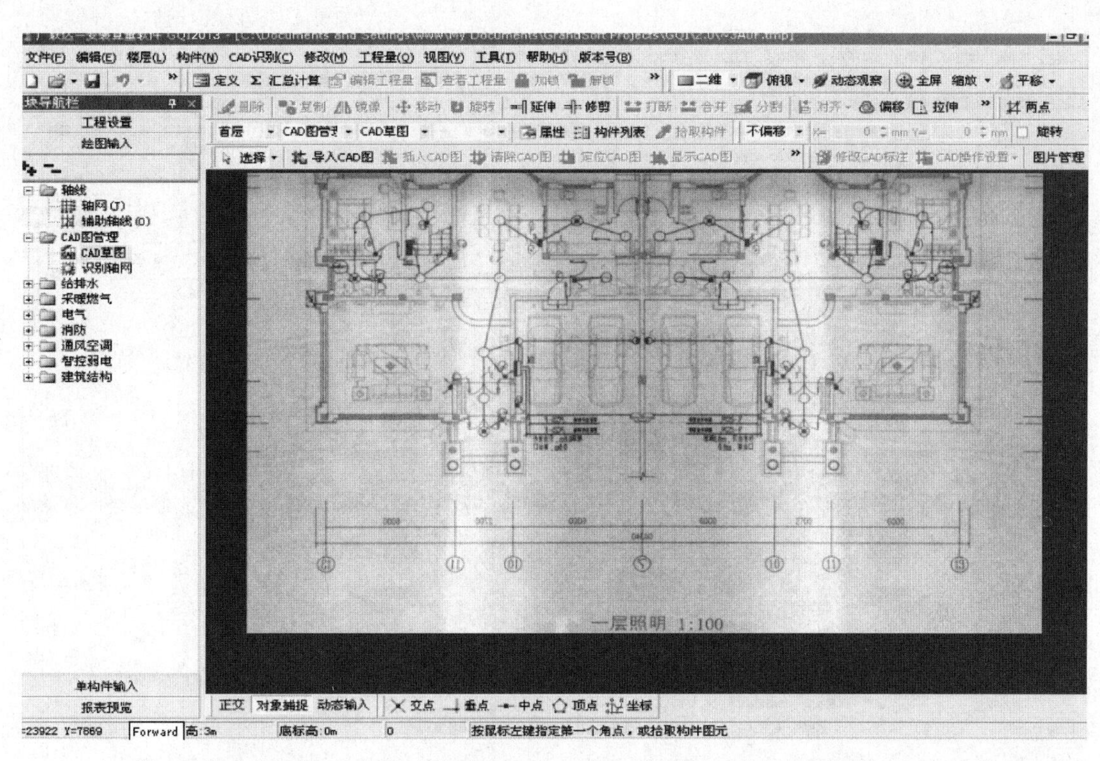

（8）导入的图片的尺寸会与实际尺寸不一样，则需要比例尺的调整 。先放大一段图片中的标注线以及标注信息。

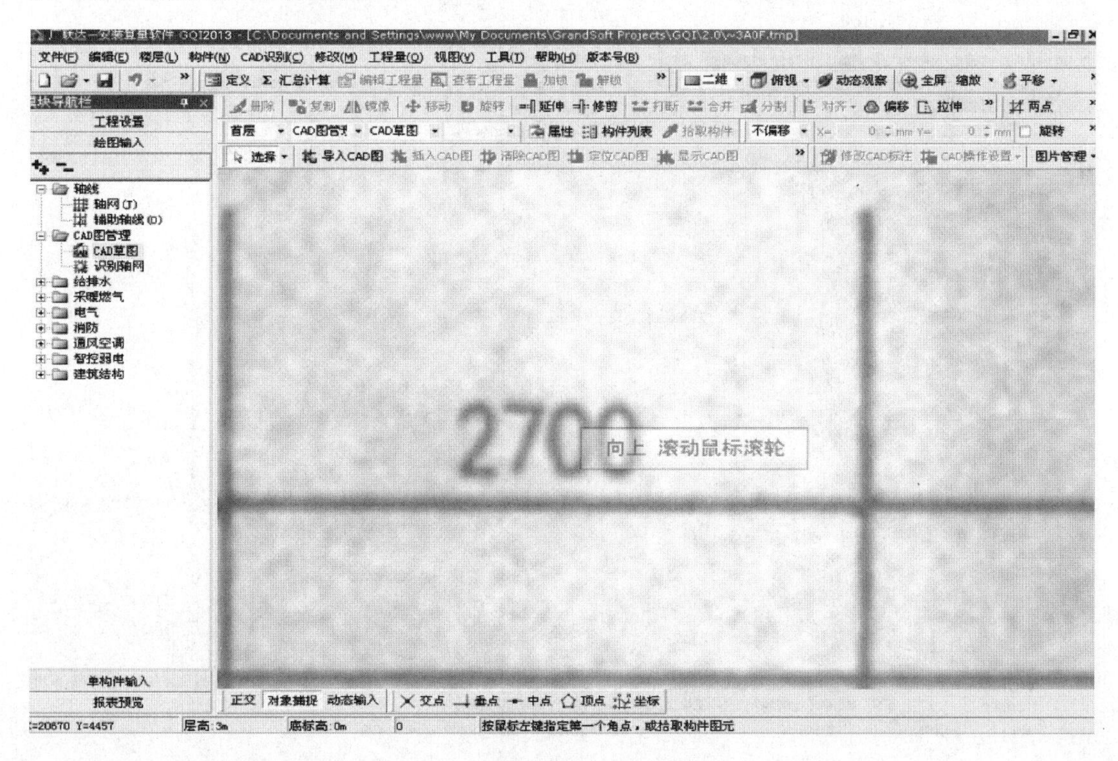

（9）然后在工具栏的图片管理中选择设置比例功能。

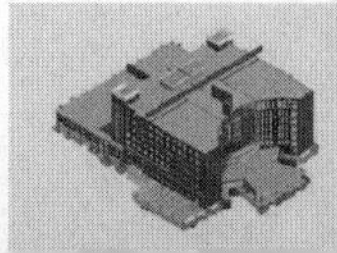

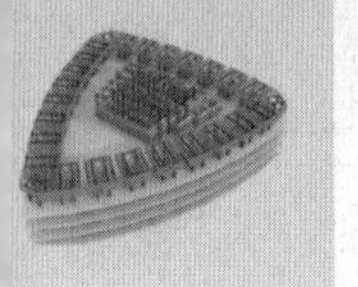

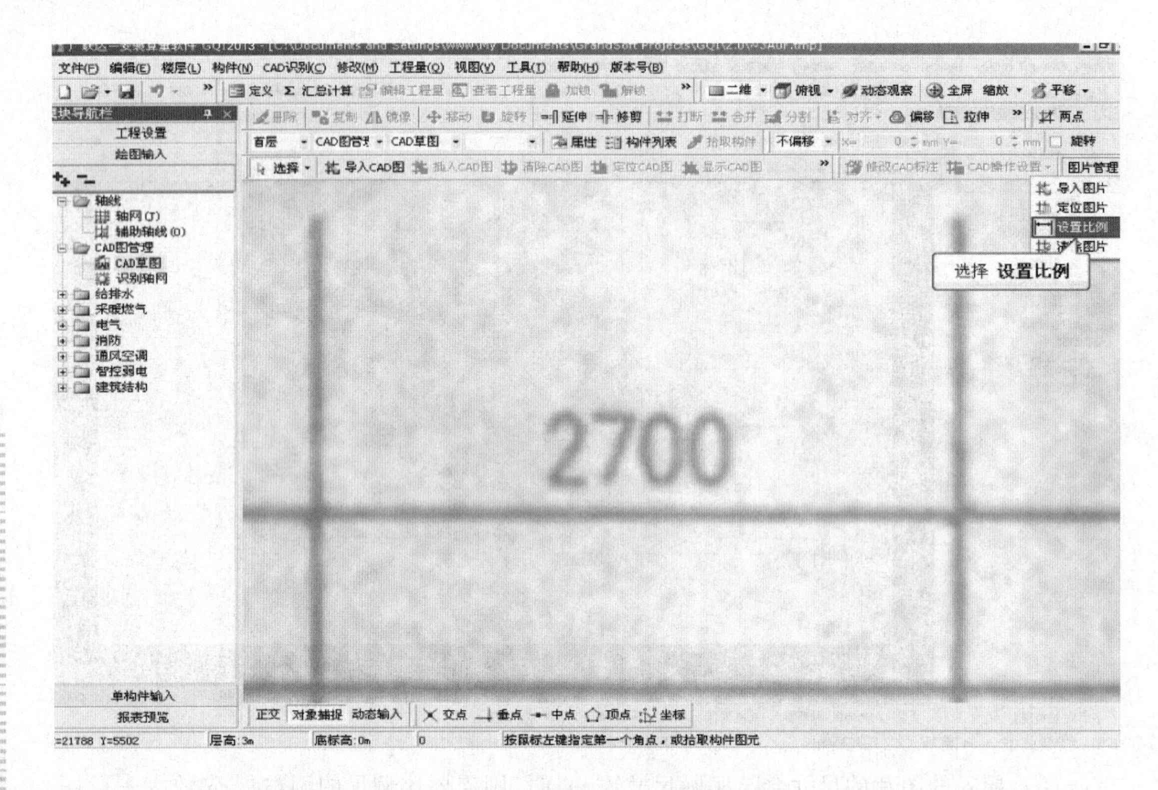

（10）根据状态栏中的提示，鼠标左键依次在绘图区选择标注线的起点和终点 。

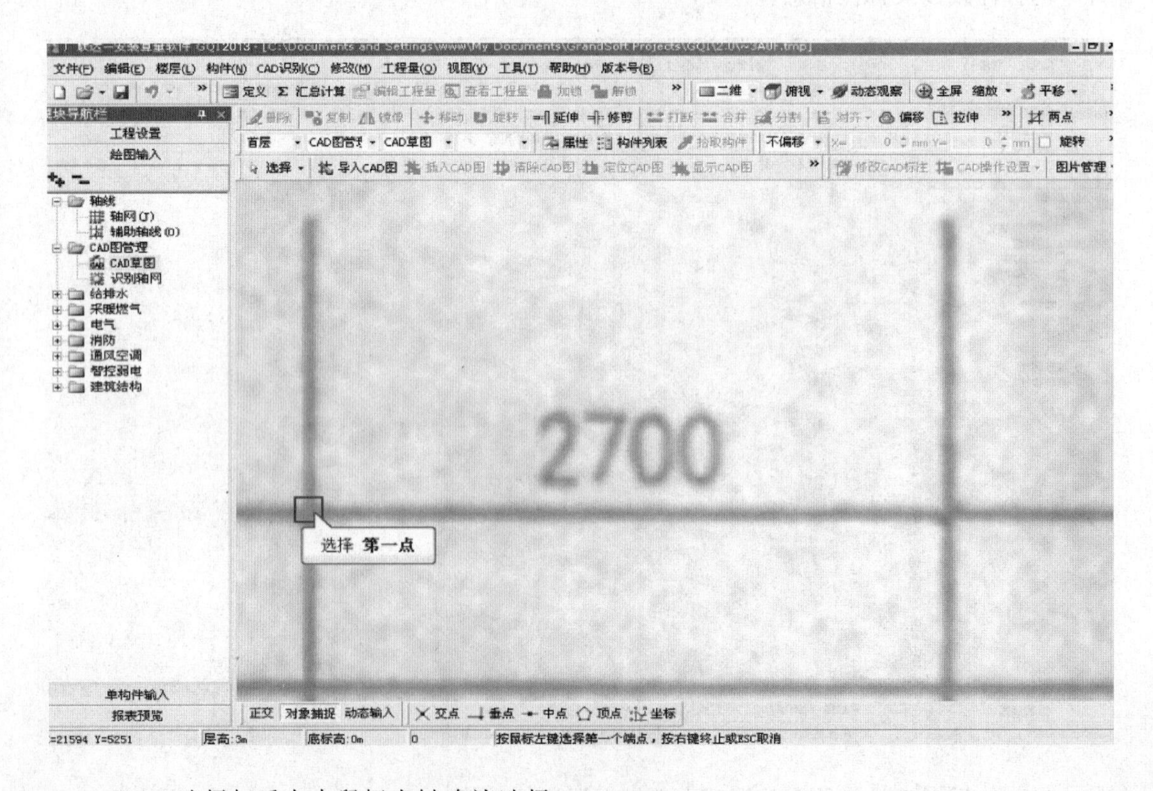

（11）选择好后点击鼠标右键确认选择。

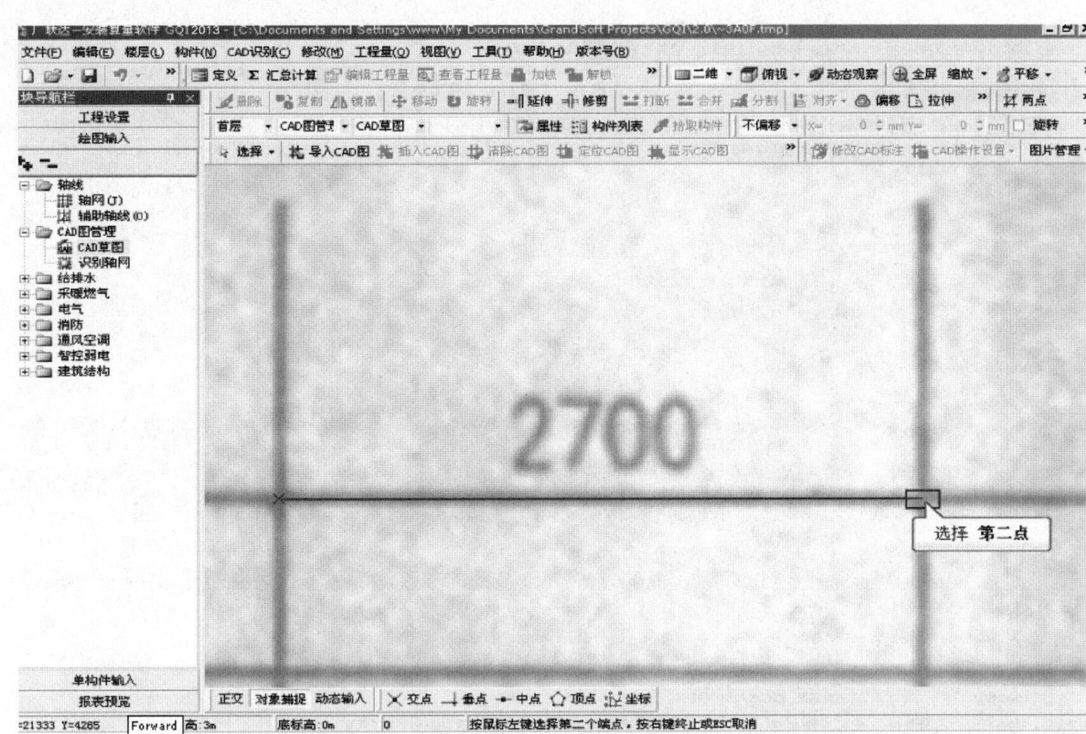

（12）在弹出的输入实际尺寸选择框输入和图中相同的数值2700。点击确定按钮，就完成了图片尺寸比例的调整。

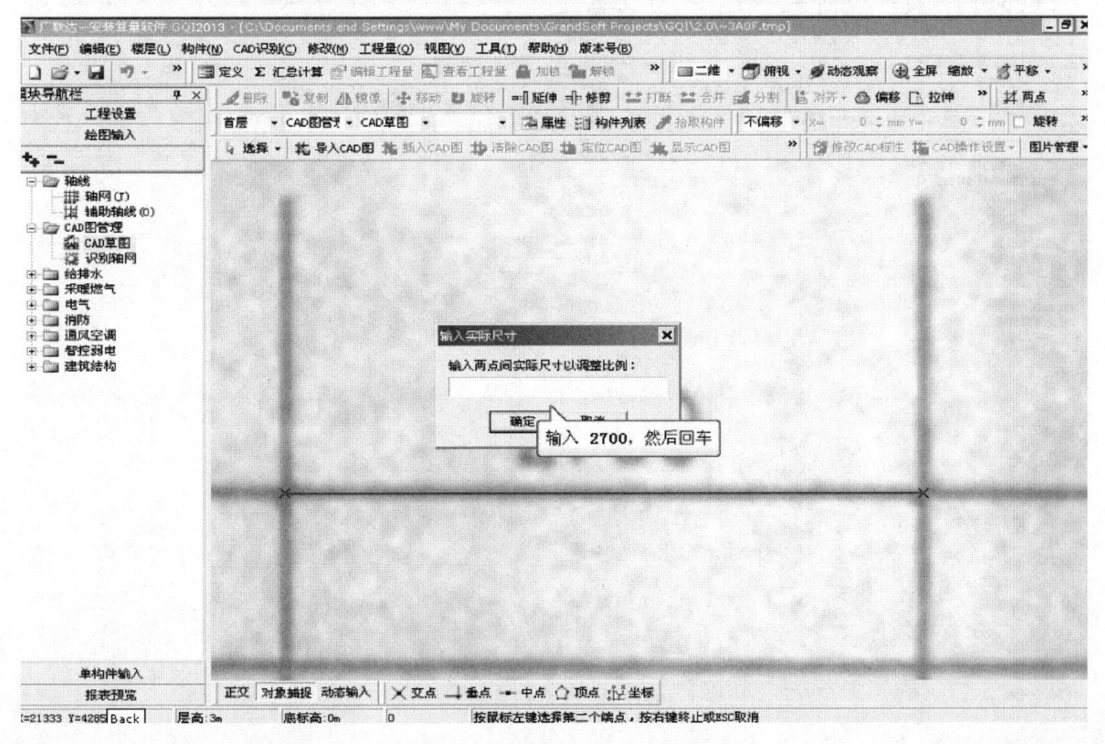

（13）可以手动测量一下来检查导入的图片是否和原图是1∶1的比例。点击工具栏上工具（T）的下拉菜单。

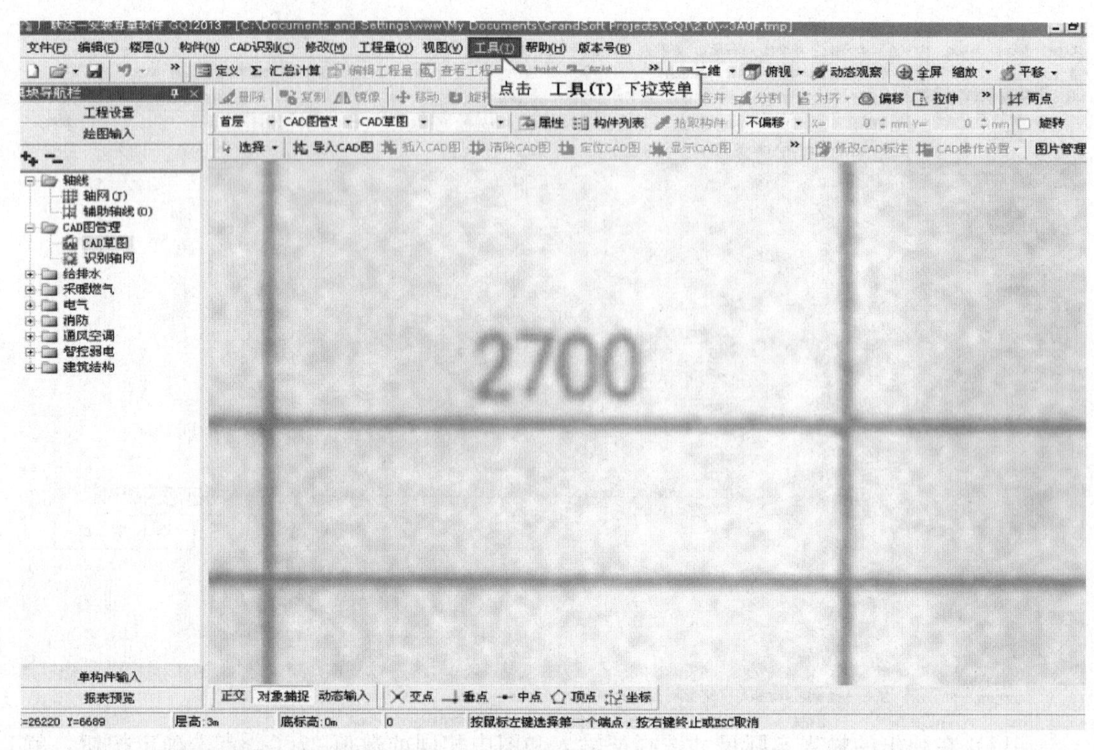

（14）在下拉菜单中选择测量两点间距离功能。

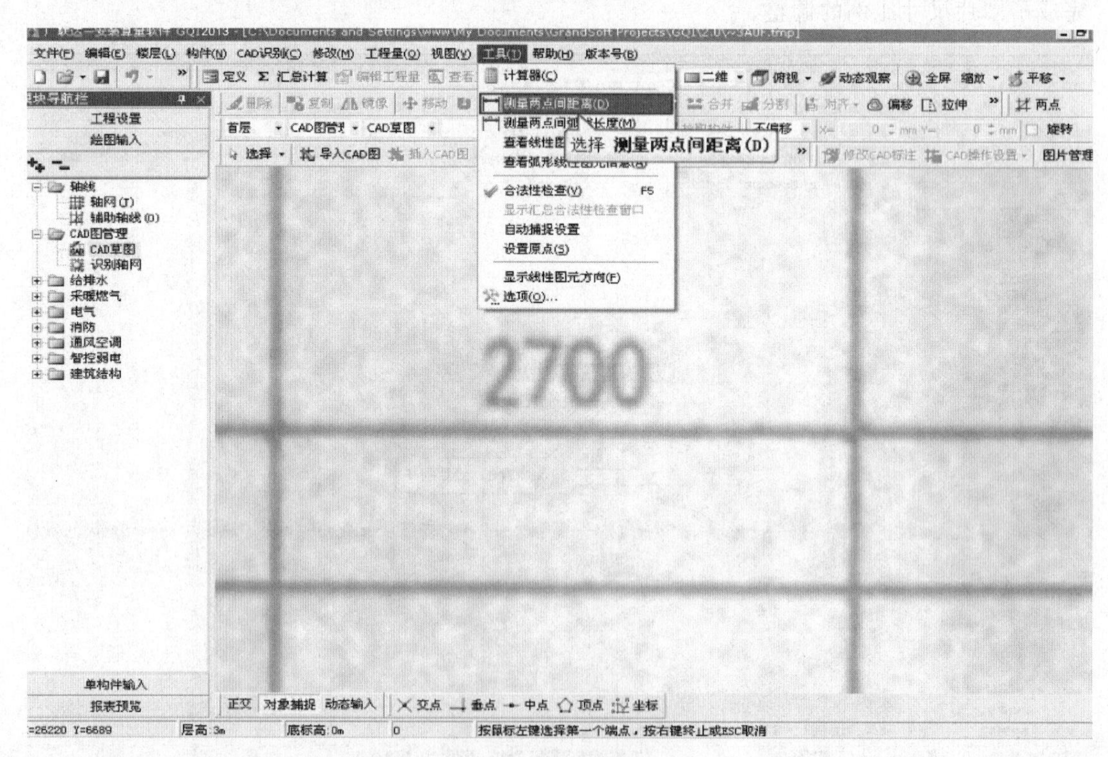

（15）根据状态栏提示鼠标左键选择要测量长度的线段的起点和终点。鼠标左键选择第一个点。

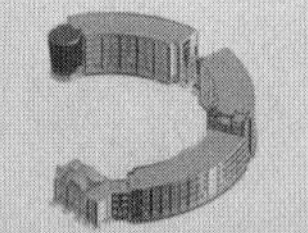

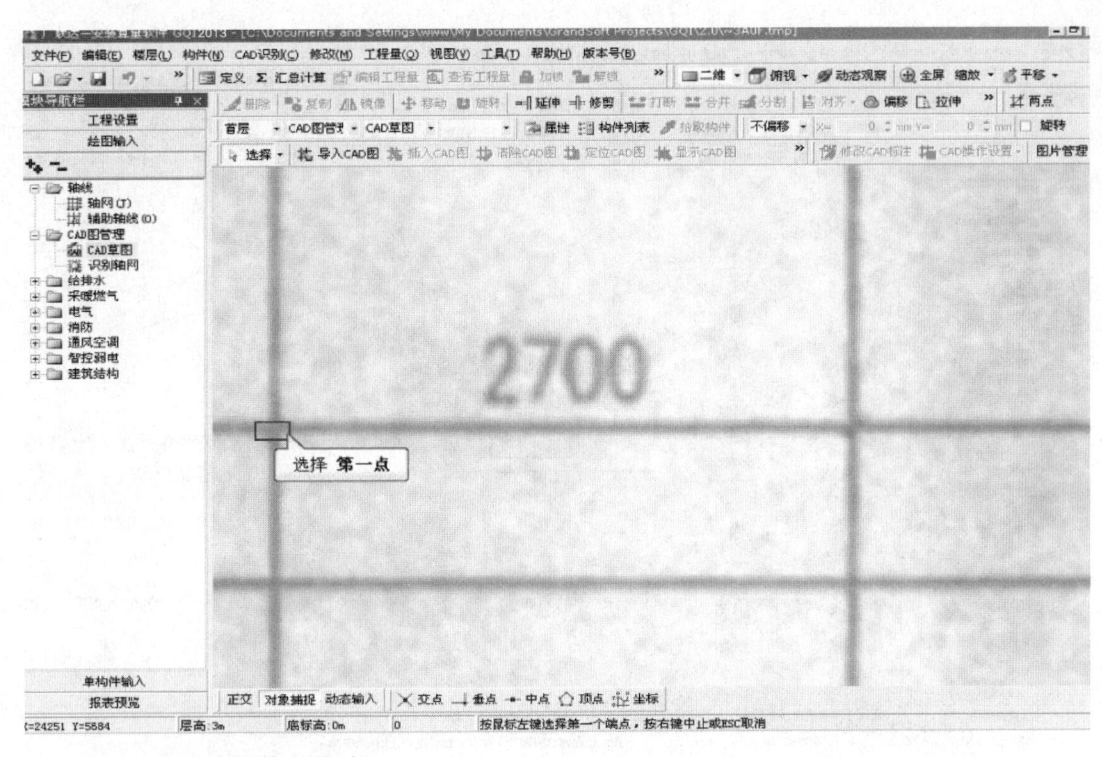

（16）继续选择第二个点。

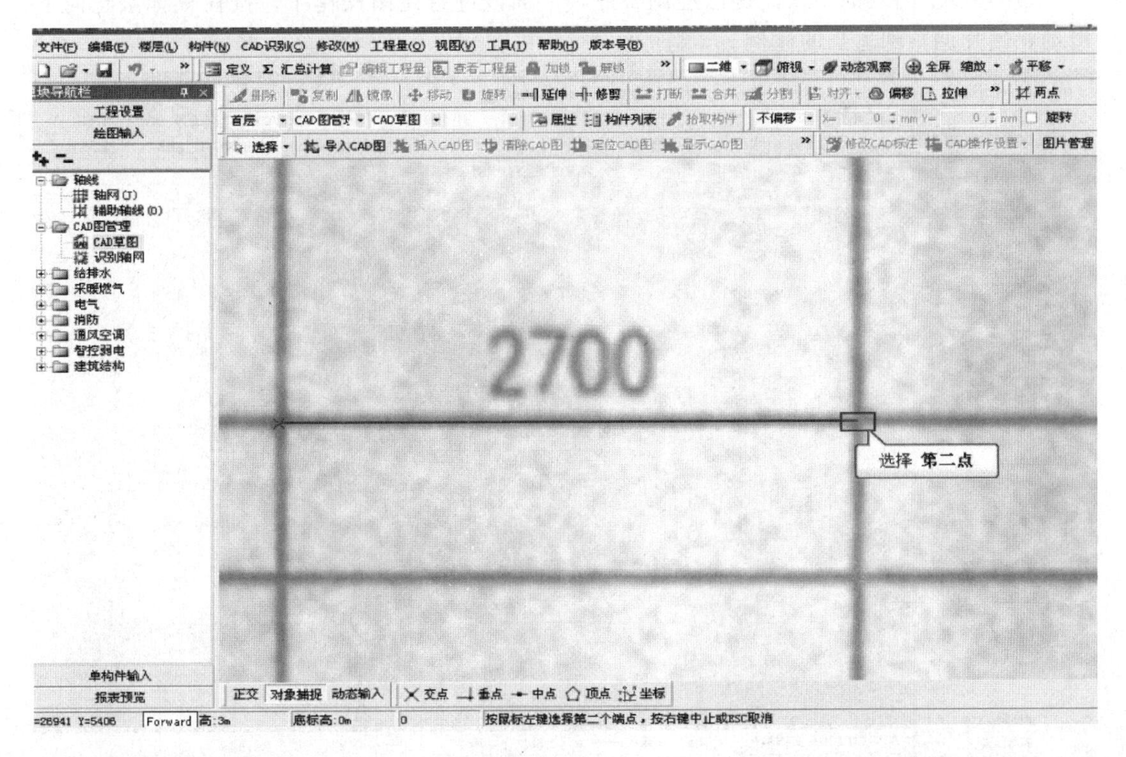

（17）软件会弹出两点间的距离为 2700 的提示，说明原图与导入图片的比例是 1∶1，点击确定按钮。

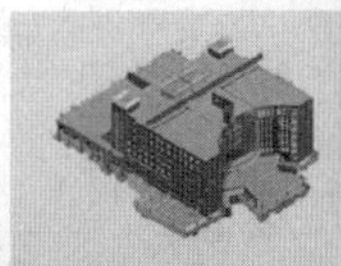

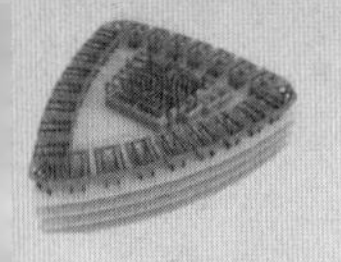

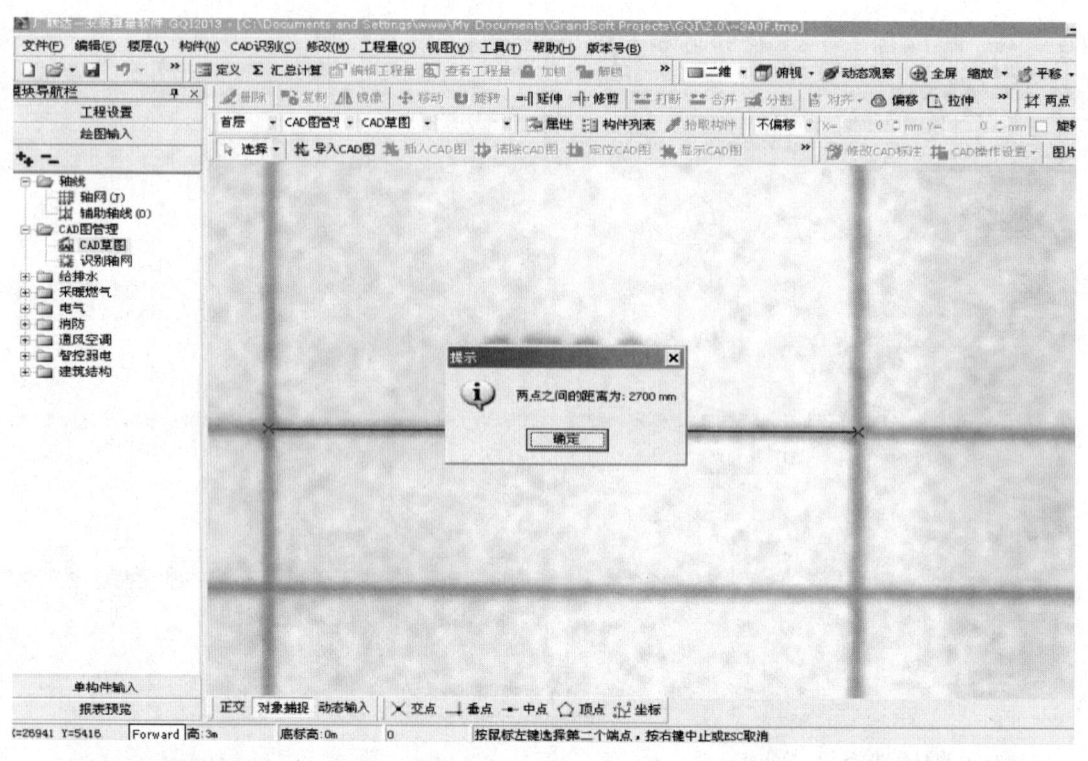

（18）以上图纸的导入比例已经调整好，下面该进行绘图操作了。按住鼠标滚轮向下滑动将图片调整到适当的比例。

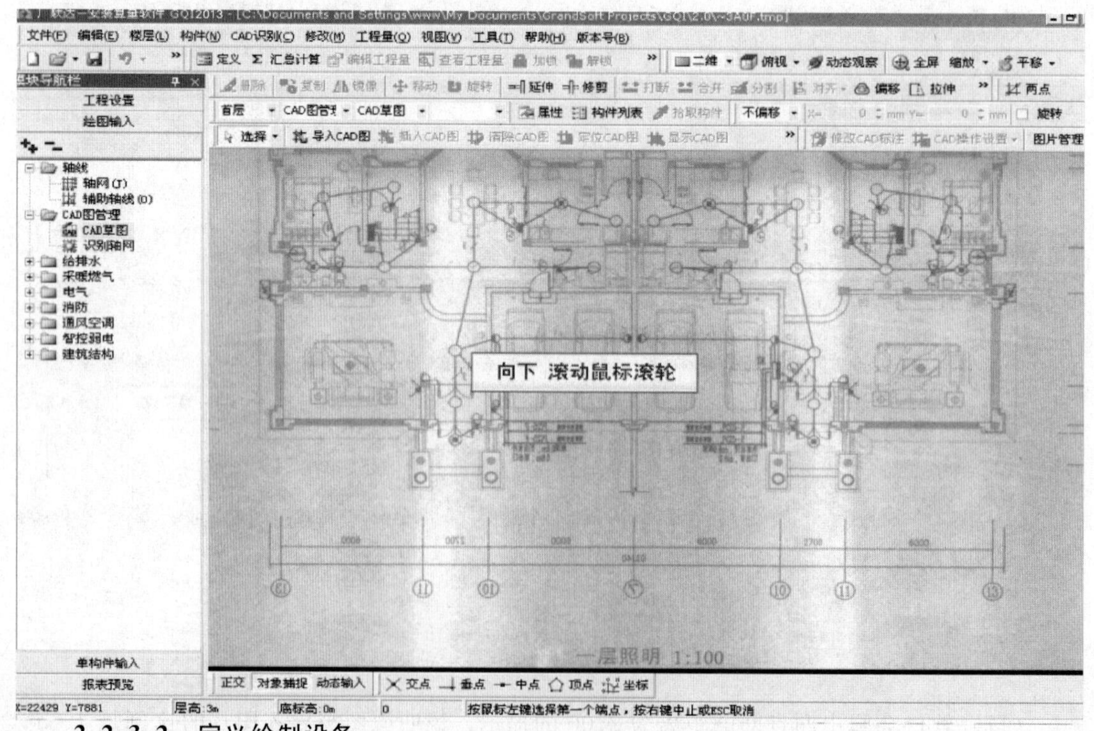

2.2.3.2 定义绘制设备

具体操作步骤如下：

（1）只有图片时，利用软件进行工程量计算的方法是直接在图片上描图。首先绘制一下配电箱，点击配电箱构件类型，切换到配电箱绘图界面。点击导航栏电气专业下的配电箱柜。

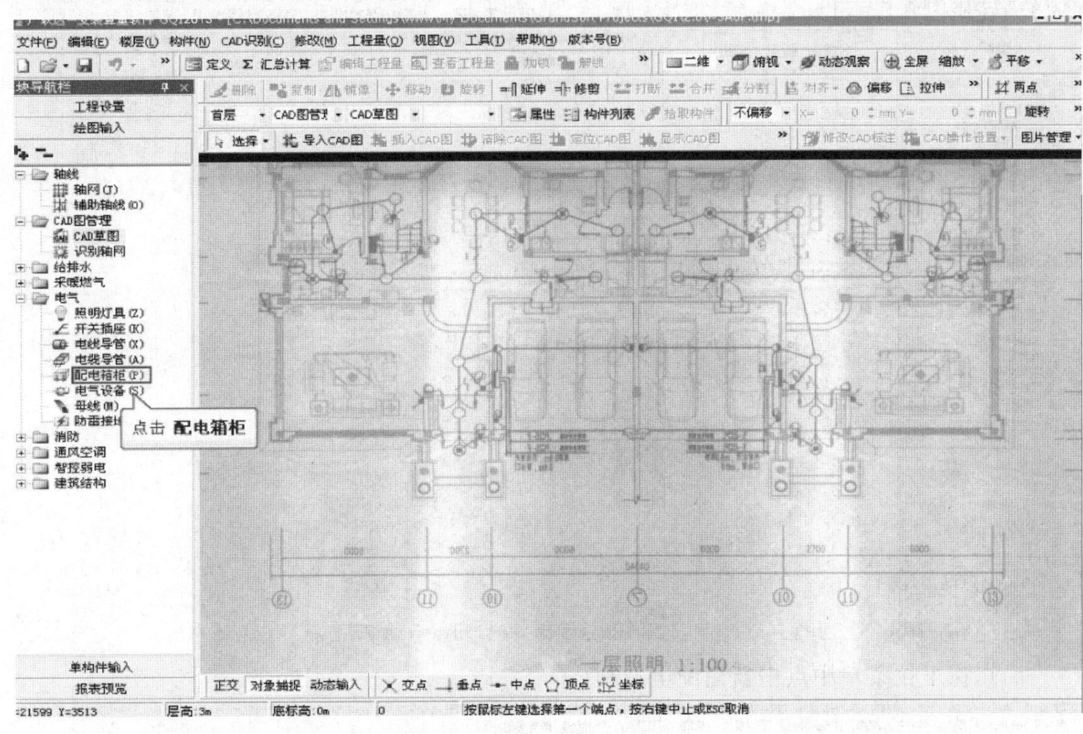

（2）然后点击工具栏上的定义按钮，进入定义界面。

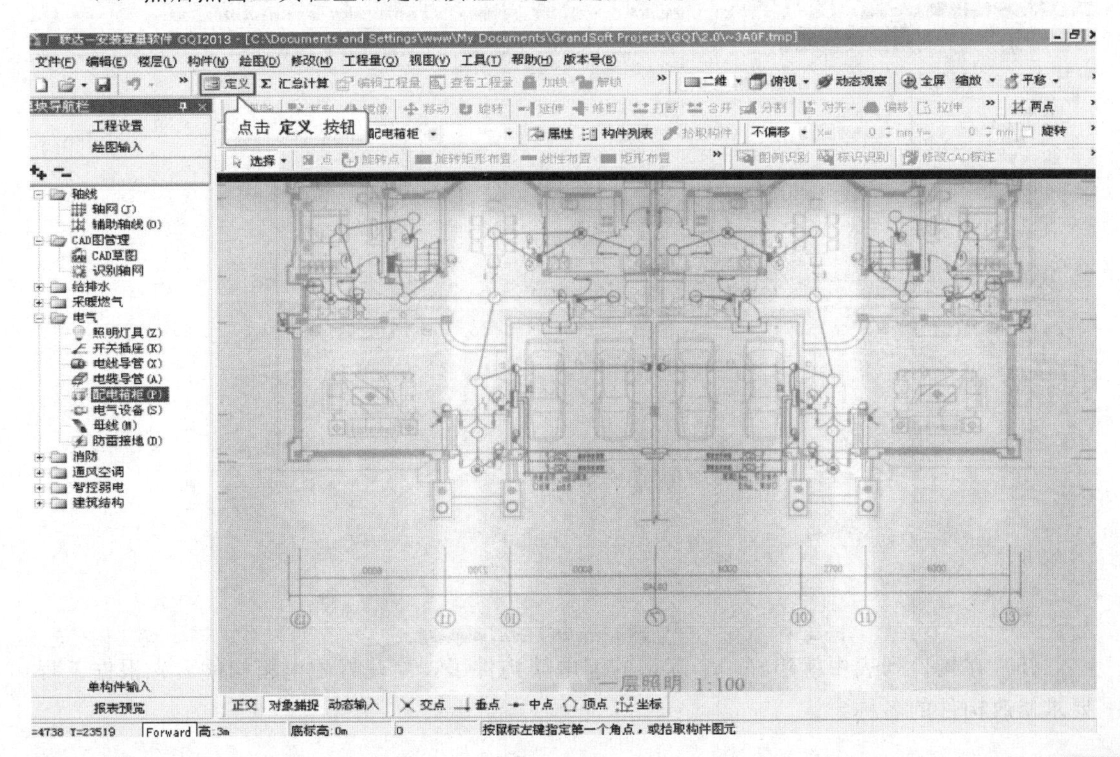

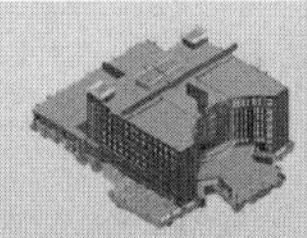

（3）先来定义一个配电箱构件，有了构件才能进行后续的描图操作。点击新建按钮。

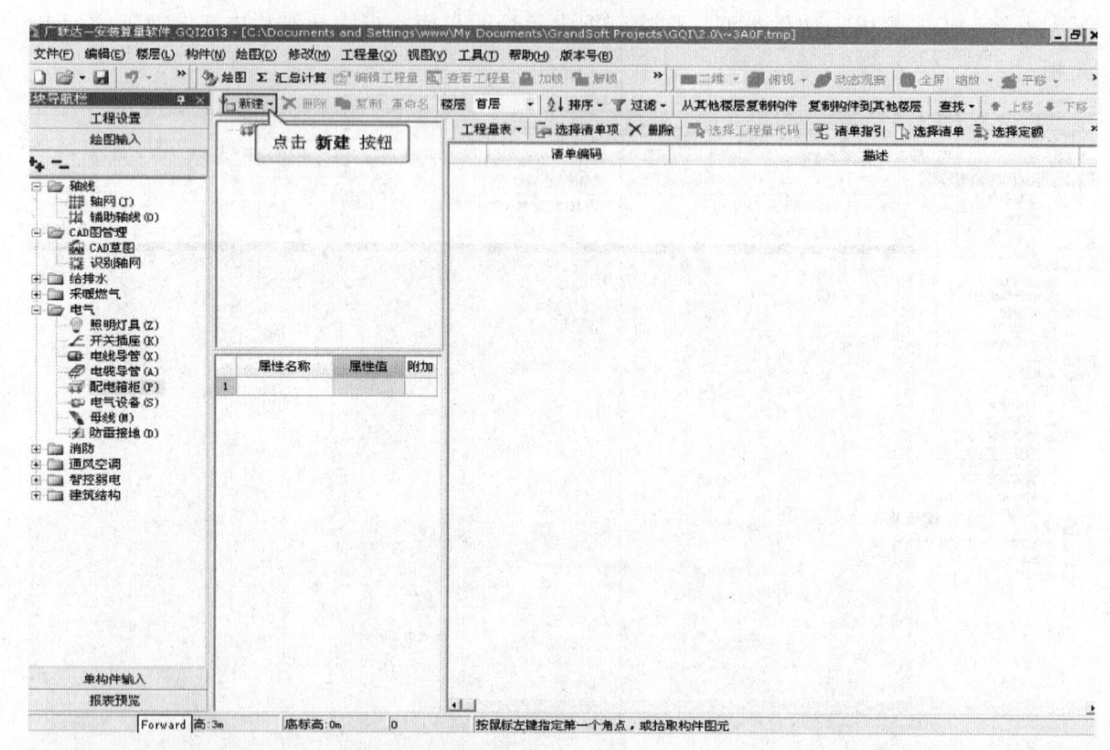

（4）在下拉菜单中点击新建配电箱柜。

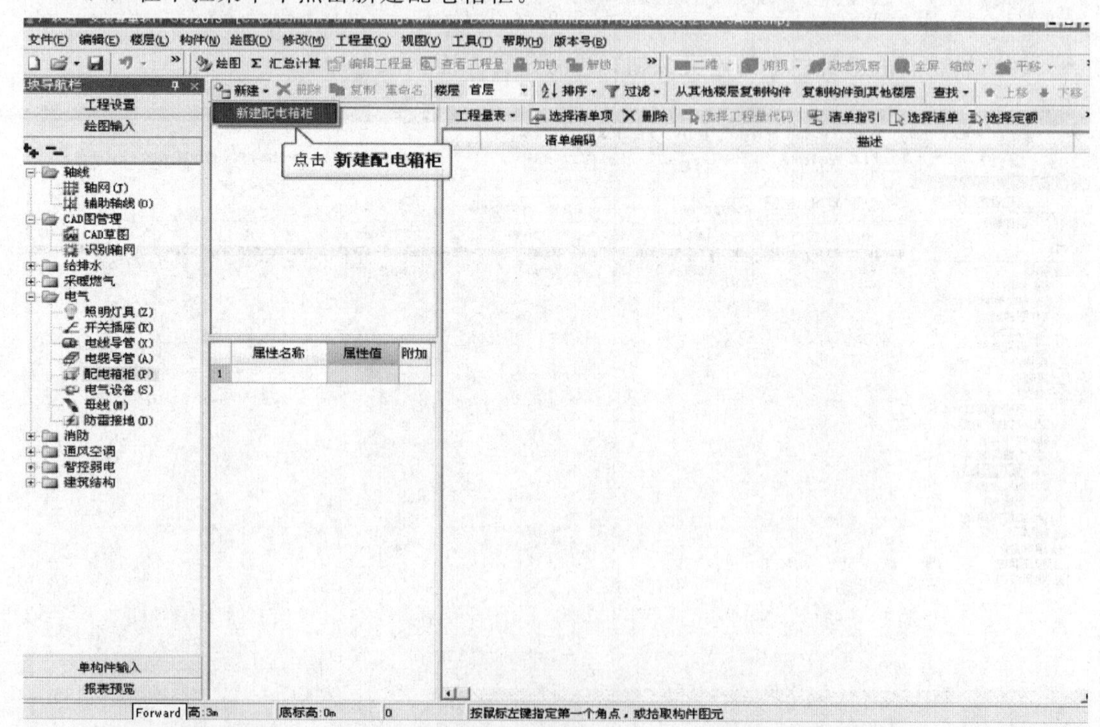

（5）在构件列表中就建好一个默认的配电箱构件了，新建好配电箱构件后先根据工程要求修改构件的名称。

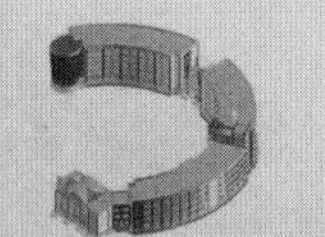

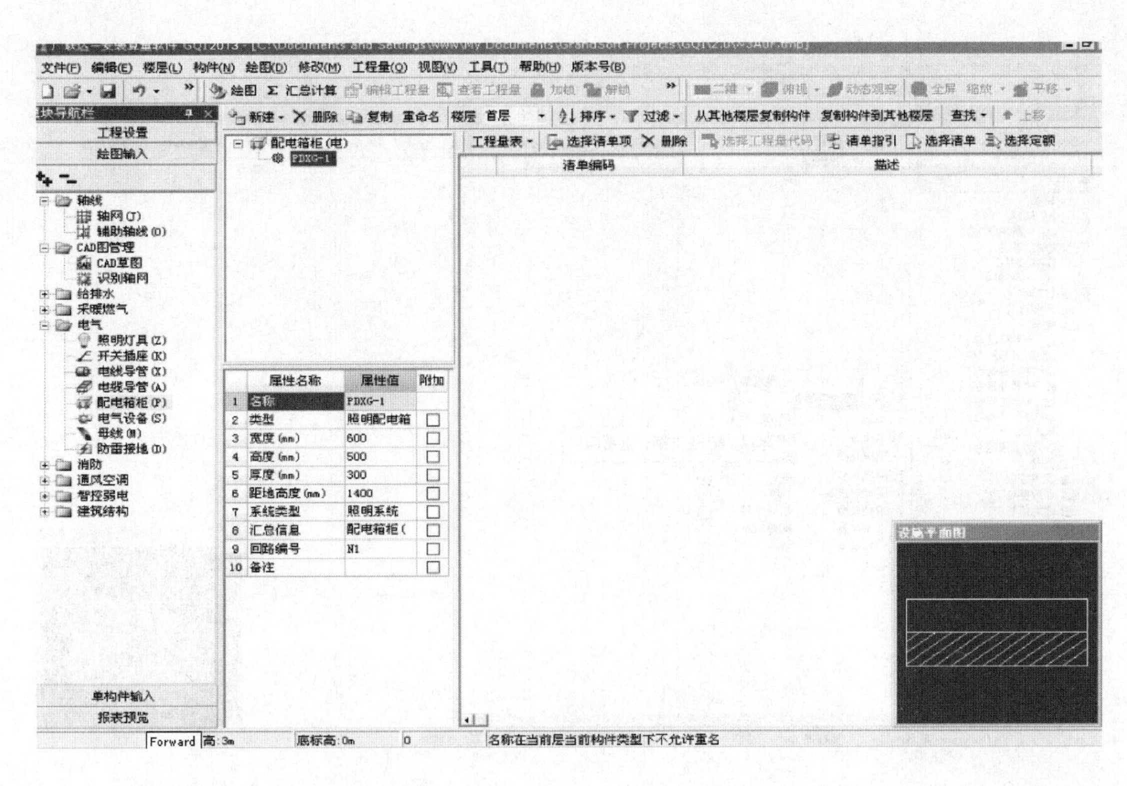

（6）点击属性框中的名称后面的属性值。

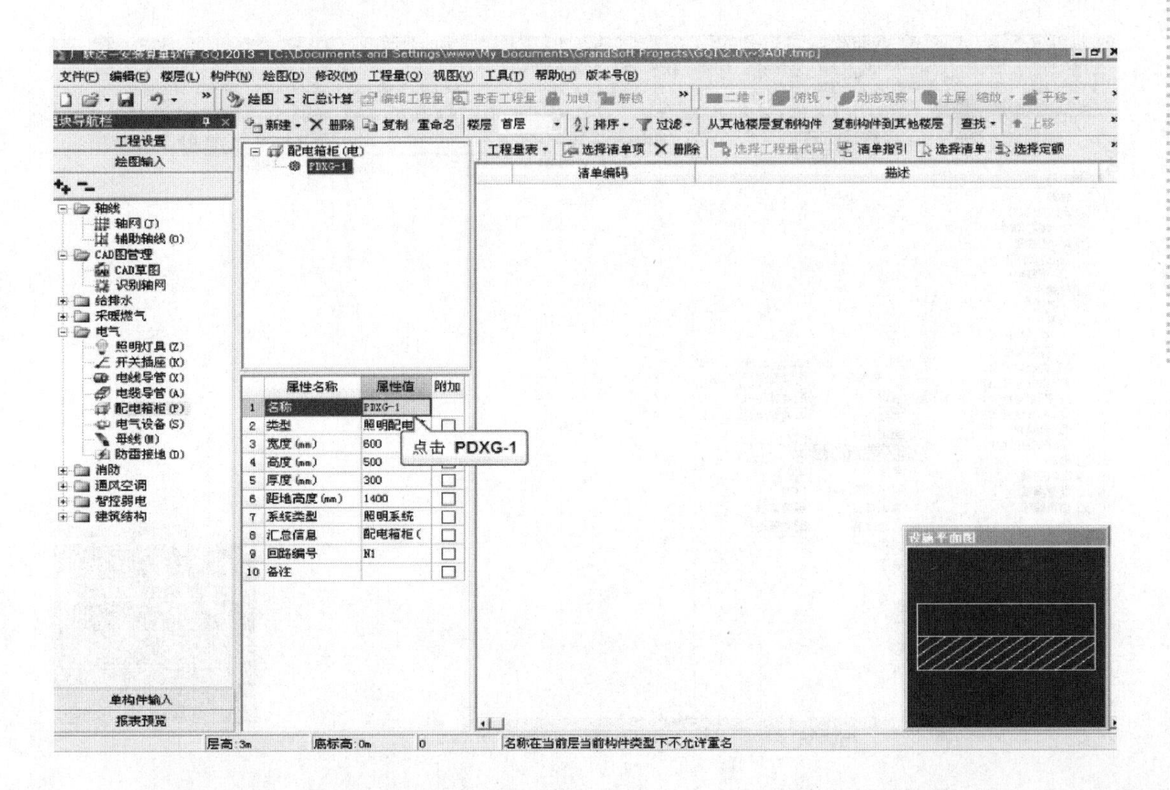

（7）将默认的名称修改为配电箱柜。

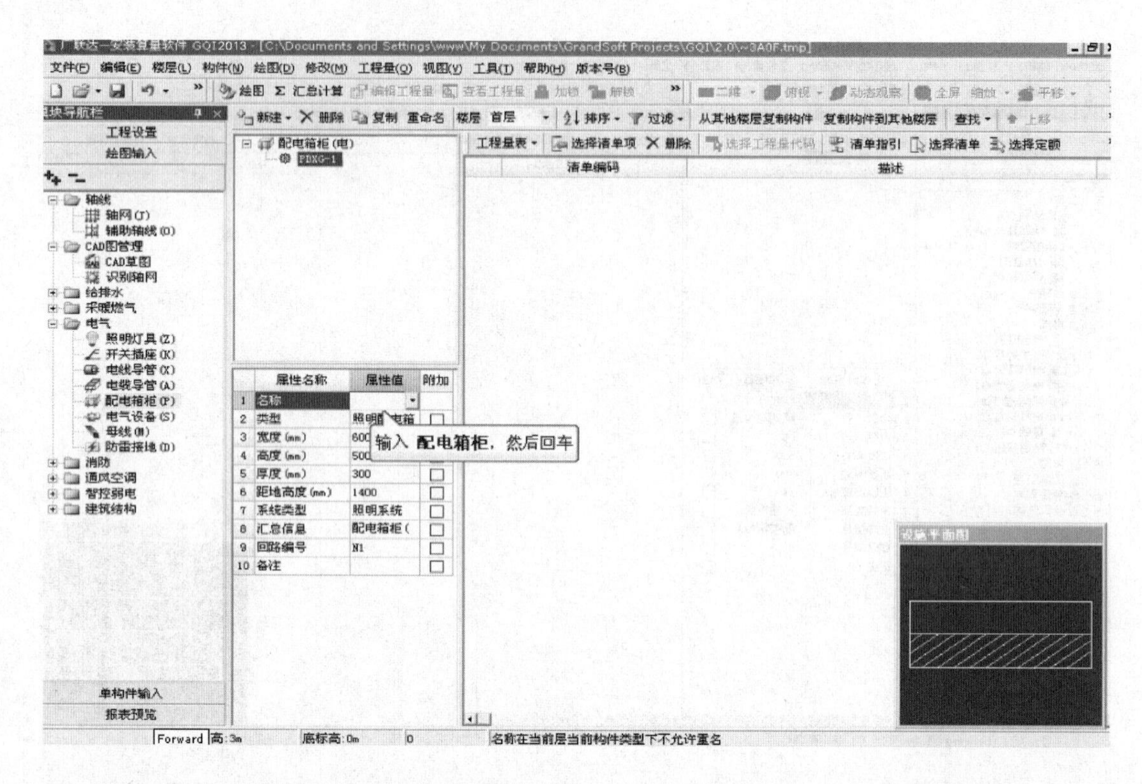

（8）根据图纸的要求调整配电箱的属性值，高度为默认的500，宽度为默认的600。

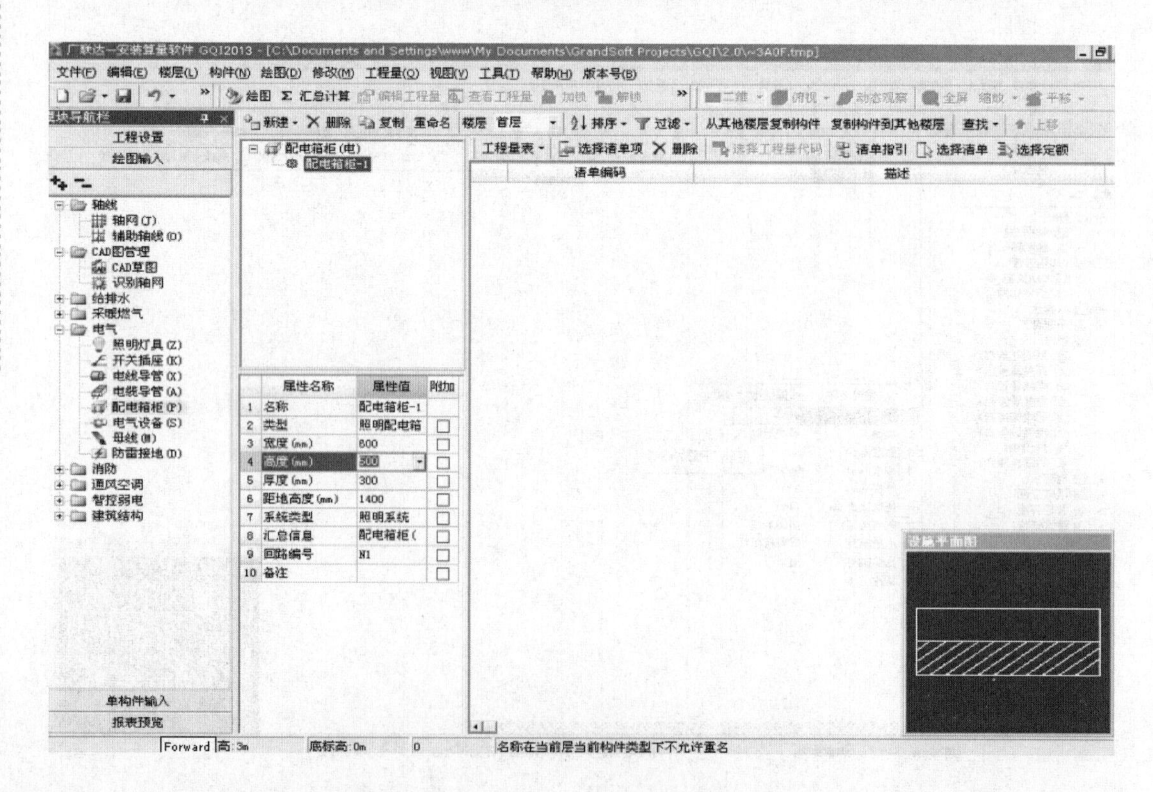

（9）点击距地高度，修改距地高度为1.5m，按回车确定。

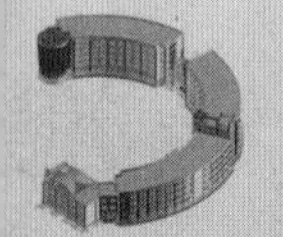

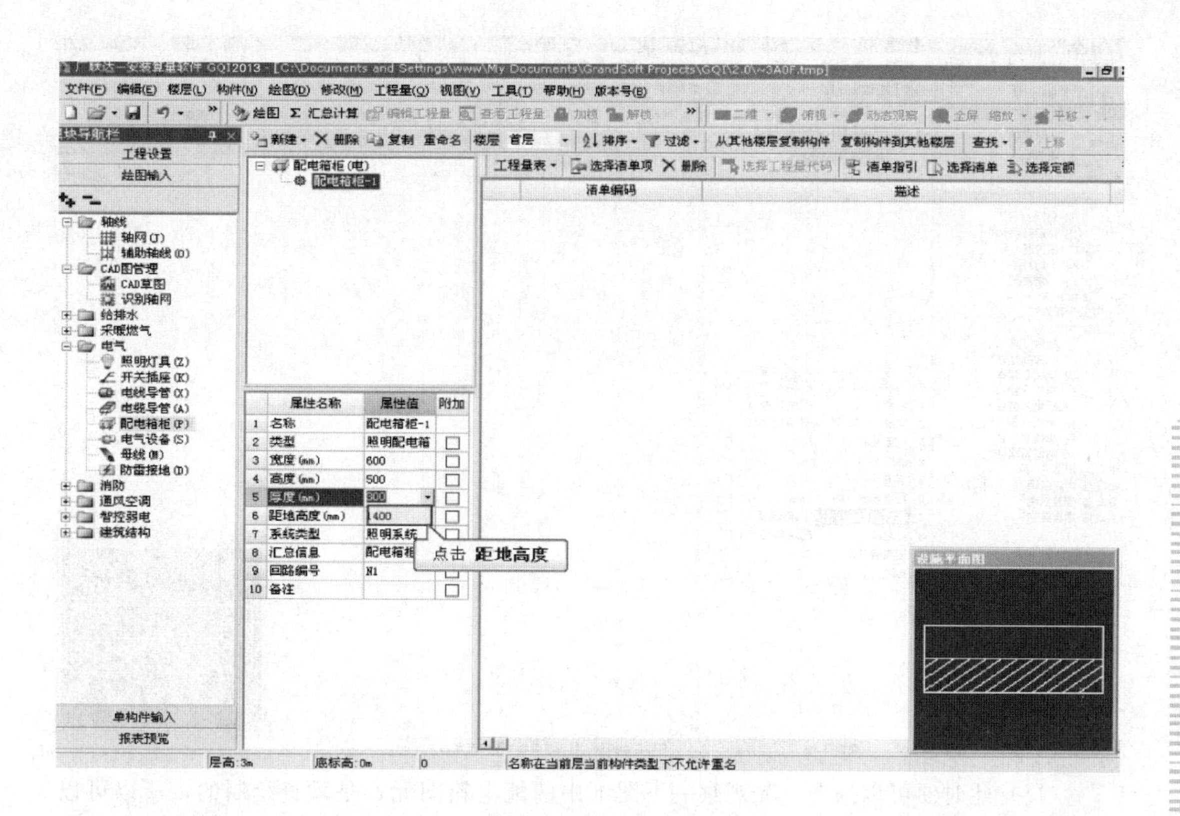

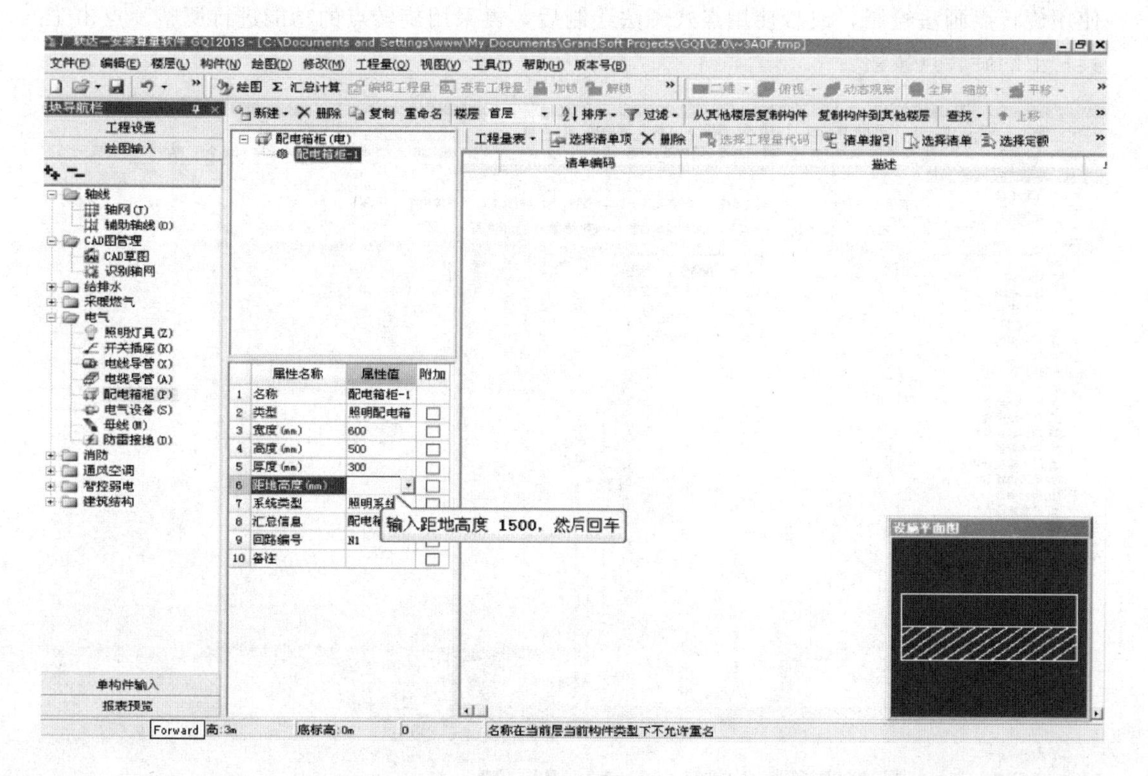

（10）按图纸要求修改好配电箱的属性值之后，点击工具栏的绘图按钮返回绘图界面。

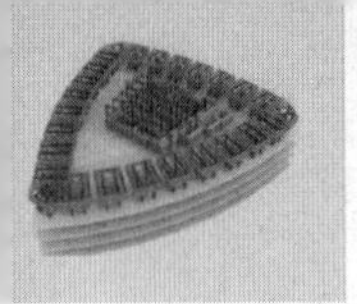

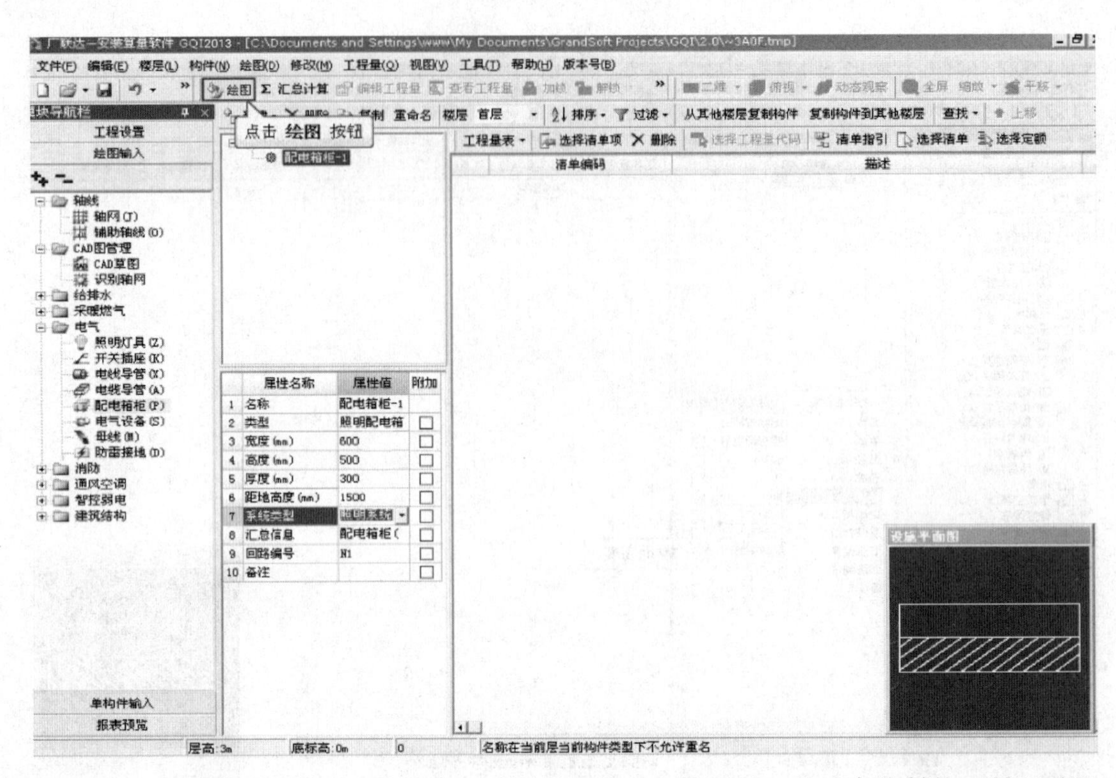

(11) 此时便可以描图。先观察一下图纸中的配电箱图元，是垂直绘制的，所以可以使用旋转点画法绘制，或者使用点式画法绘制后，再采用旋转点的功能进行调整。点击工具栏上的旋转点按钮。

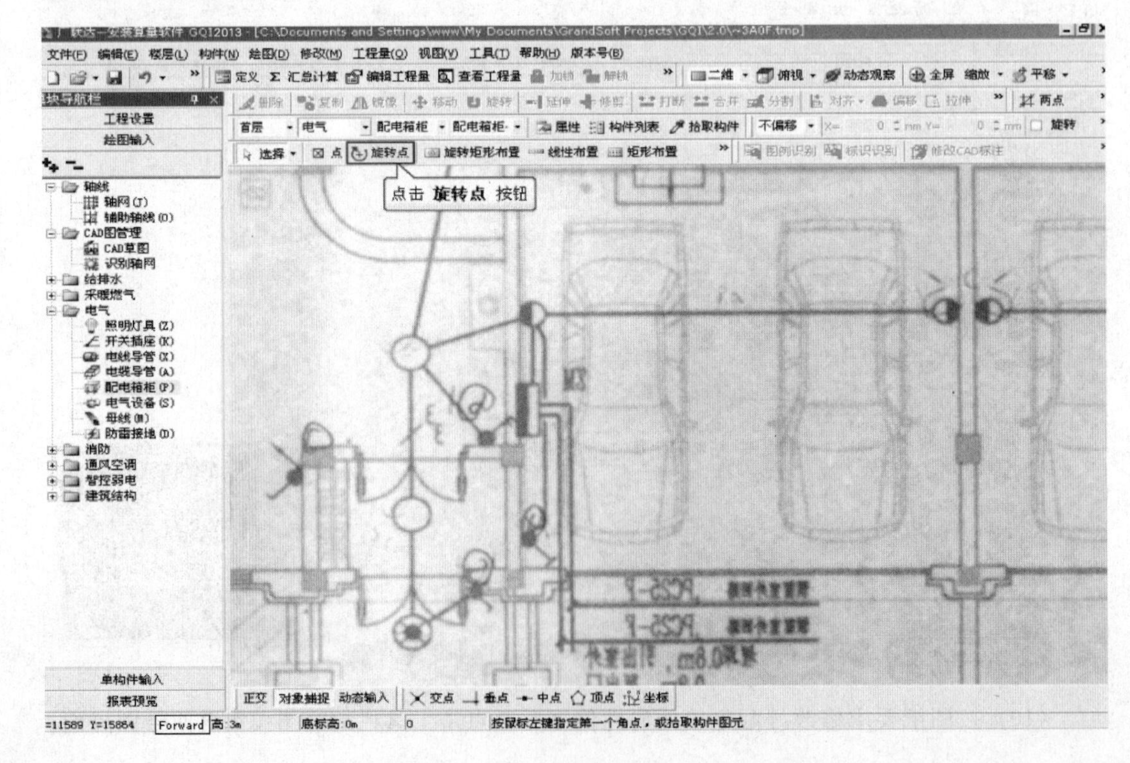

（12）在绘图区的图片中找到需要绘制配电箱的位置，根据状态栏中的提示信息，先用鼠标左键选定插入点，再点击鼠标左键指定一个旋转角点，以便确立旋转的方向。用同样的方法来绘制第二个配电箱。

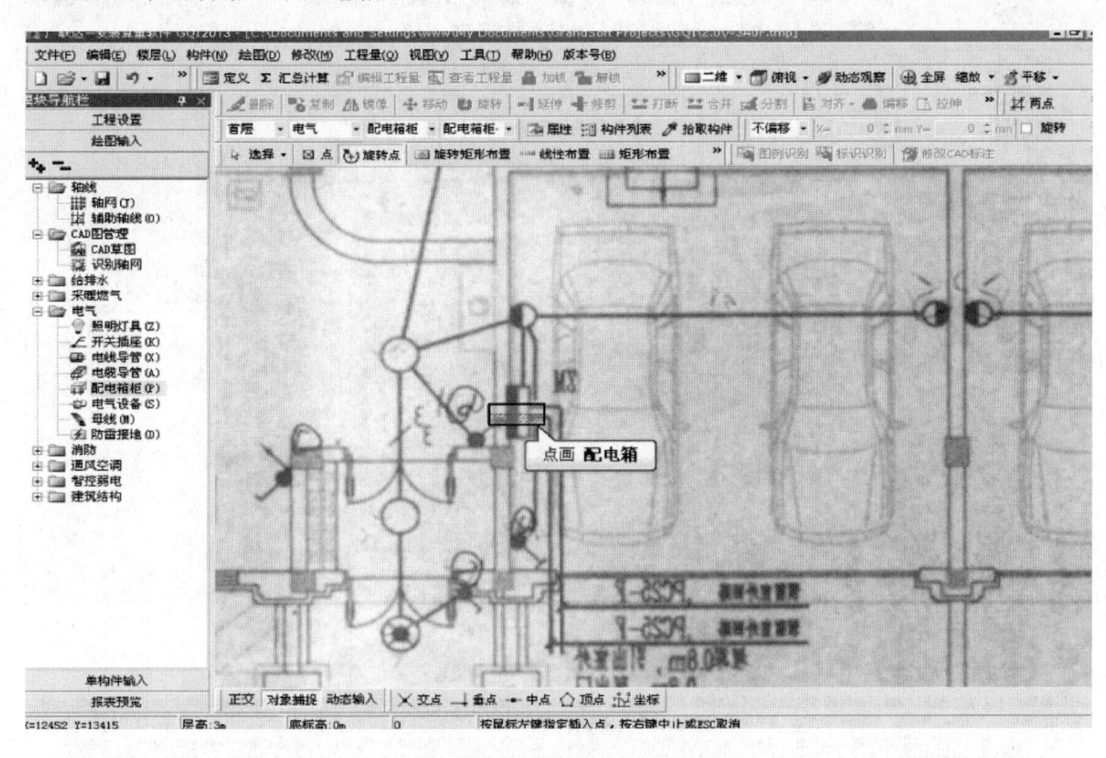

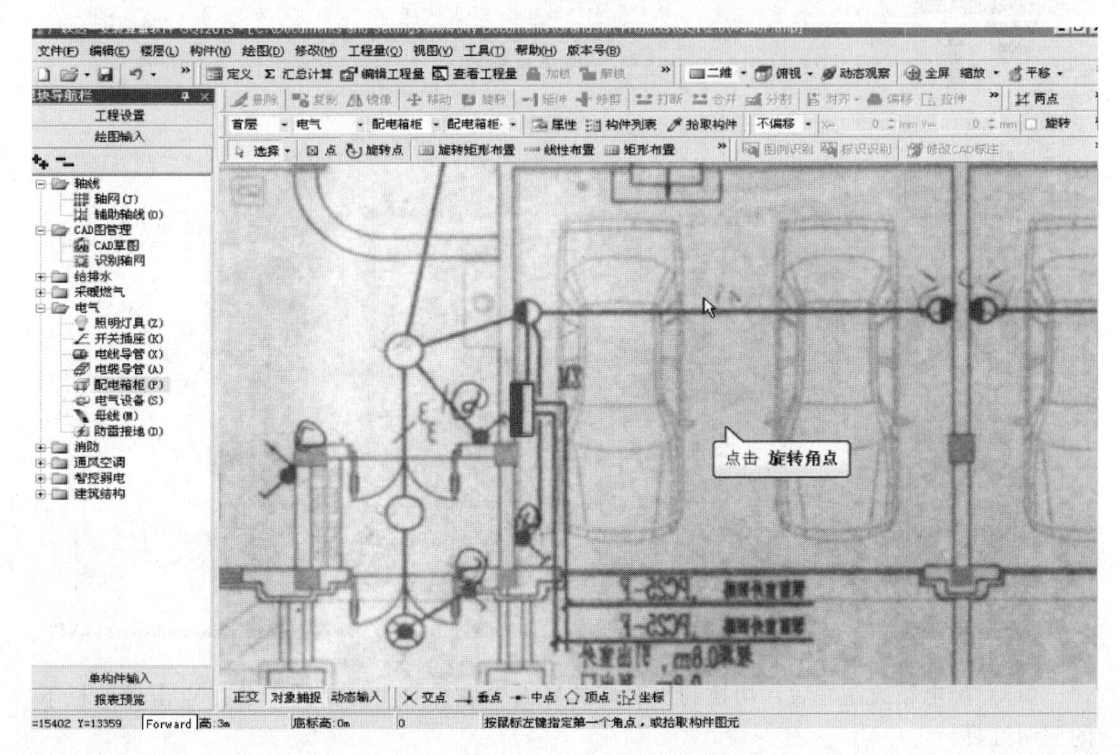

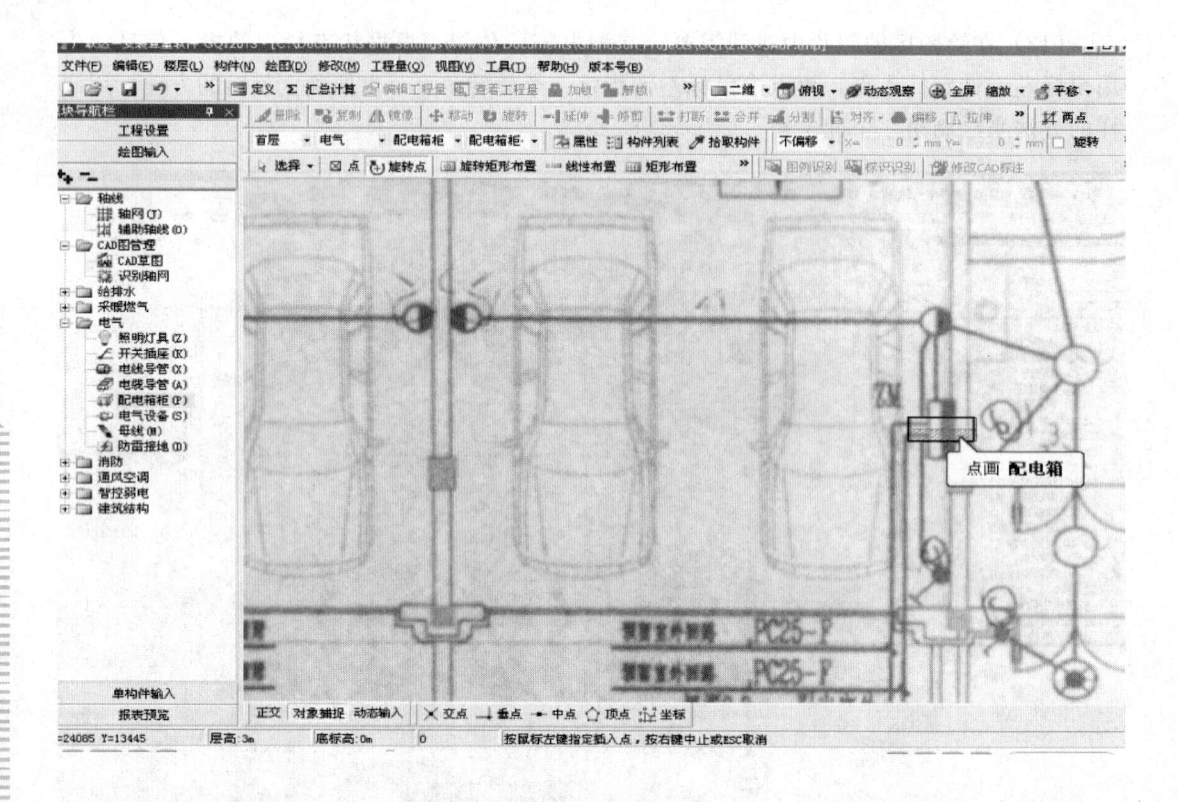

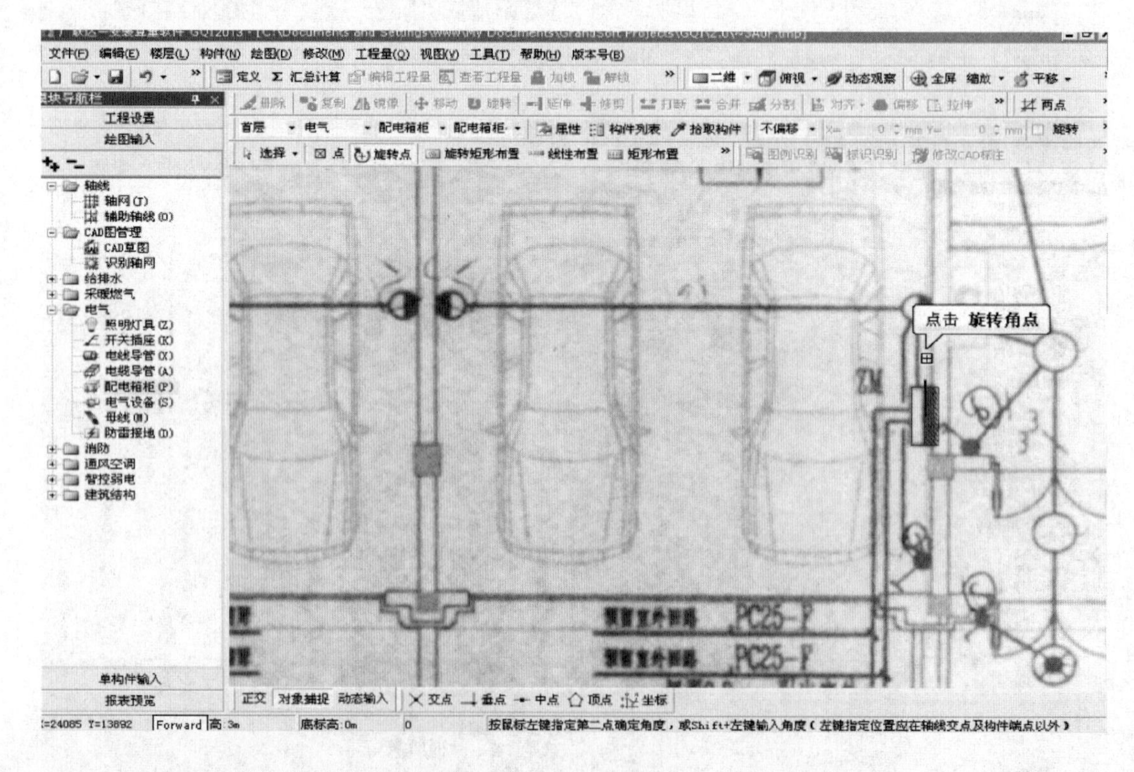

（13）配电箱绘制好后，切换到照明灯具界面中进行照明灯具的汇总。点击导航栏下的照明灯具。

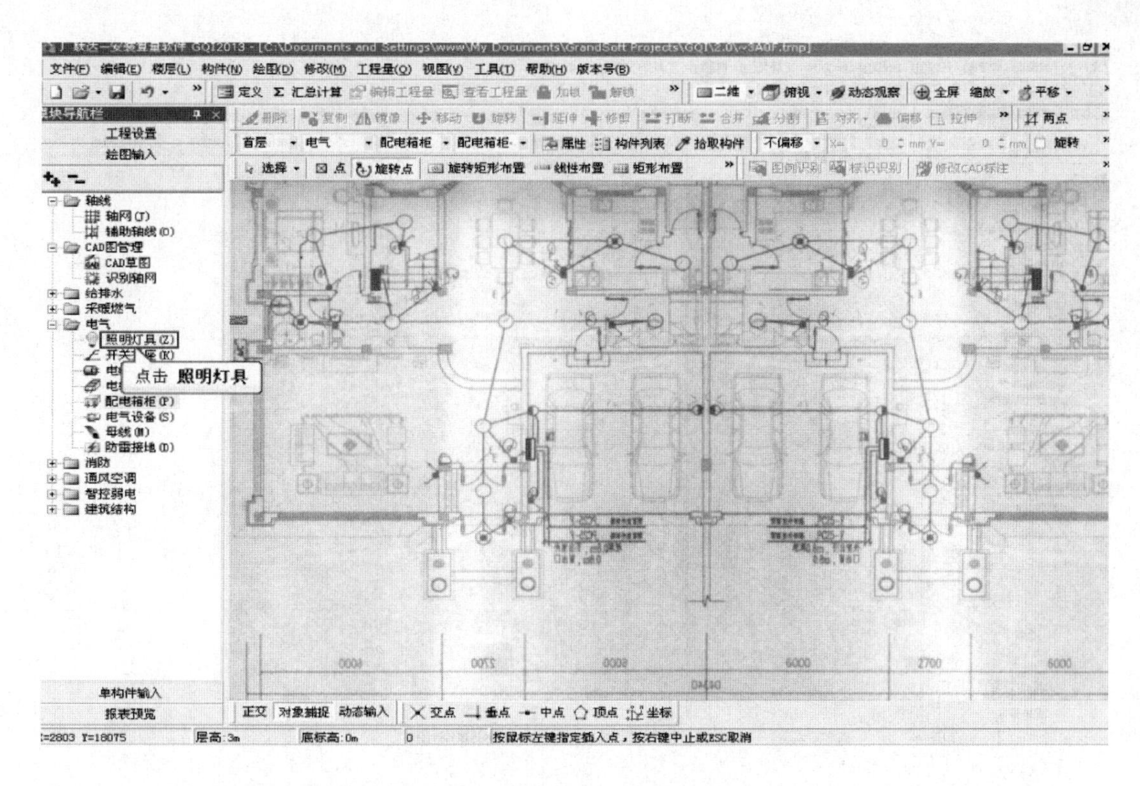

（14）进入定义界面进行定义构件，点击工具栏上的定义按钮。

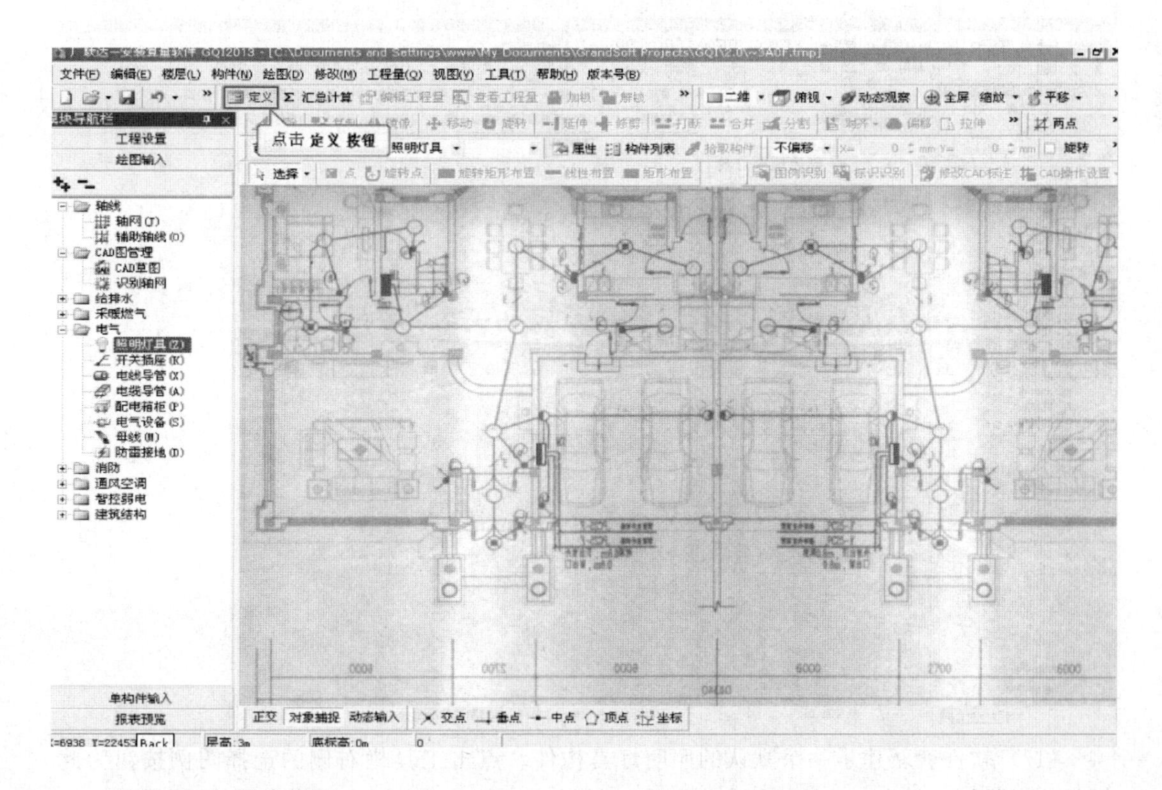

（15）点击新建按钮。

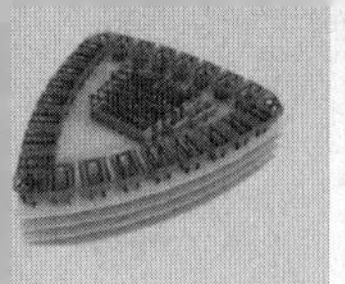

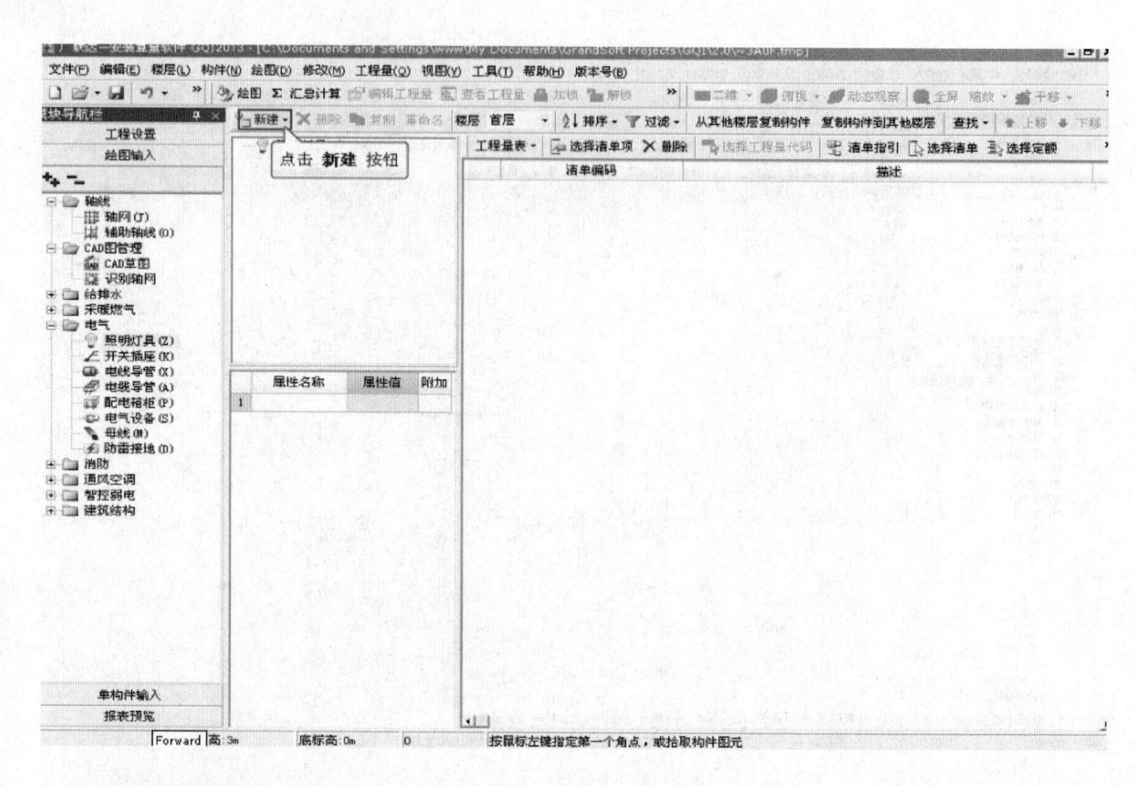

（16）选择新建照明灯具。

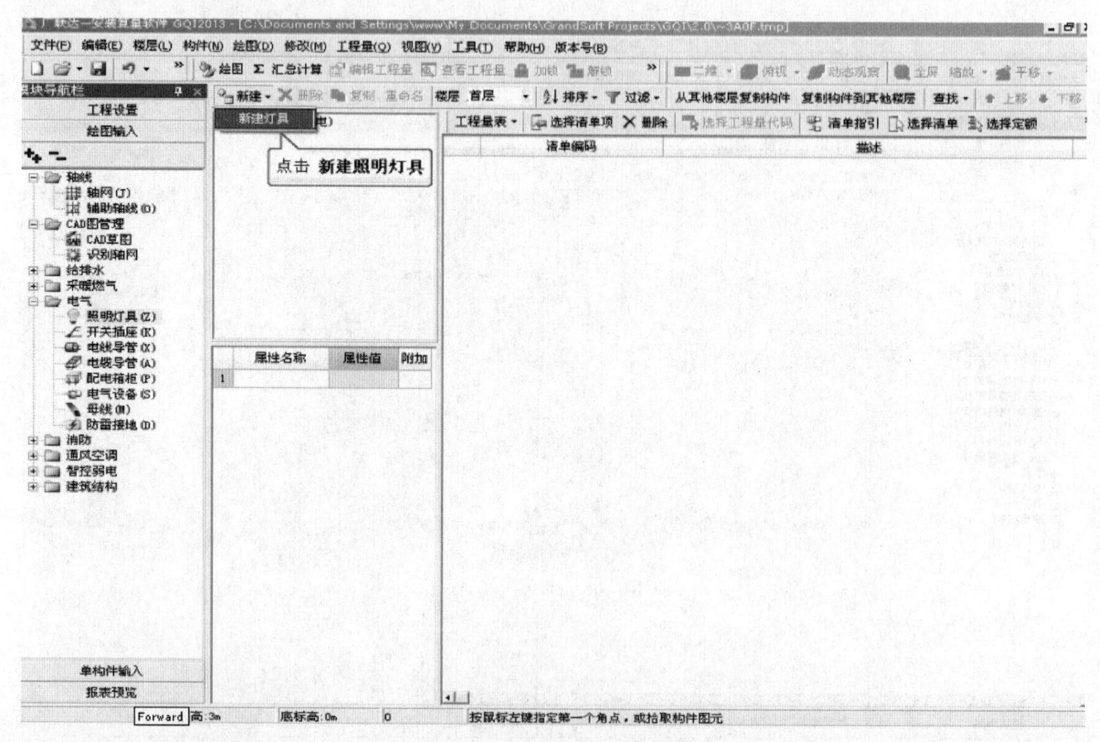

（17）软件就新建了一个默认的照明灯具构件。点击工具栏右侧的选择图例按钮为此灯具选择图例。

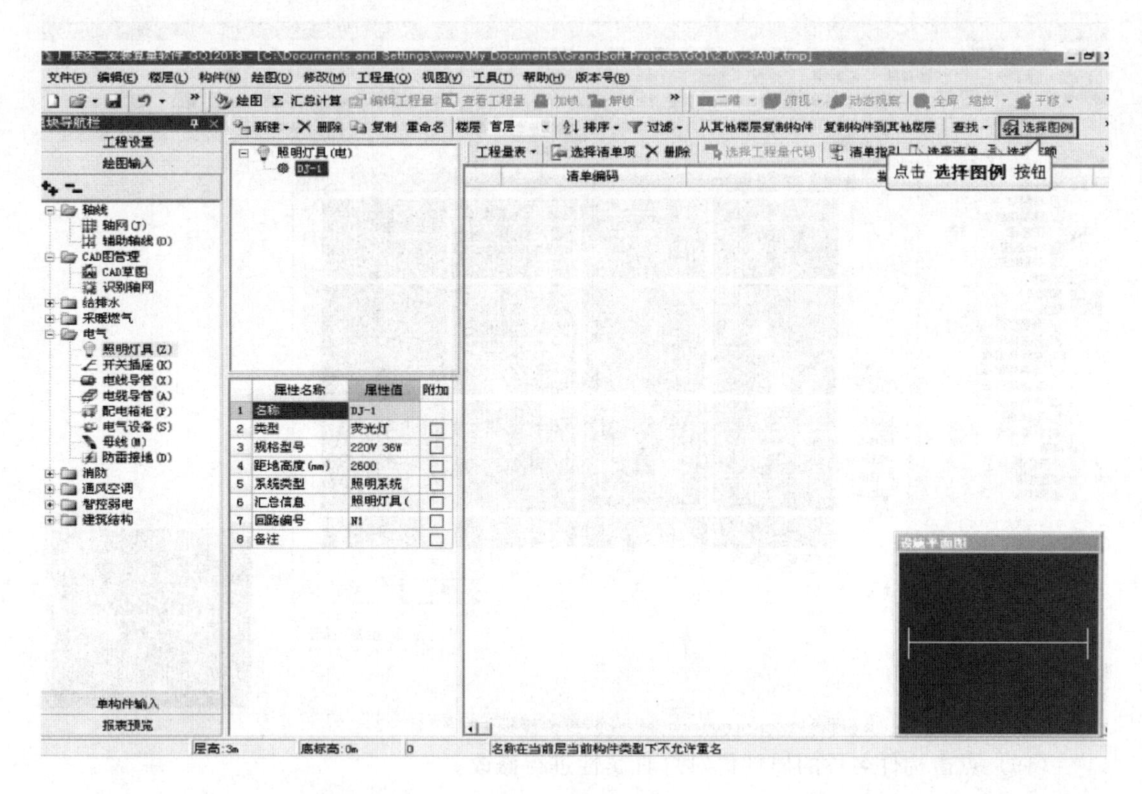

（18）在弹出的选择图例对话框中选择普通灯的图例，点击确定按钮。

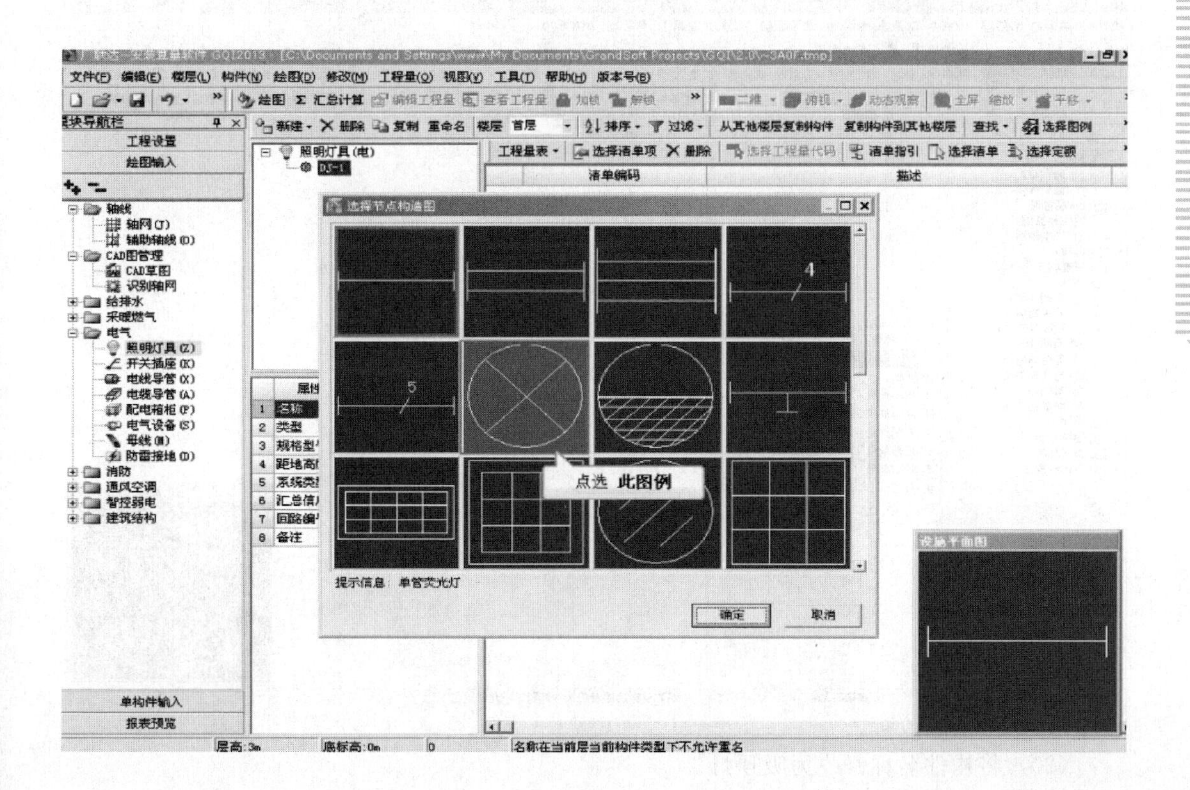

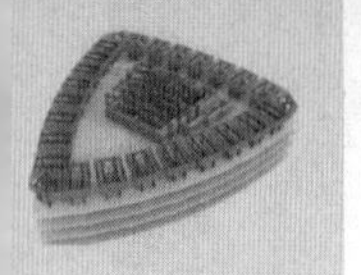

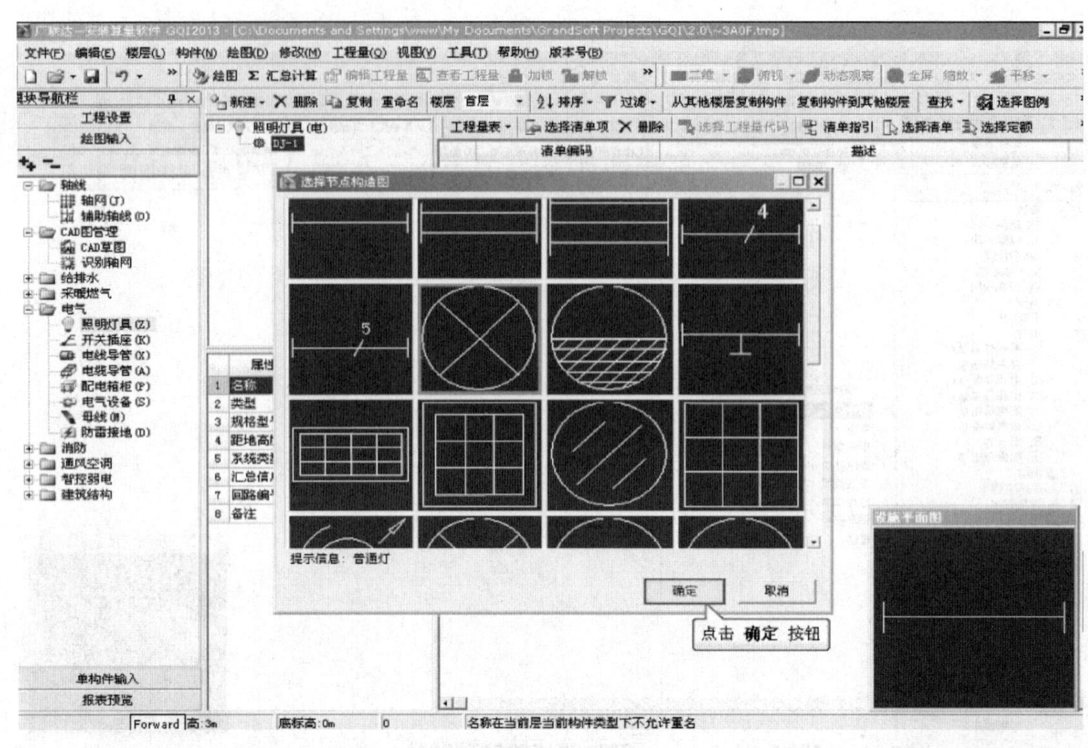

（19）点击构件名称的属性值对灯具属性进行修改。

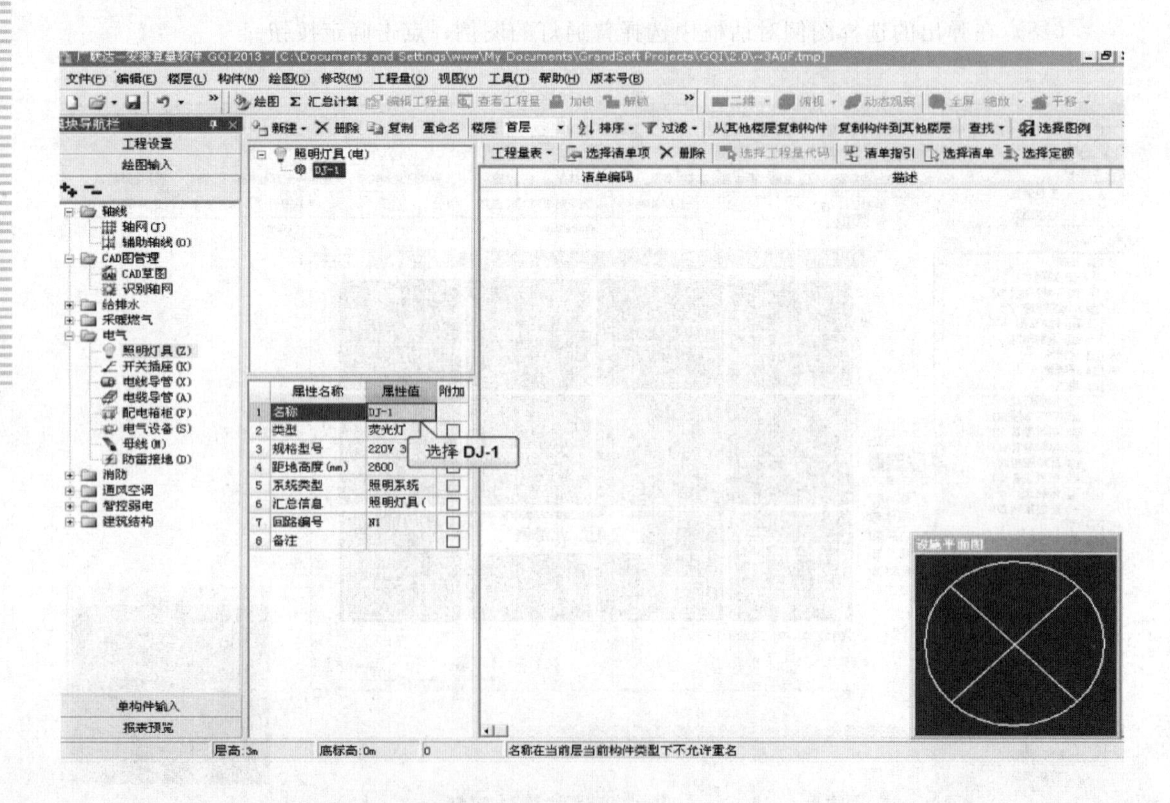

（20）将构件名称修改为吸顶灯。

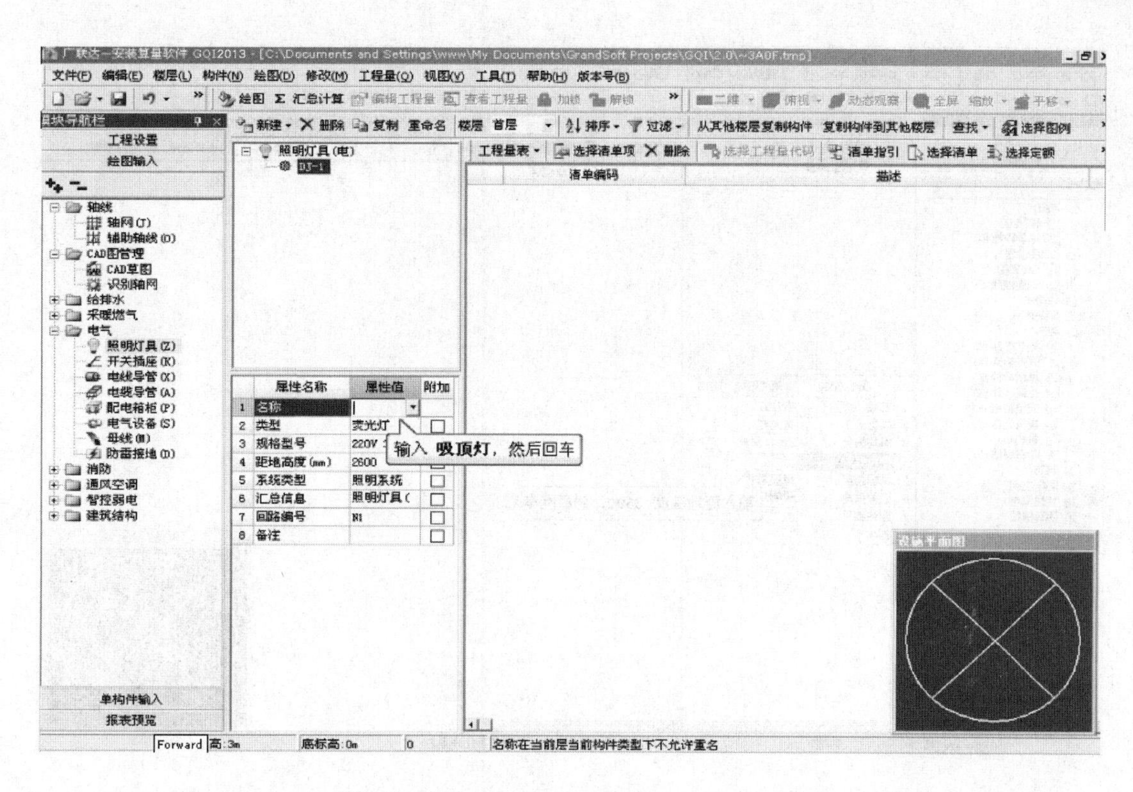

(21) 根据图纸要求需要修改该灯具的距地高度，点击距地高度后的属性值。

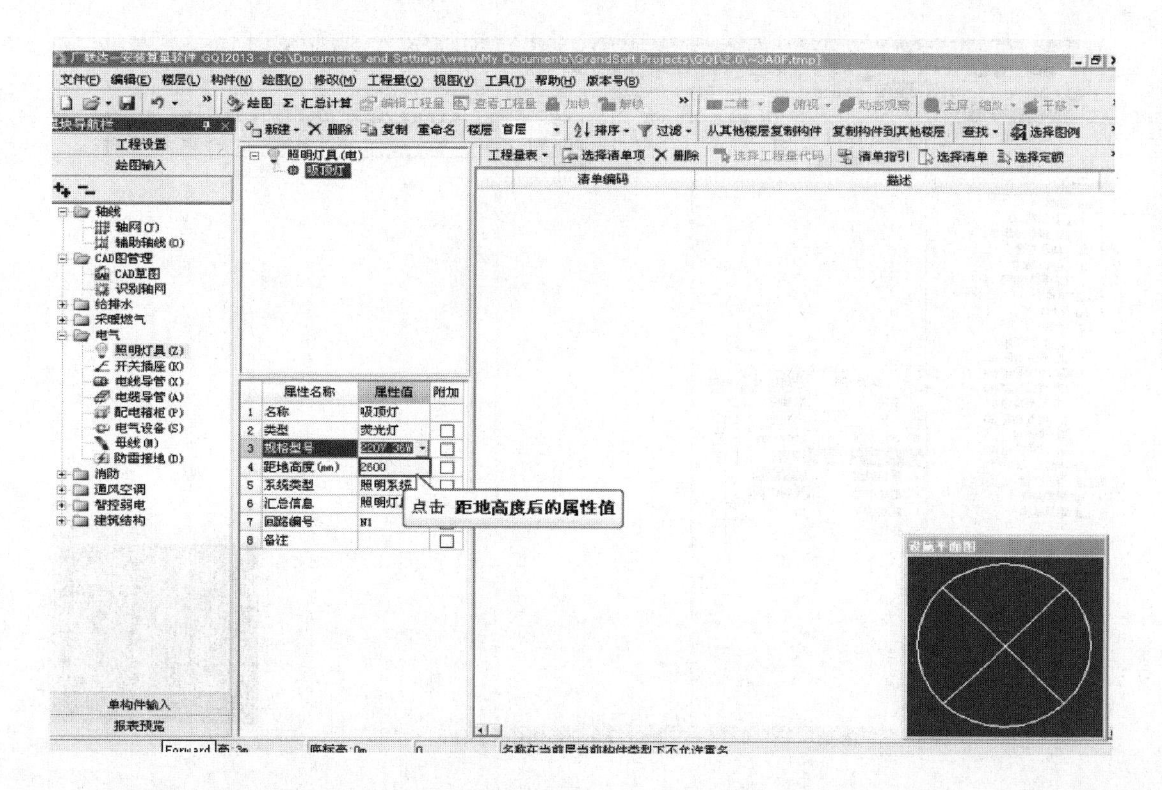

(22) 将距地高度修改为3.5m。

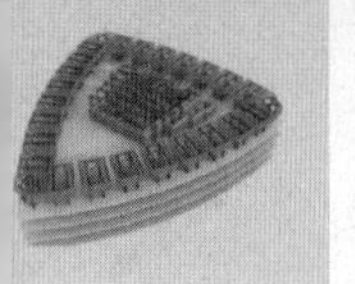

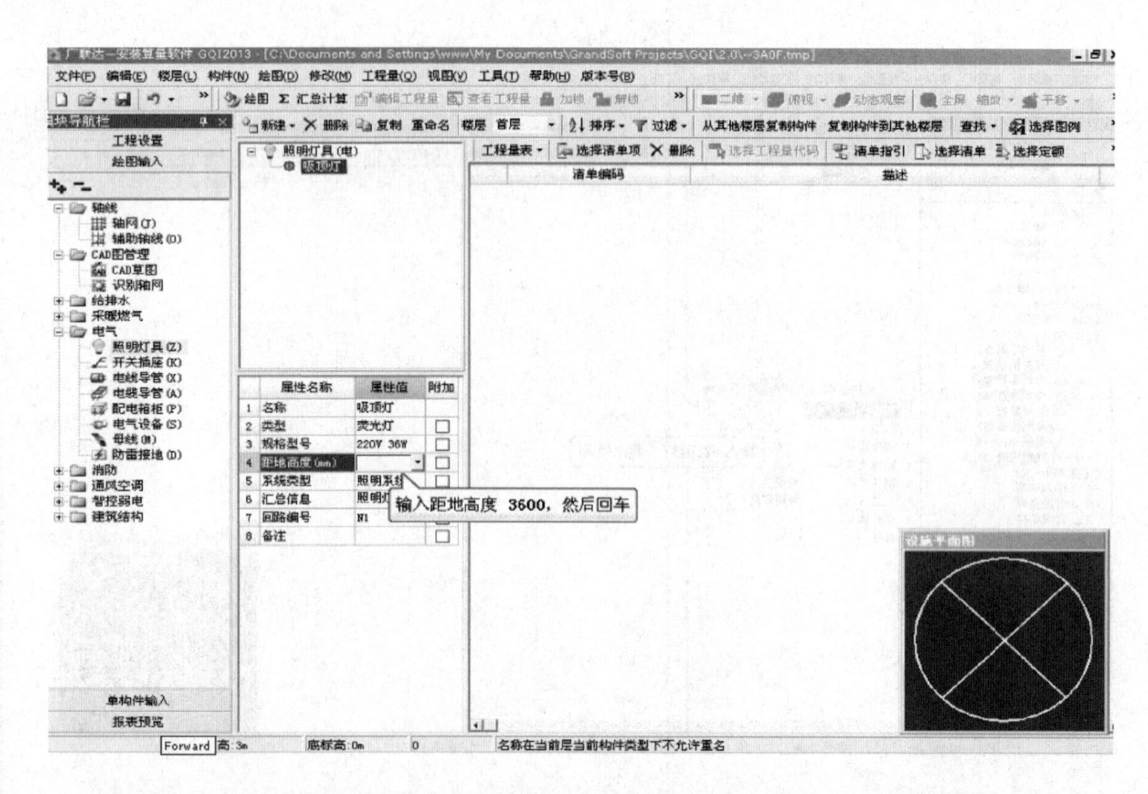

（23）定义好属性之后切换到绘图界面进行绘制，点击工具栏上的绘图按钮。

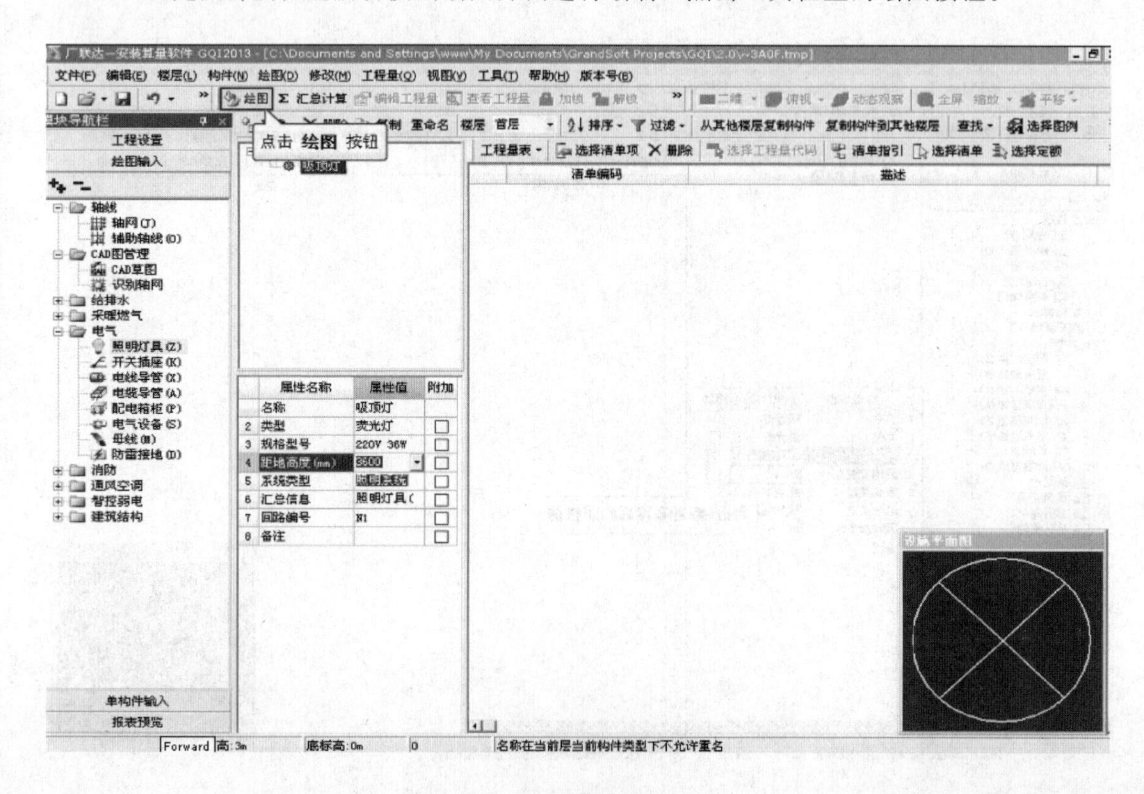

（24）在绘图界面，点击工具栏上的点画按钮。

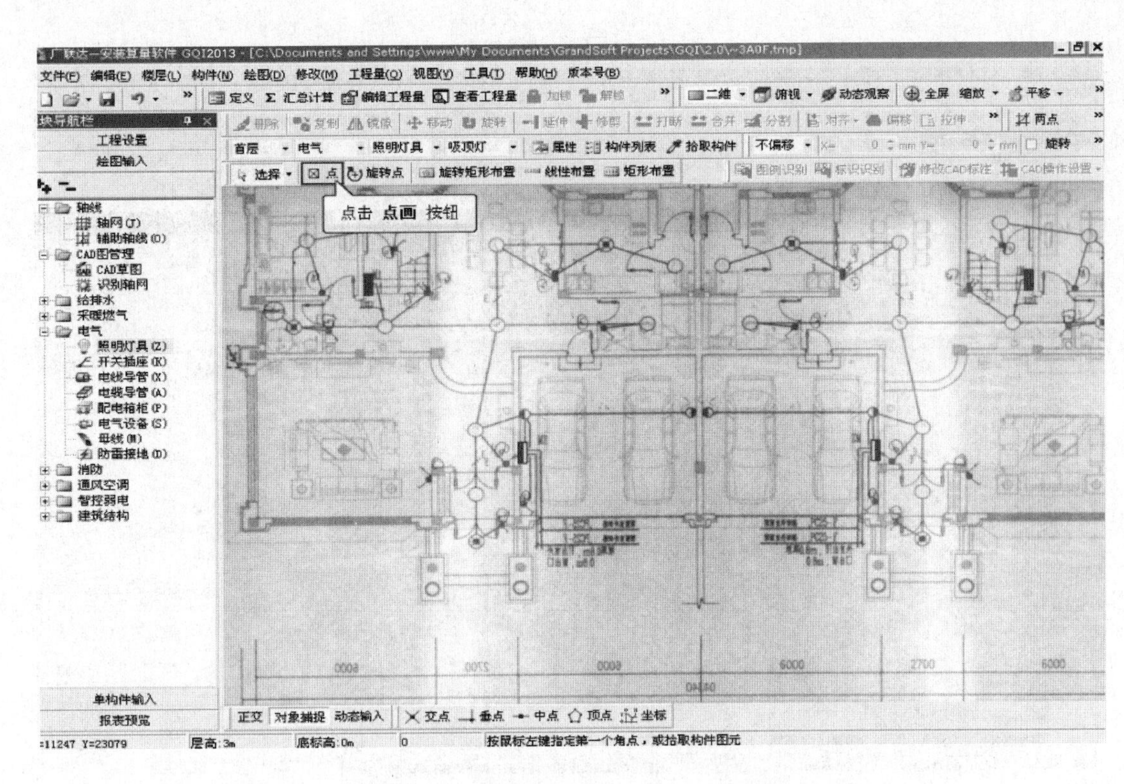

（25）在图纸中找到吸顶灯的位置，点击鼠标左键依次绘制吸顶灯。

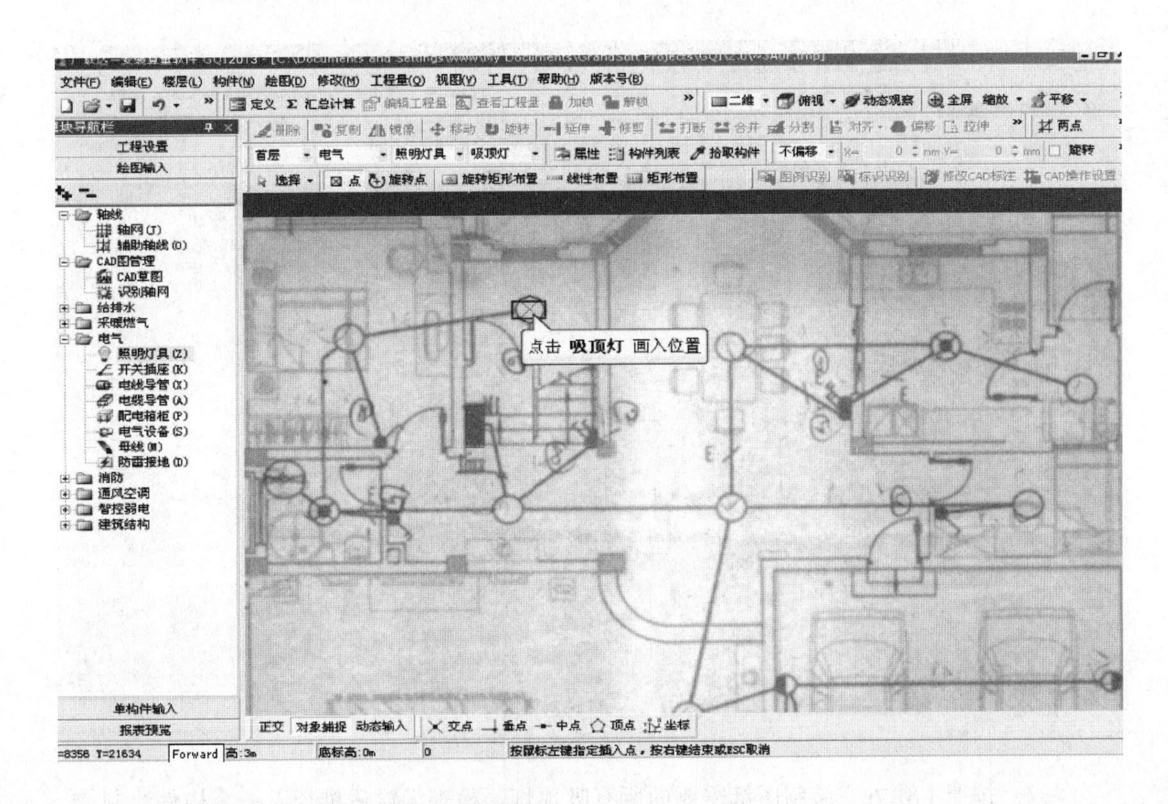

（26）继续绘制第二、第三个吸顶灯。

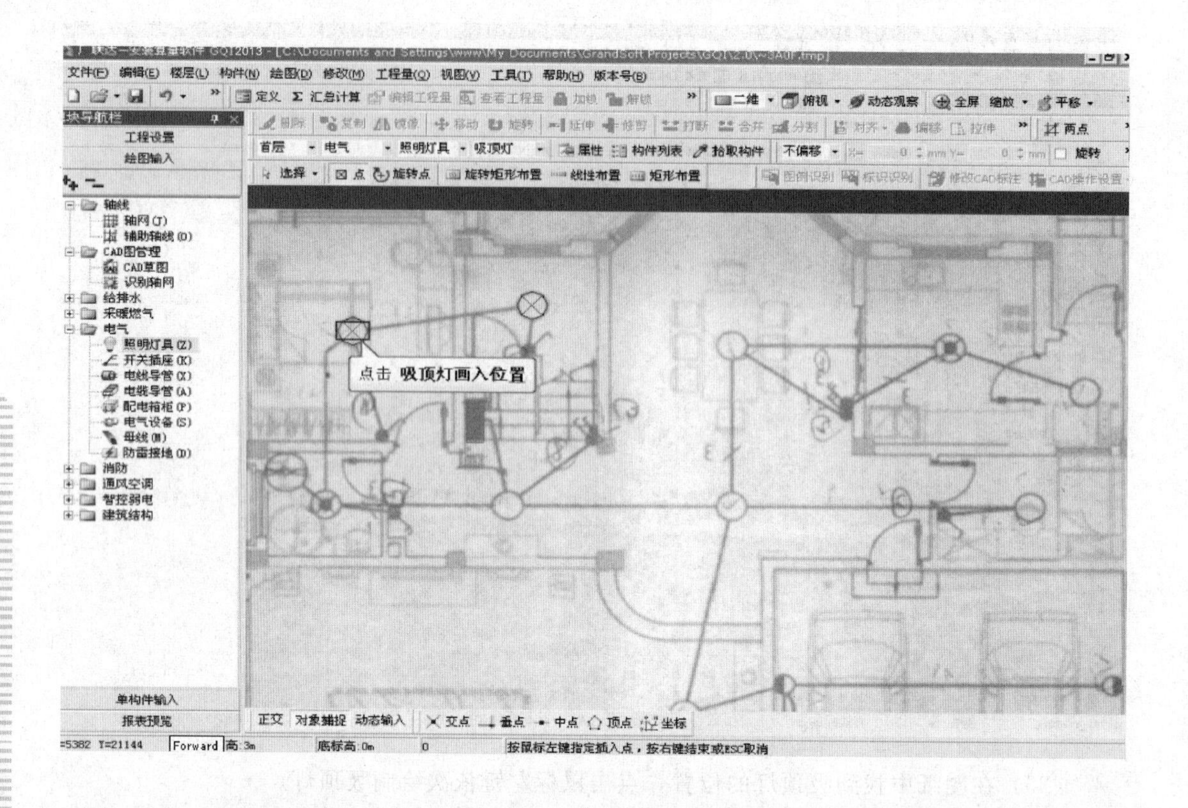

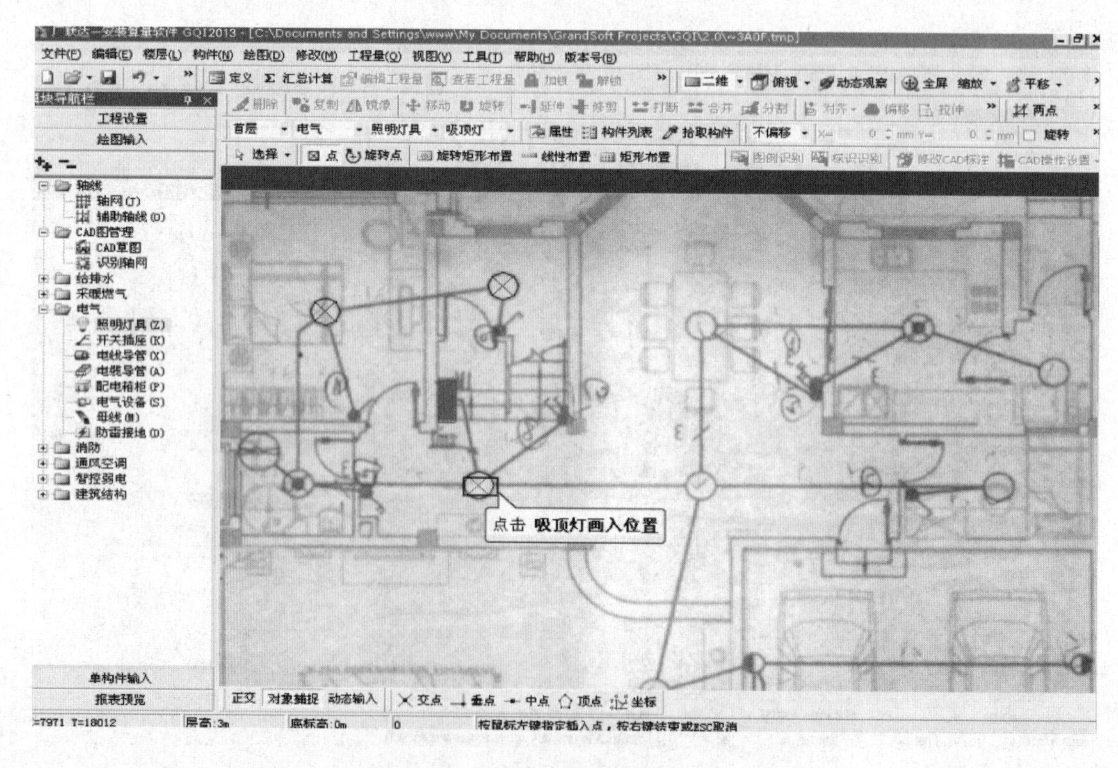

（27）按照上述方式绘制图纸需要的所有吸顶灯。检查无误后进行下一个构件绘制。

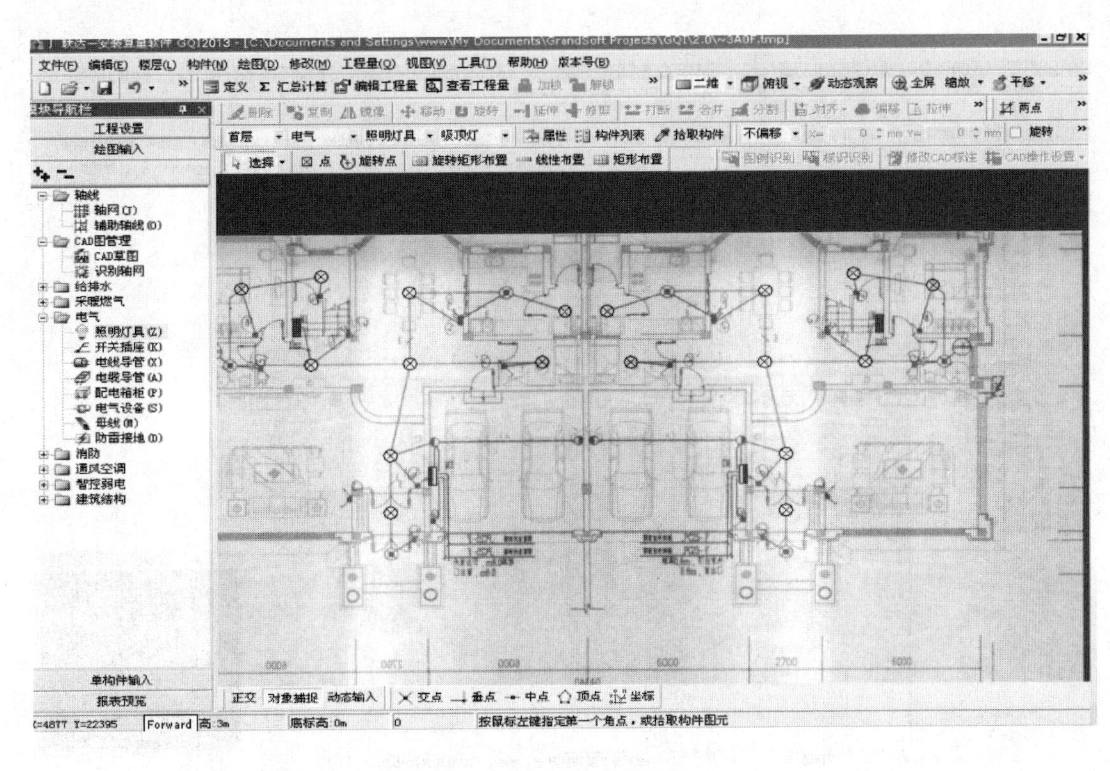

(28) 点击工具栏上的定义按钮，切换到定义界面。

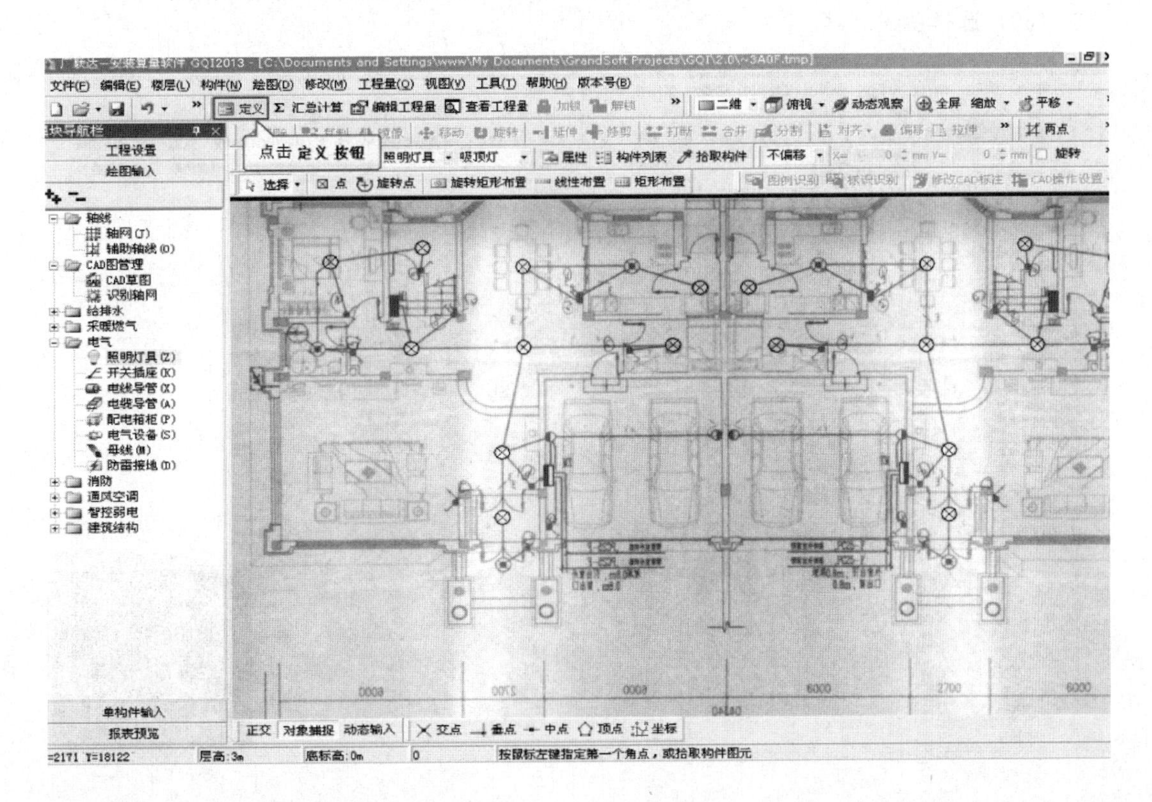

(29) 点击工具栏上的新建按钮。

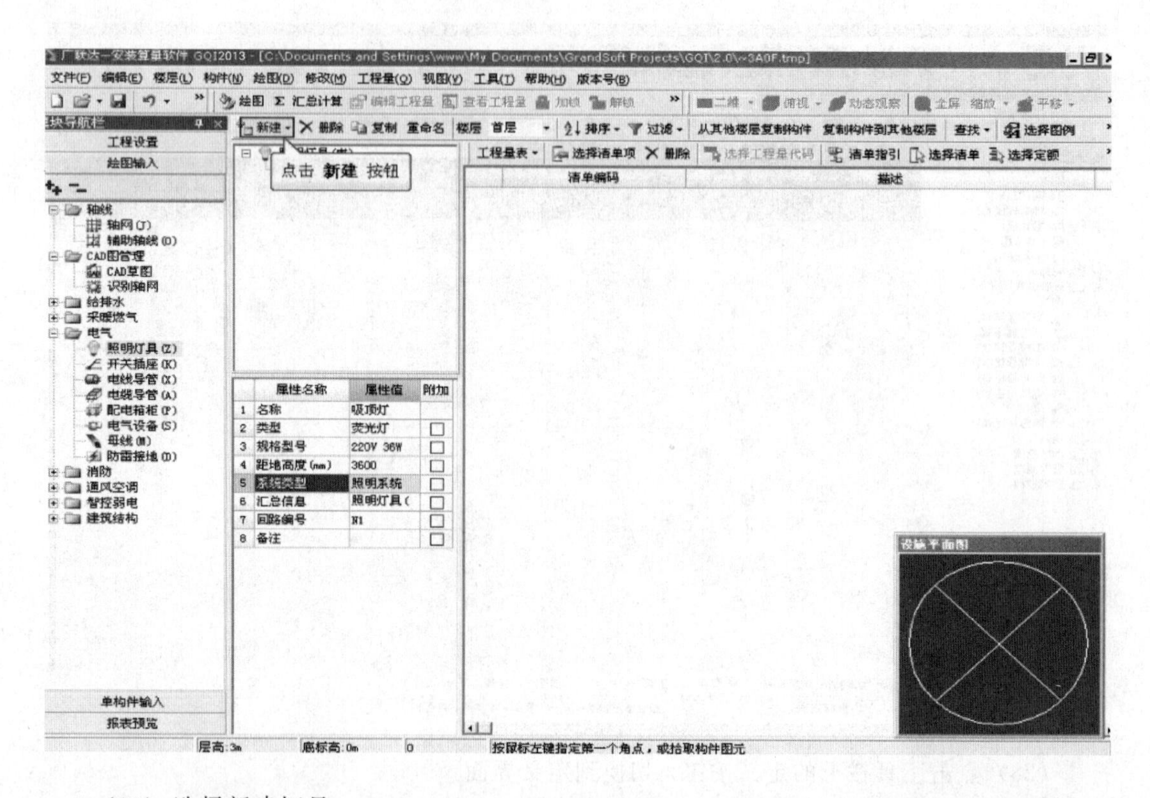

(30) 选择新建灯具。

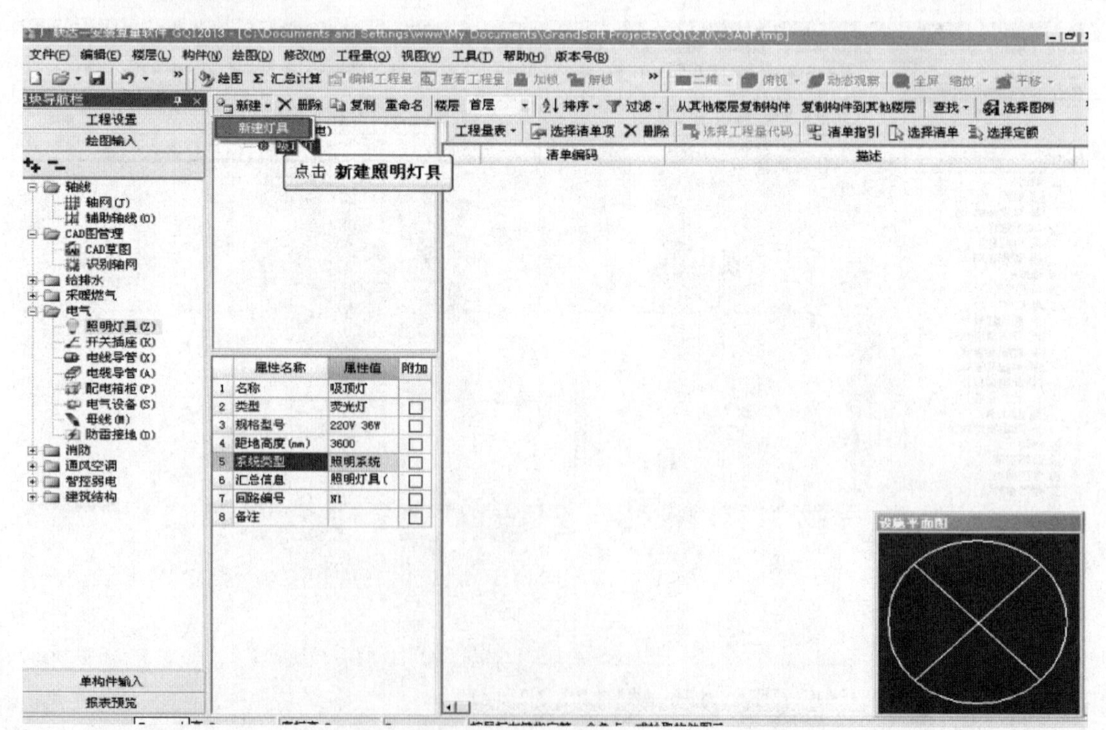

(31) 点击工具栏上选择图例按钮选择图例。

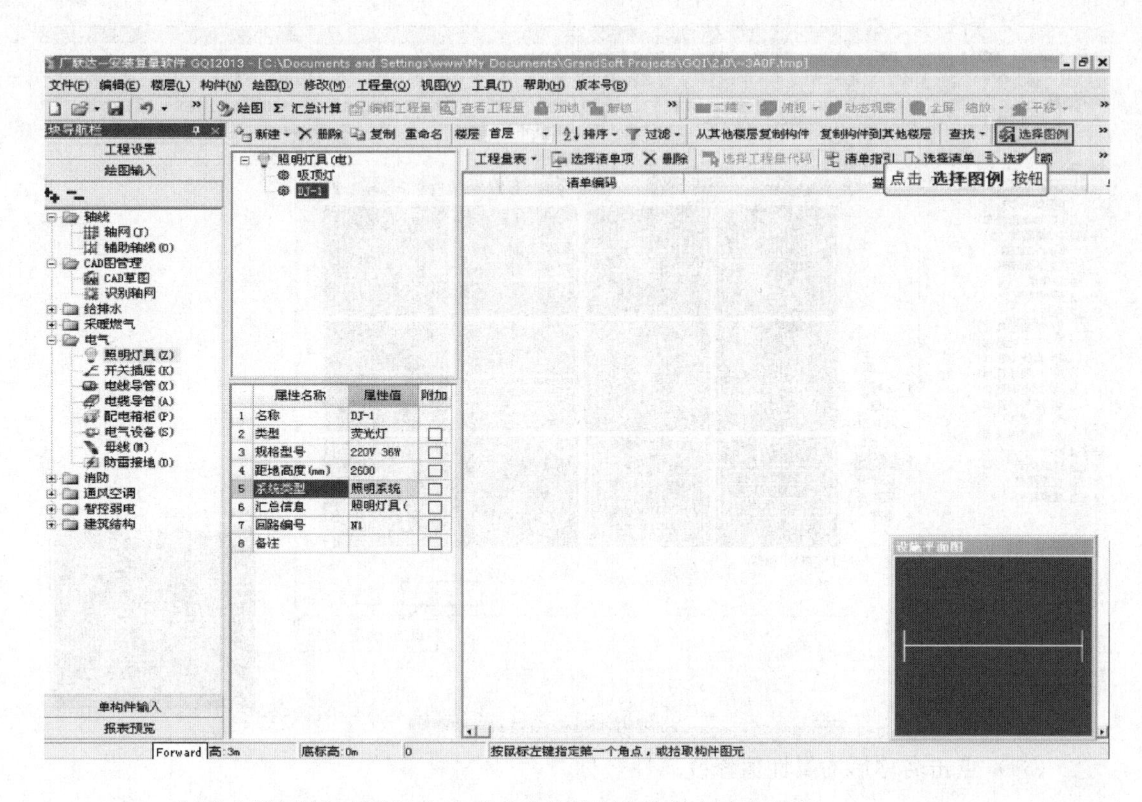

(32) 在弹出的图例对话框中选择壁灯的图例后点击确定按钮。

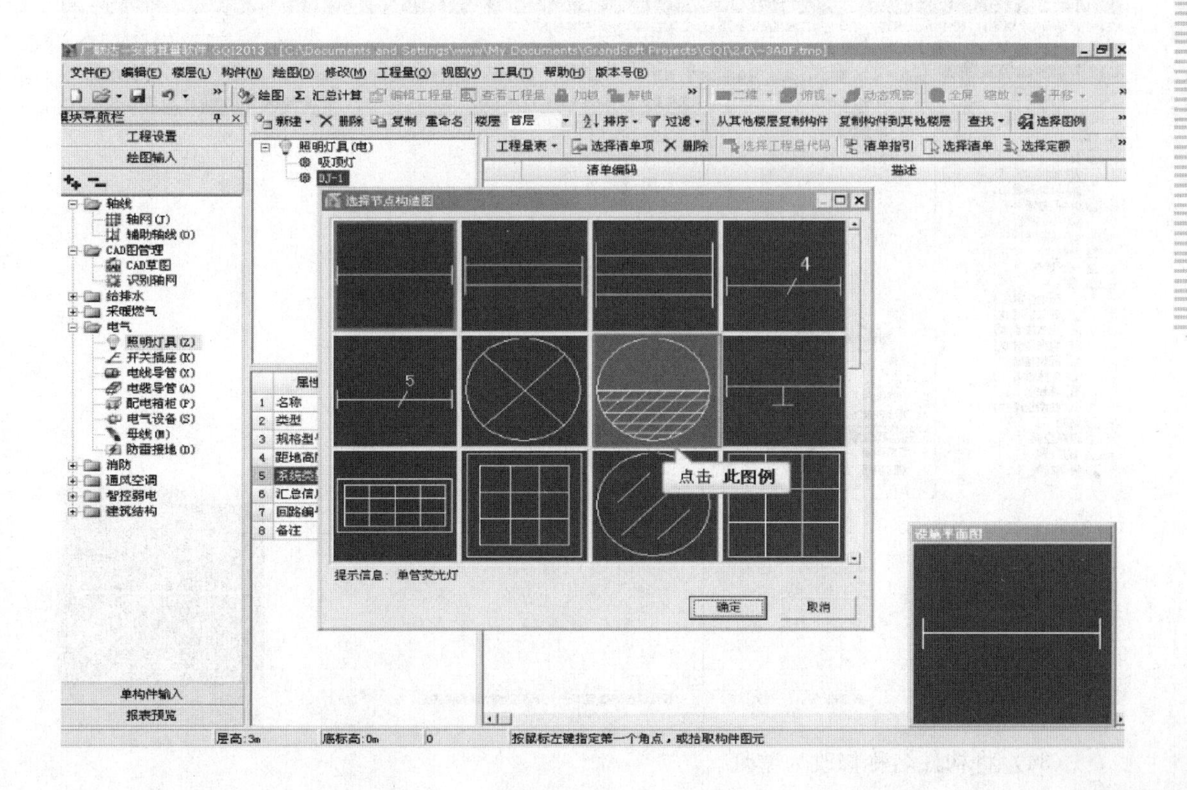

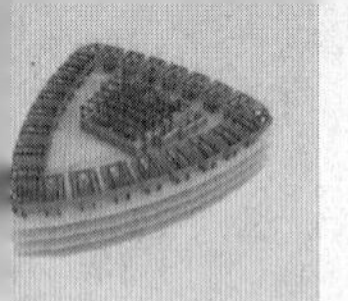

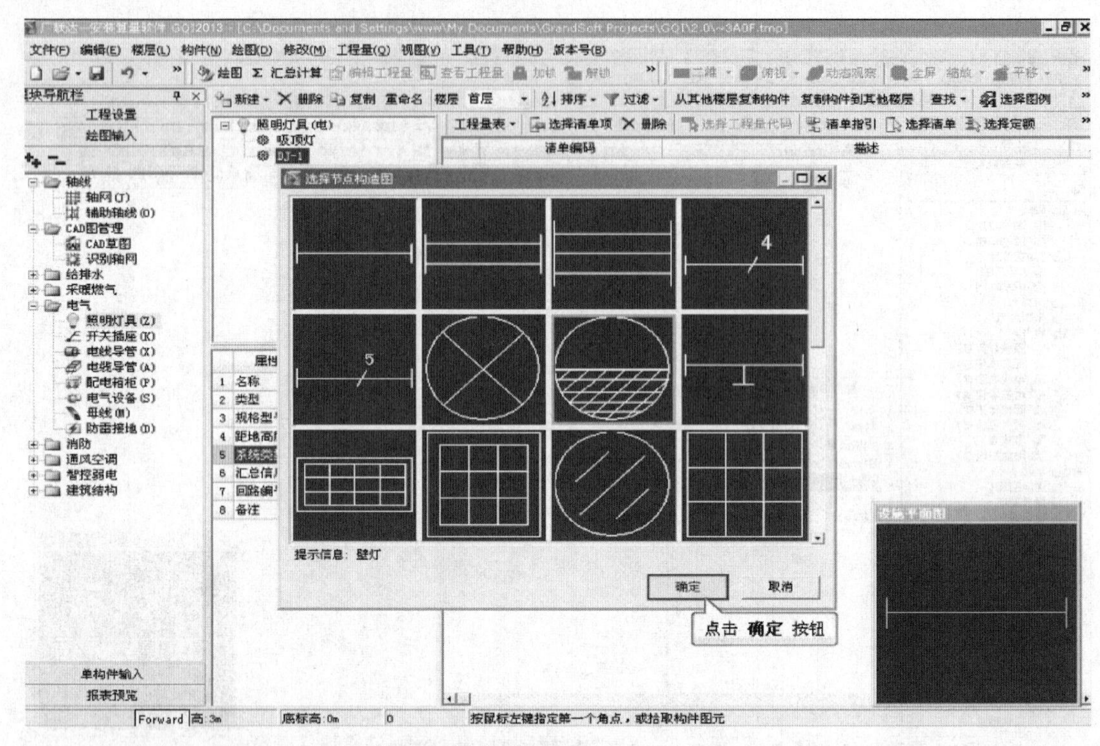

(33) 点击名称后的属性值修改属性名称。

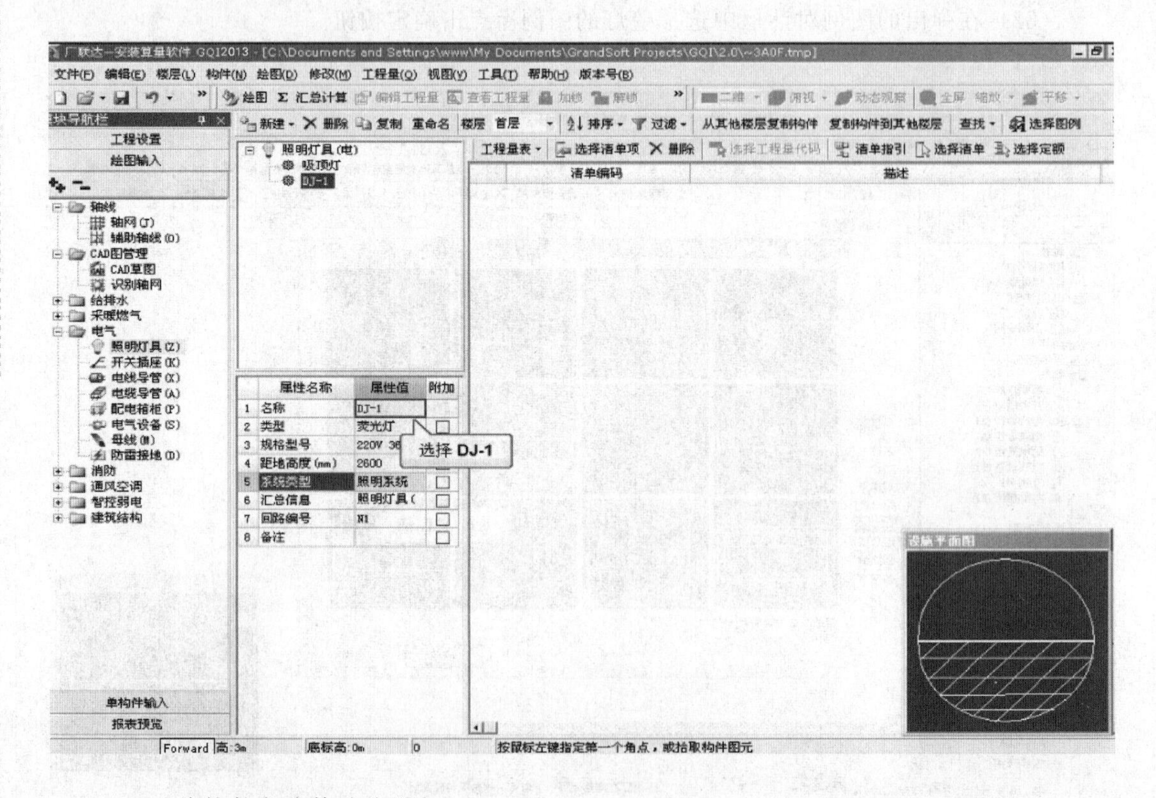

(34) 将构件名称修改为壁灯。

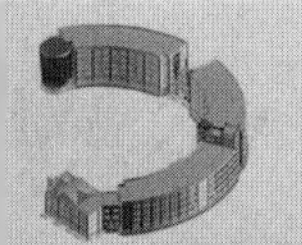

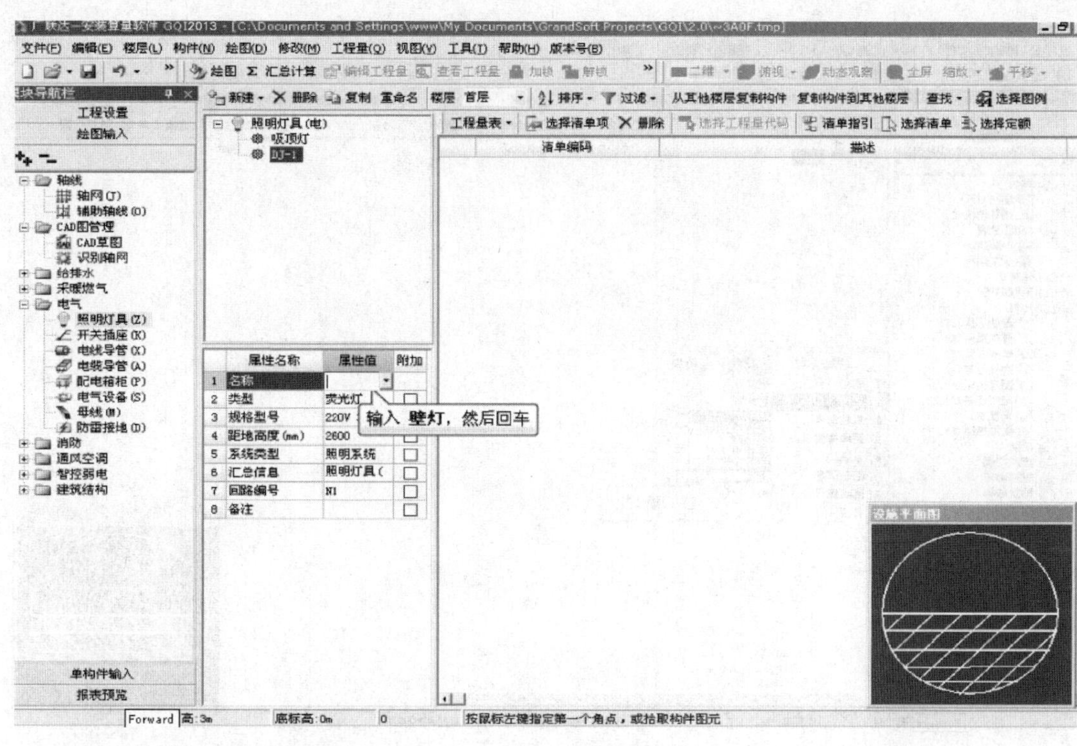

（35）点击类型后的属性值。

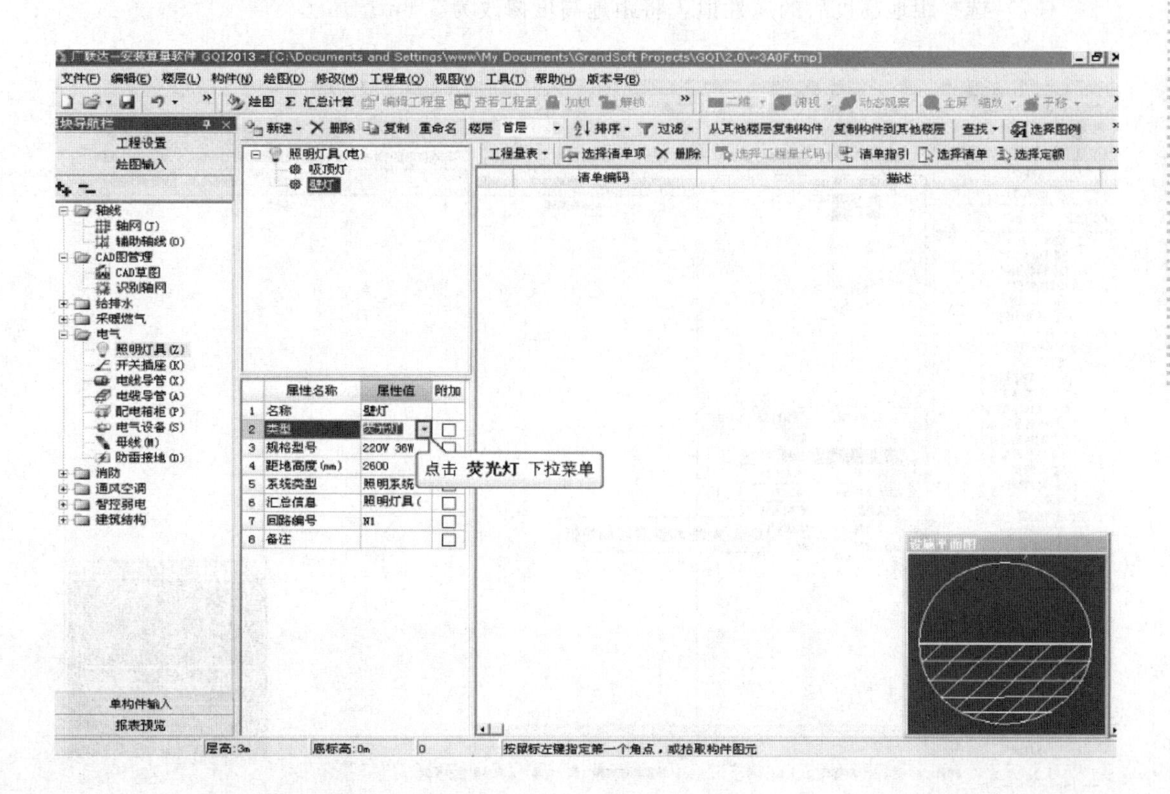

（36）在类型后的下拉框中选择壁灯。

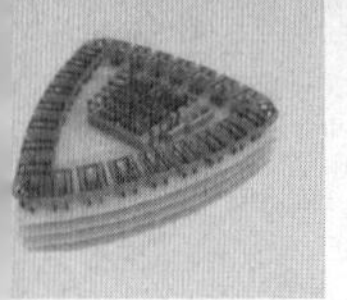

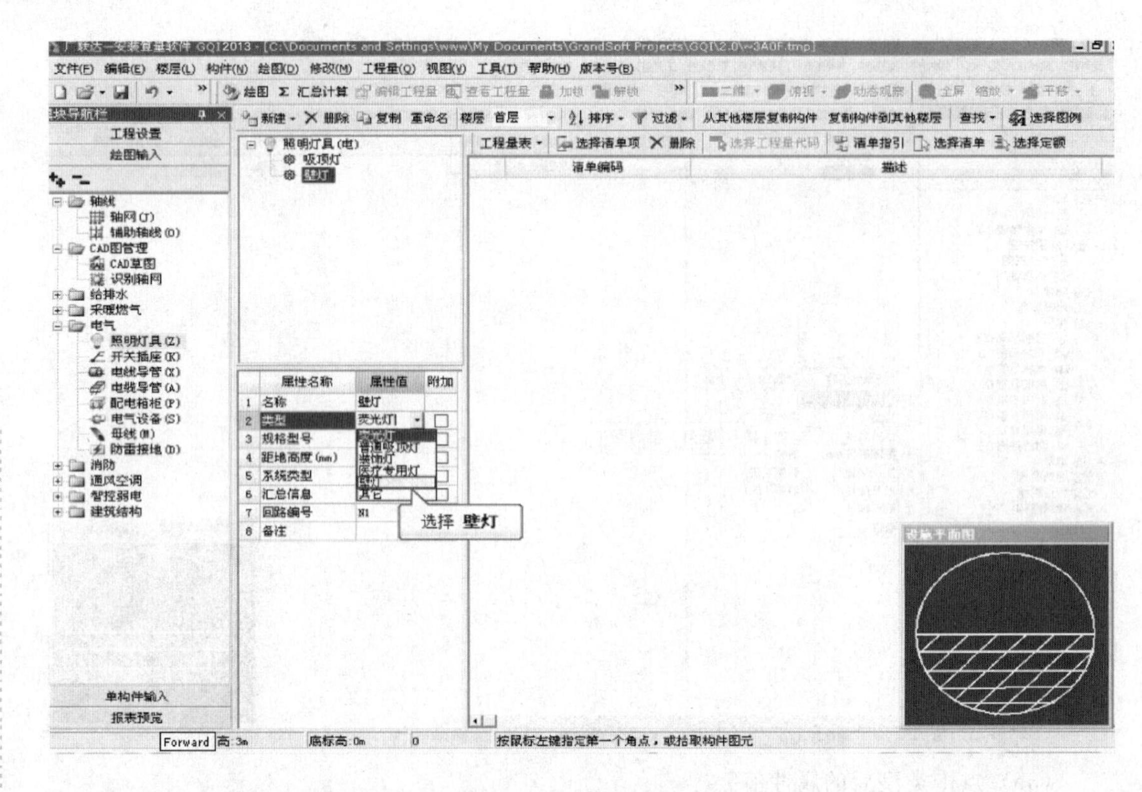

(37) 选择距地高度后的属性值，将距地高度修改为 3.6m。

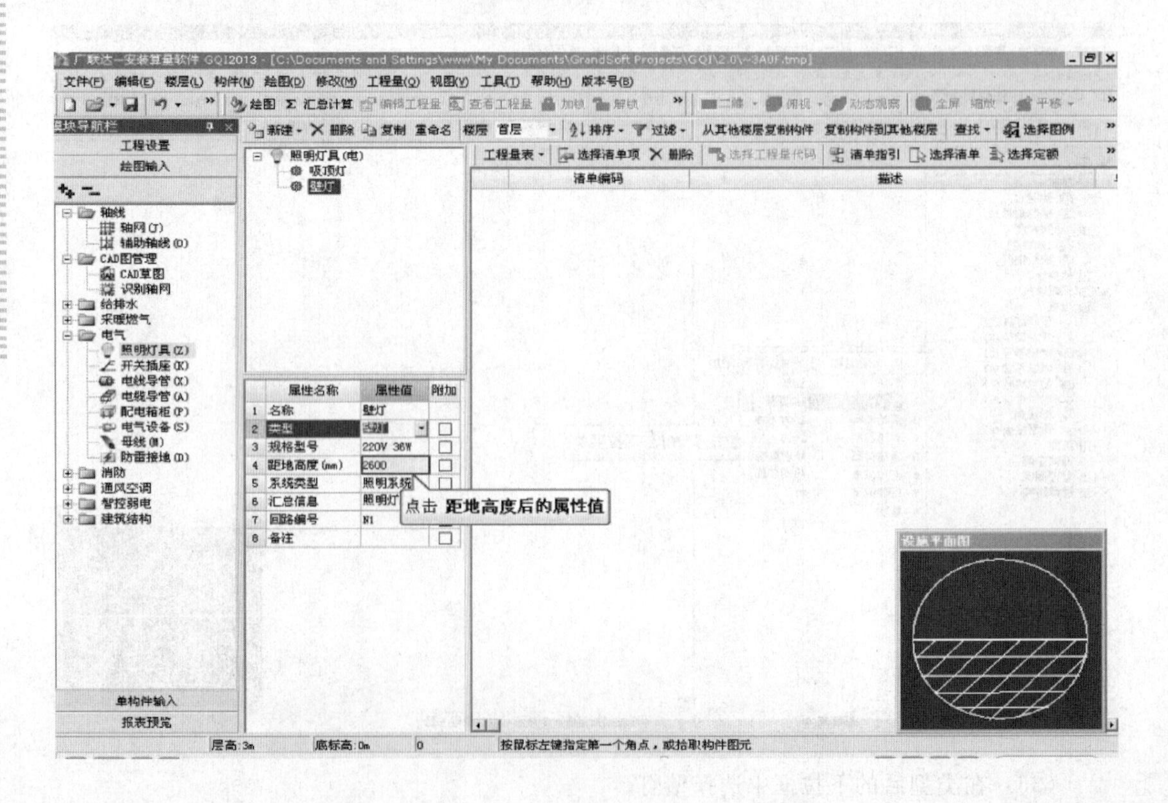

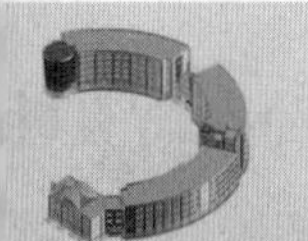

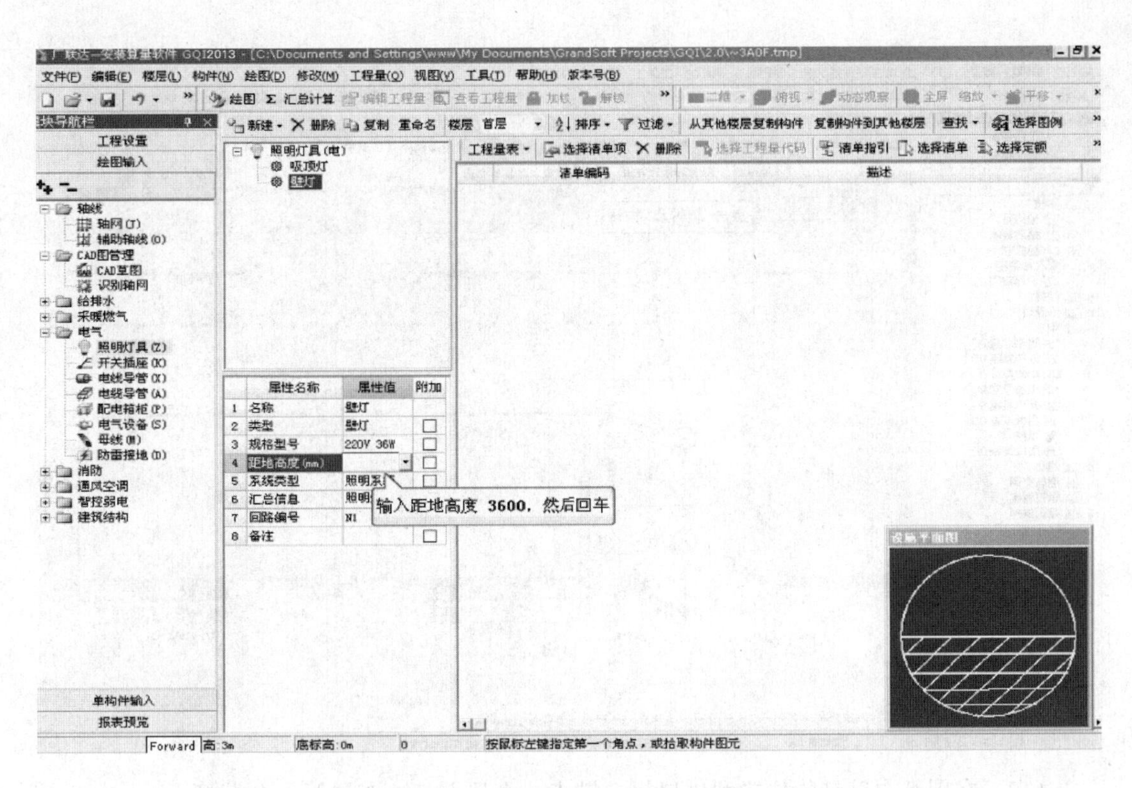

（38）修改完毕后点击工具栏上的绘图按钮，切换回绘图界面。

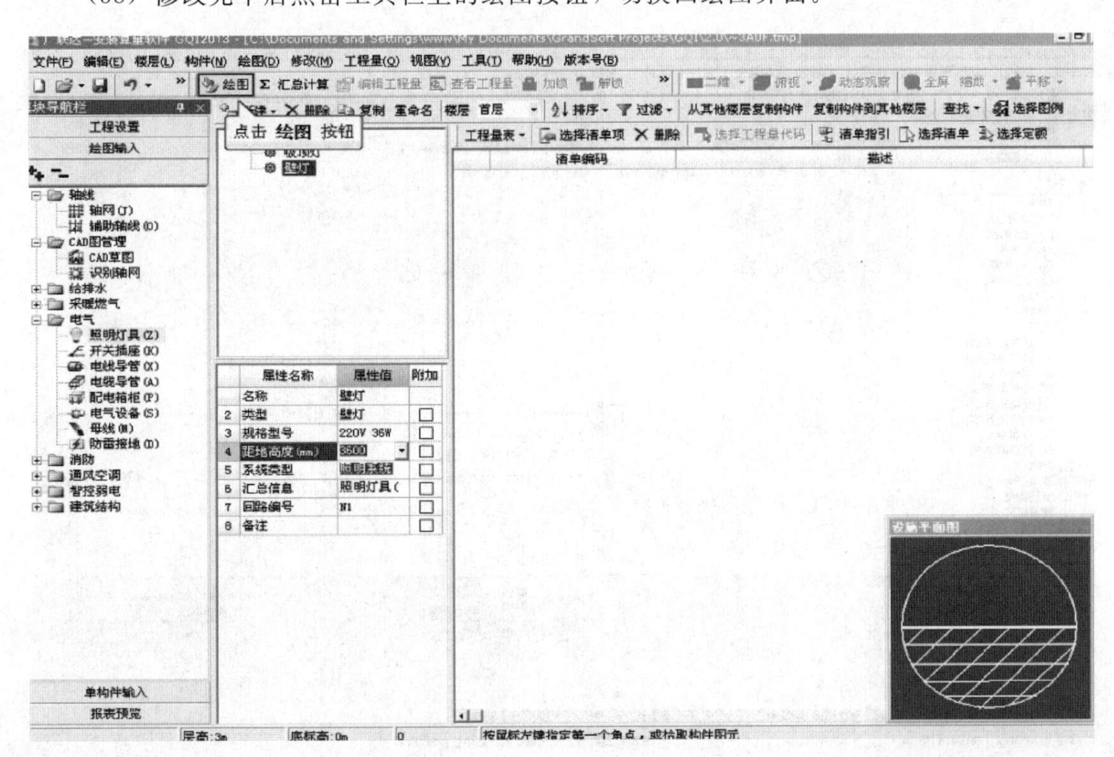

（39）壁灯也采用点式布置，选择工具栏上的旋转点按钮。

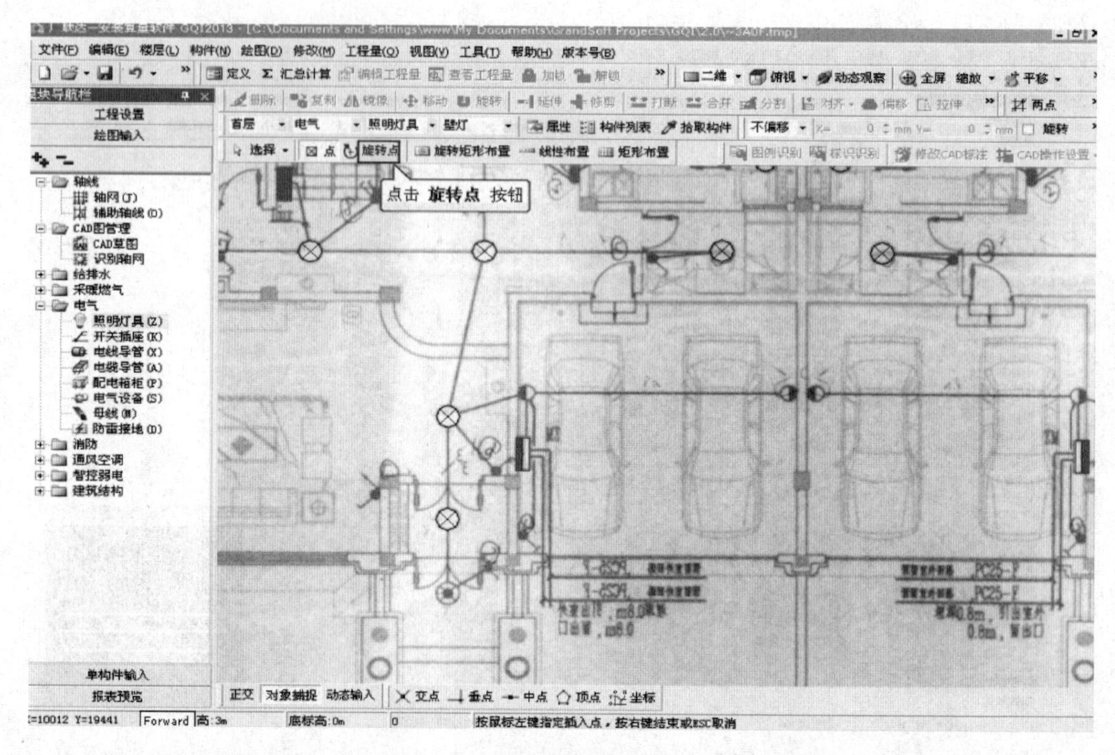

（40）在图纸中壁灯的位置利用鼠标左键点式布置壁灯。布置第一个壁灯。

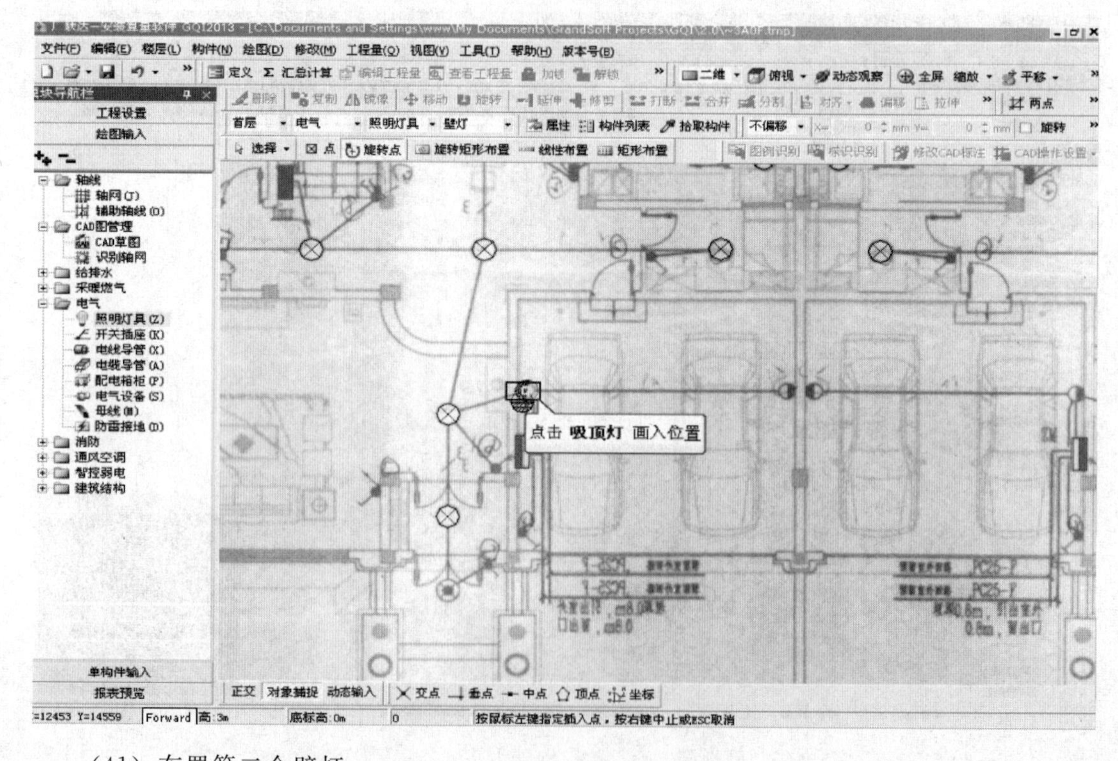

（41）布置第二个壁灯。

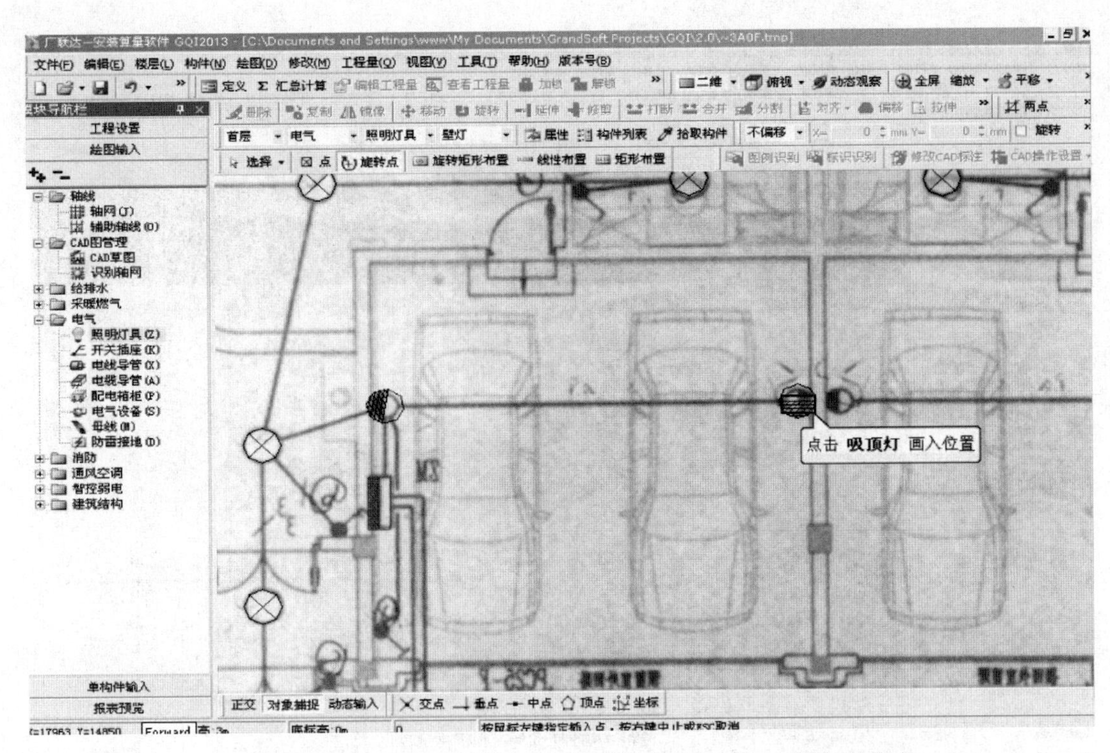

(42) 注意旋转布置的两个步骤：第一步指定插入点，第二步选择角点。

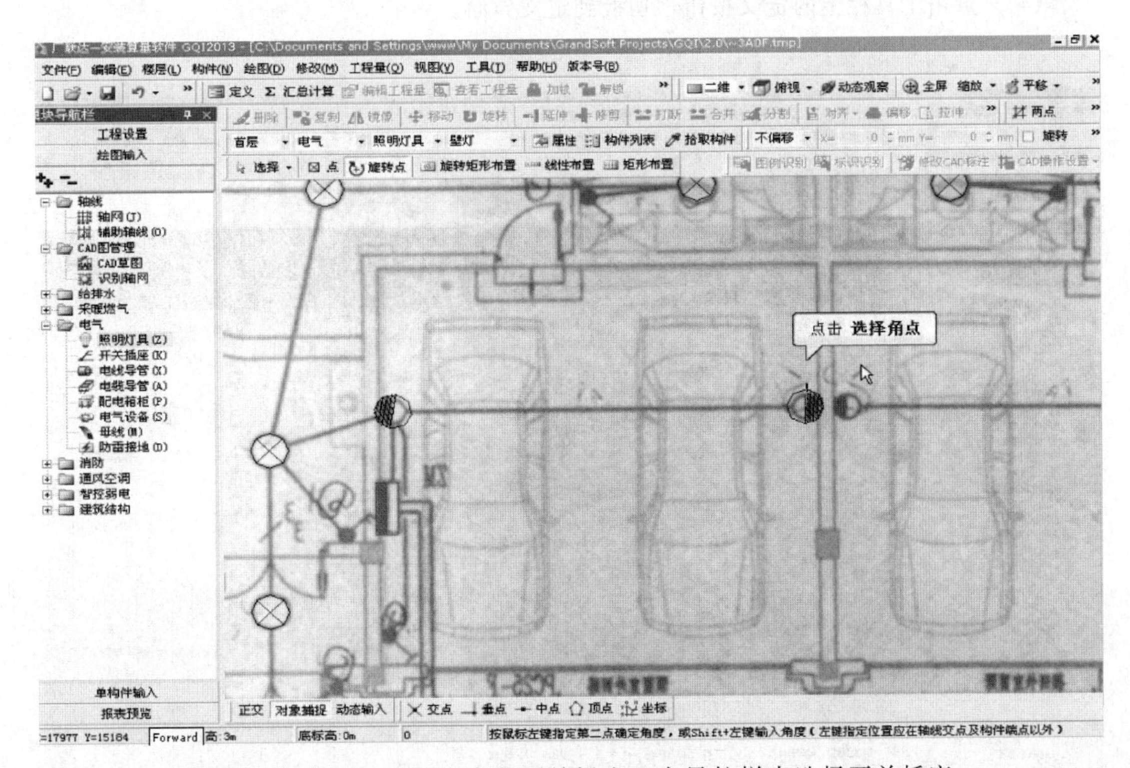

(43) 灯具布置完毕后，下面来布置开关插座。在导航栏中选择开关插座。

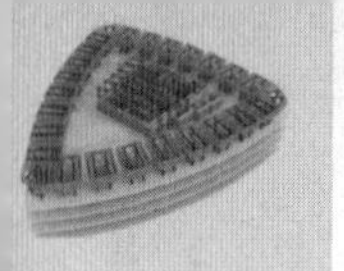

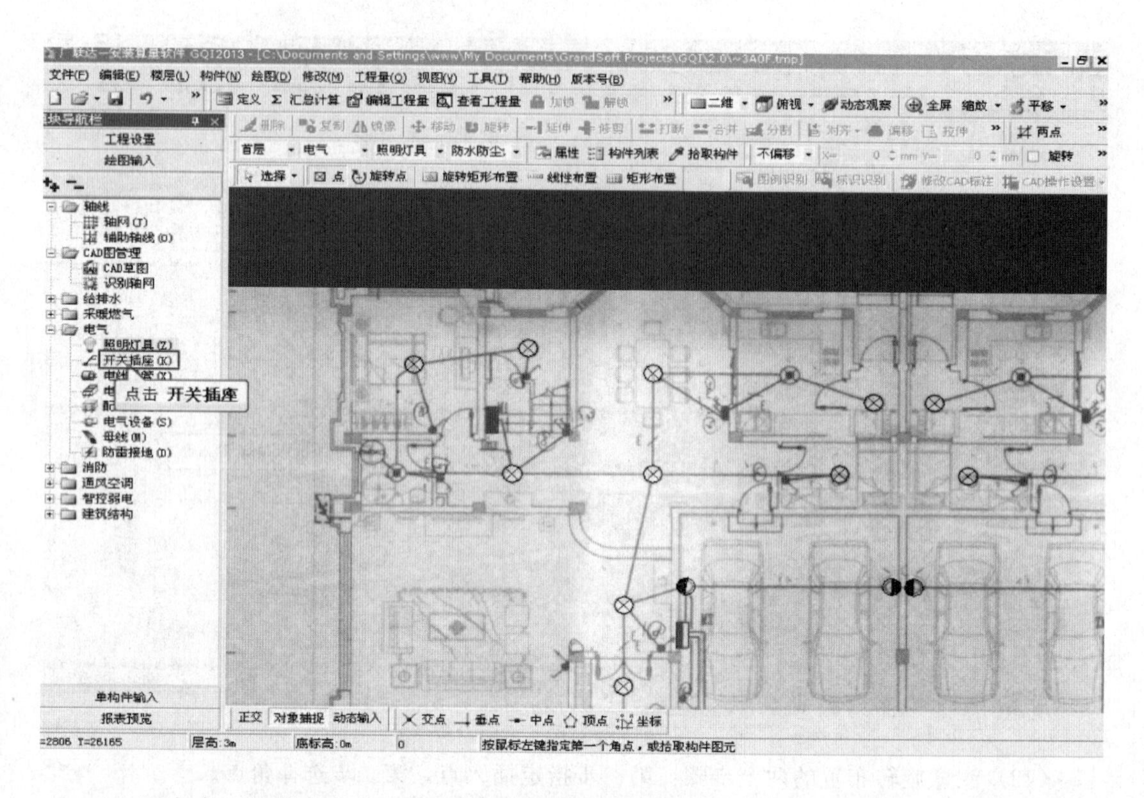

（44）点击工具栏上的定义按钮，切换到定义界面。

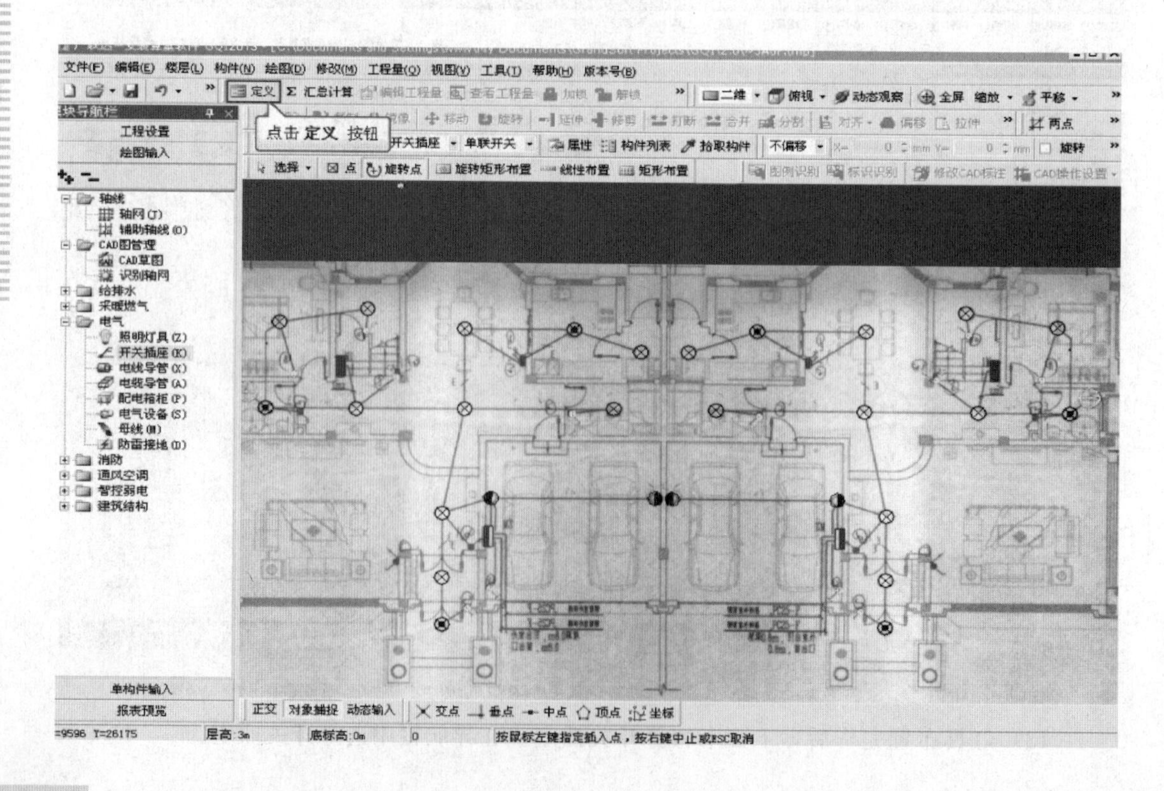

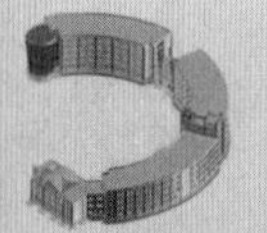

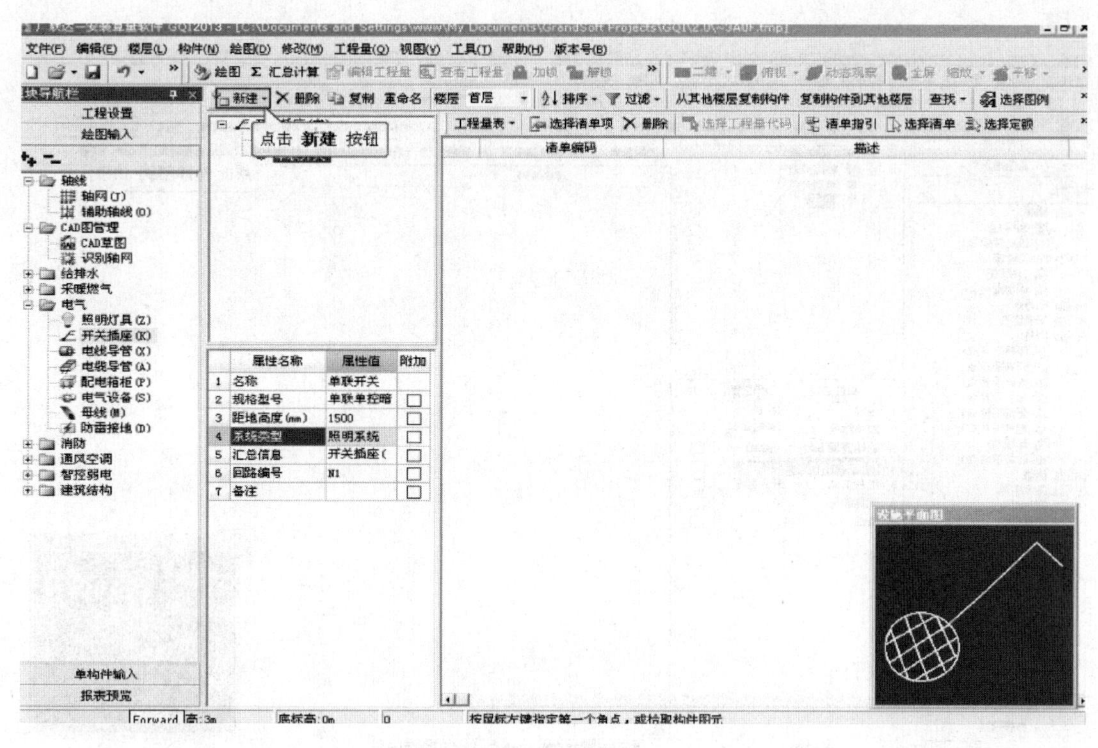

（45）点击下拉框中的新建开关按钮。

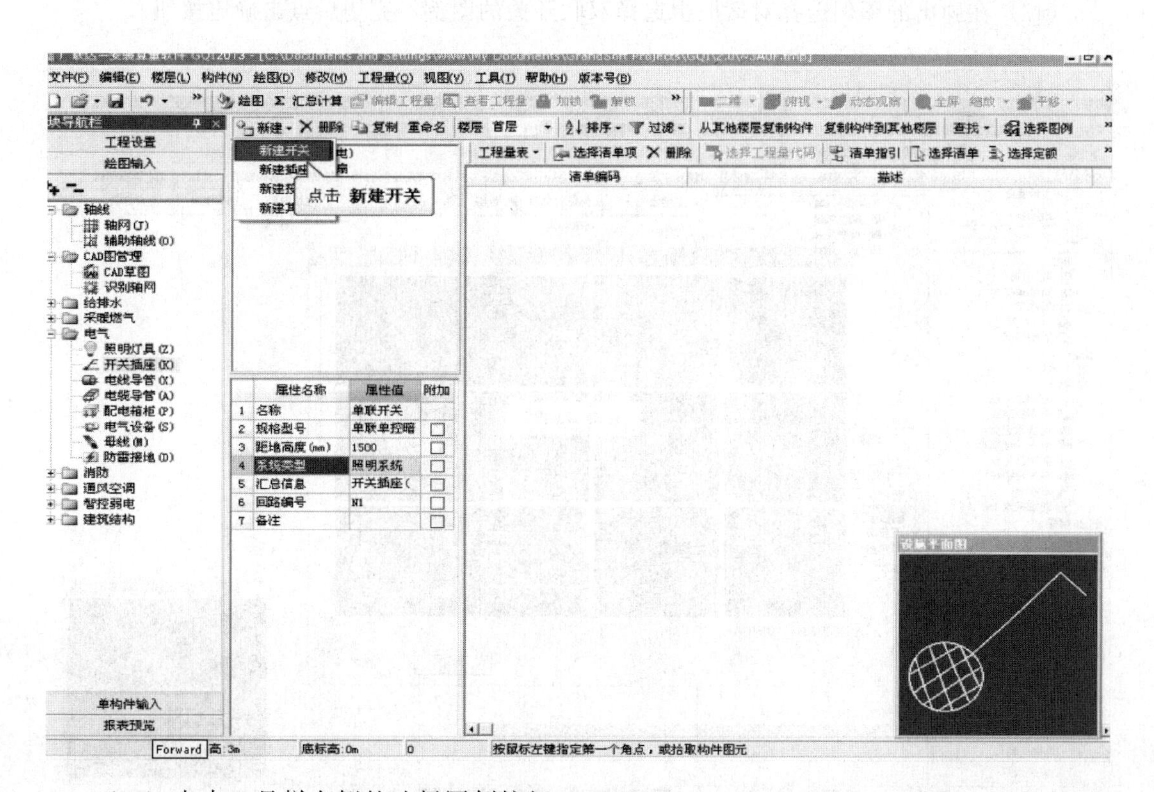

（46）点击工具栏右侧的选择图例按钮。

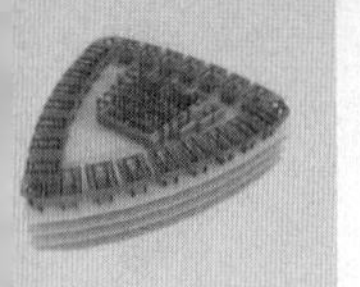

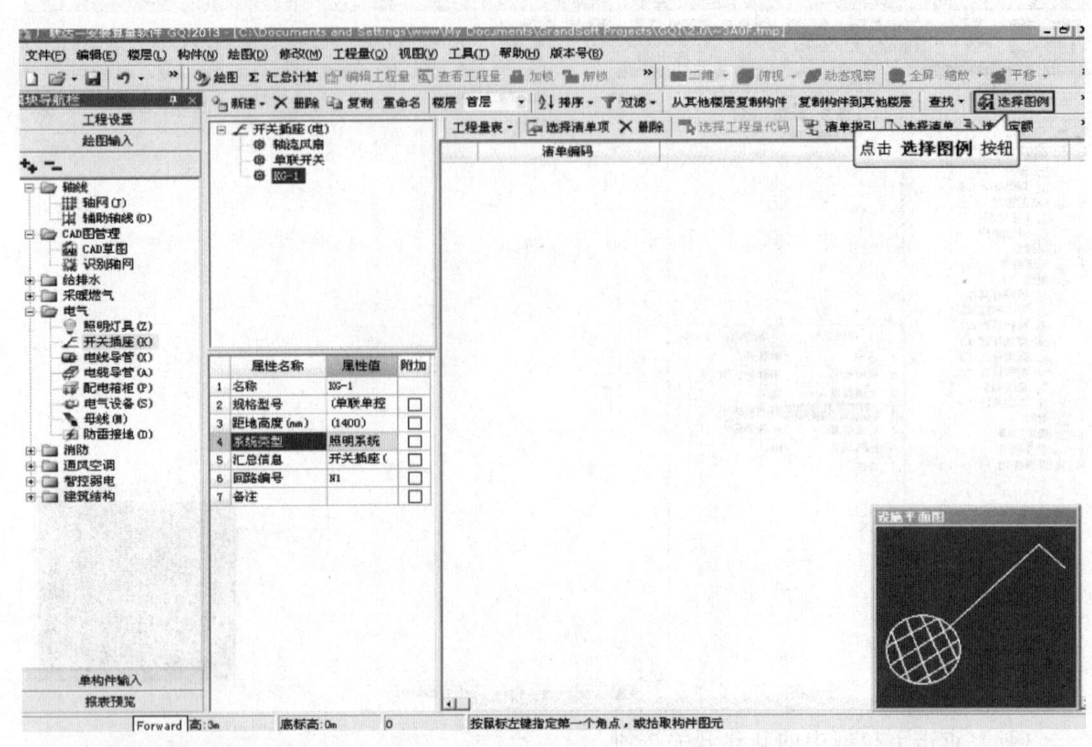

（47）在弹出的图例选择对话框中选择双联开关的图例，完毕后点击确定按钮。

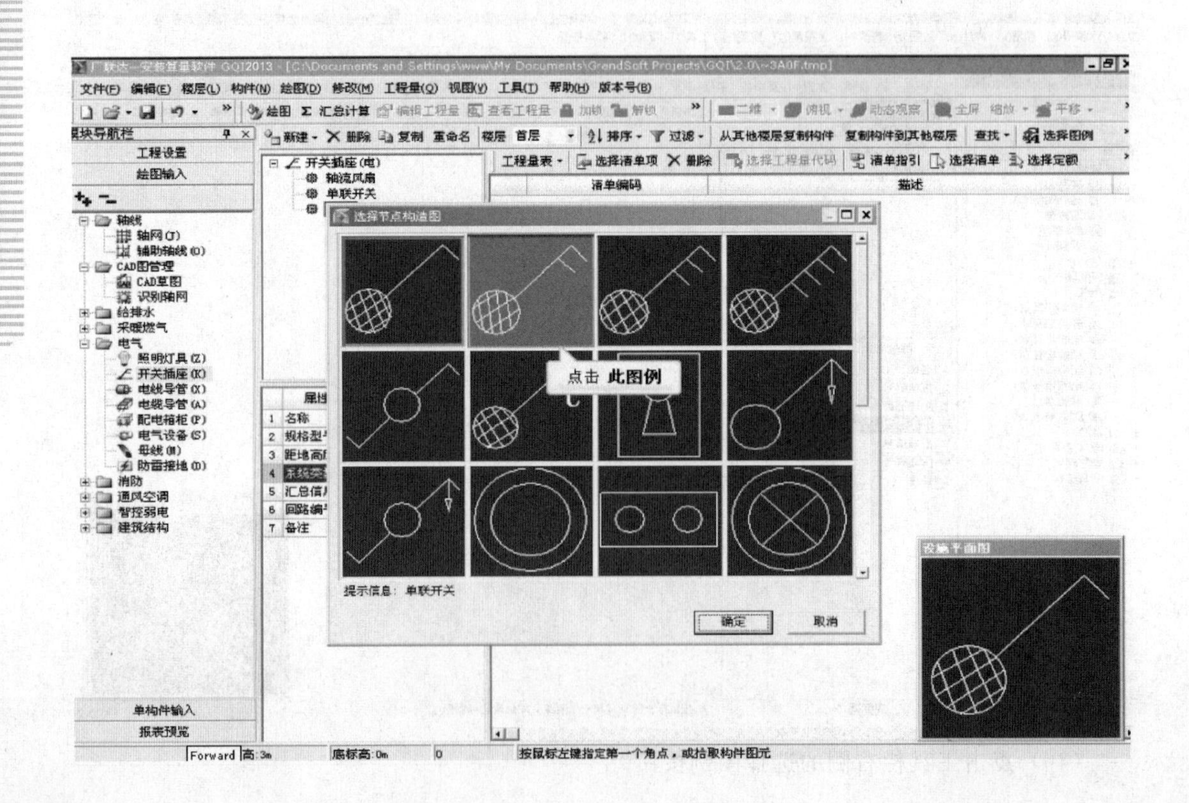

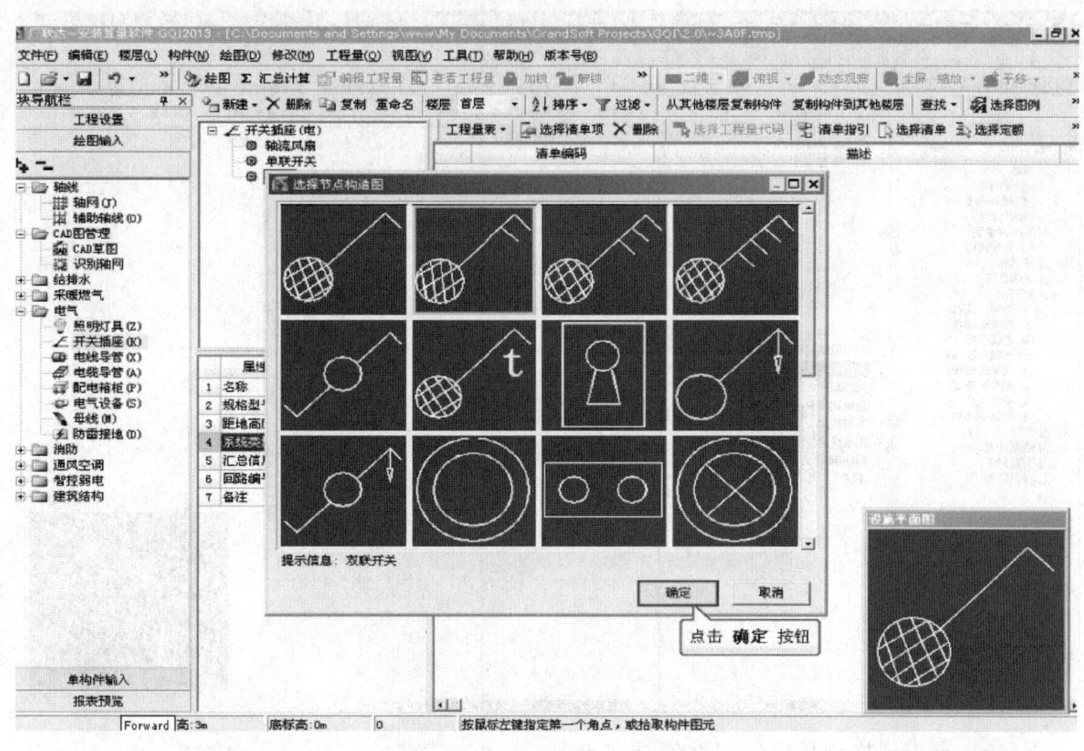

（48）点击新建构件的名称属性值修改名称为双联开关。

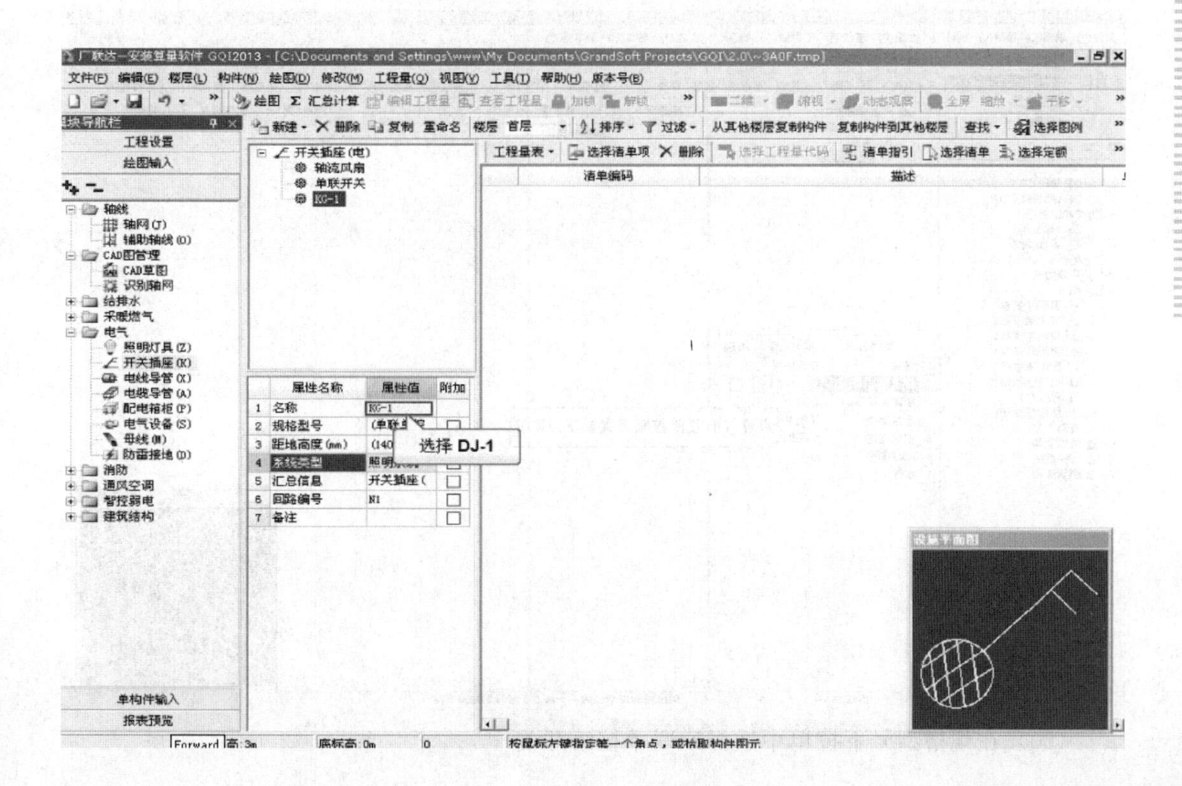

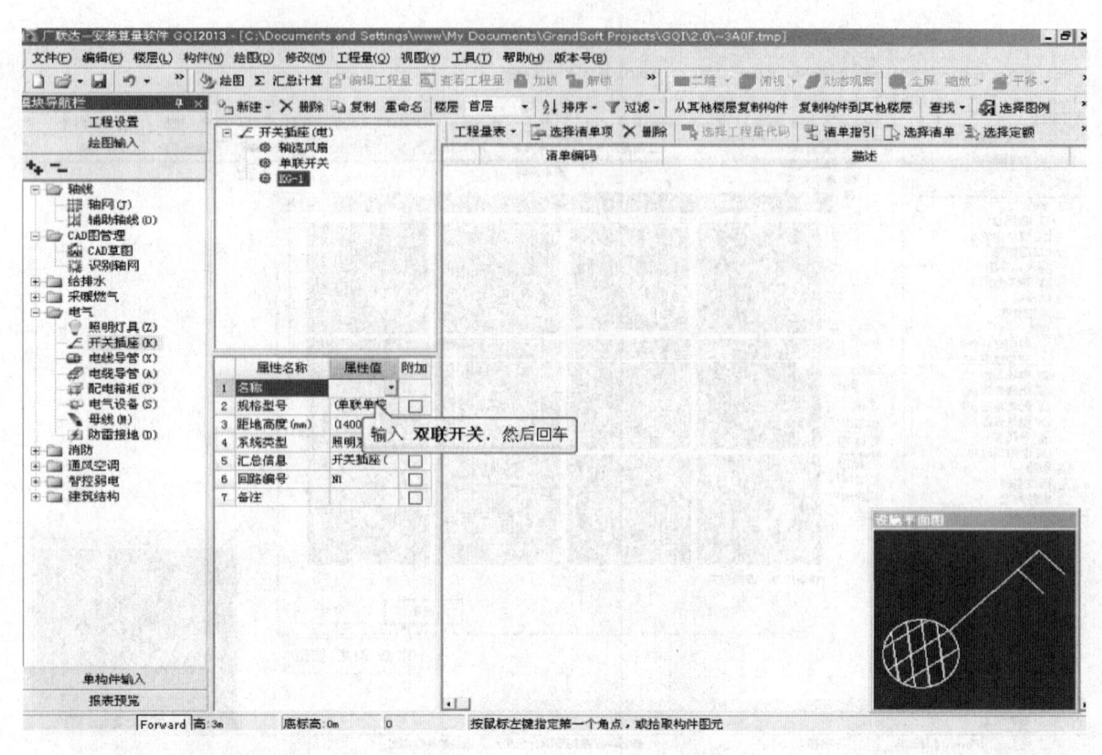

（49）点击规格型号后的属性值。

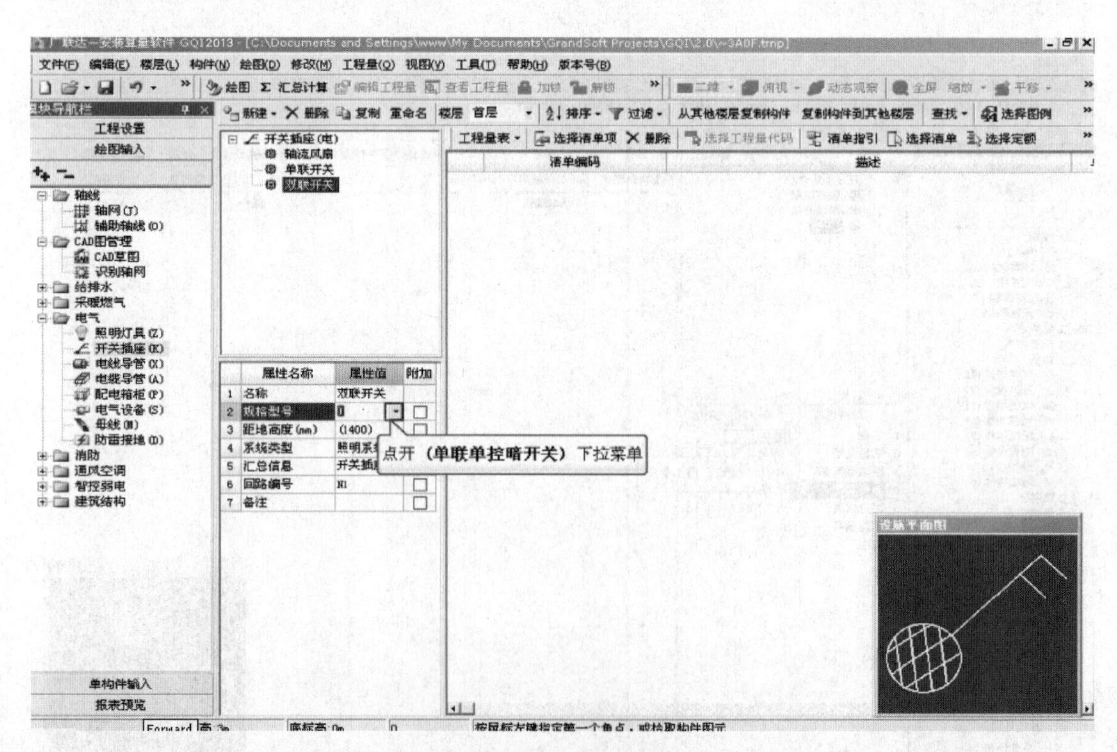

（50）在规格型号下拉单中选择双联单控暗开关。

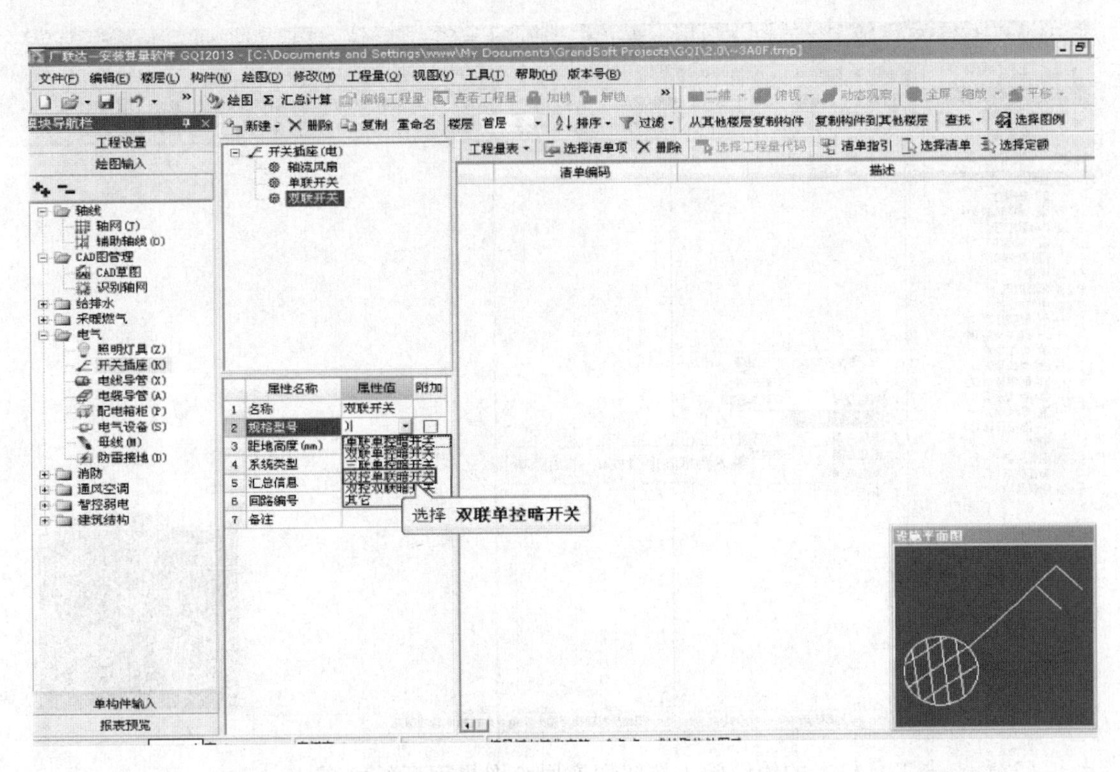

(51) 将距地高度修改为 1.5m。

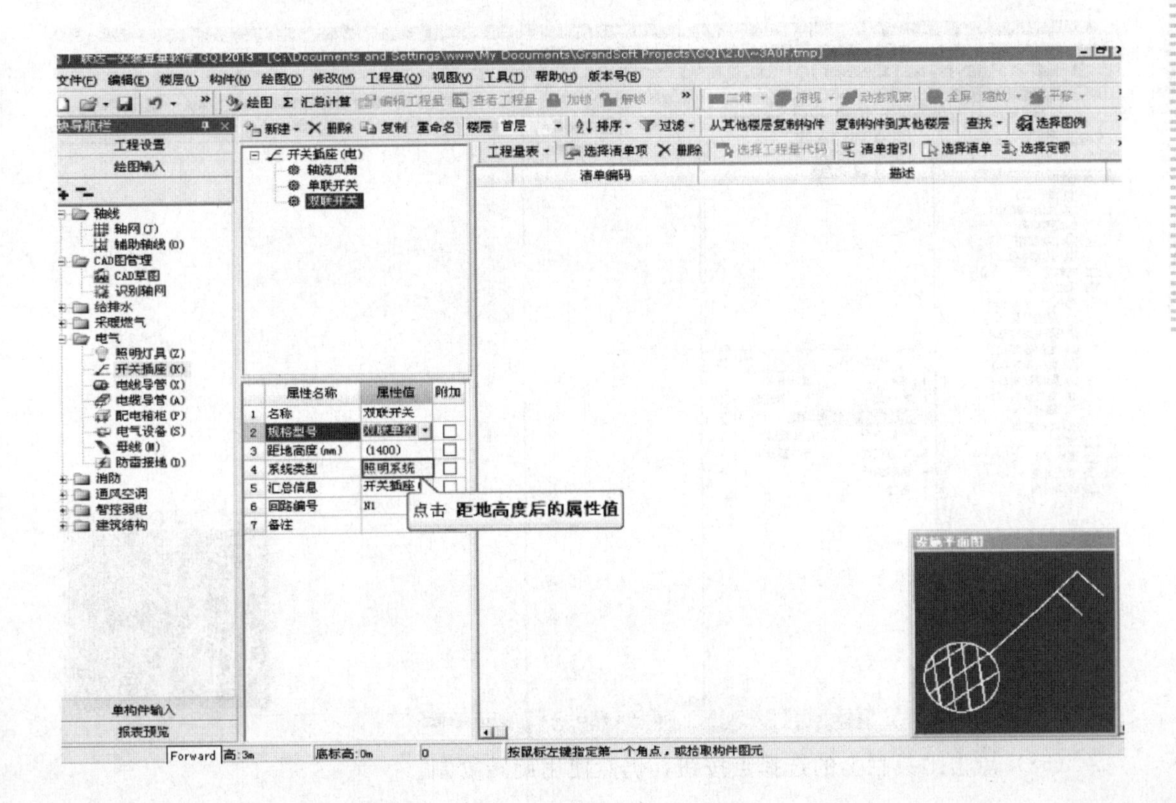

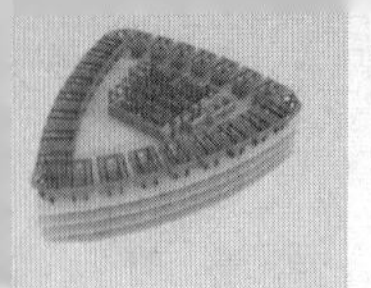

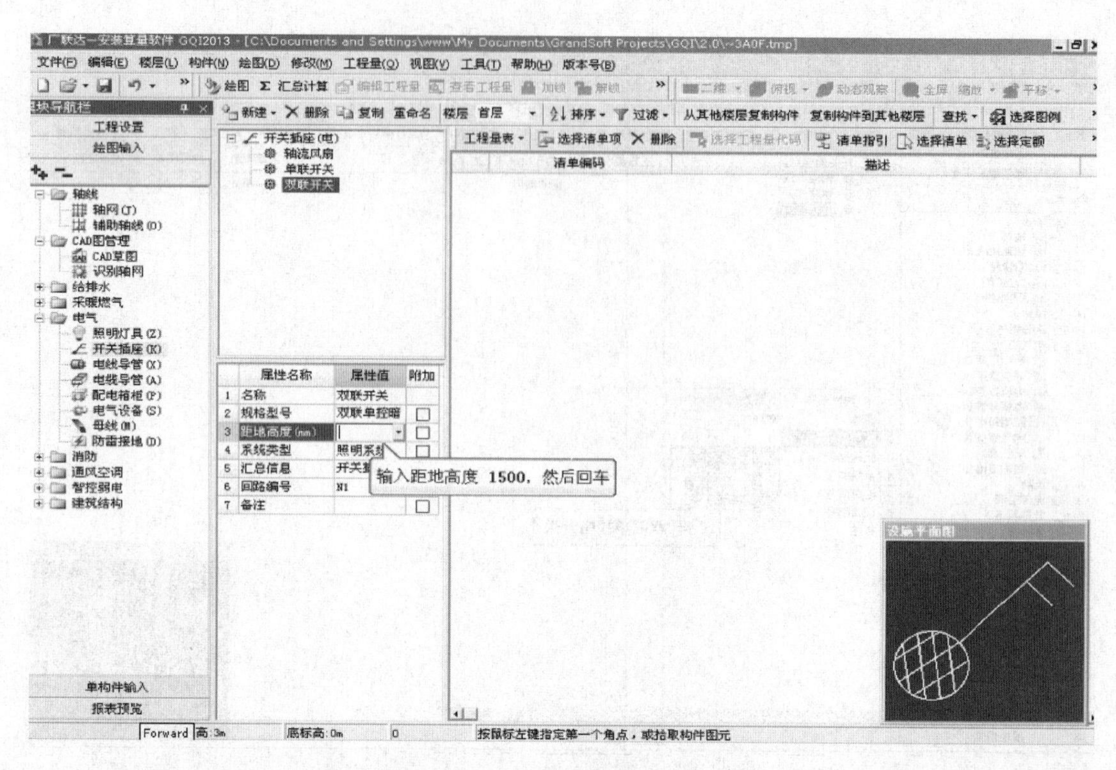

(52) 点击工具栏上的绘图输入按钮切换回绘图界面开始绘图。

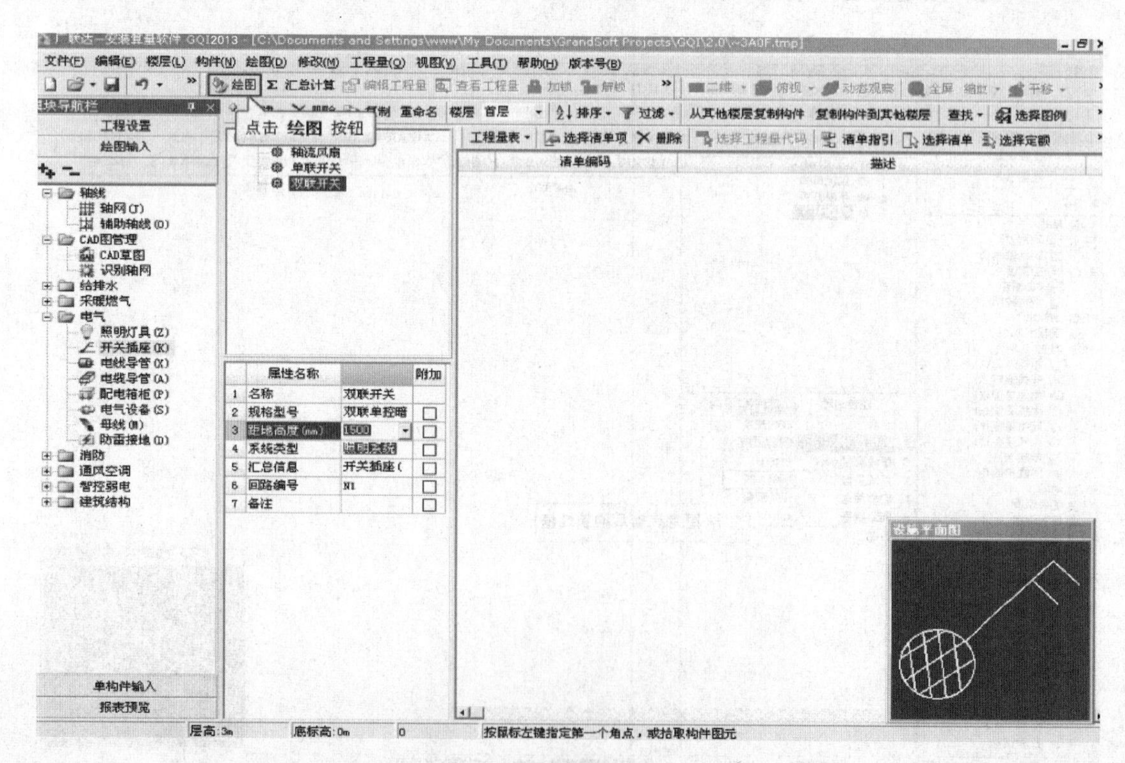

(53) 点击工具栏上的选择点按钮，仍然使用旋转复制。

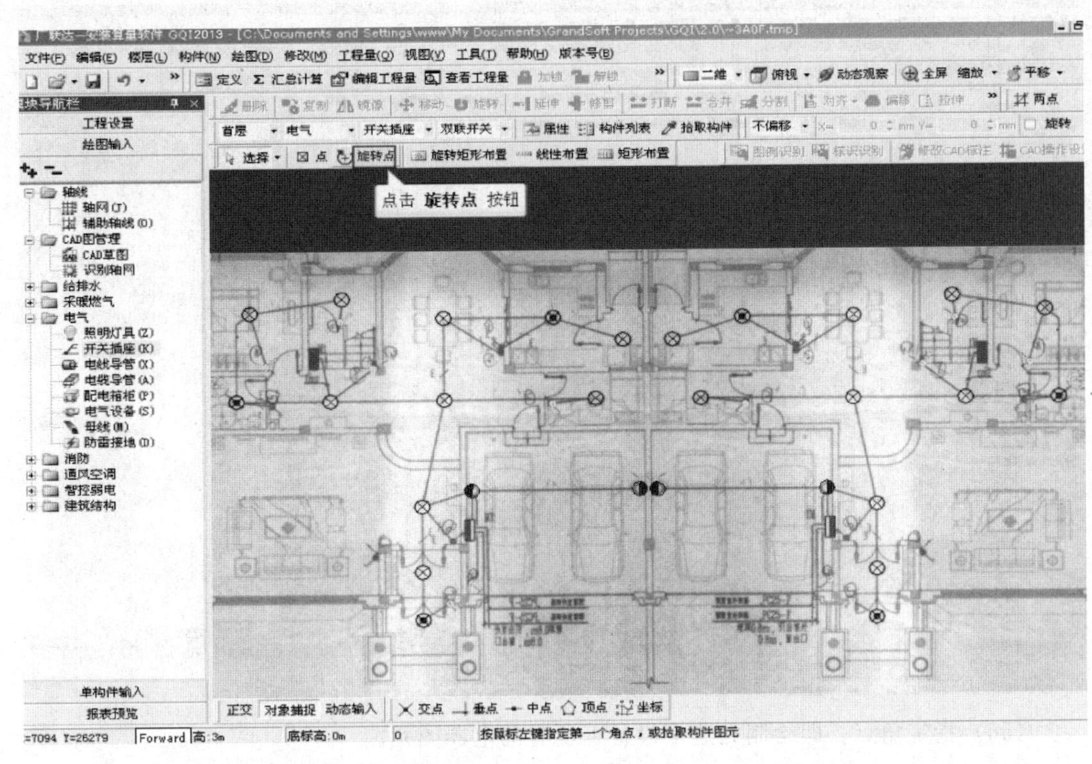

(54) 鼠标左键指定第一个插入点。

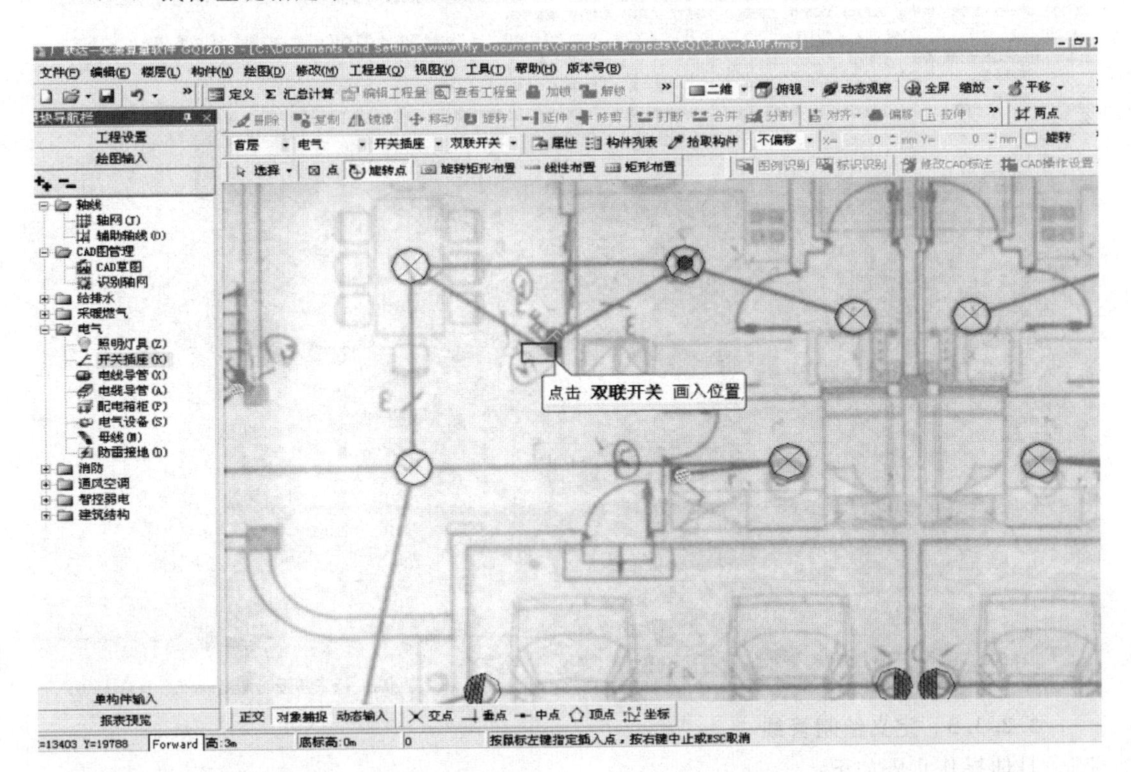

(55) 指定角点，复制第二个插入点。

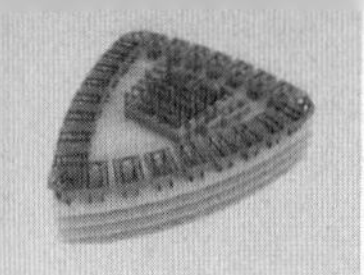

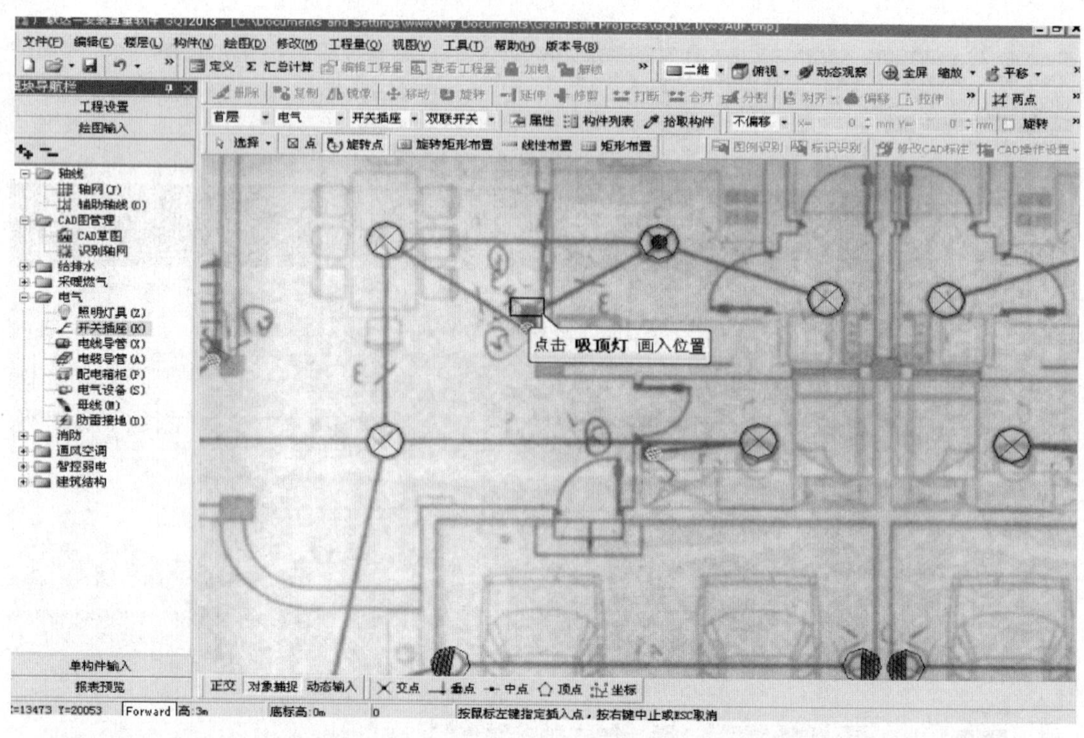

(56) 指定角点。即绘制完这个设备上所有的电器图元。

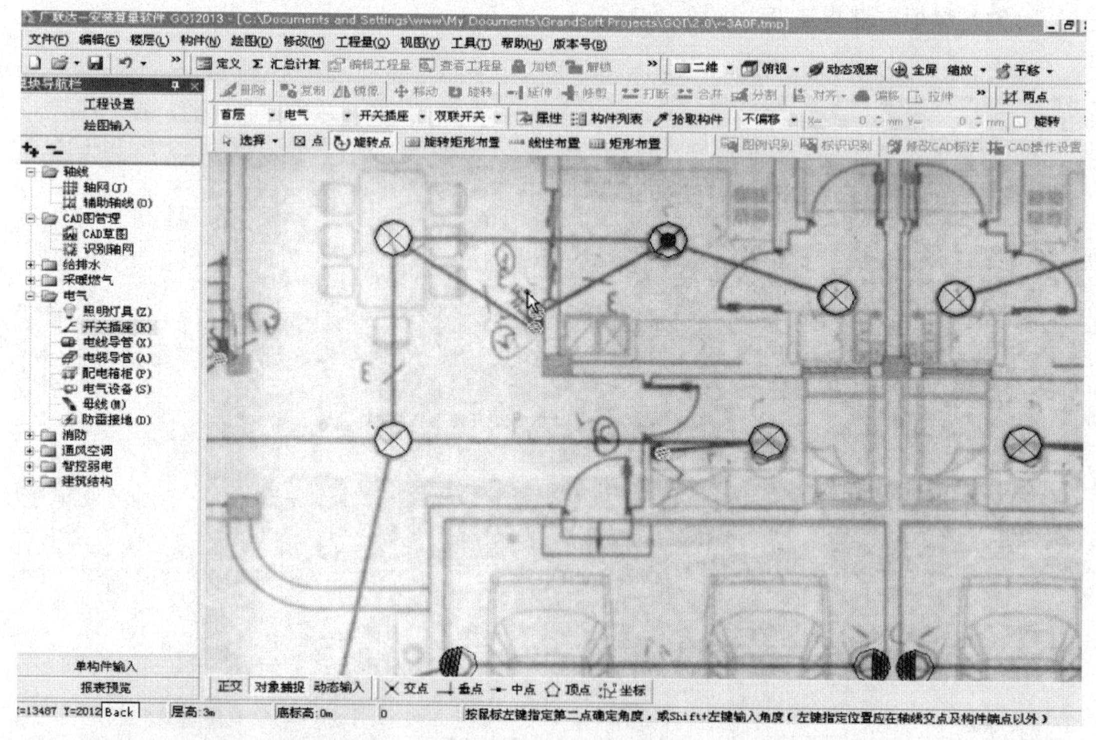

2.2.3.3 定义绘制管线

具体操作步骤如下：

(1) 在绘制电线导管之前，先介绍一下在电气中绘制图元的顺序：先是配电箱、照明

灯具、开关插座，绘制完点式设备后再绘制导管。之所以这样是因为绘制横管时，横管与设备可以直接生成立管，减少了复制立管的时间。下面开始绘制导管，点击导航栏上的电线导管。

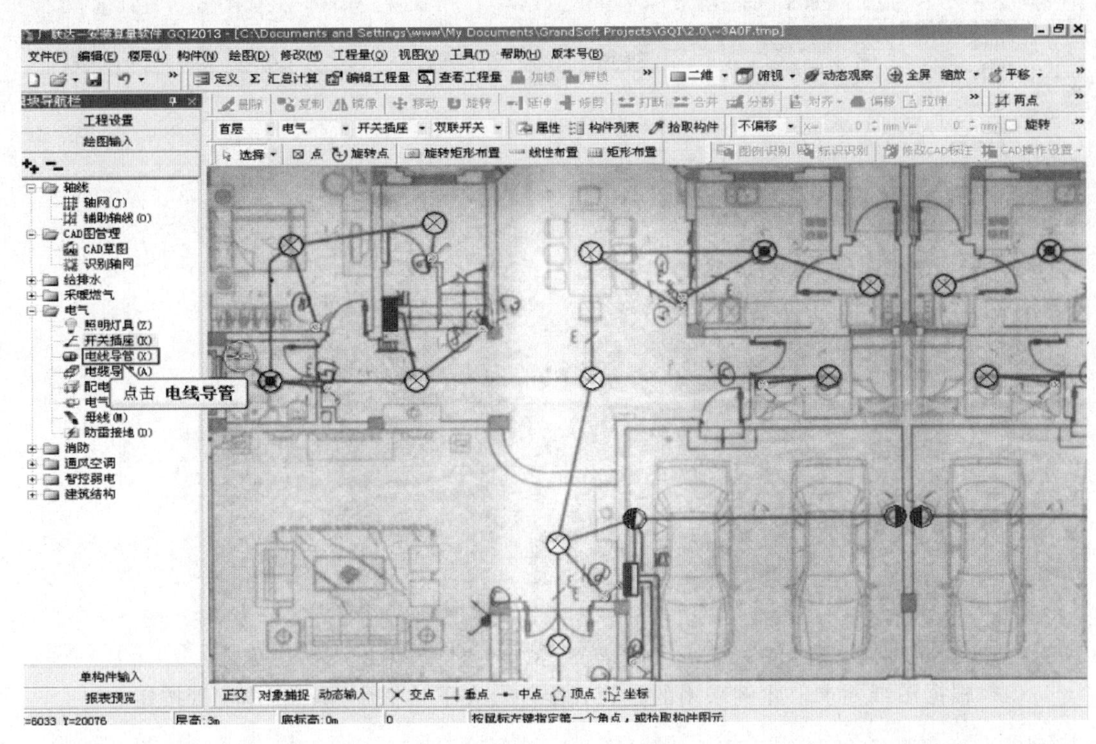

（2）需要先去定义界面定义电线导管，点击工具栏上的定义按钮，切换到定义界面。

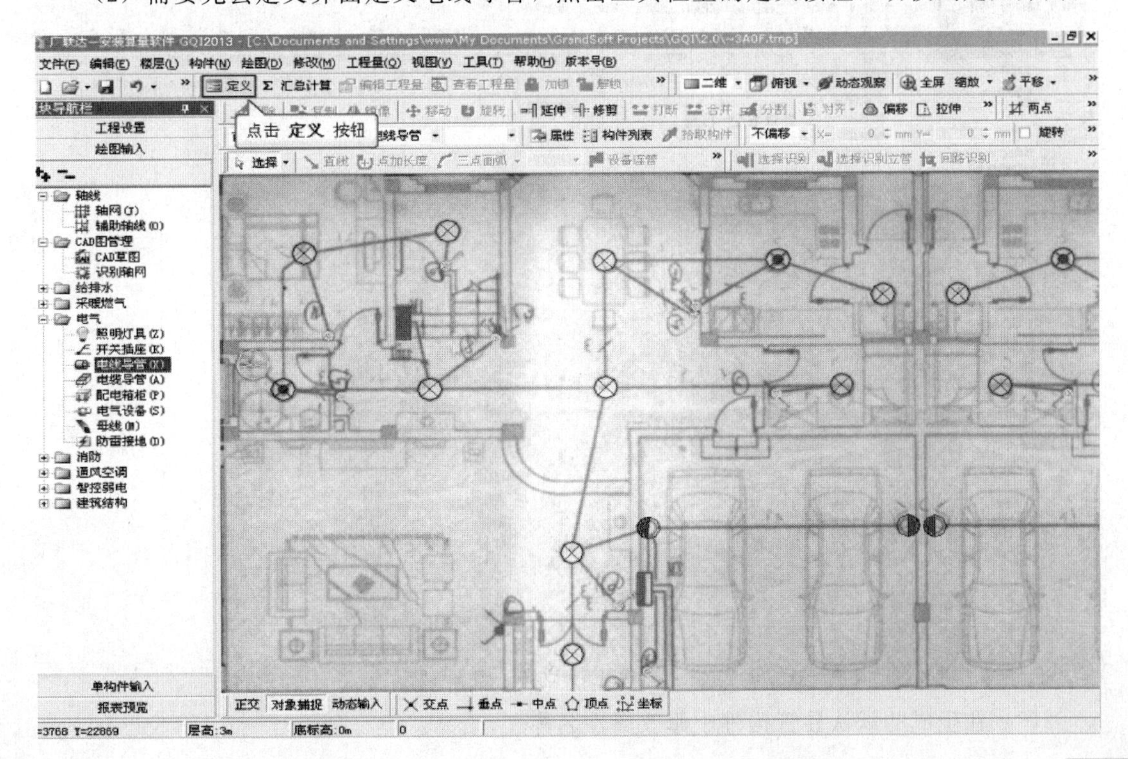

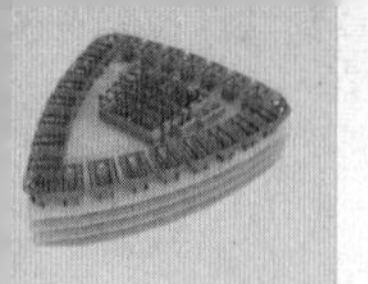

(3) 点击工具栏上的新建按钮。

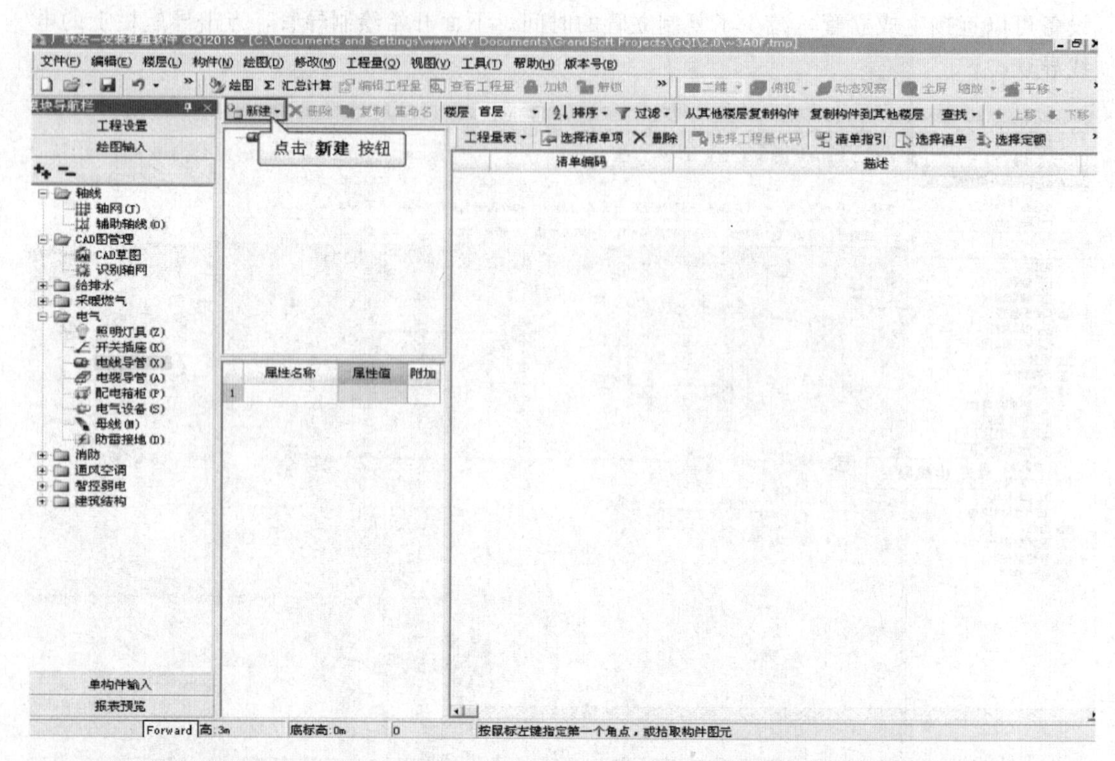

(4) 根据图纸要求，此例采用的是管式配件，在下拉框中选择新建配管按钮。

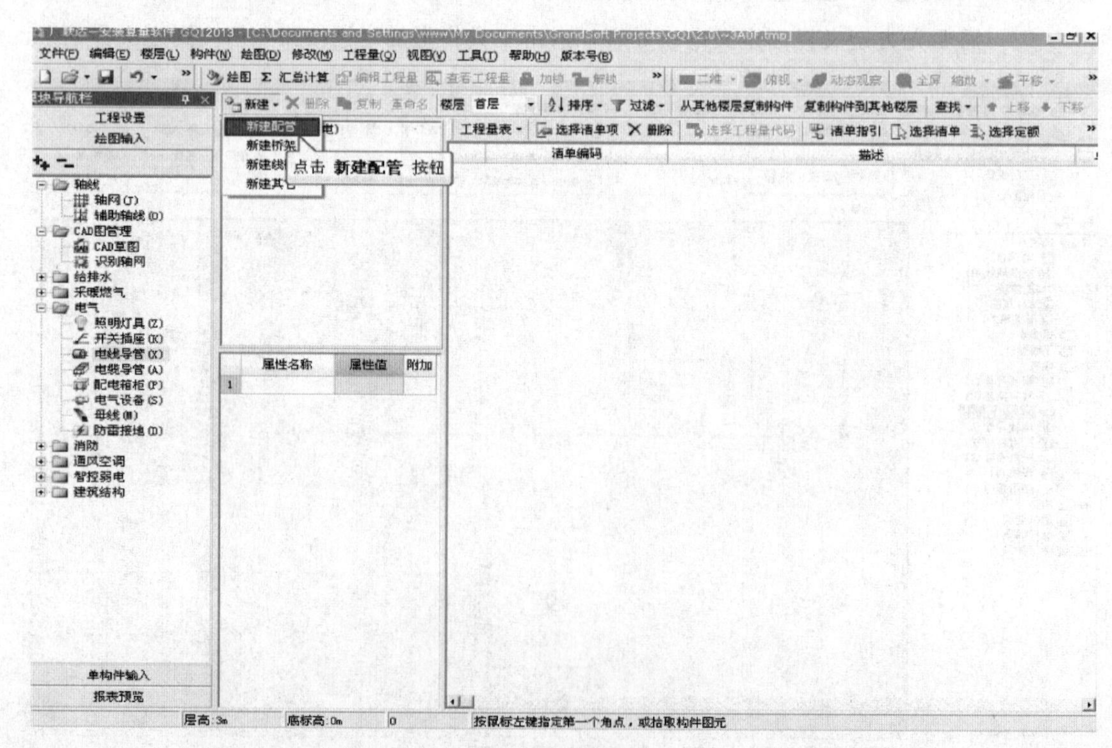

(5) 在生成的默认导管构件中修改属性名称。

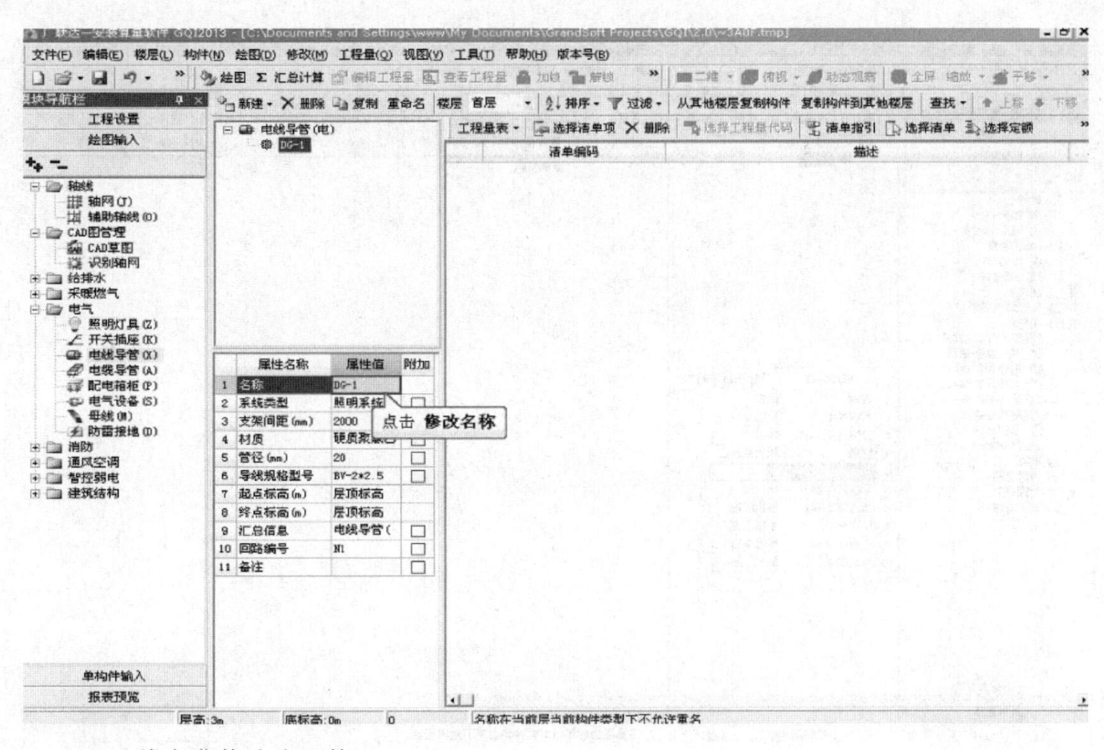

（6）将名称修改为配管。

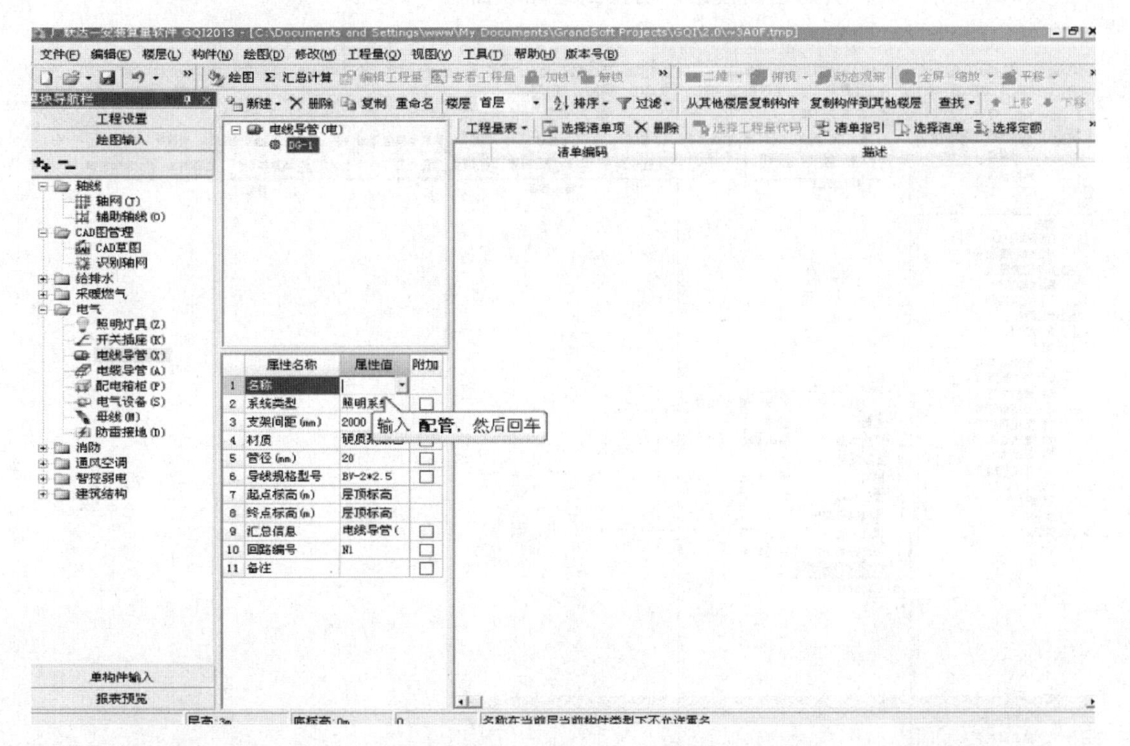

（7）软件中默认的管径与要求管径是一致的，此时不需要修改，确认属性无误后点击确定按钮退出界面。

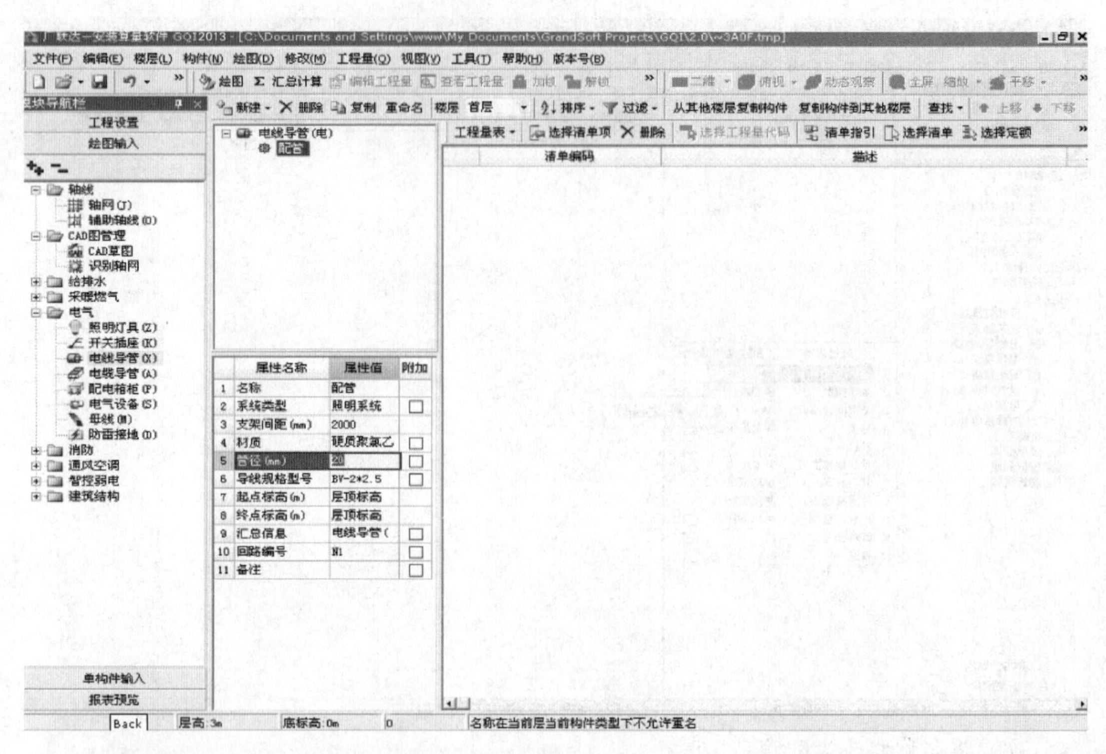

（8）点击工具栏上的绘图按钮，切换到绘图界面。

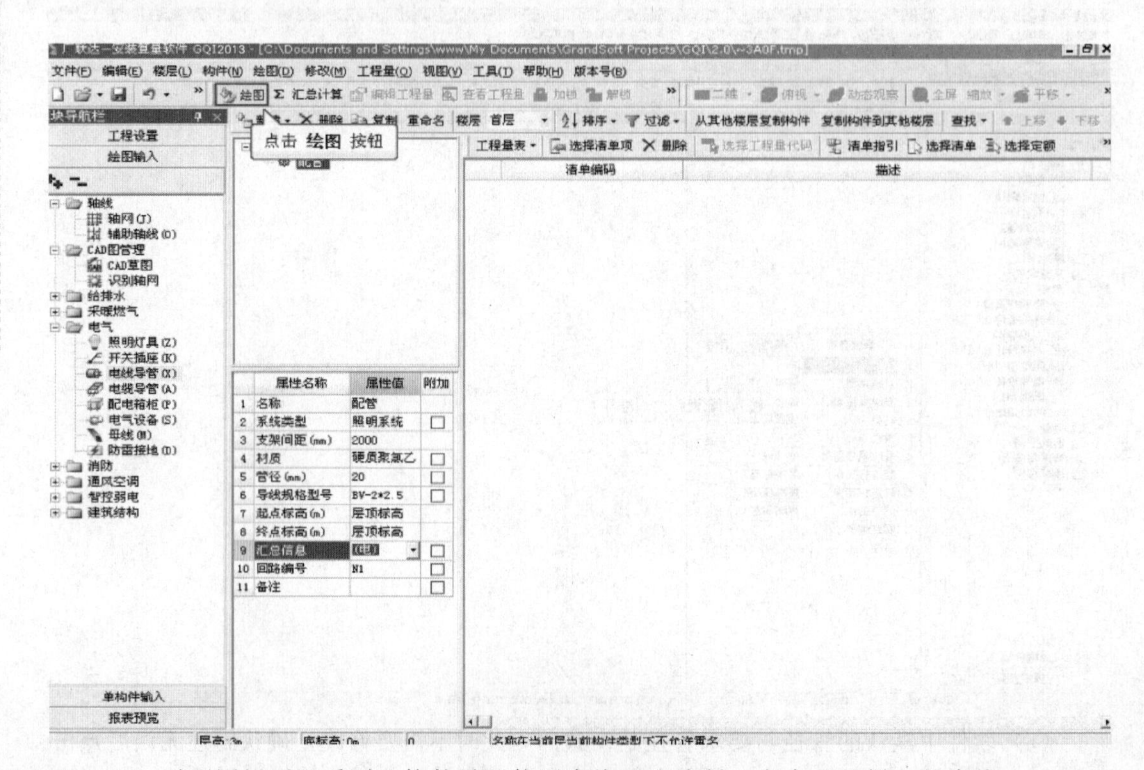

（9）对照图纸可以看到此构件需要使用直线画法绘制，点击工具栏上的直线。

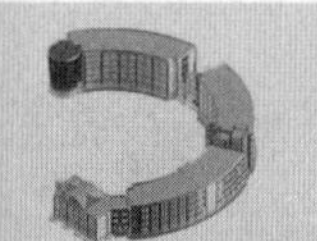

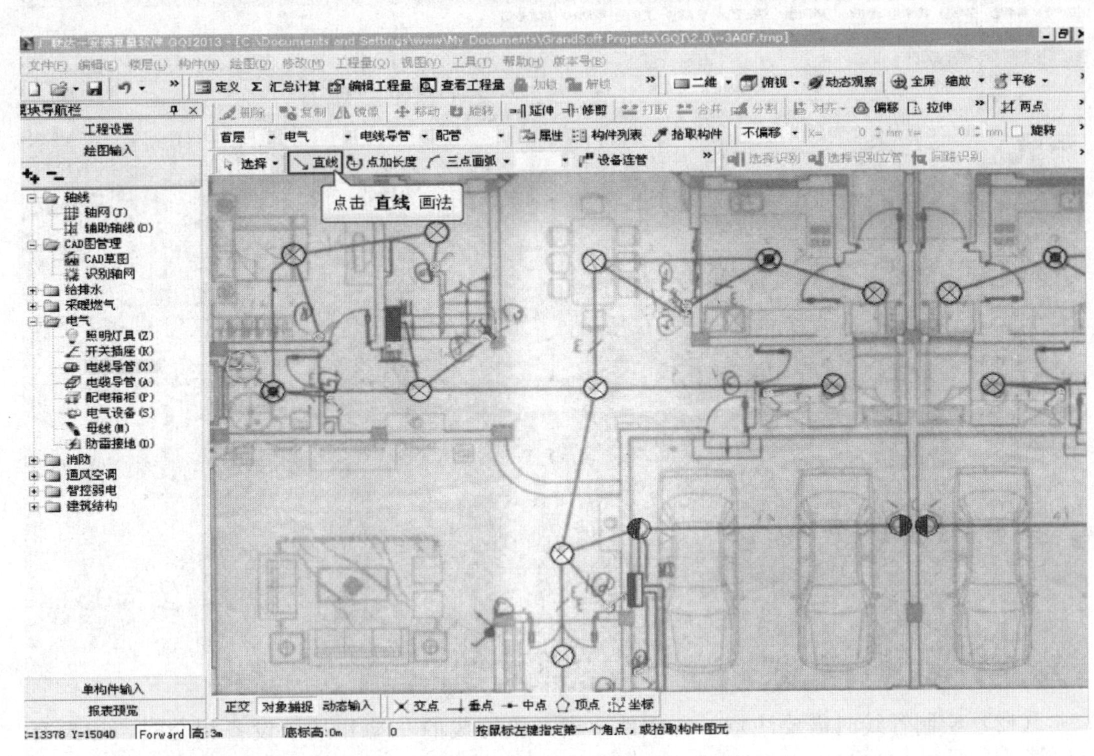

（10）根据状态栏提示鼠标左键选择第一个点作为此管的起点。

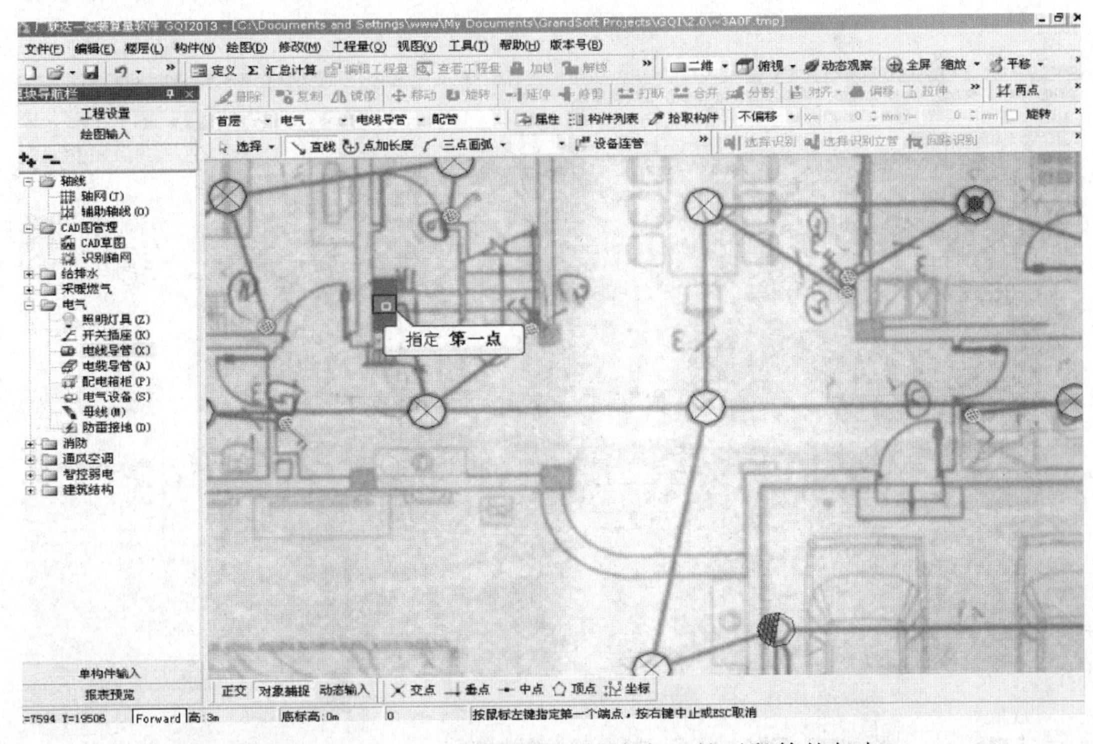

（11）继续指定第二个点，此点既是前段管的终点又是下段管的起点。

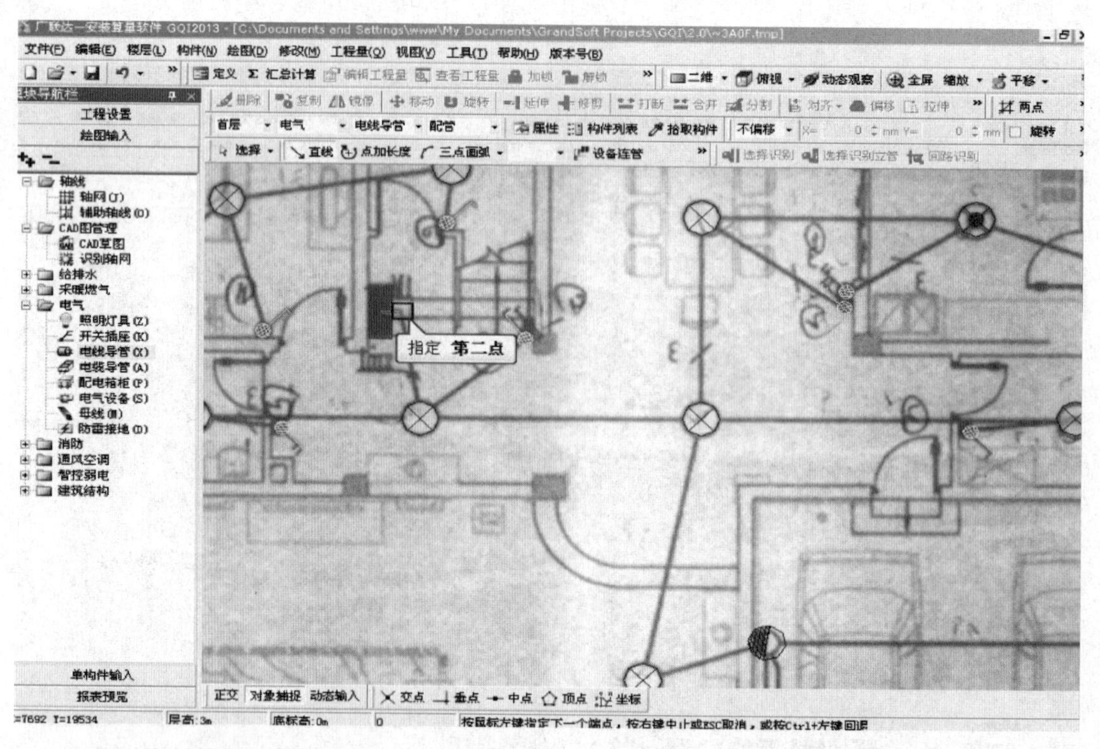

（12）绘制管线时需要注意，在软件中当一段管线的一端和某个设备相交时，如果有高差就会产生一段立管，也就是说在绘制管道时，如果要产生立管就需要在设备处点击使之产生端点，此例在灯处点击使之产生立管。用同样的方法可以将所有的管线都绘制完成了。

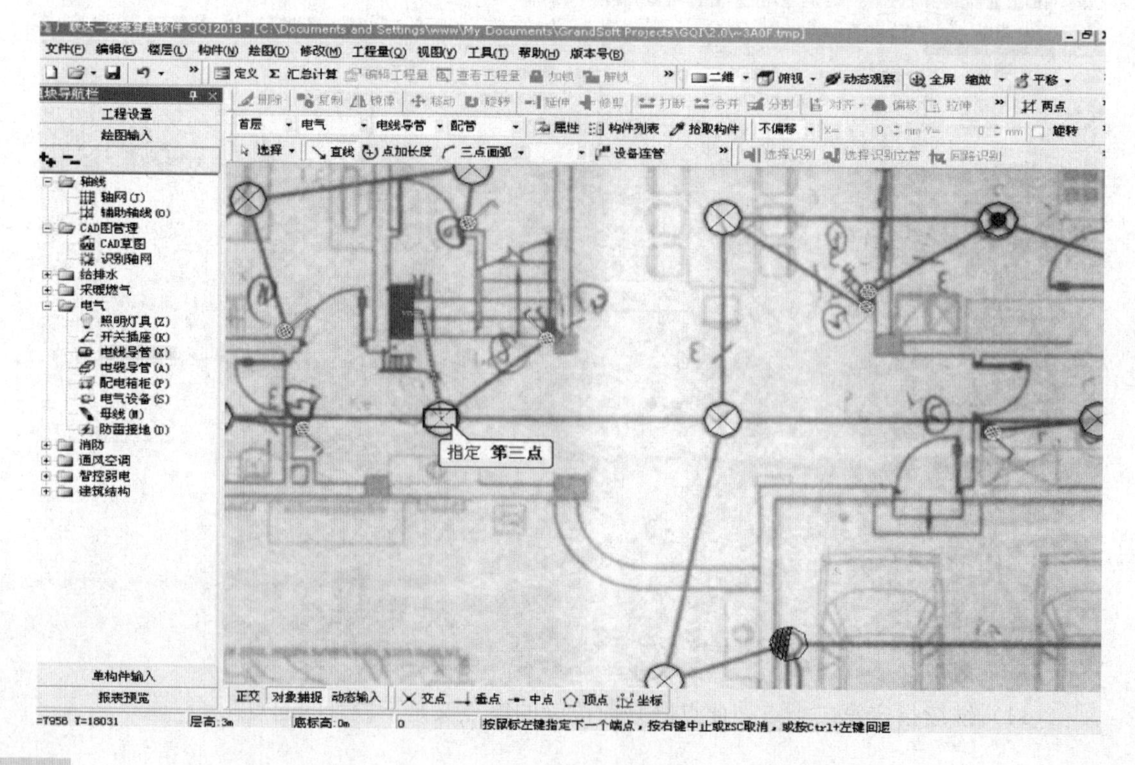

2.2.3.4 查看工程量

具体操作步骤如下：

（1）图元绘制好之后需要检查图元绘制是否正确，工程量是否无误，首先转到三维模式下查看。点击动态观察按钮。

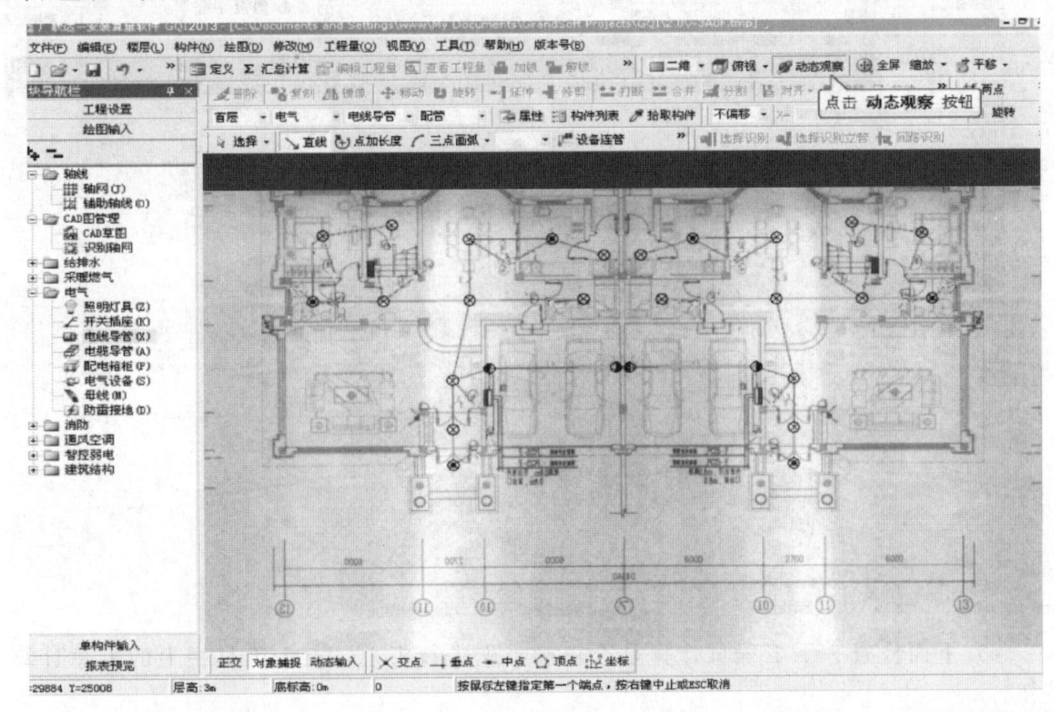

（2）在动态查看状态下按住鼠标左键可以自由旋转查看方位。检查一下灯具和管线的标高连接是否正确。

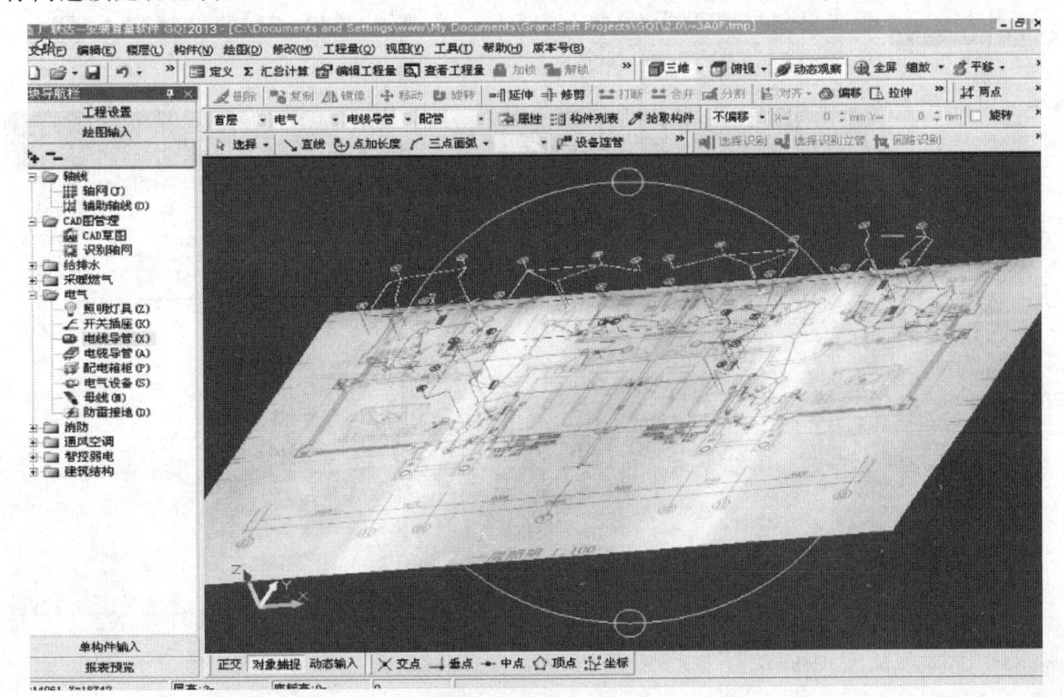

（3）三维动态查看无误之后恢复到二维状态，点击俯视按钮。

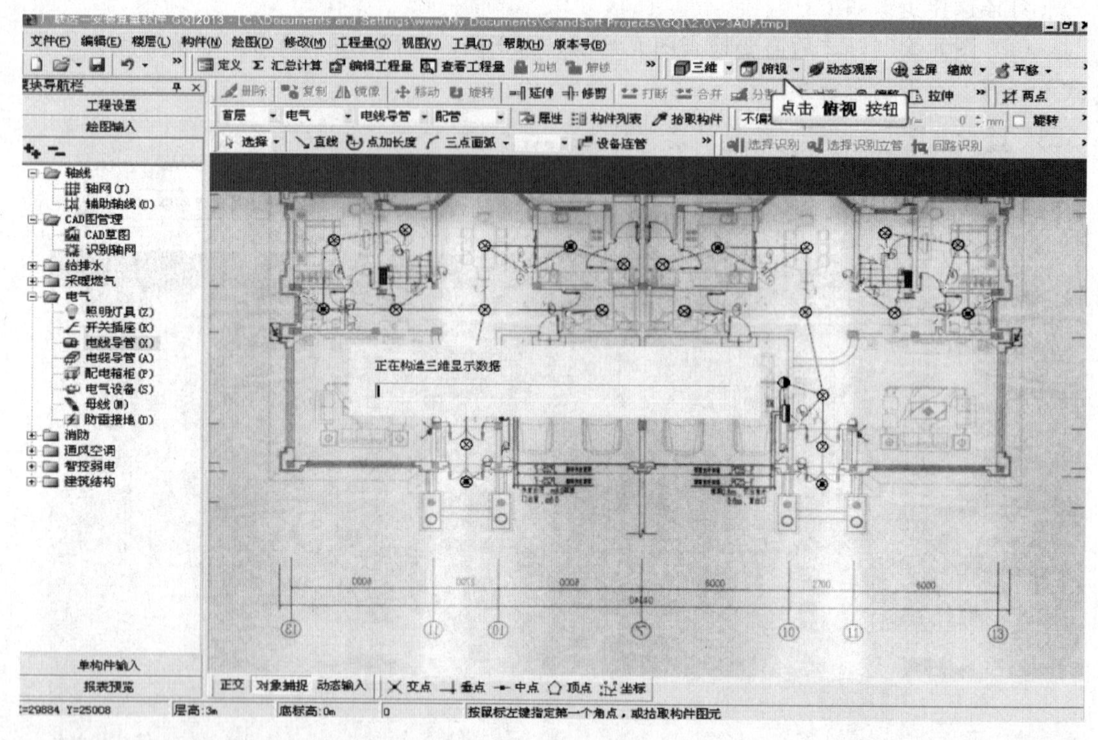

（4）下面检查一下工程量计算是否正确，先进行汇总，点击工具栏上的汇总计算按钮。

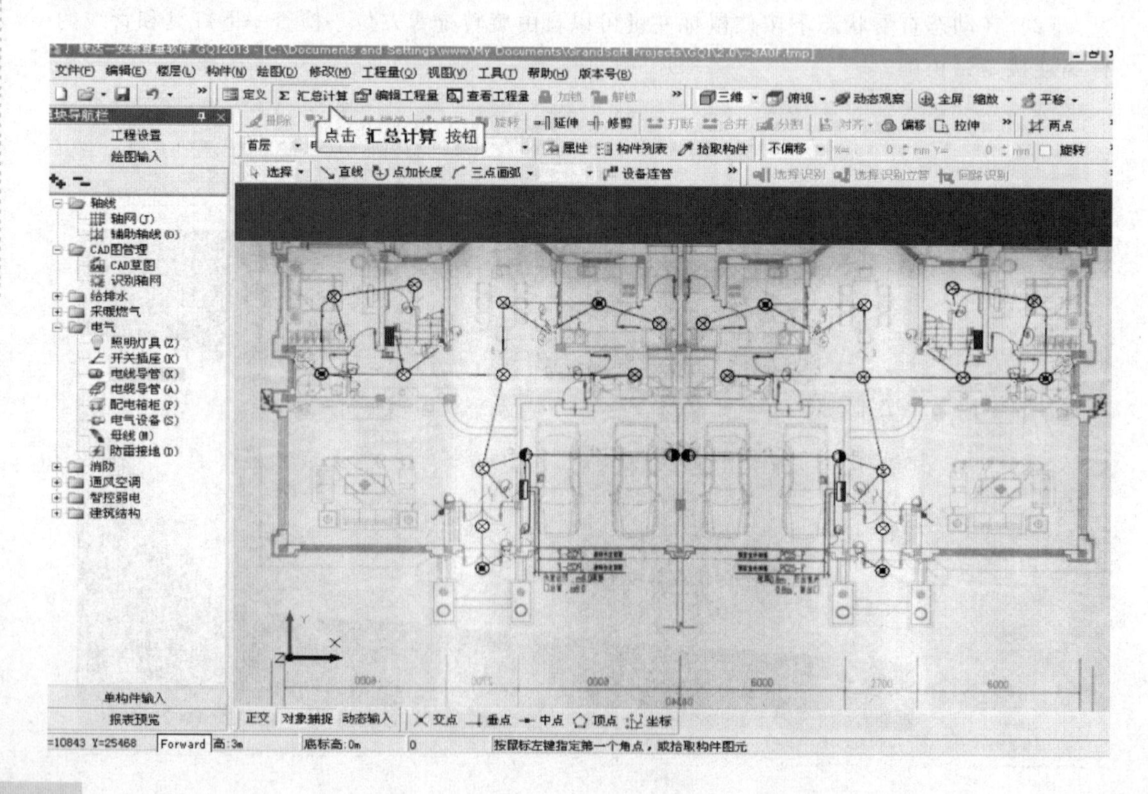

（5）在弹出的计算汇总框中选择当前楼层进行计算，点击计算按钮。

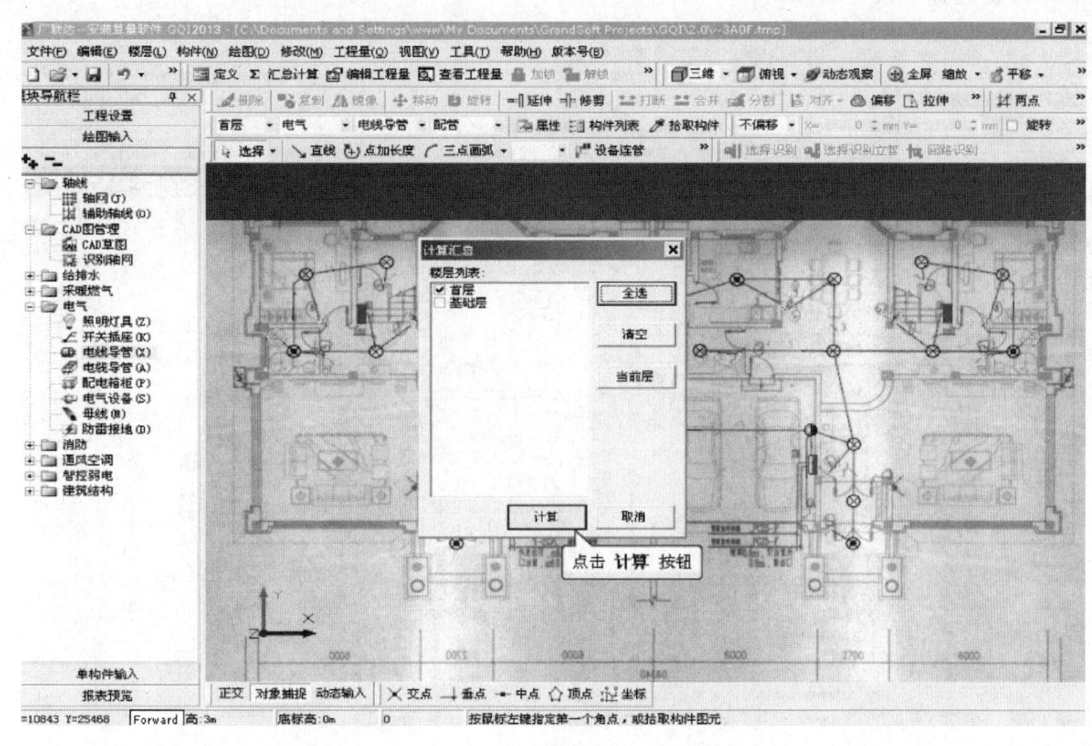

（6）计算完成后在弹出的工程量计算完成框中点击确定按钮。

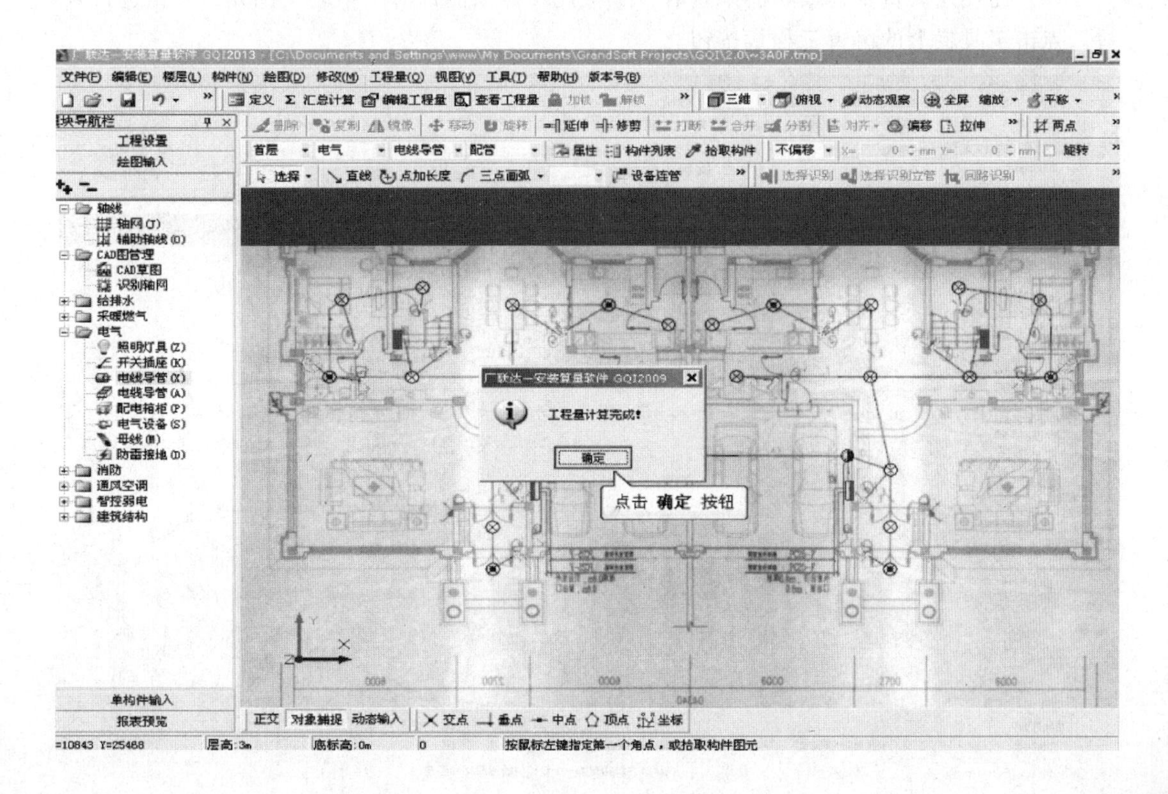

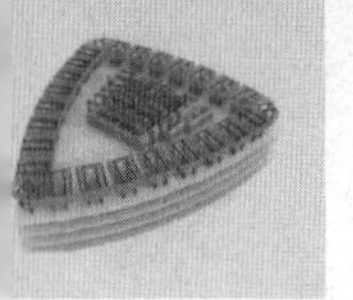

（7）下面便可对单个或者多个图元进行工程量检查了，先选择一根导线进行查看工程量，左键选择一根导线。

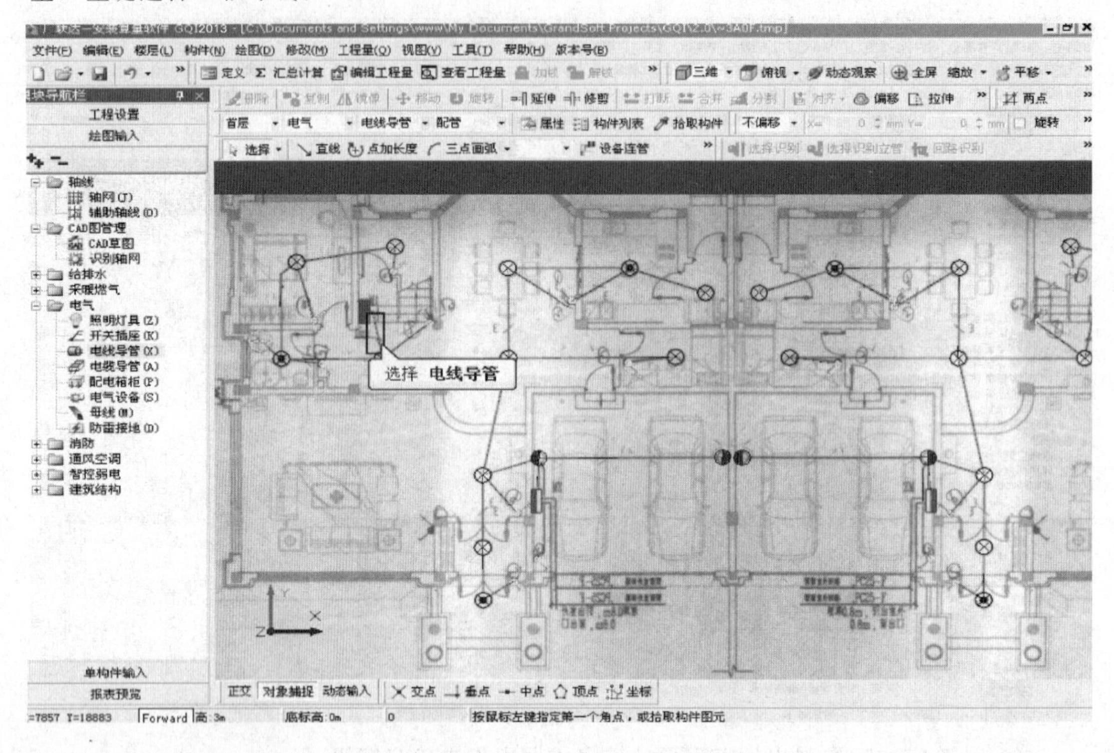

（8）先使用编辑工程量功能来查看一下，此功能只能针对一个一个图元工程量进行查看。点击工具栏上的编辑工程量按钮。

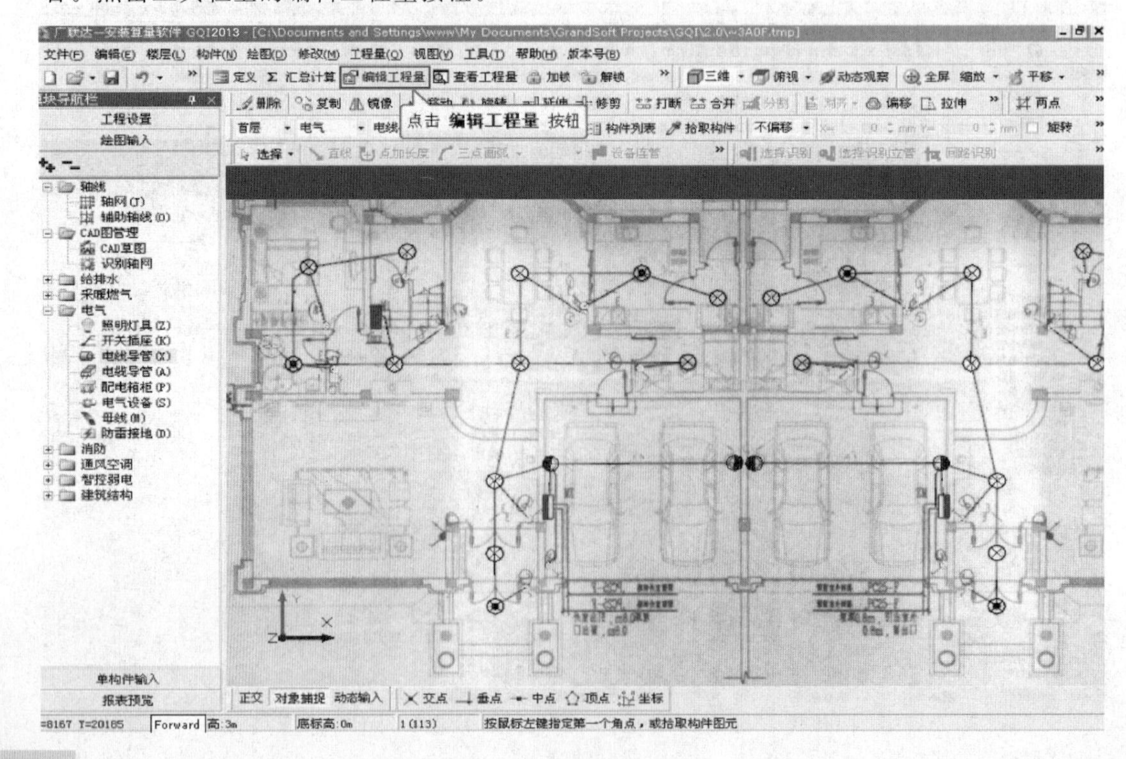

（9）在弹出的图元工程量框中可以详细查看图元的工程量及计算公式，如果需要查看电气线缆的工程量需要切换到电气线缆页签。

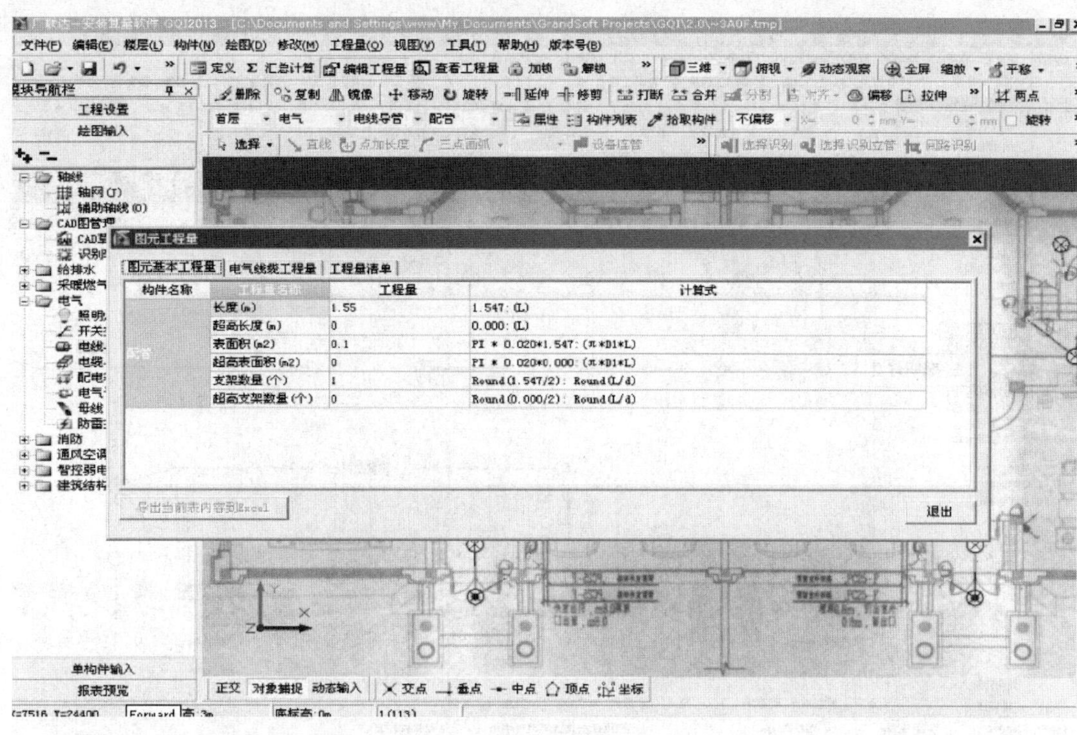

（10）工程量确定无误后点击退出按钮。

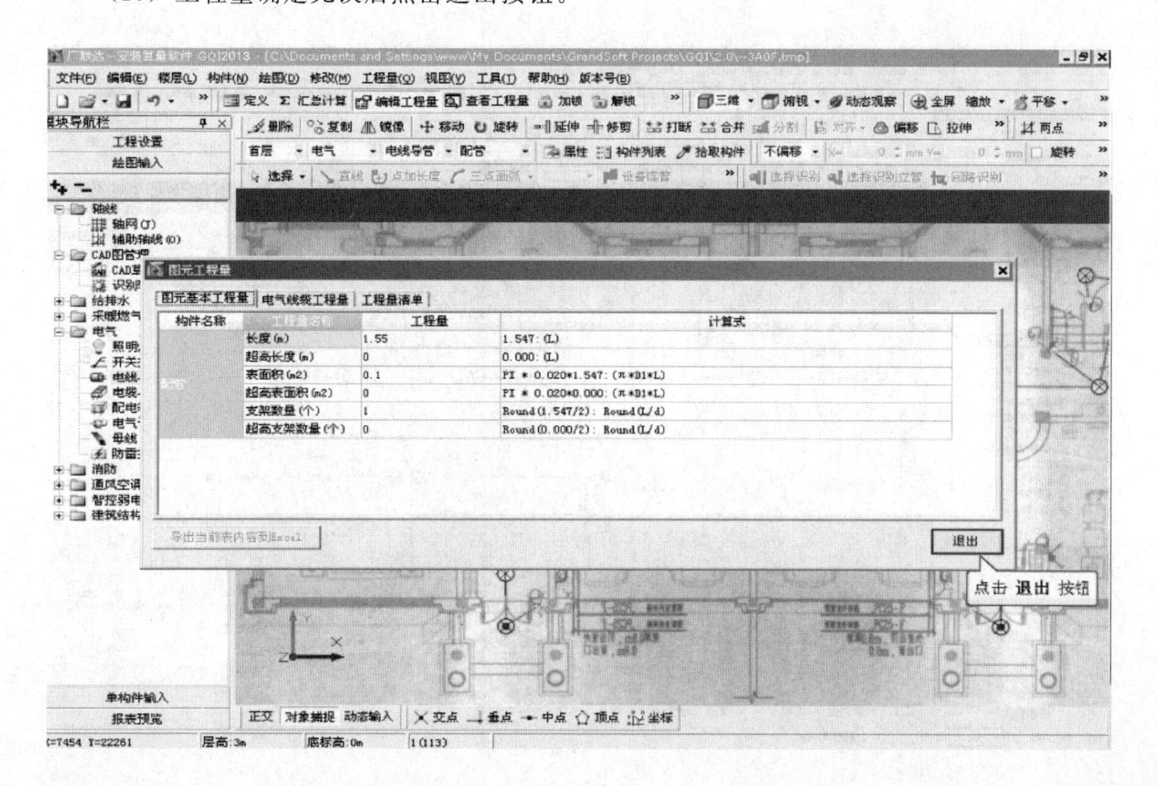

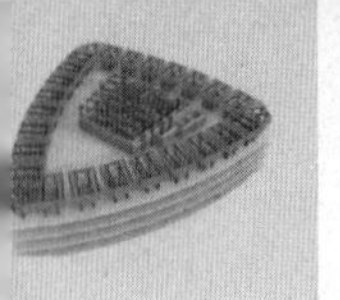

（11）下面看一下照明灯具的工程量计算结果，首先切换到照明灯具绘图界面，点击工具栏上的查看工程量按钮。

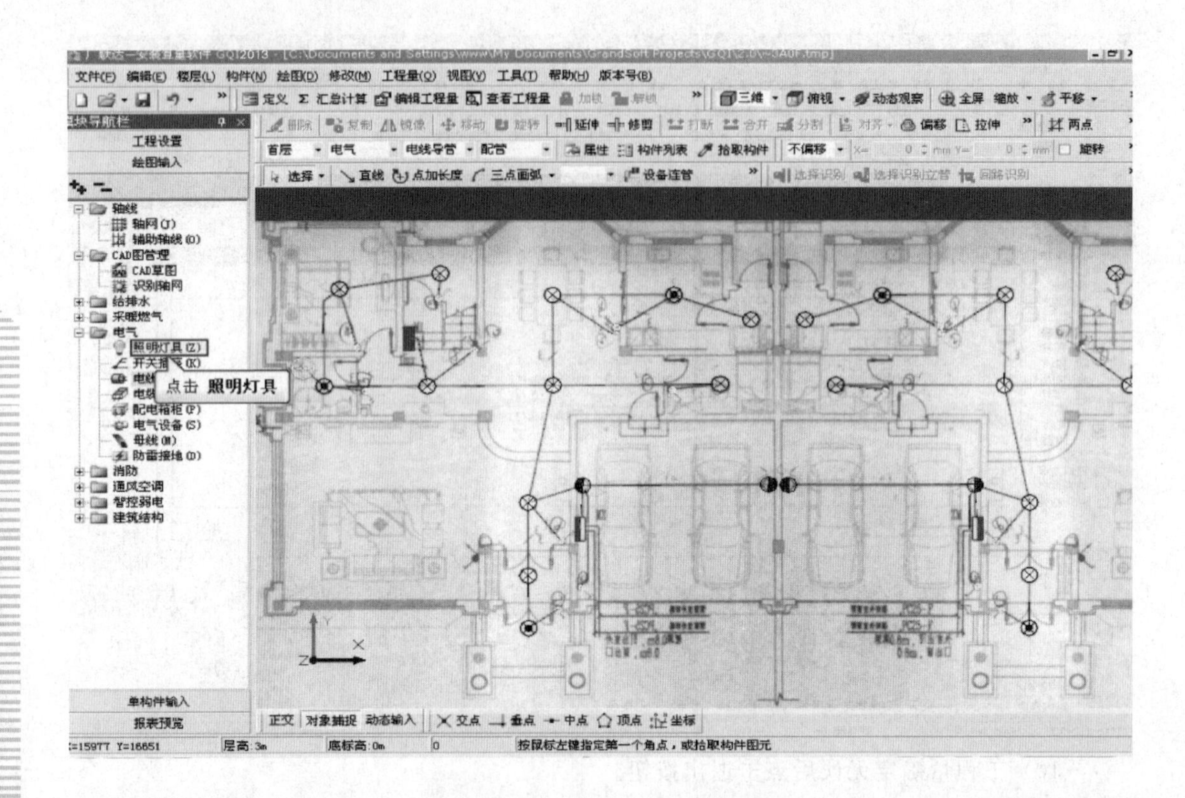

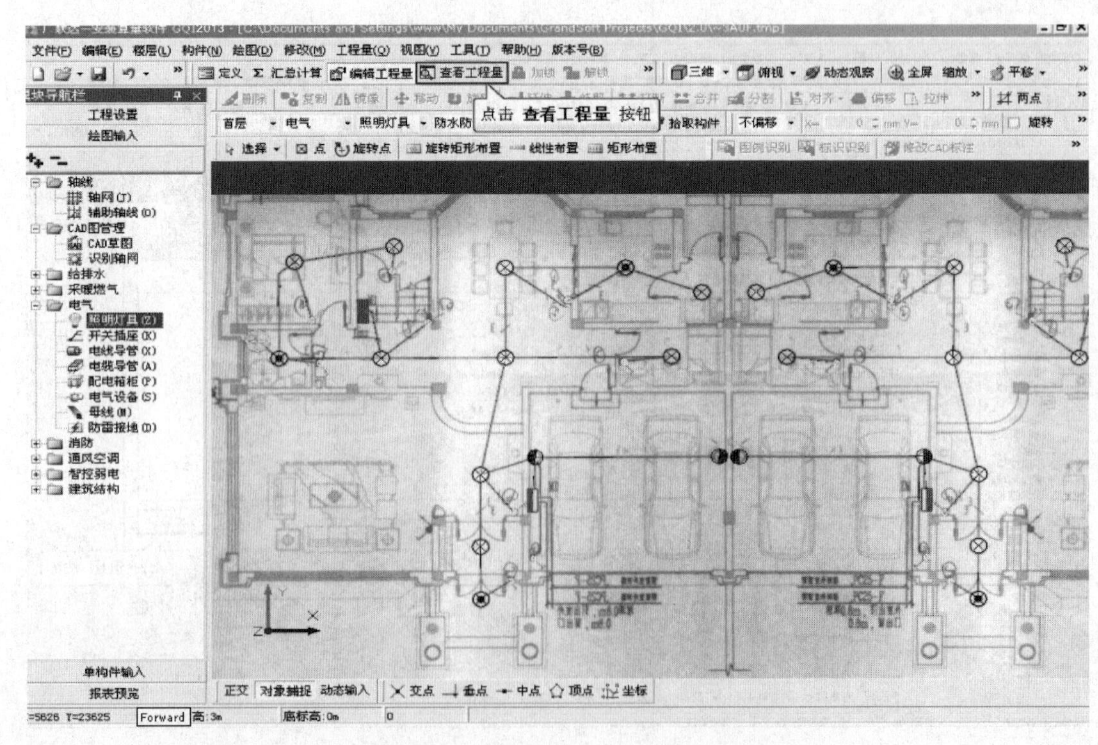

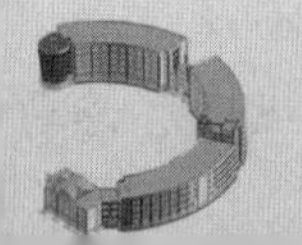

（12）使用查看工程量功能时可以选择一个或多个图元同时进行查看。下面根据状态栏提示左键选择一个照明灯具图元。

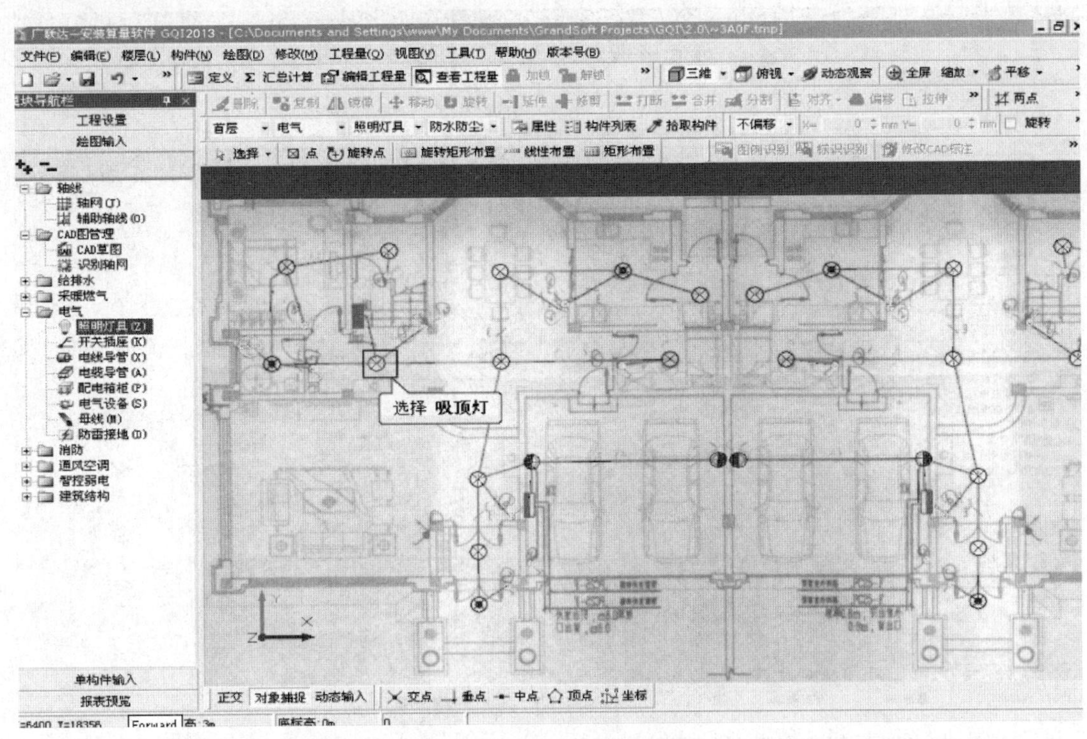

（13）在弹出的图元工程量框中可以查看到图元信息，如果选择的是多个图元则会显示多个图元的所有工程量信息，查看完毕后点击退出按钮。

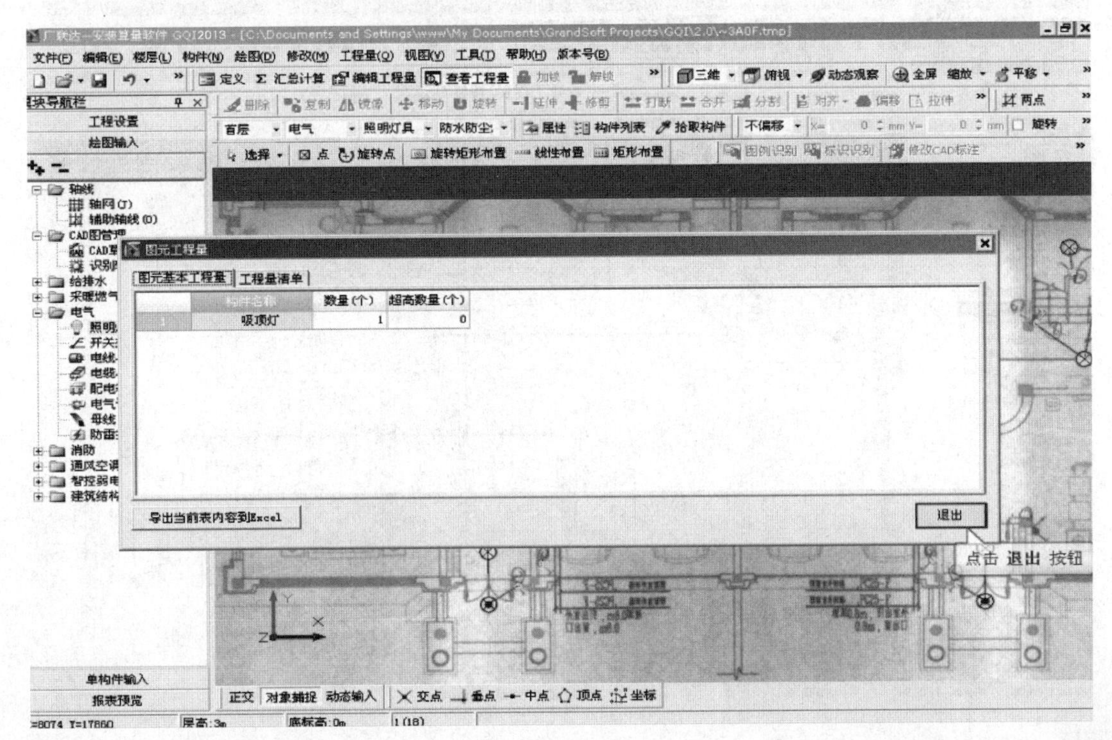

（14）下面查看一下开关插座的工程量信息，在导航栏中选择开关插座。

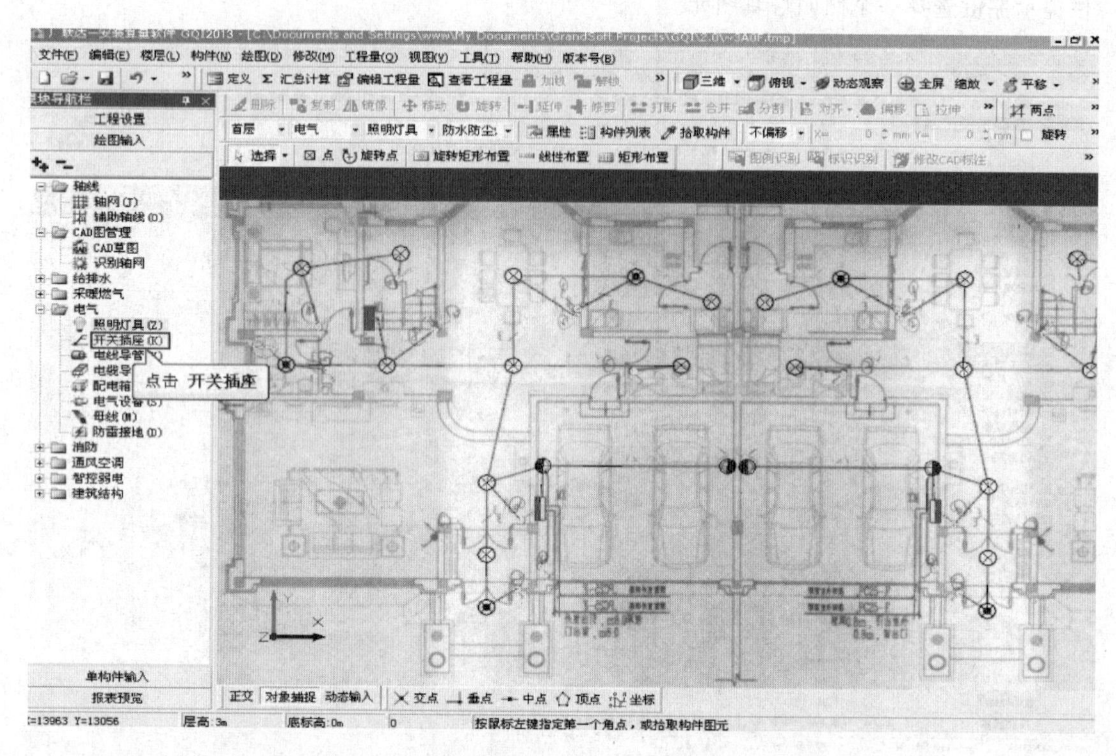

（15）点击工具栏上的查看工程量按钮。

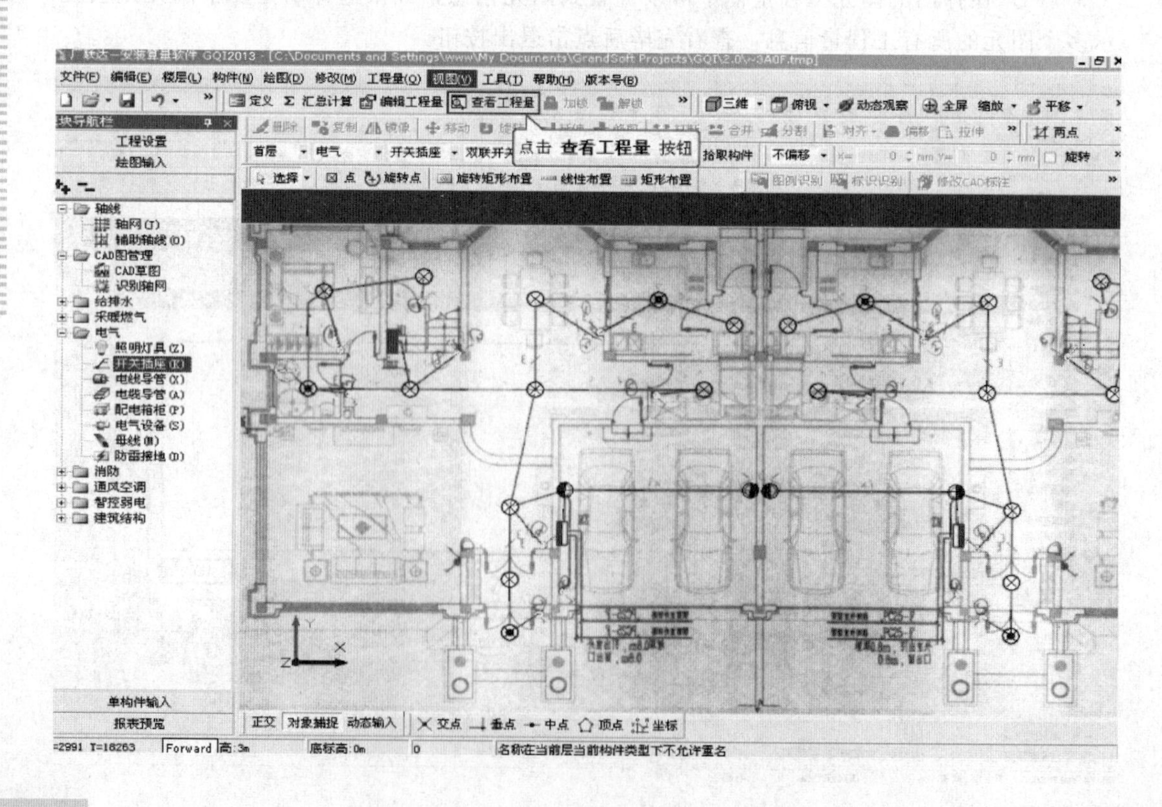

（16）鼠标左键选择一个开关。

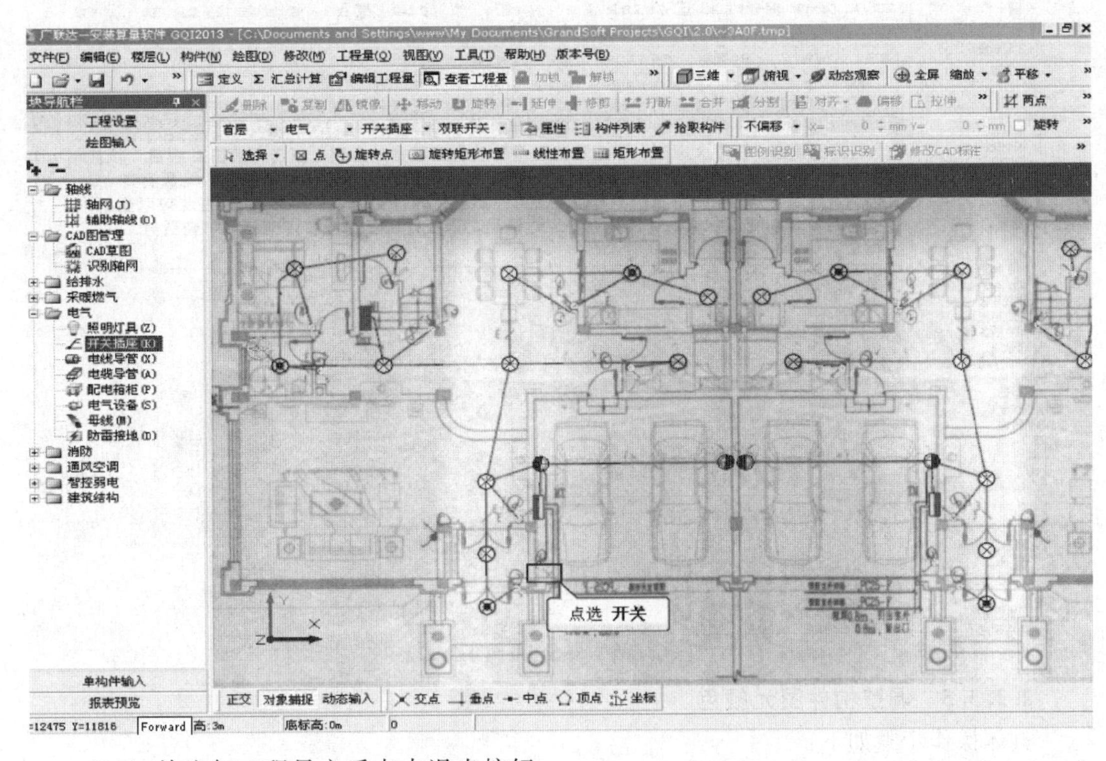

（17）检查好工程量之后点击退出按钮。

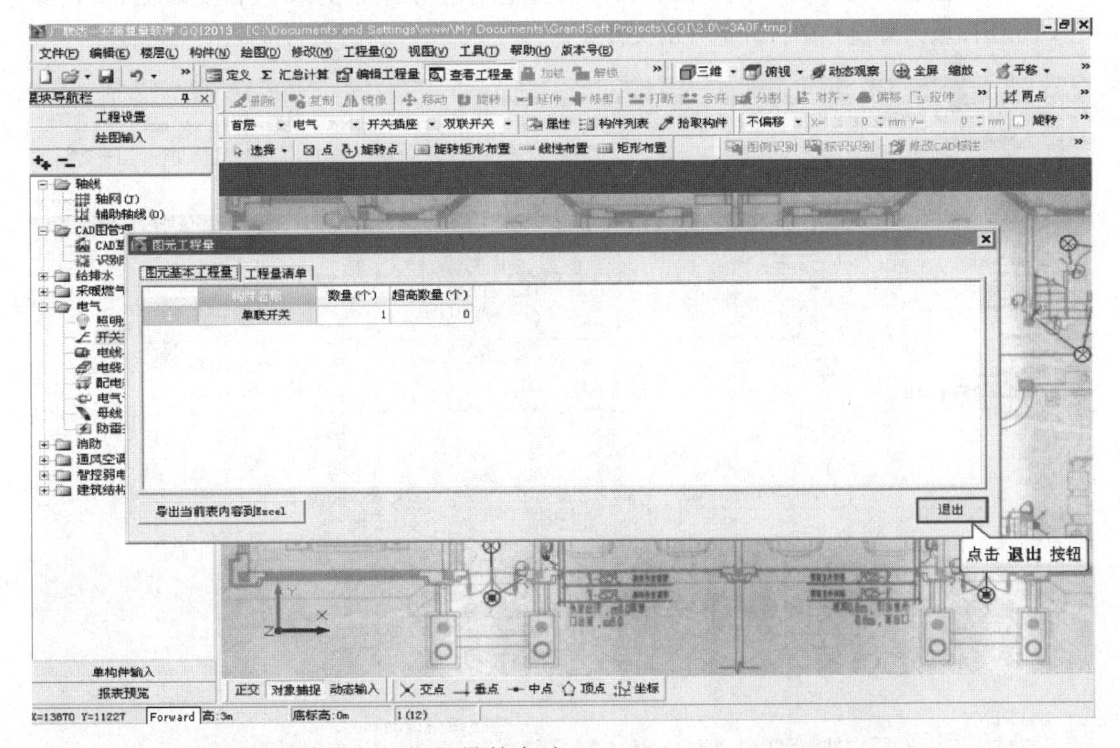

（18）以上即是查看图元和工程量的方法。

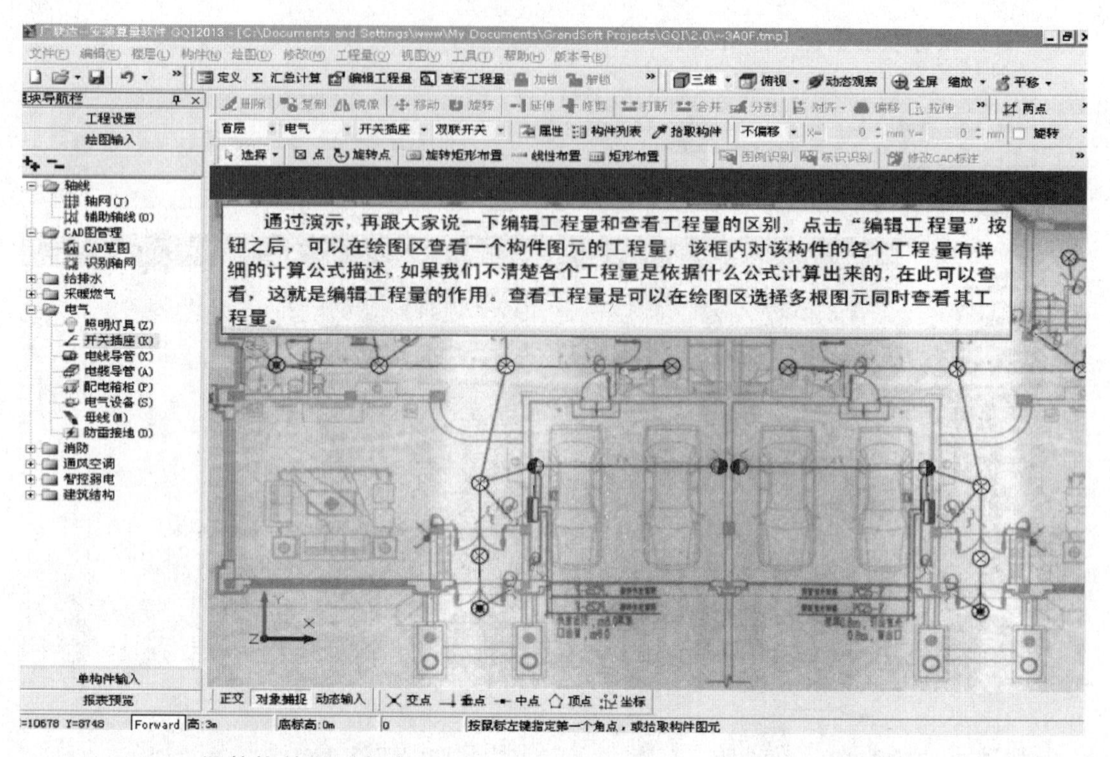

2.2.3.5 调整构件图元颜色

具体操作步骤如下：

（1）在绘制图元时软件中构件默认的图元颜色有时与图纸相异，便需要修改图元的颜色，在绘图输入导航栏中打开电气的文件夹。

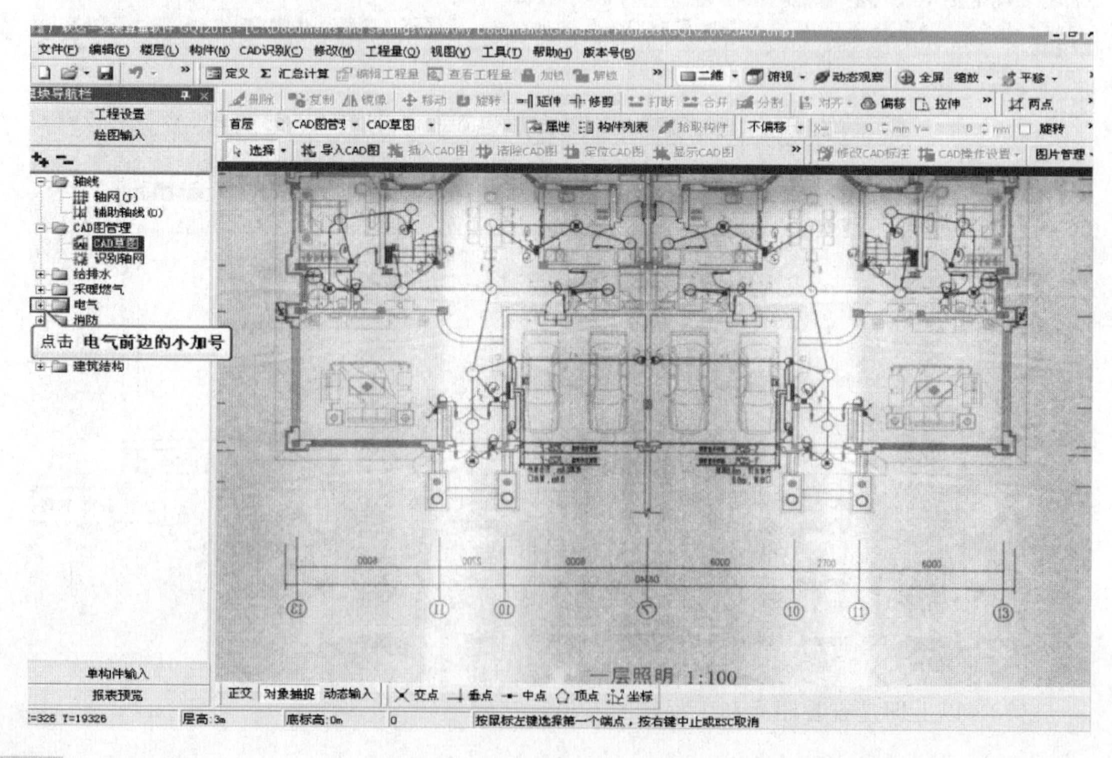

（2）下面来看一下电气专业下的构件类型，由于图片的颜色比较深，可以调整各个构件的颜色信息。方法是点击工具栏上的工具下拉菜单。

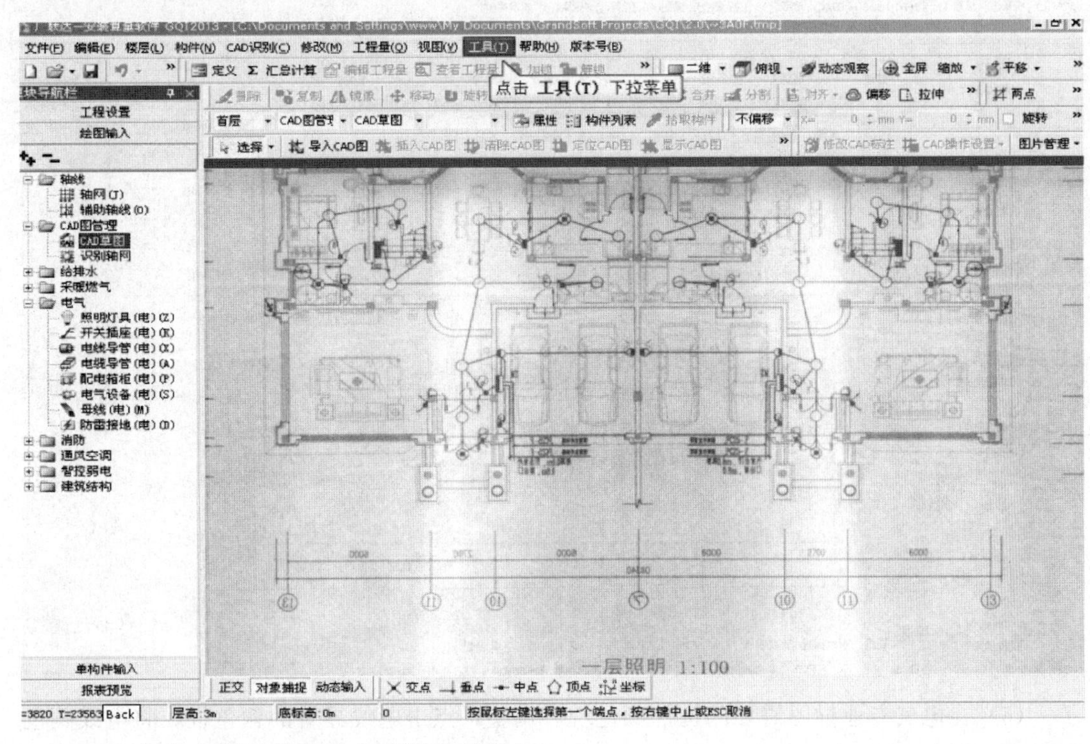

（3）在弹出的下拉菜单中选择选项按钮。

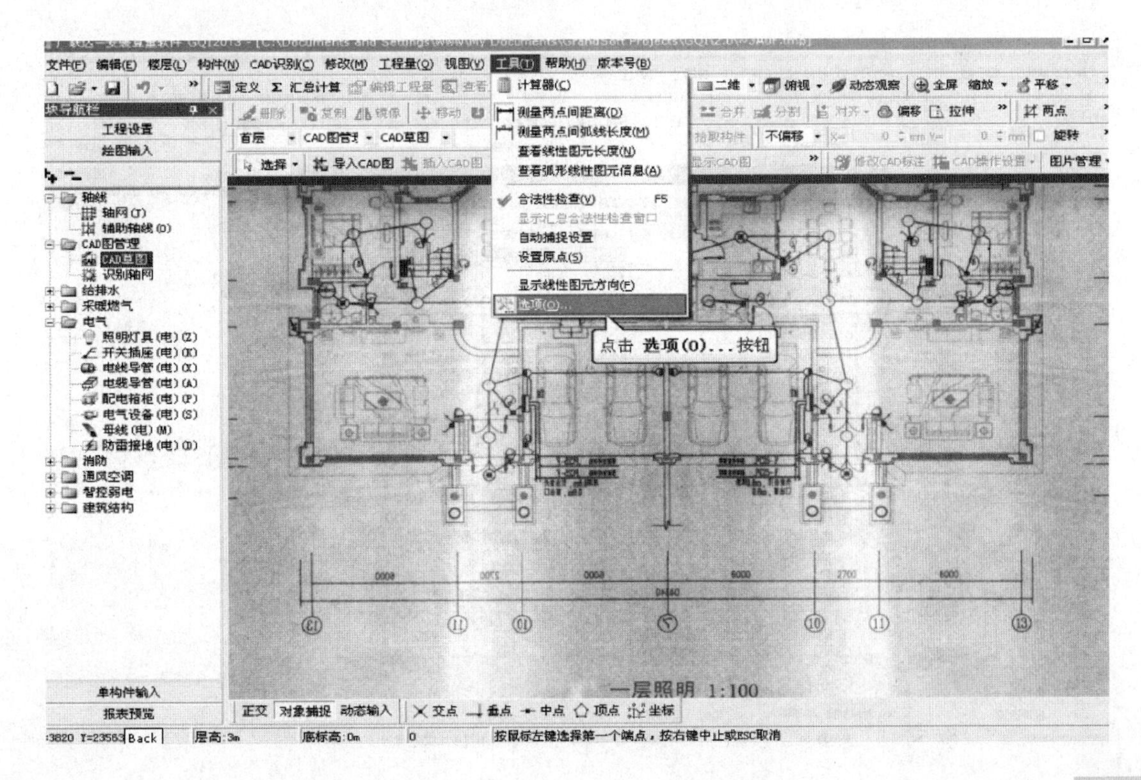

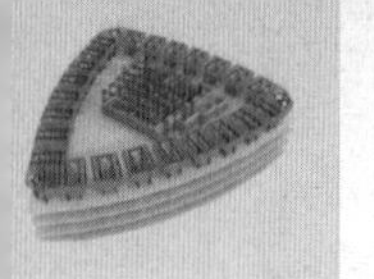

（4）在弹出的选项对话框中点击构件显示页签，切换到构件显示页签。

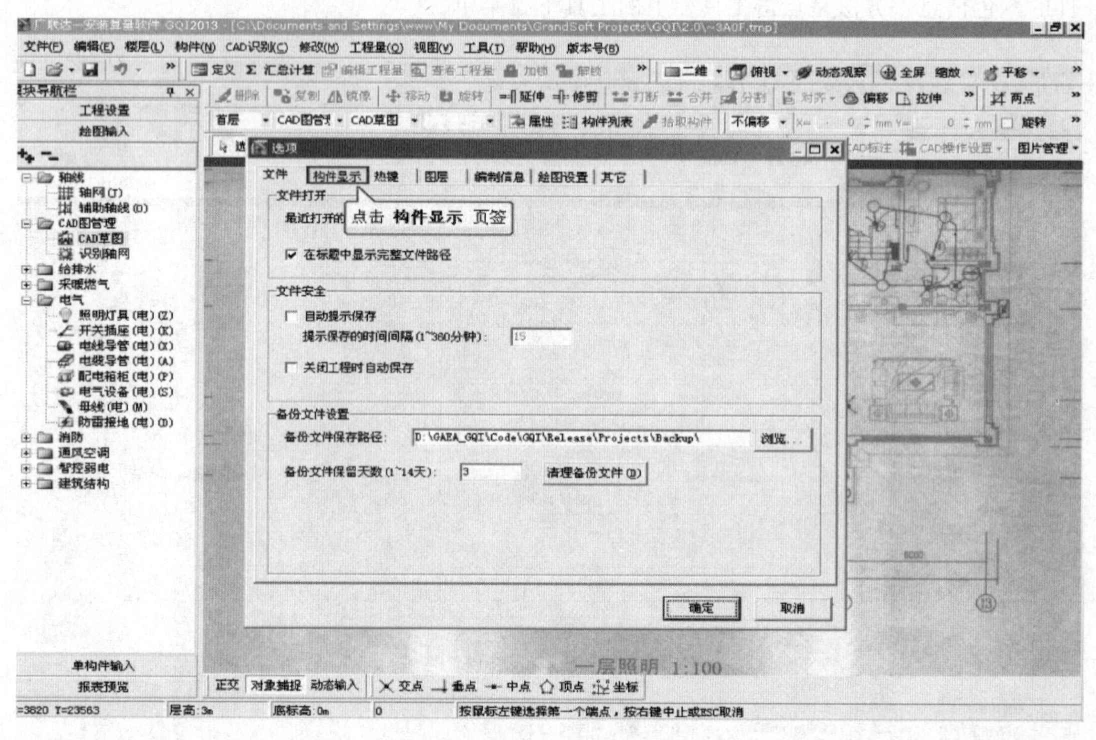

（5）在电气专业描图需要的构件颜色统一调整，点击电线导管的颜色框，将电线颜色调整为深绿色。

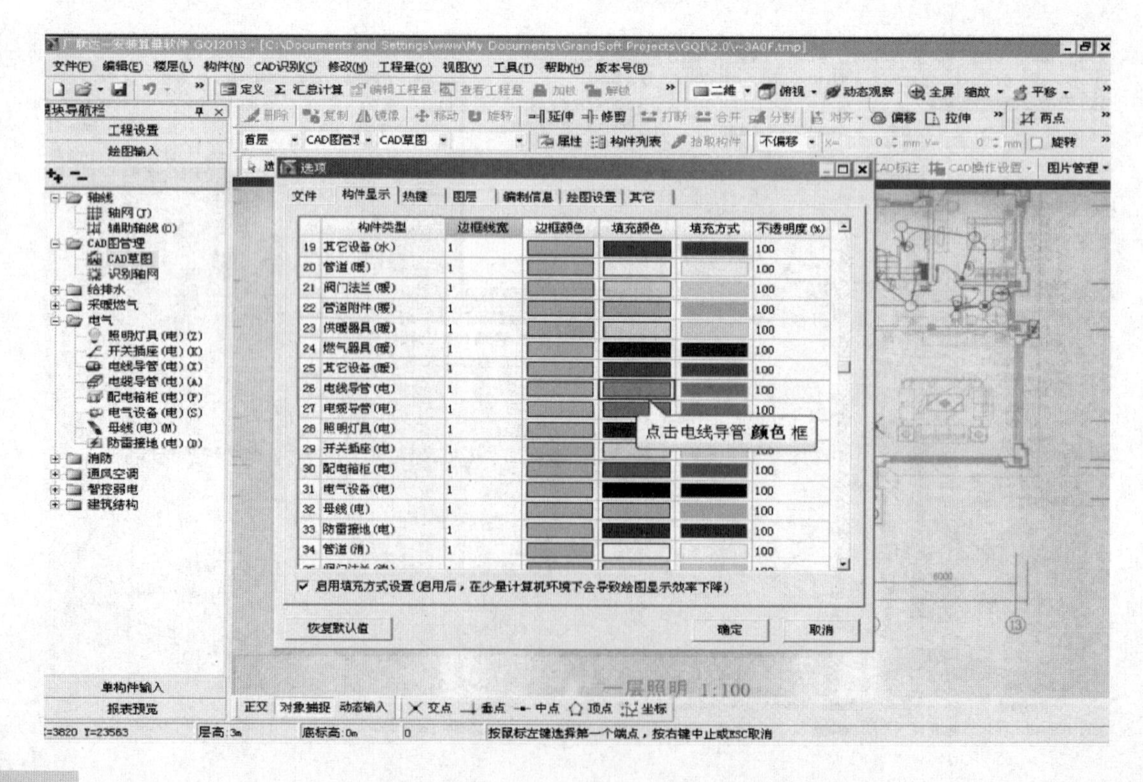

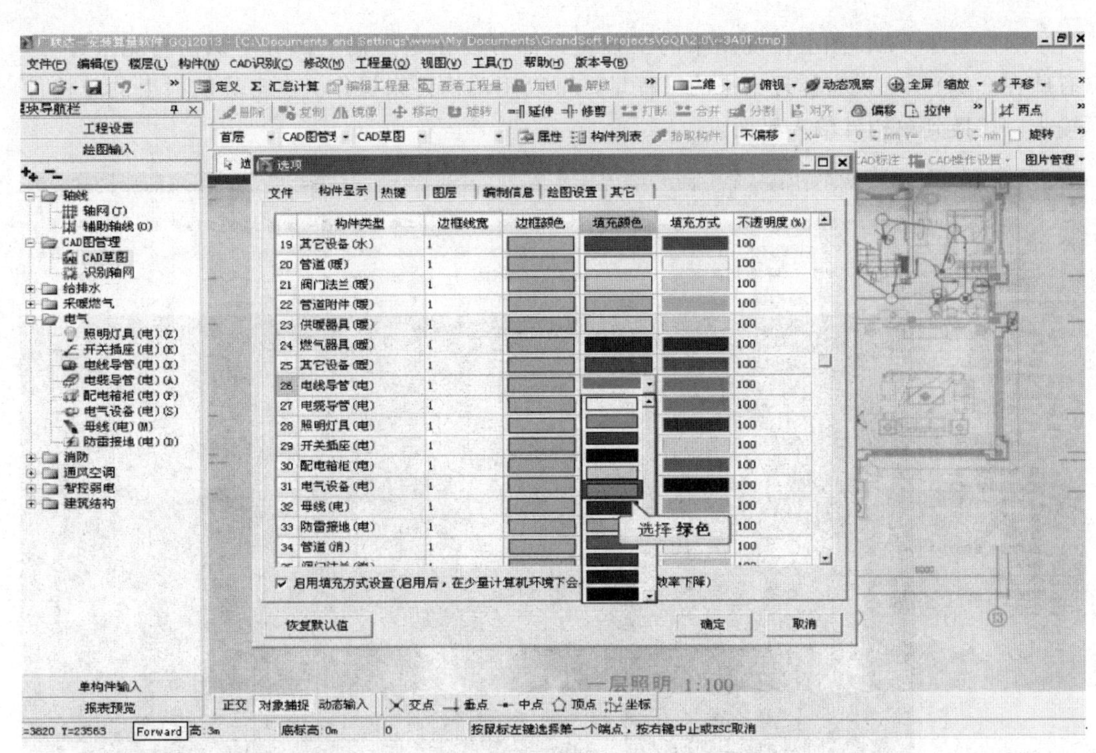

（6）用同样的方法将各电气构件的颜色调整为需要的颜色。点击确定按钮退出即完成了颜色修改。

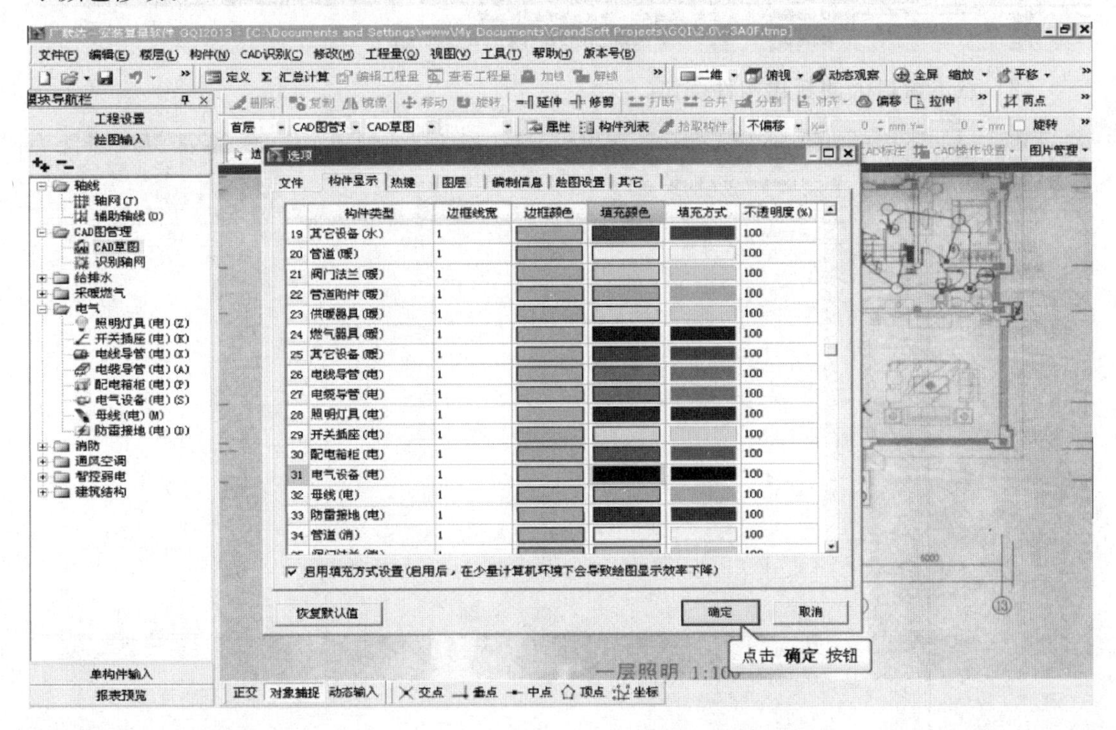

2.2.4 单构件输入

具体操作步骤如下：

（1）对于CAD图上体现出来的工程量，都可以在绘图输入部分用识别功能来计算，有些在CAD图上没有体现出来的工程量，可以用单构件来操作。点击导航栏上的单构件输入，切换到单构件输入界面。

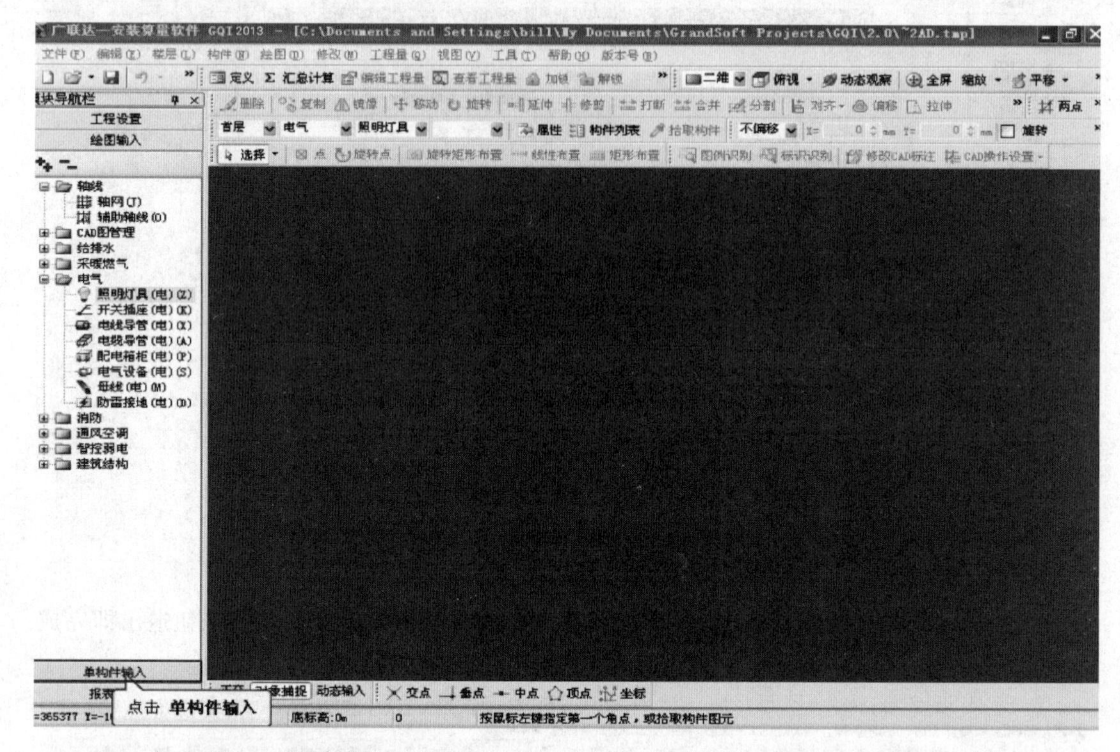

（2）点击窗口上的新建构件按钮。

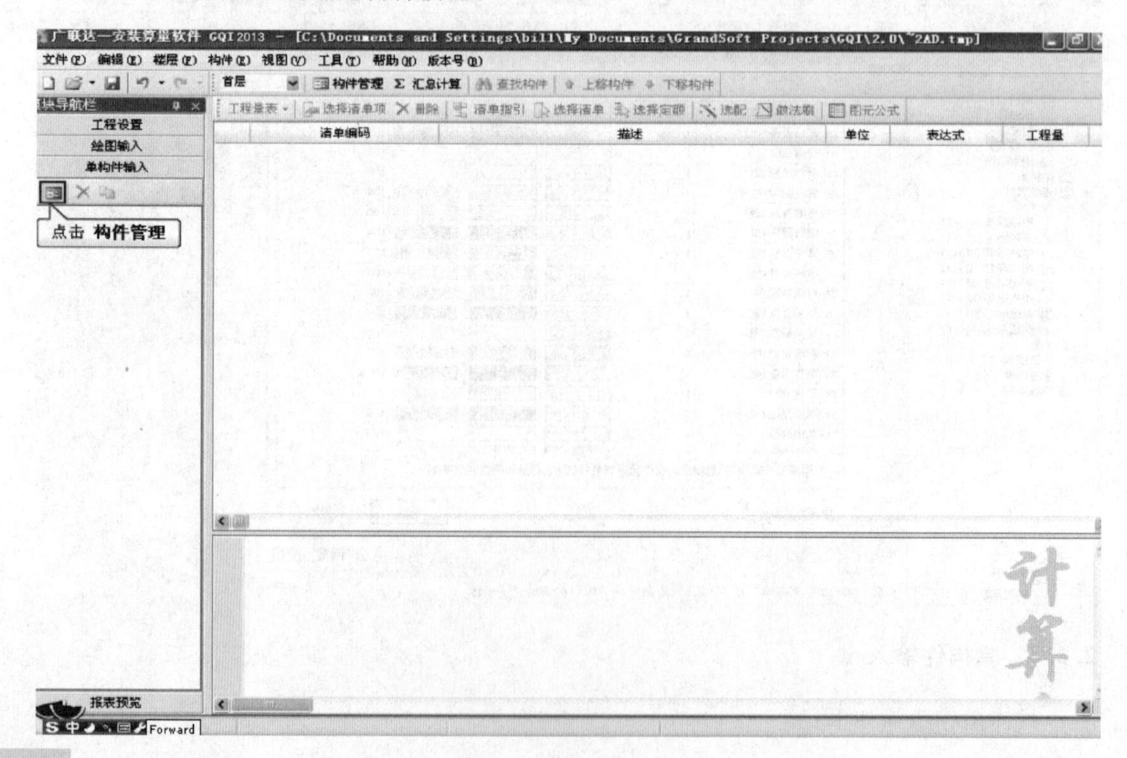

（3）在弹出的构件管理窗口中建立需要的构件。

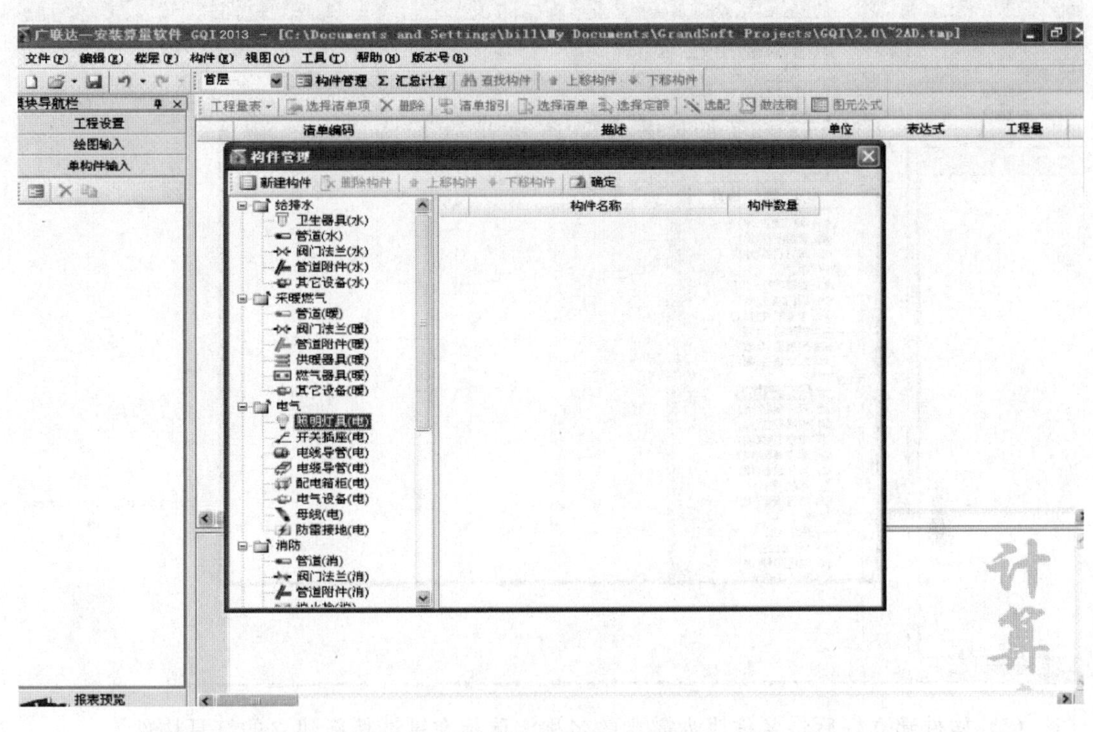

（4）此例建立一个灯具构件。选中电气下的照明灯具。

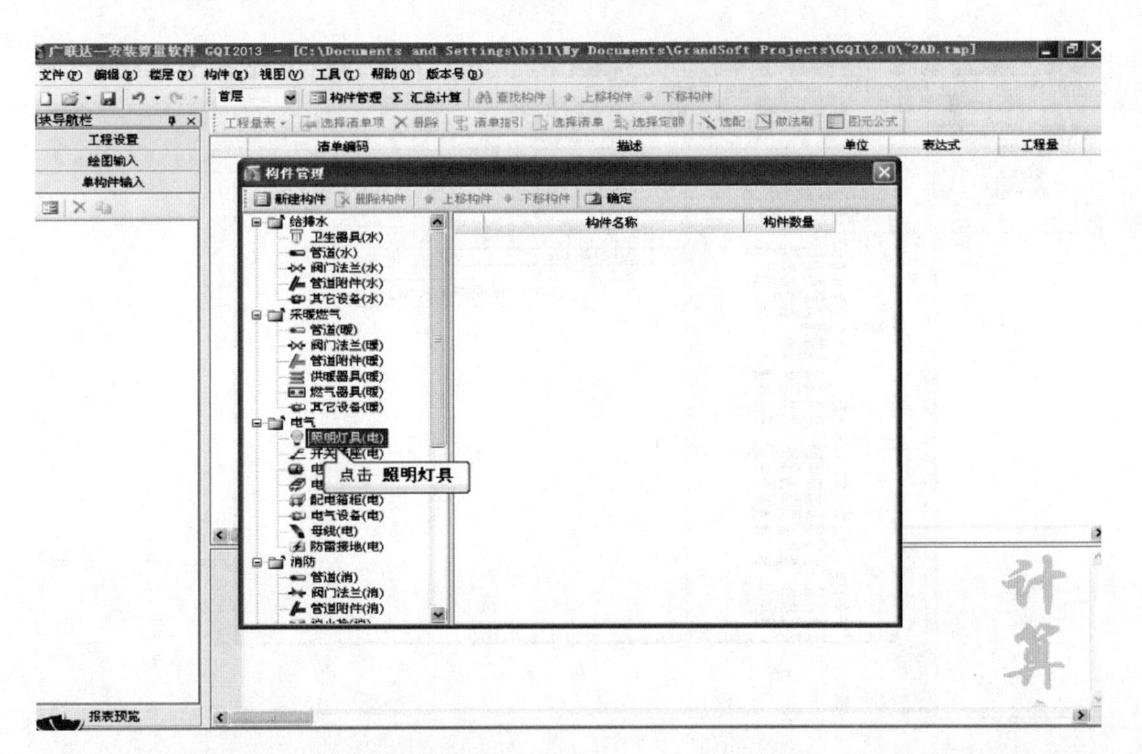

（5）点击窗口上的新建构件按钮。

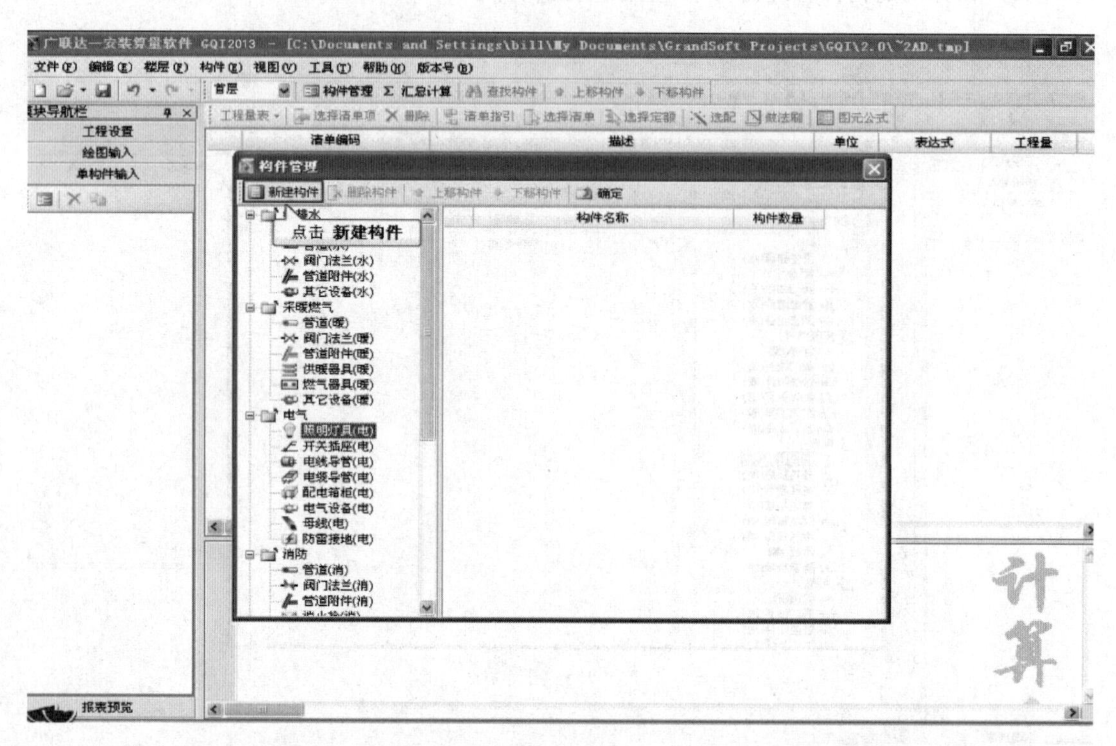

（6）构件建立好后将名称改为需要的名称，鼠标左键选择新建立的灯具构件。

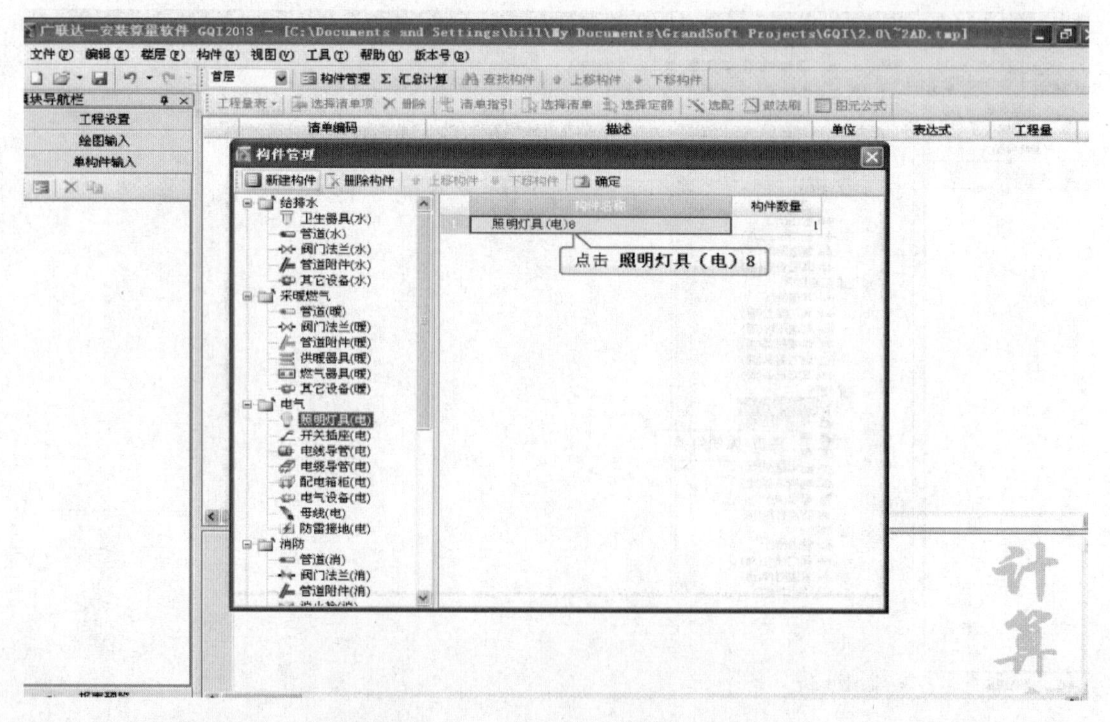

（7）将构件名称改为单管荧光灯。

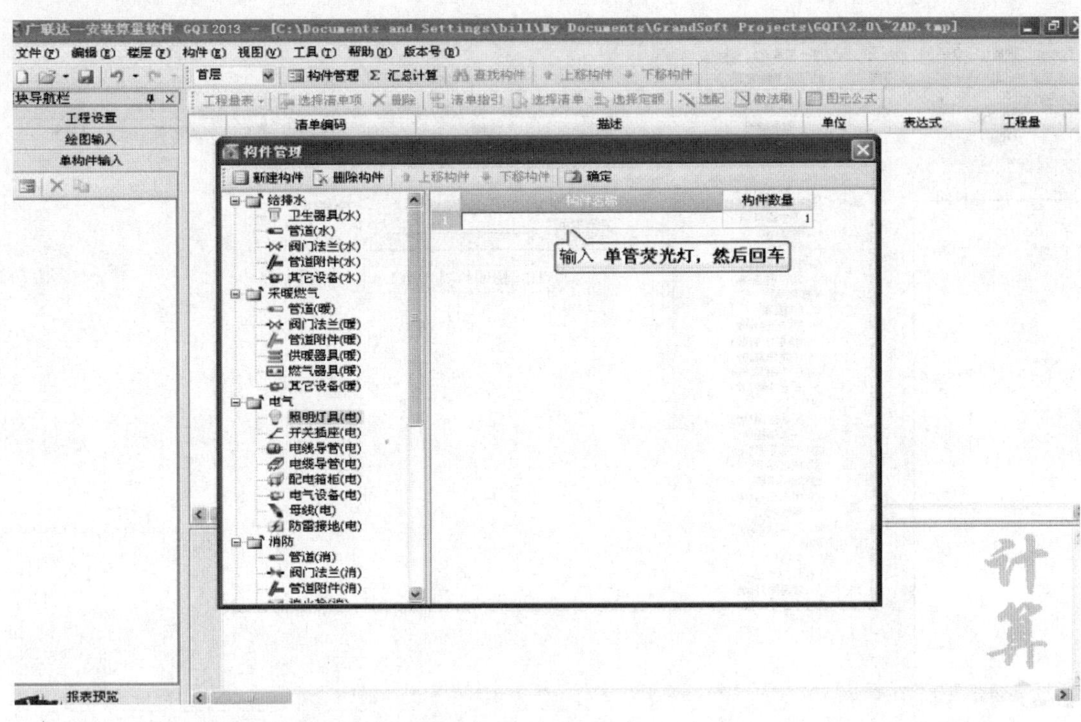

（8）继续点击新建构件按钮，新建一个灯具构件。

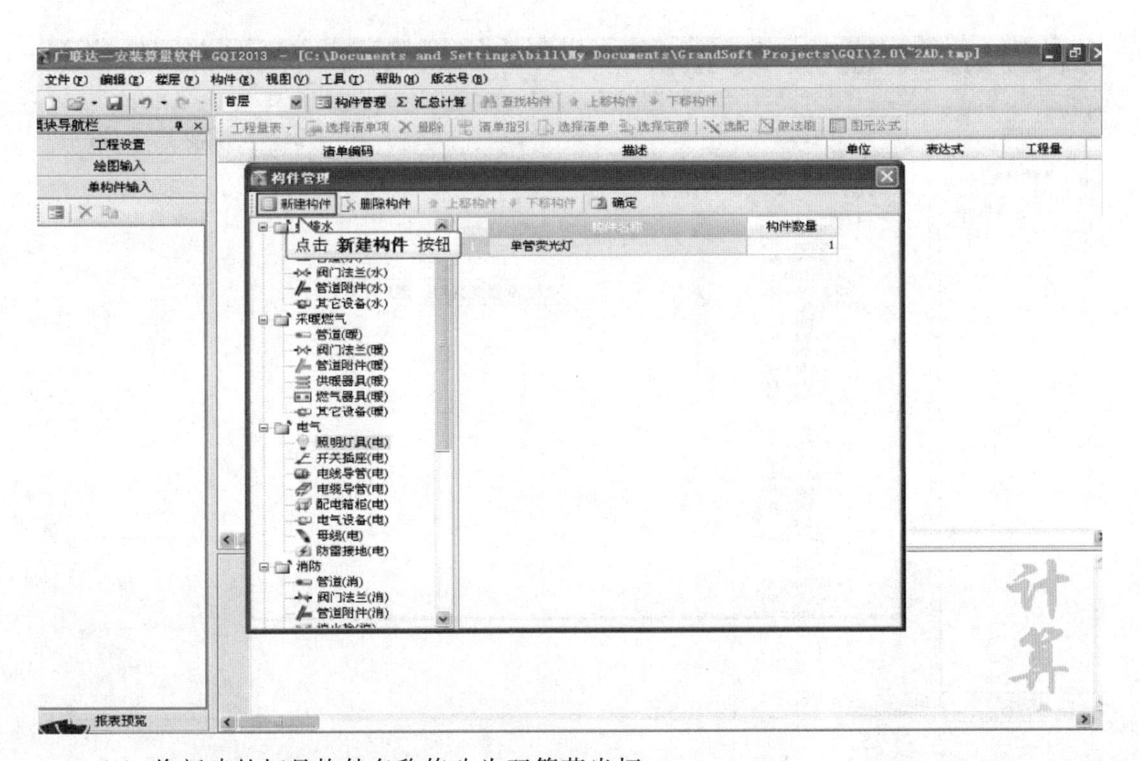

（9）将新建的灯具构件名称修改为双管荧光灯。

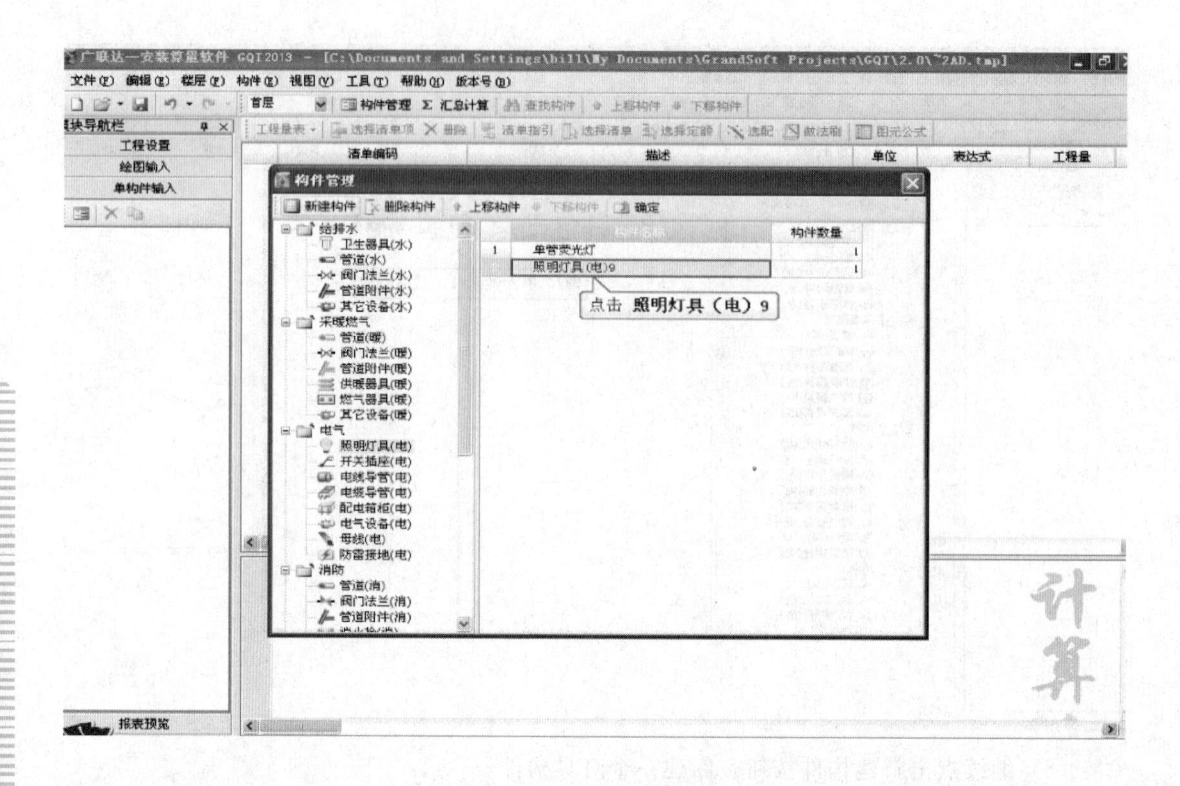

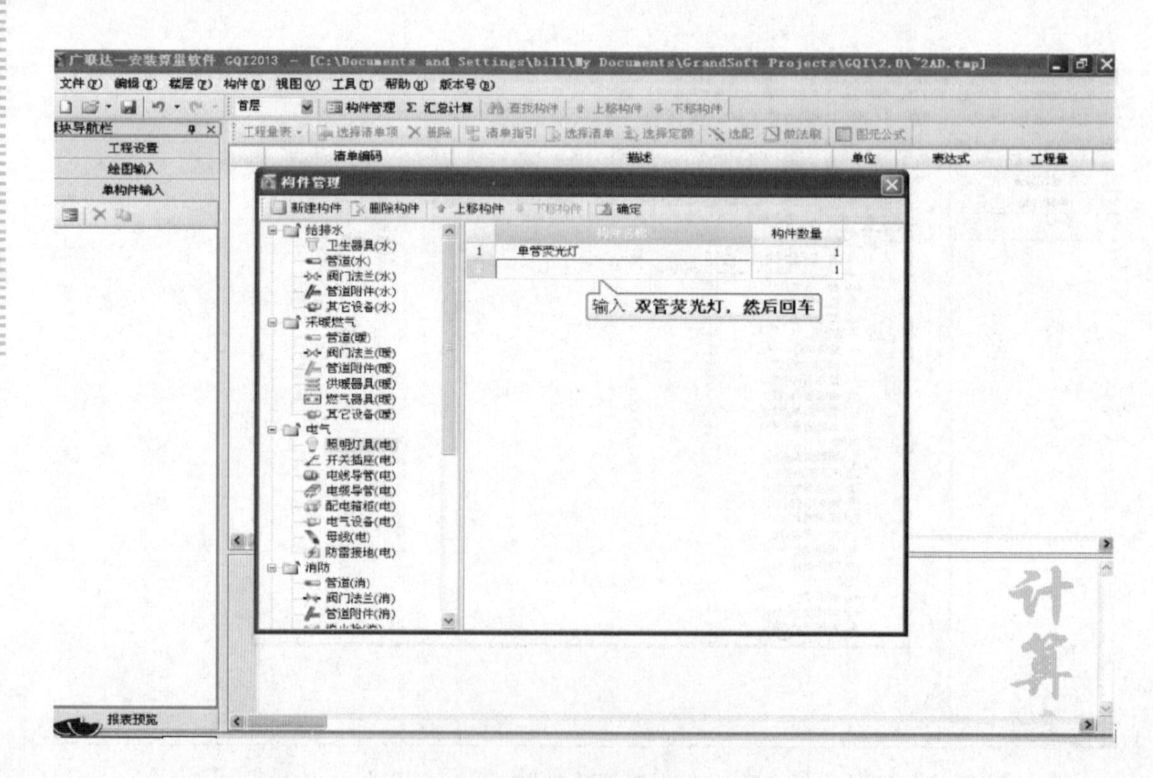

（10）选择电气下的电线导管建立一个电线导管构件。

（11）点击新建构件按钮。

（12）将新建的电线构件名称修改为SC20电线导管。

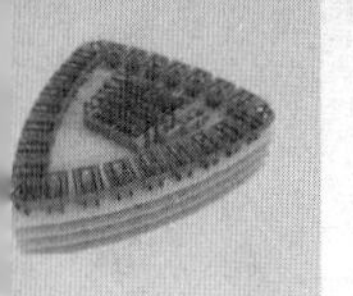

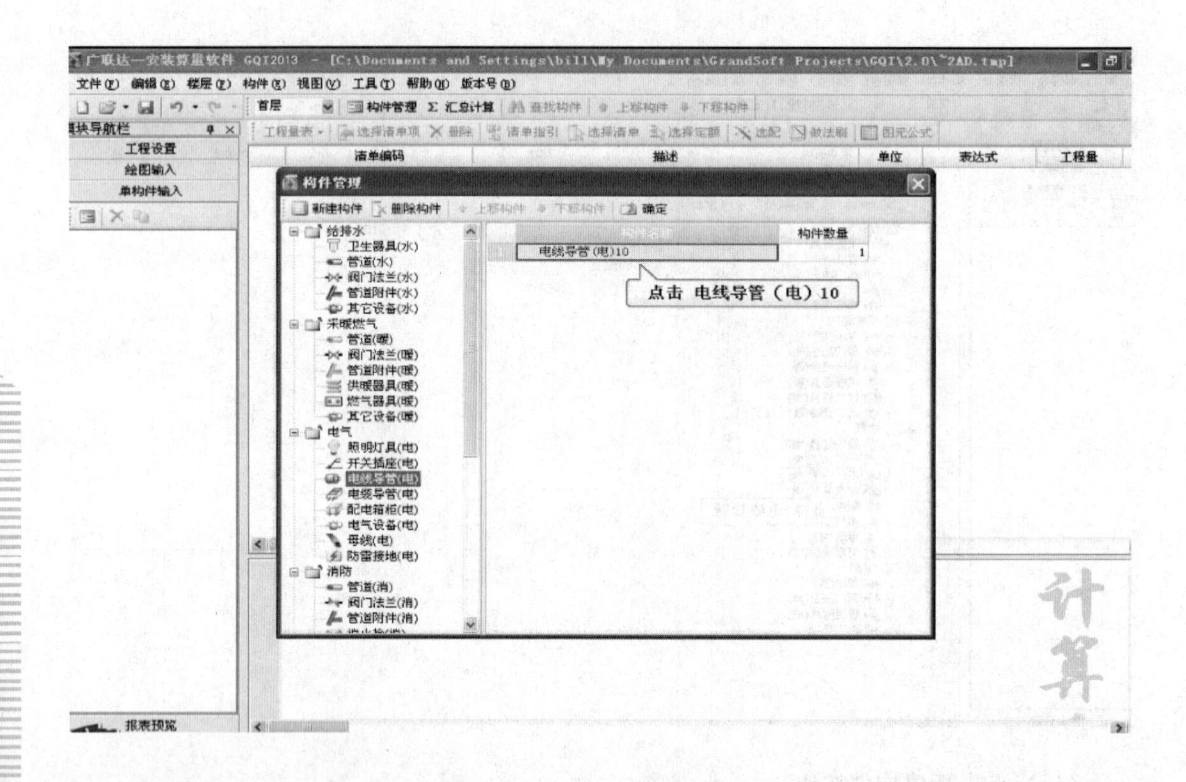

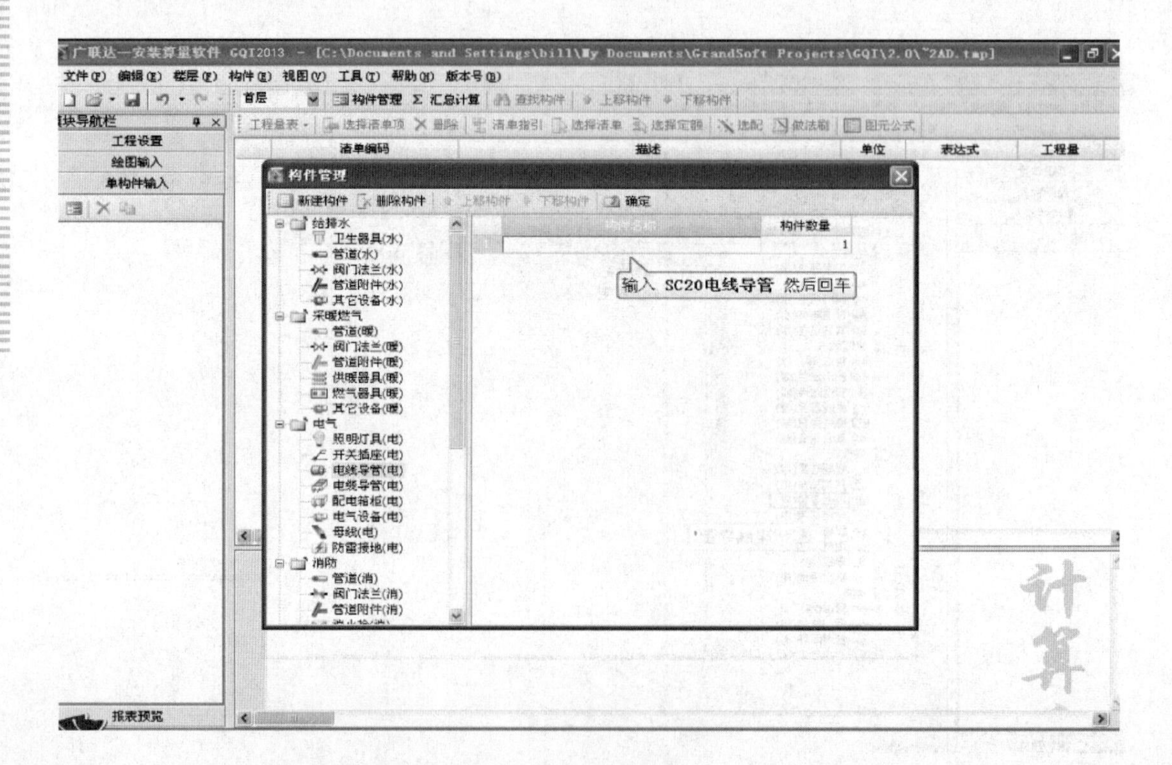

（13）继续新建构件按钮，再新建一个电线导管构件。

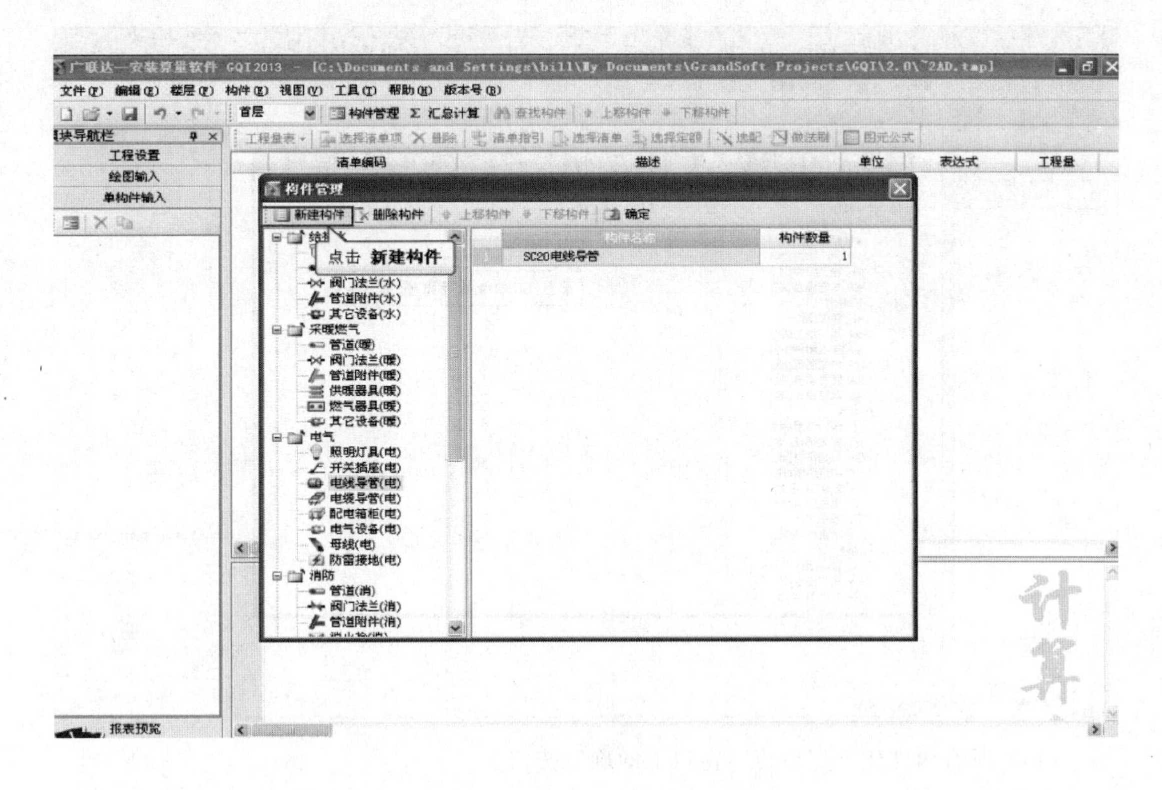

(14) 将新建的电线构件名称修改为SC32电线导管构件。

（15）所有构件建立好后点击窗口上的确定按钮。

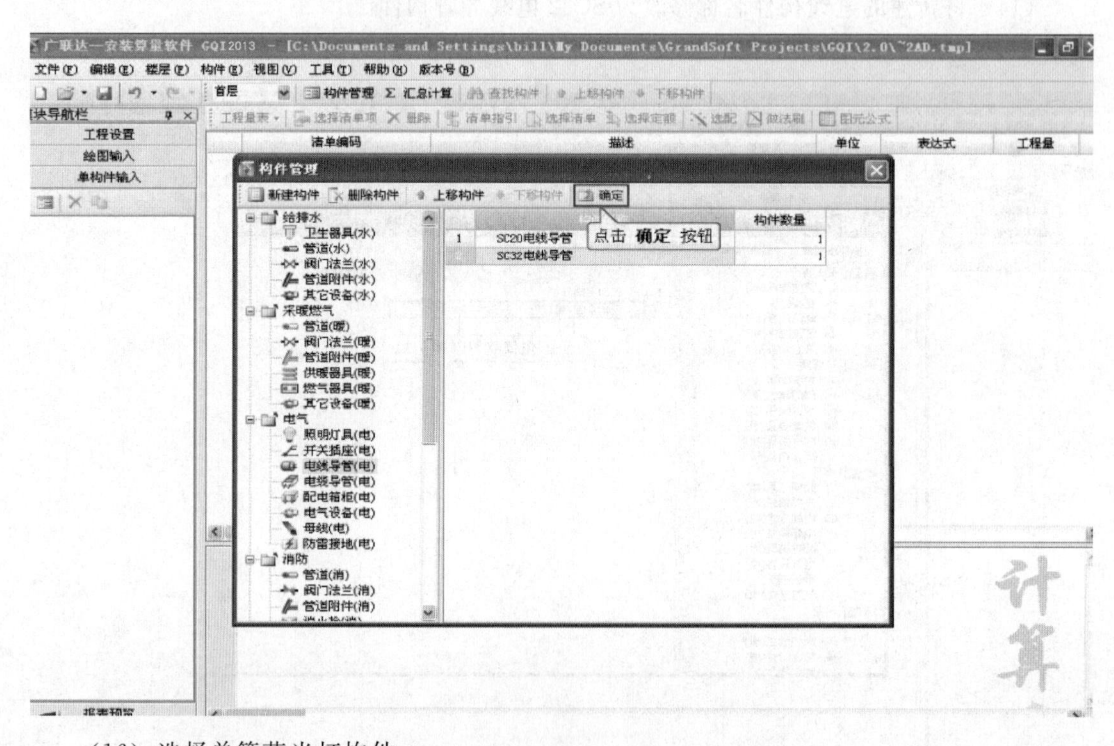

（16）选择单管荧光灯构件。

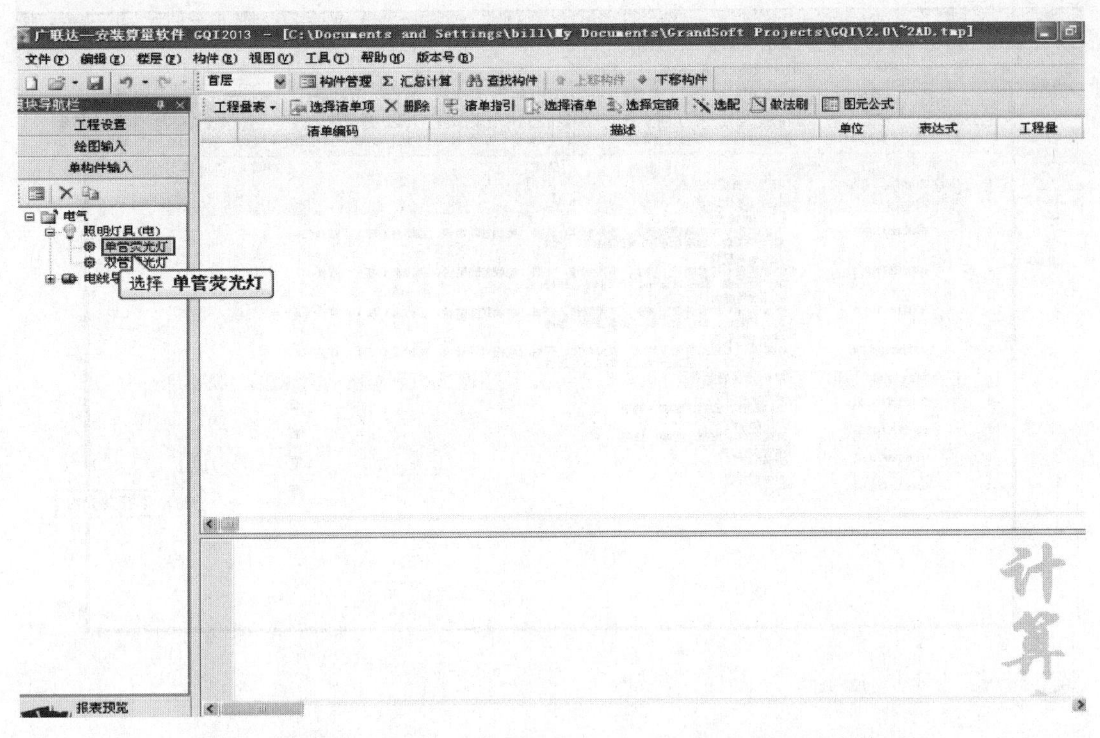

(17) 在单构件中同样可以给构件套做法，点击工具栏上的选择清单项按钮。

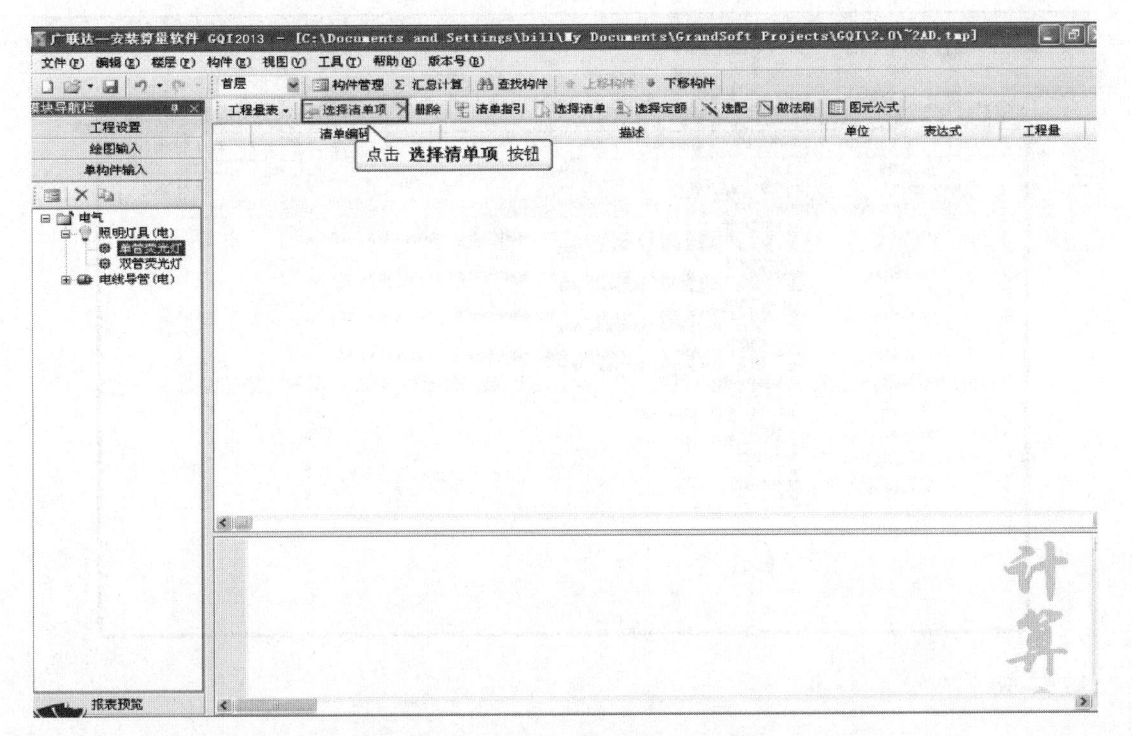

(18) 在弹出的选择工程量清单窗口中选择需要套用的清单项。

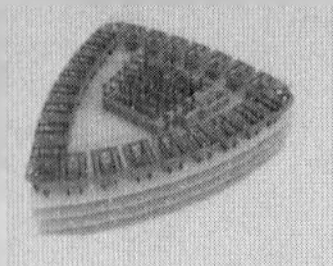

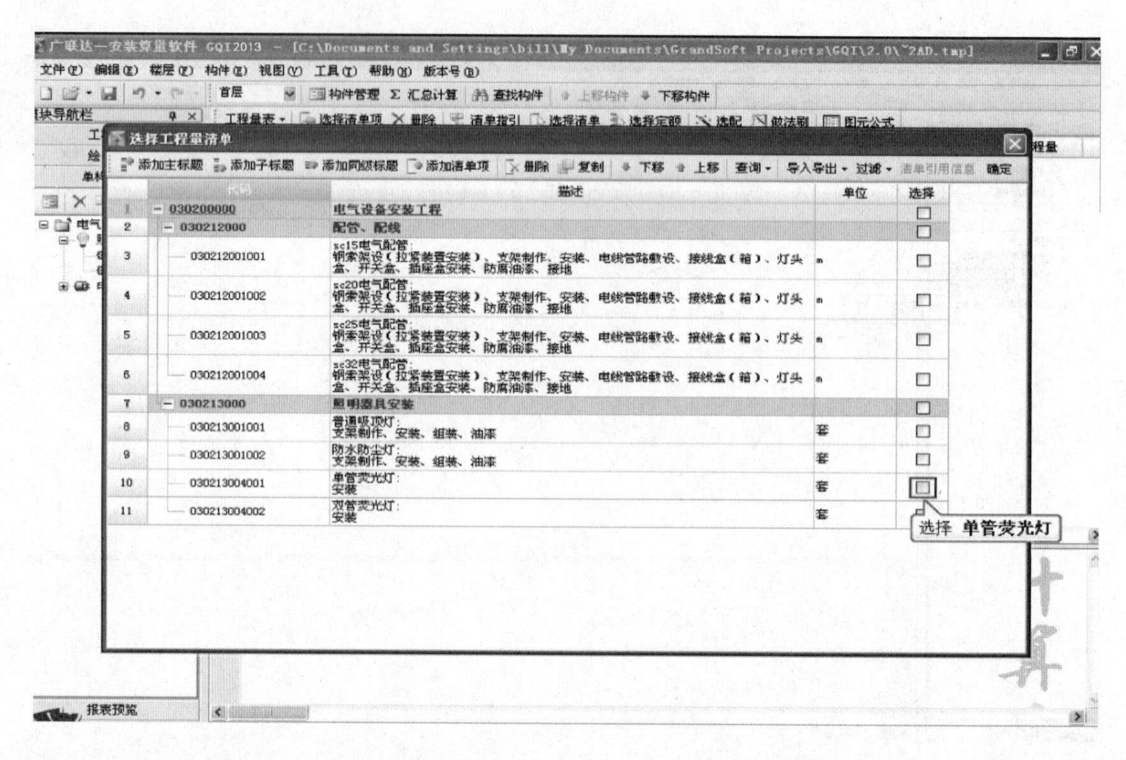

(19) 选择完毕后点击确定按钮。

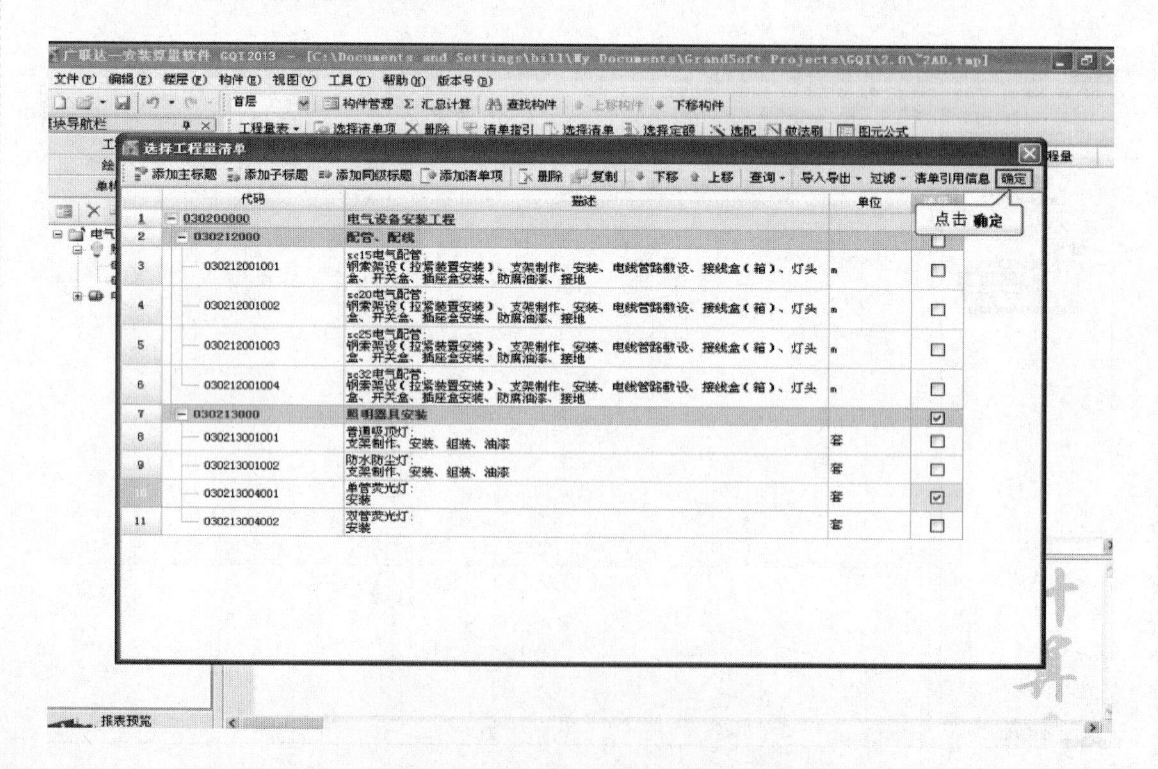

(20) 套取清单后可以在表达式输入框中直接输入数值给构件定义表达式。

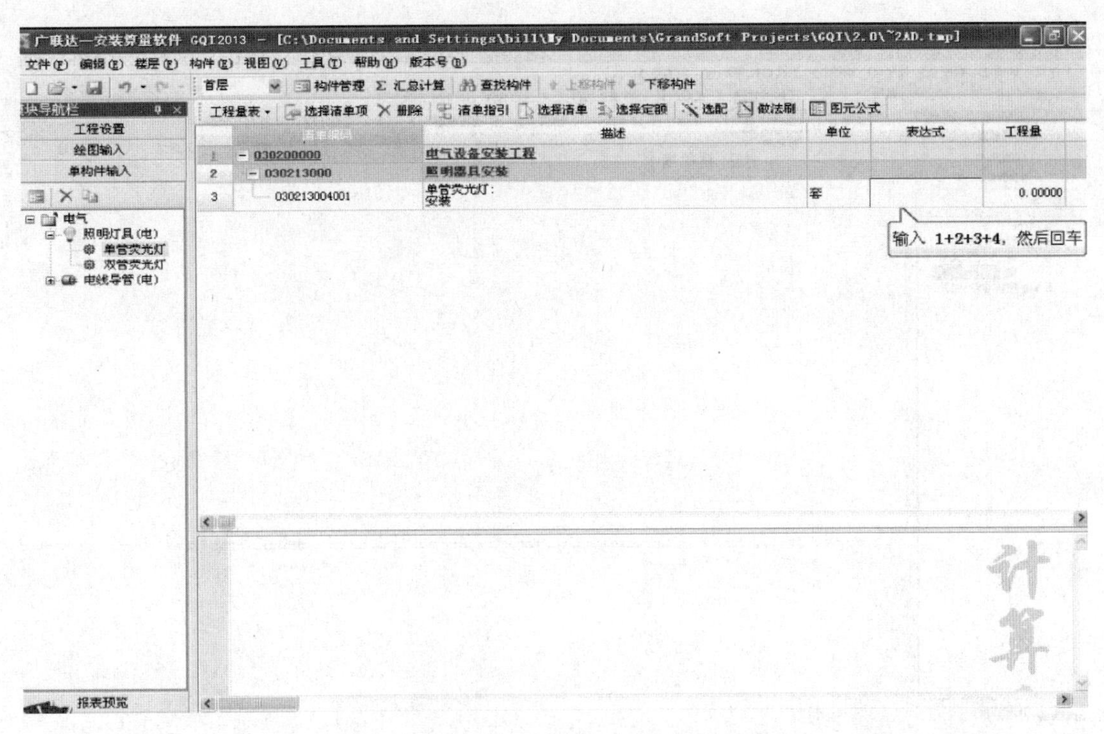

（21）表达式输入完毕后软件会自动计算出工程量。继续给双管荧光灯套取做法，点击双管荧光灯。

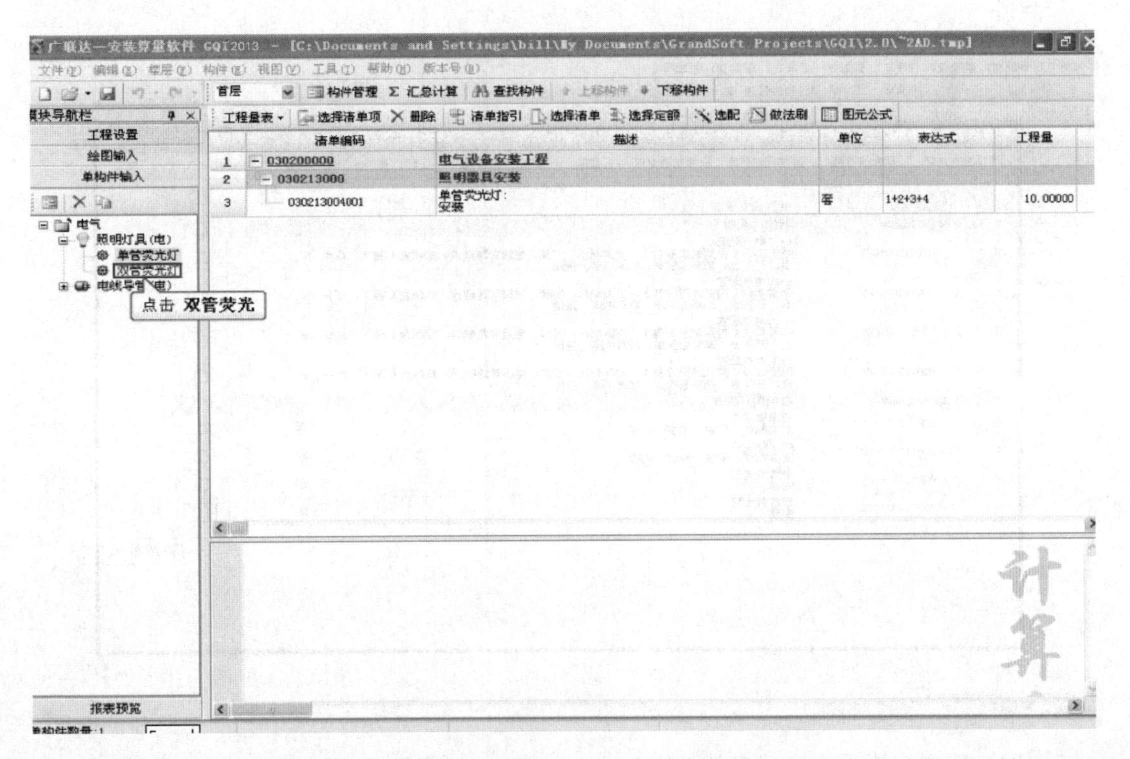

（22）点击工具栏上的选择清单项按钮。

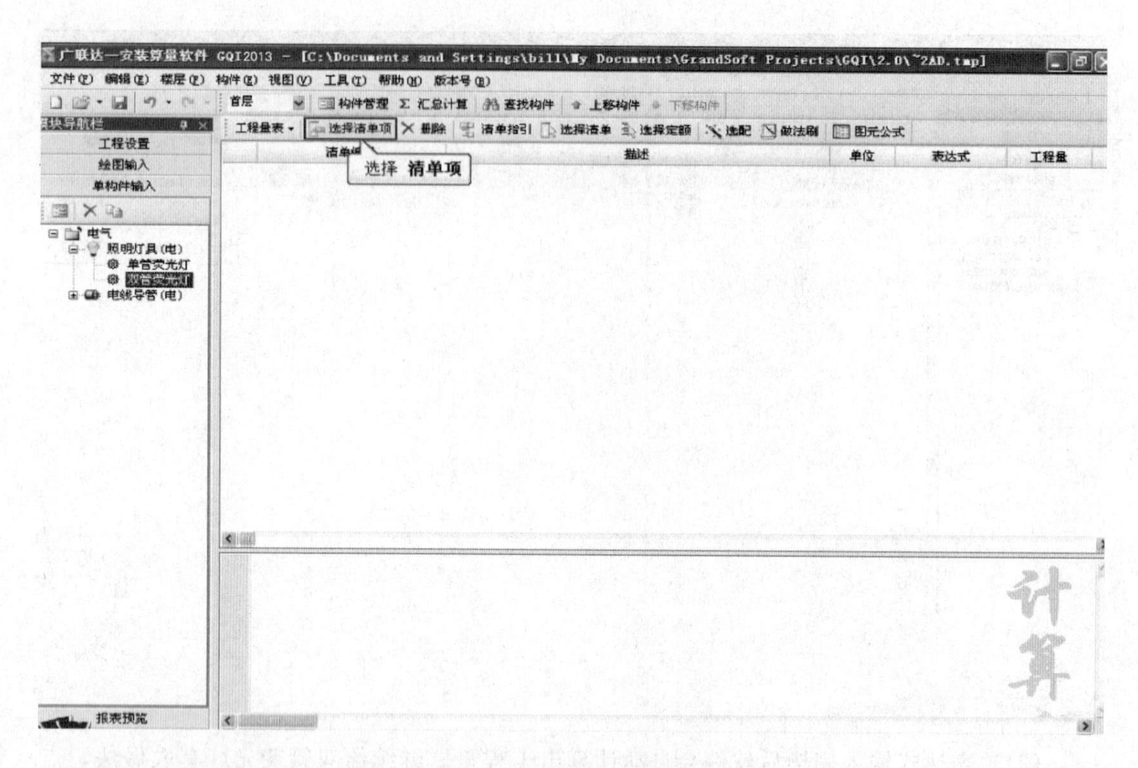

(23) 在弹出的选择工程量清单窗口中选择需要的清单项002。

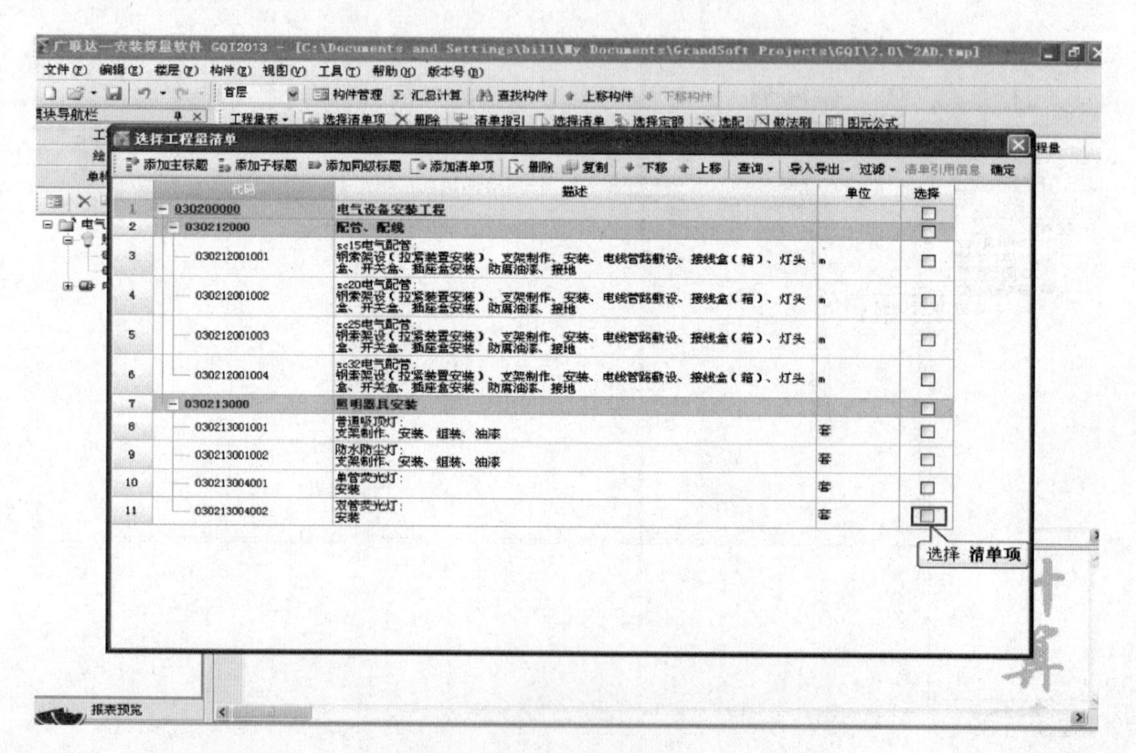

(24) 选择完毕后点击确定按钮。

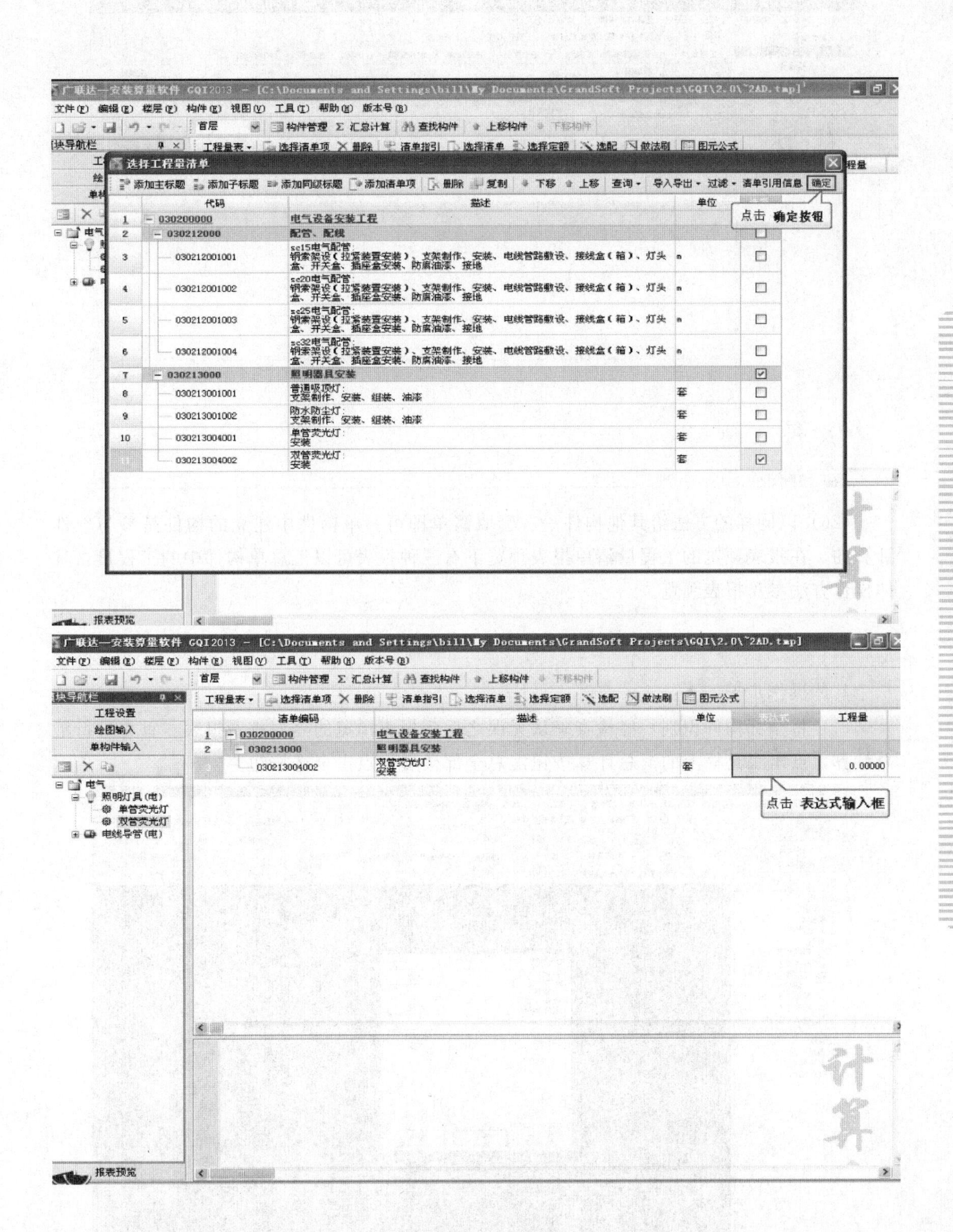

（25）在表达式输入框中输入计算表达式给构件定义表达式。

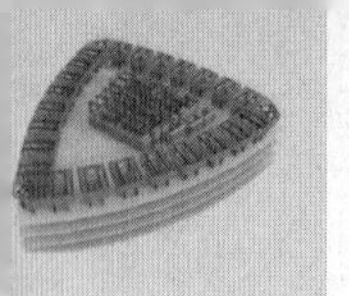

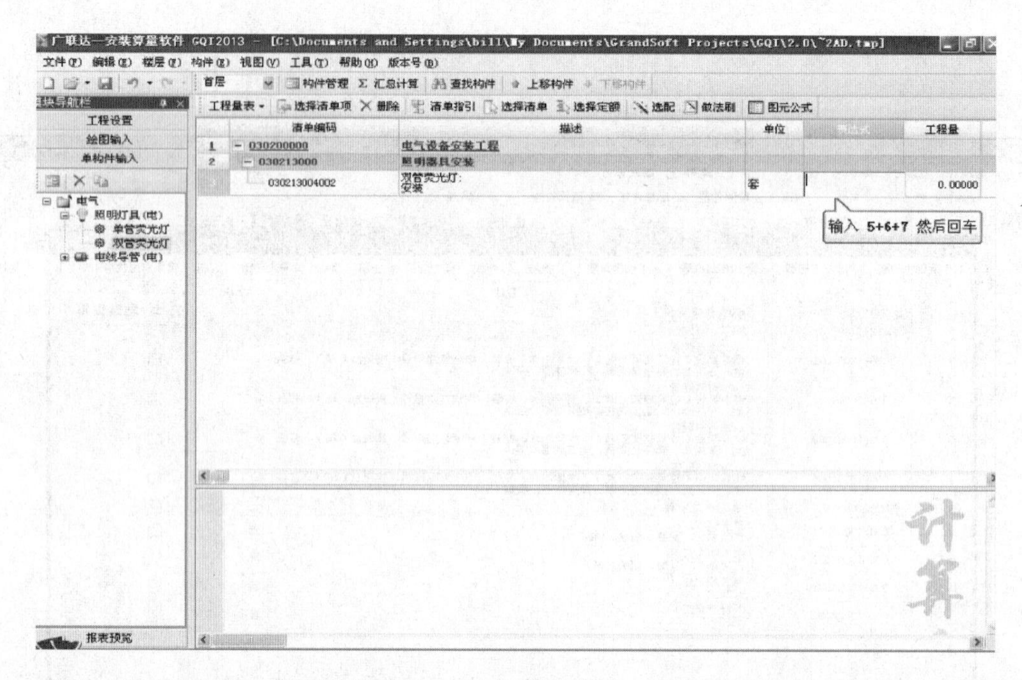

（26）以同样的方法给其他构件一一套取清单即可。单构件中建立的构件是参与软件计算的，在报表预览的工程量清单报表预览下有三种报表可以汇总单构件中的工程量，具体操作方法参见报表预览。

2.2.5 报表预览

具体操作步骤如下：

（1）将全部构件识别，经检查确认无误之后到报表预览的界面查看报表。首先进行汇总计算，点击工具栏上的汇总计算按钮汇总全部楼层。点击全选按钮。

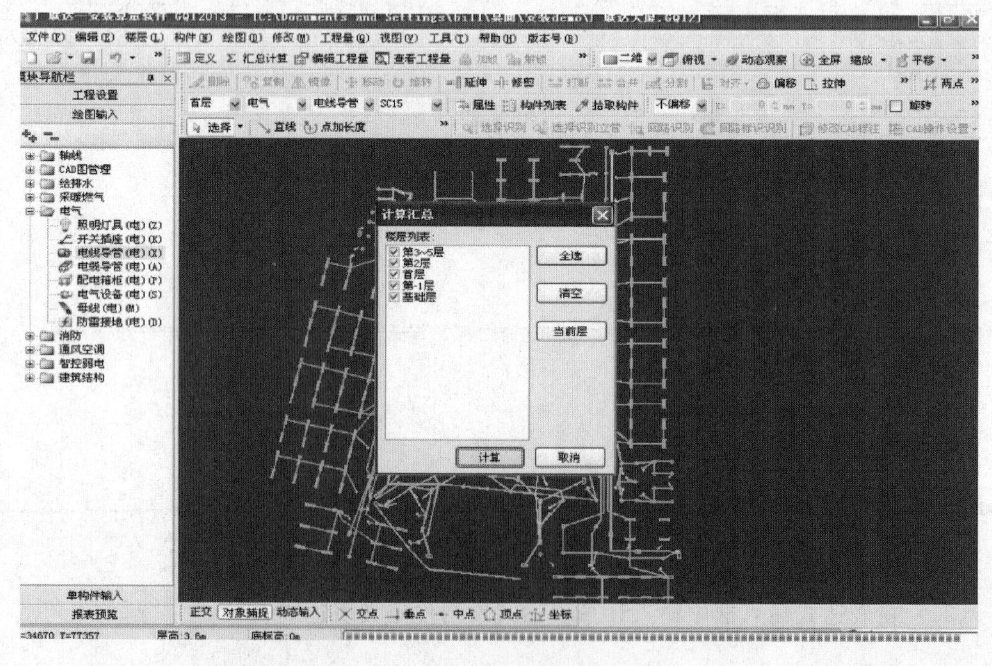

(2) 楼层选择完毕后点击计算按钮进行计算。

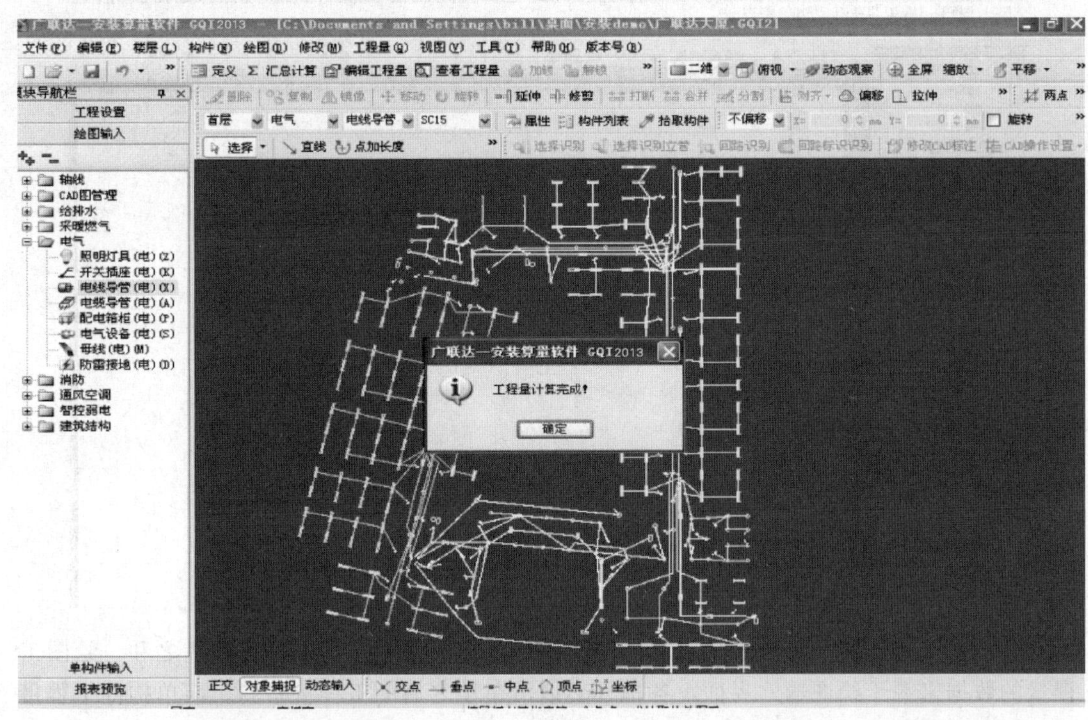

(3) 汇总完成后点击确定按钮，选择导航栏上的报表预览按钮进入到报表预览界面。

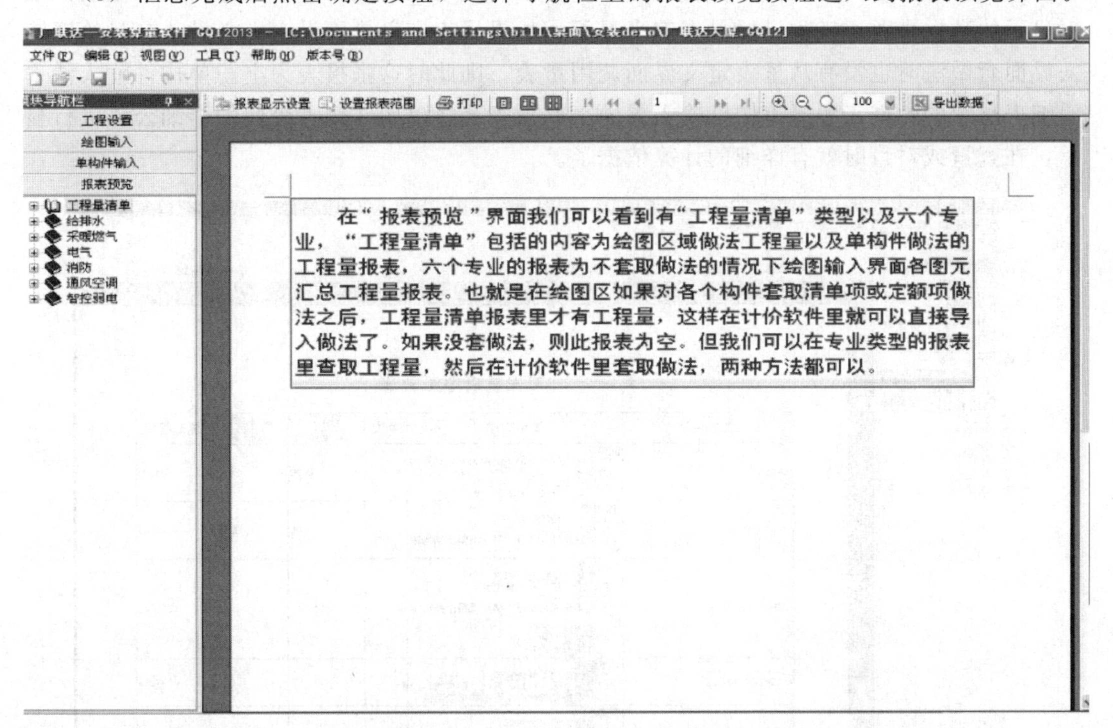

(4) 下面来查看一下工程量清单包含的内容，鼠标左键点击工程量清单前面的+号，将工程量清单展开，在此项目下有三张报表，分别是工程量清单汇总表、工程量表汇总表、单构件输入清单明细表。

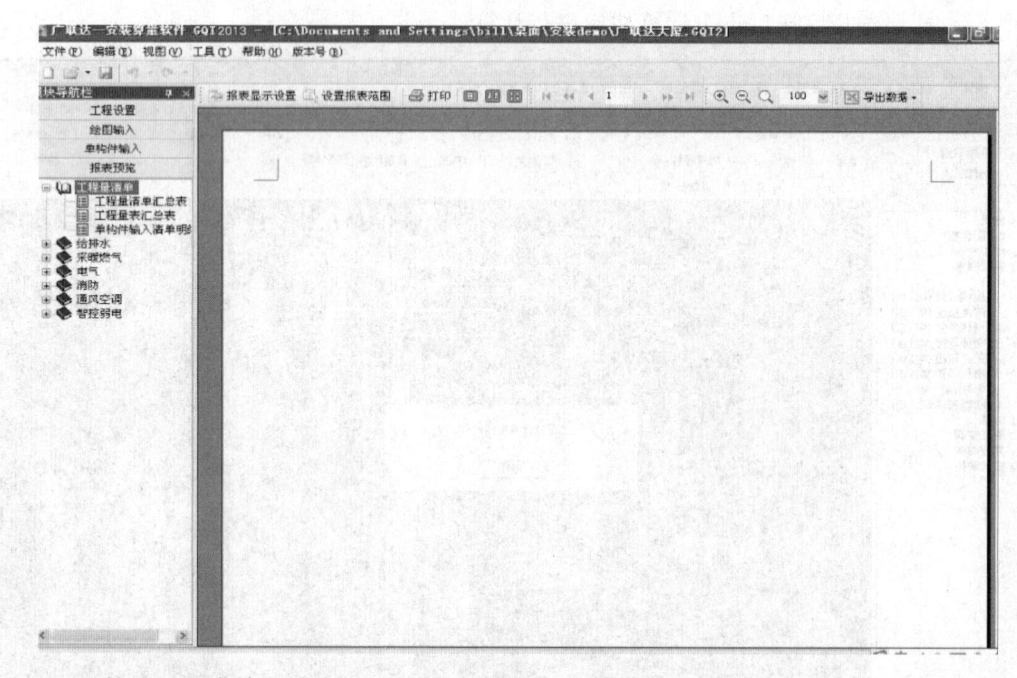

（5）在工程量清单汇总表里显示的是绘图输入部分与单构件部分工程量之和。绘图工程量的数据来源于绘图输入界面，各构件套取清单项之后的工程量总和。而单构件工程量的数据来源于单构件输入界面，各构件套取清单项或定额项之后的工程量。工程量表汇总表显示的数据来源于工程设置量表定义界面，如果量表定义界面没有定义做法，且绘图输入界面套做法时也没有从量表定义界面调用量表，则此时这张报表为空。单构件输入清单明细表显示的数据来源于单构件输入界面，此报表会将单构件输入界面的详细公式进行显示，在查量或对量时就有详细的计算依据了。

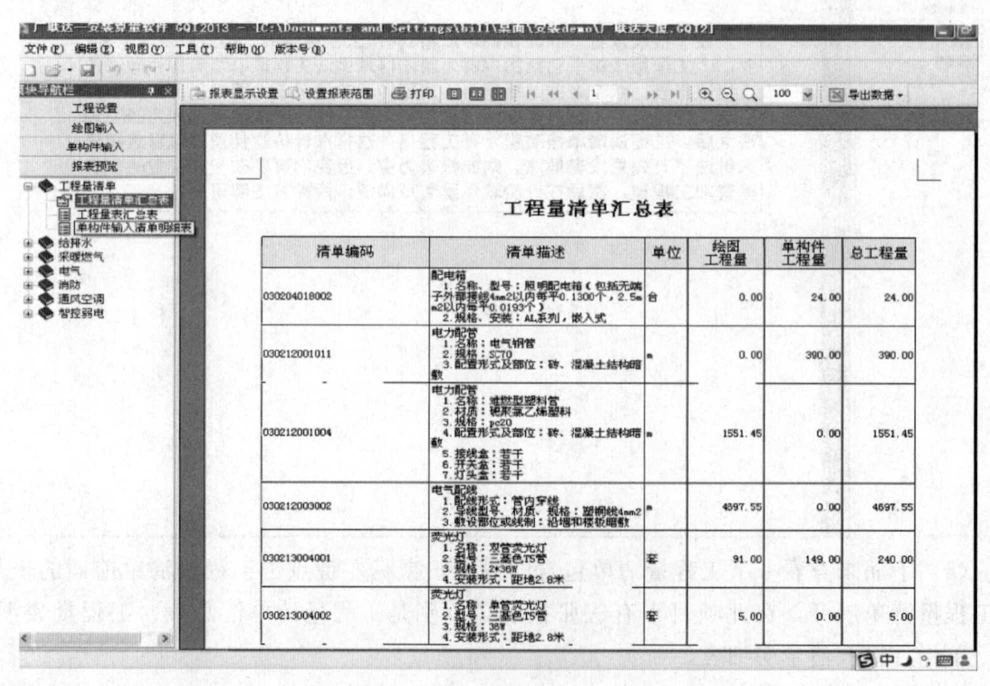

工程量清单汇总表

清单编码	清单描述	单位	绘图工程量	单构件工程量	总工程量
030204018002	配电箱 1. 名称、型号：照明配电箱（包括无端子外部接线4mm2以内每平0.1300个，2.5mm2以内每平0.0193个） 2. 规格、安装：AL系列，嵌入式	台	0.00	24.00	24.00
030212001011	电力配管 1. 名称：电气钢管 2. 规格：SC70 3. 配置形式及部位：砖、混凝土结构暗敷	m	0.00	390.00	390.00
030212001004	电力配管 1. 名称：难燃型塑料管 2. 材质：硬聚氯乙烯塑料 3. 规格：pc20 4. 配置形式及部位：砖、混凝土结构暗敷 5. 接线盒：若干 6. 开关盒：若干 7. 灯头盒：若干	m	1551.45	0.00	1551.45
030212003002	电气配线 1. 配线形式：管内穿线 2. 导线型号、材质、规格：塑铜线4mm2 3. 敷设部位或线制：沿墙和楼板暗敷	m	4897.55	0.00	4897.55
030213004001	荧光灯 1. 名称：双管荧光灯 2. 型号：三基色T5管 3. 规格：2*36W 4. 安装形式：距地2.8米	套	91.00	149.00	240.00
030213004002	荧光灯 1. 名称：单管荧光灯 2. 型号：三基色T5管 3. 规格：36W 4. 安装形式：距地2.8米	套	5.00	0.00	5.00

单构件输入清单明细表

编码	清单描述	单位	表达式	工程量
楼层名称：首层 相同层数：1				
照明灯具(电)				
双管荧光项				1
030213004001	荧光灯 1. 名称：双管荧光灯 2. 型号：三基色T5管 3. 规格：2*36W 4. 安装形式：距地2.8米	套	50+49+50	149.00
开关插座(电)				
双联开关				1
单联开关				1
电缆导管(电)				
sc100				1
030204018002	配电箱 1. 名称、型号：照明配电箱（包括无端子外部接线4mm2以内每平0.1300个，2.5mm2以内每平0.0193个） 2. 规格、安装：AL系列，嵌入式	台	5+5+4	14.00
sc70				1
030212001011	电力配管 1. 名称：电气钢管 2. 规格：SC70 3. 配置形式及部位：砖、混凝土结构暗敷	m	90+100+200	390.00
配电箱柜(电)				
配电箱柜(电)7				1
030204018002	配电箱 1. 名称、型号：照明配电箱（包括无端子外部接线4mm2以内每平0.1300个，2.5mm2以内每平0.0193个） 2. 规格、安装：AL系列，嵌入式	台	10	10.00

（6）下面来看一下电气专业报表。此报表分为六类：绘图输入工程量汇总表是按照名称为第一汇总条件的，只要名称相同、属性相同的构件工程量就会合并，但名称相同，属性不同时，则会分开显示工程量；在系统汇总表中是以系统类型为第一汇总条件，再则是属性特征，系统汇总表又分为不分楼层和分楼层两类；系统回路汇总表是以属性中回路编号为第一汇总条件，名称其次，然后是属性特征，在定义构件或回路编号时可输入所属配电箱和回路编号，软件就会根据相同回路编号汇总显示工程量；部位汇总表是以属性中的汇总信息为第一汇总条件，如果输入配电箱编号信息，则软件会将配电箱编号相同的构件

电气：绘图输入工程量汇总表、系统汇总表（不分楼层）、系统汇总表（分楼层）、系统回路汇总表、部位汇总表、工程量明细表

单构件输入清单明细表

编码	清单描述	单位	表达式	工程量
楼层名称：首层 相同层数：1				
照明灯具(电)				
双管荧光项				1
030213004001	荧光灯 1. 名称：双管荧光灯 2. 型号：三基色T5管 3. 规格：2*36W 4. 安装形式：距地2.8米	套	50+49+50	149.00
开关插座(电)				
双联开关				1
单联开关				1
电缆导管(电)				
sc100				1
030204018002	配电箱 1. 名称、型号：照明配电箱（包括无端子外部接线4mm2以内每平0.1300个，2.5mm2以内每平0.0193个） 2. 规格、安装：AL系列，嵌入式	台	5+5+4	14.00
sc70				1
030212001011	电力配管 1. 名称：电气钢管 2. 规格：SC70 3. 配置形式及部位：砖、混凝土结构暗敷	m	90+100+200	390.00
配电箱柜(电)				
配电箱柜(电)7				1
030204018002	配电箱 1. 名称、型号：照明配电箱（包括无端子外部接线4mm2以内每平0.1300个，2.5mm2以内每平0.0193个） 2. 规格、安装：AL系列，嵌入式	台	10	10.00

汇总显示工程量；工程量明细表是绘图区域中各个图元分别显示工程量的报表，根据工程量明细表可以详细查询每个构件图元的具体位置以帮助对量和核量。下面详细讲解。

（7）首先来看一下绘图输入工程量汇总表，此明细表又分电气设备和导管汇总表两类。

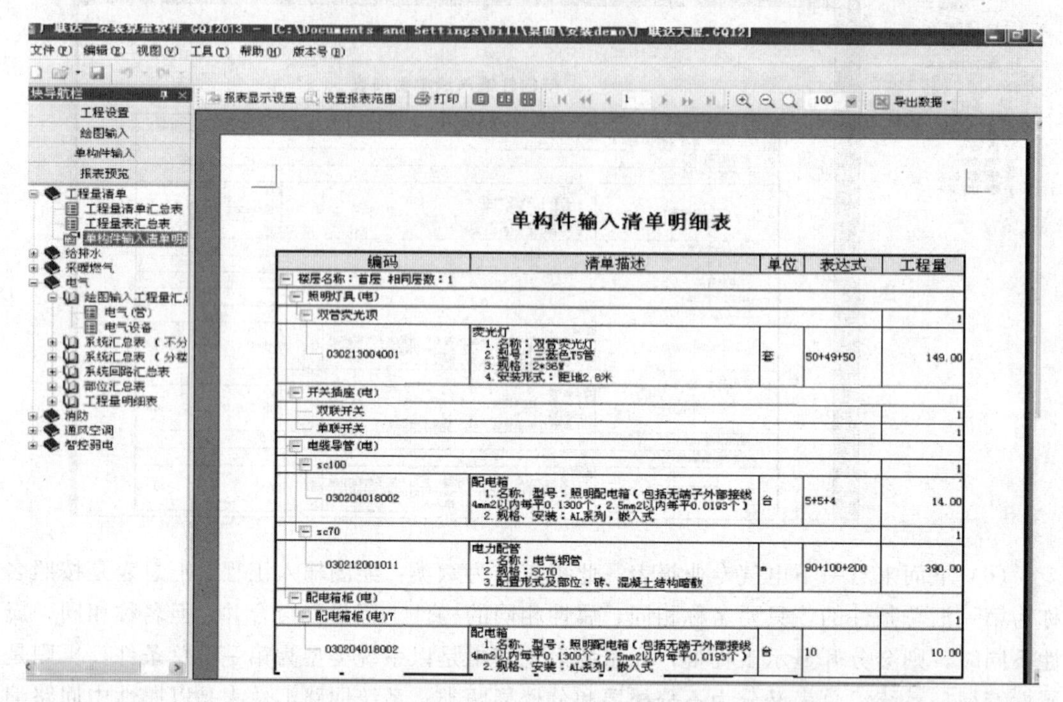

单构件输入清单明细表

编码	清单描述	单位	表达式	工程量
楼层名称：首层 相同层数：1				
照明灯具(电)				
双管荧光项				1
030213004001	荧光灯 1. 名称：双管荧光灯 2. 型号：三基色T5管 3. 规格：2*36W 4. 安装形式：距地2.8米	套	50+49+50	149.00
开关插座(电)				
双联开关				1
单联开关				1
电线导管(电)				
sc100				1
030204018002	配电箱 1. 名称、型号：照明配电箱（包括无端子外部接线4mm2以内每平0.1300个，2.5mm2以内每平0.0193个） 2. 规格、安装：AL系列，嵌入式	台	5+5+4	14.00
sc70				1
030212001011	电力配管 1. 名称：电气钢管 2. 规格：SC70 3. 配置形式及部位：砖、混凝土结构暗敷	m	90+100+200	390.00
配电箱柜(电)				
配电箱柜(电)7				1
030204018002	配电箱 1. 名称、型号：照明配电箱（包括无端子外部接线4mm2以内每平0.1300个，2.5mm2以内每平0.0193个） 2. 规格、安装：AL系列，嵌入式	台	10	10.00

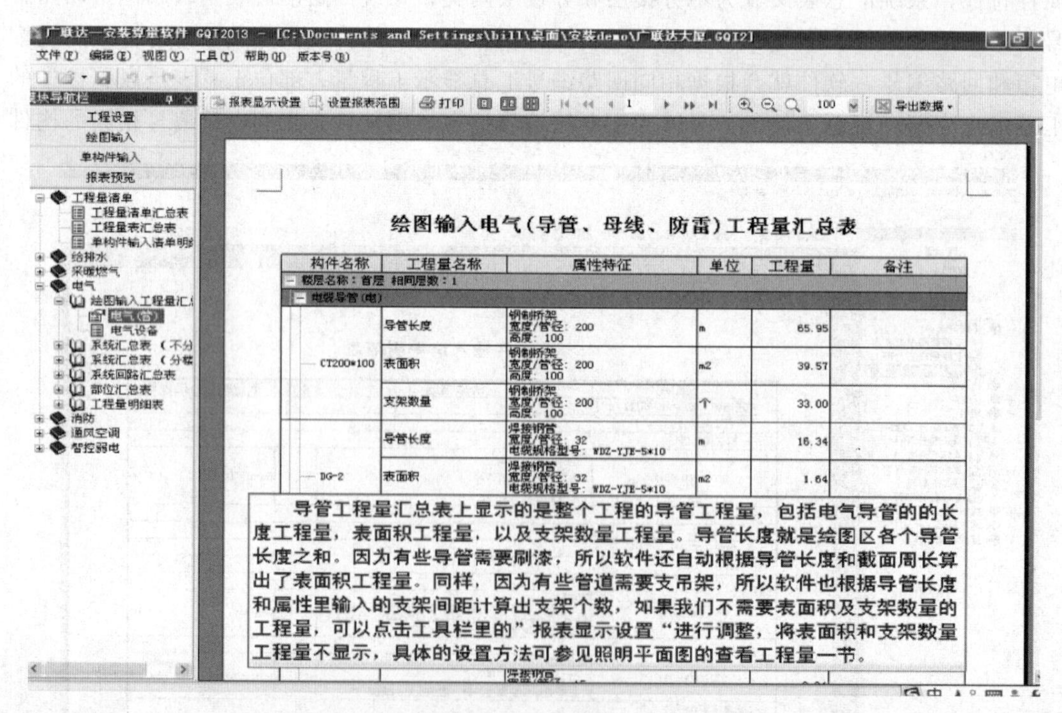

绘图输入电气(导管、母线、防雷)工程量汇总表

构件名称	工程量名称	属性特征	单位	工程量	备注
楼层名称：首层 相同层数：1					
电线导管(电)					
CT200*100	导管长度	钢制桥架 宽度/管径：200 高度：100	m	65.95	
	表面积	钢制桥架 宽度/管径：200 高度：100	m2	39.57	
	支架数量	钢制桥架 宽度/管径：200 高度：100	个	33.00	
DG-2	导管长度	焊接钢管 宽度/管径：32 电缆规格型号：WDZ-YJE-5*10	m	16.34	
	表面积	焊接钢管 宽度/管径：32 电缆规格型号：WDZ-YJE-5*10	m2	1.64	

（8）在电气设备的报表里包括单联开关、双联开关、三联开关等工程量。根据这张报表就可以掌握整个工程的设备用量，分别进行报价以及采购。

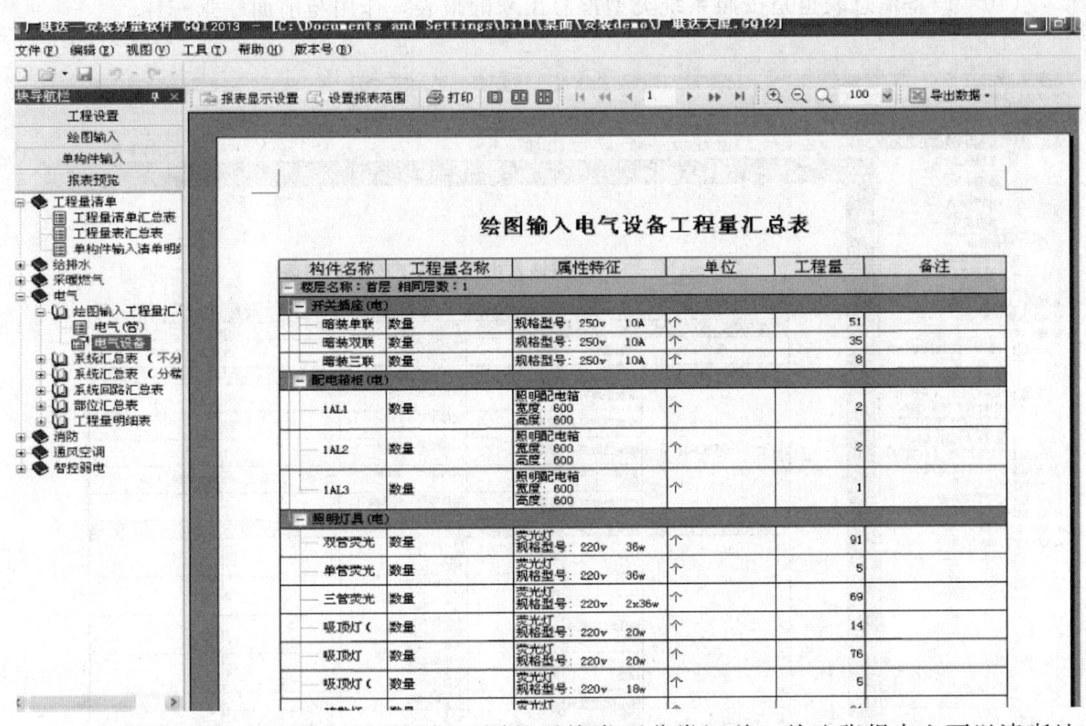

（9）系统汇总表是将工程量根据不同的系统类型分类汇总，从这张报表上可以清晰地看到动力系统下各规格桥架的汇总量。方便按照系统提量，在进行对量核量时，发现绘图输入工程量汇总表上的总量不吻合，还可以到这张报表上查看是哪个系统的工程量出现了问题，节约对量时间。

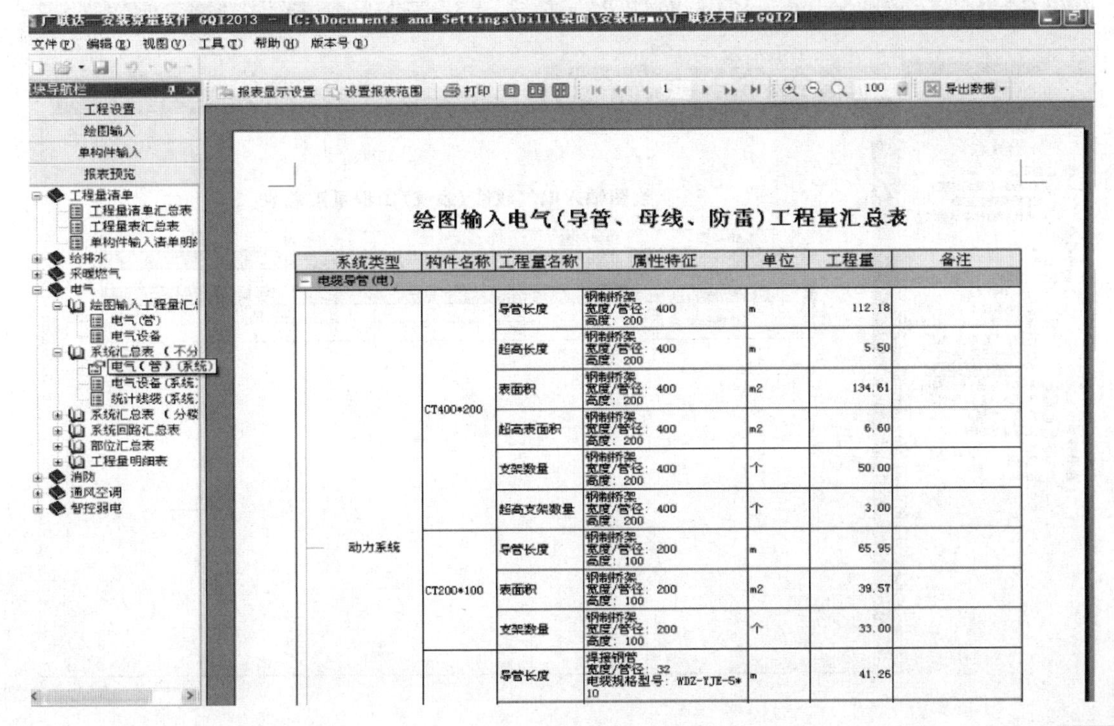

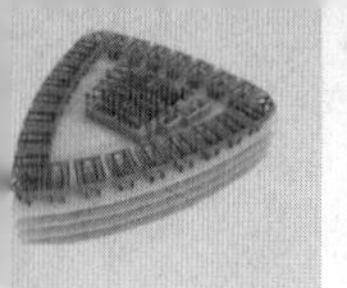

（10）设备汇总表也是按照系统类型汇总出来的报表，作用与前面一张一样。

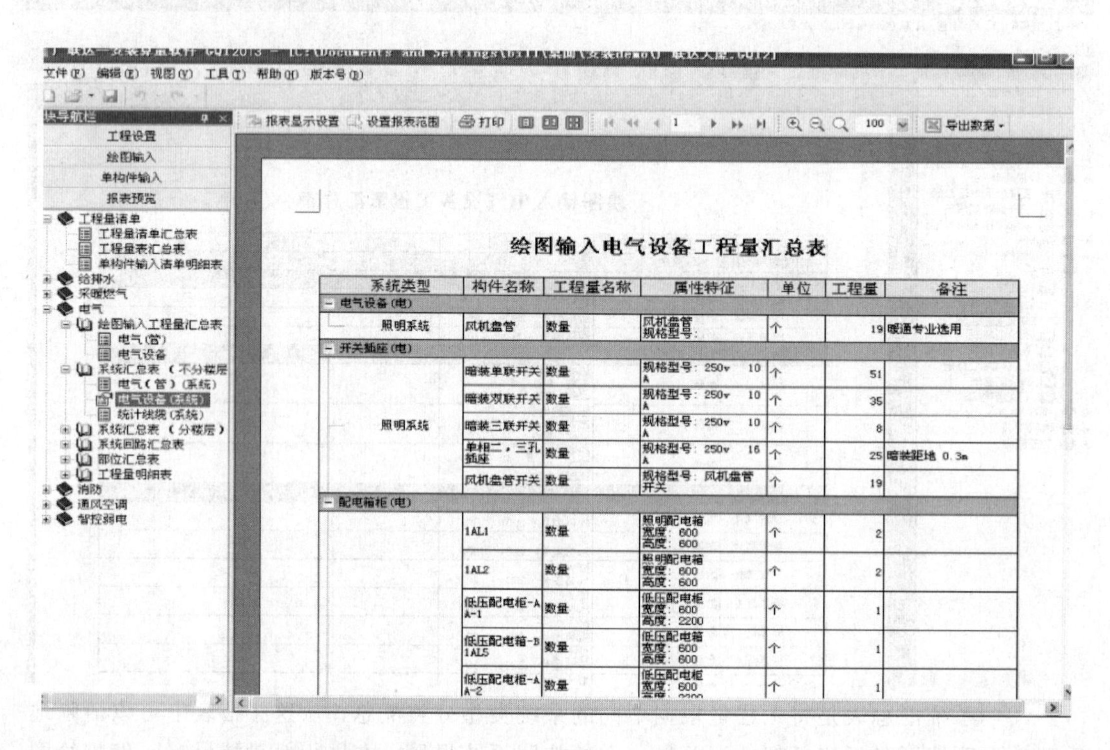

绘图输入电气设备工程量汇总表

系统类型	构件名称	工程量名称	属性特征	单位	工程量	备注
- 电气设备(电)						
照明系统	风机盘管	数量	风机盘管 规格型号:	个	19	暖通专业选用
- 开关插座(电)						
照明系统	暗装单联开关	数量	规格型号: 250v 10A	个	51	
	暗装双联开关	数量	规格型号: 250v 10A	个	35	
	暗装三联开关	数量	规格型号: 250v 10A	个	8	
	单相二，三孔插座	数量	规格型号: 250v 16A	个	25	暗装距地 0.3m
	风机盘管开关	数量	规格型号: 风机盘管开关	个	19	
- 配电箱柜(电)						
	1AL1	数量	照明配电箱 宽度: 600 高度: 600	个	2	
	1AL2	数量	照明配电箱 宽度: 600 高度: 600	个	2	
	低压配电柜-AA-1	数量	低压配电柜 宽度: 600 高度: 2200	个	1	
	低压配电箱-B1AL5	数量	低压配电箱 宽度: 600 高度: 600	个	1	
	低压配电柜-AA-2	数量	低压配电柜 宽度: 600 高度: 2200	个	1	

（11）这张是按照不同的系统类型汇总的导线汇总表，从报表上可以很清晰地查看动力系统和照明系统线缆工程量。

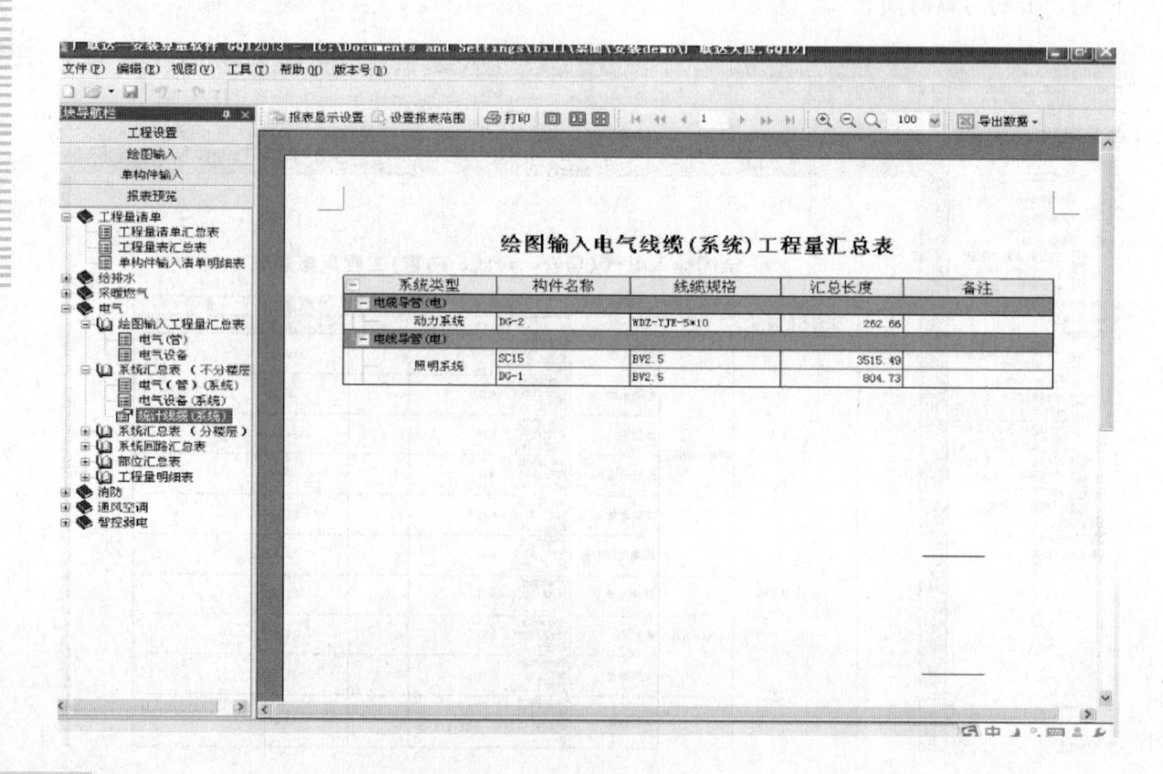

绘图输入电气线缆(系统)工程量汇总表

系统类型	构件名称	线缆规格	汇总长度	备注
- 电缆导管(电)				
动力系统	DG-2	WDZ-YJE-5*10	262.66	
- 电线导管(电)				
照明系统	SC15	BV2.5	3515.49	
	DG-1	BV2.5	804.73	

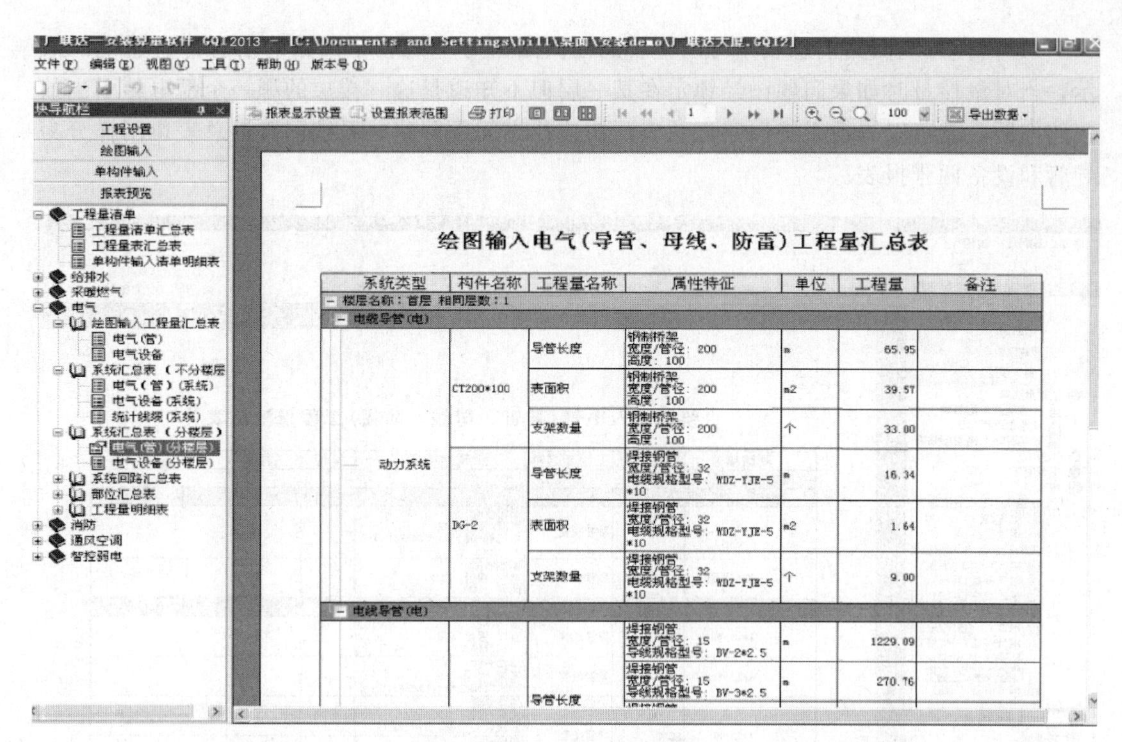

（12）分楼层系统汇总表与不分楼层汇总表汇总方式是一致的，只是将不同系统的工程量分到了各个楼层，当对量核量时如果在整楼的系统工程量中还是不能找到问题所在，可以将目标缩小到楼层，检查是哪一楼层的工程量有问题导致工程量不吻合，快速锁定问题，而且报施工进度时也是按照楼层工程量报量，也可以利用这张报表进行分楼层提量报量。分楼层系统汇总表也同样分为导管和设备两张报表。

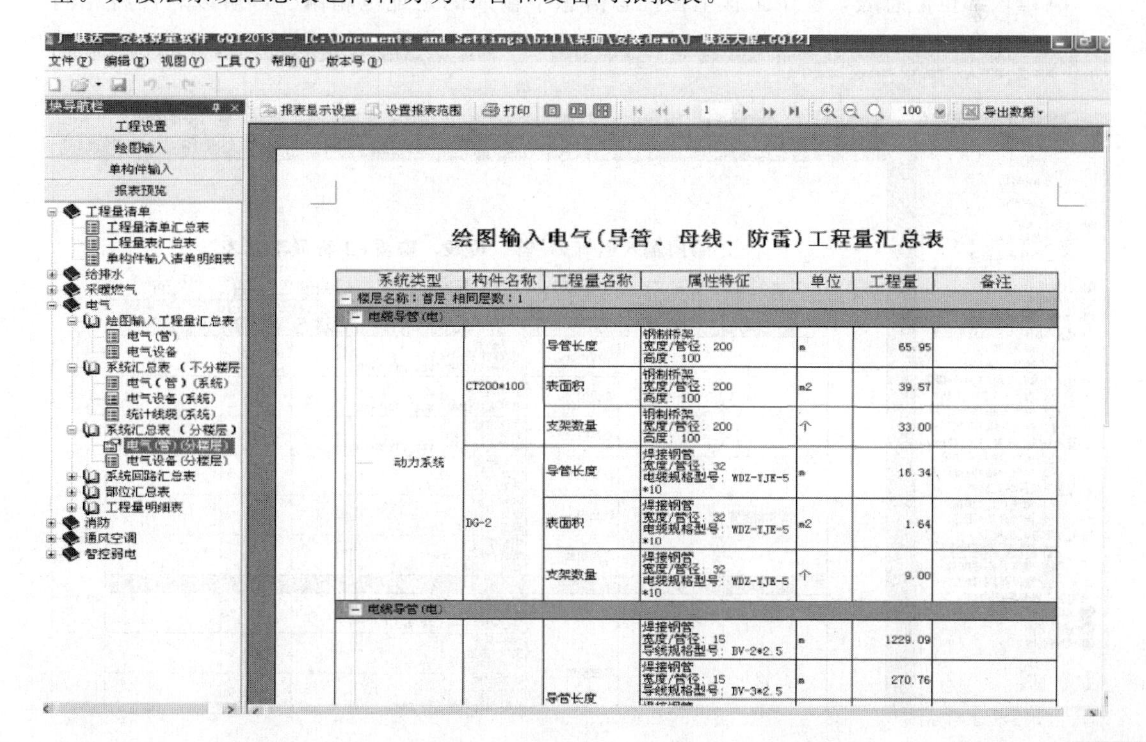

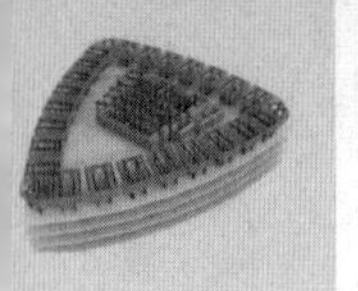

（13）在系统回路汇总表中可以查看到在回路编号一列各个回路的信息都有明确的表示，当对量核量时如果问题已经锁定在某一层但不知道是这一楼层的哪一个配电箱引出的回路问题，就可以查看系统回路汇总表，快速找出问题回路。系统回路汇总表也同样分为导管和设备两张报表。

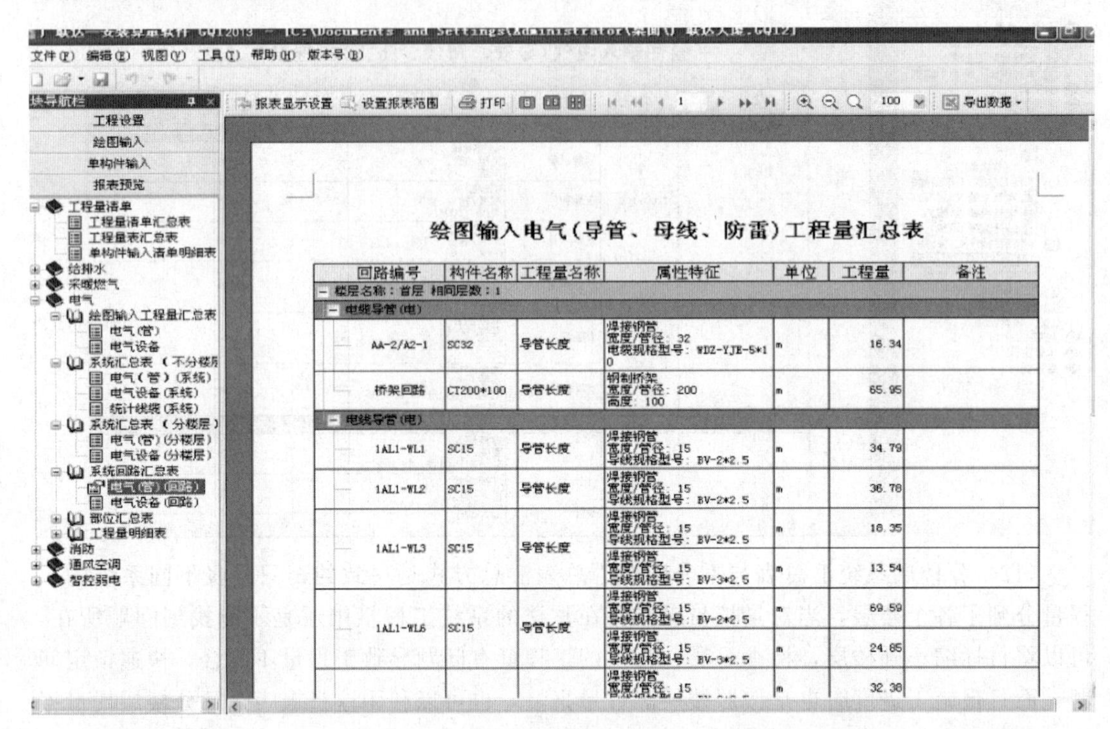

（14）部位汇总表，这个工程里在汇总信息中输入的是配电箱编号，所以软件将相同

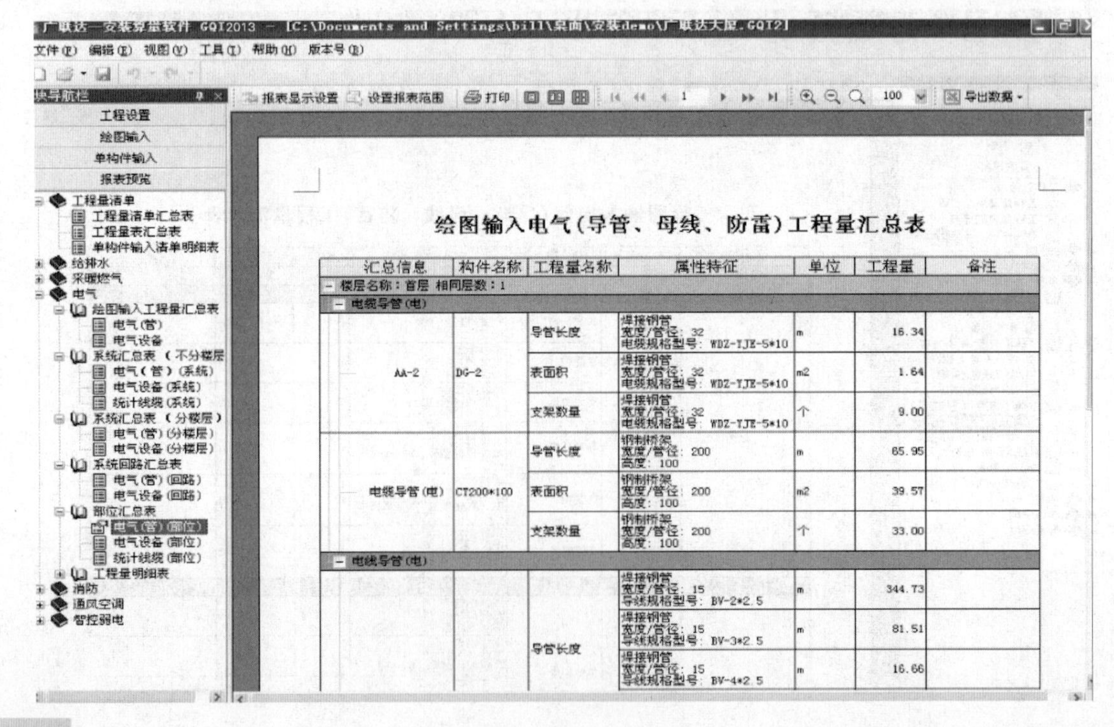

编号的图元工程量合并显示。现在报表上显示的是AA-2配电柜引出的各个回路的导管的工程量，这样当对量时，如果确定是某一楼层的问题就可以根据这张报表锁定具体是哪个配电箱的问题了。开关插座等器具也是同样道理。在线缆部位汇总表上显示的也是根据汇总信息统计出来的线缆工程量，根据这张报表就可以确定任何一个配电箱的线缆总量，并且软件还将水平管内的线缆长度、垂直管内的线缆长度，以及桥架内的线缆长度分开显示，与我们手工统计工程量的习惯相同。

绘图输入电气设备工程量汇总表

汇总信息	构件名称	工程量名称	属性特征	单位	工程量	备注
楼层名称：首层 相同层数：1						
开关插座(电)						
开关插座(电)	暗装单联开关	数量	规格型号：250v 10A	个	51	
	暗装双联开关	数量	规格型号：250v 10A	个	35	
	暗装三联开关	数量	规格型号：250v 10A	个	8	
配电箱柜(电)						
配电箱柜(电)	1AL1	数量	照明配电箱 宽度：600 高度：600	个	2	
	1AL2	数量	照明配电箱 宽度：600 高度：600	个	2	
	1AL3	数量	照明配电箱 宽度：600 高度：600	个	1	
照明灯具(电)						
	双管荧光灯	数量	荧光灯 规格型号：220v 36w	个	91	
	单管荧光灯	数量	荧光灯 规格型号：220v 36w	个	5	
	三管荧光灯	数量	荧光灯 规格型号：220v 2x36w	个	69	
	吸顶灯（节	数量	荧光灯			

绘图输入电气线缆(部位)工程量汇总表

汇总信息	构件名称	线缆规格	水平管内长度	垂直管内长度	桥架内长度	预留长度	汇总长度	备注
楼层名称：首层 相同层数：1								
电缆导管(电)								
AA-2	DG-2	WDZ-YJE-5*10	12.44	3.90	75.51	5.20	97.05	
电线导管(电)								
1AL1	SC15	BV2.5	877.44	172.40	0.00	14.40	1064.24	
1AL2	SC15	BV2.5	770.89	170.00	0.00	14.40	955.29	
1AL3	SC15	BV2.5	724.87	144.20	0.00	0.00	869.07	
1AL4	SC15	BV2.5	463.50	77.20	0.00	0.00	540.70	
电线导管	SC15	BV2.5	55.40	30.80	0.00	0.00	86.20	
楼层名称：第-1层 相同层数：1								
电缆导管(电)								
AA-1	DG-2	WDZ-YJE-5*10	20.22	4.70	125.09	15.60	165.60	
电线导管(电)								
B1AL4	DG-1	BV2.5	611.53	178.80	0.00	14.40	804.73	

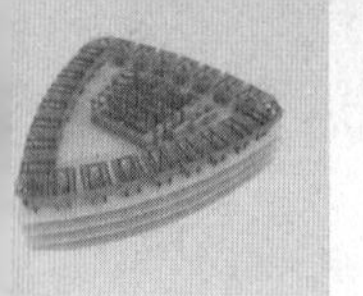

(15) 下面工程量明细表中显示的是各个导管图元的工程量，此表也分为导管和设备两张表。这样软件中电气专业的报表就介绍完了。

绘图输入电气（导管、母线、防雷）工程量明细表

系统类	构件名称	工程量名称	属性特征	单位	图元信息	工程计算式	图元量	工程量	备注
楼层名称：首层 相同层数：1									
电缆导管(电)									
	CT200*100	导管长度	钢制桥架 宽度/管径：200 高度：100	m	CT200*100[1525]	2.858：(L)	2.86	65.95	
					CT200*100[1526]	1.333：(L)	1.33		
					CT200*100[1527]	24.599：(L)	24.60		
					CT200*100[1528]	3.753：(L)	3.75		
					CT200*100[1529]	33.411：(L)	33.41		
		表面积	钢制桥架 宽度/管径：200 高度：100	m2	CT200*100[1525]	0.6*2.858：(周长*L)	1.72	39.57	
					CT200*100[1526]	0.6*1.333：(周长*L)	0.80		
					CT200*100[1527]	0.6*24.599：(周长*L)	14.76		
					CT200*100[1528]	0.6*3.753：(周长*L)	2.25		
					CT200*100[1529]	0.6*33.411：(周长*L)	20.05		
					CT200*100[1525]	Round(2.858/2)：Round(L/d)	1.00		

绘图输入电气（导管、母线、防雷）工程量明细表

2.2.6 套做法

参见有CAD图纸情况下给水排水的套做法。

第3章

问答解惑

3.1 给水排水专业

1. 问：安装算量软件如何计算给排水管件数量?

答：点击汇总后，在绘图界面的工程量按钮的下拉列表的分类查看工程量里查看；或者在报表预览里给排水--系统汇总表（不分楼层）→给排水管件（系统）里查看。注意：在报表里，只有在系统汇总表（不分楼层）那里才能找到管件，但是综合数量，没有细分，管件的数量软件可以根据管的规格型号自动匹配计算。

2. 问：室外给水、排水量的计算，排水管要扣除检查井的长度，给水管扣不扣?

答：给水管是联通的，不能扣除，排水管按不同型号的检查井，扣减长度不同。具体根据检查井的图集。

3. 问：广联达安装算量软件变径立管如何处理？跨楼层的变径如何处理?

答：根据标高布置不同的立管即可；广联达安装软件变径立管的处理，跨楼层的变径，可以在立管中定义，在同一位置布置立管，设置好管径和正确的标高即可。

4. 问：给水排水算工程量是用安装软件计算还是手算方便？做给水排水工程算量时，量取管长度要找到对应的系统图才能确定管径，这样就比较繁琐，如果用手算可以在CAD里打开两个视口对应着系统图进行计算，如何解决上述问题?

答：用软件计算相对方便些，软件的不断完善会解决一些以前解决不了的问题。可以对照图纸的系统图，或者把系统图打印出来，那样用软件计算会方便许多，提高效率；最快就是平面图用软件计算，系统图用手算，两项工程量合计即可。用软件计算最重要的就是要对标高设置熟练，才能提高效率。

5. 问：CAD平面图中立管如何计算?

答：立管可以布置，设置好标高，水平管识别和立管相连后会自动生成三通，不方便布置或识别的，就用表格输入计算即可。

6. 问：CAD导图后为什么管线不显示？给水排水的图纸只能用天正软件打开时才完整，其他版本CAD打开都是不显示水管，导入图形算量软件也是一样，水管显示不出来。这种情况如何解决?

答：(1) 把CAD图纸用天正软件的批量转旧功能转换成T3格式，选择导入即可。(2) 如果还是不能显示，就需要在CAD软件中，用分解按钮把CAD图纸的块分解，多次分解后即可。关于CAD导图的问题详见《GCL2008图形算量软件应用及答疑解惑》第13章，有详细的解答，问题的方式基本类同。

7. 问：在安装算量工程中同楼层同专业的多张图纸如何进行导入？在同专业同层时，如果有多张图纸需要计算工程量，第一张图纸计算完，导入第二张图纸然后进入专业识别，就会出现“识别过的图元”，这种情况是否会重复计量?

答：如果同一个CAD里有同一层的多个图纸，建议可以把图纸单独复制出来，单独保存。第二张图纸就可以用插入图纸。如果分楼层识别了，软件不会重复识别，只要找到平面图、系统图和局部放大出来的大样图，用软件识别时只认准平面图即可，其他的图纸可作参照，按系统的布置在平面图中的设备管线，可以用重绘制再增加就好，其他的图纸最好删掉。做到清晰化，方便查看。

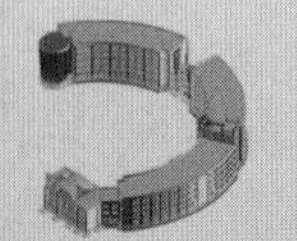

8. 问：怎么把 CAD 图转换成 T3 格式？

答：用天正软件打开时，批量转旧或图形导出功能可以转换为 T3 格式。打开天正软件，导入 CAD 图纸，点击图形导出，保存到桌面即可。

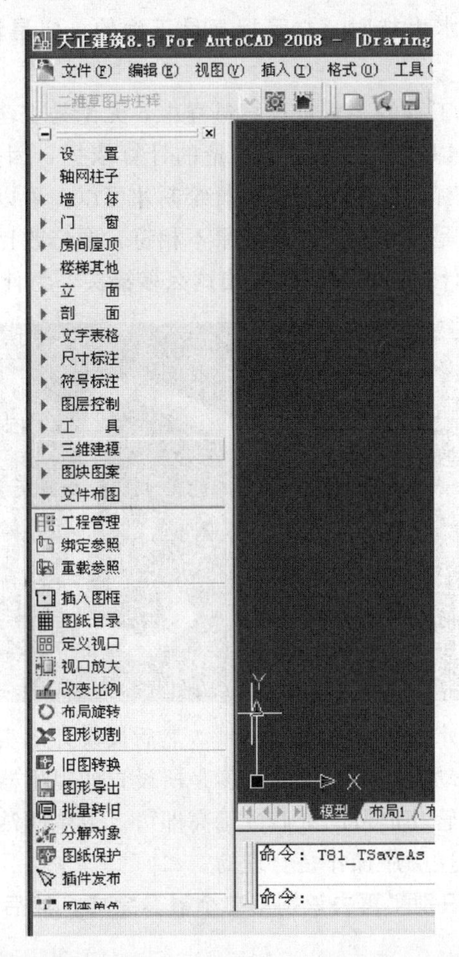

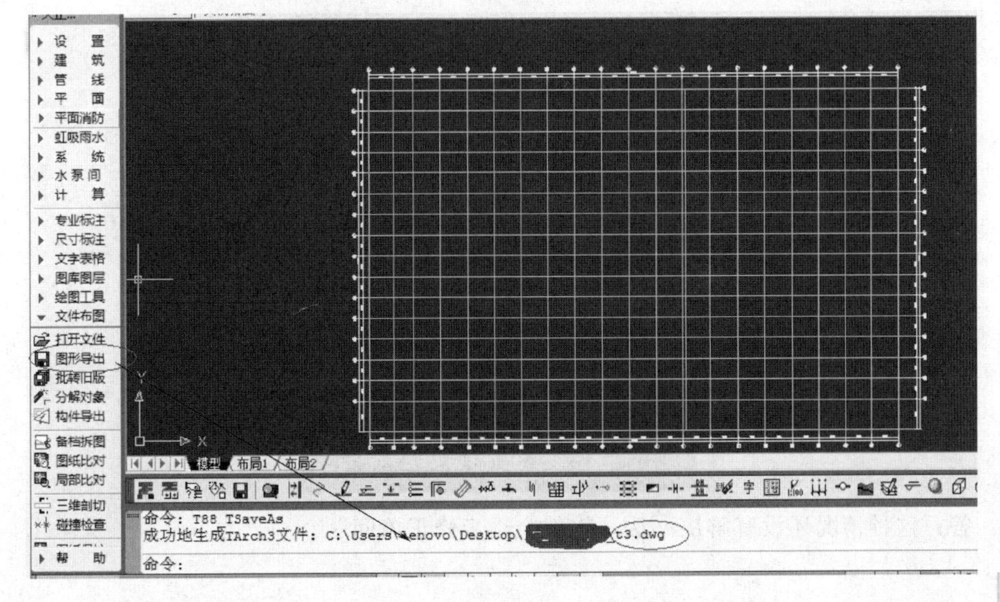

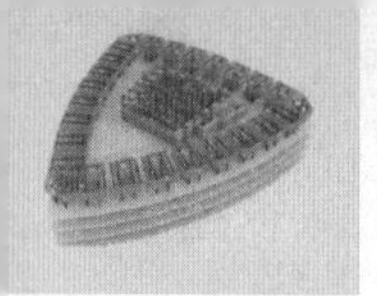

9. 问：为什么没有 CAD 图导入？

答：有时会出现 CAD 导图功能灰显，这个问题尝试的唯一解决办法就是重新安装软件，可能存在的问题是安装算量软件与其他软件程序的不兼容，属于单一软件错误。

10. 问：在计算给排水大样时，立管标高是正确的，但是计算出来的工程量是错误的，为什么？

答：这个问题在实际工程的工程量计算过程中，无论是土建工程还是安装工程都会遇到。需要注意的是，不能以大样图作为工程量的计算依据，因为大样图的比例一般不是1∶1的，应该用大样图的标高在平面图中进行绘制才可以，可以用工具下的两点间距离测一下标注尺寸和实际尺寸是不是相符合，如果不相符，要修改比例尺重新计算。

11. 问：如图所示为什么座便器立管连出这么多接头？为什么有的地方不能自动连接？

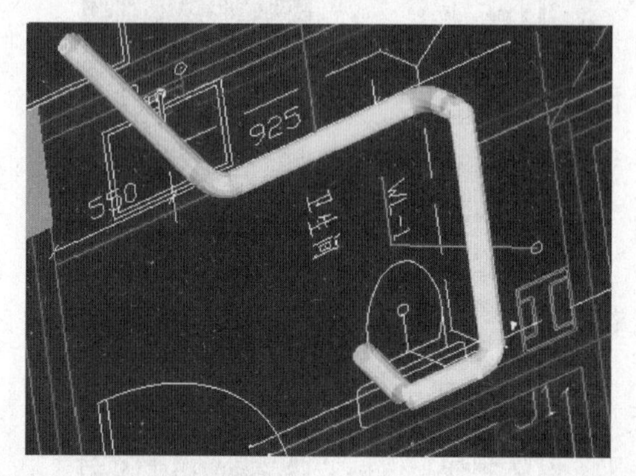

答：卫生间洁具的给水管可以先识别洁具，然后按设计的实际规范，布置管道、卫生器具，给排水立管可以自动生成，生成的高度是所设置的卫生器具的高度。先识别好卫生器具，立管部分用布置立管功能按图纸修改标高即可。卫生间洁具的给水管按图画和实际安装会有出入，所以按上述顺序操作是合理的。

12. 问：第一个器具识别了再去识别第二个器具完成，然后第一个器具出现如图所示的重叠了，怎么解决？

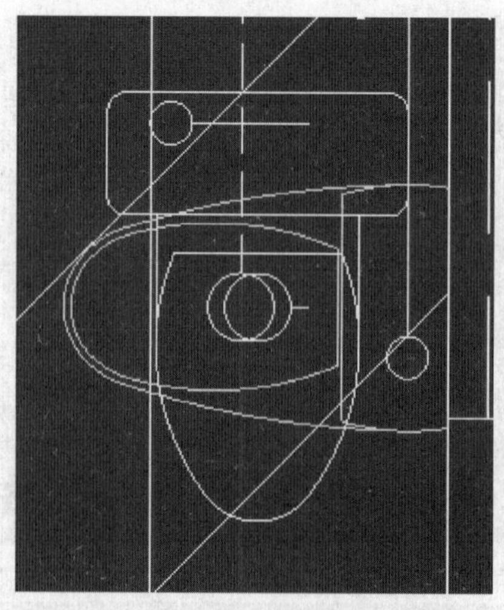

答：这种情况还没有解决办法，软件会逐步修正该问题。

13. 问：绘制立管50管、水平管100管，为什么中间连接弯头连不上呢？

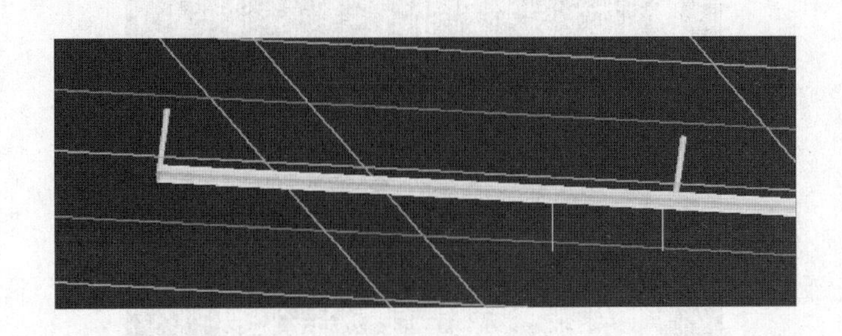

答：软件自动匹配关键的前提是两条管线是否相交。计算通头，选择通头规格，汇总计算就有管件数量，重新设置一下卫生器具的连接点，使生成的立管在水平管的中间，就能自动生成通头。管件是在识别管道时自动生成的，不用单独识别。

14. 问：如果不用CAD做安装预算，如何进行三通灯管件的手工计算？

答：首先使用软件可以自动生成管件，如果手工计算要先查看哪些管道安装是配件可以另算的，哪些管道安装是已经包括在定额辅材中而不可以再算的，需要计算配件的管道用手算只能是逐个算出，并需要按类型分别计算。如果用软件就可以自动识别生成并完成分类统计了。此为软件计算的优势所在。

15. 问：如果是刚接手的新图纸，安装部分是自己用CAD做好再导入吗？

答：直接导入CAD图。

16. 问：工程对量过程中用安装算量软件还是图形算量软件？

答：工程对量首先要清楚计算的是什么工程，如果是安装工程对应的就用安装算量软件，如果是土建工程计算混凝土和模板的就用图形算量软件。

17. 问：给排水预埋套管如何套定额？

答：按室外管道子目套，根据规格型号材质套相关定额，主材按市场价调整。

18. 问：安装算量软件GQI2013，当导入1∶100的图时，这个比例中的卫生间给排水无法显示，只能在卫生间大样1∶50里面看图，当用安装算量软件计算该1∶50的卫生间大样给排水管的工程量时，如何操作？

答：上述问题在于图纸的块没有被分解，需要把图纸先转成T3（具体操作见之前问题的解析）再导入，不需要修改软件的比例，导入后你可以用工具查看两点间距离测量下或者通过设置比例这个按钮来进行设置比例，按照系统图和大样图来识别即可，设置比例为2∶1。

19. 问：如何计算管道刷油漆面积？面积与管道长度之间如何换算？

答：管道的长度和面积用计价软件选择子目时直接输入管的直径，软件会自动按其管径的输入长度进行计算，面积与管道长度之间的换算需要依据《五金手册》。

20. 问：识别完后出现如图所示的这种情况，如何解决？

答：管道绘制时，在器具范围内与器具有高差会自动生成立管。先绘制好管线，最后识别座便器和座便器连接管。如图所示的就是管道和座便器太接近了，可以先删除与平面图不同的管道，再选择管道项，用“延伸”、“直线”等功能修改绘制即可。

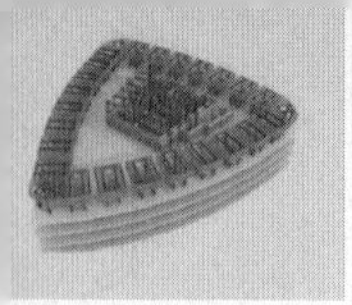

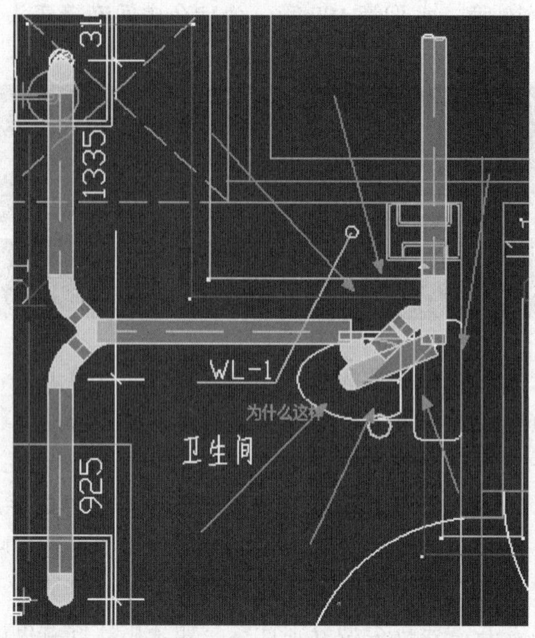

21. 问：在用描图算量时，如何将给排水大样图与平面图组合到一起？

答：把大样图导入到安装算量软件中，准确定位在平面图位置，然后把大样图上的构件描画在安装算量软件中即可。

22. 问：已经用轴线对草图定位，确定是在同一点，但做出来的管子还是有偏差，层与层之间对接不上，如何解决？

答：如果想上下立管连接上，定位的时候不要按轴线定位，找一根所有楼层都共有的立管，用那根立管作为定位点。只要是轴线对应，按照轴线进行定位就没问题，重新定位肯定是定位有偏差。

23. 问：排水立管是内螺旋 UPVC 硬聚氯乙烯塑料管，横管是 UPVC 聚氯乙烯塑料管，套定额是都套塑料管还是分开套？如果不是应该套什么？

答：所套定额都是一样的，不同的就是单价，它们有各自的定额子目，分开套定额即可。

24. 问：如果图纸系统图上只有层高，管道井管道进户高度如何计算？

答：如果图纸没有标高可以根据一般做法计算。如入户管道埋地深度按 0.8m 计算，再加上室内外高差，就是入户管道标高。在顶上的管道标高按梁下考虑。应根据设计平面图和系统图确定，如没有标高，可以联系设计人员，必须明确管道标高，各地冻土层不同，标高也不相同。

25. 问：给水管成束安装外缠铝箔带应套哪一项定额？

答：按绝热保温定额中的保护层考虑，建议套用市政的配管定额，08 安装定额第 11 册保护层铝箔 11-2300 项。

26. 问：两端有高差的管子生成立管时为什么只有一端连接并生成弯头，另一端却没有连上？怎么解决？什么情况下用自动生成立管？什么情况下用立管识别？

答：不同高度的 2 根管道，只有在端点连接的时候，才能自动生成立管，管道中间部位需要用自动生成立管功能才可以，可以使用 CAD 补画线把那端补画上，就能解决这个

问题。

27. 问：小便给水管安装到+1.1m和污水管安装到+0.1m，怎样设置小便器的高度，在识别时才不会连接到同高度？

答：操作步骤为：工程设置-计算设置-给排水。给水、排水支管计算方式，修改里面的设置计算值，给水小便器修改为1100mm，排水小便器修改为100mm，然后在绘图界面绘制管道的时候，自动生成立管。小便器的高度不用设置，管线长度计算正确就可以了，小便器只计算数量。看看图列表上面小便器的安装高度即可。

28. 问：在住宅工程图纸中，只是画了各个户型的大样图，而每个平面图中都没有画，如何把识别完的大样图复制到对应的户型？

答：首先选择构件，然后用工具栏中的复制，用一个指定的基点进行复制构件到其他的单元，还可以用镜像功能来处理，一层中复制完成后，再全部选择构件用楼层中复制构件到其他层，选择目标楼层，确定，即可把该楼层中的构件复制到其他各楼层中。

29. 问：在CAD图导入广联达安装算量软件后轴线的标注和部分管线没有显示，CAD图转换成天正格式后还是没有显示，利用CAD转换块的形式也没有显示，是什么原因？

答：用天正软件把图纸转旧版后再导入广联达安装算量软件即可。

30. 问：从地下室甩上来一段垂直管，在一小间里有5路支管，先从地下室上来的管，分出5路水平支管，且支管上分别有截止阀、减压阀及水表，然后，在其水表后，由水平支管沿墙往上至梁下进行管道安装，水平支管间距为0.2m，应如何布置和识别此部分的管道量？

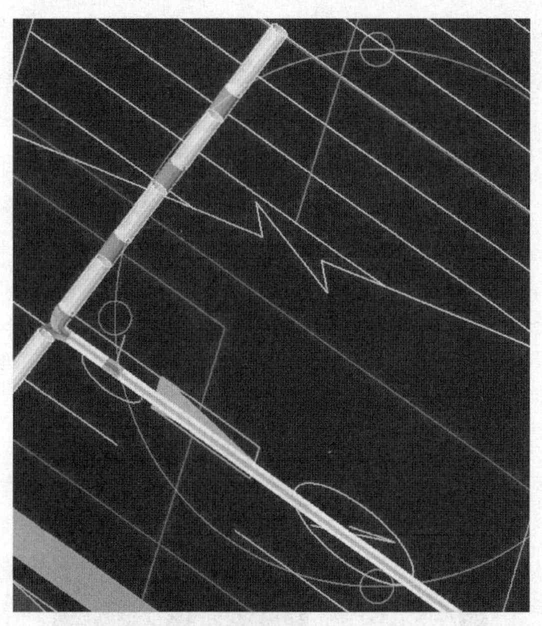

答：地下室引出的立管，在要分出支管的位置画一段水平与引上管同管径的横管段（长度为5＊支管管经+4＊支管间距），定义出各支立管的管径的标高（即从横干管至该层的顶板梁下再减支管管径），然后在此段横管上错开间隔2mm位置画出五路支立管。再在平面上定义好截止阀、减压阀和水表设备并设置好各阀门的标高，在各支管立管上分

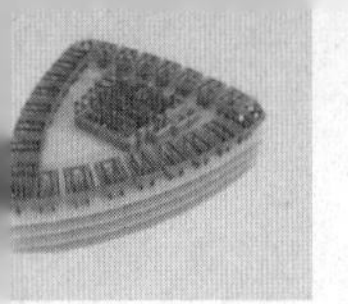

别画上，按标高定义5路水平支管，分别绘制，布置立管后再识别每一层的水平管。

31. 问：(1) 一根立管带两组暖气片采用设备连管只能连接一组，另一组只能手画，这种情况如何处理？(2) 给排水中在同一楼层同一位置绘制不同标高的水平管，无论是给水管还是排水管都会自动生成立管，相连然后再一根一根地手动删除或者是手动修改标高，能否不自动生成立管？

答：第一种情况只能手画，软件是按一个设备考虑设计的。第二种情况不能自动生成立管，只要在节点处选好管径和标高就可以自动生成立管。实际工程中水平管与立管内的电线根数是相同的，识别暖气片后再识别管道就会自动生成立管，把需要修改线数的管道选定，再在属性里面更改线数即可。

32. 问：通常管道井设计只画某一节点图，已知标高、管井、所装设备等，但到每层时怎样把支管都布置到立管上去，且识别支管的所有工程量呢？

答：在首层布置立管，然后识别每一层的平面管，建议一次性在首层把立管和支管全部布置修改好标高。在管井中先将立管布置好，在立管上有的设置如阀门等也配上。然后在各层分别布置水平支管及设备并连接至立管中心。

33. 问：两条管子交叉，如何错开？

答：如果只是对计算工程量而言，可以用调标高来错开，或是用打断断开距离不超过设置值。方式来错开。不能采用“扣立管功能”处理，因为排水管这样处理是行不通的，会造成排水不畅，在识别的时候调整管子的标高，软件就不会影响算量。软件有扣弯功能，标高一样用扣立管功能，标高不同当然就不会生成管件，还有不同系统的管道也不会生成管件。

34. 问：管道系统能否添加或更改？例如给水系统等，能否添加灌溉系统？

答：各系统之间，只要管线不冲突可以把给水系统当做灌溉系统。

35. 问：在同一位置不同高度有三根给水管，每一根管上分别有一个阀门一个水表，如何设置阀门和水表？如果用点画只能画一根管上，另外两根管画不上，用左右视图看得

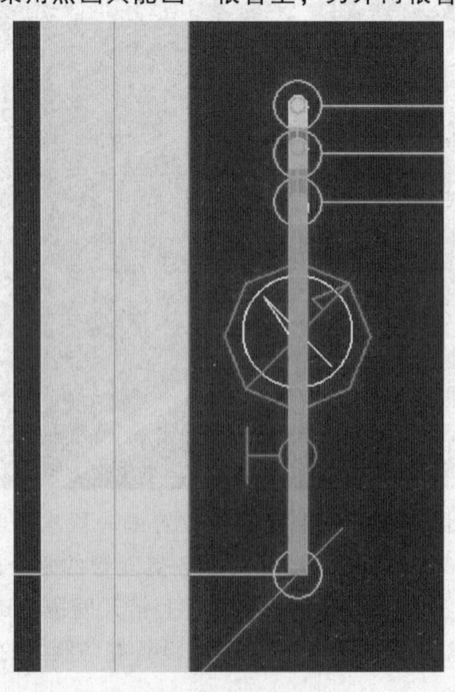

很清楚，却不能操作，为什么？

答：画好管道后点击动态观察，点画上阀门，如果点击的是实体渲染，就是不能操作，实体渲染下拉选择动态观察；需要在平面图上画，然后把管道识别成不同标高，画图时需要隐藏其他水平管，否则容易混乱，定义好后直接在动态观察的界面用 Shift+左键偏移功能点即可。可以按三条横管分别按要求的标高设置好，并分别错位画出和分别配置好阀门的水表，然后再用“移动”工具将其他离位的二路管分别移动至重叠位置即可。

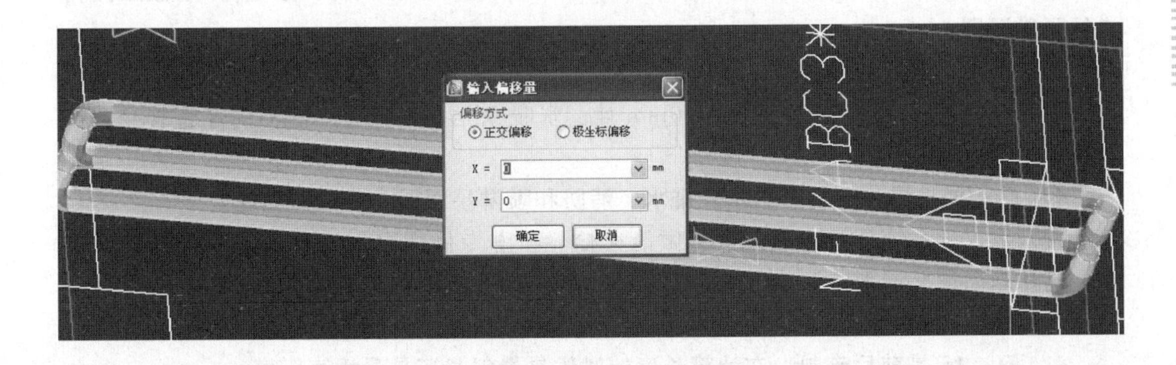

36. 问：套管已识别了，动态观察也能看到套管已生成，为什么在报表里看不到套管数量？

答：汇总计算后在管道附件报表里面查询，需要添加做法、选择工程量代码汇总计算后才能看到。

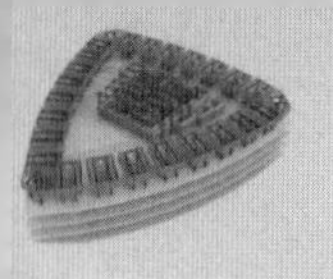

37. 问：安装工程给排水 CAD 图形无法识别如水表、过滤器等，为什么？

答：可以降低图纸的 CAD 版本或者转成 T3 格式或者直接在 CAD 图纸里面分解块。具体操作要先识别管道，再识别如水表、过滤器等附件。

38. 问：在给排水图中，一般排水系统都为双立管，怎样才能生成双立管，并把三通、伸缩节的量反应在立管上并能看到？

答：伸缩节需要手动布置上去，先定义好构件然后布置三通，在给排水中不需要计价，但是数量和规格可以到报表预览界面查看，广联达 GQI2013 可以自动生成，对于双立管也需要先定义构件，然后布置立管功能画上去。

39. 问：水暖专业里的套管应如何正确计算（规格型号及长度、数量）？墙板应如何进行正确识别？

答：水暖专业里的套管可以先识别墙板，然后选中需要生成套管的管件，点击自动生成套管，选择普通套管一般长度按 300mm 计。水暖专业里的套管区别不同穿管管径，按个计算工程量。

40. 问：同一层，分别有给水、排水、消防和喷淋平面图，该怎么处理？

答：建议把系统分开，消火栓专做消火栓，喷淋专做喷淋，给水做给水，排水做排水，这样既简便又清晰，汇总出来的工程量也是一个系统，可以把 CAD 图纸分层识别一般图纸都是按图层绘制的，这样就可以减少线条，绘图界面更清楚。

41. 问：45°是前后走向，在计算长度的时候是量斜长还是量垂直距离？

答：按斜长计算，可以计算垂直长度然后乘以 1.4。

42. 问：平面图里没有画阀门，阀门在系统图里，为什么系统图里的阀门无法识别？

答：阀门依附于管道，平面图有管道但是没有阀门就无法识别；系统图有阀门没有管道也不能识别。处理就按照系统图在平面图中建立阀门构件点画即可。

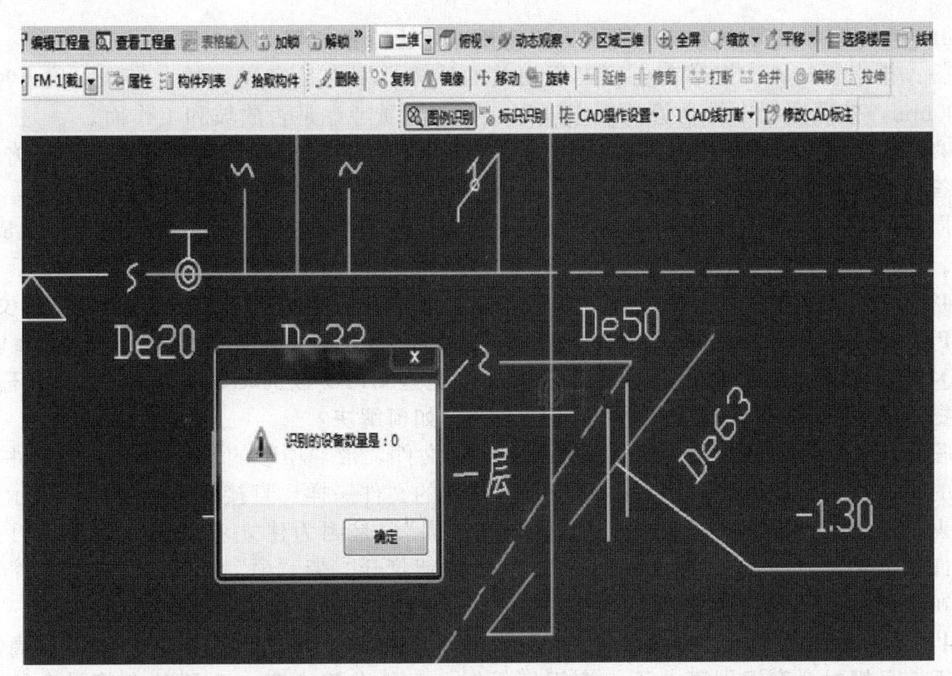

43. 问：群体建筑三栋单体带二层裙房在一张图纸上，如果单独算一栋楼的工程量，在识别器具时会把整个三栋楼的一层量全部识别了，如何把这合在一起的三张图分开来分别算量？

答：在CAD导图中导入CAD软件，按W键，拉框选择要导出的CAD图，将要导出部分导出为块，再将导出的块导入软件中即可。

44. 问：安装算量软件中识别管道，在CAD中管线太短而识别不出弯头，如何解决？

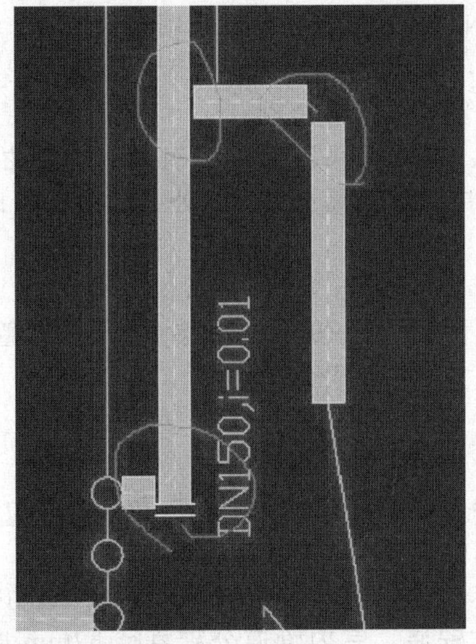

答：用点加长度或延伸的方法即可。

45. 问：如果图纸是一根直线到头，这根直线中有不同的管径，如何识别？

答：如果CAD有标注，可以打断，这样CAD就是按照打断的线，按照标注分别识别不同管径的构件，然后使用绘制直线的功能，直接画出不同管径的管道即可。

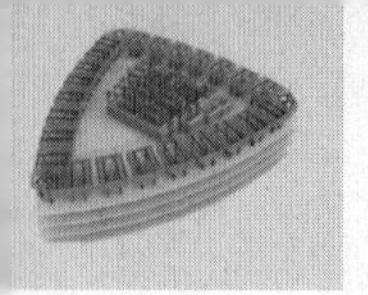

46. 问：室外工程中给排水管的人工挖槽、挖土方量如何计算？

答：排水管的人工挖槽在土建工程相关的计算规则中是有规定的，一般是宽 600mm 深 900mm，按照图纸中排水管的规定埋深，根据土质考虑是否放坡和工作面。

47. 问：为什么图纸导入 GQI2013 安装算量软件后，管道的转弯处会有一“小方块”？

答：这个小方块是设计院的定位点，是用来定位线条的点，相当于轴网的用处，应该是图层的问题。可以重新选中全部图纸，输入 W 重新生成一下块试试，或者转化成 T3 格式。

48. 问：软件类型只有“清单”与“定额”两项，现甲方给发了个带“项”的文件，及 GPB9 类型文件，该如何打开？双击文件后显示一个提示：“非法标识符[GBQ4FRound]”，文件依然打不开，当把文件类型 GPB9 改为 GBG9 类型后，点开显示一个提示：“下标访问越界”，文件依然打不开，如何解决？

答：GBG9 的类型是表示建立的是一个定额文件，带“项”的及 GPB9 类型文件表示建立的文件是一个定额项目文件，打开时和其他的文件一样，直接双击就可以。提示“非法标识符［GBQ4FRound］”或者“下标访问越界”，是因为建立者的文件版本比打开者的软件版本高，需要安装一个高版本的软件，才能打开。带“项”的文件指的是整个项目可以在计价软件里面直接新建项目的文件。

49. 问：脸盆距地高度 800mm，坐便器距地 380mm，地漏无高度，在未设置高度的情况下，只把材料表识别了一下，在识别管时，为什么其中有一个脸盆支管引在脸盆边缘，其他都引在脸盆中间？

答：水平管道标高，层底标高＋800mm 或层底标高＋380mm，软件是按照各个省的计算规则默认设置好了的。

50. 问：卫生间排水管分别为 DN100、DN75、DN50 三种规格，进户至大便器处为 DN100，后面脸盆及地漏合用 DN75 的管，该如何进行识别？

答：按型号分段识别，DN100、DN75、DN50 三种规格，分三种规格进行识别。

51. 问：顶进 PE100 DN200 的管需要套哪几项定额？

答：在市政里面套顶管，如果是 PE 管，套钢管顶进，把主材换成 PE 管。如果是清单计价，还要套管道消毒、管道试压等定额。

52. 问：室外进户给水、排水或采暖管道，有室、内外之分，通常在 CAD 图中，都是一根直线，基本上室外进户只算到墙外 1.5m 处，软件算量时，将室外多余的线都识别了，如何去掉多余部分？

答：可以加一条辅助线，在 1.5m 处打断，删除多余的。

53. 问：钢塑管短管甲、短管乙一般多长及多重？DN40 壁厚 3mm 套用的子目有材料钢塑短管甲（1.2 万元/吨），如何计算价格？

答：DN40 壁厚 3mm，重 4.1921kg/m，钢塑管短管甲、短管乙重量（DN40 壁厚 3mm）查询软件中自带的《五金手册》即可。

54. 问：安装算量如 4～8 层是相同的，9～15 层是相同的，把 4～8 层构件复制到9～15 层为什么立管与水平管不生成立管配件？

答：标高不同要重新定义，可以用复制构件到其他楼层功能。

55. 问：“管道支架制作安装，室内管道公称直径 32mm 以下的安装工程已包括在内不得另行计算。公称直径 32mm 以上的，可另行计算”如何理解？DN32 以下管道支架的安装费不用计，还是安装费和支架主材费都不用计？

答：支架主材和人工费都已经包括在有关子目中，不用单独另计；只要看一下工料机显示就知道。“管道支架制作安装，室内管道公称直径 32mm 以下的安装工程已包括在

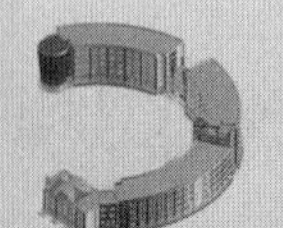

内，不得另行计算。公称直径 32mm 以上的，可另行计算”理解为 DN32 以下管道支架的安装费和支架主材费都不计算。

56. 问：安装算量时插入 CAD 图纸与原有图纸重叠了怎么办？

答：插入时状态栏有提示，指定插入点。

57. 问：正常设计图纸，给排水、消防在同一张图上，要区分开来算量应如何设置？

答：可以隐藏选择的图元，给排水和消防在同一张图纸上，但是是不同的图层，算给排水时把消防隐藏，先拆分开，再进行导入。

58. 问：如果在平面图里没有阀门，阀门画在系统图里面，软件如何识别？

答：阀门依附于管道，平面图有管道没有阀门无法识别，系统图有阀门未识别管道不能识别。

处理方式：按照系统图在平面图中建立阀门构件点画即可。如果在平面图里没有阀门，阀门画在系统图里面，软件识别不出来的可以自行补画。

59. 问：在算量软件中，给排水的套管长度不等，如何算出各种套管的长度及大小？

答：识别了墙和板后识别管道软件会自动计算套管大小和长度，套管是以单个计算的，区分管径，数量乘以单个的长度换算即可。

60. 问：暗室增加费在哪里输入？

答：暗室增加可以加一项补充清单，地下室的模板面积，例如室内的梁的模板面积，板的模板面积，墙的模板面积（只计算内侧模板面积），外侧不是暗室的，是露天的。

61. 问：一个住宅的安装工程，用 CAD 软件打开可以看到各种图元，为何给排水图导入软件之后只有卫生器具，而无管道？如图所示。

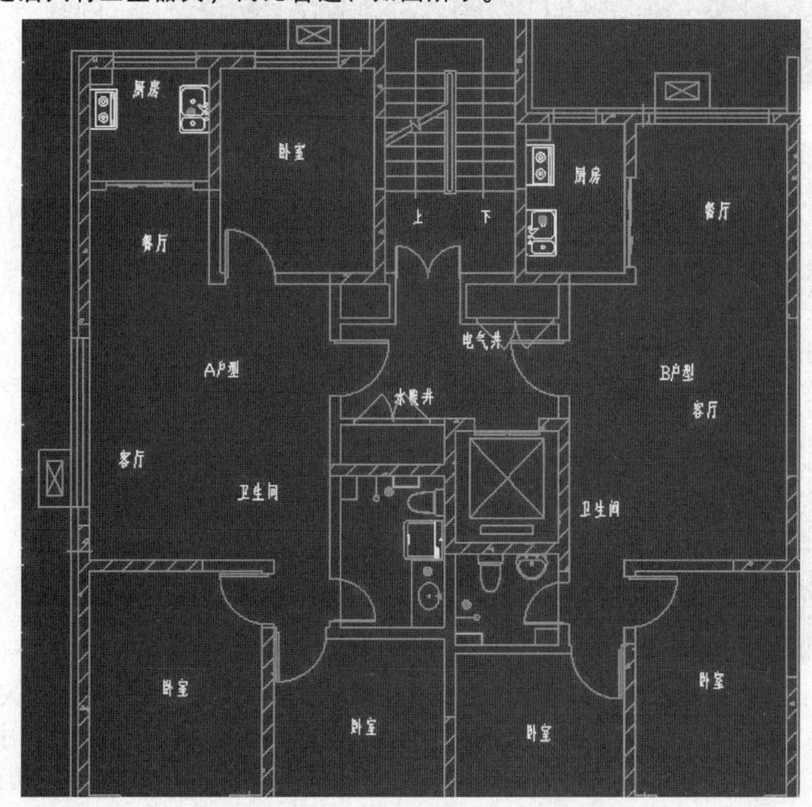

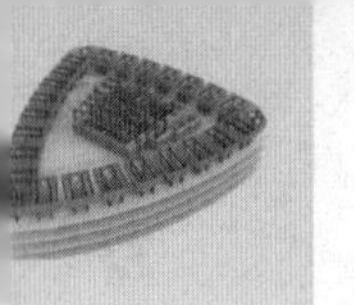

答：用天正软件把图纸转旧成后缀名是T3的文件后再导入广联达软件就好，这是块参照的图纸。CAD图采用了外部参照，参照了另一张类似图纸的内容，可以免去重复绘制的时间。外部参照的解决方法：绑定，用CAD打开后，命令框输入XR，弹出对话框中下面参照图纸处点击鼠标右键，选绑定即可（适用范围：所参照的图纸必须在当前文件夹中）。

重新导入CAD时看到右上方的显示设置，并勾选上。

62. 问：给排水中部分管道需要保温，但是报表汇总中为什么保温工程量没有汇总数？是否需要一个一个地加？计算过程中，有的管道需要保温，有的不需要保温，最后报表汇总中只是每种规格的管道保温统计出来，所有同类保温的数量没有汇总，请问如何解决？

答：建议在工具栏-工程量-分类查看工程量里面查看，把要查看的工程量名称移动到最上面即可。保温在工程定义中设置好再行计算汇总。

63. 问：水暖管井中的立管应该在哪一层布置？水暖管井中的阀门应该识别还是自己布置？

答：(1) 依照习惯，在哪一层布置都可以，只要标高设置正确就可以。(2) 阀门可以手画也可以识别，在底层绘制或识别即可。

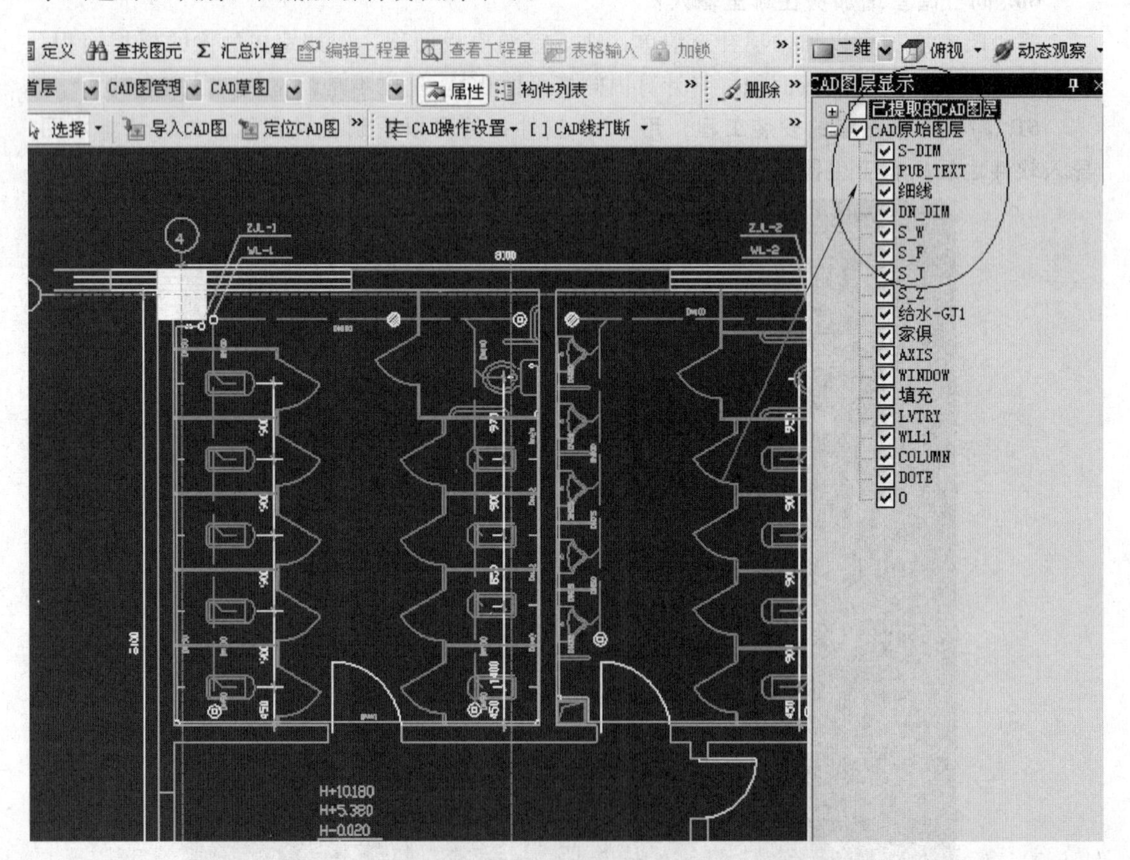

64. 问：安装算量软件里，给排水、电工程别墅顶层层高是依什么标准输入？

答：按顶层层底标高到屋顶最高处，一般是按照结构标高来定义楼层，由于顶层别墅一般都存在造型，设置的时候跟一层标高设置的一样，然后再手动修改一下构件的标高，

这样算出来的量比较精确。

65. 问：在图纸上标明的平面管道有坡度系数，在软件中如何算量，是否用乘以系数？

答：不用乘系数，因为这部分只是提示安装的时候，有个管道走向高低和流水坡，水平管道的坡度系数因素可以不用考虑。

66. 问：安装算量软件中，布置立管生成的管在分类查看汇总工程量的时候为什么没统计？应该在哪里查看？

答：在汇总计算的时候选择全选，整个工程汇总计算，然后在分类查看汇总工程量查看就可以看到，整个楼层汇总计算一下再看，如果没有就到布置立管的那层查看。

67. 问：管道敷设在垫层内，冷水管和热水管交叉在一起，如何解决？

答：可以调整标高来解决，如果设计高度一样那么就使用扣立管功能，冷水管和热水管交叉在一起了，调整管道标高，使冷热水管道标高不一样即可。

68. 问：安装算量的双立管如何画？

答：有两种方法：(1) 工具栏—编辑管道—布置立管—定义标高—确定即可。(2) 识别立管功能。一般在消防报警中需要自动生成多立管，建立构件时选择可以同时生成多立管是最简单的方法。如果是手动识别的多立管，可以直接布置，也可以识别完其中一根后复制。

69. 问：请问下列给排水安装工程图纸中字母如 XQL 这些符号代表什么？

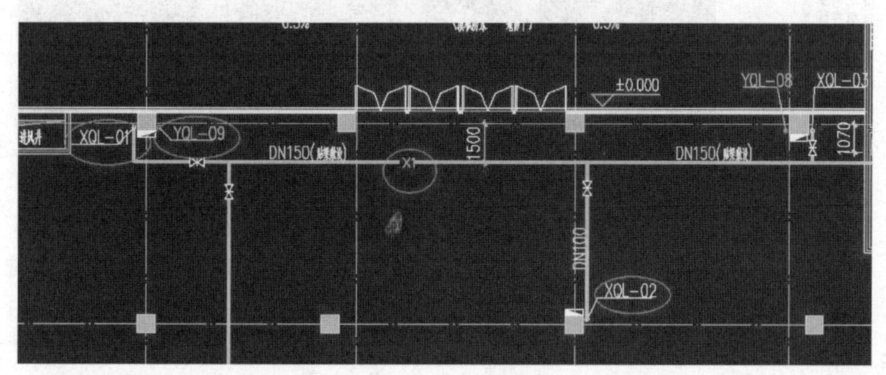

答：给排水管道中 X 表示消火栓管；Z 表示喷淋管；W 表示污水管；Y 表示雨水管；B 表示补水管。

70. 问：广联达安装软件能直接对照图纸手动输入吗？

答：完全可以，就是【绘图输入】。点帮助会有提示的。

71. 问：用广联达安装算量软件导入喷淋的图，为什么喷头显示不出来，而用 CAD 打开是可以显示出来的？

答：(1) 把图纸转化成 T3 格式再导入；(2) 重新生成块再导入；(3) 将图纸打断一下再导入。

72. 问：对于标准间，如果识别了一个标准间的管道，对于其他的房间有没有简单的方法可以实现复制？

答：可以同楼层间复制，也可以不同楼层之间复制，想要效果的话还可以根据需要进行镜像、翻转等。如果只是想要工程量，也可以不复制，就单独查看这一个卫生间的工程

量，然后乘以相同个数即可。

73. 问：阳台上预留洗衣机供水管道，有1m立管，怎样才能在立管上加个阀门？

答：把立管切断重新组装，选择阀门在平面图上布置好的立管位置点画，在弹出的对话框中设置好阀门高度，阳台上预留洗衣机供水管道，有1m立管，先把1m的立管设置好，在把阀门定义好之后，选择阀门在平面图上布置好的立管位置点画，在弹出的对话框中设置好阀门高度，点击确定就可以生成阀门，阀门与立管管径一致。

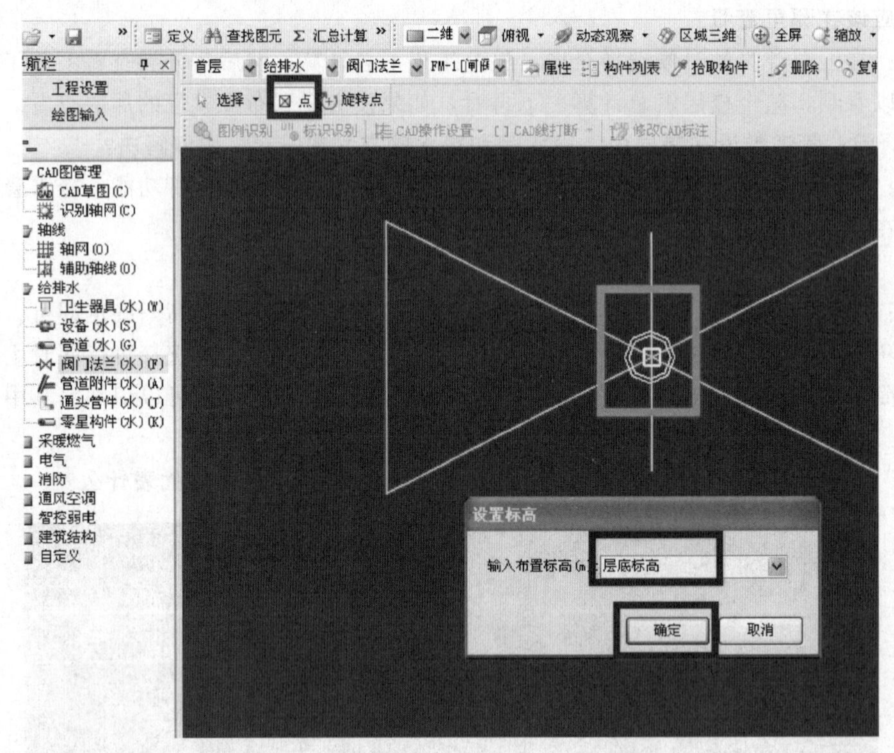

74. 问：给排水工程中怎么设置才能使广联达的自动识别管道识别到立管中心线位置？

答：用管道延长，把CAD线误差值调大。只能用拉伸的功能。

75. 问：排水管总是自动连接到一起了，如何解决？

答：修改一下标高。图上面有白色小圆应该是一个立管，也就是说立管的两边不是一个标高，查看系统图，把立管设置一个底标高和顶标高，左边的水平管和立管的顶标高相同，右边的水平管和立管的底标高相同。也就是一个乙字弯，直接点到通头管件的界面，选中通头右键删除即可。

3.2 采暖燃气专业

1. 问：两根水平同长度管道，结束后自动管尾相连，为什么设置连接不上？

答：删除多余的管道即可，如果是相同回路的管道，并且在统一位置，只是标高不同时，软件会自动生成立管。如果不需要该立管，则需要修改这两根管道的回路属性，系统不一样就不会连接。

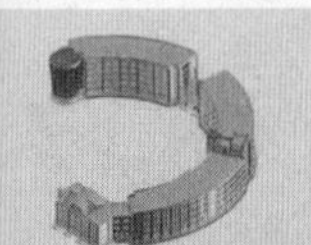

2. 问：采暖支管采暖垂直干管分别在两张图上，垂直干管在采暖干管图上已识别好，支管可在支管图上识别好，但是支管图上有垂直干管，不是在干管图上识别的，如何把垂直干管与水平支管连到一起？

答：把识别好的支管的图元，采用“块”功能，镜像、复制、移动、旋转等就可以把支管和干管连接起来。

3. 问：散热器 TZ4-6-6.760 型铸铁散热器中，规格型号中数字和字母都表示什么？如果是套定额散热器出来的支管如何套定额？

答：TZ4-6-6.760，其中 T 表示铸铁；Z 表示柱状；4 表示 4 柱；6 也可写作 600，同侧进出口中心距为 600mm；6（第二个）表示工作压力为 0.6MPa（高压）；760 表示 760 型散热器足片高度 760mm。

4. 问：室外架空采暖管道支架怎么套定额？

答：室外架空采暖管道支架执行土建定额中钢结构中相关定额子目，制作、安装和防腐等，如果是混凝土支架或是基础部分是混凝土的就套混凝土分部的相关定额，发生土方就套相应的土方定额。

5. 问：(1) 计价软件中，绝热工程子项目中铝箔超细玻璃棉管壳安装管道 57 以下 (厚度) 60，这里的两个数字分别指什么？(2) 焊接管道接头破损处刷防锈漆 2 道，银粉 2 道，如何套定额？(3) 刷 3 遍沥青漆，定额中只有第一遍跟第二遍，第三遍如何处理？

答：(1) 管道 57 是钢管外径，60 是保温厚度。(2) 焊接管道接头刷防锈漆 2 道、银粉 2 道如维修工程就套相应定额。(3) 3 遍沥青漆第一遍套一遍定额子目，第二遍工程量 * 2即可。

6. 问：管井支管在设计时一般都画一节点图，可在管井支管布管时，由于设计图支管上的阀门、水表等，图例超过管长，在用软件布置水平支管时长度应如何控制？阀门、水表的位置可移动么？

答：阀门、水表的位置可以移动，但要在同规格的管上。画在其他位置不影响算量，建议用表格输入的方式计算工程量比较好。

7. 问：采暖系统的集中抄表器（远传系统）怎么列清单项和套定额？

答：有相应的子目，如下图所示。

	编码	名称	单位	单价
1	12-138	抄表采集系统设备安装、调试 电力载波抄表集中器	个	37.52
2	12-139	抄表采集系统设备安装、调试 集中式远程总线抄表采集器	个	48.89
3	12-140	抄表采集系统设备安装、调试 集中式远程总线抄表主机	个	175.36
4	12-141	抄表采集系统设备安装、调试 分散式远程总线抄表采集器	个	113.71
5	12-142	抄表采集系统设备安装、调试 分散式远程总线抄表主机	个	82.51
6	12-143	抄表采集系统设备安装、调试 抄表控制箱	个	38.17
7	12-144	抄表采集系统设备安装、调试 多表采集智能终端(含控制)	个	148.95
8	12-145	抄表采集系统设备安装、调试 读表器	个	19.18
9	12-146	抄表采集系统设备安装、调试 通信接口卡	个	84.35
10	12-147	抄表采集系统设备安装、调试 便携式抄收仪	个	1.39
11	12-148	抄表采集系统设备安装、调试 分线器	个	9.05

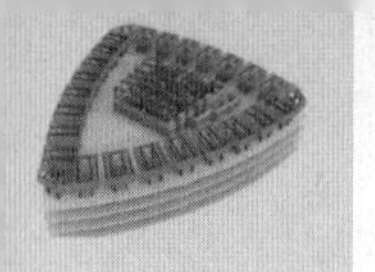

8. 问：民用翅片管JC6M-250散热器套哪项定额？

答：民用翅片管JC6M-250散热器套铸铁散热器，然后换算主材价格。

9. 问：在哪里找采暖燃气这一项？

答：在给排水章节中查找，左侧的导航栏里，有采暖的选项。

10. 问：散热器的新建在哪里？

答：在采暖燃气的“供暖器具”里面新建构件。如下图所示。

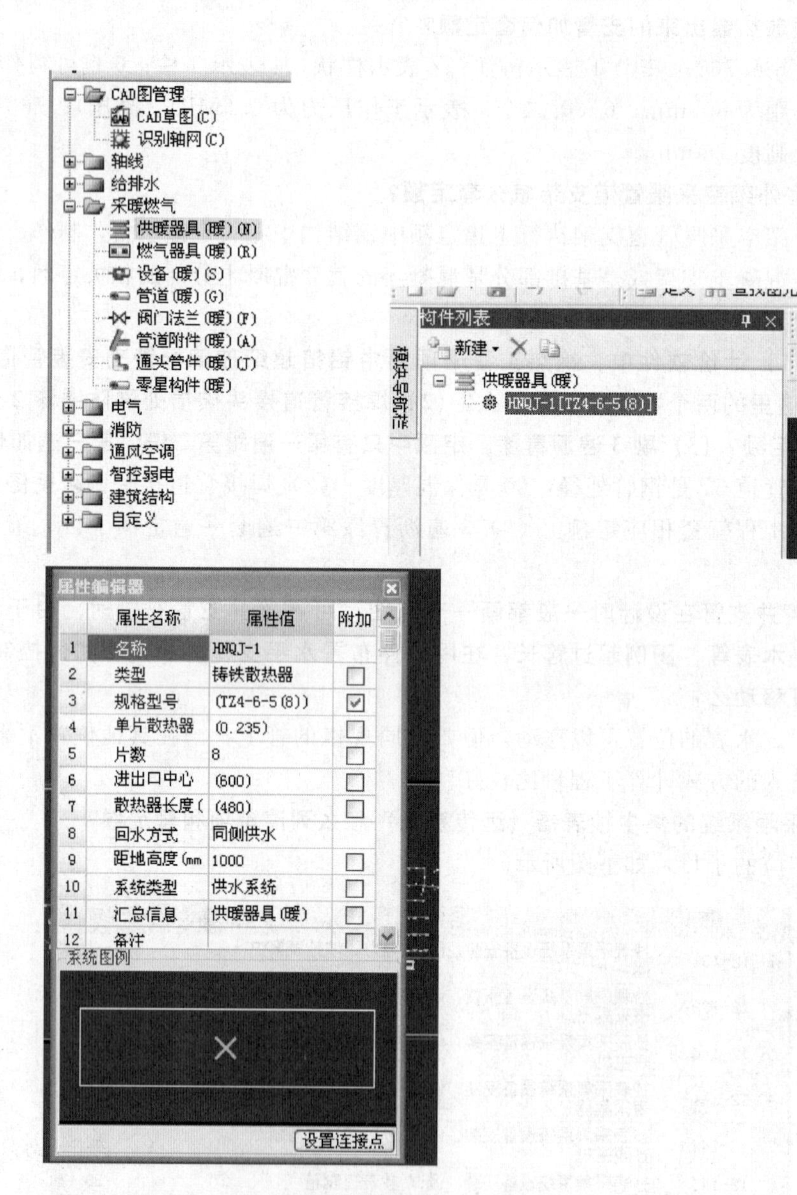

11. 问：地暖管CAD弧度在哪里设置？

答：在导航栏中选择采暖下的管道，点击工具栏的CAD操作设置下的CAD识别选项，如图所示：点“三点画弧线”即可确定弧度。

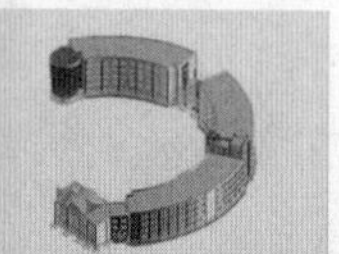

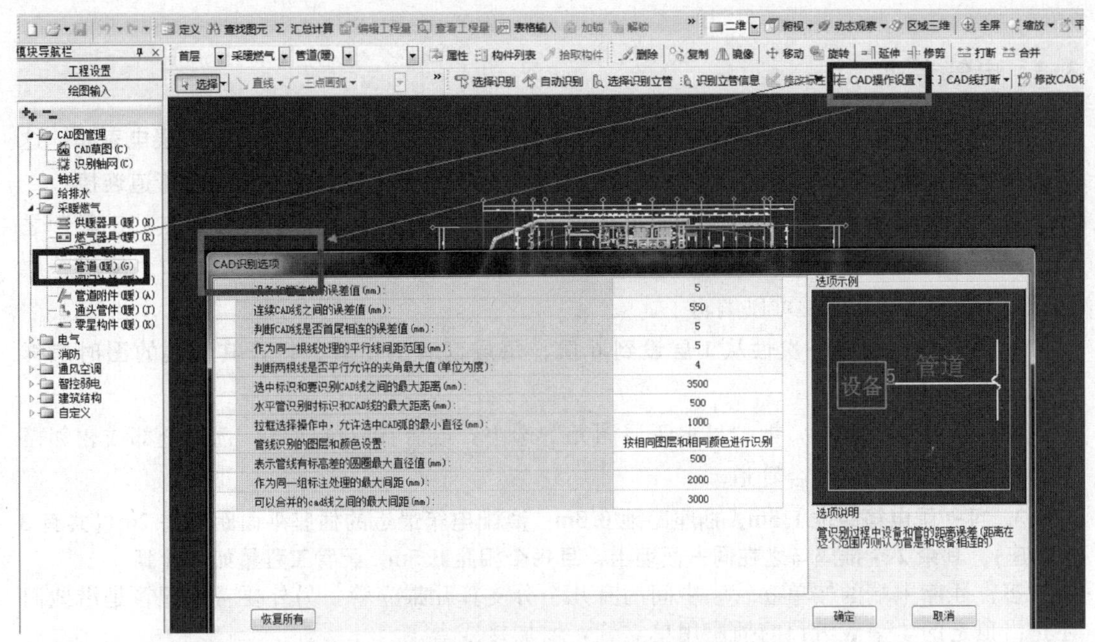

12. 问：水暖管采用无缝钢管焊接连接，外做聚氨酯发泡保温，外做玻璃钢管壳保护，北京定额套什么定额？分集水器套什么定额？通头套什么定额？

答：成品直埋保温钢管（外做聚氨酯发泡保温，外做玻璃钢管壳保护），北京定额套室外低压直埋保温钢管子目 2-47～2-56。分集水器套汽水集配器安装子目 9-108～9-123，通头是管件，需要根据管道安装的情况定，有些管件不需要套子目，有些管件需要套子目。管道套取市政定额的成品聚氨酯发泡管安装定额。

13. 问：如何正确识别给、排水及采暖立管？因为在立管上下有好多种规格的管，如 DN90/DN75/DN63/DN50/DN40；应如何分别进行管道识别？

答：在管道编辑下用布置立管功能，在同一点布置不同管径的管道，注意填写正确的起点、终点标高和管径。

14. 问：采暖立管聚氨酯保温如何计算，表层的玻璃钢保护层如何计算，并分别套用哪些类似定额？

答：在安装定额里套用相应定额子目，安装工程的计算规则里有专门的计算公式去套用计算，简单的公式就是：保温是按立方计算的等于 3.14 乘以管径乘以管长度再乘以保温厚度；玻璃钢保护层按面积计算，等于 3.14 乘以（管径＋保温厚度 * 2）再乘以管长度。

15. 问：法兰盲板和法兰垫片套哪项定额子目？

答：在安装项目中有明确的说明，盲板的安装已经包含在单片法兰的安装里面，仅需要计算盲板主材费即可，法兰垫片在安装项目中已经包含，材料不同可以调整垫片市场价。

16. 问：安装暖气需要哪些设备？套什么子目？

答：除了暖气片之外还有管道、阀门、管架等等，要看设计图纸的具体内容。

17. 问：立管两侧有散热器，如何使用散热器连管功能？

答：直接点设备连管功能，软件下面有文字提示，可以定义管线，直接画上去。

18. 问：请问暖气片识别是用图例识别还是标识识别？

答：标识识别，因为暖气片有个数字是片数。

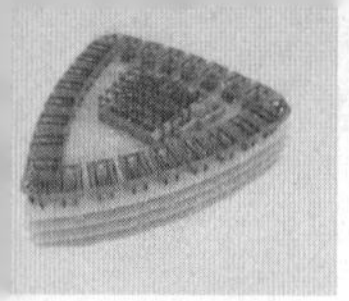

3.3 电气专业

1. 问：电表箱在1层，1至6层户内箱分别各有1根电管在同一位置到1层电表箱，这样是每层设置组合管，还是从1层直接设到6层？然后各层的电管怎样与组合管道连接？

答：组合管道从1层直接设到6层即可。各层的电管与组合管道连接，点“工具”之后出现一个“选项”，点进选项中再点一个“其他”出现“显示跨层图元”和“编辑跨层图元”，把它们勾选上就可以编辑了。

2. 问：组合管道一次性从1层设到6层，每层都有引出管，打开其他层的图时怎样才能看得到组合管？

答：在选项设置中，把“显示跨层图元”选中；或者在三维状态，选中全部或相邻楼层显示都可以看到该组合管道。

3. 问：配电箱距地1.5m，插座距地0.3m，离配电箱最近的插座平面距离是2m（共有3个插座），其余2个插座与之在同一面墙上，且每个相距0.5m，配管工程量如何计算？

答：插座末端的按单立管，中间的有几个分支算几根立管，另外要考虑配管是沿地面还是沿顶走的，一般沿顶的插座用单立管，增加接线盒。

4. 问：在电气平面图中，配电箱出线电缆先穿钢管，中间走桥架，再从桥架下来穿钢管到配电箱，如何在安装算量中设置？

答：在配电箱处设置起点是不对的，应该在桥架的前端与箱顶导管相交处设置起点才可以。选择起点时在桥架的末端的导管选择就可以设置成功，然后在弹出的窗口中点击实心圆点并点击确定即可。

5. 问：安装算量中电气配管工程怎样由顶板敷设改为地面敷设？

答：如果需要修改大部分工程，就需要重新识别。如果只修改一小部分回路，可以选中要修改的回路的水平线，然后在属性中把标高都改为层底标高，再按回车键，就会自动倒过来（注意：不能用批量改，只能按一个回路的水平管，立管不可以选）。点击批量选择—点击要修改的管—确定—点击属性，把层顶敷设改为层底敷设即可。

6. 问：CAD图中出配电箱公共部分的配管如何处理，是否利用CAD画线分别画出相应路线，有无其他方法？

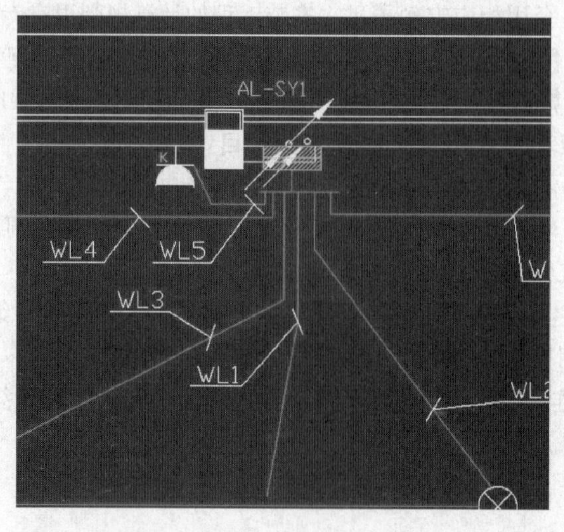

答：识别到如图所示的蓝色圈位置，切换到配电箱构件下，用配电箱连管选配电箱，然后选中其他管，右键确认即可看到效果图。

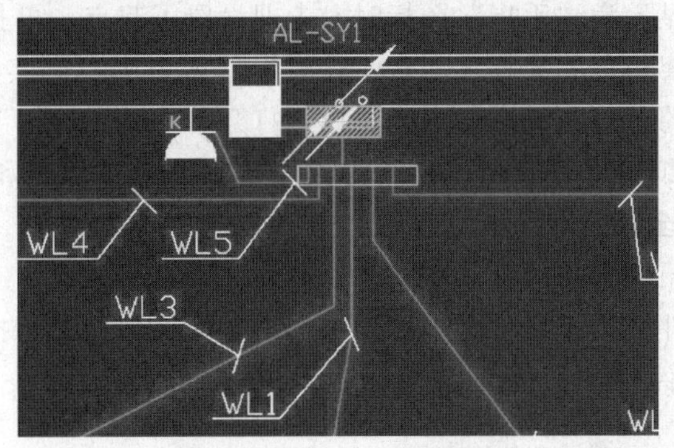

7. 问：已经识别桥架、与桥架连接的管，点管查看工程量已经显示管内穿线与桥架内穿线的工程量，如何套清单区分？桥架内的线又要如何套项？

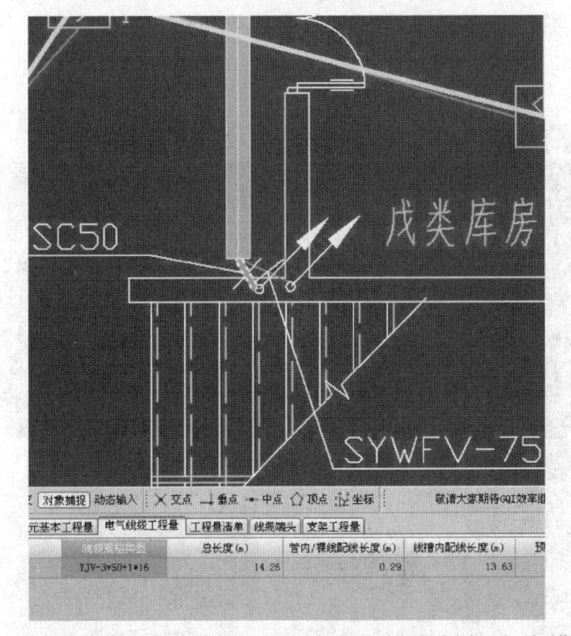

答：在报表预览—系统回路汇总表里看，管内线缆跟桥架内线缆是分别统计的。

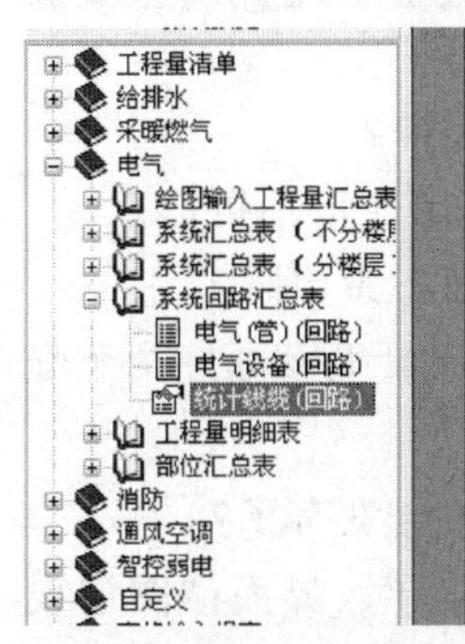

绘图输入电气线缆(回路)工程量汇总表

工程名称：桐园A座住宅楼（电气）

汇总信息	回路编号	线缆规格	水平管内/裸线长度(m)	垂直管内/裸线长度(m)	管内线缆小计(m)	桥架内长度(m)	预留长度(
− 楼层名称：第-2层 相同层数：1							
− 电缆导管(电)							
电缆导管(电)	AP1-SX1	BV-3*2.5	10.27	9.50	19.77	19.71	12
	AP7-AC	YJV-5*4	5.59	2.05	7.64	8.31	6
	AP9-QSAC	YJV-5*2.5	10.15	1.00	11.15	0.00	2
	AP--PFAC	NHYJV-5*4	16.57	2.05	18.62	0.00	2
	N1	NHYJV-5*2.5	7.50	3.50	11.00	21.45	13
控制箱XFQSAC	AP7-XFQSAC2	NHYJV-5*2.5	8.29	9.30	17.59	21.35	8
	SAT-SAC	NHYJV-5*2.5	0.71	13.10	13.81	0.00	5

8. 问：连接 2 个配电箱的管线中间有一段是在桥架里敷设，请问桥架这一段如何识别，如果用桥架配线，桥架是否需要打断？

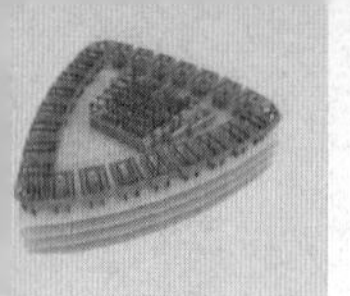

答：2个配电箱两端是导管，中间有一段是桥架，桥架这一段的导线布置即在配电箱的导管、桥架都识别或布置完成后，打开“设置起点”，将光标移动至桥架的起端即与导管的相交处，当光标显示为“手指”图标时左击即设置了起点，再打开“选择起点”在桥架的另一端选择与桥架相交的导管，右击。在弹出的窗口中点击实心圆点即选择了起点，单击确定则完成导线的布置。最后保存汇总后，打开“查看工程量”即可查到。

9. 问：导入的图纸如果有底图，导入后不显示轴线只有导线和灯具，用天正转换成T3格式，同样显示不全，无底图无轴线，为何不能定位？

答：基本应该是图纸有问题。

（1）先用天正软件打开图纸，在下面的命令栏；输入TXDC，按回车，保存起来。

（2）先用天正软件打开图纸，拉框选中图纸，在下面的命令栏；输入W，按回车保存。

（3）如果图纸有布局，可以用安装软件导入布局。

然后把保存的图纸导入软件中，导入CAD图纸的时候，会弹出一个框，平常我们都是直接打开的，现在要把下面有个“请选择窗口”，点下改成布局。

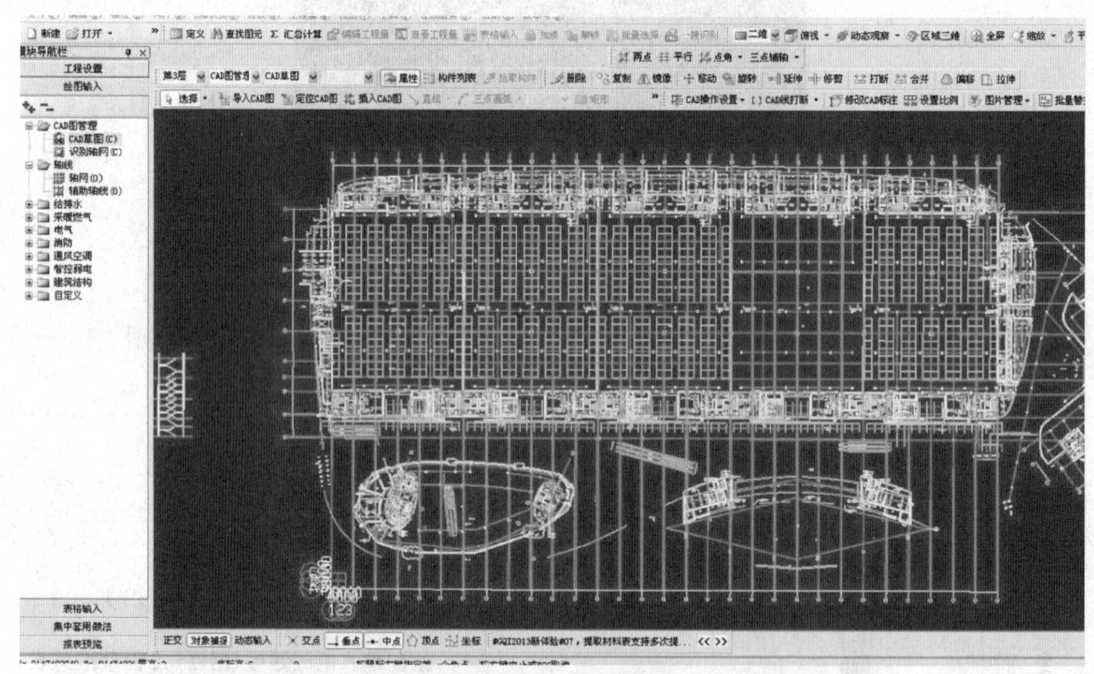

10. 问：安装算量怎样一次性地把各层同一位置的同一构件全部删掉？

答：批量删除只能在本层按F3，然后选择构件名称就可删除，跨层应该不可以。

11. 问：两个配电箱之间用桥架连接，没有套管，如何在桥架里面布置电缆？

答：（1）在电缆导管里，新建电线；（2）用桥架配线功能。安装算量里面画好两个配电箱和之间的桥架，进行电缆布置设置起点，会自动走桥架里面。

12. 问：第二次打开项目除了已识别的部分有，为何其余未识别的全没有了？

答：可能是没保存CAD图，这个需要重新导入CAD图，在CAD导入界面“图层设置”按钮中将已导入的构件显示出来，再次打开的时候会提示“是否导入未识别完的图纸”，点击是即可，如果不点击是，再次打开时就会出现同样的问题。

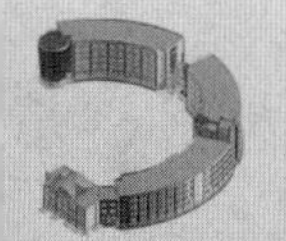

13. 问：如果屋面是坡屋面，顶层的管怎么画？

答：如果是坡屋面，顶层的管就得看是什么管了，是给水管、喷淋管还是电线管，如果是给水管就近坡屋面的低边沿墙布置；是喷淋管就用吊平安装；是电线管，就看灯具的安装高度安装，可以是吊空也可以是沿坡屋顶斜布。

14. 问：在电气开关插座的识别时，空调插座和热水器、洗衣机插座都识别一起了，还有都是空调插座，它们的标高不一样，如何区分？

答：一般不同的插座图例也会不一样的，应该不会全部被识别，可能是没有先识别带标识的插座。首先要定义好各种不同的插座填好属性，然后在识别时要先识别带标识的，后识别不带标识的，先识别复杂的后识别简单的，分别定义命名后在图层选中，右键修改图元名称即可。

15. 问：这套图纸插座回路没有标识，只有用插座回路识别，但是识别后，为何三维图好多线都连接不上？

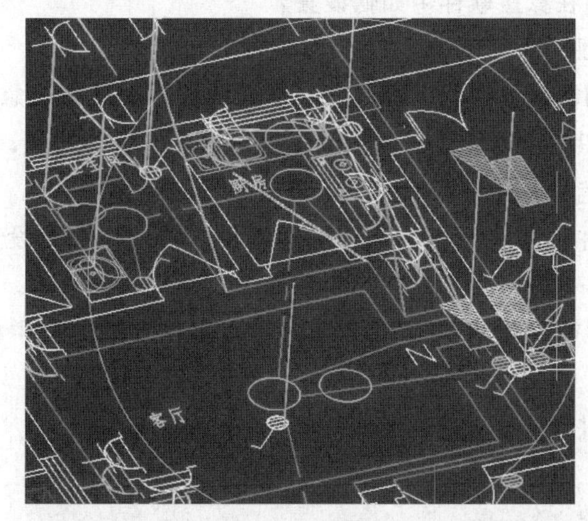

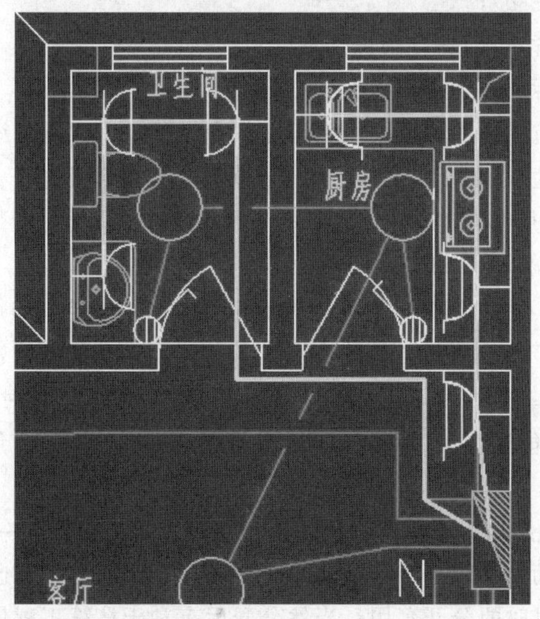

第3章 问答解惑

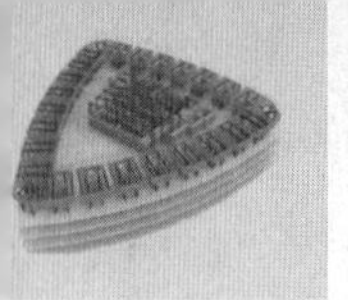

答：(1) 首先识别插座（离地高度300mm）确定；

(2) 识别管线（起点标高和终点标高必须一致，默认屋顶标高，也可以屋底标高+（ ）米）；

(3) 图纸的CAD线画不好也可能会这样（识别不到，手动画上去）。

图纸画线不准确，插座跟线定位不标准都会引起识别不正确，首先需要将插座识别并定位，然后再识别管线，结合土建中图形算量的总结来学习使用安装算量软件的CAD导图识别功能。

16. 问：在画图过程中，配电箱规格为600*500，软件计算出的预留长度为2.6m，是不是箱体半周长（1.1m）+电力电缆终端头预留长度（1.5m）？

答：正确，配电箱预留的半周长是方便配电箱内部电线的弯曲的，电缆头的1.5m是定额规定的长度，是预留给电缆头制作安装的尺寸，两个互不干扰。

17. 问：穿刺线夹在算量软件中如何设置？

答：按单构件处理。

18. 问：电气照明图纸已经导入进入安装算量软件中，其中应急照明回路显示为蓝色线，在使用回路自动识别选择管线时软件默认显示选中管线为蓝色，这样不能分清此条回路上的管线是否完全选中，能不能改变默认蓝色为其他色？

答：可以在建构件时调整颜色，工具栏—工具—构件显示里设置或在定义时选择好颜色。

19. 问：安装算量软件的操作顺序是什么？为何在安装算量中楼层一切换后就没有CAD图纸了？

答：安装算量软件的操作顺序：

(1) 新建工程；

(2) 设置楼层（建立）；

(3) 建立轴网或者导入CAD图识别轴网；

(4) 导入按楼层拆分好的CAD图纸；

(5) 按照左侧导航栏构件的顺序识别，先识别设备，再识别管线。

在首层如果没有建立轴网，其他层的CAD图纸就无法定位，只要在首层建立轴网后，其他层导入的CAD图才能准确定位，切换楼层就正常了。

20. 问：为什么要定位CAD图？

答：定位CAD图是为了整个工程的竖向进行准确连接。如各楼层的层配电箱电源线的引入，都会在下面的楼层引上来。定位之后就和实际情况完全相符（三维可以看到效果）。当在首层导入了CAD图以后，切换到二层的时候CAD图就看不到了，但切换到首层就能看见。在哪层导入就是哪层的，这和钢筋和图形软件是不一样的。

21. 问：照明系统跟动力系统是分别建两个图形还是可以画在一个图形里？

答：照明系统跟动力系统是否分别建立两个图形，主要是看自己的习惯和图纸的复杂程度，关键是套用子目时要分开套用，当然分开后有利于核算工程量。

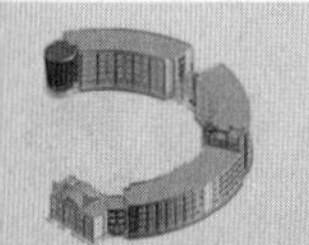

22. 问：广联达安装算量软件中的顶层标高如何设置，为什么按图纸标高要求对设备及桥架的属性进行填写高度时，却与实际的高度不一样，而识别的竖向桥架已超出水平桥架，二者并不在同一高度？

答：（1）水平桥架识别完毕后，再进行设备连管。（2）楼层设置为－5.0m括号内为－1.9m，是正确的。查看楼层的设置是否正确。

23. 问：识别过的管线，为何中间突然有一条深色带尖头的线？

答：应该是管线或管道的走向，是不是按到了快捷键Tab了，再按下就会消除。

24. 问：在报表预览中的集中套用做法，报表下为什么是空白的？

答：那个表格需要在集中套用做法里把设备的清单定额套好后才能显示出来。

25. 问：计算桥架至桥架内的配线，设置起点后，为何无法选择起点？

答：配电总箱至桥架至配电分箱之间的导线布置方法：（1）先分别布置、识别好配电箱、桥架并新建好要配置的导线。（2）打开"设置起点"在图中移动光标至配电总箱顶的立桥架，光标变为手指图标时左击，在弹出的窗口中勾选"立管"和"终点标高"项—确定，选择起点处显示"X"。再打开"管道编辑"—"桥架配线"项—在图中框选全部桥架段—右击，在弹出的窗口中勾选已经新建好的导线项—确定。最后进行保存并汇总计算，打开"查看工程量"按钮，在图中框选全部桥架段，点击下表中"图元基本工程量"和"电气导线工程量"项分别查看。

26. 问：在用软件计算时是不是都要分层导入计算？如果分层导入，比如电气想要看电气说明、系统图、材料表等，怎么办？

答：（1）软件计算是要分楼层的，优点是后期汇总时选择灵活，需要哪些层就汇总哪些层，而且在一起操作，运行速度慢。（2）系统图、材料表等可以不导入软件操作的，如果每层都想看到，都导入还费事，可以直接用CAD定位到系统图位置切换着查看。需要分层导入的，因为构件也是分层布置计算的。可以同时插入CAD图的。这样就好像导入了两张CAD图一样。

27. 问：钢结构吊顶内也敷设线管吗？敷设在哪里？

答：钢结构吊顶内需要敷设线管，同普通吊顶敷设线管一样施工，定额中已综合考虑其消耗量。

28. 问：如果把两个配电箱用桥架连接起来，在桥架里面布置线，桥架连接好了，选择桥架配线时总是提示"当前楼层没有合适的电缆电线……"，但电缆和电缆管都是新建的，为何出现这种情况？

答：查看一下，电线或电缆构件列表里，是不是只设置了新建配管，没有设置新建电缆，桥架配线需要（新建电线或新建电缆）才可以放入到桥架里，只有新建配管不行。

29. 问：同样型号、规格的配电箱图上画的方向不一样，一次只能识别同一方向的箱，余下的箱再识别一次就会造成原来已识别过箱的方向也改了过来。请问如何操作一次性识别完方向不一样的构件或第二次识别不会改变已识别构件的方向？

答：（1）一般在图纸不同位置上的配电箱，其型号、规格是不同的，如AL1、AL2、AL3/AP，AP1，/MX等等，如果有这些型号，就可以用标识识别，或自动识别。（2）不要选择图例识别，这样会把所有的配电箱都识别出来，就算方向反的也会识别出

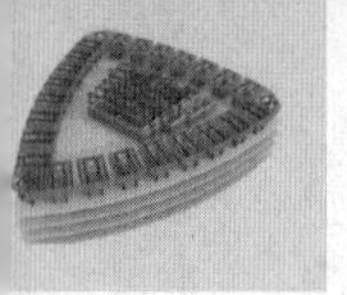

来。如果有几个不同配电箱就新建几个构件，然后一个个的对应点上去即可。

30. 问：电缆进变电所至现场厂房内的配电柜，路径先走电缆沟，后上桥架，再经过配管进配电箱，此种情况如何计算？

答：路径先走电缆沟，后上桥架，再经过配管进配电箱，这种情况分别计算工程量套用定额子目。考虑章节说明中规定的附加长度。

31. 问：选择电气回路自动识别时，线上标注着的数字是否要选上？如果线上的标注有很多种，有5根的，有3根的，是否只能选中其中一个？

答：可以用回路自动识别，把要识别的第一个回路左键选中，右键确认，会弹出回路信息框，再点击构件名称，新建构件确定即可。其他回路操作方法一样，识别好之后再去点击回路线检查是否正确，有可能在某一段线实际根线识别出来变2根或几根，可以根据实际点击属性修改。

32. 问：塑料管里穿了3根线，一根是BVR2.5，两根是BV2.5，应该如何定义构件？

答：可以在定义构件—导线规格型—输入BVR-1*2.5+2*2.0（1*2.5就是代表一根BVR2.5的工程量，+2*2.0就是代表两根是BV2.5的工程量），查看工程量或导表工程量时会看到2.5跟2.0的电线。可以试试这样分别，2.0只是代表两根是BV2.5的意思，可以改3.0～4.0什么的，不过前面的2就不要改，那是表示管里面的线根数。

33. 问：广联达安装算量软件如何导入中望CAD图？

答：操作方法如下：(1) 把图纸转化成T3格式再导入；(2) 重新生成块再导入；(3) 将图纸打断一下再导入。

34. 问：电气配管是按最短距离考虑绕过障碍计算，还是按以图示尺寸怎么画就怎么计算？设计一般只是个示意图，插座回路一般画成直角，而实际施工时按较短的距离铺管但又不是最短的距离，但清单规范的计算规则又是以按照图示尺寸，以延长米计算，如何解释？

答：配管都应该按最短距离计算，实际施工也是这样做的，设计平面图上只是表示那个回路怎么走，为了表示清楚，可以把管线画在比较空白的地方，例如插座和开关的位置，为了清楚，它不是画在墙上，而是离墙有一段距离，回路多的箱子从箱子里出只画一根，等到了能画的地方再分开，如按照图纸去量尺寸，那工程量计算是不准的。

35. 问：电气线管、暗装配电箱及给水管墙体刨槽如何设置？

答：电线管暗敷时需要刨沟，刨沟的工程量只要是在编制管道为埋墙子目后，定额就已经将其刨沟工程计算在内，无需另外计取。

36. 问：GQI2013安装算量软件是否有材料表提取功能？

答：在CAD操作设置下拉列表里有材料表识别。

37. 问：查询管线到开关的工程量，不计算到墙中，为何算量规则说算至墙中？

答：在软件里可以设置：(1) 先识别墙和灯具开关；(2) CAD操作设置；(3) 管线按照墙中心线识别即可。可以按照图纸的尺寸进行计算，计算到墙面，适当加些消耗量，具体设置到墙中不好实现。

38. 问：比例设置隐藏了，如何打开？

答：点击“视图”里面有个“显示/隐藏图标文字”，检查一下“CAD工具栏”前面是不是打勾了或者直接点击“视图”下的“恢复默认界面风格”。

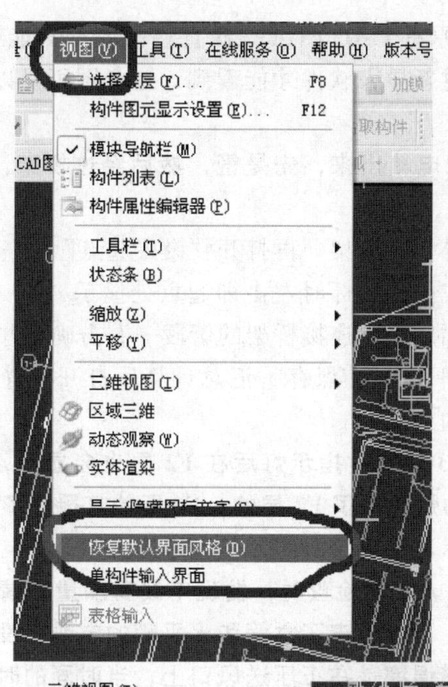

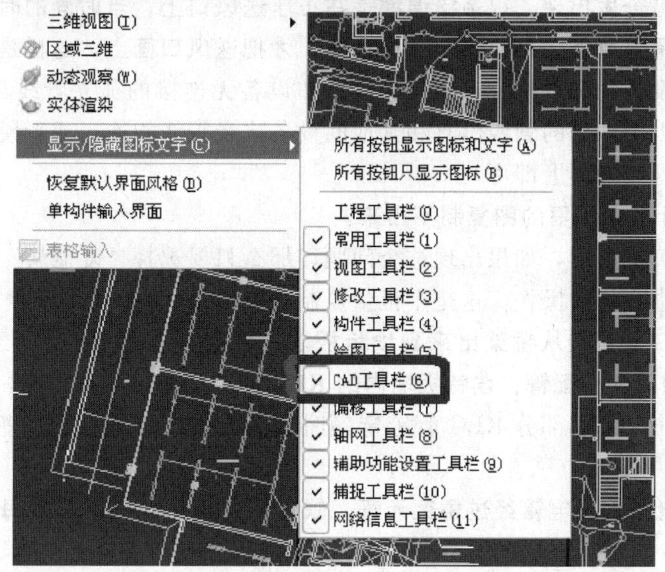

39. 问：一层有相同的六户，计算出其中一户的工程量，如何算出六户总的工程量？

答：如果采用手工计算，直接乘以6就等于6户的工程量。如果采用软件计算，可以用“楼层”—“块复制”或在块存盘和块提取功能进行快速地复制粘贴，快速计算即可。

40. 问：电气平面图照明回路电线导管在没标注电线根数时如何计算？

答：平面图没有标注，看设计说明是否有说明或者看配电箱系统图。如果都没有，按现在新规范三根线，一火一零一地，开关到灯具是开关位数加一，比如单联就是两根线，以此类推即可。

41. 问：广联达软件中，把整个图纸导入到软件中后，选中某一层的图纸，在软件菜单栏中点击“CAD识别”，点击“导出选中的CAD图”，然后保存，图纸就以GVD格式保存。但是关闭软件后，该保存的图纸为何打不开？

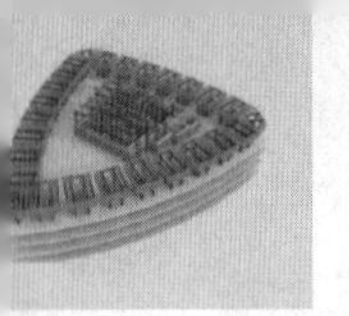

答：分层导出的图纸，不能像原有CAD图纸一样直接打开，只能被广联达软件识别，所以要找到这个导出的图纸，重新导入软件才能看到。这个图纸是以GVD格式保存的，重新导到软件里应该可以打开。

42. 问：广联达安装算量中从配电箱出来，先是管，然后经过桥架，再是管到插座，如何操作?

答：先识别好配电箱和插座、导管、桥架，再打开“设置起点”项—光标移至配电箱引出管段与桥架相交点，当光标变成手指图标时左击即起点处显示“X”—右击确定。再打开“选择起点”项—在图中选择插座引出连接桥架的管段—右击确定并弹出窗口，在窗口中左击起点即实心圆—点击确定即可完成。保存、汇总计算后打开“查看工程量”在图中选择各段即会显示其长度及导线的量。

43. 问：在用广联达软件绘制F3层疏散指示灯后在F2层也会显示，当在F2层删掉时，F3的灯也没了，是不是F3层的灯覆盖了F2层的，F4层的灯覆盖了F3层的灯?

答：工具—选项—其他—把显示和编辑跨层图元的勾选去掉。

44. 问：在用广联达软件绘图时，在量检查时，发现电线有漏量的情况，双击之后显示管线，但是不知道怎样才能消除，已经检查了立管和水平管的电线，没有发现错误，但是还是会在漏量检查里出现，很多错误都是在正压送风口上，当时画的时候正压送风口是需要附图元，就是通风管，采取加一小段管道，才把送风口画上，这样是否会漏量?

答：广联达设备的漏量检查，软件应该把和设备无连接的孤立管线都识别成漏量了。最可能的原因是因为识别的管线没有和其他的设备或者管线相连，或者说每个管线都是要相互连接的。把管线连接上即可。

45. 问：为什么布局里的图复制不出来?

答：在安装算量里面，如果出现这个问题，那么只要选择“复制块”然后选中要复制的图元，就可以进行块的操作。这是个批量复制功能键。

46. 问：KBG管直接从桥架出来到埃特板墙，桥架又在吊顶内，从桥架出来的那部分KBG管套定额时套明配管，埃特板墙内的KBG管套暗配管是否正确?

答：从桥架出来的那部分KBG管套定额时套明配管，按明装埃特板墙内的KBG管套暗配管。

47. 问：配电箱到配电箱经过桥架无管，软件如何操作，是否只能每个用桥架敷线来完成操作?

答：可以用桥架配线功能来解决。

48. 问：用标识识别提示“不能选择超过一个标识”，该如何处理?

答：这样的情况有两种方法解决：（1）可以只选择部分标识进行识别，只要能够可靠地识别出数量即可，不一定要全部选中标识；（2）可以先用CAD合并标识，然后再识别。

49. 问：目前软件中有“桥架配线”功能，但在实际软件操作过程中，这个功能是点到桥架即布线，整段的桥架布整段的线，如果在中间出现T接转弯时，也不能布置到T接处，然后转向，路径都是直来直去，如何处理?

答：（1）这种情况只能将裸线打断，将不需要的部分删掉；或者是在进行桥架配线之前就将桥架在T接处打断，然后再进行桥架配线。（2）桥架配线不是任何情况下都适用，

桥架配线主要用来解决两个问题：回字形桥架、桥架直接与两个配线箱相连（见附图），因为这两个问题用设置起点、选择起点功能无法进行配线。

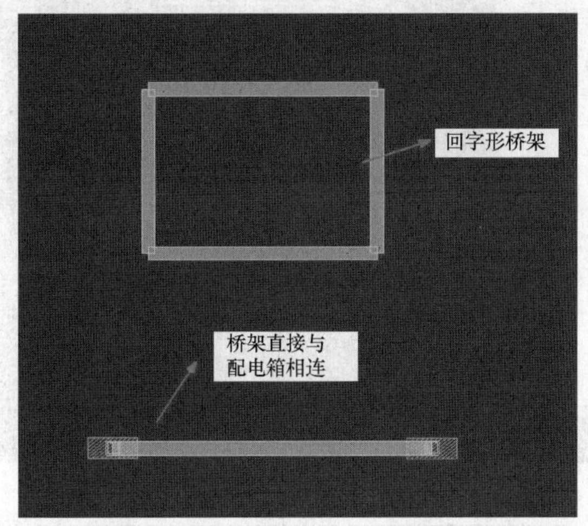

50. 问：清单计价是否可以转换成定额计价，下拉菜单导入导出里是否有转换命令？

答：转换不了，只能用定额模式建立工程，在预算书界面将清单里的定额项一一导进去，直接新建一个同名的定额计价单位工程，导入已经做好的投标形式的清单计价文件即可，软件有现成的清单转换定额的功能。

51. 问：电缆夹层中的支架、槽钢、角钢如何计算？

答：按照图纸或指定的图集计算。一般图纸会提供支架所使用的图集。如果没有说明，可以根据施工组织设计，根据具体的施工桥架及环境，按照所选用的型钢材料来计算。

52. 问：在电气图纸上有两种情况，第一种情况是，在同一个回路中，回路后端的电线与回路前端的线在灯具处的接线盒处连接，此时前端灯具处的开关处为一根立管，如图一的回路一所示；第二种情况是，在同一个回路中回路后端的电线，与回路前端的线在开关处的接线盒处连接，此时前端灯具处的开关处为2根立管，一根控制回路前端的灯，另一根接至后端的灯，如图2的回路一所示。如何解释？

答：理解为：一般只有插座会用到多根立管，开关都是单根立管，在开关的顶部可以加接线盒。

53. 问：如果图纸中设计为三层一个电表箱，并且平面图中没有显示电表箱图例，而且平面图中从电井到分户箱是统一标识但CAD线无法使用组合管道来识别，应该如何计量？

答：如果设计为三层一个电表箱，可以用布置点功能，设置配电箱的标高，在首层把各层的配电箱都布置好，再用布置立管功能，把配电箱和立管相连即可。其实这部分的工程量用手工计算也可，软件和手算相结合会更快的，把手算的数据用表格输入的方法输入到软件中即可。组合管道是用在配电箱和各个回路比较多时，用一根组合管道代替，这部分管道不会计入工程量，只会计入相应连接管道到配电箱的工程量。

54. 问：（1）在图2中，应该生成几个立管？（2）在图3中，标注出来的位置应该有几个立管？如何相连接？

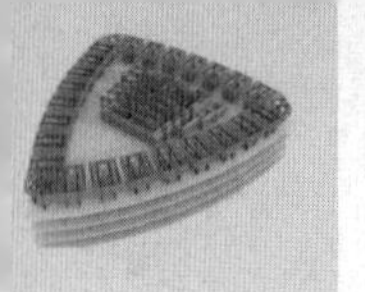

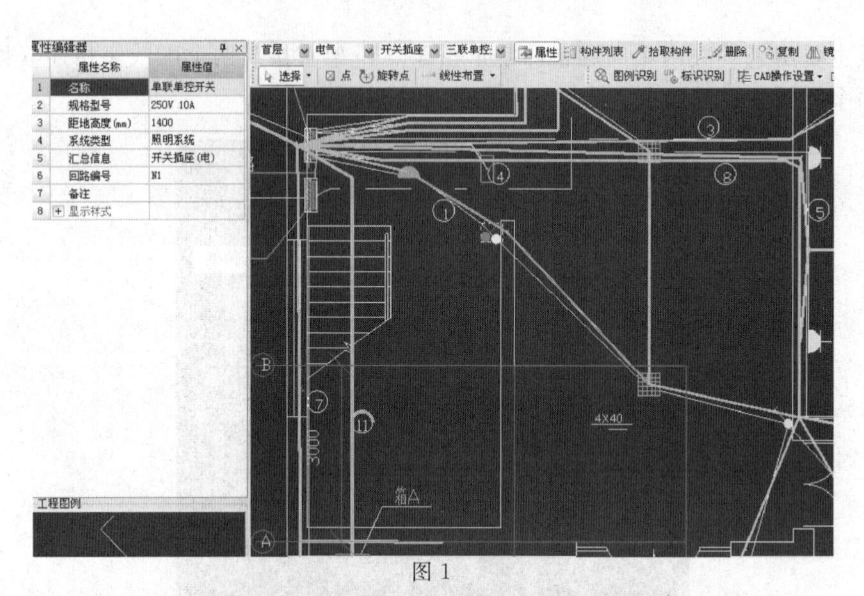
属性编辑器
属性名称
属性值
1 名称 单联单控开关
2 规格型号 250V 10A
3 距地高度(mm) 1400
4 系统类型 照明系统
5 汇总信息 开关插座(电)
6 回路编号 N1
7 备注
8 显示样式
工程图例
首层
电气
开关插座
三联单控
属性
构件列表
拾取构件
删除
复制
选择
点
旋转点
线性布置
图例识别
标识识别
CAD操作设置
4X40
3000
箱A

图 1

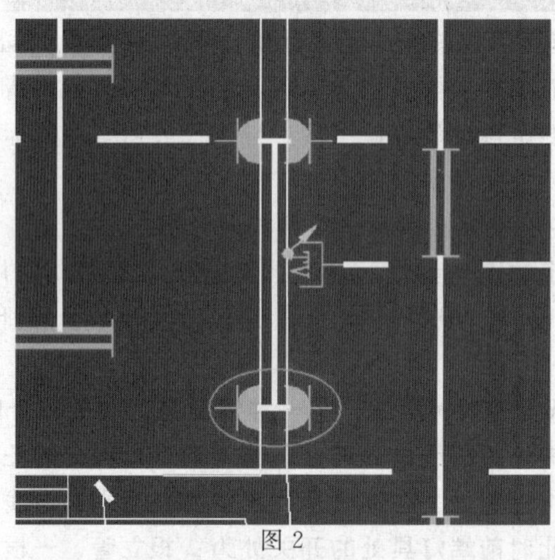

图 2

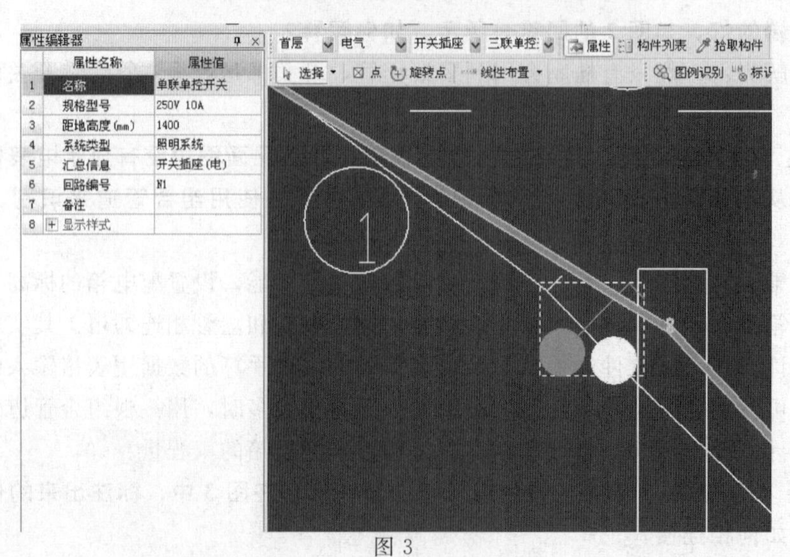
属性编辑器
属性名称
属性值
1 名称 单联单控开关
2 规格型号 250V 10A
3 距地高度(mm) 1400
4 系统类型 照明系统
5 汇总信息 开关插座(电)
6 回路编号 N1
7 备注
8 显示样式
首层
电气
开关插座
三联单控
属性
构件列表
拾取构件
选择
点
旋转点
线性布置
图例识别

图 3

答：(1) 应该是2根立管，但是需要先识别开关；(2) 应该是1根立管。

55. 问：引入建筑物的主电源进线要用两根钢管埋设，为什么只有一根电缆？

答：只有一根电缆，如果是高压引入时就一定要用两根钢管（或多根钢管），是考虑发展需要，备用引出高压至周边新建的建筑用电而增加设置的。

56. 问：如果1台配电箱分别控制几个回路，管线画在同一条线上，终点分别不在同一个点，怎样设置才能算出各回路的管线，用回路识别还是选择识别还是其他的，操作步骤是什么？

答：1台配电箱分别控制很多回路，只要是能完成电流的循环，即可成为回路。如问题所述，可以新建组合管道，把这根共用的管段，识别为组合管道，其他的照常绘制，工程量就会自动计算该管段的回路管子和配线，工程量准确。组合管道不影响工程量，只是为方便绘图设计的构件，这段管子的工程量都会自动计算。

57. 问：同一楼层的照明和动力两项工程分为两张图纸如何识别，导入到同一设置楼层中只定位一个工程的图纸？

答：可以分为照明、动力两个工程做。

58. 问：如果配电路径是配电箱—桥架—配电箱应该如何操作？如果配电路径是配电箱—桥架—电气设备如何处理？

答：电气配电路径是配电箱—桥架—配电箱就算配电箱套数、桥架的长度、配线及预留长度，电气配电路径是配电箱—桥架—电气设备就算配电箱套数、桥架的长度、配线及预留长度、设备安装等。

59. 问：一条水平桥架有两个标高，高差的这段桥架如何操作识别？

答：先不管标高变动的位置，直接按相同标高绘制，但注意在想要抬高或降低标高的位置处停顿一下，也就是让软件产生一个接头处，然后再框选想改变标高的一段桥架，在属性里直接改标高，那么它们之间的立管就会自动生成。

60. 问：识别的配电柜，为何显示不出来？

答：隐藏了的话，应该直接按P键，不要Shite+P，那样是显示配电箱名称。

61. 问：在报表预览里电气专业中没有灯具与开关插座及电箱这一栏，只有导管与设备及线缆，这样就看不到灯具、插座、开关的工程量，可是在绘图工程量中可查出来，这是为何？

答：查看报表时，设备管线两种报表，灯具和插座在设备中，在报表中翻页到其他页中查找。

62. 问：在线管中间段的插座未自动生成立管应该如何操作？

答：可以修改CAD识别选项中的设备和管之间的误差值，把它改大，就可以在回路识别时，生成这根立管。

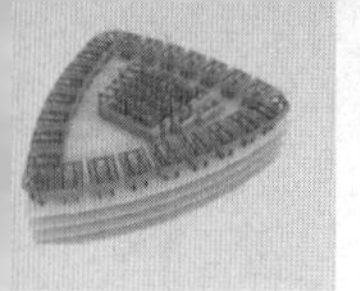

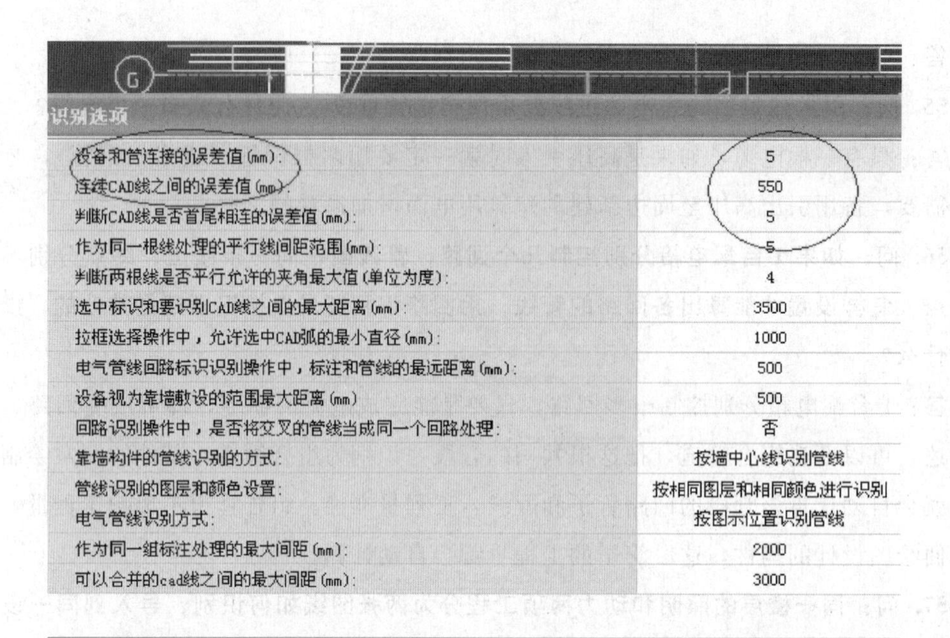

63. 问：在学习安装算量软件时，发现讲解中出现这个窗口，不管多少根线穿的都是15的管径？

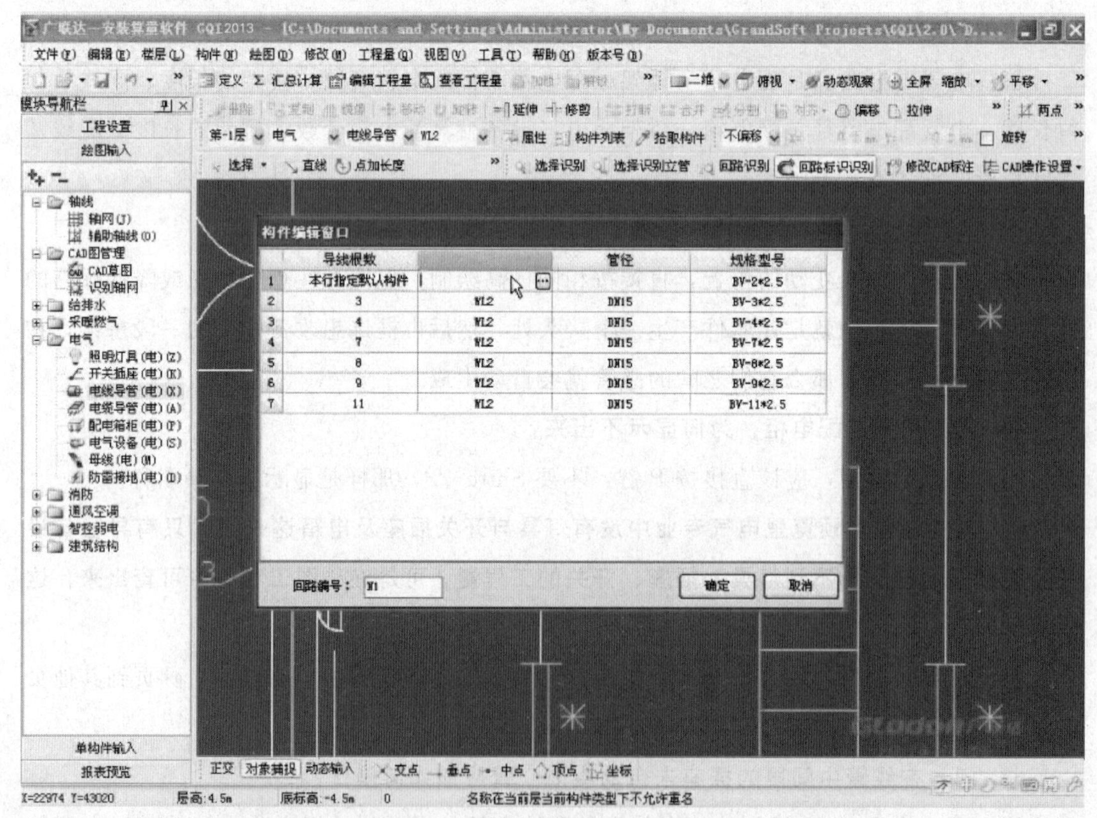

答：规范规定穿线管内应有一定的空隙，一般2～3根穿DN15的，4～5穿DN20……，详细的看图纸说明都有描述。

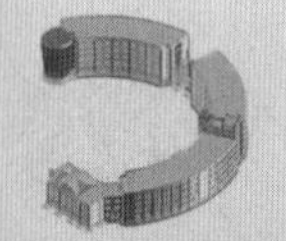

64. 问：安装算量软件中电气专业如何批量选中所有的水平管线而不能选中竖直管线？

答：在管道编辑下点击选择管，框选范围，然后在弹出的对话框选择需要选择的管道，在左下角选择水平管点击确定，点击选择按钮—批量选择，然后点击需要的管线就可选中全部需要选择的管线。

65. 问：地下室生成的竖向桥架和各楼层的水平桥架如何连接？

答：在布置竖向桥架时把位置定位准确，然后在各楼层绘制横向的桥架，在该竖向位置只要桥架相交就会自动生成管件。

66. 问：电缆沟相关的土建工程量（例如挖填土方、垫层、混凝土等）套定额时，套土建定额还是市政定额？

答：室内套土建定额，室外可以套市政定额。土建项目套用土建定额的相应子目。

67. 问：CAD 整个图纸如何导入电脑？

答：点击导航栏—CAD 草图——导入 CAD 图纸。

68. 问：（1）一个插座回路中的插座高度不一样高，如何设置才能计算出各个插座的立管？（2）绘图输入的灯具、开关、电箱等，为何多出一个（如：图上只有一个电箱，可是算出的是两个电箱）？（3）报表预览中找不到灯具、开关等设备工程量（报表预览中只有导管与设备，可灯具、开关不放在设备里面）？

答：（1）一个插座回路中的插座各标高不同，可以在识别插座后按要求分别调整各插座的标高，然后在平面布置管线时将管线延伸至插座中即可生面此段立管。（2）灯具、开关、电箱等识别后，数量都是多出一个，这是在当前的界面中有图标说明大样存在（或另一张图或在本层图中有相同的图标）造成的，可以查看后，删去即可。（3）报表预览中找不到灯具、开关等设备工程量是没有进行保存及汇总计算，重新操作就可以。注意：在打开报表预览页签前一定要先保存和汇总计算。

69. 问：在 CAD 图里有几层图纸，如何计算一层的数量，导入时是否选择 1∶1 导入？

答：先点击导入 CAD 图，等预览界面有了预览时点击确定，导入整套图纸，然后点击导出选择的 CAD 图，把每一层分拆开保存，注意保存位置，在对应楼层导入对应楼层的图纸，比例先按 1∶1 确定，在导入的图纸上用工具下的连续测量两点距离确认是不是 1∶1 的比例，如果不是再点击设置比例，按照提示操作，先导入 CAD 图纸，再分别选择每层的图纸导出另存，需要计算哪层的就导入哪层的，导入的时候软件默认是 1∶1 的，直接导入即可。

70. 问：进行插座回路识别，为什么会自动生成双立管？

答：实际施工应该是双管的，在立面实际施工是两个管。

71. 问：为什么电线导管的回路标识不能识别？

答：电线导管的回路标识，如果不能识别就手动定义后，用“直线”工具在图中按原 CAD 线画上即可。

72. 问：楼梯休闲平台，灯有高差如何设置？

答：按平台灯的所在位置的标高来识别，灯按支计算，线管可以通过管线的识别软件就会自动计算出管线的量。

73. 问：一个照明配电箱系统中既有 PC 管，也有 SC 管，但是接线盒生成 PVC 和铁质接线盒如何区分？

答：这种情况建议接线盒不要自动生成，自动生成很不好区分。可以在开关、插座、

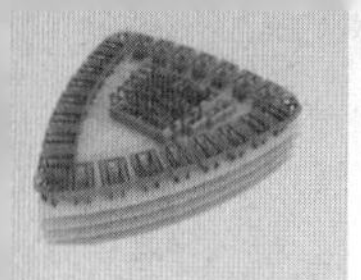

灯具等设备的做法中，套一个接线盒，然后区分好接线盒的材质。导入计价软件内，就可以看到这些接线盒，而且已经区分好。一般铁接线盒和塑料的接线盒，用的灯具不一样，可以查看一下。如果灯具相同，就只能一一布置，自动识别效率反而不高。

74. 问：识别的电线管，套上定额后为何没有工程量？

答：安装算量软件没有设置工程量的表达式或者是因为计价软件没有输入工程量。

75. 问：一个平面上下 3 根桥架，如何操作识别方便？

答：3 根桥架在同一位置，可以一根一根处理。(1) 比如先画一根 3m 的，然后修改高度为 1m。(2) 继续在原来位置画 3m 标高的，然后修改为 2m。(3) 任意在原来位置画 3m 的，这样就有 3 个不同标高的桥架了。(4) 最后把 3 根桥架自动生成的立管删除就可以了。(5) 管道复杂点，可以采取复制第一根 3m 标高桥架备用然后粘贴回来的方法。

76. 问：安装中怎么分别查看识别完的管与线的算量以及计算步骤？

答：安装算量中分别查看识别完的管与线的算量，详细计算步骤如下：

(1) 可以查看图形是否识别完，识别完的管线颜色与原图不同。(2) 从三维中看图形是否已经识别完毕。(3) 汇总。

77. 问：安装算量软件配电箱用标识识别时为何提示识别算量为 0？

答：首先查看在框选图形时是否选择了其他 CAD 线条，然后确认图例识别是只框选配电箱，标识识别是配电箱带引出标注全部框选。

78. 问：安装算量中某些层有吊顶，吊顶层和本层顶都有线管灯具，线管灯具标高不同，如何处理？

答：可以在图例识别时，定义一下构件起止点的标高即可。

79. 问：竖向桥架如何布置，如何才能和各层的水平桥架相连？因为配电室在地下室，计算时提示“桥架没有连接上”，如何处理？

答：要在显示跨层图元后面打勾，才可以在别的楼层看到竖向桥架，然后可以和各层的水平桥架连接。如果没有定位图纸还需要进行定位。

80. 问：电缆计算是按图纸设计线路计算还是按就近原则计算？

答：在做预算时电缆计算是按图纸设计线路计算。做结算时就按实际竣工图进行工程量的计算。

81. 问：如下图中 n3、n8 这两根线没有跟配电箱连接，这个线是否还要计算？

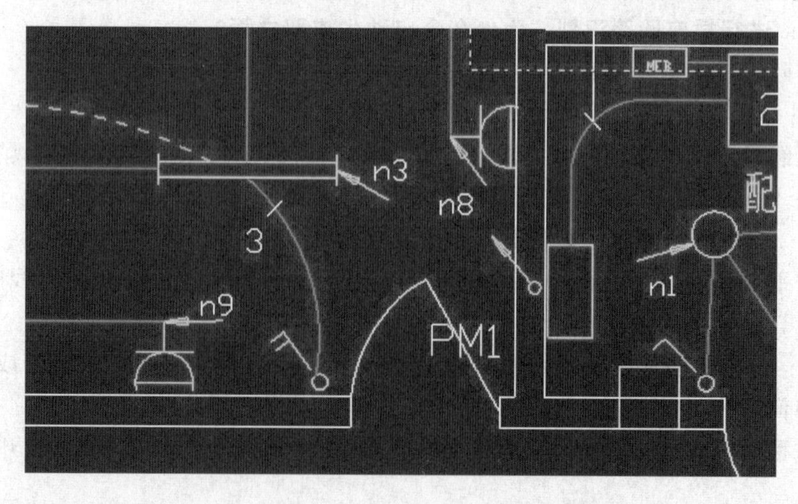

答：首先是因为距离比较远，这段的比例要调整，图纸上没有画，可以自己画上去再识别。

82. 问：图纸上安全出口灯，高度距地 2.2m，疏散指示灯高度为 0.5m，识别后动态观察连接灯具的立管，为何只有一根？

答：在开关插座位置建构件即可。

83. 问：在集中套用做法的清单中，如何添加未计价材料？

答：不能直接添加，要在导入计价软件后才能补充主材及单价。

84. 问：两个箱之间的连接立管，用立管识别功能识别出来后，查看线缆工程量只是箱里的一半周长，为何没有预留的线缆工程量？

答：根据问题的情况，有可能是在识别立管时，立管的标高没定好。必须要连接到两个配电箱才可以，另外就是立管内必须要有定义的线缆，才会有预留的工程量出现。

85. 问：在图形算量时如果灯具算错量，如何删除原来算的灯具然后重算？

答：如果要删除，一次只能删除当前层的全部或全部同类的构件，可以用“批量选择”功能，勾选“灯具”项，确定图中灯具被选中，然后删除即可。

86. 问：在计算配管时，接线箱的高度是否可以忽略？

答：计算配管时接线箱的安装高度不能忽略。

87. 问：安全出口灯上面有了别的标识，所以在识别时，标识识别也不能给出量来，提示与别的设备与图例重叠个数为 0？

答：如果不是同一图层应该先隐藏别的标识然后再识别，如果只有一个，就点画上即可。

88. 问：主电缆与支电缆之间用穿刺线夹连接，安装算量时穿刺线夹如何表示？穿刺线夹到后端配电箱的电缆如何计算？

答：新建一个电缆导管，手动连接上，设置一下标高就可以，主电缆与支电缆之间用穿刺线夹连接，安装算量时穿刺线夹的表示可以采用点选识别穿刺线夹到后端，配电箱的电缆的计算按图纸延长米计算。

89. 问：广联达安装算量软件中如何选择理想的线缆路径？在识别桥架，设置起点后进行选择起点时发现电缆走的路径不是最短的距离，路径显示的是走上边，绕过去的，如果想走下边，这样会节省电缆 8m/根，如何处理？

答：可以手工把不需要的桥架打断，桥架不连接即可。

90. 问：电梯井道检修灯，距顶部 0.5m，距底部 0.5m，中间每 6m 一盏，应如何进行识别和计算工程量？

答：先定义最下一支距地 0.5m 标高的管道井检修灯，其他灯就按照 0.5+6m 设置标高，问题中不清楚 0.5+6m 的标高在哪一层，如果是在第三层就去第三层的平面绘制，如此类推则可定义并画上整个管井内的检修灯。另外灯支的电源是从何引出，如果是从地下引出的，那就设置一立导管配线至最顶一支灯，并在每支灯的相应位置上加配一个分线盒，只要是能连接起来，软件就会自动计算管内导线的分接灯具的线的工程量，可以十分方便快捷地完成。

91. 问：井道照明灯如何算量？如何将灯布置到井道内？

答：井道照明灯在图上绘制，定义高度，这个高度对工程量几乎没有影响，井道照明灯这个回路一般是由屋面引下来的。

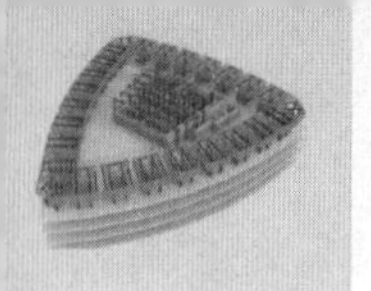

92. 问：电信专用 UPVC 实壁专用管 6F98 供应及安装应套哪个子目？

答：问题所提到的电信专用 UPVC 实壁 6F98 塑料管，应该是通信工程或者弱电工程中使用的多孔梅花管，根据统包管管径规格套电气工程定额中相对应规格的塑料管安装敷设的定额子目即可。

93. 问：如图所示的这根线是从配电箱算起还是从半路算起？

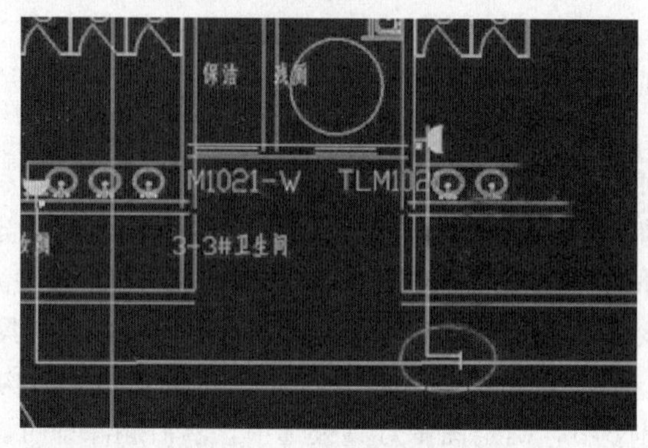

答：这二根线应该是连至左边的上边两个绿色的插座的，只是断开的那两段线没有明显显示而已，没有可以半路算起的电线。

94. 问：变电所室内明装的扁钢连接一个临时接地接线柱，如何套定额？

答：套户内接地母线定额，然后修改主材名称即可。

95. 问：做电气时描图出来的线管和 CAD 图刚做好时还是好的，第二次打开时描出来的图就跟原图偏离，如何处理？

答：首先要确认在开始做时，是否定位 CAD 图纸，必须先定位 CAD 图纸。其次就是每次打开软件，都要选择导入未识别完的 CAD 图才可以。新建一个轴网，在 CAD 图纸上找一个点，点击定位 CAD 图纸按钮即可。

96. 问：广联达安装算量软件 GQI2013，图纸只画了一条线，但需要算不同的两根管和两根线，如何处理？

答：图纸画了一条线，但需要算不同的两根管和两根线，在 GQI2013 安装算量软件中可以用“组合管道”功能处理。识别了组合管道后再用“选择起点”和“设置终点”方法分别计算出分回路的管和线。

97. 问：在不安装开关、灯具、插座的工程中，开关、灯具、插座预留线在软件中如何设置？开关、灯具、插座预留线根据现场长度在软件中如何设置？

答：算量软件中不考虑这部分预留，那部分量在定额损耗里已经包含了。如果图纸上画了开关、灯具、插座就先识别，再识别管线。在不安装开关、灯具、插座的工程中，线管的量按识别的计算，线的预留在每处一般为 5cm 的量。

98. 问：ZRBVV-4 * 2.5 套护套线定额，还是套管内穿线 4 芯以内的定额？如果套护套线定额天津 08 定额里只有 2～3 芯的，请问如何套定额？这种线是只计算一根的长度还是再乘以 4？

答：ZRBVV-4 * 2.5 套护套线定额，补充主材价格，定额是按 3 芯的考虑，如果是 4 芯不做调整，5 芯要乘以系数 1.3，六芯乘以系数 1.6。

99. 问：图中不是整体块，如何把它变成整体块，然后再用一键识别？

答：图纸刚导入软件时，是可以自动识别的，GQI2013 最早的版本会出现分楼层导

出，再导入时分解图块，不能识别，最新的 5.1.0.1168 以上的版本修改了导出图形格式，就不存在识别不了图块的情况了，可以升级后试试。

100. 问：在做电气工程时，用导入图片描图来做，怎样把照明平面图与插座平面图组合到一起？

答：用插入图片，再定位。

101. 问：在计算地下室配电所至配电箱的干线电缆时，电缆沿桥架敷设，没有配管，主干线 WDZA-YJY-3＊95＋2＊50-CT，设置好起点后，电缆连接桥架，用选择起点，为何没有反应？

答：桥架在电缆导管下建立就要在电缆导管下设置起点，如果在电线导管下建立的桥架，那么设置起点时就要在电线导管下设置。因为是电缆导管，那么选择起点就必须在电缆导管下选择，如果没有导管，那么应该用桥架布线功能，就不应该设置和选择起点，必须穿套管才可以。

102. 问：照明回路中，前段走电缆在桥架内敷设到第一盏灯，后面的灯穿导线，如何识别？

答：后面的灯支敷管穿线段可用定义导管和导线直接进行识别，前段的桥架配线用桥架识别的设置起点和选择起点的功能进行识别。

103. 问：等电位安装定额怎样取，卫生间等电位安装定额怎样取？

答：这是个大概念，需要总等电位箱、局部等电位箱，结合图纸部位分别计取，还需要考虑相应的电线、布管、圆钢、扁铁等。目前各地做法不一致，一般可以使用安装接线盒定额，如果使用成品箱体，可以借用接线箱定额。

104. 问：有些施工图中的桥架没有中心线，在导入图后如何计算工程量？

答：可以选择桥架两边识别，有些施工图中的桥架没有中心线，按照图形计取中心线即可。

105. 问：电气干线应该如何计算？

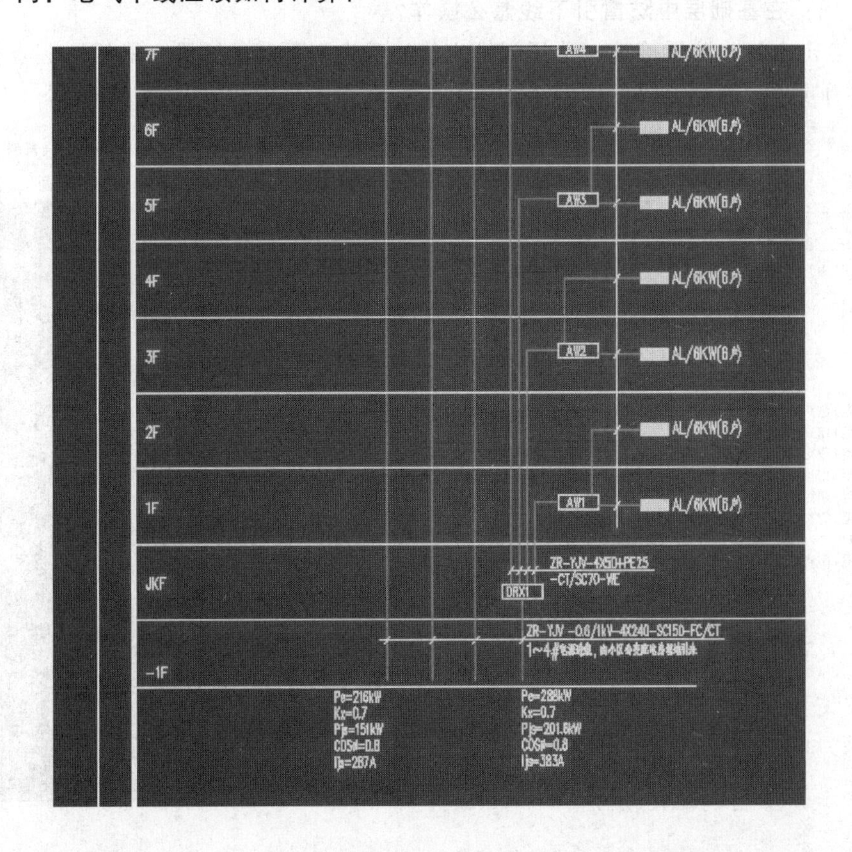

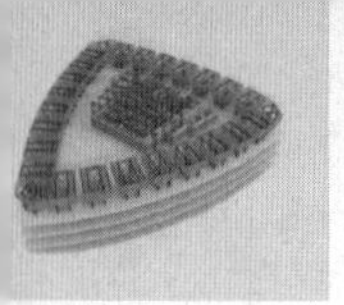

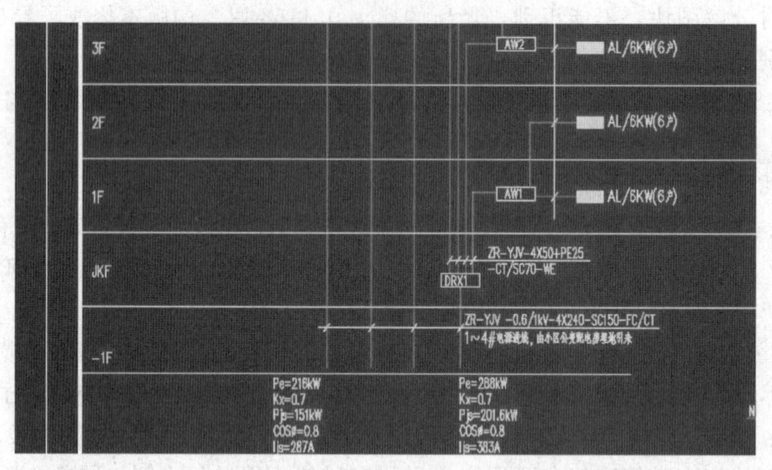

答：电气干线管可以在平面中直接定义并绘制，每一路立管按起点标高和端点标高设置并按设计配置导线，各层在做平面管线时以此立管位置中心画起即可连接入立管，一般在此处都配有分线用的接线盒或接线箱也同时画上，这样软件在计算时就会加入接线箱的导线的用量了。

106. 问：地面插座上反，如何设置？例如：插座距地高度 300mm，为什么选择识别立管后，设置完了仍然是下反？

答：管线地面敷设，应先识别好插座，识别管线是把起点和终点标高设为层底标高，软件会自动生成立管。

107. 问：在基础层中防雷引下线怎么操作？

答：点击电气—防雷接地—选择识别立管—框选引下线的圆圈—右键—起点标高为负数，一般为基础钢筋或镀锌扁钢的深度，终点标高为到屋面或女儿墙的高度。

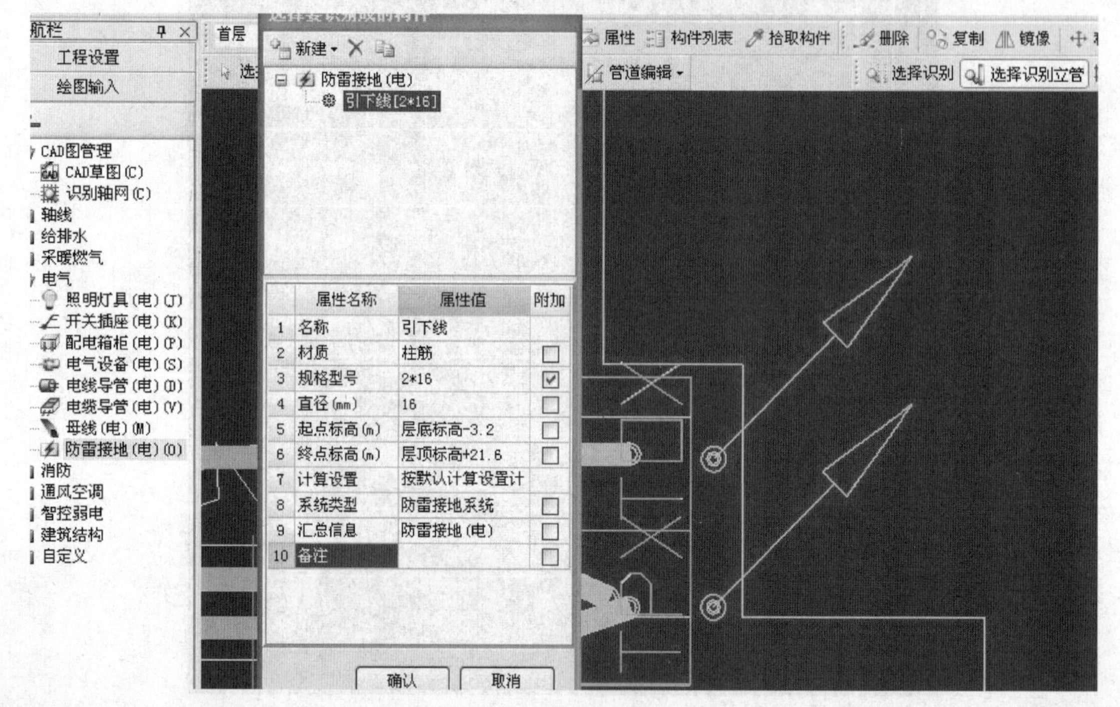

108. 问：电气算量在算如壁装灯（高度为 3m）而层高为 5m 时，且是沿顶敷设，软件就会自动生成立管，但在算立管内的电线（管内穿 3 根线）时，因为只是生成一根立管，软件只会算为 6m，但实际情况管内穿线为 12m，因为有一进一出，而且在由一个灯同时向几个灯引出电源时，就会少算很多线。如何解决？

答：在识别时先识别灯具，然后用设备连线功能就能解决这个问题。

109. 问：在广联达安装算量中工程量算完后，关了重新打开只有实体，不见原 CAD 图，如何处理？

答：再回到 CAD 导入截面，右侧有个图层显示，把前面的对勾去掉就显示了。

110. 问：给水排水用建筑标高和结构标高有无影响？

答：建筑标高和结构标高都可以。主要就是为了算立管，只要水平管和插座的标高设置正确就能自动生成立管。

111. 问：在识别完首层、标准层管线后，再打开首层识别后图纸，却发现标准层管线在首层也有显示了，汇总计算后没有这些管线的量，楼层显示也是对的，为何？

答：工具栏—其他—把显示跨层构件前面的勾去掉即可。

112. 问：安装算量软件中电线管的标高如何确定？只能是终点标高比起点标高高吗？

答：如果是立管，终点标高和起点标高不能一样。起点比终点高同样可以识别。

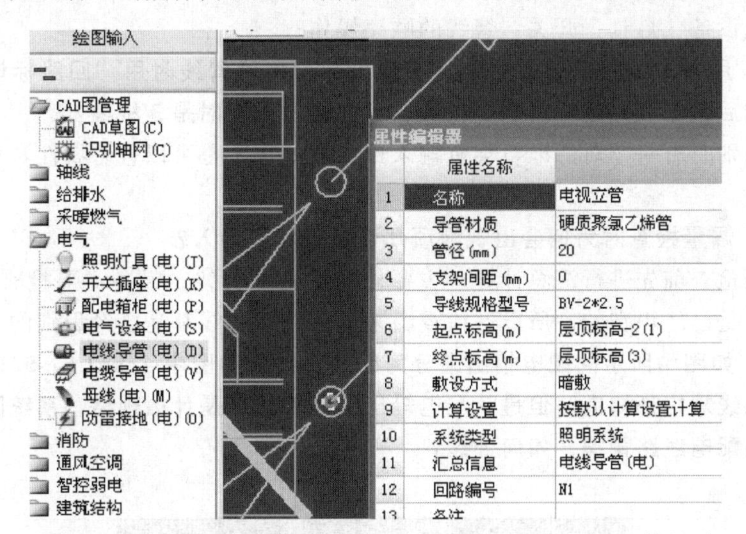

113. 问：例如第一个回路的线是 BV2 * 2.5，识别好后，如果第二个回路甚至第三、第四个回路都是这个线型，那么还需要重新建立构件吗？设置成 BV2 * 2.5-1，BV2 * 2.5-2 之类的，还是原来建立好的第一个构件上点一下就可以，如何操作？

答：属性一样的话不用重新建立，直接识别就行。如果需要对量时可以在下边的回路处标一下属性，然后再识别就行，这样如果需要按回路汇总，软件就会自动汇总的，也可以选择不分回路不分楼层，直接汇总线的工程量。

114. 问：GQI2013 安装算量软件中电气图进户的防水套管及进户的电缆保护管如何计算？

答：要在软件中把墙和楼板画完后，点自动生成套管，电缆保护管＝水平＋垂直＋1m（穿外墙多加 1m）。

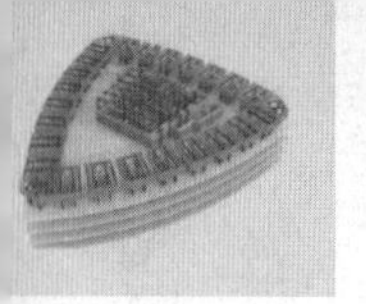

115. 问：在安装电气中，画完电线管后选择起点，发现起点选择错误就取消了起点，为何取消起点后原来的电线管变成了粉色？

答：说明设置的起点已经取消成功。

116. 问：用标识识别空调插座会把其他带有标识的插座识别，为何反而会把部分空调插座漏掉？

答：在工具栏上面的CAD操作设置里面把标识距离调小即可。

117. 问：识别管线时软件弹出“部分管线与其他线路重合不能生成计算”，如何解决？

答：修改标高后再识别即可。

118. 问：把图例和管线识别完后，点击查看工程量表，为何工程量表出不来？

答：因为还没有套项。要套项还要有工程代码，先汇总计算，然后点击查看工程量。

119. 问：算照明的工程量时，算穿管的长度，一般开关装在线路中间时，在不设接线盒的情况下，线在开关盒里并线，那么垂直通过开关的那一段钢管长度是否要算2倍的垂直距离？

答：软件中是默认图中有几个开关盒插座就会生成几根立管的，然后这个导线的根数软件会自动去算的。

120. 问：把图例管线识别完后，点击汇总，为何工程量信息表打不开？

答：按先设备、灯具、开关、管线的顺序操作。

121. 问：用GQI2013安装算量软件在电气部分中画管线时用“回路标识”识别，在汇总计算完成后，工程量查询时是2根线，为何在图上查时是3根线？

答：在识别时有一个对话框，会有输入选项。如果不是可以查看属性，将要调整的线整体选中调整。

122. 问：漏量检查时为何会出现漏项几百条管线未计入？

答：漏项检查前先进行汇总计算，主要检查设备和管线。设备主要检查没有识别的，而管线检查的是已经识别的。所以这检查出来的几百条管线都是已经识别的。

123. 问：如图中所示的配电箱出来分为好几路线，如图中4/1AL1、5/1AL1之类的，这些回路的电线规格都知道，但是从配电箱出来的那根线是什么规格，系统图上好像没表示，它写着是配电线路管群，如何处理？

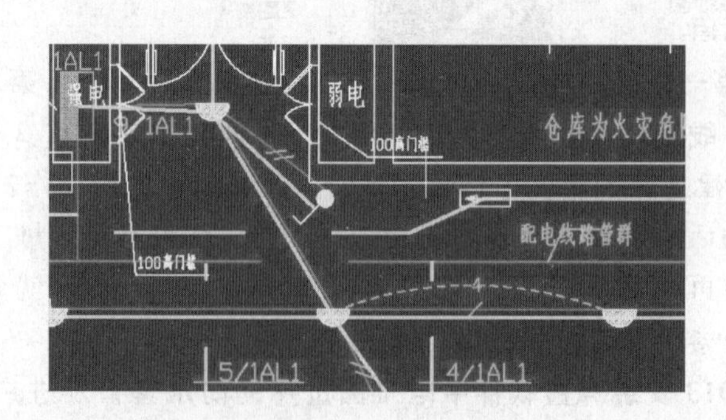

答：配电线路管群的意思是多个回路的配管，如图5/1AL-1是从管群里面分支而来，同样4/1AL-1也是从管群里面分支而来，可以利用新建组合管道识别那个管群，再利用选择起点和终点等功能来计算工程量。

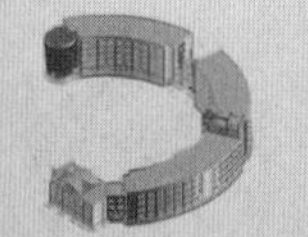

124. 问：电气导管“回路识别”能生成插座的竖向管，不能生成箱子的竖向管，箱子是识别过的，如果把箱子的管拉伸到箱子上就有立管了，为何？

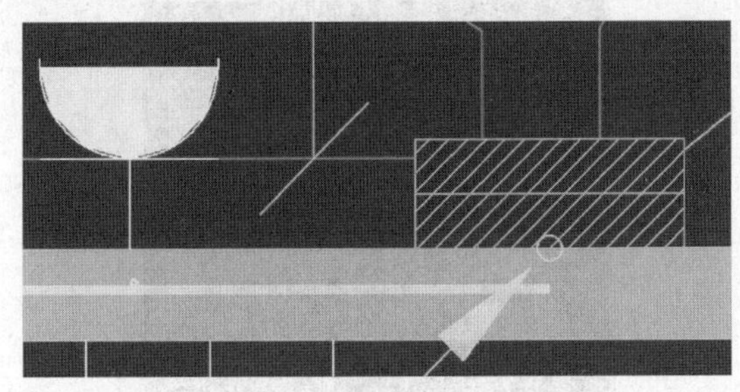

答：可以自动生成竖向管，如图所示识别箱子时要把管伸到箱子。先识别设备和灯、插座等，再识别管子。利用一键识别，就可以把所有设备识别了。

125. 问：在换楼层时，CAD 草图不见了，又要重新导入 CAD 草图，重新定位 CAD 图纸，如何处理？

答：(1) 导入 CAD 以后，在 CAD 识别里面直接切换楼层即可。(2) 提取 CAD 的构件后，点击原 CAD 图元后，再切换楼层即可。

126. 问：回路自动识别是如何操作的？

答：首先识别完灯具及开关，然后点击回路自动识别。如果是消防就识别完喷头再点击管道端自动识别。

127. 问：电线 ZBV-3x2.5＋E2.5，E2.5 为单根双色线，在计算时如何设置可以使其在汇总时单独汇总？

答：无法单独汇总，可以将该种型号单独进行分析，除以 3 即可。

128. 问：CAD 图纸打开后点击任意一根线，所有图纸上都跟着一起变化，转成 T3 格式导入到图形里还是没有任何显示，如何解决？

答：将该问题总结有以下几种情况：

(1) 没有导入图元已被锁定或冻结。

解决方法为：用 CAD 软件打开该文件，在图层下拉框中查找，发现图层的一些符号显示颜色与其他图层的不一样，表示该图层被锁定或冻结。这时就要解除图层被锁定或冻结，用鼠标点开相应符号，然后保存此文件，再重新导入到软件中即可。

(2) 此文件为利用天正软件所创建的。

解决方法为：在天正 7.0 或 7.5 以上版本中，打开此文件，运用“文件布图”－“图形导出”的命令，此时会将 dwg 文件转成 T3 的文件，该软件会自动在指定的路径中生成 _ t3.dwg 的文件，再导入 _ t3.dwg 的文件即可。

(3) CAD 文件使用了“外部参照”，也就是引用了别的 CAD 文件上的图块。

解决方法：通过 AutoCAD“插入”菜单下的“外部参照管理器”来寻找它引用了哪些 CAD 文件的图块，被引用的 CAD 文件才是真正的可以读取的文件。找到之后，选择绑定然后保存就可以识别了。

129. 问：预算定额的电气中二级科目金额，如何加到定额里？

答：在计价软件上面查询定额。

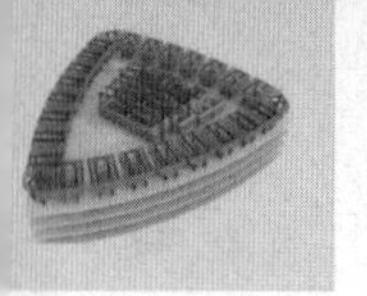

130. 问：如图所示，从配电箱引出四根的那条线如何识别？

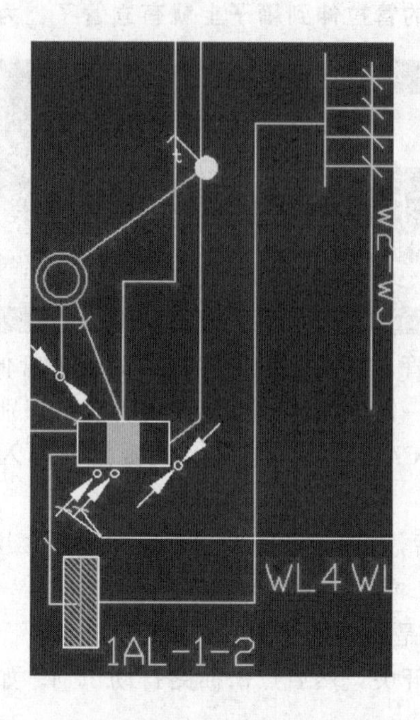

答：白色的小圆圈是立管，如果需要布置立管功能直线，就可以直接绘制直线连接到配电箱。

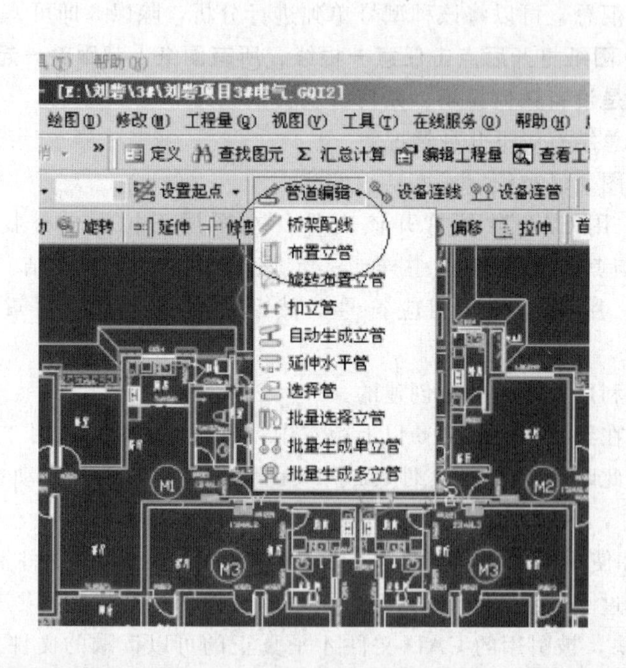

131. 问：如图所示线路怎样识别？线路中没有标识线管有多少根线。

答：根据系统图找到这个配电箱回路的穿线根数，然后用标识识别，再进行微调，也可以结合选择识别和用直线画上去。

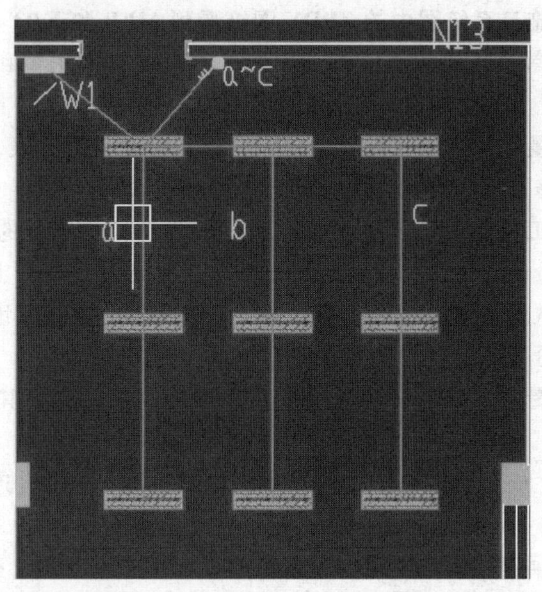

132. 问：在桥架配线里怎样操作才能准确地计算电缆的长度？

答：在“管道编辑”工具栏中选择“桥架配线”功能，然后直接选择配线的桥架，不需要选择起点。

133. 问：安装算量里例如 YJV-5 * 6 的电缆如何编辑？

答：电线导管里的线设成 YJV-5 * 6，计算出的是 5 根 YJV6 的电线。电缆导管里的线设成 YJV-5 * 6，计算出的是 1 根 YJV-5 * 6 的电缆。

134. 问：安装算量管线引上、引下如何识别？如何准确识别管线上下米数？

答：点击“识别立管”右键在属性里添加起点标高和终点标高。

135. 问：C1、C2 两插座回路在电箱边图纸上只画了一条管，怎么识别？

答：不用回路识别，就用选择识别即可。

136. 问：在设置好轴网点绘图时，为什么出现提示“请先为轴网定义正确的数据，再绘图”？

答：可能是只输入了上开间和下开间的数据，左进深和右进深数据没有填写。

137. 问：导入 CAD 图形时，如果被导的 CAD 图没有按图层画，可否识别？CAD 是不是要按规范画才能导，广联达软件对 CAD 有何要求？

答：分层绘制是可以识别的，在《GCL2008 图形算量应用及答疑解惑》一书中有 CAD 识别的问题汇总解惑，在此不再重复。

138. 问：一栋 18 层高的住宅楼，配电箱 ALE1 在 B1 层，从 ALE1 箱引出一回路至电井照明 WLE1 NH-BV-4 * 2.5-SC20-WC；再从 ALE1 箱引出另一回路至电井照明 WLE2 NH-BV-4 * 2.5-SC20-WC；当在识别电线导管时，在 ALE1 箱“设置起点”，然后至顶层连接灯的管“选择起点”。从 1 层至 18 层中每层的电井都有应急照明灯，如果连接每一层的管处都进行“选择起点”的话，那么就意味着有 19 根线、管从 ALE1 箱引出，而实际上从箱中只引出一根管和四根 NH-BV-2.5 的线，此种情况如何处理？

答：风电井里的管、线建议手动布置上去，如果有平面系统图，也可以直接识别系统图，但要注意系统图的比例。

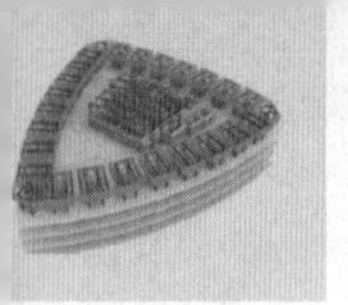

139. 问：在电气施工系统图中的 ZPDX 图纸看到 MEB 和 KBT 应该如何计价计算？

答：MEB 是个总等电位箱，里面有一块端子板，要套端子箱和端子板定额，接地线套户内接地母线定额。

140. 问：安装算量软件中电气配管的起点、终点标高设置错误，如何快速修改？

答：一般用批量修改或查找构件图元功能来修改标高。

141. 问：一般做工程地下室和地上高层部分是分别计价取费的，地下室照明部分很清晰是属于地下室部分的，地下室有线管、桥架、电缆部分是通到上面高层的，也就是说高层有些电气照明是从地下室出线的，那在地下室的那部分是算在地下室还是地上？

答：算法是需要分开算的，一般是按照首层地面为分界线。

142. 问：安装算量中，配电箱与桥架未自动生成引下桥架，其他都成功生成，只有一个未生成，为什么？

答：如果未自动生成，可能是图纸的线条或者图层不一致没有连接到配电箱，可以采用手工绘图完成。

143. 问：识别完插座后识别配管，为何造成插座有的有立管，有的没有？

答：可能是 CAD 线有断点，手工补画即可。一般这种情况是先识别的管线，后识别的插座，如果先识别插座后识别管线，立面的导管会自动生成。

144. 问：为何管上翻，做完后就成了下翻了？

答：在用回路识别或者回路自动识别水平管时，默认水平管的标高是层顶标高，需要修改成“层底标高”。如果识别完了，也是可以修改的。

145. 问：怎样定位 CAD 图的交点，这个交点的位置有何特殊的要求吗？

答：CAD 图纸定位交点没有特殊要求，一般选择轴线交点即可，比如 A/1 轴线。然后每一次定位图纸时选中该轴线交点对应即可。

146. 问：如果电缆是通过桥架再通过电缆沟与配电箱连接，电缆工程量如何计算？比如二层电箱电源是通过跨层桥架再通过地下室电缆沟与地下室配电柜相连，电缆工程量怎么计算？

答：直接绘制电缆，桥架部分用桥架配线即可。

147. 问：电气安装怎样正确计算管线？

答：电气管线的计算一般是按照设计图纸的设计线路延米长度计算的，但当线路过设备基础时是不能直接穿越的，就需要就近计算绕行。另外明配管线时的柱或者梁也应该是需要计算绕行的。在没有设备基础或者其他基坑时的管线暗配时的计算原则，则是尽量就近直线计算及敷设。

148. 问：A3 图上有一层平面的动力图和照明图，需要分开导图吗？

答：导入一次即可。可以先做一个轴网然后把两幅图都有的一个公共点放到轴网角点上，然后先识别动力图，再直接用定位 CAD 功能把照明图定位过来识别。

149. 问：WE 沿墙面敷设，它的敷设高度以什么为基准？

答：CE 按顶板标高走；WE 正常在楼板底下 10～20cm 之间，在底板 10～20cm 之间。

150. 问：灯具、开关识别后，识别管线时，为何管线与开关连接的位置不在墙中心线？

答：在定义这些开关插座时需要设置图例的连接点。

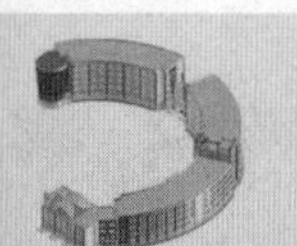

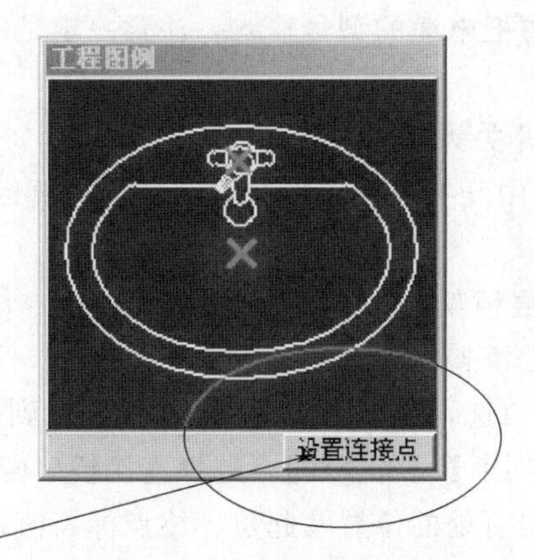

151. 问：用安装算量软件导入图形后，为何看起来整个图形是乱的，放大后又没有这种情况了？

答：需要按比例进行导入，注意不要锁定图层。在有标注尺寸的地方查看标注尺寸，在工具下测量两点之间的距离，二者可能不符，记住这两个数据，重新导入图纸，在比例中分别输入前者∶后者。

152. 问：在识别线管时，会相应地识别出管里面穿线的根数及截面，为何在定义项目里套定额时，管子有计算代码，而线却没有，穿线如何套定额？

答：代码 CD 就是包含预留长度的线的长度，只需要选择这个 CD 的代码即可。

153. 问：从二楼的配电箱到一楼的接线箱有 12 根配管，但接线箱看不到，该如何连接？

答：平面图上都不显示的话，水平距离按最短距离量尺寸，沿板敷设，竖直的沿墙敷设。12 根配电箱就是 12 根管单独走线。

154. 问：电缆头是怎样统计的？

答：电缆如果连接到了配电箱就会自动计算电缆头，如果没有连接到配电箱则需要自己数一下，注意线缆的规格，可以在配电箱系统图上查一下电缆头的个数和规格也是比较快的。

155. 问：如果第二层计量图元选定在第一层了，如何改动或移动到第一层，而不使用"删除"功能？

答：在第二层楼层选项下用块存盘把需要的构件图元一起选定保存，然后在第一层楼层选项下用块提取功能把刚存的块提取进来就可以了，或是在第一层楼层选项下—从其他楼层复制构件图元—选定要复制的构件，然后选择楼层复制就可以了。如果不想删除第二层的，那就留着，要删除的话，选定删除即可。

156. 问：为什么看不到电线的计算式，只看到配管的计算式？

答：因为电线需要自己设置根数，配管自动默认是单根。

157. 问：当配电箱与配电箱连接时，其相连的电缆就不能识别了，只能用桥架布线，并且要把桥架打断，如果是井道内往上引的话，立式桥架要分多次布置才行，而且跨层编辑不方便，如何解决？

答：可以在桥架连接配电箱的标高处画一根二三厘米的管道，然后选择起点会很快。如果配电箱与配电箱是用电缆连接时，可以使用电缆管里边构件相应的电缆管将其连接即

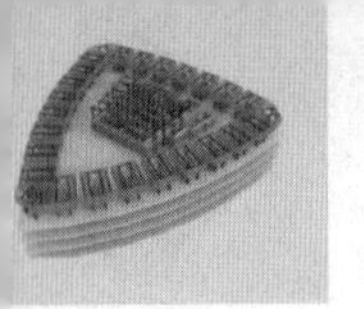

可。可以在桥架的属性里边把电缆的型号输入，注意一定是单根输入才行，不然工程量会加倍。

158. 问：识别开关时开关为何不变色？

答：有可能CAD图纸中开关插座原本就是黄色，想要区分开来的话，自己另外设置开关插座构件的颜色即可。

159. 问：如何生成跨层桥架？

答：方法一：如果跨层桥架的两端均有设备与它相连，可以先使用【选择楼层】，将跨层桥架两端所处的楼层勾选，例如桥架是从-2层跨越到了首层，即勾选-2层和首层（见附图）。动态观察下，使用【设备连线】，选择连接桥架两端的设备，执行命令即可。

方法二：明确跨层桥架所处的位置及起点、终点标高值，直接利用【管道编辑】下的【布置立管】即可，见附图。

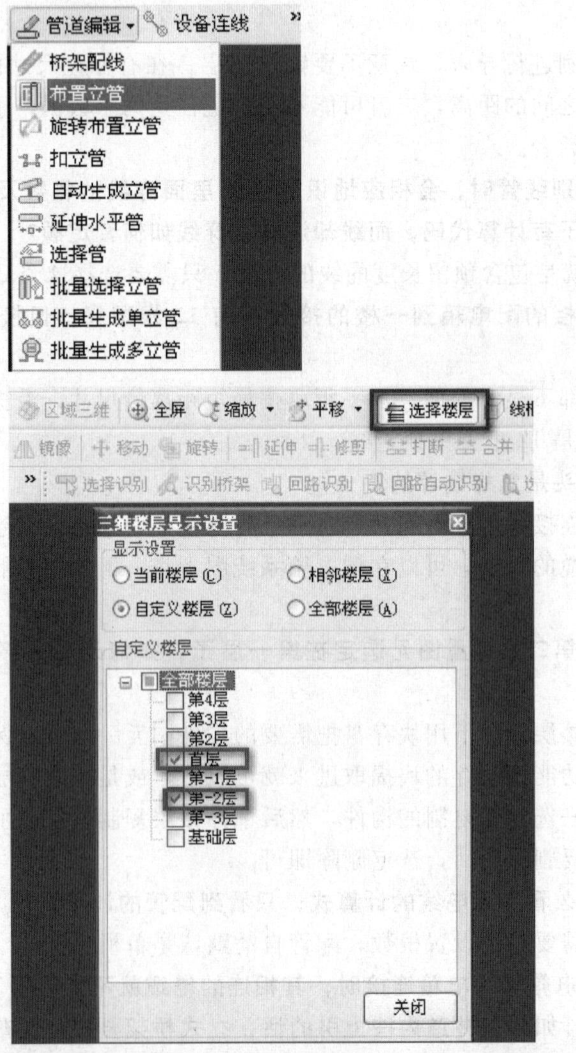

160. 问：点自动识别回路后，点回路里的一条线后只能识别这一条选择的线，该怎样处理？

答：自动识别不行可以改手动修改，可能是定义属性存在问题，或者是绘图的问题。

161. 问：安装算量工程里有项目特征列，为何导到计价里是空的？

答：安装算量里边输入的项目特征是不能直接导入到计价中去的，需要先导出为 Excel 表，然后再由 Excel 表格导入到计价软件中。

162. 问：计算完电气管道，用漏量识别后，出来 N 多已经画好的管，该如何处理？

答：漏量检查会对线式或者点式构件给出提示，线式构件的话只要构件的起点或者端点与其他线式构件或者点式构件连接上就不会提示，点式构件的话，只要图例的上方或者下方没有构件，就会将此图例提示漏量。

163. 问：在标识识别中识别的设备数量存在部分图例因为和别的设备重叠而未识别出来，该如何处理？

答：这主要是图层的问题，只要把没有识别的构件重新识别一次就可以了，不影响最后的工程量，别漏掉未识别的构件即可。

164. 问：下图是一个回路，识别时是按一个回路识别的，为何灯与灯之间不能相连而是接地？

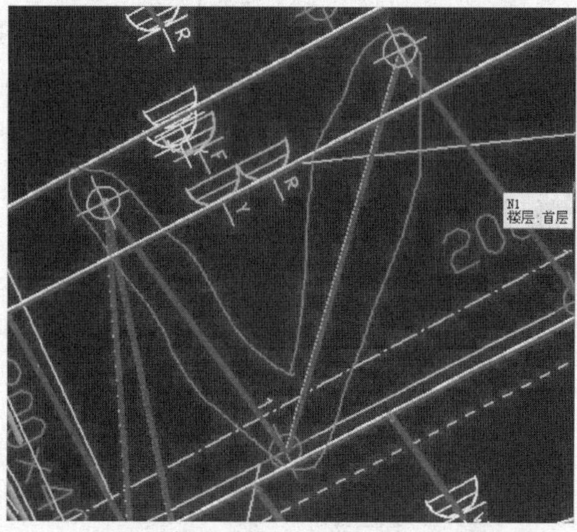

答：管的标高设置不对，低点为层底标高，改为层顶标高即可。

165. 问：安装算量软件中，地下室多个区域标高不一样，如何解决识别问题？

答：分区进行识别，设置上标高，这样三维显示才是逼真的。

166. 问：1W1、1W2 连接到同一根 CAD 线，该怎样绘制？

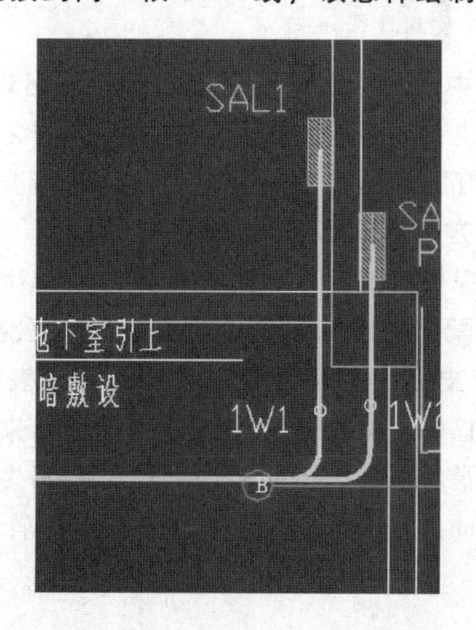

答：可以定义电线管的时候定义不同标高（差距越小越好），然后手动画上一条线即可。

167. 问：在识别配电箱后面回路时有几次跳出来的配电箱是没有识别过的，为什么？

答：识别配电箱回路时，软件会自动识别回路上的标识和符号，而这就是导致识别失误的原因，建议识别时，看一下回路编号，及时更改过来，以免核对时出错。

168. 问：桥架CAD图线尺寸和标识尺寸不一样导致管线总是布置得不准确，如何处理？

答：先设置比例，选择起点首先要设置起点；设置起点要桥架才能设置起点；选择起点是选择桥架出来的第一根管才可以，然后在三维中看管是否和桥架连接。

169. 问：从电表箱到分层配电箱采用桥架连接，内敷设导线，而不是电缆，在图形算量中如何识别？

答：桥架配线的功能，是既能配电线（按几根算），也能配电缆（按一根算）。不是识别出来的，桥架里面不可能画线。是建好电线构件，采用桥架配线的功能，配置进去的。

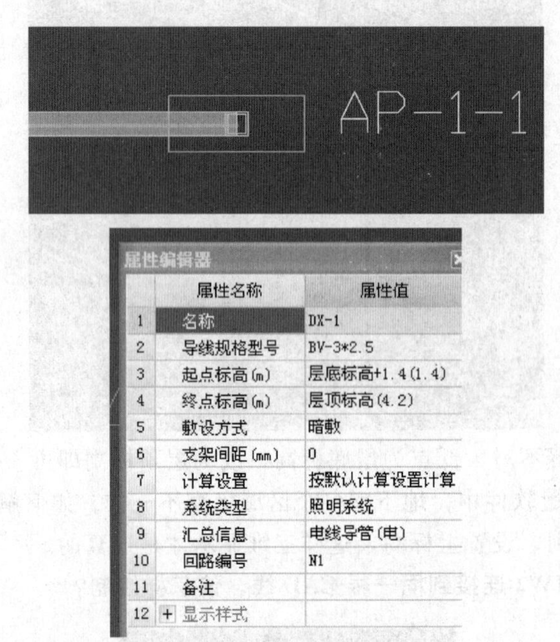

170. 问：电气安装算量中线管标识识别后按右键确认出现的表格，如何理解？

答：识别管线之前将管线系统图看明白，定义构件时与之对应。比如线管材质、管内穿线的材质、规格、根数。有默认的情况还有超出默认的情况，都要定义一下。

171. 问：桥架拐弯的地方为何显示不出来？

答：这个问题不影响工程量的计算，提了多次也没有解决，桥架要自己布置。

172. 问：设计人员将从配电箱出来的5个回路用一根公共管线表示（包括与配电箱相连的5个回路的立管），分支后3个回路用一根公共管线表示，再分支后2个回路用一根公共管线表示，在软件里怎样才能将这些管线分别识别出来？

答：软件有组合管道功能，组合管道的用法和桥架差不多，用组合管道功能就能够解决上述问题。在组合管引出时，3根管的话就要画出和组合管相连的3根管，注意一定要设置和选择好起点。

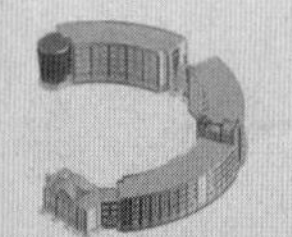

173. 问：电线导管跨层与配电箱连接，比如一楼的电线导管要与二楼的配电箱连接，如何操作？

答：可以用布置立管功能，调整标高，先点击工具，点选项，点击其他，勾选显示跨层图元，和编辑跨层图元，这样布置的跨层管就能看见了。

174. 问：在算量软件中导入 CAD 图，全部图纸导进来后，是否在拆分图纸前对灯具等构件作一键识别？

答：一键识别前提是识别的图元是块图元，如果在 GQI 中分拆导出后再导入，软件会分拆 CAD 块图元，所以一键识别就不能用，但不是分层拆开导入后再识别，那么识别管线时又不能自动生成和设备连接的立管，所以必须分层导入后识别，可以用 CAD 软件把图纸分层拆开导入到软件中，一键识别先识别材料表，然后再使用一键识别时软件会自动对应设备属性，不正确的进行修改，不要的图块可以删除，确定无误后点击确定。

175. 问：为何没法进行标识识别？

答：先选 CAD 线，再选小斜线，再选数字，按右键，按提示操作。

176. 问：识别电气中导线时，为何同一根导线之间间断距离较大识别不了？

答：工具栏－绘图－CAD 操作设置－CAD 选项识别，把连续 CAD 线之间的误差值、判断 CAD 线是否首尾相连的误差值调整到比草图中的间断间距更大的值。具体情况可参照下图右边的图示示例。

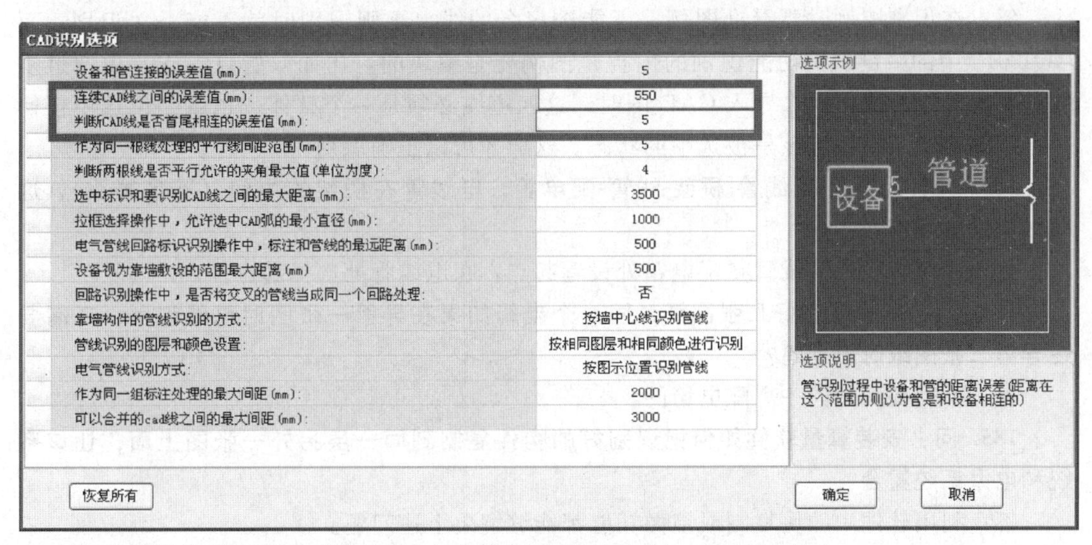

【CAD 操作设置】在绘图区域上方有更快捷的按钮。如下图所示。

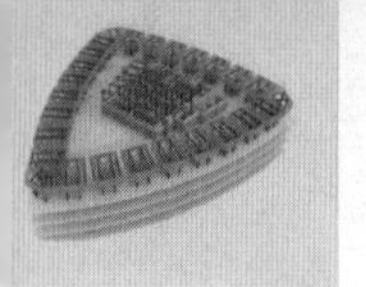

177. 问：安装算量软件识别CAD图时，用不用分割图纸？

答：安装算量软件识别CAD图时，是要分割图纸，只保留需要识别的部分导入到图形中即可。

178. 问：识别灯具时，提示部分图例因为和别的设备重叠未识别，如何处理？

答：自行补画上去即可。

179. 问：是否同一层电箱之间的桥架不用设置起点、选择起点，只要把桥架识别，相应的工程量就计算出来了？

答：电箱之间的桥架在没有电管的情况下不用设置起点，也无法选择起点。需要采用《桥架配线》的功能解决：（1）识别桥架；（2）建立线缆构件；（3）采用桥架配线功能，选择电线（或电缆）的构件，配入后相应的线缆工程量就出来了。

180. 问：导入图纸，计算时发现图纸上金属线槽（250*100）表示为一条线，该如何用软件进行识别？

答：选用选择识别即可。

181. 问：同一层电箱之间间电缆走桥架如何算出工程量？

答：要用设置起点和选择起点的功能，在配电箱那边出来的桥架处设置起点，然后在桥架出来的第一根导管处选择起点就可以算出桥架配线了。

182. 问：识别同一种灯具时可否像广联达安装算量GQI2011一样一次识别？

答：在识别图例时要看准图例，不能选多余的线，否则识别时就不能一次识别。而GQI2013中的一键识别功能识别的前提是图例要是整块的，比如双管灯，它是由两道横线和两道竖线组成，那么导入CAD图时，这四道线必须是一个整体，也就是说选中任何一道线其他三道线也应该是被选中的状态。这样才可以正确识别。

183. 问：配电箱-电线管-桥架-线管-配电箱，电线管在桥架的中间（不是端头），这时如何设置起点？

答：用组合管代替线管在配电箱处设置起点，在电线管处选择起点。

184. 问：同一层有好几张图纸，同一个电箱如果在导第一张图时已经识别，还需要在导第二张图纸时识别吗？

答：不需要识别同一个配电箱的。

185. 问：安装算量软件如何把识别好的构件复制到同一层另外一张图上面，让该系统和电力系统重合？

答：利用软件中的块复制或镜像功能都能够解决上述问题。

186. 问：安装算量软件有快速复制功能和镜像功能吗？

答：有的。但用的时候应该小心，因为有的构件很可能是一个而被分成两个了，复制功能与镜像功能相似，操作方法是一样的，只不过最后产生的效果不一样，复制是相同水平面的，镜像是相反的效果；先选择需要复制或镜像的构件，然后点击右键，复制或镜像，再确定需要复制的定点位置，最后点击一下鼠标左键即可。

187. 问：能不能把管道敷设的线和线槽里的线分开来，两者是套不同的定额吗？

答：两者是套不同的定额，在报表预览线缆界面里查阅一下就知道了，线槽部分配线的量单独有一个列，看懂这张表问题就解决了。

188. 问：应急照明灯具有时在距地0.5m及门上0.2m处，这时的立管应该引入几根

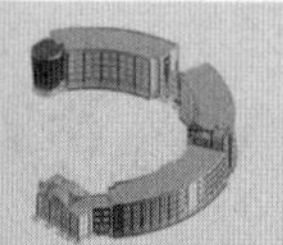

就有几根，但软件中不能自动生成，只能复制，请问有其他办法解决吗？

答：一般把应急灯建立在插座下，因为应急灯的布线和插座一样，会有几根水平管就生成几根立管，前提是先识别了应急灯，再识别管线。

189. 问：电缆沟、挖填土、垫层、电缆井砌筑套土建还是市政？电缆沟挖填有单独子目，但是里面的垫层、枕套制安和电缆井砌筑，应该借哪本定额啊？

答：在广西定额中，这个应该属于市政工程的范围，至于垫层和电缆井，在市政 D.5（在此说的是广西的市政定额）中有井类设备基础等，其下面有定型井和非定型井，具体要看井是不是采用标准图集，如果是标准图集就用定型的，如果不是就用非定型的，那就是按各个部位的做法算出工程量再套用非定型井里的子目，最好先看看定额的说明部分。

190. 问：如何对图中这三个回路完成识别？

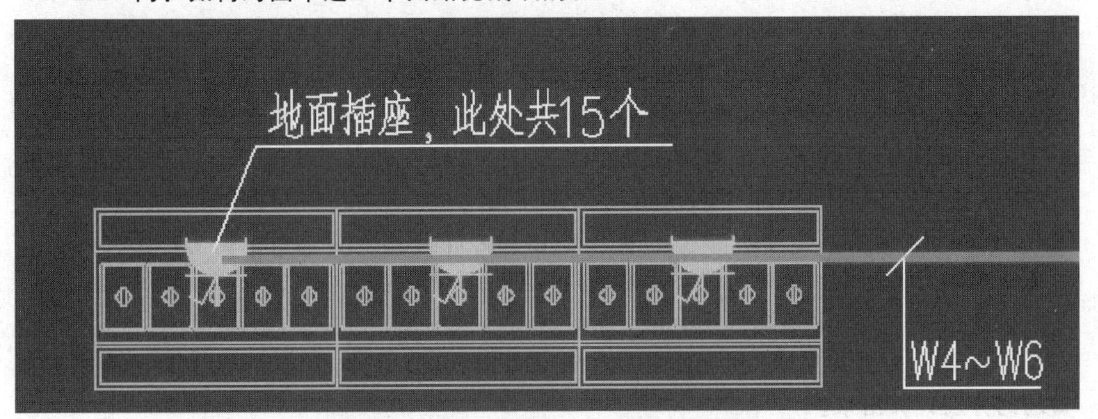

答：这样的图不能一次识别完整，需要自行补充绘制图形。

191. 问：在安装算量软件中如下图所示输入属性对吗？

	属性名称	属性值	附加
1	名称	WDZB-2	
2	导管材质	KG	☐
3	管径(mm)	25	☑
4	导线规格型	BYJ-2*2.5+1*2.5	☑
5	起点标高(m)	层顶标高	☐
6	终点标高(m)	层顶标高	☐
7	敷设方式	暗敷	☐
8	支架间距(mm	0	
9	计算设置	按默认计算设置计算	
10	系统类型	照明系统	☐
11	汇总信息	电线导管(电)	☐
12	回路编号	(N1)	☐
13	备注		☐
14	− 显示样式		
15	边框颜色		
16	填充颜色		
17	不透明度	100	

答：需要注意一个问题：在识别导管的时候一定要选择电线管下边的那根电缆导管，这两个有本质的区别，电线导管是按照多根计算的，电缆导管是按照一根计算的。

192. 问：工程量做过集中套用做法之后，为何在“集中套用做法报表”中无法显示出来？

答：在报表里的清单中打印或导出后打印即可。

193. 问：图上文字标注有八个插座，但是只画出了2个，如何识别？

答；施工没有画的是无法识别的，只能自己绘制。

194. 问：电缆头如何计算（电缆终端头，比如说是由室外引入室内的）？

答：(1) 一根电缆使用2套电缆终端头，如果电缆两端均是在室内使用的，就使用两套户内电缆终端，如果一端是室外，一端是室内，则户内户外各一套，如果两端都是室外，则使用两套户外。此外，在特殊环境如湿度大、污染严重等地方不分室内室外均使用室外电缆终端。(2) 根据设备确定，根据开关设备的进出线乘2计算电缆终端，如果进线的一端为室外架空连接，则架空连接使用户外电缆终端。变压器如果是电缆进出线，按照进出线数量乘2即可得到终端数量。(3) 低压电缆终端的确定，一般也是根据一根电缆2套终端来确认，目前国外低压终端不分户内户外，如有特殊要求需订货时候说明。但有时候不知道电缆数量只知道设备图纸，那就根据进出线路数确认，一根进线计算一套，一根出线计算2套，通常考虑到进出线都是一起，计算时按照进出线的数量乘2即可得到电缆终端数量。特别注意，一般6平方以下电缆可不计算终端数量而直接连接。(4) 中间接头的确认，一般情况按照200m长一段电缆计算一个中间接头，在实际施工中，考虑到电缆的综合利用，接头根据实际要求确定。通过以上计算得出了电缆附件的数量以后，根据实际情况增加几套或更多作为备用可。另外电缆不论芯数均按照根计算，在某些情况下，一套3芯电缆终端可以使用在3根单芯电缆终端上。

195. 问：安装算量软件中，能不能像计算管时一样，把电线以5m为分界线分超高和普通的分别计算出来？

答：软件中可以自动计算超高部分，也可以在计算设置中设置超高的高度，汇总计算后超高部分的工程量在报表中设置显示。

196. 问：在用广联达安装软件导入图形时，为何线槽导入不进来？

答：一是天正软件版本低，建议安装天正的最新版本。二是图纸如果有外部参照就导不进软件中。三是CAD图需要炸开，炸开后导进软件中。

197. 问：桥架能否像管道一样扣立管，做成像绕梁那种形式？

答：可以的，用法都是用扣立管功能。

198. 问：在一桥架内放置一BV4 * 2.5的线管，广联达软件计算就出错了。若是立桥架置立线管，结果比正确结果大7倍，若是支桥架置支线管，结果比正确结果大10倍，这是为何？

答：桥架内配线后，需要设置起点，正确设置起点后，才能得到正确的工程量。

199. 问：关于开关、插座、灯具等的竖向配管，开关、插座、灯具竖向配管是一根管还是一进一出？什么时候是一根立管，什么时候是两根立管？

答：管道一进一出是因为线通电会产生热量，管要留一定的余量散热，为了防止电线过热短路所以是一进一出。一般插座会是一进一出，普通的照明灯具一般就是一根立管。不过具体的还得看施工现场。

200. 问：安装算量软件中，对于不同楼层，两电箱之间用桥架连接，电缆怎样设置计算？

答：软件用桥架配线功能：选择桥架—选择要配的配线—确定即可，软件下面有文字提示。

201. 问：电线或者套管沿地面敷设时怎样绘制？

答：在电线导管页签先定义配管，配管定义中有电线，按最下面提示输入电线的信

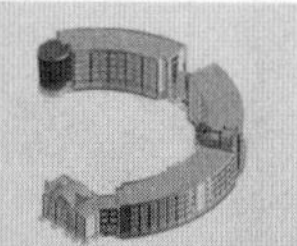

息，按层底标高，就是沿着地面敷设了。具体的，可以参考安装中学习课堂。

202. 问：斜屋面的标高怎样设置？

答：点击绘图输入界面的“三点定义斜板”，输入相应部位的标高即可。

203. 问：配电箱在电井详图中，照明线路在照明平面图中，如何识别配电箱？

答：把配电箱识别了（备注下重复一个）提量的时候只计算一个配电箱，如果照明平面图中没有配电箱，在配电箱的位置布置一个配电箱，然后识别，就可以计算到立管了。

204. 问：请问防雷接地工程量在软件中怎样计算？

答：防雷接地工程不建议用软件计算，手算就可以，按照避雷装置、引下线、接地装置顺序计算就可以了，用软件反而更麻烦。防雷接地工程量在软件中避雷网、引下线按延长米计算。

205. 问：已经识别完的构件，怎样才能取消？

答：如果没有汇总计算，可以点击右键点击撤销，汇总计算以后只能删除。

206. 问：避雷网中每隔 1m 有 15cm 高的扁钢支撑，在软件中怎样计算？

答：避雷网中每间隔距离的扁钢支撑是不用计算在工程量之内的，直接计算避雷网的水平距离和竖直高度的延长米就行了。因为套“沿折板支架敷设”时镀锌扁钢支架包含在相关子目之内；假如套“沿混凝土块敷设”扁钢卡子仍然是包含在其子目之内的。

207. 问：一根直线表示多根线管时，软件怎样识别？

答：可以定义上去，也可以建组合管道。

208. 问：为何每进行一次一键识别，构件名称都要重新改一次？

答：现在一键识别方便了很多，但是识别一次它有重名的，所以需要修改。

209. 问：在一般公建照明或动力图纸中，由于单层面积大，回路并不连接到配电箱，而是用指向该电箱，只有回路编号，在识别管线过程中如何处理？

答：有 3 种方法：(1) 用设备连管线功能；(2) 用补画 CAD 线功能补画后再识别回路管线；(3) 手工直接绘制回路管线上去。

210. 问：型号不同的桥架识别成一个型号该怎样处理？

答：如果图纸中桥架型号不同，那么就用标识识别，点选标识识别，点击桥架标识，点击相对应的桥架，右键确认，在属性窗口输入属性值，确定，以此类推，识别好图纸中不同规格的桥架。

3.4 消防专业

1. 问：软件设置时，要求选择支架类型，而设计说明里并没有很清楚地写明什么管径用什么支架，只说参见图集，这时候如何选择支架类型？比如说 DN25 是选择 A1 型吊架还是 A2 型吊架？

答：这个时候就需要查看图集选择才是，图集中有管径和支架的安装方式对应。软件中已经内置了图集，A1 和 A2 型就是内置的，选择要看现场需要，一般可以选择 A1 即可。设计说明里并没有很清楚地写明什么管径用什么支架，只说明在施工图集中可找到。则是根据管道的布置形式采用不同的类型，有靠墙布置的也有吊装的，有单臂的，也有双臂的，所以究竟怎么做应该到现场查看后，对不同管径的安装管架按型钢的大小，以重量吨计算总量。

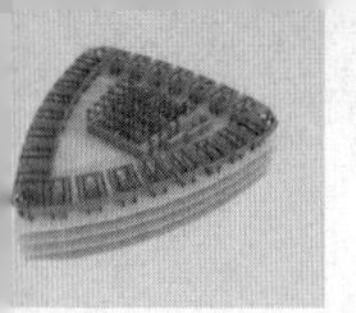

2. 问：管长一般为 6m 一根，如图这种情况，中间的通头应该是 100 的正三通，再加 100＊65 的大小头，机械三通是一根管子上开槽而不能用来连接两根管子，但软件绘制管道生成通头的时候只考虑机械三通的开槽管径条件，符合了就算机械三通，而没有考虑两根管道接长用普通三通的情况。如何解决？

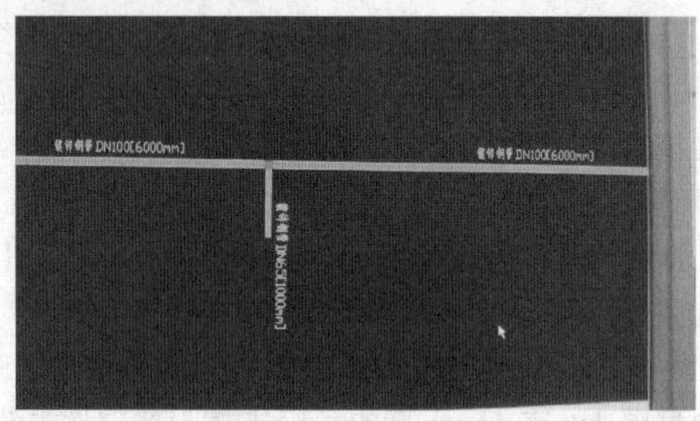

答：软件理解的是符合机械三通的，如果是用普通三通，就在计算设置里把是否生成机械三通改成“否”即可。

3. 问：报警总线电源线：ZRRVS-2＊2＊1.5＋2＊4，这样的电缆该如何理解？

答：是两对 2＊1.5 电话线，两根 4 平方控制线。

4. 问：消火栓报警按钮距地高度 1.4m，有三根电缆分别与之相连。消火栓报警按钮已经识别，此处应自动生成立管。手算工程量应为三根，为什么软件自动识别后汇总工程量只显示最先识别的那根管道的立管？

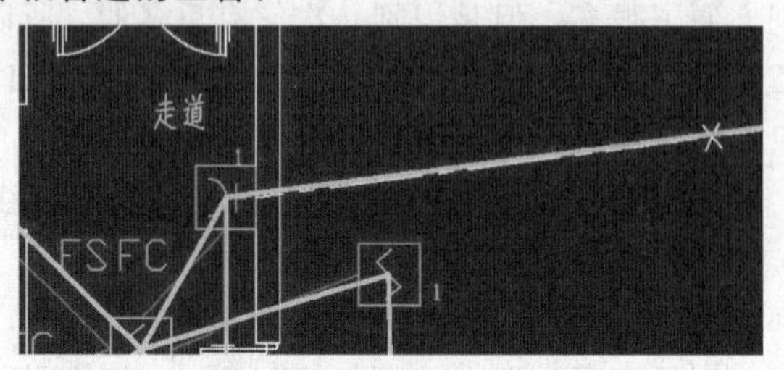

答：要想生成多立管在新建器具的时候就可以选择。

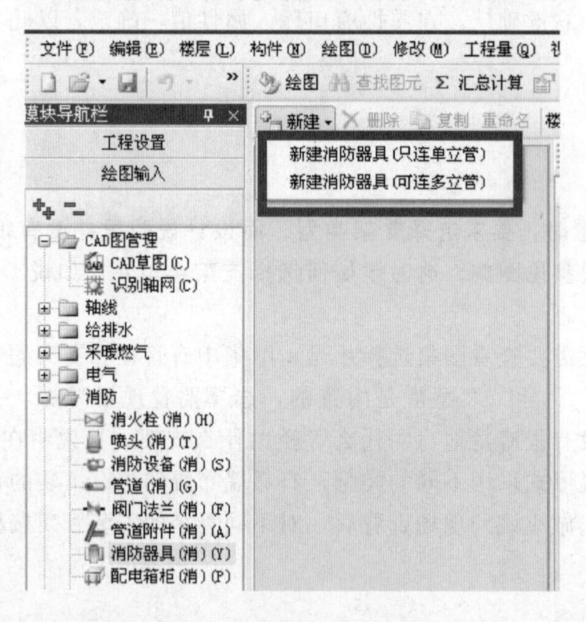

5. 问：平面图中一根CAD线，系统说明中一根是电缆另一根是电线怎么计算？

答：（1）一根CAD线代表电线和电缆可以利用组合管道功能。

（2）如果是在一个配管里穿，电线＋电缆可以在电缆配管导管里设置，2种线之间用/分开，但是注意电线前面要乘根数。

注意：要是用组合管道的话，最好截图看看，有些情况不适合用这个功能。

6. 问：广联达安装算量里面识别管道时有按“喷头个数识别”功能，怎样操作？

答：由自动识别相同构件个数，自己就数出来了，定义喷头后识别即可。

7. 问：水流指示器、防火阀等应该设置在哪个范围内？设置在消防-法兰阀门（消）里，为什么识别不出来？

答：设置在消防-法兰阀门（消）里是没有问题的，但是水流指示器、防火阀是依附于管道的，需要先识别管道才可以识别水流指示器等。

8. 问：导入图形后喷淋管道以及喷头都不见了是怎么回事？

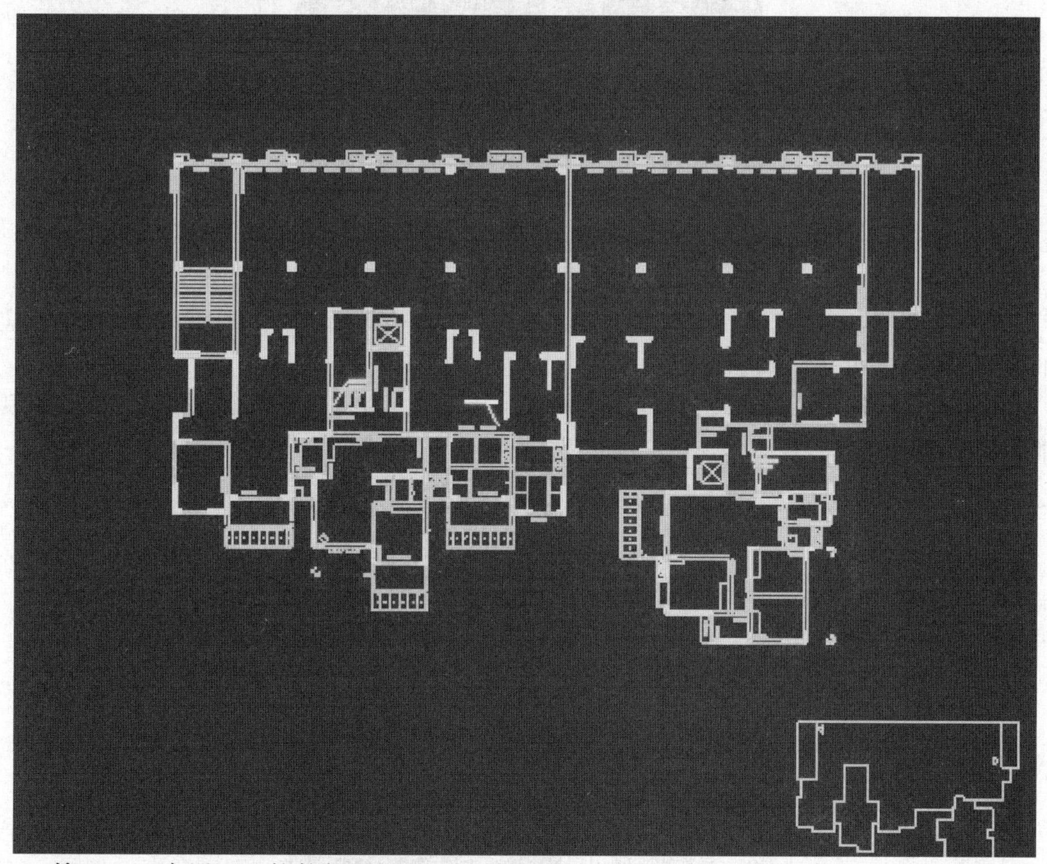

答：（1）先用天正软件打开图纸，在下面的命令栏输入TXDC，按回车，保存起来。

（2）先用天正软件打开图纸，拉框选中图纸，在下面的命令栏输入W，按回车保存。

（3）如果图纸有布局的话，可以用安装软件导入布局。导入CAD图纸的时候，会弹出一个框，要把下面“请选择窗口”点下改成布局试试。

9. 问：在平面图中同一位置的管道（且管道有些相同，有些不同），只是标高不同，在立面图或系统图中能看得清楚。(1) 怎么才能识别不同标高，且同一位置的喷头？(2) 怎样才能识别不同标高，且同一位置的水平管道及立管？

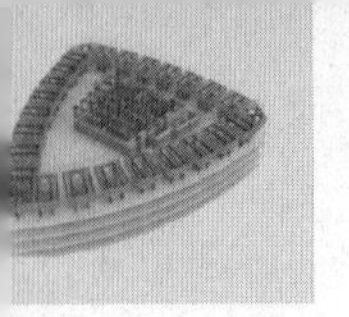

答：（1）首先选择按喷头个数多的类型来识别喷头，再修改个别标高不同的喷头。如同一位置既有上喷头又有下喷头，先识别成多类型的喷头，在存在上下喷头处，把喷头选中，复制移下一点位置，调下标高，再识别管道即可。

（2）先识别成多数同一标高水平管，再定义不同标高水平管在同一位置，然后再识别。立管建议用“管道编辑”—布置立管功能，看系统图，直接选择管画上就可以了，也可以用表格输入，算相应的工程量。

10. 问：一张喷淋图纸上有各种规格的喷淋管道，识别 DN25 管时对应的短立管也是 DN25 的，其他如 DN23、DN 40、DN 70、DN 80 等等，这些管道对应的短立管，和主管 DN150 对应的短立管应该是 DN 多少？

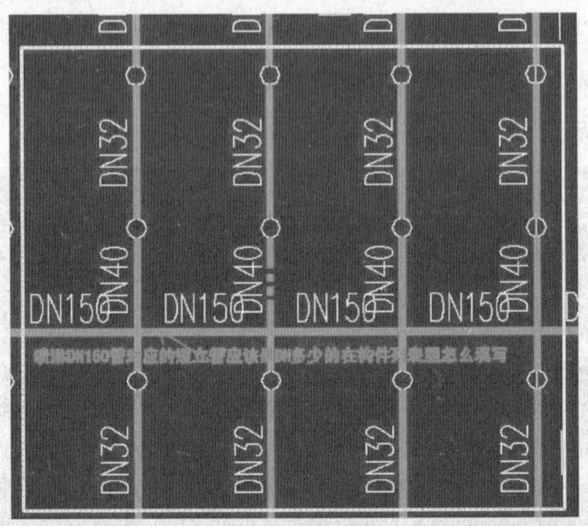

答：这里指的短立管是和喷头连接的那一段竖向立管，所以都是 DN25 的，就是对应的喷头的立管，也是 DN25 的。

11. 问：拆分完 CAD，喷头识别中看不到 CAD 图，为何只有新建的轴网，其他识别能看到 CAD 图？

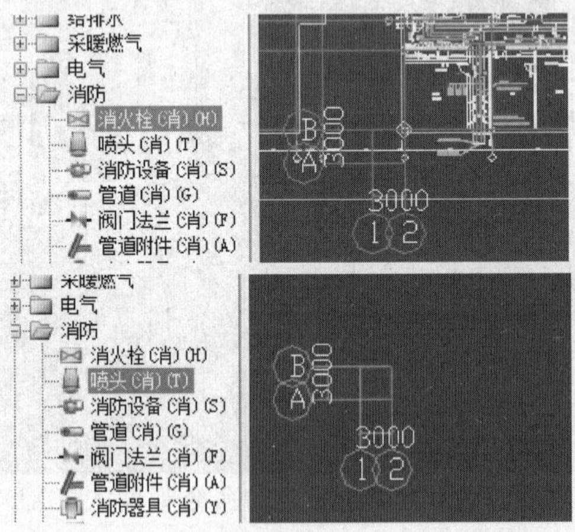

答：在喷头识别中，鼠标点一下绘图区确认正在绘图区域，然后按下键盘 C 键即可。

12. 问：导入照片呈现白框而在 CAD 中能显示，如何设置照片？

答：如果是图片可能是由于图片过大，尝试用 PS 把图片容量处理得小一些，3M 以下或更小试试。

13. 问：管径都是 150，沟槽连接，短立管长度 0. 15m，软件自动生成的通头错误，初步判断是短立管太短造成的，如何解决？

答：在实际施工中两个90°弯头相连接时，两个弯头的结合部位就已经超过150mm了。如果想细算这样的工程量，那只能按照直线画过去，然后再手动加上弯头和短立管的量。软件没法处理，只能手动查出个数，手动输入进去。

14. 问：丝扣式连接和沟槽式连接有何区别？

答：丝扣式连接就是我们平常所说的螺纹连接，丝扣式连接的管道套丝采用丝扣管件进行连接安装；而沟槽式连接则是管道与管道之间以及弯头、三通、四通等管件与管道安装连接时，都是采用沟槽式卡箍进行连接固定安装。这两种连接方式方法不同，所执行的定额子目不同。

沟槽式连接安装的管道应该是套“钢管沟槽式连接安装”的子目和“沟槽式卡箍安装”以及“沟槽式法兰安装”的相关定额子目。及管件、卡箍、与阀门连接的沟槽式法兰都需要单独另行计算工程量个数并分规格套项。

15. 问：消防（水）和消防（电）的区别是什么？

答：水是喷淋，消火栓，电是报警系统。

16. 问：喷淋系统，负一层，顶标高为±0.00，层高3.3m。横干管为DN150，沟槽连接，高度为层高－0.95m。横支管上面为DN65，下面为DN50，高度为层高－0.8m。短立管为DN65，起点标高：层顶标高－0.95，终点顶标高层顶标高－0.8。如图1，横支管和短立管软件没有通头，同样的标高，图2就有通头（工程文件说明：负一层消防，F轴从左至右的横干管，然后上下分出支管，在5轴往左的地方都是没有通头的）。软件不会生成，如何处理？

图1

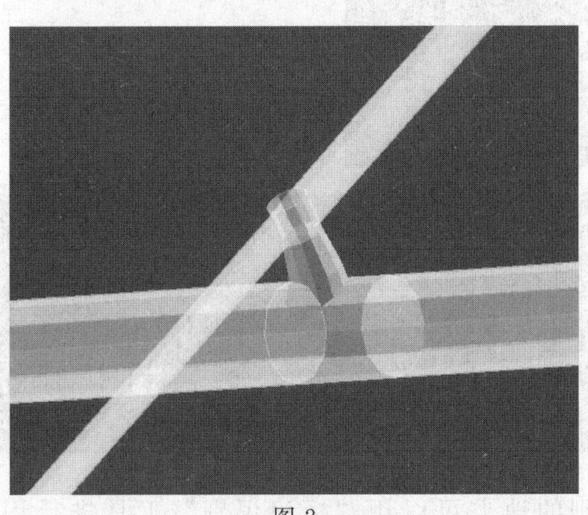

图2

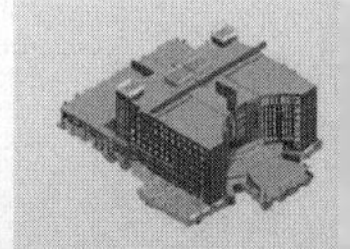

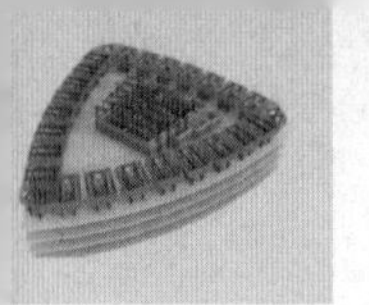

答：软件现在存在这个问题，距离比较近的管道又比较粗的时候，不够生成通头空间，就会漏算管件。如下图中1处，弯头就会少算。

软件解决不了的话只能手记了。也可以故意拉大点距离，让它够产生通头的空间即可。

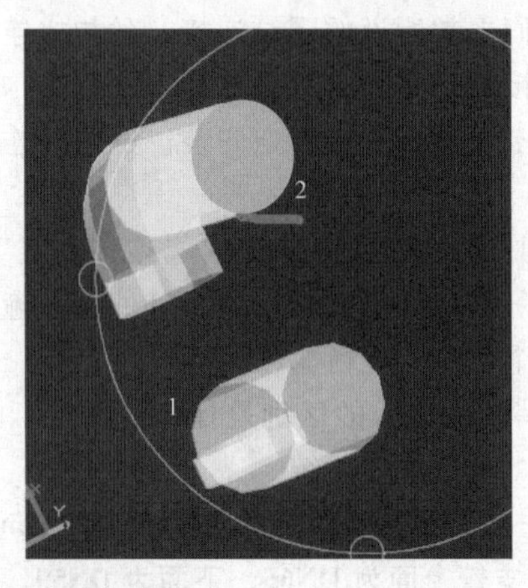

17. 问：图中没有标识上的该如何标识？

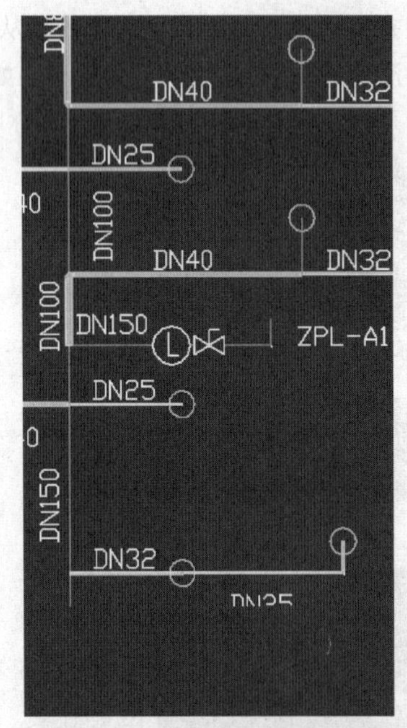

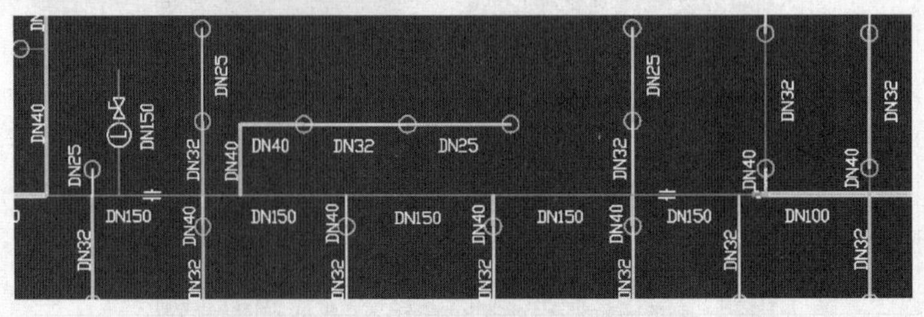

答：图中没有识别的地方可以用“标识识别”工具进行识别，DN150、DN100、

DN40 和 DN32 就是管线的标识，横向的两个相连的符号是水流指示器和信号阀，ZPL-A1 左边的管线与后段相同是 DN150，可新建管道 DN150 后用“选择识别”就可以了。喷头连接的管是 DN25 管。

18. 问：导入图片是白色图框看不见图元，图片格式 jpeg 该如何处理？

答：这个可能是图片太大的原因。

19. 问：安装算量软件自动生成的管件中，如 DN100 * DN100 * DN40 * DN32，如何理解？

答：DN100 * DN100 * DN40 * DN32，这是一个 DN100 的机械四通。如果是 DN150 * DN100 * DN40 * DN32，则这是一个 DN150 的机械四通，另加一个 DN150 * 100 的异径管。为避免此类需要自己手动调整配件的情况产生，则在管道的各种识别后，在“CAD 草图”中添加辅助线，然后对“管道”DN100 作修剪，对 DN150 作延伸。

20. 问：做消防工程包括消火栓系统、火灾报警系统，喷淋系统等，是否每个系统都得新建一个安装算量文件？

答：能分系统建立文件最好，这样以后查量、核量都方便。当然也可以根据图纸和个人习惯来建立文件。

21. 问：安装算量软件中喷头跟水平管道连接的短立管如何设置？

答：先识别喷头，再识别水平管，短立管软件自动生成，管道界面一点工具栏上面的自动识别后就会自动弹出对话框，在里面设置即可。

22. 问：安装工程中，消防管道识别时，对话框里横管对应的构件中短立管指的是什么？比如说一根 DN50 的管道，一边是 DN32，一边是 DN65 的，如何处理？

答：横管对应的构件：指的是水平管管径。

短立管对应的构件：指的是这段横管如果连接器具的话，与器具连接的那一段立管的管径。

以 DN65 的管为主管，分出 DN50 和 DN32 的分支管，此部位采用异径四通管件 DN65 * 50 加一个异径大小头管件 DN50 * 32 来解决。

23. 问：消防管道从 -1.0m 到 20m，平面图是一层的 0.00m 标高，可是管道全部在 0.00m 以上，是否是平面图下方 1m，上方 20m？

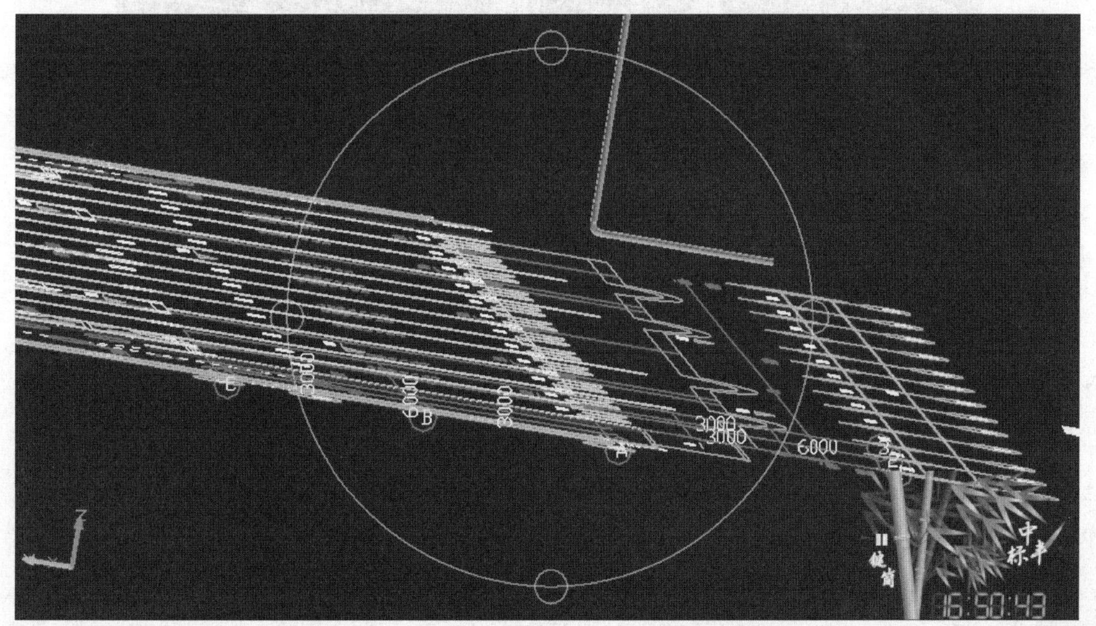

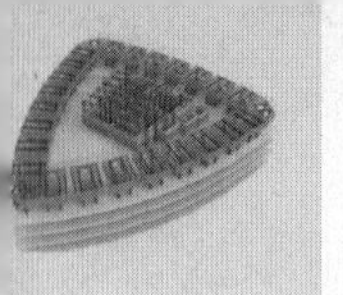

答：应该是平面图下方1m，上方20m。如果没有生成下面的1m，可以在三维视图下，选择全部楼层显示查看。再者定义的楼层必须要有负一层的层高大于1m。

24. 问：消防跟喷淋是否要分成两个工程来做？

答：不用分开，可做在同一个工程内，把管道及附件分系统汇总即可，喷头默认就是喷淋系统，消火栓默认就是消火栓系统。

25. 问：如图楼层不整齐，怎样才能把它们定在同一坐标？

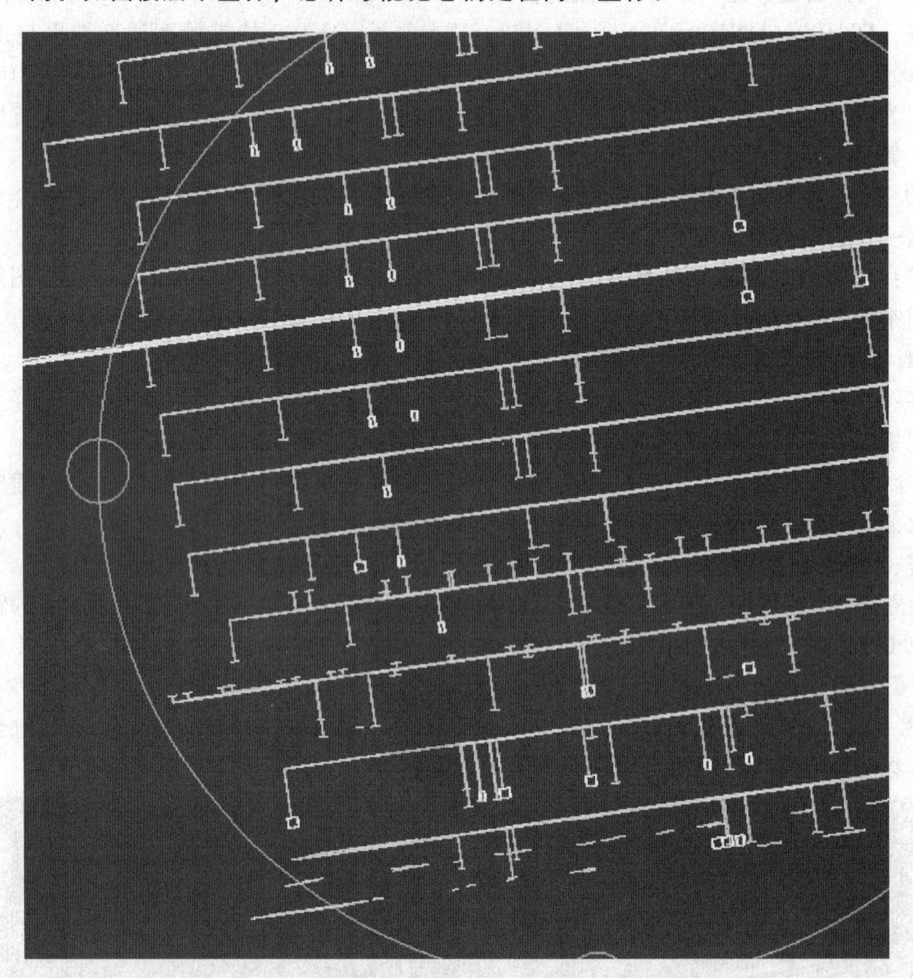

答：可以采用CAD图定位，点击界面中的轴线按钮，下拉菜单中有轴网，点击后上面会有定义按钮，点击定义后，下面有新建，点击小小三角，有新建正交轴网，展开菜单中有下开间，点击添加两下后再点击左间深，点击画图就回到画图界面了，再进行定位CAD，如果是识别好的，可以批量选择后再点击移动，不需要再重新识别一次。

26. 问：安装算量识别消防水设备时（例如末端试水、水泵接合器）识别数量总是为0，该怎样调整？

答：可以手动画一个上去，设备应该不是个"块"，软件只能对设备的"块"进行识别。

27. 问：安装算量软件中，识别到设备的中心，此设备应接3根管，但是识别出来从顶到受控设备的管只有一根，该怎样解决？

答：原图应是只画一根，如实际回路是三根，此段可以用“组合管道”来定义或手工绘制补上。

28. 问：安装量计算时，消火栓立管是按每层设置，标高为：层底标高+0.8和层顶标高+0.8。往消火栓的支管正好在0.8的高度。可此时相同楼层立管与上一层立管接头处的管件，并没有成为三通，却在上一层显示成了一个异径弯头，这是为何？怎样布置才正确？

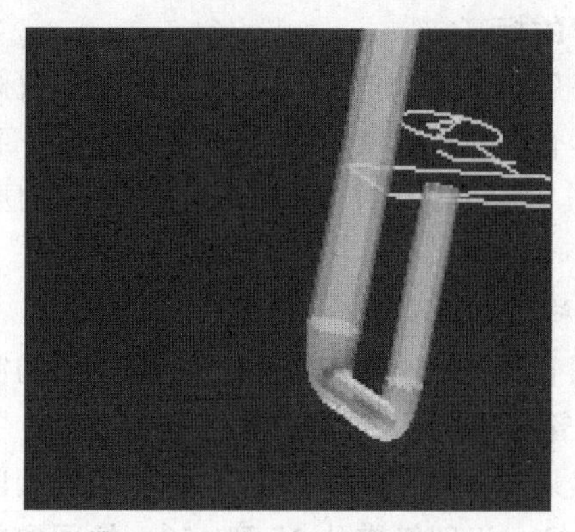

答：立管没有直接通过上一层楼，全部三维检查即可。

29. 问：竖井里KVV7＊1.5是一根电缆，层高3m，软件计算出是21m，为何计算成了7根？

答：在属性中只输入1.5，输入为7＊1.5计算就是7＊3=21。

30. 问：安装量计算：管道大于等于100的沟槽连接，小于100的螺纹连接时，100＊80的三通计算结果成螺纹连接了，此时的卡箍量就少了，怎样才能达到理想的计算结果？

答：可以在计算设置里选择不拆分三通，就会计算一个卡箍。

恢复当前项默认设置　恢复所有项默认设置

计算设置	单位	设置值
⊟ 给水支管高度计算方式		按规范计算
按规范计算	mm	设置计算值
输入固定计算值	mm	300
⊟ 排水支管高度计算方式		按规范计算
按规范计算	mm	设置计算值
输入固定计算值	mm	300
支架个数计算方式	个	四舍五入
接头间距计算设置值	mm	6000
是否计算机械三通、机械四通	个	否
符合使用机械三通/四通的管径条件	mm	设置管径值
⊟ 不规则三通、四通拆分原则（按直线干管上管口径拆分）		按大口径拆分
需拆分的通头最大口径不小于	mm	80
⊟ 超高计算方法		起始值以上部分计算超高
操作物超高起始值	mm	5000

31. 问：(1) 接线箱出多根立管，但是三维图上只观察到一根立管，这种情况如何修改？

(2) 三维图上观察到立管只接到箱体外壳，但实际计算应该是以箱体中心+预留来算，如何修改？

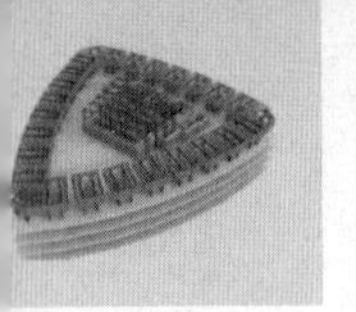

答：（1）要求配电箱的出管为三条，则其平面上也必是三条水平管存在。只要三条水平管都画至已识别好的配电箱中就会出现三条立管。如果平面上只有一条水平管，则应采用“组合管道”方式进行设置识别。

（2）立管是引至箱体的外壳，但软件在计算时会自动增加其预留量。

32. 问：在喷淋系统中，同一层的高度，但是喷头的高度不同，输入时如何处理？

答：同一层的高度，但是喷头的高度不同应该是以区域出现的，可以按不同区域设置不同的喷淋头和水平喷淋管的标高。

电子版的平面图是要每层单独弄出来的。如果是标准层就画一层后复制上去。建筑各层的功能是不同的，故喷淋管各层的布置也会不同。将CAD原图（多张图在一个文件中的总图）在软件中导入后，再分解并分别保存。要做哪一层时导入哪一层的CAD图即可。

33. 问：三通处管道怎样识别？

答：三通处的管道，同管径的会同时被识别，不同管径的需要分别识别。

34. 问：如何统计不同管径的阀门？

答：首先识别管道，然后再识别阀门，软件会自动考虑阀门的直径。

35. 问：算第一层的时候，识别管道从25到150，像图中的新建管道。当再算第二层时，怎样才能不重新新建管道型号，是否采用一层的？

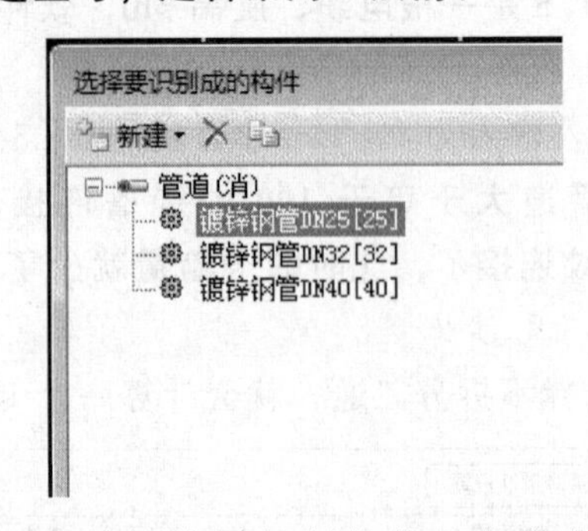

答：在第二层定义界面—从其他楼层复制构件—在弹出的对话框中选择需要的构件即可。

36. 问：如图所示水平管如何布置立管与消防箱连接？

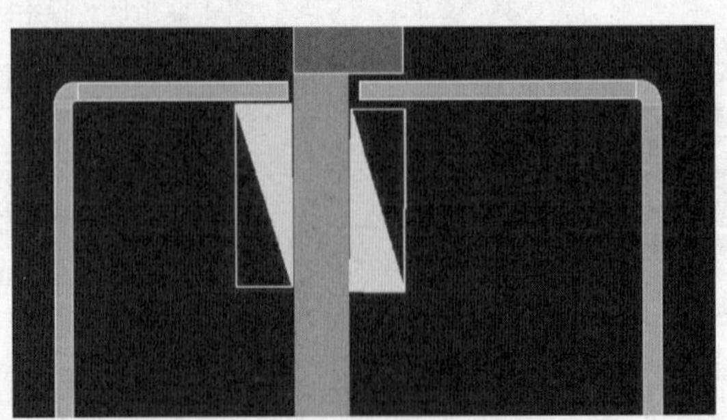

答：先绘制消防箱，再画水平管，软件自动生成立管。或者选设备连管键，点设备再点管则自动联上。

37. 问：广联达安装软件中拉伸怎样操作？

答：按提示操作，点击拉伸，然后框选要拉伸的管道确认拉伸点，需要正拉框，反拉

不行。

38. 问：定义一个阀门，尺寸已经布置好，但是用点布置或图例识别都无法识别，该如何处理？

答：可以先识别管道后识别阀门。

39. 问：在消火栓灭火系统中的阀门怎样识别？

答：管道识别完成以后再识别阀门。注意：识别阀门时不要定义阀门的直径，这样，软件会自动识别不同管径的阀门。

40. 问：在算喷淋管道时，有的图纸同一根管线上，标有不同的管径，中间没有打断，该怎样快速正确量取管线？

答：首先用标识识别管道标识，再识别相对应的管道，右键确认，会有一个窗口，写好相对应的管道属性，就可以依次识别完所有不同类型的管道了。不过首先要把喷头识别完以后再进行此操作。需要在CAD图纸先打断再用标识识别按钮，没有更好的办法。

41. 问：为何插入CAD图工具按钮不起作用？

答：在CAD界面，插入CAD图纸，可能是由于图纸太大，电脑暂时没有反应过来的原因。

42. 问：用的是天正CAD版制图，用安装算量软件导入图之后，为何无法正常显示图纸？

答：具体的操作方法是先用天正打开图纸，然后再下面的命令行输入“txdc”也就是图形导出的命令，然后另存成T3的格式，再导入到安装算量软件里去即可。

43. 问：广联达安装算量软件导出管件中接头具体是指什么？比如在喷淋系统中，DN25的接头、DN125 * DN25的接头，后者是不是就是DN125 * DN25的变径呢？那么前者呢？

答：前者是DN25的接头，后者就是DN125 * DN25的变径。实际工程中可能不会有这种管件。

44. 问：识别线管后要调整敷设高度如何操作？

答：选中要更改的管线，右键，选构件属性编辑器，然后更改起点和终点标高。在定义里只有蓝色的公有属性更改了，才能把图形里的属性更改过来，黑色的私有属性只能选中这个构件进行更改。这就是公有属性和私有属性的区别。

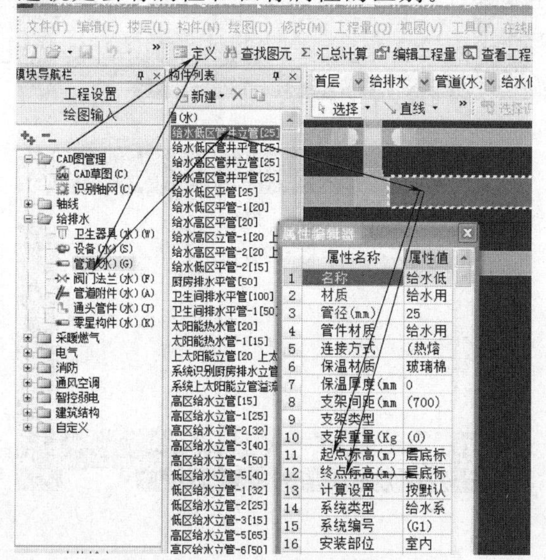

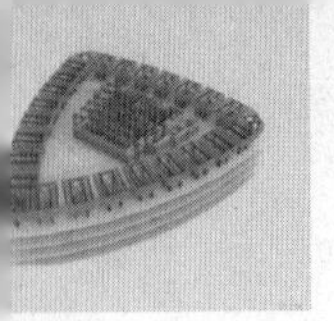

45. 安装算量软件里怎样识别全部的设备？

答：选择识别：选择一根或多根线进行识别。操作步骤：左键选择要识别的管线，右键确定，出现构件编辑窗口，单击右侧的小三点，新建管道。

标识识别：选择一根代表管道的CAD线和对应的标识，能够将整层的同标识的管道识别出来。操作步骤：左键选择一根线及对应的标识，右键确定，出现构件编辑窗口，单击右侧的小三点，新建管道。

自动识别：(1) 按喷头个数识别，可以将整层图纸上的管道全部识别。操作步骤：左键选择带水流指示器的CAD线，右键出现构建编辑窗口，添加图纸上有的管径。(2) 按系统编号识别，可以将图纸上的管道系统识别出来。操作步骤：左键选择一根线及对应的标识，出现管道构件信息，单击构件名称列的小三点，新建管道。

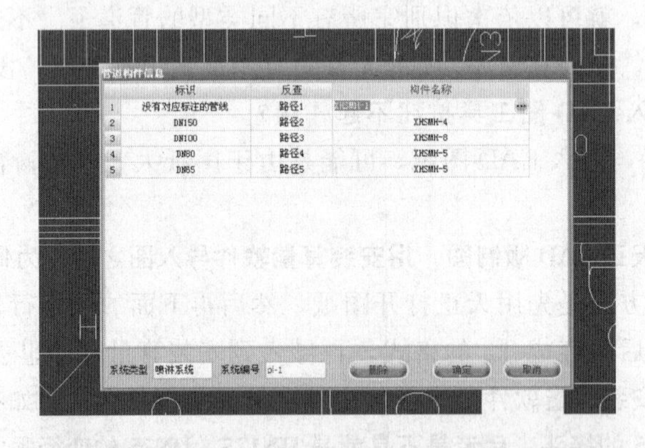

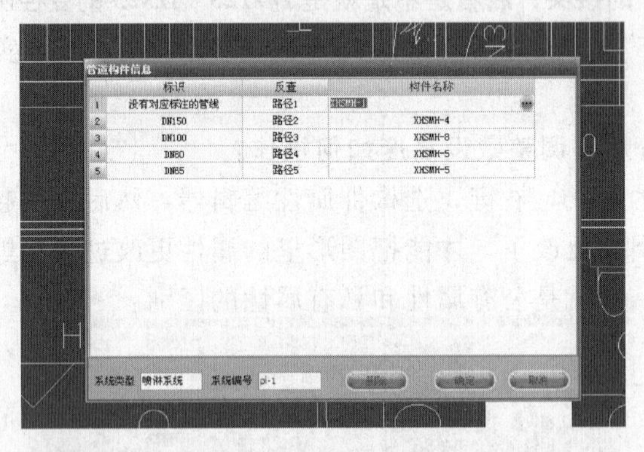

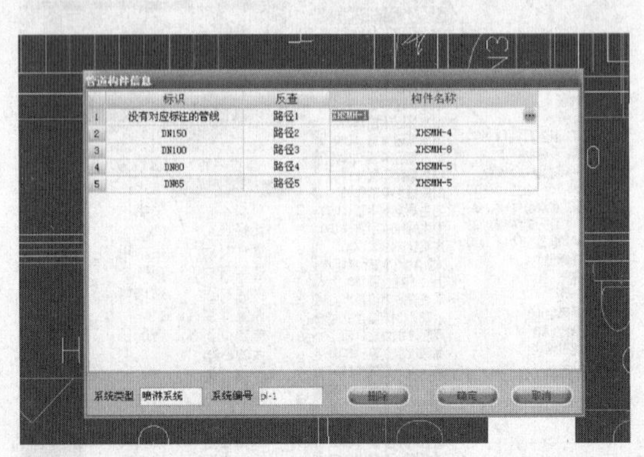

46. 问：将图形转成天正 3.0 后导进去只显示结构图，不显示喷淋，管道图该怎样处理？

答：CAD 采用了外部参照，在 CAD 命令中输入 xr 打开外部参照，看是否存在外部参照图，如果有的话，则在外部参照图上点右键，选择“绑定”，在弹出的窗口中点击确定即可。

47. 问：下图线管应该设置在电线导管下还是电缆导管下？ZCN-BV-2 * 2.5，RVS 分别代表什么？这两根线同穿一根管，该怎样设置？

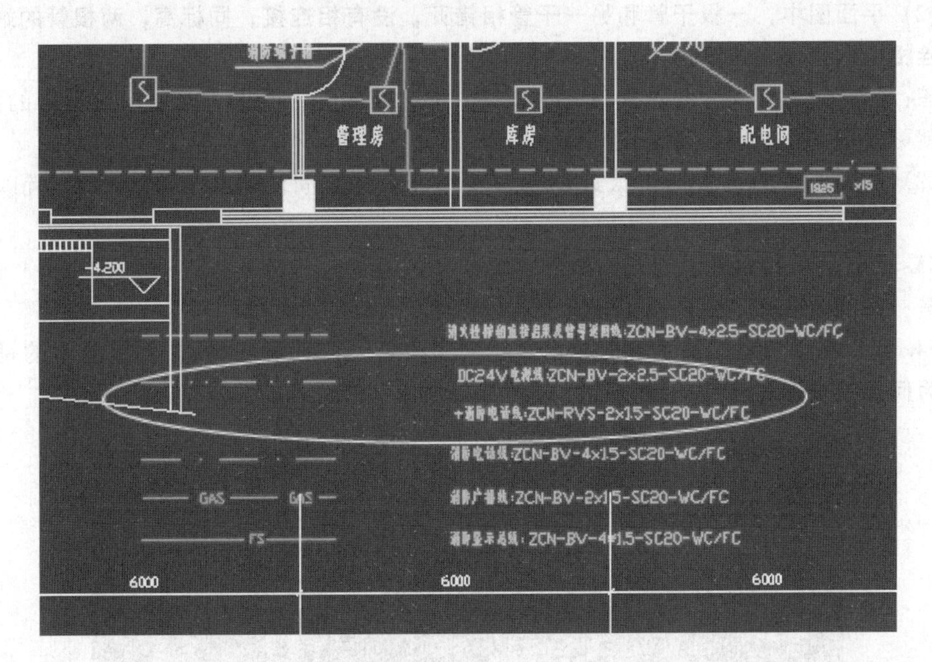

答：ZCN-BV-2 * 2.5 是电线，ZCN-RVS-2 * 1.5 是电缆。两种线穿在一根 SC20 管里，可以放到电缆里设置，在电缆规格型号里填写 2 * ZCN-BV-2 * 2.5/ ZCN-RVS-2 * 1.5 即可。

48. 问：在消防报警算量中，对于一些器材有时不知道套用消防器具还是消防设备，在消防报警中哪些属于消防器具，哪些属于消防设备？怎样区分两者？

答：在消防报警中消防报警控制柜、消防水泵属于消防设备；报警探头、喷淋头、报警按钮、输入输出模块等属于消防器具。区别的方法是：可以更换拆卸的、小型的属于器具；整体大型的属于设备。

49. 问：天正给排水打开能正常使用的图纸，在广联达安装软件中打开看不见管道及喷头，该怎样处理？

答：使用天正软件的批量转旧功能，将图纸转旧成 T3 格式，重新导入 GQI 软件即可。

50. 问：同一楼中标高较多，比如地下室中有夹层，一层中有两层，也有一层的，图纸是分开的，喷淋管道等识别时就很麻烦，有没有什么办法可以在楼层设置中设置多个标高？

答：楼层标高设置成标准层的标高，如果屋内标高发生改变，单独修改特殊部位管道

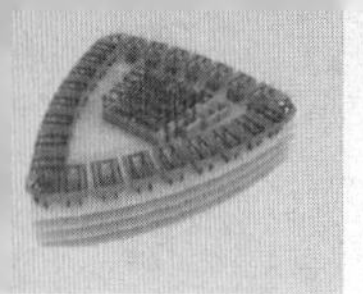

的属性里的起止点标高即可。

51. 问：消火栓和喷淋管设计为无缝管，焊接，可在辽宁定额中没看到相应项目，如何套取？

答：可以套取安装定额第七册消防工程中相关的消火栓和喷淋管安装定额子目，然后再将消火栓和喷淋管安装定额中钢管的价格替换为无缝管的价格。

52. 问：(1) 消火栓的位置在干管的旁侧，DN65 的立管在干管的下方，图纸中没有绘制立管，要看系统图才能看得到，该怎样识别？

(2) 平面图中，一根干管和另一干管相错开，没有相连接，同标高，两根管的端部与消火栓相接，为何无法识别？

答：(1) 用布置立管的功能设置，DN65 的立管在干管的下方，要确定干管的标高，这样就可以把立管识别出来了。

(2) 这两根管的位置离得太近，因为软件里管件之间的距离要在 30cm，所以识别不了。

53. 问：消防给水管道的弯头如何计算？

答：安装图形算量会自动计算管件，包括弯头。

54. 问：在做自动报警系统时，已经识别了设备（广播和警铃），但是显示的是淡黄色，为何回路识别时连不上线？

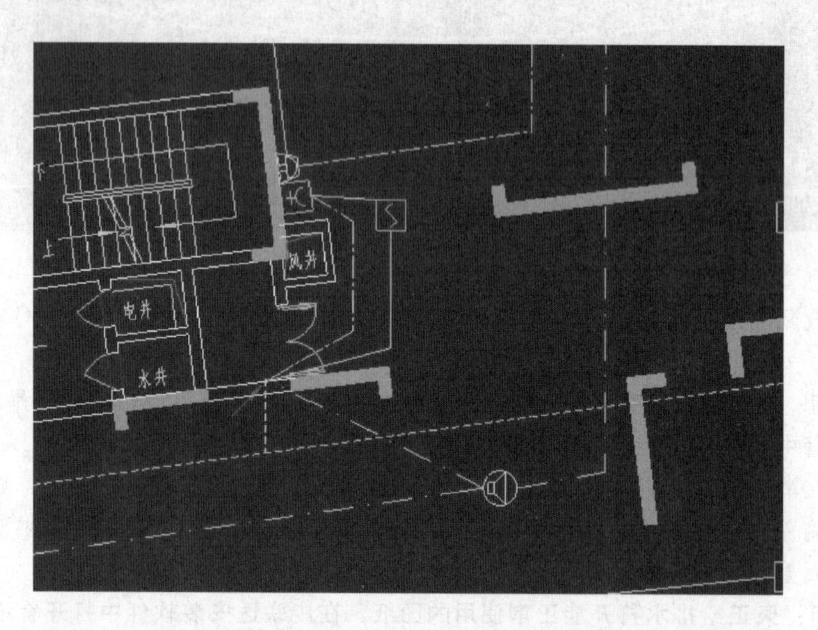

答：可能是图纸图层有问题，可以作以下尝试：(1) 把图纸转化成 T3 格式再导入；(2) 重新生成块再导入；(3) 将图纸打断一下再导入；(4) 自己新建构件，手动连接一下。

55. 问：在设置地下室消防时，信号蝶阀构件在哪里布置？

答：可以重建构件，识别即可。

56. 问：在计算消防报警部分工程量时，由于某些管线为 FF+FC，在图纸上仅仅画了一根线表示，应该如何识别计算才能保证管线正常统计出来？

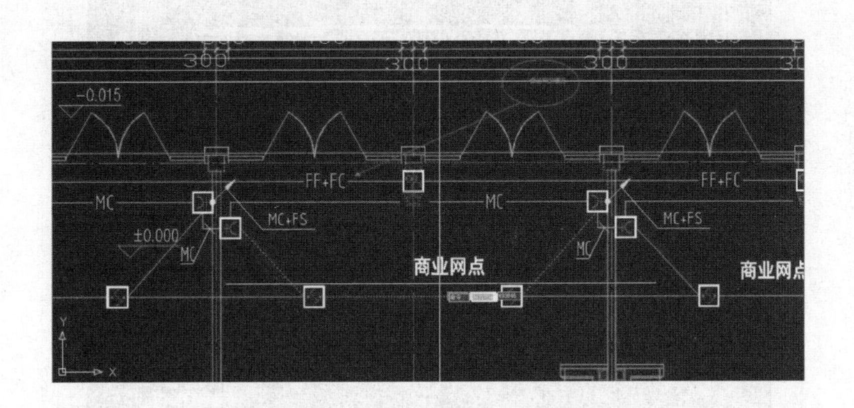

答：弱电大多是算线不算管，可以在同一个配管的线缆属性项里把代表这两种的电缆用斜杠（/）隔开即可。按照强电来定义构件，再识别即可。

57. 问：消防安装工程中，大于100的钢管没有带接头零件，图纸上也无法估算，直接定额补充卡箍件的个数10m多少个比较合适？管道支架按总共多少米管子计算多少公斤的支架是否合理？

答：补充卡箍件的个数10m一个比较合适；至于管道支架按总共多少米管子计算多少公斤的支架是否合理，则按照定额含量即可。

58. 问：一根水平干管有高差，在算量软件中怎样识别？

答：最好分别识别，修改标高。

59. 问：把消防喷淋的图纸（见图）导入广联达安装算量软件，为何图纸里面只有墙体，没有喷淋管网了？

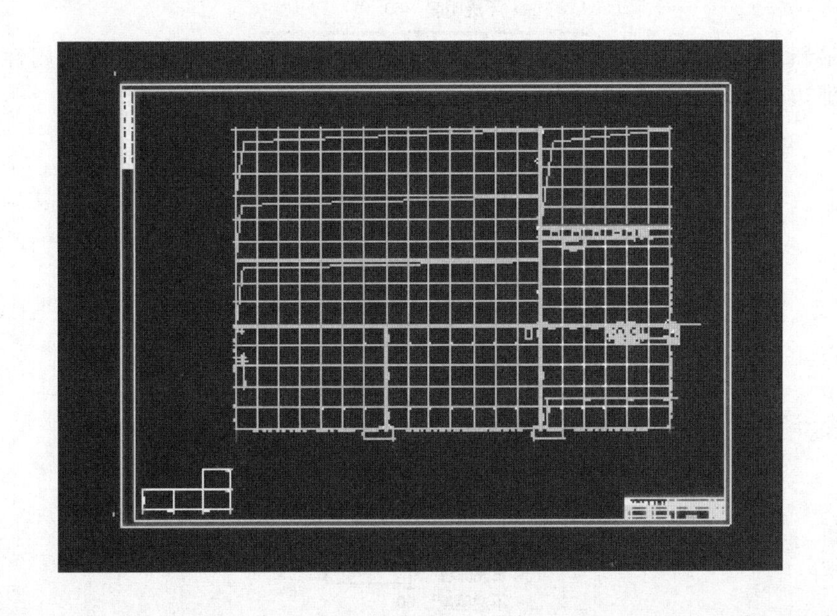

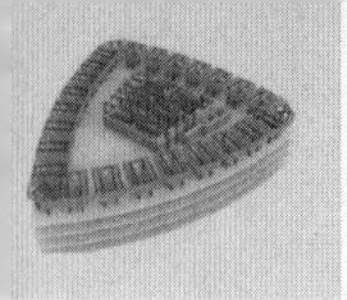

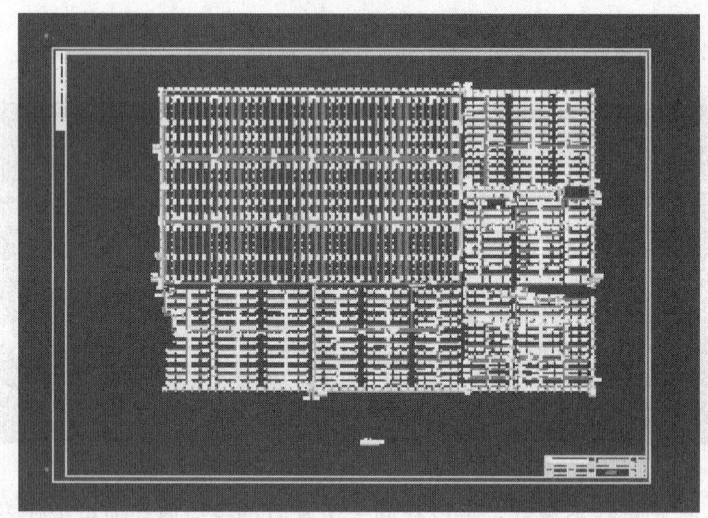

答：（1）把图纸转化成T3格式再导入；（2）重新生成块再导入；（3）将图纸打断一下再导入。

60. 问：汇总计算后为何看不到管件？

答：建议在工具栏—工程量—分类查看工程量的管件里查看。

61. 问：喷淋和消火栓系统沟槽管道DN≥80是否要计算管件？

答：消防管道凡是沟槽连接均要计算管件（四通、三通、弯头、异径管）及卡箍数量，若为丝扣连接不需计算管件，定额已综合考虑。

62. 问：在安装算量软件中新建构建时，边框颜色、填充颜色都没有，该如何处理？

17	汇总信息	管道(消)	☐
18	备注		☐
19	− 显示样式		
20	边框颜色		
21	填充颜色		
22	不透明度	60	

答：最新版本5.1.0.1168在定义界面才会直接显示“显示样式”这个属性，把鼠标点到颜色那边会出现一个下拉的小三角形，颜色都在这个下面。

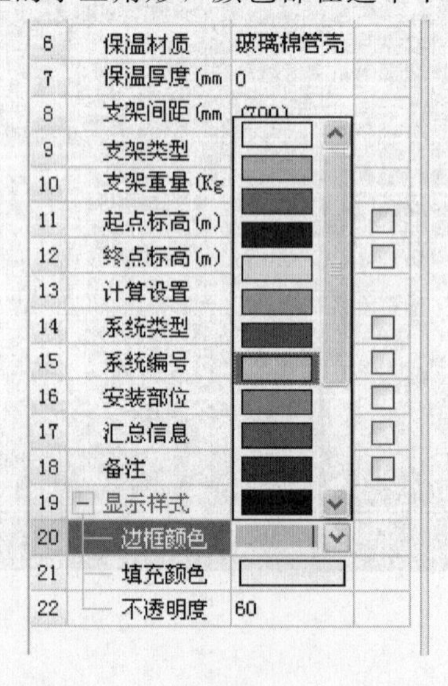

63. 问：喷淋管道 CAD 图中不同管径的直线是连到一块的，导入后识别不成，只能识别一个管径的，其他的管径都按识别的第一种，如何处理？

答：用标识识别，先点击标识，例如 DN40，再点击对应的管道，右键确认，会弹出一个窗口，选择对应的横管和立管。立管一般选择 DN25，前提是先要识别完喷头后再进行此操作。喷淋管道 CAD 图中不同管径的直线是连到一块的，可以使用自动识别的功能，软件可以按照喷头的个数自动识别管道的管径。

64. 问：弯头、三通、四通等管道接头能用软件计算其个数吗？

答：只要画好系统图，软件会自动计算的。

65. 问：图中为标出来的四根管，序号为 1 和 3 的是 DN65DE 管，序号为 4 的是从系统图上看出来为 DN100 的管，那么序号为 2 的管怎样确定管径？

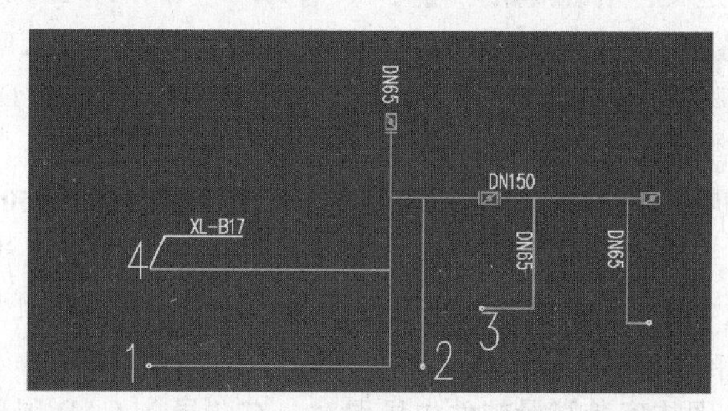

答：2 号是 DN65 的管，此图是消防图纸，它一端是干管的支管，另一端是连接的喷头，所以是 DN65 的管。

66. 问：没有明确标高的 DN65 的管竖向线怎样计算？

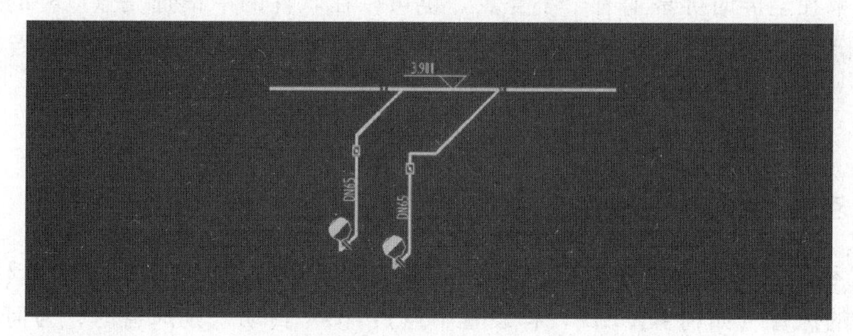

答：是不是带吊顶的，如果有吊顶，标高和吊顶一样。

67. 问：喷头与喷淋管后，为何不能生成短立管？

答：如果识别顺序正确，标高设置没问题，有可能是图纸不规范。

68. 问：识别了设备、管道后，汇总计算然后保存，再次打开绘图窗口只显示识别的管道构件，点击导航栏中 CAD 草图，为何绘图窗口中什么都没有了？

答：工具栏—选项—其它—把显示跨层构件前面的勾去掉即可，只要识别的管道在，图纸可以重新导入。

69. 问：安装算量软件中，有三层的图纸放在一起了，如何拆分每一层 CAD 图？

答：导航栏—CAD 草图—选择要导出的图纸—工具栏—导出选中的 CAD 图元—选择保存位置—确定即可。

70. 问：卡箍该怎样套用定额？

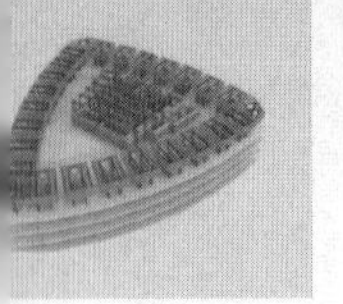

添加清单 添加定额 删除 清单指引 选择清单 选择定额 自动套用清单 匹配项目特征 全部展开

		编码	类别	名称	项目特征	单位	表达式	工程量
1	◇	镀锌钢管 150 沟槽连接 喷淋灭火系统 室内						17.604
2	◇	镀锌钢管 25 螺纹连接 喷淋灭火系统 室内						1.800
3	◇	机械三通 镀锌钢管 DN150*DN150*DN25 喷淋灭火系统						4.000

答：卡箍要套用法兰定额。

71. 问：广联达安装算量软件中消防弱电管线如为 SC20 和 ZR-RVS-2 * 1.5＋2（ZR-RV-1 * 2.5），管线属性如何进行设置？

答：BV-2 * 2.5/RV2 * 1.5，可以这样输入试一试，应该没问题的。注意判断线芯。建议在电缆导管里面定义：电缆规格处输入 ZR-RVS-2 * 1.5/2 * ZR-RV-1 * 2.5。

72. 问：安装算量里有个计算设置为拆分通头的最大口径，什么叫拆分通头？

答：比如 DN150 的三通中间变成 65 的接口，就要拆分成一个 DN150 的正三通、一个 DN150-DN100 的补心和一个 DN100-DN65 的补心。

73. 问：设置了拆分最大口径不小于 80，为什么还看到 150 * 150 * 25 * 25 的四通？

答：在沟槽配件里，150 * 150 * 25 * 25 这个配件是有的，软件识别没错，若不想出现这样的构件，就在设置里重新设置一下，建议这些配件最好手工计算一下，有时软件是根据广义识别的，可能有偏差。

74. 问：把 CAD 图往安装算量软件中导图时，在“导入 CAD 图形”的界面上预览窗口可以显示 CAD 图形，为何导入进去以后在图形算量绘图界面不显示图形？

答：可能是离图纸比较远的地方有碎片图元，可在 CAD 软件中框选图纸复制保存后再导入，如果在全屏时屏幕上有个小亮点，也可以在软件的中框选亮点以外的地方点击删除，有碎图元就会被删除；也可能是隐藏了，点击一视图一构件图元显示设置一把它勾选出来即可。

3.5 通风空调专业

1. 问：在安装算量软件中，(1) 风管中小型的乙字弯如何绘制出来？(2) 怎样用直线绘制漏选的风管（如何像 CAD 一样设置中点）？(3) 自动识别风管时，为何有些只显示一小段风管？

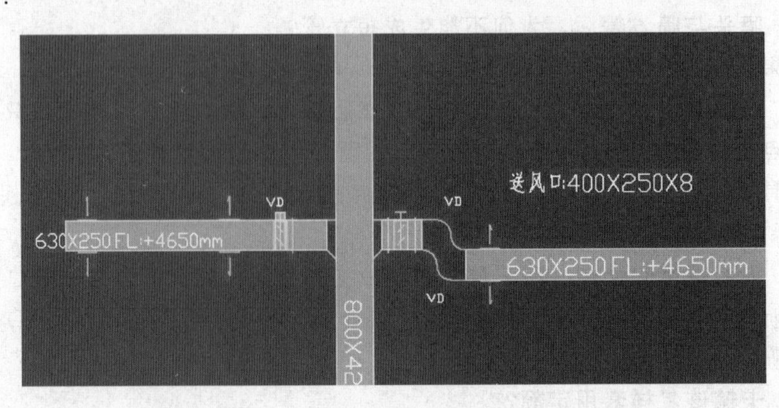

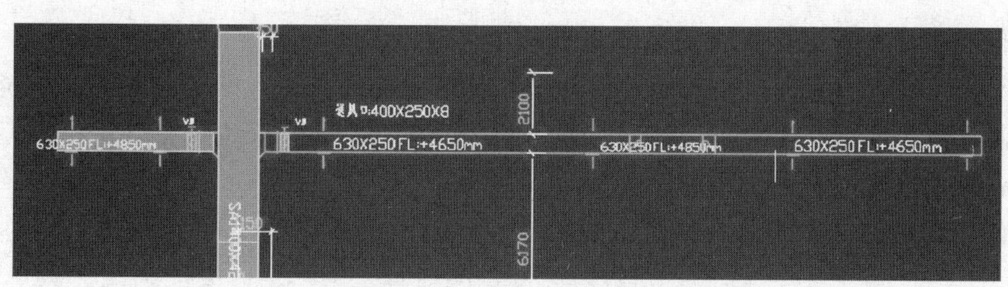

答：（1）利用拉伸功能，或者打断十字交界处的大管，形成4通形状，具体操作看软件最下方有提示。

（2）在最下方有选择的，一般它会自动显示交点，还有想识别漏的，可以再用自动识别，点两边线，再选择原来识别好的构件名称确定。

（3）都是按CAD识别出来的，有少数错的话，可以手动删除。

2. 问：在使用安装算量软件识别通风管道时，选择自动识别风管，如何让软件区别开同种宽度不同高度的风管？

答：自动识别是针对整张图纸的风管识别的，若不想识别其他风管，只有用选择识别一节一节地识别。

3. 问：风机盘管连接冷凝管的那段软连接怎样计算？

答：软连接按米计算，套第9册《通风空调工程》的9-59至9-70中的相关子目。

4. 问：水平主管上的支管为何无法绘制成三通？

答：可能是支管和主管的高差太小了，不够生成三通图元的位置，把两个管道的高差调大点再试试。

5. 问：怎样将水平管和立管连接起来？

答：按①水平管，②立管，③用水平管把2个管道连接起来的步骤进行即可。

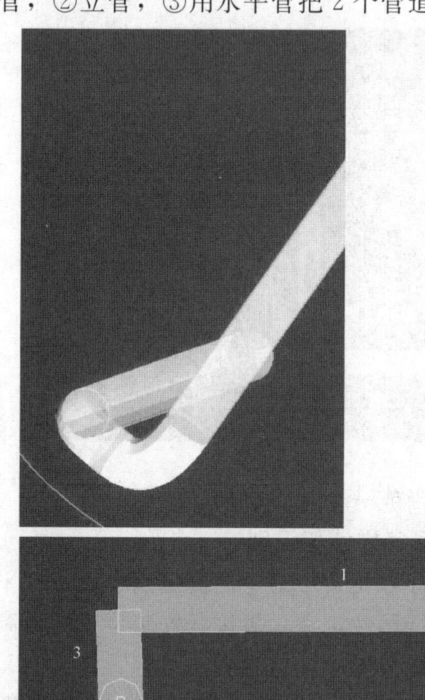

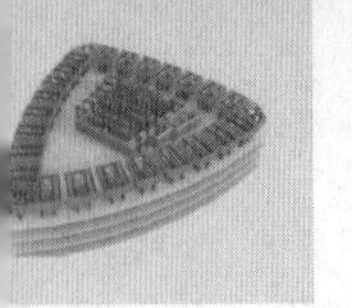

6. 问：默认的管道标高在安装算量软件中可以设置吗？

答：软件默认的标高在输入的时候就按照图纸上的标高输入即可。输入的系统类别不同，代表的含义自然也就不同。例如：输入给水的标高，通常来说就是管中标高，排水的标高就是管底标高。这对计算工程量是没有影响的。

7. 问：请问图中风管通头如何识别？

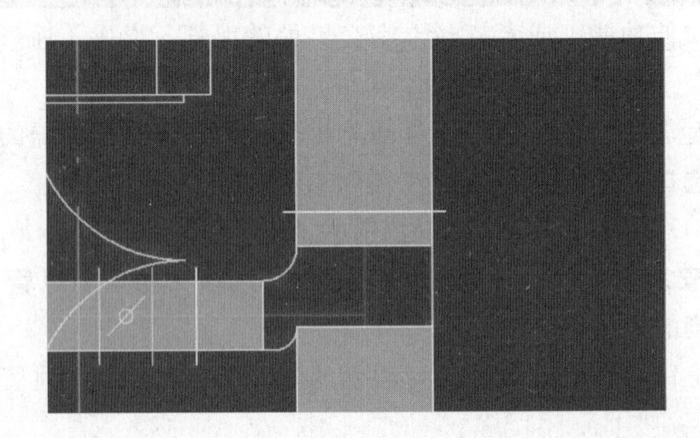

答：可以把下面那节风管往下拉伸一点再试试。延长自动相交就识别成三通了。

8. 问：把图纸转旧以后导入，别的都有就是通风管道两道边线少了一条，这个问题如何解决？

答：如果转为低版本了还有这种情况，建议补画一下少了的边线，这跟原始的 CAD 图是有关系的，不是软件的问题。

9. 问：如图中自动排气活门是独立的一个构件吗？

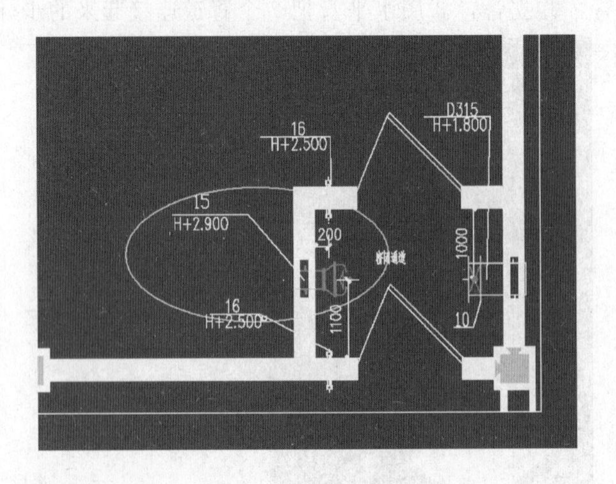

答：按照构件识别即可，建议当成一个整体识别。

10. 问：通风空调立管上的阀门怎样计取识别？

答：通风空调立管上的阀门的计取是按个为单位套定额子目，在平面图中没有立管可以识别，只能自己新建，按要求进行属性定义，再按其安装位置的标高直接在平面中的立管位置点击即可布置上去，要在三维视图中才能看到。

11. 问：空调水的管径为 600 或 600 以上时软件无法输入，怎样解决这个问题？

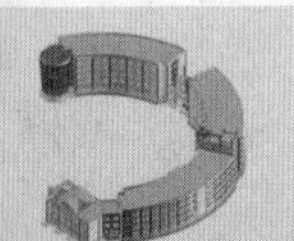

除 复制 | 上移 下移 | 过滤 · 排序 · 页面设置 | 单元格设置 · | 五金手册

	系统类型	系统编号	名称	材质	管径(mm)	连接方式	保温材质	保温厚度(mm)
水泵	供回水系统		无缝钢管	无缝钢管	DN600			0

添加定额 删除 | 工程量表 · 选择清单项 | 清单指引 选择清单 选择定额 | 选配 做法刷 自动套用清单

编码	项目名称	项目特征	单位	表达式	工程

答：空调水管径在属性中是可任意设置的，并无限制。而编工程量表时，是按定额规定设置，最大为500，实际大于500的管也只是套此项，但不影响绘制，可以不修改此项。直接在属性中编入600管后在套定额时再套此500子目。

12. 问：空调通风管末端管道，为何识别完后，汇总计算时在漏算检查时总是显示不全，提示漏算？

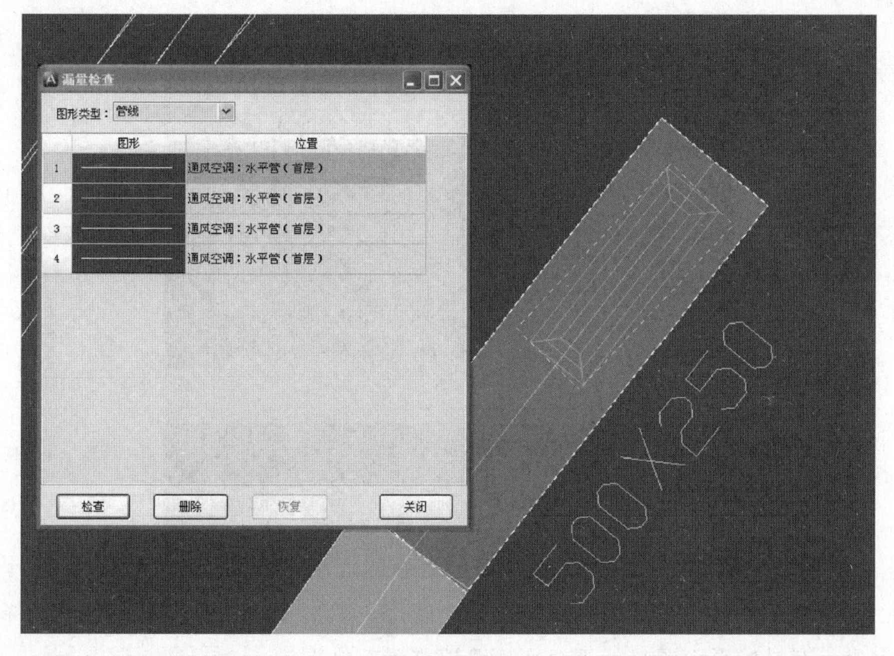

答：管道与设备连接的立管，以及水平管道由于CAD线断开而未识别完整，这种情况的管道极易少算。将图形类型选成"管线"，然后点"检查"，对管线而言，未和设备相连、管道未首尾相连的均进行提示。估计是风管末端没有和设备连接到一起。

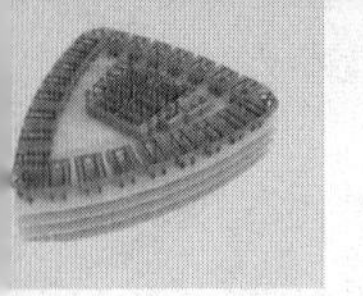

13. 问：安装算量中截面标注不是一个整体，如何解决？

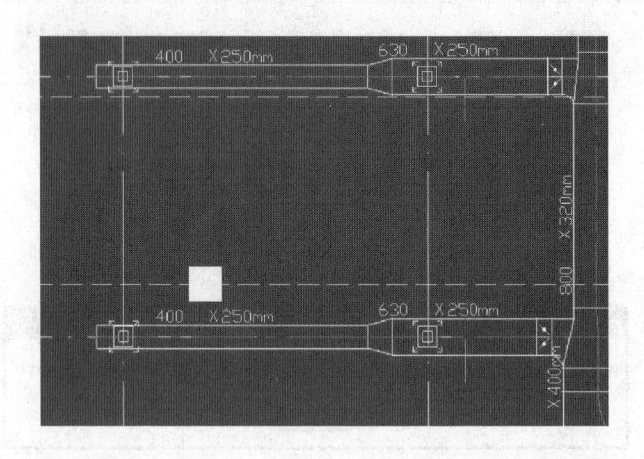

答：软件的工具栏上面有合并标注功能，按构件选择定义构件即可。

14. 问：风管自动识别时，比如 500 * 200 和 500 * 300 的风管在识别时软件会把 500 * 300的也识别成 500 * 200，如何解决？

答：识别后，进入风管界面选择需要修改的风管自行修改一下即可。

15. 问：S 型的风管怎样布置？

答：先在中间绘制一小段风管，然后用识别通头即可。

16. 问：如下图所示，右边已识别上，再来识别左边显示已经识别，该如何识别左边部分的通头？

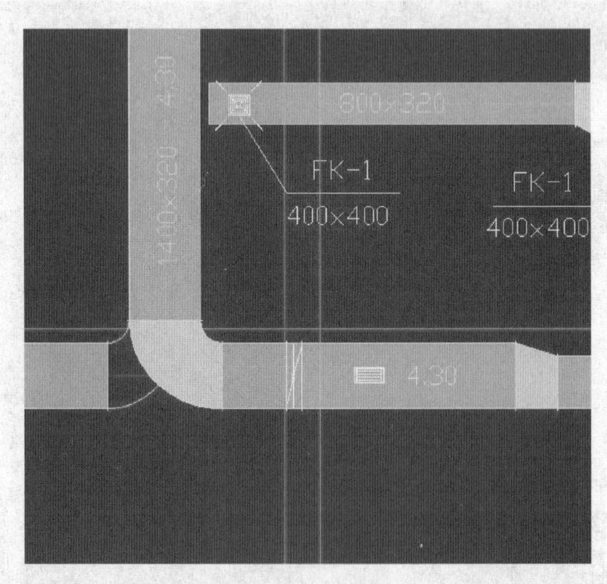

答：这个属于三通，需要先分别识别三个管道，然后点击通头识别，分别选择三个管道自动生成。有时候平面图显示不全面，可以查看三维图。

17. 问：在 CAD 草图界面为何看不到图纸？在其他界面都可以看到？

答：这是因为在 CAD 草图界面把图纸隐藏了而已。

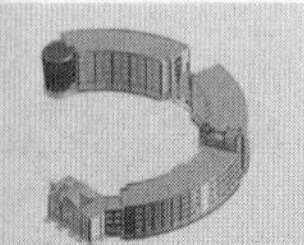

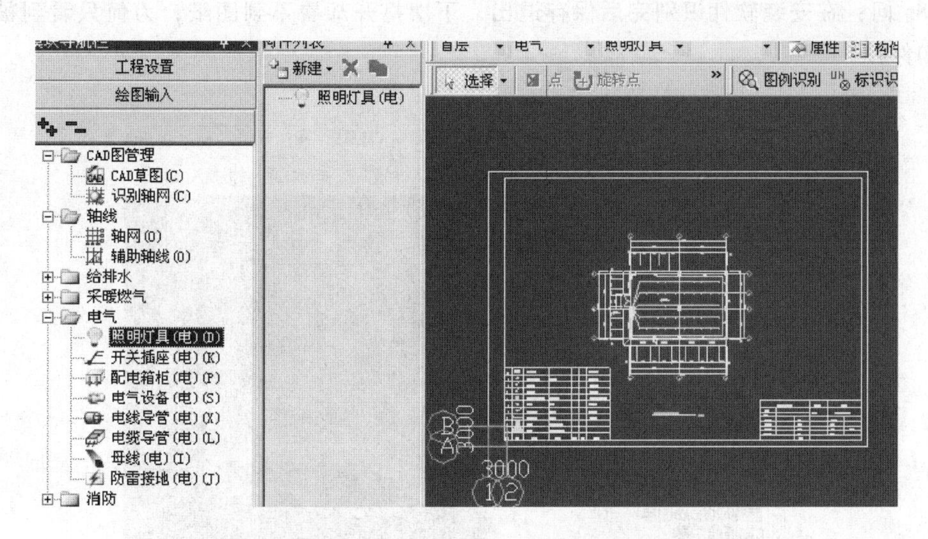
模块导航栏
工程设置
绘图输入
CAD图管理
CAD草图(C)
识别轴网(C)
轴线
轴网(O)
辅助轴线(O)
给排水
采暖燃气
电气
照明灯具(电)(D)
开关插座(电)(K)
配电箱柜(电)(P)
电气设备(电)(S)
电线导管(电)(X)
电缆导管(电)(L)
母线(电)(I)
防雷接地(电)(J)
消防
构件列表
新建
照明灯具(电)
首层
电气
照明灯具
属性
选择
点
旋转点
图例识别
标识识
3000
3000

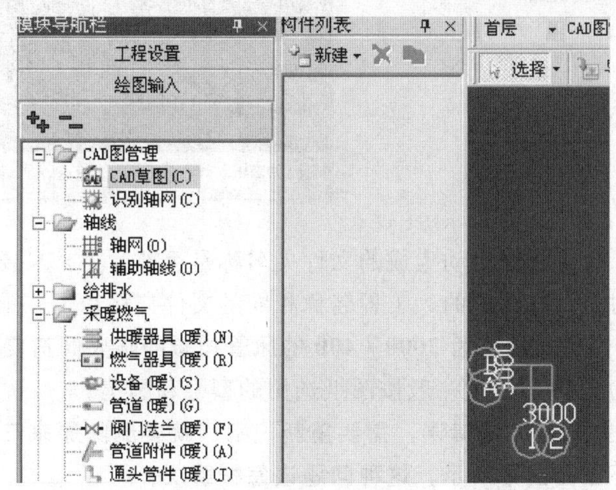
模块导航栏
工程设置
绘图输入
CAD图管理
CAD草图(C)
识别轴网(C)
轴线
轴网(O)
辅助轴线(O)
给排水
采暖燃气
供暖器具(暖)(N)
燃气器具(暖)(R)
设备(暖)(S)
管道(暖)(G)
阀门法兰(暖)(F)
管道附件(暖)(A)
通头管件(暖)(J)
构件列表
新建
首层
选择
3000

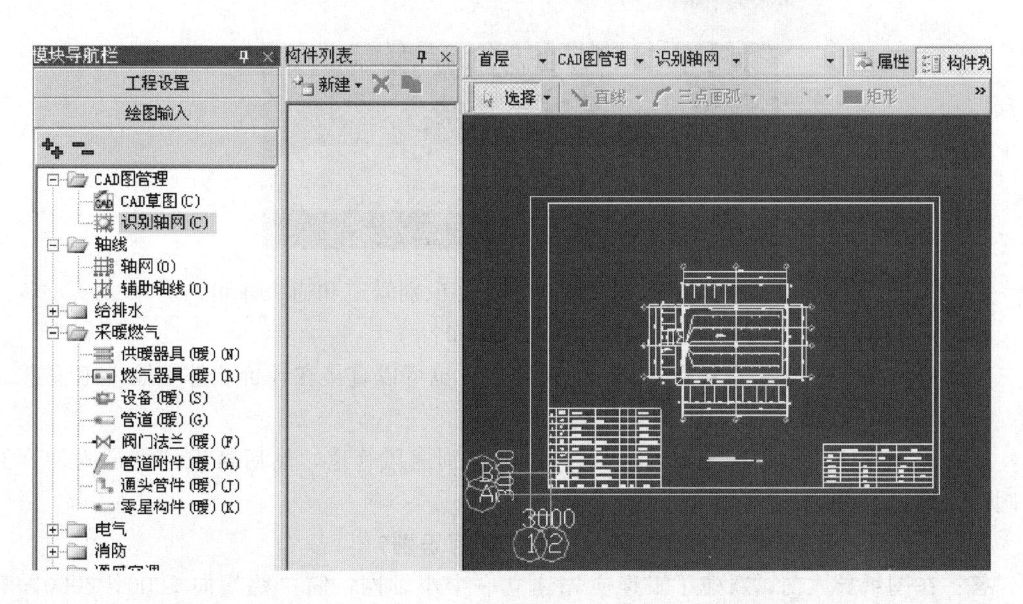
模块导航栏
工程设置
绘图输入
CAD图管理
CAD草图(C)
识别轴网(C)
轴线
轴网(O)
辅助轴线(O)
给排水
采暖燃气
供暖器具(暖)(N)
燃气器具(暖)(R)
设备(暖)(S)
管道(暖)(G)
阀门法兰(暖)(F)
管道附件(暖)(A)
通头管件(暖)(J)
零星构件(暖)(K)
电气
消防
构件列表
新建
首层
CAD图管理
识别轴网
属性
选择
直线
三点画弧
矩形
3000
3000

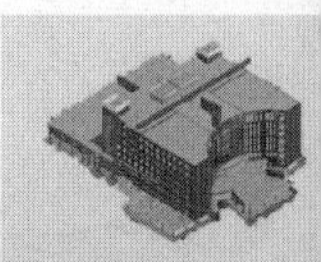

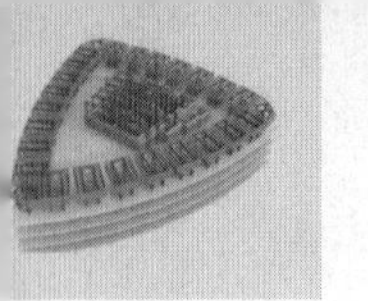

18. 问：在安装软件识别完后保存退出，下次打开却看不到图纸，为何只看到被识别过的构件？

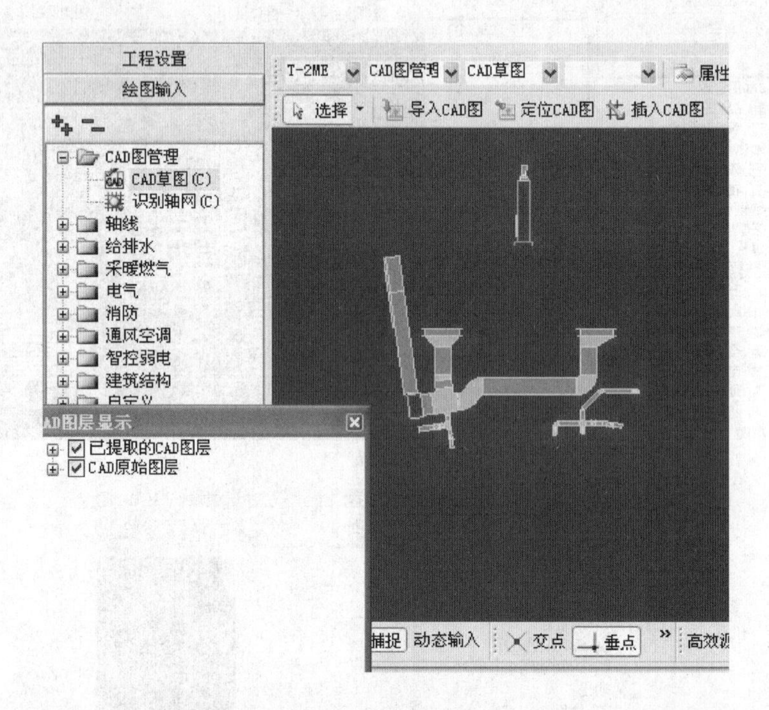

答：看下软件保存工程时自动生成的文件夹名称是否被改了，只要是在点击保存后关闭软件，重新使用时是没有问题的，工程名称相同的文件夹移动了，重新导入图形即可。

19. 问：通风管道里面规格为 2000 * 400 的风管扣减的防火阀宽度应该为多少？

答：宽度应该为 2000，长度一般按图纸选用的型号和图集。

20. 问：之前识别三通方法错误，需要重新识别，就要删除原来三通，删除之后总是多出一截管道，如下图圆圈中所示，这种问题该怎样解决？

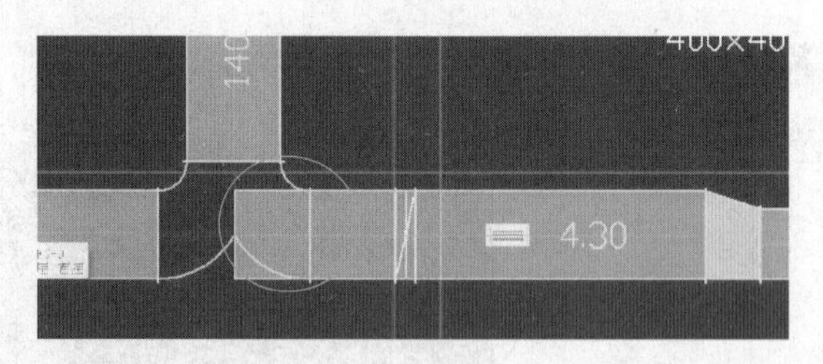

答：需要把通头周围的管道全部删除，然后再识别管道和通头才可。

21. 问：构件表格输入后工程量怎样导出 Excel？

答：导出 Excel 主要是为了导入计价软件中。也可以直接在计价软件中输入工程量。

22. 问：识别通风的操作步骤是什么？

答：先识别通风设备（例如风机盘管），再识别通风管道，然后再识别管道附件（例如阀门、风口）。

23. 问：导入 CAD 电子版图纸后，设计块如何识别？

答：在图纸导入前，新建了工程应先建立一个小轴网，简单些横向 2000，2000，竖

向 2000，2000。此小轴网作为以后每层导入图的原点，否则导入多张图纸后就乱了。图纸导入后还应该将图纸取原轴网的左、下角点整张移动至小轴网的左、下角点重合。然后才可以进行识别操作。

（1）给排水系统的识别顺序是：卫生器具—管道—阀门法兰；

（2）消防喷淋系统的识别顺序是：喷头—管道；

（3）通风空调系统的识别顺序是：设置—风管—管道部件；

（4）强弱电系统的识别顺序是：设备（包括：开关、灯具、配电箱、电气设备）—管线。

其各系统各设备管件的具体识别操作，就需要对软件的工具、规定等进行学习了。

24. 问：广联达安装算量软件怎样解决通风系统？

答：通风系统属建筑安装中的一个分部，可以在安装软件中用图形算量进行计算工程量。

25. 问：只有通风立管怎样识别？

答：先把设备识别了再识别管道，把设备的离地高度修改下会自动生成立管。如果还想再布置其他立管，选择管道编辑布置立管。

26. 问：通风空调屋顶风帽怎样用软件计取？

答：定义在附件里面，识别风管后再识别就好。

27. 问：下图中的黄、绿、蓝三色管分别是代表什么管？风机盘管到下面的出风箱中间的一段是铝箔管还是通风管道？用安装算量软件怎样计算这段工程量？

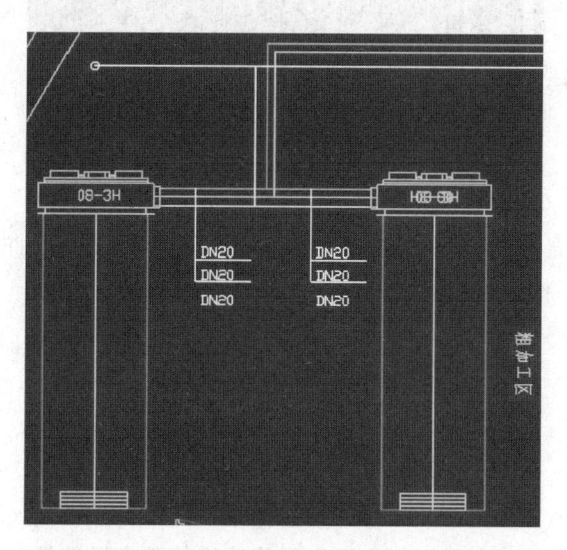

答：黄、绿、蓝三色管分别是风机盘管的供水、回水和冷凝水管；风机盘管到下面的出风箱中间的一段是通风管道，用安装算量软件水管可以按照给排水管道或通风的空调水管道算量，通风管道在通风系统的风管里面算量。

28. 问：广联达安装算量软件怎样自动识别引线标注的管径？

答：可以自动识别，但是需要先定义好管件，然后选择标识识别就可以。

29. 问：部分管线由于与其他管线重合，不能生成，是什么原因？

答：同个位置是不会存在两种构件的，可以看看标高对不对，由于 CAD 图上部分线

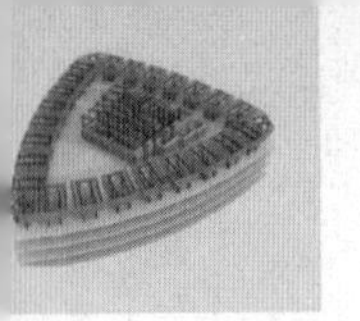

是没有断开的，却是不同的构件，可以在“CAD草图”的标签里，选择“打断CAD线”，或者选择构件后直接画。

30. 问：为何广联达安装算量软件导入CAD图纸后，图纸里面的数字标注就挤到一块儿了，标识无法识别？

答：可以把图截一下，试着在CAD软件中先把标注的字体统一调一下。可以将导入的图形定位至原点（0，0）附近试试。距原点距离太远，如几百公里也会发生显示问题。

31. 问：为何CAD图插入不到安装GQI2013里面？

答：插入CAD图要选择一个插入点，进行操作时可以看下面的状态栏，它会进一步提示的，第一张用导入，如果还用第二张用插入。

32. 问：安装算量时CAD图包含很多层，分A、B、C三段各30层，导入时，显示内存不足，怎样处理？

答：可以把图分解了再导入。也可以打开CAD图，然后框选一部分图按下W回车，把图块保存在桌面上，然后导入桌面上这幅即可。图太大是导不进去的。

33. 问：安装算量软件在导入T3图纸的时候，风管标注尺寸会断开，该怎样解决？

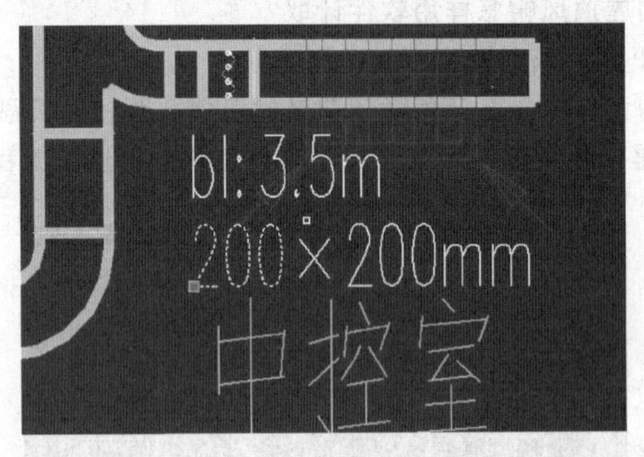

答：使用“标注合并”，将标注尺寸合并后再识别。如果是用的GQI2013，将CAD图纸转换为CAD2010格式，也许会减少标注的许多问题。

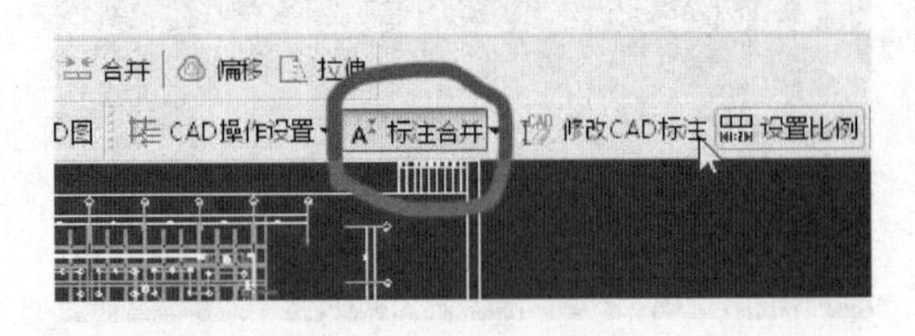

34. 问：通风管道识别完后，怎样识别风管软接的型号及数量？

答：2013版本可以自动识别软接。

35. 问：CAD识别风管弯头、三通有无快捷识别方法？

答：在GQI2013里面有批量识别通头的功能，GQI2011没有这个功能。相同的弯头可以一次识别，其他的只能一个一个识别。

36. 问：在安装算量通风空调中，要识别风管通头时，点选通头识别，然后点周围风管，右键识别，为何出现如图所示提示？

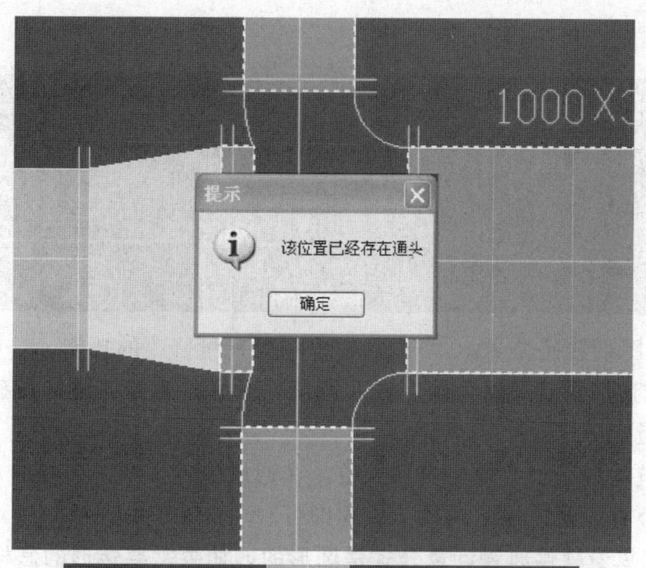

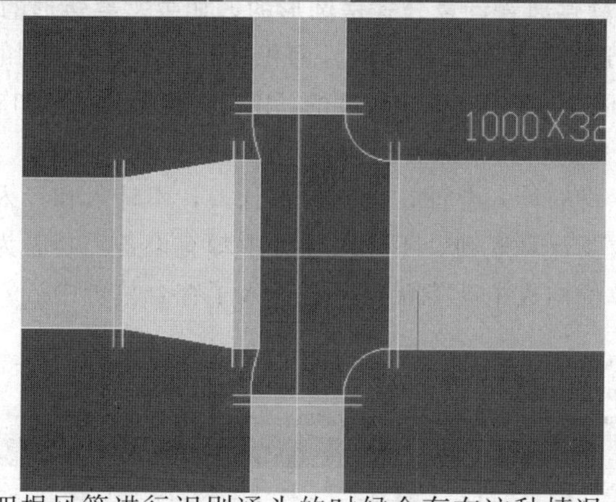

答： 通常是在对四根风管进行识别通头的时候会存在这种情况，这是因为对四段风管的选择顺序错误。多试几种选择方式就会生成（没有确定的顺序），或者直接把四段风管延伸到中心线处。

37. 问：在选择识别时，系统会自动选择一整条直线，只需要其中一小段，该如何解决？

答： 用天正软件把图纸分解即可，可以在“CAD 草图”的页面选择“打断 CAD 线”的命令，也可以选择了构件直接绘制。

38. 问：通风平面图中，有时风管之间交叉的地方，即使用标高不同绕开，那些面上重合的通头还是识别不了，该如何操作？

答： 识别风管的时候点选风管的中轴线识别，一般都能识别到位，若不行就手动识别一下。

39. 问：(1) 是否可以设置回路，如设 PY-B1-1？(2) 比如风管手绘时多绘了一些出去，怎么把它拉回原来的位置？(3) 因消防通风有分防排烟和平时通风，风管规格不一样，如果统一识别了尺寸，那么要如何修改构件？

答： (1) 可以设置回路，在识别电线管的时候，在属性最下边有个回路，把 PY-B1-1 填入即可。(2) 删除重新画，应该不能拉回去，可以把风管打断一下，删除多余的部分。(3) 把要修改的管道选中，右键，在管道属性里边直接修改就可以。

40. 问：天正暖通 8.0 绘制的图转成 T3 格式导入安装算量软件，风管标注全部炸开，

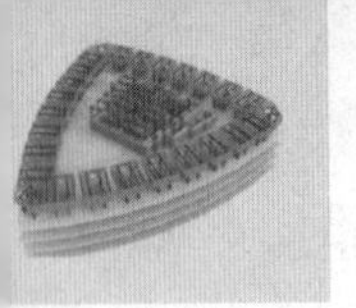

怎样快速修复？

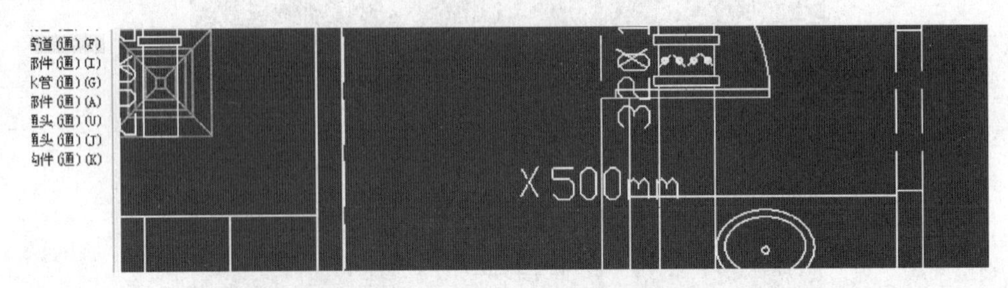

答：将 CAD 图纸转换为 2010 格式，可以利用批量修改的功能。

41. 问：加压送风垂直风道为预制成品风道，此时，应如何进行正确识别风道数量及多叶送风口的数量？

答：利用建筑物混凝土或预制成品风道，在通风中是不计工程量的，不用考虑怎么计算，只要计算与竖直风道连接的风口、风阀即可。

42. 问：安装算量软件风管计算公式是圆形的，如果需要矩形的怎样调整？

答：风管无论圆形还是矩形的都是按展开面积计算的，但是识别的时候主要是识别出长度，所以无论是圆形还是方形的都先算出长度的，定义时区分开圆形和矩形的量就不会错了。

43. 问：主材和设备的价格计入合计吗？

答：软件中默认主材的计入合计，设备的不计入，不计入和计入的原因，建议看一下按照工程费用项目构成及计算规则。不计入软件中却有设备，是因为需要设备表；主材的价格从分部分项界面单价构成中就能看到已经计入了综合单价中。

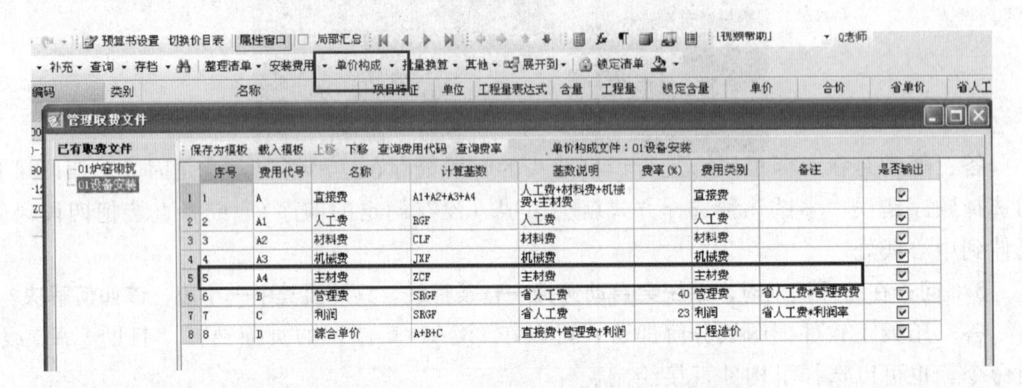

序号	费用代号	名称	计算基数	基数说明	费率(%)	费用类别	备注	是否输出
1	A	直接费	A1+A2+A3+A4	人工费+材料费+机械费+主材费		直接费		☑
2	A1	人工费	RGF	人工费		人工费		☑
3	A2	材料费	CLF	材料费		材料费		☑
4	A3	机械费	JXF	机械费		机械费		☑
5	A4	主材费	ZCF	主材费		主材费		☑
6	B	管理费	SRGF	省人工费	40	管理费	省人工费*管理费费	☑
7	C	利润	SRGF	省人工费	23	利润	省人工费*利润率	☑
8	D	综合单价	A+B+C	直接费+管理费+利润		工程造价		☑

44. 问：如图所述的电缆埋地敷设，管枕；细土或砂回填应该算哪些量？套什么定额？

答：管枕是按照预制小型构件套的，铺砂盖砖有相应的子目，调出砖用量即可。

45. 问：工程设置里面的设置内容和定义，与属性里面的内容有何区别？

答：工程设置里面的设置通常是构件定义前修改，对所有同类构件都有效，属性中的定义和修改只对同一构件有效。

46. 问：在设置风管的保温时，风管通头还需要设置保温吗？

答：保温都是整体做的，风管通头一般也是要做保温的。

47. 问：风管及通头识别，汇总计算后，查看工程量，风管通头为何无面积？

答：通头按照风管识别面积了，计算规则是计算在风管里面了。

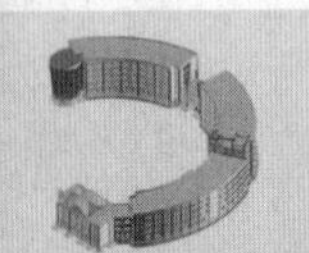

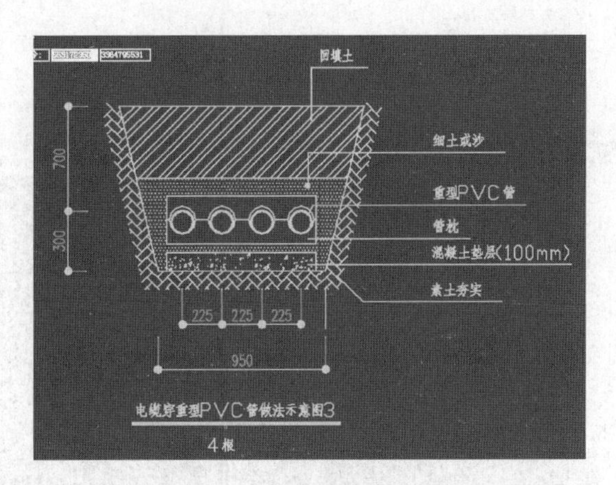

48. 问：为何通风工程安装算量与手工算量差距很大？

答：需要注意计算默认设置与平常手算有哪些不同，差异应该出在这里，和定义的计算设置有关，一般工程量不会相差太大，最好远程看看为好。

49. 问：通风工程识别中，为何点击导航栏中的通风管道，原图纸就没有了，右侧的CAD图层显示还在，都打勾了，只看到以前识别过的图元，点击其他的通风设备、风管部件等都正常有图纸？

答：可以选择当前，不显示图纸时的构件导航栏—随便选择一个轴测图—按键盘C即可（显示CAD图快捷键，注意中英文切换）。在不显示CAD图的楼层中—点击导航栏中的【通风管道】—右侧的CAD图层显示勾选—选择楼层—全部显示—关闭—选择一个三维轴测显示—按键盘C（显示CAD图快捷键，注意中英文切换）。出现CAD图之后即可回到当前楼层俯视，继续识别【通风管道】。

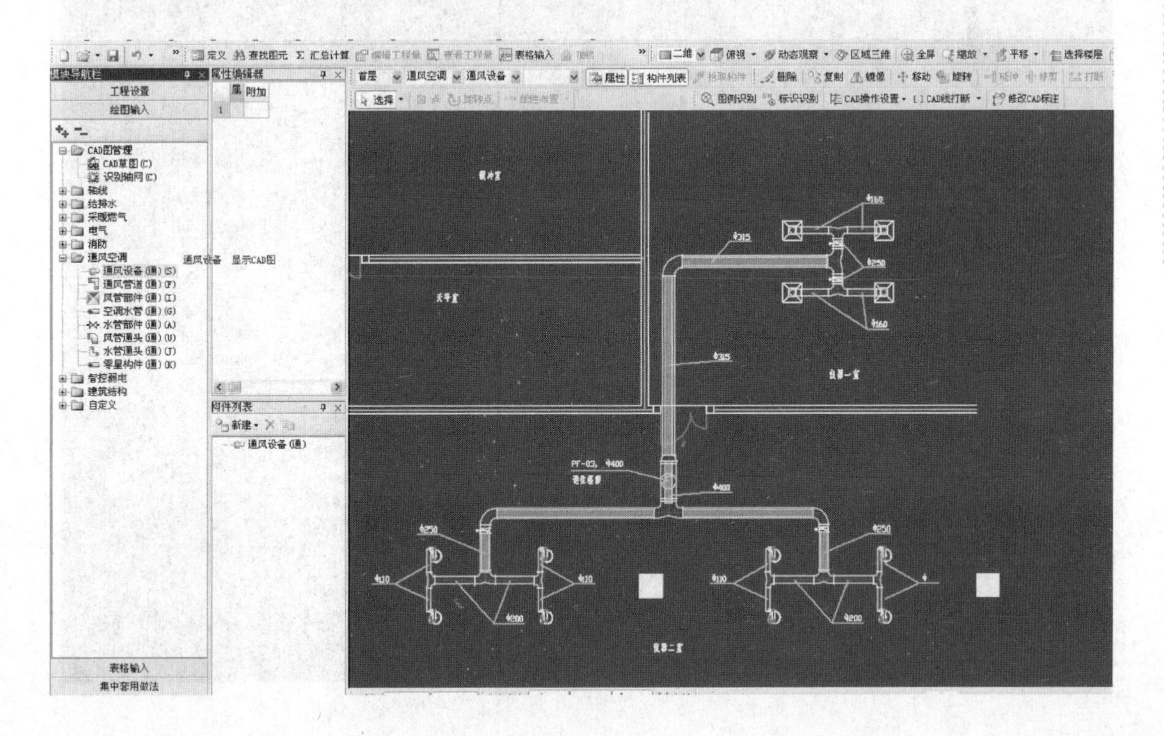

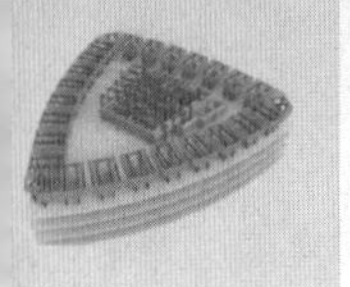

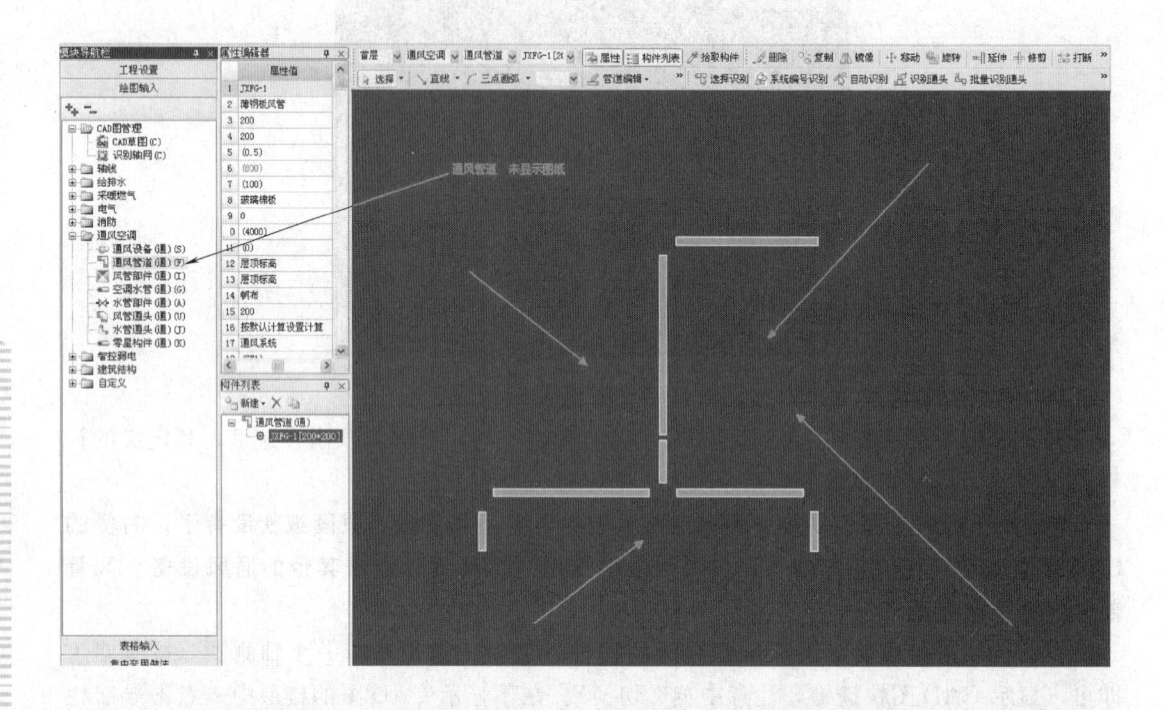
模块导航栏
工程设置
绘图输入
CAD图管理
CAD草图(C)
识别轴网(C)
轴线
给排水
采暖燃气
电气
消防
通风空调
通风设备(通)(S)
通风管道(通)(F)
风管部件(通)(I)
空调水管(通)(G)
水管部件(通)(A)
风管通头(通)(H)
水管通头(通)(J)
零星构件(通)(K)
智控弱电
建筑结构
自定义
表格输入
属性编辑器
属性值
JXFG-1
薄钢板风管
200
200
(0.5)
(800)
(100)
玻璃棉板
0
(4000)
(0)
层顶标高
层顶标高
帆布
200
按默认计算设置计算
通风系统
构件列表
新建
通风管道(通)
JXFG-1[200*200]
首层
通风空调
通风管道
属性
构件列表
拾取构件
删除
复制
镜像
移动
旋转
延伸
修剪
打断
选择
直线
三点画弧
管道编辑
选择识别
系统编号识别
自动识别
识别通头
批量识别通头
通风管道 未显示图纸

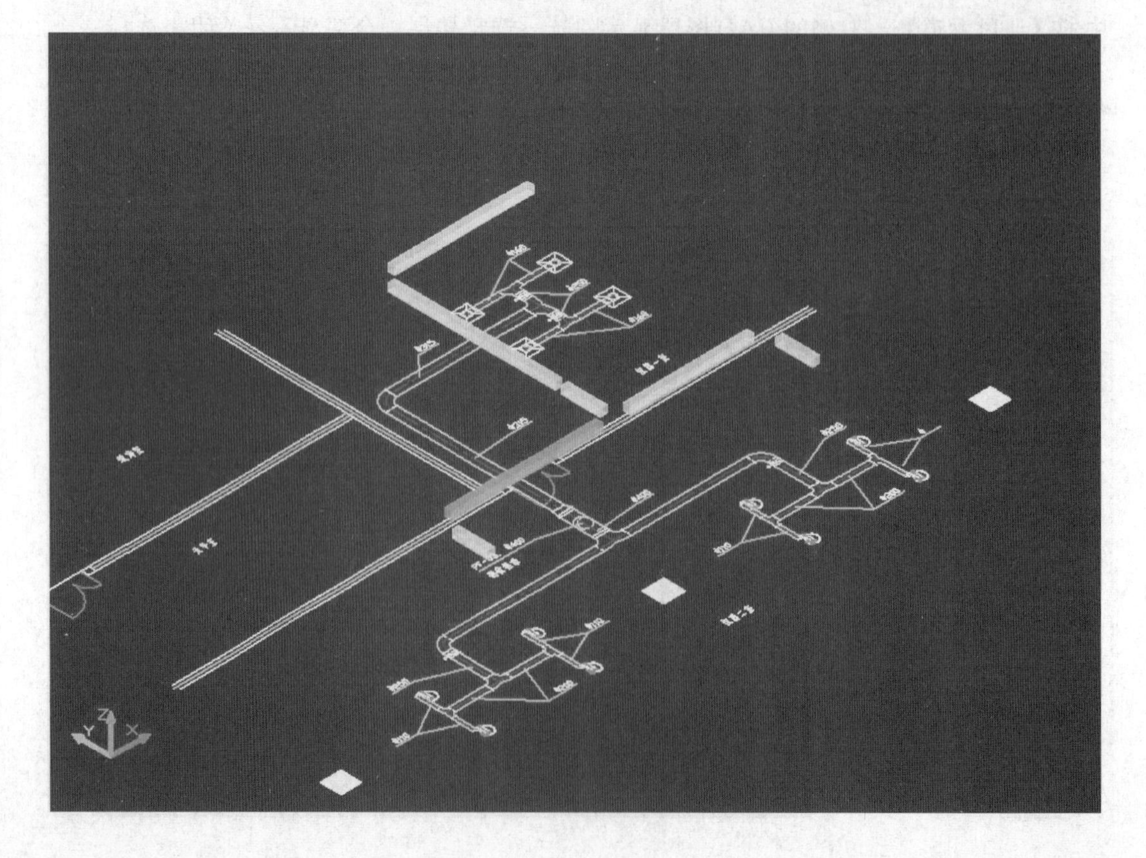

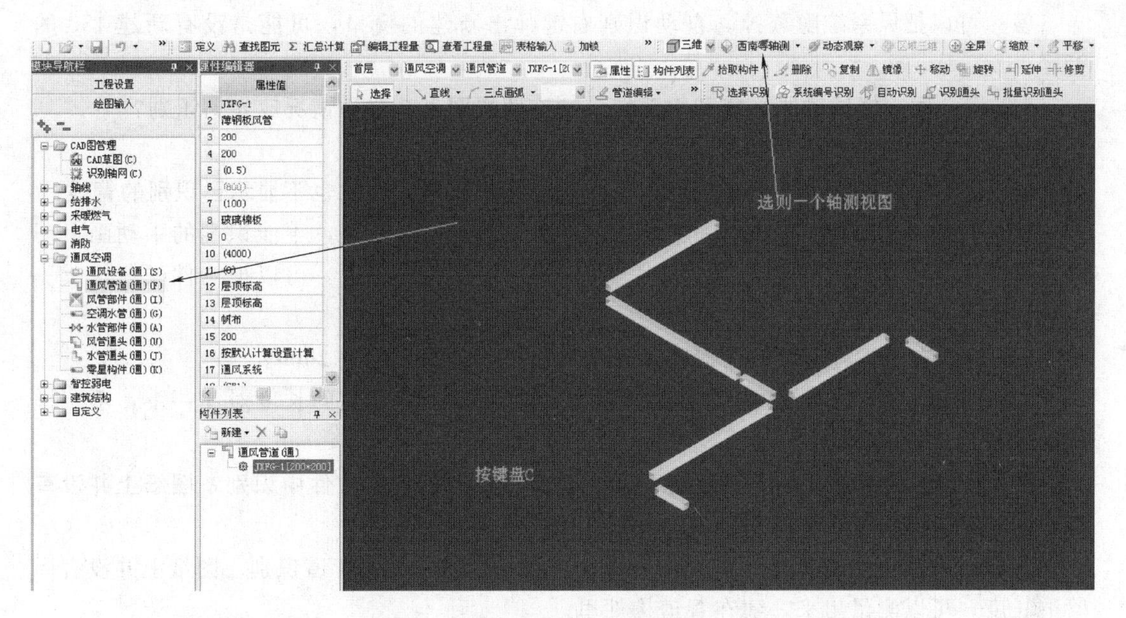

50. 问：先识别了风机盘管，再识别管道，识别后为什么立管没有自动生成？

答：有时候风机的连接点和管道错位不到一根管的直径时是不能生成立管的，用生成立管功能也不能生成通头，在定义界面修改一下风机盘管的连接点试试，要么使连接点正好在管道上，要么偏移两根管径以上。

51. 问：如图是天圆地方吗？

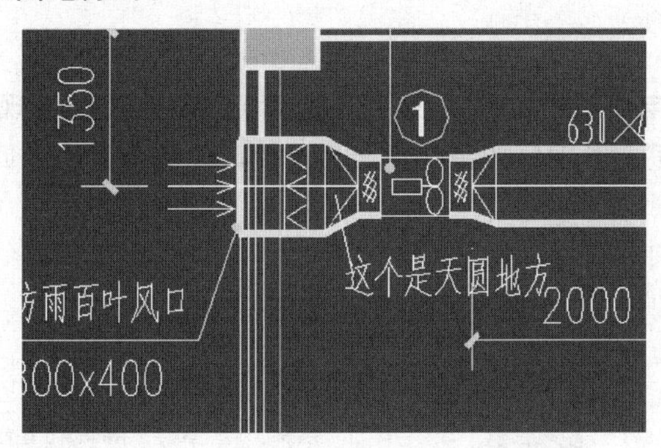

答：这是一个天圆地方的接头，软件可以自动生成。绘制一个圆管，然后绘制一个方管，两者相交就自动生成天圆地方。

52. 问：在识别风管时把它的保温层的材料和厚度都设置好了，但在报表预览时为什么还是系统默认的？还有把两个楼层的风系统和水系统都识别完后，在查看报表预览时，为何只有最后识别的楼层的信息而前面的一层没有任何显示呢？

答：楼层汇总计算一下看看，既然设置好就不会不按设置显示，建议再查看一下设置是否正确。汇总几层显示几层，汇总计算时选择全部楼层以后再点击上面的工程量，分类查看工程量，选择楼层试试就都会有的。

53. 问：在识别完第一楼层的风系统后，又导入了该层的水系统，在识别水系统时为何该层的风系统又出现了？还有水系统的一条管线有 200、150、50、40、32 的管径，为何识别不出 150 的管径？

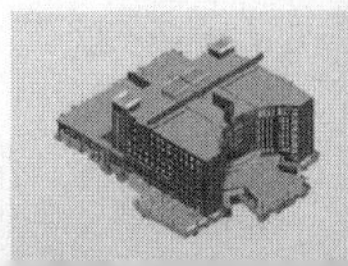

答：可以把风系统隐藏掉。自动识别右键弹出新建的窗口，可能是没有新建 150 的管径。

54. 问：同一楼层的风系统和水系统分别在两幅图上，这种情况应如何识别？

答：这个没法隐藏，可以建立两个工程来做。

55. 问：水系统管线识别时为什么有的管径无法识别，而且也不显示已识别的管线？

答：有的 CAD 线设计时有一点重合，识别时不能直接识别，不能识别的手动画上即可。不显示已识别完的构件是因为构件颜色与 CAD 颜色太接近，可以把构件颜色修改一下再识别。

56. 问：在识别方形散流器时为何识别不出来，总提示超过 2000？

答：可能是 CAD 图不规范，测量一下图上的长度，和标注的长度对比一下，不一样的话可能是比例没输对。

57. 问：通风管道上的各种检查管、取样管等如何在安装软件中识别？图纸上并没有标管的长度，建在哪个构件里？

答：通风管道上的各种检查管、取样管等在安装软件中同管道识别。图纸上并没有标管的长度，可以测量出来，建在管道构件里。

58. 问：广联达系统具体是根据什么升级的呢？

答：功能增加，定额补充，是广联达产品不断完善的过程，用户也随时可以在广联达新干线上自己下载新版本，随时使用新产品。

3.6 智控弱电专业

1. 问：在识别弱电回路的过程出现了识别错误，没有及时发现，还给错误识别的回路新建了构件并保存了，发现后撤销按钮已经失效，如何将识别的回路撤销（包括新建的那个构件）？

答：选中识别的回路，删除即可。

2. 问：为什么在识别材料表的时候提示图例不能超过 7 个？

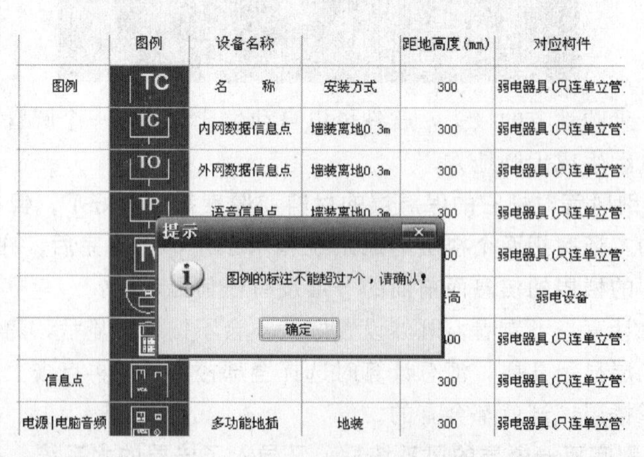

答：应该是多功能地插的识别出现了问题，可以分别识别，或在 CAD 中设置成块再识别。

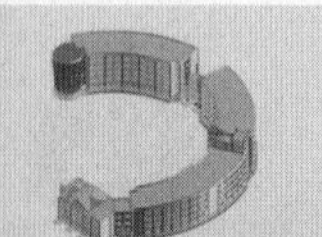

3. 问：弱电的量能否用广联达安装算量软件计算？

答：安装算量软件可以计算弱电的工程量。

安装算量可以计算以下专业的工程量：电气专业；给排水专业；消防专业；通风空调专业；采暖专业；智控弱电专业。

4. 问：安装算量生成的构件的属性如何修改并及时更新？

答：点击已经识别的摄像机，点击工具栏中的属性，在弹出的对话框中就可以修改了。

摄像机高度修改后线管也自动修改了。

5. 问：信息价载入后除了黄色的外，为何还有很多蓝色的？

答：在广联达软件中人材机汇总右下角会提示：蓝色标识的材料请通过【信息价询价】查询。

6. 问：弱电线槽 300（150＋50）*100 中括号内是什么意思？

答：桥架内施工各弱电线路分槽尺寸，括号内的 150＋50 表示双槽：150 和 50 宽。

7. 问：安装电气组合管道怎样设置？

答：组合管道的用法和桥架差不多，看看桥架视频就好。

8. 问：一根配管多根导线，怎样分别统计各自的长度？不同导线的根数不一样，可以分别统计吗？

答：根据图纸表示按照所标根数分别识别计算，也可以按照回路标识识别不同的根数计算。

9. 问：有关弱电智能化，比如监控等的算量方法是什么？

答：弱电智能化的算量和电气基本差不多，弱电智能化更简单些。

10. 问：为何在安装算量集中做法报表中显示电气工程量而不显示弱电工程量？

答：可能是汇总计算到一起了。例如管线，看看是否汇总计算到其他线里了。单独选中，查看工程量。

序号	定额编号	子目名称	单位	工程量
1	2-1022	钢管敷设 砌体、混凝土结构暗配 钢管公称直径(mm以内) 32	100m	0.07
2	2-1139	管内穿线 照明线路 导线截面(mm2以内) 铜芯2.5	100m单线	3.68
3	2-1140	管内穿线 照明线路 导线截面(mm2以内) 铜芯4	100m单线	6.73
4	2-1158	管内穿线 动力线路(铜芯) 导线截面(mm2以内) 6	100m单线	0.08
5	2-1388	接线箱安装 暗装 接线箱半周长(mm以内) 1500	10个	0.20
6	2-1389	接线盒安装 暗装 接线盒	10个	6.00
7	2-1594	荧光灯具安装 组装型 吊链式 双管	10套	2.00
8	2-1596	荧光灯具安装 组装型 荧光灯电容器安装	10套	2.00
9	2-1652	开关及按钮安装 扳式暗装开关 双联	10套	0.80
10	2-1689	插座安装 三相暗插座 4孔(15A)	10套	0.40
11	2-1693	防爆插座安装 防爆插座(A以下) 单相二孔 15	10套	2.80
12	2-1696	防爆插座安装 防爆插座(A以下) 单相三孔 15	10套	2.80
13	2-692	控制电缆头制作、安装 终端头(芯以下) 6	个	24.00
14	2-993	电线管敷设 砌体、混凝土结构暗配 电线管公称直径(mm以内) 20	100m	1.21
15	2-994	电线管敷设 砌体、混凝土结构暗配 电线管公称直径(mm以内) 25	100m	2.18

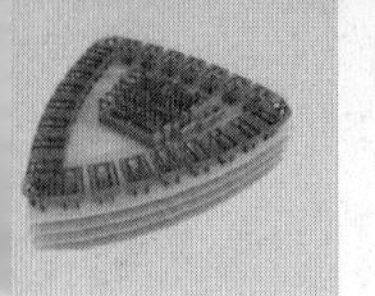

添加清单　添加定额　删除　清单指引　选择清单　选择定额　自动套用清单　匹配项目特征　全部展开　全部折叠

		编码	类别	名称	项目特征	单位	表达式	工程量	备注
1	◆	+ DJ-1 双管荧光灯 220V 32W*2						20.000	
4	◆	+ CZ-1 防爆插座						28.000	
7	◆	+ CZ-2 空调插座						4.000	
9	◆	+ KG-1 双联单控暗开关						8.000	
11	◆	+ 照明配电箱 600*500*180 暗敷						2.000	
13	◆	+ DQSB-1 接线盒 110*110*50						60.000	
15	◆	+ 半硬质阻燃管 20 暗敷						120.549	
17	◆	+ 半硬质阻燃管 25 暗敷						217.669	
19	◆	+ 配管 BV-2.5 暗敷						368.248	
21	◆	+ 配管 BV-4 暗敷						672.806	
23	◆	+ 线缆端头BV2.5						6.000	
25	◆	+ 线缆端头BV4						18.000	
27	◆	+ 硬质聚氯乙烯管 20 暗敷						6.800	
29	◆	+ 配管 YJV22-2*6+1*4 暗敷						6.800	
31	◆	+ RDSB-1 接线盒 110*110*50 综合布线系统						4.000	
34	◆	− 焊接钢管 20 暗敷 综合布线系统						50.612	
35		2-1019	定	钢管敷设 砌体、混凝土结构暗配 钢管公称直径(mm以内) 15		100m	CD	0.506	
36	◆	− 配管 RVS-0.5 暗敷 综合布线系统						101.224	
37		12-96	定	管/暗槽内穿放电话线缆(对以内) 1		100m	DXCD+0.2	1.014	

11. 问：需要做一个学校弱电综合管线的概预算，包括宽带、电话、电视、消防、监控、广播等方面，采用什么软件和定额？

答：用所在当地的广联达安装算量软件计算工程量，再用所在当地的广联达计价软件套价即可。

12. 问：弱电系统的室外长度是多少？

答：要看是从哪接入的，无规定时按照墙外皮 1.5m 计算。

13. 问：干线图纸中的 MDF、LIU 是指什么？

答：MDF 是指海事智能交通系统，LIU 是指路由器。

14. 问：数字线 DJYVP-4 * 0.8 套什么定额，弱电里的从对讲主机出来的数字线、模拟线、电源线该从哪里找相应的定额？

答：根据布线形式套用电气中的管内穿线或槽架布线定额子目即可。

15. 问：在识别时，插座高度设置 300，做完之后发现高度应该设置为 400，重新识别了插座，可是连接插座的管子仍然是 300，怎样修正？

答：插座高度设置 300 是软件中默认的值，如果需要修改为 400 时，可以在当前层中打开“构件”—“批量选择”—插座选择全部座器件，然后在属性对话框中的“距离高度”项中修改为 400 即可一次修改全部插座的高度了，而插座原配的立管也会自动按插座修改，软件有此功能。

16. 问：编辑工程量里面的线缆根数如何更改？

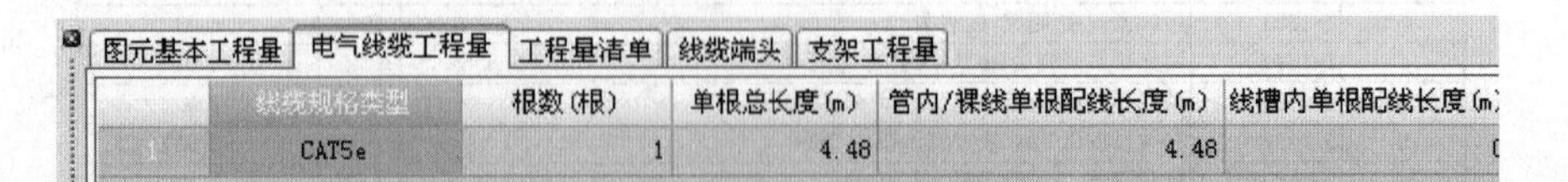

图元基本工程量　电气线缆工程量　工程量清单　线缆端头　支架工程量

	线缆规格类型	根数(根)	单根总长度(m)	管内/裸线单根配线长度(m)	线槽内单根配线长度(m)
1	CAT5e	1	4.48	4.48	0

答：在【定义】界面的【属性编辑框】中，导线的规格是可以修改的。如：规格填写为 BV-2 * 2.5。其中 2 就是指根数。BV2.5 是指线缆规格。依照这种方式，只要按照实际工程填写，然后绘图即可。

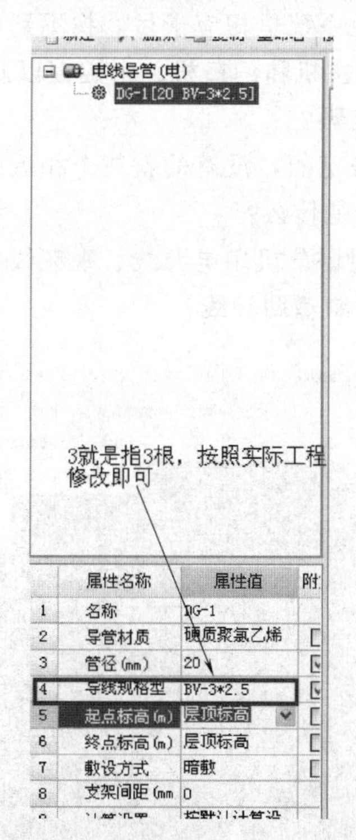

17. 问：广联达安装算量软件中桥架内线管怎样设置？

答：桥架内的电线是直接走线槽的，不用再穿管，桥架以外的是需要穿管的，桥架里面是没有配管的。

18. 问：计算管道量时，下图这一部分是否也需计算？连接 TP 和 T0 之间是否有管？

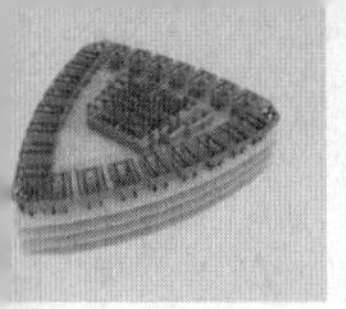

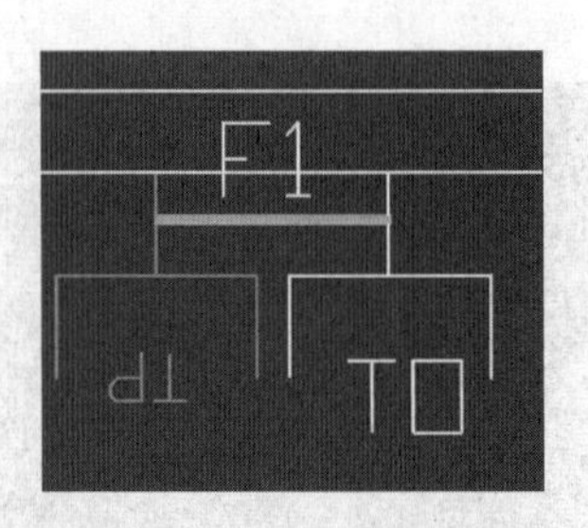

答：这是图纸的画法，实际是在一起的不用计算；电话和网络点之间不应该有连线，设计意思可能是用一根管穿两种线，到地方分一下。

19. 问：下图中显示的依次套用什么定额？

图例	名称
	无线对讲天线
	功分器
	无线通讯收发天线
	室内通讯天线

答：套安装定额建筑智能化系统里相应子目，找不到可以查询一下。

20. 问：安防可视对讲监控主机和门口机、电控锁以及电控锁开启按钮、可视对讲层间分配器应分别套什么清单和定额？

答：按照元件的不同用途找定额，没有的就找个相近的，关键是别忘记主材。

21. 问：可视对讲线路原理是什么？

答：门口对讲主机和楼内对讲分机用电源线、视频线、电话线、控制线连接起来。

22. 问：安装算量中怎样绘制辅助轴线？

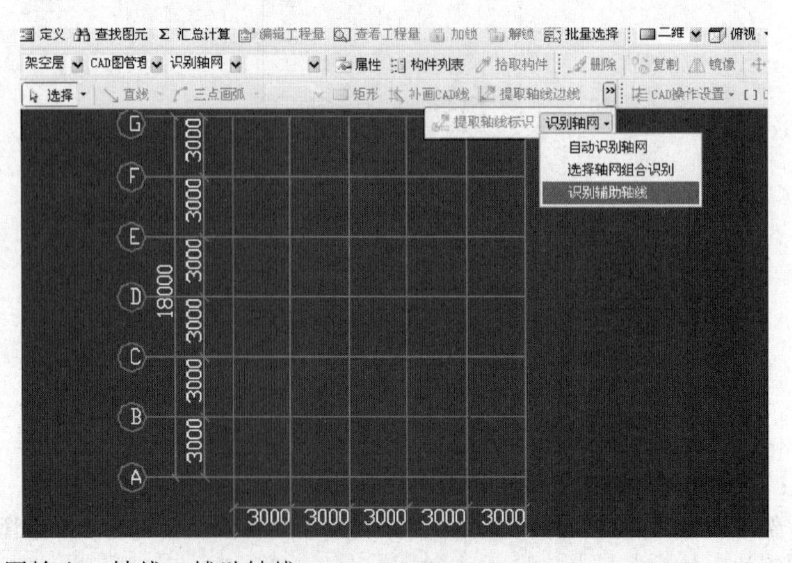

答：绘图输入、轴线、辅助轴线。

23. 问：为何 CAD 图能打开，能看得见，导入后却找不到项目？

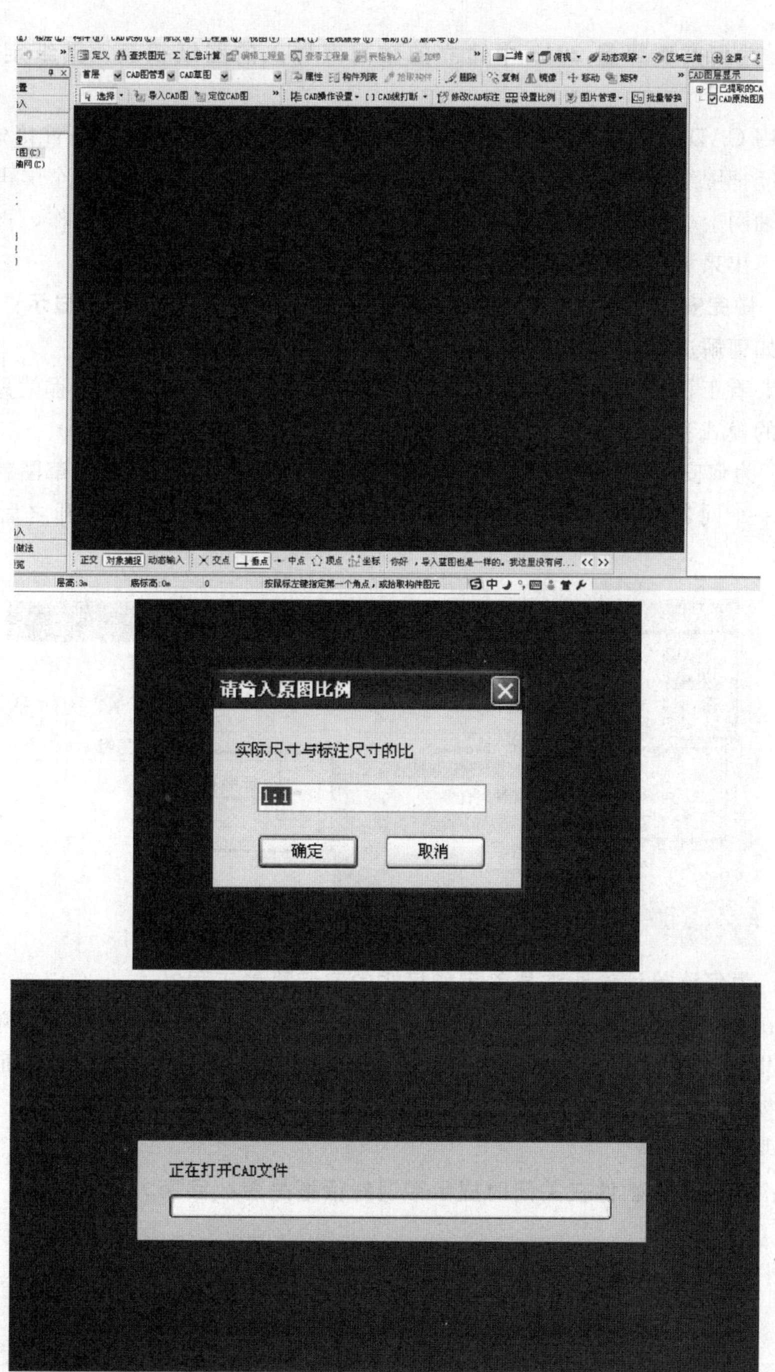

答：按照比例进行导入，可能是图纸过大，或者比例过小的原因。再看软件里面草图的快捷键，是否把这些图层关闭了。

24. 问：为何老版本升级安装算量 2013 后，做好的以前的版本打不开怎样处理？

答：在以前的版本打开自己的工程，F5 合法性检查看一下，有非法图元的话删除，不然 2013 版是打不开的。或者是 2011 最低版本做的工程想一下子升级到 2013 最高版本的，也会出现这样的情况，那就一个个版本升级，比如先从 679 版升级到 828 版再升级到 2013 的 1089 版本，再往 1172 版本升级也可以。

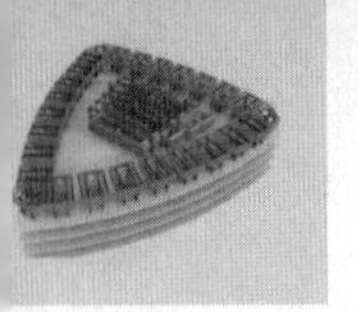

25. 问：为何安装算量 2013 中建立的轴网离导入的图纸很远，图纸定位后图纸找不到？

答：采用 CAD 图纸移动的功能，把需要的图纸移动过来，也可以直接定位 CAD 图纸。如果已经把图纸定位好了，点击下全屏看看。建立轴网后也可以点全屏再把图纸定位再全屏拉到轴网上。当看不到图纸时就按全屏，然后拉过来放大，再操作，再全屏。除非是图纸显示不出来那就另外操作了。

26. 问：做完安装工程算量后导入计价接口时（用清单计价模式）显示：导入 GQI 文件失败，该如何解决？

答：这要看工程里面都套取了什么，如果只套取了定额，那计价工程就只能选择定额模式。算量的模式和计价的模式要保持一致。

27. 问：为何安装算量做好的工程复制到别的地方或者改名，CAD 草图就不显示了？

答：有一个同名称的 CADI 文件夹，把这个文件夹一并复制，打开之后就可以看到 CAD 图纸了。

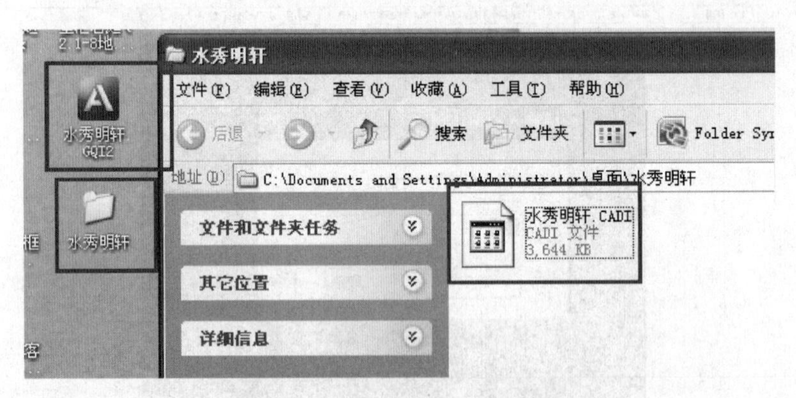

28. 问：为何清单计价无法导入定额模式的安装算量工程？

答：解决方法如下：(1) 安装工程是不是全部套取的是定额，没有套清单。(2) 做好的安装工程里面存在空白行，仔细检查一下，有的话必须删除。(3) 如果上面两个问题都不存在，打 4006066088 按 4 咨询，就要发工程修复了。还是存在一些看不见的空白行，要用修复工具修复。

29. 问：安装算量软件在关闭时提示错误对话框是怎么回事？

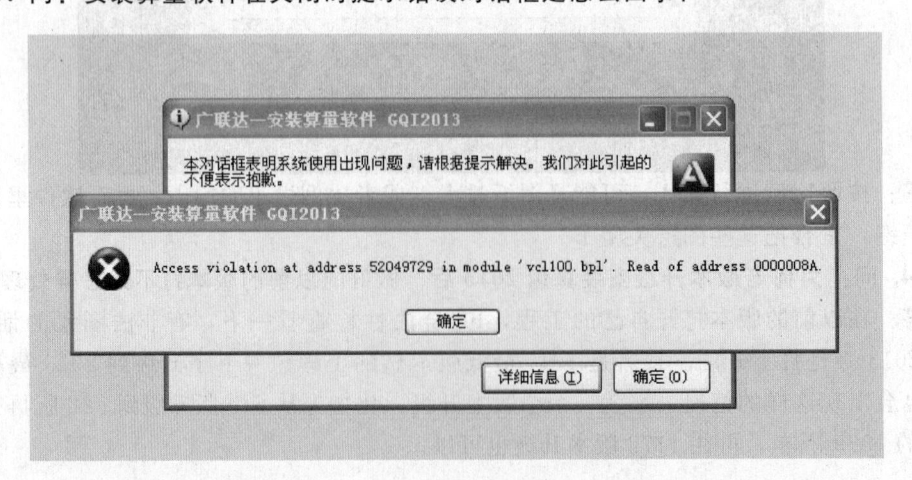

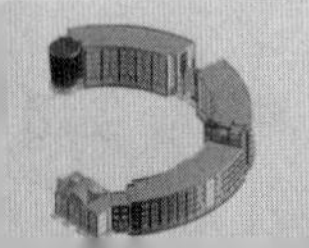

答：关闭硬件加密器即可操作方法：在桌面空白地方点击右键—【属性】—【设置】—【高级】—【疑难解答】—将硬件加速调为无。

30. 问：安装算量做好后导入 GBQ 计价软件入口，在计价软件设置为清单计价时，为何安装算量文件导不进去？

答：把第一栏的“定额号”、“名称”、“单位”等去掉。

31. 问：安装算量完后如何用报表格式转换出来汇总？

答：在绘图输入里点汇总计算，在报表预览里找到所要计算的专业里面查看。用集中套做法套过清单定额后，需要后期到计价软件里填写价格。安装算量完成后点击报表—点击报表范围—选择构件就可以看到勾选后的构件工程量，可以把此工程量导出为 Excel 表格。

32. 问：预制混凝土 U 形板套用哪个定额？

答：套用一个和它很接近的，然后调差价即可。

[illegible]
预制混凝土 F形板
预制混凝土 平板
预制混凝土 槽形板
预制混凝土 大型屋面板
预制混凝土 大墙板
预制混凝土 大型多孔墙面板
预制混凝土 天窗端壁板
预制混凝土 井盖板
预制混凝土 挑檐板
预制混凝土 天沟板
预制混凝土 天窗侧板
预制混凝土 网架板
预制混凝土 架空隔热板
预制混凝土 地沟盖板

33. 问：清单计价中有无价差？

答：清单计价是按市场价计算的，不存在价差问题。

34. 问：人工摊坐工程量为平方米还是立方米？

答：平方米，在计价软件上面查询定额就知道了。

35. 问：怎样把安装软件中管道的通头导入到计价软件中？

答：要看是什么通头，大部分都包含在定额内，是不需要导入到计价软件中的，算量软件只是为了帮助出量，也有利于采购，不是所有的量都要计价的，定额包含的就可以不再计取了。

36. 问：GQI2013 可以设置标准层吗？

答：修改后面的标准层楼层层数即可，把后面箭头指的 1 改为 7 就行了，前面不要动。

37. 问：为何导图后，轴网不见了，CAD 中原本的很多东西都不见了？

答：是原 CAD 图纸加密的原因，可以用天正建筑软件，批量转旧功能，把图纸转换成 T3 格式，再导入软件即可。

38. 问：一张平面图，裙房部分和主楼部分标高不一样如何处理？如一层内有夹层，怎样设置标高？

答：(1) 现在的标高都开放了，不管楼层标高怎么设置，可根据图纸直接修改标高就可以。

(2) 按图纸设置楼层，楼层信息不用区分夹层，就按完整楼层设置，绘制的时候直接修改

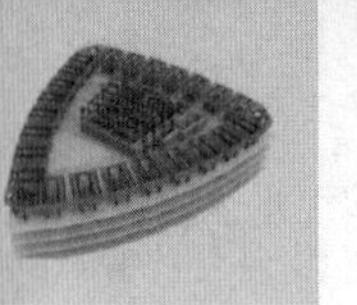

标高，工程量是正确的，当布置的构件与定义楼层的标高不同时，可以在属性中调整。

39. 问：广联达安装算量软件中如何合并工程？

答：用块功能保存和提取即可，和土建的一样。

40. 问：为什么安装算量里面是套清单模式，然后导入到清单计价软件的时候出现清单计价无法导入定额模式的安装算量工程？

答：这是设置的问题，只要安装算量软件里面有任何一个地方套了定额子目就不会导入清单计价的模式。

41. 问：新人接触安装工程需要从哪里入手？

答：先熟悉一下计算规则，再按图计算量，套清单或者定额即可，一般预算按照给的材料表计算是差不多的。

42. 问：xxj 信息价文件可以转成 Excel 表格文件吗？

答：不可以，如果需要 Excel 表格文件，可以到当地造价信息网上去下载。信息价下载后一般是 exe 文件，安装后是 xxj 文件，操作如下：（1）信息价不需载入，格式是 exe 可执行文件，双击安装就可以，其安装目录为其匹配的定额库；（2）新建单位工程，定额库选择为与信息价匹配的定额库。载入市场价就会有价差表。可以选择需要的月份，然后点击载入市场价。SCJ 的格式是用载入市场价来导入软件的，可以导入到软件生成 Excel 文件，但是 xxj 文件不可以。

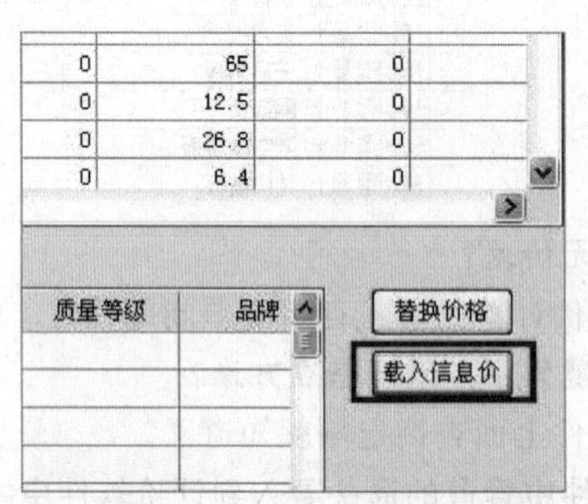

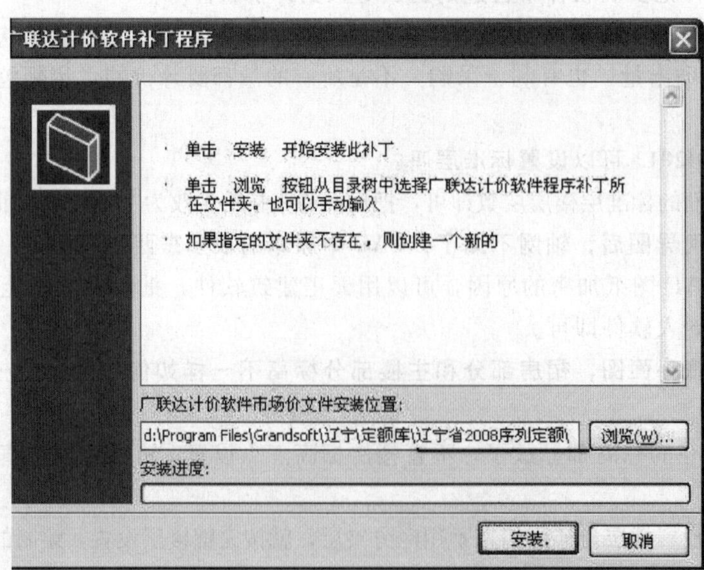

43. 问：做市政道路、桥梁可以用广联达软件吗？

答：可以。对于桥梁、道路算量部分，如果想建立构件，可以用绘制异形构件或者在单构件中输入。对计价部分，有市政定额可以应用。

44. 问：没有 CAD 图如何快捷地用软件算出工程量？

答：表格输入或将土建工程导入后自己照着图画，文件菜单里就有导钢筋图形的功能。用软件的表格输入虽然慢，但是后期的统计出量和套做法还是比较实用的。

45. 问：怎样提取梁跨？

答：点击【重提梁跨】后，逐一选择梁即可。

46. 问：在 GQI2013 的表格输入界面，点击“过滤”—“格式过滤”的几个选项时提示“格式不一致，无法过滤”，如何解决？

答：如下图所示。

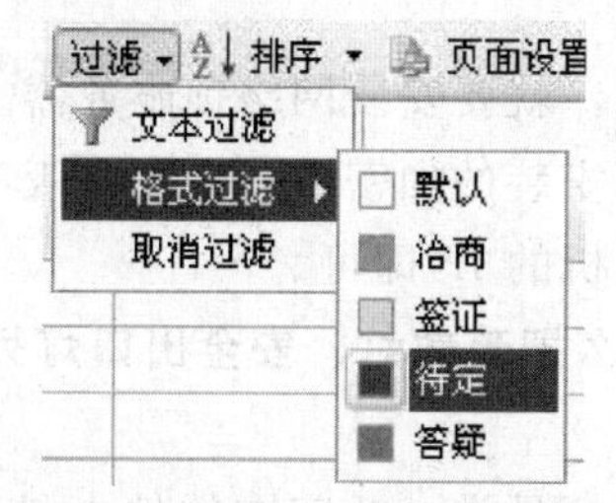

47. 问：将图形算量文件导入安装算量里，在图像输入界面中看不到墙体是怎么回事？

答：完全可以导入图形算量的文件。导入时勾选全部，导入后打开，F12 键，勾选全部，就显示出来了。

48. 问：安装工程在套完定额的时候，需要计取安装费用，那里面的超高费、系统调试、垂直运输、脚手架搭拆费、操作高度增加费等该怎样应用？

答：问题中提到的几项费用，在软件中有一个“安装费用”的按钮，点开这个，计取安装费用，然后这几项就可以勾选，需要计算哪项就勾选哪项，这几项不是说安装中的每章都需要计取的，只需选中其中的一项，例如“操作高度增加费”，然后下边显示有第几册，就是第几册需要计取这项费用。其他的是不需要计取的。如下图所示。

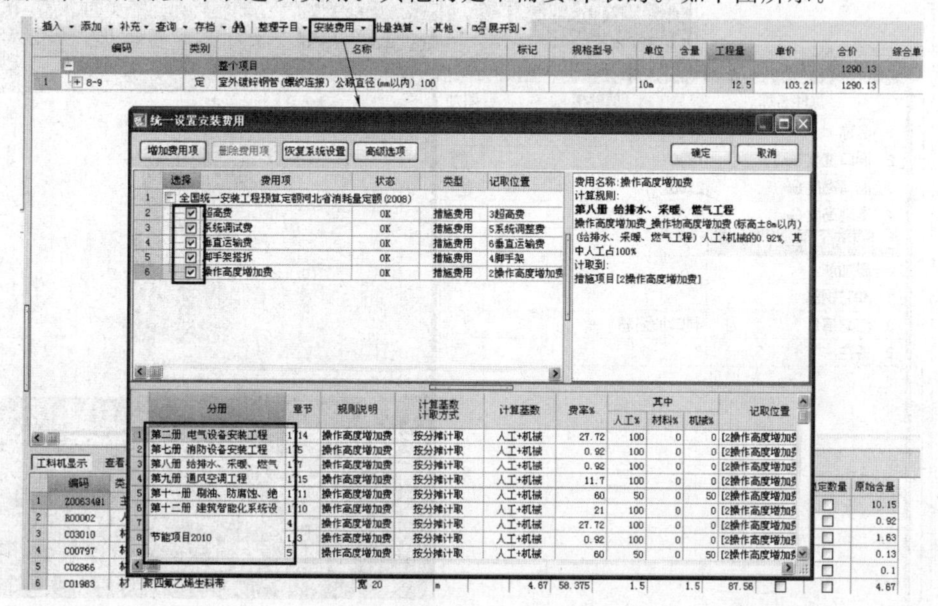

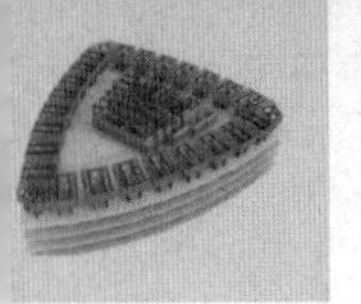

49. 问：CAD 中怎样计算图纸上的沟瓦、脊瓦？

答：可以自定义线画。定义时套上定额子目。

50. 问：在审计结果的报表中有常用报表、其他报表和按条件过滤报表，应该打印哪个？

答：根据自己的需要选择报表。

51. 问：做完的安装工程保存了，为何再打开时显示的是 CAD 的页面工程的信息？

答：方法一是重新再把图纸导进来，接着操作就可以，原来识别过的构件软件是不会再识别的；方法二是在保存工程的时候会生成一个跟工程文件名称一样后缀是 .CADI 的文件，把它两个放在同一个路径下就可以了。工具栏—视图—恢复默认界面即可。

52. 问：网络锁应该如何设置？

答：网络锁设置：

（1）如果电脑是插锁的主机，就要安装网络锁服务器。

（2）如果电脑不是主机，那安装的加密锁驱动程序版本就要和主机的一样。

（3）安装后设置一下指定主机的 IP 即可。

53. 问：在对应构件时为什么把疏散灯、安全出口灯列入其他里，接线方式与插座相同呢？

答：疏散灯、安全出口灯是灯具类，插座在软件中是列在设备类的。但由于疏散灯、安全出口灯使用是可以随意安插的，类似插用的设备件，所以接线方式与插座相同。

54. 问：怎样利用新功能进行安装图纸算量？

答：软件中会有新功能讲解，按照讲解进行操作并联系即可。

55. 问：防鼠门怎样绘制？

答：可以先在分层 1 布置一道门，鼠标右键复制到其他分层，属性里修改为防鼠门即可。不同标高时，可以在属性中调整它的离地高度。

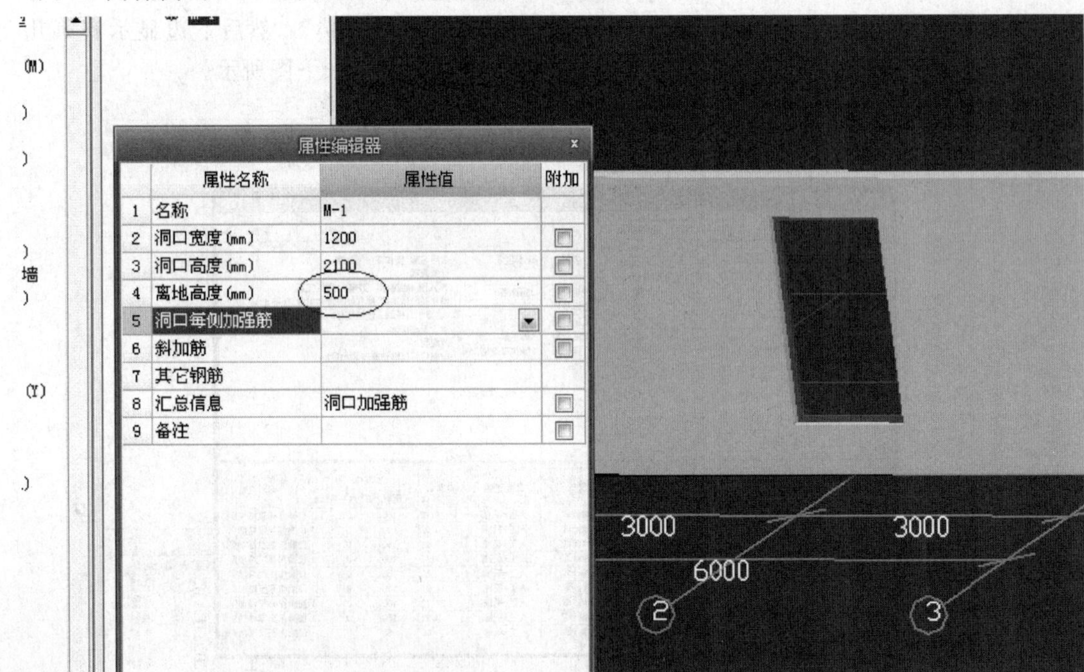

56. 问：在 GQI2013 中算好工程量，再用集中套做法套好清单后，为什么在报表预览里面没有任何显示？

答：在广联达安装算量软件集中套好做法后，需要确定做法正确、表达式正确，必须汇总计算并且保存后才可以导入计价软件。

57. 问：两栋楼基本差不多，都有地下室，并且一、二层都是设计为网点，就是建筑面积不一样大，三层以上几乎都为标准层，可一栋楼图纸设计有管井、有电井，一栋楼只有管井，没有电井，可供电方式几乎差不多，都是从地下室配电房引上至层表箱，这两栋楼可不可以利用软件复制等功能进行算量？

答：建议最好不要采取复制的方法进行识别，每栋房子单独设置构件计算，这样既方便修改也可以查询存在的问题。复制一份工程在上面修改即可。

58. 问：安装算量软件一打开 CAD 草图就不见了，如何处理？

答：重新导入 CAD 草图。

(1) 此 CAD 文件设计时采用块设计导致的。

解决办法：因为 CAD 文件设计时采用块设计导致无法导入到软件中的。用 CAD 软件打开该文件，“Ctrl＋A”选中所有构件图元，然后点击菜单栏“修改”－“分解”功能，把图块炸开。然后保存文件，再次导入软件即可。

(2) 利用 CAD 软件打开该文件，点选图上一个图元，但显示该文件图元全部选中，这时打开菜单栏“修改”－“特性”选中图元，此时显示该 CAD 图元是“多重插入块”导致的无法导入。

解决方法：第一步：选中该“多重插入块”，在其属性里将行、列均改为“1”；

第二步：在状态栏命令行里输入 appload 命令，点击回车，弹出对话框，加载“exm.lsp”，然后点击“关闭”；

第三步：在状态栏命令行里输入“exm”，根据提示选中多重插入块；

第四步：运行“explode”分解命令就可以将多重插入块分解了，然后保存文件再导入 GCL2008 软件就可以了。

(3) 此文件为利用天正软件所创建的。

解决方法：在天正 7.0 或 7.5 以上版本中，打开此文件，运用“文件布图”－“图形导出”的命令，此时会将 dwg 文件转成 TArch3 的文件，该软件会自动在指定的路径中生成“办公楼建筑电气图 _ t3.dwg”的文件，这时在 GCL2008 软件中再导入文件名带有 _ t3.dwg 字样的文件就可以了。

59. 问：为何安装算量软件重新安装了几次总提示没检测到加密锁，软件是要以学习版的打开吗？

答：(1) 现在使用加密锁驱动程序版本是 173 版本，是否已更新；(2) 加密锁是否写入安装算量软件信息（就是说是否购买了安装算量软件）；(3) 检查插口是否损坏。与正版和非正版没有任何关系。

60. 问：关闭软件时没保存，再次打开时只剩下图元构件，CAD 草图不见了，有办法能显示出来吗？

答：点击快捷键“F10”可以显示或隐藏 CAD 图。

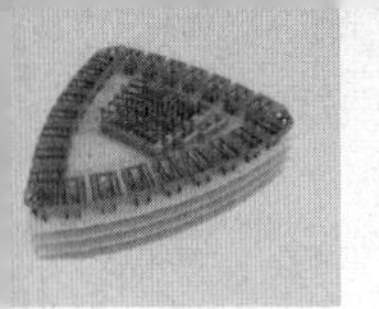

61. 问：(1) 对于管道刷油和保温的计算是算面积还是体积？(2) 对于管道刷油和保温的计算在水专业和电专业里面有区别吗？

答：(1) 管道的除锈、刷油和保护层都算面积，只有保温算体积。(2) 不分水电，但要注意的是电专业管道刷油、除锈定额是否已包括。

62. 问：打开软件提示：取【user】出错，怎样解决？

答：(1) 到相同机器上（没有出现问题的机器）系统盘下找到 C：\ WINDOWS \ system32 \ Midas. dll；

(2) 把其拷到出错机器上的相同位置；(3) 点击［开始］—［运行］，输入 regsvr32 C：\ WINDOWS \ system32 \ Midas. dll，点击确定即可。

63. 问：怎样进行正确的成本核算？

答：工程成本核算，就是将工程施工过程中发生的各项生产费用，根据有关资料，通过“工程施工”科目进行汇总，然后再直接或分配计入有关的成本核算对象，计算出各个工程项目的实际成本。

64. 问：图形算量楼梯面积含休息平台板面积吗？

答：图形算量楼梯组合构件时应包括平台板，工程量面积也应该含休息平台板面积。而且有梯梁的话也包含在休息平台内，只有近户平台不包括在内，需要重新计算，其处的梯梁也得重新算。

65. 问：定义构件时，需要选择匹配定额，匹配清单吗？脚手架和模板在哪里输入？

答：如果考虑到之后要导入到计价软件中进行组价，那就在定义构件时匹配上清单跟定额，如果只是为了算量，那就没必要了。模板可以在算量做法中套定额处理，而脚手架一般要在计价中处理。

66. 问：怎样才能输入不同标高的梁或板，使它的效果达到 11G101-3 中 74 页及 78 页图样？

答：选中梁或板，在属性里直接改标高。

67. 问：图元线性方向如何修改？

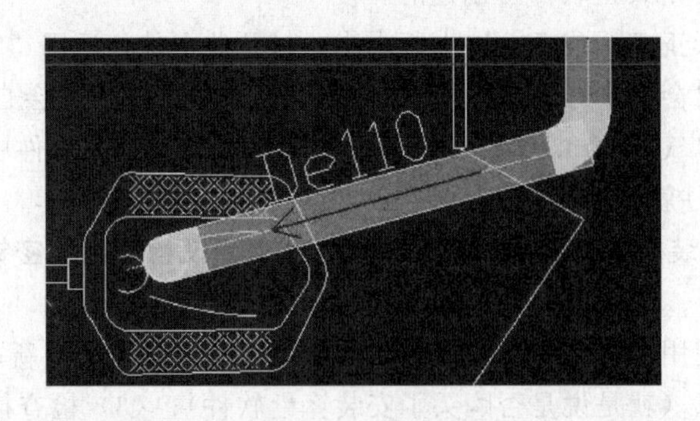

答：安装算量里面是没有调整图元线性方向的，如果改变只能重新按另一个方向来画，选中构件后右键菜单中有调整构件图元方向，如果是梁构件还可以在原位标注中用调整起始跨功能。

68. 问：双跑楼梯要画好投影再设计参数，环形的怎样绘制？

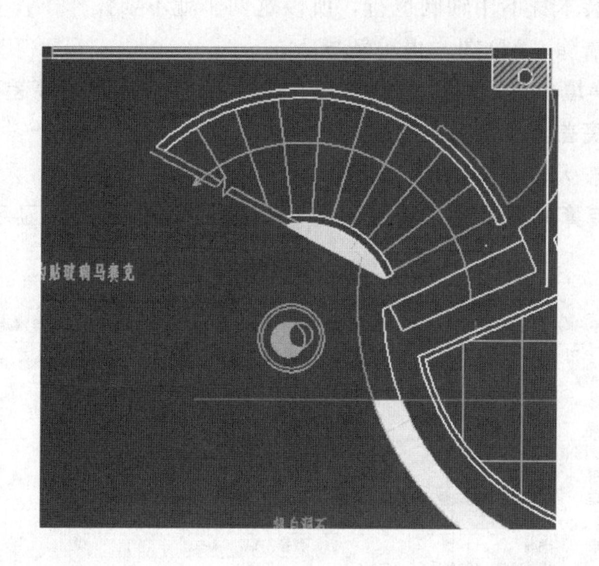

答：用螺旋版就可以。

69. 问：安装算量软件保存好后，第二次再打开时图形看不到了，但是报表里面有量，这种情况如何处理？

答：应该是没有显示出来，处理思路：

（1）首先在选择状态下，按键盘的 F3，【批量选择】看看能不能选择构件，如果有说明是没有显示出来。

（2）然后按键盘上的 F12【构件图元显示设置】把所有构件都打勾显示出来。

（3）如果还是不行，双击双标中间的滚轮或者点击界面右上角的【全屏】按钮，全屏显示应该可以看到图形。

70. 问：为何打开安装算量软件后提示打开工程失败？

答：需要重新安装软件才能解决。安装的时候关闭所有的杀毒软件。

71. 问：新建工程时无清单库和定额库，为何点击为空白？

答：把广联达计价软件 4.0 安装上即可。

72. 问：识别的过程中，消防管道有标识识别和自动识别两个功能，为何这两个功能只有在导入的 CAD 原图中才能使用，如果用提取轴线标识把 CAD 图提取后，这两个功能在提取过后的 cad 图中就不能使用了？

答：软件本身就是这样的。提取轴标示和轴线之后就把管线识别成轴线了，这时候没

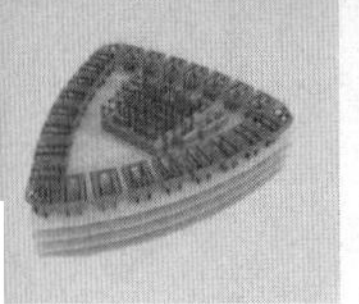

办法识别管了。安装本身不用轴网也行，所以这两步就不要操作了，直接识别管道提取轴标示和轴线之后，清除CAD图，再重新导入。

73. 问：路基换填山皮石后做路床碾压，压实后与松散时的高差部分预算怎样考虑？压实后与松散时的高差与压实系数有关吗？

答：定额都是按天然密实体积计算的。不要考虑压实系数。

74. 问：在安装算量里面套完清单和定额，导入GBQ后，只显示清单项，没有定额子目，如何解决？

添加清单 添加定额 删除 清单指引 选择清单 选择定额 自动套用清单 匹配项目特征 全部展开 全部折叠

		编码	类别	名称	项目特征	单位	表达式	工程量	备注
1	◆	蹲式大便器 蹲式大便器						4.000	
2		030804012001	项	大便器	1. 型号、规格：蹲式大便器	套	SL	4.000	
3		8-596	定	蹲式大便器		10套	SL	0.400	
4	◆	挂式小便器 挂式小便器						3.000	
5		030804013001	项	小便器	1. 型号、规格：挂式小便器	套	SL	3.000	
6		8-606	定	挂斗式小便器安装 普通式		10套	SL	0.300	
7	◆	塑料地漏 de50 地漏 de50						1.000	
8		030804017001	项	地漏	1. 型号、规格：de50	个	SL	1.000	
9		8-662	定	地漏安装 公称直径(mm以内) 50		10个	SL	0.100	
10	◆	台上式洗脸盆 台上式洗脸盆						2.000	
11		030804003001	项	洗脸盆	1. 组装形式：台上式	组	SL	2.000	
12		8-571	定	洗脸盆安装 钢管组成 冷水		10组	SL	0.200	
13	◆	铝塑复合管 40 卡压式连接 室内						12.541	
14		030801007001	项	塑料复合管	1. 连接方式：卡压式连接 2. 型号、规格：40 3. 材质：铝塑复合管 4. 安装部位(室内、外)：室内	m	CD	12.541	
15		8-269	定	室内给水衬塑铝合金复合管安装 公称直径(mm以内) 40		10m	CD	1.254	
16	◆	铝塑复合管 50 卡压式连接 室内						2.720	
17		030801007002	项	塑料复合管	1. 连接方式：卡压式连接 2. 型号、规格：50 3. 材质：铝塑复合管 4. 安装部位(室内、外)：室内	m	CD	2.720	

答：点击回到绘图输入，汇总计算后，保存。然后点击报表预览，工程量清单定额报表，导出电子表格，再导入清单即可。

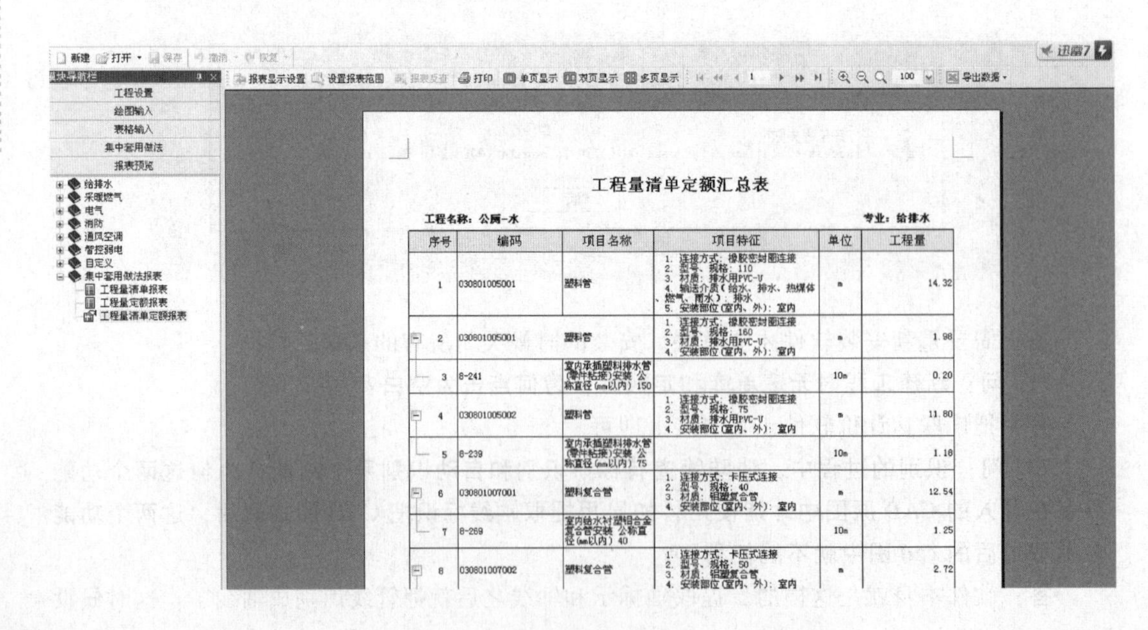

工程量清单定额汇总表

工程名称：公厕-水　　专业：给排水

序号	编码	项目名称	项目特征	单位	工程量
1	030801005001	塑料管	1. 连接方式：橡胶密封圈连接 2. 型号、规格：110 3. 材质：排水用PVC-U 4. 输送介质(给水、排水、热媒体、燃气、雨水)：排水 5. 安装部位(室内、外)：室内	m	14.32
2	030801005001	塑料管	1. 连接方式：橡胶密封圈连接 2. 型号、规格：160 3. 材质：排水用PVC-U 4. 安装部位(室内、外)：室内	m	1.98
3	8-241	室内承插塑料排水管(零件粘接)安装 公称直径(mm以内) 150		10m	0.20
4	030801005002	塑料管	1. 连接方式：橡胶密封圈连接 2. 型号、规格：75 3. 材质：排水用PVC-U 4. 安装部位(室内、外)：室内	m	11.80
5	8-239	室内承插塑料排水管(零件粘接)安装 公称直径(mm以内) 75		10m	1.16
6	030801007001	塑料复合管	1. 连接方式：卡压式连接 2. 型号、规格：40 3. 材质：铝塑复合管 4. 安装部位(室内、外)：室内	m	12.54
7	8-269	室内给水衬塑铝合金复合管安装 公称直径(mm以内) 40		10m	1.25
8	030801007002	塑料复合管	1. 连接方式：卡压式连接 2. 型号、规格：50 3. 材质：铝塑复合管 4. 安装部位(室内、外)：室内	m	2.72

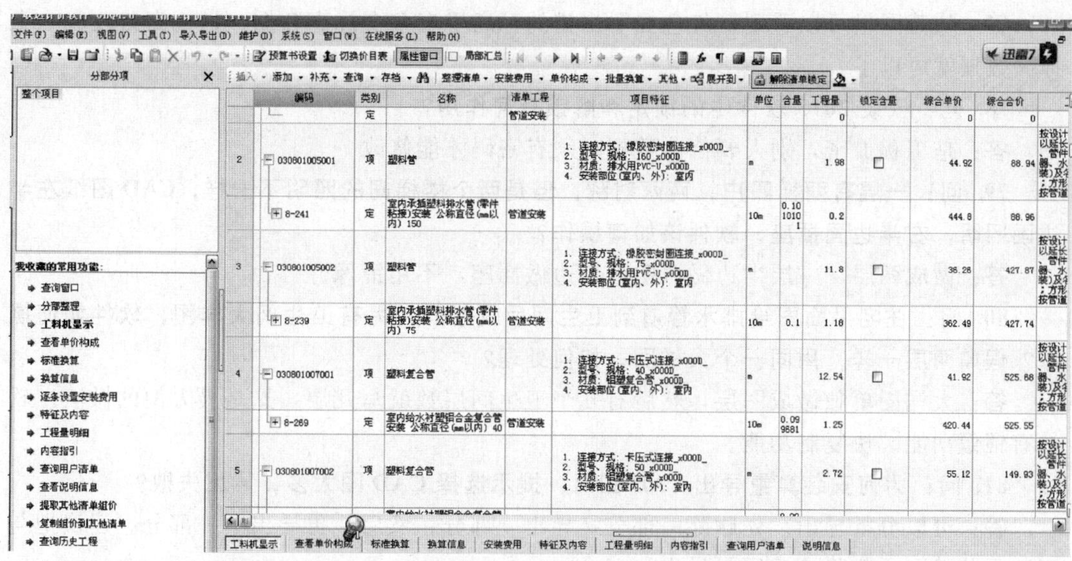

75. 问：(1) 安装算量电气中软件设置无法识别为墙中心线，如何解决？(2) 导入图形工程后，动态观察如何让安装的立体图和图形的立体图同时显示？(3) 先画安装（自己识别 CAD 的轴网），画完以后再导入图形，安装和图形不在同一位置，如何定位让安装和图形重合位于同一位置？

答：(1) CAD 操作设置下的 CAD 识别选项中调整设备靠墙敷设的最大距离，和按墙中心线识别线管，前提是必须已经识别了墙。

(2) 按 F12 勾选所要显示的项目。

(3) 可以使用移动功能将两张图上的同一点重合。

76. 问：安装算量软件导入图片算量如何定位，才能保证保存再打开后描图与原图不错位？

答：先定义轴网再定位，和导 CAD 图一样。图片的一点和建立了轴网上的一点定位即可。

77. 问：广联达楼层识别，红色的位置怎样修改呢？

识别楼层表 —选择对应列

名称	标高(m)	层高
塔楼层	24.300	
坡屋面	21.000	3.300
屋面层	17.950	3.000
6	14.950	3.000
5	11.950	3.000
4	8.950	3.000
3	5.950	3.000
2	2.950	3.000
1	-0.050	3.000
架空层	-3.050	3.000
地下室	-7.050	4.000
层 号	标高(m)	层高(m)

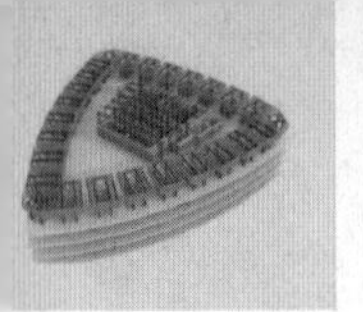

答：从截图里可以看到，红色提示出错的标高里有多个标高数据，把标高修改成一个标高数据就可以了。

78. 问：安装2013软件中的锁定和解锁有何作用？

答：是工程加密，别人要修改数据时须有密码才能修改。

79. 问：一层有两梯四户，两两对称，但是两个楼梯间的照明不一样，CAD图纸左半边画照明，右半边画插座，软件该如何操作？

答：做成两层，一层半边做照明，半边做插座，不用镜像。

80. 问：住宅平面图给排水管道到卫生间后就断开，另有卫生间大样图，软件如何操作？假如两层一样，用同一个大样图，如何处理？

答：大样图单独做成图层，然后有几个卫生间层数就写几层，这是最方便的做法。软件有镜像功能、块复制功能。

81. 问：为何安装算量导出CAD图时，提示选择CAD图太多，导出失败？

答：可以分批导出。先删除一部分，导出一部分；然后，再导出下一部分。建议把与安装无关的图元删除一些后再导出。

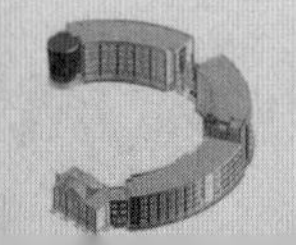

附录1　广联达安装算量软件GQI2013快捷键

1. 帮助F1；
2. 构件管理F2；
3. 按名称选择构件图元F3；
4. 左右镜像翻转（点式构件）F3；
5. 上下镜像翻转（点式构件）Shift+F3；
6. 改变插入点（点式构件）；
7. 合法性检查F5；
8. 汇总计算F9；
9. 查看工程量计算式F11；
10. 构件图元显示设置F12；
11. 选择所有构件Ctrl+A；
12. 新建工程Ctrl+N；
13. 打开工程Ctrl+O；
14. 保存工程Ctrl+S；
15. 查找图元Ctrl+F；
16. 撤销Ctrl+Z；
17. 重复Shift+Ctrl+Z；
18. 偏移插入点（点式构件）Ctrl+单击；
19. 输入偏移值Shift+单击；
20. 报表设计Ctrl+D；
21. 上一楼层+；
22. 下一楼层-；
23. 全屏Ctrl+5；
24. 放大Ctrl+I；
25. 缩小Ctrl+U；
26. 平移-左←；
27. 平移-右→；
28. 平移-上↑；
29. 平移-下↓；
30. 管道（水）G；
31. 阀门法兰（水）F；
32. 管道附件（水）A；
33. 卫生器具（水）W；
34. 其他设备（水）S；
35. 管首（暖）G；
36. 阀门法兰（暖）F；
37. 管道附件（暖）A；
38. 供暖器具（暖）N；
39. 燃气器具（暖）Q；
40. 其他设备（暖）S；
41. 电线导管（电）X；
42. 电缆导管（电）A；
43. 照明灯具（电）J；
44. 开关插座（电）K；
45. 配电箱柜（电）P；
46. 电气设备（电）S；
47. 母线（电）M；
48. 防雷接地（电）D；
49. 管道（消）G；
50. 阀门法兰（消）F；
51. 消火栓（消）X；
52. 喷头（消）T；
53. 管道附件（消）A；
54. 电线导管（消）D；
55. 电缆导管（消）L；
56. 消防器具（消）Q；
57. 消防设备（消）S；
58. 通风管道（通）T；
59. 水管道（通）G；
60. 风管部件（通）F；
61. 水管部件（通）A；
62. 设备（通）S；
63. 电线导管（弱）X；
64. 电缆导管（弱）L；
65. 弱电器具（弱）Q；
66. 弱电设备（弱）S；
67. 通头管件（水）L；
68. 通头管件（通）J；
69. 通头管件（暖）L；
70. 通头管件（电）L；
71. 通头管件（消）J；
72. 水管通头（通）L；
73. 通头管件（弱）J；
74. 配电箱柜（消）P；
75. 配电箱柜（弱）P。

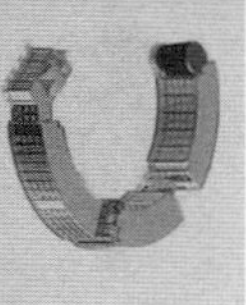

附录2 广联达安装算量软件GQI 2013价值表

流程模块	序号	重要程度	功能名称	属性(Features)	作用(Advantages)	利益(Benefits)	例子
				功能描述	解决业务问题	核心价值	工程实例
绘图输入-CAD草图	1						
	2						
	3						
绘图输入-通用	4		系统样式（构件颜色显示）	1. 用来批量修改构件图元的颜色。 2. 修改颜色时按照构件类型区分，然后再将构件类型按照系统类型或系统类型、汇总信息、回路编号等条件进行批量修改图元的颜色	识别完整层图纸后，用户可以按照自己的习惯或是CAD图设计的样式进行修改图元的颜色，便于区分系统或是区分回路信息等等	1. 提高易用性 2. 便于用户检查，提高准确性	用户识别完一层或是局部图纸的图元后，因为识别后所有的图元都是一个颜色，不便于用户区分，这样可以通过【系统样式】功能进行批量修改图元的颜色
	5		检查系统回路	1. 各专业识别完图元后，通过【检查系统回路】功能，可以检查定义的图元属性是否存在问题。 2. 此功能可以进行跨构件类型选择需要检查的图元，举例说明在电气专业中，可以在“照明灯具”构件类型下点击管道图元或是开关插座图元等图元，然后检查的是此回路上连接的所有图元，但是请注意工程量显示的是当前构件类型图元工程量。 3. 此功能支持双向操作，既可以先图元后命令，也可先命令后图元。同时支持“动态观察”状态下操作。 4. 不同专业检查的条件如下： a. 给排水、采暖燃气、通风空调专业下按照“系统类型” b. 电气专业中按照“系统类型、汇总信息、回路编号” c. 消防、弱电专业按照“系统类型、汇总信息”	1. 方便用户检查定义的构件属性是否正确。 2. 通过检查后，还可以查看对应构件类型的工程量，如果两用户进行对量时，想粗略的知道两人的量差时可以通过此方法解决	提高易用性，站在用户使用角度提高用户的使用易用性	用户识别完任何一个专业的图元后，都可以通过【检查系统回路】功能来检查一下，自己定义的图元属性是否正确，否则就会影响工程量的统计

续表

绘图输入-CAD草图	6		精确点捕捉	1. 绘图时提高绘图效果的精准性，通过开启对象捕捉可以精确绘制。 2. 开启“动态捕捉”后，鼠标放在图元相应点的20像素内都可以精确绘制到相应的点处	解决用户经常提的描图或是直线绘制图元时不能精确捕捉的问题	1. 提高易用性，以及绘图的准确性 2. 实用性功能，减少人眼误差使绘图有偏差 3. 使描图更加精准	用户采用描图绘制或是通过直线绘制线性图元与点式图元连接或是线性图元与线性图元连接时，使绘制的更加精准
	7		清单/定额编码直接输入	1. 用来自定义添加清单编码或定额编号，方便用户快速套清单或是定额 2. 自定义输入清单编码或是定额编号的方式与计价规则相同，便于用户快速掌握 3. 添加清单/定额功能可以用来新增清单或是定额项供用户快速编辑 4. 增加项目特征：可以自定义构件的项目特征信息 5. 优化选择清单项：可以通过输入代码或是项目名称来快速查找“工程量定义界面”中清单或定额项 6. 此部分功能具体适用以下范围：“工程量定义、量表定义、构件定义套做法界面、表格输入套做法界面”	解决用户不能自己灵活定义编辑清单的问题	提高易用性，使构件套做法更加符合用户的习惯	
	8		材料表优化	1. 优化后，在使用材料表识别时，不认材料表是否有框，均可对材料表进行识别，图例列能自动判断并显示出来 2. 如果识别错误了，在【识别材料表】界面，每一行处鼠标左键显示“小三点”，用户通过点击“小三点”可以返回绘图界面拾取信息，拾取到后鼠标右键确认返回识别材料表界面。用户选的方式为拉框选择，如果是块也可以点选 3. 将识别到的同行信息中含有相关安装高度等信息关联显示在“距地高度(mm)”列中	解决现有材料表使用条件限制过多，造成识别应用不高的问题	提高易用性	任意

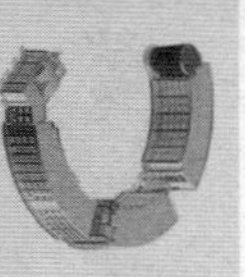

续表

绘图输入-给排水	9						
	10						
绘图输入-电气	11		配电箱自动识别	用来实现一次把图纸中表示相同类型配电箱识别成功，具体如下图显示	减少了用户每次识别配电箱时都是一个个识别所浪费的时间，用这个功能可以一次性进行识别相同类型的配电箱个数	提高用户效率	电气图纸中配电箱编号都是有一定规律的，如图所示AL-4C-3，6，4 表示的就是同一组类型的配电箱，那么通过【配电箱自动识别】可以一次将这样的配电箱一次识别成功，大大提高了用户的识别效率
	12		双边桥架识别	在电气、消防、弱电的电线（缆）导管构件类型的绘图界面中，增加“桥架识别”的功能 用户点击该功能后，选择桥架的两根平行边线，则软件自动按标识或桥架宽度识别出该桥架回路上的相应桥架（如有标注，按标注生成桥架高和宽，如果没有，按默认高度及桥架图示宽度生成桥架的高和宽）； 注：因算法原因，可能产生会不能全部识别的情况	解决在强电、弱电、消防电中，设计画图时，只用两条平行线，没有中间轴线表示桥架，以前软件解决不了这种情况	完善桥架识别功能	任意
绘图输入-采暖	13						
绘图输入-消防	14						
	15						
绘图输入-弱电	16						
	17						

续表

绘图输入-管道	18		修改标注	在给排水、采暖、消防、通风中的各水管道构件类型的绘图界面中，均增加"修改标注"的功能 点击该功能后，选择一根管道，右键确定后，可显示该管道所连接的管道回路中所有管道的起点、终点距地高度及管道的管径，通过点击这些数字，可以对它们进行修改，修改后以 ENTER 键回车确定修改的操作，并自动生成立管	利用该功能，可以快速显示管道的标注及标高，方便查看和修改	提高效率	比如在识别管道层的干管时，可以先建一个管构件，一次性先识别同系统的所有平面干管（不分管径，同一标高），再选择一根管，对各管径及标高进行快速的修改
	19		连接方式设置优化	在工程设置-其它设置-连接方式设置中，做了如下修改： 1. 导入、导出设置时，文件的后缀名更改为：".NLT"，原".LT"不可在新版中导入。 2. 可新增行，可删除自行增加的行，系统行不能被删除。 3. 连接方式修改后，如果已存在的构件或图元是默认的连接方式时，其连接方式会与设置中连接方式联系（按系统、管径、材质均符合完全匹配要求的原则进行联动）	从识图、算量的角度，用户拿到工程图纸时先阅读设计说明，设计说明中会阐述不同系统、不同材质、不同管径的管道是什么连接方式，进而用来按照材质、管径统计管道工程量。该功能即可一次性维护该绘图中相应管的相应信息，以自动关联管的连接方式	提高易用性	任意
绘图输入-通风	20		风口附件	1. 在"风管部件"构件类型中增加新建风口和新建侧风口构件。 2. 升级的工程，老工程风口按原构件类型保持不变	1. 解决识别侧风口问题 2. 解决风口带短立管时，修改风口标高结合设备连管功能生成短立管问题	实用，解决目前存在的业务问题	1. 通风专业的图纸中有很多是如图所示的侧风口，现在是可以识别进而计算工程量的。 2. 风管中有风口的，同时风口距此风管还有短立管连接的，遇到这种情况时，可以通过修改风口的标高，然后通过设备连管功能生成立管

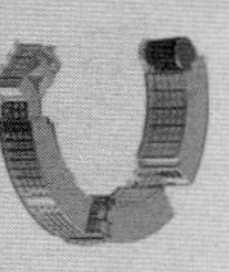
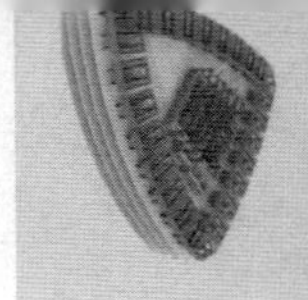

续表

绘图输入-通风	21		标注合并优化	在通风管道中，新增“风管标注合并”功能，点击该功能后，该图中，所有符合 n＊n 形式的风管标注均会一次性的被合并（暂不支持圆形风管标注合并）	通风专业中，如需标注合并时，一个个合并风管的标注太慢。需要提高用户的操作效率	提高效率	任意符合标注合并的通风图识别时均可
	22		批量识别通头	1. 在通风管道的绘图界面中，增加“批量识别通头”的功能，该功能使用时，需要有CAD图。 2. 在通风管道的CAD识别选项中，增加了三个关于批量识别通头的选项，对符合这三个选项范围的相同系统类型的通风管道用通头进行连接。 3. 点击批量识别通头后，可框选要识别通头范围内的所有通风管道，点击右键确认后，可以对所有符合CAD识别选项中通头管道生成要求的通头进行一次性生成	解决通风管道通头识别时，需要一个个风管进行选择的效率不高的问题	提高效率	任意
	23		生成通头优化	对于如下图所示中的丁字形通风的通头，可以正确识别。	解决风管识别通头时，丁字形通头不能生成的问题	完善丁字形通头不能识别的功能	任意
	24		天圆地方处理	在通风管道的通头识别中，增加对天圆地方管道的识别。 1. 在进行各类通头识别（识别通头、批量识别通头）中，均可实现对天圆地方通头的识别。 2. 在绘制圆管与矩形管相连时，也可生成天圆地方的通头。 3. 相连接的圆管与矩形管，可用“生成通头”功能生成天圆地方通头 注意：只能对一头为矩形风管、一头为圆形风管的天圆地方通头进行识别，不能识别没有风管的通头	用来解决计算通风专业中的天圆地方工程量	完善天圆地方通头不能处理的功能	任意

续表

绘图输入-建筑结构	25						
报表	26		报表优化		目前“报表预览”和“分类查看工程”界面中的显示方式，还有一些不能很好地满足用户自己输出工程量或是与人对量的需求。 例如：a. 报表的表头需要显示 工程名称、第　页　总　页；页脚显示编制人和编制日期。 b. 分类查看工程量/分类条件中增加显示属性，可以按照“备注”进行条件筛选、增加线缆合计工程量。(增加一个“管内线/小计”和“线/缆合计"列) (管内线/缆小计＝水平管内/裸线长度＋垂直管内/裸线的长度 线/缆合计＝水平管内/裸线长度＋垂直管内/裸线的长度＋桥架中线的长度＋线预留长度)	提高易用性	任意
表格输入	27						
	28						
	29						

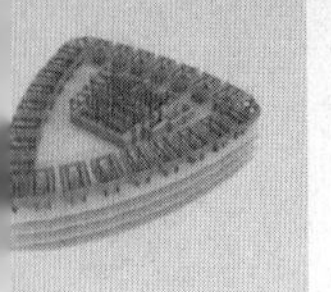

附录3　广联达安装算量软件GQI2013新功能

1. 新增功能——让工作更加高效

（1）CAD部分的处理

1）显示与隐藏选中的CAD图元，满足相同要求图元表示不同构件而分开识别。

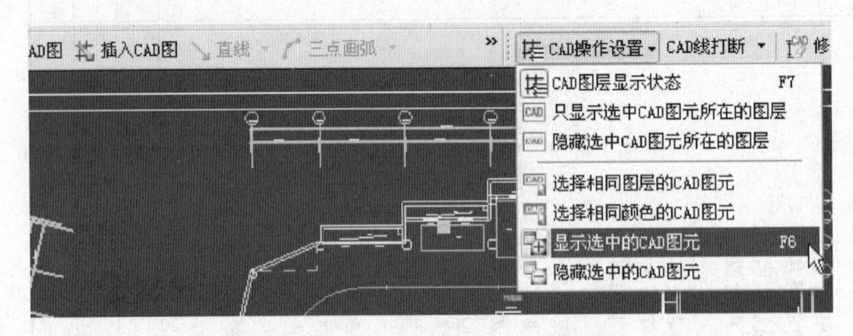

2）CAD图及图片的分层保存，不用再打开工程时每次导入CAD。

3）CAD线打断、合并及标注合并，提高识别的准确性。

（2）专业部分的处理

1）新增实体渲染，显示效果更加直观。

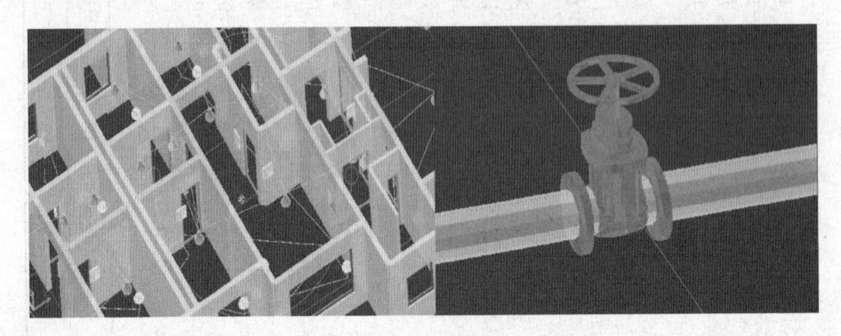

2）点式构件连接点设置，精确连接管线。

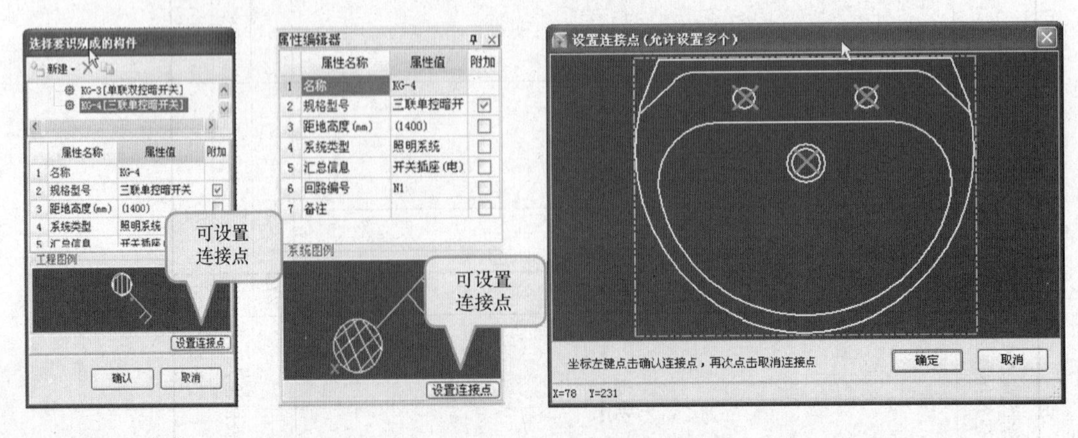

3）回路自动识别。

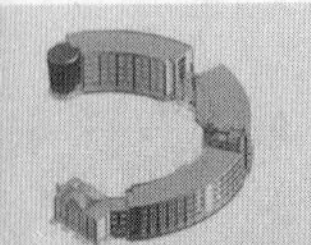

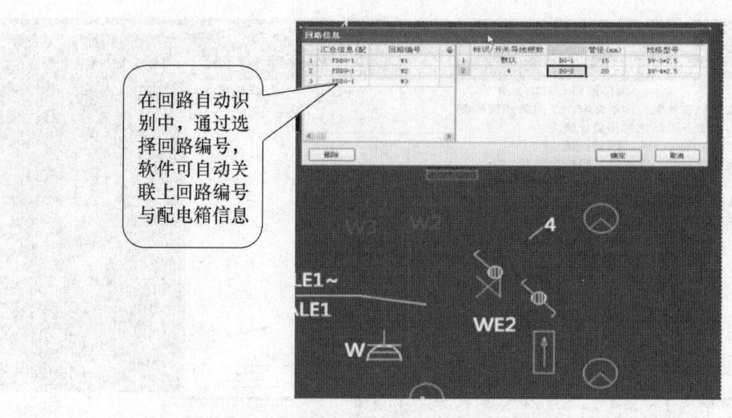

4）桥架配线，业务范围处理更加完美。

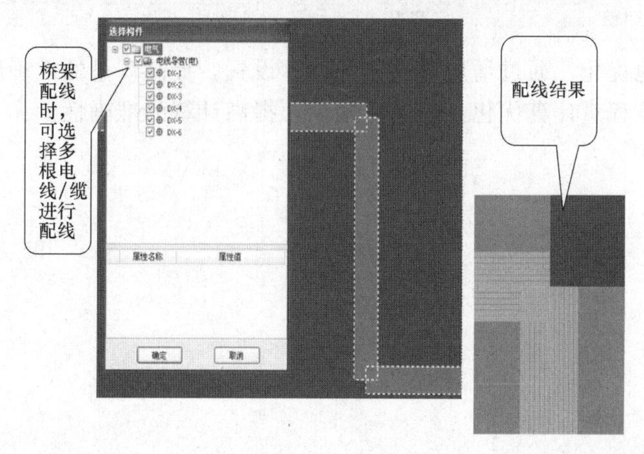

5）材料识别表识别图例、设备连线、构件存档提取、自动生成套管等功能，提高工作效率。

2. 计算优化——让计算更加准确

（1）优化水平支管与卫生器具连接的立管高度计算。

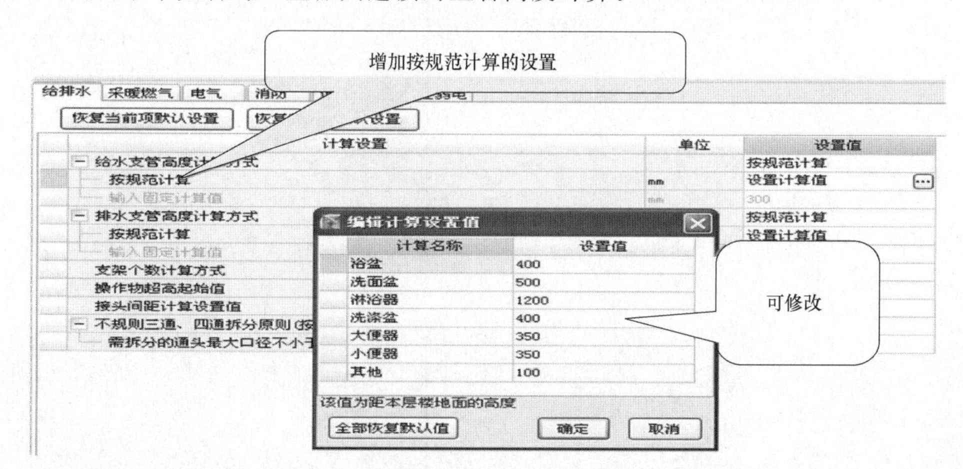

（2）电气线缆计算预留优化、防雷接地优化，通过增加对预留的计算设置，提高算量的准确度。

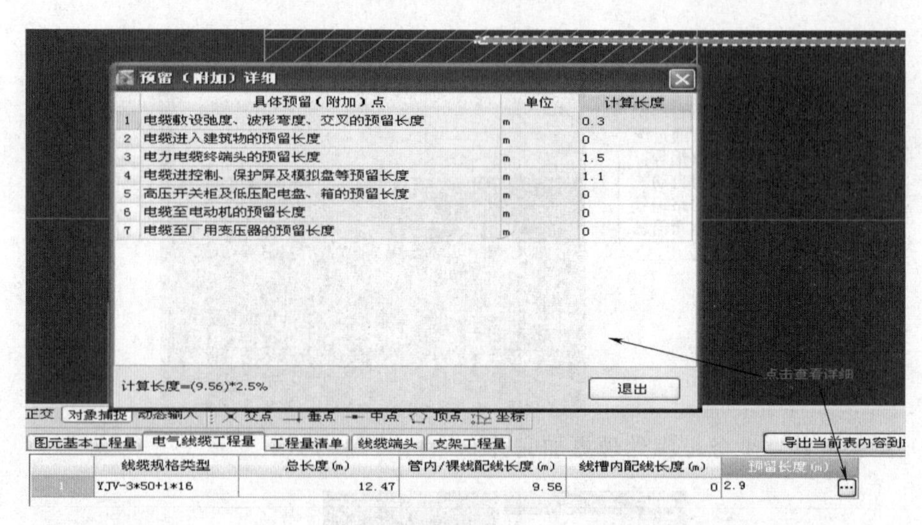

（3）防雷接地优化，通过增加对预留的计算设置，提高算量的准确度。

（4）散热器工程量计算优化，用专业知识，提高计算的准确性。